深入探索 .NET資料存取 第2版

ADO.NET + SqlDataSource + LINQ

MIS2000 Lab.、高雄科技大學資管系 周棟祥博士、吳進魯 著

- 以 .NET Framework 為主，C#、VB 雙語法介紹 ADO.NET 常用屬性與方法，直探資料存取核心。
- 跨平台的 ADO.NET 程式（Web Form + Windows Form + MVC + .NET Core）。
- DataReader 與 SqlCommand、DataSet 與 SqlDataAdapter。
- 親自撰寫分頁（Paging）程式改善效能，GridView 自訂分頁。
- ASP.NET Web Form 專用的 SqlDataSource 控制項深入解說。
- 資料庫交易（Transaction）、.NET 4.x 非同步程式。
- LINQ 語法入門與解析。EntLib 企業函式庫。
- SOA 服務導向 Web Service 與 WCF，jQuery 與 JSON 的 AJAX 應用。
- 微軟開放源碼的企業函式庫（EntLib）的資料存取（DAAB）。

作　　者：MIS2000 Lab.、周棟祥 博士、吳進魯
責任編輯：Cathy

董 事 長：陳來勝
總 編 輯：陳錦輝

出　　版：博碩文化股份有限公司
地　　址：221 新北市汐止區新台五路一段 112 號 10 樓 A 棟
電話 (02) 2696-2869　傳真 (02) 2696-2867

發　　行：博碩文化股份有限公司
郵撥帳號：17484299　戶名：博碩文化股份有限公司
博碩網站：http://www.drmaster.com.tw
讀者服務信箱：dr26962869@gmail.com
訂購服務專線：(02) 2696-2869 分機 238、519
（週一至週五 09:30 ～ 12:00；13:30 ～ 17:00）

版　　次：2021 年 3 月初版

建議零售價：新台幣 960 元
I S B N：978-986-434-562-5
律師顧問：鳴權法律事務所 陳曉鳴律師

本書如有破損或裝訂錯誤，請寄回本公司更換

國家圖書館出版品預行編目資料

深入探索 .NET 資料存取：ADO.NET+
SqlDataSource+LINQ / MIS2000 Lab.,
周棟祥, 吳進魯作. -- 二版. -- 新北市：
博碩文化股份有限公司, 2021.03

面；　公分

ISBN 978-986-434-562-5(平裝)

1.網頁設計 2.全球資訊網

312.1695　　　　109022008

Printed in Taiwan

博 碩 粉 絲 團

歡迎團體訂購，另有優惠，請洽服務專線
(02) 2696-2869 分機 238、519

序

這本書是我們自撰寫 ASP.NET 1.x 版以來最想出版、耗費最多時間的書籍。因為任何商業、資料庫程式都必須跟「資料存取」息息相關。所以當 ASP.NET 出版以來，我們也花最多時間在 ADO.NET 的資料蒐集上。

經過數年的累積，範例與稿子的資料量太大，無法放在《ASP.NET 專題實務》這本書裡面，於是推出一本 ADO.NET 專書。從 2008 年以來不斷地修正內容，本書第一版經過八年才得以上市，其間也經歷了 .NET 2.0（VS 2005）~ 4.8（VS 2019）的變化，從 ADO.NET 一路演進到 LINQ 與 EF（本書內容不包含 EF，將在另一本 ASP.NET MVC 書裡面解說）。希望這本書對於接觸 ADO.NET 的朋友有幫助。

當您看完本書以後，可以在《ASP.NET 專題實務（II）：進階範例應用》一書，找到更多 ADO.NET 的範例與應用，兩本書的結合可讓您學習 ADO.NET 更加圓滿。

本書不少範例已經公開在作者的 Blog，也在 YouTube 上錄製教學影片分享給讀者。希望我們的用心有助於您的學習。

課程試聽：目前提供 Web Form 線上課程（超過 50 小時）與 MVC 線上課程（超過 75 小時，包含升級 .NET Core MVC）給各位免費試聽，歡迎 E-Mail 與我聯繫。

MIS2000 Lab. 敬上

- 網站與範例下載：https://dotblogs.com.tw/mis2000lab/
- E-Mail：mis2000lab@yahoo.com.tw（欲試聽課程，請來信）
- 社群（Facebook）：https://www.facebook.com/mis2000lab/
- YouTube：請搜尋 mis2000lab 即可找到

作者簡介

周棟祥 博士

現職：國立高雄科技大學 資訊管理學系 副教授兼教育事業暨產品推廣處處長

學歷：
- 國立政治大學 資訊管理博士（2004/09~2008/02）
- 國立中正大學 資訊管理碩士（1999/09~2001/07）

研習：
- 德國阿亨工業大學（RWTH AACHEN University）
- 新加坡國立大學（National University of Singapore）
- 新加坡南洋理工大學（Nanyang Technological University）

經歷：
- 企業整合中心主任
- 研究發展處副研發長
- 區域產學合作中心主任
- 研究發展處推廣教育中心主任
- 研究發展處產學組組長
- 區域產學合作中心執行長
- 研究發展處推廣服務及教育組組長
- 管理學院院長特別助理
- 中華電信助理研究員

專長領域：服務科學、客戶關係管理、電信營運管理、電子商務、行動服務、工業4.0、物聯網與大數據應用

吳進魯

學歷：國立屏東科技大學 資訊管理研究所碩士

經歷：
- 1998~2000 年為國立屏東科技大學計算機中心、屏東縣教育局舉辦的多場資訊教育訓練擔任講師（授課時數超過 250 小時）。
- 國防役四年。資策會各式網站系統開發（七年經驗）、電信產業分析與 Internet 指標研究工作。
- 資策會 教育訓練中心（南區）專任講師（專長 Web 程式設計）。負責 600 小時之就業輔導班。
- 星動計畫 B2Bi (XML 資料交換，採用 RosettaNet 標準），VB 6.0 與 MS BizTalk Server 系統開發與維護。客戶為國內電子業十大股票上市公司。
- 任職於國內某資通大廠（全球資訊業百大公司），負責軟體技術規劃與系統整合。
- 2008/4/1~2017/7/1 榮獲 MVP（微軟最有價值專家），專長 ASP.NET。
- 2010~2012 年台中市電腦公會辦理 行政院勞委會職訓局 產業人才投資計畫，擔任 ASP.NET 專任講師。2015 年起投入線上教學（遠距教學）並提供 ASP.NET（WebForm 與 MVC）教學影片，讓學員線上學習。

著作：
- 2001 至今已出版十多本電腦書籍。網站提供許多 PDF 電子書，免費分享 Linux 與 ASP.NET 知識。
- 國內第一本推出 Mandrake Linux，以及優先採用 Visual Studio 開發 ASP.NET（1.x 版）的電腦書作者。兩者均開創了台灣電腦書的新領域，並帶動新風潮。台灣少數自 .NET 1.0~ 4.8 版均有出書的資深作者，並發行簡體中文版至中國大陸。
- 台灣第一本 .NET 4.0 與 4.5 的中文電腦書作者，4.0 版創記錄熱銷八刷。

目錄

CHAPTER 00　本書導讀

Part I　ADO.NET 基礎入門篇

CHAPTER 01　程式與資料庫互動的四大步驟

CHAPTER 02　Connection 資料庫連結

CHAPTER 03 SQL Server 連結共用（Connection Pooling）

CHAPTER 04 Azure 雲端資料庫、SQL Server 的 LocalDb、Oracle 或 MySQL 資料庫

Part II DataReader 篇

CHAPTER 05 SqlDataReader 類別與常用方法，程式入門

CHAPTER 06 DataReader 常用屬性

CHAPTER 07 SqlCommand 類別

Part III DataSet 篇

CHAPTER 08 DataSet（資料集）+ DataAdapter（資料配接器）

CHAPTER 09 DataTable 與 DataView

CHAPTER 10 DataAdapter 與 SqlDataAdapter 類別

Part IV ADO.NET 整合範例篇

CHAPTER 11 跨平台 ADO.NET 範例（Windows Form/.exe 執行檔）

CHAPTER 12 自訂分頁（Paging），自己寫程式做「分頁」

CHAPTER 13 分頁優化與最佳化，StringBuilder、SQL 指令、MVC 的 LINQ 分頁

CHAPTER 14 ASP.NET Core 與 ADO.NET 簡易入門

CHAPTER 15 簡易入門 ViewModel（小類別）與 DAL、強型別來源物件

CHAPTER 16 ASP.NET MVC 與 ADO.NET

CHAPTER 17 GridView 自己動手 100% 寫程式

CHAPTER 18 非同步（Async）ADO.NET 程式設計

CHAPTER 19 .NET 4.5 起的非同步（Async）ADO.NET 程式設計

CHAPTER 20 資料庫交易（Transaction）與 SqlBulkCopy 單一大量複製

Part V ASP.NET 的 DataSource 控制項篇

CHAPTER 21 DataSource 控制項，資料來源控制（只限 Web Form 可用）

CHAPTER 22 SqlDataSource 類別（只限 Web Form 可用）

CHAPTER 23 SqlDataSource 範例集

Part VI Parameter 參數篇

CHAPTER 24 設定參數與資料型別、SqlParameterCollection 類別

CHAPTER 25 站內的搜尋引擎（I）—基礎入門

CHAPTER 26 站內的搜尋引擎（II）— 範例改寫基礎入門

Part VII 補充案例篇

CHAPTER 27 開放式並行存取（Optimistic Concurrency）

CHAPTER 28 企業函式庫 Enterprise Library 6.0 的 DAAB

Part VIII LINQ 篇

CHAPTER 29 LINQ 與 ADO.NET

CHAPTER 30 LINQ 語法簡介與實戰

00

CHAPTER

本書導讀

本書搭配微軟官方網站的文件，佐以作者群的實務經驗。分享更進一步的ADO.NET技巧與作法。書內討論ADO.NET是較進階的內容與範例。絕大部分都需要「自己寫程式」並非單純套用精靈步驟的入門書（如ASP.NET WebForm的SqlDataSource控制項）。

自己寫出來的ADO.NET搭配國際標準的SQL指令，可用在.NET Framework（.NET完整版）—— Windows Form（.exe視窗程式）、ASP.NET（網頁，Web Form與MVC）以及.NET Core（開源版）上。學會一次就能用上很久，是絕對划算的投資！

簡單地說，本書並非針對初學者撰寫。而是針對「已經會寫」資料庫程式的程式設計師所設計的參考書，讓他們有問題時可以拿出來查閱，不光是知道這些方法、屬性是什麼（名詞解釋）？更有範例可以直接套用、學習與解惑（不只是What。更要您會動手寫，知道怎麼做、How To Do）。

因此，如果您想一章一章地循序閱讀，可能會繞了很長的一段路。我建議您依照您的領域來學習，看看您是要寫Web程式？或是Windows程式？看您常用DataReader或是DataSet ？……這次的書籍改版，部分範例也會搭配ASP.NET MVC來解說。

0-1 學習順序，三大重點

您可以針對本書介紹的三大重點，任選其一學起。

- DataReader。撰寫ASP.NET網頁或是學過ASP、PHP、JSP的朋友一定很眼熟，DataReader搭配Command速度快且省資源。
- DataSet（DataTable）。撰寫Windows Form的朋友應該會首先選擇DataSet + DataAdapter。
- LINQ。即便使用ASP.NET MVC與EF（Entity Framework），LINQ仍是您的好朋友。

本書後續還會搭配一些應用：交易（Transaction）、非同步（.NET 4.5起的新寫法）、開放式並行存取（Optimistic Concurrency）等等。

另外還有採用工廠模式（設計模式的一種）的企業函式庫（EntLib，Enterprise Library）。EntLib是微軟提供的開放原始碼套件，功能很多，但本書只介紹DAAB（資料存取）的部分，其實DAAB的骨子裡仍是撰寫ADO.NET程式。您可以在開放原始碼的專案裡面看到所有C#程式碼。

如果您覺得意猶未盡，作者另一本書《ASP.NET專題實務（II）：進階範例應用》有更多ADO.NET範例分享給您。例如：DataBinding、DataBinding Expression，.NET 4.5起的Model Binding……等等。

還有很多實務上會使用的範例，例如：自動化投票區（網頁問卷產生器）、主表明細（Master-Details）、透過Windows AD帳號登入、網頁的前/後台與權限管理……等等。這些範例都是親手打造的，唯有「自己寫ADO.NET程式」才能做到千變萬化。

0-2 ADO.NET四大經典範本

本書範例中，我另外整理補充目錄，名為「補充ADO.NET_4_samples」。是我親自授課時才會贈與學員的禮物。

只要有這幾個範本，您拿來修改一下就能做出許多變化。做久了，您就會發現ADO.NET其實就是從這些基礎衍生而來。

ADO.NET範本包含DataReader與DataSet。共有四個分類：

- DataReader
  - 提供資料查詢（搭配SQL指令的Select陳述句），範例Default_1_0_DataReader_Manual.aspx。也提供參數（Parameter）的撰寫方式，防範資料隱碼攻擊（SQL Injection），範例Default_1_DataReader_Parameter.aspx。
  - 提供資料寫入（新增、刪除、修改，搭配SQL指令的Insert、Delete、Update陳述句），範例RecordsAffected_01.aspx。也提供參數（Parameter）的撰寫方式，防範資料隱碼攻擊（SQL Injection），範例RecordsAffected_01_Parameter_Delete.aspx。
- DataSet（資料集）

  提供資料查詢（搭配SQL指令的Select陳述句），範例Default_2_DataSet_Manual.aspx.aspx裡面的DBInit副程式。其中也提供參數（Parameter）的撰寫方式，防範資料隱碼攻擊（SQL Injection）。

■ 提供資料寫入（刪除、修改，搭配SQL指令的Delete、Update陳述句），範例同上。DataSet資料新增的部分比較特別，我另外提供範例GridView_Insert_3.aspx來解說。

上述的範例，您在別的書籍不容易看見或是不齊全，這是我幾年的蒐集與撰寫，才濃縮出這些ADO.NET程式範本。只要您有心向學，我任何範例都願意與您分享。放在手邊，有需要時直接拿出來改，這就是我典藏的「瑞士工具刀」範例，方便簡單地解決各種ADO.NET問題。

0-3 資料庫範例的安裝與YouTube教學影片

為了彌補文字與圖片說明的不足，我錄製教學影片放在YouTube免費分享。當然，這些免費的教學都是片段，用來輔助讀者「搭配書本範例」學習。

初學者可以先補好基礎，再來閱讀本書：

■ VS 2019的安裝、我該學習ASP.NET Web Form或是MVC ？

請到YouTube搜尋「mis2000lab VS2019安裝」關鍵字。本書提供的ADO.NET可以在ASP.NET（Web Form與MVC）、Windows Form（視窗程式.exe執行檔）、ASP.NET Core（開放原始碼）上面運作。

■ 簡單的資料庫、SQL Server入門解說

如果您是一位純粹的初學者，不知道資料庫是什麼？可以參考這則影片。請到YouTube搜尋「mis2000lab mis2000lab SQL Server補充教材」關鍵字，片長約兩小時。https://youtu.be/ilXPPtubb7A。

■ 安裝資料庫範例

如果您不會安裝的話，請到YouTube搜尋「mis2000lab SQL Server範例資料庫」關鍵字，我錄製了教學影片教您安裝範例資料庫。https://youtu.be/hAYzo53KUKM。

如果您需要完整的（收費）課程、影片教學，例如ASP.NET Web Form或是MVC（教學時數都超過50小時）可寫信與我聯繫–mis2000lab@yahoo.com.tw（書本讀者均有特殊折扣，MVC課程甚至高達五折）。

0-4 參考資料與書籍

本書主要的參考資料當然源自Microsoft原廠的MSDN網站（後續改名為Microsoft Docs，網址docs.microsoft.com）。作者也參閱了下列書籍（原文書、或簡體中文翻譯版）特此致謝。

- Beginning ASP.NET 3.5 in C# and VB，作者Imar Spaanjaars。wrox出版社（本書從.NET 3.5起~4.5.1版，我全都有買）。
- Professional ASP.NET 4.5 in C# and VB，作者：Nagel、Evjen、Glynn、Watson、Skinner。wrox出版社（本書從.NET 4.0、4.5版，我全都有買）。
- Professional C# 4.0 and .NET 4，作者：Gaylord、Wenz、Rastogi、Miranda、Hanselman、Hunter。wrox出版社（本書從.NET 4.0、4.5版，我全都有買）。
- Beginning ASP.NET Security，作者：Barry Dorrans。wrox出版社。
- Practical DataBase Programming With Visual C#，作者Ying Bai。WILEY出版社。
- Pro ASP.NET 4.5 in C#，作者Adam Freeman、Matthew MacDonald、Mario Szpuszta。apress出版社（本書從.NET 4.0、4.5版，我全都有買）。
- Beginning ASP.NET 4.5 Database，作者Chanda、Foggon。apress出版社。
- ASP.NET Cookbook，作者Kittel、LeBlond。O'RELLY出版社。
- ADO.NET 3.5 Cookbook，作者Bill Hamilton。O'RELLY出版社。
- Murach's ADO.NET 4 Database Programming with C# 2010，作者：Boehm、Mead。murach出版社。
- Murach's ASP.NET 4.5 Web Programming with C# 2012，作者：Delamater、Boehm。murach出版社。
- Microsoft ADO.NET 4 Step by Step，作者Tim Patrick。Microsoft出版社。
- Programming LINQ，作者Pialorsi、Russo。Microsoft出版社。
- 極意之道次世代 .NET Framework 3.5資料庫開發聖典ASP.NET篇，作者：黃忠成。博碩出版社。
- 用實例學ASP.NET 3.5-基礎篇，作者：章立民研究室。碁峰出版社。
- ASP.NET編程之道，作者：明日科技 劉雲豐、房大偉。人民郵電出版社。
- ASP.NET程序開發範例寶典，作者：明日科技 張躍廷、王小科、趙會東、帖凌珍。人民郵電出版社（市面上共有四個改版）。

自從公元2001年工作以來，手邊參閱的許多書籍與作者沒法逐一列出致謝。我個人Blog也有一區「好書推薦」，記載了這幾年我推薦的好書。對於這些前輩分享的經驗，我銘記在心，希望本書分享的範例與整理的文章對您有幫助。

01 程式與資料庫互動的四大步驟

CHAPTER

常見的商用軟體系統，不管是會計軟體、進銷存系統、會員管理、電子購物網站等等，背後最重要的都是資料庫（DataBase，中國大陸稱為「數據庫」)。我們學過SQL語法可以直接操控資料庫的資料，但我們的系統畫面也必須提供一個介面，讓我連結資料庫並執行SQL指令才行。

在.NET的技術裡面，協助我們連結資料庫並執行SQL指令的，就是ADO.NET。不光是.NET技術，以前的ASP有ADO，而PHP、JSP都會提供對應的技術讓程式設計師可以與資料庫互動。

除非您是想用.NET技術搭配手持式週邊（如PDA、手機）或是嵌入式系統，不然的話絕大部分的軟體系統都與資料庫息息相關。我們可以這麼說：.NET技術裡面，"資料存取"的核心就是ADO.NET。

這四大步驟是我自己歸納的流程，不但對於ASP、ASP.NET有用，轉型成PHP與JSP也是道理相同。如同武功高手打通任督二脈後，學什麼武功都快。只要瞭解這四大流程，我相信大部分需要連結資料庫的程式，都難不倒大家。

第一、連接資料庫（Connection）。

第二、執行SQL指令存取資料（又分成兩大類：取出資料、或是寫入資料）。

第三、自由發揮（通常這一段是畫面或流程的設計、或是直接交由控制項來呈現，如DataBinding）。

第四、關閉資源（如：關閉資料庫的連接）。

接下來將會看幾段程式碼，各位讀者不需死記，只要稍微瞭解一下，簡單看過即可，後續的文章會有更深入的解說。也可以參閱在YouTube的教學影片，請搜尋關鍵字「mis2000lab ADO.NET四大步驟」即可找到。

1-1 ASP.NET與ADO.NET的簡單程式（DataReader）

ADO.NET的程式最簡單、最粗略可分為DataReader與DataSet兩者。我們目前介紹的DataReader與傳統ASP的ADO寫法比較類似，也近似於JSP、PHP的寫法，所以先介紹DataReader。

ASP.NET從資料庫取出所有資料，C#程式如下（這是Inline Code的寫法，範例1_InlineCode.aspx）。您可以注意到Inline Code的寫法，引入命名空間時，跟VB語法相同，都是寫成Import NameSpace。如果是C#後置程式碼（Code Behind）的寫法，就會改變成using。

```
<%@ Page Language="C#" %>

<%@ Import NameSpace = "System.Data" %>
<%@ Import NameSpace = "System.Data.SqlClient" %>
<!-- 作者註解：寫 Inline Code 的時候，NameSpace 的英文大小寫，千萬不能寫錯。 -->
<%
  // 註解：第一、連結 SQL 資料庫
  SqlConnection Conn = new SqlConnection("server= 資料庫主機名稱與位址 ;
  uid= 帳號 ; pwd= 密碼 ; database= 資料庫名稱 ");
  Conn.Open();

  // 註解：第二、執行 SQL 指令，使用 DataReader
  SqlCommand cmd = new SqlCommand("select id,test_time,title from test", Conn);
  SqlDataReader dr = cmd.ExecuteReader();

  while (dr.Read())    {    // 註解：第三、自由發揮
      Response.Write(" 文章編號：" + dr["id"].ToString() + "<br />");
      Response.Write(" 日    期：" + dr["test_time"].ToString() + "<br />");
      Response.Write(" 文章標題：" + dr["title"].ToString());
      Response.Write("<hr />");
  }

  cmd.Cancel();    // 註解：第四、關閉資源 & 關閉與 DB 的連線
  dr.Close();
  Conn.Close();
%>
```

上面的程式是把HTML和程式碼，混合寫在同一個檔案內，這種作法稱為Inline Code，是傳統ASP、PHP常用的方式。如果採用Visual Studio來寫程式，則會把「HTML畫面（檔名.aspx）」與「程式碼（檔名.aspx.vb或.aspx.cs）」各自獨立，分屬兩個不同的檔案，這種作法稱為後置程式碼（Code Behind）。

1-2 JSP連結資料庫的四大步驟

上面的程式，是最簡單的一支ASP.NET程式了，包含了ADO.NET的技術可以連結資料庫，並且執行SQL指令（Select * From test）取出資料。以下我們用JSP撰寫相同功能的網頁程式，讀者會發現：原來如此，不管是JSP或ASP.NET都一樣，就是四大步驟而已。

以下是JSP的範例：

```
<%@page contentType="text/html;charset=Big5"
  import="java.sql.*" %>

<% //註解：第一、連結資料庫。
    Class.forName("sun.jdbc.odbc.JdbcOdbcDriver");
    //透過ODBC連結MS SQL Server 2000，驅動程式管理員java.sql.DriverManager
    Connection conn = DriverManager.getConnection("jdbc:odbc:ODBC的名稱","帳號","密碼");

    //註解：第二、執行SQL指令。執行SELECT指令，將資料放入記錄集（rs）
    Statement stmt = conn.createStatement();
    ResultSet rs = stmt.executeQuery("select * from test");

    //註解：第三、自由發揮
    while( rs.next() )  {  //利用while迴圈，將所有資料呈現在畫面上。
        String my_id = rs.getString("id");
        Date my_time = rs.getDate("test_time");
        String my_title = rs.getString("title");

        out.println(my_time + "   " + my_title);
    }

    rs.close();    //註解：第四、關閉資源 & 關閉與DB的連線
    stmt.close();
    conn.close();
%>
```

1-3 PHP連結資料庫的四大步驟

以下是PHP 4.x版的範例（2010年七月PHP發展至5.3.3版，但與4.x版之間略有差異。2008/8/27釋出PHP 4.4.9是最後一個4.x版本）。後續PHP改版我就沒有繼續跟上，較新版本是PHP 7。

```
<?php
    //註解：第一、連結資料庫。
    $link = mssql_connect("localhost", "test", "test");
    mssql_select_db("test", $link);

    //註解：第二、執行 SQL 指令。
    $SQL = "Select id,test_time,title from test";
    $RS = mssql_query($SQL, $link);

    //註解：第三、自由發揮
    if (!$RS)  {
            echo "抱歉！資料庫沒有資料！";
    }
    else  {
            while( list($id,$test_time,$title) = mssql_fetch_row($RS) )  {
                echo "$test_time";
                echo "$title";
        }
    }

    mssql_free_result($RS);    //註解：第四、關閉資源 & 關閉與 DB 的連線
    mssql_close ($link);
?>
```

1-4 深入瞭解四大步驟

以上三個程式都是相同的功能，就連撰寫的流程也大同小異。可見我一開始說的「連結資料庫的四大步驟」所言不虛。只要熟記這四大步驟，大部分的網頁程式設計都可以快速地轉換。

以我為例，我學習JSP只花了一天半的時間，用一天看書，另外半天是把我的程式改寫成JSP版本。而PHP也一樣，除了安裝PHP運作的環境（Apache Web Server搭配PHP）花了比較多時間之外，寫PHP程式對我來說幾乎沒有難度。以下步驟可以參閱YouTube的教學影片，請搜尋關鍵字「mis2000lab ADO.NET四大步驟」即可找到。

有了上面幾支程式的佐證，我們可以更深入瞭解四大步驟做了哪些事：

第一、連接資料庫

「程式」與「資料庫」是兩個不同的個體，並沒有誰要搭配誰的固定關係。您想搭配哪種資料庫都沒問題。要連接各種資料庫，只要會撰寫連接字串（Connection String）即可。例如：**"server=資料庫主機名稱與IP位址; uid=帳號; pwd=密碼; database=資料庫名稱"**。

關於連結字串，不需記憶死背，下一章會有完整介紹。我會建議透過Visual Studio的SqlDataSource資料來源，以精靈步驟自動產生。

第二、執行SQL指令

(1) SQL指令又分成兩種，一種是「Select」陳述句，用來撈（取出）資料。簡單的說，就是資料的查詢與輸出。

(2) 另外一種是資料的異動，例如「Insert、Update、Delete」陳述句，執行這類的陳述句將不會將大批資料傳回，頂多只有傳回一個數值，提醒我們這個陳述句更動了幾列資料而已。簡單的說，就是資料的寫入（包含刪除的動作）與修正。

第三、自由發揮

(1) 如果是執行「Select」陳述句，把許多記錄從資料庫裡面撈出來，這時候就要呈現在畫面上。可能會用HTML碼作一些修飾，讓畫面比較整齊好看。

(2) 如果是「Insert、Update、Delete」陳述句的話，只會傳回一個數值，提醒我們這個陳述句異動了資料表的幾列資料，告訴使用者這段動作是否成功完成。

第四、關閉資料庫的連接與釋放資源

俗諺有云：「有借有還，再借不難」。相同的道理，我們寫程式的時候，曾經使用過或開啟的資源，在程式的最後都要逐一地關閉它。這樣才不會把系統資源消耗殆盡，被一支爛程式拖累整個系統。

以上這四大步驟用在Windows Form、ASP.NET（Web form或MVC）、ASP.NET Core均可使用，學會一次可以用上很多年，是絕對划算的投資！

1-5 連結字串（ConnectionString）不需死背

不管是在ASP.NET（Web Form / MVC）或是Windows Form專案底下，您可以透過精靈步驟「產生」資料庫的連結字串，並存放在設定檔裡面。千萬不要死背或是強迫記憶，這些連結字串都可以自動產生的。

1-5-1 ASP.NET網頁（Web Form）

ASP.NET網頁（Web Form），請使用SqlDataSource控制項，依照流程完成就會產生連結字串，並存放在Web.Config設定檔裡面。詳見下面圖解，本書後續會有專門章節說明。

或是到YouTube搜尋「mis2000lab上集第六章」關鍵字，教學影片的前12分鐘有完整解說（產生資料庫的連結字串）。

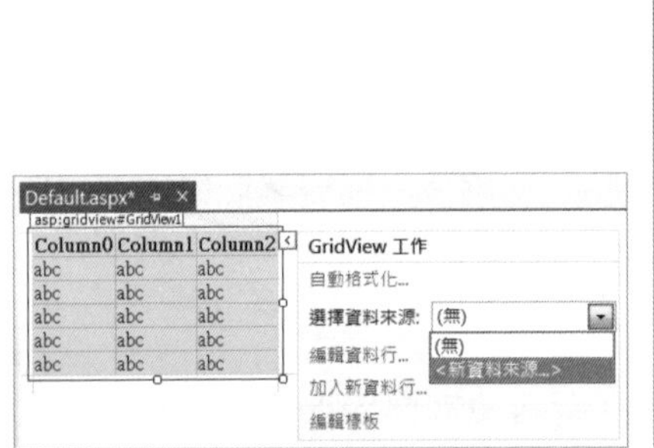

GridView 或是其他大型控制項都可以在智慧標籤裡面，選用「新資料來源」

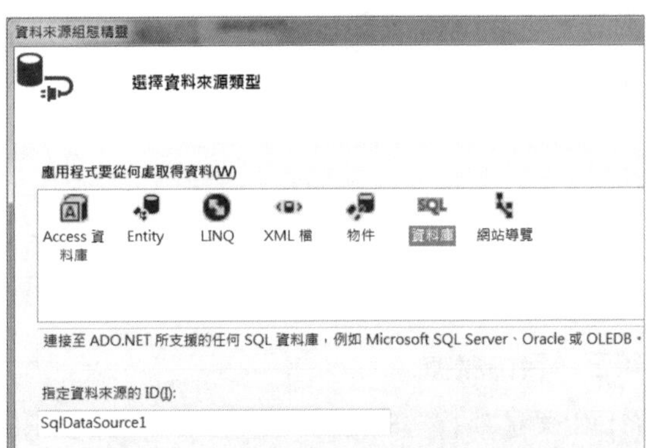

請選擇「資料庫」就會啟動設定步驟

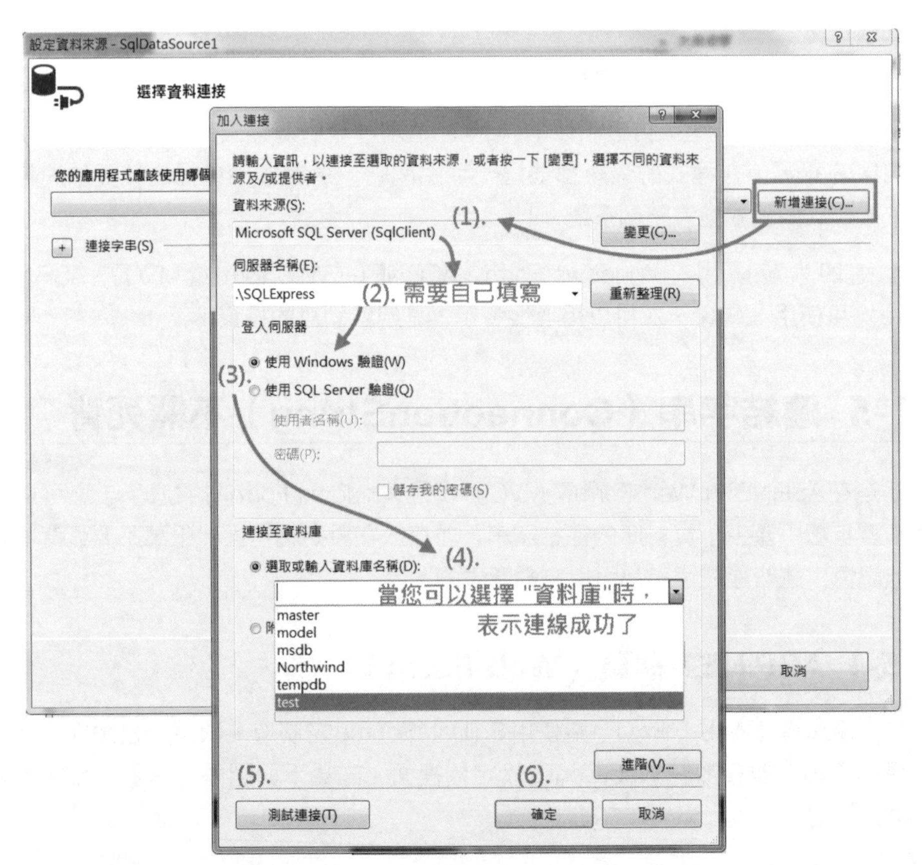

資料庫的設定步驟，只要輸入「伺服器名稱」、「帳號」與「密碼」三者資訊即可

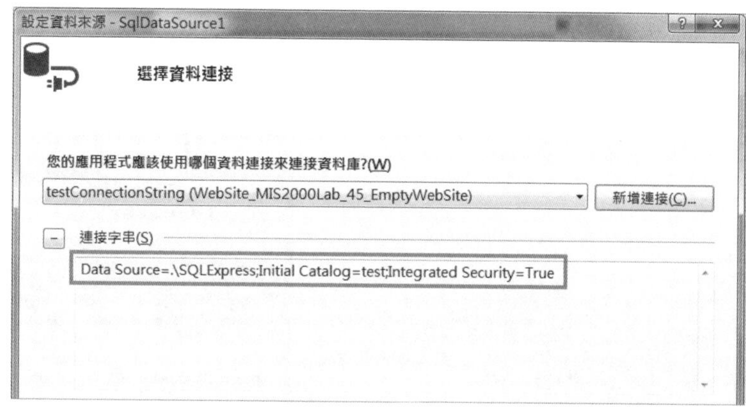

完成後就會產生連結字串，並存檔在 Web.Config 裡面

1-5-2 Windows Form（.exe或.dll檔）

Windows Form，請使用DataGridView並依照其精靈步驟，完成後連結字串會放在App.Config檔裡面。詳見下面圖解，本書後續專文說明。

您可在YouTube看到本範例的教學影片，請搜尋關鍵字「mis2000lab windows ADO.NET 1080p」即可找到（已轉成1080p高解析影片）。

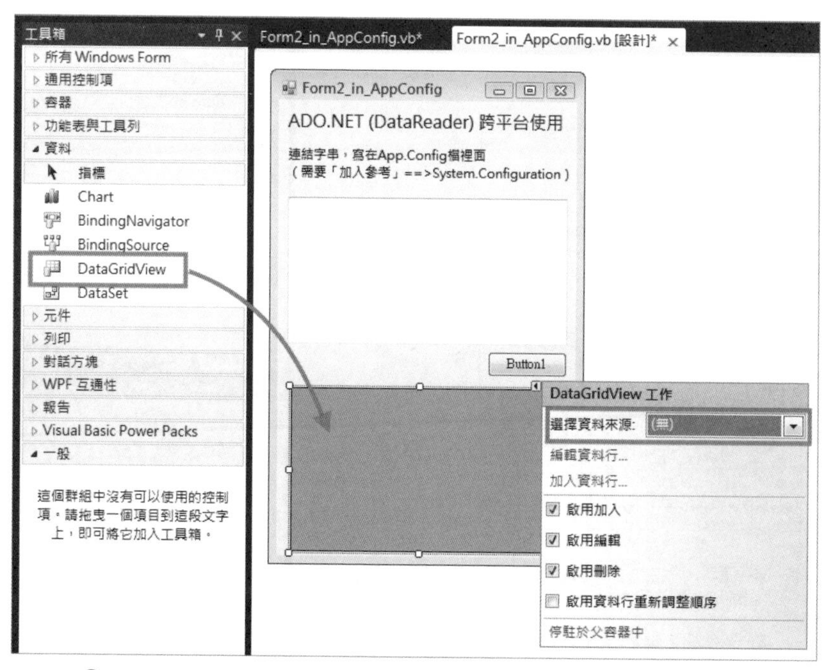

Windows Form 專案底下，請使用 DataGridView 啟動一連串精靈步驟

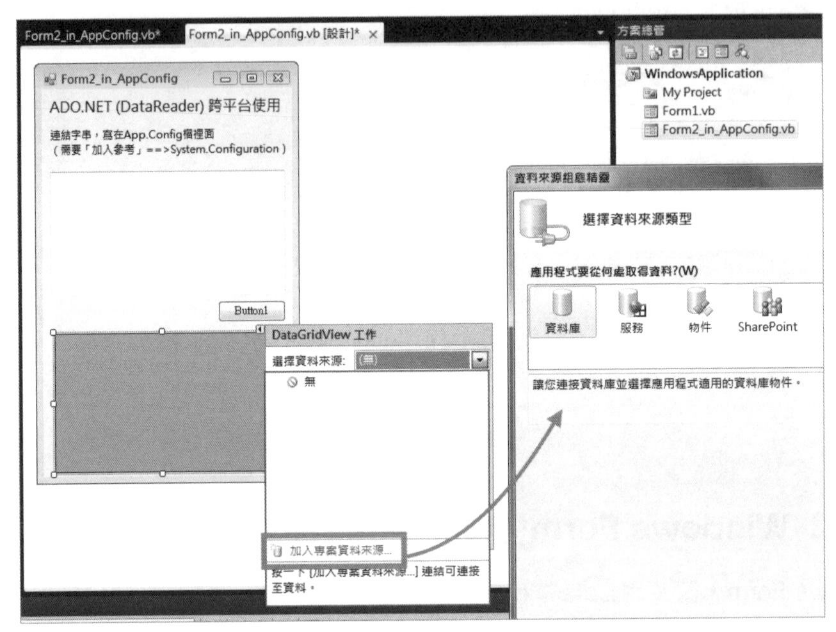

DataGridView 的智慧標籤可選「加入專案資料來源」，然後選「資料庫」就開始了設定步驟

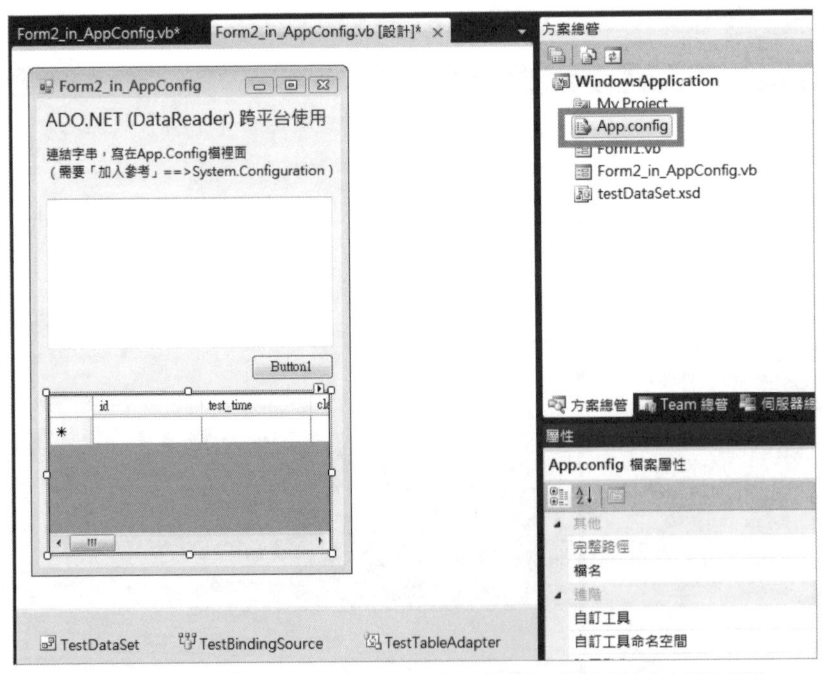

完成後，連結字串存放在 App.Config 設定檔裡面，後續章節會有深入解說

1-5-3 微軟雲端，Microsoft Azure

連結字串不需要死背，以微軟的Azure雲端資料庫為例，它會主動告訴我們連結字串該怎麼寫？目前提供了ADO.NET、ODBC、PHP、JDBC（JSP）四種連結字串。

由於Azure雲端軟體隨時都在更新，您看見的畫面可能略有差異，但功能應該都一樣。後續章節為您解說Azure的雲端資料庫與雲端網站的部署。不過，雲端上的程式版本更新較快，畫面與本書可能有些差異，但設定流程與觀念仍大同小異。

我也提供教學影片在YouTube網站上面分享，請搜尋關鍵字「mis2000lab Azure入門」就能找到。本影片示範：如何連結Azure的SQL資料庫、部署您的網站。

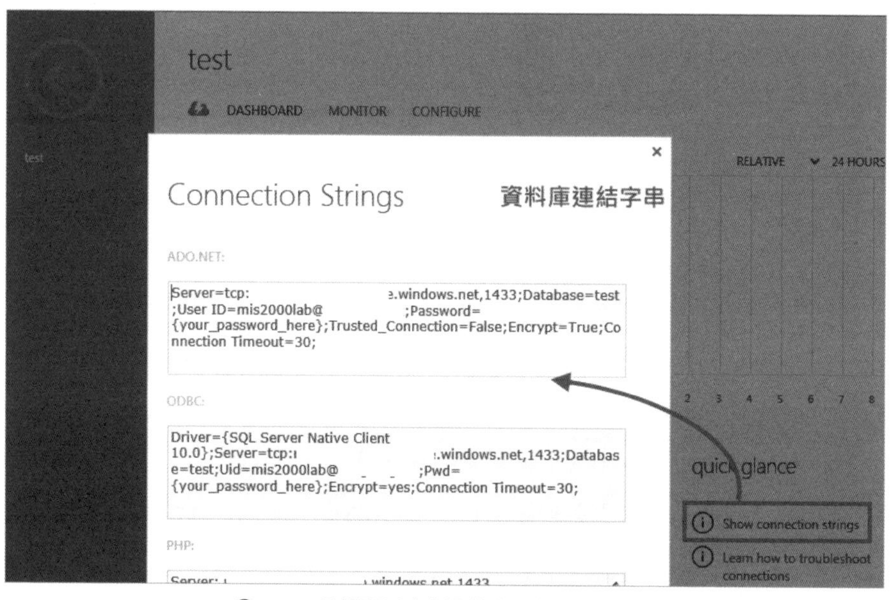

▲ Azure 雲端資料庫會提供連結字串給您使用

1-6 新的Microsoft.Data.SqlClient命名空間（.NET Core）

2019年九月.NET Core 3.0推出並搭配VS 2019的v16.3版一起更新（建議您更新手邊的Visual Studio即可）。本書大量使用的System.Data.SqlClient命名空間（.NET Framework完整版）也有了新的伙伴—Microsoft.Data.SqlClient（.NET Core 3.0開源版）。

Microsoft.Data.SqlClient與System.Data.SqlClient兩者的差異簡單說明如下：

通常在.NET Framework裡面會見到的命名空間（NameSpace）大多以System.開頭。但微軟也會推出同名，但以Microsoft.開頭的命名空間（作者自己描述的話，就是原廠的改版、擴充、新功能）。

第一篇文章是由SqlClient和SQL Server Tools的專案經理Vicky Harp撰寫，講得就是這件事—Introducing the new Microsoft.Data.SqlClient（網址https://devblogs.microsoft.com/dotnet/introducing-the-new-microsoftdatasqlclient/）

- In .NET Framework, versions are installed globally in Windows.（通常跟作業系統、.NET Framework"完整版"整合一起）
- In .NET Core, an application can pick a specific SqlClient version and ship with that.（可以搭配特定的SqlClient版本並交付）（透過Nuget取得這個套件）Wouldn't it be nice if the .NET Core model of SqlClient delivery worked for .NET Framework, too?

文章中提醒您：新功能Always Encrypted需搭配SQL Server 2016。新功能Enclave需搭配SQL Server 2019。

如果您使用ORM相關軟體，請注意這段話：Keep in mind that object-relational mappers such as EF Core, EF 6, or Dapper, and other non-Microsoft libraries, haven't yet（尚未）made the transition to the new provider, so you won't be able to use the new features through any of these libraries.

其他的FAQ，在Github上解釋得很清楚，詳見https://github.com/dotnet/SqlClient/wiki。

第一點，Microsoft.Data.SqlClient本身是開源的（Open Source）。

第六點Microsoft.Data.SqlClient支持的最小目標（target）框架是什麼？（這是2019年九月的情況）

- 支持.NET Framework（.NET完整版）4.6及更高版本。
- .NET Core 2.1及更高版本。
- .NET Standard 2.0及更高版本。
- 如果要支持早期（以前版本）的Framework，請繼續使用System.Data.SqlClient。

第九點提到，這是重寫SqlClient嗎？

- 不。將有"兩個"代碼庫（一個用於.NET Framework中的System.Data.SqlClient，一個用於.NET Core中的System.Data.SqlClient）整合到一個套裝軟體中發佈。
- Microsoft.Data.SqlClient下面仍然存在不同的代碼庫，它們被編譯到不同的目標（targets）中。
- .NET Core代碼庫編譯到包中支持.NET Core和.NET Standard目標的執行檔中......。**作者註解** 您要安裝"新版".NET Framework到"舊版" Visual Studio裡面，通常要找一套名為「.NET Framework target（目標套件）」的軟體。
- 長期目標是合併代碼庫。

您可以在YouTube網站搜尋「mis2000lab VS2019 ASP.NET Core」關鍵字。找到我錄製的.NET Core與ADO.NET影片。

影片中的內容在後續章節都會說明。很多以前寫過的ADO.NET程式，即使到了.NET Core時代仍然可用。倘若您要撰寫新的程式，可以考慮改用新的Microsoft.Data.SqlClient命名空間（記得要透過NuGet安裝喔）。

MEMO

02

CHAPTER

Connection 資料庫連結

本書採用SQL Server（或Express版）當作範例資料庫，所以會使用**System.Data.SqlClient**命名空間。如果您使用Oracle，請到原廠網站下載.NET專屬套件（名為ODP.NET）來安裝，若是其他資料庫，請改用System.Data.Odbc或是System.Data.OleDb命名空間，但部分作法可能跟本文介紹的SQL Server有差異。

不管您將來要使用DataReader + Command或DataSet + DataAdapter、LINQ或EF（Entity Framework）都會跟資料庫的連結字串息息相關，勢必都會用上！

關於連結字串，不需記憶死背，後續會有完整介紹。ASP.NET Web Form的程式設計師可以透過Visual Studio的SqlDataSource控制項，以精靈步驟自動產生，並存放在Web.Config設定檔裡面。您可以在YouTube搜尋到我的教學影片，關鍵字「mis2000lab 資料庫連線字串 死背」便可找到。

2-1 Connection物件

SqlConnection表示：指定連接字串（Connection String）時，初始化SqlConnection類別的新執行個體，所以使用SqlConnection時必須要用new，例如C#語法的SqlConnection Conn = new SqlConnection("連結字串");。請使用System.Data.SqlClient命名空間。

2-1-1 讀取/寫入屬性的初始值

當建立SqlConnection的新執行個體時，除非它們是在ConnectionString屬性中使用特別設定的關鍵字，否則讀取/寫入屬性會以下列初始值為主。

屬性	初始值
ConnectionString	連結字串、連線字串。請參閱下一節的解說。
ConnectionTimeout	15（單位：秒）預設值。 若設定為0表示沒有限制，但由於嘗試連接會永遠等待，所以應該"避免"在ConnectionString中使用。

屬性	初始值
Database	空字串（""）。本章後續解說。
DataSource	空字串（""）。本章後續解說。

可以只使用ConnectionString屬性變更些屬性的值。SqlConnection類別建立和管理連接字串的內容。

2-1-2 常見屬性一覽表

SqlConnection常用**屬性**如下表所示，常用的屬性我們會特別強調出來。

名稱 * 代表.NET 4.0（含）以前舊版的方法	說明
*CanRaiseEvents	取得值，指出元件是否能引發事件。(繼承自Component)
CientConnectionId	最近連線的ID，不管連線是否成功。此為.NET 4.5新增功能。
ConnectionString	取得或設定用來開啟SQL Server資料庫的字串。(覆寫DbConnection.ConnectionString。) 註解：下一節會有更多介紹。
ConnectionTimeout	取得在終止嘗試並產生錯誤前嘗試建立連接的等待時間。(覆寫DbConnection.ConnectionTimeout。) 預設為15秒。若設定為0，表示沒有限制，但由於嘗試連接會永遠等待，所以應該"避免"在ConnectionString中使用。
Container	取得包含Component的IContainer。(繼承自Component)
Credential	取得或設定這個連接的SqlCredential物件。此為.NET 4.5新增功能。
Database	取得目前資料庫或要在連接開啟之後使用的資料庫名稱。(覆寫DbConnection.Database。) 本章後面會解說。
DataSource	取得要連接的SQL Server的執行個體名稱。(覆寫DbConnection.DataSource。) 本章後面會解說。
*DbProviderFactory	取得此DbConnection的DbProviderFactory。(繼承自DbConnection)
*DesignMode	取得值，指出Component目前是否處於設計模式。 (繼承自Component)
*Events	取得附加在這個Component的事件處理常式清單。 (繼承自Component)

名稱 * 代表 .NET 4.0（含） 以前舊版的方法	說明
FireInfoMessage EventOnUserErrors	取得或設定FireInfoMessageEventOnUserErrors屬性。
PacketSize	取得用來與SQL Server的執行個體通訊的網路封包之大小（以位元組，Byte為單位）。
ServerVersion	取得字串，其包含用戶端連接之SQL Server的執行個體版本。(覆寫DbConnection.ServerVersion。) 本章後面會解說。
Site	取得或設定Component的ISite。(繼承自Component)
State	表示SqlConnection的狀態。(覆寫DbConnection.State。)
StatisticsEnabled	如果設定為true，則啟用目前連接的統計資料蒐集。
WorkstationId	取得識別資料庫用戶端的字串。

資料來源：微軟 Microsoft Docs網站（前MSDN網站）

2-2 ConnectionString，資料庫的連結字串

例外狀況，ArgumentException。表示：提供無效的連接字串引數，或未提供必要的連接字串引數。

常見的MS SQL Server連結字串如下：

```
""ersist Security Info=False;Integrated Security=true;Initial Catalog=
SQLServer 裡面的資料庫名稱，例如 Northwind;server=(local)"
```

上面的server=(local)，也可以寫成「server=.」。兩者都是代表「本機」的意思。也就是把資料庫跟程式安裝在同一台電腦裡面。

```
"Data Source=.\MSSQLSERVER2008;Initial Catalog=SQLServer 裡面的資料庫名稱，例如
Northwind;Integrated Security=True"

• 註解 (1)：如果是連結 SQL Server Express 版，請寫成 "data source=.\SQLEXPRESS
  .... 後續字串同上 "。

• 註解 (2)：如果用自訂的帳號、密碼連結資料庫，請寫成 "Data Source=.\MSSQLSERVER2008;
  Initial Catalog=SQLServer 裡面的資料庫名稱，例如 Northwind;Persist Security
  Info=True;User ID=帳號;Password=密碼"。
```

如果您使用「登入Windows」的系統管理員帳號，進入SQL Server的話，就採用上面的寫法。因此沒有帳號、密碼。

至於Data Source的名稱，您可以對應「控制台」裡面的「系統管理工具」的「**服務**」，（如下圖）這裡可以找到您的資料庫名稱。每台電腦的設定名稱可能都不一樣，您必須自己找出正確名稱才行。詳見下圖的SQL Server服務，後面的括號()裡面就是資料庫的「伺服器名稱」。伺服器名稱通常在您一開始安裝SQL Server時就加以命名了。

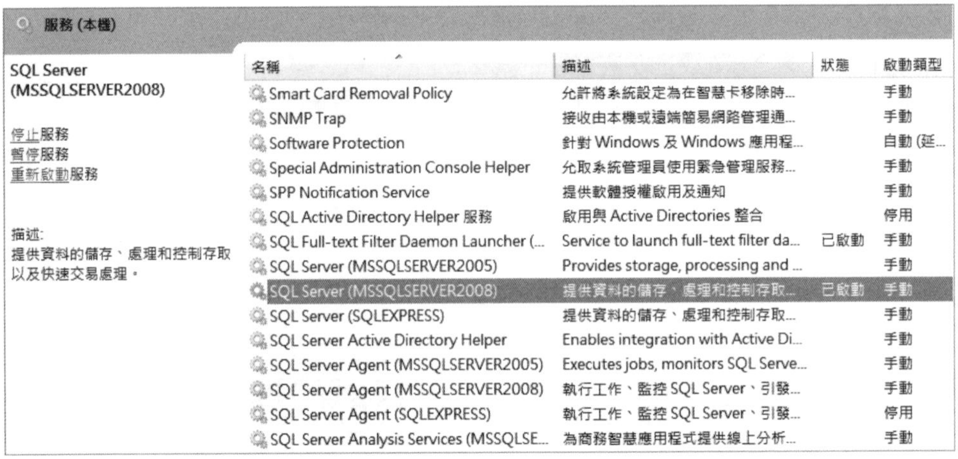

服務 (本機)

SQL Server
(MSSQLSERVER2008)

停止服務
暫停服務
重新啟動服務

描述:
提供資料的儲存、處理和控制存取以及快速交易處理。

名稱	描述	狀態	啟動類型
Smart Card Removal Policy	允許將系統設定為在智慧卡移除時...		手動
SNMP Trap	接收由本機或遠端簡易網路管理通...		手動
Software Protection	針對 Windows 及 Windows 應用程...		自動 (延...
Special Administration Console Helper	允取系統管理員使用緊急管理服務...		手動
SPP Notification Service	提供軟體授權啟用及通知		手動
SQL Active Directory Helper 服務	啟用與 Active Directories 整合		停用
SQL Full-text Filter Daemon Launcher (...	Service to launch full-text filter da...	已啟動	手動
SQL Server (MSSQLSERVER2005)	Provides storage, processing and ...		手動
SQL Server (MSSQLSERVER2008)	提供資料的儲存、處理和控制存取...	已啟動	手動
SQL Server (SQLEXPRESS)	提供資料的儲存、處理和控制存取...		手動
SQL Server Active Directory Helper	Enables integration with Active Di...		手動
SQL Server Agent (MSSQLSERVER2005)	Executes jobs, monitors SQL Serve...		手動
SQL Server Agent (MSSQLSERVER2008)	執行工作、監控 SQL Server、引發...		手動
SQL Server Agent (SQLEXPRESS)	執行工作、監控 SQL Server、引發...		停用
SQL Server Analysis Services (MSSQLSE...	為商務智慧應用程式提供線上分析...		手動

Windows 服務裡面的資料庫名稱。如果安裝多套 SQL Server，括號 () 裡面就是資料庫的「伺服器名稱」

本章後續會介紹其他的連結字串，或是透過SqlDataSource控制項來連結其他資料庫。

2-3 ConnectionString 關鍵字數值的有效名稱

僅供參考與查詢，未必每個設定值都會用到。本節僅供資料查核與參考。下列表格列出ConnectionString裡面，關鍵字數值的有效名稱。

關鍵字	預設	說明
Addr	N/A	資料來源的同義資料表。
Address	N/A	資料來源的同義資料表。
App	N/A	應用程式名稱的同義資料表。

關鍵字	預設	說明
Application Name	N/A	應用程式的名稱，如果沒有提供應用程式名稱，則為.NET SQLClient Data Provider。 應用程式名稱可以是128個字元或更少。
ApplicationIntent	ReadWrite	宣告應用程式的Workload Type，可以搭配ReadOnly或是ReadWrite兩種屬性值。 搭配SQL 2012起的AlwaysOn高可用性群組（Availiable Group）。新版SQL Server改用AlwaysOn來進行HA（高可用性）與DR（災難復原）取代以前版本的Mirros。 此為.NET 4.5新增功能。
Asynchronous Processing -或- **Async**	'false'	如果為true，啟用非同步作業支援。可辨認的值為true、false、yes和no。
AttachDBFilename -或- **Extended Properties** -或- **Initial File Name**	N/A	主要資料庫"檔案"的名稱，包括可附加資料庫的完整路徑名稱。只有具有.mdf副檔名的主要資料檔案才能支援AttachDBFilename。 如果AttachDBFileName機碼的值在連接字串中指定為資料庫連接，且會變成預設的資料庫連線。 如果未指定這個機碼，並先前已附加資料庫，資料庫將不會重新附加。將作為預設資料庫連線，使用先前附加的資料庫。 如果此機碼指定搭配AttachDBFileName金鑰，就會使用此機碼的值之別名。但是，如果其他附加的資料庫中已經使用名稱，則連線將會失敗。 藉由使用DataDirector替換字串，路徑可以是絕對或相對路徑。如果使用DataDirectory，則資料庫檔案必須存在於替換字串指向之目錄的子目錄。 **注意事項** • 不支援遠端伺服器、HTTP和UNC路徑名稱。 • 必須使用關鍵字'database'（或其中一個別名（Alias））指定資料庫名稱，如下所示："AttachDbFileName=|DataDirectory|\data\YourDB.mdf;integrated security=true;database=YourDatabase"

關鍵字	預設	說明
		如果記錄檔出現在與資料檔案相同的目錄中，而且在嘗試附加主要資料檔案時使用了 'database' 關鍵字，便會產生錯誤。在這種情況下，請移除該記錄檔。附加資料庫之後，便會自動依據實體路徑來產生新的記錄檔。
Connection Lifetime （連接存留期） -或- **Load Balance Timeout** （載入平衡逾時）	0	當連接傳回集區時，其建立時間會與目前時間相比較，如果該時間（以秒為單位）超過 Connection Lifetime 指定的值，則會終結連接。這有助於在叢集組態中強制進行執行中伺服器和剛上線伺服器之間的負載平衡（Load Balancing）。 零（0）的值會導致共用連接產生連接上限逾時的狀況。
Connect Timeout -或- **Connection Timeout** -或- **Timeout** （等候逾時）	15	預設值為 15 秒。在終止嘗試並產生錯誤之前，要等待伺服器連接的時間長度（以秒為單位）。 數值必須大於、等於零。或是小於 2147483647。
Context Connection	'false'	如果應該建立與 SQL Server 的同處理序（in-process）連接，則為 true。
Current Language -或- **Language**	N/A	設定 SQL Server 警告或是錯誤訊息，需小於 128 字。
Data Source （資料來源） -或- **Server** （伺服器） -或- **Address** -或- **Addr** -或- **Network Address**	N/A	要連接 SQL Server 的執行個體之名稱或網路位址。可在伺服器名稱後指定通訊埠（Port）編號： **server=tcp:servername, portnumber** 指定本機執行個體時，永遠使用（**local**）。若要強制 "通訊協定"，請加入下列其中一個前置詞： **np:(local), tcp:(local), lpc:(local)** 新版 SQL Server（SQL 2012 起）的 LocalDB 資料庫，請用此寫法：Server=(localdb)\\ 您的資料庫名稱 Data Source 需要使用 TCP 格式或 Named Pipes 格式。寫法如下： • tcp:<host name>\<instance name> • tcp:<host name>,<TCP/IP port number>

關鍵字	預設	說明
		如果您使用前置字"tcp:"為首，來撰寫資料庫名稱，需符合下列三種規範： • NetBIOSName • IPv4Address • IPv6Address 使用Named Pipes（具名管道）時，撰寫格式如下： np:\\<host name>\pipe\<pipe name>
Encrypt	'false'	當為true時，如果伺服器已安裝憑證，則SQL Server會在用戶端與伺服器之間的所有資料上使用SSL加密（Encryption）。可辨認的值為true、false、yes和no。
Enlist	'true'	true表示，SQL Server連接集區工具會在建立執行緒的目前交易內容中自動登記連接。
Failover Partner	N/A	容錯移轉（failover）合作夥伴的名稱，用來設定資料庫鏡像（Mirror）。SQL Server 2012起改用Always-On起取代前版的鏡像（Mirror）。 server name可以是128個字元或更少。 **注意事項** .NET Framework 1.0或1.1版不支援Failover Partner關鍵字。
Initial Catalog **-或-** **Database** **（資料庫）**	N/A	資料庫的名稱。可以是128個字元或更少。
Integrated Security **-或-** **Trusted_Connection**	'false'	如果為false，則會在連接中指定使用者ID和密碼。如果為true，則會使用目前的Windows（登入）帳戶認證進行驗證。 可辨認的值為true、false、yes、no和**sspi（建議使用）**，其相當於true。 如果使用者識別碼和密碼已指定，且整合安全性設定設為true，則會略過使用者識別碼和密碼，並使用整合式安全性。 **注意事項** 建議改用.NET 4.5新的「SqlCredential屬性」來做，更加安全。
Min Pool Size **（集區大小的最小值）**	0	預設值為0。需大於、等於0才是有效數值。

關鍵字	預設	說明
Max Pool Size **（集區大小的最大值）**	100	預設值為100。需大於、等於1才是有效數值。
MultipleActiveResultSets **（簡稱MARS）**	'false'	如果為true，則應用程式可維護Multiple Active Result Set（MARS）。如果為false，則應用程式必須處理或取消一個批次的所有結果集，才能夠執行該連接的其他批次。辨認的值為true和false。 注意事項 .NET Framework 1.0或1.1版不支援該關鍵字。必須是.NET 2.0版（含）以上，搭配SQL Server 2005版（含）以上才能運作。
MultiSubnerFailover	FALSE （或0）	.NET 4.5與SQL 2012起才能使用此功能，建議永遠設為True（或1）。搭配SQL 2012起的AlwaysOn Availiablitity Group的Listener。
Network Library **-或-** **Network** **-或-** **Net**	N/A	網路程式庫用來建立SQL Server的執行個體的連接。支援的值包含： • dbnmpntw（具名管道） • dbmsrpcn（多重通訊協定、Windows RPC） • dbmsadsn（Apple Talk） • dbmsgnet（VIA） • dbmslpcn（共用記憶體） • dbmsspxn（IPX/SPX） • dbmssocn（TCP/IP） • Dbmsvinn（Banyan Vines） 在這個範例中，網路程式庫是Win32 Winsock TCP/IP（dbmssocn），1433則是使用的通訊埠。例如： **Network Library=dbmssocn;Data Source=000.000.000.000,1433;**
Packet Size	8192	預設值為8192。需大於、等於512，並且小於、等於32767才是有效數值。用來與SQL Server的執行個體通訊的網路封包之大小（以位元組，Byte為單位）。
Password **（密碼）** **-或-** **PWD**	N/A	正在登入之SQL Server帳戶的密碼。"不"建議使用。 為了維持高安全性等級，強烈建議您改使用Integrated Security或Trusted_Connection關鍵字。password可以是128個字元或更少。

關鍵字	預設	說明
Persist Security Info **（保存安全性資訊）** **-或-** **PersistSecurityInfo**	'false'	當設定為false或no（建議使用）時，如果連接開啟或曾經處於開啟狀態，則不會將安全性相關資訊（如密碼）當作連接的一部分傳回。重設連接字串會將所有包含密碼的連接字串值重設。可辨認的值為true、false、yes和no。
Pooling **（共用）**	'true'	預設值為true，只要一個新建的連結加入Pool（集區）而且應用程式用完並關閉連線以後，下次遇見「相同連結字串」的連線，就會直接從Pool裡面取用。後續有深入解說。 注意！連結字串那怕改了一個字，就是同另一個新連結，無法享用Pool的效應。
Replication	'false'	如果使用連接時支援複寫，則為true。
Transaction Binding	Implicit Unbind	控制與已登記之System.Transactions（命名空間）交易的連接關聯。 可能值為： • Transaction Binding=Implicit Unbind; • Transaction Binding=Explicit Unbind; 隱含解除繫結會造成連接在結束時與交易中斷。在中斷連結之後，會在自動認可模式中執行其他的連接要求。如果在交易為作用中時執行要求，便不會檢查System.Transactions.Transaction.Current屬性。在交易結束之後，會在自動認可模式中執行其他要求。 明確解除繫結會造成連接與交易保持在附加狀態，除非連接關閉或呼叫明確的SqlConnection.TransactionEnlist(null)。如果Transaction.Current不是已登記的交易或如果已登記的交易不是作用中時，便會擲回InvalidOperationException。
TrustServerCertificate	'false'	設為true時，SSL會用來加密通道，但略過驗證信任的憑證鏈結查核。如果TrustServerCertificate設定為true且Encrypt設定為false，則不會加密通道。可辨認的值為true、false、yes和no。

關鍵字	預設	說明
Type System Version	N/A	字串值，表示應用程式預期的型別系統（Type System）。可能值為： • Type System Version=SQL Server 2000; • Type System Version=SQL Server 2005; • Type System Version=SQL Server 2008;（註：可填入新版SQL Server的版本，如2012或2014） • Type System Version=Latest; 設為Latest時，視同Type System Version=SQL Server 2008;。不建議使用。 設為SQL Server 2000時，會使用SQL Server 2000型別系統。連接到SQL Server 2005執行個體時，會執行下列轉換： • XML轉換成NTEXT • UDT轉換成VARBINARY • VARCHAR(MAX)、NVARCHAR(MAX)和VARBINARY(MAX)分別轉換成TEXT、NEXT和IMAGE。 設為SQL Server 2005時，會使用SQL Server 2005型別系統。對於目前版本的ADO.NET，不執行任何轉換。 如果設定為SQL Server 2012或後續新版，務必搭配新版.NET與**Microsoft.SqlServer.Types.dll**（版本11.0.0.0）才行。
User ID -或- UID	N/A	SQL Server登入帳戶。**不建議使用**。 為了維持高安全性等級，強烈建議您改使用Integrated Security或Trusted_Connection關鍵字。建議改用SqlCredential屬性來做，會更安全！user ID可以是128個字元或更少。
User Instance	'false'	Boolean值，指出是否將連接從預設SQL Server **"Express版"**執行個體，重新導向至在呼叫端帳戶下執行之執行階段啟始的執行個體。
Workstation ID -或- WSID	本機電腦名稱	連接至SQL Server的工作站名稱。ID可以是128個字元或更少。

新版.NET 4.5與SQL 2012（含）後續新版提供新的SqlCredential屬性來替代上表的屬性，說明如下：

SqlCredential提供更安全的方法，以指定使用SQL Server驗證的登入密碼。SqlCredential由SQL Server驗證的User ID和密碼組成。SqlCredential物件中的密碼是SecureString型別而且SqlCredential無法被繼承。

Windows驗證（Integrated Security = true）會維持最安全的方式登入SQL Server資料庫。如果非null的SqlCredential物件用到下列連接字串關鍵字，則會引發例外狀況InvalidOperationException：

- **Integrated Security = true**
- **Password**
- **User ID**
- **Context Connection = true**

下列範例使用Credential連結到SQL Server資料庫（採用Windows Form的寫法，有些控制項在ASP.NET / Web專案並沒有）供您參考：

```
using System.Configuration;
// 必須自己動手「加入參考」才能在 Windows Form 使用。
// 用來讀取 App.config 設定檔的內容。


System.Windows.Controls.TextBox txtUserId = new System.Windows.Controls.
TextBox();
System.Windows.Controls.PasswordBox txtPwd = new System.Windows.Controls.
PasswordBox();
// 這些控制項是 Windows Form 的。

Configuration config = Configuration.WebConfigurationManager.
OpenWebConfiguration(Null);
ConnectionStringSettings connStr = config.ConnectionStrings.ConnectionString[
"MyConnString"];
// 從設定檔裡面（如 App.Config）讀取連結字串。

using (SqlConnection conn = new SqlConnection(connStr.ConnectionString))    {
    SecureString pwd = txtPwd.SecurePassword;  // 類型：System.Security.
SecureString
    pwd.MakeReadOnly();

    SqlCredential cred = new SqlCredential(txtUserId.Text, pwd);
    // 密碼只能接受 System.Security.SecureString
    conn.Credential = cred;

    conn.Open();......
}
```

2-4 SqlDataSource 產生連結字串（圖解 Visual Studio 精靈）

SqlDataSource控制項只有ASP.NET Web Form才有，請看後續章節解說。Windows Form也有類似的步驟與流程，但沒有此控制項。

有鑑於讀者第一次接觸ASP.NET的SqlDataSource這種資料繫結控制項，它的功能強大又需要連結資料庫。因此我們改用圖片連續說明的方式，來介紹它的用法。大量的連續圖片，也比較容易讓初學者一步一步跟著做（後續章節就不會浪費這麼多篇幅來解說）。

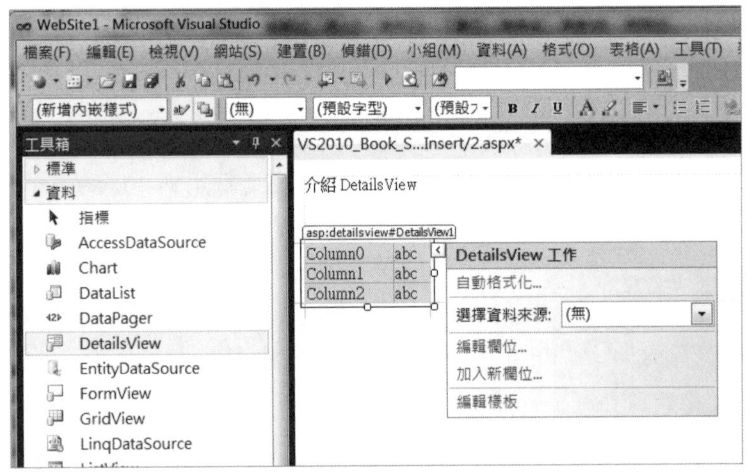

▲ 左方的工具箱，挑選「資料」裡的 DetailsView 並且拖拉到畫面裡。DetailsView 右上方有一個三角標誌，稱為「智慧標籤（Smart Tag）」

除了控制項的右上角，會出現「智慧標籤（Smart Tag）」以外，我們也可以在控制項上，按下「滑鼠右鍵」點選「智慧標籤」的功能。

後續的設定步驟，其實跟上一章講解過的「連結資料庫四大步驟」完全一樣。Visual Studio只是透過精靈畫面，一步一步地協助我們完成這四大步驟而已。請依照下圖的指引來完成之。

首先，我們透過DetailsView的「智慧標籤」，請選擇資料來源裡面的「新資料來源」。

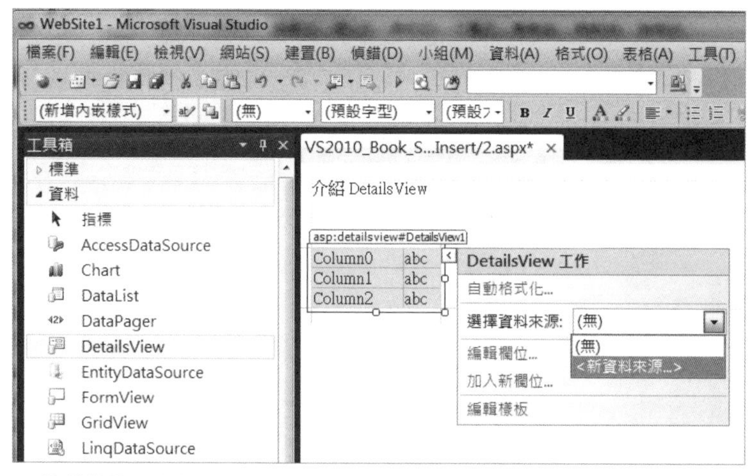

⊙ 準備開始連接資料庫。請選擇「資料來源」並新增一個 < 新資料來源 >

資料來源可以是各種管道，但我們以資料庫為主，要連接MS SQL Server就挑選「資料庫」。此時我們便可以發現畫面最下方會自動變成「SqlDataSource」資料來源控制項（如下圖所示）。

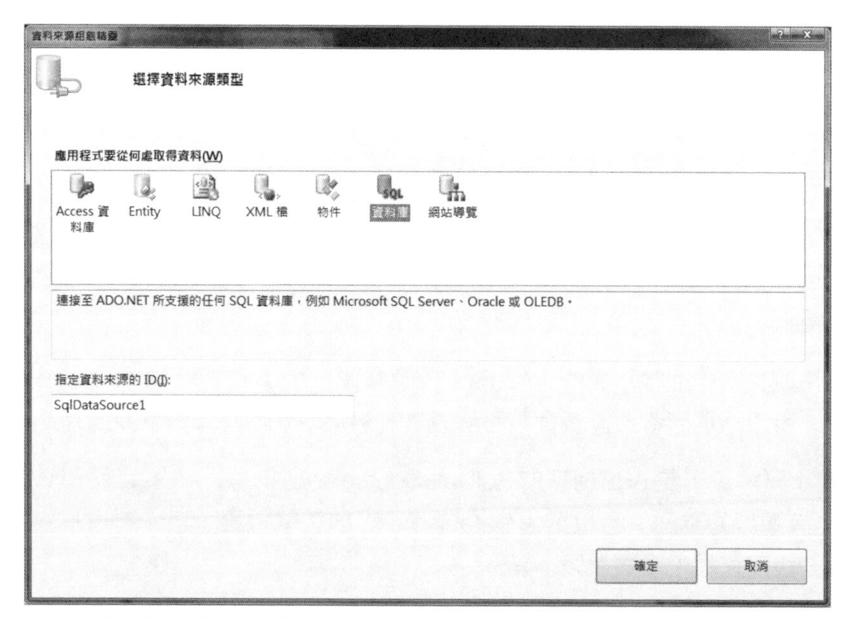

⊙ .NET 的資料來源有分成很多種。目前我們以連結資料庫為主，這是商務系統最常用的資料來源

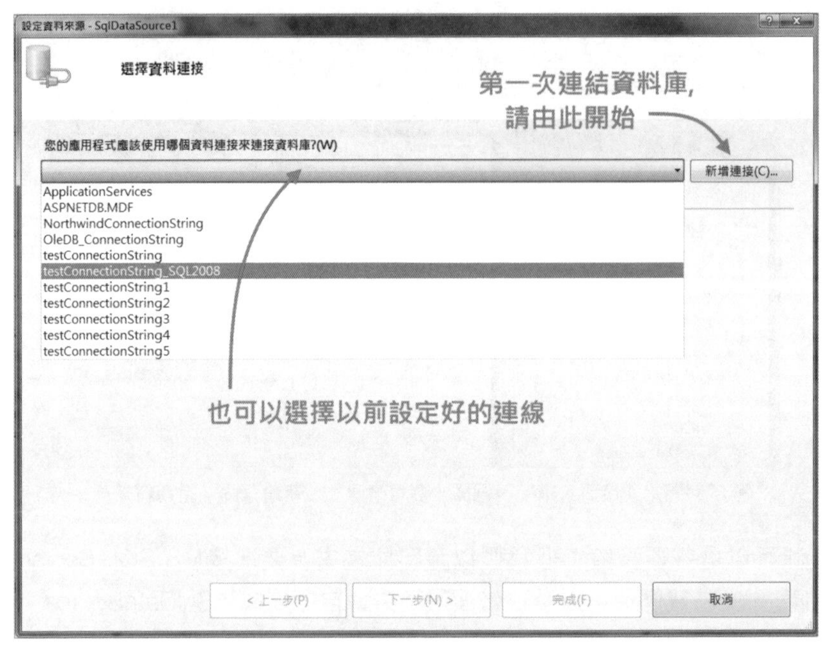

⊙ 第一次使用，請按下畫面右方的按鈕—「新增連接」，後續步驟如下圖。如果以前已經有做好資料庫連線的話，也可以挑選以前設定好的，作重複使用

通常程式設計師在開發程式的時候，自己的電腦（本機）上面也會安裝資料庫軟體。這時候，我們可以輸入「**.**」符號或是（**local**）代表SQL Server資料庫 **"本機"，如果資料庫安裝在其他主機上，請填寫IP** 位址（請看下圖的「伺服器名稱」)。

如果您使用SQL Server **Express** 版並安裝在本機上面，伺服器名稱則寫成「.\SqlExpress」。如果您的資料庫放在遠端，請加註IP位址，寫成「192.168.1.1\SqlExpress」。

如果您用瀏覽器連上微軟雲端（Azure）的資料庫，Azure的設定畫面上會提供您連結字串，所以不需死背。後續會為您解說Windows Azure雲端資料庫的連結步驟。

後續圖片與解說，是ASP.NET的SqlDataSource設定步驟。如果您使用Windows Form也有類似的畫面，可以透過DataGridView的智慧標籤，以「新增資料來源」來跑這些設定流程，畫面大同小異。

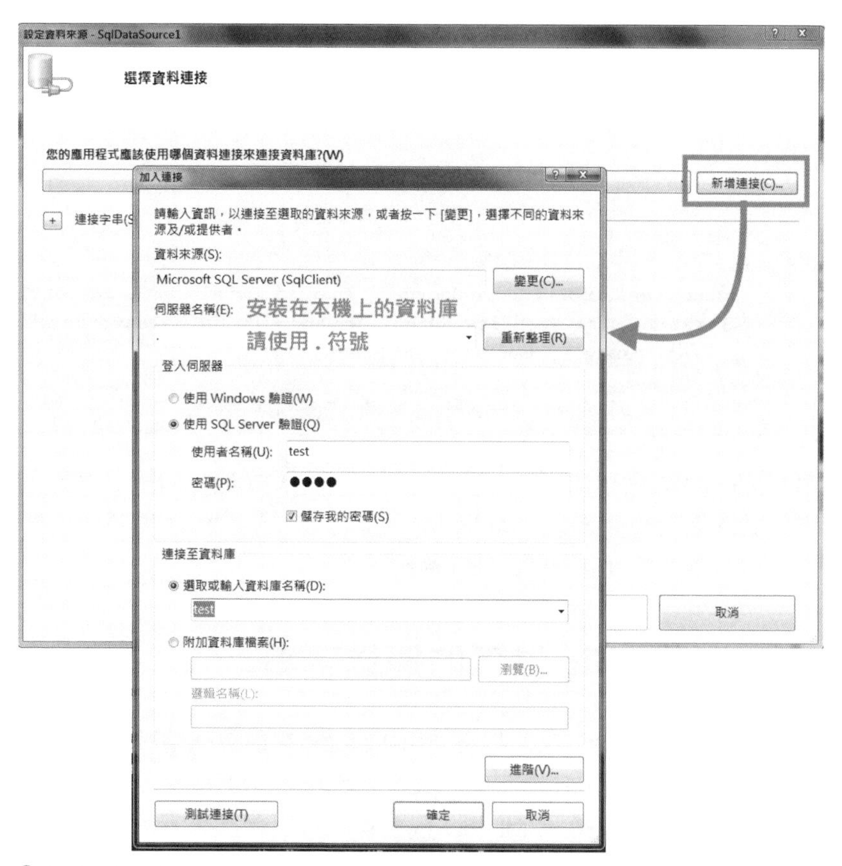

⊙ 新增（資料庫）連接的畫面。只要選擇資料庫主機，並且輸入帳號與密碼，就可以測試連線。成功後，可以把這個連接給記錄下來，以備日後使用

完成上述的步驟之後，就會自動產生一段資料庫的「連結字串（Connection String，如下圖）」，按下「下一步」一路完成所有精靈步驟，才會存入Web.Config檔案裡面，讓您以後可以重複使用，不需要重新進行上述的連結步驟了。

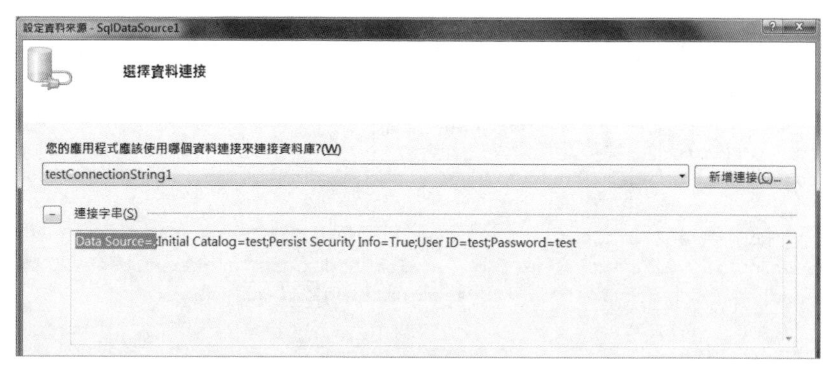

⊙ 完成（資料庫）連接的畫面。請看下面的連線字串，前一張圖片只是以視窗的方式，幫我們完成這段連接字串（Connection String）而已

這段資料庫的連結字串，可以儲存在Visual Studio開發網站的"根"目錄底下，有一個Web.Config檔案會儲存資料庫連線字串。

```
<configuration>

  <!--  '==== 資料庫 連線字串 ==== -->
  <connectionStrings>
    <add name="testConnectionString1"
            connectionString="Data Source=.;Initial Catalog=SQL Server 裡面的
資料庫名稱，例如 test;Persist Security Info=True;User ID= 帳號 ;Password= 密碼 "
            providerName="System.Data.SqlClient" />
    ......
  </connectionStrings>    註解：Web.Config 檔案的其他設定不再贅述
```

如果是撰寫Windows Form程式，設定檔則名為App.Config。如果您想寫程式存取這個檔案，記得將System.Configuration命名空間「加入參考」。本書後續有一個章節專文解說Windows Form的ADO.NET範例。

2-5 Web.Config 檔案的連結字串

之前介紹過SqlDataSource，它可以在Visual Studio裡面透過精靈設定步驟，當我們完成資料庫的連線。這些連結字串（ConnectionString）都會存放在Web.Config檔裡面。這是一個純文字檔、XML檔，我們可以自己開起來看看內容。Windows Form用戶則名為App.Config檔。

ASP.NET應用程式"根"目錄中的Web.config檔，資料庫連結字串如下（並非完整的Web.Config內容，只列舉重點）：

```
<?xml version="1.0"?>
<configuration>
    <configSections>
        ......部 份 省 略......
    </configSections>
    <appSettings/>

    <!--  '==== 資料庫 連結字串   ==== -->
    <connectionStrings>

        <add name="testConnectionString(可自行命名)" connectionString="Data
Source=.;Initial Catalog= 資料庫名稱 ;Persist Security Info=True;User ID= 帳
號 ;Password= 密碼 " providerName="System.Data.SqlClient" />
```

```
        <add name="OleDB_ConnectionString(可自行命名)" connectionString=
"Provider=SQLOLEDB;Data Source=.;Persist Security Info=True;Password=密
碼;User ID=帳號;Initial Catalog=資料庫" providerName="System.Data.OleDb" />

    </connectionStrings>
......以 下 省 略......
```

前面的入門章節，我們都有使用過SqlDataSource控制項搭配大型控制項（如DetailsView）就能完成CRUD各種資料存取功能，而且一列程式碼都不用撰寫，真的很厲害。但您知道嗎？ SqlDataSource不光是有完善的精靈設定步驟、也不光只能連結MS SQL Server而已，它也可以連結許多種資料庫。

2-6 SqlDataSource資料庫連結字串for Oracle

System.Data.OracleClient Managed提供者（Provider）需要執行ASP.NET網頁的電腦上已安裝Oracle用戶端（Client端）軟體8.1.7版（含）以上版本。但請您特別注意，此版本在.NET 4.0以後將不再更新。步驟如下：

1. 若要在Web.Config檔中設定Oracle資料庫的連接字串，請開啟ASP.NET應用程式"根"目錄中的Web.Config檔。
2. 在<Configuration>項目中，**如果<ConnectionStrings>項目不存在，請自己動手加入一個**。
3. 建立**<add>項目**做為ConnectionStrings項目的子系，定義下列屬性：
   - 將**name值**設定為您要用來參考連接字串（Connection String）的名稱。
   - **connectionString**指派連接至Oracle資料庫所需的連接字串（Connection String）。如必須使用哪些連接字串值的詳細資訊，請聯絡資料庫管理員。
   - **providerName**指派值"System.Data.OracleClient"，此值會指定ASP.NET在使用此連接字串進行連接時，應該使用ADO.NET System.Data.OracleClient提供者。

您完成的<add>項目可能如下（在Web.Config檔中設定Oracle的連接字串）：

```
<connectionStrings>

    <add name="OracleConnectionString"
        connectionString="Data Source=OracleServer1;Persist
        Security Info=True;Password="******";User ID=User1"
        providerName="System.Data.OracleClient" />

</connectionStrings>
```

打開 .aspx檔的HTML原始碼，可以看見 SqlDataSource控制項宣告類似如下：

```
<asp:SqlDataSource
    ID="SqlDataSource1" Runat="server"
    SelectCommand="select * from products"

    ConnectionString="<%$ ConnectionStrings:OracleConnectionString%>"
%>" />
```

2-7 SqlDataSource資料庫連結字串for Access

若要在Web.config檔中設定Access的連接字串如下：

```
<connectionStrings>

    <add name="AccessConnectionString"
        connectionString="Provider=Microsoft.Jet.OLEDB.4.0;Data Source=
|DataDirectory|Northwind.mdb"
        providerName="System.Data.OleDb" />

</connectionStrings>
作者註解：|DataDirectory表示資料庫檔案 (Northwind.mdb)，放在 /App_Data 目錄底下
```

打開.aspx檔的HTML原始碼，可以看見下列範例，顯示設定來連接Access資料庫的SqlDataSource控制項。

```
<asp:SqlDataSource
    ID="SqlDataSource1" runat="server"

    SelectCommand="SELECT * FROM Customers"

    ConnectionString="<%$ ConnectionStrings: AccessConnectionString %>"
    ProviderName="<%$ ConnectionStrings:CustomerDataConnectionString.
ProviderName %>" />
```

2-8 SqlDataSource資料庫連結字串for ODBC

若要在Web.config檔中設定ODBC的連接字串如下：

```
<configuration>
  <connectionStrings>
```

```
    <add name="ODBCConnectionString"
          connectionString="Driver=ODBCDriver;server=ODBCServer;"
          providerName="System.Data.Odbc" />

  </connectionStrings>
</configuration>
```

打開.aspx檔的HTML原始碼，可以看見下列範例，顯示SqlDataSource控制項設定為存取ODBC資料來源。在範例中，SelectCommand屬性會設定為SQL查詢。

```
<asp:SqlDataSource
    ID="SqlDataSource1" Runat="server"
    SelectCommand="Select * From Products"

  ConnectionString="<%$ ConnectionStrings:ODBCConnectionString %>"
  ProviderName="<%$ ConnectionStrings:ODBCConnectionString.ProviderName %>" />
```

2-9 .Open() 方法

如果有可用的開啟連接，則SqlConnection會從「**連接集區**（Connection Pool，本章後續會介紹之）」取出開啟的連接。否則，它會建立與SQL Server之執行個體的新連接。

注意事項

- 如果SqlConnection超過範圍，則不會關閉它。因此，您必須呼叫.Close()方法以明確關閉連接。
- 嘗試連接SQL Server的執行個體和使用「非TCP/IP」的通訊協定時，如果您指定1433之外的通訊埠（Port）編號，則.Open()方法會失敗。若要指定1433之外的通訊埠編號，**請在連接字串中加入"server=machinename,port number"，並使用TCP/IP通訊協定**。
- .NET Framework Data Provider for SQL Server需要啟用「允許呼叫Unmanaged組件」的安全性權限（將具有SecurityPermissionFlag的SecurityPermission設定為UnmanagedCode），才能在啟用SQL除錯的情況下開啟SqlConnection。

2-9-1 例外狀況

例外狀況	條 件
InvalidOperationException	在沒有指定資料來源或伺服器的情況下無法開啟連接。或是連接已經開啟。
SqlException	當開啟連接時發生的連接層級錯誤。 如果Number屬性包含18487或18488值，這表示指定的密碼已逾期或必須重設。

2-9-2 Case Study（I）：直接把連結字串寫在程式碼裡面

以下是一個簡單的範例說明，用來示範資料庫的連結與.Open()方法。這並不是一個完整的C#程式，只是簡單示範。

```
    protected void Page_Load(object sender, EventArgs e)
    {    //== (1) 開啟資料庫的連結。
         //==       直接把連結字串寫在程式碼裡面，這種方法比較不好！
         SqlConnection Conn = new SqlConnection("Data Source=.\MSSQLSERVER2012
;Initial Catalog=test;Integrated Security=True");
             Conn.Open();   //== 真正啟動資料庫的連線動作。

         '== (2) 執行 SQL 指令。或是查詢、撈取資料。... 部分省略 ...。
         '== (3) 把撈出來的記錄，呈現在畫面上。... 部分省略 ...。

         '== (4) 釋放資源、關閉資料庫的連結。
             if (Conn.State == ConnectionState.Open) {
                 Conn.Close();
             }
    }
```

2-9-3 Case Study（II）：連結字串寫在Web.Config檔

如果您把連結字串（ConnectionString）存放在Web.Config檔案裡面，則會寫成這樣（C#程式）：

```
using System.Web.Configuration;   //---- 自己（宣告）寫的 ----

using System.Data.SqlClient;
```

```
    protected void Page_Load(object sender, EventArgs e)
    {    //== (1) 開啟資料庫的連結。
         //==       把連結字串 (ConnectionString) 存放在 Web.Config 檔案裡面。
         SqlConnection Conn = new SqlConnection(WebConfigurationManager.
ConnectionStrings["存放在 Web.Config 檔裡面的連結字串，例如：名為 testConnectionString"]
.ConnectionString);
              Conn.Open();  //== 真正啟動資料庫的連線動作。

         '== (2) 執行 SQL 指令。或是查詢、撈取資料。... 部分省略 ...。
         '== (3) 把撈出來的記錄，呈現在畫面上。... 部分省略 ...。

         '== (4) 釋放資源、關閉資料庫的連結。
              if (Conn.State == ConnectionState.Open) {
                  Conn.Close();
              }
    }
```

2-10 .Close() 方法

關閉對資料庫的連接。這是關閉任何開啟連接的慣用方法。

.Close() 方法會復原所有暫停的交易。然後它會釋放對連接集區（Connection Pool）的連接，或者它會關閉連接（前提是，您停用"連接共用"）。程式說明可以參閱上一節 .Open() 方法的示範。

應用程式可以多次呼叫 .Close() 也不會有例外狀況—**SqlException** 產生，請參閱上一節的例外狀況說明。

如果 SqlConnection 超過範圍也不會關閉。因此您必須呼叫 .Close() 方法或 .Dispose() 方法以明確關閉連接。.Close() 方法和 .Dispose() 方法的功能是相等的。

如果連接集區（Connection Pooling）值 Pooling 設定為 true 或 yes，則基礎連接就會傳回連接集區。另一方面，如果 Pooling 設定為 false 或 no，便會關閉伺服器的基礎連接。**作者註解** 連接集區，本章後續有說明。

注意事項

- 如果啟用連接共用，當連接重設時，使用 Transact-SQL 或者 .BeginTransaction() 的未完成交易將會自動復原。如果連接共用關閉，交易會在呼叫 SqlConnection.Close() 之後復原。因為透過 System.Transactions 命名空間啟動的交易，是透過 System.Transactions 控制，並不受 SqlConnection.Close() 影響。**作者註解** 關於 Transaction（交易），本書會有專文介紹。

- 從連接集區擷取連接或將連接傳回至連接集區時，伺服器上不會引發登入和登出事件，因為在傳回至連接集區時實際上未關閉連接。

原廠文件的警告 不要在類別的 .Finalize() 方法中的 Connection、DataReader 或任何其他 Managed 物件上呼叫 .Close() 方法或 .Dispose() 方法。在完成項中，您應該只釋放您的類別所直接擁有的 Unmanaged 資源。如果您的類別並未擁有任何 Unmanaged 資源，請不要將 .Finalize() 方法方法包括在類別定義中。

2-11 .Dispose() 方法

釋放Component使用的所有資源。命名空間：System.ComponentModel。

Component使用完畢後，請呼叫.Dispose()方法。.Dispose()方法讓Component處於無法使用的狀態。在呼叫.Dispose()方法後，您必須釋放所有對Component的參考，讓記憶體回收行程可以取回Component佔用的記憶體。程式說明可以參閱上一節.Open()方法的示範。

注意事項 在您釋放對 Component 的最後參考之前，一定要呼叫 .Dispose() 方法。否則，直到記憶體回收行程呼叫 Component 物件的 .Finalize() 方法之前，將不會釋放它正使用的資源。

作者註解 VS 2017 有程式最佳化的功能（功能表上方的「建置」底下有「程式碼分析」的功能），以前我會寫 SqlConnection 的 .Dispose() 方法，例如 Conn.Dispose()，但 VS 2017 建議取消、不要自己動手寫這一句。

2-12 .CreateCommand() 方法

SqlConnection的.CreateCommand()方法會建立，並傳回與SqlConnection相關聯的SqlCommand物件。

傳回值是一個SqlCommand物件。型別：System.Data.SqlClient.SqlCommand。這種作法可以落實Design Pattern（設計模式）裡面的「工廠模式」。另外一個類似的.CreateDbCommand()方法，會比較注重在DB的型態上。

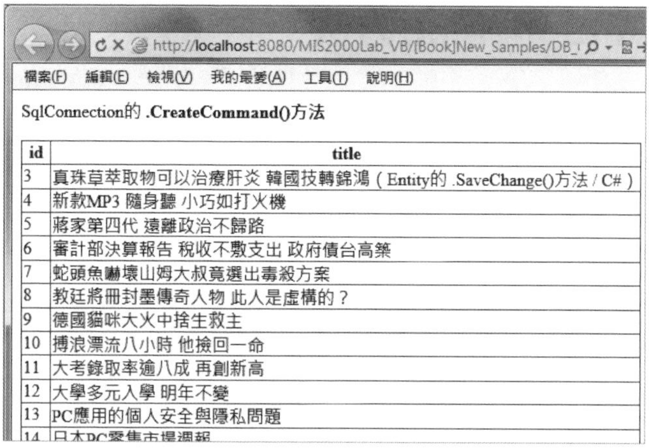

http://localhost:8080/MIS2000Lab_VB/[Book]New_Samples/DB_

檔案(F) 編輯(E) 檢視(V) 我的最愛(A) 工具(T) 說明(H)

SqlConnection的 **.CreateCommand()方法**

id	title
3	真珠草萃取物可以治療肝炎 韓國技轉錦鴻（Entity的 .SaveChange()方法 / C#）
4	新款MP3 隨身聽 小巧如打火機
5	蔣家第四代 遠離政治不歸路
6	審計部決算報告 稅收不敷支出 政府債台高築
7	蛇頭魚嚇壞山姆大叔竟選出毒殺方案
8	教廷將冊封墨傳奇人物 此人是虛構的？
9	德國貓咪大火中捨生救主
10	搏浪漂流八小時 他撿回一命
11	大考錄取率逾八成 再創新高
12	大學多元入學 明年不變
13	PC應用的個人安全與隱私問題
14	日本PC零售市場週報

▲ 範例 Conn_CreateCommand.aspx 的執行成果

範例Conn_CreateCommand.aspx的C#後置程式碼是一個簡單的例子，僅供參考。別忘了事先加入相關的命名空間（NameSpace）的宣告，我們連結MS SQL Server資料庫，因此採用**System.Data.SqlClient**命名空間。

```
using System.Web.Configuration;  //---- 自己（宣告）寫的 ----
using System.Data;
using System.Data.SqlClient;


    protected void Page_Load(object sender, EventArgs e)    {
        //== (1) 開啟資料庫的連結。
        SqlConnection Conn = new SqlConnection(WebConfigurationManager.Connect
ionStrings["testConnectionString"].ConnectionString);
        Conn.Open();

        //== (2) 執行 SQL 指令。
        SqlCommand cmd = Conn.CreateCommand();
        cmd.CommandText = "select id, title from test";

        SqlDataReader dr = cmd.ExecuteReader();

        //== (3) 自由發揮。把撈出來的記錄，呈現在畫面上。
        GridView1.DataSource = dr;
        GridView1.DataBind();

        //== (4) 釋放資源、關閉資料庫的連結。
        if (dr != null)    {
            cmd.Cancel();
            dr.Close();
        }
        if (Conn.State == ConnectionState.Open) {
            Conn.Close();
            Conn.Dispose();
        }
    }
```

2-13 .GetSchema() 方法

SqlConnection 的 .GetSchema() 方法會傳回這個 SqlConnection 之資料來源的結構描述資訊。命名空間：System.Data.SqlClient。

傳回值的型別：System.Data.DataTable。這個 DataTable 裡面，包含結構描述資訊。 .GetSchema() 方法的多載清單，如下表所示：

名稱	說明
GetSchema	傳回這個 SqlConnection 之資料來源的結構描述資訊（覆寫 DbConnection.GetSchema）。
GetSchema(String**)**	使用結構描述名稱的特定字串，傳回這個 SqlConnection 之資料來源的結構描述資訊（覆寫 DbConnection.GetSchema(String)）。
GetSchema(String, String()**)**	使用結構描述名稱的特定字串和限制值的特定字串陣列，傳回這個 SqlConnection 之資料來源的結構描述資訊（覆寫 DbConnection.GetSchema(String, String())）。

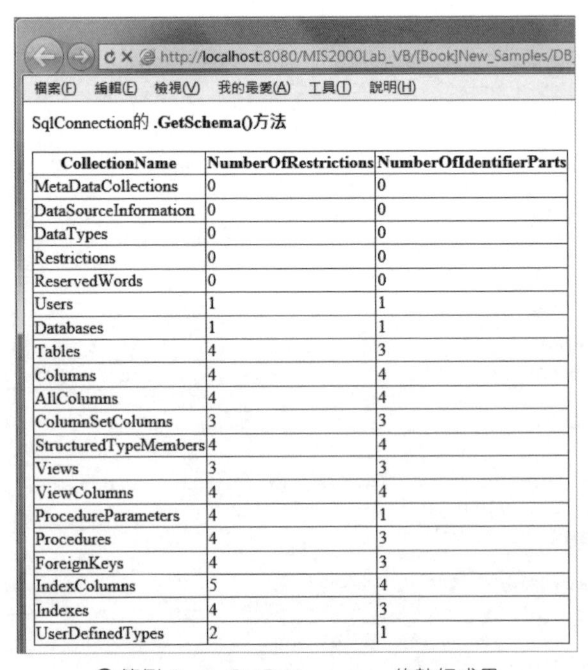

CollectionName	NumberOfRestrictions	NumberOfIdentifierParts
MetaDataCollections	0	0
DataSourceInformation	0	0
DataTypes	0	0
Restrictions	0	0
ReservedWords	0	0
Users	1	1
Databases	1	1
Tables	4	3
Columns	4	4
AllColumns	4	4
ColumnSetColumns	3	3
StructuredTypeMembers	4	4
Views	3	3
ViewColumns	4	4
ProcedureParameters	4	1
Procedures	4	3
ForeignKeys	4	3
IndexColumns	5	4
Indexes	4	3
UserDefinedTypes	2	1

⊙ 範例 Conn_GetSchema.aspx 的執行成果

範例Conn_GetSchema.aspx的C#後置程式碼是一個簡單的例子，僅供參考。別忘了事先加入相關的命名空間（NameSpace）的宣告，我們連結MS SQL Server資料庫，因此採用**System.Data.SqlClient**命名空間。

```
using System.Web.Configuration;    //---- 自己（宣告）寫的 ----
using System.Data;
using System.Data.SqlClient;


    protected void Page_Load(object sender, EventArgs e)    {
        //== (1) 開啟資料庫的連結。
        SqlConnection Conn = new SqlConnection(WebConfigurationManager.Connect
ionStrings["testConnectionString"].ConnectionString);
        Conn.Open();

        //== (2) 執行 SQL 指令。
        DataTable dataTable = Conn.GetSchema();
        //== .GetSchema() 方法。傳回值是 System.Data.DataTable ==

        //== (3) 自由發揮。把撈出來的記錄，呈現在畫面上。
        GridView1.DataSource = dataTable.DefaultView;     //== 重點！！
        GridView1.DataBind();

        //== (4) 釋放資源、關閉資料庫的連結。
        if (Conn.State == ConnectionState.Open)    {
            Conn.Close();
            Conn.Dispose();
        }
```

2-14 多重結果作用集（MARS，MultipleActiveResultSets）

重點說明 用完DataReader物件後，請務必呼叫.Close()方法關閉之。請注意，**DataReader開啟期間，每一次的資料庫連接（Connection）只能供給一個DataReader使用**。必須等到原本使用的那一個DataReader關閉後，才能執行Connection的任何命令，包括建立其他DataReader。

2-14-1 錯誤訊息

不遵守這規則就會出現錯誤，請看下圖（C# 語法）解說。

```
15 public partial class Ch14_Default_1_0_DataReader_Manual : System.Web.UI.Page
16 {
17     protected void Page_Load(object sender, EventArgs e)
18     {
19         //=======微軟SDK文件的範本=======
20
21         //----上面已經事先寫好NameSpace -- Using System.Web.Configuration; ---
22         //----或是寫成下面這一行 (連結資料庫)----
23         SqlConnection Conn = new SqlConnection(WebConfigurationManager.Conne
24
25         SqlDataReader dr = null;
26
27         SqlDataReader dr2 = null;
28
29         SqlCommand cmd;
30         cmd = new SqlCommand("select id,test_time,summary,author from test", Co
31
32         try    //==== 以下程式，只放「執行期間」的指令！===========
33         {
34             Conn.Open();   //---- 這時候才連結DB
35             dr = cmd.ExecuteReader();   //---- 這時候執行SQL指令，取出資料
36
37             GridView1.DataSource = dr;
38             GridView1.DataBind();    //--資料繫結
39
40             dr2 = cmd.ExecuteReader();
41         }
```

▲ 一支程式（同一個資料庫連接，Connection）裡面，使用兩個 DataReader

上圖展示了一種狀況。第一個 DataReader（名為 dr）開啟後尚未關閉，就啟動第二個 DataReader（名為 dr2），將會導致程式執行錯誤。錯誤訊息如下圖。

'/MIS2000Lab_Csharp' 應用程式中發生伺服器錯誤。

已經開啟一個與這個 Command 相關的 DataReader，必須先將它關閉。

描述: 在執行目前 Web 要求的過程中發生未處理的例外情形。請檢閱堆疊追蹤以取得錯誤的詳細資訊，以及在程式碼中產生的位置。

例外詳細資訊: System.InvalidOperationException: 已經開啟一個與這個 Command 相關的 DataReader，必須先將它關閉。

原始程式錯誤:

只有在偵錯模式編譯時，才可以顯示產生此未處理例外狀況的原始程式碼。若要啟動，請依照下列步驟之一，然後要求 URL:

1. 將 "Debug=true" 指示詞加入產生錯誤的程式碼頂端。例如:

```
<%@ Page Language="C#" Debug="true" %>
```

▲ DataReader 開啟期間，每一次的連接（Connection）只能供給一個 DataReader 使用

2-14-2 自己動手將 "MultipleActiveResultSets=True" 加入連接字串

到了 .NET 2.0 以後，才逐步放寬這種限制。不過，有兩個限制：

- **必須搭配 MS SQL 2005（或以後的新版本）**。
- **採用 MARS（多重作用結果集）**。在資料來源（資料庫）的「連接字串（Connection）」內，設定 MultipleActiveResultSets=True。

程式的「預設值」會停用 MARS 功能。必須自己動手將 "MultipleActiveResultSets=True" 加入資料來源的連接字串，便可啟用該功能。

```
String connectionString =
"Data Source=MSSQL1;... 資料庫連線字串 ...(省略)...;MultipleActiveResultSets=
True";
```

所謂「多重作用結果集（MARS）」是與 MS SQL Server 2005（或是後續的新版本）搭配使用的新功能，它允許**在單一連接中，執行 " 多個 " 批次 DataReader 物件與 Command 物件**。針對不同版本的 MS SQL Server 有不同作法：

- 若要使用 SqlDataReader 物件存取「舊版 MS SQL Server（例如 SQL Server 7.0 或 2000）」上的多重作用結果集，每一個 SqlCommand 物件只能搭配使用一個 SqlConnection 物件。
- 啟用 MARS 與 MS SQL Server 2005 以後的新版本搭配使用時，使用的每個 Command 物件都會向 Connection 物件加入一個工作階段（Session），自動幫我們解決這問題。因此，**多重作用結果集（MARS）是與 MS SQL Server 2005（或是後續的新版本）搭配使用的新功能**。

2-14-3 Case Study：留言版

下面這一個範例，我們將使用兩個相關的資料表作為示範。**在同一個資料庫連接裡面，同時使用 " 兩個 "DataReader**。因為是關聯式資料庫，所以兩個資料表彼此有關聯。我們先看看程式執行的結果（如下圖，這就是網路留言版），會比較容易瞭解兩個資料表的關聯。

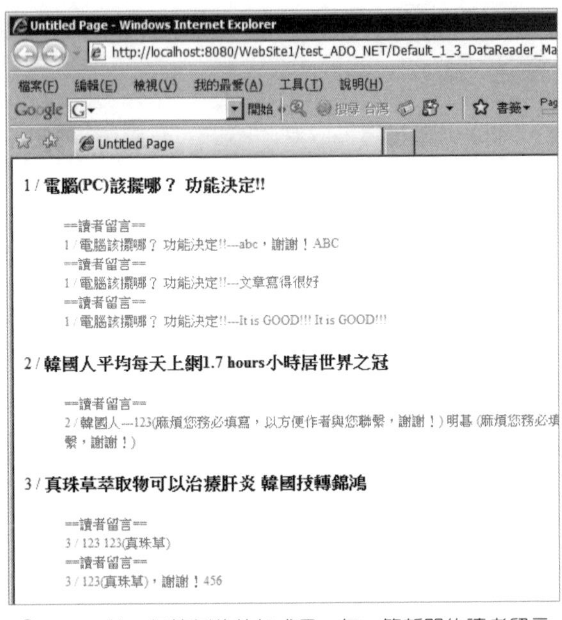

MARS 第一個範例的執行成果，每一篇新聞的讀者留言

上圖的粗體字是test資料表內，每一篇新聞的標題。次一列（內縮）的灰色小字，是針對每一篇新聞，由讀者發表的感言（test_talk資料表）。這是兩個關聯式資料表串起來的成果。

第一個，**test資料表**，用來存放每一篇新聞。主索引鍵為id。

id欄位 （自動編號）	test_time欄位	title欄位	..其他欄位..
11	2019/10/12	電腦(PC)該擺哪？功能決定!!	...省略...

第二個，**test_talk資料表**，也就是讀者留言。讀者可以針對test資料表的每一篇新聞，發表自己的感言。本資料表的主索引鍵為id，與第一個test資料表相關聯的外部索引鍵為test_id。

id欄位 （自動編號）	test_id欄位	article欄位 （讀者的留言）	..其他欄位..
102	**11** **（表示這一則讀者留言，是針對test資料表裡面id=1那篇新聞）**	文章寫得很好	...省略...
103	**11**	It is GOOD!!! It is GOOD!!!	...省略...

範例Default_1_3_DataReader_Manual_MARS.aspx這支程式裡面，同時使用好幾個DataReader的功能，這在以前ASP的RecordSet是極為常用且好用的功能，轉移到ASP.NET的DataReader之後，突然不能用了，實在讓我大傷腦筋。好不容易從ASP.NET 2.0開始，微軟終於又恢復了這樣的功能（務必搭配MS SQL Server 2005或後續的新版本才可使用）。

本範例Default_1_3_DataReader_Manual_MARS.aspx的C#後置程式碼（Code Behind）如下。

```
using System.Data.SqlClient;    //---- 自己寫（宣告）的 ----

protected void Page_Load(object sender, EventArgs e)
{     //---- 連結資料庫，並且啟動 MARS----
    SqlConnection Conn = new SqlConnection("server=localhost; uid= 帳號 ; pwd=
密碼 ; database= 資料庫名稱 ;MultipleActiveResultSets=true");

    SqlDataReader dr = null;
    SqlDataReader dr2 = null;

    SqlCommand cmd = new SqlCommand("select id,title from test", Conn);
    SqlCommand cmd2 = null;

    try  {
        Conn.Open();    //---- 這時候才連結 DB
        dr = cmd.ExecuteReader();    //---- 這時候執行 SQL 指令，取出資料

        if (dr.HasRows )  {
                while (dr.Read())  {  //==== 列出 test 資料表的每一篇新聞 ====
                        Response.Write("<p>" + dr["id"] + "  /  <b>" +
dr["title"] + "</b></p>");
                        Response.Write("<blockquote><font size=2 color=gray>");
    //---- 啟動 MARS 之後 (MultipleActiveResultSets=true)。
    //---- 第一個 DataReader( 變數名稱 dr) 尚未關閉，就直接使用第二個 DataReader( 變
數名稱 dr2)。

        //==== 列出每一篇新聞的「讀者留言」====
        cmd2 = new SqlCommand("select test_id,article from test_talk where
test_id =" + dr["id"], Conn);
        dr2 = cmd2.ExecuteReader();

        if (dr2.HasRows)  {
        while (dr2.Read())  {
            Response.Write("== 讀者留言 ==<br>");
            Response.Write(dr2["test_id"] + " / " + dr2["article"] +
"<br>");
          }
        }
```

```
                Response.Write("</font></blockquote>");
            }
        }
    }
    finally  {
        if (dr != null)   {
            cmd.Cancel();  //---- 關閉 DataReader 之前，先「取消」SqlCommand
            dr.Close();
        }
        if (Conn.State == ConnectionState.Open)   {
            Conn.Close();
        }
    }
}
//== 註解： ===================================
本程式運用到幾個很簡單的 HTML 碼，稍作說明。
    • <p>...</p> 區分段落。
    • <b>...</b> 粗體字。
    • <font>...</font> 控制字體的大小、顏色等等。
    • <blockquote>...</blockquote> 段落向內縮排。
    • <br /> 換列、換段落。
    • <hr /> 在畫面上，畫一條水平線。
```

2-15 變更與取得資料庫

本節的範例可以參閱 SqlConnection_Database.aspx，執行成果如下圖。

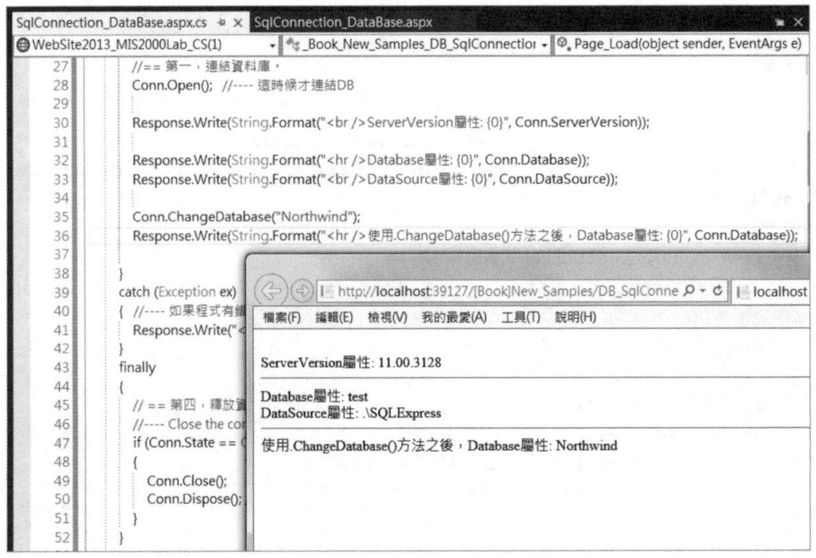

⊙ 在 SqlConnection 執行 .Open() 方法開啟連線「以後」才能執行本節的方法與屬性（範例 SqlConnection_Database.aspx）。

2-15-1 .ChangeDatabase() 方法

為「開啟的」SqlConnection變更目前的資料庫。請注意，必須在SqlConnection**執行.Open()方法開啟連線「以後」**才能執行此.ChangeDatabase()方法（如上圖）。

參數類型：System.String，用於"代替"目前資料庫的資料庫名稱。

例外狀況：

- ArgumentException，資料庫名稱無效。
- InvalidOperationException，連接尚未開啟。
- SqlException，無法變更資料庫。

2-15-2 Database屬性

取得目前資料庫名稱、或要在開啟連接（執行.Open()）「**之後**」使用的資料庫名稱。

參數類型：System.String，目前「資料庫的名稱」或連接開啟後要使用之「資料庫的名稱」。預設值是空字串。

動態更新Database屬性。如果您使用Transact-SQL陳述式或.ChangeDatabase()方法來變更目前的資料庫，則會傳送告知性訊息且「自動更新」屬性。

2-15-3 DataSource屬性

取得要連接的SQL Server的**執行個體名稱**。也就是您在「控制台」的「系統管理工具」底下的「服務」，會看見的SQL Server後面括號的「執行個體名稱」，如下圖。

「控制台」的「系統管理工具」底下的「服務」，會看見的 SQL Server 後面括號的「執行個體名稱」

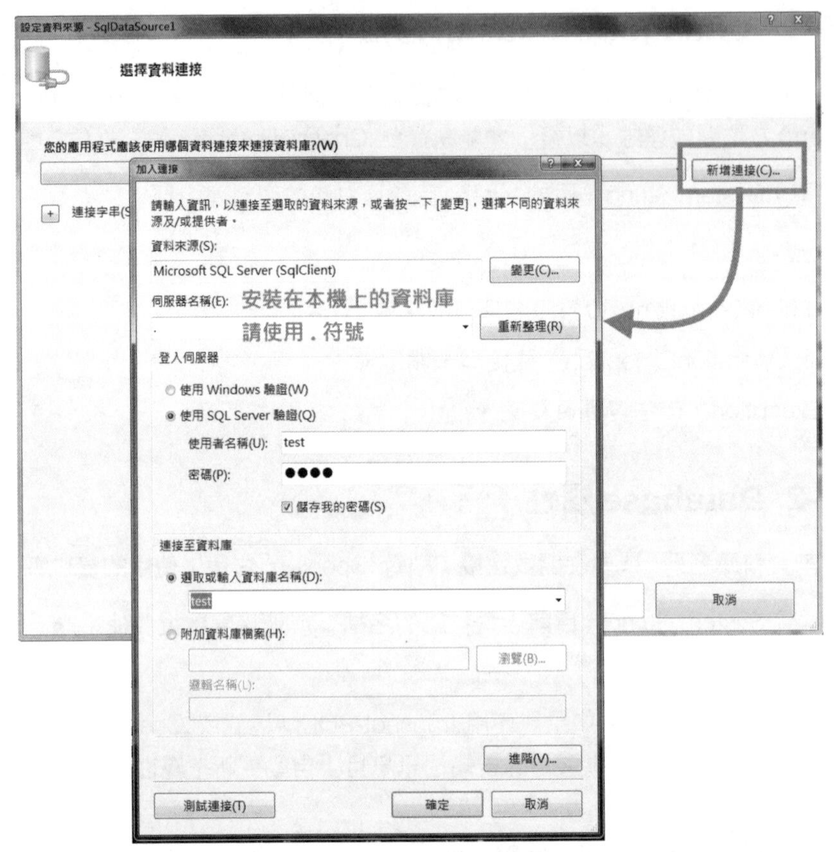

⊙ SqlDataSource 精靈設定步驟，「伺服器名稱」就是 DataSource 屬性的值

上圖的伺服器名稱只寫了一個英文句點「.」符號，是因為電腦裡面安裝了一套 SQL Server「正式版」，所以可以用英文句點「.」符號代表本機。

參數類型：要連接的SQL Server的執行個體名稱。預設值是空字串。您可以在Web.Config設定檔的連結字串裡面，看見「執行個體名稱」、「伺服器名稱」都是同一件事。

```
<connectionStrings>
        <add name="testConnectionString"
                connectionString="Data Source=.\MSSQLSERVER2012;Initial
Catalog=test;Integrated Security=True"
                providerName="System.Data.SqlClient"/>
</connectionStrings>
```

提醒您，如果SqlConnection的連接字串為"context connection=true"，DataSource屬性就會傳回Null參照（即VB的Nothing）。

2-15-4 ServerVersion 屬性

取得字串，其包含用戶端連接之SQL Server的執行個體「版本編號」。其實就是資料庫的版本號碼，如下圖所示。

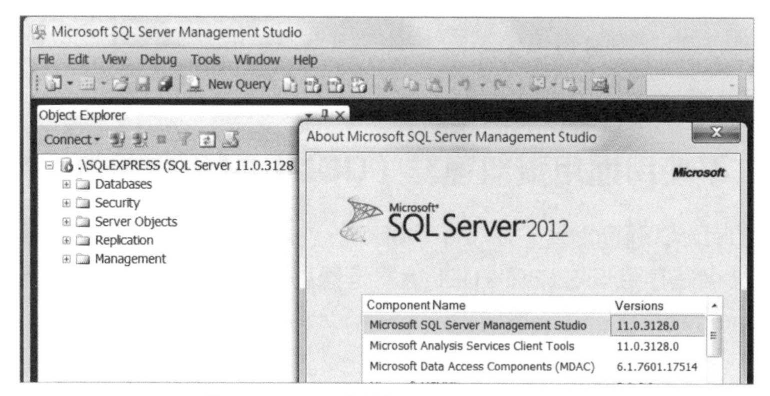

⊙ SQL Server 的執行個體「版本編號」

2-16 連結字串的安全性

資料庫的連接字串充滿了機密資訊，如果沒有受到保護，就可能造成安全性漏洞。以"純文字"儲存連接資訊（請記得幫Web.Config設定檔進行加密）或在記憶體中保存連接資訊都會危及整個系統的安全性。

2-16-1 使用Windows驗證

為了限制他人存取您的資料來源，您必須保護連線資訊，例如使用者ID、密碼和資料來源名稱。為了避免公開使用者資訊，建議您盡可能使用「Windows驗證」（或稱為「整合式安全性」）。Windows驗證是在連結字串中，設定Integrated Security或Trusted_Connection關鍵字，可以不需要使用者ID和密碼。

在使用Windows驗證時，使用者會由Windows進行驗證，而對伺服器和資料庫資源的存取權則是藉由授權給Windows使用者和群組來決定。

倘若您無法使用Windows驗證就得特別小心，因為使用者認證會在連接字串中公開（未加密、明碼展現）。在ASP.NET應用程式中，可以將Windows帳戶設定為用於連接到資料庫和其他網路資源的固定識別（Identity）。您可以在Web.Config檔案中的<Identity>項目中啟用模擬，然後指定使用者名稱和密碼。

```
<identity impersonate="true"
        userName=" 網域 \ 您的帳號 "
        password=" 密碼 " />
```

固定識別帳戶應該是「低權限」的帳戶，僅為其授與資料庫中的必要權限。此外，您也應該將Web.Config組態檔加密，讓使用者名稱和密碼不至於以純文字方式公開。

2-16-2 不使用通用資料連結（UDL）檔

請避免將OleDbConnection的連接字串儲存於「通用資料連結（UDL）」檔案中。UDL以純文字儲存且無法加密。UDL檔案是應用程式外部的檔案型資源，無法使用.NET Framework進行保護或加密。

2-16-3 使用連接字串產生器，避免SQL Injection攻擊

當使用"動態"字串相連來根據使用者輸入建立連接字串時，就可能發生連接字串插入式攻擊。如果使用者輸入未經驗證且未逸出惡意的文字或字元，攻擊者就可能得以存取伺服器上的機密資料或其他資源。

為了解決此問題，ADO.NET 2.0導入了新的連接字串產生器（Builder）類別用於驗證連接字串語法，並確保沒有導入其他的參數。

連接字串產生器類別的目的：可排除「不確定性」並防止語法錯誤和安全性漏洞。此類別所提供的方法和屬性都對應於每個資料提供者所允許的已知索引鍵/值配對。

系統將針對有效的索引鍵/值組執行檢查，無效的索引鍵/值組將擲回例外狀況（Exception）。此外，插入的值也會以安全的方式處理。下列範例示範SqlConnectionStringBuilder如何針對Initial Catalog設定而處理插入的額外值（請注意下面的NewValue=XXX字樣）。

```
請搭配「System.Data.SqlClient」命名空間。

C# 語法：
    SqlConnectionStringBuilder builder = new SqlConnectionStringBuilder();
        builder["Data Source"] = "(local)";
        builder["integrated Security"] = true;
        builder["Initial Catalog"] = "AdventureWorks;NewValue=XXX";
    Response.Write(builder.ConnectionString);
```

輸出顯示上述情況的正確處理方式：SqlConnectionStringBuilder以雙引號（"）溢出額外值，而非以新的索引鍵/值組將該值附加到連接字串。上面程式產生的連結字串為：

```
data source=(local);Integrated Security=True;
                              initial catalog="AdventureWorks;NewValue=XXX"
```

2-16-4 使用預設值Persist Security Info=false

Persist Security Info預設值為false；建議您在所有連接字串中都使用此預設值。

- 如果將Persist Security Info設定為true或yes，則在開啟連接後，可透過連接取得安全機密資訊，包括使用者ID和密碼。
- 當Persist Security Info設定為false或no時，安全性資訊會在用來開啟連接之後捨棄，以確保未受信任的來源無法存取安全機密資訊。

2-17 連結字串與資料庫交易（Transaction）

關於資料庫的交易，本書後續會有深入的說明，請拭目以待。目前僅簡單介紹交易與例外狀況。

從連接集區中根據交易內容進行指派。請注意！要在連接字串中指定Enlist屬性=false，否則連接集區會確保將連接登記在Current內容中。連接關閉並傳回交易的集區時（已登記**System.Transactions**命名空間）會暫時擱置。

如果下一個要求發出時，本次連接是可用狀態，那麼具有相同**System.Transactions**命名空間「交易之連接集區」就會傳回相同的連接。為您說明這兩種情況：

- 如果"沒有"可用的共用連接，則會從集區的"非"交易部分建立連接並登記。
- 如果共用連接仍然可用，則共用器會將其傳回至呼叫端，而不會開啟新的連接（仍然使用舊的連結）。

關閉連接（程式碼Connection.Close()）時，會根據其交易內容將其釋放回集區，並置於適當的子區塊中。因此，即使分散式交易仍處於暫停狀態，您仍可以關閉連接，而不會產生錯誤。這可讓您稍後再認可或中止分散式交易（作者註解：關於Transaction（交易），本書後續專文介紹）。

重點！ **System.Transactions**（命名空間）必須在Visual Studio裡面自己動手「加入參考」才可以，否則的話，即使自己在後置程式碼的最上方，加入命名空間仍會發生錯誤。請參閱下圖的連續說明。

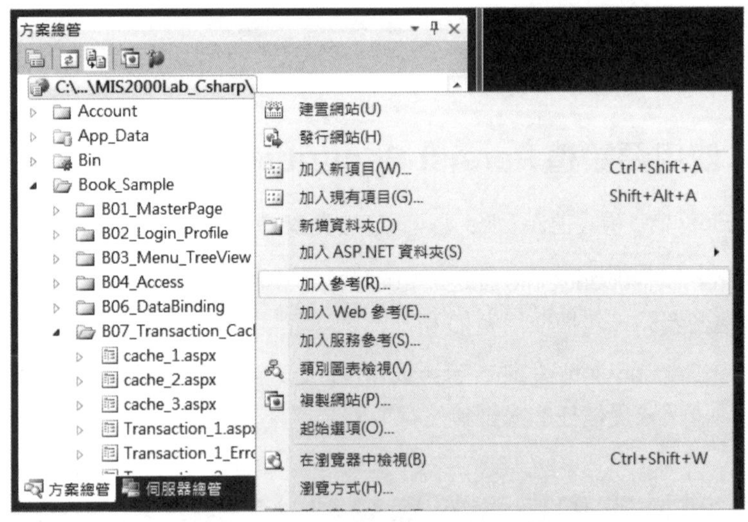

⊙ 在 Visual Studio 裡自己動手「加入參考」

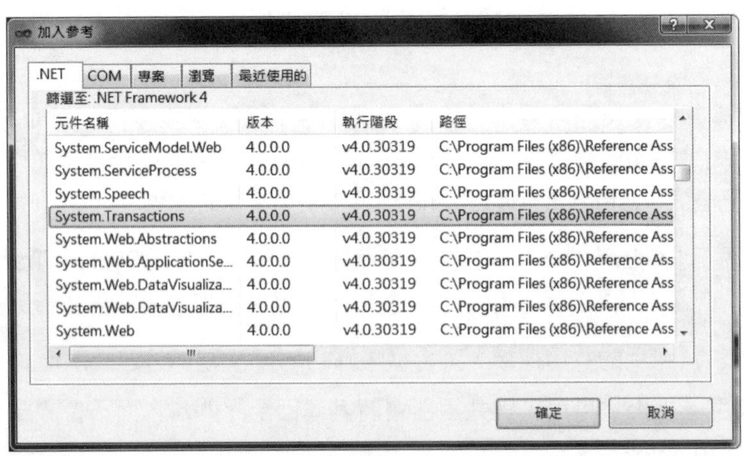

⊙ System.Transactions（命名空間）。請自己動手「加入參考」

範例Transaction_3_DoubleException.aspx會建立SqlConnection和SqlTransaction。它也示範如何使用.BeginTransaction()、.Commit()和.Rollback()方法。C#程式的片段如下：

```
//-- 自己寫的（宣告）--
using System.Transactions;    //== 自己手動將 System.Transactions.DLL 加入參考
using System.Data;
using System.Data.SqlClient;


protected void Page_Load(object sender, EventArgs e)    {
    using(SqlConnection Conn = new SqlConnection(System.Web.Configuration.
WebConfigurationManager.ConnectionStrings["存在 Web.Config 檔裡面的連結字串"]
.ConnectionString))
    {  //== 連結資料庫的連接字串 ConnectionString  ==
        Conn.Open();

        SqlCommand myCommand = Conn.CreateCommand();
        SqlTransaction myTrans;

        //==== 交易 ====
        myTrans = Conn.BeginTransaction();

        //' Must assign both transaction object and connection
        //' to Command object for a pending local transaction.
        myCommand.Connection = Conn;
        myCommand.Transaction = myTrans;

        try  {     //== 第一個 try...catch 區塊
            //=========================================
            //== 執行兩行 SQL 指令，新增資料。
            myCommand.CommandText = "Insert into test(test_time, title, summary)
VALUES (getdate(), '雙重 Catch #1--Transaction', '雙重 Catch #1--Transaction')";
            myCommand.ExecuteNonQuery();
            myCommand.CommandText = "Insert into test(test_time, title,
summary) VALUES (getdate(), '雙重 Catch #2--Transaction', '雙重 Catch
#2--Transaction')";
            myCommand.ExecuteNonQuery();
            //=========================================

            myTrans.Commit();
            Response.Write("兩筆資料新增成功！");
        }

catch(Exception ex)   {
      Response.Write("Commit Exception Type: " + ex.GetType().ToString() +
"<br>");
      Response.Write("  Message: " + ex.Message.ToString() + "<hr><br>");

    //== 雙重 Catch，獲取例外狀況。==
      try  {    //== 第二個 try...catch 區塊
```

```
            myTrans.Rollback() ;  //-- 失敗的話，執行 Rollback
        }
        catch(Exception ex2)  {
            //' This catch block will handle any errors that may have
occurred
            //' on the server that would cause the rollback to fail,
such as
            //' a closed connection.
            Response.Write("Rollback Exception Type: " + ex2.
GetType().ToString() + "<br>");
            Response.Write("  Message: " + ex2.Message.ToString());
        }
}

    }  //-- 關閉 DB的連結 (using)
}
```

以下是官方文件裡SqlTransaction類別的方法。本書另闢章節深入解說。

SqlTransaction類別的方法	說明
Commit	認可、確認執行資料庫交易。（覆寫DbTransaction. Commit()）
CreateObjRef	建立包含所有相關資訊的物件，這些資訊是產生用來與遠端物件通訊的所需Proxy（繼承自MarshalByRefObject）。
Equals	判斷指定的Object和目前的Object是否相等（繼承自Object）。
Finalize	在記憶體回收（GC）Object前，允許Object嘗試釋放資源並執行其他清除作業（繼承自Object）。
GetHashCode	做為特定型別的雜湊函式（繼承自Object）。
GetLifetimeService	擷取控制這個執行個體存留期（Lifetime）原則的目前存留期服務物件（繼承自MarshalByRefObject）。
GetType	取得目前執行個體的Type（繼承自Object）。
InitializeLifetimeService	取得存留期服務物件來控制這個執行個體的存留期原則（繼承自MarshalByRefObject）。
MemberwiseClone	多載。
Rollback	多載。從暫停狀態"復原"交易（恢復原狀，回到尚未執行這次交易的原始情況）。
Save	建立交易中的儲存點（可用來復原部分的交易）以及指定儲存點名稱。

CHAPTER 03

SQL Server 連結共用（Connection Pooling）

本節內容屬於觀念探討，建議您有空再來翻閱。初學者可以先跳過不看。

連接到資料庫伺服器通常需要執行幾個很費時的步驟。必須要建立實體頻道（如通訊端或具名管道、pipeline）必須建立與伺服器的初始信號交換、必須剖析資料庫的連接字串資訊、伺服器必須要驗證連接，以及必須檢查是否已在現行交易中登記……等等。

實際上，大部分應用程式僅使用一個或幾個不同的連接字串。這表示應用程式執行期間可能會「重複」開啟及關閉許多相同的連接（連線）。為了減少開啟連接的成本，ADO.NET會使用「**連結共用（Connection Pooling）**」的最佳化技術。此功能是內建最佳化的，您不需要動手處理。

「連結共用」可減少開啟新連接的必要次數。共用器（pooler）會維護實體連接的所有權。它藉由讓每個指定連接組態的"正在作用中的連接"保持運行狀態，來管理這些連接。

- 只要使用者針對連結呼叫.Open()方法，共用器便會查看集區中是否有"可用的"連結。如果有共用的連結可用，則共用器會將其傳回至呼叫端（Client端）而不會開啟新的連結。
- 應用程式針對連結呼叫.Close()方法時，共用器會將其傳回至"正在運作中"連結的pooled set，而不會真正關閉它。
- 連結一旦傳回至集區，便已備妥在下一次呼叫.Open()方法中"重複"使用。

提醒您，只能"共用"具有相同組態的連結。ADO.NET會"同時"保持數個集區，每個組態一個集區。使用整合安全性時，會依照連接字串及Windows識別將連接分成多個集區。連結也會根據是否登記於交易（Transaction）中進行共用。

「連結共用」可**顯著提高應用程式的效能及延展性**，ADO.NET中的連結共用，**預設是"啟用"的**。除非您自行動手停用，否則在應用程式中開啟及關閉連接時，共用器會對連結自動進行"最佳化"。您也可提供幾個連接字串修飾詞，以控制連結共用的行為。

3-1 集區（Pool）的建立及指派

第一次開啟連接時，會根據精確的比對演算法建立連結集區，該演算法可將集區與連接中的連接字串相關聯。**每個連結集區與"不同的連接字串"相關聯**。開啟新連接時，**如果連接字串與現有集區並不完全相符，則會建立新集區**（請參閱下面的範例）。

連結共用的方式是以每個處理序、每個應用程式定義域、每個連接字串，及（使用整合安全性 / integrated security 時）每個 Windows 識別進行的。**連接字串必須完全符合**；以不同順序針對同一連結所提供的關鍵字將會個別共用。

在下列C#範例中建立三個新的SqlConnection物件，但是只需要"兩個"連結集區來管理它們。請注意，第一個及第二個連接字串的不同之處，在於指派給Initial Catalog的值不同。

```
(1)  using (SqlConnection connection = new SqlConnection(
  "Integrated Security=SSPI;Initial Catalog=Northwind"))
    {
        connection.Open();
        //註： 開啟了第一個集區 A (Pool A)。
    }

(2)  using (SqlConnection connection = new SqlConnection(
  "Integrated Security=SSPI;Initial Catalog=pubs"))
    {
        connection.Open();
        //註： 開啟了第二個集區 B (Pool B)。
        //     因為連接字串與上面集區 A 略有不同。
    }

(3)  using (SqlConnection connection = new SqlConnection(
  "Integrated Security=SSPI;Initial Catalog=Northwind"))
    {
        connection.Open();
        //註： 連接字串與第一個相同，所以仍使用第一個集區 A (Pool A)。
    }
```

簡單地說，只要連接字串裡面的字「完全相同」，就會自動使用已經用過的連結，而不會開啟新的連結以節省資源。這是內建、自動的最佳化，您不需額外設定。

關於using...區塊、try...catch...finally...區塊的程式用法，您可以參閱C#或VB語法的書籍，或是等到後續DataReader的章節解說。

3-2 Case Study：ClientConnectionId屬性

您可以參閱範例SqlConnection_ClientConnectionId.aspx，這個範例使用到**Client ConnectionId**屬性，這是**.NET 4.5**與**SQL Server 2012**起（含後續新版）才有的新功能，透過這個屬性可以觀察到上一小節的現象（如下圖）——「只要連接字串裡面的字"完全相同"，就會自動使用"已經用過"的連結，而不會開啟新的連結，如此可以節省資源」。

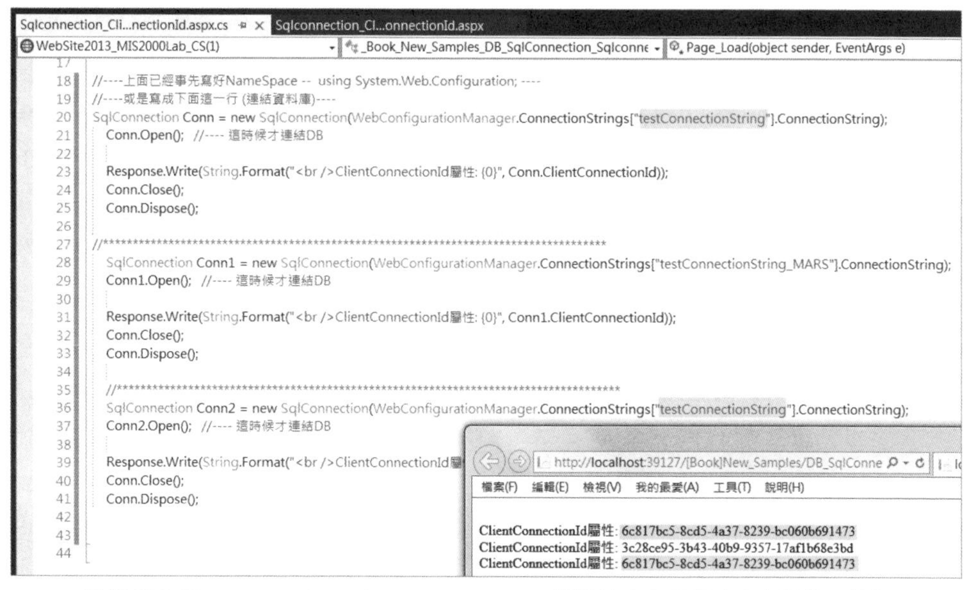

▲ 範例SqlConnection_ClientConnectionId.aspx，當連接字串不同時會自動使用新集區！所以第一與第三的連接字串相同，當然連結ID也完全相同

如果連接字串中未指定MinPoolSize或其指定為零，則會在一段閒置期間之後，"自動"關閉集區中的連結。不過，如果指定的MinPoolSize大於零，則在卸載AppDomain且執行緒結束之前，不會清除連結集區。系統為了維護"非作用中"或"空的"集區，僅會使用最小的系統負荷量來運作。

注意！ 倘若發生嚴重錯誤（例如：容錯移轉）時，則會自動清除集區。

3-3 從集區加入連結

針對每個 **"唯一"** 的連接字串（Connection String）來建立連結集區（Connection Pool）。建立集區時，會建立多個連結物件並加入集區，以滿足最小集區的容量需求（MinPoolSize，預設值是0）。將連結加入集區時，指定的最大集區（MaxPoolSize）大小（預設值是100）。連結關閉或處置時，將會釋放集區。

使用SqlConnection物件時，如果已經存在一個可用的連結，則會從集區取得該物件。若要連結正常可用，需要符合以下條件：(1)連結必須尚未使用、(2)具有相符的交易或不與任何交易產生關聯，並具有到伺服器的有效連結。

「連結共用器（Poller）」會藉由重新配置、釋放集區裡面的連結，來滿足同時出現的大量連結請求。如果已達到最大集區（MaxPoolSize）的上限，但仍沒有可用的連結，則會將要求排入佇列。共用器這時候會試著回收所有連結，直到逾時、超過時限為止（Time-Out預設值是15秒）。如果連結逾時之前，連結共用器仍然無法滿足要求，則會擲回例外狀況。

注意事項

- 強烈建議您在使用完連結後，一定要關閉該連結，以便讓集區回收這個連結（簡單地說，您打開水龍頭洗手，用完後一定要關閉，不然會浪費水）。後續ADO.NET的內容，您會在程式裡面發現：使用Connection物件的.Close()或.Dispose()方法，或藉由開啟C#中之using...陳述式（程式區塊），或Visual Basic中之Using...End Using陳述式內的所有連結關閉或釋放。但可能不會將未明確關閉的連結加入或傳回集區。程式碼作法如同上面的範例。
- 從連結集區（Pool）中擷取連接或將連接傳回連結集區時，系統"不會"在伺服器上引發登入和登出事件。這是因為當連接傳回連結集區時，連結實際上"並未"關閉。您可以參閱本章第一個範例，如果後續的執行時間內，重新出現「相同的」連接字串，仍會使用「相同的」連結而不是產生新連結，以節省資源。

3-4 從集區移除連結

如果集區中的連結已"閒置"相當長的一段時間，或如果連結共用器（Poller）偵測到與伺服器的連接已"損毀"，則連結共用器會從集區中移除該連接。

不過，必須與伺服器"進行通訊"才能偵測到連結的損毀與否。倘若發現這個連結已不再連接到伺服器，則標記為無效。只有當關閉或回收無效的連結時，才會將它們從連結集區中"移除"（真正移除這個連結）。

如果伺服器已消失但"連接"仍然存在，只要連接共用器尚未將其標記為無效，仍可能從集區中找回此連接。這是因為檢查"連接是否仍然有效"的額外工作量削弱了集區帶來的優點，它導致程式與伺服器之間的通訊次數大增。此時，第一次嘗試用這個連接時會擲回例外狀況，因為偵測到：連接已嚴重損毀。

3-5 清除連結集區

ADO.NET 2.0版（含）以後的新版本，引進兩種清除集區的新方法：**.ClearAllPools()**方法和**.ClearPool()**方法。

.ClearAllPools()方法會清除"指定提供者"的"所有"連結集區，.ClearPool()方法會清除與特定連接相關聯的連結集區。如果呼叫時有"正在使用中"的連接，則會適當地標記它們。而當連接關閉時，會"捨棄"它們而不是將其傳回集區（一次清空後，後續不能共用此連結）。

MEMO

04 CHAPTER Azure 雲端資料庫、SQL Server 的 LocalDb、Oracle 或 MySQL 資料庫

本章請依需要來閱讀，初學者暫時沒用到可以跳過，日後再回頭學習。LocalDb必須在SQL Server 2012（含）後續新版本才有此功能。

本章的教學影片可在YouTube網站找到：

第一、請搜尋關鍵字「mis2000lab Azure入門」就能找到。這則影片示範：如何連結Azure的SQL資料庫、部署您的網站。網址https://youtu.be/oTwsTO0vQx4。

第二、請搜尋關鍵字「mis2000lab LocalDb」就能找到本章的LocalDb教學影片，或是https://youtu.be/t50M_s8QnkE。

您可以搭配上述教學影片一起學習。雲端的程式更新、迭代極快，操作畫面可能已有不同。但設定的流程與原理仍大同小異。

4-1 連結雲端資料庫（Microsoft Azure）

近年最熱門的名詞，莫過於「雲端（Cloud）」。微軟的雲端平台名為Azure（青空、藍天的意思），除了提供各式各樣的應用之外，也提供各位免費試用，請把握機會上網登記並且試用、學習。

您可能會說「市面上的Azure書籍不多」，那是因為雲端的程式時時刻刻都有功能更新，不像我們PC上必須安裝軟體、等待升級。也因為雲端的軟體功能一直更新，等到作者抓圖、寫書、出版以後，可能都是半年前的舊版本、畫面與操作步驟也改了。後續的解說也可能因為時間更改，導致畫面與功能與您上網操作的不同，請您見諒。

4-1-1 註冊 IP 位址，以策安全

後續的圖片解說，一律透過瀏覽器來操作（各種瀏覽器都可以使用，建議安裝微軟的Silverlight軟體）。當您註冊一個試用帳號以後，為了安全起見，都要先跟雲端防火牆註冊您的登入IP Address，詳見下圖的「管理」按鈕。

⊙ 本章只介紹雲端資料庫的簡單應用。首先在下方的「管理」按鈕加入自己目前使用的 IP

⊙ 將目前的 IP 位址加入防火牆。或是把您的網站（固定 IP）加入防火牆，日後才能連上雲端資料庫

4-1-2 雲端資料庫的連結字串

雲端資料庫的連結字串，不需要死背與記憶。因為機房人員或是雲端系統自然會跟您說明。如下圖，Windows Azure就提供了四種常用的資料庫連結字串給您參考，只要填入您的「密碼」就能使用。

資料庫的連結字串可以搭配我們的ASP.NET程式，存放在**Web.Config設定檔裡**面。後續章節都會為您解說。

⊙ 雲端資料庫的連結字串

⊙ 各種程式的 DB 連結字串早就準備好了，您只要填入「密碼」就能使用

上圖提供的「連結字串」也可以輸入您的SQL Server管理畫面（建議使用SQL Server 2012起的新版本）透過自己電腦上的管理畫面來操作，功能較多也比較習慣。

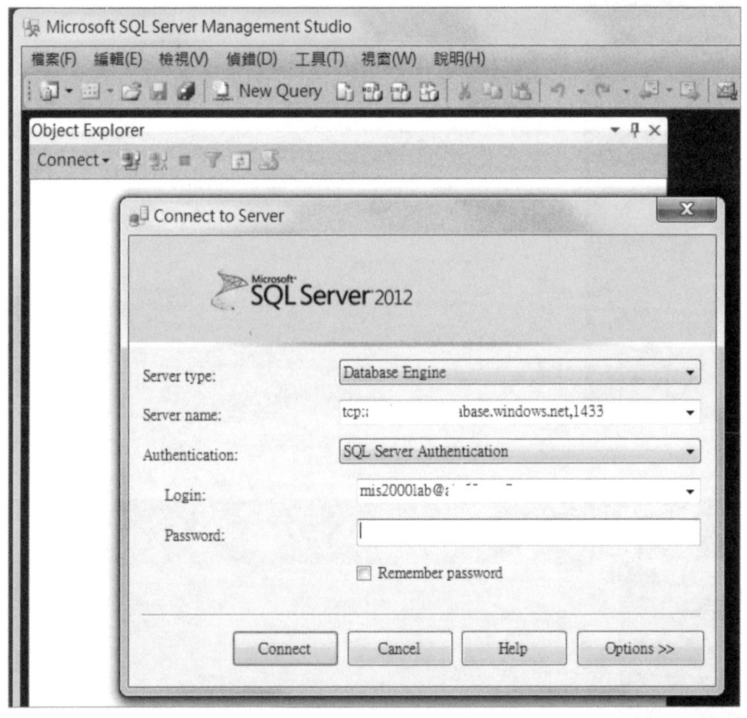

⊙ 在自己電腦上的 SQL Server 管理畫面（建議使用 2012 起的新版本），輸入 Azure 雲端資料庫的連結字串，一樣可以連上雲端資料庫

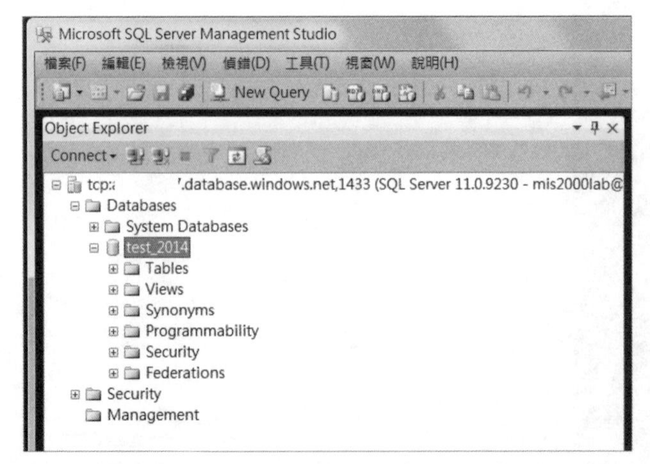

⊙ 連上雲端資料庫以後，左上角的圖示會出現一朵雲，跟傳統資料庫的圖示不同

4-1-3 在雲端資料庫上，使用SQL指令做資料存取

⊙在雲端資料庫上，使用 SQL 指令做資料存取

⊙每次操作都需要重新輸入帳號、密碼。這是為了安全起見

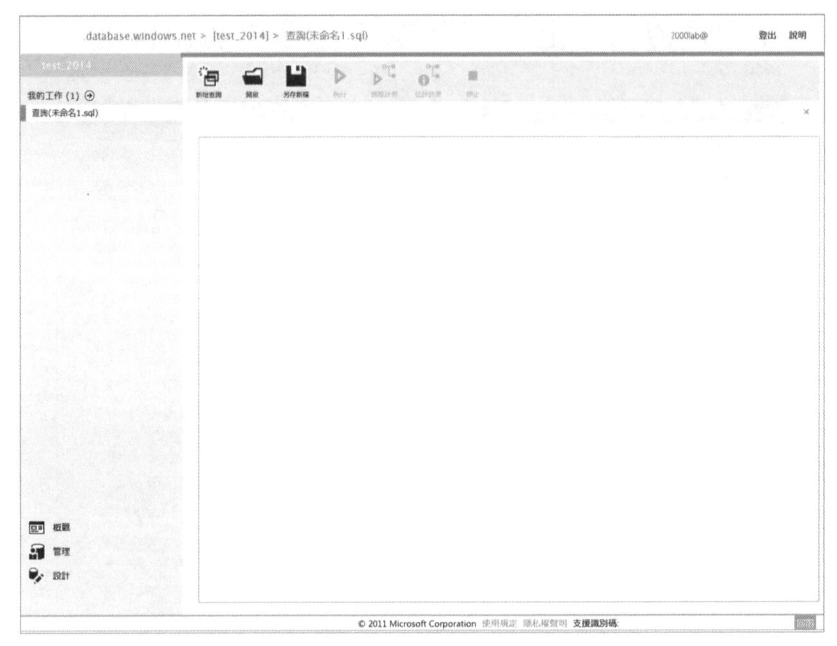

⊙ 在雲端資料庫上，使用 SQL 指令做資料存取

4-1-4 設計與新增一個資料表

雲端的功能時時刻刻都有更新，以前要新增一個資料表，必須在SQL Server管理畫面上做好，然後產生T-SQL指令以後，放到雲端上執行才能產生這個資料表。但本文撰寫時（2015年中）已經發現在雲端畫面上可以直接設計資料表的每個欄位了。

⊙ 設計、新增一個資料表

▲ 雲端資料庫已經提供畫面，讓我們直接設計資料表與欄位

4-1-5 Silverlight的安裝與故障排除

不管您使用IE瀏覽器或是其他瀏覽器，在Windows Azure上的操作畫面很多是微軟的Silverlight做好的。如果您沒有安裝Silverlight或是沒有升級到新版本，有可能看不到畫面。

請放心，畫面會自動偵測並且提醒您升級、安裝相關軟體。但是，如果安裝或是升級失敗，該怎麼辦？

我的建議：先到您的電腦上，Windows的「控制台」裡面的「程式和功能」，先把舊版的Microsoft Silverlight移除（uninstall）之後，重新上網下載新版本、重新安裝。這樣的解法最簡單。

4-2 SQL Server的LocalDB與範例安裝

SQL Server 2012起提供了更簡易的資料庫環境，名為LocalDB，只要您安裝VS 2012起的版本都會預設安裝妥當。本書提供的LocalDB資料庫檔案（.mdf與.ldf檔），您可以直接以檔案複製、貼上的方法來使用，對初學者來說比較簡便。但我仍建議各位讀者專心學習SQL Server正式的作法，例如：附加檔案、透過Script安裝資料庫範例，甚至是用「備份、復原」的標準作法來試試看。因為正式寫系統或是上線時，不太可能用功能受限的LocalDB來作，只有上課、寫書的範例才會這樣簡化。

請到YouTube搜尋關鍵字「mis2000lab LocalDb」就能找到本節的教學影片，或是https://youtu.be/t50M_s8QnkE。

4-2-1 如何安裝範例資料庫（LocalDB 版）

首先，請您在Visual Studio裡面新建立一個網站（或是專案），然後依照下圖指引，加入ASP.NET專屬的系統目錄（即**/App_Data**目錄）通常用來放置資料庫檔案。

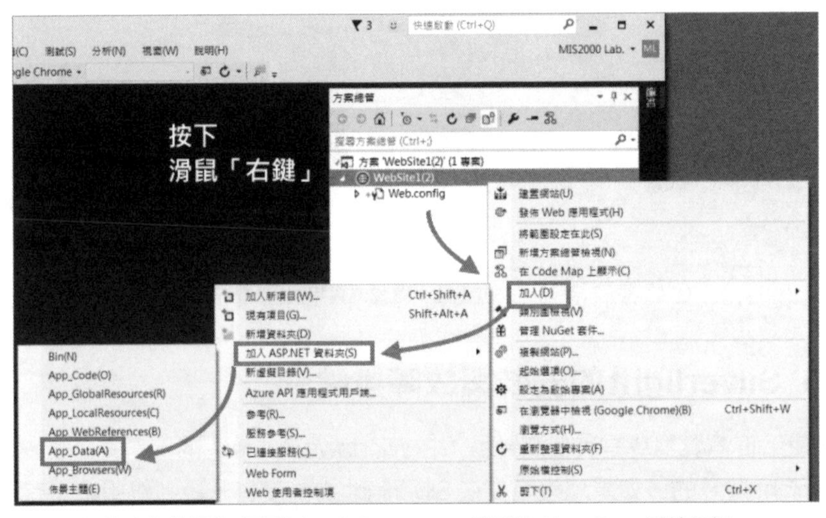

在您的網站或專案中，加入 ASP.NET 專屬的 /App_Data 系統目錄

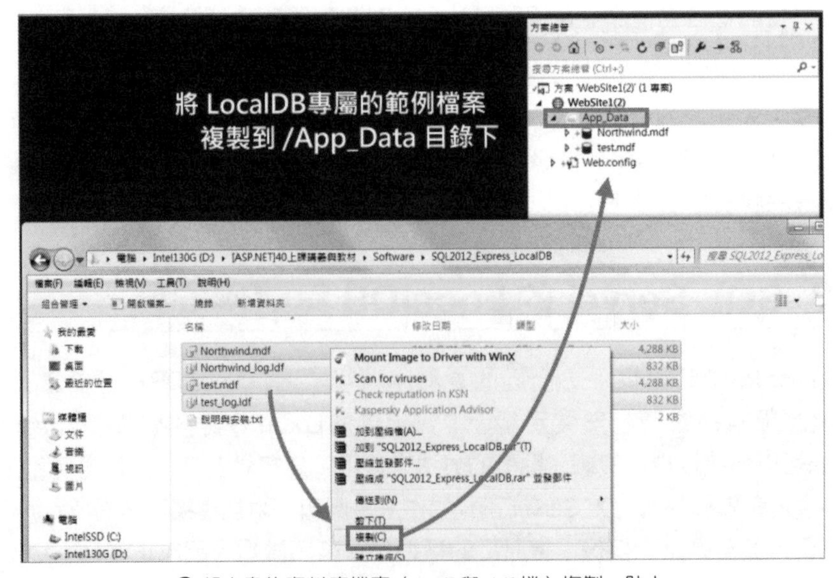

將本書的資料庫檔案（.mdf 與 .ldf 檔）複製、貼上

完成上面步驟以後，請您在Visual Studio右側的「方案總管」畫面中，找到「**伺服器總管**」。並在「**資料連結**」底下看到剛剛複製的兩個 .mdf檔。

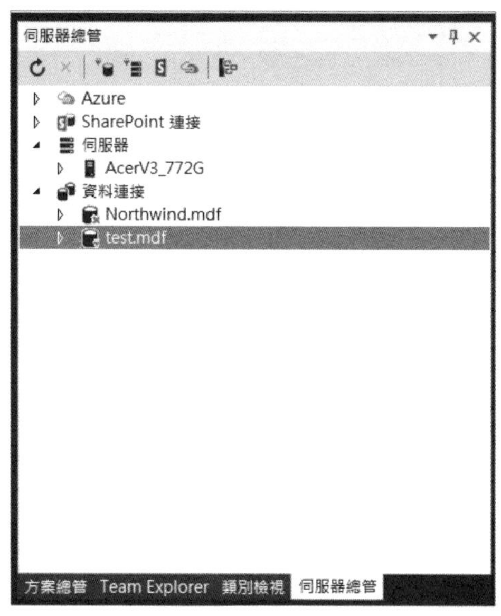

⊙ 剛剛複製的兩組資料庫檔案，可以在「伺服器總管」的「資料連結」裡面立即看見

⊙ 自己透過 SqlDataSource 試試看，立刻能看到這兩個 .mdf 資料庫檔案

完成上圖的SqlDataSource精靈步驟以後，您可以在Web.Config設定檔看見LocalDB的連結字串，它會強調檔案的所在位址與檔名。

```
<add name="testConnectionString"
        connectionString="Data Source=(LocalDB)\MSSQLLocalDB;AttachDbFilename
=|DataDirectory|\test.mdf;Integrated Security=True"
        providerName="System.Data.SqlClient" />
```

關鍵字「**|DataDirectory|**」會自動對應資料庫檔案的目錄、路徑，建議您不用自己去改或是把路徑寫死，以免日後轉移時有麻煩。

4-2-2 如何建立自己的LocalDB與資料庫檔案

可以透過SQL Sever管理畫面連結LocalDB。如果您已經忘記安裝時的「LocalDB伺服器名稱」，那不妨自己下指令重新建立一個。後續會有圖片解說。

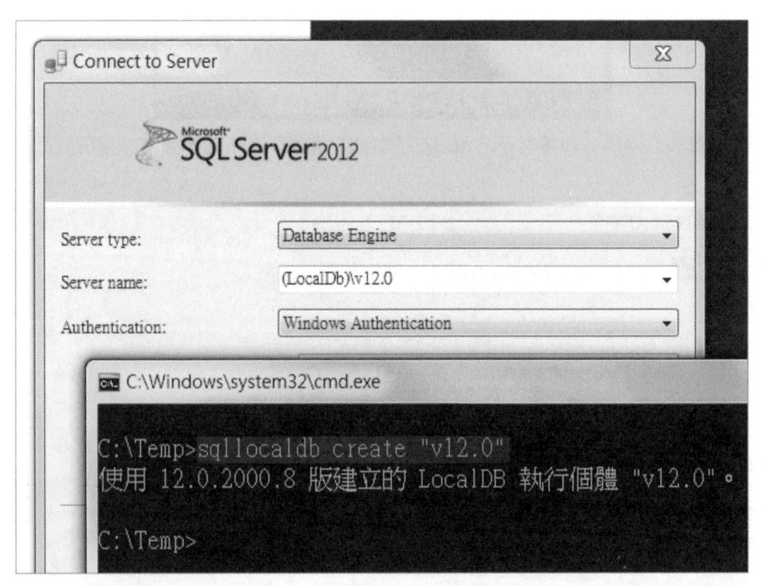

自己下指令，建立一個 LocalDB 的伺服器名稱（實體名稱）

簡單的介紹幾個文字指令：

- 如果您想知道「**預設**」的**LocalDB**名稱，可以輸入指令「**sqllocaldb**」之後，最後一列文字就會提醒您。
- 輸入「**sqllocaldb info**」指令（如下圖），則會列出這台電腦裡面**所有的**LocalDB實體名稱。

- 輸入「**sqllocaldb versions**（注意最後的s）」指令，則列出這台電腦SQL Server的版本。例如v11.0是指SQL 2012，v12.0則是2014版。

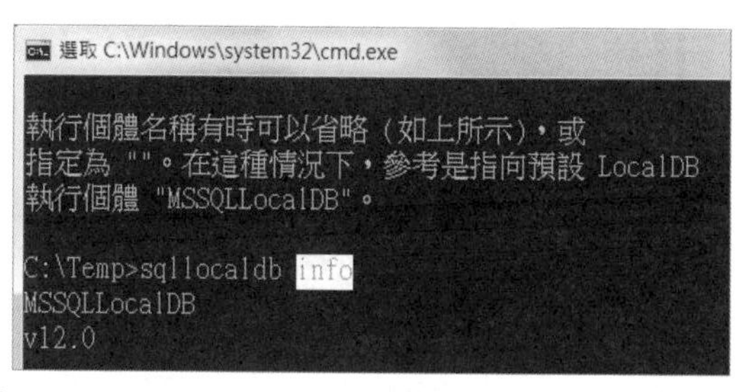

⊙ 輸入「sqllocaldb info」指令列出這台電腦裡面所有的LocalDB實體名稱

如果您使用SQL 2012版本，請在上圖的「伺服器名稱」填寫「**(LocalDb)\v11.0**」。

有趣的是，當您使用SQL Server 2014版，它「不會」事先幫您建立好「v12.0」的實體名稱，所以您直接輸入「**(LocalDb)\v12.0**」會出現錯誤訊息。如果您堅持SQL 2014必須名為(LocalDb)\v12.0，請依照前面的圖片解說，輸入指令「**sqllocaldb create "v12.0"**」即可。

下面的連續圖解，為您說明LocalDB的操作，其實跟SQL Server操作方法差不多。只不過LocalDB部分的功能受限，不如正式版本這麼強大。您也可以透過Visual Studio來操作資料庫（畫面右側的「方案總管」可以找到「伺服器總管」來操作），但畫面沒有下圖SQL Management Studio這麼華麗。

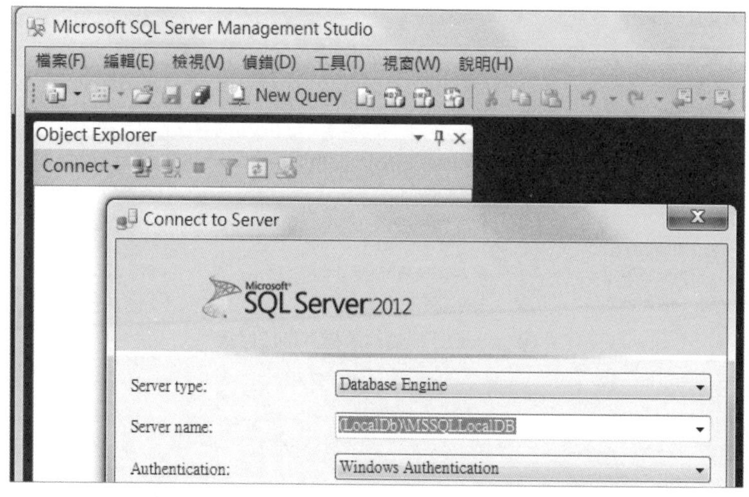

⊙ 連上SQL Server Express(2014版)的LocalDB

⊙ 登入 LocalDB 以後，畫面與操作方法其實差不多。LocalDB 只有提供部分功能，跟正式版不能比

預設的資料庫「**檔案存放目錄**」會放在哪裡呢？ ......在系統磁碟機的「使用者」目錄底下，跟您登入作業系統的「帳號」有關。例如 **C:\Users\您的使用者帳號**，詳見下圖的說明。

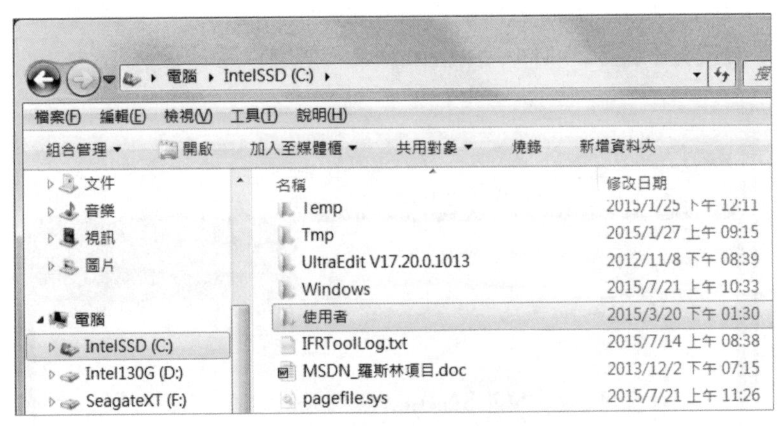

⊙ LocalDB 的資料庫檔案存放目錄

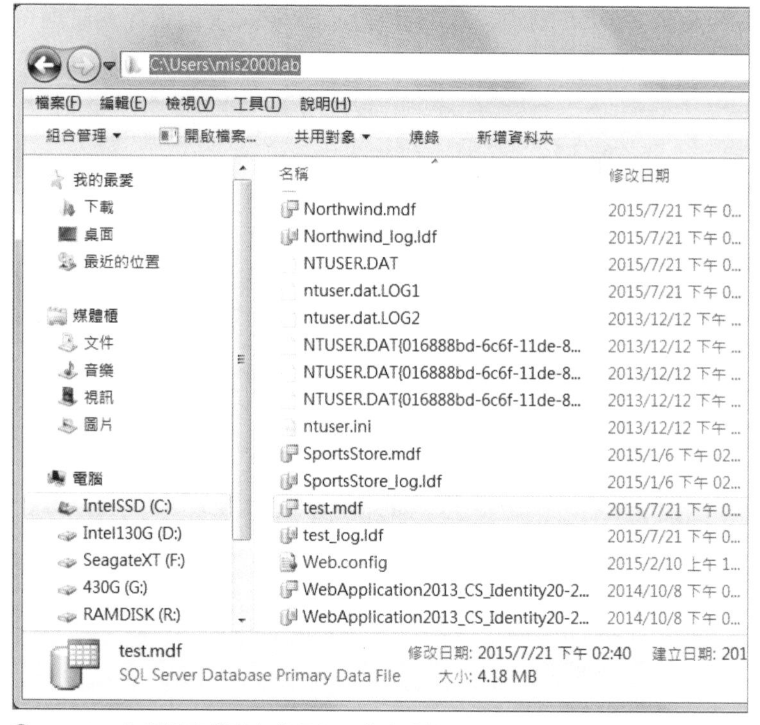

⊙ LocalDB 的資料庫檔案存放目錄。放在「使用者」目錄下的「使用者帳號」子目錄裡面。例如 C:\Users\ 您的使用者帳號 \

我就是依照上圖的步驟，在LocalDB裡面產生本書的範例資料庫（.mdf與.ldf檔案）。您也可以自己試試看。

4-3 Oracle 甲骨文資料庫

後續內容為「**選讀**」，除非您用到這兩種資料庫，不然可以略過。本章略過不看並不會耽誤您 HYPERLINK "http://ASP.NET" \t "_blank" ASP.NET的學習。

本書雖然採用MS SQL Server 作為範例資料庫，但全世界的資料庫都可以透過T-SQL 指令進行查詢，SQL Command 也算是一種國際標準。如果您的程式想連結其他資料庫，本章以Oracle（Express 版）與MySQL為例，進行簡單解說。

除了連結字串（Connection String）之外，這兩套資料庫軟體在撰寫SQL指令時也需小幅度修改。SqlDataSource控制項的搭配重點也會跟大家分享。

Oracle跟MS SQL Server一樣推出了精簡版（Express）讓大家測試與進行開發，首先請讀者到原廠網站下載相關軟體。上網搜尋關鍵字「Oracle」就能找到官方網站。

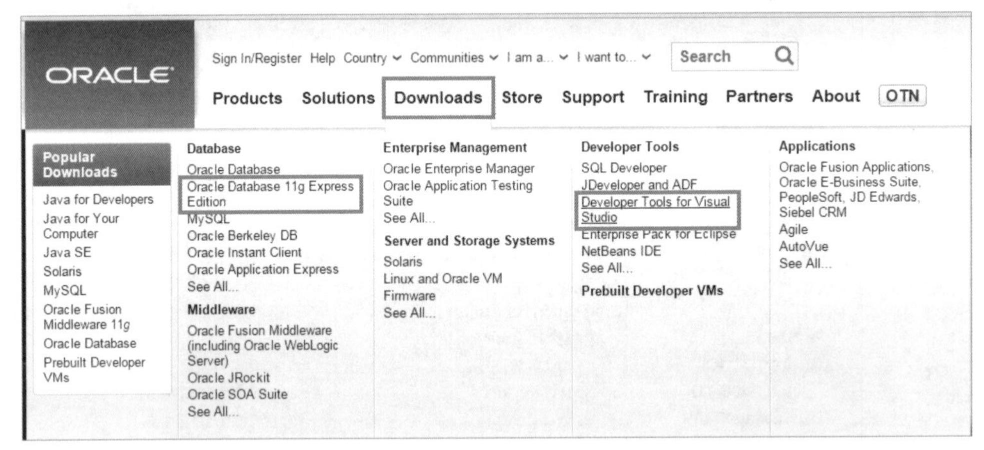

Oracle 官方網站（http://www.oracle.com/）請在上方 Menu 進行下載

您應該會下載下列的軟體：

- 如果您公司已經購買Oracle資料庫，您可以下載右方的「**Developer Tools**」幫您的Visual Studio下載相關工具即可。
- 如果您要在自己電腦上安裝Oracle資料庫，請在左方的「**Database**」選擇精簡版（Express Edition）。下載資料庫的軟體容量頗大，安裝時也需要較多硬碟空間。

4-3-1 安裝Oracle資料庫

安裝過程只有少數地方要留意，因為需要設定帳號、密碼等重要資訊。請您務必用紙筆記錄下來，以免日後忘記。

提醒您！！本章僅為簡單說明，無法取代專業的書籍。如果您要學習、設定Oracle必須有其他專業書籍的協助。作者在公司與教學上均使用MS SQL Server為例，並非Oracle專家。

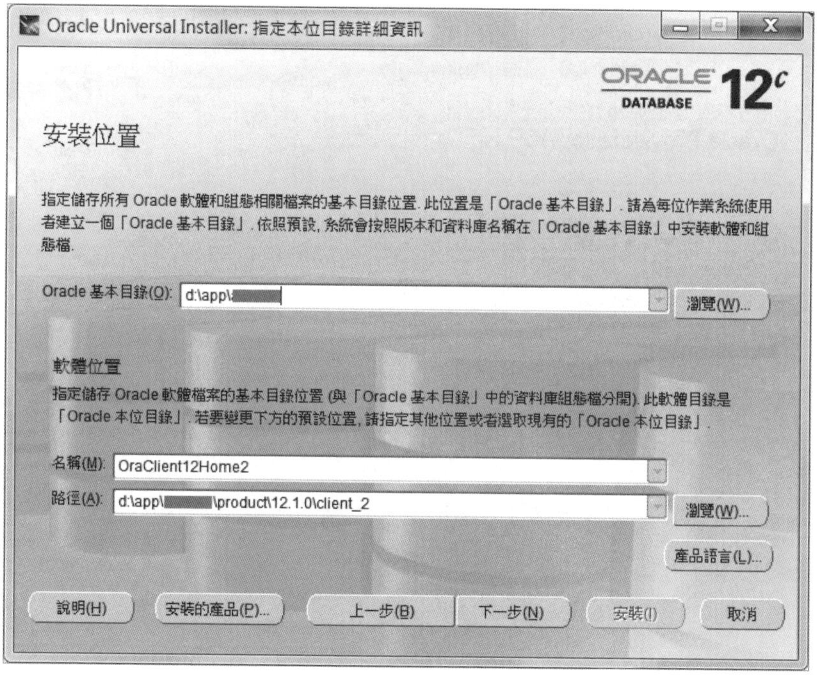

Oracle Universal Installer: 指定本位目錄詳細資訊

ORACLE DATABASE 12c

安裝位置

指定儲存所有 Oracle 軟體和組態相關檔案的基本目錄位置. 此位置是「Oracle 基本目錄」. 請為每位作業系統使用者建立一個「Oracle 基本目錄」. 依照預設, 系統會按照版本和資料庫名稱在「Oracle 基本目錄」中安裝軟體和組態檔.

Oracle 基本目錄(O): d:\app\

瀏覽(W)...

軟體位置

指定儲存 Oracle 軟體檔案的基本目錄位置 (與「Oracle 基本目錄」中的資料庫組態檔分開). 此軟體目錄是「Oracle 本位目錄」. 若要變更下方的預設位置, 請指定其他位置或者選取現有的「Oracle 本位目錄」.

名稱(M): OraClient12Home2

路徑(A): d:\app\ \product\12.1.0\client_2

瀏覽(W)...

產品語言(L)...

說明(H) 安裝的產品(P)... 上一步(B) 下一步(N) 安裝(I) 取消

⊙ 安裝過程

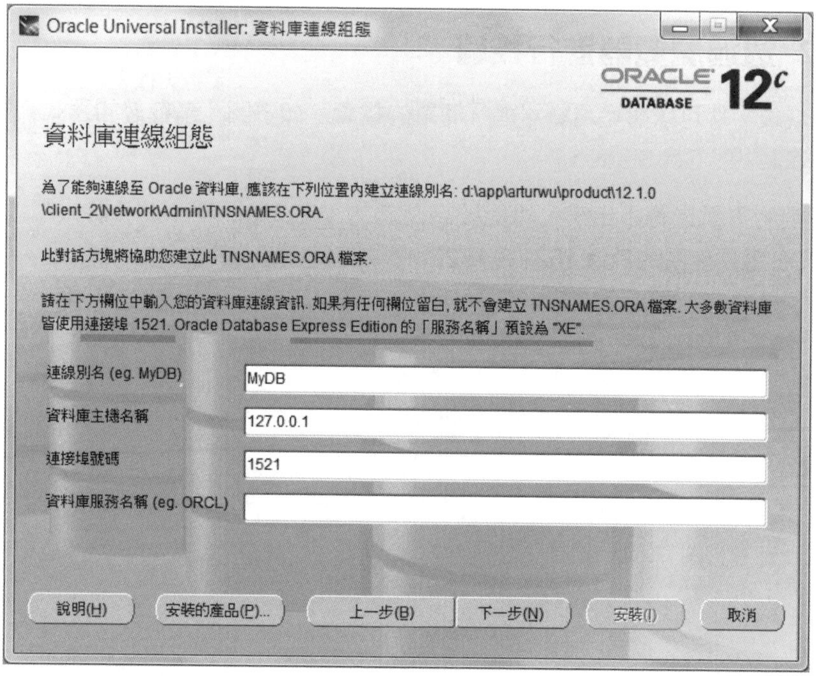

Oracle Universal Installer: 資料庫連線組態

ORACLE DATABASE 12c

資料庫連線組態

為了能夠連線至 Oracle 資料庫, 應該在下列位置內建立連線別名: d:\app\arturwu\product\12.1.0\client_2\Network\Admin\TNSNAMES.ORA.

此對話方塊將協助您建立此 TNSNAMES.ORA 檔案.

請在下方欄位中輸入您的資料庫連線資訊. 如果有任何欄位留白, 就不會建立 TNSNAMES.ORA 檔案. 大多數資料庫皆使用連接埠 1521. Oracle Database Express Edition 的「服務名稱」預設為 "XE".

連線別名 (eg. MyDB) MyDB

資料庫主機名稱 127.0.0.1

連接埠號碼 1521

資料庫服務名稱 (eg. ORCL)

說明(H) 安裝的產品(P)... 上一步(B) 下一步(N) 安裝(I) 取消

⊙ 這裡的設定非常重要，日後會用到！請您務必用紙筆記錄下來，以免日後忘記

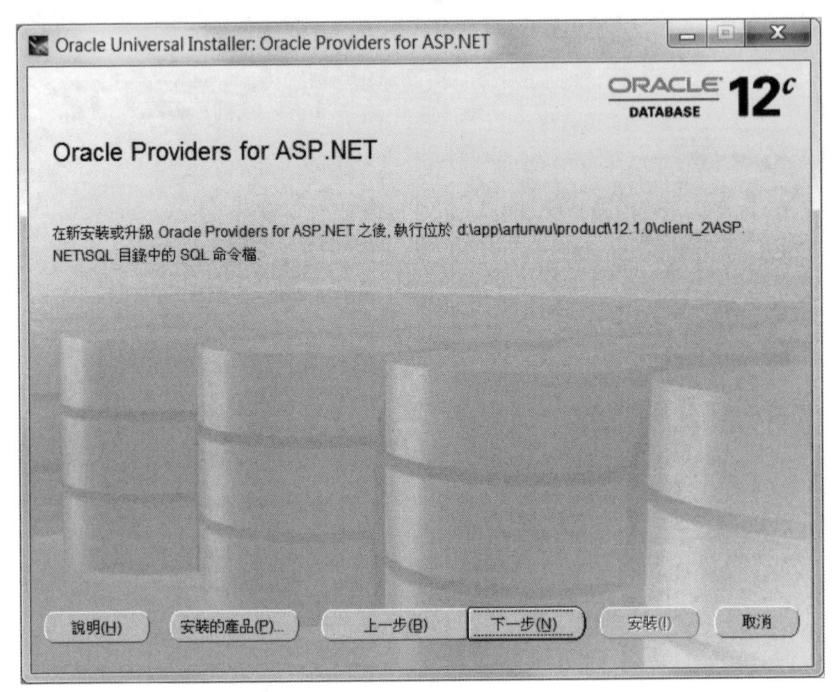

⊙ 安裝過程。請按「下一步」可以一路安裝完畢

4-3-2 透過瀏覽器進行控管

安裝完成後，您可以透過瀏覽器進行簡單的控管。如下圖，請在您的程式集裡面，找到Oracle的「Get Started」。

如果下圖的畫面還跑不出來，可能要調整您的 Windows Firewall（防火牆），因為Oracle DB預設使用的Port 1521 & 1522。

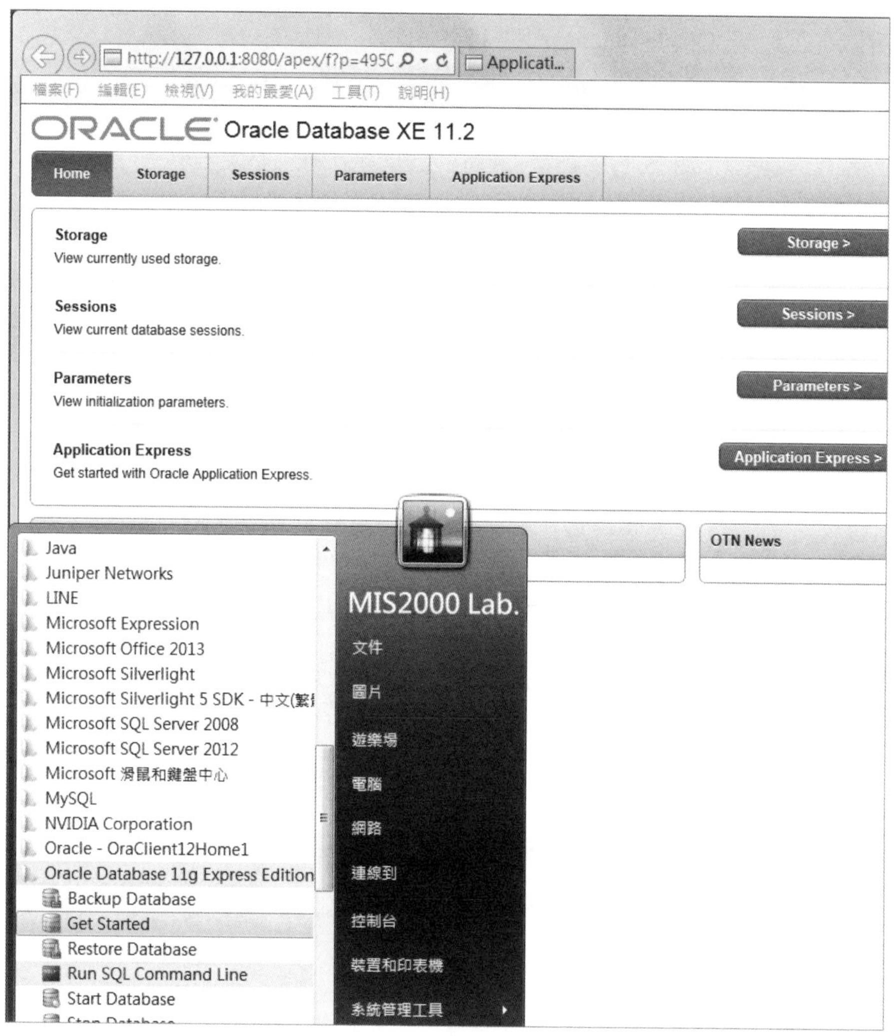

Oracle 的「Get Started」。透過瀏覽器進行簡單的控管

Login

Username SYSTEM

Password ●●●●●●●●●●●● Login

Login as a database user which has been granted the DBA database role (for example, SYSTEM).

Oracle 的管理員帳號，預設為 SYSTEM，與 MS SQL Server 不同

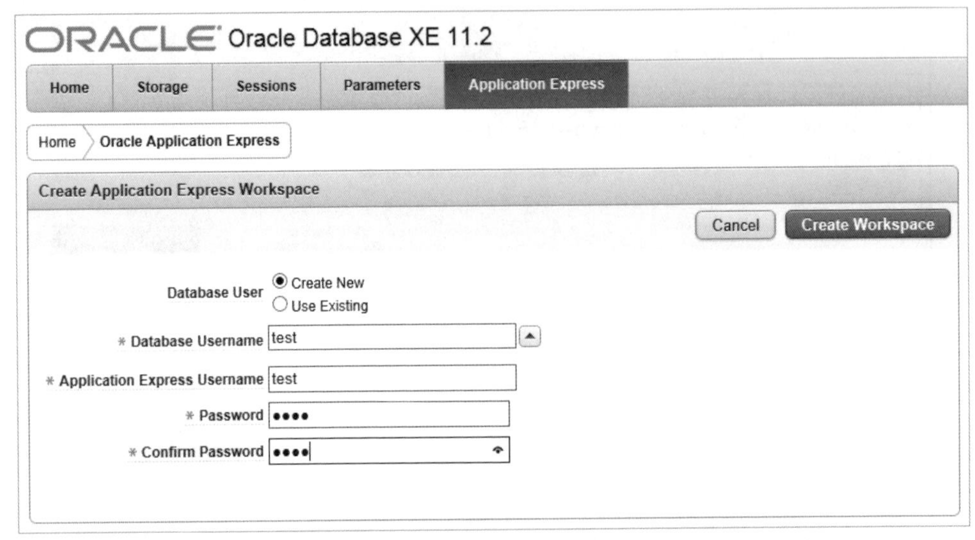

以管理員身份進入系統之後，請幫自己建立一個新帳號（一般使用）

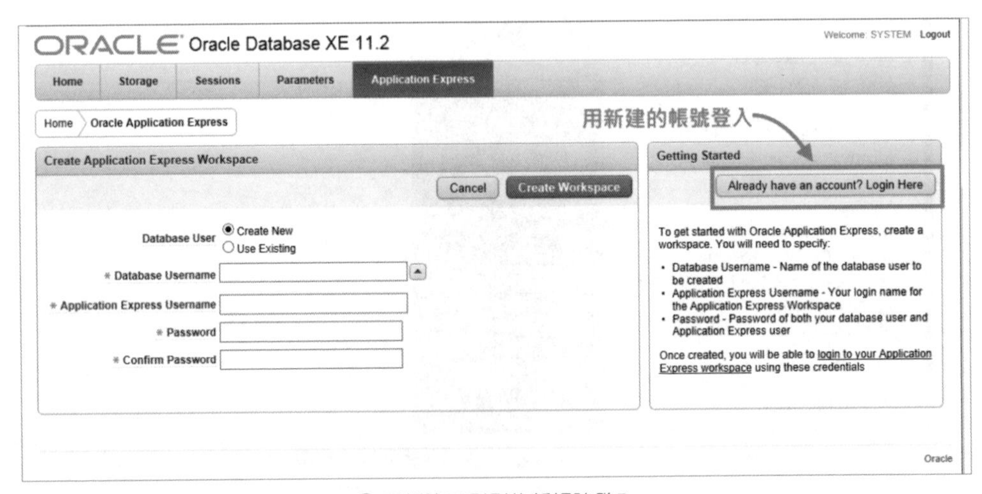

重新使用剛剛的新帳號登入

ORACLE Application Express

Enter Application Express workspace and credentials.

Workspace test

Username test

Password ●●●●

Login

Click here to learn how to get started

Oracle Application Express is a rapid Web application development tool that lets you share data and create custom applications. Using only a Web browser and limited programming experience, you can develop and deploy powerful applications that are both fast and secure.

Language: English, Português (Brasil), 中文（简体）, 日本語

Workspace
- Reset Password
- Find My Workspace
- Administration

Getting Started
- Learn ...
- Oracle Technology Network
- apex.oracle.com
- Oracle by Example's

Community
- Discussion Forum
- Packaged Applications
- Partners
- BLOGs

建立一個新的資料庫，名為 test。並設定一個專門管理這個資料庫的帳號

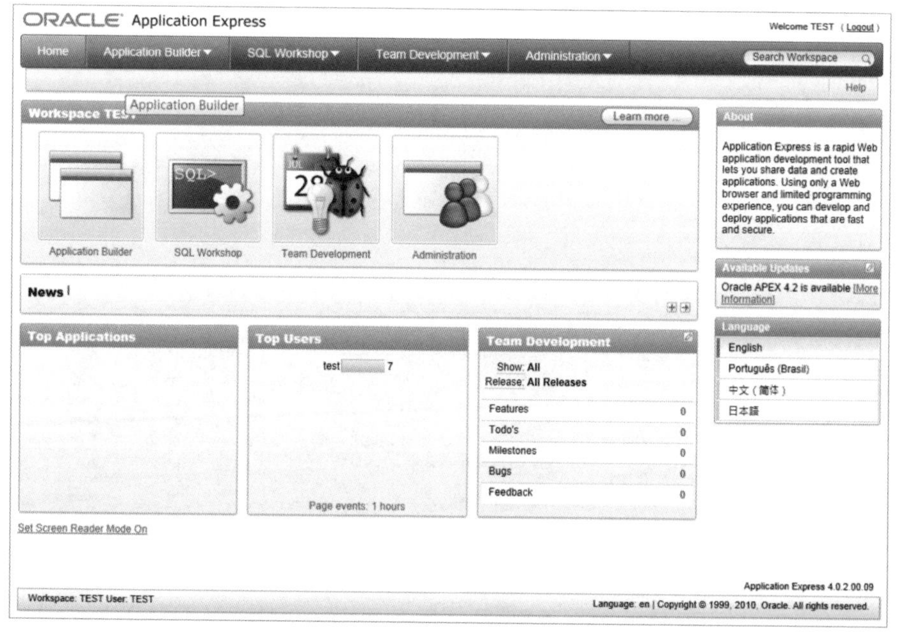

管理畫面

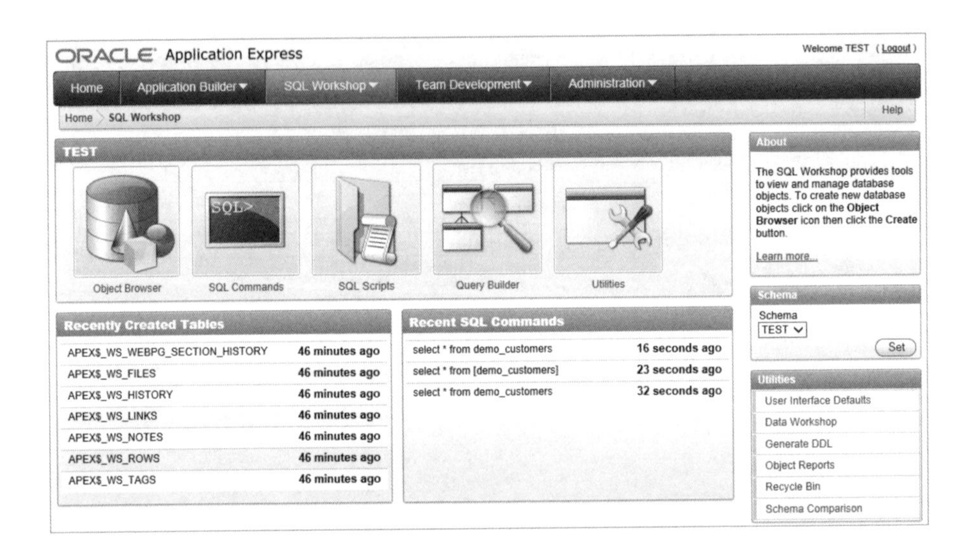

比較重要、常用的功能（如下圖），請在上方的「SQL Workshop」裡面選用「SQL Command」就能自己撰寫SQL指令來作資料存取的動作（CRUD）。

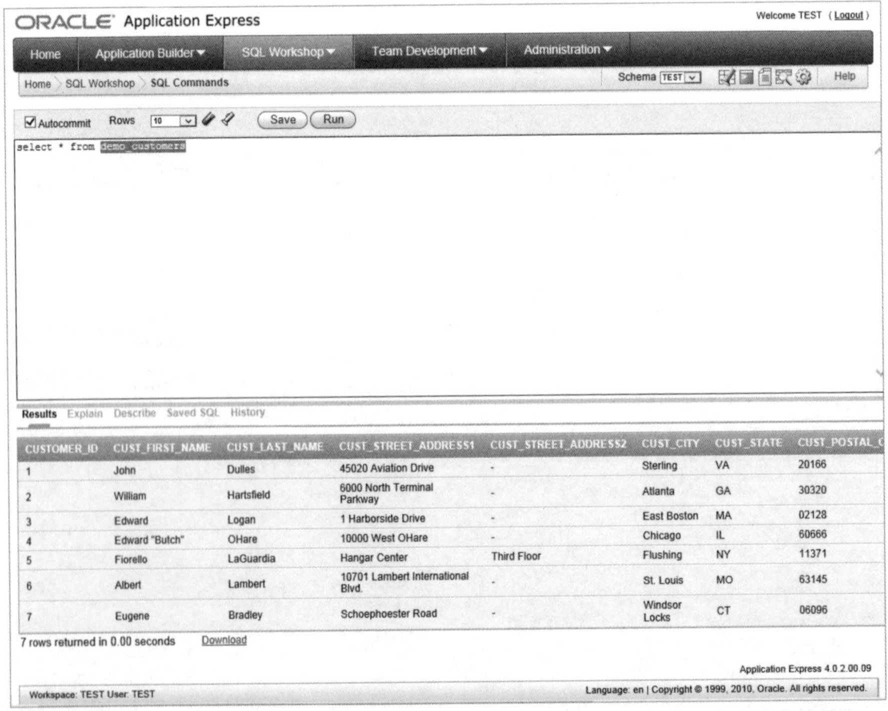

⊙ 上方的「SQL Workshop」裡面選用「SQL Command」就能自己撰寫 SQL 指令

4-4 SqlDataSource 與 Oracle

安裝與設定前面說明的Oracle資料庫與相關工具之後，ASP.NET（Web Form）裡面的SqlDataSource控制項就能搭配Oracle資料庫來動作了。

4-4-1 Oracle 連結字串

首先，如下圖，在第一個連結字串的設定步驟，請在**「資料來源」**選擇**「變更」按鈕**，並選用Oracle專屬的驅動程式。如果您沒有這個選項，請回到Oracle原廠網站重新下載工具（您可能漏了安裝）。

畫面下方的**資料庫主機名稱、帳號與密碼**，都是您在安裝Oracle當時自己輸入的設定值，當初就請您用紙筆記下來，以免忘記。

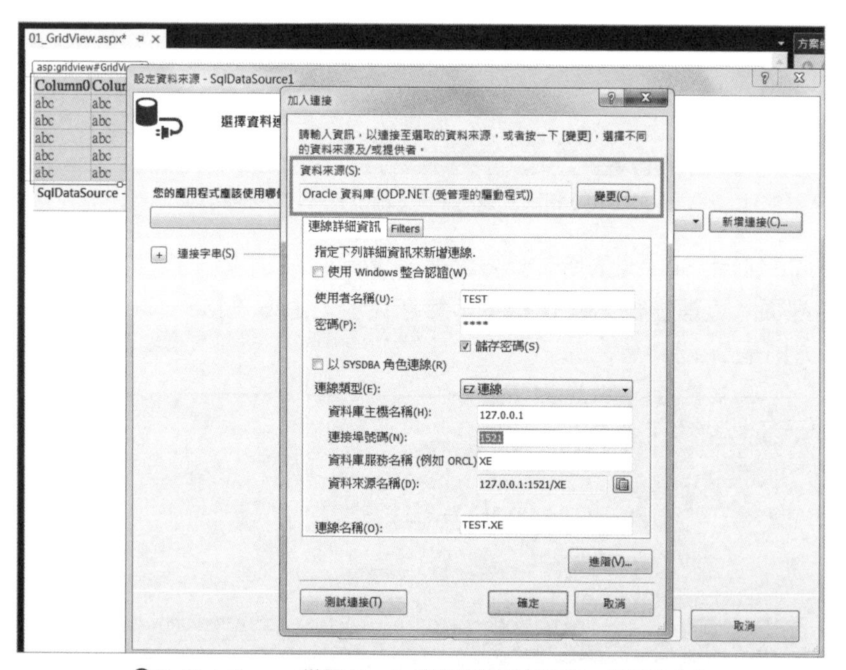

⊙ SqlDataSource 搭配 Oracle 資料庫的連結字串，如何設定？

連結字串千萬不要死記、千萬不能記憶。盡可能讓SqlDataSource或是相關工具幫您產生。不然的話，每家資料庫的連結字串都不同，哪有可能完全記得住？

千萬記得：善用Visual Studio開發工具、善用裡面的精靈步驟（如SqlDataSource控制項）來幫您完成資料庫的「連結字串」。

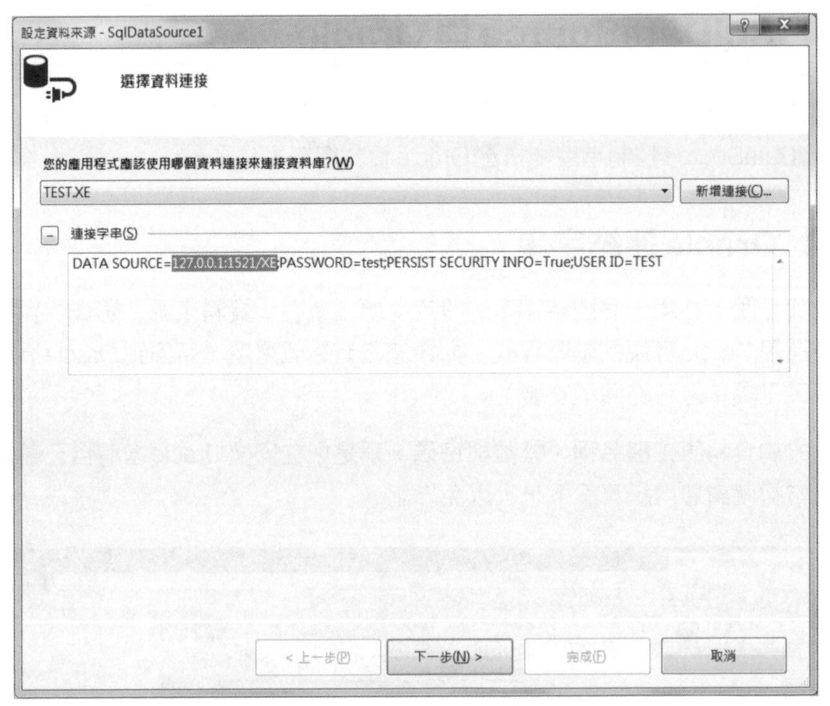

⊙ 完成後的 Oracle 連結字串。請不要死背、不需記憶！

設定完成SqlDataSource的所有步驟之後，Oracle連結字串一樣會放在Web.Config設定檔裡面。這裡提供兩段連結字串給您比較，上方是MS SQL Server Express版，下方則是Oracle。

```
<connectionStrings>
        <add name="testConnectionString"
        connectionString="Data Source=.\SQLExpress;Initial
Catalog=test;Integrated Security=True" providerName="System.Data.SqlClient" />


        <add name="Oracle"
        connectionString="DATA SOURCE=127.0.0.1:1521/XE;PASSWORD= 密碼 ;PERSIST
SECURITY INFO=True;USER ID= 帳號 " providerName="Oracle.ManagedDataAccess.Client" />
</connectionStrings>
```

4-4-2 錯誤訊息 ORA-00911: invalid character

因為SqlDataSource幫您產生的CRUD等等SQL指令，都是以MS SQL Server為範本，所以當您搭配Oracle資料庫時，必須動手稍做修改。不然就會出現錯誤訊息：**ORA-00911: invalid character**。

原本SqlDataSource產生的SQL指令與參數將會出現錯誤，務必動手修正。

```
<asp:SqlDataSource ID="SqlDataSource1" runat="server"
        ConnectionString="<%$ ConnectionStrings:OracleConnectionString %>"
        ProviderName="<%$ ConnectionStrings:OracleConnectionString.
ProviderName %>"

        DeleteCommand="DELETE FROM &quot;DEMO_CUSTOMERS&quot; WHERE &quot;
CUSTOMER_ID&quot; = ?"
  SelectCommand="SELECT * FROM &qot;DEMO_CUSTOMERS&quot;"
        UpdateCommand="UPDATE &quot;DEMO_CUSTOMERS&quot; SET &quot;CUST_
FIRST_NAME&quot; = ? WHERE &quot;CUSTOMER_ID&quot; = ?">

        <UpdateParameters>
            <asp:Parameter Name="CUST_FIRST_NAME" Type="String" />
            <asp:Parameter Name="CUSTOMER_ID" Type="Decimal" />
        </UpdateParameters>
</asp:SqlDataSource>
```

上述的**SQL指令**與**參數**（以？符號表示）都必須動手修正如下，方可正常運作。簡單地說：

第一、參數不可使用？符號來代替。請改用「**：符號**」搭配「**參數名稱**」的合併寫法。

- **Oracle請使用:參數名稱**。
- MySQL請用?參數名稱。
- MS SQL Server請用@參數名稱。
- Access請用?符號（不搭配參數名稱，只有?符號）。

第二、欄位與資料表，**不可使用[與]符號**來框住。

修正後的SQL指令與參數如下：

```
<asp:SqlDataSource ID="SqlDataSource1" runat="server"
    ConnectionString="<%$ ConnectionStrings:OracleConnectionString %>"
    ProviderName="<%$ ConnectionStrings:OracleConnectionString.ProviderName %>"

    SelectCommand="SELECT * FROM DEMO_CUSTOMERS"

    UpdateCommand="UPDATE DEMO_CUSTOMERS SET CUST_FIRST_NAME = :CUST_FIRST_NAME
WHERE CUSTOMER_ID = :CUSTOMER_ID">
```

```
        <UpdateParameters>
            <asp:Parameter Name="CUST_FIRST_NAME" Type="String" />
            <asp:Parameter Name="CUSTOMER_ID" Type="Decimal" />
        </UpdateParameters>
</asp:SqlDataSource>
```

4-5 MySQL資料庫

MySQL（官方網站http://www.mysql.com/）原本是一個開放原始碼的關聯式資料庫管理系統，原開發者為瑞典的MySQL AB公司，該公司於2008年被昇陽微系統（Sun Microsystems）收購。2009年甲骨文公司（Oracle）收購昇陽微系統公司，**MySQL成為Oracle旗下產品**。

以前寫PHP網頁程式的人，常說他們在LAMP平台下工作。L代表Linux作業系統，A則是Web Server（Apache），M就是MySQL資料庫，而P則是PHP網頁程式。這四者的組合讓開放原始碼也能有傑出的產品線。

4-5-1 下載與安裝MySQL

MySQL（官方網站http://www.mysql.com/）可以下載資料庫與開發工具。只要下載for Windows使用的即可。如下圖。

- MySQL Installer，資料庫。
- MySQL Connector就是專門給.NET使用的連結工具。

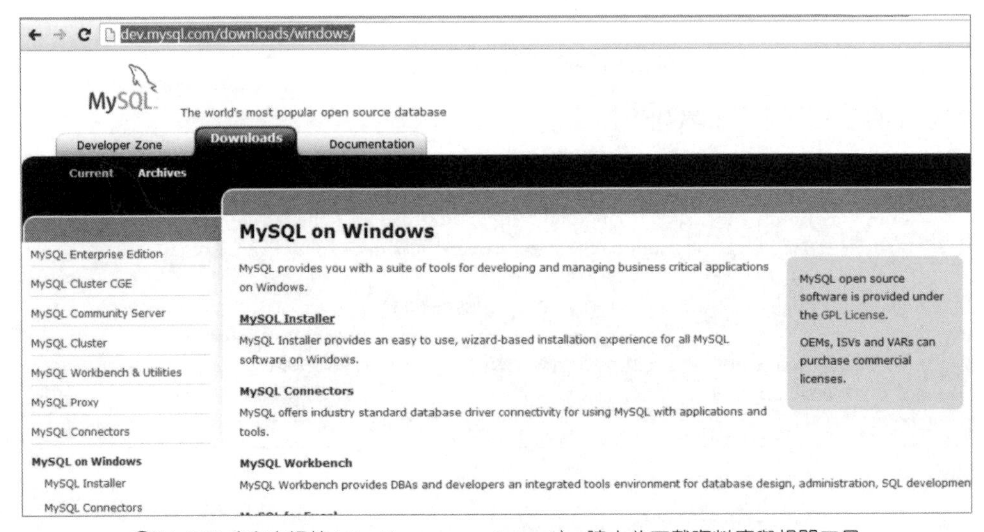

▲ MySQL（官方網站 http://www.mysql.com/），請由此下載資料庫與相關工具

安裝過程並不難，完成後可以打開MySQL的管理工具（類似SQL Server Management Studio），裡面就能創建新的資料庫、資料表，也能輸入SQL指令進行資料存取。

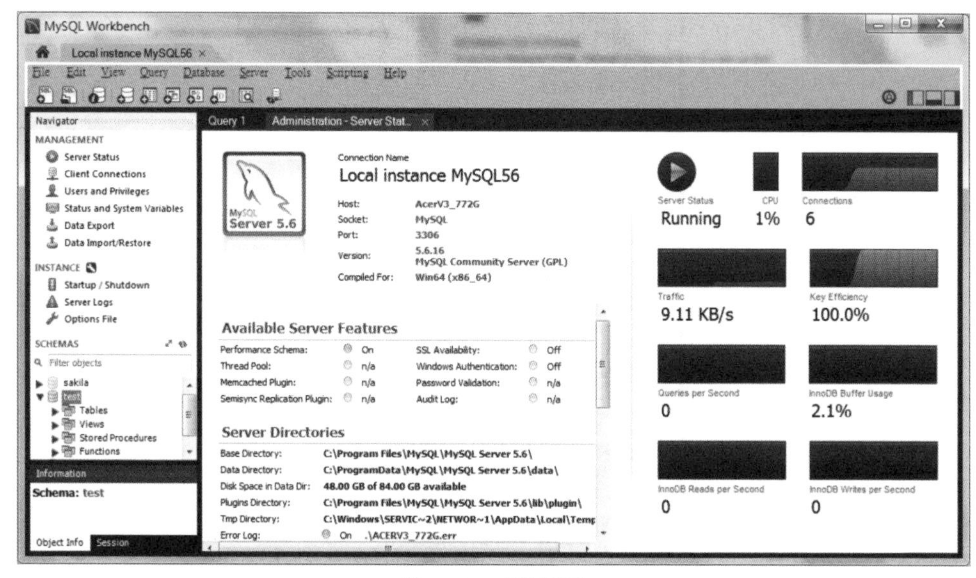

MySQL 管理畫面

4-5-2 在MySQL創建一個資料表

提醒您！！本章僅為簡單說明，無法取代專業的書籍。如果您要學習、設定MySQL必須有其他專業書籍的協助。作者在公司與教學上均使用MS SQL Server為例，並非MySQL專家。

後續圖片解說將以test資料表為例，您可以在MySQL新建一個資料表，設定主索引鍵（流水號、自動識別）等等。

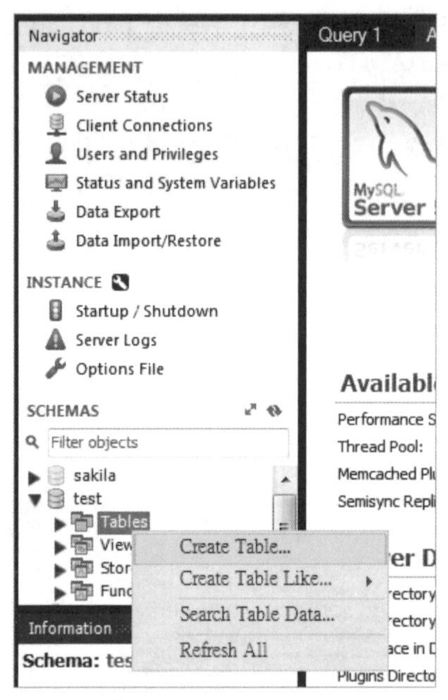

⊙ 創建一個新的資料表

⊙ MySQL 也可以透過自動識別（流水號）當作主索引鍵

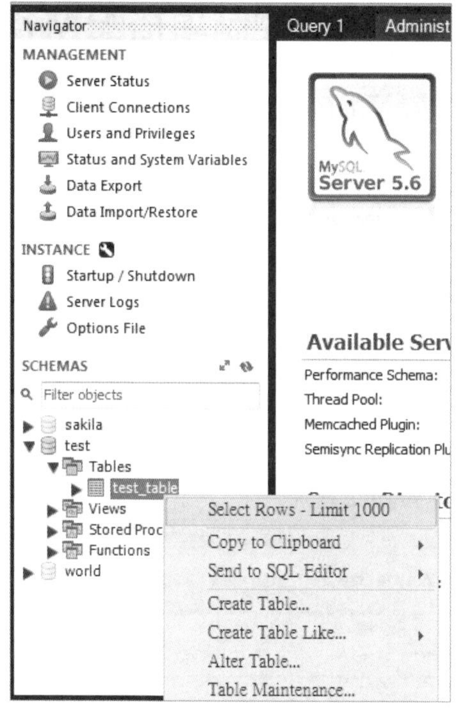

MySQL 操作畫面，查看前一千筆記錄

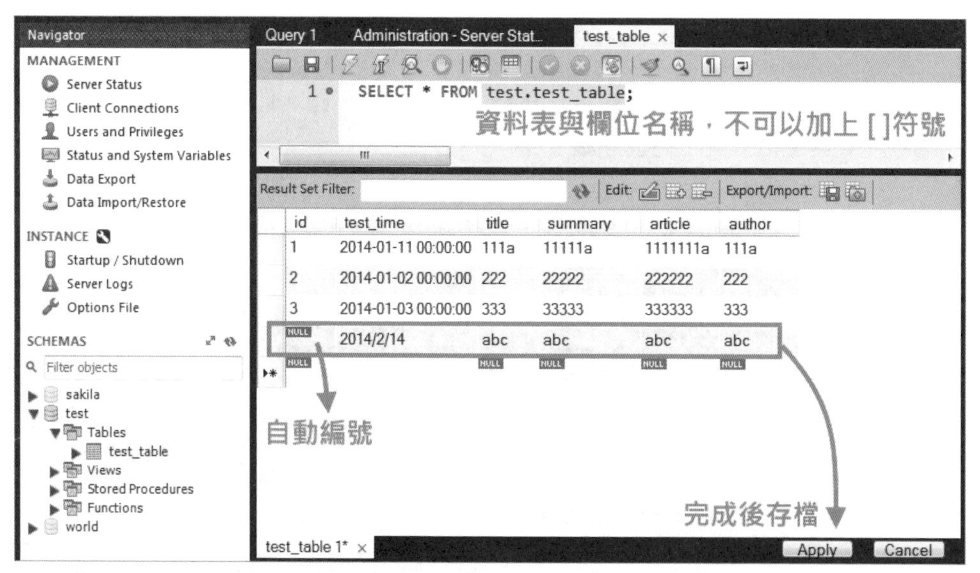

MySQL 的 test 資料表（請自己新增與設定），與本書 MS SQL Server 的範例資料庫雷同

4-6 SqlDataSource控制項搭配MySQL

透過SqlDataSource控制項連上MySQL資料庫的作法跟前述Oracle雷同，請不要擔心。事實上，連結資料庫的四大步驟，不管您是透過精靈（如SqlDataSource）或是自己寫ADO.NET程式完成，步驟都一樣。

4-6-1 MySQL連結字串

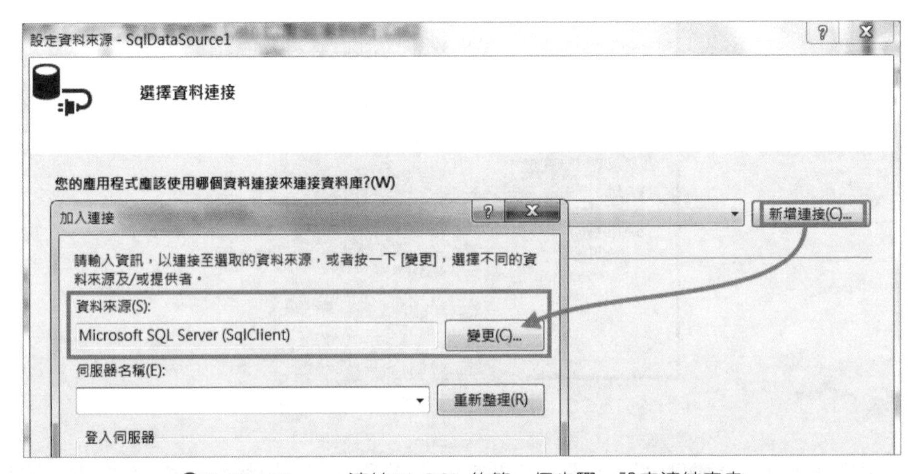

SqlDataSource 連結 MySQL 的第一個步驟，設定連結字串

上圖的「**資料來源**」請按下「**變更**」按鈕，就會看見下圖。您可以選擇不同資料庫的驅動程式與連結工具，完成連結。

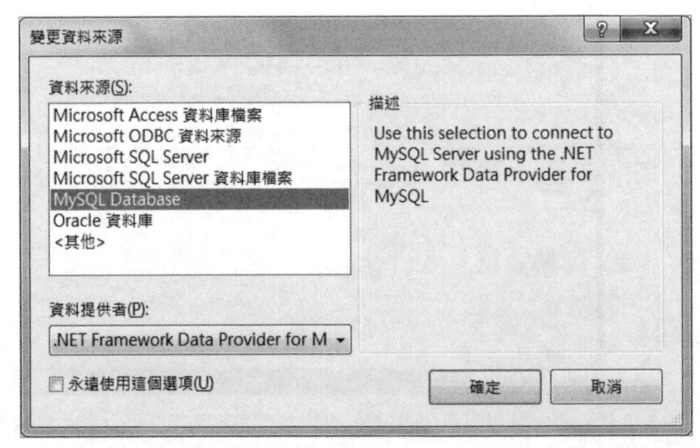

上圖的「**資料來源**」請按下「**變更**」按鈕，就可以選擇不同資料庫的連結工具

完成後，下圖的畫面略有不同。但仍是請您輸入主機（伺服器名稱）、帳號與密碼，便能連結MySQL資料庫。完成後就會自動產生連結字串並存放在Web.Config設定檔裡面。

◉ 請您輸入主機（伺服器名稱）、帳號與密碼，便能連結 MySQL 資料庫

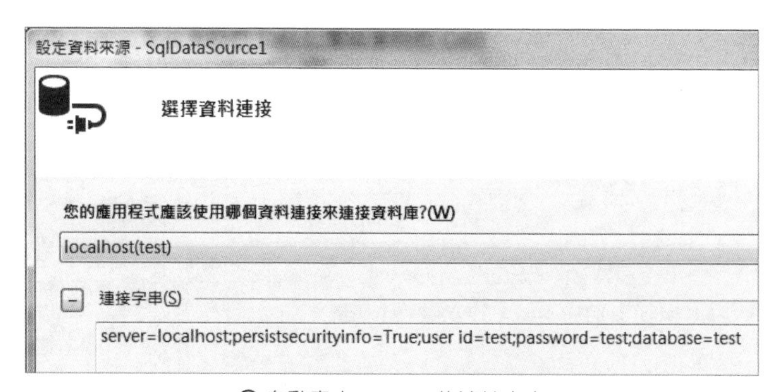

◉ 自動產生 MySQL 的連結字串

設定完成SqlDataSource的所有步驟之後，MySQL連結字串一樣會放在Web.Config設定檔裡面。這裡提供兩段連結字串給您比較，上方是MS SQL Server Express版，下方則是MySQL。

```
<connectionStrings>
        <add name="testConnectionString"
        connectionString="Data Source=.\SQLExpress;Initial Catalog=test;
Integrated Security=True" providerName="System.Data.SqlClient" />


        <add name="MySQL"
        connectionString="server=localhost;user id=帳號;password=密碼;persist
securityinfo=True;database=test" providerName="MySql.Data.MySqlClient" />
</connectionStrings>
```

4-6-2 搭配MySQL必須動手修正的地方

SqlDataSource搭配MySQL產生新增、刪除、修改的SQL指令，也會跟Oracle的步驟一樣出錯，最終仍須自己動手修正才能運行。

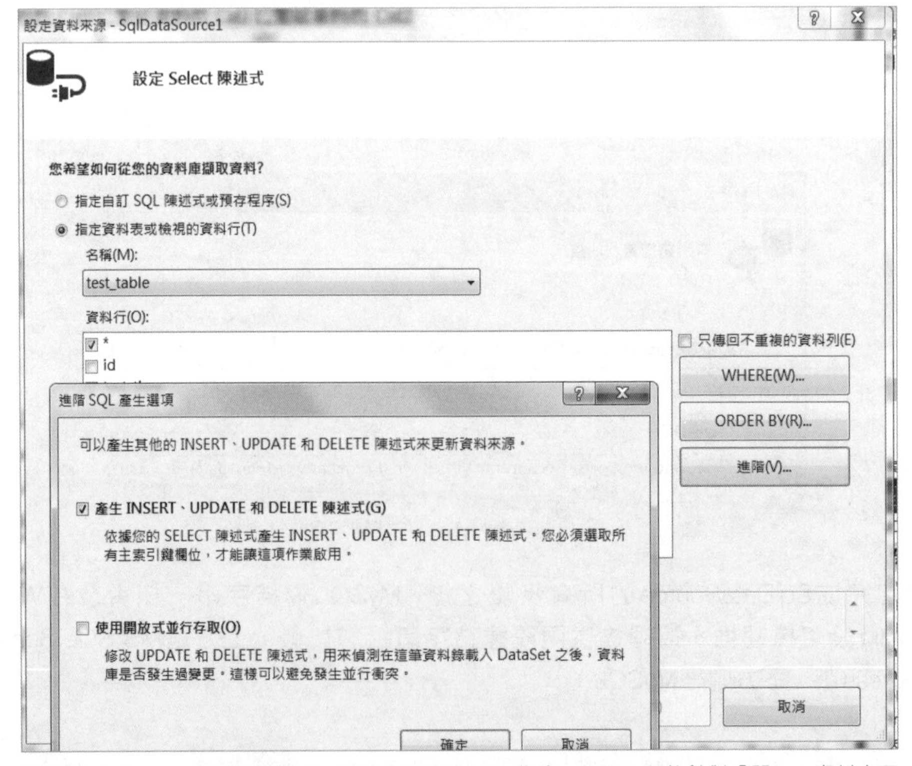

⊙ SqlDataSource 自動產生新增、刪除、修改的 SQL 指令。切記！只能針對「單一」資料表而且必須有「主索引鍵」才會運作

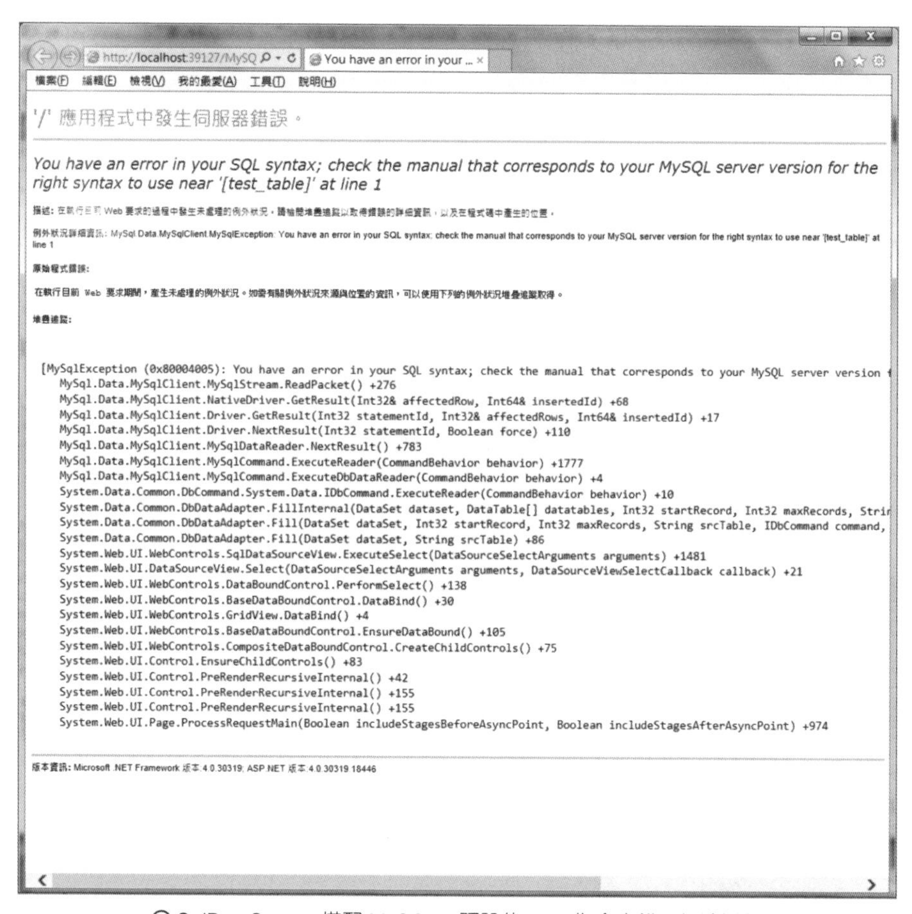

SqlDataSource 搭配 MySQL，預設的 SQL 指令出錯，無法運作

SqlDataSource 預設的情況下，搭配 MySQL 會出現下圖的 SQL 指令與參數（以？符號表示）必定出錯！請您依照下圖的解說進行修改。

```
<asp:SqlDataSource ID="SqlDataSource1" runat="server"
    ConnectionString="<%$ ConnectionStrings:testConnectionString_MySQL %>"
    DeleteCommand="DELETE FROM [test_table] WHERE [id] = ?"
    InsertCommand="INSERT INTO [test_table] ([id], [test_time], [title], [summary], [article], [
    ProviderName="<%$ ConnectionStrings:testConnectionString_MySQL.ProviderName %>"
    SelectCommand="SELECT * FROM [test_table]"
    UpdateCommand="UPDATE [test_table] SET [test_time] = ?, [title] = ?, [summary] = ?, [a
    <DeleteParameters>
        <asp:Parameter Name="id" Type="Int32" />
    </DeleteParameters>
```

SqlDataSource 預設的情況下，搭配 MySQL 產生的 SQL 指令與參數會出錯上述的**SQL指令**與**參數**（以？符號表示）都必須動手修正。如下圖，方可正常運作。簡單地說：

第一、參數不可使用？符號來代替。請改用「**?符號**」搭配「參數名稱」的合併寫法。

- Oracle請使用 : 參數名稱。
- **MySQL請用 ? 參數名稱**。
- MS SQL Server請用 @ 參數名稱。
- Access請用？符號（不搭配參數名稱，只有？符號）。

第二、欄位與資料表，**不可使用 [與] 符號**來框住。

```
<asp:SqlDataSource ID="SqlDataSource1" runat="server"
  ConnectionString="<%$ ConnectionStrings:testConnectionString_MySQL %>"
  ProviderName="<%$ ConnectionStrings:testConnectionString_MySQL.ProviderName %>"
  DeleteCommand="DELETE FROM test_table WHERE id = ?id"
  SelectCommand="SELECT * FROM test_table"
  UpdateCommand="UPDATE test_table SET test_time = ?test_time, title = ?title, summary = ?summary, arti
  <DeleteParameters>
     <asp:Parameter Name="id" Type="Int32" />
  </DeleteParameters>
  <UpdateParameters>
     <asp:Parameter Name="test_time" Type="DateTime" />
     <asp:Parameter Name="title" Type="String" />
     <asp:Parameter Name="summary" Type="String" />
     <asp:Parameter Name="article" Type="String" />
     <asp:Parameter Name="author" Type="String" />
     <asp:Parameter Name="id" Type="Int32" />
  </UpdateParameters>
</asp:SqlDataSource>
```

⊙ 務必動手修改 SQL 指令，將參數改為「?」與「參數名稱」的合併寫法才行

05 SqlDataReader 類別與常用方法，程式入門

CHAPTER

以前寫過 Classic ASP（使用 ADO）、PHP、JSP 的朋友，應該會發現 DataReader 的寫法跟您的習慣很貼近，程式碼也雷同。前面的章節已經介紹過 ADO.NET 四大步驟，就有搭配 PHP、JSP 程式給您比對。

如果您是撰寫網頁程式的程式設計師，ADO.NET DataReader 會是您最常遇見的好朋友，速度快、節省資源！由於本書搭配微軟的 SQL Server 資料庫範例，微軟特別撰寫 System.Data.Sql* 開頭的命名空間，搭配 SQL Server 的 DataReader 就是 **Sql**DataReader（命名空間 System.Data.**SqlClient**）。

5-1 DataReader 觀念解析

SqlDataReader 類別提供了從 MS SQL Server 資料庫 "讀取" 資料列的「順向（Forward-Only）」資料流之方式。此類別無法被繼承。

DataReader 物件是一種**「唯讀（Read-Only）」**、**「順向（Forward-Only）」的資料概觀（View）**。它提供了簡易且輕量的方式來穿越記錄集（資料錄集，RecordSet），**一次一筆資料**，循序的向下抓取。

如果只是單純地在網頁中呈現、輸出資料，DataReader 物件是理想的方式。簡單的說，它運作的方法跟以前 ASP 時代，ADO 的 RecordSet 很類似，速度也很快。

- 命名空間：System.Data.Common。
- 組件：System.Data（在 system.data.dll 中）。

使用 DataReader 可以**提高應用程式的效能**，因為它立即擷取可用的資料，**一次只將「一個資料列（一筆記錄）」**儲存到記憶體中，如此便可減少系統負荷。在**執行 SQL 指令之後，會傳回 DataReader**。

DataReader 也提供四種 DataReader 物件，分別是 **OleDbDataReader**、**OdbcDataReader**、**OracleDataReader** 與 **SqlDataReader**。

- SqlDataReader是專門用來配合Microsoft SQL Server。
- OracleDataReader是專門用來搭配Oracle資料庫（.NET 4.0以後將不再推出新版本，建議您安裝Oracle原廠推出的ODP.NET，Oracle Data Provider for .NET）。
- OleDb與Odeb則是用來對應Excel或Access等其他資料來源。

針對不同的資料來源，使用它們專屬的DataReader會讓執行速度與效率更快。本書採用MS SQL Server作為資料庫，因此將使用**Sql**DataReader與**Sql**Command（請留意兩者皆以Sql開頭）。

若要建立SqlDataReader，您必須呼叫SqlCommand物件的.ExecuteReader()方法，而不是直接使用建構函式（不能直接使用new來做實體化）。因為DataReader只是一個容器，用來承接您「查詢、讀取」出來的資料列、記錄。

使用SqlDataReader時，最常用的兩種SqlCommand方法如下：

- 我們可以利用Command物件的**.ExecuteReader()方法**，把SQL指令的Select陳述句所**擷取到（查詢、撈出來）**的記錄，傳遞到DataReader這個容器裡面，藉以呈現在畫面上。
- 如果是資料異動，如：Insert（新增、插入）、Delete（刪除）、Update（變更、修改）這些SQL指令，則必須改用**.ExecuteNonQuery()方法**。此方法會傳回一個整數值，回報有幾列資料列（記錄，Row）受到影響。

正在使用SqlDataReader時，相關聯的SqlConnection會忙於服務SqlDataReader而沒有其他作業可以在「同一個」SqlConnection上執行，只能將這個連結關閉。這個情形會維持到呼叫SqlDataReader的.Close()方法為止。例如，在呼叫連結關閉（.Close()方法）之前，您不可以擷取輸出參數。不過，後續有MARS可以解決這問題，請看後續解說。

SqlDataReader的使用者可能會看見另一個處理序（Process）或執行緒在讀取資料時對"結果集"所做的變更。

5-2 DataReader的方法

DataReader的公用方法，接下來的章節將會為您一一介紹。

方法（Method）	說明
Close	關閉DbDataReader物件。
Dispose	釋放DbDataReader所使用的資源。
GetEnumerator	傳回IEnumerator，可用於逐一查看DataReader中的資料列（Row）。
GetFieldType	取得指定之資料行（欄位 / Column）的"資料型別"。也就是每一個欄位在資料表裡面設定的資料格式，例如：Int、DataTime、VarChar()....等等。
GetGuid	取得指定之資料行（欄位 / Column）的值，做為全域唯一識別項（GUID）。
GetName	取得資料行（欄位 / Column）的"名稱"（資料行序數是從「零」算起）。
GetType	取得目前執行個體的Type。
GetValue	取得當做Object執行個體的指定之資料行（欄位 / Column）的"值"。
GetValues **（集合。比上一個方法，名稱後面多一個s）**	取得集合中目前資料列（Row）的「所有」屬性資料行（欄位 / Column）。
IsDBNull	取得值，指出資料行（欄位 / Column）是否包含不存在、Null或遺漏的值？
NextResult	讀取批次陳述式（多筆SQL指令）的執行結果時，將DataReader自動向前移動至下一個結果。 註解：如果「同時執行」**兩個以上的SQL指令**，就會用到這個方法。
Read	讀取後，會自動將DataReader"前移"至結果集（ResultSet）的下一筆記錄。 執行SQL的Select指令之後，讀取資料時最常用到的方法。
ToString	傳回String，表示目前的Object。

資料來源：微軟 Microsoft Docs網站（前MSDN網站）

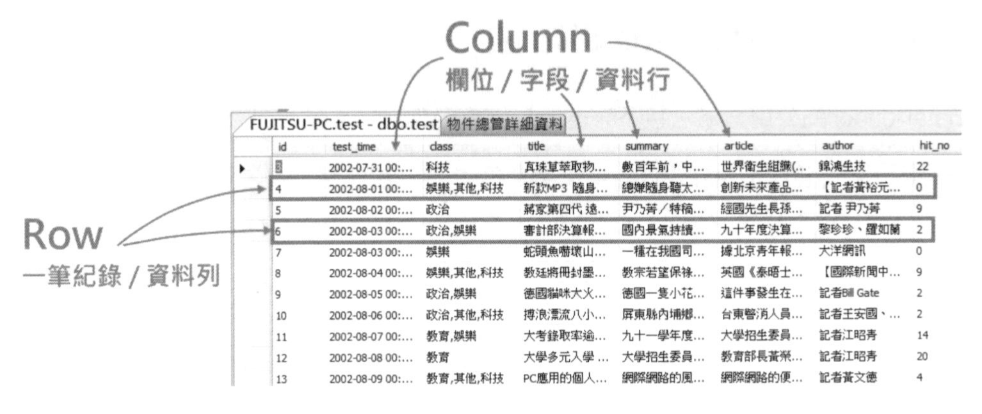

資料列（Row、一筆記錄）與資料行（Column、欄位、字段）

5-3 .Read() 方法

.Read() 方法可以將 SqlDataReader 前進（forward）、跳到下一個資料錄（記錄，Record）。倘若已經到達最後一筆而且已經是 EOF（檔案結尾）就會自動停止。

傳回值的型態是 System.Boolean。如果有多個資料列（記錄）則為 true，否則為 false。

以前的 ASP 需要自己撰寫資料指標的移動，例如：前進、後退（.MoveNext() 方法）等等。但 **ASP.NET 時代的 DataReader 透過 .Read() 方法來做，指標只能順向地（Foeward）前進，無法後退**。所以不需要我們去操控資料指標的移動，但 DataReader 也無法完成分頁的功能（建議改用 DataSet、DataTable 取代 DataReader 來做分頁。後續我們可以搭配 SQL 指令，讓 DataReader 做出更快的分頁程式）。

有兩個重點要提醒您：

- **SqlDataReader 的預設位置在 "第一個" 資料列、第一筆記錄「之前」**。因此，您必須呼叫 .Read() 方法開始存取任何資料。
- **每一個關聯的 SqlConnection「一次只能開啟一個」SqlDataReader**，而在第一個讀取器關閉以前，任何嘗試開啟其他讀取器將會失敗。正在使用 SqlDataReader 時，相關聯的 SqlConnection 會忙於服務，直到您呼叫 .Close() 方法為止。

到了.NET 2.0以後才逐步放寬這種限制，不過必須搭配MS SQL 2005或是後續新版SQL Server才能用，您也可採用MARS（多重作用結果集）並在連線字串（ConnectionString）內設定**MultipleActiveResultSets=True**。

後續兩個小節會使用不同的範例來講解.Read()方法。

5-4 入門練習（I）：實作DataReader與範例

下面這個程式只是簡單的跟讀者介紹一下，一個網頁程式要連結資料庫，其流程大約有四項。這四個流程學會之後，不管是ASP或ASP.NET（Web Form與MVC）/PHP/JSP都用得上，只是程式語法稍稍改一下而已。

■ **連接資料庫**

要連接各種資料庫或資料來源，只要會撰寫連接字串（Connection String）即可。

■ **執行SQL指令**

- SQL指令又分成兩種，一種是「Select」陳述句，用來撈（取出）資料。
- 另外一種是資料的異動，例如「Insert、Update、Delete」陳述句，執行這類的陳述句將不會傳回資料，只有傳回一個Integer數值，提醒我們這個陳述句「修改了幾列資料（Affected Row）」而已。

■ **自由發揮**

- 如果是執行「Select」陳述句，把許多筆記錄從資料庫裡面撈出來，這時候就要呈現在畫面上。可能會用HTML碼做一些修飾，讓畫面比較整齊好看。
- 如果是「Insert、Update、Delete」陳述句的話，只會傳回一個Integer數值，提醒我們這個陳述句異動了幾列資料而已。藉以告訴使用者，這段動作是否成功完成。

■ **關閉資料庫的連接，並且釋放資源**

俗諺有云：「有借有還，再借不難」。相同的道理，我們寫程式的時候，必須把曾經使用過或開啟的資源，在程式的最後一一關閉它。這樣才不會把系統資源消耗殆盡，被一支爛程式拖累整個系統。

我們透過Web Form的GridView控制項來展現SQL指令的Select陳述句查詢後的資料。VB範例0_GridView_DataReader.aspx的設計畫面只有一個空白的GridView，未曾有任何設定。C#後置程式碼如下：

```
//-- C# 語法（範例 0_GridView_DataReader.aspx）--
using System.Data;
using System.Data.SqlClient;    // 搭配 MS SQL Server 資料庫

protected void Page_Load(object sender, EventArgs e)    {
        SqlConnection Conn = new SqlConnection(" 資料庫連接字串 ");
        Conn.Open();    //---- (1)，連結 DB

        SqlCommand cmd = new SqlCommand("select * from test", Conn);
        SqlDataReader dr = cmd.ExecuteReader();
        //---- (2)．執行 SQL 指令，取出資料

        GridView1.DataSource = dr;    //---- (3)．資料繫結（資料綁定）
        GridView1.DataBind();

        cmd.Cancel();    //---- (4)．釋放資源，關閉資料庫的連結。
        dr.Close();
        Conn.Close();
}
```

另外幾個範例請您自行參考，下載範例檔中的範例DIY.aspx提供兩種寫法，在「第三步驟」裡面我們提供兩種寫法：第一種是透過GridView展示資料（同上一個範例），第二種則是透過HTML <Table>表格搭配While迴圈來展示資料。兩種方法請任選其一。

下載範例檔中的範例DIY_1.aspx會在HTML <Table>表格上方呈現每一個欄位的「標題」。這些都是傳統HTML畫面的小花招而已，資料存取的ADO.NET都一模一樣。

以上是比較精簡的寫法，建議您使用後續的寫法，也就是使用try...catch...finally區塊，或是using...區塊的寫法比較嚴謹一些。

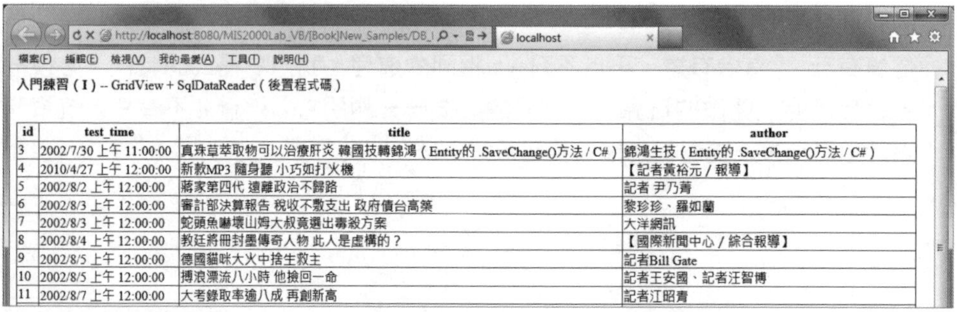

http://localhost:8080/MIS2000Lab_VB/[Book]New_Samples/DB_I

localhost

檔案(F) 編輯(E) 檢視(V) 我的最愛(A) 工具(T) 說明(H)

入門練習（I）-- GridView + SqlDataReader（後置程式碼）

id	test_time	title	author
3	2002/7/30 上午 11:00:00	真珠草萃取物可以治療肝炎 韓國技轉錦鴻（Entity的 .SaveChange()方法 / C#）	錦鴻生技（Entity的 .SaveChange()方法 / C#）
4	2010/4/27 上午 12:00:00	新款MP3 隨身聽 小巧如打火機	【記者黃裕元 / 報導】
5	2002/8/2 上午 12:00:00	蔣家第四代 遠離政治不歸路	記者 尹乃菁
6	2002/8/3 上午 12:00:00	審計部決算報告 稅收不敷支出 政府債台高築	黎珍珍、羅如蘭
7	2002/8/3 上午 12:00:00	蛇頭魚嚇壞山姆大叔竟選出毒殺方案	大洋網訊
8	2002/8/4 上午 12:00:00	教廷將冊封墨傳奇人物 此人是虛構的？	【國際新聞中心 / 綜合報導】
9	2002/8/5 上午 12:00:00	德國貓咪大火中捨生救主	記者Bill Gate
10	2002/8/5 上午 12:00:00	搏浪漂流八小時 他撿回一命	記者王安國、記者汪智博
11	2002/8/7 上午 12:00:00	大考錄取率逾八成 再創新高	記者江昭青

▲ 範例 0_GridView_DataReader.aspx 執行成果

上面的範例，重點如下：

- 用完DataReader物件後，請務必呼叫.Close()方法。如果您的Command包含「輸出參數」或「傳回值」，則必須**等到DataReader關閉後**才能使用它們。
- 請注意，**DataReader開啟期間，每一次的連接（Connection）只能供給一個DataReader使用**。必須等到原始DataReader關閉後，才能執行Connection的任何命令，包括建立其他DataReader。

到了.NET 2.0以後才逐步放寬這種限制，不過必須搭配MS SQL 2005（含）後續新版才能使用，您也可以採用MARS（多重作用結果集）並在連線字串內設定**MultipleActiveResultSets=True**，請看後續的範例與說明。

5-5 Snippet，Visual Studio輔助您撰寫「程式碼片段」

還記得前面介紹過的Visual Studio輔助功能「Snippet（程式碼片段）」嗎？透過Snippet的協助，我們寫程式（後置程式碼）會更簡單。請看下面的圖片說明（很可惜，這些步驟只有VB語法才有）。

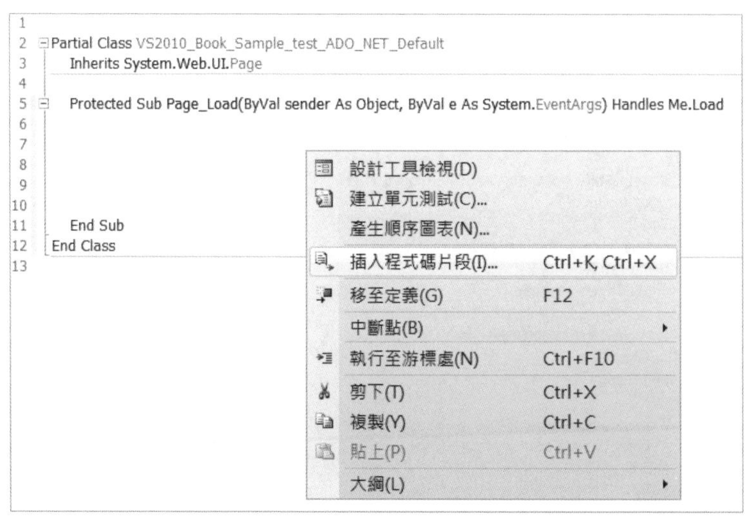

⊙ 在後置程式碼（Code Behine）裡面，可以透過Snippet（程式碼片段）輔助我們寫程式

請依照這個順序，找到我們需要的程式碼片段（如下圖）：

1. **LINQ、XML、設計工具、ADO.NET**（註解：我們要撰寫ADO.NET程式）
2. **設計工具功能與ADO.NET**
3. 呼叫 **SqlCommand** 的 **.ExecuteReader()** 方法

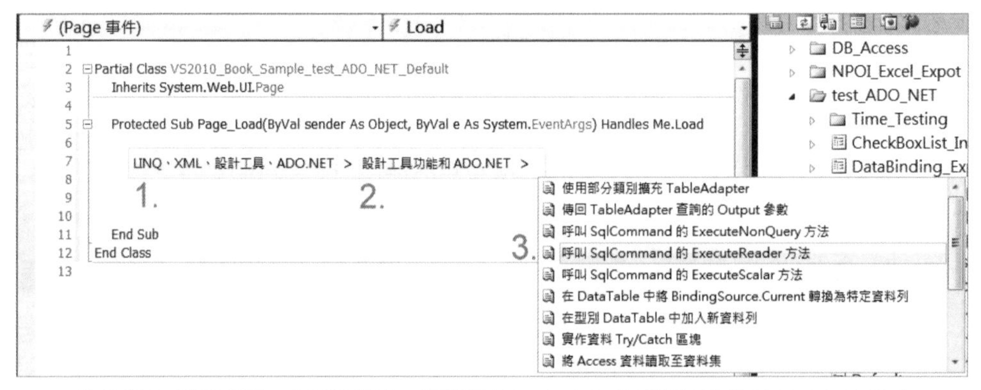

挑選程式碼的種類。在這個範例，我們要用 Try..End Try 這種區塊來撰寫 ADO.NET 程式

Snippet 幫我們完成了一整個程式碼區塊，我們只要修改一下即可。上圖產生的程式碼片段，只是一個雛形。要修改的地方很多～

5-6 入門練習（II）：Inline Code，程式與畫面在同一檔案

本節範例僅供參考，目前採用Visual Studio來開發網頁程式，已經很少用到這種老方法了。

3	2002/7/30 上午 11:00:00	真珠草萃取物可以治療肝炎 韓國技轉錦鴻（Entity的 .SaveChange()方法 / C#）	數百年前，中國人就以真珠草來治療黃疸病，如今在韓國慶北大學教授鄭泰浩的技術移轉授權下，中國醫藥研究所育成中心與錦鴻生技公司，準備在國內進行真珠草的萃取物對抗 B 型肝炎的病毒作用機制
4	2010/4/27	新款MP3 隨身聽 小巧如打火機	總嫌隨身聽太大台？CD隨身聽老是跳針？創新未來昨日發表一款體積與打火機相仿的MuVo MP3隨身聽，除具有體積小巧優勢外，該款隨身聽還可把播放模組拆下來，充當USB拇指隨身碟使用
5	2002/8/2	蔣家第四代 遠離政治不歸路	尹乃菁 / 特稿　蔣經國曾說，「蔣家人，不能也不會競選總統」，這番終結「蔣家王朝」的宣示，並未能阻卻蔣家第二代、第三代對政治的企圖心，但蔣家第四代卻是徹底遠離政治，活出另一片天空。
6	2002/8/3	審計部決算報告 稅收不敷支出 政府債台高築	國內景氣持續低迷，賦稅收入連年遞減，已使政府債台高築。根據審計部日前送達立法院的九十年度決算報告，受政府各項租稅減免優惠措施影響，中央政府賦稅收入占政府支出之比率
7	2002/8/3	蛇頭魚嚇壞山姆大叔竟選出毒殺方案	一種在我國司空見慣的淡水魚被美國內務部部長諾頓稱為“像來自恐怖電影裡的東西”。馬裡蘭州還專門成立了一個由科學家組成的小組，研究如何消滅在該州一個池塘內發現的至少100多條這種魚。
8	2002/8/4	教廷將冊封墨傳奇人物 此人是虛構的？	教宗若望保祿二世卅一日將冊封十六世紀宣稱見過聖母顯靈的墨西哥印第安人迪亞戈為聖人，但迪亞戈恐怕是虛構的人物，根本不曾存在於世上。
9	2002/8/5	德國貓咪大火中捨生救主	德國一隻小花貓在大火中救了主人，自己卻喪生火窟。
10	2002/8/5	搏浪漂流八小時 他撿回一命	屏東縣內埔鄉民鍾森永疑因個人財務問題跑到台東自殺，在台東外海漂流了近六十公里，沒有穿泳衣，沒有助浮工具，歷經八個多小時，竟奇蹟似獲救。昨日他平安返家，年邁雙親不斷焚香祝禱，感謝神明保祐

◉ 範例 Default_DataReader_InlineCode.aspx 執行成果

以前的網頁程式，不管是ASP/PHP/JSP都是把「網頁的HTML碼」與「程式」寫在一起，存成同一個檔案（ASP.NET MVC的檢視畫面，Razor也是類似作法）。這種作法有好處也有壞處，以缺點來說，就是把程式與HTML碼混在一起，檔案變得很冗長與複雜。如果程式設計師不懂HTML碼的話（不光是懂，還要非常熟練才行），很難接手這種Inline Code的程式。

5-6-1 把HTML寫在程式裡面

網頁與資料庫的程式設計，不外乎這四大流程，下面的範例Default_DataReader_InlineCode.aspx（C#語法）剛好可以作一個說明：

```
// 這是一個 Inline Code 的寫法。
<%@ Page Language="C#" %>

<%@ Import NameSpace = "System.Data" %>
<%@ Import NameSpace = "System.Data.SqlClient" %>
        //-- 註解：因為是 Inline Code，把程式跟畫面會在同一個檔案裡面，所以命名空間
（NameSpace）要在一開始就宣告完畢。
```

```
<!--
<%  //-- 註解：第一，連結 SQL 資料庫
        SqlConnection Conn = new SqlConnection(" 資料庫連接字串 ");
        Conn.Open();

        //-- 註解：第二，執行 SQL 指令，使用 DataReader
        Dim sqlstr As String = "select id,test_time,title,summary from test "
        Dim cmd As SqlCommand = New SqlCommand(sqlstr ,Conn)
        Dim dr As SqlDataReader = cmd.ExecuteReader()

        //-- 註解：第三，自由發揮
        Response.Write("<table width='90%' border=1>");

        while(dr.Read())  {
            Response.Write("<tr>");
                Response.Write("<td>" + dr["id"] + "</td>");
                Response.Write("<td>" + dr["test_time"] + "</td>");
                Response.Write("<td>" + dr["title"] + "</td>");
                Response.Write("<td>" + dr["summary"] + "</td>");
            Response.Write("</tr>");
        }
        Response.Write("</table>");
        //-- 註解：第四，關閉資料庫的連接與釋放資源
        cmd.Cancel();
        dr.Close();
        Conn.Close();
%>    -->
```

當您把程式碼與HTML標籤，混合寫在同一個檔案裡面的時候（稱為「Inline Code」），強烈建議各位在<%　%>程式的前後，可以加上HTML的註解符號（也就是<!-- -->）：

```
<!--
        <%
            ' 註解： ASP.NET 裡的程式註解，VB 語法請用「單引號（ ' ）」。
                    若是 C# 語法，註解請用「//」符號
        %>
-->
```

除了上述程式採用舊的Inline Code方式之外，本章後續介紹的是Code Behind（或Code Separate）寫法，利用Visual Studio來撰寫，把HTML畫面（.aspx檔）與程式檔（.aspx.vb檔或.aspx.cs檔）區分成兩個獨立的檔案。

5-6-2 以HTML為主體，程式碼穿插在內

另外一種InLine Code的作法，就是以美工人員完成的HTML畫面為主體，我們把程式碼拆開，放到HTML畫面裡頭。凡是放在**<% ... %>兩個符號之間**的，就是ASP.NET程式碼。

範例DIY_2_InlineCode.aspx便是如此，請看VB語法的程式。這是傳統的寫法，在ASP.NET（Web Form）已經很少這麼做，把HTML與程式混雜在一起。

```
<%@ Page Language="VB" %>

<%@ Import NameSpace = "System" %>
<%@ Import NameSpace = "System.Data" %>
<%@ Import NameSpace = "System.Data.SqlClient" %>
<%@ Import NameSpace = "System.Web.Configuration" %>

<!DOCTYPE html >     註解：表示支援 HTML5。
<html xmlns="http://www.w3.org/1999/xhtml">
<head runat="server">
    <title> 範例 </title>
</head>
<body>
        <%    '-- 註解：第一，連結 SQL 資料庫
        Dim Conn As SqlConnection = New SqlConnection(WebConfigurationManager.
ConnectionStrings(" 存放在 Web.Config 檔裡面的資料庫連接字串 ").ConnectionString)
        Conn.Open()

              '-- 註解：第二，執行 SQL 指令，使用 DataReader
        Dim sqlstr As String = "select * from test"
        Dim cmd As SQLCommand = New SQLCommand(sqlstr ,Conn)
        Dim dr As SQLDataReader = cmd.ExecuteReader()
        %>

            <table class="style1" border="1" width="90%">
                <tr>
                    <td bgcolor="#ccffff">id</td>
                    <td bgcolor="#ccffff">title</td>
                    <td bgcolor="#ccffff">summary</td>
                </tr>

        <%    '-- 註解：第三，自由發揮
        While dr.Read()
        %>
                <tr>
                    <td><% Response.Write(dr("id"))%></td>
                    <td><% Response.Write(dr.Item("title"))%></td>
```

```
                <td><% Response.Write(dr("summary"))%></td>
            </tr>
        <%
        End While
        Response.Write("     </table>")

             '-- 註解：第四，關閉資源
        cmd.Cancel()
        dr.Close
        Conn.Close
        %>
</body>
</html>
```

5-7 先關閉Command再關閉DataReader

在這裡有一個重點要跟各位讀者分享：「為何要先關閉Command之後，才去關閉DataReader呢？」雖然是一個小細節，但不注意的話卻會浪費很多資源喔！

以下的cmd代表SqlCommand：

```
//-- C# 語法 -
    if (dr != null)  {
        cmd.Cancel();
        //---- 關閉 DataReader 之前，一定要先「取消」SqlCommand
        dr.Close();
    }
```

根據微軟 Microsoft Docs網站（前MSDN網站）的說明：

> 當您透過使用 `SqlDataReader` 以使用關聯的 `SqlConnection` 做任何其他用途時，必須明確呼叫 `.Close()` 方法。
>
> `.Close()` 方法會為輸出參數、傳回值和 `RecordsAffected` 填入值（影響了幾列資料？通常用在新增、刪除、修改的 SQL 指令上），增加它關閉 **`SqlDataReader`** 所花費的時間（用來處理大量或複雜的查詢）。
>
> 如果查詢影響的傳回值與資料錄（`DataRecord`）數量並不顯著，則（1）先呼叫 **`SqlCommand`** 物件的 **`.Cancel()`** 方法，（2）再呼叫 **`DataReader`** 的 **`.Close()`** 方法，可降低它關閉 **`SqlDataReader`** 所花費的時間。

如果您不想自己動手來撰寫關閉資源的程式碼，可以參考後續的using... 區塊（VB語法為Using...End Using）的作法。sing... 區塊在結束時會自動關閉資源，十分便利。

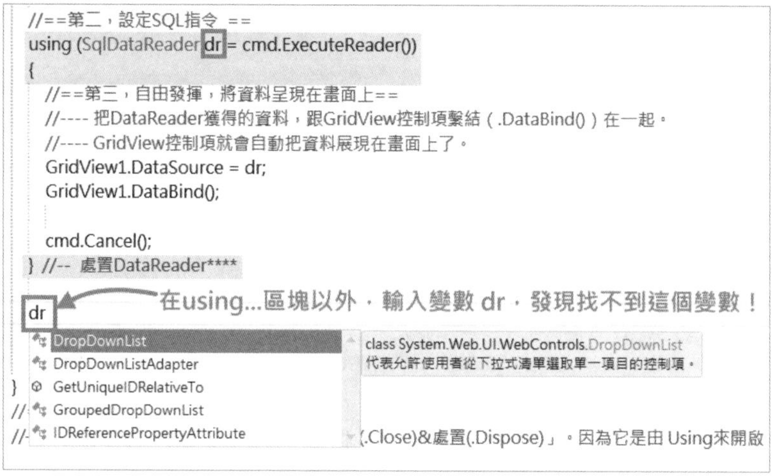

```
//==第二，設定SQL指令 ==
using (SqlDataReader dr = cmd.ExecuteReader())
{
  //==第三，自由發揮，將資料呈現在畫面上==
  //---- 把DataReader獲得的資料，跟GridView控制項繫結（.DataBind()）在一起。
  //---- GridView控制項就會自動把資料展現在畫面上了。
  GridView1.DataSource = dr;
  GridView1.DataBind();

  cmd.Cancel();
} //-- 處置DataReader****
dr    在using...區塊以外，輸入變數 dr，發現找不到這個變數！
  DropDownList                class System.Web.UI.WebControls.DropDownList
  DropDownListAdapter         代表允許使用者從下拉式清單選取單一項目的控制項。
} GetUniqueIDRelativeTo
// GroupedDropDownList
//- IDReferencePropertyAttribute   (.Close)&處置(.Dispose)」。因為它是由 Using來開啟
```

⊙ 透過 using... 程式區塊，關閉 dr 變數（此為 C# 語法）

5-8 DataReader優缺點－快速又省資源、但無法分頁

完成上面的第一個範例（0_GridView_DataReader.aspx）以後，您應該瞭解：對於簡單的資料存取，DataReader是最快速、最方便、也最省資源的了。

換個角度來看，DataReader的作法「有些類似」以前的ASP RecordSet（記錄集、資料錄集），很適合以前寫過ASP程式（甚至是JSP與PHP）的設計師來升級舊程式。

不過，要跟大家提醒的是：

- 因為DataReader只提供「**唯讀**」與「**順向（Forward）**」的資料指標，所以讀取資料時無法回頭，也就是說DataReader **"沒有"** 舊版ASP時代的ADO RecordSet所用之.MovePreview()方法。

  DataReader只要執行.Read()方法，就會每讀完一筆資料，就"自動"將指標跳至下一筆，並持續運作，所以 **"沒有"** 控制資料指標向下的動作（以前的ASP時代，ADO RecordSet用的.MoveNext()方法）。

  而且DataReader也 **"不能"** 做「**分頁（Page）**」，在ASP.NET要做資料分頁，唯有透過DataSet + DataAdapter、或資料來源控制項（就算是SqlDataSource，但骨子裡還是用到DataSet）來完成之。本書後續章節搭配新版SQL指令，可以做出更有效的DataReader分頁程式，請拭目以待。

⊙ 把大量資料進行「分頁」展示（如圖片下方的頁數），是各大網站必備的基本功能。分頁功能不但可以節省 Server 端的資原，使用者瀏覽速度也不會被拖累

- **每一次資料庫連線（Connection）期間，只能使用一個 DataReader**。已經開啟的DataReader如果尚未關閉，是無法使用第二個DataReader的。並不像以前的ASP RecordSet可以同時開好幾個來用，但這項限制在.NET **2.0**以後有所突破。

  不過還是要搭配SQL Server **2005**或是後續的新版本。並且採用MARS（多重作用結果集，在資料來源的"連線字串、ConnectionString"內設定MultipleActiveResultSets=True）才能做到。

因此，DataReader用來做Master-Detail（主表明細、主細表）功能，或是用來修改、刪除、新增"單一筆"資料都很好用。因為DataReader速度夠快、也省資源！語法與觀念上，都比較類似舊版的ASP的ADO與JSP、PHP，存取資料的寫法也類似。

隨著SQL Server版本與功能的更新，我們可以透過SQL指令做到資料來源的分頁，然後用DataReader快速呈現到畫面上。後續章節會有「分頁」程式的寫法，請拭目以待。

5-9 使用try...catch...finally區塊

以下的範例，是從微軟SDK文件中看到的，這個範本很適合我們學習起來。除了前面說過的**寫網頁程式的四大步驟－「1.連接資料庫 / 2.執行SQL指令 / 3.自由發揮 / 4.關閉資料庫連線」**之外，下面介紹的的範例程式，還包含了「try...catch...」這樣的區塊，可以透過catch來抓出程式的例外狀況。

好處在於：就算程式出錯，畫面上仍會運作到正確的那一段，然後才出現例外狀況。我們就能看出，程式執行到哪裡才出錯，錯誤原因（例外狀況）為何？下面這段程式，就用到try...catch...這樣的區塊，算是架構很嚴謹了，強烈建議每位讀者把這一小節的程式範例當成一個範本，放在手邊才可以隨時拿出來改。

我們先介紹「try區塊」的用法，try是用來提供「仍在執行中」的程式碼「可能發生錯誤」的處理方式。

- **try區塊裡面，程式碼是專門「開啟並使用資源」的**，例如：開啟資料庫連線（Conn.Open()方法）、執行SQL指令等等。
- **catch區塊負責抓取例外狀況（Exception）**，這段也可省略不寫。
- **finally區塊則是在最後時刻**，放置一些「**處置這些資源**（例如：關閉資料庫的連線）」的程式碼。

```
// 以下是 C# 語法：
try
{
        catch
        {
        }
        // 註解：選擇項，可寫可不寫。允許多個 catch 區塊。在處理 try 區塊時，如果發生例外狀況，則會按文字順序檢查每一個 catch 陳述式，以判斷它是否會利用代表已擲回之例外狀況的exception 來處理例外狀況。

        finally
        {
        }
        // 註解：選填項目（非必填），可寫可不寫。當執行離開 try 陳述式的任一部分時，一律會執行 finally 區塊。
}
```

本範例Default_1_0_DataReader_Manual.aspx在HTML畫面的設計與使用的控制項，如下圖。畫面上只有一個GridView而已，**"不"**搭配任何資料來源控制項（SqlDataSource）。

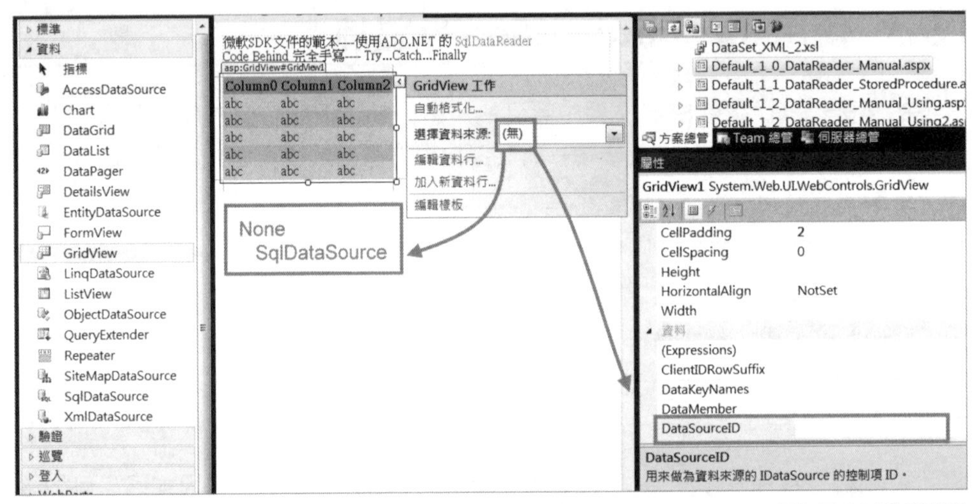

⦿ 首先在 HTML 畫面拉進一個 GridView 控制項（切記，不使用 SqlDataSource！因為要自己動手寫程式來使用 DataReader）

上圖的HTML設計畫面，原始碼如下（Default_1_0_DataReader_Manual.aspx）：

```
<%@ Page Language="C#" AutoEventWireup="false"
    CodeFile="...省略...（請依照實際狀況，由 Visual Studio 進行修改）" Inherits=
"...省略...（請依照實際狀況，由 Visual Studio 進行修改）" %>

<!DOCTYPE html>

<html xmlns="http://www.w3.org/1999/xhtml">
<head runat="server">
    <title>範例（檔名 Default_1_0_DataReader_Manual.aspx）</title>
</head>
<body>
    <form id="form1" runat="server">
    註解：所有的 ASP.NET 控制項，都必須寫在 <form>...</form> 標籤內部。
        <asp:GridView ID="GridView1" runat="server" ...... >
                ....省略....
        </asp:GridView>
    </form>
</body>
</html>
```

這個範例Default_1_0_DataReader_Manual.aspx的C#後置程式碼（Code Behind）如下。

```
//---- 註解：記得在後置程式碼（CodeBehine）的最上面，宣告這些 NameSpace ----
using System.Web.Configuration;
using System.Data.SqlClient;
```

Book_Sample/C...anual.aspx.cs × Book_Sample/...r_Manual.aspx

Ch14_Default_1_0_DataReader_Manual　　Page_Load(object sender, EventArgs e)

```
9
10  //----自己寫的（宣告)----
11  using System.Web.Configuration;
12  using System.Data.SqlClient;
13  //----自己寫的（宣告)----
14
15  public partial class Ch14_Default_1_0_DataReader_Manual : System.Web.UI.Page
16  {
17      protected void Page_Load(object sender, EventArgs e)
18      {
19          //=======微軟SDK文件的範本=======
20
21          //----上面已經事先寫好NameSpace --  Using System.Web.Configuration; ----
22          //----或是寫成下面這一行 (連結資料庫)----
23          SqlConnection Conn = new SqlConnection(WebConfigurationManager.ConnectionStrings["testConnectionStri
24
25          SqlDataReader dr = null;
26
27          SqlCommand cmd;
28          cmd = new SqlCommand("select id,test_time,summary,author from test", Conn);
29
30          try     //==== 以下程式，只放「執行期間」的指令！=====================
31          {
32              Conn.Open();   //---- 這時候才連結DB
33              dr = cmd.ExecuteReader();   //---- 這時候執行SQL指令，取出資料
34
35              GridView1.DataSource = dr;
36              GridView1.DataBind();    //--資料繫結
37          }
38          catch (Exception ex)
39          { //---- 如果程式有錯誤或是例外狀況，將執行這一段
40              Response.Write("<b>Error Message----  </b>" + ex.ToString() + "<HR/>");
41              throw;
42          }
```

記得在後置程式碼（CodeBehine）的最上面，宣告這些NameSpace

⊙ 記得在後置程式碼（Code Behine）的最上方，把所需要用到的命名空間（NameSpace）寫進來

```
protected void Page_Load(object sender, EventArgs e)
{   //---- 上面已經事先寫好 NameSpace --  Using System.Web.Configuration; ----
    //---- 或是寫成下面這一行 （連結資料庫）----
     SqlConnection Conn = new SqlConnection(WebConfigurationManager.
ConnectionStrings[" 存在 Web.Config 檔案裡面的連結字串，例如命名為
testConnectionString"].ConnectionString);      //---- 連結 DB 的連結字串

     SqlDataReader dr = null;
     SqlCommand cmd;
     cmd = new SqlCommand("select id,test_time,summary,author from test", Conn);

     try  {      //==== 以下程式，只放「執行期間」的指令！ ====
        Conn.Open();    //---- 連結 DB
        dr = cmd.ExecuteReader();    //---- 執行 SQL 指令，取出資料
```

```
        GridView1.DataSource = dr;
        GridView1.DataBind();   //-- 資料繫結
    }
    catch (Exception ex)  {   //---- 如果程式有錯誤或是例外狀況，將執行這一段
        Response.Write("Error Message----" + ex.ToString() + "<HR/>");
        throw;
    }
    finally  {
        if (dr != null)  {
            cmd.Cancel();
            //---- 關閉 DataReader 之前，一定要先「取消」SqlCommand
            dr.Close();
        }
        if (Conn.State == ConnectionState.Open)  {
            Conn.Close();
        }
    }
}
```

上面的程式裡面，我們必須在關閉DataReader（dr.Close()）之後，才能關閉資料庫連接（Conn.Close()），這個順序不要搞錯。此外，要提醒大家：

- DataReader的.Close()方法為了輸出參數、傳回值和RecordsAffected填入值（影響了幾列資料？通常用在新增、刪除、修改的SQL指令上），將會增加許多時間來關閉SqlDataReader。此舉在大量或複雜的SQL查詢時，處理時間會更加明顯。
- 如果這一次查詢的傳回值與資料數量並不顯著，**建議您先使用SqlCommand物件的.Cancel()方法（先把Command物件取消後），再呼叫DataReader的.Close()方法**，可降低關閉SqlDataReader的時間。如此一來可提升執行效率。

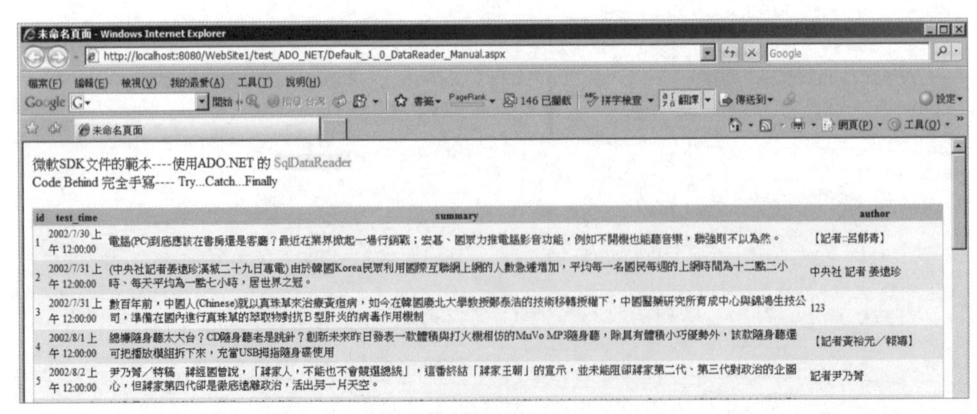

◉ 程式執行結果

補充說明

- 在一開始的資料庫連線部份，因為我們已經把資料庫的連線字串，寫在Web.Config檔案裡面的<connectionStrings>區段，並名為testConnectionString。這部份不用死背，ASP.NET（Web Form）可以透過SqlDataSource控制項的設定精靈，幫我們完成這一部份的設定。Windows Form也可以透過DataGridView控制項的精靈步驟完成連結字串。

```
Web.Config 檔案的部份內容：

<!--  '==== 資料庫 連線字串 ==== -->
<connectionStrings>
        <add name="testConnectionString"
connectionString="Data Source=SQL_Server 的名稱 ;Initial Catalog= 資料庫名稱 ;
Persist Security Info=True;User ID= 帳號 ;Password= 密碼 " providerName=
"System.Data.SqlClient"/>
</connectionStrings>
```

所以，在第一部份的資料庫連線，上面的範例C#程式可以寫成：

```
// 註解：程式最上方，已經事先寫好（宣告）using System.Web.Configuration;
    SqlConnection Conn = new SqlConnection();
    Conn.ConnectionString = WebConfigurationManager.ConnectionStrings[
"testConnectionString"].ConnectionString;

// 註解：或是把上面兩行（連結資料庫），合併起來寫成下面這一行
    SqlConnection Conn = new SqlConnection(WebConfigurationManager.
ConnectionStrings["testConnectionString "].ConnectionString);
```

如果要自己撰寫資料庫連線字串，"不"透過Web.Config檔統一控管的話，可以寫成下面這樣。我不建議使用下面的寫法，因為自己背誦資料庫連線字串，似乎不是一個聰明的作法。而且把連線字串寫死在「每一支程式」裡面，將來要修改的話，會非常沒有效率。

```
// 以下是 C# 語法：
    SqlConnection Conn = new SqlConnection();
    Conn.ConnectionString =
            "Data Source=SQL_Server 的名稱 ;Initial Catalog= 資料庫名稱 ;Persist
Security Info=True;User ID= 帳號 ;Password= 密碼 ";

// 註解：或是把上面兩行（連結資料庫），合併起來寫成下面這一行
    SqlConnection Conn = new SqlConnection("Data Source=SQL_Server 的名稱 ;
Initial Catalog= 資料庫名稱 ;Persist Security Info=True;User ID= 帳號 ;
Password= 密碼 ");
```

5-10 使用using...區塊，自動關閉資源

using區塊的運作方式，非常類似上述的try...catch...finally的語法結構，差別在於：

- try區塊使用資源之後（例如：開啟資料庫的連線），catch區塊負責抓取例外狀況，最後由finally區塊則用來處置這些資源（例如：關閉連線）。簡言之，**try...區塊是我們自己寫程式，手動去處置資源的後續處理與關閉動作。**
- 然而using區塊就不一樣，using**最後完成的時候會「自動」處置或釋放這些資源（釋放記憶體）**。

以資料庫的連接（Connection）為例，如果您用using來開啟資料庫連接，那麼using區塊最後完成的時候，就會**自動釋放**資源（Conn.Dispose()）並關閉連結（Conn.Close()）。

但是，如果讀者在「資料庫連結」以外的地方（如DataReader或Command等）使用using區塊來寫程式，我們還是建議您要親自撰寫.Close()來關閉資源，但記憶體的釋放動作，using完成時都會自動處理之。

因此，不論結束區塊的方式為何，**using區塊都「保證」會自動處置由它開啟的資源（如：釋放記憶體）**。即使是未處理的例外狀況也一樣（但StackOverflow Exception除外），因為using區塊**「不會」處理例外狀況**，只會讓它消失。

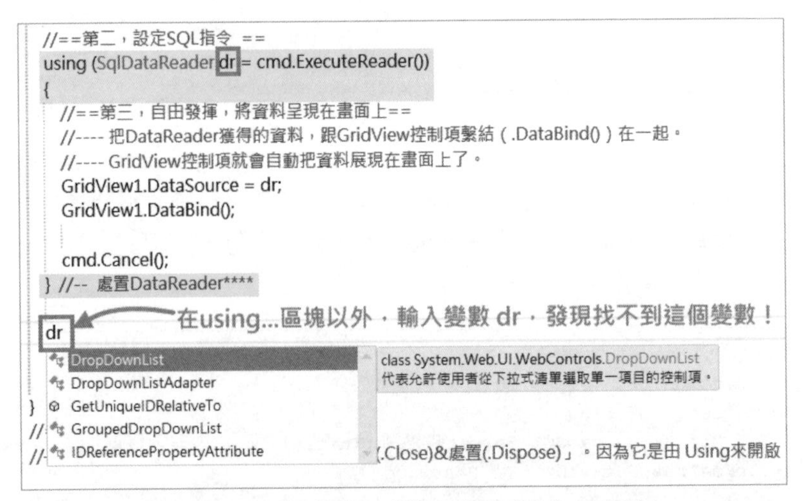

⊙ 透過 using... 程式區塊，關閉 dr 變數（此為 C# 語法）

此外，using陳述式可取得的每個資源變數範圍，都會受限於using區塊。如果在using陳述式中指定多個系統資源，效果就和將using區塊彼此組成巢狀一樣。例如：

```
// C# 語法，可以巢狀使用 using
    using....
    {
            using....
            {
            }
    }
    //註解：結束 Using 區塊的定義，並自動處置（Dispose）它控制的所有資源。
```

本例的HTML畫面（Default_1_2_DataReader_Manual_Using.aspx），跟上一例相同，HTML畫面上只用一個GridView且無其他控制項。C#後置程式碼如下：

```
//---註解：記得在後置程式碼（CodeBehine）的最上面，宣告這些 NameSpace ----
using System.Web.Configuration;
using System.Data.SqlClient;


protected void Page_Load(object sender, EventArgs e)    {
    string SQLstr = "SELECT * From test";

    using(SqlConnection Conn = new SqlConnection(WebConfigurationManager.
ConnectionStrings["存在 Web.Config 檔案裡面的連結字串，例如命名為
testConnectionString"].ConnectionString))
    {
        SqlCommand cmd = new SqlCommand(SQLstr, Conn);
        Conn.Open();   //==第一，連結資料庫==
        //一註解：開啟資料庫連線！但後面「不」需要寫關閉的動作（Conn.Close()），因為
Using....End Using 會自己處理資源的後續動作。

        //==第二，設定 SQL 指令==
        SqlDataReader dr = cmd.ExecuteReader();

        //==第三，自由發揮，將資料呈現在畫面上==
        //---- 把 DataReader 獲得的資料 跟 GridView 控制項繫結（.DataBind()）在一起。
        //---- GridView 控制項就會自動把資料展現在畫面上了。
        GridView1.DataSource = dr;
        GridView1.DataBind();

        cmd.Cancel();
        dr.Close();   //-- 關閉 DataReader
    }
    //==第四，關閉資源&資料庫的連線==
    //一註解：資料庫連線（Conn）會「自動關閉」。因為它是由 Using 來開啟，End Using 會自
動關閉之。
}
```

補充說明 以上面的範例為例，如果您在using結束之後，又自己寫上.Dispose()方法，不僅畫蛇添足，嚴重的話可能會降低效能喔！網路上一些文獻指出，自己動手干涉using的結束動作，這種"重複釋放"記憶體的動作可能會導致處理時間多出80%。使用using時不可不慎。

而且using....程式區塊，不會處理例外狀況。使用起來要相當謹慎，以免出了問題而不自知。因為using區塊中遇到例外情況時也會拋出例外狀況，但不會用catch來處理例外狀況。如果要自行處理例外，則只能回歸傳統的try...catch...finally寫法。

嚴格說起來，比較建議各位讀者多用上一節的try...catch...來寫程式。或是同時採用using與try兩個區塊混合，才能防堵例外狀況的發生。C#語法如下：

```
try
{
        using
        {
            ......如果遇見例外狀況，還能靠 try 區塊來瞭解。......
        }
}
catch ....
{
}
```

5-11 巢狀的（多個）using....區塊

上面的程式，只有資料庫連線（Conn）是用Using來定義，所以到了最後End Using的時候，會自動處置Conn的相關資源（如：自動執行Conn.Dispose()等）。

下面的C#程式，將會使用「巢狀」的Using區塊，讓大家比較一下。範例Default_1_2_DataReader_Manual_Using2.aspx後置程式碼如下：

```
//---- 本範例 Default_1_2_DataReader_Manual_Using2.aspx 的後置程式碼如下：
//---- 註解：記得在後置程式碼（CodeBehine）的最上面，宣告這些 NameSpace ----
using System.Web.Configuration;
using System.Data.SqlClient;


protected void Page_Load(object sender, EventArgs e)    {
    string SQLstr = "SELECT * From test";

    using (SqlConnection Conn = new SqlConnection(WebConfigurationManager.
ConnectionStrings["存在 Web.Config 檔案裡面的連結字串，例如命名為
testConnectionString"].ConnectionString))
    {
    SqlCommand cmd = new SqlCommand(SQLstr, Conn);
        Conn.Open();  //== 第一，連結資料庫 ==
        //一註解：開啟資料庫連線！但後面「不」需要寫關閉的動作（Conn.Close()），因為
Using....End Using 會自己處理資源的後續動作。
```

```
            //== 第二，設定 SQL 指令 ****（巢狀 Using）****==
            using (SqlDataReader dr = cmd.ExecuteReader())
            {
                //== 第三，自由發揮，將資料呈現在畫面上 ==
                //---- 把 DataReader 獲得的資料，跟 GridView 控制項繫結
(.DataBind()) 在一起。
                //---- GridView 控制項就會自動把資料展現在畫面上了。
                GridView1.DataSource = dr;
                GridView1.DataBind();

                cmd.Cancel();
                dr.Close();
            }  //--  處置 DataReader****（巢狀 Using）****
    }
    //== 第四，關閉資源＆資料庫的連線 ==
    //一註解：資料庫連線（Conn）會「自動關閉（.Close)＆處置（.Dispose)」。因為它是由
Using 來開啟，End Using 會自動關閉與處置之。
}
```

5-12 SQL指令的預存程序（Stored Procedure）

有些比較複雜的SQL指令，或是為了更好的處理效率，我們也會**把這些SQL指令寫成預存程序（Stored Procedure）**，事先存放在資料庫裡面。這樣一來，即使看見後置程式碼，也看不見我們的完整SQL指令，當然也就看不見資料庫的欄位名稱、Table名稱了。**妥善地使用預存程序，在執行速度與安全性上，都是一個不錯的考量**。

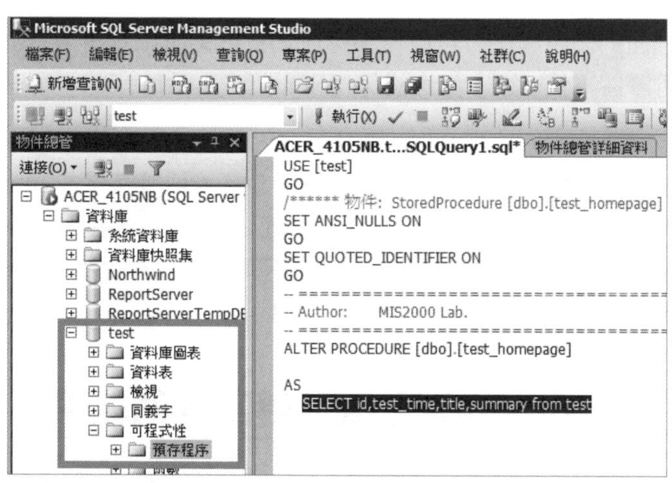

⊙ 預存程序（Stored Procedure），事先已經寫好在 SQL Server 裡面，這個預存程序名為「test_homepage」

將SQL指令採用預存程序，DataReader的寫法如下，預存程序已經事先寫好（如上圖），並且名為「test_homepage」。C#後置程式碼（Default_1_1_DataReader_StoredProcedure.aspx）如下：

```
//---- 註解：記得在後置程式碼（CodeBehine）的最上面，宣告這些 NameSpace ----
using System.Web.Configuration;
using System.Data.SqlClient;


protected void Page_Load(object sender, EventArgs e)
{   //== 第一，連結資料庫 ==
    SqlConnection Conn = new SqlConnection("資料庫的連結字串");
    SqlDataReader dr = null;

    SqlCommand cmd;
    cmd = new SqlCommand("test_homepage", Conn);

    //== 第二，設定 SQL 指令（預存程序，名為 test_homepage）==
    //---- 註解：下面這是重點！！！ ----
    cmd.CommandType = CommandType.StoredProcedure;

    try  {
            Conn.Open();    //---- 連結 DB
            dr = cmd.ExecuteReader();    //---- 執行 SQL 指令，取出資料

            GridView1.DataSource = dr;
            GridView1.DataBind();   //-- 第三，資料繫結
    }     ... 以下省略 ...
}
```

善用資料庫裡面的預存程序，可以增加速度，也避免SQL指令與程式寫在一起，讓程式碼的可讀性降低，進一步也能保護SQL指令與Table Schema的安全（因為不會曝露出來）。

很多程式設計師未必能寫出很棒的SQL指令、也不會設計完善的Table Schema，如果有一位專任的資料庫管理師（DBA）能處理這些事，甚至把程式裡面大部分的SQL指令給最佳化，並存成預存程序給程式碼呼叫，相信對於整個團隊的程式設計也有不少好處。

5-13 .NextResult() 方法，傳回多個結果

下列範例顯示SqlDataReader使用.ExecuteReader()方法，處理多個**SELECT的SQL指令**的執行結果。

因為這支程式裡頭，有多個SQL指令Select在執行，所以會傳回多個結果集（Result Set）。我們不需要重複開啟資料庫的連接，**只要"一個連接（連線）"就可以執行"多次"SQL指令（Select）來擷取資料，便能節省許多資源。**DataReader會提供.NextResult()方法，執行多個Select陳述句並依序擷取下一個結果集。

DataReader的.Read()方法與.NextResult()方法，有何差異？

- **針對單一筆資料列（Row、Record）**：DataReader的**.Read()方法**，會開始讀取「**每一筆資料列**」，並且在完成讀取之後，自動把指標移動到下一筆資料列。
- **針對SQL指令的結果集（Result Set）**：目前介紹的**.NextResult()方法**，則是執行完「**一個SQL指令**（Select撈出資料的結果集）」之後，自動跳到下一個SQL指令的結果集，繼續運作下去。

這個範例Default_1_ NextResult.aspx是引用自微軟網站。

```
    // 上面已經事先寫好 NameSpace --  using System.Web.Configuration;
    // 第一，連結資料庫。
    SqlConnection Conn = new SqlConnection(WebConfigurationManager.
ConnectionStrings[" 存在 Web.Config 檔案裡面的連結字串 "].ConnectionString);
    Conn.Open();

    //== 第二，設定並執行 SQL 指令
    // 執行 " 兩句 " SQL 指令，第一個 SQL 指令最後加上分號（;）
  SqlCommand cmd  = new SqlCommand("SELECT id,title FROM test;
SELECT id,author FROM test_talk", Conn);
    SqlDataReader dr = cmd.ExecuteReader();

    //== 第三，自由發揮，將資料呈現在畫面上 ==
    // 讀取時若還有其他的 Result Set，則 DataReader 的 .NextResult() 方法會傳回
    true。
        do     {
            Response.Write("<br> 資料表的欄位名稱：" + dr.GetName(0) +
    dr.GetName(0));
            while(dr.Read())   {      // 第二個迴圈。巢狀迴圈。
                Response.Write("<hr>" + dr.GetSqlInt32(0) + "<br>" +
    dr.GetSqlString(1));
                                    // 用 . GetSqlxxx 方法來擷取資料，效率會更好。
            }
        } while(dr.NextResult());
        // 依序往下讀取另一個 Result Set，直到沒有其他 Result Set 為止。
        // 若沒有其他的 Result Set 就讓 dr.NextResult() = false，迴圈便會停止。

    cmd.Cancel();      //== 第四，關閉資源 & 資料庫的連線 ==
    dr.Close();
    Conn.Close();
```

第一個SQL指令的結果，欄位名稱：id title
第二個SQL指令的結果

3
真珠草萃取物可以治療肝炎 韓國技轉錦鴻

7
蛇頭魚嚇壞山姆大叔竟選出毒殺方案

8
教廷將冊封墨傳奇人物 此人是虛構的？

9
德國貓咪大火中捨生救主

10
搏浪漂流八小時 他撿回一命

使用 .NextResult() 方法，程式執行結果

5-14 多重結果作用集（MARS）與網路留言版（關聯式資料表）

前面的範例有提及：用完DataReader物件後，請務必呼叫.Close()方法關閉之。

請注意，**DataReader開啟期間，每一次的資料庫連接（Connection）只能供給一個DataReader使用**。必須等到原本使用的那一個DataReader關閉後，才能執行Connection的任何命令，包括建立其他DataReader。

不遵守這規則就會出錯！請看下面兩張圖（C#語法）的解說。

```
15  public partial class Ch14_Default_1_0_DataReader_Manual : System.Web.UI.Page
16  {
17      protected void Page_Load(object sender, EventArgs e)
18      {
19          //=======微軟SDK文件的範本=======
20
21          //----上面已經事先寫好NameSpace -- Using System.Web.Configuration; --
22          //----或是寫成下面這一行 (連結資料庫)----
23          SqlConnection Conn = new SqlConnection(WebConfigurationManager.Conne
24
25          SqlDataReader dr = null;
26
27          SqlDataReader dr2 = null;
28
29          SqlCommand cmd;
30          cmd = new SqlCommand("select id,test_time,summary,author from test", Co
31
32          try    //==== 以下程式，只放「執行期間」的指令！===========
33          {
34              Conn.Open();   //---- 這時候才連結DB
35              dr = cmd.ExecuteReader();   //---- 這時候執行SQL指令，取出資料
36
37              GridView1.DataSource = dr;
38              GridView1.DataBind();    //--資料繫結
39
40              dr2 = cmd.ExecuteReader();
41          }
```

一支程式（同一個資料庫連接，Connection）裡面，使用兩個 DataReader

上圖展示了一種狀況。第一個DataReader（名為dr）開啟後尚未關閉，就啟動第二個DataReader（名為dr2），將會導致程式執行錯誤。錯誤訊息如下圖。

'/MIS2000Lab_Csharp' 應用程式中發生伺服器錯誤。

已經開啟一個與這個 Command 相關的 DataReader，必須先將它關閉。

描述: 在執行目前 Web 要求的過程中發生未處理的例外情形。請檢閱堆疊追蹤以取得錯誤的詳細資訊，以及在程式碼中產生的位置。

例外詳細資訊: System.InvalidOperationException: 已經開啟一個與這個 Command 相關的 DataReader，必須先將它關閉。

原始程式錯誤:

只有在偵錯模式編譯時，才可以顯示產生此未處理例外狀況的原始程式碼。若要啟動，請依照下列步驟之一，然後要求 URL:

1. 將 "Debug=true" 指示詞加入產生錯誤的程式碼頂端。例如:

<%@ Page Language="C#" Debug="true" %>

⊙ DataReader 開啟期間，每一次的連接（Connection）只能供給一個 DataReader 使用

到了.NET 2.0以後，才逐步放寬這種限制。不過，有兩個限制：

- **必須搭配MS SQL 2005（或以後的新版本）**。
- **採用MARS（多重作用結果集）**。在資料來源（資料庫）的「連接字串（Connection）」內，設定MultipleActiveResultSets=True。

程式的「預設值」會停用MARS功能。必須自己動手將"MultipleActiveResultSets=True"加入資料來源的連接字串，便可啟用該功能。

```
String connectionString =
        "Data Source=MSSQL1;... 資料庫連線字串 ...（省略）...
        ;MultipleActiveResultSets=True";
```

所謂「多重作用結果集(MARS)」是與MS SQL Server 2005（或是後續的新版本）搭配使用的新功能，它允許**在單一連接中，執行"多個"批次DataReader物件與Command物件**。針對不同版本的MS SQL Server有不同作法：

- 若要使用SqlDataReader物件存取「**舊版**MS SQL Server（例如SQL Server **7.0或2000**）」上的多重作用結果集，每一個SqlCommand物件只能搭配使用一個SqlConnection物件。
- 啟用MARS與MS SQL Server **2005以後的新版本**搭配使用時，使用的每個Command物件都會向Connection物件加入一個工作階段（Session），自動幫我們解決這問題。因此，**多重作用結果集（MARS）是與MS SQL Server 2005（或是後續的新版本）搭配使用的新功能**。

下面這一個範例，我們將使用兩個相關的資料表作為示範。**在同一個資料庫連接裡面，同時使用 " 兩個 "DataReader**。因為是關聯式資料庫，所以兩個資料表彼此有關聯。我們先看看程式執行的結果（如下圖，這就是網路留言版），會比較容易瞭解兩個資料表的關聯。

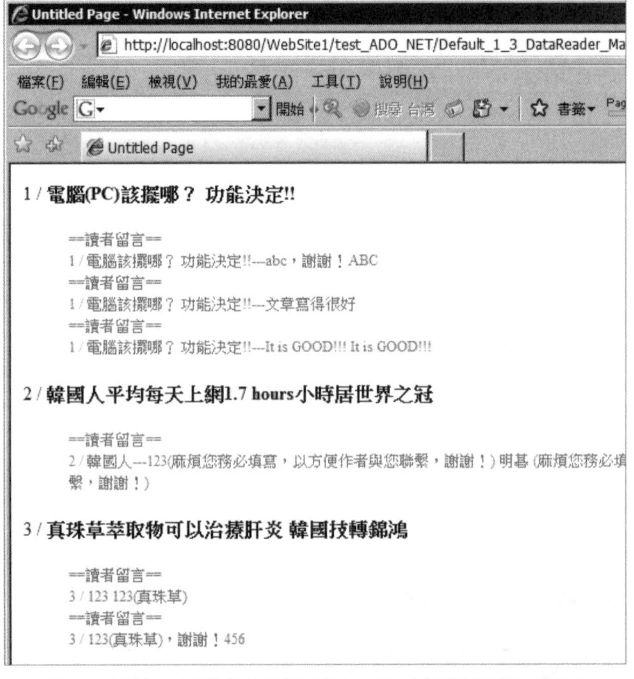

⊙ MARS 第一個範例的執行成果，每一篇新聞的讀者留言

上圖的粗體字，是test資料表內，每一篇新聞的標題。次一列（內縮）的灰色小字，是針對每一篇新聞，由讀者發表的感言（test_talk資料表）。這是兩個關聯式資料表串起來的成果。

5-15 Case Study：計算食物卡路里，.ExecuteScalar() 方法

完成上述的DataReader之後，我們來練習一個整合範例，做一個「食物的卡路里」計算機。先來看看下圖的執行成果。

⊙ 簡單地計算食物的卡路里

食物的卡路里已經事先記錄在Food_Calorie資料表裡面了，我們只是取出某一份食物的卡路里，乘以使用者輸入的「數量」而已，非常簡單。

FUJITSU-V3545.t...dbo.Food_Calorie 摘要

資料行名稱	資料型別	允許 Null
id	int	☐
food_name	nvarchar(50)	☐
food_unit	nvarchar(50)	☑
food_Calorie	int	☑
		☐

FUJITSU-V3545.t...dbo.Food_Calorie 摘要

id	food_name	food_unit	food_Calorie
1	燕麥	一碗(100g)	389
2	三合一麥片	100g	128
3	桂格芝麻糊	一包(100g)	165
4	起司三明治	一個	200
5	什錦燴飯	一份(430g)	530
6	水餃	十個(430g)	400
7	牛肉麵	一碗	470
8	義大利肉醬麵	一份(248g)	330
9	肉燥米粉（泡...	一份(64g)	254
10	雞肉滑蛋粥	一碗(600g)	210

⊙ Food_Calorie 資料表的資料格式與內容，請您照著圖片來設定之

範例Food_Calorie_Calculator.aspx的HTML設計畫面很簡單，我們只用到簡單的Web控制項而已。其中，DropDownList控制項搭配了SqlDataSource，負責取出Food_Calorie資料表裡面的資料。

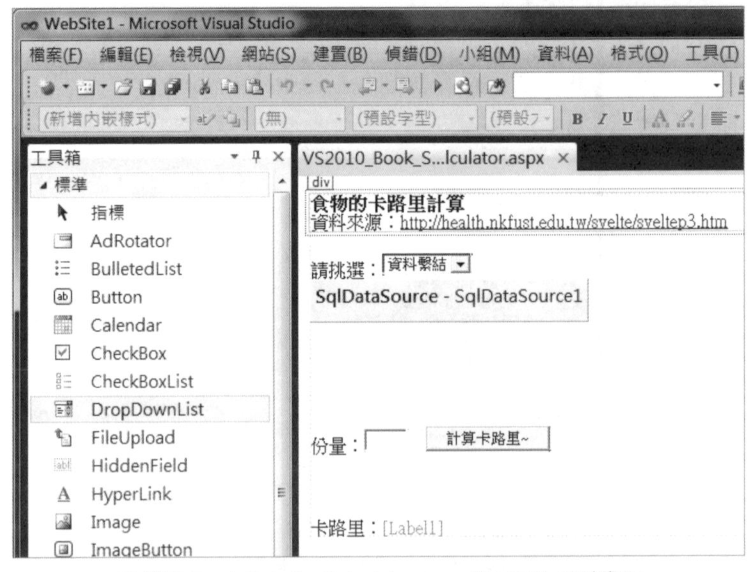

範例 Food_Calorie_Calculator.aspx 的 HTML 設計畫面

完成SqlDataSource的精靈設定步驟後（連結Food_Calorie資料表），最後一個重點就是下圖的設定。

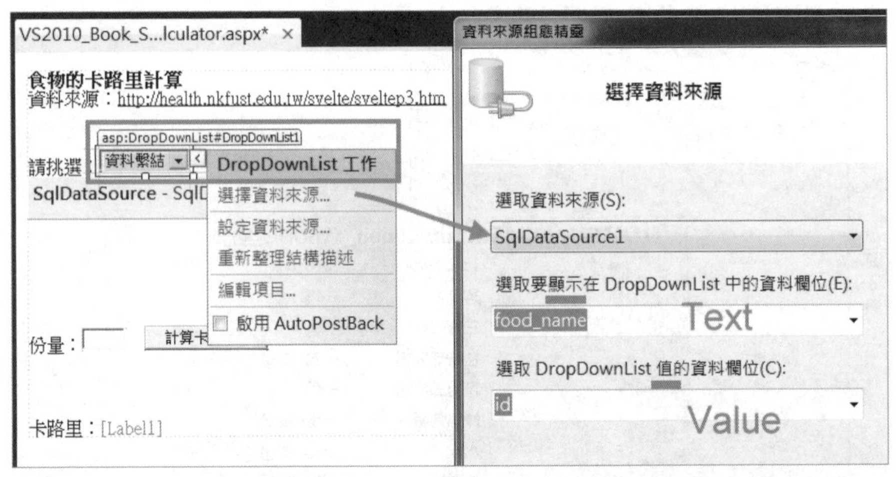

DropDownList 控制項搭配了 SqlDataSource，負責取出 Food_Calorie 資料表裡面的資料

```
請挑選：<asp:DropDownList ID="DropDownList1" runat="server"
            DataSourceID="SqlDataSource1"
            DataTextField="food_name" DataValueField="id">
        </asp:DropDownList>

        <asp:SqlDataSource ID="SqlDataSource1" runat="server"
            ConnectionString="<%$ ConnectionStrings:testConnectionString %>"
            SelectCommand="SELECT [food_name], [id] FROM [Food_Calorie]">
        </asp:SqlDataSource>
    <p>
        份量：<asp:TextBox ID="TextBox1" runat="server" Width="38px"></asp:TextBox>
           
        <asp:Button ID="Button1" runat="server" Text="計算卡路里~"
        onclick="Button1_Click"/>
    </p>
    <p>
        卡路里：<asp:Label ID="Label1" runat="server" style="color: #FF0000">
</asp:Label>
    </p>
```

範例Food_Calorie_Calculator.aspx的C#後置程式碼如下。

```
using System.Web.Configuration;    //---- 自己寫的（宣告）----
using System.Data;
using System.Data.SqlClient;


protected void Button1_Click(object sender, EventArgs e)    {
    //---- 上面已經事先寫好 Imports System.Web.Configuration ----
    //---- 連結資料庫 ----
    SqlConnection Conn = new SqlConnection(WebConfigurationManager.
ConnectionStrings["testConnectionString"].ConnectionString);
    SqlDataReader dr = null;

    String sqlstr = "select food_calorie from food_calorie where id = " +
DropDownList1.SelectedValue;
    SqlCommand cmd = new SqlCommand(sqlstr, Conn);
    try   {
        Conn.Open();    //---- 連結 DB
        int food_calorie  = (int)cmd.ExecuteScalar();    //---- 執行 SQL 指令，
取出資料

        //-- 計算卡路里
        Label1.Text = (Convert.ToInt32(TextBox1.Text) * food_calorie).ToString();
    }
    catch(Exception ex)  {  //---- 如果程式有錯誤或是例外狀況，將執行這一段
        Response.Write("Error Message----" + ex.ToString() + "<HR/>");
```

```
        throw;
    }
    finally  {
        if (dr!=null)  {
            cmd.Cancel();  //---- 關閉 DataReader 之前，一定要先「取消」SqlCommand
            dr.Close();
        }
        if (Conn.State == ConnectionState.Open)  {
            Conn.Close();
        }
    }
}
```

5-16 Case Study：計算食物的卡路里（可複選、加總）

我們將上一個範例稍作修改，就可以重複選擇食物，將這些食物的卡路里進行加總。請看這個範例的執行成果（如下圖）。

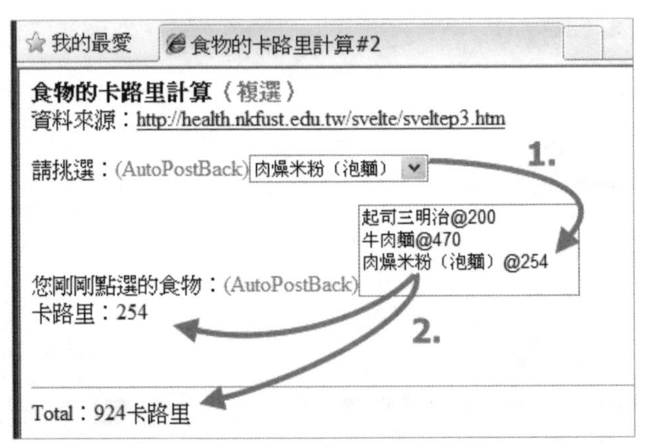

⊙ 可以重複選擇食物，將這些食物的卡路里進行加總

執行的步驟分別是：

1. 從 DropDownList 選擇食物。切記！請啟動 DropDownList 控制項的 **AutoPostBack** 功能。
2. 被選定的食物，會出現在 ListBox 裡面。請啟動 ListBox 控制項的 **AutoPostBack** 功能。Litsbox 裡面也可以點選，就能刪除 ListBox 的子選項。
3. 最底下的 Label 控制項會立即出現卡路里的加總。

C# 後置程式碼如下：

```
protected void Page_Load(object sender, EventArgs e)   {
        if (ViewState["total"] == null)   {
            ViewState["total"] = 0;   //—ViewState 是網頁程式的狀態管理，請參閱
ASP.NET 書籍。
        }
}


protected void DropDownList1_SelectedIndexChanged(object sender, EventArgs e)
{     //-- 點選任何一個子選項，底下的 ListBox 就會出現，並立刻計算卡路里
        ListBox1.Items.Add(DropDownList1.SelectedItem.Text + "@" +
DropDownList1.SelectedValue);

        Label1.Text = "<font color=blue>" + DropDownList1.SelectedValue + "</font>";
        //-- 被選取的這項食物的卡路里

        ViewState["total"] = Convert.ToInt32(ViewState["total"]) + Convert.
ToInt32(DropDownList1.SelectedValue);
        Label2.Text = ViewState["total"].ToString();
}


protected void ListBox1_SelectedIndexChanged(object sender, EventArgs e)
{  //-- 點選 Listbox 的子選項，可以刪除之。
    int word_length = ListBox1.SelectedItem.Text.Length - (ListBox1.
SelectedItem.Text.IndexOf("@", 0) + 1) ;
    Label1.Text = "<font color=red> -" + Right(ListBox1.SelectedItem.Text,
word_length) + "</font>";
    //-- 被選取的這項食物的卡路里

    ViewState["total"] = Convert.ToInt32(ViewState["total"]) - Convert.
ToInt32(Right(ListBox1.SelectedItem.Text, word_length));
    Label2.Text = ViewState["total"].ToString();

    ListBox1.Items.Remove(ListBox1.SelectedItem.Text);
    //-- 移除 ListBox1「被選到的」子選項
}


//==========================================
public static string Right(string sSource, int iLength)   {
    return sSource.Substring(iLength > sSource.Length ? 0 : sSource.Length - iLength);
}
// 您可以在 C# 程式最上方加入 using Microsoft.VisualBasic; 命名空間，就能直接在 C# 程式
裡面，使用 VB 的函數。
```

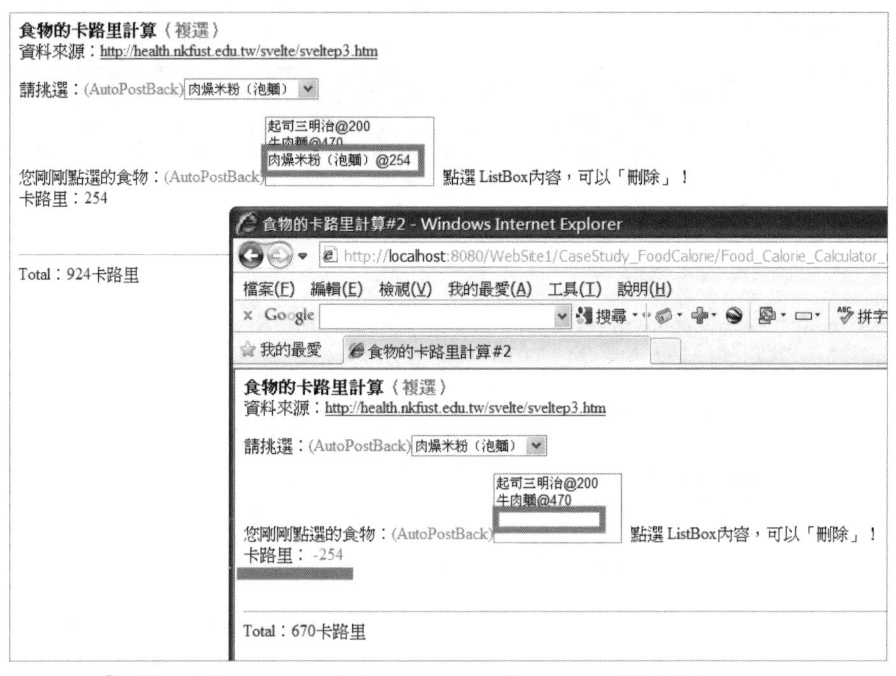

⊙點選下方的 ListBox 子選項，可以將它刪除，卡路里的總量也會隨之減少

06 DataReader 常用屬性

CHAPTER

當您撰寫DataReader時，如果遇見不會的屬性或是方法，希望本章蒐集的範例對您有幫助。除了說明與解釋，更要提供範例讓您知道「如何做（How to）」。

6-1 DataReader的屬性

DataReader的公用屬性：

屬性（Properties）	說明
Depth	取得值，表示目前資料列（**Row**）的巢狀深度。
FieldCount	取得目前資料列中的「資料行（**欄位** / Column）」數目。
HasRows	取得值，指出DbDataReader是否包含一或多個資料列（**Row**）？
IsClosed	取得值，指出DbDataReader是否關閉？ 註解：IsClosed和RecordsAffected，兩者都是在**關閉SqlDataReader之後，還可以呼叫**的屬性。
Item	取得指定之資料**行**（**欄位** / Column）的值，做為Object的執行個體。（VB語法專用，C#無此用法） **VB程式可寫成dr("欄位")或是dr.Item("欄位")，兩種寫法均可。C#寫法，只能寫成這一種，dr["欄位"]**。
RecordsAffected	取得值，指出DbDataReader是否包含一個或多個資料列（**Row**）。 註解：RecordsAffected屬性會在所有資料列已讀取，且您關閉SqlDataReader之後才會設定。RecordsAffected屬性值為累計。例如，如果兩筆記錄插入（新增）於批次模式，則RecordsAffected的值將是2。 重點！！IsClosed和RecordsAffected，兩者都是**在關閉SqlDataReader之後，還可以呼叫的屬性**。
VisibleFieldCount	取得DbDataReader中，未隱藏的欄位數目。

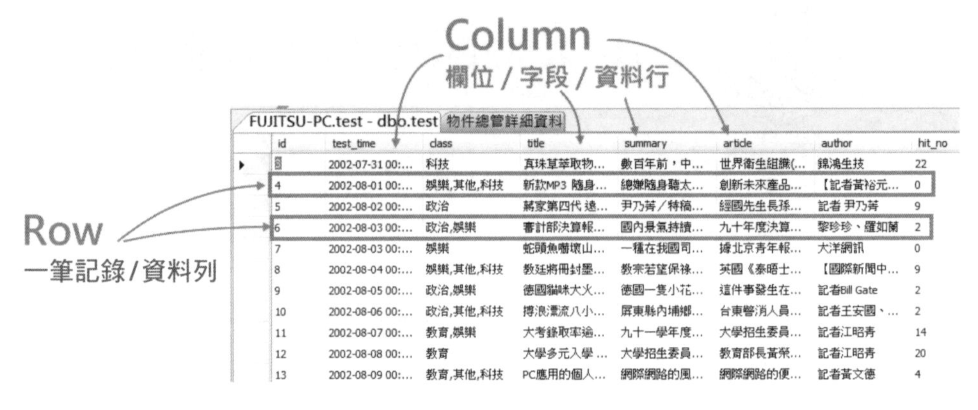

⊙ 資料列（Row、一筆記錄）與資料行（Column、欄位、字段）

6-2 Depth屬性

Depth屬性是一個取得值，表示目前"列（Row，記錄）"的巢狀深度。

Depth屬性值，型別為System.Int32（整數）代表目前資料列（Row，記錄）的巢狀深度。最外面的資料表深度為零。.NET Framework Data Provider for SQL Server 不支援巢狀，而永遠傳回"零"。

範例DataReader_Depth.aspx的C#後置程式碼如下：

```
using System.Web.Configuration;    //----自己寫的（宣告）----
using System.Data.SqlClient;


    protected void Page_Load(object sender, EventArgs e)    {
        SqlConnection Conn = new SqlConnection(WebConfigurationManager.Connect
ionStrings["testConnectionString"].ConnectionString);
        Conn.Open();    //---- (1).連結 DB

        SqlCommand cmd = new SqlCommand("select id,test_time,summary,author
from test", Conn);

        SqlDataReader dr = cmd.ExecuteReader();    //---- (2). 執行 SQL 指令，
取出資料

        //----(3).自由發揮。把撈出來的記錄，呈現在畫面上。
```

```
        dr.Read();    //-- 讀取一列記錄
        Response.Write("SqlDataReader的 .Depth屬性--" + dr.Depth);
        //-- SqlDataReader的 .Depth屬性 -- 目前資料列的巢狀深度。

        //---- (4). 釋放資源，關閉資料庫的連結。
        cmd.Cancel();
        dr.Close();
        Conn.Close();
    }
```

6-3 FieldCount屬性

FieldCount屬性是用來取得目前資料"列（Row，記錄）"中的「資料行（Column，欄位）」數目。

FieldCount屬性值的資料型別為System.Int32（整數）。當找不到有效的資料錄集（Recordset）時則為0，否則為目前資料列（這一筆記錄）中的資料行（欄位）數目。預設值為-1。

例外狀況NotSupportedException表示目前沒有連接至MS SQL Server的執行個體。

執行"不"會傳回資料列的查詢（例如：SQL指令的Delete、Insert、Update等陳述句）會將FieldCount屬性設定為0。不論如何，千萬不要和「傳回0資料列（0筆記錄）的查詢」混淆（例如 SELECT * FROM table WHERE 1 = 2，如此一來鐵定查不到任何記錄）。

在這種情況下FieldCount屬性會傳回資料表中的資料行（欄位，Column）數目，注意！這數字也包括「隱藏的欄位」。若要「排除」隱藏的欄位，可使用VisibleFieldCount屬性。

6-3-1 列出資料表的欄位數（資料行數目）

透過範例DataReader_FieldCount_1.aspx為您說明FieldCount屬性，請看下圖執行成果。

http://localhost:4910/[Book]New_Samples/DB_05-
檔案(F) 編輯(E) 檢視(V) 我的最愛(A) 工具(T) 說明(H)
SqlDaraReader的 .FieldCount屬性 #1
test資料表，共有幾個欄位？？.....4

⊙ 範例 DataReader_FieldCount_1.aspx 執行成果。列出欄位數（資料行的數目）

範例 DataReader_FieldCount_1.aspx 如下（C# 語法）：

```
using System.Web.Configuration;    //---- 自己寫的（宣告）----
using System.Data.SqlClient;


    protected void Page_Load(object sender, EventArgs e)    {
        SqlConnection Conn = new SqlConnection(WebConfigurationManager.
ConnectionStrings[" 存在 Web.Config 檔案裡面的 DB 連結字串 "].ConnectionString);
        Conn.Open();    //---- (1). 連結 DB

        SqlCommand cmd = new SqlCommand("select id,test_time,summary,author
from test", Conn);

        SqlDataReader dr = cmd.ExecuteReader();    //---- (2). 執行 SQL 指令，
取出資料

        //----(3). 自由發揮。把撈出來的記錄，呈現在畫面上。
        dr.Read();    //-- 讀取一列記錄
        Label1.Text = "test 資料表，共有幾個欄位？ ....." + dr.FieldCount.ToString();
        //-- SqlDataReader 的 .FieldCount 屬性 -- 目前一筆記錄的資料行（欄位、Column）
數。

        //---- (4). 釋放資源，關閉資料庫的連結。
        cmd.Cancel();
        dr.Close();
        Conn.Close();
    }
```

6-3-2 列出所有欄位（資料行）

範例 DataReader_FieldCount_2.aspx 執行成果，如下圖。列出欄位（資料行）。

http://localhost:8080/MIS2000Lab_VB/[Bc　localhost

檔案(F)　編輯(E)　檢視(V)　我的最愛(A)　工具(T)　說明(H)

SqlDaraReader的 **.FieldCount屬性** #2（難度稍高）

3
2002/7/30 上午 11:00:00
科技
真珠草萃取物可以治療肝炎 韓國技轉錦鴻（Entity的 .SaveChange()方法 / C#）
數百年前，中國人就以真珠草來治療黃疸病，如今在韓國慶北大學教授鄭泰浩的技術移轉授權下，中國醫藥研究所育成中心與錦鴻生技公司，準備在國內進行真珠草的萃取物對抗 B 型肝炎的病毒作用機制
世界衛生組織(WHO)於1999年發佈一項聲明:全球有超過20億人感染B型肝炎,其中3億5千萬人是帶原者,75%是亞洲人,而台灣地區?有高達四百萬的B型肝炎帶原者.1976年諾貝爾獎得主布倫伯格(Dr.Baruch S.Blumberg)於80年代發表數篇印度苦味葉下珠(P. amarus)抑制B型肝炎的研究報告,這些報告猶如黑夜海面上之一盞明燈,開啟並引導了WHO設置於韓國的「亞洲肝炎研究中心」主持人鄭泰浩博士研究真珠草(P. urinaria)的一條航向,從此鄭博士便致力於真珠草的研究.1985年本集團顧總裁染上B型肝炎而病發,十多年來他遍尋B肝的解藥確苦無良方.1995年10月,顧總裁在其摯友Dr. Han,Sang Tae(韓相泰)的介紹下,見到了鄭泰浩博士,並獲得鄭博士的悉心調理.有感於鄭博士的研究成果對人類的貢獻,因此毅然決定投下大筆資金,創立HEPAGUARD集團,致力於真珠草後續研發.周董事長感受到至親好友及台灣數百萬人民為肝疾所苦,在聞知顧總裁的投資計劃,決定共組事業,致力於救人濟世之實踐,於1999年8月3日創立了錦鴻生技公司,為專業的中藥新藥研發與行銷公司,針對亞洲的重大傳染疾病—B型肝炎進行天然藥物篩選與開發。不讓人蔘專美於前　周丹薇的高麗真珠草　從台灣紅回韓國過去到韓國的旅行團，除了吃吃泡菜跟人蔘雞外，採購人蔘相關產品、紫水晶等特產更是重點行程。但是近兩年來，這些韓國團的行程裡多了個新景點，賣的是韓國人心目中的養生新國寶「韓國真珠草」。您可能沒想到，這一股「韓國真珠草專賣店」風潮的來源，竟然來自台灣周丹薇所推出的「高麗真珠草」！走進韓國首爾當地的「韓國真珠草」專賣店，裡面除了詳盡的韓國真珠草功效解說，還有電視不斷撥放台灣新聞推廣「韓國真珠草」的畫面，當然更少不了周丹薇的照片及廣告。對當地特產專賣店來說，周丹薇的韓國真珠草，無疑是為她們在人蔘、紫水晶以外，又開闢了新的獲利來源。父親因肝癌而過世　她全心投入生技產業 自從父親因肝癌而過世，錦鴻生技董事長周丹薇，一直致力於「韓國真珠草」的研發，希望可以藉由生物科技來幫助更多需要幫助的人們。在韓國官方指定購買店裡，電視不斷地播放著台灣新聞媒體採訪錦鴻生技的新聞畫面，與周丹薇代理韓國真珠草的報導。韓國政府更進一步將真珠草列為國家主要外銷產品之一，並在韓國街頭可以看到許多商店，在賣著人蔘泡菜之餘，也開始擺放韓國真珠草來販售。不過由於「錦鴻高麗真珠草」的成功，許多本土品牌的真珠草仿製品也陸續推出，但是周丹薇自信地表示：「有些事可以模仿，有些則是沒有辦法，世界上真珠草品種有數百種，而錦鴻生技的「高麗真珠草」不但原料是真正由韓國進口，並通過WHO世界衛生組織認證，而且投入許多人力物力在品質維持上，所以產品不怕比較，消費者親身體驗過後，就知道產品真的好！」周丹薇與錦鴻生技期望，台灣人的未來將不再受疾病所苦，並且也讓家人安心，就像他們企業呼語一樣「天天高麗真珠草，讓您心肝寶貝好」。
錦鴻生技（Entity的 .SaveChange()方法 / C#）
28
1
1
n

4
2010/4/27 上午 12:00:00
娛樂,其他,科技
新款MP3 隨身聽 小巧如打火機
總嫌隨身聽太大台？CD隨身聽老是跳針？創新未來昨日發表一款體積與打火機相仿的MuVo MP3隨身聽，除具有體積小巧優勢外，該款隨身聽還可把播放模組拆下來，充當USB拇指隨身碟使用
創新未來產品經理蔡禹奮指出，NOMAD MuVo MP3隨身聽是針對商務人士設計的新產品，不但重量僅28公克，使用單顆四號電池，就能維持12小時連續播放，此外，MuVo MP3隨身聽還可把整個播放模組卸下來充當USB拇指隨身碟使用，商務人士可在MuVo播放模組中儲放簡報資料或重要檔案，以128MB容量機型來說，就相當於88張軟碟片的儲存容量，輕鬆搞定數位音樂檔案傳輸、資料攜帶、備份的麻煩事。 NOMAD MuVo MP3隨身聽目前有64MB、128MB兩款容量可供選擇，其中128MB機型最多可擺下4小時的數位音樂或88張軟碟片的檔案資料，建議售價分別為4990、6990元。
【記者黃裕元 / 報導】
0

100%

⊙ 範例 DataReader_FieldCount_2.aspx 執行成果。列出欄位（資料行）

範例 DataReader_FieldCount_2.aspx 如下（C# 語法）：

```
using System.Web.Configuration;   //---- 自己寫的（宣告）----
using System.Data;
using System.Data.SqlClient;


    protected void Page_Load(object sender, EventArgs e)    {
        SqlConnection Conn = new SqlConnection(WebConfigurationManager.
ConnectionStrings[" 存在 Web.Config 檔案裡面的 DB 連結字串 "].ConnectionString);

        SqlDataReader dr = null;
        SqlCommand cmd = new SqlCommand("select id,test_time,summary,author
from test", Conn);
```

```
        try   //==== 以下程式，只放「執行期間」的指令！
        {     //== 第一，連結資料庫。
            Conn.Open();
            dr = cmd.ExecuteReader();   //== 第二，執行 SQL 指令。

            //== 第三，自由發揮，把執行後的結果呈現到畫面上。
            while (dr.Read())   {   //-- 每次讀取一列記錄，直到完畢為止（EOF）。
                    for (int i = 0; i <= (dr.FieldCount - 1); i++)    {
                        //-- SqlDataReader 的 .FieldCount 屬性 -- 目前一筆記錄的資
料行（欄位、Column）數。
                        Label1.Text += dr[i].ToString() + "<br />";
                    }
                Label1.Text += "<hr />";
            }
        }
        catch (Exception ex)
        {   //---- 如果程式有錯誤或是例外狀況，將執行這一段
            Response.Write("<b>Error Message----   </b>" + ex.ToString() + "<HR/>");
        }
        finally
        {   // == 第四，釋放資源、關閉資料庫的連結。
            if (dr != null)    {
                cmd.Cancel();
                dr.Close();
            }
            if (Conn.State == System.Data.ConnectionState.Open)   {
                Conn.Close();
            }
        }
    }
```

6-4 HasRows 屬性

HasRows屬性，指出SqlDataReader是否包含一個或多個資料列（記錄）？這個屬性非常實用！如果有查詢或是撈到記錄就是true，找不到任何一筆記錄就是false。

屬性值的型別為System.Boolean。如果SqlDataReader包含一個或更多資料列（記錄）則為true，否則為false。

以我們常見的會員登入為例，當會員輸入帳號、密碼之後，我們該怎麼確認資料庫裡面是否真的有這名會員呢？ HasRows屬性如果回應true，表示會員資料表裡面真有這筆記錄，真的有這個帳號。

範例DIY_4_Account.aspx用了最簡單的方式來做，請看C#後置程式碼。不過這例只是簡單地介紹DataReader的HasRows屬性而已，為了避免SQL Injection（資料隱碼、數據注入）攻擊，請不要把下列程式用在上線運作的系統裡面。務必使用參數的寫法，本書後續會有專文解說。

```
using System.Web.Configuration;    //---- 自己寫的（宣告）----
using System.Data;
using System.Data.SqlClient;

    protected void Button1_Click(object sender, EventArgs e)    {
        //== (1). 開啟資料庫的連結。
        SqlConnection Conn = new SqlConnection(WebConfigurationManager.
ConnectionStrings["存放在 Web.Config 檔裡面的資料庫連結字串"].ConnectionString);
        Conn.Open();

        //== (2). 執行 SQL 指令。或是查詢、撈取資料。
        //千萬小心！字串相連的 SQL 指令會受 SQL Injection 攻擊，請注意！
        // SqlCommand cmd = new SqlCommand("select * from db_user where name
='" + TextBox1.Text + "' and password = '" + TextBox2.Text + "'", Conn);

        // 強烈建議！建議使用 " 參數 " 來做以免受到攻擊。本書另有專文解說。
        SqlCommand cmd = new SqlCommand("select * from db_user where name =
@name and password = @passwd", Conn);
        cmd.Parameters.Add("@name", SqlDbType.VarChar, 50);
        cmd.Parameters["@name"].Value = TextBox1.Text;

        cmd.Parameters.Add("@passwd", SqlDbType.VarChar, 256);
        cmd.Parameters["@passwd"].Value = TextBox2.Text;

        //== (3). 自由發揮。
        SqlDataReader dr = cmd.ExecuteReader();

        if (dr.HasRows)    {
            Label1.Text = "Login Success!! 登入成功!! ";

            //== (4). 釋放資源、關閉資料庫的連結。
            cmd.Cancel();
            if (Conn.State == ConnectionState.Open)    {
                Conn.Close();
            }
            //Response.Redirect("---URL---");
            //-- 通過帳號、密碼的檢查之後，導向到會員專屬的網頁（後台管理的網頁）。
        }
        else    {
            Label1.Text = "Bye~~~。<font color=red>登入失敗!! </font>";
            //== (4). 釋放資源、關閉資料庫的連結。
            cmd.Cancel();
            if (Conn.State == ConnectionState.Open)    {
                Conn.Close();
            }
        }
    }
```

補充說明 關於SQL Injection（資料隱碼、數據注入）攻擊與XSS攻擊，本書另有專文描述，您必須瞭解它才能進行防禦。建議您使用SqlCommand「**參數**」的寫法，便可以初步地防範一些攻擊。例如：

```
'**** 重 點! 使用參數，防範 SQL Injection 攻擊 *************
'--（VB 語法）改用 SqlCommand 的 @參數來作
    Dim cmd As New SqlCommand("select * from test where id = @ID", Conn)
        cmd.Parameters.Add("@ID ", SqlDbType.Int)
        cmd.Parameters("@ID ").Value = Convert.ToInt32(Request("id"))


//--（C# 語法）改用 SqlCommand 的 @參數來作
    SqlCommand cmd = new SqlCommand("select * from test where id = @ID",
Conn);
        cmd.Parameters.Add("@ID", SqlDbType.Int);
        cmd.Parameters["@ID"].Value = Convert.toInt32(Request["id"]);
```

6-5 RecordsAffected屬性，資料異動

RecordsAffected屬性取得Transact-SQL陳述式（SQL指令）的執行所變更（更新、Update）、插入（新增、Insert）或刪除（Delete）的資料列（記錄）數目。

RecordsAffected屬性就是您在SQL Server裡面執行SQL指令之後，會顯示的這一段結果文字：「1個資料列（記錄）**受到影響**」（如下圖）也就是所謂的「RecordsAffected」屬性。

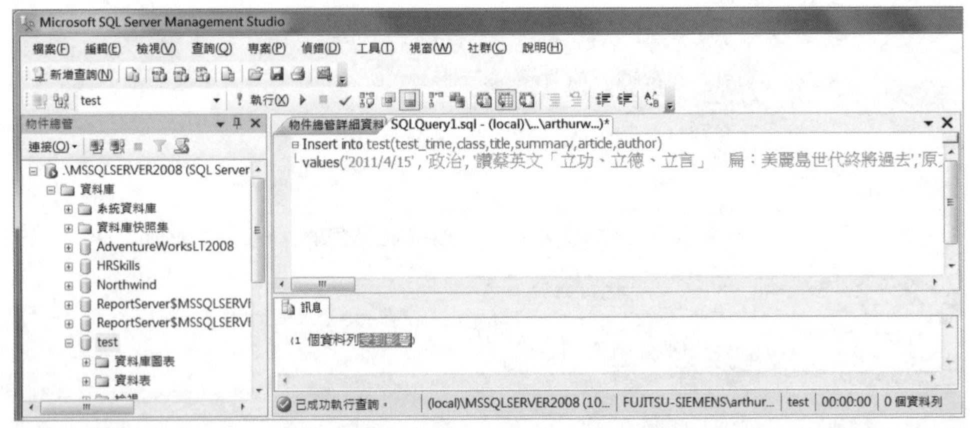

⊙ 在SQL Server裡面執行更新（Update）、插入（新增、Insert）或刪除（Delete）指令成功之後，會顯示受到影響的資料列（記錄）數目

屬性值的型別為 System.Int32。將會傳回SQL指令執行變更(更新)、插入(新增)或刪除之後的資料列(記錄)數目(執行SQL指令以後,被影響的資料列數目);如果沒有任何資料列受影響或陳述式失敗,則為0。

注意!如果您使用Select陳述式則RecordsAffected屬性為-1(請參閱範例Records Affected_02.aspx)。

RecordsAffected屬性會在「所有資料列已讀取,且您關閉SqlDataReader之後」才會設定。這個屬性值為累計。例如,如果我們一次插入(新增)兩筆記錄,則RecordsAffected屬性的值將是2。也就是說:執行新增的SQL指令以後,共計兩列資料列(記錄)受到影響。

6-5-1 傳回SQL指令執行增/刪/修之後的資料列「數目」

範例RecordsAffected_01.aspx(C#語法)執行了一段Update的SQL指令,修改了一列記錄。如果搭配SqlCommand的話,必須使用.ExecuteNonQuery()方法,他會傳回一個整數值表示「受到影響的資料列數目」。

```
using System.Web.Configuration;  //---- 自己寫的(宣告)----
using System.Data;
using System.Data.SqlClient;


    protected void Page_Load(object sender, EventArgs e)    {
        //== (1). 開啟資料庫的連結。
        SqlConnection Conn = new SqlConnection(WebConfigurationManager.
ConnectionStrings["Web.Config 檔裡面的資料連結字串"].ConnectionString);
        Conn.Open();    //---- 這時候才連結 DB

        //== (2). 執行 SQL 指令。或是查詢、撈取資料。
        string sqlstr = "Update test set title = '真珠草萃取物可以治療肝炎 韓國技
轉錦鴻' where id =3";
        SqlCommand cmd = new SqlCommand(sqlstr, Conn);

        //== (3). 自由發揮。
        int RecordsAffected = cmd.ExecuteNonQuery();
        Label1.Text = "執行 Update 的 SQL 指令以後,影響了" + RecordsAffected + "
列的記錄。";
        //-- 或者是,您可以這樣寫,代表有更動到一些記錄。
        //if (RecordsAffected > 0)   {
        //     Response.Write("資料更動成功。共有" + RecordsAffected + "列記錄被
影響。");
        // }
```

```
        //== (4). 釋放資源、關閉資料庫的連結。
        cmd.Cancel();
        if (Conn.State == ConnectionState.Open)    {
            Conn.Close();
        }
    }
```

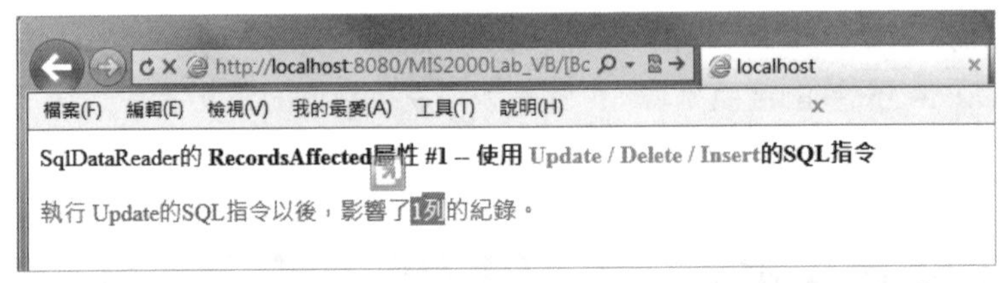

範例 RecordsAffected_01.aspx 執行成果。.ExecuteNonQuery() 方法傳回一整數值表示「受影響的資料列（記錄）數目」

6-5-2 執行Update、Insert、Delete陳述句，搭配參數寫法

為了避免SQL Injection攻擊，本書另外提供兩個範例給您參考！很重要！

透過參數的寫法可以初步防範SQL Injection，後續會有專文為您介紹參數、SqlParameters，請拭目以待。

- 範例RecordsAffected_01_Parameter_Delete.aspx。資料刪除。
- 範例RecordsAffected_01_Parameter_Insert.aspx。資料新增。

您可以在作者另一本書《ASP.NET專題實務（II）：進階範例應用》的會員登入與權限控管的章節，找到更多網路攻擊與防範的範例。本書的「搜尋引擎」這一章也提供SqlDataReader與SqlCommand、DataSet與SqlDataAdapter各種參數的寫法。

6-5-3 執行Select陳述句，傳回的資料列數目（= -1）

前面的範例提到RecordsAffected屬性通常搭配SQL指令的Insert、Update、Delete陳述句。為什麼這一小節會突然搭配Select的SQL指令呢？

本範例RecordsAffected_02.aspx有三個重點：

- RecordsAffected屬性值的型別為System.Int32（整數）。

- SQL指令執行之後，如果沒有任何資料列（記錄）受影響，或陳述式失敗，則傳回0。特別注意！！如果您使用Select陳述式則RecordsAffected屬性為-1。
- IsClosed屬性和RecordsAffected屬性是在關閉SqlDataReader之後，您還可以呼叫的兩個屬性。

◎ 範例 RecordsAffected_02.aspx 執行成果。使用 Select 陳述式則 RecordsAffected 屬性為 -1

範例RecordsAffected_02.aspx（C#語法）執行了一段Select的SQL指令，如同前面強調的，使用Select陳述式則RecordsAffected屬性為-1。

```
using System.Web.Configuration;   //---- 自己寫的（宣告）----
using System.Data;
using System.Data.SqlClient;
```

```
  protected void Page_Load(object sender, EventArgs e)
  {     //== (1). 開啟資料庫的連結。
        SqlConnection Conn = new SqlConnection(WebConfigurationManager.
ConnectionStrings["Web.Config 檔裡面的資料連結字串 "].ConnectionString);
        Conn.Open();    //---- 這時候才連結 DB

        //== (2). 執行 SQL 指令。或是查詢、撈取資料。
        SqlCommand cmd = new SqlCommand("Select * From test", Conn);
        SqlDataReader dr = cmd.ExecuteReader();

        //== (3). 自由發揮。
        GridView1.DataSource = dr;
        GridView1.DataBind();      //-- 資料繫結

        //== (4). 釋放資源、關閉資料庫的連結。
        if (dr != null)    {
            cmd.Cancel();
            dr.Close();
        }

        //*******************************
        Label1.Text = " 執行 Select 的 SQL 指令以後，影響了 " + dr.RecordsAffected
+ " 列的記錄。";
        //== 重點 (1)    IsClosed 屬性和 RecordsAffected 屬性是在關閉 SqlDataReader
之後，您還可以呼叫的兩個屬性。
        //== 重點 (2)    使用 Select 陳述式則 RecordsAffected 屬性為 (-1)
        //*******************************

        if (Conn.State == ConnectionState.Open)    {
            Conn.Close();
        }
  }
```

6-6 .GetName() 方法，取得欄位名稱

.GetName() 方法可以取得指定資料行（**欄位、Column**）的「**名稱**」。

- 參數 i 的型別為 System.Int32（整數），是以 " 零 " 起始的資料行（欄位、Column）的 **Index** 序數。
- 傳回值的型態是 System.String（字串），代表指定資料行（欄位、Column）的名稱。

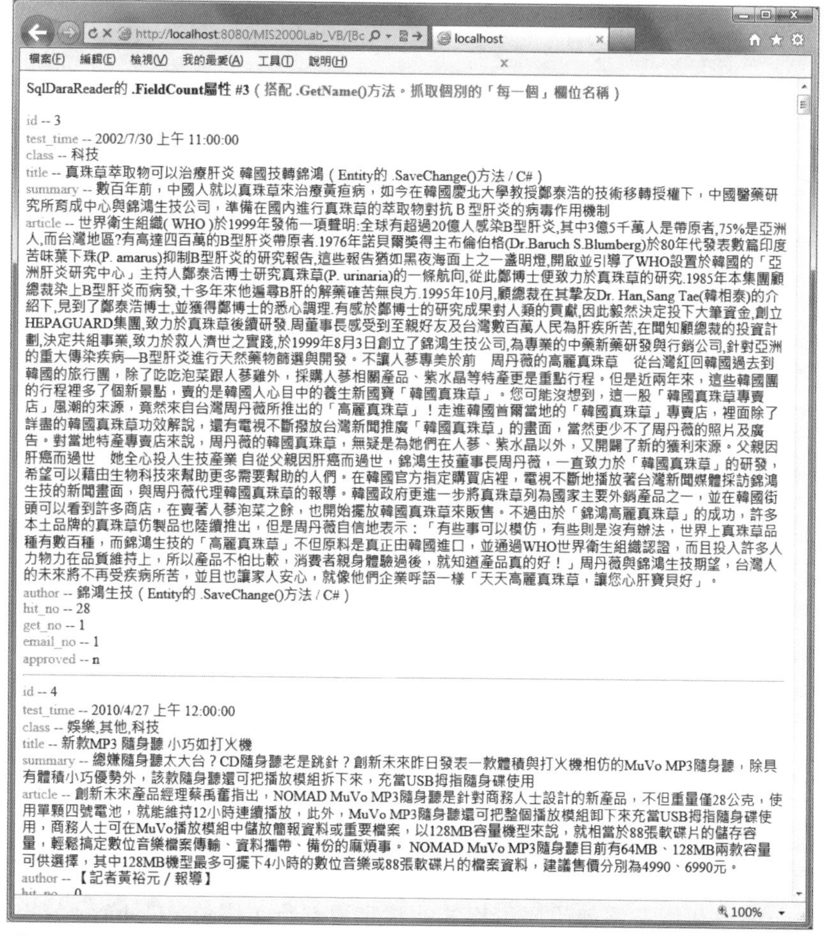

▲ 範例 DataReader_FieldCount_3.aspx 執行成果。列出欄位名稱、欄位的值（內容）

範例 DataReader_FieldCount_3.aspx 如下（C# 語法），執行成果與畫面如同前面的範例。

```
using System.Web.Configuration;   //---- 自己寫的（宣告）----
using System.Data;
using System.Data.SqlClient;


    protected void Page_Load(object sender, EventArgs e)    {
        SqlConnection Conn = new SqlConnection(WebConfigurationManager.
ConnectionStrings[" 存在 Web.Config 檔案裡面的 DB 連結字串 "].ConnectionString);

        SqlDataReader dr = null;
```

```
        SqlCommand cmd = new SqlCommand("select id,test_time,summary,author
from test", Conn);

        try   {  //==== 以下程式，只放「執行期間」的指令！
            Conn.Open();   //== 第一，連結資料庫。
            dr = cmd.ExecuteReader();   //== 第二，執行 SQL 指令。

            //== 第三，自由發揮，把執行後的結果呈現到畫面上。
            while (dr.Read())    {  //-- 每一次讀取一列記錄，直到完畢為止（EOF）。
                for (int i = 0; i <= (dr.FieldCount - 1); i++)
                {     //-- SqlDataReader 的 .FieldCount 屬性 -- 目前一筆記錄的資料
行（欄位、Column）數。

                    //--(1). 先列出欄位名稱。.GetName()
                    Label1.Text += "<font color=red>" + dr.GetName(i).
ToString() + "</font> -- ";

                    //--(2). 先列出欄位內容。dr[i]
                    Label1.Text += dr[i].ToString() + "<br />";
                }
                Label1.Text += "<hr />";
            }
        }   // .... 後續省略 ....
    }
```

6-7 .GetValue() 方法，個別擷取欄位的內容、值

.GetValue() 方法可以取得使用原生格式的指定資料行（**欄位**、**Column**）的「**值**、**內容**」。也就是一次擷取一個資料行（欄位）。

- 參數i的型別為System.Int32，是以"零"起始的資料行之Index序數、索引數。
- 重點！！跟上一個範例的差異！！

  傳回值的型態是System.**Object**，代表對於**null**的資料行（**欄位**、**Column**）來說，**.GetValue()** 方法會傳回 **DBNull**。

範例DataReader_FieldCount_4.aspx如下（C#語法），執行成果與畫面如同前例。

```
using System.Web.Configuration;   //----自己寫的（宣告）----
using System.Data.SqlClient;


    protected void Page_Load(object sender, EventArgs e)    {
```

```
        SqlConnection Conn = new SqlConnection(WebConfigurationManager.
ConnectionStrings["存在 Web.Config 檔案裡面的 DB 連結字串"].ConnectionString);

        SqlDataReader dr = null;
        SqlCommand cmd = new SqlCommand("select id,test_time,summary,author
from test", Conn);

        try     //==== 以下程式，只放「執行期間」的指令！
        {
            Conn.Open();  //== 第一，連結資料庫。
            dr = cmd.ExecuteReader();  //== 第二，執行 SQL 指令。

            //==第三，自由發揮，把執行後的結果呈現到畫面上。
            while (dr.Read())    //-- 每一次讀取一列記錄，直到完畢為止（EOF）。
            {
                    for (int i = 0; i <= (dr.FieldCount - 1); i++)
                    {  //-- SqlDataReader的 .FieldCount 屬性 -- 目前一筆記
錄的資料行（欄位、Column）數。
                        //--(1). 先列出欄位名稱。.GetName()
                        Label1.Text += "<font color=red>" +
dr.GetName(i).ToString() + "</font> -- ";

                        //--(2). 先列出欄位內容。 .GetValue()
                        Label1.Text += dr.GetValue(i).ToString() + "<br
/>";
                    }
                Label1.Text += "<hr />";
            }
        }
        finally   {
            // == 第四，釋放資源、關閉資料庫的連結。.... 以下省略 ....
        }
    }
```

注意！ 為了**最佳化效能**，SqlDataReader會「避免」建立不必要的物件或產生不要的資料複本。

因此，當您呼叫多個方法（例如 .GetValue()方法）時，將會傳回「相同物件」的參考，這是為了效能的最佳化。如果您需要自行修改方法（如.GetValue()方法）以傳回物件之基礎值時，請小心效能的變化（建議您沒把握的話不要去修改，以免效能降低）。

6-8 .GetValues() 方法，填入物件陣列，有效擷取「所有」欄位

.GetValues() 方法使用目前這一列資料列（Row，記錄）的資料行（欄位，Column）的「值」填入"物件陣列"之中。請特別注意此方法最後多了一個s字母。

注意！ .GetValues() 方法所用的**參數 values 的型別為 System.Object() 陣列**，這一點跟前面的方法都不同（以前都是整數型態）。屬性資料行要複製到其中的**Object 陣列**。

.GetValues() 方法的傳回值，其型態是 System.Int32（整數）。陣列中 Object 的執行個體「數目」。請參閱下面範例便能瞭解。

```
'-- VB 語法：
    Dim values(dr.FieldCount - 1) As New Object
    Dim return_fieldCount As Integer = dr.GetValues(values)
    '-- .GetValues() 方法的傳回值，陣列中 Object 的執行個體數目。


// C# 語法：
    object[] values = new object[dr.FieldCount];
    int return_fieldCount = dr.GetValues(values);
    //-- .GetValues() 方法的傳回值，陣列中 Object 的執行個體數目。
```

重點來囉！對大部分的應用程式而言，**.GetValues() 方法會提供有效率的方式，用於擷取「所有」資料行（欄位），而"不"是個別擷取每一個資料行（欄位）**。所以推薦您使用這個方法來做！

您可以傳遞含有少於結果資料列（記錄）包含之資料行（欄位）數的Object 陣列。只有Object 陣列儲存的資料量會複製到陣列中。您也可以傳遞長度比結果資料列（記錄）包含的資料行（欄位）數更長的Object 陣列。

對於 **null 資料行**（欄位）來說，**.GetValues() 方法會傳回 DBNull**。

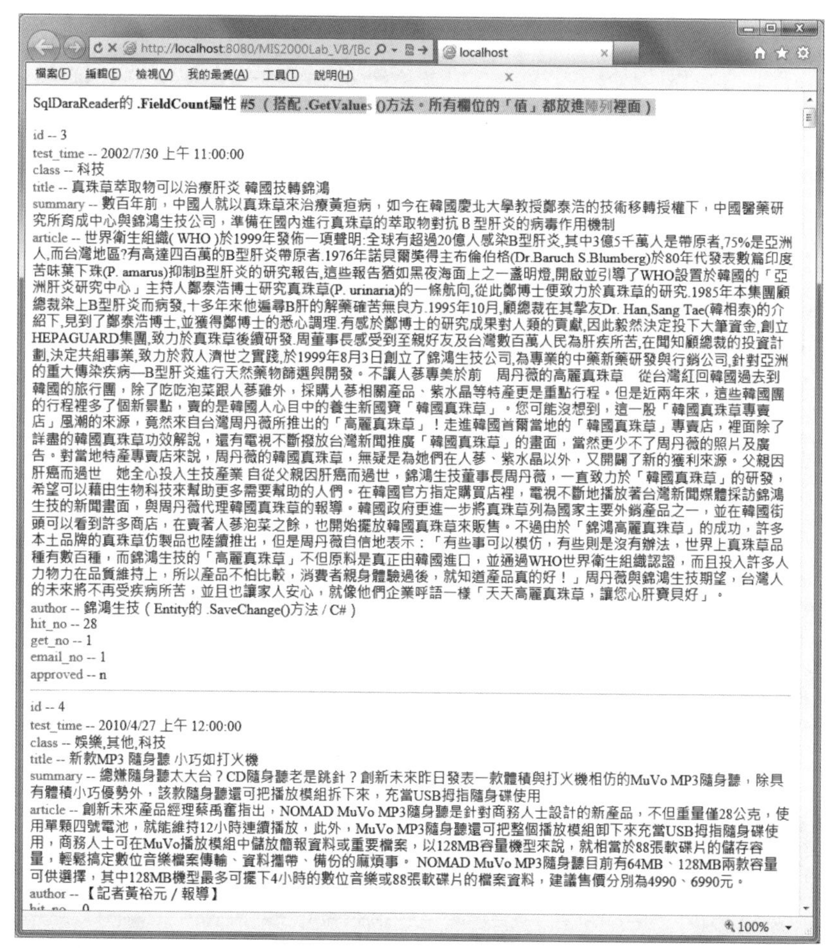

⦿ 範例 DataReader_FieldCount_5.aspx 執行成果。不同的寫法，但執行畫面都跟前面一樣

您可以參閱一下範例 DataReader_FieldCount_5.aspx（C# 語法如下）。比照先前強調的這句話，您應該立即領悟 .GetValue**s**() 方法的好處—「.GetValue**s**() 方法較**有效率**，可以**擷取 "所有 "**資料行（欄位）到陣列裡面，而 " 不 " 是個別擷取每個資料行（欄位）」。

```
using System.Web.Configuration;   //---- 自己寫的（宣告）----
using System.Data.SqlClient;


    protected void Page_Load(object sender, EventArgs e)     {
        SqlConnection Conn = new SqlConnection(WebConfigurationManager.
ConnectionStrings[" 存在 Web.Config 檔案裡面的 DB 連結字串 "].ConnectionString);
```

```
        SqlDataReader dr = null;
        SqlCommand cmd = new SqlCommand("select id,test_time,summary,author
from test", Conn);

        try     //==== 以下程式，只放「執行期間」的指令！
        {
            Conn.Open();   //== 第一，連結資料庫。
            dr = cmd.ExecuteReader();   //== 第二，執行 SQL 指令。

            //== 第三，自由發揮，把執行後的結果呈現到畫面上。
            while (dr.Read())    {
//========================================
Object[] values = new Object[dr.FieldCount - 1];    //宣告
一個 Object 陣列。
//-- SqlDataReader 的 .FieldCount 屬性 -- 目前一筆記錄的資料行
(欄位、Column) 數。

int return_fieldCount  = dr.GetValues(values);
//-- .GetValues() 方法的傳回值，陣列中 Object 的執行個體數目。
//========================================

for (int i = 0; i <= (return_fieldCount - 1); i++)
{    //--(1). 先列出欄位名稱。.GetName()
   Label1.Text += font color=red>" + dr.GetName(i).
ToString() + "</font> -- ";

   //--(2). 先列出欄位內容。   重點！ ==================
   Label1.Text += values[i].ToString() + "<br />";
   //========================================
}
                Label1.Text += "<hr />";
            }
        }   //.... 以下省略 ....
```

6-9 .GetOrdinal() 方法，為了效能只能呼叫一次

.GetOrdinal() 方法不常使用，我是看了 ADO.NET 3.5 CookBook（O'Relly 出版）這本書的**資料存取最佳化**才知道有這用法。

.GetOrdinal() 方法提供資料行（欄位）的名稱，取得資料行（欄位）序數（Ordinal）。

- 輸入參數為 Name，資料行（欄位）的名稱。
- 傳回值的資料型態為 System.Int32（整數）。以零起始的資料行（欄位）序數（Ordinal）。

■ 例外狀況為 IndexOutOfRangeException，表示指定的名稱不是有效的資料行（欄位）名稱。

既然下列兩種作法都一樣。何苦使用 .GetOrdinal() 方法呢？

```
假設有一個資料表欄位 UserName，型態為 nVarChar(10)。
• 第一種寫法 - dr.GetOrdinal("UserName")
• 第二種寫法 - dr.GetString("UserName")
```

微軟 Microsoft Docs 網站（前 MSDN 網站）提到：**.GetOrdinal() 方法會先執行區分大小寫的查詢。如果失敗，會發生第二次不區分大小寫的搜尋**（不區分大小寫的比較是使用資料庫定序進行）。當比較過程會受文化特性的特定大小寫規則影響時，即可能發生未預期的結果。例如，就土耳其文而言，下列範例會產生錯誤結果；因為土耳其文的檔案系統對於 "file" 中的字母 'i' 並不使用語言上的大小寫規則。

如果找不到以「零」起始的資料行（欄位）序數（Ordinal），此方法會擲回 IndexOutOfRange 例外狀況（表示您寫錯欄位名稱）。.GetOrdinal() 方法不區分假名寬度（GetOrdinal is kana-width insensitive.）而且 .GetOrdina() 方法的傳回值是「整數」。

重點來了！關於效能問題，微軟 Microsoft Docs 網站（前 MSDN 網站）的說明是「因為 " 序數式（Ordinal）查詢 " 比 " 具名查詢 " 更有效率，因此**在迴圈（Loop）中呼叫 .GetOrdinal() 方法會 " 降低 " 執行效能**（註：具名查詢就是把欄位名稱直接寫在方法內，例如 dr.GetOrdinal(" 欄位名稱 ")）。

改良方法是：藉由（在迴圈外面）**只呼叫一次 .GetOrdinal() 方法**並把得到的成果（欄位的索引數字，從零算起），指派到迴圈裡面使用的**「整數」變數**，就可以節省時間、增強效率」。

再次提醒您，.GetOrdina() 方法的傳回值是「整數」。

```
//== C# 語法 ==
    using (SqlConnection Conn = new SqlConnection("DB 連結字串 "))   {
        SqlCommand com = new SqlCommand("SELECT DISTINCT CustomerID FROM dbo.
Orders", Conn);
        Conn.Open();

        SqlDataReader dr = com.ExecuteReader();
        // 提醒您，.GetOrdina() 方法的傳回值是「整數」。
        int customerID = dr.GetOrdinal("CustomerID");
```

```
        // 在迴圈裡面使用 .GetOrdinal() 方法會降低效能！
        // 所以只在上面呼叫了一次！
        while (dr.Read()) {
            Response.Write("CustomerID=" + dr.GetString(customerID));
        }   // .... 後續省略 ....
    }
```

6-10 .IsDBNull() 方法，避免空的欄位值

.IsDBNull() 方法可以取得值，指出資料行（欄位、Column）「**是否**」包含不存在或遺漏的值？**傳回值的型態是 System.Boolean**，如果指定的資料行值等於 DBNull，則為 true，否則為 false。

參數 i 的型別為 System.Int32，是以零起始的資料行序數。

有時候，資料庫的某一個資料行（欄位、Column）裡面是「Null」值的時候，ASP.NET 無法把這樣的 Null 值呈現在畫面上。因為 ASP.NET 不會自動把 Null 值轉換成一般的字串（String），因此會出現錯誤訊息。......關於 Null 的定義，請參考資料庫的相關書籍。

例如：資料庫裡面，有個欄位名稱（如 test123）的「值」剛剛好是「Null」。那麼，我們想要把這個欄位的「值」呈現在網頁上，下面程式碼一定出錯！

```
Response.Write(dr.Item("test123"))
```

為了避免這種例外錯誤的產生，在後置程式碼（Code Behind）裡面，我們必須要一個 if 判別式來防堵：

```
//-- C# 語法：
    if (!dr.IsDBNull(dr["test123"]))
    {   //-- 註解：如果 test123 欄位的「值」不是「Null」的話，才執行這區。
        Response.Write(dr["test123"]);
    }
    或是寫成
    if ((!object.ReferenceEquals(dr.Item("123"), DBNull.Value))) {
        Response.Write(dr.Item("test123"));
    }
```

其他寫法，供您參考：

```
//-- C# 語法：
    if (!DBNull.Value.Equals(dr["test123"]))
    { //-- 註解：如果 test123 欄位的「值」，不是「Null」的話，才會執行這區。
        Response.Write(dr["test123"]);
    }
    或是寫成
    if ((!object.ReferenceEquals(dr.Item("123"), DBNull.Value))) {
        Response.Write(dr.Item("test123"));
    }
```

您也可以透過Converet.ToDBNull()方法來做，例如C#語法if(!Convert.ToDBNull(dr["欄位名稱"]))。C#的「!」符號代表VB語法的Not。

ASP.NET Web Form的使用者如果是用資料繫結運算式（DataBinding Expression）寫在HTML裡面（.aspx檔），請用下列作法：

```
<%#  Convert.IsDBNull(Eval(" 欄位名稱 "))  %>
```

或是寫成這樣：

```
<%#  Eval(" 欄位名稱 ").Equals(System.Data.DbNull)  %>
```

您可以在作者另外一本書《ASP.NET專題實務（II）：進階範例應用》找到DataBinding與DataBinding Expression的專門章節並深入研習。

MEMO

07

CHAPTER

SqlCommand 類別

建議您把這一章與DataReader一起觀看，兩者關聯很大。範例使用上也息息相關。

- SqlCommand類別表示要對SQL Server資料庫執行的Transact-SQL陳述式或預存程序（Stored Procedure）。此類別無法被繼承。
- 建立SqlCommand的執行個體（Instance）時，C#程式碼SqlCommand cmd = new SqlCommand(); 會將讀取、寫入屬性設定為其初始值。

7-1 SqlCommand建構函式與初始屬性值

名稱	說明（共用的基礎屬性，可參閱下一張表）
SqlCommand()	初始化SqlCommand類別的新執行個體。寫法如下： • VB語法：Dim cmd As New SqlCommand() 或是寫成Dim cmd As SqlCommand = New SqlCommand() • C#語法：SqlCommand cmd = new SqlCommand();

SqlCommand(String**)**	使用查詢的文字，初始化SqlCommand類別的新執行個體。寫法如下：
	• VB語法：
	Dim cmd As New SqlCommand()
	cmd.CommandTimeout = 15
	cmd.CommandType = CommandType.Text
	• C#語法：
	SqlCommand cmd = new SqlCommand();
	cmd.CommandTimeout = 15;
	cmd.CommandType = CommandType.Text;

SqlCommand(String, SqlConnection**)**	使用（1）查詢的文字、SQL指令，（2）SqlConnection初始化SqlCommand類別的新執行個體。 這個作法**最常用**，請參閱本章後續的程式範本。

名稱	說明（共用的基礎屬性，可參閱下一張表）
SqlCommand(String, SqlConnection, SqlTransaction**)**	使用（1）查詢的文字、SQL 指令、（2）SqlConnection 和（3）SqlTransaction（交易），初始化 SqlCommand 類別的新執行個體。 **註解** 本書另有專文解說「交易」。

基底建構函式會將所有欄位初始化為其預設值。下表顯示SqlCommand的執行個體的初始屬性值。

屬性	初始值
CommandText	預設為空字串（""）。 您可以撰寫Transact-SQL陳述式（SQL指令）或預存程序（Stored Procedure）。
CommandTimeout	預設值30秒。
CommandType	CommandType.**Text**（預設值）。共有三種成員： • **Text**：SQL指令（預設值）。 • **StoredProcedure**：預存程序的名稱。 • **TableDirect**：資料表的名稱。 **注意事項** TableDirect只受.NET Framework Data Provider for **OLE DB**的支援。當CommandType設定為TableDirect時，"不"支援多資料表存取。
Connection	Null（VB語法為Nothing）。

以上常用四個屬性，您可以透過個別呼叫屬性的方式來變更上表的任何屬性值，或是參閱以下的程式範例（比較簡單的寫法）。

7-2 SqlCommand與DataReader基礎範本

微軟網站提供的SqlCommand與DataReader基礎範例（C#語法）：

```
    using (SqlConnection Conn = new SqlConnection("DB 連結字串 "))    {
        SqlCommand cmd = new SqlCommand("Select 欄位一 , 欄位二 From 資料表 ;", Conn);
        Conn.Open();    // 第一，連結資料庫。

        SqlDataReader dr = cmd.ExecuteReader();
        // 第二，執行 SQL 指令（查詢、撈出記錄）。

        try  {
```

```
        while (dr.Read())  {
            // 第三，畫面呈現。使用 DataReader，
            // 一筆一筆讀取資料列（記錄）
            Response.Write(dr[0] + "<br />" + dr[1]);
            // 將第一、第二個資料行（欄位）的內容呈現出來。
        }
    }
    finally  {
        dr.Close();    // 第四，關閉資源。
    }
} // using... 區塊結束時會自動關閉資源，不需撰寫 Conn.Close()。
```

提醒您

- 上面的範例，使用using... 區塊開啟的資源（如Conn，資料庫連線的SqlConnection），**using... 區塊結束時會自動關閉資源**，所以不需撰寫Conn.Close()。另外搭配try...catch...finally 區塊，可以擷取程式執行時發生的例外狀況，有助於開發程式時的偵錯（Debug）。
- 您可發現：基礎的程式範例可以當成一個**範本**放在手邊，修改多次以後就是自己專屬的程式範本了。越資深的程式設計師，手邊的範本（範例）越多。而VB與C# 語法的差異不大（至少在基礎程式上沒啥兩樣，上面的範例只有DataReader有差異，C# 寫成dr[0] 而VB寫成dr(0) 罷了）。
- 本書提供另一個範本給您參考，比上述的範例更詳細。請參閱範例Default_1_0_DataReader_Manual.aspx。

7-3 SqlCommand常用方法一覽表

SqlCommand指出以下在SQL Server資料庫執行命令的方法。提醒您，關於非同步的寫法，在.NET 4.5（VS 2012）起有很大的改良而且寫法更精簡。

下列以Begin... 開頭或是End... 開頭的方法，是舊版ADO.NET的非同步寫法。

SqlCommand執行命令的方法	說明
BeginExecuteNonQuery （結束時，必須搭配 .EndExecuteNonQuery() 方法） .NET 4.0起，針對非同步存取的新寫法。 **BeginExecuteNonQuery**(AsyncCallBack, Object)	啟始這個SqlCommand所描述之Transact-SQL陳述式或預存程序的「**非同步（Asynchronous）**」執行，通常執行命令，例如INSERT、DELETE、UPDATE和SET陳述式。 每次呼叫.BeginExecuteNonQuery() 方法都必須搭配呼叫完成作業（通常在其他執行緒上）的.EndExecuteNonQuery() 方法。

SqlCommand執行命令的方法	說明
BeginExecuteReader （結束時，必須搭配.EndExecuteReader()方法） .NET 4.0起，針對非同步存取的新寫法。 **BeginExecuteReader**(AsyncCallBack, Object)	啟始這個SqlCommand所描述之Transact-SQL陳述式或預存程序的「**非同步（Asynchronous）**」執行，並從伺服器**擷取一個或多個結果集**。 每次呼叫.BeginExecuteReader()方法都必須搭配呼叫完成作業（通常在其他執行緒上）的.EndExecuteReader()方法。
BeginExecuteReader(CommandBehavior)	藉由使用其中一個CommandBehavior值，啟始這個SqlCommand所描述之Transact-SQL陳述式或預存程序的非同步執行。 註：關於CommandBehavior，請看後續表格說明。
BeginExecuteXmlReader .NET 4.0起，針對非同步存取的新寫法。 **BeginExecuteXmlReader**(AsyncCallBack, Object)	啟始這個SqlCommand所描述之Transact-SQL陳述式或預存程序的「**非同步（Asynchronous）**」執行。 每次呼叫.BeginExecuteXmlReader()方法都必須搭配呼叫完成作業（通常在其他執行緒上）的.EndExecuteXmlReader()方法，並傳回XmlReader物件。
ExecuteReader	執行**傳回（查詢、撈取）資料列（記錄）**的命令。 為了增進效能，.ExecuteReader()方法會使用Transact- SQL sp_executesql系統預存程序來叫用（Invoke）命令。因此，如果.ExecuteReader()方法用於執行Transact-SQL SET陳述式之類的命令，則可能不會產生所要的效果。 本書將有專文介紹，請看DataReader。
ExecuteReader(CommandBehavior)	將CommandText傳送至Connection，並使用其中一個CommandBehavior值來建置SqlDataReader。 註：關於CommandBehavior，請看後續表格說明。
ExecuteReaderAsync	非同步版本的ExecuteReader，這個版本會將CommandText傳送至Connection並建置SqlDataReader。 例外狀況將經由傳回的Task物件回報。
ExecuteReaderAsync(CancellationToken)	非同步版本的ExecuteReader，這個版本會將CommandText傳送至Connection並建置SqlDataReader。CancellationToken可用於要求在命令逾時之前捨棄作業。例外狀況將經由傳回的Task物件回報。

SqlCommand執行命令的方法	說明
ExecuteReaderAsync (CommandBehavior, CancellationToken)	同上。 註：CommandBehavior，請看後續表格說明。
ExecuteNonQuery 相關方法： **ExecuteNonQueryAsync**() **ExecuteNonQueryAsync**(CancellationToken) **ExecuteNonQueryAsync** (CommandBehavior, CancellationToken)	執行（**將異動的資料回寫資料庫的**）命令，例如Transact-SQL的INSERT、DELETE、UPDATE和SET陳述式。 本書將有專文介紹，請看DataReader。
ExecuteScalar 相關方法： **ExecuteScalarAsync**() **ExecuteScalarAsync**(CancellationToken)	從資料庫中擷取「單一值」，例如：T-SQL指令的彙總值（如Count()函數）。
ExecuteXmlReader 相關方法： **ExecuteXmlReaderAsync**() **ExecuteXmlReaderAsync** (CancellationToken)	將CommandText傳送至Connection，並建置XmlReader物件。
Cancel	嘗試取消SqlCommand的執行 （覆寫DbCommand.Cancel()。）
Clone	建立目前執行個體的新"複本"SqlCommand物件。
CreateParameter	建立SqlParameter物件的新執行個體。提醒您，.NET Framework Data Provider for SQL Server不支援不具名參數（也稱為序數）。 **註解** 參數的寫法，避免資料隱碼攻擊。本章後續會介紹。 參數的寫法，依照SqlCommand（DataReader）與SqlDataAdapter（DataSet）而有所差異。
Dispose	釋放Component所使用的所有資源。

資料來源：微軟網站

上表的幾個方法都有用到CommandBehavior列舉，簡單說明如下：

CommandBehavior 列舉類型	說明
CloseConnection	當命令執行時，相關聯的Connection物件會在相關聯的DataReader物件關閉時關閉。
Default	要求可能傳回"多個"結果集（Result Set）。 執行查詢可能會影響資料庫狀態。Default設定為沒有CommandBehavior旗標，所以呼叫.ExecuteReader(CommandBehavior.Default)方法時，在功能上相當於呼叫.ExecuteReader()方法。
KeyInfo	查詢會傳回資料行（欄位Column）和主索引鍵資訊。 當在命令執行中使用KeyInfo時，提供者會在結果集中附加額外的資料行，以放置現有的主索引鍵和時間戳記資料行。 當使用KeyInfo時，.NET Framework Data Provider for SQL Server會優先於使用SET FMTONLY OFF和SET NO_BROWSETABLE ON執行的陳述式。使用者應注意潛在的副作用，例如使用SET FMTONLY ON陳述式的干擾。
SchemaOnly	查詢只會傳回資料行（欄位Column）資訊。 當使用SchemaOnly時，.NET Framework Data Provider for SQL Server會優先於使用SET FMTONLY ON執行的陳述式。
SequentialAccess	提供方法來讓DataReader使用大型二進位值來處理含有資料行（欄位Column）的資料列（記錄Row）。 SequentialAccess並"不會"載入整個資料列，而是啟用DataReader來載入資料做為資料流。然後您可以使用.GetBytes()方法或.GetChars()方法來指定要開始讀取作業的位元組位置和所傳回資料的限制緩衝區大小。 當您指定SequentialAccess時，必須以資料行傳回的順序來讀取它們，不過您不需要讀取每一個資料行。一旦您已經讀取過在所傳回資料流中的過去資料位置，則在該位置上和該位置之前的資料都"無法"再從DataReader讀取。 • 使用OleDbDataReader時，您可以重複讀取目前的資料行（欄位）值直到讀取越過它為止。 • 使用SqlDataReader時，您可以只讀取資料行（欄位）的值。
SingleResult	查詢傳回"單一"結果集（Result Set）。

CommandBehavior 列舉類型	說明
SingleRow	查詢預期會傳回"第一個"結果集的"單一"資料列（記錄、Row）。 註解 類似SqlCommand的.ExecuteScalar()方法。 執行查詢可能會影響資料庫狀態。某些.NET Framework資料提供者可以使用這項資訊來最佳化命令的效能，但並不一定需要使用。 當您使用OleDbCommand物件的.ExecuteReader()方法來指定SingleRow時，.NET Framework Data Provider for OLE DB會使用OLE DB IRow介面（如果可用）來執行繫結。否則，它會使用IRowset介面。 如果SQL陳述式預期只會傳回「單一」資料列（記錄），則指定SingleRow也可以增進應用程式效能。在執行預期會傳回多個結果集的要求時，可能指定SingleRow。 在這種情況下，也就是同時指定多結果集SQL查詢及單一資料列時，傳回的結果將"只會"包含第一個結果集中的第一個資料列，而不會傳回查詢的其他結果集。

資料來源：微軟網站

您可以重設CommandText屬性並重複使用SqlCommand物件。**然而在您執行新的或先前的命令之前，必須先關閉（目前的）SqlDataReader**。

這一點跟以前傳統ASP的作法（Classic ASP，ADO的RecordSet）不太一樣，除非您使用MS SQL Server **2005或後續的新版本**，並且搭配.NET 2.0版開始提供的**MARS（多重結果作用集，Multiple Active Result Set）**才能避免這樣的限制。請參閱範例Default_1_3_DataReader_Manual_MARS.aspx，切記！在資料庫的「連線字串」裡面必須加上「MultipleActiveResultSets=True」這段指令。

如果SqlException例外狀況是由執行SqlCommand的方法所產生的，當嚴重性層級是19或更低時，則SqlConnection會保持開啟（如：保持資料庫連線）。當嚴重性層級是20或更高時，伺服器通常會關閉SqlConnection（也就是關閉資料庫連線）。但是，使用者可以再次開啟連線，然後繼續進行。

7-4 .ExecuteReader()方法，查詢資料列（記錄）

將CommandText傳送至Connection，執行並建置（傳回）SqlDataReader物件。

.ExecuteReader()方法的傳回值，其型別為System.Data.**SqlClient.SqlDataReader**，也就是傳回一個SqlDataReader物件。下一章將會探討之，SqlCommand與SqlDaraReader兩者關係密切，建議您一起學習。

例外狀況有兩個：

- **SqlException**：針對鎖定的資料列執行命令時發生例外狀況。使用Microsoft .NET Framework 1.0版時，不會產生這個例外狀況。
- **InvalidOperationException**：目前連線狀態已關閉。.ExecuteReader()方法需要已被開啟的SqlConnection連線，不然會報錯。

當CommandType屬性設定為**StoredProcedure**時，應將CommandText屬性設定為「預存程序的名稱」。當您呼叫.ExecuteReader()方法時，命令會執行這個預存程序。不過，CommandType屬性預設是**Text**，可以直接輸入SQL指令。

注意事項

如果資料庫的交易發生死結（DeadLock），則在呼叫.Read()方法之前，可能都"不"會擲回例外狀況。

如果使用的不是SQL Server 2005（或後續新版）而是舊版的SQL Server 2000 or 7.0版，同時又使用了SqlDataReader，那麼關聯的SqlConnection會忙於服務SqlDataReader。處於此狀態時，沒有其他作業可以在SqlConnection上執行，只能將其關閉。這個情形會維持到呼叫SqlDataReader的.Close()方法為止。

從SQL Server 2005（與後續新版）與.NET 2.0版開始，**MARS（多重結果作用集，Multiple Active Result Set）**功能允許多項動作使用「同一連接」。請參閱範例Default_1_3_DataReader_Manual_MARS.aspx，切記！在資料庫的「連線字串」裡面必須加上**MultipleActiveResultSets=True**這段指令。

範例Default_1_0_DataReader_Manual.aspx可以當成是一個範本，以後您要從資料庫查詢（撈取）數據時，都可以此範本來修改。C#語法的後置程式碼如下：

```
using System.Web.Configuration;    //---- 自己（宣告）寫的 ----
using System.Data;
using System.Data.SqlClient;


    protected void Page_Load(object sender, EventArgs e)
```

```
    { //---- 上面已經事先寫好 System.Web.Configuration 命名空間
        SqlConnection Conn = new SqlConnection(WebConfigurationManager.
ConnectionStrings["testConnectionString"].ConnectionString);
        SqlDataReader dr = null;

        SqlCommand cmd = new SqlCommand("select id,test_time,summary,author
from test", Conn);

        try  {
            Conn.Open();   //== 第一，連結資料庫。

            dr = cmd.ExecuteReader();   //== 第二，執行 SQL 指令。

            //== 第三，自由發揮，把執行後的結果呈現到畫面上。
            GridView1.DataSource = dr;
            GridView1.DataBind();    //-- 資料繫結
        }
        catch (Exception ex)
        {  //---- 如果程式有錯誤或是例外狀況，將執行這一段
            Response.Write("<b>Error Message----</b>" + ex.ToString());
        }
        finally  {
            // == 第四，釋放資源、關閉資料庫的連結。
            if (dr != null)  {
                cmd.Cancel();
                dr.Close();
            }
            if (Conn.State == ConnectionState.Open)  {
                Conn.Close();
            }
        }
    }
```

上面的範例是我在微軟 Microsoft Docs網站（前MSDN網站）找到的，幾經修改後，有幾個特點與您報告：

第一、您必須在後置程式碼的最上方，宣告並且加入相關的命名空間（NameSpace）。我們搭配MS SQL Server所以採用System.Data.SqlClient命名空間。如果您使用OleDB或是Odbc也需修改為合適的命名空間，例如：System.Data.OleDb或是System.Data.Odbc。

第二、程式與資料庫的結合，通常有四大步驟。另一章DataReader會有更清楚的描述。

1. **資料庫的連結（連線）**。上面的範例，我們是將資料庫的連結字串，放在Web.Config檔案裡面，這樣就可讓許多程式共同呼叫它，將來修改連結字串（或是帳號、密碼）也只需修改一個地方就好。Web.Config可以存放常用的資料庫連結字串（ConnectionString），內容如下：

```
<configuration>
  <connectionStrings>
          <add name="testConnectionString"
          connectionString="Data Source=.\MSSQLSERVER2008（您的 SQL
Server 服務名稱）;Initial Catalog= 資料庫名稱 ;Integrated Security=True"
providerName="System.Data.SqlClient"/>
  </connectionStrings>
......以下省略......
```

2. **執行 SQL 指令**（這是本章 SqlCommand 的重點）。

3. **取得 SQL 指令執行後的結果**。如果是查詢（Select 陳述句），就會撈取一堆記錄放在 DataReader（把傳回值放在這裡）裡面。如果是寫入資料庫，如：Insert（新增）、Delete（刪除）、Update（修改）陳述句，只會傳回一個整數，表示這次影響了幾列記錄？

4. **釋放資源與關閉資料庫的連結**。

第三、透過 try...catch 區塊可以將執行過程的「例外狀況」擷取出來。

第四、請自行參閱本章範例，我在程式碼裡面有提供很多說明與超連結，您可以學到更多東西。範例會比書本上印刷的文字，更準確。

7-5 .ExecuteReader(CommandBehavior) 方法，查詢資料列（記錄）

初學者可以到 YouTube 觀賞我的 SQL Server 教學影片，請搜尋「mis2000lab CommandBehavior」關鍵字。

.ExecuteReader(CommandBehavior) 方法跟上一節的介紹很類似，請您任選其一來用。最大的差異是：如果建立 SqlDataReader 時將 **CommandBehavior 設定為 CloseConnection**，則關閉 SqlDataReader 會使連接 **"自動"** 關閉（不需要自己動手寫 Conn.Close() 程式碼）。

傳回值的型別：System.Data.**SqlClient.SqlDataReader**，同上也就是 SqlDataReader 物件。

這個方法會用到的一個參數，屬於 behavior 型別：System.Data.CommandBehavior 列舉型態。也就是下表裡面的一個 CommandBehavior 值。

成員名稱	說明
Default	要求可能傳回**多個結果集（Result Set）**。執行查詢可能會影響資料庫狀態。Default設定為沒有CommandBehavior旗標，所以呼叫.ExecuteReader(CommandBehavior.Default)方法在功能上相當於呼叫.ExecuteReader()方法。
CloseConnection	當命令執行時，相關聯的Connection物件會在相關聯的DataReader物件關閉時，自動關閉。 詳見範例Default_1_DataReader_CommandBehavior.aspx。
SingleResult	查詢傳回**單一結果集**。
SchemaOnly	查詢只會傳回**資料行（欄位）**資訊。當使用SchemaOnly時，.NET Framework Data Provider for SQL Server會優先於使用SET FMTONLY ON執行的陳述式。
KeyInfo	查詢會傳回 **"資料行（欄位）**和 **"主索引鍵"** 資訊。 當在命令執行中使用KeyInfo時，提供者會在結果集中附加額外的資料行，以放置現有的主索引鍵和時間戳記資料行。 當使用KeyInfo時，.NET Framework Data Provider for SQL Server會優先於使用SET FMTONLY OFF和SET NO_BROWSETABLE ON執行的陳述式。使用者應注意潛在的副作用，例如使用SET FMTONLY ON陳述式的干擾。
SingleRow	查詢預期會傳回**第一個結果集的單一資料列（記錄）**。執行查詢可能會影響資料庫狀態。某些.NET Framework資料提供者可以使用這項資訊來最佳化命令的效能，但並不一定需要使用。 當您使用OleDbCommand物件的.ExecuteReader()方法來指定SingleRow時，.NET Framework Data Provider for OLE DB會使用OLE DB IRow介面（如果可用的話）來執行繫結。否則，它會使用IRowset介面。 • 如果SQL陳述式預期**只會傳回單一資料列（記錄）**，則指定SingleRow也可以**增進應用程式效能**。 • 在執行預期會傳回多個結果集的要求時，可能指定SingleRow。在這種情況下，也就是同時指定多結果集SQL查詢及單一資料列（記錄）時，傳回的結果將只會包含第一個結果集中的第一個資料列（記錄），而不會傳回查詢的其他結果集。

成員名稱	說明
SequentialAccess	提供方法來讓DataReader使用**大型二進位值**來處理含有資料行（欄位）的資料列（記錄）。 **SequentialAccess並"不"會載入整個資料列（記錄），而是啟用DataReader來載入資料做為資料流**。然後您可以使用.GetBytes()方法或.GetChars()方法來指定要開始讀取作業的位元組位置和所傳回資料的限制緩衝區大小。 當您指定SequentialAccess時，必須以資料行（欄位）傳回的順序來讀取它們，不過您不需要讀取每一個資料行（欄位）。 一旦您已經讀取過在所傳回資料流中的過去資料位置，則在該位置上和該位置之前的資料都無法再從DataReader讀取（因為DataReader是單向的讀取）。 使用OleDbDataReader時，您可以重複讀取目前的資料行值直到讀取越過它為止。使用SqlDataReader時，您只能讀取資料行（欄位）值一次。 **注意事項** 請使用SequentialAccess擷取大量數值資料和二進位資料。否則，可能會發生OutOfMemoryException的例外狀況，並且將關閉資料庫的連接。

資料來源：微軟網站

如果建立SqlDataReader時將**CommandBehavior**設定為**CloseConnection**，則關閉SqlDataReader會使連接"**自動**"關閉（不需要自己動手寫Conn.Close()程式碼）。

```
// C# 語法：
    using (SqlConnection Conn = new SqlConnection("資料庫連結字串，
ConnectionString"))
    {
        SqlCommand cmd = new SqlCommand("SQL 指令 Select 陳述句", Conn);
        Conn.Open();  // 開啟資料庫的連結。

        SqlDataReader dr =             cmd.ExecuteReader(CommandBehavior.
CloseConnection);

        while (dr.Read())  {  // 一筆一筆讀取查詢的資料列（記錄）。
                Response.Write(dr[0] + "<br>");  // 呈現第一個資料行（欄位）內容。
        }
    }

作者註解：
因為資料庫的連結，也就是 Conn 變數，使用了 Using... 區塊，所以在結束時（如 End Using）會
自動關閉資料庫的連結，不需手寫 Conn.Close() 程式碼。
```

使用另一例（Default_1_DataReader_CommandBehavior.aspx）讓您親眼看見這個結果。依循上例，我們在DataReader讀取完畢後，看看連結狀態是否真的自動關閉？

```
// C# 語法：
    using (SqlConnection Conn = new SqlConnection("資料庫連結字串，
ConnectionString"))
    {
        SqlCommand cmd = new SqlCommand("SQL 指令，通常是 Select 陳述句", Conn);
        Conn.Open();  // 開啟資料庫的連結。

        SqlDataReader dr =              cmd.ExecuteReader(CommandBehavior.
CloseConnection);

          GridView1.DataSource = dr;
          Gridview1.Databind();

          Response.Write("連結狀態--" + Conn.State);
          // 答案是「Closed」，連結已經關閉！

    }
    // 原本使用 using... 區塊來作，應該是這裡才會關閉連結。但 CommandBehavior 提早到
「用完 DataReader 就關閉連結」了。
```

請看上面的程式，當我把DataReader跟GridView資料繫結在一起，DataReader就被讀取完畢（用完了），連結狀態（Conn.State）傳回的結果是Closed，代表連結、資料庫連線已經關閉。

以下幾個方法（讀取資料，使用SQL指令的Select陳述句）都可以搭配CommandBehavior：

- **BeginExecuteReader**(CommandBehavior)
- **ExecuteReader**(CommandBehavior)
- **ExecuteReaderAsync**(CommandBehavior)，.NET 4.5起的非同步。

7-6 .ExecuteNonQuery()方法，回寫資料庫（新增、刪除、修改）

.ExecuteNonQuery()方法，是針對連接執行SQL的Insert、Delete、Update陳述式，並傳回受影響的資料列（記錄）數目。傳回值的型別：System.Int32（整數）。這個整數表示「受影響」的資料列（記錄）數目。您可參閱範例RecordsAffected_01.aspx或是以下的範本。

```
// C# 語法：
    using (SqlConnection Conn = new SqlConnection("資料庫連結字串，ConnectionString"))
    {
            SqlCommand cmd = new SqlCommand("SQL 指令，如 Insert、Delete、Update 陳述句", Conn);
            Conn.Open();
            // 開啟資料庫的連接。或是寫成 cmd.Connection.Open()。

            cmd.ExecuteNonQuery();
            // 執行 SQL 指令，如 Insert、Delete、Update 陳述句。
    }

作者註解：
因為資料庫的連結，也就是 Conn 變數，使用了 using... 區塊，所以在結束時（如 VB 語法的 End
Using）會自動關閉資料庫的連結，不需手寫 Conn.Close() 程式碼。
```

例外狀況：SqlException。針對「鎖定的資料列（記錄）」執行命令時，發生例外狀況。倘若是 .NET 1.0 版則不會產生這個例外狀況。

您可以使用 .ExecuteNonQuery() 方法來執行資料庫目錄（Catalog）作業，例如查詢資料庫結構、建立資料庫物件（如：資料表），或藉由執行 Update、Insert 或 Delete 陳述句來變更資料庫的資料，而不是使用 DataSet 來進行變更（關於 DataSet，本書後續有專文解說）。

雖然 .ExecuteNonQuery() 方法 **"不" 傳回資料列**（只傳回一個整數），但是對應至參數的任何「輸出參數」或「傳回值」都會填入（Populate）資料。

對 Update、Insert 或 Delete 陳述句而言，傳回值是**受 SQL 指令影響的資料列數目（整數）**。如果要插入或更新的資料表上，含有觸發程序（Trigger），傳回值便會包含受到插入或更新作業影響之資料列的數目，以及受到一個或多個觸發程序影響的資料列（記錄）數目。

對其他類型的陳述句而言（例如 Select 陳述句），傳回值為 -1。如果交易發生復原（Rollback）傳回值也是 -1。您可參閱範例 RecordsAffected_02.aspx。

如同前面的 .ExecuteReader() 方法介紹過的「資料庫與程式的四大步驟」，您也可以在範例 RecordsAffected_01.aspx 看見相似的流程。C# 語法的後置程式碼如下：

```
using System.Web.Configuration;    //---- 自己寫的（宣告）----
using System.Data;
using System.Data.SqlClient;
```

```
    protected void Page_Load(object sender, EventArgs e)    {
        //== (1). 開啟資料庫的連結。
        SqlConnection Conn = new SqlConnection(WebConfigurationManager.Connect
ionStrings["testConnectionString"].ConnectionString);
        Conn.Open();

        //== (2). 執行SQL指令。或是查詢、撈取資料。
        string sqlstr = "Update test set title = '真珠草萃取物可以治療肝炎 韓國技
轉錦鴻' where id =3";
        SqlCommand cmd = new SqlCommand(sqlstr, Conn);

        //== (3). 自由發揮。
        int RecordsAffected = cmd.ExecuteNonQuery();
        Label1.Text = "執行 Update的SQL指令以後，影響了" + RecordsAffected + "
列的記錄。";
        //-- 或者是，您可以這樣寫，代表有更動到一些記錄。
        //if (RecordsAffected > 0)   {
        //    Response.Write("資料更動成功。共有" + RecordsAffected + "列記錄被
影響。");
        // }

        //== (4). 釋放資源、關閉資料庫的連結。.... 後續省略 ....
    }
```

7-7 例外狀況

SqlCommand常用的.ExecuteReader()方法與.ExecuteNonQuery()方法會有底下的例外狀況。如果您遇見這樣的例外，可以立刻查出原因：

- **InvalidCastException**。當Value設定為Stream，參數使用SqlDbType而不是Binary或VarBinary。

  當Value設定為TextReader時，參數使用SqlDbType而不是Char、NChar、NVarChar、VarChar或Xml。

  當Value設定為XmlReader時，參數使用SqlDbType而不是Xml。

- **SqlException**。針對鎖定的資料列（記錄）執行命令時發生例外狀況。使用.NET Framework 1.0版時，不會產生這個例外狀況。資料流（Streaming）作業期間發生逾時。

- **InvalidOperationException**。目前連線狀態已關閉。.ExecuteReader()方法需要搭配已經開啟的SqlConnection。SqlConnection在資料流作業期間關閉或卸除。

- **IOException**。在資料流作業期間，Stream、XmlReader或TextReader物件發生錯誤如需資料流的詳細資訊，請參閱微軟 Microsoft Docs網站（前MSDN網站）原廠文件的SqlClient資料流支援。
- **ObjectDisposedException**。Stream、XmlReader或TextReader物件在資料流作業期間關閉。

上面的例外狀況，都跟資料流有關，必要時您得參閱SqlClient資料流（Streaming）的資料，如下所述：

> SQL Server和應用程式之間的資料流支援（.NET 4.5中的新功能）可支援伺服器上非結構化的資料（例如：文件、影像及媒體檔案）。SQL Server資料庫可以儲存二進位大型物件（BLOB），但擷取BLOB可能會佔用很多記憶體。
>
> 處理SQL Server之間的資料流支援，可簡化以資料流方式處理資料的應用程式撰寫，而不需將資料完全載入記憶體，因此可以減少記憶體溢位例外狀況。
>
> 尤其是在商務物件連接到SQL Azure（微軟雲端上的資料庫）以傳送、擷取及管理大型BLOB的情況下，資料流支援也可以讓中介層（middle-tier）應用程式擴充得更好。

微軟官方網站提供了幾個很棒的範例，您可以搜尋**關鍵字「SqlClient資料流支援」**找到這篇文章，或是參閱本書後續的「非同步」章節，有三個範例介紹.NET 4.5開始的非同步功能。

7-8 SqlCommand的屬性

SqlCommand常用的屬性如下表。一部份已經在本章介紹過了，另外一部份可以參閱其他章節的DaraReader。而Parameters屬性，則在下一節有深入介紹。

名稱 *代表.NET 4.0（含） 以前版本的屬性	說明
*CanRaiseEvents	取得值，指出元件是否能引發事件。（繼承自Component）。
CommandText	取得或設定要在資料來源執行的Transact-SQL陳述式、資料表名稱或預存程序（覆寫DbCommand.CommandText。本書已介紹過）。
CommandTimeout	取得或設定結束執行命令的嘗試並產生錯誤之前的等待時間（覆寫DbCommand.CommandTimeout。本書已介紹過）。

名稱 *代表.NET 4.0（含） 以前版本的屬性	說明
CommandType	取得或設定值，指出CommandText屬性解譯的方式。(覆寫DbCommand.CommandType。本書已介紹過)。
Connection	取得或設定SqlCommand的這個執行個體所使用的SqlConnection（本書已介紹過）。
Container	取得包含Component的IContainer（繼承自Component）。
*DbConnection	取得或設定由這個DbCommand使用的DbConnection（繼承自DbCommand）。
*DbParameterCollection	取得DbParameter物件的集合（繼承自DbCommand）。
*DbTransaction	取得或設定DbTransaction，DbCommand物件將會在其中執行（繼承自DbCommand）。
*DesignMode	取得值，指出Component目前是否處於設計模式。(繼承自Component)。
DesignTimeVisible	取得或設定值，指出命令物件是否應該在Windows Form設計工具控制項中顯示（覆寫DbCommand.DesignTimeVisible）。
*Events	取得附加在這個Component上的事件處理常式清單（繼承自Component）。
Notification	取得或設定值，指定繫結至這個命令的SqlNotificationRequest物件。
NotificationAutoEnlist	取得或設定值，指出應用程式是否應該從通用SqlDependency物件自動接收查詢告知。
Parameters	取得SqlParameterCollection。 重點！使用參數可以初步地避免SQL Injection（資料隱碼）攻擊。後續將專文說明。
Site	取得或設定Component的ISite（繼承自Component）。
Transaction	取得或設定SqlTransaction，SqlCommand將會在其中執行。本書另闢一章（資料庫交易）專文解說。
UpdatedRowSource	取得或設定當由DbDataAdapter的.Update()方法使用命令結果時，如何套用至DataRow（覆寫DbCommand.UpdatedRowSource）。

資料來源：微軟網站

7-9 參數（Parameters）與SqlParameter Collection，避免SQL Injection攻擊

.Parameters屬性（請注意最後一個字母s）用來取得SqlParameterCollection，可以「初步地」避免資料隱碼攻擊（SQL Injection），但**無法100%保證**可以避免所有的網路惡意攻擊，因為駭客的攻擊行為日新月異，明天的攻擊未必是我們今天想像得到的。

Microsoft.NET Framework資料提供者（DataProvider）的SQL Server並不支援**問號（?）**替代符號（這是OleDB或Odbc在用的參數，如Access），要將參數傳遞給SQL陳述式或預存程序呼叫命令的CommandType.Text。在這種情況下，必須使用「**具名參數**」，請用「@符號＋**參數名稱**」。例如：

```
SELECT * FROM Customers WHERE CustomerID = @CustomerID
```

7-9-1 使用參數的好處

命令物件會使用參數將「值」傳遞至SQL陳述式或預存程序（Stored Procedure），以提供"型別檢查"及"驗證"。與命令文字不同的是，**參數輸入會被視為常值（Literal），而非可執行程式碼。這有助於防衛SQL Injection（資料隱碼）攻擊**，在此類攻擊中，攻擊者會將危害伺服器安全的命令插入SQL陳述式中，以便趁機執行。關於資料隱碼攻擊，本節後續將會介紹。

參數型命令（Parameterized Command）也可以改善查詢執行效能，因為它們可以協助資料庫伺服器正確地比對內送命令與正確快取的查詢計畫。除了安全性和效能的優點以外，參數型命令也提供方便的方法，可讓您安排傳遞至資料來源的「值」。

7-9-2 SqlCommand的「@參數」範例（I），簡介

Parameters屬性值的型別：System.Data.SqlClient.SqlParameterCollection。Transact-SQL陳述式或預存程序的參數。預設為「空集合」。

下列範例示範如何建立SqlCommand，並將參數加入至SqlParameterCollection。C#語法如下：

```
    string commandText = "UPDATE Sales.Store SET Demographics = @demographics
WHERE CustomerID = @ID;";

    using (SqlConnection Conn = new SqlConnection(connectionString))    {
        SqlCommand cmd = new SqlCommand(commandText, Conn);
        // Add CustomerID parameter for WHERE clause.
        cmd.Parameters.Add("@ID", SqlDbType.Int);
        cmd.Parameters["@ID"].Value = customerID;

        // Use AddWithValue to assign Demographics.
        // SQL Server will implicitly convert strings into XML.
        cmd.Parameters.AddWithValue("@demographics", demoXml);
        // 參數的 .AddWithValue() 方法會取代採用 String 和 Object 的
SqlParameterCollection.Add() 方法。請在每次要以指定名稱和值的方式來加入參數時使用
.AddWithValue() 方法。
        try  {
            Conn.Open();
            Int32 rowsAffected = cmd.ExecuteNonQuery();
            Response.Write ("RowsAffected: {0}", rowsAffected);
        }
        catch (Exception ex)   {
            Response.Write(ex.Message);
        }
    }
```

7-9-3 SqlCommand的「@參數」範例(II),包含CRUD資料存取

後續的SqlDataReader也有相關範例,下一章會有深入解說。您可以自行參閱下載範例檔。在此提供兩種SqlCommand參數寫成的範例:

第一、搭配Select陳述句的SQL指令。請看範例Default_1_DataReader_Parameter.aspx。

```
// C# 語法
SqlCommand cmd = new SqlCommand("select id,test_time,summary,author from test
where id = @id", Conn);
        cmd.Parameters.Add("@id", SqlDbType.Int, 4);
        cmd.Parameters["@id"].Value = Request["id"];
    // 註解:可縮寫成 cmd.Parameters.AddWithValue("@id", Convert.ToInt32
(Request["id"]))。
    // 因為文章編號 id 是整數。
```

第二、搭配 Insert / Update / Delete陳述句的SQL指令。請看範例RecordsAffected_01_Parameter_Update.aspx。另有Insert與Delete的範例，但寫法大同小異，本書下載範例檔中均有相關範例，請自行瀏覽。

```
// C# 語法
SqlCommand cmd = new SqlCommand("Update test set title = @title where id
=@id", Conn)
        cmd.Parameters.Add("@title", SqlDbType.VarChar, 150);
        cmd.Parameters["@title"].Value = "我愛ADO.NET與ASP.NET";

        cmd.Parameters.Add("@id", SqlDbType.Int, 4);
        cmd.Parameters["@id"].Value = 3;
    // 註解：可縮寫成 cmd.Parameters.AddWithValue("@參數名稱", 值)。
```

7-9-4 資料隱碼（SQL Injection）攻擊

大部分的網頁程式設計（例如：ASP、PHP或JSP等）都大量地使用到字串組合，也就是**&**符號（VB語法）與**+**符號（C#語法）來組合字串。就算到了今日的ASP.NET也常見到相同的作法。

如果我們也使用相同的方法來組合「SQL指令」，然後放入資料庫來執行，例如C#語法的"select * from test **where id =** " + **Request["id"]**或是"select * from test **where id =** " + **TextBox1.Text**等等。讀者要特別注意「SQL Injection（資料隱碼）攻擊」的隱憂，避免有人輸入特殊文字來進行破壞。

例如：如果有人在TextBox1裡面輸入「**3; Delete From test**」，那麼SQL指令就會組合成為「Select * From test Where id =**3; Delete From test**」便會十分危險。分號（;）會被視為兩段SQL指令而分別被執行。

為了避免有人濫用這樣的方式去試探別人的網站，本書並不解釋這種攻擊行為。您可以上網搜尋相關文章。

7-9-5 初步防範資料隱碼（SQL Injection）攻擊

要防範SQL Injection攻擊，可以從以下的作法來進行初步地預防：

第一、公開給Internet上眾人使用的程式，最好另外設立一連結資料庫的「帳號」權限越小越好。例如：只提供db_datareader權限即可（只能讀取，不可修改、寫入。但有些功能可能無法執行，您必須審慎評估）。

⊙ Internet 上面的程式，如果要連結資料庫，請使用一個權限較小的帳號來做

第二、避免有心人士輸入其他惡意的文字與代碼，所以我們必須過濾它們。例如：程式裡面用到的C#語法Request["id"]、或VB語法Request("id")，我們應該檢查傳遞的「值」裡面是否有可疑的文字，例如：**--**、1=1、**;**（分號）...... 等符號。

如果要防範人家輸入SQL指令的註解符號（如--），可以寫成：

```
// C# 語法
    String myid = Request["id"].ToString();
    if (myid.IndexOf("--", 0) != -1)
    {
            Response.Write("疑似 SQL Injection，程式禁止！");
            Response.End();
    }
    // 註解：
    • 0 表示從字串裡面的第一個字，開始搜尋
    • 找不到的話，.indexOf() 方法會傳回「-1」。
```

但自己過濾危險字串並非好方法，因為SQL Injection的關鍵字太多了，除非您全部學會所有攻擊方法，不然要怎麼完全防堵？.....強烈建議使用下面說的「參數（Parameter）」的寫法來做。

第三、透過**SqlDataSource控制項**，以「**參數**」的方式來傳遞重要資料。這是比較標準的作法。如果您是透過SqlDataSource的精靈來自動產生SQL指令，應該會在HTML設計畫面的原始檔，看到以下的資訊：

```
<asp:SqlDataSource ID="SqlDataSource1" runat="server"
        ConnectionString="<%$ ConnectionStrings:Web.Config 檔案裡面的連線字串 %>"
        UpdateCommand="UPDATE [test] SET [test_time] = @test_time, [class] =
@class, [title] = @title WHERE [id] = @id">

    <UpdateParameters>
        <asp:Parameter Name="test_time" Type="DateTime" />
        <asp:Parameter Name="class" Type="String" />
        <asp:Parameter Name="title" Type="String" />
        <asp:Parameter Name="id" Type="Int32" />
    </UpdateParameters>
</asp:SqlDataSource>
```

第四、**DataReader**搭配**SqlCommand**、**DataSet**與**SqlDataAdapter**的「參數」作法。上面的範例已有說明，包含CRUD資料存取（讀取、寫入）兩種主要參數寫法。請參閱後續文章的進一步解說，非常重要！！

08 CHAPTER DataSet（資料集）+ DataAdapter（資料配接器）

完成了ADO.NET第一招DataReader之後，我們要來學習第二招DataSet。這兩者沒有前後關係，請依照您的需求來選擇其中之一。

DataSet功能多又強，但消耗的資源也比DataReader大。以ASP.NET網頁程式來說，Web Server瞬間服務的要求很多（同一時間上線的用戶很多），網頁程式適合搭配「輕量化」、「速度快」的DataReader。而DataSet在Windows Form（.exe檔）裡面則是第一首選。引述原文書「Professional in ASP.NET 4 in C# and VB（Wrox出版）」的說法：

> [第八章] **8.1.8 瞭解DataSet和DataTable**
> 如果處理Web Form，每次都會重新創建Web Form。當發生這種情況，不僅要調用數據源（資料來源）重建頁面，還要重建DataSet，除非您可以以某種高速緩存（快取）DataSet。
> 這是一個昂貴的過程，因此在這種情況下最好使用DataReader直接處理數據源（資料來源）。
> 在大多數處理**Web Form**的情況下，都應使用**DataReader**，而不是創建**DataSet**。

這一章還提到：

- 除非要使用"多個"DataTable，不然的話不需要創建只包含一個DataTable的DataSet。直接使用"一個"DataTable即可。
- 依照實際的狀況，來選擇DataReader或是DataSet。

8-1 Web網頁與Windows程式，使用DataSet的差異

在Windows程式（Windows Form，如.exe檔）上面，程式向資料庫取得大量記錄並且存放在DataSet，可以重複利用以節省資料庫存取的資源。更可以使用User電腦上的資源，所以DataSet對於Windows程式實在是妙用無窮！

但是，在網頁（ASP.NET-Web Form或MVC程式）的存留週期內，網頁會先被初始化，然後進行處理（例如：連結資料庫、執行SQL指令等等），最後在每一次往返

（Web Server端Client / User端）時被捨棄，這時候Web Server上面的DataSet的資料就被清空、移除了。**所謂的「往返」，就是指使用者按下Web畫面的連結、按鈕所引起的程式反應**。

因此，在ASP.NET網頁程式上面，我個人偏愛使用DataReader，因為網頁程式需要DataReader速度快、省資源的特點。使用DataSet在網頁程式上，運作完成並將資料傳遞給User的瀏覽器來呈現之後，Web Server與User的瀏覽器就會斷線，這麼短的時間內（預設90秒內必須完成一份網頁程式的運作，不然Web Server會報錯、逾時）去使用DataSet，資源消耗較大。

本書範例雖然以ASP.NET（Web Form）為主，但也提供一章Windows Form（.exe檔）的ADO.NET實作為您示範。請拭目以待。

8-2 何時該用DataReader或DataSet？

如何判斷程式何時該使用DataReader或DataSet？我們應先考慮程式所需的功能為何，再來挑選其中之一來使用。

DataSet的用途如下：

- 快取（Cache）應用程式本機的資料，才能加以操作。適合應用在**關聯式資料庫，或是關係較複雜的多種資料來源**。若您只需要讀取查詢結果、或只是單純地展示資料，建議您採用DataReader效能會更好。
- 在各層間或從XML Web Service/WCF/WebAPI遠端處理資料。
- 與資料動態互動（資料繫結/DataBinding），例如：繫結Windows Form或Web Form控制項，或將來自多個來源的資料合併和關聯。
- 針對資料進行廣泛處理，與資料來源之間**不需要持續地連接（可以離線存取），可將這些連接資源，再度釋放給其他用戶端使用**。例如：我們的資料庫只有購買10人的連接授權，如果每一支程式都佔用一個資料庫連接的話，「資料庫的連線數」一下子就客滿了。如果一連接資料庫，取得資料之後就立刻結束連接（離線模式），如此一來，資料庫就可以應付更多人上線存取。

8-3 DataSet是一種「離線」的資料存取

DataSet（資料集）可獨立於任何資料來源之外，而進行資料存取。因為DataSet一旦連接到資料來源（如：資料庫）並透過DataAdapter（資料配接器）**取得資料**

後，就會立刻離線，並且把獲得的資料放在主機的記憶體裡面，等待日後應用。因此DataSet是一種離線的資料存取，不需要長時間與資料來源保持連接的狀態。

只有讀取（載入）、或是回寫資料庫（新增、刪除、修改）才會保持連線。因此DataSet是一種"離線"的資料存取，不需要長時間與資料來源保持連接的狀態。

因此，DataSet可與多個不同的資料來源一起使用、與XML資料一起使用，或用來管理應用程式的本機資料。**DataSet包含一或多個由資料列（Row）和資料行（Column，欄位）所組成之「DataTable物件的"集合"」**，此集合中也可包含DataTable物件中的主索引鍵、外部索引鍵、條件約束及資料的關聯資訊。下圖將說明.NET Framework資料提供者與DataSet之間的關聯性。

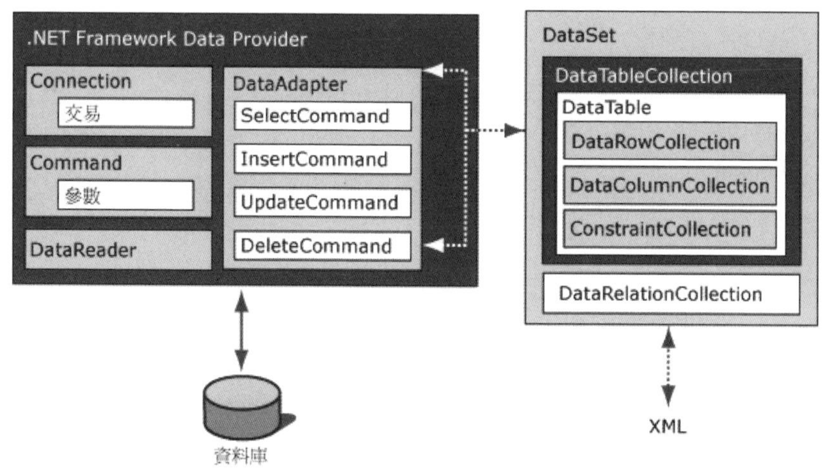

.NET Framework 資料提供者從資料來源（例如資料庫）進行連線與操作，並透過DataAdapter 存取 DataSet（DataSet 是一種在記憶體中，離線的資料庫快取）（圖片來源：微軟 Microsoft Docs 網站（前 MSDN 網站））

如果DataSet要跟DataReader作一個比較的話，我們可以看看下面的比較表。

（資料來源，以MS SQL Server為例）	ADO.NET兩大物件的比較	
	DataSet	**DataReader**
連接資料庫（Connection）	（不需要，因為SqlDataAdapter會自動開啟連結，使用後自動關閉）	SqlConnection.Open()
執行SQL指令 1. Select 2. Delete/Update/Insert	**SqlDataAdapter** (1) .Fill()方法 (2) .Update()方法	**SqlCommand** (1) .ExecuteReader()方法 (2) .ExecuteNonQuery()方法

（資料來源，以MS SQL Server為例）	ADO.NET兩大物件的比較	
	DataSet	DataReader
資料指標的移動	DataSet類似資料庫行為的資料快取。這些資料將存放在記憶體裡面，所以可以自由靈活地操作內部資料。	讀取資料時，只能唯讀、順向（Forward）的動作。
如何處理資料庫與資料表？	可以處理複雜的資料庫關聯與多個DataTable、DataView。	透過使用者自訂的SQL指令來存取。 適合處理單一的資料表（或是看您對SQL指令的熟悉程度，可以改變DataReader功能強弱）。
消耗資源	較大	小，而且快速
分頁功能（Paging）	有	無

資料整理：本書作者，MIS2000 Lab.

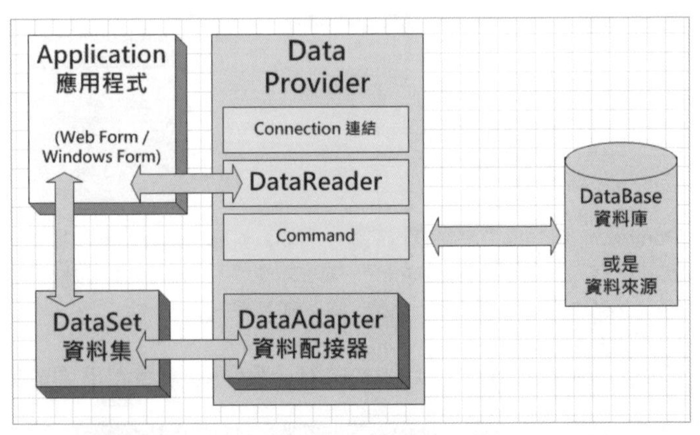

⊙ .NET Data Provider（資料提供者）與相關物件

上面的三大流程，可以參考下面這一段程式：

```
-- VB 語法 --
    Dim Conn As New SqlConnection(" 連接資料庫的字串 ")   '—註： 資料庫連線字串
    Dim myAdapter As SqlDataAdapter = New SqlDataAdapter("select * from
test", Conn)    '-- 註： 執行 SQL 指令
    Dim ds As New DataSet()
```

```
    Try
        myAdapter.Fill(ds, "test")
        '-- 註： 這時候將 SQL 指令執行後的成果，放進 DataSet。裡面只有一個名為 "test" 的
DataTable。

        GridView1.DataSource = ds
        '-- 註：標準寫法是 GridView1.DataSource = ds.Tables("test").DefaultView
        GridView1.DataBind()

        Catch ex As Exception
            Response.Write("Exception Error Message--" & ex.ToString())
             '—後續省略 --
    End Try


//-- C# 語法 --
    SqlConnection Conn = new SqlConnection(" 連接資料庫的字串 ");  // 註： 資料庫連
線字串
    SqlDataAdapter myAdapter = new SqlDataAdapter("select * from test", Conn)
// 註： 執行 SQL 指令
    DataSet ds = new DataSet();

    try  {
        myAdapter.Fill(ds, "test") ;
        //-- 註： 這時候將 SQL 指令執行後的成果，放進 DataSet。裡面只有一個名為 "test"
的 DataTable。

        GridView1.DataSource = ds;
        //-- 註：標準寫法是 GridView1.DataSource = ds.Tables["test"].DefaultView;
        GridView1.DataBind();
    }
    catch (Exception ex)  {
        Response.Write("Exception Error Message--" + ex.ToString());
        //-- 後續省略 --
    }

//-- 作者註解：上述 DataSet 程式碼，看不見資料庫連結的開啟（Conn.Open()）與關閉（Conn.
Close()）。因為 DataAdapter 會自動處理。
```

如果您不需要DataSet所提供的功能，則可採用DataReader以「順向、唯讀」的方式來傳回資料，藉以提升應用程式的效能。使用DataReader的效能更高，是因為這樣能**節省DataSet所將消耗的記憶體（DataSet是一個離線的資料庫，暫存在主機的記憶體裡面），並免除建立和填入DataSet內容所需的處理過程**。

DataSet物件是ADO.NET的一個新物件，是用來掌握控管實際的儲存資料。DataSet物件不管在什麼樣的資料庫（例如：SQL Server或是OLE DB等等），都呈

現一致性的運作行為。DataSet物件表現出來的，是類似資料庫行為的資料快取（a cache of data）。包含了：表格（Table）、資料間的關聯與相關限制......等等。來源資料可以來自資料庫、各式編碼或是XML檔.....等等。

DataSet物件就是「DataTable物件的"集合"」。一個DataTable可以展現記憶體裡面的資料，可以是整欄或是整列的資料。我們可以使用OleDbDataAdapter、OracleDataAdatper、OdbcDataAdatper或SqlDataAdapter物件，以及.Fill()方法將資料放進DataSet裡面。另一個.Update( )方法可將DataSet內部資料更新後，再回寫資料庫。

DataSet的觀念跟以前舊版ASP的ADO RecordSet（資料錄集）有很大的差異，簡單的說，DataSet就是把資料庫的資料，先放在記憶體裡面當成一個備份副本，然後離線（自動關閉資料庫的連結）進行處理以節省資源。這是一種「離線模式」，只有讀取（載入）、或是回寫資料庫（新增、刪除、修改）才會保持連線。

8-4 DataSet的流程與範例程式

為了解釋這段話的重點——「DataSet一旦連接到資料來源（如：資料庫）並透過DataAdapter（資料配接器）**取得資料後，就會立刻離線**，並且把獲得的資料放在主機的記憶體裡面，等待日後應用」，我們就以範例Default_2_1_DataSet_Connection.aspx作為示範。

先把DataSet的撰寫流程，作一個簡單描述。往後的章節之中，大家從實作中就能體會：

1. 建立DataAdapter（也就是執行SQL指令的Select陳述句）與DataSet。我們必須透過DataAdapter物件，才能控制DataSet。DataAdapter會"自動"建立與開啟資料庫的連結，不需要我們撰寫Conn.Open()這樣的程式碼。
2. 將DataAdapter選取的資料，寫進（填入，即使用.Fill()方法）DataSet裡面，等待處理（包含：新增、刪除、修改、以及Select選取）。其中有兩大方法：
   - **.Fill( )方法**：搭配SelectCommand相關指令的使用，將實體資料庫的資訊放進DataSet裡面，主要是用來"**展現**"資料。
   - **.Update( )方法**：必須搭配UpdateCommand（修改）、DeleteCommand（刪除）、InsertCommand（新增）相關指令的使用（請您必須事先寫好，等待DataAdapter的.Update()方法來使用之），用來"**處理**"DataSet（記憶體）裡面的暫存資料，並且"**回寫**"到實體的資料庫！

特別提醒 **DataSet的資料是存在電腦的記憶體裡面**（以ASP.NET來說，DataSet在Web Server的記憶體裡面）。我們這時候處理的資料（不論是新增、刪除或是修改），通通是在改寫記憶體裡面DataSet的暫存資料，尚未寫進資料庫。**必須執行DataAdapter .Update()方法才能回寫資料庫！**

3. DataAdapter動作完畢之後，就會"自動"關閉資料庫連接（程式碼Conn.Close()）。所以我們不需要像DataReader那樣，自己寫程式來關閉連結。這是一種「離線」的資料存取模式，只有讀取（載入）、或回寫資料庫（新增、刪除、修改）才會保持連線。

以下的範例為您演示：不需要自己動手寫程式開啟連結（程式碼Conn.Open()），最後也不需要寫程式幫DataAdapter關閉連結（程式碼Conn.Close()）。我們把這兩列程式碼都註解掉、不執行，一樣成功運作。詳見範例Default_2_1_DataSet_Connection.aspx。

```
SqlConnection Conn = new SqlConnection("資料庫的連接字串 ConnectionString");
SqlDataAdapter myAdapter = new SqlDataAdapter("select id,test_
time,title,author from test", Conn);

DataSet ds = new DataSet();

//-- 不用寫 Conn.Open(); ，DataAdapter 會自動開啟
    '************************************
    Response.Write("1. Fill 方法之前，資料庫連線 -- " + Conn.State.ToString());
    '************************************

myAdapter.Fill(ds, "test");
//-- 執行 SQL 指令。取出資料，放進 DataSet 裡面，名為 test 的 DataTable。

    //************************************
    //*** .Fill() 方法之後，資料庫連線就中斷囉！
    Response.Write("<br />2. Fill 方法之後，資料庫連線 -- " + Conn.State.
ToString());
    //************************************

        GridView1.DataSource = ds;
        //-- 標準寫法 GridView1.DataSource = ds.Tables["test"].DefaultView;
        GridView1.DataBind();

//-- 不用寫，DataAdapter 會自動關閉
//if (Conn.State == ConnectionState.Open)  {
//    Conn.Close();
//}
```

上述的程式，有兩個資料庫的連線狀態（Conn.State屬性）會出現在畫面上，這裡很有趣！也很重要！！讓讀者猜猜看：這兩個的狀態值是什麼？ .....答案讓您吃驚。

- 上方第一個Conn.State（資料庫的連線狀態），結果是**Close（資料庫沒有連線）**。因為我們沒有動手寫程式（如Conn.Open()）去開啟資料庫連線啊。
- 下方第二個Conn.State（資料庫的連線狀態），結果還是**Close（資料庫沒有連線）**。

因為當DataAdapter完成了.Fill()方法之後（把執行SQL指令獲得的資料，放入DataSet裡面），資料庫的連線狀態就會自動關閉（離線、Disconnection），最後甚至不需要自己撰寫關閉資料庫連線的程式碼。

從程式的執行結果，我們可以明確地瞭解「透過DataAdapter（資料配接器）**取得資料後，就會立刻離線**」這句話的意思。也明瞭了DataSet與DataAdapter會自行控制資料庫連線的「開、關」，我們不必寫程式去介入、控制它。

8-5 SQL Server連結字串（ConnectionString）

初學者可以到YouTube觀賞我的SQL Server教學影片，請搜尋「mis2000lab SQL Server 補充教材」關鍵字。常見的MS SQL Server連結字串如下：

```
"Persist Security Info=False;Integrated Security=true;Initial Catalog=
SQLServer 裡面的資料庫名稱，例如 Northwind;server=(local)"
```

上面的local，也可以寫成「.」。兩者都是代表「本機」的意思。也就是把資料庫跟程式安裝在同一台電腦裡面。

假設我的電腦上安裝了好幾套SQL Server（如下圖），安裝時便會請您設定不同的「SQL主機名稱」，寫法如下：

```
"Data Source=.\MSSQLSERVER;Initial Catalog=SQLServer 裡面的資料庫名稱，例如
Northwind;Integrated Security=True"
```

- 註解(1)：如果是連結SQL Server Express版，請寫成"data source=**.\SQLEXPRESS**"後續字串同上。如果您寫成"data source=**.**"通常會指向「正式版」的SQL Server而非SQL Server Express版。
- 註解(2)：如果用自訂的帳號、密碼連結資料庫，請寫成"Data Source=.\MSSQLSERVER;Initial Catalog=**SQLServer裡面的資料庫名稱，例如Northwind**;Persist Security Info=True;**User ID=帳號;Password=密碼**"。

如果您使用「登入Windows」的系統管理員帳號，進入SQL Server的話，就採用上面的寫法。因此沒有帳號、密碼。

- 註解(3)：如果您忘記自己設定的「SQL主機名稱」，請打開「控制台」→「系統管理工具」→「服務」，您可以尋找SQL開頭的服務，後面用括號包圍的就是「SQL主機名稱」，如下圖。

SQL Server (MSSQLSERVER)	提供資料的儲存、處理和...		手動	本機系統
SQL Server (SQLEXPRESS)	提供資料的儲存、處理和...		手動	Network S...
SQL Server Active Directory Helper	啓用與 Active Directories 整...		手動	Network S...
SQL Server Agent (MSSQLSERVER)	執行作業、監視 SQL Server...		手動	本機系統
SQL Server Analysis Services (MSS...	爲商務智慧應用程式提供...		手動	本機系統
SQL Server Browser	提供 SQL Server 連接資訊...	已啓動	自動	Network S...
SQL Server FullText Search (MSSQL...	可以快速地在結構化和半...		手動	本機系統
SQL Server Integration Services	提供 SSIS 封裝儲存體和執...		手動	Network S...
SQL Server Reporting Services (MS...	管理、執行、轉譯、排程...		手動	本機系統
SQL Server VSS Writer	提供介面經由 Windows VSS ...		手動	本機系統

▲ 請打開「控制台」→「系統管理工具」→「服務」，SQL Server 的服務，後面用括號包圍的就是「SQL 主機名稱」

ADO.NET 2.0不支援SQL Server 2000（含）之前舊版本在共用記憶體上使用「非同步的(Asynchronous)」命令。不過，您可以強制使用TCP來取代共用記憶體，方法是在連接字串（ConnectionString）的**伺服器名稱前面加上tcp:前置字元，或是使用localhost**。

要連接SQL Server的執行個體之名稱或網路位址（IP Address）。可在伺服器名稱後指定通訊埠編號（Port）：

```
server=tcp:servername, Port
例如 server=tcp:140.1.2.3, 1433
```

指定本機執行個體時，永遠使用**(local)**。若要強制通訊協定，請加入下列其中一個前置詞：

```
np:(local), tcp:(local), lpc:(local)
```

以微軟的雲端資料庫（Windows Azure）的連結字串為例，連結字串寫成這樣：

```
Server=tcp:XYZ9g99t.database.windows.net,1433;......
```

8-6 DataTable 與 DataRow

接下來的範例（檔名 Default_3_DataSet_ALL_Manual.aspx）的 HTML 畫面，只有一個 Label 控制項（名為 Label1）而已。純粹是為了展示資料罷了，並無特殊用意。重點在於後置程式碼。

當我們執行 SQL 指令撈取資料庫的資料後，DataSet 會以 DataTable 的方式來儲存每一個資料表。每一個 DataTable 的結構就跟資料表一樣，例如：

- 橫的每一列（Row），就相當於**每一筆記錄**。
- 直的每一行（Column）就相當於每一個「**欄位**」。

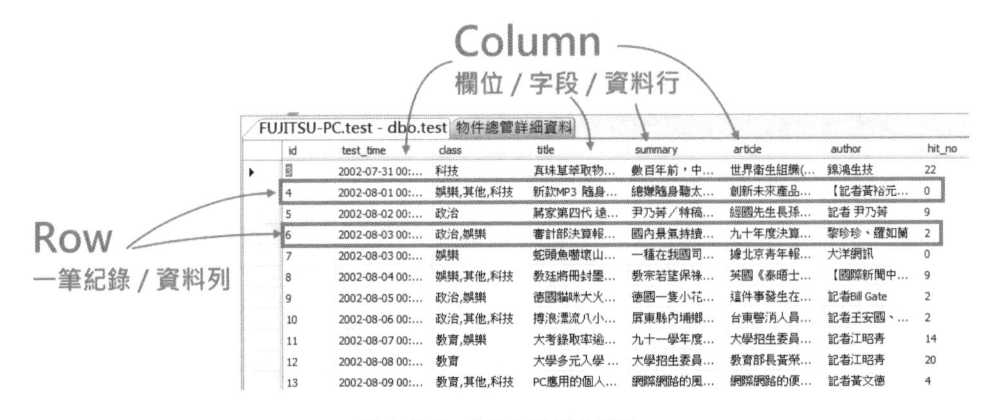

資料列、資料行的觀念解說

下面的範例 Default_3_DataSet_ALL_Manual.aspx 將透過 DataTable 的每一列（Row）記錄，逐一抓取每個欄位（資料行，Column）的值。

VB 版的 DBInit 副程式，主要是把 GridView 資料繫結與 DataSet 這一段重複用到的程式碼，另外寫成一個副程式以方便別的事件來呼叫它。重複使用的程式碼能集中在一起，也讓程式的可讀性比較高。

```
Imports System.Web.Configuration      '---- 自己寫的、自行宣告 NameSpace----
Imports System.Data
Imports System.Data.SqlClient
Imports System.Text     '-- 如果使用 StringBuilder 來連結「動態字串」，效率會加速很多。


'==== 自己手寫的程式碼，DataAdapter / DataSet ====(start)
Sub DBInit()
```

```
    '-- 連結資料庫
    Dim Conn As New SqlConnection ("資料庫的連接字串 ConnectionString")
    Dim da As SqlDataAdapter

    Try
        'Conn.Open()    '---- 這一行註解掉，可以不用寫，DataAdapter 會自動開啟

        '-- 作者註解：SqlDataAdapter 的 .Fill() 方法使用 SQL 指令的 SELECT，從資
        料來源擷取資料。此時，DbConnection 物件（如 Conn）必須是有效的，但不需要是
        開啟的（因為 DataAdapter 會自動開啟或關閉連結）。
        如果在呼叫 .Fill () 方法之前關閉 IDbConnection，它會先開啟連接以擷取資
        料，然後再關閉連接。如果在呼叫 .Fill () 方法之前開啟連接，它會保持開啟狀態。
        因此，我們使用 SqlDataAdapter 的時候，不需要寫程式去控制 Conn.Open() 與
        Conn.Close()。

    '=====重 點===== start====
        myAdapter = New SqlDataAdapter("select id,test_time,title,author
from test", Conn)
        Dim ds As New DataSet
        da.Fill(ds, "test")   '-- 把資料庫撈出來的資料，填入 DataSet 裡面。
```

```
 '-- DataSet 是由許多 DataTable 組成的，我們目前只放進一個名為 test 的
DataTable 而已。
  Dim myTable As DataTable = ds.Tables("test")
'-- 作者註解：DataSet 包含一或多個由資料列（Row）和資料行（Column，欄位）所
組成的「DataTable 物件」集合，此集合中也可包含 DataTable 物件中的主索引鍵、
外部索引鍵、條件約束及資料的關聯資訊。下圖將說明 .NET Framework 資料提供者與
DataSet 之間的關聯性。
```

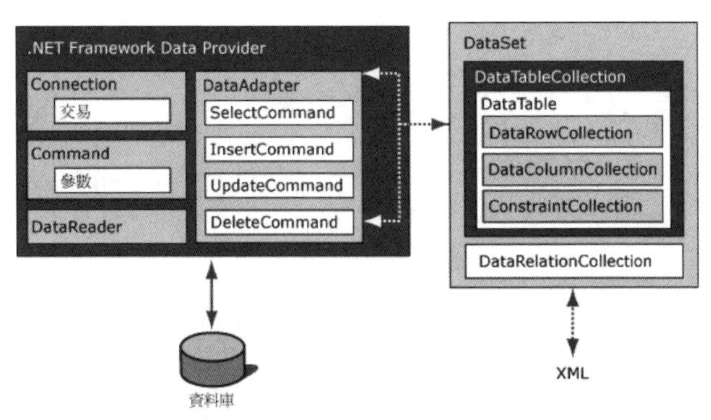

⊙ .NET Framework 資料提供者從資料來源（如：資料庫）進行連線與操作，並透過 DataAdapter 存取 DataSet（DataSet 是一種在記憶體中，離線的資料庫快取）（資料來源：微軟 Microsoft Docs 網站（前 MSDN 網站））

```
    '-- 自行撰寫程式，呈現在畫面上 ----
        Dim i As Integer
        Dim myString As String
```

```
            myString = "<table border=1><tr><td>id</td><td>test_time</
td><td>title</td><td>author</td></tr>"
```

```
    '== 重點！！==
    For i = 0 To myTable.Rows.Count - 1
    '-- 把「DataTable（前面已經定義且名為 myTable）」裡面每一列（Row）的資料欄位
（Item）都抓出來。
          myString = myString & "<tr>"
          myString = myString & "  <td>" & myTable.Rows(i).Item("id") & "</
td>"
          myString = myString & "  <td>" & myTable.Rows(i).Item("test_time")
& "</td>"
          myString = myString & "  <td>" & myTable.Rows(i).Item("title") &
"</td>"
          myString = myString & "  <td>" & myTable.Rows(i).Item("author") &
"</td>"
          myString = myString & "</tr>"
    Next
```

```
            myString = myString & "</table>"
            Label1.Text = myString
          '===== 重 點 ===== End ====

        Catch ex As Exception
            Response.Write("<HR/>" & ex.ToString() & "<HR/>")
        Finally
            '-- 下面幾行註解掉，可以不用寫，DataAdapter 使用完畢，便會自動關閉
            'If (Conn.State = ConnectionState.Open) Then
            '     Conn.Close()
            '     Conn.Dispose()
            'End If
        End Try
End Sub
'==== 自己手寫的程式碼，DataAdapter / DataSet ====(end)


Protected Sub Page_Load(ByVal sender As Object, ByVal e As System.EventArgs)
Handles Me.Load
    If Not Page.IsPostBack Then  '-- 程式第一次執行時，才會執行 DBInit 副程式
        DBInit()
    End If
End Sub
'==== 作者註解：====
    '-- 建議把上面 For...Next 迴圈裡面，那一段字串相連的部份（myString），改用
StringBuilder 來重新撰寫，效率會快很多！
    '-- 下一支程式，我們會針對這點來改善。關於 StringBuilder 的用法，請看本書後面章節的
介紹。
```

C#版的DBInit副程式，主要是把GridView資料繫結與DataSet這一段重複用到的程式碼，另外寫成一個副程式以方便別的事件來呼叫它。重複使用的程式碼能集中在一起，也讓程式的可讀性比較高。

```
using System.Web.Configuration;  //---- 自己宣告的 NameSpace----
using System.Data.SqlClient;


protected void Page_Load(object sender, EventArgs e)    {
        if (!Page.IsPostBack)  {
            DBInit();
        }
}


//==== 自己手寫的程式碼，DataAdapter / DataSet ====
protected void DBInit()
{  //---- 上面已經事先寫好 using System.Web.Configuration ----
    //---- 連結資料庫的另一種寫法，已經存在 Web.Config 檔案內 ----
    SqlConnection Conn = new SqlConnection(WebConfigurationManager.
ConnectionStrings[" 存在 Web.Config 檔裡面，資料庫的連接字串 ConnectionString"].
ConnectionString);
    SqlDataAdapter myAdapter = null;

    try  {
    //----(1). 連結資料庫 ----
    //Conn.Open();    //---- 這一行註解掉，可以不用寫。
    // 作者註解：
        // SqlDataAdapter 的 .Fill() 方法使用 SQL 指令的 SELECT，從資料來源擷取資料。
        // 此時，DbConnection 物件（如 Conn）必須是有效的，但不需要是開啟的
        //（因為 DataAdapter 會自動開啟或關閉連結）。
        // 如果在呼叫 .Fill () 方法之前關閉 IDbConnection，它會先開啟連接以擷取資料，
        // 然後再關閉連接。如果在呼叫 .Fill () 方法之前開啟連接，它會保持開啟狀態。
        // 因此使用 SqlDataAdapter 時，不用寫程式去作 Conn.Open() 與 Conn.Close()。
        myAdapter = new SqlDataAdapter("select id,test_time,title,author
        from test", Conn);
        DataSet ds = new DataSet();
        //----(2). 執行 SQL 指令（Select 陳述句）----

        myAdapter.Fill(ds, "test");
           // 把資料庫撈出來的記錄填入 DataSet 裡面，名為 test 的 DataTable。

        //----(3). 自由發揮。自行撰寫程式，把每一筆記錄呈現在畫面上
        / /DataSet 是由許多 DataTable 組成的，目前放進一個名為 test 的 DataTable。
        DataTable myTable = ds.Tables["test"];
```

// 作者註解：DataSet 包含一或多個由資料列（Row）和資料行（Column，欄位）所組成的「DataTable 物件」集合，此集合中也可包含 DataTable 物件中的主索引鍵、外部索引鍵、條件約束及資料的關聯資訊。

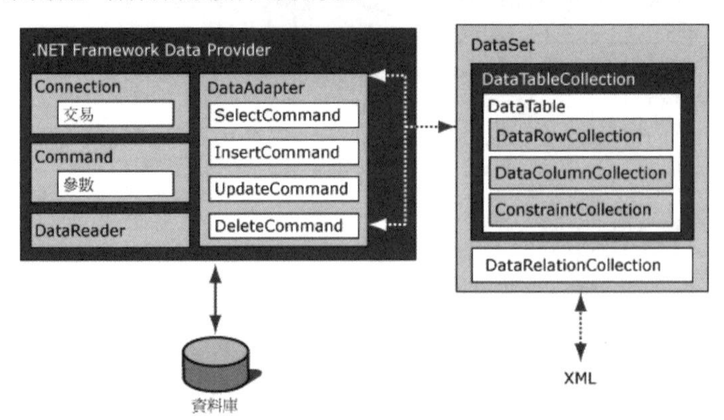

.NET Framework 資料提供者從資料來源（如：資料庫）進行連線與操作，並透過 DataAdapter 存取 DataSet（DataSet 是一種在記憶體中，離線的資料庫快取）（資料來源：微軟 Microsoft Docs 網站（前 MSDN 網站））

```
        string myString;
        myString = "<table border=1><tr><td>id</td><td>test_time</td><td>title
</td><td>author</td></tr>";

    for (int i = 0; i < myTable.Rows.Count; i++)
    {  //---- 把 DataTable 裡面的記錄，一列一列 (Row) 地呈現 ----
        myString = myString + "<tr>";
        myString = myString + "<td>" + myTable.Rows[i]["id"] + "</td>";
        myString = myString + "<td>" + myTable.Rows[i] ["test_time"] + "</td>";
        myString = myString + "<td>" + myTable.Rows[i] ["title"] + "</td>";
        myString = myString + "<td>" + myTable.Rows[i] ["author"] + "</td>";
        myString = myString + "</tr>";
    }
    myString = myString + "</table>";
    Label1.Text = myString;
}
}
```

//-- 作者註解：

1. 建議把上面 for 迴圈裡面，那一段字串相連的部份（myString），改用 StringBuilder 來重新撰寫，效率會快很多！記得使用 System.Text 命名空間。
2. 下一支程式，我們會針對這點來改善。關於 StringBuilder 的用法，請看本書後面章節的介紹。

id	test_time	title	author
1	2002/7/30	電腦(PC)該擺哪？功能決定!!	【記者-呂郁青】
2	2002/7/31	韓國人平均每天上網1.7 hours小時居世界之冠	中央社 記者 姜遠珍
3	2002/7/31	真珠草萃取物可以治療肝炎 韓國技轉錦鴻	123
4	2002/8/1	新款MP3 隨身聽 小巧如打火機	【記者黃裕元／報導】
5	2002/8/2	蔣家第四代 遠離政治不歸路	記者尹乃菁
6	2002/8/2	審計部決算報告 稅收不敷支出 政府債台高築	黎珍珍、羅如蘭
7	2002/8/3	蛇頭魚嚇壞山姆大叔竟選出毒殺方案	大洋網訊
8	2002/8/4	教廷將冊封墨傳奇人物 此人是虛構的？	【國際新聞中心／綜合報導】
9	2002/8/5	德國貓咪大火中捨生救主	記者Bill Gate
10	2002/8/6	搏浪漂流八小時 他撿回一命	記者王安國、記者汪智博
11	2002/8/7	大考錄取率逾八成 再創新高	記者江昭青
12	2002/8/8	大學多元入學 明年不變	記者江昭青

⊙ 本節的兩支範例程式，執行結果的畫面都一樣。外觀是用 HTML 的 table 標籤來呈現

8-7 使用using...區塊

前面有提過using...這樣的區塊，如果使用using開啟的資源，不需要手動處理，在最後一行using結束後，就會自動處理（Dispose）資源的後續問題。

我們把這一支程式，改用using...來寫，並且把字串連接的部份，修改成StringBuilder，以其增快效率。關於StringBuilder的典故，各位可以看看本章後面的介紹。

VB版，範例Default_3_DataSet_ALL_Manual_Using.aspx的後置程式碼：

```
Imports System.Web.Configuration       '---- 自己寫的、自行宣告 ----
Imports System.Data
Imports System.Data.SqlClient
Imports System.Text    '---- 給 StringBuilder 使用的命名空間 ----


    '==== 自己手寫的程式碼，DataAdapter / DataSet ====(start)
Sub DBInit()
    '---- 連結資料庫
    Dim Conn As New SqlConnection ("資料庫的連接字串 ConnectionString")
```

```
Using myAdapter As New SqlDataAdapter("select id,test_time,title,author from
test", Conn)
        '=====重 點(start)=====
        Dim ds As New DataSet
        myAdapter.Fill(ds, "test")

        '----自行撰寫程式，呈現在畫面上----
        Dim myTable As DataTable = ds.Tables("test")
        Dim i As Integer

                Dim myString As New StringBuilder
                myString.Append("<table border=1><tr><td>id</td> <td>test_
time</td> <td>title</td><td>author</td></tr>")

                For i = 0 To myTable.Rows.Count - 1    '---- 一列一列地呈現
----
                    myString.Append("<tr>")
                    myString.Append("   <td>" & myTable.Rows(i).Item("id")
& "</td>")
                    myString.Append("   <td>" & myTable.Rows(i).Item("test_
time") & "</td>")
                    myString.Append("   <td>" & myTable.Rows(i).Item("title")
& "</td>")
                    myString.Append("   <td>" & myTable.Rows(i).Item("author")
& "</td>")
                    myString.Append("</tr>")
                Next

                myString.Append("</table>")

        Label1.Text = myString.ToString
        '=====重 點(end)=====
    End Using
End Sub
    '====自己手寫的程式碼，DataAdapter / DataSet ====(end)


Protected Sub Page_Load(ByVal sender As Object, ByVal e As System.EventArgs)
Handles Me.Load
        If Not Page.IsPostBack Then
            DBInit()
        End If
End Sub
```

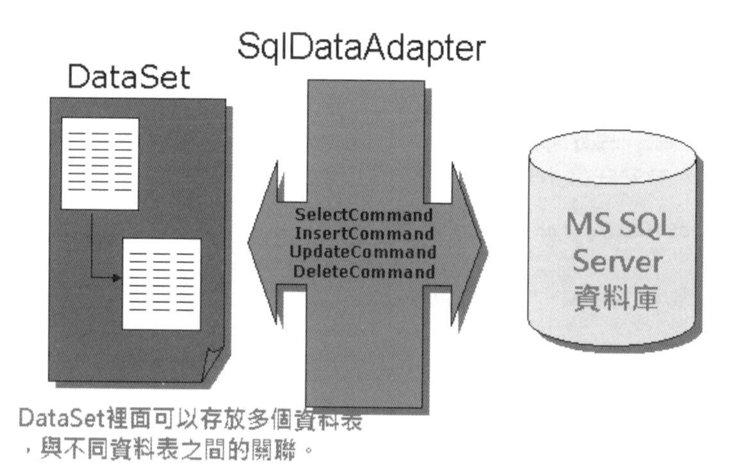

⊙ 圖片左方，一個 DataSet 裡面有多個 DataTable，彼此之間還有關聯（DataRelation）

C# 版，範例 Default_3_DataSet_ALL_Manual_Using.aspx 後置程式碼：

```
using System.Web.Configuration;   //---- 自己宣告的 NameSpace----
using System.Data.SqlClient;
using System.Text;    //---- 給 StringBuilder 使用的命名空間 ----


protected void DBInit()     {
    //---- 連結資料庫的另一種寫法，已經存在 Web.Config 檔案內 ----
    using(SqlConnection Conn = new SqlConnection(WebConfigurationManager.
ConnectionStrings[" 存在 Web.Config 檔裡面，資料庫的連接字串 ConnectionString "]
.ConnectionString))
    {     //Conn.Open();   // 這一行註解掉，可以不用寫，DataAdapter 會自動開啟
        SqlDataAdapter myAdapter = null;
        myAdapter = new SqlDataAdapter("select id,test_time,title,author from
test", Conn);
        DataSet ds = new DataSet();

        myAdapter.Fill(ds, "test");    // 把資料庫撈出來的資料，填入 DataSet 裡面。

        //DataSet 是由許多 DataTable 組成的，目前只放一個名為 test 的 DataTable。
        DataTable myTable = ds.Tables["test"];

            StringBuilder myString = new StringBuilder();
            myString.Append ("<table border=1><tr><td>... 省略 ...</td></tr>");

            for (int i = 0; i < myTable.Rows.Count; i++)
            {   // 把 DataTable 裡面的記錄，一列一列 (Row) 地呈現 ----
```

```
            myString.Append ("<tr>");
            myString.Append ("<td>" + myTable.Rows[i]["id"] + "</td>");
            myString.Append ("<td>" + myTable.Rows[i]["test_time"] + "</td>");
            myString.Append ("<td>" + myTable.Rows[i]["title"] + "</td>");
            myString.Append ("<td>" + myTable.Rows[i]["author"] + "</td>");
            myString.Append ("</tr>");
        }
        myString.Append("</table>");
        Label1.Text = myString.ToString();    // 將 StringBuilder 的成果呈現出來！
        // 後續的「分頁優化」這一章將會解說 StringBuilder 的效能。
    }
}
```

DataSet可以用來處理非常複雜的資料表關聯，只靠本節的範例還無法說明它的優異。後續將以DataSet的分頁功能為例，自己動手撰寫程式，而「分頁」功能正是DataReader作不到的，也是兩者差異較大的地方。這支DataSet分頁程式，我刻意寫得像是舊版ASP/JSP的分頁程式，希望讓ASP/JSP/PHP程式的設計師，能透過這程式瞭解到：轉型ADO.NET也不難。

使用「參數」的寫法可以避免SQL Injection（資料隱碼）攻擊，VB程式僅供參考：

```
......省略......
Dim myAdapter As SqlDataAdapter = New SqlDataAdapter()
myAdapter.UpdateCommand = New SqlCommand("update [test] set [title] = @TITLE
where [id] = 133", Conn)

        '---- 以下是「參數」----
        myAdapter.UpdateCommand.Parameters.Add("@TITLE ", SqlDbType.VarChar, 50)
        myAdapter.UpdateCommand.Parameters("@TITLE").Value = " 欲修改的值 "

myAdapter.Update(ds, "test")
' 把改寫後的 DataSet，回寫到實體的資料庫裡面！
```

使用「參數」的寫法可以避免SQL Injection（資料隱碼）攻擊，C#程式僅供參考：

```
......省略......
SqlDataAdapter myAdapter = new SqlDataAdapter();
myAdapter.UpdateCommand = new SqlCommand("update [test] set [title] = @TITLE
where [id] = 133", Conn);

        //---- 以下是「參數」----
        myAdapter.UpdateCommand.Parameters.Add("@TITLE ", SqlDbType.VarChar, 50);
        myAdapter.UpdateCommand.Parameters["@TITLE "].Value = " 欲修改的值 ";
```

```
myAdapter.Update(ds, "test");
// 把改寫後的 DataSet，回寫到實體的資料庫裡面！

// 註解：本範例是搭配 SQL 指令的 Update 陳述句。如果您使用 Select 陳述句，請把參數改為
SelectCommand 即可，若是刪除（Delete 陳述句）則為 DeleteCommand。
```

8-8 Case Study：將DataSet轉成XML檔案（I）

XML是非常好用的資料交換格式，甚至可以用來讀取它。我們將會示範一段程式（範例DataSet_XML_1.aspx），將DataSet裡面的資料轉成XML格式並且存檔。VB後置程式碼如下：

```
Imports System.Web.Configuration    '---- 自己寫的、自行宣告 ----
Imports System.Data
Imports System.Data.SqlClient
Imports System.IO  '---- 本範例的重點 ----
Imports System.Xml


Protected Sub Button1_Click(ByVal sender As Object, ByVal e As System.
EventArgs) Handles Button1.Click
        '---- 上面已經事先寫好 Imports System.Web.Configuration ----
        Dim Conn As New SqlConnection(WebConfigurationManager.
ConnectionStrings(" 存在 Web.Config 檔裡面，資料庫的連接字串 ConnectionString ")
.ConnectionString.ToString)
        Dim myAdapter As SqlDataAdapter
        myAdapter = New SqlDataAdapter("select id,test_time,title,author from
test", Conn)

        Dim ds As New DataSet
        Try
            myAdapter.Fill(ds, "test")  '---- 執行 SQL 指令。取出資料，放進 DataSet。
            '-- 註解：透過 FileStream 來開啟一個新檔案
            Dim fs As FileStream = New FileStream("C:\\mis2000lab_test.xml",
            FileMode.Create)

            '-- 註解：搭配上面的 FileStream ，需要用到 XmlTextWriter。
            Dim xtw As XmlTextWriter = New System.Xml.XmlTextWriter(fs, System.
            Text.Encoding.Unicode)

            '-- 註解： .WriteProcessingInstruction() 方法，寫入 XML 宣告。預設編碼 UTF-8
            xtw.WriteProcessingInstruction("xml", "version='1.0'")

            ds.WriteXml(xtw)  '-- 註解：寫成 XML 格式。
            xtw.Close()
```

```
        Catch ex As Exception
            Response.Write("<HR/> Exception Error Message----  " & ex.ToString())
        End Try

        Response.Write( "資料轉換成功！....請看 C:\\ 底下的mis2000lab_test.xml
檔案")
End Sub
```

XML是非常好用的資料交換格式，甚至可以用來讀取它。我們將會示範一段程式（範例DataSet_XML_1.aspx），將DataSet裡面的資料轉成XML格式並且存檔。C#後置程式碼如下：

```
using System.Web.Configuration;  //----自己寫（宣告）的----
using System.Data.SqlClient;
using System.IO;       //本範例的重點
using System.Xml;      //本範例的重點


protected void Button1_Click(object sender, EventArgs e)
{   //----上面已經事先寫好 Imports System.Web.Configuration ----
    SqlConnection Conn = new SqlConnection(WebConfigurationManager.
ConnectionStrings["存在Web.Config檔裡面，資料庫的連接字串 ConnectionString "]
.ConnectionString);

    SqlDataAdapter myAdapter = new SqlDataAdapter("select id,test_time,title,
author from test", Conn);
    DataSet ds = new DataSet();
//如果您對於 DataSet 不熟悉，請翻回第十四章！

    try  {
        //Conn.Open();    //不用寫，DataAdapter 會自動開啟 Conn
        myAdapter.Fill(ds, "test");
        //----  執行 SQL 指令。取出資料，放進 DataSet。
        //註解：透過 FileStream 來開啟一個新檔案
        FileStream fs = new FileStream("C:\\mis2000lab_test.xml", FileMode.
        Create);

        //註解：搭配上面的 FileStream，需要用到 XmlTextWriter。
        //  使用 System.XML 命名空間（NameSpace）
        XmlTextWriter xtw = new XmlTextWriter(fs, System.Text.Encoding.Unicode);

        //註解：.WriteProcessingInstruction() 方法，用來寫入 XML 宣告。
        //  XML 表頭會出現這一行，<?xml version="1.0" ?> 預設編碼 UTF-8
        xtw.WriteProcessingInstruction("xml", "version='1.0'");
```

```
            // 註解：寫成 XML 格式。
            ds.WriteXml(xtw);
            xtw.Close();
    }
    catch (Exception ex)  {
        Response.Write("Exception Error Message----  " + ex.ToString());
    }
    finally  {   //---- 不用寫，DataAdapter 會自動關閉 Conn
        //  Conn.Close();
        //  Conn.Dispose();
    }
    Label1.Text = "<font color=red> 資料轉換成功！ .... 請看看電腦 C:\\ 底下的
mis2000lab_test.xml 檔案 </font>";
}
```

完成之後，我們會在C:磁碟上面看見一個mis2000lab_test.xml檔案，這個檔案的內容，可以用IE瀏覽器開啟，或是用WordPad、記事本這些軟體來讀取（因為XML檔只是一個純文字檔而已）。

```
  <?xml version="1.0" ?>
- <NewDataSet>
  - <test>
      <id>3</id>
      <test_time>2002-07-31T00:00:00+08:00</test_time>
      <title>真珠草萃取物可以治療肝炎 韓國技轉錦鴻</title>
      <author>123</author>
    </test>
  - <test>
      <id>7</id>
      <test_time>2002-08-03T00:00:00+08:00</test_time>
      <title>蛇頭魚嚇壞山姆大叔竟選出毒殺方案</title>
      <author>大洋網訊</author>
    </test>
  - <test>
      <id>8</id>
      <test_time>2002-08-04T00:00:00+08:00</test_time>
      <title>教廷將冊封墨傳奇人物 此人是虛構的？</title>
      <author>【國際新聞中心／綜合報導】</author>
    </test>
  - <test>
      <id>9</id>
      <test_time>2002-08-05T00:00:00+08:00</test_time>
      <title>德國貓咪大火中捨生救主</title>
      <author>記者Bill Gate</author>
    </test>
```

▲ 用瀏覽器觀賞這個 XML 檔的內容

如果用Excel來開啟XML檔（mis2000lab_test.xml檔案）也可以看見裡面的內容，如下圖。

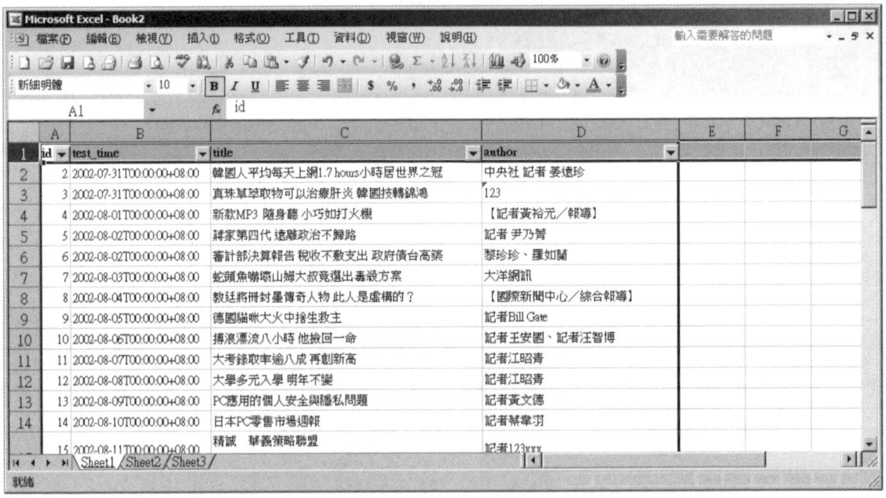

id	test_time	title	author
2	2002-07-31T00:00:00+08:00	韓國人平均每天上網1.7 hours小時居世界之冠	中央社 記者 姜遠珍
3	2002-07-31T00:00:00+08:00	真珠草萃取物可以治療肝炎 韓國技轉錦鴻	123
4	2002-08-01T00:00:00+08:00	新款MP3 隨身聽 小巧如打火機	【記者黃裕元／報導】
5	2002-08-02T00:00:00+08:00	蔣家第四代 遠離政治不歸路	記者 尹乃菁
6	2002-08-02T00:00:00+08:00	審計部決算報告 稅收不敷支出 政府債台高築	黎珍珍、羅如蘭
7	2002-08-03T00:00:00+08:00	蛇頭魚嚇壞山姆大叔竟選出毒殺方案	大洋網訊
8	2002-08-04T00:00:00+08:00	教廷將冊封墨傳奇人物 此人是虛構的？	【國際新聞中心／綜合報導】
9	2002-08-05T00:00:00+08:00	德國貓咪大火中捨生救主	記者Bill Gate
10	2002-08-06T00:00:00+08:00	搏浪漂流八小時 他撿回一命	記者王安國、記者汪智博
11	2002-08-07T00:00:00+08:00	大考錄取率逾八成 再創新高	記者江昭青
12	2002-08-08T00:00:00+08:00	大學多元入學 明年不變	記者江昭青
13	2002-08-09T00:00:00+08:00	PC應用的個人安全與隱私問題	記者黃文德
14	2002-08-10T00:00:00+08:00	日本PC零售市場週報	記者禁韋羽
15	2002-08-11T00:00:00+08:00	精誠　華義策略聯盟	記者123xxx

用 Excel 來讀取 XML 檔案，範例 DataSet_XML_1.aspx 的執行成果

8-9 Case Study：將DataSet轉成XML檔案（II）

我們沿用上一個範例，稍加修改之後，將透過一個XSL檔案來轉換XML檔的內容。XSL（eXtensible Style Language）在1998年12月由W3C提出了1.0版的草案。XSL是一個用來描述樣式表（StyleSheet）的語言，並且包含兩個部份：

1. 一個可以轉換XML文件的語言。
2. 一組排版指令(formatting object)的XML標示。

XSL的格式，本身也是符合XML的檔案。使用XSL樣式表可以將XML文件轉換為可顯示的格式，也可以將文件結構轉換為另一個結構。

我們必須事先撰寫好XSL檔（DataSet_XML_2.xsl，是XML檔的樣式表），內容如下：

```
<xsl:stylesheet xmlns:xsl="http://www.w3.org/1999/XSL/Transform"
version="1.0">
  <xsl:template match="/">
    <HTML>
      <HEAD>
```

```
        <STYLE>
            .HDR { background-color:bisque;font-weight:bold }
        </STYLE>
      </HEAD>
    <BODY>
        <TABLE>
          <COLGROUP WIDTH="50" ALIGN="CENTER"></COLGROUP>
          <COLGROUP WIDTH="100" ALIGN="LEFT"></COLGROUP>
          <COLGROUP WIDTH="200" ALIGN="LEFT"></COLGROUP>
          <COLGROUP WIDTH="100" ALIGN="LEFT"></COLGROUP>
          <TD CLASS="HDR">文章編號（ID）</TD>
          <TD CLASS="HDR">日期</TD>
          <TD CLASS="HDR">標題</TD>
          <TD CLASS="HDR">作者</TD>
          <xsl:for-each select="NewDataSet/test">
            <TR>
                <TD><xsl:value-of select="id"/></TD>
                <TD><xsl:value-of select="test_time"/></TD>
                <TD><xsl:value-of select="title"/></TD>
                <TD><xsl:value-of select="author"/></TD>
            </TR>
          </xsl:for-each>
        </TABLE>
      </BODY>
    </HTML>
  </xsl:template>
</xsl:stylesheet>
```

VB版範例DataSet_XML_2.aspx的後置程式碼跟上一範例一模一樣，只多了一列程式碼而已。

```
'註解：透過 FileStream 來開啟一個新檔案
Dim fs As FileStream = New FileStream("C:\mis2000lab_test_2.xml", FileMode.
Create)

'註解：搭配上面的 FileStream ，需要用到 XmlTextWriter。
Dim xtw As XmlTextWriter = New System.Xml.XmlTextWriter(fs, System.Text.
Encoding.Unicode)

'註解：.WriteProcessingInstruction() 方法，寫入 XML 宣告。預設編碼 UTF-8
'   XML 的表頭會出現這一行，<?xml version="1.0" ?>
xtw.WriteProcessingInstruction("xml", "version='1.0'")
```

```
'*************** 本範例新增的重點！ ********************
xtw.WriteProcessingInstruction("xml-stylesheet", "type='text/xsl' href='C:\
DataSet_XML_2.xsl'")

'註解：寫成 XML 格式。
ds.WriteXml(xtw)
xtw.Close()
```

C# 版範例 DataSet_XML_2.aspx 的後置程式碼跟上一範例一模一樣，只多了一列程式碼而已。

```
//註解：透過 FileStream 來開啟一個新檔案
FileStream fs = new FileStream("C:\\mis2000lab_test.xml", FileMode.Create);

//註解：搭配上面的 FileStream ，需要用到 XmlTextWriter。
XmlTextWriter xtw = new XmlTextWriter(fs, System.Text.Encoding.Unicode);

//註解：.WriteProcessingInstruction() 方法，寫入 XML 宣告。預設編碼 UTF-8
//   XML 的表頭會出現這一行，<?xml version="1.0" ?>
xtw.WriteProcessingInstruction("xml", "version='1.0'");

//*************** 本範例新增的重點！ ********************
xtw.WriteProcessingInstruction("xml-stylesheet",
"type='text/xsl' href='C:\\DataSet_XML_2.xsl'");

//註解：寫成 XML 格式。
ds.WriteXml(xtw);
xtw.Close();
```

請各位先把第一個 XSL 檔案（DataSet_XML_2.xsl），複製到 C:\ 裡面，再來用 Excel 來開啟這個 XML 檔案，Excel 需要事先確定 XSL 檔案的位置。

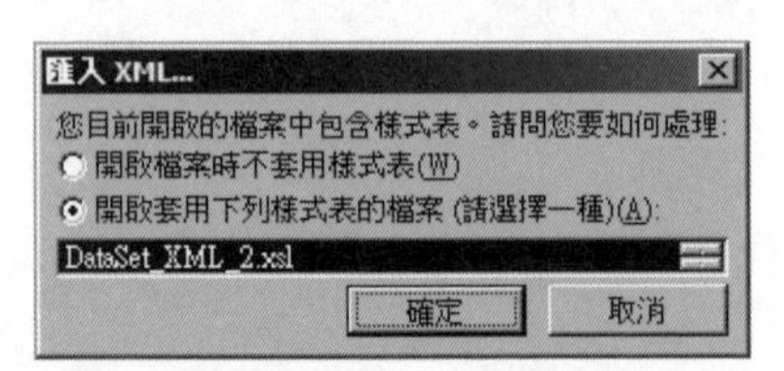

▲用 Excel 來開啟這個 XML 檔案，需要事先確定 XSL 檔案的位置

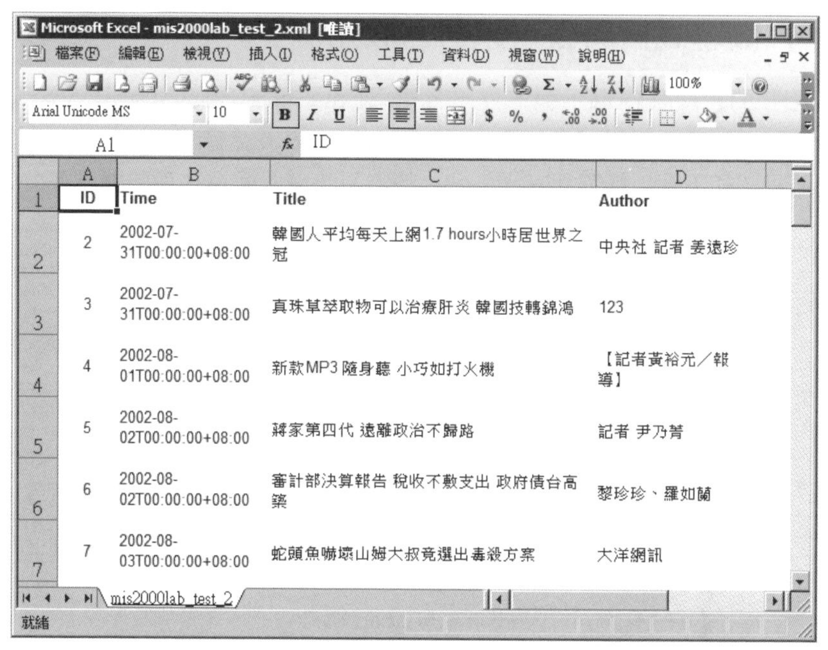

ID	Time	Title	Author
2	2002-07-31T00:00:00+08:00	韓國人平均每天上網1.7 hours小時居世界之冠	中央社 記者 姜遠珍
3	2002-07-31T00:00:00+08:00	真珠草萃取物可以治療肝炎 韓國技轉錦鴻	123
4	2002-08-01T00:00:00+08:00	新款MP3 隨身聽 小巧如打火機	【記者黃裕元／報導】
5	2002-08-02T00:00:00+08:00	蔣家第四代 遠離政治不歸路	記者 尹乃菁
6	2002-08-02T00:00:00+08:00	審計部決算報告 稅收不敷支出 政府債台高築	黎珍珍、羅如蘭
7	2002-08-03T00:00:00+08:00	蛇頭魚嚇壞山姆大叔竟選出毒殺方案	大洋網訊

⊙ 用 Excel 來讀取 XML 檔案，範例 DataSet_XML_2.aspx 的執行成果。XML 檔案裡面有格式與色彩的變化。請看最上面的標題底色是黃色

8-10 Relations屬性

DataSet的Relations屬性，可以取得連結資料表並允許從「父資料表」到「子資料表」之間的關聯，逐一進行巡覽。他的屬性值為DataRelationCollection，其中包含DataRelation物件的集合。如果沒有任何DataRelation物件存在，則會傳回空的集合。

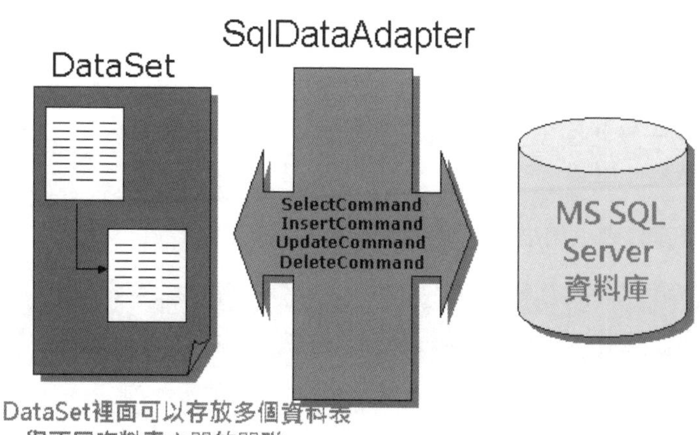

⊙ 圖片左方 DataSet 裡有多個 DataTable，彼此之間還有關聯（DataRelation）

8-10-1 關聯式資料表，以留言版為例

以兩個相關的資料表作為示範，我們將使用DataSet的Relations屬性做出「留言版」的功能。因為是關聯式資料庫，所以兩個資料表彼此有關聯。我們先看看程式執行的結果（如下圖，網路留言版）會比較容易瞭解兩個資料表的關聯。

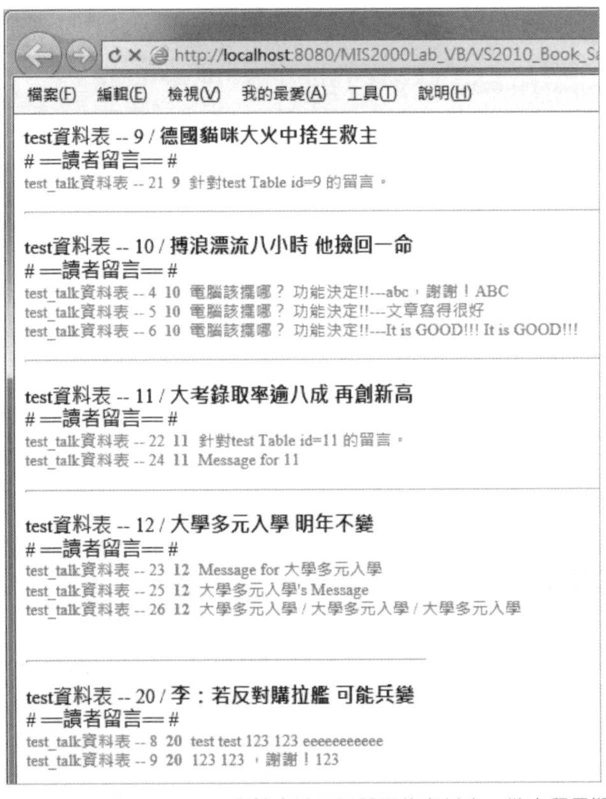

使用 DataSet 的 **Relations 屬性**串連兩個關聯的資料表，做出留言版功能

上圖的粗體字，是test資料表內，每一篇新聞的標題。次一列（內縮）的灰色小字，是針對每一篇新聞，由讀者發表的感言（test_talk資料表）。這是兩個關聯式資料表串起來的成果。

第一個，**test資料表**，用來存放每一篇新聞。主索引鍵為id。

id 欄位（自動編號）	test_time 欄位	title 欄位	.. 其他欄位 ..
11	2002/10/12	電腦(PC)該擺哪？ 功能決定!!	... 省略 ...

第二個，**test_talk資料表**，也就是讀者留言。讀者可以針對test資料表的每一篇新聞，發表自己的感言。本資料表的主索引鍵為id，與第一個test資料表相關聯的外部索引鍵為test_id。

id欄位 （自動編號）	test_id欄位	article欄位 （讀者的留言）	..其他欄位..
102	**11** （表示這一則讀者留言，是針對test資料表裡面id=11那篇新聞）	文章寫得很好	...省略...
103	**11**	It is GOOD!!! It is GOOD!!!	...省略...

VB版，範例Default_2_DataSet_Relations.aspx（C#後置程式碼如下），是透過DataSet的**Relations屬性**串連兩個關聯的資料表，做出留言版功能。

```
Imports System.Web.Configuration     '== 自己加寫（宣告）的 NameSpace
Imports System.Data
Imports System.Data.SqlClient


Protected Sub Page_Load(ByVal sender As Object, ByVal e As System.EventArgs)
Handles Me.Load
    Dim Conn As New SqlConnection(WebConfigurationManager.ConnectionStrings
("存在 Web.Config 檔裡面，資料庫的連接字串 ConnectionString").ConnectionString.
ToString)
    Dim myDataSet As New DataSet()
    Dim myStr As String = ""

    Dim mySqlDataAdapter1, mySqlDataAdapter2 As SqlDataAdapter
        mySqlDataAdapter1 = New SqlDataAdapter("select id, title from test", Conn)
        mySqlDataAdapter2 = New SqlDataAdapter("select id, test_id, article
from test_talk", Conn)

    Try
        'Conn.Open()    '-- DataAdapter 會自動開啟 DB 連線。
        mySqlDataAdapter1.Fill(myDataSet, "test")
        mySqlDataAdapter2.Fill(myDataSet, "test_talk")

        '== 重點一 ================================
        '== 兩個 Tables 彼此作關聯，並將此關聯命名為 Relation_TT
        myDataSet.Relations.Add("Relation_TT",
                myDataSet.Tables("test").Columns("id"),
                myDataSet.Tables("test_talk").Columns("test_id"))
```

```
        '== 重點二 ======================================
        '== 透過雙重迴圈（巢狀迴圈），類似「留言版」。把相關記錄一筆一筆列出來。
        For Each myDRow1 As DataRow In
                                        myDataSet.Tables("test").Rows
            myStr = myStr + "<p>test 資料表 -- " + myDRow1("id").ToString() + " / <b>"
            myStr = myStr + myDRow1("title").ToString() + "</b><br />"

            myStr = myStr + "#== 讀者留言 ==# <br /><small>"
            ' =========（第二個迴圈）==========
            For Each myDRow2 As DataRow In myDRow1.GetChildRows(myDataSet.
            Relations("Relation_TT"))
                   myStr = myStr + "test_talk 資料表 -- " + myDRow2("id").
            ToString() + "  "
                   myStr = myStr + "<b><font color=red>" + myDRow2("test_
            id").ToString() + "</font></b>  "
                   myStr = myStr + myDRow2("article").ToString() + "<br />"
            Next
            myStr = myStr + "</small><hr />"
            Label1.Text = myStr
        Next

    Catch ex As Exception
        Response.Write("<br /> Exception Error Message :" + ex.ToString())
    Finally
        mySqlDataAdapter1.Dispose()
        mySqlDataAdapter2.Dispose()
        'Conn.Close()    '-- DataAdapter 會自動關閉 DB 連線。
    End Try
End Sub
```

C# 版，範例 Default_2_DataSet_Relations.aspx（C# 後置程式碼如下），是透過 DataSet 的 **Relations** 屬性串連兩個關聯的資料表，做出留言版功能。

```
using System.Web.Configuration;   //---- 自己寫（宣告）的 ----
using System.Data;
using System.Data.SqlClient;


protected void Page_Load(object sender, EventArgs e)   {
    SqlConnection Conn = new SqlConnection(WebConfigurationManager.
ConnectionStrings["存在 Web.Config 檔裡面，資料庫的連接字串 ConnectionString"].
ConnectionString);
    DataSet myDataSet = new DataSet();
    String myStr = "";
```

```
    SqlDataAdapter mySqlDataAdapter1, mySqlDataAdapter2;
        mySqlDataAdapter1 = new SqlDataAdapter("select id, title from test", Conn);
        mySqlDataAdapter2 = new SqlDataAdapter("select id, test_id, article
from test_talk", Conn);

    try  {
        mySqlDataAdapter1.Fill(myDataSet, "test");
        mySqlDataAdapter2.Fill(myDataSet, "test_talk");

        //== 重點一 ====================================
        //== 兩個 Tables 彼此作關聯，並將此關聯命名為 Relation_TT（可以自己命名）
        myDataSet.Relations.Add("Relation_TT",
            myDataSet.Tables["test"].Columns["id"],
            myDataSet.Tables["test_talk"].Columns["test_id"]);

        //== 重點二 ====================================
        //== 透過雙重迴圈（巢狀迴圈），類似「留言版」。把相關記錄一筆一筆列出來。
        foreach (DataRow myDRow1 in myDataSet.Tables["test"].Rows)  {
            myStr = myStr + "<p>test 資料表 - " + myDRow1["id"].ToString() + " / <b>";
            myStr = myStr + myDRow1["title"].ToString() + "</b><br />";

            myStr = myStr + "# == 讀者留言 == # <br /><small>";
            // =========（第二個迴圈）==========
            foreach (DataRow myDRow2 in
                                    myDRow1.GetChildRows(myDataSet.
            Relations["Relation_TT"]))
            {
                  myStr = myStr + "test_talk 資料表 -- " + myDRow2["id"].
            ToString() + "  ";
                  myStr = myStr + "<b><font color=red>" + myDRow2["test_
            id"].ToString() + "</font></b>  ";
                  myStr = myStr + myDRow2["article"].ToString() + "<br />";
            }
            myStr = myStr + "</small><hr />";
            Label1.Text = myStr;
        }
    }
    catch(Exception ex)  {
        Response.Write("<br /> 例外狀況 :" + ex.ToString());
    }
    finally  {
        mySqlDataAdapter1.Dispose();
        mySqlDataAdapter2.Dispose();
        //Conn.Close();    //-- DataAdapter 會自動關閉 DB 連線，不需自己動手關閉。
    }
}
```

8-10-2 資料失去關聯而出錯

上面的範例有一個地方容易出錯，也是DataSet之**Relations屬性**的特性，請特別留意！如果您的資料庫裡面，兩個資料表裡面的某幾筆記錄（資料列）之間的"對應"已經串連不上，那麼就會出現下圖的錯誤。

```
Exception Error Message :System.ArgumentException: 無法啟用這個條件約束，因為不是所有值都有相對應的父值。 於 System.Data.ConstraintCollection.AddForeignKeyConstraint(ForeignKeyConstraint constraint) 於 System.Data.ConstraintCollection.Add(Constraint constraint, Boolean addUniqueWhenAddingForeign) 於 System.Data.DataRelationCollection.DataSetRelationCollection.AddCore(DataRelation relation) 於 System.Data.DataRelationCollection.Add(DataRelation relation) 於 System.Data.DataRelationCollection.Add(String name, DataColumn parentColumn, DataColumn childColumn) 於 VS2010_Book_Sample_Ch14_Program_test_ADO_NET_Default_2_DataSet_Relations.Page_Load(Object sender, EventArgs e) 於 C:\Users\Administrator\Documents\Visual Studio 2010\WebSites\MIS2000Lab_VB\VS2010_Book_Sample\Ch14_Program\test_ADO_NET\Default_2_DataSet_Relations.aspx.vb: 行 29
```

⊙ DataSet 的 Relations 屬性為何出現例外狀況？

我們看看資料庫的內容（如下圖），test資料表（父資料表）已經沒有id=19的文章了，而test_talk資料表（子資料表）卻還有對應19號文章的留言。使用DataSet的**Relations屬性**串連兩個關聯的資料表，一旦發生「兩者對應不起來」的狀況，就會發生上圖的錯誤！

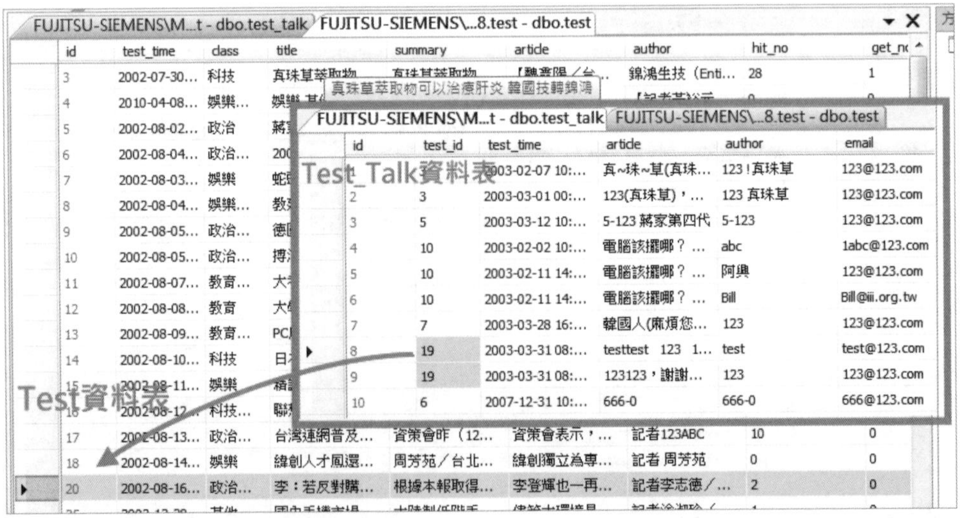

⊙ test 資料表（父資料表）已沒有 id=19 這篇文章，而 test_talk 資料表（子資料表）卻還有對應 19 號文章的留言。一旦發生「兩者對應不起來」的狀況就出錯！

範例Default_1_3_DataReader_Manual_MARS.aspx使用DataReader作法（也是一個留言版），您比對一下便可瞭解DataReader與DataSet兩者差異。

8-11 總複習，DataAdapter的.Fill()與.Update()方法

最後，我們以兩張圖片搭配程式碼，讓您複習DataAdapter兩種方法——.Fill()方法與.Update()方法的用途。您可以在範例Default_2_DataSet_Manual.aspx找到這些程式。

第一、讀取、查詢資料，搭配Select的SQL指令。請使用SqlDataAdapter的.Fill()方法。

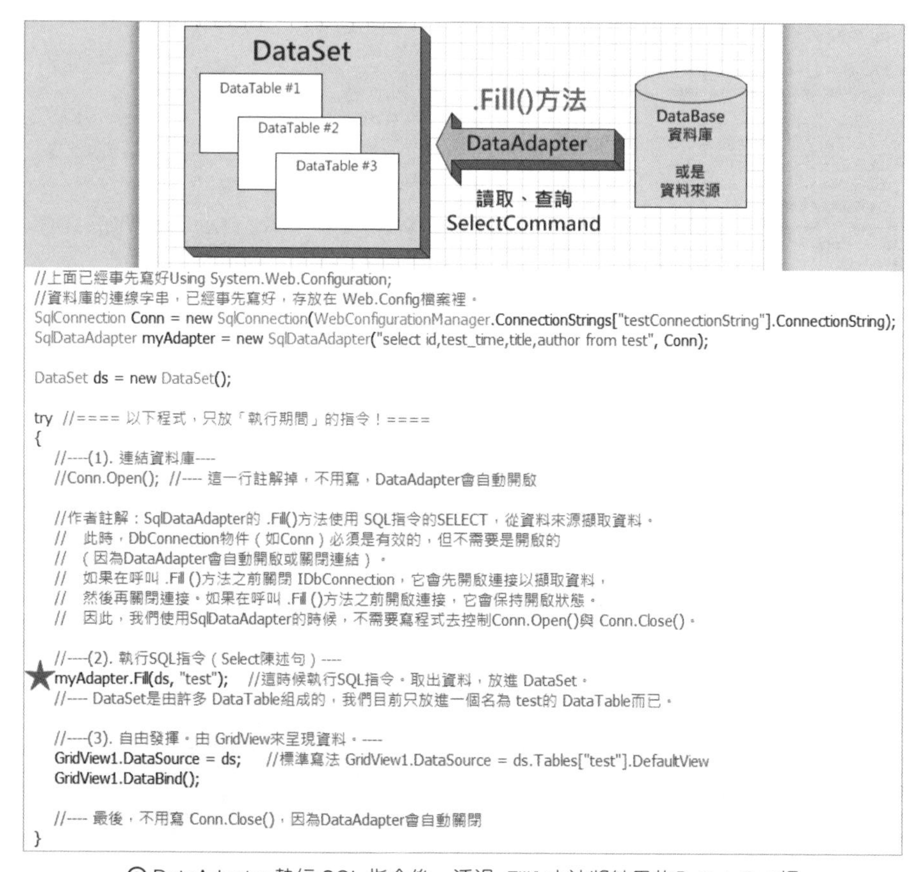


```
//上面已經事先寫好Using System.Web.Configuration;
//資料庫的連線字串，已經事先寫好，存放在 Web.Config檔案裡。
SqlConnection Conn = new SqlConnection(WebConfigurationManager.ConnectionStrings["testConnectionString"].ConnectionString);
SqlDataAdapter myAdapter = new SqlDataAdapter("select id,test_time,title,author from test", Conn);

DataSet ds = new DataSet();

try //==== 以下程式，只放「執行期間」的指令！====
{
   //---(1). 連結資料庫----
   //Conn.Open(); //---- 這一行註解掉，不用寫，DataAdapter會自動開啟

   //作者註解：SqlDataAdapter的 .Fill()方法使用 SQL指令的SELECT，從資料來源擷取資料。
   //   此時，DbConnection物件（如Conn）必須是有效的，但不需要是開啟的
   //  （因為DataAdapter會自動開啟或關閉連結）。
   //   如果在呼叫 .Fill ()方法之前關閉 IDbConnection，它會先開啟連接以擷取資料，
   //   然後再關閉連接。如果在呼叫 .Fill ()方法之前開啟連接，它會保持開啟狀態。
   //   因此，我們使用SqlDataAdapter的時候，不需要寫程式去控制Conn.Open()與 Conn.Close()。

   //---(2). 執行SQL指令（Select陳述句）----
★ myAdapter.Fill(ds, "test");   //這時候執行SQL指令。取出資料，放進 DataSet。
   //--- DataSet是由許多 DataTable組成的，我們目前只放進一個名為 test的 DataTable而已。

   //---(3). 自由發揮。由 GridView來呈現資料。----
   GridView1.DataSource = ds;    //標準寫法 GridView1.DataSource = ds.Tables["test"].DefaultView
   GridView1.DataBind();

   //--- 最後，不用寫 Conn.Close()，因為DataAdapter會自動關閉
}
```

⊙ DataAdapter 執行 SQL 指令後，透過 .Fill() 方法將結果放入 DataSet 裡

第二、資料異動，例如：新增（Insert）、刪除（Delete）、修改（Update）的SQL指令。請使用SqlDataAdapter的.Update()方法。

但請注意！必須先在DataSet裡面進行異動（新增、刪除、修改），最後透過SqlDataAdapter的.Update()方法才能回寫資料庫。請看下圖解說。

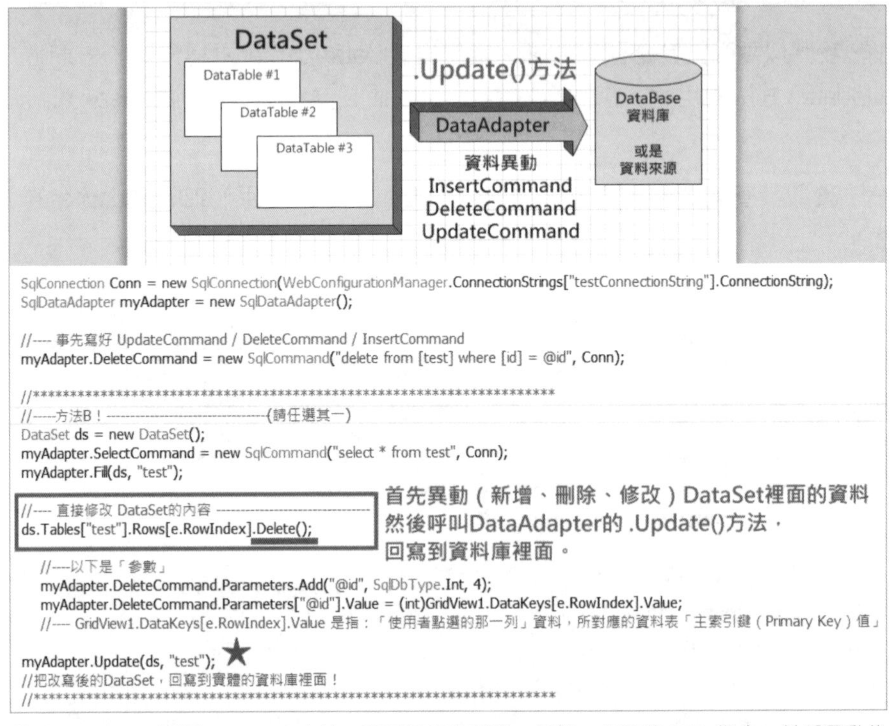

DataSet
DataTable #1
DataTable #2
DataTable #3
.Update()方法
DataAdapter
資料異動
InsertCommand
DeleteCommand
UpdateCommand
DataBase
資料庫
或是
資料來源
SqlConnection Conn = new SqlConnection(WebConfigurationManager.ConnectionStrings["testConnectionString"].ConnectionString);
SqlDataAdapter myAdapter = new SqlDataAdapter();
//---- 事先寫好 UpdateCommand / DeleteCommand / InsertCommand
myAdapter.DeleteCommand = new SqlCommand("delete from [test] where [id] = @id", Conn);
//***
//-----方法B！-------------------------------(請任選其一)
DataSet ds = new DataSet();
myAdapter.SelectCommand = new SqlCommand("select * from test", Conn);
myAdapter.Fill(ds, "test");
//---- 直接修改 DataSet的內容 --------------------------------
ds.Tables["test"].Rows[e.RowIndex].Delete();
首先異動（新增、刪除、修改）DataSet裡面的資料
然後呼叫DataAdapter的 .Update()方法，
回寫到資料庫裡面。
//----以下是「參數」
myAdapter.DeleteCommand.Parameters.Add("@id", SqlDbType.Int, 4);
myAdapter.DeleteCommand.Parameters["@id"].Value = (int)GridView1.DataKeys[e.RowIndex].Value;
//---- GridView1.DataKeys[e.RowIndex].Value 是指：「使用者點選的那一列」資料，所對應的資料表「主索引鍵（Primary Key）值」
myAdapter.Update(ds, "test");
//把改寫後的DataSet，回寫到實體的資料庫裡面！
//***

⊙ DataAdapter 透過 .Update() 方法，呼叫對應的新增、刪除、修改的 SQL 指令，並將異動後的結果回寫到資料庫裡面

09 CHAPTER DataTable 與 DataView

DataSet（資料集）裡面可以包含許多DataTable。以下圖為例，圖片左方的DataSet裡面有兩個DataTable，而且兩者具備關聯（DataRelation）。

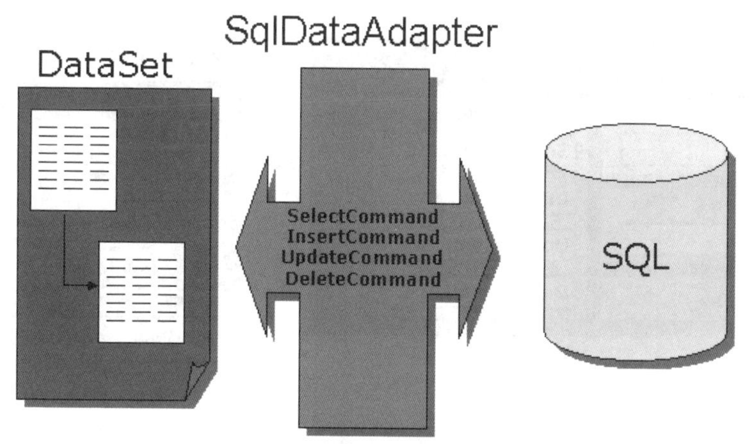

▲ DataAdapter 與 DataSet 的關係（圖片來源：微軟 SDK 文件）

因為DataSet與DataTable的觀念較為抽象，所以多次採用上圖解說。您在微軟Microsoft Docs網站（前MSDN網站）也常看到這張圖片。圖片重點是：

- SqlDataAdapter用來執行SQL指令的CRUD（新增、查詢、更新、刪除）。
  - .Fill()方法可以從實體資料庫裡面撈出（查詢）資料，並且放在DataSet裡面的DataTable。
  - .Update()方法則是將DataSet裡面異動的資料，回寫到實體的資料庫裡面。
- 圖片左側的DataSet裡面有「多個」DataTables。
- 而且每一個DataTable之間有關聯（DataRelation）。

9-1 DataTable，存放在記憶體中關聯式資料的「資料表」

DataSet是由**資料表集合（DataTableCollection）**、**關係（DataRealtionCollection）**和**條件約束**所組成，詳見下圖。

在ADO.NET中，DataTable物件是用於表示「DataSet中的"資料表"」。DataTable代表一個存放在**記憶體**中關聯式資料的「資料表」；您可以使用DataAdapter（名為SqlDataAdapter）從Microsoft SQL Server資料庫中 **"填入"** 資料，例如使用 **.Fill()** 方法。

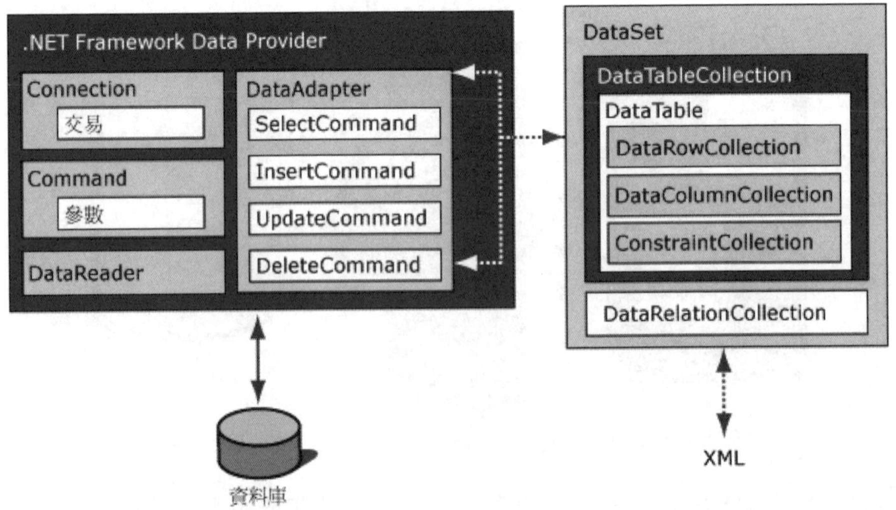

.NET Framework 資料提供者從資料來源（例如資料庫）進行連線與操作，並透過 DataAdapter 存取 DataSet（DataSet 是一種在記憶體中，離線的資料庫快取）
（資料來源：微軟 Microsoft Docs 網站（前 MSDN 網站））

DataTable類別是.NET Framework類別庫中System.Data命名空間（Namespace）的成員。**您可以(1)單獨建立和使用DataTable，(2)或是將它當做DataSet的成員，(3)DataTable物件也可以與其他.NET Framework物件一起使用，包括DataView**。您可以透過**DataSet物件的Tables屬性**存取DataSet中的資料表"集合"（**注意!** Tables是英文的複數）。

DataTable的結構描述（或稱為結構、Schema）是由「**資料行**（Column或稱為「欄位」)」或「條件約束」來表示。您可以使用DataColumn物件以及ForeignKeyConstraint和UniqueConstraint等物件來定義DataTable的結構描述。

DataTable的資料行（欄位）可對應到資料來源（資料庫）中的資料行（欄位）、包含運算式所得的值、自動累加其值或包含主索引鍵值（PK、Primary Key）。

除了結構描述，DataTable也必須擁有「**資料列**（Row、記錄）」來包含和排列資料。DataRow類別代表資料表所包含的實際資料。您可以使用DataRow及其屬性和方法，以擷取、評估和管理DataTable中的資料。當您存取和變更資料列（記錄）中的資料時，DataRow物件會維護其目前和原始的狀態。

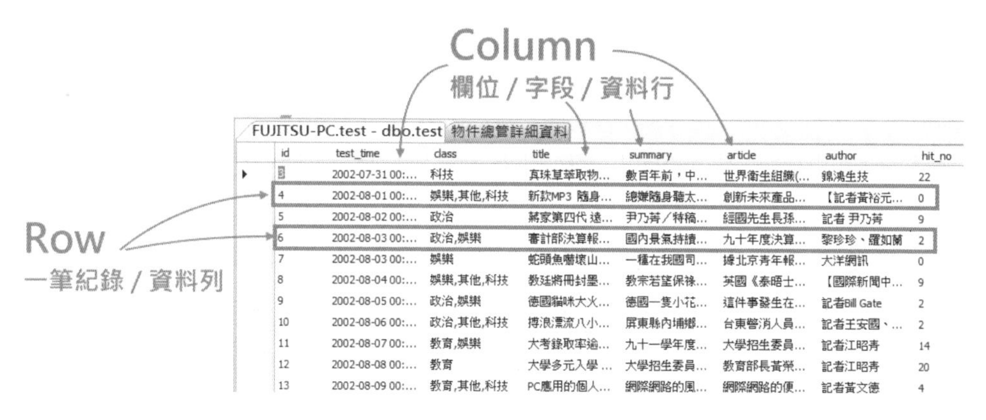

id	test_time	class	title	summary	article	author	hit_no
3	2002-07-31 00:...	科技	真珠草萃取物...	數百年前，中...	世界衛生組織(...	錦鴻生技	22
4	2002-08-01 00:...	娛樂,其他,科技	新款MP3 隨身...	總嫌隨身聽太...	創新未來產品...	【記者黃裕元...	0
5	2002-08-02 00:...	政治	蔣家第四代 遠...	尹乃菁／特稿...	經國先生長孫...	記者 尹乃菁	9
6	2002-08-03 00:...	政治,娛樂	審計部決算報...	國內景氣持續...	九十年度決算...	黎珍珍、羅如蘭	2
7	2002-08-03 00:...	娛樂	蛇頭魚嚇壞山...	一種在我國司...	據北京青年報...	大洋網訊	0
8	2002-08-04 00:...	娛樂,其他,科技	教廷將冊封墨...	教宗若望保祿...	英國《泰晤士...	【國際新聞中...	9
9	2002-08-05 00:...	政治,娛樂	德國貓咪大火...	德國一隻小花...	這件事發生在...	記者Bill Gate	2
10	2002-08-06 00:...	政治,其他,科技	搏浪漂流八小...	屏東縣內埔鄉...	台東警消人員...	記者王安國、...	2
11	2002-08-07 00:...	教育,娛樂	大考錄取率逾...	九十一學年度...	大學招生委員...	記者江昭青	14
12	2002-08-08 00:...	教育	大學多元入學 ...	大學招生委員...	教育部長黃榮...	記者江昭青	20
13	2002-08-09 00:...	教育,其他,科技	PC應用的個人...	網際網路的風...	網際網路的便...	記者黃文德	4

⦿ 資料列（Row、一筆記錄）與資料行（Column、欄位）

您可以使用一或多個DataTable中的相關資料行（欄位），在DataTable之間建立父子關係（Parent-Child Relationship）。您可以使用DataRelation，在DataTable物件之間建立關係。然後您可以使用DataRelation物件傳回特定資料列（記錄）的相關子資料列或父資料列。

9-2 實作DataTable與範例

您也可以使用 DataAdapter物件的.Fill()方法或.FillSchema()方法，在DataSet中建立DataTable物件，或是使用DataSet的.ReadXml()方法、.ReadXmlSchema()方法或.InferXmlSchema()方法，從預先定義或推斷的XML結構描述建立DataTable物件。請注意，當您將DataTable加入為某個DataSet之Tables集合的成員時，您無法將它加入至任何其他DataSet的資料表集合。

步驟如下，後續會有一個範例將這些步驟寫成程式碼：

1. 當您**第一次建立DataTable**時，它並不具有結構描述（亦即結構、Schema）。若要**定義資料表的結構描述，則必須建立DataColumn物件**，並將其加入資料表的Columns（資料行、欄位）集合（注意！這裡是英文的複數，用以代表「集合」）。

2. 您也可以定義資料表的「**主索引鍵**」資料行，並且建立和加入Constraint物件到資料表的Constraints集合（注意！這裡是英文的複數，用以代表「集合」）。
3. 當您**已定義DataTable的結構描述後，可以將資料列加入到資料表中**，方法是將DataRow（資料列、記錄）物件加入至資料表的Rows集合中（注意！這裡是英文的複數，用以代表「集合」）。

建立**DataTable**時，**不需提供TableName屬性的值**；您可以在其他時候指定該屬性，或者將它保留空白。然而，當您將不具TableName值的資料表加入至DataSet時，該資料表會指定「Table與數字」的預設名稱，從"Table"的Table0、Table1、...開始做Index編號。

下列範例將**建立 DataTable物件的執行個體**並為它指派"Customers"名稱。

```
' VB 語法：
Dim workTable as DataTable = New DataTable("Customers")


//C# 語法：
DataTable workTable = new DataTable("Customers");
```

下列範例將建立DataTable的執行個體，方法是將它**加入至DataSet的Tables集合**。重點！一個DataSet裡面可以加入很多個DataTable（如下圖），以下是虛擬碼，僅作為觀念解說。

```
' VB 語法：
Dim customers As DataSet = New DataSet()
Dim customersTable As DataTable = customers.Tables.Add("CustomersTable")

作者註解：把 DataTable 加入 DataSet 裡面，並且名為 CustomTable。請看下圖左側。

//C# 語法：
DataSet customers = new DataSet();
DataTable customersTable = customers.Tables.Add("CustomersTable");
```

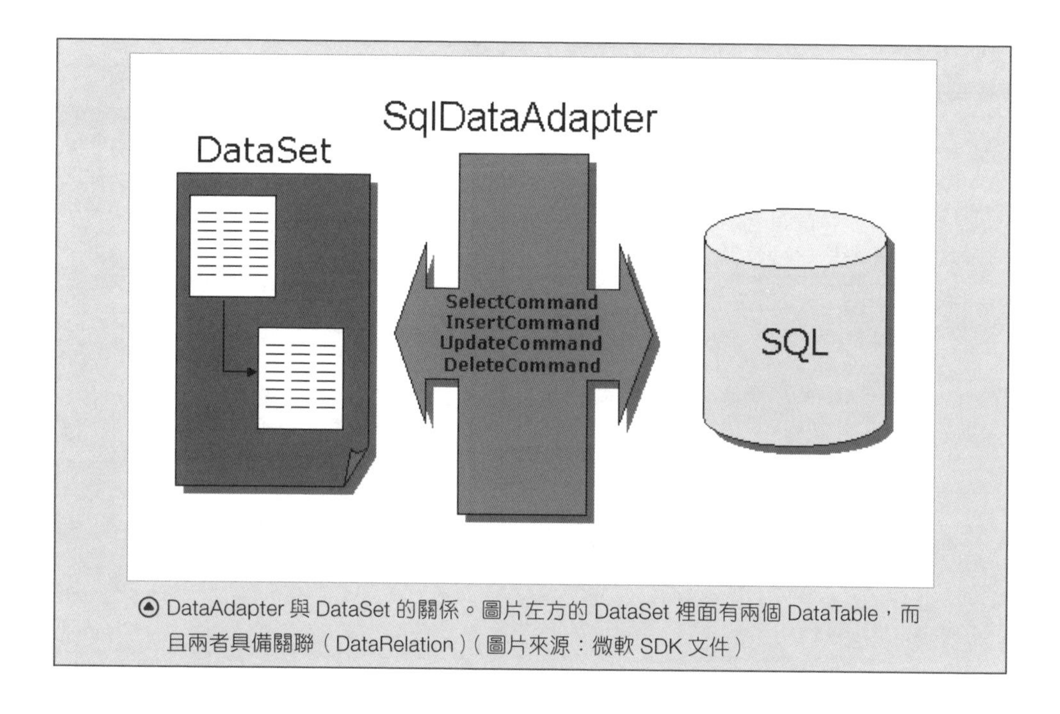

DataAdapter 與 DataSet 的關係。圖片左方的 DataSet 裡面有兩個 DataTable，而且兩者具備關聯（DataRelation）（圖片來源：微軟 SDK 文件）

9-3 將DataColumn（資料行、欄位）加入DataTable

下列範例源自微軟 Microsoft Docs網站（前MSDN網站），將會建立一個 DataTable 物件，並且加入兩個欄位與主索引鍵（Primary Key），僅供您參考。VB語法如下：

```
' VB 語法：
Private Sub MakeParentTable()
    ' 建立一個新的 DataTable.
    Dim table As DataTable = new DataTable("ParentTable")

    Dim column As DataColumn    ' 資料行、欄位
    Dim row As DataRow  '資料列、記錄

    ' ==========================================================
    column = New DataColumn()   ' 建立第一個資料行（欄位）
    column.DataType = System.Type.GetType("System.Int32")   ' 資料型態 Integer
    column.ColumnName = "id"    ' 資料行（欄位）名稱
    column.ReadOnly = True
    column.Unique = True
```

```
    ' 把這一個資料行（欄位）加入 DataColumnCollection..
    table.Columns.Add(column)


    column = New DataColumn()  '  建立第二個資料行（欄位）
    column.DataType = System.Type.GetType("System.String")  ' 資料型態 String
    column.ColumnName = "ParentItem"   ' 資料行（欄位）名稱
    column.AutoIncrement = False
    column.Caption = "ParentItem"
    column.ReadOnly = False
    column.Unique = False
    ' 把這一個資料行（欄位）加入 DataColumnCollection..
    table.Columns.Add(column)

    ' ========================================================
    ' 設定 ID 欄位為主索引鍵（primary key）
    Dim PrimaryKeyColumns(0) As DataColumn
    PrimaryKeyColumns(0)= table.Columns("id")
    table.PrimaryKey = PrimaryKeyColumns

    ' ========================================================
    ' 把上面的 DataTable 加入 DataSet（資料集）裡面。
    Dim dataSet As New DataSet()
    dataSet.Tables.Add(table)

    '****** 最後加入三列資料列（記錄）******
    ' 下一節會解說這一段程式碼。
    For i As Integer  = 0 to 2
       row = table.NewRow()
       row("id") = i
       row("ParentItem") = "ParentItem " + i.ToString()
       table.Rows.Add(row)
    Next i
' 呼叫 .NewRow() 方法時會傳回新的 DataRow 物件。
' 然後，DataTable 會根據 DataColumnCollection 所定義的資料表結構建立 DataRow 物件。
End Sub
```

下列範例源自微軟Microsoft Docs網站（前MSDN網站），將會建立一個 DataTable 物件，並且加入兩個欄位與主索引鍵（Primary Key），僅供您參考。C#語法如下：

```
private void MakeParentTable()
{    // 建立一個新的 DataTable.
   System.Data.DataTable table = new DataTable("ParentTable");

   DataColumn column;  // 資料行、欄位
   DataRow row;    // 資料列、記錄
```

```
    // ===================================================
    column = new DataColumn();  // 建立第一個資料行（欄位）
    column.DataType = System.Type.GetType("System.Int32");  // 資料型態 int
    column.ColumnName = "id";   // 資料行（欄位）名稱
    column.ReadOnly = true;
    column.Unique = true;
    // 把這一個資料行（欄位）加入 DataColumnCollection.
    table.Columns.Add(column);


    column = new DataColumn();  // 建立第二個資料行（欄位）
    column.DataType = System.Type.GetType("System.String");  // 資料型態 String
    column.ColumnName = "ParentItem";   // 資料行（欄位）名稱
    column.AutoIncrement = false;
    column.Caption = "ParentItem";
    column.ReadOnly = false;
    column.Unique = false;
    // 把這一個資料行（欄位）加入 DataColumnCollection.
    table.Columns.Add(column);

    // ===================================================
    // 設定 ID 欄位為主索引鍵（primary key）
    DataColumn[] PrimaryKeyColumns = new DataColumn[1];
    PrimaryKeyColumns[0] = table.Columns["id"];
    table.PrimaryKey = PrimaryKeyColumns;

    // ===================================================
    // 把上面的 DataTable 加入 DataSet（資料集）裡面。
    DataSet dataSet = new DataSet();
    dataSet.Tables.Add(table);

    // ****** 最後加入三列資料列（記錄）******
    // 下一節會解說這一段程式碼。
    for (int i = 0; i<= 2; i++)  {
        row = table.NewRow();
        row["id"] = i;
        row["ParentItem"] = "ParentItem " + i;
        table.Rows.Add(row);
    }
// 呼叫 .NewRow() 方法時會傳回新的 DataRow 物件。
// 然後，DataTable 會根據 DataColumnCollection 所定義的資料表結構建立 DataRow 物件。
}
```

上面這段程式，實作了下列步驟。

1. 當您**第一次建立 DataTable** 時，它並不具有結構描述（亦即結構、Schema）。若要**定義資料表的結構描述，則必須建立 DataColumn 物件**，並將其加入資料表的 Column**s**（資料行、欄位）集合（**注意!** 這裡是英文的複數，用以代表「集合」）。

2. 您也可以定義資料表的「**主索引鍵**」資料行，並且建立和加入Constraint物件到資料表的Constraint**s**集合（注意！這裡是英文的複數，用以代表「集合」）。
3. 當您**已定義DataTable的結構描述後，可以將資料列加入到資料表中**，方法是將DataRow（資料列、記錄）物件加入至資料表的Row**s**集合中（注意！這裡是英文的複數，用以代表「集合」）。

請您比對下圖的「右側」，瞭解DataSet裡面的各種物件。

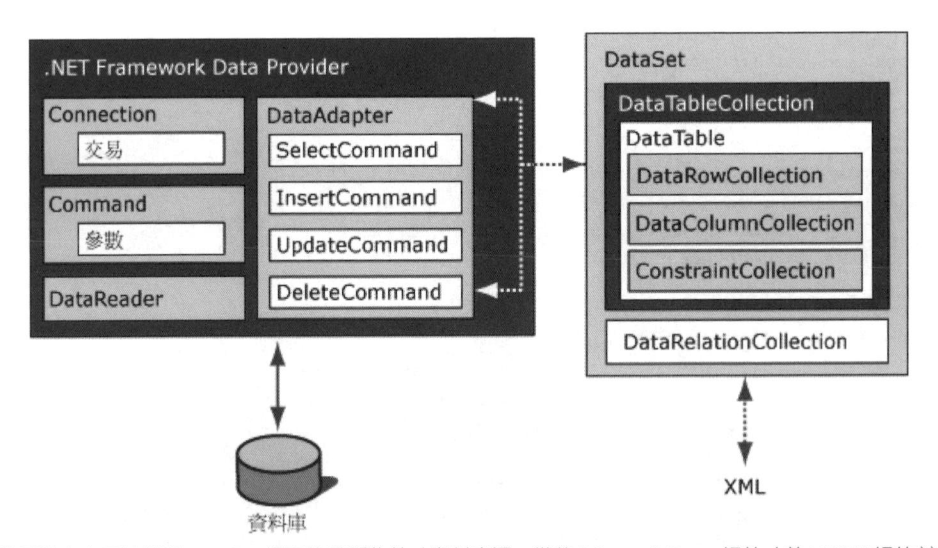

▲圖片右方可以瞭解DataSet裡面的各種物件（資料來源：微軟Microsoft Docs網站（前MSDN網站））

9-4 將DataRow（資料列、記錄）加入DataTable

您可以在上一段程式碼的最後，看到這段描述：「若要加入新資料列（DataRow，新的一筆記錄），請將新變數宣告為DataRow型別。呼叫.NewRow()方法時會傳回新的DataRow物件。然後，DataTable會根據DataColumnCollection所定義的資料表結構建立DataRow物件。」

下列程式將展示DataTable如何呼叫.NewRow()方法來建立新的資料列（DataRow，記錄）。以下是虛擬碼，僅作為觀念解說。

```
'--VB 語法：
Dim workRow As DataRow = workTable.NewRow()
    '-- 在 DataTable 裡面加入新的資料列（記錄）。

//C# 語法：
DataRow workRow = workTable.NewRow();
```

下列範例將10個資料列（DataRow）加入到新建立的Customers資料表（呼叫.NewRow()方法）。

```
'—VB 語法：
Dim workRow As DataRow

For i As Integer = 0 To 9
  workRow = workTable.NewRow()
  workRow(0) = i
  workRow(1) = "CustName" & i.ToString()
  workTable.Rows.Add(workRow)
Next

//C# 語法：
DataRow workRow;

for (int i = 0; i <= 9; i++)    {
  workRow = workTable.NewRow();
  workRow[0] = i;
  workRow[1] = "CustName" + i.ToString();
  workTable.Rows.Add(workRow);
}
```

9-5 多個DataAdapter將不同資料來源加入DataSet

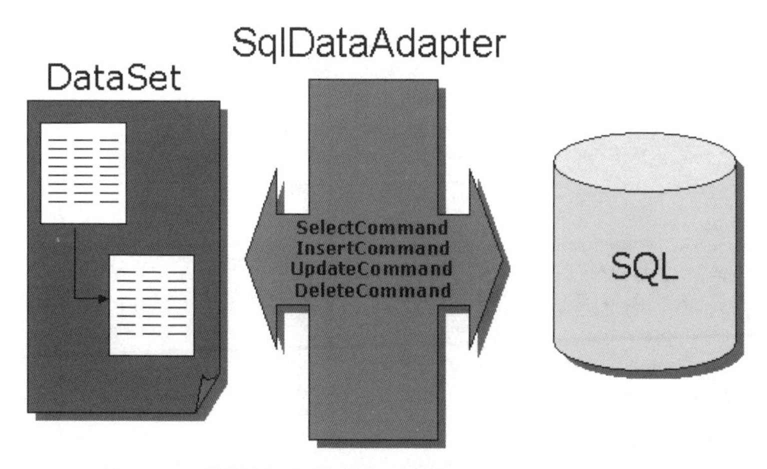

⊙ DataAdapter 與 DataSet 的關係。圖片左方的 DataSet 裡面有兩個 DataTable，而且兩者具備關聯（DataRelation）（圖片來源：微軟 SDK 文件）

上面這張圖片可以用底下的程式碼來解釋。我們用了多重 **DataAdapters** 填入（即.Fill()方法）DataSet。

不論DataAdapter物件的數量多寡，都可以搭配DataSet使用。每個 DataAdapter 都可以用以填滿一個或多個 DataTable物件，並將更新解析回相關的資料來源。例如，DataSet包含的資料可來自 Microsoft SQL Server資料庫、透過 OLE DB公開的 IBM DB2資料庫和產生 XML資料流的資料來源。與每個資料來源的通訊可以由一個或多個 DataAdapter 物件處理。

下列程式碼範例使用兩種不同的資料庫，撈取記錄以後放進「同一個DataSet」並設定資料的關聯。

- 從SQL Server上的Northwind資料庫填入客戶清單（Customer資料表）。
- 並從存放在Access的Northwind資料庫填入訂貨清單（Orders資料表）。
- 填入的資料表和DataRelation有關，之後客戶清單便會顯示該客戶的訂貨。

以下範例省略了資料庫連結（連線字串的部分）。

```
'—VB 語法：
Dim custAdapter As SqlDataAdapter = New SqlDataAdapter( _
  "SELECT * FROM dbo.Customers", customerConnection)  ' SQL Server 資料庫
Dim ordAdapter As OleDbDataAdapter = New OleDbDataAdapter( _
  "SELECT * FROM Orders", orderConnection)   ' Access 資料庫

Dim customerOrders As DataSet = New DataSet()  '-- 只有一個 DataSet

custAdapter.Fill(customerOrders, "Customers")
ordAdapter.Fill(customerOrders, "Orders")
'-- 多個 DataAdapter 將不同的資料加入 DataSet

'-- 設定兩個 DataTable 的關聯（Relations）
Dim relation As DataRelation = customerOrders.Relations.Add("CustOrders", _
  customerOrders.Tables("Customers").Columns("CustomerID"), _
  customerOrders.Tables("Orders").Columns("CustomerID"))

Dim pRow, cRow As DataRow
For Each pRow In customerOrders.Tables("Customers").Rows
    Response.Write("<hr />" & pRow("CustomerID").ToString())

    For Each cRow In pRow.GetChildRows(relation)
       Response.Write("<br />" & cRow("OrderID").ToString())
    Next
Next

//C# 語法：
SqlDataAdapter custAdapter = new SqlDataAdapter(
     "SELECT * FROM dbo.Customers", customerConnection);  // SQL Server 資料庫
```

```
OleDbDataAdapter ordAdapter = new OleDbDataAdapter(
      "SELECT * FROM Orders", orderConnection);  // Access 資料庫

DataSet customerOrders = new DataSet();  //只有一個 DataSet

custAdapter.Fill(customerOrders, "Customers");
ordAdapter.Fill(customerOrders, "Orders");
//多個 DataAdapter 將不同的資料加入 DataSet

// 設定兩個 DataTable 的關聯（Relations）
DataRelation relation = customerOrders.Relations.Add("CustOrders",
  customerOrders.Tables["Customers"].Columns["CustomerID"],
  customerOrders.Tables["Orders"].Columns["CustomerID"]);

foreach (DataRow pRow in customerOrders.Tables["Customers"].Rows)  {
  Response.Write("<hr />" & pRow["CustomerID"]);

  foreach (DataRow cRow in pRow.GetChildRows(relation))
       Response.Write("<br />" + cRow["OrderID"]);
}
```

9-6 DataView，自訂資料檢視

提供使用者在資料表（Data Table）裡頭自訂資料檢視（View），我們可以把DataView物件想成舊版ASP的ADO非連結的資料錄集（Disconnected Recordset），因此，我們可以利用DataView來**過濾或是排序**DataSet物件裡的資料。

DataView允許您為儲存在DataTable內的資料建立不同的「檢視」，這是資料繫結應用程式中常用的功能。DataView可讓您以"不同**排序**"來呈現資料表中的資料，也可按資料列（每一筆記錄）的狀態或篩選條件來"**篩選**"資料。

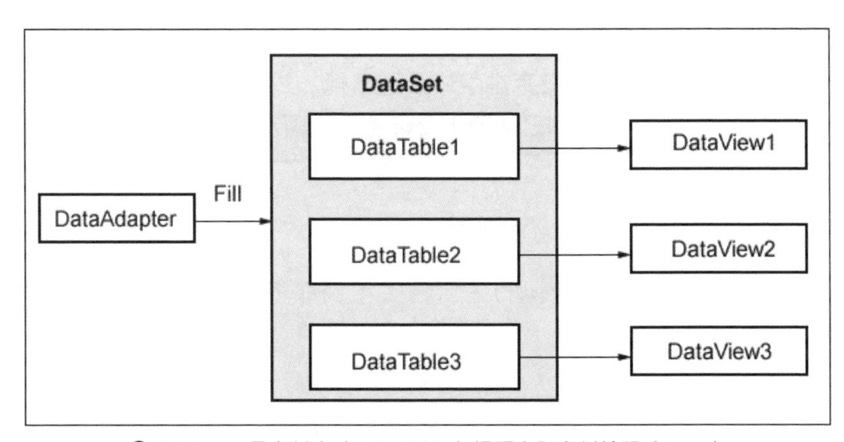

DataView 是資料表（Data Table）裡頭自訂資料檢視（View）

DataView為基礎DataTable中的資料提供動態檢視：內容、順序和成員資格反映了它們所做的變更。此行為不同於DataTable的.Select()方法，它是基於特定的篩選條件及（或）排序順序，從資料表傳回DataRow陣列：這個內容反映基底資料表的變更，但其成員資格和順序仍維持靜態。DataView因具有動態功能，所以相當適合用於資料繫結（DataBinding）應用程式。

DataView提供您單一資料組的"動態檢視"，**與資料庫的檢視（View）很類似**，您可以對其套用不同的"**排序**"**和**"**篩選**"準則。然而，不像資料庫檢視，**您無法將DataView當成資料表使用，也不能提供聯結資料表檢視**。此外，您也"不能"排除來源資料表中的資料行（欄位），也"不能"附加來源資料表中，原先不存在的資料行（如：計算資料行）。

您可以使用DataViewManager管理DataSet內所有資料表的檢視設定。DataViewManager提供的簡單方法可讓您管理每個資料表的預設檢視設定。將控制項繫結至一個以上的DataSet資料表時，理想的方式是選擇繫結至DataViewManager。

9-7 實作DataView與範例

建立DataView的方法有兩種。您可以**(1)使用DataView建構函式**，或**(2)建立DataTable之DefaultView屬性的參考**。

DataView建構函式可以是空的，也可採用任一個DataTable做為單一引數，或以DataTable配合篩選準則、排序準則和資料列狀態篩選。由於在建立DataView時和修改任一Sort屬性、RowFilter屬性或RowStateFilter屬性時，都會建置DataView的索引，所以您可在建立DataView時，透過提供任何初始排序順序或篩選準則做為建構函式引數的方式，來達到最佳效能。

如果**建立DataView而「不」指定排序或篩選準則**，然後設定Sort屬性、RowFilter屬性或RowStateFilter屬性，則日後**至少會建置索引兩次**：

- 一次是建立DataView時。
- 另一次是修改任何排序或篩選屬性時。

注意！ 如果用來建立DataView的建構函式不擷取任何引數，則您必須先設定Table屬性才能使用DataView。

下列程式碼範例示範如何使用DataView建構函式建立新的DataView。DataTable（第一個參數）之中一併提供RowFilter（第二個參數）、Sort資料行（欄位、第三個參數）和DataViewRowState（第四個參數）。

```
'—VB 語法：
Dim custDV As DataView = New DataView(custDS.Tables("Customers"),
    "Country = 'USA'", _
    "ContactName", _
    DataViewRowState.CurrentRows)

//C# 語法：
DataView custDV = new DataView(custDS.Tables["Customers"],
    "Country = 'USA'",
    "ContactName",
    DataViewRowState.CurrentRows);
```

下列程式碼範例示範如何使用DataSet之中，Custommers資料表的DefaultView屬性，取得對DataTable**預設DataView**的參考。

```
'—VB 語法：
Dim custDV As DataView = custDS.Tables("Customers").DefaultView

//C# 語法：
DataView custDV = custDS.Tables["Customers"].DefaultView;
```

9-8 尋找資料列，DataView的.Find()方法和.FindRows()方法

您可以使用DataView的.Find()方法和.FindRows()方法，依照資料列（Rows）的排序索引鍵（index）值來搜尋資料列。為何這兩種方法能"區分大小寫"的搜尋值呢？這是由基礎DataTable的CaseSensitive屬性所決定。搜尋值必須完全符合現有的排序索引鍵值，才能傳回結果。

第一，.Find()方法傳回"整數"以及符合搜尋準則之DataRowView的"索引（Index值）"。如果有多個資料列符合搜尋準則，則**只會傳回「第一個」**與DataRowView相符的索引。如果找不到任何相符資料，則會傳回-1。

第二，若要傳回符合多個資料列（多筆記錄）的搜尋結果，可以使用.FindRows()方法。此方法用途就像上述的.Find()方法，但是它會傳回參考DataView中**「所有」相符資料列的DataRowView陣列**。如果找不到任何相符資料，則DataRowView陣列會是空的。

若要使用這兩種方法，您必須用下列方法指定排序順序：

- 將ApplyDefaultSort屬性設定為true、或使用Sort屬性。
- 如果沒有指定任何順序，則會擲回例外狀況。

DataView的.Find()方法和.FindRows()方法將值的"陣列"視為輸入，此值的長度符合排序順序的資料行（欄位）數目。

- 排序"單一"資料行時（欄位），您可傳遞**單一值**。請參閱下面範例。
- 如果排序順序包含"多個"資料行（欄位），則您傳遞的是**物件陣列**。

請注意，將多個資料行排序時，物件陣列的"值"必須與DataView的Sort屬性中所指定的資料行（欄位）順序相符。

下列程式碼範例顯示如何針對具有 **"單一"資料行**（欄位，以下範例為CompanyName欄位名稱）排序順序的DataView，呼叫.Find()方法。

```
'—VB 語法：
Dim custView As DataView =
New DataView(custDS.Tables("Customers"), "", "CompanyName", DataViewRowState.
CurrentRows)

Dim rowIndex As Integer = custView.Find("The Cracker Box")

If rowIndex = -1 Then
  '-- 註解：找不到就回傳 -1，
  '--         找得到就會傳回那一列（資料列、那一筆記錄）的索引值。
  Response.Write(" 找不到關鍵字 ")
Else
  Response.Write(custView(rowIndex)("CustomerID").ToString())
  Response.Write(custView(rowIndex)("CompanyName").ToString())
End If


//C# 語法：
DataView custView = new DataView(custDS.Tables["Customers"], "",
                              "CompanyName", DataViewRowState.CurrentRows);

int rowIndex = custView.Find("The Cracker Box");

if (rowIndex == -1)  {
  // 註解：找不到就回傳 -1，
  //         找得到就會傳回那一列（資料列、那一筆記錄）的索引值。
  Response.Write (" 找不到關鍵字 ");
}
else  {
  Response.Write(custView[rowIndex]["CustomerID"].ToString())
  Response.Write(custView[rowIndex]["CompanyName"].ToString())
}
```

10 DataAdapter 與 SqlDataAdapter 類別

CHAPTER

因為 DataAdapter與 DataSet息息相關，建議您把這幾章的內容與範例，一起閱讀與比較。

10-1 簡介 DataAdapter（資料配接器）物件

雖然已經有DataSet物件可以控制"記憶體"裡的資料儲存（作者註解：以網頁程式來說，這裡講的**"記憶體"是在Web Server主機上面**的，並非User的電腦上），但我們仍須其他工具來開創、初始化這些DataTable。**DataAdapter物件統一控管並且隱藏了這些處理細節**，它可以把資料從資料庫裡面取出，或是重新寫回資料表、或眾多資料表之間的關聯（Relations）裡面。我們可以使用四個命令（Command）物件，如下圖：

- UpdateCommand
- InsertCommand
- DeleteCommand
- SelectCommand

這四個命令物件可以自己動手撰寫，或是透過SqlCommandBuilder自動產生（作者註解：建議自己動手寫）。但SqlCommandBuilder自動產生的命令物件，效率不好而且**只能用在「"具有主索引鍵"的單一資料表」**上面，因此不建議您使用它。如果同時Join多個關聯式資料表，SqlCommandBuilder就無法使用了。

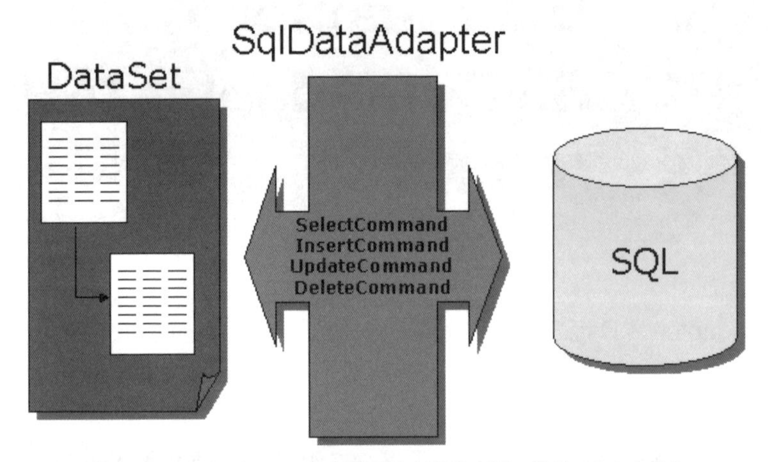

⊙ DataAdapter 與 DataSet 的關係（圖片來源：微軟 SDK 文件）

如上圖，您必須"自己寫好"這些Command指令，等到DataAdapter使用.Fill()方法或是.Update()方法時，會呼叫合適的Command指令來操作。

透過SqlDataAdapter才能把資料來源（MS SQL Server）的資料，放進DataSet裡面進行處理。上圖可以看出記憶體裡面的DataSet內可以放置"多個"資料表（DataTable）與它們之間的複雜關聯（關係）。

10-2 入門練習（I），DataAdapter與DataSet範例實作

下面這個程式只是簡單介紹一個網頁程式連結資料庫，其流程約有四項。這四個流程學會之後，不管是Classic ASP、PHP、JSP都用得上，只是程式語法稍稍改一下而已。

撰寫資料庫程式的四大步驟如下，但在 DataAdapter + DataSet的程式裡面，我們**「不需要」寫程式去控制資料庫的連結與關閉**，例如：Conn.Open()與Conn.Close()。

第一、連接資料庫。

要連接各種資料庫或資料來源，只要會撰寫連接字串（Connection String）即可。開啟資料庫的連結（如Conn.Open()程式碼），在DataAdapter + DataSet的程式不用寫！

第二、執行SQL指令。DataAdapter + DataSet的程式不一樣！

(1) SQL指令又分成兩種，一種是「Select」陳述句，用來**撈資料（取出、查詢）**。DataAdapter + DataSet的程式會使用 **.Fill()方法**，把查詢到的結果放進 DataSet 裡面。

(2) 另外一種是資料的**更動**，例如「Insert、Update、Delete」陳述句，執行這類的陳述句將不會資料傳回，只有傳回一個 Integer數值，提醒我們這個陳述句「修改了幾列資料（Affected Row）」而已。DataAdapter + DataSet的程式會使用 **.Update()方法**，把 DataSet裡面異動的記錄回寫到資料庫裡面。

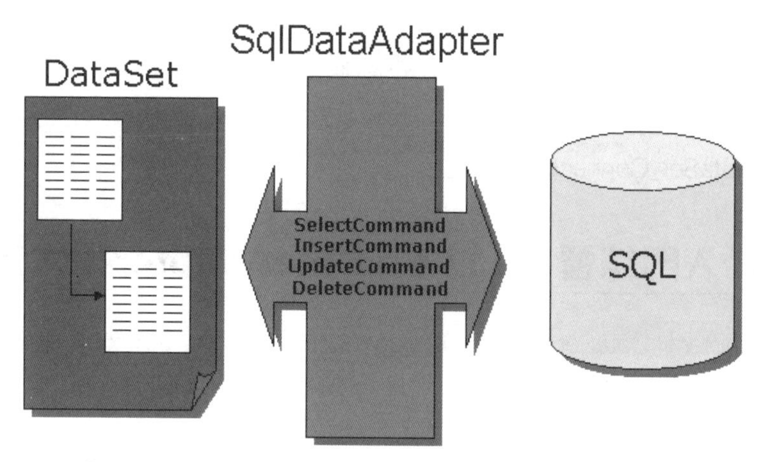

DataAdapter 與 DataSet 的關係（圖片來源：微軟 SDK 文件）

第三、自由發揮。

(1) 如果是執行「Select」陳述句，把許多筆記錄從資料庫裡面撈出來，這時候就要呈現在畫面上。可能會用HTML碼作一些修飾，讓畫面比較整齊好看。

(2) 如果是「Insert、Update、Delete」陳述句的話，只會傳回一個 Integer整數，提醒我們這個陳述句修改了幾列資料而已。藉以告訴使用者，這段動作是否成功完成。

第四、關閉資料庫的連接，並且釋放資源。

俗諺有云：「有借有還，再借不難」。相同的道理，我們寫程式的時候，必須把曾經使用過或開啟的資源，在程式的最後一一關閉它。這樣才不會把系統資源消耗殆盡，被一支爛程式拖累整個系統。

關閉資料庫的連結，這步驟在DataAdapter + DataSet的程式不用作！

為什麼DataReader需要自己動手開啟資料庫連結，最後還得動手關閉連結。但DataAdapter + DataSet的程式不用作？為什麼呢？

SqlDataAdapter的 **.Fill()方法**使用 SQL指令的SELECT陳述句，從資料來源擷取資料。此時，DbConnection物件（如Conn）必須是**有效的，但 "不需要" 是開啟的**（因為DataAdapter會自動開啟或關閉連結）。

- 如果在呼叫 **.Fill ()**方法之前，**便關閉 IDbConnection**，那麼**SqlDataAdapter**會**自行 "開啟" 連接以擷取資料，然後再自動 "關閉" 連接**。
- 如果在呼叫 .Fill ()方法之前開啟連接，它會保持開啟狀態。全都是自動化處理，因此我們使用SqlDataAdapter的時候，不需要寫程式去控制Conn.Open()與Conn.Close()，就讓內建的機制自動化處理。
- 本書第八章第四節（Ch. 8-4）有一個範例為您示範完整流程。詳見範例Default_2_1_DataSet_Connection.aspx。

10-3 入門練習（II），SqlDataAdapter兩大方法

SqlDataAdapter是DataSet和MS SQL Server之間的橋接器（Bridge）用來擷取（撈出）和儲存（寫入）資料。如果您要連接其他資料庫，可以使用OleDbDataAdapter或是OdbcDataAdapter，記得搭配合適的命名空間（NameSpace）即可。

針對資料來源使用適合的Transact-SQL指令，SqlDataAdapter可藉由對應兩大方法來提供這個橋接器（Adapter）：

1. **.Fill()**方法（它會變更DataSet中的資料來符合資料來源中的資料，簡單的說，是從資料庫裡面取出資料）。
2. **.Update()**方法（它會變更資料來源中的資料來符合DataSet的資料，簡單的說，是把修改後的DataSet回寫到資料庫裡面）來。

這兩大方法，更深入的解說如下：

10-3-1 .Fill()方法，資料查詢

.Fill()方法會使用SQL指令的SELECT陳述句從資料來源擷取、查詢並取得資料。此時，用來 "連接" 資料來源的IDbConnection物件必須已經定義好，但不需要手動開啟它（因為DataAdapter會自動開啟Conn.Open()、自動關閉連結Conn.Close()）。

如同微軟 Microsoft Docs網站（前MSDN網站）的說明，下面的範例為您示範這個效果：

- 如果在呼叫 .Fill() 方法之前關閉了 IDbConnection 的連結，它會先開啟連接以擷取資料，然後再關閉連接。
- 如果在呼叫 .Fill() 方法之前開啟連接，它會保持開啟狀態。

請在程式的最上方，事先宣告 System.Data.SqlClient 命名空間。

```
Import System.Data.SqlClient     '-- VB 語法
using System.Data.SqlClient;     // C# 語法


'—VB 語法—
Dim Conn As New SqlConnection(" 資料庫連接字串 ")
Dim myAdapter As SqlDataAdapter = New SqlDataAdapter
Dim ds As New DataSet

myAdapter.SelectCommand = New SqlCommand("select * from test", Conn)
myAdapter.Fill(ds, "test")
```

作者註解：DataAdapter 不需要自己寫程式碼，處理資料庫連結（Conn）的 .Open() 方法與 .Close 方法。

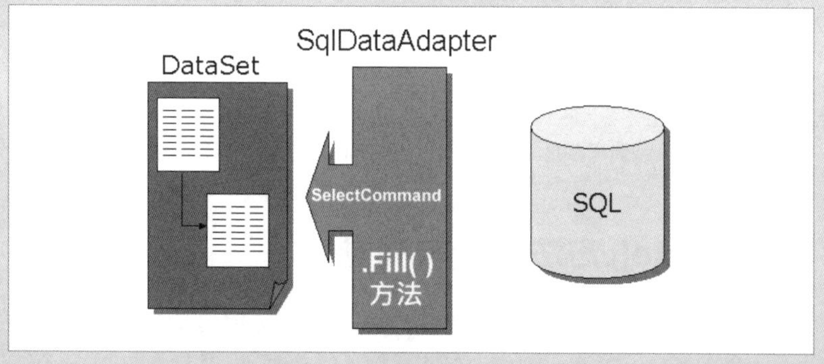

DataAdapter 與 DataSet 的關係。DataAdapter 執行 SQL 指令之後，透過 .Fill() 方法將結果（向左）放入 DataSet 裡面（圖片來源：微軟 SDK 文件）

```
//—C# 語法—
SqlConnection Conn = new SqlConnection(" 資料庫連接字串 ");
SqlDataAdapter myAdapter = new SqlDataAdapter;
DataSet ds = new DataSet();

myAdapter.SelectCommand = new SqlCommand("select * from test", Conn);
myAdapter.Fill(ds, "test");
```

作者註解：DataAdapter 不需要自己寫程式碼，處理資料庫連結（Conn）的 .Open() 方法與 .Close 方法。

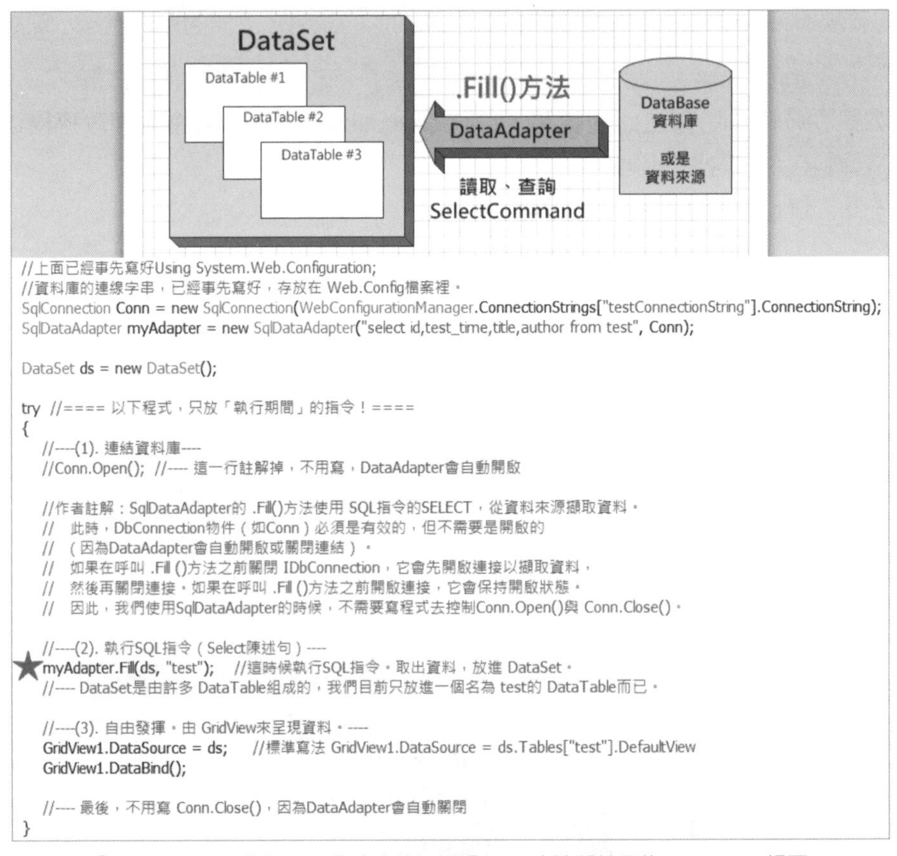


```
//上面已經事先寫好Using System.Web.Configuration;
//資料庫的連線字串，已經事先寫好，存放在 Web.Config檔案裡。
SqlConnection Conn = new SqlConnection(WebConfigurationManager.ConnectionStrings["testConnectionString"].ConnectionString);
SqlDataAdapter myAdapter = new SqlDataAdapter("select id,test_time,title,author from test", Conn);

DataSet ds = new DataSet();

try //==== 以下程式，只放「執行期間」的指令！====
{
   //----(1). 連結資料庫----
   //Conn.Open(); //---- 這一行註解掉，不用寫，DataAdapter會自動開啟

   //作者註解：SqlDataAdapter的 .Fill()方法使用 SQL指令的SELECT，從資料來源擷取資料。
   //   此時，DbConnection物件（如Conn）必須是有效的，但不需要是開啟的
   //  （因為DataAdapter會自動開啟或關閉連結）。
   //   如果在呼叫 .Fill ()方法之前關閉 IDbConnection，它會先開啟連接以擷取資料，
   //   然後再關閉連接。如果在呼叫 .Fill ()方法之前開啟連接，它會保持開啟狀態。
   //   因此，我們使用SqlDataAdapter的時候，不需要寫程式去控制Conn.Open()與 Conn.Close()。

   //----(2). 執行SQL指令（Select陳述句）----
★ myAdapter.Fill(ds, "test");   //這時候執行SQL指令。取出資料，放進 DataSet。
   //---- DataSet是由許多 DataTable組成的，我們目前只放進一個名為 test的 DataTable而已。

   //----(3). 自由發揮。由 GridView來呈現資料。----
   GridView1.DataSource = ds;   //標準寫法 GridView1.DataSource = ds.Tables["test"].DefaultView
   GridView1.DataBind();

   //---- 最後，不用寫 Conn.Close()，因為DataAdapter會自動關閉
}
```

⊙ DataAdapter 執行 SQL 指令之後，透過 .Fill() 方法將結果放入 DataSet 裡面

10-3-2 .Update()方法，資料異動

當應用程式呼叫 **.Update()** 方法時，DbDataAdapter 會根據 **DataSet** 中設定的索引順序，**"逐一檢查"RowState** 屬性，並 **"反覆"** 的為每個資料列（每一筆記錄）執行 **SQL** 指令的 **INSERT**、**UPDATE** 或 **DELETE** 陳述式（**DbDataAdapter** 已經有對應的 **InsertCommand**、**UpdateCommand**、**DeleteCommand** 這些命令物件了）。

舉例來說，當我們刪除了DataSet裡面一列資料之後，呼叫DataAdapter的.Update()方法，便會自動啟動DataAdapter的DeleteCommand，把刪除的那一筆資料，真正從資料庫裡面刪除（可參考下列程式）。

```
請在程式的最上方，事先宣告 System.Data.SqlClient 命名空間。
Import System.Data.SqlClient      '-- VB 語法
using System.Data.SqlClient;      // C# 語法
```

```
'—VB 語法—
Dim Conn As New SqlConnection(" 資料庫連接字串 ")
Dim myAdapter As SqlDataAdapter = New SqlDataAdapter

Dim ds As New DataSet
myAdapter.SelectCommand = New SqlCommand("select * from test", Conn)
myAdapter.Fill(ds, "test")
```

```
'---- 註：事先寫好 DeleteCommand，等待 DataAdapter 呼叫它。
myAdapter.DeleteCommand = New SqlCommand("delete from [test] where [id] =
@id", Conn)

'---- 註：以下是「參數」
        myAdapter.DeleteCommand.Parameters.Add("@id", SqlDbType.Int, 4)
        myAdapter.DeleteCommand.Parameters("@id").Value =
        CInt(GridView1.DataKeys(e.RowIndex).Value)

'---- 註： 直接刪除 DataSet 裡面，使用者挑選的這一筆資料
ds.Tables("test").Rows(e.RowIndex).Delete()
作者註解：重點！！如果您把上面這一列程式註解掉（不執行），就算您寫好 Delete 的 SQL 指令，
也無法刪除這一筆記錄。
```

```
'---- 註：把異動後的 DataSet，真正回寫到資料庫裡面。
myAdapter.Update(ds, "test")
```

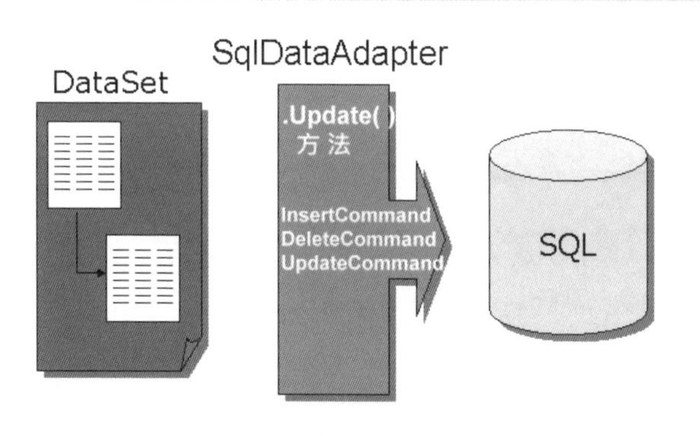

◎ DataAdapter 與 DataSet 的關係。DataAdapter 執行 SQL 指令之後，透過 .Update() 方法將異動（新增、刪除、修改）之後的結果（向右）回寫到資料庫（圖片來源：微軟 SDK 文件）

```
//—C# 語法—
SqlConnection Conn = new SqlConnection(" 資料庫連接字串 ");
SqlDataAdapter myAdapter = new SqlDataAdapter;

DataSet ds = new DataSet();
myAdapter.SelectCommand = new SqlCommand("select * from test", Conn);
myAdapter.Fill(ds, "test");
```

```
//---- 註： 事先寫好 DeleteCommand，等待 DataAdapter 呼叫它。
myAdapter.DeleteCommand = New SqlCommand("delete from [test] where [id] =
@id", Conn);

//---- 註：以下是「參數」
        myAdapter.DeleteCommand.Parameters.Add("@id", SqlDbType.Int, 4);
        myAdapter.DeleteCommand.Parameters("@id").Value =
        CInt(GridView1.DataKeys[e.RowIndex].Value);

//---- 註： 直接刪除 DataSet 裡面，使用者挑選的這一筆資料
ds.Tables["test"].Rows[e.RowIndex].Delete();
作者註解：重點！！如果您把上面這一列程式註解掉（不執行），就算您寫好 Delete 的 SQL 指令，
也無法刪除這一筆記錄。
//---- 註： 把異動後的 DataSet，真正回寫到資料庫裡面。
myAdapter.Update(ds, "test");
```

補充說明 也可能會因為 DataTable資料列的順序，而先執行SQL指令的DELETE陳述式，然後INSERT陳述式，最後再執行另一個DELETE陳述式。

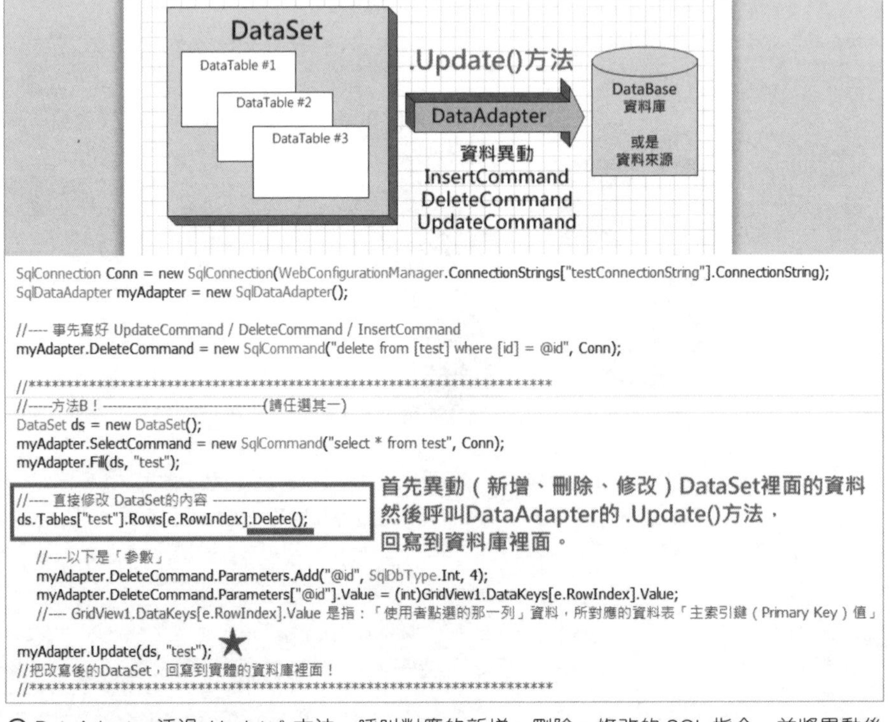
DataSet
DataTable #1
DataTable #2
DataTable #3
.Update()方法
DataAdapter
資料異動
InsertCommand
DeleteCommand
UpdateCommand
DataBase
資料庫
或是
資料來源
SqlConnection Conn = new SqlConnection(WebConfigurationManager.ConnectionStrings["testConnectionString"].ConnectionString);
SqlDataAdapter myAdapter = new SqlDataAdapter();
//---- 事先寫好 UpdateCommand / DeleteCommand / InsertCommand
myAdapter.DeleteCommand = new SqlCommand("delete from [test] where [id] = @id", Conn);
//-----方法B！--------------------------------(請任選其一)
DataSet ds = new DataSet();
myAdapter.SelectCommand = new SqlCommand("select * from test", Conn);
myAdapter.Fill(ds, "test");
//---- 直接修改 DataSet的內容 ----------------------------
ds.Tables["test"].Rows[e.RowIndex].Delete();
首先異動（新增、刪除、修改）DataSet裡面的資料
然後呼叫DataAdapter的 .Update()方法，
回寫到資料庫裡面。
//----以下是「參數」
myAdapter.DeleteCommand.Parameters.Add("@id", SqlDbType.Int, 4);
myAdapter.DeleteCommand.Parameters["@id"].Value = (int)GridView1.DataKeys[e.RowIndex].Value;
//---- GridView1.DataKeys[e.RowIndex].Value 是指：「使用者點選的那一列」資料，所對應的資料表「主索引鍵（Primary Key）值」
myAdapter.Update(ds, "test");
//把改寫後的DataSet，回寫到實體的資料庫裡面！

⊙ DataAdapter 透過 .Update() 方法，呼叫對應的新增、刪除、修改的 SQL 指令，並將異動後的結果回寫到資料庫裡面

以上的觀念與程式碼（DataSet的刪除、修改），您可以在範例Default_2_DataSet_Manual.aspx看見詳細的程式碼與作法。或是參閱作者另一本書《ASP.NET專題實務（I）：C#入門實戰》的第十章有深入說明。

10-3-3 需注意的執行細節

應該注意的是，**這些SQL指令並"不會"當做一個「批次」程序來執行，而是每一個資料列「個別更新」**（每一筆記錄，逐一更新之）。應用程式允許我們在必須控制SQL指令的類型順序（例如SQL指令的Insert在Update之前先被執行）的情況下，呼叫DataSet的.GetChanges()方法。

如果尚未指定Insert、Update或Delete陳述式（所以上面已經強調過，您必須自己動手寫好相關的SQL指令，等著備用）則.Update()方法會產生例外狀況。

.Update()方法會在執行更新之前，從第一次對應的資料表中擷取資料列（Row，記錄）。.Update()方法會接著使用UpdatedRowSource屬性的值，重新整理資料列，而所有的其他資料列會被忽略不管。

在任何資料"回寫"**"DataSet"**之後"，會引發**DataAdapter**的**OnRowUpdated**事件，允許使用者檢查(1)已被調整的DataSet資料列，以及(2)SQL指令所傳回的任何輸出參數。更新資料列成功後，對該資料列的變更將被接受。

使用.Update()方法時，執行的順序如下：

1. 將DataRow中的值，移至參數值。
2. 會引發**DataAdapter**的**OnRowUpdating**事件（此時，正式執行更新、修改）。
3. 執行命令（如SQL指令、SQL Command）。
4. 如果命令設定為FirstReturnedRecord，則傳回的第一個結果會放置在DataRow中。
5. 如果有輸出參數，它們會放置在DataRow中。
6. 完成"之後"，會引發**OnRowUpdated事件**。
7. DataSet的.AcceptChanges()方法會被呼叫。

10-4 SqlDataAdapter的建構函式

本節深入解釋SqlDataAdapter，如果您是初學者可以暫時跳過不讀。

SqlDataAdapter類別表示一組資料命令集（Data Commands）和資料庫連接，這些是用來把資料來源的記錄**填入（Fill）**DataSet、或是用來**更新（Update）並寫回**SQL Server資料庫。此類別無法被繼承。

- 命名空間：System.Data.SqlClient。
- 組件：System.Data（在 System.Data.dll 中）。

SqlDataAdapter型別會公開下列建構函式。

名稱	說明
SqlDataAdapter()	初始化 SqlDataAdapter類別的新執行個體。 • VB語法： Dim adapter As New SqlDataAdapter() • C#語法： SqlDataAdapter adapter = new SqlDataAdapter();
SqlDataAdapter(SqlCommand**)**	使用指定 SqlCommand 做為 SelectCommand 屬性，初始化 SqlDataAdapter類別的新執行個體。
SqlDataAdapter(String, SqlConnection**)**	使 用 (1)SelectCommand 和 (2)SqlConnection 物件，初始化 SqlDataAdapter類別的新執行個體。 • **selectCommandText 型別**：System.String。 String，即要由 SqlDataAdapter的 **Select**Command屬性使用的 Transact-SQL **SELECT 陳述**句或預存程序。 • **selectConnection 型別**： System.Data.SqlClient.SqlConnection。 表示連接的 SqlConnection。
SqlDataAdapter(String, String**)**	使用 (1)SelectCommand和 (2)連結字串（ConnectionString），初始化 SqlDataAdapter類別的新執行個體。

資料來源：微軟 Microsoft Docs網站（前MSDN網站）

10-4-1 .Fill() 方法，查詢

SqlDataAdapter 是 DataSet 和 SQL Server 之間的橋接器 (Bridge)，用來擷取和儲存資料。針對資料來源使用適合的 Transact-SQL 陳述式，SqlDataAdapter 可藉由對應 **.Fill() 方法**（它讀取資料來源中的資料，並建立在 DataSet 裡面）和 **.Update() 方法**（它會把 DataSet 中已被變更的資料，回寫到資料來源）。

第一個簡單的應用，就是 DataAdapter 的 .Fill() 方法，通常是搭配 SQL 指令的 Select 陳述句，從資料庫裡面撈取（查詢）結果。以下是一個簡單的 SqlDataAdapter 範例（VB 語法），僅供參考：

```
Public Function SelectRows(ByVal ds As DataSet, ByVal connectionString As
String, ByVal queryString As String) As DataSet

    Using Conn As New SqlConnection("資料庫的連結字串")
        Dim adapter As New SqlDataAdapter()
        adapter.SelectCommand = New SqlCommand("SQL 指令 --Select 陳述句", Conn)
        adapter.Fill(ds)

        Return dataSet
    End Using
End Function
```

第一個簡單的應用，就是 DataAdapter 的 .Fill() 方法，通常是搭配 SQL 指令的 Select 陳述句，從資料庫裡面撈取（查詢）結果。以下是一個簡單的 SqlDataAdapter 範例（C# 語法），僅供參考：

```
private static DataSet SelectRows(DataSet ds, string connectionString,string
queryString)
{
    using (SqlConnection Conn = new SqlConnection("資料庫的連結字串"))    {
        SqlDataAdapter adapter = new SqlDataAdapter();
        adapter.SelectCommand = new SqlCommand( "SQL 指令 --Select 陳述句", Conn);
        adapter.Fill(ds);

        return dataset;
    }
}
```

您可以參閱範例 Default_2_DataSet_Manual.aspx，在 **DBInit 副程式**裡面，我們透過 DataAdapter + DataSet 的方式，把查詢的結果呈現在 GridView 裡面。

10-4-2 .Update()方法，資料異動

第二個簡單的應用，是進行資料異動。把 DataSet 裡面新增、刪除、修改後的結果（例如：SQL 指令的 Insert、Delete、Update 陳述句），回寫到資料庫裡面。

DataAdapter 的 .Update() 方法是以**資料列（一筆記錄）**為單位逐一執行。對於每個已插入、已修改和已刪除的資料列，.Update() 方法會判斷其已執行的變更類型 (SQL 指令的 Insert、Update 或 Delete 陳述句)。根據變更的類型而定，Insert、Update 或 Delete 命令樣板將會執行，以便將修改過的資料列散佈（回寫）到資料來源。

其他的補充說明 當 SqlDataAdapter 填入 DataSet 時（使用 .Fill() 方法），如果傳回資料所需的資料表和資料行不存在，則會加以建立。不過，除非 MissingSchemaAction 屬性是設定為 AddWithKey，否則在隱含建立的結構描述中不會包含主索引鍵資訊。您也可以讓 SqlDataAdapter 建立含有主索引鍵資訊的 DataSet 結構描述，再使用 .FillSchema() 方法將資料填入。

當連接 SQL Server 資料庫時，SqlDataAdapter 是搭配 SqlConnection 和 SqlCommand 使用以增加效能。

注意事項 如果您是使用 SQL Server 預存程序（Stored Procedure），透過 DataAdapter 來編輯或刪除資料，請確定您 **"未曾"在預存程序定義中使用 SET NOCOUNT ON**，否則傳回的「受影響資料列」數目將會是"零"，而 DataAdapter 會將其解譯成"並行存取"衝突（本書後續章節會有專文說明）。在這個事件中將會擲回 DBConcurrencyException 例外狀況。

SqlDataAdapter 也包含 SelectCommand、InsertCommand、DeleteCommand、UpdateCommand 和 TableMappings 屬性（本文後續會逐一介紹），以加速資料的載入和更新。

10-5 MissingMappingAction 與 MissingSchemaAction 屬性

本節內容僅供參考。

當建立 SqlDataAdapter 的執行個體時，下列讀取、寫入屬性會設為初始值。您可以經由對屬性的個別呼叫來變更任何這些屬性值。

屬性	初始值（預設值）
MissingMappingAction	MissingMappingAction.**Passthrough**
MissingSchemaAction	MissingSchemaAction.**Add**

上述兩者都是使用相同的命名空間：System.Data.Common。

組件：System.Data（在 System.Data.dll 中）。

- DataAdapter.**MissingMappingAction 屬性**：判斷在傳入的資料不具有相符的資料表（DataTable）或資料行（欄位、Column）時要採取的動作。TableMappings 屬性提供傳回的記錄（Records）和 DataSet之間的主要對應。

  MissingMappingAction 屬性值的型別：System.Data.MissingMappingAction。

  1. **Passthrough**：使用原始名稱所建立並加入至 DataSet 的來源資料行（欄位）或來源資料表。此為預設值。
  2. **Ignore**：會略過不具有對應的資料行（欄位）或資料表。傳回 Nothing。
  3. **Error**：如果缺少指定的資料行（欄位）對應，則會產生 InvalidOperationException 例外狀況。

- DataAdapter.**MissingSchemaAction 屬性**：判斷在現有 DataSet **結構描述 (Schema)** 與傳入的資料不符時要採取的動作。

  MissingSchemaAction 屬性值的型別：System.Data.MissingSchemaAction。

  1. **Add**：加入必要的資料行（欄位）來完成結構描述。此為預設值。
  2. **Ignore**：忽略額外的資料行（欄位）。
  3. **Error**：如果缺少指定的資料行（欄位）對應，則會產生 InvalidOperationException 例外狀況。
  4. **AddWithKey**：加入必要的資料行（欄位）和主索引鍵（PK）資訊來完成結構描述。如需主索引鍵資訊如何加入至 DataTable 的詳細資訊，請參閱 .FillSchema() 方法。

     若要利用 .NET Framework Data Provider for OLE DB正常運作，AddWithKey 需要原生 OLE DB提供者取得必要的主索引鍵資訊，方法是設定 DBPROP_UNIQUEROWS 屬性，然後檢查 IColumnsRowset 中的 DBCOLUMN_KEYCOLUMN 來判斷哪些資料行（欄位）是主索引鍵資料行（欄位）。

     或者，使用者可能在每個 DataTable上明確設定主索引鍵條件約束。這確保與現有記錄相符的連入記錄是更新，而不是附加（Append。從現有資料的最後，再把資料加上）。

使 用 AddWithKey 時，.NET Framework Data Provider for SQL Server 會 將 FOR BROWSE子句附加到正要執行的陳述式。使用者應注意潛在的副作用，例如使用SET FMTONLY ON陳述式的干擾（這部分請參閱 MS SQL Server的相關書籍）。

上述兩者也使用相同的例外狀況 ArgumentException，設定的值不是其中一個MissingMappingAction值（或MissingSchemaAction值）。

以下是一個簡單的 SqlDataAdapter範例（VB語法），僅供參考：

```
    Dim adapter As New SqlDataAdapter()

    adapter.SelectCommand = New SqlCommand("SELECT * FROM test")
    adapter.SelectCommand.Connection = New SqlConnection("資料庫連結字串
connectionString")
    '--  上面的程式碼，也可以寫成：
    '--  Dim adapter As New SqlDataAdapter("SELECT * FROM test", "資料庫連結字串
connectionString")

    adapter.MissingMappingAction = MissingMappingAction.Error
    adapter.MissingSchemaAction = MissingSchemaAction.Error
```

以下是一個簡單的 SqlDataAdapter範例（C#語法），僅供參考：

```
    SqlDataAdapter adapter = new SqlDataAdapter();

    adapter.SelectCommand = new SqlCommand("SELECT * FROM test");
    adapter.SelectCommand.Connection = new SqlConnection("資料庫連結字串
connectionString");
    //--  上面的程式碼，也可以寫成：
    //--  SqlDataAdapter adapter = new SqlDataAdapter("SELECT * FROM test", "
資料庫連結字串 connectionString");

    adapter.MissingMappingAction = MissingMappingAction.Error;
    adapter.MissingSchemaAction = MissingSchemaAction.Error;
```

10-6 SqlDataAdapter的四個Command

本節僅供參考。如下圖中央的SqlDataAdapter裡面有四個Command對應SQL指令的四種作法。

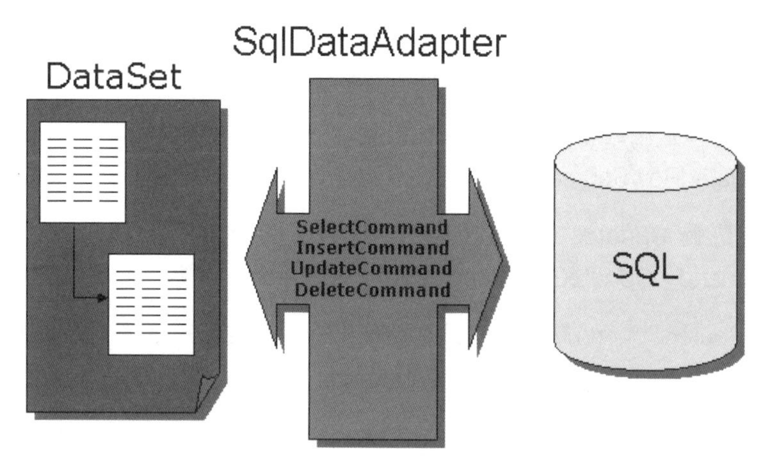

DataAdapter 與 DataSet 的關係（圖片來源：微軟 SDK 文件）

10-6-1 SelectCommand 屬性

SelectCommand 屬性的屬性值，其型別：**System.Data.SqlClient**.SqlCommand。在 .Fill() 方法期間使用的 SqlCommand，從資料庫選取要放置在 DataSet 中的資料錄（Record，記錄）。

將 SelectCommand 指派給原先已建立的 SqlCommand 時，SqlCommand 尚未複製。SelectCommand 會維持先前建立之 SqlCommand 物件的參考。

如果 SelectCommand 沒有傳回任何資料列（Row，記錄），則不會將任何資料表（DataTable）加入至 DataSet，並且"不會"引發例外狀況。

10-6-2 UpdateCommand 屬性

UpdateCommand 屬性的屬性值，型別：**System.Data.SqlClient**.SqlCommand。在.Update() 方法期間使用的 SqlCommand，用來更新資料庫中的資料錄（Record，記錄），其對應到 DataSet 中"已修改"的資料列（Row，記錄）。

在 .Update() 方法期間，當未設定這個屬性且主索引鍵資訊存在於 DataSet 時，如果您設定 SelectCommand 屬性並使用 SqlCommandBuilder，可自動產生 UpdateCommand。然後，任何未設定的其他命令會由 SqlCommandBuilder 產生。這個產生邏輯需要索引鍵資料行（欄位）資訊以存在於 DataSet 中。註解：不建議使用 SqlCommandBuilder 自動產生相關的 SQL 指令，因為效率不彰而且限制多。

將 UpdateCommand 指派給原先已建立的 SqlCommand 時，SqlCommand 尚未複製。UpdateCommand 會維持先前建立之 SqlCommand 物件的參考。

注意事項 如果這個命令的執行傳回資料列（記錄），則根據您設定 SqlCommand 物件的 UpdatedRowSource 屬性之方式，這些資料列可能會與 DataSet 合併。

對於每個透過 .Update() 方法散佈到資料來源的資料行（欄位），您應該在 InsertCommand、UpdateCommand 或 DeleteCommand 中加入參數。

此參數的 SourceColumn 屬性應該設定為資料行（欄位）的名稱。這項設定表示參數值並非手動設定，而是取自目前所處理資料列（記錄）中的特定資料行（欄位）。

10-6-3 InsertCommand 屬性

InsertCommand 屬性的屬性值，型別：**System.Data.SqlClient**.SqlCommand。

在 .Update() 方法期間使用的 SqlCommand，用來將資料錄（Record，記錄）插入至資料庫，其對應到 DataSet 中的新資料列（Row，記錄）。

在 .Update() 方法期間，當未設定這個屬性且主索引鍵資訊存在於 DataSet 時，如果您設定 SelectCommand 屬性並使用 SqlCommandBuilder，可自動產生 InsertCommand。然後，任何未設定的其他命令會由 SqlCommandBuilder 產生。這個產生邏輯需要索引鍵資料行（欄位）資訊以存在於 DataSet 中。註解：不建議使用 SqlCommandBuilder 自動產生相關的 SQL 指令，因為效率不彰而且限制多。

將 InsertCommand 指派給原先已建立的 SqlCommand 時，SqlCommand 尚未複製。InsertCommand 會維持先前建立之 SqlCommand 物件的參考。

如果這個命令的執行傳回資料列（記錄），則根據您設定 SqlCommand 物件的 UpdatedRowSource 屬性之方式，這些資料列可能會加入至 DataSet。

對於每個透過 .Update() 方法散佈到資料來源的資料行，您應該在 InsertCommand、UpdateCommand 或 DeleteCommand 中加入參數。此參數的 SourceColumn 屬性應該設定為資料行（欄位）的名稱。這項設定表示參數值並非手動設定，而是取自目前所處理資料列（記錄）中的特定資料行（欄位）。

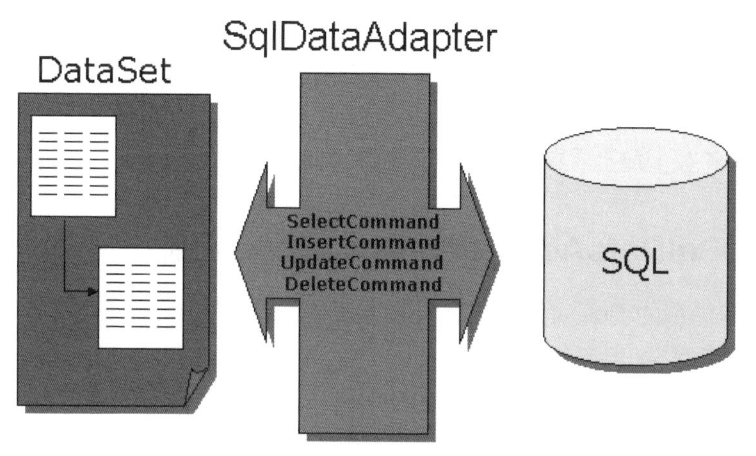

⊙ DataAdapter 與 DataSet 的關係（圖片來源：微軟 SDK 文件）

10-6-4 DeleteCommand 屬性

DeleteCommand 屬性的屬性值，型別：**System.Data.SqlClient**.SqlCommand。

在 .Update() 方法期間使用的 SqlCommand，用來刪除資料庫中的資料錄（Record，記錄），其對應到 DataSet 中已刪除的資料列（Row，記錄）。

在 .Update() 方法期間，當未設定這個屬性且主索引鍵資訊存在於 DataSet 時，如果您設定 SelectCommand 屬性並使用 SqlCommandBuilder，可自動產生 DeleteCommand。然後，任何未設定的其他命令會由 SqlCommandBuilder 產生。這個產生邏輯需要索引鍵資料行（欄位）資訊以存在於 DataSet 中。註解：不建議使用 SqlCommandBuilder 自動產生相關的 SQL 指令，因為效率不彰而且限制多。

將 DeleteCommand 指派給原先已建立的 SqlCommand 時，SqlCommand 尚未複製。DeleteCommand 會維持先前建立之 SqlCommand 物件的參考。

對於每個透過 .Update() 方法散佈到資料來源的資料行，您都應該在 InsertCommand、UpdateCommand 或 DeleteCommand 中加入參數。此參數的 SourceColumn 屬性應該設定為資料行（欄位）的名稱。這項設定表示參數值並非手動設定，而是取自目前所處理資料列（記錄）中的特定資料行（欄位）。

10-7 DataAdapter各種Command與參數的寫法

使用參數（Parameters）可以初步地避免網路攻擊。以 SqlDataAdapter為例，通常使用「@符號」加上「欄位名稱」來表示，例如：@CustomerID。

10-7-1 SqlDataAdapter參數，請用@符號

以下是一個簡單的 SqlDataAdapter範例（VB語法），包含各種SQL指令與對應的參數，僅供參考：

```
Public Function CreateSqlDataAdapter(ByVal commandText As String, ByVal Conn
As SqlConnection) As SqlDataAdapter

    Dim adapter As SqlDataAdapter = New SqlDataAdapter(commandText, Conn)
    adapter.MissingSchemaAction = MissingSchemaAction.AddWithKey

    '==================================
    adapter.InsertCommand = New SqlCommand("INSERT INTO Customers
(CustomerID, CompanyName) VALUES (@CustomerID, @CompanyName)")
'-- Create the parameters. (參數)
    adapter.InsertCommand.Parameters.Add("@CustomerID", _
        SqlDbType.Char, 5, "CustomerID")
    adapter.InsertCommand.Parameters.Add("@CompanyName", _
        SqlDbType.VarChar, 40, "CompanyName")

    '==================================
    adapter.UpdateCommand = New SqlCommand("UPDATE Customers SET CustomerID =
@CustomerID, CompanyName = @CompanyName WHERE CustomerID = @oldCustomerID")
'-- Create the parameters. (參數)
    adapter.UpdateCommand.Parameters.Add("@CustomerID", _
        SqlDbType.Char, 5, "CustomerID")
    adapter.UpdateCommand.Parameters.Add("@CompanyName", _
        SqlDbType.VarChar, 40, "CompanyName")
    adapter.UpdateCommand.Parameters.Add("@oldCustomerID", _
        SqlDbType.Char, 5, "CustomerID").SourceVersion = DataRowVersion.Original

    '==================================
    adapter.DeleteCommand = New SqlCommand("DELETE FROM Customers WHERE
CustomerID = @CustomerID")
'-- Create the parameters. (參數)
    adapter.DeleteCommand.Parameters.Add("@CustomerID", _
        SqlDbType.Char, 5, "CustomerID").SourceVersion = DataRowVersion.Original

    Return adapter
End Function
```

以下是一個簡單的 SqlDataAdapter 範例（C# 語法），包含各種SQL指令與對應的參數，僅供參考：

```
public static SqlDataAdapter CreateSqlDataAdapter(string commandText,
SqlConnection Conn)
{
    SqlDataAdapter adapter = new SqlDataAdapter(commandText, Conn);
    adapter.MissingSchemaAction = MissingSchemaAction.AddWithKey;

    //===================================
    adapter.InsertCommand = new SqlCommand("INSERT INTO Customers
(CustomerID, CompanyName) VALUES (@CustomerID, @CompanyName)");
    // Create the parameters. (參數)
    adapter.InsertCommand.Parameters.Add("@CustomerID",
        SqlDbType.Char, 5, "CustomerID");
    adapter.InsertCommand.Parameters.Add("@CompanyName",
        SqlDbType.VarChar, 40, "CompanyName");

    //===================================
    adapter.UpdateCommand = new SqlCommand("UPDATE Customers SET CustomerID =
@CustomerID, CompanyName = @CompanyName WHERE CustomerID = @oldCustomerID");
    // Create the parameters. (參數)
    adapter.UpdateCommand.Parameters.Add("@CustomerID",
        SqlDbType.Char, 5, "CustomerID");
    adapter.UpdateCommand.Parameters.Add("@CompanyName",
        SqlDbType.VarChar, 40, "CompanyName");
    adapter.UpdateCommand.Parameters.Add("@oldCustomerID",
        SqlDbType.Char, 5, "CustomerID").SourceVersion = DataRowVersion.Original;

    //===================================
    adapter.DeleteCommand = new SqlCommand("DELETE FROM Customers WHERE
CustomerID = @CustomerID");
    // Create the parameters. (參數)
    adapter.DeleteCommand.Parameters.Add("@CustomerID",
        SqlDbType.Char, 5, "CustomerID").SourceVersion = DataRowVersion.Original;

    return adapter;
}
```

您可以在後續的「搜尋引擎」這一章的範例裡面，學習 SqlCommand+DataReader、SqlDataAdapter+DataSet 的參數寫法。本書另有一章專門說明參數的作法：**設定參數與參數的資料型別、SqlParameterCollection 類別**。

10-7-2 OleDbDataAdapter 或 OdbcDataAdapter 參數，請用 ? 符號

如果是**OleDb**DataAdapter和 **Odbc**DataAdapter 物件，則必須使用「**問號(?)**」保留字元以識別參數。VB語法如下：

```
Dim selectSQL As String = _
  "SELECT CustomerID, CompanyName FROM Customers WHERE CountryRegion = ? AND
City = ?"

Dim insertSQL AS String = _
  "INSERT INTO Customers (CustomerID, CompanyName) VALUES (?, ?)"

Dim updateSQL AS String = _
  "UPDATE Customers SET CustomerID = ?, CompanyName = ? WHERE CustomerID = ?"

Dim deleteSQL As String = "DELETE FROM Customers WHERE CustomerID = ?"
```

補充說明 如果是**OleDb**DataAdapter和 **Odbc**DataAdapter 物件，則必須使用「**問號(?)**」保留字元以識別參數。C#語法如下：

```
string selectSQL =
  "SELECT CustomerID, CompanyName FROM Customers WHERE CountryRegion = ? AND
City = ?";

string insertSQL =
  "INSERT INTO Customers (CustomerID, CompanyName) VALUES (?, ?)";

string updateSQL =
  "UPDATE Customers SET CustomerID = ?, CompanyName = ? WHERE CustomerID = ? ";

string deleteSQL = "DELETE FROM Customers WHERE CustomerID = ?";
```

參數預留位置的語法會隨資料來源而有所不同。.NET Framework 資料提供者對於命名和指定參數及參數預留位置的處理方式各有不同。這個語法是特定資料來源專用的，如以下資料表所述：

資料提供者	參數命名語法
System.Data.SqlClient	以格式 **@parametername**（也就是 @符號 + 欄位名稱）來使用具名參數。
System.Data.OleDb	使用由**問號 (?)** 表示的位置參數標記。

資料提供者	參數命名語法
System.Data.Odbc	使用由**問號 (?)** 表示的位置參數標記。
System.Data.OracleClient	以格式 **:parmname**（或 **parmname**）使用具名參數。 註：.NET 4.0以後不再更新。建議用戶到Oracle官方網站下載ODP.NET套件。

本書另有一章專門説明參數的作法——**設定參數與參數的資料型別**、**SqlParameterCollection**類別。

10-8 TableMappings屬性

因為 DataSet裡面可以有多個 DataTable，所以TableMappings屬性是用來取得提供來源資料表和「多個 DataTable」之間主要對應（Mapping）的集合。

- 命名空間：System.Data.Common。
- 組件：System.Data（在 System.Data.dll中）。

TableMappings屬性的屬性值，型別：System.Data.Common.DataTableMappingCollection，是一個集合，提供傳回的記錄（Records）和DataSet之間的主要對應。預設值為「空集合」。

在調解變更時，DataAdapter會使用 DataTableMappingCollection集合來將由資料來源所使用的資料行（欄位）名稱和 DataSet所使用的資料行（欄位）名稱相關聯。

以下是一個簡單的 SqlDataAdapter範例（VB語法），設定 DataSet裡面幾個DataTable之間的關聯，僅供參考：

```
myDataAdapter.TableMappings.Add("Categories", "DataCategories")
myDataAdapter.TableMappings.Add("Orders", "DataOrders")
myDataAdapter.TableMappings.Add("Products", "DataProducts")

For i As Integer = 0 To myDataAdapter.TableMappings.Count - 1
    myMessage += i.ToString() + " " _
       + myDataAdapter.TableMappings(i).ToString() + ControlChars.Cr
Next
```

以下是一個簡單的 SqlDataAdapter 範例（C# 語法），設定 DataSet 裡面幾個 DataTable之間的關聯，僅供參考：

```
myDataAdapter.TableMappings.Add("Categories","DataCategories");
myDataAdapter.TableMappings.Add("Orders","DataOrders");
myDataAdapter.TableMappings.Add("Products","DataProducts");

for(int i=0; i < myDataAdapter.TableMappings.Count; i++)    {
   myMessage += i.ToString() + " "
      + myDataAdapter.TableMappings[i].ToString() + "\n";
}
```

10-9 UpdateBatchSize 屬性，批次處理大量的 SQL 命令

UpdateBatchSize 屬性，用來取得或設定每一次來回存取伺服器時所處理的資料列數目，透過「批次」處理大量的資料存取，**減少來回存取伺服器的次數，增加應用程式效能**。UpdateBatchSize 屬性值的型別：System.Int32（整數），每一 "批次" 要處理的資料列（記錄）數目。

使用 UpdateBatchSize 作業的「批次」來做 "一次性" 的傳送變更。**將其設為大於 1 的值時，與 SqlDataAdapter 相關聯的所有命令都必須將其 UpdatedRowSource 屬性設為 None 或 OutputParameters**。否則會擲回例外狀況。

底下的 UpdateBatchSize 值，代表每一批次要處理的資料列（記錄）數目。取得或設定值，其啟用或停用批次處理支援，並指定可於批次中執行的命令數目。

值	作 用
0	SqlDataAdapter 會使用伺服器可以處理的「最大」批次數量。
1	停用批次更新。
>1	使用 UpdateBatchSize 作業的批次來一次傳送變更。 指定可於批次中執行的命令數目。

使用 UpdateBatchSize 屬性來變更（更新）DataSet 的資料來源。這可藉由**減少來回存取伺服器的次數，增加應用程式效能**。

執行特別大的批次時，效能可能因而降低。因此，在實作應用程式之前，您應該先進行測試，試圖找出 "適當的" 批次大小設定（找出合適的 UpdateBatchSize 值）。

如果值設為小於"零"的數值，則會擲回 ArgumentOutOfRangeException 例外狀況。

以下是微軟 Microsoft Docs網站（前MSDN網站）提供的 VB範例，當我們批次執行三個SQL指令，分別更新、寫入、刪除記錄時，透過UpdateBatchSize作業的「批次」來做"一次性"的傳送變更，可藉由**減少來回存取伺服器的次數，增加應用程式效能**。

```
Using connection As SqlConnection = New SqlConnection(connectionString))
        Dim adapter As SqlDataAdapter = New SqlDataAdapter()

        adapter.UpdateCommand = New SqlCommand("UPDATE Production.
ProductCategory SET Name=@Name WHERE ProductCategoryID=@ProdCatID;",
            connection)
        adapter.UpdateCommand.Parameters.Add("@Name",  SqlDbType.NVarChar,
50, "Name")
        adapter.UpdateCommand.Parameters.Add("@ProdCatID",  SqlDbType.Int, 4,
"ProductCategoryID")
         adapter.UpdateCommand.UpdatedRowSource = UpdateRowSource.None

        adapter.InsertCommand = New SqlCommand("INSERT INTO Production.
ProductCategory (Name) VALUES (@Name);", connection)
        adapter.InsertCommand.Parameters.Add("@Name", SqlDbType.NVarChar, 50,
"Name")
        adapter.InsertCommand.UpdatedRowSource = UpdateRowSource.None

.
        adapter.DeleteCommand = New SqlCommand("DELETE FROM Production.
ProductCategory WHERE ProductCategoryID=@ProdCatID;", connection);
        adapter.DeleteCommand.Parameters.Add("@ProdCatID", SqlDbType.Int, 4,
"ProductCategoryID")
        adapter.DeleteCommand.UpdatedRowSource = UpdateRowSource.None

         ' 設定批次處理的大小（數量）。
        adapter.UpdateBatchSize = 3
        adapter.Update(dataTable)
End using
```

以下是微軟 Microsoft Docs網站（前MSDN網站）提供的 C#範例，當我們批次執行三個SQL指令，分別更新、寫入、刪除記錄時，透過UpdateBatchSize作業的「批次」來做"一次性"的傳送變更，可藉由**減少來回存取伺服器的次數，增加應用程式效能**。

```
using (SqlConnection connection = new SqlConnection(connectionString))    {
        SqlDataAdapter adapter = new SqlDataAdapter();

        adapter.UpdateCommand = new SqlCommand("UPDATE Production.
ProductCategory SET Name=@Name WHERE ProductCategoryID=@ProdCatID;",
            connection);
        adapter.UpdateCommand.Parameters.Add("@Name", SqlDbType.NVarChar, 50,
"Name");
        adapter.UpdateCommand.Parameters.Add("@ProdCatID", SqlDbType.Int, 4,
"ProductCategoryID");
         adapter.UpdateCommand.UpdatedRowSource = UpdateRowSource.None;

        adapter.InsertCommand = new SqlCommand("INSERT INTO Production.
ProductCategory (Name) VALUES (@Name);", connection);
        adapter.InsertCommand.Parameters.Add("@Name", SqlDbType.NVarChar, 50,
"Name");
        adapter.InsertCommand.UpdatedRowSource = UpdateRowSource.None;

.
        adapter.DeleteCommand = new SqlCommand("DELETE FROM Production.
ProductCategory WHERE ProductCategoryID=@ProdCatID;", connection);
        adapter.DeleteCommand.Parameters.Add("@ProdCatID", SqlDbType.Int, 4,
"ProductCategoryID");
        adapter.DeleteCommand.UpdatedRowSource = UpdateRowSource.None;

        // 設定批次處理的大小（數量）。
        adapter.UpdateBatchSize = 3;
        adapter.Update(dataTable);
}
```

兩個重點要提醒各位：

- 啟用批次「更新」時，應該將 DataAdapter 的 UpdateCommand、InsertCommand 和 DeleteCommand 的 **UpdatedRowSource** 屬性值設為 **None** 或 **OutputParameters**。
- 執行批次「更新」時，命令之 FirstReturnedRecord 或 Both 的 UpdatedRowSource 屬性值無效。

10-10 .Fill() 方法

在 DataSet 中加入或重新整理資料列（記錄）。

- 命名空間：System.Data.Common。
- 組件：System.Data（在 System.Data.dll 中）。

.Fill(Dataset) 方法使用的參數，dataSet 型別：System.Data.DataSet。要填入記錄和結構描述 (如果必要的話) 的 DataSet。因為.Fill() 方法有多種作法，請看後續的列表。

10-10-1 深入說明.Fill() 方法

.Fill() 方法的傳回值，型別：System.Int32（整數）。成功加入至 DataSet 或在其中重新整理的資料列（記錄）數目。這"不包含"那些不傳回資料列之陳述式（如 SQL 指令的 Insert、Update、Delete）所影響的資料列（記錄）。

.Fill() 方法使用 SQL 指令的 Select 陳述式，從資料來源擷取、查詢與取得資料。與 Select 陳述句命令相關的 IDbConnection 物件（連結）必須是**有效的，但"不"需要事先"開啟"連結**。

如果在呼叫 .Fill() 方法之前關閉 IDbConnection，它會（自動）先開啟以擷取資料，然後再（自動）關閉。如果在呼叫 .Fill() 方法之前開啟連接，它會保持開啟。

- 如果在填入資料表時發生錯誤或例外狀況，發生錯誤之前已加入的資料列（記錄）仍會保留在資料表（DataTable）中。作業的其餘部分會中止。
- 如果 Select 陳述句不傳回任何資料列（記錄）、查詢不到任何記錄，則不會將任何資料表（DataTable）加入至 DataSet，且"不會"引發例外狀況。

如果 DbDataAdapter 物件在填入（.Fill() 方法）DataTable 時遇到**「重複」的資料行（欄位）**，它會使用模式"columnName1"、"columnName2"、"columnname3"...... 等產生後續資料行（欄位）的名稱。

如果傳入的資料包含**「未命名」的資料行（欄位）**，它會根據模式"Column1"、"Column2" 等放置於 DataSet。

當指定的查詢傳回「多項結果」時，將傳回查詢之每個資料列（記錄）的結果集放置於個別資料表中。將"整數值"附加到指定的資料表名稱之後（例如，"Table"、"Table1"、"Table2" 等等），即可命名額外的結果集，也可以避免重複的命名。

因為"**不會**"針對「不傳回資料列的查詢」建立資料表，因此，如果您想要處理 Select 陳述句查詢之後，緊接著一個的新增（Insert）查詢，則為 Select 陳述句查詢所建立的資料表，將被命名為"Table"，因為它是 DataSet 第一個建立的資料表。使用資料行（欄位）和資料表名稱的應用程式時，應該**確定這些命名模式不會發生衝突**（請勿重複命名，命名需要獨一無二）。

當用來填入 DataSet的 Select陳述式傳回多項結果（例如批次 SQL陳述式）時，如果其中一項結果包含錯誤，則會略過所有後續的結果，並且不會將後續結果加入DataSet。

當使用後續 .Fill()方法呼叫來更新 DataSet的內容時，必須符合兩個條件：

1 SQL的 Select陳述式應該符合「最初」用來填入 DataSet的那個 Select陳述式，才能產生「同一個」DataTable。

2. 必須要有「主索引鍵（Primary Key）」資料行（欄位）資訊存在。

如果主索引鍵資訊存在，則會調解任何重複的資料列（記錄），並且只在對應至 DataSet的 DataTable中出現一次。主索引鍵資訊可透過 .FillSchema()方法來指定 DataTable的 PrimaryKey屬性，或者藉由將 MissingSchemaAction屬性設為AddWithKey進行設定。

如果 SelectCommand傳回 OUTER JOIN的結果，DataAdapter不會設定 PrimaryKey值給產生的 DataTable。您必須明確定義主索引鍵以確保能夠正確地解析重複的資料列（記錄）。

注意事項 處理會傳回多項結果的批次 SQL陳述式時，.NET Framework Data Provider for OLE DB之 .FillSchema()方法的實作只會擷取「第一項結果」的結構描述資訊。若要為「多個結果」擷取結構描述資訊，請使用 MissingSchemaAction設定為 AddWithKey的 .Fill()方法。

10-10-2 從單一DataAdapter填入DataSet

以下是一個簡單的範例（VB語法），使用SQL指令的Select陳述句，從單一DataAdapter填入DataSet。是最基本的DataAdapter應用與範例。

```
Dim Conn as New SqlConnection(" 資料庫的連結字串 ")
Dim adapter As SqlDataAdapter = New SqlDataAdapter("Select * From test", Conn)

Dim ds As DataSet = New DataSet
adapter.Fill(ds, "Customers")
```

以下是一個簡單的範例（C#語法），使用SQL指令的 Select陳述句，從單一DataAdapter填入DataSet。是最基本的 DataAdapter應用與範例。

```
SqlConnection Conn = new SqlConnection(" 資料庫的連結字串 ");
SqlDataAdapter adapter = new SqlDataAdapter("Select * From test", Conn);
```

```
DataSet ds = new DataSet();
adapter.Fill(ds, "Customers");
```

您可以參閱下載範例檔中的範例 Default_2_DataSet_Manual.aspx，在 **DBInit() 副程**式裡面，我們透過 DataAdapter + DataSet 的方式，把查詢的結果呈現在 GridView 裡面。以下是 VB 語法：

```
Dim Conn As New SqlConnection(WebConfigurationManager.ConnectionStrings("Web.
Config 檔裡面的 DB 連結字串 ").ConnectionString.ToString)
Dim myAdapter As SqlDataAdapter = New SqlDataAdapter("select id,test_time,
title,author from test", Conn)
Dim ds As New DataSet

        Try
            '----(1). 連結資料庫 ----
            'Conn.Open() '---- 不用寫，DataAdapter 會自動開啟
            '----(2). 執行 SQL 指令（Select 陳述句）----
            myAdapter.Fill(ds, "test")  '---- 執行 SQL 指令。取出資料放進 DataSet。

            '----(3). 自由發揮。由 GridView 來呈現資料。----
            GridView1.DataSource = ds
            '---- 標準寫法 GridView1.DataSource = ds.Tables("test").DefaultView ----
            GridView1.DataBind()
        Catch ex As Exception
            Response.Write("<HR/> Exception Error Message--" + ex.ToString())
        Finally
            '----(4). 釋放資源、關閉連結資料庫 ----
            '---- 不用寫，DataAdapter 會自動關閉
            'If (Conn.State = ConnectionState.Open) Then
            '   Conn.Close()
            '   Conn.Dispose()
            'End If
        End Try
```

您可以參閱下載範例檔中的範例 Default_2_DataSet_Manual.aspx，在 **DBInit() 副程**式裡面，我們透過 DataAdapter + DataSet 的方式，把查詢的結果呈現在 GridView 裡面。以下是 C# 語法：

```
SqlConnection Conn = new SqlConnection(WebConfigurationManager.
ConnectionStrings["Web.Config 檔裡面的 DB 連結字串 "].ConnectionString);
SqlDataAdapter myAdapter = new SqlDataAdapter("select id,test_time,title,
author from test", Conn);
DataSet ds = new DataSet();
```

```
        try  {
            //----(1). 連結資料庫 ----
            //Conn.Open();  //---- 這一行註解掉，不用寫，DataAdapter 會自動開啟
            //----(2). 執行 SQL 指令（Select 陳述句）----
            myAdapter.Fill(ds, "test");  // 執行 SQL 指令。取出資料放進 DataSet。

            //----(3). 自由發揮。由 GridView 來呈現資料。----
            GridView1.DataSource = ds;
            // 標準寫法 GridView1.DataSource = ds.Tables("test").DefaultView;
            GridView1.DataBind();
            //---- 最後，不用寫 Conn.Close()，因為 DataAdapter 會自動關閉
        }
        catch(Exception ex)  {
            Response.Write("<HR/> Exception Error Message--" + ex.ToString());
        }
        //finally  {
        //----(4). 釋放資源、關閉連結資料庫 ----
        //---- 不用寫，DataAdapter 會自動關閉
        //    if (Conn.State == ConnectionState.Open)  {
        //          Conn.Close();
        //          Conn.Dispose();
        //    }
        //}
```

SqlDataAdapter的 **.Fill()方法**使用 SQL指令的SELECT陳述句，從資料來源擷取資料。此時，DbConnection物件（如Conn）必須是**有效的，但"不需要"是開啟的**（因為DataAdapter會自動開啟或關閉連結）。

如果在呼叫 .Fill ()方法之前關閉 IDbConnection，它會先開啟連接以擷取資料，然後再關閉連接。如果在呼叫 .Fill ()方法之前開啟連接，它會保持開啟狀態。全都是自動化處理，因此，我們使用SqlDataAdapter的時候，不需要寫程式去控制Conn.Open()與 Conn.Close()。

10-10-3 從多重 DataAdapters 填入 DataSet

一個 DataSet當然可以放入好幾個 DataTable進去，請參閱以下的VB語法。我們使用兩種不同的 DataAdapter來查詢資料表，並且把兩個查詢結果放入 DataSet裡面。

```
Dim Conn as New SqlConnection(" 資料庫的連結字串 ")
Dim custAdapter As SqlDataAdapter = New SqlDataAdapter("SELECT * FROM dbo.
Customers", Conn)
Dim ordAdapter As OleDbDataAdapter = New OleDbDataAdapter("SELECT * FROM
Orders", Conn)
```

```
Dim ds As DataSet = New DataSet()
   custAdapter.Fill(ds, "Customers")      '一第一個 DataTable
   ordAdapter.Fill(ds, "Orders")          '一第二個 DataTable

   '-- 兩個 DataTable 的同一個欄位（P.K.）將兩個串起關聯！
   Dim relation As DataRelation = ds.Relations.Add("CustOrders", _
       ds.Tables("Customers").Columns("CustomerID"), _
       ds.Tables("Orders").Columns("CustomerID"))

For Each pRow As DataRow In ds.Tables("Customers").Rows
   Response.Write (pRow("CustomerID").ToString())

   For Each cRow As DataRow In pRow.GetChildRows(relation)
      Response.Write ("<br />" & cRow("OrderID").ToString())
   Next
Next
```

一個 DataSet 當然可以放入好幾個 DataTable 進去，請參閱以下的 C# 語法。我們使用兩種不同的 DataAdapter 來查詢資料表，並且把兩個查詢結果放入 DataSet 裡面。

```
SqlConnection Conn = new SqlConnection(" 資料庫的連結字串 ");
SqlDataAdapter custAdapter = new SqlDataAdapter("SELECT * FROM dbo.
Customers", Conn);
OleDbDataAdapter ordAdapter = new OleDbDataAdapter("SELECT * FROM Orders",
Conn);

DataSet ds = new DataSet();
   custAdapter.Fill(ds, "Customers");     // 第一個 DataTable
   ordAdapter.Fill(ds, "Orders");         // 第二個 DataTable

   //-- 兩個 DataTable 的同一個欄位（P.K.）將兩個串起關聯！
   DataRelation relation = ds.Relations.Add("CustOrders",
       ds.Tables["Customers"].Columns["CustomerID"],
       ds.Tables["Orders"].Columns["CustomerID"]);

foreach (DataRow pRow in ds.Tables["Customers"].Rows)   {
   Response.Write (pRow["CustomerID"]);

   foreach (DataRow cRow in pRow.GetChildRows(relation))
      Response.Write ("</ br>" + cRow["OrderID"]);
}
```

您也可以參閱範例Default_2_DataSet_Relations.aspx，也是類似的作法。

如果 DbDataAdapter物件在填入（.Fill()方法）DataTable時遇到**「重複」的資料行（欄位）**，它會使用模式"columnname1"、"columnname2"、"columnname3"......等產生後續資料行的名稱。如果傳入的資料包含**「未命名」的資料行（欄位）**，它會根據模式"Column1"、"Column2" 等放置於 DataSet。

當指定的查詢傳回「多項結果」時，將傳回查詢之每個資料列（記錄）的結果集放置於個別資料表中。將「整數值」附加到指定的資料表名稱（例如，"Table"、"Table1"、"Table2" 等等），即可命名額外的結果集，也不會產生相同的命名。

因為"**不會**"針對「不傳回資料列的查詢」建立資料表，因此，如果您想要處理Select陳述句查詢之後，緊接著一個的新增（Insert）查詢，則為Select陳述句查詢所建立的資料表將命名為"Table"，因為它是 DataSet第一個建立的資料表。使用資料行和資料表名稱的應用程式時，應該**確定這些命名模式不會發生衝突**（請勿重複命名，命名需要獨一無二）。

當用來填入 DataSet的 Select陳述式傳回多項結果（例如批次 SQL陳述式）時，如果其中一項結果包含錯誤，則會略過所有後續的結果，並且不會將後續結果加入DataSet。

.Fill()方法的多載，將 DataTable視為只取得「第一個結果」的參數。使用.Fill()方法的多載，將 DataSet視為取得「多個結果」的參數。

.Fill()方法支援 DataSet包含多個只有名稱大小寫不同的 DataTable物件的案例。在這種情況下，.Fill()方法會執行區分大小寫的比較，來找出對應的資料表，並在沒有確實符合的比對時，建立新的資料表。

簡單的 C#範例如下，先做好每個 DataTable的命名，再來執行 .Fill()方法。**請注意！ DataTable命名時會區分大小寫**。

```
DataSet dataset = new DataSet();

   dataset.Tables.Add("aaa");     // 先做好每個 DataTable的命名
   dataset.Tables.Add("AAA");     // 注意！ 命名時會區分大小寫

   adapter.Fill(dataset, "aaa");
   adapter.Fill(dataset, "Aaa");
```

10-10-4 .Fill() 方法的一覽表

.Fill() 方法一覽表	說明（以下多是繼承自 DbDataAdapter）
Fill(DataSet)	在 DataSet 中加入或重新整理資料列（記錄）。 這是最常用的作法，請參閱上面的範例。
Fill(DataTable)	使用 DataTable 名稱（型態 System.DataDataTable），加入或重新整理 DataSet 中指定範圍內的資料列（記錄），以符合那些在資料來源中的資料列（記錄）。 例外狀況 InvalidOperationException，來源資料表無效。
Fill(DataSet, String)	使用 DataSet 和 DataTable 名稱，加入或重新整理 DataSet 中的資料列（記錄），以符合那些在資料來源中的資料列（記錄）。 例外狀況 SystemException，來源資料表無效。
Fill(DataTable, IDataReader)	使用 DataTable 名稱和指定的 IDataReader，加入或重新整理 DataTable 中的資料列（記錄），以符合資料來源中的資料列（記錄）。
Fill(DataTable, IDbCommand, CommandBehavior)	使用指定的 DataTable、IDbCommand 和 CommandBehavior，加入或重新整理 DataTable 中的資料列（記錄），以符合那些在資料來源中的資料列（記錄）。
Fill(Int32, Int32, DataTable())	從指定的記錄開始擷取直到指定的記錄最大數目為止，加入或重新整理 DataTable 中的資料列（記錄），以符合那些在資料來源中的資料列（記錄）。 • **startRecord** 型別：System.Int32。要起始之以 "零" 為起始的記錄編號。 • **maxRecords** 型別：System.Int32。要擷取之記錄的最大數目。 • **dataTables** 型別：System.Data.DataTable()。要從資料來源填入的 DataTable 物件。
Fill(DataSet, Int32, Int32, String)	使用 DataSet 和 DataTable 名稱，加入或重新整理 DataSet 中指定範圍內的資料列（記錄），以符合那些在資料來源中的資料列。後續的章節（將查詢結果進行「分頁」展示）會有相關範例。 例外狀況 SystemException，DataSet 無效。例外狀況 InvalidOperationException 來源資料表無效、或連接無效。 例外狀況 InvalidCastException 找不到連線。例外狀況 ArgumentException 表示 startRecord 參數小於 0、或 maxRecords 參數小於 0。 參數，請參閱上面的説明。

.Fill() 方法一覽表	說明（以下多是繼承自 DbDataAdapter）
Fill(DataTable(), IDataReader, Int32, Int32)	在 DataTable 物件集合中所指定的範圍內加入或重新整理資料列，以符合那些在資料來源中的資料列（記錄）。 (繼承自 DataAdapter)。 參數，請參閱上面的說明。
Fill(DataSet, String, IDataReader, Int32, Int32)	使用 DataSet 和 DataTable 名稱，加入或重新整理 DataSet 中指定範圍內的資料列（記錄），以符合那些在資料來源中的資料列（記錄）。（繼承自 DataAdapter）。 參數，請參閱上面的說明。
Fill(DataTable(), Int32, Int32, IDbCommand, CommandBehavior)	使用 DataSet 和 DataTable 名稱，加入或重新整理 DataSet 中指定範圍內的資料列（記錄），以符合那些在資料來源中的資料列（記錄）。 例外狀況 SystemException，DataSet 無效。例外狀況 InvalidOperationException，來源資料表無效、或連接無效。 例外狀況 InvalidCastException，找不到連線。例外狀況 ArgumentException，startRecord 參數小於 0、或 maxRecords 參數小於 0。 參數，請參閱上面的說明。
Fill(DataSet, Int32, Int32, String, IDbCommand, CommandBehavior)	使用 DataSet、來源資料表名稱、命令字串和命令行為，加入或重新整理 DataSet 中指定範圍內的資料列，以符合那些在資料來源中的資料列（記錄）。 例外狀況 InvalidOperationException，來源資料表無效。例外狀況 ArgumentException，startRecord 參數小於 0、或 maxRecords 參數小於 0。 參數，請參閱上面的說明。

資料來源：微軟 Microsoft Docs網站（前MSDN網站）

10-11 Case Study：將查詢結果「分頁」展示（DataSet版）

上面（多載）的 .Fill() 方法，在一覽表裡面有種作法：**.Fill**(DataSet, Int32, Int32, String) 方法，非常適合用來做 DataSet的分頁。參數共有四種：

- **dataSet 型別**：System.Data.DataSet。要填入資料錄和結構描述（如果必要的話）的 DataSet。
- **startRecord 型別**：System.Int32。要起始之以"零"為起始的那一筆記錄編號。
- **maxRecords 型別**：System.Int32。要擷取之記錄的最大數目。每一個分頁要展示的記錄數目。
- **srcTable 型別**：System.String。用於資料表對應的來源資料表名稱。

例外狀況也有四種：

- SystemException，表示 DataSet 無效。
- InvalidOperationException，表示來源資料表無效、或連接無效。
- InvalidCastException，表示找不到連線。
- ArgumentException，表示 startRecord 參數小於 0、或 maxRecords 參數小於 0。

本節將會介紹三種作法來介紹 DataSet 的分頁，每一個範例都會修正上一個範例的缺失，以增強效能。本書後續章節會針對「分頁」程式提供多種範例與如何精進效能的說明。

10-11-1 傳回整個查詢結果

若要使用 .Fill() 方法傳回資料頁，請針對資料頁中的 **"第一筆記錄"（索引編號為零）**指定 startRecord 參數，再針對"資料頁中的記錄數目（每一頁會呈現幾筆記錄，如 PageSize）"指定 maxRecords 參數。

下列程式碼範例顯示如何使用 .Fill() 方法傳回查詢結果的第一頁，其頁面大小（PageSize）為五筆記錄。VB 語法如下：

```
Dim currentIndex As Integer = 0    '-- 從第一筆記錄開始。索引編號。
Dim pageSize As Integer = 5        '-- 每頁呈現五筆記錄。

Dim Conn as New SqlConnection("資料庫的連結字串")
Dim sqlstr As String = "SELECT * FROM dbo.Orders ORDER BY OrderID"
Dim adapter As SqlDataAdapter = New SqlDataAdapter(sqlstr L, Conn)

Dim ds As DataSet = New DataSet()
adapter.Fill(ds, currentIndex, pageSize, "Orders")
```

下列程式碼範例顯示如何使用 .Fill() 方法傳回查詢結果的第一頁，其頁面大小（PageSize）為五筆記錄。C# 語法如下：

```
int currentIndex = 0;    //-- 從第一筆記錄開始。索引編號。
int pageSize = 5;        //-- 每頁呈現五筆記錄。

SqlConnection Conn = new SqlConnection(" 資料庫的連結字串 ");
string sqlstr = "SELECT * FROM Orders ORDER BY OrderID";
SqlDataAdapter adapter = new SqlDataAdapter(sqlstr, Conn);

DataSet ds = new DataSet();
adapter.Fill(ds, currentIndex, pageSize, "Orders");
```

重點！ DataAdapter 可讓您輕鬆地從多載的 .Fill() 方法中僅傳回 "一頁" 資料。不過，如需對巨量查詢結果進行分頁，則這種方式可能**不是最好的選擇**，因為雖然 DataAdapter 只會將「要求的那幾筆記錄」填入目標 DataTable 或 DataSet，但上面的作法仍然會用到**傳回「整個查詢」所需的資源**。

若您要從資料來源傳回「一頁的資料列（記錄）數量」就好，並且不使用傳回整個查詢的資源，請為您的查詢指定其他準則，以將傳回的資料列縮小到必要的範圍內（也就是說：請撰寫更精準的SQL指令來查詢資料）。或是參閱下一小節的範例來改進。

10-11-2 傳回一頁所需的查詢結果

前一個範例中，DataSet 只填入了五筆記錄，但是傳回了「整個」Orders 資料表，導致效能不彰。若要以相同的五筆記錄填入 DataSet，但是只傳回五筆記錄就好，請在您的 SQL 陳述式使用 TOP 和 WHERE 子句（這樣做**效能更好！後續章節會有更多分頁的作法，搭配不同的 SQL Server 版本**），如下列範例所示，分成 VB 與 C# 兩種範例解說，但結果相同。

(1) VB 版。若要使用 .Fill() 方法傳回資料頁，請針對資料頁中的第一筆記錄指定 startRecord 參數，再針對資料頁中的記錄數目（PageSize）指定 maxRecords 參數。VB 範例如下：

```
Dim pageSize As Integer = 5    '-- 每頁呈現五筆記錄。

Dim Conn as New SqlConnection(" 資料庫的連結字串 ")
Dim sqlstr As String = "SELECT TOP " & pageSize & " * FROM Orders ORDER BY
OrderID"
Dim adapter As SqlDataAdapter = New SqlDataAdapter(sqlstrL, Conn)

Dim ds As DataSet = New DataSet()
adapter.Fill(ds, "Orders")
```

請注意，若以這種方式進行查詢結果的分頁，您必須保留用來排序資料列的唯一識別項（例如：主索引鍵，本範例的 OrderID 欄位），才能將唯一 ID 傳遞給命令以傳回下一頁記錄，如下列VB程式碼範例所示。

```
Dim lastRecord As String = ds.Tables("Orders").Rows(pageSize - 1)
("OrderID").ToString()
'-- 記住本次分頁，最後一筆記錄的「主索引鍵（OrderID 欄位）編號」。
```

(2) C#版。若要使用 .Fill() 方法傳回資料頁，請針對資料頁中的第一筆記錄指定 startRecord 參數，再針對資料頁中的記錄數目（PageSize）指定 maxRecords 參數。C#範例如下：

```
int pageSize = 5;   //-- 每頁呈現五筆記錄。

SqlConnection Conn = new SqlConnection("資料庫的連結字串");
string sqlstr = "SELECT TOP " + pageSize +" * FROM Orders ORDER BY
OrderID";
SqlDataAdapter adapter = new SqlDataAdapter(sqlstr, Conn);

DataSet ds = new DataSet();
adapter.Fill(ds, "Orders");
```

請注意，若以這種方式進行查詢結果的分頁，您必須保留用來排序資料列的唯一識別項（例如：主索引鍵，本範例的 OrderID 欄位），才能將唯一 ID 傳遞給命令以傳回下一頁記錄，如下列C#程式碼範例所示。

```
string lastRecord = dataSet.Tables["Orders"].Rows[pageSize - 1]
["OrderID"].ToString();
// 記住本次分頁，最後一筆記錄的「主索引鍵（OrderID 欄位）編號」。
```

10-11-3 傳回一頁所需的查詢結果（先清除資料列）

若要透過採用 startRecord 和 maxRecords 參數的（多載）.Fill() 方法來傳回下一頁記錄，請按頁面大小來遞增目前的記錄索引（索引編號）並填入資料表。請記住，雖然只在 DataSet 中加入一頁記錄，但實際上資料庫伺服器會傳回「整個查詢」結果。

以下兩個範例相同，只是程式語法有差異：

1. VB版。下列範例中，資料表裡面的資料列會**先經過清除後，再填入下一頁資料**。您可以在本機快取（Cache）中保留特定數量的傳回資料列，來降低往返資料庫伺服器的次數。

```
currentIndex = currentIndex + pageSize

ds.Tables("Orders").Rows.Clear()
adapter.Fill(ds, currentIndex, pageSize, "Orders")
```

要改進效率（克服上述的缺點），則要在資料庫伺服器"不"傳回「整個查詢」的情況下，傳回下一頁記錄，請對 Select陳述式指定限制準則。由於前面的範例保留了最後傳回的記錄，因此您可以在 WHERE子句使用它來指定查詢的起始點，如下列 VB範例所示。

```
Dim lastRecord As String = _
  ds.Tables("Orders").Rows(pageSize - 1)("OrderID").ToString()

sqlstr = "SELECT TOP " & pageSize &
         " * FROM Orders WHERE OrderID > " & lastRecord &
         " ORDER BY OrderID"

adapter.SelectCommand.CommandText = sqlstr

ds.Tables("Orders").Rows.Clear()
adapter.Fill(ds, "Orders")
```

2. C#版。下列範例中，資料表裡面的資料列會**先經過清除後，再填入下一頁資料**。您可以在本機快取（Cache）中保留特定數量的傳回資料列，來降低往返資料庫伺服器的次數。

```
currentIndex += pageSize;

dataSet.Tables["Orders"].Rows.Clear();
adapter.Fill(ds, currentIndex, pageSize, "Orders");
```

要改進效率（克服上述的缺點），則要在資料庫伺服器"不"傳回「整個查詢」的情況下，傳回下一頁記錄，請對 Select陳述式指定限制準則。由於前面的範例保留了最後傳回的記錄，因此您可以在 WHERE子句使用它來指定查詢的起始點，如下列 C#範例所示。

```
string lastRecord =
  dataSet.Tables["Orders"].Rows[pageSize - 1]["OrderID"].ToString();

sqlstr = "SELECT TOP " + pageSize +
         " * FROM Orders WHERE OrderID > " + lastRecord +
         " ORDER BY OrderID";

adapter.SelectCommand.CommandText = sqlstr;

ds.Tables["Orders"].Rows.Clear();
adapter.Fill(ds, "Orders");
```

10-12 .Update() 方法，資料異動

針對指定的 DataSet 中每個插入、更新或刪除的資料列（記錄），呼叫個別的 INSERT、UPDATE 或 DELETE 陳述式。

- 命名空間：System.Data.Common。
- 組件：System.Data（在 System.Data.dll 中）。

完整的 .Update() 方法後續有一份列表，常用的有這兩個：

1. 如果您使用 .**Update**(DataSet) 方法，參數只有一個，型別：System.Data.DataSet，用來更新資料來源的 DataSet。
2. 如果您使用 .**Update**(DataSet, String) 方法，參數有兩個。
   - 型別：System.Data.DataSet，用來更新資料來源的 DataSet。
   - 型別：System.String，用於資料表對應的**「來源資料表」名稱。特別強調，會區分英文大小寫！**

   .Update() 方法支援 DataSet 包含多個只有名稱大小寫不同的 DataTable 物件的案例。當 DataSet 中存在多個具有相同名稱，但名稱大小寫不同的資料表時，.Update() 方法會執行區分大小寫的比較以尋找對應的資料表，如果找不到相符的資料表，則會產生例外狀況。

```
DataSet ds = new DataSet();
 ds.Tables.Add("aaa");
 ds.Tables.Add("AAA");

 adapter.Update(ds, "aaa");
 // 資料表對應的「來源資料表」名稱。會區分英文大小寫！
 adapter.Update(ds, "AAA");
 // 資料表對應的「來源資料表」名稱。會區分英文大小寫！

    adapter.Update(ds, "Aaa");
    // 找不到同名的資料表名稱，發生例外狀況！
```

不過，.Update() 方法傳回值的型別都一樣是 System.Int32（整數），表示自 DataSet 中成功更新（或是被改寫過）的資料列（記錄）數目。

10-12-1 新增所使用的 .Update() 方法

請您參閱範例 DataSet_Insert.aspx。這個範例的新增步驟比較特殊：

1. 我們必須先使用 .Fill() 方法，把資料庫的記錄 " 填滿 " DataSet。
2. 然後在 **DataTable 裡面動手新增一列「全新的」DataRow**，並且把這一列的每一個欄位（資料行）的值填好。
3. 自行撰寫 InsertCommand。等待後續的 .Update() 方法來呼叫。
4. 執行 .Update() 方法，真正把「新增的這一列」資料列，回寫到資料庫裡面。

因為 DataSet 的章節也有解說，程式碼請您自行參閱下載範例檔或是 DataSet 那一章。

10-12-2 刪除所使用的 .Update() 方法

請您參閱範例 Default_2_DataSet_Manual.aspx，GridView 的 RowDeleting 事件，請看裡面的「方法 B」。這個範例的刪除步驟如下：

1. 自行撰寫 UpdateCommand。等待後續的 .Update() 方法來呼叫。
2. 我們必須先使用 .Fill() 方法，把資料庫的記錄填滿 DataSet。
3. 然後呼叫 .Delete 方法，直接刪除 DataTable 裡面這一列 DataRow。
4. 執行 .Update() 方法，真正把「已被刪除的這一列 DataRow」資料列，回寫到資料庫裡面（真正在資料庫裡面進行 " 刪除 " 動作）。

因為 DataSet 的章節也有解說，程式碼請您自行參閱下載範例檔或是 DataSet 那一章。

10-12-3 更新所使用的 .Update() 方法

請您參閱範例 Default_2_DataSet_Manual.aspx，GridView 的 RowUpdating 事件，請看裡面的「方法 B」。這個範例的更新步驟比較特殊：

1. 自行撰寫 UpdateCommand。等待後續的 .Update() 方法來呼叫。
2. 我們必須先使用 .Fill() 方法，把資料庫的記錄填滿 DataSet。
3. 然後**直接修改 DataTable 裡面這一列 DataRow**，並且把這一列的每一個欄位（資料行）**要修正的數值、資料值都直接改好**。
4. 執行 .Update() 方法，真正把「修改完畢的這一列」資料列，回寫到資料庫裡面。

因為 DataSet 的章節也有解說，程式碼請您自行參閱下載範例檔或是 DataSet 那一章。

10-12-4 深入解說 .Update() 方法

當應用程式呼叫 .Update() 方法時，DbDataAdapter 會根據 DataSet 中設定的索引順序檢查 RowState 屬性，並反覆的為每個資料列執行必要的 INSERT、UPDATE 或 DELETE 陳述式（SQL 指令）。例如，.Update() 方法可能會因為 **DataTable 中資料列（記錄）的 "順序"**，而先執行 DELETE 陳述式，然後 INSERT 陳述式，最後再執行另一個 DELETE 陳述式。

應該注意的是，**這些 SQL 指令的陳述式並 "不會" 當做一個批次程序來執行，而是每個資料列（記錄）個別更新**。應用程式可以在必須控制陳述式類型順序（例如 INSERT 在 UPDATE 之前）的情況下，呼叫 DataSet 的 .GetChanges() 方法。

如果尚未指定 INSERT、UPDATE 或 DELETE 陳述式，則 .Update() 方法會產生例外狀況。然而，如果您設定 .NET Framework 資料提供者的 SelectCommand 屬性（先寫好 Select 陳述句），即可建立 SqlCommandBuilder 或 OleDbCommandBuilder 物件，自動產生 "單一資料表" 更新的 SQL 陳述式。接著，CommandBuilder 會產生您尚未設定的其他任何 SQL 陳述式（例如：INSERT、UPDATE 或 DELETE 陳述式）。因為 CommandBuilder 的 **(1) 效率不好，(2) 只能針對 "（有主索引鍵的）單一資料表"** 來產生對應的 SQL 指令，我們不建議您這樣做。您可以參閱範例 Default_2_DataSet_Manual.aspx 裡面 GridView 的 RowUpdating 事件，有 SqlCommandBuilder 相關的寫法。

.Update() 方法會在執行更新之前，從第一次對應所列的資料表中擷取資料列（記錄）。然後 .Update() 方法會使用 UpdatedRowSource 屬性的值重新整理資料列（記錄）。其他的所有資料列（記錄）會被忽略。

在任何資料載入回 DataSet 後，會引發 OnRowUpdated 事件，允許使用者檢查調整的 DataSet 資料列（記錄）以及命令所傳回的任何輸出參數。更新資料列（記錄）成功後，對該資料列（記錄）的變更將被接受。

使用 .Update() 方法時，執行的順序如下：

1. DataRow 中的值會移動至參數值。
2. OnRowUpdating 事件被引發。
3. 執行命令。
4. 如果命令設定為 FirstReturnedRecord，則傳回的第一個結果會放置在 DataRow 中。

5. 如果有輸出參數，它們會被放置於 DataRow。
6. OnRowUpdated 事件被引發。
7. 會呼叫 DataSet 的 .AcceptChanges() 方法。

與 DbDataAdapter 關聯的每個命令通常都具有與它關聯的參數集合。會經由 .NET Framework 資料提供者之 Parameter 類別的 SourceColumn 和 SourceVersion 屬性，將參數對應至目前的資料列（記錄）。SourceColumn 會參考 DataTable 資料行，DbDataAdapter 參考該資料行（欄位）以取得目前資料列（記錄）的參數值。

在套用任何資料表對應之前，SourceColumn 會參考未對應的資料行名稱。如果 SourceColumn 參考不存在的資料行，則會根據下列其中一個 MissingMappingAction 值來採取動作。

MissingMappingAction 列舉型別值	採取的動作
MissingMappingAction.**Passthrough**	使用原始名稱所建立並加入至 DataSet 的來源資料行（欄位）或來源資料表。 如果沒有對應存在，會使用 DataSet 中的來源資料行（欄位）名稱和資料表名稱。
MissingMappingAction.**Ignore**	會略過不具有對應的資料行（欄位）或資料表。傳回 Nothing（VB 語法）或 null（C# 語法）。 產生 SystemException 例外狀況。當明確設定對應時，輸入參數的對應遺漏通常是錯誤的結果。
MissingMappingAction.**Error**	如果缺少指定的資料行（欄位）對應，則會產生 InvalidOperationException 例外狀況。 產生 SystemException 例外狀況。

SourceColumn 屬性也用來將輸出或輸入/輸出參數的值對應回 DataSet。如果參考不存在的資料行（欄位），會產生例外狀況。

.NET Framework 資料提供者之 Parameter 類別的 SourceVersion 屬性會判斷要使用資料行（欄位）值的 Original、Current 或 Proposed 版本。這個功能常用來包含 UPDATE 陳述式的 WHERE 子句中的原始值，以檢查"開放式並行"存取違規。註解：開放式並行存取，就是「同一筆記錄」在「同一時間」內「多人」進行存取，尤其是進行修改或刪除而產生的衝突情況。

10-12-5 .Update() 方法一覽表

.Update() 方法一覽表	說明（以下多是繼承自 DbDataAdapter）
Update(DataRow())	針對指定的 DataRow 物件陣列中每個插入、更新或刪除的資料列（記錄），呼叫個別的 INSERT、UPDATE 或 DELETE 陳述式。(繼承自 DbDataAdapter)。 例外狀況： • ArgumentNullException，DataSet 無效。 • InvalidOperationException，來源資料表無效。 • SystemException，要更新的 DataRow 不存在。或要更新的 DataTable 不存在。或要用來做為來源的 DataSet 不存在。 • DBConcurrencyException，嘗試執行 INSERT、UPDATE 或 DELETE 陳述式會造成沒有資料列（記錄）受影響。
Update(DataSet) （*常用）	針對指定的 DataSet 中每個插入、更新或刪除的資料列（記錄），呼叫個別的 INSERT、UPDATE 或 DELETE 陳述式。(繼承自 DbDataAdapter)。 例外狀況有兩個： • InvalidOperationException，來源資料表無效。 • DBConcurrencyException，嘗試執行 INSERT、UPDATE 或 DELETE 陳述式會造成沒有資料列（記錄）受影響。
Update(DataTable)	針對指定的 DataTable 中每個插入、更新或刪除的資料列（記錄），呼叫個別的 INSERT、UPDATE 或 DELETE 陳述式。(繼承自 DbDataAdapter)。 例外狀況，如同第一個 .**Update**(DataRow()) 方法所示。
Update(DataRow(), DataTableMapping)	針對指定的 DataRow 物件陣列中每個插入、更新或刪除的資料列（記錄），呼叫個別的 INSERT、UPDATE 或 DELETE 陳述式。(繼承自 DbDataAdapter)。 例外狀況，如同第一個 .**Update**(DataRow()) 方法所示。
Update(DataSet, String) （*常用）	針對具有指定 DataTable 名稱之 DataSet 的每個插入、更新或刪除的資料列（記錄），呼叫個別的 INSERT、UPDATE 或 DELETE 陳述式。(繼承自 DbDataAdapter)。 例外狀況： • ArgumentNullException，DataSet 無效。 • InvalidOperationException，來源資料表無效。 • DBConcurrencyException，嘗試執行 INSERT、UPDATE 或 DELETE 陳述式會造成沒有資料列（記錄）受影響。

資料來源：微軟 Microsoft Docs 網站（前 MSDN 網站）

ADO.NET的DataAdapter公開三個事件，可讓您用來回應資料來源中的資料變更。下列表格簡單介紹DataAdapter事件。

DataAdapter 事件	說明
RowUpdating	資料列上的UPDATE、INSERT或DELETE作業（呼叫其中一個.Update()方法）**即將開始**。 **註解** 在資料來源中，處理DataSet資料列的任何更新「之前」，會引發RowUpdating事件。 所以，您可以使用RowUpdating事件，在更新發生前，修改更新行為，讓您更能控制更新發生的時間、保留對已更新資料列（記錄）的參考、取消目前更新、將更新排程於稍後進行批次處理等其他功能。 這事件中傳遞的引數e，名為RowUpdat**ing**EventArgs。
RowUpdated	資料列上的UPDATE、INSERT或DELETE作業（呼叫其中一個.Update()方法)**已經完成**。 **註解** 在資料來源處理任何對DataSet資料列的更新「之後」，便會引發RowUpdated事件。 RowUpdated事件則是回應更新過程中發生錯誤和例外狀況的好方法。您可以將錯誤資訊加入DataSet以及重試邏輯等等。 這事件中傳遞的引數e，名為RowUpdat**ed**EventArgs。
FillError	執行.Fill()方法時，作業過程中發生錯誤。

傳遞至RowUpdating和RowUpdated這兩項事件的RowUpdat**ing**EventArgs參數和RowUpdat**ed**EventArgs參數(也就是**事件參數 e**)。這兩個事件的參數e略有差異。

以下屬性，兩個事件的參數e都有：

- **Command 屬性**，參考用來執行更新作業的Command物件。
- **Row 屬性**，參考內含已更新資訊的DataRow物件。
- **StatementType 屬性**，指定執行的更新類型；共有四種狀態。Select、Insert、Update、Delete，四個狀態可分別用"數字0~3"表示。
- **TableMapping** (如果有的話)。
- 作業用的 **Status 屬性**，請參閱下表。

以下兩個屬性，只有在RowUpdat**ed**事件的RowUpdat**ed**EventArgs參數才有：

- **RowCount 屬性**，本次更新的資料列（記錄）數量。
- **RecordsAffected 屬性**，本次更新完成，受到影響的資料列（記錄）數量。

■ 其餘屬性跟上面的RowUpdating事件一樣。

您可以使用Status屬性來判斷作業期間是否發生錯誤，也可以依您的需要，控制目前和結果資料列的動作。**發生事件時，Status屬性即等於Continue或ErrorsOccurred**。您可以將Status屬性設成下列表格所顯示的值，以控制更新期間的後續動作。

Status屬性的狀態	說明
Continue	繼續更新作業。
SkipCurrentRow	「忽略」目前資料列，並繼續更新作業。
ErrorsOccurred	中止更新作業，並擲回例外狀況。 **註解** 若將Status屬性設為 ErrorsOccurred，則會擲回例外狀況。您可以將Errors屬性設定為您希望的例外狀況，以控制擲回的例外狀況。
SkipAllRemainingRows	中止更新作業，但「不」擲回例外狀況。

您也可以使用ContinueUpdateOnError屬性來處理更新資料列（Row，記錄）的錯誤。如果DataAdapter.ContinueUpdateOnError為true，則當資料列的更新擲回例外狀況時，會將例外狀況的文字放入特定資料列的RowError資訊中，並繼續作業，而不擲回例外狀況。

這樣一來，您可以在完成.Update()方法"之後"才回應錯誤，而RowUpdat**ed**事件則是讓您在發生錯誤時，可立即回應該錯誤。

10-13 DataAdapter的三個事件

ADO.NET的 DataAdapter公開三個事件，可讓您用來回應資料來源中的資料變更。下列表格簡單介紹 DataAdapter事件。

DataAdapter 事件	說明
RowUpdating	資料列上的 UPDATE、INSERT或 DELETE作業（呼叫其中一個.Update()方法）**即將開始**。 **註解** 在資料來源中，處理 DataSet資料列的任何更新「之前」，會引發RowUpdating事件。所以，您可以使用 RowUpdating事件，在更新發生前，修改更新行為，讓您更能控制更新發生的時間、保留對已更新資料列的參考、取消目前更新、將更新排程於稍後進行批次處理等其他功能。 這事件中傳遞的引數e，名為RowUpdat**ing**EventArgs。

DataAdapter 事件	說明
RowUpdated	資料列上的 UPDATE、INSERT 或 DELETE 作業（呼叫其中一個 .Update() 方法）已經完成。 註解 在資料來源處理任何對 DataSet 資料列的更新「之後」，便會引發 RowUpdated 事件。RowUpdated 事件則是回應更新過程中發生錯誤和例外狀況的好方法。您可以將錯誤資訊加入 DataSet 以及重試邏輯等等。 這事件中傳遞的引數 e，名為 RowUpdat**ed**EventArgs。
FillError	執行 .Fill( ) 方法時，作業過程中發生錯誤。

10-13-1 .Update() 方法的兩大事件，RowUpdating 和 RowUpdated

請參閱範例 SqlDataAdapter_RowUpdating.aspx。這兩個事件最重要的地方，就是他們的「**執行時間點**（請看上表說明）」與「**參數 e**」。

傳遞至 RowUpdating 和 RowUpdated 這兩項事件的 RowUpdat**ing**EventArgs 和 RowUpdat**ed**EventArgs 參數（也就是**事件參數 e**）。這兩個事件的參數 e 略有一些差異。以下屬性，兩個事件的參數 e 都有：

- **Command 屬性**，參考用來執行更新作業的 Command 物件。
- **Row 屬性**，參考內含已更新資訊的 DataRow 物件。
- **StatementType 屬性**，指定執行的更新類型；共有四種狀態。Select / Insert / Update / Delete，四個狀態可分別用 "數字 0~4" 表示。
- **TableMapping**（如果有的話）。
- 作業用的 **Status 屬性**，請參閱下表。

以下兩個屬性，只有在 RowUpdat**ed** 事件的 RowUpdat**ed**EventArgs 參數才有：

- **RowCount 屬性**，本次更新的資料列（記錄）數量。
- **RecordsAffected 屬性**，本次更新完成之後，受到影響的資料列（記錄）數量。
- 其餘屬性跟上面的 RowUpdating 事件一樣。

您可以使用 Status 屬性來判斷作業期間是否發生錯誤，也可以依您的需要，控制目前和結果資料列的動作。**發生事件時，Status 屬性即等於 Continue 或 ErrorsOccurred**。您可以將 Status 屬性設成下列表格所顯示的值，以控制更新期間的後續動作。

Status 屬性的狀態	說明
Continue	繼續更新作業。
SkipCurrentRow	「忽略」目前資料列（記錄），並繼續更新作業。
ErrorsOccurred	中止更新作業，並擲回例外狀況。 **註解** 若將 Status 屬性設為 ErrorsOccurred，則會擲回例外狀況。您可以將 Errors 屬性設定為您希望的例外狀況，以控制擲回的例外狀況。
SkipAllRemainingRows	中止更新作業，但「不」擲回例外狀況。

您也可以使用 ContinueUpdateOnError 屬性來處理更新資料列（記錄）的錯誤。如果 DataAdapter.ContinueUpdateOnError 為 true，則當資料列（記錄）的更新擲回例外狀況時，會將例外狀況的文字放入特定資料列（記錄）的 RowError 資訊中並繼續作業，而不擲回例外狀況。這樣一來，您可以在完成 .Update() 方法後才回應錯誤，而 RowUpdated 事件則是讓您在發生錯誤時 " 立即 " 回應該錯誤。

10-13-2 .Fill() 方法的 FillError 事件

.Fill() 方法的作業期間發生錯誤時，DataAdapter 會發出 FillError 事件。當加入資料列中的資料必須放棄一些精確度，不然無法轉換為 .NET Framework 型別時，通常就會發生這類型的錯誤。

.Fill() 方法作業期間如果發生錯誤，則不會將目前的資料列加入 DataTable。 FillError 事件可讓您解析錯誤並加入資料列，或忽略排除的資料列，繼續進行 .Fill() 方法作業。

傳遞給 FillError 事件的 FillErrorEventArgs 可包含數個屬性，讓您回應並解決錯誤。下列表格顯示 FillErrorEventArgs 物件的屬性。

- Errors，所發生的 Exception。
- DataTable，發生錯誤時，填入的 DataTable 物件。
- Values（注意最後有一個 s），當發生錯誤時，包含加入資料列值的物件 " 陣列 "。Values 陣列的序數參考對應至加入資料列資料行的序數參考。例如，Values[0] 便是當成資料列第一個資料行而加入的值。
- Continue，可讓您選擇是否要擲回例外狀況。將 Continue 屬性設為 false，即可中斷目前的 .Fill() 方法作業，並擲回例外狀況。將 Continue 設為 true，則不管是否發生錯誤，都將繼續進行 .Fill() 方法。

下列VB程式碼範例針對 DataAdapter 的 FillError事件，加入事件處理常式。範例的FillError事件程式碼會在有機會回應例外狀況時，判斷是否可能會缺少精確度。

```
'*** 動態加入一個 FillError 事件 ***
AddHandler adapter.FillError, New FillErrorEventHandler(AddressOf FillError)

Dim dataSet As DataSet = New DataSet
adapter.Fill(dataSet, "ThisTable")

Private Shared Sub FillError(sender As Object, _
  args As FillErrorEventArgs)
  If args.Errors.GetType() Is Type.GetType("System.OverflowException") Then
    ' Code to handle precision loss.
    ' Add a row to table using the values from the first two columns.
    DataRow myRow = args.DataTable.Rows.Add(New Object() _
      {args.Values(0), args.Values(1), DBNull.Value})
    ' Set the RowError containing the value for the third column.
    args.RowError = _
      "OverflowException encountered. Value from data source: " & _
      args.Values(2)
    args.Continue = True
  End If
End Sub
```

下列C#程式碼範例針對 DataAdapter 的 FillError事件，加入事件處理常式。範例的FillError事件程式碼會在有機會回應例外狀況時，判斷是否可能會缺少精確度。

```
//*** 動態加入一個 FillError 事件 ***
adapter.FillError += new FillErrorEventHandler(FillError);

DataSet dataSet = new DataSet();
adapter.Fill(dataSet, "ThisTable");

protected static void FillError(object sender, FillErrorEventArgs args)
{
  if (args.Errors.GetType() == typeof(System.OverflowException))
  {
    // Code to handle precision loss.
    //Add a row to table using the values from the first two columns.
    DataRow myRow = args.DataTable.Rows.Add(new object[]
       {args.Values[0], args.Values[1], DBNull.Value});
    //Set the RowError containing the value for the third column.
    args.RowError =
       "OverflowException Encountered. Value from data source: " +
       args.Values[2];
    args.Continue = true;
  }
}
```

10-13-3 在MS SQL Server之外，DataAdapter的限制

DataAdapter物件存在於四種型態內：SqlDataAdapter（本書採用此者）、**OracleDataAdapter**、**OdbcDataAdapter與OleDbDataAdapter**。不過，除了微軟強力支援的SQL Server資料庫（SqlDataAdapter）之外，其餘三種DataAdapter物件都有**某些的限制**，請大家注意一下：

- **OdbcDataAdapter的限制**：由於原生ODBC驅動程式的限制，當您呼叫.FillSchema()方法時，只會傳回一個DataTable。即使執行預期會有多個DataTable物件的SQL批次指令時，也是這種狀況。
- **OracleDataAdapter的限制**：Oracle .NET Framework Data Provider不支援批次SQL指令。不過，它可讓您使用多個REF CURSOR輸出參數來填入DataSet，每個都位於本身的DataTable物件中。您必須定義參數，將它們標記為輸出參數，並指示它們是REF CURSOR資料型別。請注意，當OracleDataAdapter是使用預存程序所傳回的REF CURSOR參數來執行.Fill()方法時，您就無法使用.Update()方法，因為Oracle不提供SQL指令執行時，判斷資料表名稱與資料行名稱所需的資訊。

  作者註解 .NET 4.0起，如果您要連結Oracle資料庫，請使用Oracle原廠的ODP.NET。
- **OledbDataAdapter的限制**：某些OLE DB提供者，包括MSDataShape提供者，不會傳回基底資料表或主索引鍵資訊。因此，OleDbDataAdapter無法在任何已建立的DataTable上正確地設定PrimaryKey屬性。在這種情況下，您應該在DataSet中明確指定資料表的主索引鍵。

MEMO

11 跨平台 ADO.NET 範例（Windows Form/.exe 執行檔）

CHAPTER

ASP.NET（Web Form）常用到的 **DataSource 控制項**（如：SqlDataSource、LinqDataSource、EntityDataSource 或是 AccessDataSource 等）並不是**真正的 ADO.NET**（隸屬於 **System.Data** 命名空間）而是經過包裝與簡化後的資料存取「**精靈**」，只能用在ASP.NET Web Form網頁程式裡面。

在微軟 Microsoft Docs網站（前MSDN網站）上查到這些DataSource控制項都隸屬於 **System.Web.UI.WebControls 命名空間**。簡單的說，SqlDataSource就跟ASP.NET網頁的TextBox、Button等（基礎控制項）與GridView、ListView等（資料繫結控制項）一樣，只是「**網頁 Web Form專用**」的**UI**（User Interface，使用者介面）而已。

SqlDataSource 控制項只有網頁能用，並非跨平台的 System.Data 命名空間

下圖可證明：ASP.NET網頁專用的SqlDataSource控制項「**DataSourceMode**」屬性裡面只有**DataReader與DataSet**兩者可選。證明SqlDataSource控制項裡面，真正處理「資料庫存取」的就是ADO.NET這兩者。

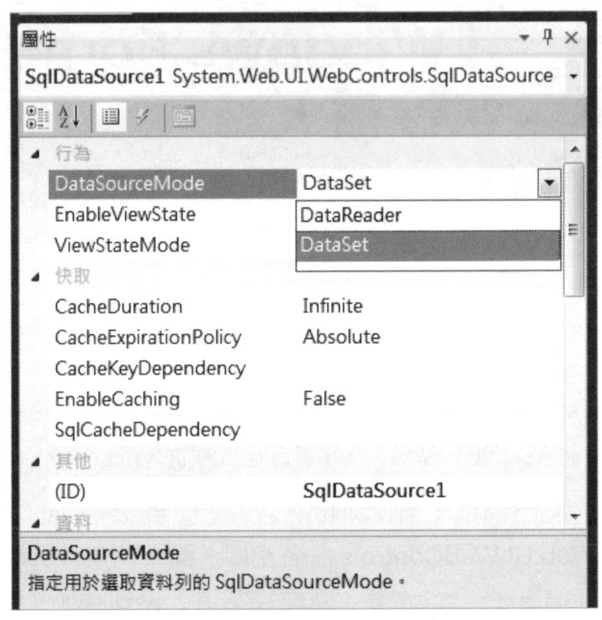

⊙ SqlDataSource 的 DataSourceMode 屬性，只有 DataReader 與 DataSet 兩者可選

我們學習的ADO.NET程式（System.Data命名空間）如：DataReader與DataSet才是真正的ADO.NET程式，他們可以在ASP.NET網頁（Web Form）上執行，也可以在Windows Form（.exe檔或是.dll檔）上正常運作。聰明的您定然領悟，學好ADO.NET就真正學好「跨平台」的資料存取，這才是有效的學習與投資！

DataReader與DataSet與他們搭配的Connection、Command、DataAdapter等，都隸屬於**System.Data命名空間**。從命名空間的名稱得知，ADO.NET是System底下直接存取資料來源的關鍵！

我們將直接沿用ASP.NET網頁愛用的DataReader範例，把這些程式碼Copy到Windows Form專案（.exe檔或是.dll檔），幾乎不用大改就能正常運作。由此證明ADO.NET是跨平台的資料存取程式！

本範例可以用在各種Visual Studio版本（2005~2019，從.NET 2.0起的各版本）。請放心使用，不要被版本與操作畫面迷惑，而忽略了「跨平台」資料存取的重點！

您可以在YouTube看到本範例的教學影片，請搜尋關鍵字「mis2000lab windows ADO.NET 1080p」即可找到。本章的操作步驟，從VS 2005（.NET 2.0版）~2019（.NET 4.8版）都沒啥變化，網址https://youtu.be/tH3xRVHf-qU（已轉成1080p高解析影片）。

11-1 Windows Form 寫法（I）—基礎篇

沿用既有的DataReader範例程式，幾乎不需要大幅改動就能瞬間轉成Windows Form的.exe執行檔，如下圖。我們希望按下Button按鈕之後，第一筆記錄的title欄位內容就會呈現在TextBox裡面。請跟著我們作下去。

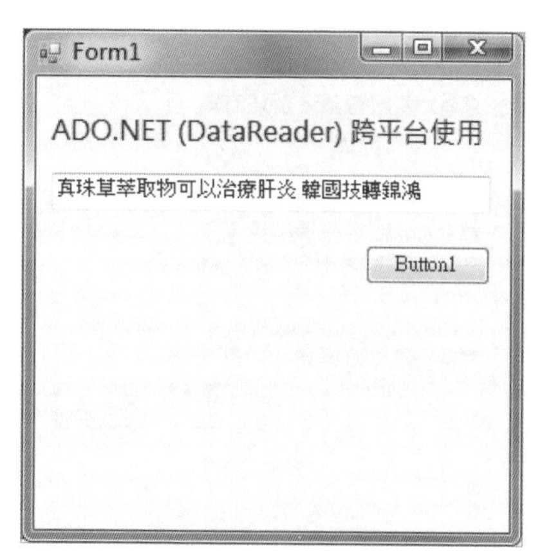

⊙ 專案 WindowsApplication1_ADO_NET 的執行成果

首先，以前的Visual Studio請用「**新增專案（Project）**」並選擇「**Windows Form應用程式**」。請看下圖說明。本範例的專案為WindowsApplication1_ADO_NET。

⊙ 新增專案→ Windows Form 應用程式（至於語法，您可以任選 VB 或 C#）

新版VS 2019因為專案類型較多，畫面略有修改，請看下圖的連續說明。請選擇專案——Windows Form APP（.NET Framework，.NET完整版）。

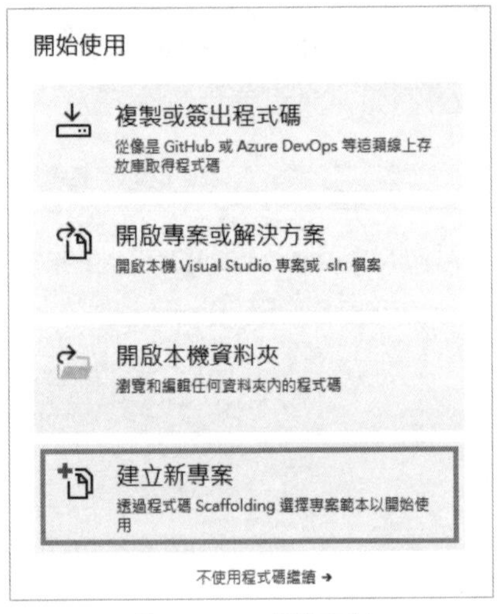

VS 2019 新增專案

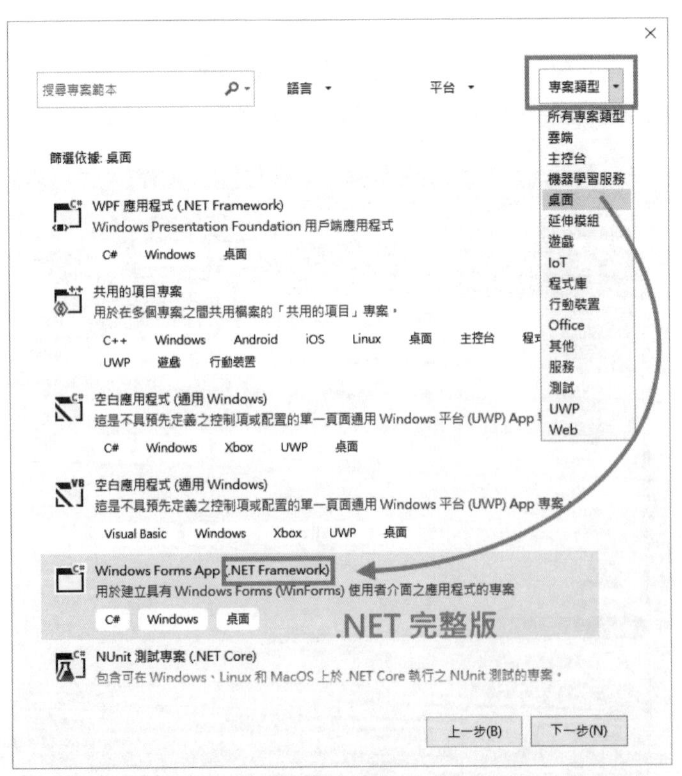

先選左上方的專案類型為「桌面（Desktop）」，再來選擇 Windows Form 專案。注意！我們使用的是「.NET 完整版（.NET Framewrok）」

11-1-1 Windows Form 畫面設計

Visual Studio讓您沿用以前開發ASP.NET的經驗，無痛、無縫地快速上手Windows Form程式設計。如果第一個跨平台的範例只是寫寫"Hello, The World"就沒什麼了不起，我們第一個Windows Form範例直接連結資料庫，而且使用Web Form常用的DataReader+SqlCommand來作，有別於Windows Form常用的DataSet（資料集）真正讓您第一次就上手。

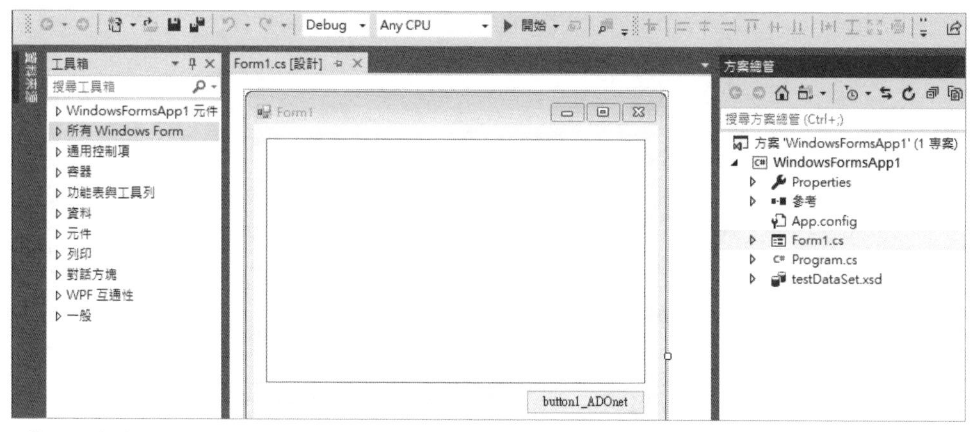

以既有的 ASP.NET（Web Form）畫面設計經驗，將 TextBox、Button 放到 Windows Form 畫面中

11-1-2 後置程式碼

接著撰寫後置程式碼，請把程式寫在**Button的Click事件**裡面，您也發現Windows Form的Button事件竟然可以多不勝數，跟Web Form全然不同。

請直接Copy手邊的現成ASP.NET程式（ADO.NET - SqlCommand + SqlDataReader）幾乎不用修改就能執行。

第一、先在程式碼最上方，加入命名空間。

```
using System.Data.SqlClient;     //---- 自己寫的、加入宣告 ----
// 有些命名空間，C# 的程式碼上方已經先宣告完畢。不需要自己寫。
```

第二、把DataReader的程式，連結資料庫的四大步驟，直接Copy到button1的Click事件裡面。C#語法，請看範例Form1.cs（專案名稱WindowsApplication1_ADO_NET_CS）

```
private void button1_Click(object sender, EventArgs e)
{   //======= 微軟 SDK 文件的範本 =======
    //---- 第一，連結資料庫
    //---- 把連結字串固定（寫死）在程式碼裡面。也可以寫在 Web.Config 檔裡面。
    SqlConnection Conn = new SqlConnection("Data Source=.\\SqlExpress;Initial
Catalog=test;Integrated Security=True");
        //---- C# 的「\」符號有特殊用處。要使用「\\」符號才能顯示出「\」符號。

    SqlDataReader dr = null;
    SqlCommand cmd = new SqlCommand("select top 1 title from test", Conn);
    try  {  //==== 以下程式，只放「執行期間」的指令！ =========
            Conn.Open();   //---- 這時候才連結 DB
            dr = cmd.ExecuteReader();   //---- 第二，執行 SQL 指令，取出資料
            while (dr.Read())    {   //---- 第三，畫面呈現、自由發揮。
                textBox1.Text = dr["title"].ToString();
            }
    }
    catch(Exception ex)  {  //---- 如果程式有錯誤或是例外狀況，將執行這一段
            //-- 省略
    }
    finally  {   //---- 第四，釋放資源、關閉資料庫的連結。
            if (dr != null)  {
                cmd.Cancel();
                dr.Close();
            }
            if (Conn.State == ConnectionState.Open)   {
                Conn.Close();
                Conn.Dispose();
            }
    }
}
```

完成上面的畫面與程式之後，請按下「綠色三角形（Play）」的按鈕，便可以執行 Windows Form 程式。

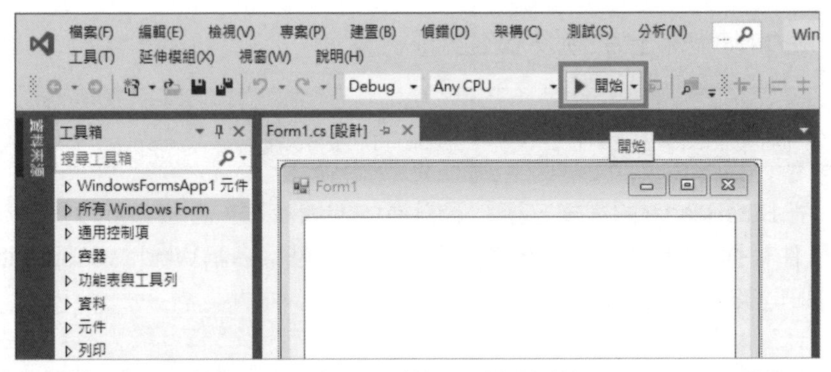

▲ 畫面上方的「綠色三角形（Play）」按鈕，可編譯與執行 Windows Form 程式

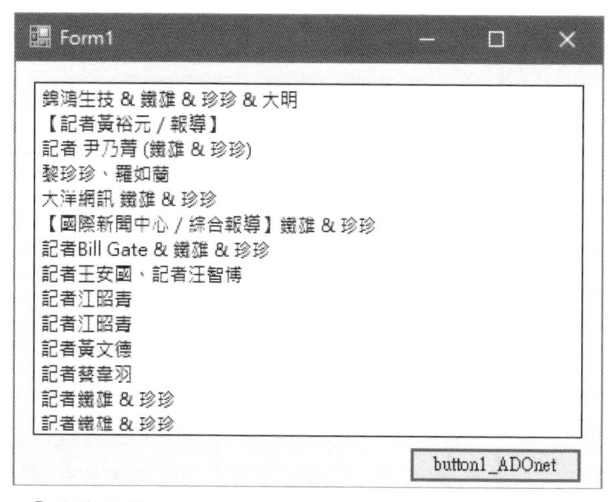

⊙ 專案名稱 WindowsApplication1_ADO_NET 的執行成果

這時候會把程式編譯成 .exe 檔案，您可以在「檔案總管」找到本專案在硬碟上的目錄，底下有一個 **\bin** 目錄，在此放置了編譯成功的 .exe 檔。

在「**我的文件**」裡面，可以找到這個目錄，裡面就有您剛剛編譯完成的 .exe 檔案。**Visual Studio 20xx\Projects\WindowsApplication1_ADO_NET**（註：你的專案名稱）**\WindowsApplication1_ADO_NET\bin**

11-2 Windows Form 寫法（II）—在 App.Config 檔的連結字串

為了日後修改、或是轉移到其他環境，我們通常會把 ASP.NET 程式的資料庫連結字串，放在 Web.Config 檔案裡面。不過，在 Windows Form 程式裡面，設定檔則改成 **App.Config** 檔。本範例請看專案 WindowsApplication2_ADO_NET_AppConfig。

11-2-1 利用精靈產生 DB 連結字串

這個範例有兩個地方改進：

第一、畫面上呈現 **"多筆"** 記錄，因此 TextBox 必須設定 **Multiline 屬性 = true**。

第二、**透過大型控制項**（如 **DataGridView**）**與精靈**，**自動幫我們產生 DB** 連結字串，並且存放在設定檔（也就是 App.Config 檔）裡面。請看下圖。

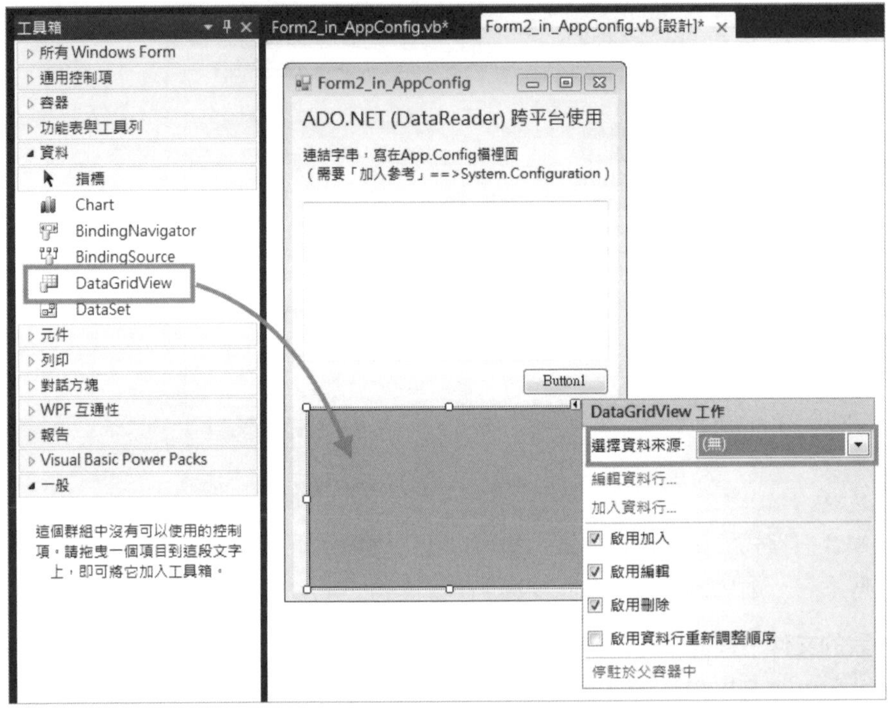

⊙ 專案名稱 WindowsApplication2_ADO_NET_AppConfig 的畫面設計。先透過大型控制項（如 DataGridView）與精靈，幫我們產生 DB 連結字串

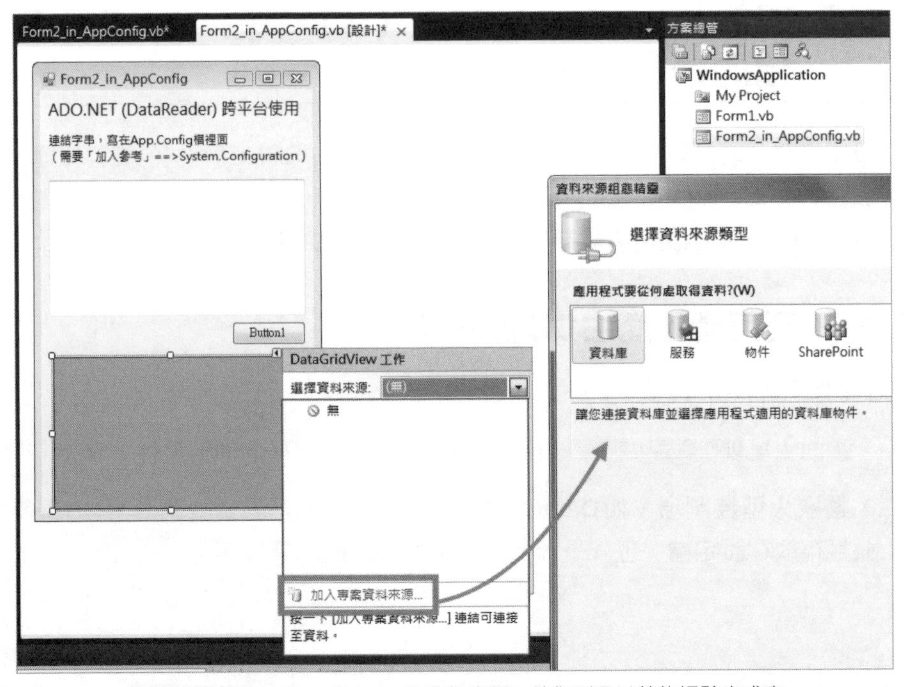

⊙ 類似網頁的 SqlDataSource 的執行步驟，請您利用以前的經驗完成它

上圖的「連結資料庫」步驟，跟以前ASP.NET的SqlDataSource或AccessDataSource幾乎一模一樣，只要善用以前的經驗就能完成。本章一開始就說過：ASP.NET常用的SqlDataSource、LinqDataSource精靈只有「Web專案」獨有，他們隸屬於**System.Web**.UI.WebControls命名空間，在Windows Form裡面是找不到的。

重點！完成之後，這個DB連結字串會被存放在App.Config設定檔裡面（請看下圖右方的App.Config檔）。

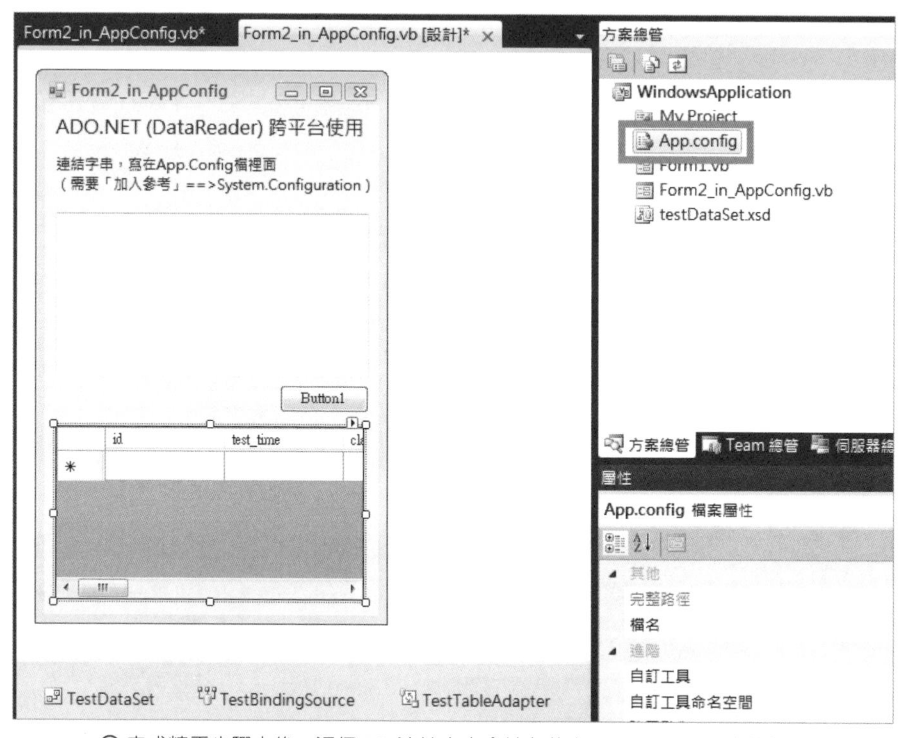

⊙ 完成精靈步驟之後，這個 DB 連結字串會被存放在 App.Config 設定檔裡面

11-2-2 後置程式碼（I），加入參考（System.Configuration）

以前寫ASP.NET Web Form的時候，要引用Web.Config檔案裡面的連結字串，必須在後置程式碼的「最上方」，自己宣告System.**Web**.Configuration命名空間。

現在撰寫Windows Form程式也是差不多，不過是改成**System.Configuration命名空間**罷了（注意！沒有Web字樣）。但是，操作步驟有重大差異。

重點！

(1) 請您先在Windows Form畫面設計的「**方案總管**」，自己動手「**加入參考**」。

(2) 完成之後，才能在程式碼宣告 **System.Configuration** 命名空間。

請看下面的圖片說明。

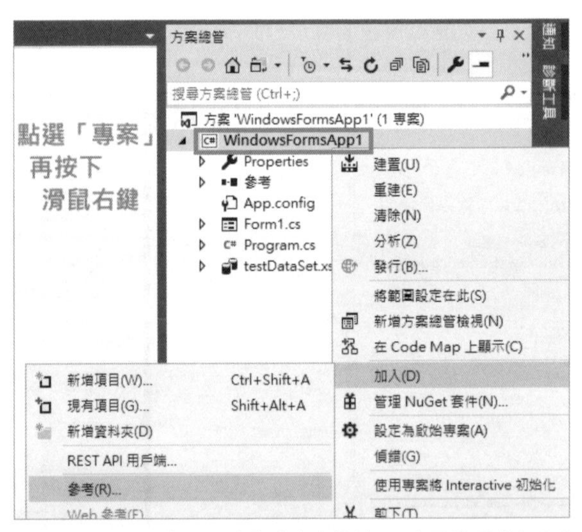

⊙ 在 Windows Form 畫面設計的「方案總管」，自己動手「加入參考」

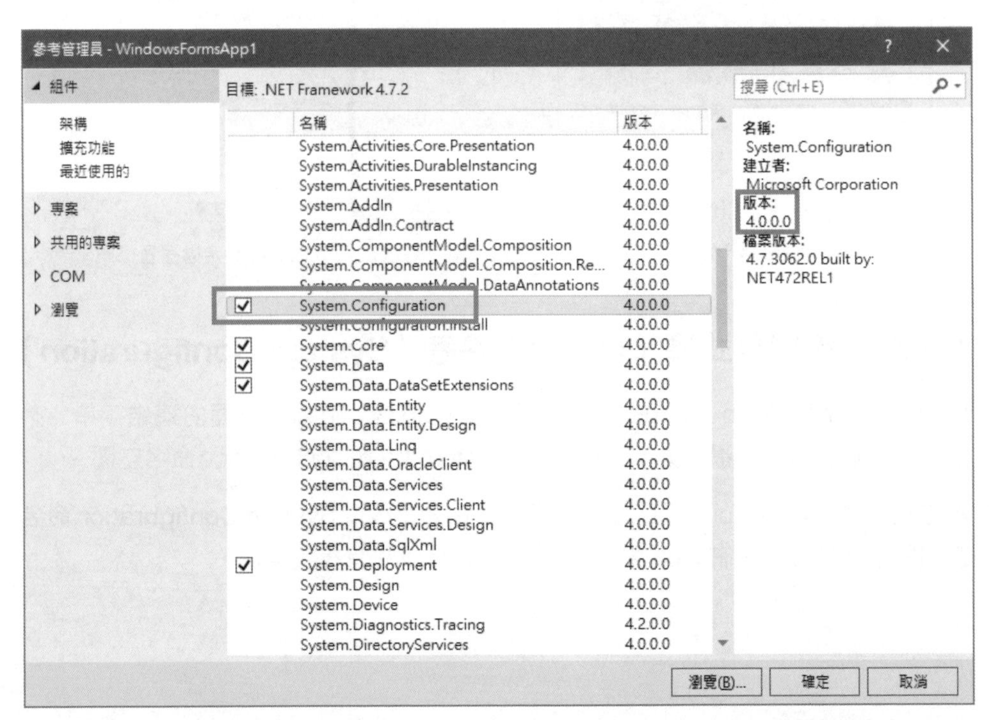

⊙ 自行動手加入參考「System.Configuration」後，才能引用 App.Config 裡面的設定值

11-2-3 連結字串與App.Config設定檔

專案名稱WindowsApplication2_ADO_NET_AppConfig，我們要從App.Config設定檔裡面，呼叫現成的DB連結字串。

第一、先在程式碼最上方，自己宣告並且加入**System.Configuration**命名空間。

重點！ 如果您沒有完成上兩個畫面的「**加入參考**」，就是自己宣告了命名空間，也沒用！

```
using System.Data.SqlClient;     //---- 自己寫的、加入宣告 ----
// 有些命名空間，C# 的程式碼上方已經事先宣告完畢。不需自己寫。
//***************************************************
using System.Configuration;  //-- 搭配 App.Config 設定檔。
//*** 必須自己動手，「加入參考」之後才能呼叫這個命名空間！ ***
```

第二、把DataReader的程式，連結資料庫的四大步驟，直接Copy到Button的Click事件裡面。這個範例的最大重點就是「DB連結字串並沒有寫死在程式碼裡面，而是呼叫自App.Config檔案」。

請注意下圖的DB連結字串，我們會引用這個連結字串（**<connectionStrings>**）的標籤名稱。可以存放多個連結字串，所以每一個**<add>標籤**都代表一個連結。

請注意！ Windows Form的連結字串非常長，跟ASP.NET網頁（Web.Config）不同。下圖的App.config設定檔，裡面的連結字串包含三個段落：

```
專案名稱 .My.MySettings. 連結字串名稱
```

- 假設我們的「專案」，名為WindowsApplication2_ADO_NET_AppConfig。
- 連結字串名稱，**test**ConnectionString（test是我們範例資料庫的名稱）。

```
Form2.vb [設計]    Application.Designer.vb    App.config ×
1   <?xml version="1.0" encoding="utf-8" ?>
2   <configuration>
3     <configSections>
4     </configSections>
5     <connectionStrings>
6       <add name="WindowsApplication2_ADO_NET_AppConfig.My.MySettings.testConnectionString"
7         connectionString="Data Source=.\MSSQLSERVER2008;Initial Catalog=test;Integrated Security=True"
8         providerName="System.Data.SqlClient" />
9     </connectionStrings>
10    <startup>
11      <supportedRuntime version="v4.0" sku=".NETFramework,Version=v4.0,Profile=Client" />
12    </startup>
13  </configuration>
```

▲ App.Config 檔案裡面的 DB 連結字串

請與上圖做比較，ASP.NET網頁（Web.Config檔）的Web.Config設定檔，裡面的資料庫連結字串：

```
<connectionStrings>        註解：注意連結字串的最後有個 s。
<add name="testConnectionString"
connectionString="Data Source=.\SQLExpress;Initial Catalog=test;Integrated
Security=True" providerName="System.Data.SqlClient" />
</connectionStrings>
```

11-2-4 後置程式碼（II）

C#語法，請看範例 Form2.cs。

```
private void button1_Click(object sender, EventArgs e)
{    //---- 第一，連結資料庫
//---- 存在 App.Config 裡面。這是 Windows From 使用的設定檔。
//---- 上面已經事先寫好 System.Configuration 命名空間 ----
    SqlConnection Conn = new SqlConnection(ConfigurationManager.
ConnectionStrings[" 註解：每個人的標籤名稱都不同，請看您自己的 App.Config 檔案 "]
.ConnectionString);
        //---- C# 的「\」符號有特殊用處。要使用「\\」符號才能顯示出「\」符號。
        //---- 例如您想在連結字串裡面寫 \SqlExpress，則需寫成「\\SqlExpress」才行。

    SqlDataReader dr = null;
    SqlCommand cmd = new SqlCommand("select top 10 id, title from test", Conn);

    try  {
            Conn.Open();    //---- 連結 DB
            dr = cmd.ExecuteReader();    //---- 第二，執行 SQL 指令，取出資料
            while (dr.Read())     {    //---- 第三，畫面呈現、自由發揮。
                TextBox1.Text += dr["id"].ToString() + "--" + dr["title"].ToS
tring()                                   + "\r\n"
//---- 注意！最後的 "\r\n" 是 C# 的 換列符號
            }
    }
    finally  {    //---- 第四，釋放資源、關閉資料庫的連結。
            if (dr != null)  {
                cmd.Cancel();
                dr.Close();
            }
            if (Conn.State == ConnectionState.Open)    {
                Conn.Close();
                Conn.Dispose();
            }
    }
}
```

上面的程式把資料表的多筆記錄展示在TextBox中，因此需要「**換列**」符號讓畫面美觀一點：

- **VB語法：vbCrlf**，注意：vbCrlf不是字串，千萬不可加上雙引號（"）。
- **C#語法："\r\n" 這個字串**是C#換行、換列的符號。

完成上面步驟之後，請按下**Visual Studio畫面上方的「綠色三角形（Play）」**進行編譯，便可以建置Windows Form程式，編譯成.exe檔案，您可以在「檔案總管」找到本專案，目錄底下有一個\bin目錄放置編譯成功的.exe檔。

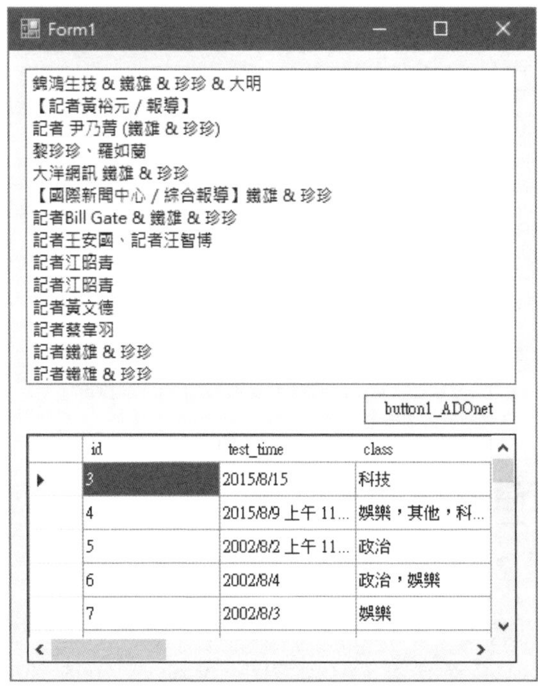

⊙ 執行成果。下方的 DataGridView 是精靈自動產生的，不是我們動手寫的，只是拿來比對資料內容是否正確

11-3 編譯後的.exe檔案在哪裡？

在「**我的文件**」裡面，可以找到這個目錄，裡面就有您剛剛編譯完成的.exe檔案。

Visual Studio 201x\Projects\WindowsApplication1_ADO_NET（註：你的專案名稱）**\WindowsApplication1_ADO_NET\bin**

因為這個Windows Form程式（.exe檔）必須搭配App.Config設定檔才能運作（裡面有DB連結字串）。程式編譯完成後，您可以發現另外一個.exe.config檔案的內容就是這個App.Config設定檔。請看下圖，最上方的兩個檔案Copy給別人，搭配資料庫就能運作。

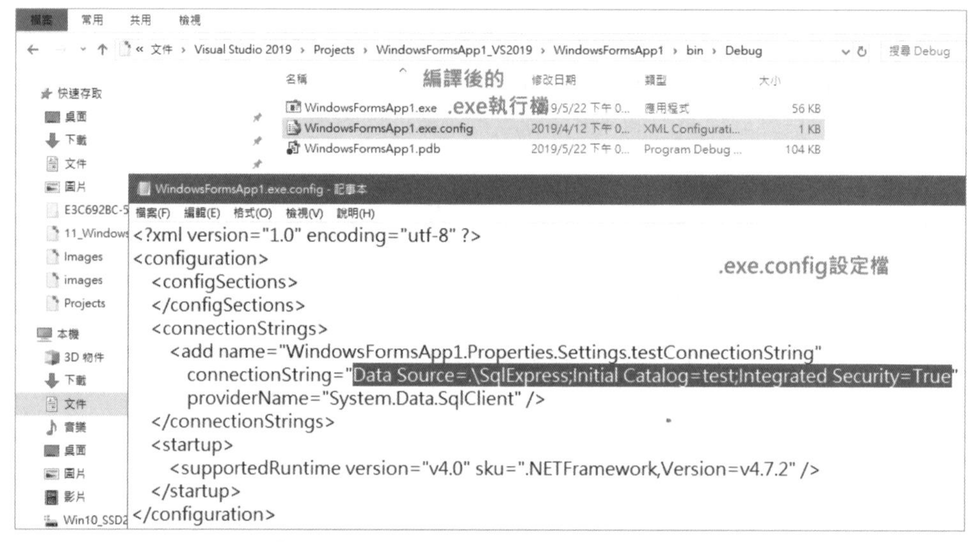

⊙ 編譯後的 .exe 檔案放在專案的 \bin 目錄底下

11-4 重點複習與影片教學

這個範例的重點是：

- 證明ADO.NET可以跨平台（Windows與Web）運作，因為他們隸屬於**System.Data**命名空間。不管是網頁（ASP.NET Web Form或MVC）或是Windows Form（.exe桌面程式）皆可用。
- 在Windows Form（.exe程式）較常用DataSet來做，但我們刻意把ASP.NET網頁愛用的DataReader拿來實作，一樣可行！
- 本範例可以用在從.NET 2.0~4.8的各種Visual Studio版本（2005~2019）。
- 即使是ASP.NET MVC也可以撰寫與搭配ADO.NET來做。詳見後續章節的示範。甚至連最新的.NET Core（開放原始碼的版本）也能使用DataReader + SqlCommand這些範例。

12 自訂分頁（Paging），自己寫程式做「分頁」

CHAPTER

以前在ASP、PHP、JSP的時代，撰寫分頁（Paging）的功能勢必要自己撰寫。但是到了ASP.NET，大家都會依賴GridView這類的控制項來完成分頁功能。可是在某些特殊情況下（例如：客戶對畫面有特殊要求），還是需要自己動手撰寫分頁程式搭配美工人員畫好的HTML頁面。透過下面這一支程式可以更深入地瞭解ADO.NET與DataSet的觀念。

Google　mis2000lab

搜尋　約有 19,600 項結果 (搜尋時間：0.19 秒)

全部
圖片
地圖
影片
新聞
購物
更多

搜尋所有網站
搜尋所有中文網頁
搜尋繁體中文網頁
外文網頁翻譯版
更多搜尋工具

MIS2000 Lab.的ASP.NET 4.0 專題實務/教學與分享(Official Site)
www.dotblogs.com.tw/mis2000lab/ - 頁庫存檔
在網頁上常把圖形驗證碼應用在登入或貼文的頁面中，因為圖形驗證碼具有機器不易識別的特性，可以防止機器人程式惡意的存取網頁。在本文中將實作一個圖形驗證 ...

下載
[全文下載/試讀]補充，上集Ch. 3 -- Panel控制項與常用屬性，範例 ...

ASP.NET【入門實戰班】
NET網頁程式設計【實戰班】 2012/5/27週日班 台北市上課 9900 ...

ADO.NET
[ADO.NET] Web Form為求快速，可使用DataReader直接處理 ...

2011年7月(22)
2011年7月29日上午09:33 | 回應(0) | 閱讀數: 2157 | 文章分類[.NET ...

ADO.NET / LINQ / SQL / Entity
NET / LINQ / SQL / Entity. ASP.NET的入門書裡面，極度缺乏 ...

2011年6月(23)
2011年6月30日下午03:19 | 回應(1) | 閱讀數: 4652 | 文章分類[ADO ...

dotblogs.com.tw 的其他相關資訊 »

mis2000lab - 痞客邦PIXNET
mis2000lab.pixnet.net/ - 頁庫存檔
ASP.NET免費上課講義、線上教學、教學課程、書籍文章，主站位於http://www.dotblogs.com.tw/mis2000lab/

Goooooooooogle ›
1 2 3 4 5 6 7 8 9 10　下一頁

進階搜尋　搜尋說明　請提供您寶貴的意見

⊙ 每個網頁都需要分頁功能，用來展示大量的資料（尤其是搜尋網站），不但可以降低 Server 負擔，還可以加速使用者的瀏覽速度

分頁，是所有網站都必備的功能！下面這個範例，在傳統ASP、JSP或PHP的電腦書籍上面很常見，不過對於初學者來說，仍稍具難度。因為初學者未必能真的瞭解，就算Copy程式碼去改，也未必能作得漂亮。

在資策會擔任講師的時候，我發現：**初學者第一個面臨到的難題，就是"分頁"！**因為程式碼稍微長了些，有些小觀念也比較抽象。就算是ASP、PHP、JSP的程式設計師，也都必須通過「分頁」這一關，我才稍稍承認他脫離學生階段，勉強可進入業界工作。

到了ASP.NET，分頁功能必須搭配ADO.NET的DataSet才能寫的出來，而DataSet的觀念已經夠抽象難懂了，現在要動手寫程式去實作，真的不是那麼簡單。希望讓讀者能透過這支程式更瞭解DataSet。

您可以到YouTube搜尋關鍵字「mis2000lab DataReader不能分頁」就能找到我的教學影片。使用ASP.NET MVC開發的朋友，LINQ分頁的範例請參閱下一章的說明，但作法與原理大同小異。

12-1 分頁程式（DataSet基礎入門版）

分頁的功能，較為龐大。我們由淺入深，先試著作一個簡單的分頁程式，稍稍練習一下。

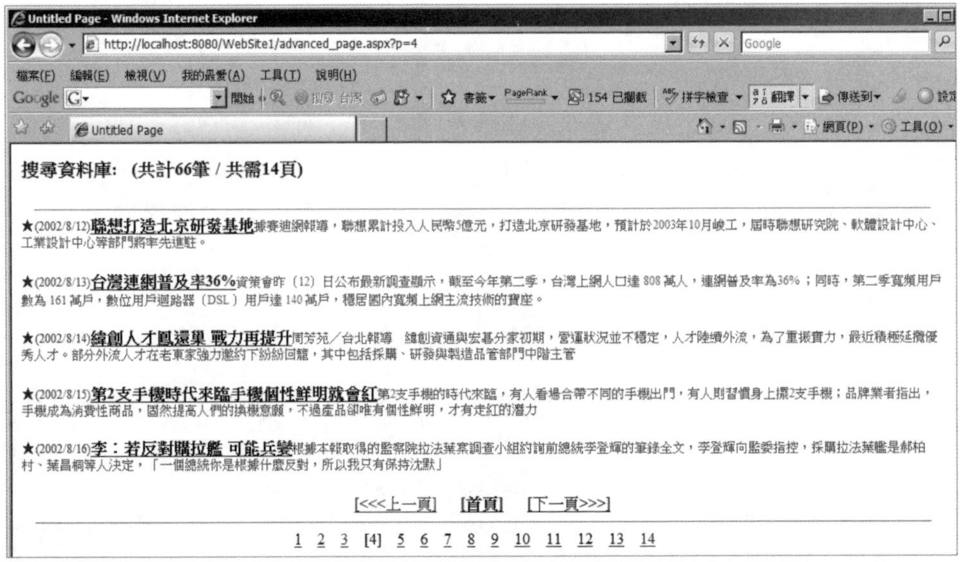

◉ 簡單版本的分頁程式（畫面下方），採用 ADO.NET+DataSet。功能仍不完美，但程式碼專注在 DataSet 的部份

以前ASP時代，為了撰寫分頁功能，會用到RecordSet（資料錄集）的.PageSize與.AbsolutePage這兩個屬性。因為ADO.NET已經沒有RecordSet這樣的東西，所以改用DataSet來撰寫，必須自己進行計算，使用到的變數將會更多。

注意！ 本節介紹的分頁程式，稍具難度。也用了很多"自訂的變數"來進行頁數與資料筆數（一共取出幾筆記錄？）的統計。

強烈建議各位讀者，先自己列一張表，把下面程式所需要用到的「變數名稱」與「用途」，自己動手寫一下。唯有自己動手分類，才會真正懂～

變數名稱	這個變數的用法？使用時機？
p	目前位於第幾頁？
PageSize	每一頁要「呈現」幾筆記錄？
RecordCount	全部的記錄數量、總筆數。
Pages	搭配前面兩個變數--RecordCount、PageSize使用，全部的記錄共需要「幾頁」才能全部呈現完畢？
NowPageCount	（只有搭配DataSet才會用到）
rowNo	（只有搭配DataSet才會用到）

請您務必一邊學習下列程式，一邊做筆記。手腦並用才能瞭解！

簡單的分頁程式（這個範例advanced_page是「假分頁」且沒有效率！）後置程式碼（Code Behind）如下。後續會有許多範例由此改善，所以您還是要大略地看過一次，才知道後續如何改善。

符合條件的，有一百萬筆記錄
從DB撈出來給Web Server
Internet
Web Server
DataBase，DB
GridView只列出「使用者想看的那一頁」
那一頁的十筆記錄，此為「假分頁」。
資料庫

▲ 以前DataSet範例從資料庫撈取「所有記錄」出來，只在畫面上呈現十筆！瓶頸卡在資料庫與Web Server這邊

C#版簡單的分頁程式，範例advanced_page後置程式碼（Code Behind）如下：

```
using System.Data.SqlClient;  //---- 註解：在後置程式碼的最上面，加入 NameSpace

protected void Page_Load(object sender, EventArgs e)   {
   Boolean haveRec = false;

   // p 就是「目前在第幾頁？」
   int p = Convert.ToInt32(Request["p"]);
   //============  ADO.NET / DataSet ==(Start)======
   SqlConnection Conn = new SqlConnection("資料庫的連接字串");
   Conn.Open();

   SqlDataAdapter da = new SqlDataAdapter("select * from test order by id",
   Conn);
   DataSet DS = new DataSet();
   da.Fill(DS);    // 把 SQL 指令執行完成的結果，填入 DataSet 裡面。

   DataTable DT = DS.Tables[0];
   //============  ADO.NET / DataSet ==(End)======
   //每頁展示 5 筆資料
   int PageSize = 5;

   //SQL 指令共撈到多少筆（列）資料。RecordCount 資料總筆（列）數
   int RecordCount = DT.Rows.Count;

   //如果撈不到資料，程式就結束。-- Start ----------------
   if (RecordCount == 0)   {
       Response.Write("<h2>抱歉！無法找到您需要的資料！</h2>");
       Conn.Close();
       Response.End();
   }    //如果撈不到資料，程式就結束。-- End ----------

   //Pages 資料的總頁數。搜尋到的所有資料，共需「幾頁」才能全部呈現？
   int Pages = ((RecordCount + PageSize) - 1) / (PageSize);  //除法，取得「商」。

   //  底下這一段 IF 判別式，是用來防呆，防止一些例外狀況。-- start --
   if (Request["p"] == null)   {
       p = 1;   }
   else  {
       if (IsNumeric(Request["p"]))  {
           //有任何問題，就強制跳回第一頁（p=1）。
           //頁數（p）務必是整數。且需要大於零、比「資料的總頁數」要少
             if ((p != null) & (p > 0) & (p <= Pages))   {
                 p = Convert.ToInt32(Request["p"]);      }
             else  {
                 p = 1;   }
       }
       else  {
```

```
            p = 1;
        }
    }  // 上面這一段 IF 辨別式，是用來防呆，防止一些例外狀況。-- end --

        //NowPageCount 目前這頁資料要從 DataSet 裡的第幾筆（列）開始撈資料？
        int NowPageCount = 0;
        if (p > 0)  {
             NowPageCount = (p - 1) * PageSize;
             //PageSize，每頁展示十筆資料（上面設定過了）
        }
        Response.Write("<h3> 搜尋資料庫：  （共計" + RecordCount + "筆
        / 共需" + Pages + "頁）</h3>");
    Response.Write("<hr width='97%' size='1'>");

    //rowNo，目前畫面出現的這一頁，要撈出幾筆（列）記錄
    int rowNo = 0;

    string html = null;
    Response.Write("<table border=0 width='95%'>");

    while ((rowNo < PageSize) & (NowPageCount < RecordCount))
    {  // 以下是「資料呈現在畫面上」的 HTML 碼
        haveRec = true;
        // 這一小段程式，也不完美。下一個範例將會用 StringBuilder 來改善之。
             html = html + "<tr><td WIDTH='12%' valign=top><font size='2'
             color=#800000>★(" + DT.Rows[NowPageCount]["test_time"] + ")
             </font></td>";
             html = html + "<td WIDTH='88%'><a href='/Ch09/Default_Disp.aspx?id="
             + DT.Rows[NowPageCount]["id"] + "'><b>" + DT.Rows[NowPageCount]
             ["title"] + "</b></a></td></tr>";
             html = html + "<tr><td WIDTH='12%'></td><td WIDTH='88%'><font
             color='#666666' size='2'>" + DT.Rows[NowPageCount]["summary"] +
             "</font><br><br></td></tr>";
             html = html + "<tr><td colspan='2' height='12'> </td></tr>";

        NowPageCount = (NowPageCount + 1);
        rowNo = (rowNo + 1);
    }
   Response.Write("</table>");


//-- 以下區塊，是畫面下方的分頁功能 --------------------------------------
//-- 下列的超連結，請自己修改網頁的「檔案名稱」。 ----------------------------
   if (haveRec)  {
        Response.Write(html);

        if (Pages > 0)  {
        // 有傳來「頁數 (p)」且頁數正確（大於零）
        // 出現 <上一頁>、<下一頁> 這些功能
           Response.Write("<div align='center'>");
```

```
    if (p > 1)
    {  //== 分頁功能（上一頁 / 下一頁）=========start===
         Response.Write("<a href='advanced_page.aspx?p=" + (p - 1) + "'>
         [<<< 上一頁 ]</a>");
    }
Response.Write("      <b><a
href='http://127.0.0.1/'>[ 首頁 ]</a></b>     &nb
sp;");

    if (p < Pages)  {
         Response.Write("<a href='advanced_page.aspx?p=" + (p + 1) + "'>
         [ 下一頁 >>>]</a>");
    }  //== 分頁功能（上一頁 / 下一頁）=========end===
```

[<<<上一頁]　[首頁]　[下一頁>>>]

1　2　3　[4]　5　6　7　8　9　10　11　12　13　14

▲ 圖片上方的 [上一頁]、[下一頁] 功能，請看上面程式的解說。圖片下方，列出所有頁數的功能，請看下面程式的介紹！

```
//======== 分頁功能（列出所有頁數）=========start==
 Response.Write("<hr width='97%' size=1>");
 for (int i = 1; i <= Pages; i++)    //Pages 資料的總頁數
 {
     if (p == i)   {
         Response.Write("[" + p + "]  ");
         // 畫面目前所在的頁數，沒有超連結，以 [ ] 符號來註明。
     }
     else  {
         Response.Write("<a href='advanced_page.aspx?p=" + i + "'>" + i
         + "</a>  ");
         // 列出每一頁的頁數，而且可以超連結。
     }
 }
//======== 分頁功能（列出所有頁數）=========end==
 Response.Write("</div>");
    }
  }
}

   // IsNumeric Function，檢查是否為整數型態？ return true or false
   static bool IsNumeric(object Expression)     {
       …..省略，請看下載範例檔裡面的範例…..
   }
```

12-2 分頁（DataSet 進階版）每十頁區隔

上面的範例，雖然勉強可以運作，但畫面仍不夠完美。假設我們資料庫裡面的資料非常多，共需要幾百頁才能展示完畢。那麼，上一支程式的執行結果，就會很難看（如下圖）。

★(2002/7/30)**電腦(PC)該擺哪？ 功能決定!!**電腦(PC)到底應該在書房還是客廳？最近在業界掀起一場行銷戰；宏碁、國眾力推電腦影音功能，例如不開機也能聽音樂，聯強則不以為然。

[首頁] [下一頁>>>]

[1] 2 3 4 5 6 7 8 9 10 11 12 13 14 15 16 17 18 19 20 21 22 23 24 25 26 27 28 29 30 31 32 33 34 35 36 37 38 39 40 41

上一支程式的缺點。一旦資料量太大（假設全部資料需要數百頁來展示），分頁功能反而破壞美感，一堆頁數在畫面下方，難看透了～

看看下圖的Google搜尋結果，一旦資料數量太大，分頁功能就會以「每十頁」作一個區隔的方式來呈現。畫面頂多出現十頁的超連結，其餘的頁數就改用「後十頁」來代替。

這種分頁功能（範例Advanced_page_10_mis2000lab）每一個大型網站都有，事實上，從以前ASP到ASP.NET書籍都少見這範例，PHP做得到是因為搭配的mySQL有一個MAX功能）。

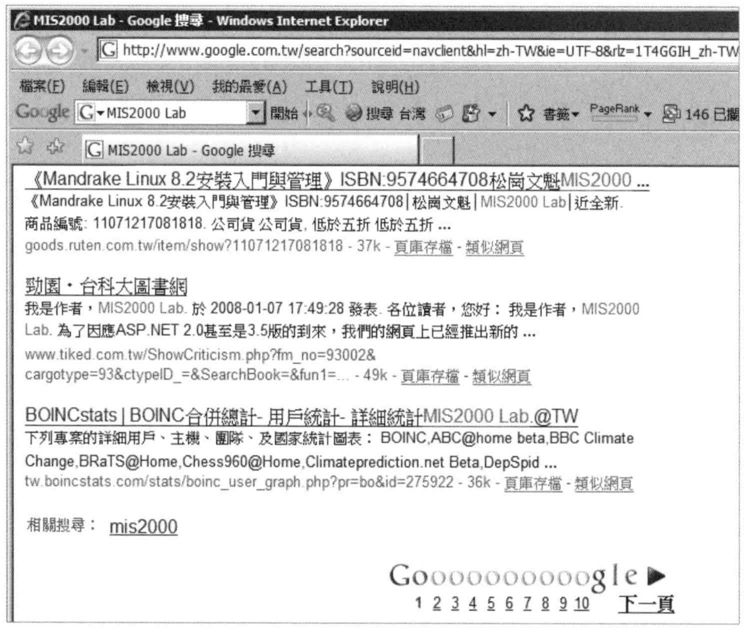

每個網頁都需要分頁功能，用來展示大量的資料（尤其是搜尋網站），不但可以降低 Server 負擔，還可以加速使用者的瀏覽速度

依照我的教學經驗來看，若能寫出下面這個範例，這位學生的程式能力已達基礎水準。C#範例Advanced_page_10_mis2000lab後置程式碼如下：

```
// 因為程式大致相同，本文只介紹改寫過後的分頁程式碼。
// 完整範例內容請參閱下載範例檔內的電子檔。

//-- 以下區塊，是畫面下方的分頁功能 ----------------------------------------
//-- 下列的超連結，請自己修改網頁的「檔案名稱」。 ---------------------------
if (haveRec)  {
    Response.Write(html);

    if (Pages > 0)    {
        // 有傳來「頁數 (p)」，而且頁數正確（大於零），出現 < 上一頁 >、< 下一頁 > 這些功能
        Response.Write("<div align='center'>");

        if (p > 1)  {   //== 分頁功能（上一頁 / 下一頁）=start==
              Response.Write("<a href='advanced_page_10_mis2000lab.aspx?p=" +
              (p - 1) + "'>[<<< 上一頁 ]</a>");
        }
        Response.Write("<b><a href='http://127.0.0.1/'>[ 首頁 ]</a></b>");
        if (p < Pages)  {
              Response.Write("<a href='advanced_page_10_mis2000lab.aspx?p=" +
              (p + 1) + "'>[ 下一頁 >>>]</a>");
        }  //== 分頁功能（上一頁 / 下一頁）===end==
```

1 2 3 4 5 6 7 8 [9] 10 [>>後十頁]

⊙ 下面區塊的程式，就是每十頁作一個間隔，畫面只會出現十頁，其餘的頁數以 [前十頁]、[後十頁] 來代替

```
//==========================================
//== MIS2000 Lab. 自製的「每十頁」一間隔，分頁功能 ====start==
Response.Write("<hr width='97%' size=1>");

int block_page = 0;
   block_page = p / 10;    // 除法的整數成果（商），若有餘數也不管它。

if (block_page > 0)  {
        Response.Write("<a href='advanced_page_10_mis2000lab.aspx?p=" +
        (((block_page - 1) * 10) + 9) + "'> [ 前十頁 <<]  </a>");
}
for (int K = 0; K <= 10; K++)    {
   if ((block_page * 10 + K) <= Pages)    {
   //--- Pages 資料的總頁數。共需「幾頁」來呈現所有資料？
         if (((block_page * 10) + K) == p)
     {  //--- p 就是「目前在第幾頁」
```

```
                    Response.Write("[<b>" + p + "</b>]");    }
              else    {
                  if (((block_page * 10) + K) != 0)    {
                        Response.Write("<a href='advanced_
                        page_10_mis2000lab.aspx?p=" + (block_page
                        * 10 + K) + "'>" + (block_page * 10 + K)
                        + "</a>");
                  }
              }
          }
    }    //for 迴圈 end

    if ((block_page < (Pages / 10)) & (Pages >= (((block_page+1)*10) + 1)))
    {
        Response.Write("<a href='advanced_page_10_mis2000lab.aspx?p=" +
        ((block_page + 1) * 10 + 1) + "'>    [>> 後十頁]    </a>");
    }
    Response.Write("</div>");
//== MIS2000 Lab. 自製的「每十頁」一間隔，分頁功能 ====end==

        }
    }
```

⊙ 自己手寫的分頁程式（進階版），執行結果。每十頁作一區隔

本節介紹的第一支分頁程式（基礎版範例advanced_page，沒有每隔十頁作一區間）畫面雖有缺點，但也可以透過下拉式選單（DropDownList）來改善，程式並沒有太大改變。分頁功能可以有各種不同的樣貌，可以自己改寫寫看。

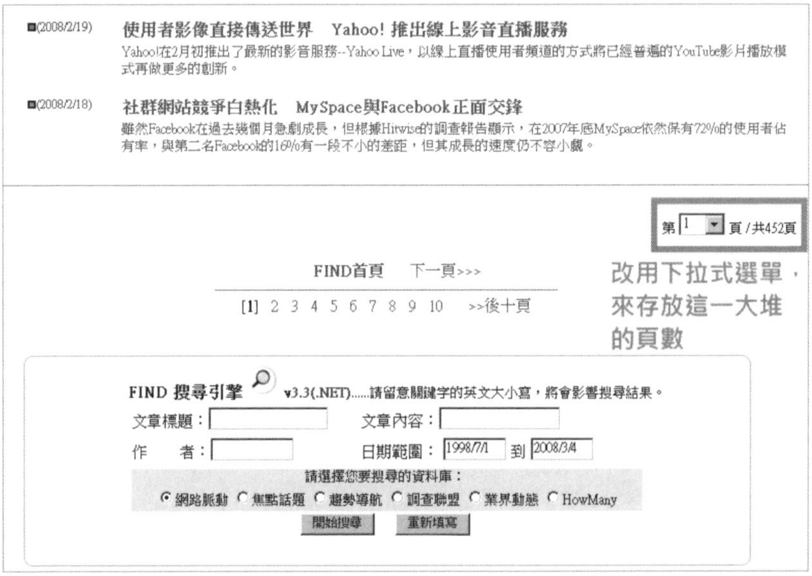

▲ 以下拉式選單來處理分頁的畫面（圖片來源：資策會 FIND 網站，http://www.find.org.tw/）

本範例 Advanced_page_10_mis2000lab（使用 StringBuilder）比起第一個 DataSet 範例速度增快了 10% 以上。請自行研究這個範例，希望對讀者有幫助。

注意！ 這兩個分頁程式，本身已經夠複雜的。我們沒有加入「防範SQL Injection（資料隱碼）與XSS攻擊」的參數寫法，請讀者特別注意！

撰寫網頁程式時，要特別提防這一點。關於SQL Injection與XSS攻擊，請上搜尋引擎瞭解一下，對於網頁程式相當重要。

12-3 每十頁間隔，易出錯的地方與效能瓶頸

前述的分頁範例要做成「每十頁」為一個間隔，其實還有不少改進空間。

12-3-1 分頁的邏輯

分頁時，每隔十頁作一個區間（前十頁、後十頁的功能）其實不難寫，但如果您的資料量不夠大，會有一些例外狀況不容易發覺。請看下圖的錯誤。

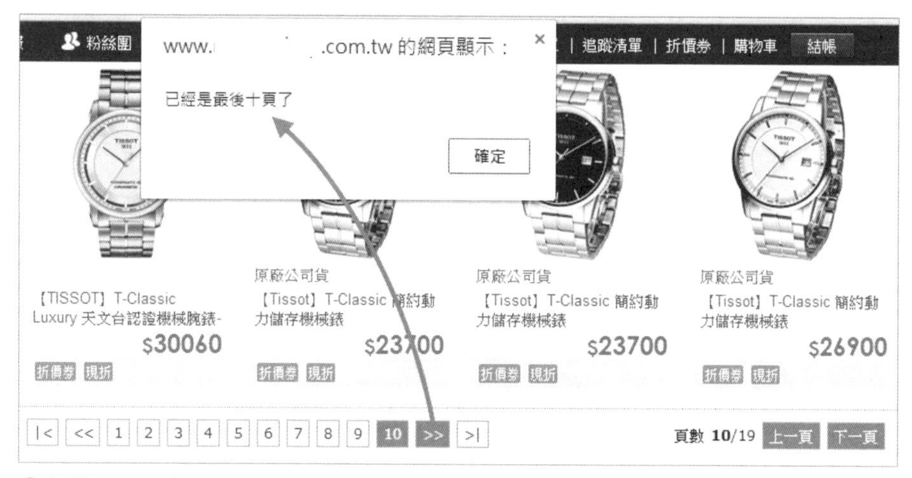

全部 19 頁而您目前位於第 10 頁，如果按下「後十頁（ ）」按鈕，它警示「沒有後十頁」了，難道不能聰明一點自動跳去第 11 頁嗎？

這個範例的例外狀況很多，尤其是在「極限值」的頁數很容易有Bug，例如：第一頁、第十頁、最後一頁、前一頁、後一頁等等，詳見下圖。如果您資料量不夠大，這些例外狀況不容易被揪出來。所以您看到我寫了很雜亂的if判別式就是為了除去這些例外狀況。

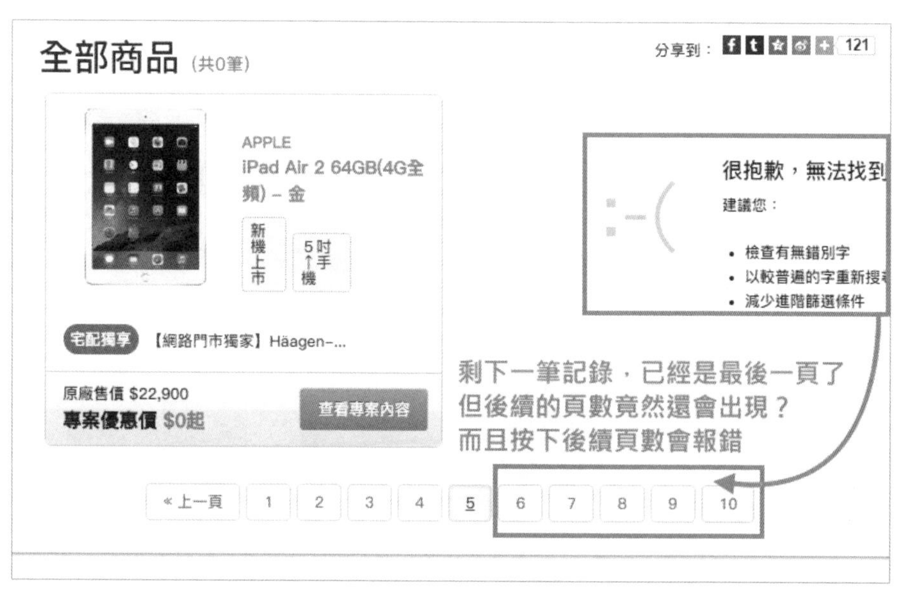

全部只有五頁而您目前位於最後一頁，但居然還出現後續的頁數？上方的「全部商品（共幾筆）」居然顯示不出來？

12-3-2 畫面上的"假"分頁？或是資料來源的"真"分頁？

上一節的範例Advanced_page_10_mis2000lab有什麼缺點呢？簡單說明如下：

DataSet並非作到「資料來源」的真正分頁。舉例來說，當您搜尋到一百萬筆記錄是符合條件的，但使用者不可能一次看見一百萬筆記錄，畫面上可能只看到「某一頁」的十筆或是二十筆記錄（如下圖）。既然如此，為什麼要把完整的一百萬筆記錄交給Web Server呢？這就是網頁程式的最大瓶頸！

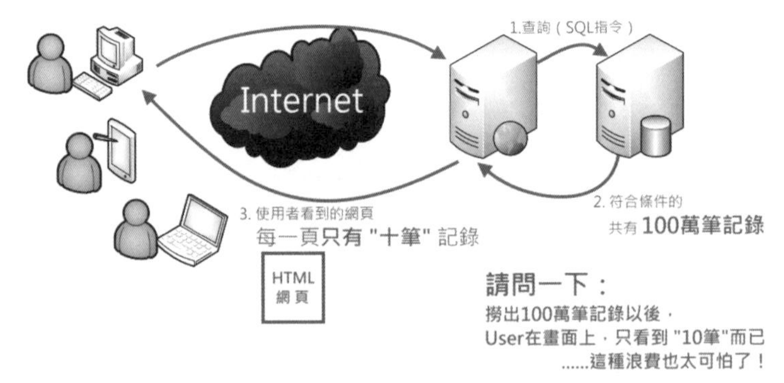

◉ 從資料庫找到 100 萬筆記錄，但畫面上只能看見十筆？這未免太浪費資源？

從上圖的說明，我們可以發現：真正的**效能瓶頸**位於「資料庫」端！

不管您查詢（撈出）多少筆記錄，使用者在網頁上只能看見一頁的記錄量。以GridView來說，預設值PageSize=10，每一頁只出現十筆記錄。

如果透過T-SQL指令的改善，**只從資料庫撈出「使用者要看的"那一頁"」那十筆記錄**（如下圖），這樣是否大幅減輕Web Server與資料庫之間的傳輸負擔呢？ .....效能自然大幅上升了！後續的改良範例會透過MS SQL Server 2005與2012的新指令作到真正的「資料來源」分頁！

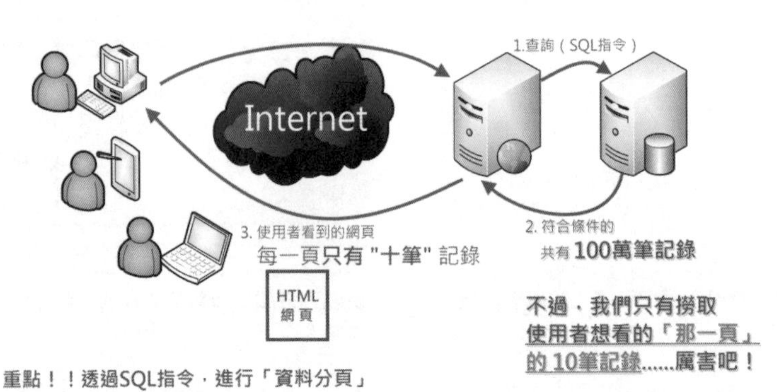

◉ 畫面右側透過 T-SQL 指令的改善，從資料庫撈出的記錄大幅減少了。直接從資料的源頭做好分頁，效能大增！

如果我們融合下列三種技術，就能把分頁程式寫到快上加快：

第一、**T-SQL指令的改善**。從資料庫的來源進行分頁。

第二、透過**DataReader**來執行ADO.NET程式。速度快、效能損耗少！不過，為什麼DataReader不能做分頁？一定要依賴SQL指令新函數的協助才行呢？……您可以到YouTube搜尋我的教學影片，請輸入關鍵字「mis2000lab DataReader 不能分頁」就能找到。

第三、如果要自己規劃HTML畫面，而不是採用現成的控制項（如GridView或Repeater）。把**輸出字串透過StringBuilder**（System.Text命名空間）來作，效能又有改善！

接下來的兩個DataReader分頁範例，您可以在YouTube看到教學影片，請搜尋關鍵字「mis2000lab 資料分頁 SQL」即可找到。推薦您使用SQL 2012的新功能（後續的第二種範例），SQL指令簡單而且節省資源。

12-4 Case Study：DataReader分頁+SQL 2005（ROW_NUMBER）

您可以在YouTube看到本範例的教學影片，請搜尋關鍵字「mis2000lab ASP.NET 分頁 SQL」即可找到。

下載範例檔中另外提供一個**DataReader搭配SQL指令（ROW_NUMBER**，只能用在SQL Server 2005或後續的新版本）的分頁程式，執行速度比上一個範例再度加速了30%，十分驚人。

能夠這麼快，主要歸功於(1)StringBuilder（後續會提到）還有(2)DataReader，因為DataReader沒有分頁的功能，所以我們**在SQL指令執行的時候就進行分頁**。

SQL Server 2005起提供了「分頁」的SQL指令，ROW_NUMBER的用法：

```
"Select test_time, id, title, summary

From (select ROW_NUMBER() OVER(ORDER BY id) AS 'RowNo', * from test) as t

Where t.RowNo between " + (NowPageCount+1) + " and " + (NowPageCount +
PageSize);
```

初學者可能覺得上述的SQL指令太過冗長而看不懂，我們採用下面的圖解説明。首先，即使資料表的主索引鍵（如id欄位）用了int、自動識別來作流水號，時間久了，有些記錄被刪除之後，流水號變得斷斷續續且不規律。如果您想列出第31~40筆記錄，您無法找出這十筆記錄「對應的id編號」。

```
1  select * from test
```

100 %

Results | Messages

	id	test_time	class	title
31	47	2007-11-12 ...	科技	e.Item.ItemIndex 在2005風貌
32	57	2008-01-01 ...	娛樂，政治	「金」介夯！黃金期貨以新台幣計價
33	64	2007-12-20 ...	教育	Transaction-1 #64
34	65	2007-12-20 ...	教育	Transaction-1 #65
35	66	2007-12-20 ...	教育	Transaction-1 #66
36	69	2007-12-20 ...	教育	看問題 / 馬英九保劉到底的秘密
37	70	2007-12-20 ...	教育	Transaction-1
38	71	2007-12-20 ...	教育	Transaction-1
39	72	2007-12-20 ...	教育	Transaction-1災民嗆馬「你比李登輝遜多了」
40	74	2009-06-25 ...	教育	倒扁副總指揮 號召九月九日倒馬Transaction-1
41	75	2007-12-20 ...	教育	通用提43億美元融資計畫 避免出售歐寶Trans...
42	89	2009-08-24 ...	教育	舊車換現金將截止 美國民眾掌握週末買車
43	100	2008-01-01 ...	科技，政治	救災國軍4人確診H1N1「還好」？　國防部：...
44	102	2008-01-22 ...	科技	中選會頒發當選證書 馬英九：輕輕證書責任是...
45	103	2008-01-22 ...	其他	李登輝薦歐晉德組閣？ 馬營不證實
46	104	1900-01-22 ...	科技	手機會A錢 係金ㄟ！ 破解手機電信費率十大陷...
47	106	1900-01-22 ...	娛樂	險掀網路暴動 批踢踢關八卦版 網友凍未條
48	107	2009-08-24 ...	娛樂	中國召回近70萬豐田汽車 台灣無此問題

⊙ 主索引鍵（左邊的 id 欄位）用了 int、自動識別來作流水號，但有些記錄被刪除後，流水號變得斷斷續續

但是，用了 **select ROW_NUMBER() OVER(ORDER BY id) AS 'RowNo', * from test** 這一段SQL指令重新整理過之後，請看下圖新產生的RowNo欄位就會重新編碼而出現「連續的流水號」，這樣一來分頁程式就好做了。

```
1   select ROW_NUMBER() OVER(ORDER BY id) AS 'RowNo', * from test
```

100 %

Results | Messages

	RowNo	id	test_time	class	title
1	1	3	2014-08-14 ...	科技	真珠草萃取物可以治療肝炎 韓國Korea技
2	2	4	2002-04-08 ...	娛樂，其他，科技	新款MP3 隨身聽 小巧如打火機
3	3	5	2002-08-02 ...	政治	蔣家第四代 遠離政治不歸路
4	4	6	2002-08-04 ...	政治，娛樂	審計部決算報告 稅收不敷支出 政府債台
5	5	7	2002-08-03 ...	娛樂	蛇頭魚嚇壞山姆大叔竟選出毒殺方案
6	6	8	2002-08-04 ...	娛樂，其他，科技	教廷將冊封墨傳奇人物 此人是虛構的？
7	7	9	2002-08-05 ...	政治，娛樂	德國貓咪大火中捨生救主
8	8	10	2002-08-05 ...	政治，其他	搏浪漂流8小時 他撿回一命
9	9	11	2002-08-07 ...	教育，娛樂	大考錄取率逾八成 再創新高
10	10	12	2002-08-08 ...	教育	大學多元入學 明年不變
11	11	13	2002-08-09 ...	教育，其他，科技	PC應用的個人安全與隱私問題
12	12	14	2012-08-10 ...	科技	Japan 日本PC零售市場7月週報
13	13	15	2002-08-11 ...	娛樂	精誠　華義策略聯盟 鎖定轉換ADSL玩家
14	14	16	2002-08-12 ...	科技，娛樂	聯想打造北京研發基地
15	15	17	2002-08-13 ...	政治，其他，科技	台灣連網普及率36%
16	16	18	2002-08-14 ...	娛樂	緯創人才鳳還巢 戰力再提升
17	17	20	2002-08-16 ...	政治，娛樂	李：若反對購拉艦 可能兵變
18	18	25	2002-12-28 ...	其他，娛樂	國內手機市場競爭激烈百家爭鳴
19	19	26	2002-12-31 ...	其他，科技	單機式微 網路大紅 明年玩家停不了

▲ ROW_NUMBER() 重新整理後，新產生的 RowNo 欄位重新編碼而出現「連續的流水號」

您可以在YouTube看到本範例的教學影片，請搜尋關鍵字「mis2000lab ASP.NET 分頁 SQL」即可找到。此範例檔名為Advanced_Page_10_mis2000lab_DataReader_Row_Number.aspx，您可以自己練習看看。

```
//====   ASP.NET  DataReader 分頁程式 by MIS2000 Lab.   ====
        Boolean haveRec = false;
        // p 就是「目前在第幾頁？」
        int p = Convert.ToInt32(Request["p"]);

        //===========  ADO.NET / DataReader==(Start)======
        SqlConnection Conn = new SqlConnection(資料庫連結字串");
        //-- 使用多重結果集（MARS）
        Conn.Open();

        SqlCommand cmd = new SqlCommand("select count(id) from test", Conn);
        //===========  ADO.NET / DataReader ==(End)======
```

```
        //每頁展示 5 筆資料
        int PageSize = 5;

        //SQL 指令共撈到多少筆（列）資料。RecordCount 資料總筆（列）數
        int RecordCount = (int)cmd.ExecuteScalar();

        //如果撈不到資料，程式就結束。-- Start --------------
        if (RecordCount == 0)    {
            Response.Write("<h2>抱歉！無法找到您需要的資料！</h2>");
            Conn.Close();
            Response.End();
        }     //如果撈不到資料，程式就結束。-- End ----------

        //Pages 資料的總頁數。搜尋到的所有資料，共需「幾頁」才能全部呈現？
        int Pages = ((RecordCount + PageSize) - 1) / (PageSize);     //除法，
取得「商」。

        //  底下這一段 IF 判別式，是用來防呆，防止一些例外狀況。-- start --
        if (Request["p"] == null)  {
                p = 1;
        }
        else  {
            if (IsNumeric(Request["p"]))  {
             // 有任何問題，就強制跳回第一頁（p=1）。
             // 頁數（p）務必是整數且大於零、比起資料的「總頁數」要少
                    if ((p != null) & (p > 0) & (p <= Pages))  {
                        p = Convert.ToInt32(Request["p"]);
                    }
                    else  {
                        p = 1;
                    }
            }
            else  {
                    p = 1;
            }
        }  //上面這一段 IF 辨別式，是用來防呆，防止一些例外狀況。-- end --

        //NowPageCount，目前這頁的資料
        int NowPageCount = 0;
        if (p > 0)  {
            NowPageCount = (p - 1) * PageSize;
            //PageSize，每頁展示 5 筆資料（上面設定過了）
        }
        Response.Write("<h3>搜尋資料庫：   （共計" + RecordCount + "
筆 / 共需" + Pages + "頁）</h3>");
        Response.Write("<hr width='97%' size='1'>");
```

```
        StringBuilder html_sb = new StringBuilder();
        html_sb.Append("<table border=0 width='95%'>");

    //== 組合 SQL 指令 (ROW_NUMBER)   =============
        SqlDataReader dr = null;
        String SqlStr = "Select * from (select ROW_NUMBER()
                        OVER(ORDER BY id) AS 'RowNo', * from test) as t
                        where t.RowNo between " + (NowPageCount+1) + " and " +
                        (NowPageCount + PageSize);

        SqlCommand cmd1 = new SqlCommand(SqlStr, Conn);
        dr = cmd1.ExecuteReader();

        while (dr.Read())    {
            haveRec = true;
            // 以下是「資料呈現在畫面上」的 HTML 碼
            html_sb.Append("<tr><td WIDTH='12%' valign=top><font size='2'
            color=#800000>★ (" + dr["test_time"] + ")</font></td>");
            html_sb.Append("<td WIDTH='88%'><a href='/Ch09/Default_Disp.
            aspx?id=" + dr["id"] + "'><b>" + dr["title"] + "</b></a></td></tr>");
            // …… 省略 ……
        }
        html_sb.Append("</table>");

作者註解，後續的程式碼都沒變。
//-- 以下區塊，是畫面下方的分頁功能 ----------------------------------------
//-- 下列的超連結，請自己修改網頁的「檔案名稱」。 -----------------
  if (haveRec)   {
            …… 省略 ……
```

12-5 Case Study：DataReader 分頁 +SQL 2012（OFFSET...FETCH Next...）

SQL Server 2012起多了新的資料分頁方法，請參閱Advanced_Page_10_mis2000lab_DataReader_SQL2012.aspx。用到了新的作法**OFFSET...FETCH....** 來搭配 **Order By**。這種作法的SQL指令比較簡單，執行速度雖然跟上一節的ROW_NUMBER差不多，但比較**節省資源**。

SQL指令修改如下，其餘程式無須變動：

```
String SqlStr = "Select test_time, id, title, summary From test
                 Order By id
                 OFFSET " + (NowPageCount) + " ROWS
                 FETCH NEXT " + (NowPageCount + PageSize) + " ROWS ONLY";
```

我簡單地說明這兩個重點：

- OFFSET **X** ROWS，代表從第幾筆記錄**開始讀取**。在這一筆前面的記錄都會忽略！
- FETCH NEXT **Y** ROWS，代表後面**還要讀取幾列**記錄。這兩個作法的組合就能達成資料分頁。

微軟 Microsoft Docs網站（前MSDN網站）的說明既簡單又詳細，它提到「使用OFFSET...FETCH的限制」：

- **ORDER BY會"強制"使用 OFFSET和 FETCH子句。**
- OFFSET子句則強制搭配 FETCH使用。您絕對不可以使用 ORDER BY... FETCH。
- TOP"不可以"在相同查詢運算式中與 OFFSET和 FETCH結合。
- OFFSET...FETCH資料列計數運算式可以是任何將傳回整數值的算術、常數或參數運算式。資料列計數運算式不支援純量子查詢。

下列範例示範 OFFSET...FETCH子句搭配 ORDER BY的使用方式。

- 範例1：**略過（OFFSET）**已排序之結果集的前十筆記錄，並傳回其餘記錄。

```
SELECT * FROM [test] ORDER BY id
  OFFSET 10 ROWS;
```

- 範例2：**略過（OFFSET）**已排序之結果集的前十筆記錄，並傳回**接下來（FETCH NEXT）**的五筆記錄。

```
SELECT * FROM [test] ORDER BY id
  OFFSET 10 ROWS  FETCH NEXT 5 ROWS ONLY;
```

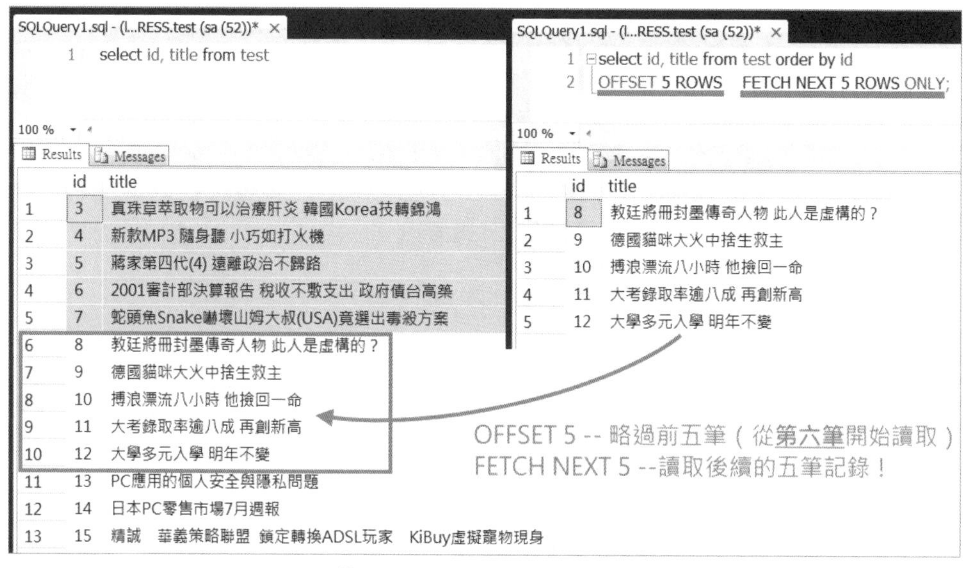

	id	title
1	3	真珠草萃取物可以治療肝炎 韓國Korea技轉錦鴻
2	4	新款MP3 隨身聽 小巧如打火機
3	5	蔣家第四代(4) 遠離政治不歸路
4	6	2001審計部決算報告 稅收不敷支出 政府債台高築
5	7	蛇頭魚Snake嚇壞山姆大叔(USA)竟選出毒殺方案
6	8	教廷將冊封墨傳奇人物 此人是虛構的？
7	9	德國貓咪大火中捨生救主
8	10	搏浪漂流八小時 他撿回一命
9	11	大考錄取率逾八成 再創新高
10	12	大學多元入學 明年不變
11	13	PC應用的個人安全與隱私問題
12	14	日本PC零售市場7月週報
13	15	精誠　華義策略聯盟 鎖定轉換ADSL玩家　KiBuy虛擬寵物現身

	id	title
1	8	教廷將冊封墨傳奇人物 此人是虛構的？
2	9	德國貓咪大火中捨生救主
3	10	搏浪漂流八小時 他撿回一命
4	11	大考錄取率逾八成 再創新高
5	12	大學多元入學 明年不變

⊙ SQL 2012 起才有這樣的做法

以前的DataSet範例是從資料庫撈取「所有記錄」出來，卻只在畫面上呈現十筆（只有畫面上做分頁，撈資料的速度還是卡住了），當然慢！瓶頸卡在資料庫與Web Server這邊，詳見下圖。

⊙ 以前 DataSet 範例從資料庫撈取「所有記錄」出來，只在畫面上呈現十筆！瓶頸卡在資料庫與 Web Server 這邊

當我們從資料庫取出資料時，一次只拿出使用者想看的那一頁、那十筆記錄就好，速度當然快！這是網路上很多高手討論後的結果。下圖可以表示：雖然符合的有一百萬筆記錄，但是從資料庫取出的記錄只有十筆，大幅減輕了上圖（傳統DataSet、不從資料庫作分頁）的效能瓶頸。

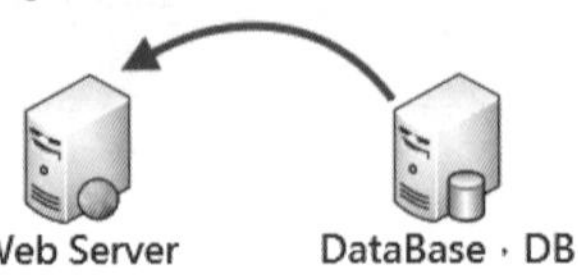

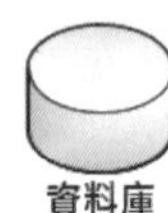

從資料來源作分頁 -- 透過T-SQL指令
符合條件的一百萬筆記錄之中
只撈出「使用者想看的那一頁、那十筆」

資料庫

⊙ 從資料庫取出的記錄只有十筆，大幅減輕了上圖的效能瓶頸

本範例可以在YouTube看到我的教學影片，請搜尋關鍵字「mis2000lab 資料分頁 SQL」即可找到。

12-6 Case Study：搭配其他控制項（Repeater 或GridView）

前兩節的範例也可以搭配其他ASP.NET控制項，例如Repeater控制項不提供分頁功能，我們用「自己寫的程式」幫它做分頁！請看範例Advanced_Page_10_ **Repeater**非常有趣！

程式的修改很少，只要把上述程式的while迴圈略做修改即可：

```
(1). 原本的範例 Advanced_Page_10_mis2000lab_DataReader_Row_Number

        while (dr.Read())     {
            haveRec = true;
            // 以下是「資料呈現在畫面上」的 HTML 碼
            html_sb.Append("<tr><td WIDTH='12%'><font size='2'
            color=#800000>★ (" + dr["test_time"] + ")</font></td>");
            html_sb.Append("<td WIDTH='88%'><a href='Default_Disp.aspx?id=" +
            dr["id"] + "'><b>" + dr["title"] + "</b></a></td></tr>");
            // ...... 省略 ......
        }

(2). 修改後的範例 Advanced_Page_10_Repeater，如下圖。
     不用自己寫 while 迴圈來作畫面，直接交付給 Repeater、GridView 等大型控制項來呈現即可。

        if(dr.HasRows)     {
            haveRec = true;
```

```
        //*** 第三，自由發揮，透過 Repeater 呈現 ****
        Repeater1.DataSource = dr;
        Repeater1.DataBind();
        //***************************************
    }
```

如下圖。分頁功能，自己做。沿用前兩節的程式碼而不需大改。想把資料表的數據呈現出來，交給大型控制項來呈現。這樣很輕鬆，各取所長。

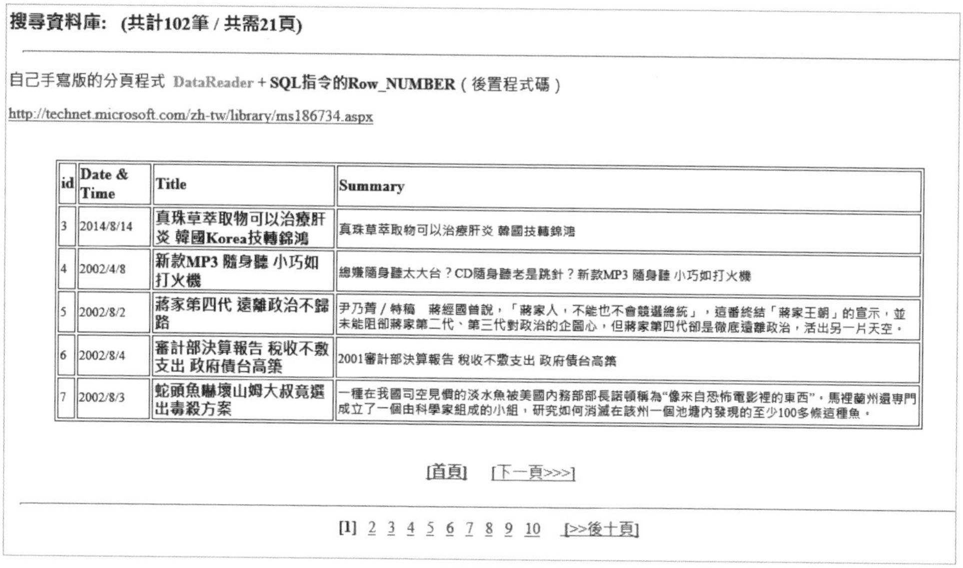

搜尋資料庫: (共計102筆 / 共需21頁)

自己手寫版的分頁程式 DataReader + **SQL指令的Row_NUMBER**（後置程式碼）

http://technet.microsoft.com/zh-tw/library/ms186734.aspx

id	Date & Time	Title	Summary
3	2014/8/14	真珠草萃取物可以治療肝炎 韓國Korea技轉錦鴻	真珠草萃取物可以治療肝炎 韓國技轉錦鴻
4	2002/4/8	新款MP3 隨身聽 小巧如打火機	總嫌隨身聽太大台？CD隨身聽老是跳針？新款MP3 隨身聽 小巧如打火機
5	2002/8/2	蔣家第四代 遠離政治不歸路	尹乃菁 / 特稿　蔣經國曾說，「蔣家人，不能也不會競選總統」，這番終結「蔣家王朝」的宣示，並未能阻卻蔣家第二代、第三代對政治的企圖心，但蔣家第四代卻是徹底遠離政治，活出另一片天空。
6	2002/8/4	審計部決算報告 稅收不敷支出 政府債台高築	2001審計部決算報告 稅收不敷支出 政府債台高築
7	2002/8/3	蛇頭魚嚇壞山姆大叔竟選出毒殺方案	一種在我國司空見慣的淡水魚被美國內務部部長諾頓稱為“像來自恐怖電影裡的東西”。馬裡蘭州還專門成立了一個由科學家組成的小組，研究如何消滅在該州一個池塘內發現的至少100多條這種魚。

[首頁]　[下一頁>>>]

[1] 2 3 4 5 6 7 8 9 10　[>>後十頁]

▲ 範例 Advanced_Page_10_Repeater 執行成果。上方的 Repeater 呈現資料內容，但下方「分頁」功能可自己寫

12-7 GridView自訂分頁（.NET 4.5起才有）AllowCustomPaging與VirtualItemCount

.NET 4.5版（VS 2012）起，GridView多了兩個自訂分頁的新屬性，名為AllowCustomPaging屬性與VirtualItemCount屬性（後置程式碼會用上，但畫面上的GridView無法直接設定，請輸入記錄的「總筆數」）。

您可以在YouTube看到本範例的教學影片，請搜尋關鍵字「mis2000lab GridView自訂分頁」即可找到。

範例Advanced_Page_GridView_AllowCustomPaging的HTML畫面如下，並沒有特殊設定。只要把新的**AllowCustomPaging**屬性啟用，傳統的**AllowPaging**屬性也要啟動。

```
<asp:GridView ID="GridView1" runat="server"
    AllowCustomPaging="True"
    AllowPaging="True" PageSize="5"
    OnPageIndexChanging="GridView1_PageIndexChanging">

        <PagerSettings Mode="Numeric" />
</asp:GridView>
```

範例Advanced_Page_GridView_AllowCustomPaging後置程式碼如下。其實沿用了前面的程式繼續做完而已，並沒有新鮮事。重點是兩個自己寫的副程式：

■ **MIS2000Lab_GetPageCount()**。這個副程式用來計算記錄的「總筆數」，總共有幾筆記錄呢？傳回值是int（整數）。

■ **MIS2000Lab_GetPageData(頁數)**。這個副程式比較常用到，您必須填入「頁數（int整數值）」，傳回值是DataTable，就是那一頁該呈現的所有記錄。

妥善使用上述兩個副程式，就能完成GridView在.NET 4.5版以後新增的自訂分頁（**AllowCustomPaging**屬性）了，請看範例Advanced_Page_GridView_AllowCustomPaging：

```
protected void Page_Load(object sender, EventArgs e)    {
    if (!IsPostBack)    {  // 第一次執行時
        GridView1.VirtualItemCount = MIS2000Lab_GetPageCount();
        // 取得記錄的 "總數量"、"總筆數"。

        GridView1.DataSource = MIS2000Lab_GetPageData(0);
        GridView1.DataBind();
    }
}
```

> 作者註解 -- 本範例需要的條件分別是：
> - 所有記錄的「總筆數」。
>   假設有一千筆記錄，GridView每頁呈現十筆（PageSize屬性=10），那麼「總頁數」就是100頁。這是簡單的國小數學而已。
>   我們用一個副程式來計算，詳見**MIS2000Lab_GetPageCount()**。
>
> - 目前這一頁的十筆記錄，當作資料來源（**DataSource**）。
>   只從資料庫抓出使用者要看的這一頁的十筆記錄，這就是資料來源的真正分頁。我們使用了SQL 2012的OFFSET…FETCH…作法。

> 我們用一個副程式來做並且傳回 DataTable，詳見 MIS2000Lab_ GetPageData(0)。
> 副程式需要的數字是：從「第幾筆記錄」開始找。電腦從零算起。

```
protected void GridView1_PageIndexChanging(object sender, GridViewPageEventArgs e)
{   // GridView 的分頁事件
        GridView1.PageIndex = e.NewPageIndex;

        GridView1.DataSource = MIS2000Lab_GetPageData(e.NewPageIndex);
        GridView1.DataBind();    // 底下的副程式，運算後傳回 DataTable
}


// ***** 分頁。使用 SQL 指令進行分頁 *****
protected DataTable MIS2000Lab_GetPageData(int currentPage)    {
    SqlConnection Conn = new
SqlConnection(WebConfigurationManager.ConnectionStrings["Web.Config 設定檔裡面的
連結字串"].ConnectionString);
    SqlDataReader dr = null;
    String SqlStr = "Select test_time, id, title, summary from test Order By id ";
    SqlStr += " OFFSET " + (currentPage * GridView1.PageSize) + " ROWS FETCH
NEXT " + (GridView1.PageSize) + " ROWS ONLY";
    //== SQL 2012 指令的 Offset...Fetch，資料分頁。

    SqlCommand cmd = new SqlCommand(SqlStr, Conn);
    DataTable DT = new DataTable();

    try   {
        Conn.Open();    //== 第一，連結資料庫。
        dr = cmd.ExecuteReader();    //== 第二，執行 SQL 指令。

        //==第三，自由發揮，把執行後的結果呈現到畫面上。
        DT.Load(dr);    // 將 DataReader 的成果 "載入" DataTable 裡面。
    }
    finally
    {   // == 第四，釋放資源、關閉資料庫的連結。
        // 詳見範例，在此省略。
    }
    return DT;
}


// ***** 取得總記錄的數量（記錄的總筆數）。*****
protected int MIS2000Lab_GetPageCount()    {
    SqlConnection Conn = new
SqlConnection(WebConfigurationManager.ConnectionStrings["Web.Config 設定檔裡面的
連結字串"].ConnectionString);
    SqlCommand cmd = new SqlCommand("select Count(id) from test", Conn);
    int myPageCount = 0;
```

```
    try   {
        Conn.Open();  //== 第一，連結資料庫。
        myPageCount = (int)cmd.ExecuteScalar();  //== 第二，執行 SQL 指令。
    }
    // 詳見範例，在此省略。
    return myPageCount;
}
```

使用ASP.NET MVC開發的朋友，LINQ分頁的範例請參閱下一章的說明。原理與寫法大同小異，相信這一章的解說可幫您把基礎打好。

13 分頁優化與最佳化，StringBuilder、SQL 指令、MVC 的 LINQ 分頁

CHAPTER

延續上一章的範例，針對分頁程式再度改良。

- 如果想要自己設計畫面輸出，可以透過StringBuilder來組合、連結字串，效能更棒！
- 如果想要在SQL指令上優化（最佳化），本章也有說明與分析。
- 搭配微軟 Microsoft Docs網站（前MSDN網站）範例，解釋「假分頁」與「真分頁（從資料來源啟動分頁機制）」的區別。
- 本章最後提供ASP.NET MVC的自訂分頁寫法，LINQ的分頁（.Take()、.Skip()兩種方法）跟上一章SQL Server 2012的作法雷同。

13-1 該用String或StringBuilder？用對了讓程式更有效率

上一章的範例之中，原本使用字串相連的那一區塊程式碼，還有更快速的解法。那就是採用StringBuilder類別來處理。會比使用「+符號（C#語法）」、「&符號（VB語法）」作字串連接，速度快上幾倍！以下為C#語法：

```
//-- 註解：傳統作法，連接動態產生的 " 字串 " 。
//  因為下面有一段變數，是程式自動產生，會導致字串內容，是以動態產生。採用 & 符號（VB）或
+ 符號（C#）連接字串會讓速度變慢～

string html = null;
//-- 以下是「資料呈現在畫面上」的 HTML 碼
    html += "<tr><td WIDTH='12%'>" +
    DT.Rows[NowPageCount]["test_time"] + "</td>";
    html += "<td WIDTH='88%'>...... 以下省略 ......";
```

改用StringBuilder類別來處理這種「動態」產生的字串（例如：資料量大！而且是由程式動態產生數值，或從資料庫抓取欄位的內容等等），速度會變快！以下為C#語法：

```
using System.Text;  //-- 使用 StringBuilder 類別一定要先宣告 System.Text 命名空間。


StringBuilder html_sb = new StringBuilder();
//-- 以下是「資料呈現在畫面上」的 HTML 碼
    html_sb.Append("<tr><td WIDTH='12%' valign=top>" +
    DT.Rows[NowPageCount]["test_time"] + "</td>");
    html_sb.Append("<td WIDTH='88%'><a href='Default_Disp.aspx?id=" +
    DT.Rows[NowPageCount]["id"] + "'>...... 以下省略 ......");

提醒您，最後要把 StringBuilder 的「結果」呈現到畫面上，請透過 .ToString() 方法。例如：
    (1).  Response.Write(html_sb.ToString());
    (2).  Label1.Text = html_sb.ToString(); 採用這種方法輸出結果，記得把 Label 控制
    項的 EnableViewState 屬性關閉（=false）可以節省很多資源。詳見作者另一本書 --
    ASP.NET 專題實務（II）。
```

但有一個重點要跟各位報告－「**靜態的"字串組合"**，也就是不會因為程式而動態改變的**固定長度字串**」，這種情況下還是使用傳統方法（**&**符號或是**+**符號）連接字串的速度快得多。此時濫用StringBuilder，速度反而下降。

靜態的「字串組合」範例如下：

```
'-- VB 語法 --
Dim myStr As String
    myStr = "*** 靜態字串，沒有動態新增 [ 變數 ] 到字串裡頭 ***"
    myStr &= "*** 測試 靜態字串 ***"


//-- C# 語法 --
string myStr;
    myStr = "*** 靜態字串，沒有動態新增 [ 變數 ] 到字串裡頭 ***";
    myStr += "*** 測試 靜態字串 ***";
```

13-1-1 String與StringBuilder之間的差異

在微軟 Microsoft Docs網站（前MSDN網站）裡面進一步瞭解：StringBuilder類別（Class）是一個和字串非常相似的物件，它的值是一個「可變動的連續字元」。StringBuilder的值之所以可變動的原因，是一旦附加、移除、取代或插入字元的方式建立後，就可以修改。

StringBuilder類別（Class）：

- **命名空間**：System.**Text**（注意！不是System.String）。
- **組件**：mscorlib（在 mscorlib.dll 中）。

StringBuilder的容量設定為「執行個體在**任何指定時間內**可儲存的最大字元數，均**"大於"或"等於"**執行個體值的字串長度」。這個容量可以利用Capacity屬性或.EnsureCapacity()方法增加或減少，但數量不可以少於Length屬性的值。

初始化StringBuilder執行個體時，如果沒有指定容量或最大容量，則使用實作特有的預設值。預設容量是16，而最大的容量是Int32.MaxValue。當容量依照執行個體的值增加時，StringBuilder可以配置更多儲存字元所需的記憶體。配置的記憶體數量是實作特有的，如果需要的記憶體數量超過最大容量，則擲回ArgumentOutOfRangeException例外狀況。

至於String與StringBuilder的運作原理與差異為何？這個問題，我們可以在微軟Microsoft Docs網站（前MSDN網站）文件找到答案。

1. 傳統string物件的字串連接作業，永遠都會從現有的字串和新資料之中「建立新的物件」。而StringBuilder物件則會「維護一個緩衝區」，以容納新資料的串連。如果有可用的空間，新的資料會附加至緩衝區的尾端，否則，會配置較大的新緩衝區，而原始緩衝區的資料會複製到新的緩衝區，然後新的資料會附加至新的緩衝區。
2. 傳統string或StringBuilder物件之字串相連作業的**效能，是根據「記憶體的配置頻率」而定**。傳統string串連作業「永遠都會」配置記憶體，而StringBuilder串連作業「只有」在StringBuilder物件緩衝區太小，導致無法容納新資料時，才會配置記憶體。

不過，**什麼時候該使用傳統string的字串相連？什麼時候又該使用StringBuilder**呢？下面解釋得非常清楚。

1. 如果要**串連「固定數目」的String物件，最好使用String類別的串連作業，以「+或&符號」來連接字串**。在這種情況下，編譯器（Compiler）甚至可能將個別的串連作業結合成一個單一作業。
2. 如果要**串連「任意數目」的字串**。例如，如果迴圈串連任意數目的「使用者輸入字串」、或是來自資料表「欄位」的值。對於串連作業來說，最好使用StringBuilder物件。

看了上面的範例與說明，我們可以瞭解到：雖然只是最基本的字串連接，但裡面還是有學問在，如果用錯將大幅降低程式執行效率。

13-1-2 用對StringBuilder加快5.5倍，新版 .NET加速55%

我一直在強調StringBuilder在處理這種「動態」字串的連結（例如：字串裡面的文字數量"大"，文字數量"不固定"，可能由程式產生、或從資料庫撈出來），能加快程式效率。到底執行的速度相差了多少呢？

我採用的第一個範例來測試，在Page_Load事件內，以For迴圈故意讓DBInit副程式跑一萬次，並且記錄程式的啟始～結束的時間。連續測試三次並計算平均值。在VS 2005執行結果如下：

- 第一支程式，使用傳統的「& 或 + 符號」做字串相連，耗時87.21秒。
- 第二支程式，改用StringBuilder來處理動態字串（資料庫撈出來的資料所組成的字串）耗時15.99秒。

沒錯！就是差這麼多！處理速度相差5.45倍！很驚人。測試的C#程式如下，僅供參考：

```
....部份省略....
protected void Page_Load(object sender, EventArgs e)    {
  if (!Page.IsPostBack)
  {     //-------計時，開始-----------------------------------------------
       Double t_start = Microsoft.VisualBasic.DateAndTime.Timer;
       //--Timer 屬性會傳回午夜過後的秒數和毫秒數。
       //--   秒數是傳回值的整數部分，毫秒則是小數部分
       Response.Write("Start----" + t_start + "<br />");

       for (int x = 1; x <= 10000; x++)  {
           DBInit();
       }
       //-------計時，結束-----------------------------------------------

       Double t_finish = Microsoft.VisualBasic.DateAndTime.Timer
       Response.Write("Finish--" + t_finish + "<br />");
       Response.Write("本程式耗時--" + (t_finish - t_start).ToString() + "秒");
  }
}
```

最後要分享實驗的成果，把上面同一支程式交給VS 2008（.NET 3.5）來執行，也是同時執行三次（每次執行一萬遍）並計算平均執行時間。竟然發現VS 2008的執行效能又比VS 2005（.NET Framework 2.0）快了不少。

相同程式給Visual Studio不同版本來執行（單位：秒。四捨五入到小數點第二位）	使用傳統方法，以「&符號」來做字串相連	改用 StringBuilder 來處理動態字串
VS 2005 / .NET 2.0（上面的測試結果）	87.21秒	15.99秒
VS 2008 / .NET 3.5	**79.06秒（比VS 2005進步10%）**	**10.34秒（比VS 2005進步55%）**
VS 2010 / .NET 4.0 與後續版本	跟VS 2008比起來差不多。	**比VS 2008進步4% 而已**

資料整理：本書作者，MIS2000 Lab.

或許影響程式效率的因素有很多，我也沒把握完全控制好。上面的結果僅供參考，但改用新版本Visual Studio的確不錯。因為VS 2008採用的是 .NET Framework 3.5版，針對命名空間（尤其是System開頭的NameSpace）作了改進，效能當然提升。

VS 2010（搭配.NET 4.0版）上市之後，我再以VS 2008與VS 2010作比較，但這次的差異就不顯著。以StringBuilder這支程式來比較，VS 2010執行起來比VS 2008版略快了4%而已。

此外，如果想記錄系統的RAM資源的話，可以參考下列程式碼。

```
//--  C# 語法  -----記錄 RAM 資源，開始 ----
    System.Diagnostics.PerformanceCounter myPC_Resource = new
    System.Diagnostics.PerformanceCounter;
    myPC_Resource.CategoryName = "Memory";
    myPC_Resource.CounterName = "Available KBytes";

    Response.Write("<br/>RAM Start----" + myPC_Resource.NextValue().
                   ToString("#,###,###") + "KBytes");

// 作者註解：
但這些程式碼在 VS 2008 或 2010 上面，搭配 Win2003 或 2008 Server / Vista / 7 / XP 64
位元版這幾個作業系統會出現錯誤。因為這些作業系統的「安全要求」較高，若要測量本機的資源，必
須是 " 系統管理員 " 允許的使用者帳號或群組成員。修改步驟如下：
    1.  執行「regedit」指令。
    2.  到 HKEY_LOCAL_MACHINE\SYSTEM\CurrentControlSet\Control\
        SecurePipeServers\winreg 進行修改。
    3.  修改 winreg 底下的 Permissions，把允許執行本程式的 " 使用者帳號 " " 群組 " 給加入。
    4.  儲存之後，電腦重新開機，方能使用。
```

13-2 微軟 Microsoft Docs網站範例，傳統SQL指令的TOP與Where

以下範例僅作為補充，使用DataSet搭配SQL指令的TOP來做分頁，源自微軟 Microsoft Docs網站（前MSDN網站）「將查詢結果分頁」一文。如果您使用Access或舊版SQL Server 2000通常會搭配這種寫法。

使用新版SQL Server 2005（含後續新版本）的讀者，這一節可以跳過不看。上一章的分頁作法，針對SQL 2005與2012起的SQL指令新函數有新的作法。

13-2-1 觀念解析，多載的.Fill()方法

DataAdapter可讓您輕鬆地從多載的.Fill()方法中僅傳回「某一頁」資料。不過，如需對大筆查詢結果進行分頁，則這種方式可能不是最好的選擇，因為雖然DataAdapter只會將要求的某幾筆記錄（資料列）填入目標 DataTable或 DataSet裡面，但仍然**會用到「整個查詢」全部傳回所需的資源**。這個缺點在前面的文章已經講解過了，上一章一開始的範例advanced_page.aspx就是這種作法。

若您要從資料來源傳回一頁資料，並且"不"使用「整個查詢」全部傳回的資源，請為您的查詢指定其他準則，以將傳回的記錄（資料列）縮小到必要的範圍內。

若要使用 .Fill()方法傳回資料頁，請針對資料頁中的第一筆記錄指定 startRecord參數（每頁的啟始），再針對資料頁中的記錄數目指定 maxRecords（每頁的記錄總數）參數。

.Fill方法 (DataSet, Int32, Int32, String)可以用來做分頁。四個參數如下：

- **DataSet**。第一個參數要填入資料列（記錄）和結構描述的 DataSet。
- **startRecord**。整數，以"零"為起始的資料列（記錄）編號。
- **maxRecords**。整數，要擷取之資料列（記錄）的最大數目。
- **srcTable（DataTable的名稱）**。字串，用於資料表對應的來源資料表名稱。

傳回值的資料型態為「整數」，只有表示成功加入至 DataSet或在其中重新整理的**資料列（記錄）數目**。其中不包含"不傳回資料列（記錄）之陳述式"所影響的資料列（記錄）。

例外狀況：

- SystemException。表示DataSet無效。

- InvalidOperationException。來源資料表無效、或連接無效。
- InvalidCastException。找不到連線。
- ArgumentException。表示 startRecord（每頁的啟始）參數小於 0、或 maxRecords（每頁的記錄總數參數小於 0）。

13-2-2 傳統方法，效率不彰

下列程式碼範例顯示如何使用 .Fill() 方法傳回查詢結果的第一頁，其頁面大小為五筆記錄。這個範例是「假分頁」的沒效率作法，僅供參考。

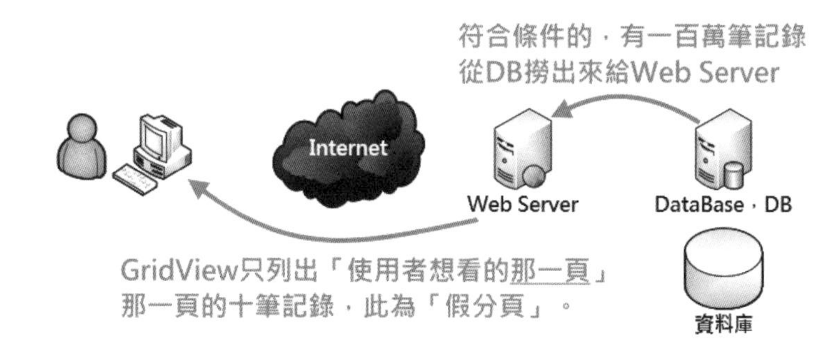
符合條件的，有一百萬筆記錄
從DB撈出來給Web Server
Internet
Web Server
DataBase，DB
GridView只列出「使用者想看的那一頁」
那一頁的十筆記錄，此為「假分頁」。
資料庫

以前 DataSet 範例從資料庫撈取「所有記錄」出來，只在畫面上呈現十筆！瓶頸卡在資料庫與 Web Server 這邊

```
//-- C# 語法 -  註解：Conn 表示資料庫連結，在此省略
  int currentIndex = 0;    // 第一頁
  int pageSize = 5;        // 每一頁有五筆記錄

  SqlDataAdapter da = new SqlDataAdapter("SELECT * FROM dbo.Orders
  ORDER BY OrderID", Conn);

  DataSet DS = new DataSet();
  da.Fill(DS, currentIndex, pageSize, "Orders");
```

請注意！上面的SQL指令把整個Orders資料表的記錄「全部」撈出來，但畫面上只呈現了「五筆」記錄，這就是假分頁、沒效率的作法！上一章一開始的範例advanced_page.aspx就是這種作法。

前面提到：DataAdapter可讓您輕鬆地從多載的.Fill()方法中僅傳回「某一頁」資料。不過，如需對大筆查詢結果進行分頁，則這種方式可能不是最好的選擇，因為雖然DataAdapter只會將要求的某幾筆記錄（資料列）填入目標 DataTable或

DataSet裡面，但仍然會用到「整個查詢」全部傳回所需的資源。

13-2-3 傳統分頁（完整版），SQL指令的TOP與WHERE

前一個範例中，DataSet要做分頁，這一頁只需要呈現（填入）五筆記錄，但是卻傳回"整個" Orders資料表、傳回所有記錄。改善方法是：若要以相同的五筆記錄填入 DataSet，但是只傳回五筆記錄，請在您的 SQL陳述式使用 TOP，如下列範例所示。

```
//-- C# 語法 -   註解：Conn 表示資料庫連結，在此省略
  int pageSize = 5;        //-- 每頁有五筆記錄

  string orderSQL = "SELECT TOP " + pageSize + " * FROM Orders ORDER BY
  OrderID";
  SqlDataAdapter da = new SqlDataAdapter(orderSQL, Conn);

  DataSet DS = new DataSet();
  da.Fill(DS, "Orders");
```

請注意，若以上一小節進行分頁查詢，您必須保留用來**排序資料列的「唯一識別項」**（通常是資料表的ID、主索引鍵、P.K.）才能將唯一 ID傳遞給SQL指令並傳回下一頁記錄，如下列程式碼範例所示。

```
//-- C# 語法 -             //-- pageSize 表示每頁有五筆記錄
  string lastRecord = DS.Tables["Orders"].Rows[pageSize - 1]["OrderID"].
  ToString();
```

下圖右側的DataSet可以用來解釋上一段程式碼。

- DataSet裡面可以有很多個 DataTable。每一個DataTable裡面都有一筆一筆的Row（資料列、記錄），每一筆Row裡面又有Column（資料行、欄位）。
- 多個DaTable之間，彼此有關聯。也就是Relations。

或許對照資料庫的結構，您會更容易體會：

- 一個資料庫（DB）裡面可以有很多個資料表（Table），每一個資料表裡面都有一筆一筆的記錄（Record），每一筆記錄裡面又有欄位。
- 多個資料表之間，互有關聯。

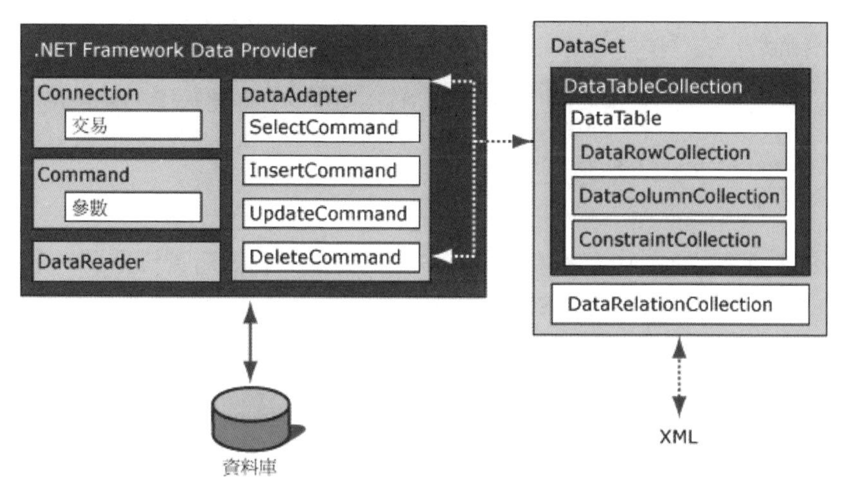

⊙ 從資料來源（例如資料庫）進行連線與操作，並透過 DataAdapter 存取 DataSet（DataSet 是一種在記憶體中，離線的資料庫快取）
（圖片來源：微軟 Microsoft Docs 網站（前 MSDN 網站））

若要透過採用 startRecord 和 maxRecords 參數的多載 .Fill() 方法來傳回下一頁記錄，請按頁面大小來遞增目前的記錄索引，並填入資料表。請記住，**雖然只在 DataSet 中加入一頁記錄，但實際上資料庫伺服器會傳回「整個查詢」結果。**

因此下列程式碼範例中，**務必先清除資料表裡面的資料列（記錄），再填入下一頁資料**。您可以在本機快取中保留特定數量的傳回資料列（記錄），來降低往返資料庫伺服器的次數。

提醒您：currentIndex 代表目前位於第幾頁？（第一頁為零）。而 pageSize 表示每頁有五筆記錄。

```
//-- C# 語法 -
  currentIndex += pageSize;
  DS.Tables["Orders"].Rows.Clear();
  da.Fill(DS, currentIndex, pageSize, "Orders");
```

若要在資料庫伺服器**不傳回**整個查詢，又能傳回下一頁記錄，請對 SELECT 陳述式指定限制準則。下列的 SQL 指令同時使用 TOP 與 WHERE。

由於前面的範例保留了"最後一筆"傳回的 ID 記錄（變數 lastRecord），因此您可以在 WHERE 子句使用它來指定查詢的起始點，如下列範例所示。

請記住，**雖然只在 DataSet 中加入一頁記錄，但實際上資料庫伺服器會傳回「整個查詢」結果**。因此下列程式碼範例中，**務必先"清除" DataTable 裡面的資料列（記錄）之後，再填入下一頁資料**。

```
//-- C# 語法 -
  da.SelectCommand.CommandText = "SELECT TOP " + pageSize + " *
  FROM Orders   WHERE OrderID > " + lastRecord + " ORDER BY OrderID";

  DS.Tables["Orders"].Rows.Clear();
  da.Fill(DS, "Orders");
```

當然，SQL 2005與2012起都有新的指令與功能讓您在撰寫資料分頁時更簡單、有效率！除非您是Access或SQL 2000的用戶才會使用上述SQL指令的TOP與WHERE。

SQL 2005的 Row_Number()
SQL 2012的 Offset...Fetch Next
Internet
Web Server
DataBase，DB
從資料來源作分頁 -- 透過T-SQL指令
符合條件的一百萬筆記錄之中
只撈出「使用者想看的那一頁、那十筆」
資料庫

⊙ 從資料庫取出的記錄只有十筆，大幅減輕了上圖的效能瓶頸

分頁的觀念可以在YouTube看到我的教學影片，請搜尋關鍵字「mis2000lab 資料分頁 SQL」即可找到。

13-3 T-SQL指令的分頁優化，TOP、ROW_NUMBER與OFFSET-FETCH三者差異

微軟出版社（Microsoft Press）於2015年出版的書籍（名為T-SQL Querying），就有討論各種SQL指令在進行分頁時的動作。微軟提供這一章的原文給大家觀賞，網址http://goo.gl/uLPLt3。

13-3-1 使用TOP來處理分頁與最佳化

舊版（SQL 2005以前）如果要作到資料分頁，必須使用TOP來處理，上一節的範例已經為您解說過。下面範例表示要找出「前三筆」記錄，別忘了搭配Order By進行排序。

```
SELECT TOP (3) orderid, orderdate, custid, empid
FROM Sales.Orders
ORDER BY orderdate DESC;

  orderid       orderdate        custid        empid
  -----------   ----------     -----------   -----------
  11077         2015-05-06       65            1
  11076         2015-05-06       9             4
  11075         2015-05-06       68            8
```

如果您要透過TOP來作資料分頁，這段SQL指令可以讓您參考。

```
USE PerformanceV3;    -- 請填入您的資料庫名稱
IF OBJECT_ID(N'dbo.GetPage', N'P') IS NOT NULL DROP PROC dbo.GetPage;
GO
CREATE PROC dbo.GetPage
  @orderid  AS INT    = 0,     -- 用來排序的關鍵欄位
  @pagesize AS BIGINT = 25     -- 每一頁要產生的記錄數量（Row Number / 筆數）
AS

SELECT TOP (@pagesize) orderid, orderdate, custid, empid
FROM dbo.Orders
WHERE orderid > @orderid
ORDER BY orderid;
GO

orderid       orderdate        custid        empid
-----------   ----------     -----------   -----------
11077         2015-05-06       65            1
11076         2015-05-06       9             4
11075         2015-05-06       68            8
```

上述的SQL指令，您可以寫成資料庫的Stored Procedure來操作。假設這段預存程序您名為GetPage，可以這樣執行之：

```
EXEC dbo.GetPage  @pagesize = 25;

orderid       orderdate      custid        empid
-----------   ----------   -----------   -----------
1             2011-01-01   C0000005758     205
2             2011-01-01   C0000015925     251
...
24            2011-01-01   C0000003541     316
25            2011-01-01   C0000005636     256
```

```
EXEC dbo.GetPage  @orderid = 25,  @pagesize = 25;
-- 註解：當我想從訂單編號 25 起，看到後續 25 筆記錄時。

orderid         orderdate         custid         empid
-----------     ----------     -----------    -----------
26              2011-01-01     C0000017397       332
27              2011-01-01     C0000012629       27
28              2011-01-01     C0000016429       53
...
49              2011-01-01     C0000015415       95
50              2010-12-06     C0000008667       117
```

上述的作法還不夠好，會導致一個完整的掃描（full scan）與一段排序（sort）所以我們要改良一下。透過索引（index）可以讓上述的查詢更有效率。

```
-- 註解：改良後的預存程序（最佳化）。
CREATE PROC dbo.GetPage2
  @pagenum  AS BIGINT = 1,
  @pagesize  AS BIGINT = 25
AS

SELECT orderid, orderdate, custid, empid
FROM ( SELECT TOP (@pagesize) *
       FROM ( SELECT TOP (@pagenum * @pagesize) *
              FROM dbo.Orders
              ORDER BY orderid ) AS D1
       ORDER BY orderid DESC ) AS D2
ORDER BY orderid;
GO

-- 註解：執行這一段預存程序。
EXEC dbo.GetPage2  @pagenum = 1,  @pagesize = 25;
EXEC dbo.GetPage2  @pagenum = 2,  @pagesize = 25;
EXEC dbo.GetPage2  @pagenum = 3,  @pagesize = 25
```

根據書本的測試，在您閱覽第三頁的資料時，上面的寫法只需邏輯讀取241次。不過您要看的頁數越多，工作量也會隨之變大。後續還有兩個改進後的範例，如果您已經使用SQL Server 2012或2014版，建議您直接看新的OFFSET-FETCH寫法，簡單又快速！

13-3-2 使用ROW_NUMBER來處理分頁與最佳化

SQL 2005開始多了ROW_NUMBER的作法，上一章已介紹過。如果您使用SQL 2012或2014版，建議您跳過這一小節，直接採用後續新的OFFSET-FETCH作法。

一般的ROW_NUMBER作法如下（尚未最佳化）：

```
-- 註解：改良後的預存程序（尚未最佳化）。
CREATE PROC dbo.GetPage3
  @pagenum  AS BIGINT = 1,
  @pagesize AS BIGINT = 25
AS

WITH C AS
(
  SELECT orderid, orderdate, custid, empid,
    ROW_NUMBER() OVER(ORDER BY orderid) AS rn
  FROM dbo.Orders
)
SELECT orderid, orderdate, custid, empid
FROM C
WHERE rn BETWEEN (@pagenum - 1) * @pagesize + 1 AND @pagenum * @pagesize
ORDER BY rn;      -- 註解： if order by orderid get sort in plan
GO

-- 註解：執行這一段預存程序。
EXEC dbo.GetPage3 @pagenum = 1, @pagesize = 25;
EXEC dbo.GetPage3 @pagenum = 2, @pagesize = 25;
EXEC dbo.GetPage3 @pagenum = 3, @pagesize = 25;
```

上述的作法在頁數較少的時候，沒有什麼差異。例如第三頁的資料會用到241次邏輯讀取，但如果您想讀取第一千頁那就慘了，邏輯讀取高達76,644次。建議您使用下列的改良寫法，以達最佳化：

```
-- 註解：改良後的預存程序（最佳化）。
CREATE PROC dbo.GetPage5
  @pagenum   AS BIGINT = 1,
  @pagesize  AS BIGINT = 25
AS

WITH C AS
(
  SELECT orderid, ROW_NUMBER() OVER(ORDER BY orderid) AS rn
  FROM dbo.Orders
),
K AS
(
  SELECT orderid, rn
  FROM C
  WHERE rn BETWEEN (@pagenum - 1) * @pagesize + 1 AND @pagenum * @pagesize
)
```

```
SELECT O.orderid, O.orderdate, O.custid, O.empid
FROM dbo.Orders AS O
  INNER JOIN K
    ON O.orderid = K.orderid
ORDER BY K.rn;
GO

-- 註解：執行這一段預存程序。
EXEC dbo.GetPage5 @pagenum = 3, @pagesize = 25;
```

改良之後，就算您要讀取第一千頁也只要223次邏輯讀取了。是否比上個寫法76,644次快速很多呢？但這個寫法用到兩個WITH而且SQL指令有點冗長，下一節的OFFSET-FETCH可以更簡化喔！

13-3-3 使用OFFSET-FETCH來處理分頁與最佳化

SQL 2012起多了OFFSET-FETCH的作法，比起上述的TOP、ROW_NUMBER更簡單而且更強。您可以參閱上一章，在此不贅述。底下是一般的作法（尚未最佳化）跟前面章節的範例雷同：

```
-- 註解：改良後的預存程序（尚未最佳化）。
CREATE PROC dbo.GetPage5
  @pagenum  AS BIGINT = 1,
  @pagesize  AS BIGINT = 25
AS

SELECT orderid, orderdate, custid, empid
FROM dbo.Orders
ORDER BY orderid
OFFSET (@pagenum - 1) * @pagesize ROWS FETCH NEXT @pagesize ROWS ONLY;
GO

-- 註解：執行這一段預存程序。
EXEC dbo.GetPage5 @pagenum = 1, @pagesize = 25;
EXEC dbo.GetPage5 @pagenum = 2, @pagesize = 25;
EXEC dbo.GetPage5 @pagenum = 3, @pagesize = 25;
```

進一步修正如下，讓搜尋效能更好。根據書本的測試，在您閱覽第一千頁的資料時，下面的寫法只需邏輯讀取241次，而上述的寫法卻要76,644次，效能大幅提昇了。

```
-- 註解：改良後的預存程序（最佳化）。
CREATE PROC dbo.GetPage6
  @pagenum  AS BIGINT = 1,
  @pagesize  AS BIGINT = 25
AS

WITH K AS   -- Define a table expression based on this query (call it K, for
keys).
(
  SELECT orderid
  FROM dbo.Orders
  ORDER BY orderid
  OFFSET (@pagenum - 1) * @pagesize ROWS FETCH NEXT @pagesize ROWS ONLY
)
SELECT O.orderid, O.orderdate, O.custid, O.empid
FROM dbo.Orders AS O
  INNER JOIN K
    ON O.orderid = K.orderid
ORDER BY O.orderid;
GO

-- 註解：執行這一段預存程序。
EXEC dbo.GetPage6 @pagenum = 3, @pagesize = 25;
```

如果您想要瞭解裡面的原理，到底改善了哪些地方，可以參閱專門介紹SQL指令的書籍，或是看看微軟這本書這一章的原文（網址http://goo.gl/uLPLt3）。

13-4 LinqDataSource控制項，內建資料分頁

從.NET 3.5版（VS 2008）起的LinqDataSource控制項改善了SqlDataSource（DataSourceMode屬性=DataSet）的缺點，LinqDataSource控制項支援「資料分頁」。

如果您不想寫程式，只想用**大型控制項（如GridView）搭配LinqDataSource**來作，GridView也能享有資料分頁的「真正」效能。這是最簡易的寫法！

LINQ-to-SQL使用到**Skip與Take函數**可以作到資料分頁。以下是C#語法：

```
int page = 2;    // 使用者正在看的那一頁（頁數）

var result = (from s1 in context.Orders
                  orderby s1.OrderID
                  select s1).Skip(page * 10).Take(10);
```

LINQ-to-SQL的兩個函式，Skip與Take可以做到資料分頁，類似T-SQL指令的Offset....Fetch....（SQL 2012起有此功能）。

簡單説明如下，假設每一頁展示十筆記錄。

- .Skip()函數是指**以前的記錄（資料列）略過不計**。

  目前使用者正在觀賞第二頁（即上方程式的page變數），之前（第一頁）的十筆記錄通通略過（寫成.Skip(10)）將由 .Take(10)來展示後續的第11~20筆的記錄。

  如果使用者正在觀賞第五頁，那麼前四頁的40筆記錄就略過，所以寫成.Skip(40)。

- .Take(10)函數的意思：**每一頁要展示幾筆記錄**。

  如果使用者正在觀賞第二頁（即上方程式的page變數）將會展示這頁的十筆記錄。

更多資訊可以上網查詢「mis2000lab LINQ-to-SQL 資料分頁」關鍵字找到這篇文章，裡面有更多前輩的經驗談與文章連結。關於ASP.NET的ObjectDataSource與LinqDataSource控制項，也可參閱我另一本書籍《ASP.NET專題實務（II）：進階範例應用》。

13-5 ASP.NET MVC的LINQ分頁範例

本範例使用資料庫名為MVC_UserDB，資料表為UserTable。本書提供Script檔讓您安裝。如果您不會安裝的話，請到YouTube搜尋「mis2000lab SQL Server 範例資料庫」關鍵字，我錄製了教學影片教您安裝範例資料庫，https://youtu.be/hAYzo53KUKM。

ASP.NET MVC開發任何功能都要分成M、V、C三者，流程較為繁瑣，因此本範例僅提供程式碼給讀者參考。首先，/Models/UserTable.cs（此為ViewModel）檔案內容如下：

```
public partial class UserTable
{
    [Key]    // 主索引鍵（P.K.），學生ID編號
    public int UserId { get; set; }

    [StringLength(50)]
    public string UserName { get; set; }  // 姓名
```

```
        [StringLength(1)]
        public string UserSex { get; set; }   // 性別

        public DateTime? UserBirthDay { get; set; }  // 生日

        [StringLength(15)]
        public string UserMobilePhone { get; set; }  // 手機號碼
    }
```

13-5-1 簡單的分頁程式，搭配.Skip()與.Take()

控制器（Controller，名為UserDB）的分頁寫法如下。位於IndexPage動作裡面。

```
//=====================================
//== 分頁 ==  LINQ的 .Skip() 與 .Take()
//=====================================
        public ActionResult IndexPage(int _ID=1)
        {
            // _ID 變數，目前位於第幾頁？ PageSize 變數，每一頁，要展示幾筆記錄？
            int PageSize = 3;

            // NowPageCount，目前正在觀賞這一頁的記錄
            int NowPageCount = 0;
            if (_ID > 0)    {
                NowPageCount = (_ID - 1) * PageSize;
                // PageSize，每頁展示 3 筆記錄（上面設定過了）
            }

            // 這段指令的 .Skip() 與 . Take() 其實跟 T-SQL 指令的 offset...fetch....
很類似（SQL 2012 起可用）
            var ListAll = (from _userTable in _db.UserTables
                           orderby _userTable.UserId   // 若寫 descending 是反
排序（由大到小）
                           select _userTable).Skip(NowPageCount).
Take(PageSize);
// .Skip() 從哪開始（忽略前幾筆記錄）。.Take() 呈現幾筆記錄

            //*** 查詢結果 ListAll 是一個 IQueryable ***
            if (ListAll == null)
            {   // 找不到任何記錄
                return HttpNotFound();
            }
            else    {
                return View(ListAll.ToList());
                //*** 查詢結果 ListAll 是一個 IQueryable
```

```
//*** 使用 IQueryable的好處是什麼？？
// The method uses "LINQ to Entities" to specify the column to sort by.The
code creates an IQueryable variable before the switch statement, modifies it
in the switch statement, and calls the ".ToList()" method after the  switch
statement.When you create and modify IQueryable variables, no query is sent
to the database.
// The query is not executed until you convert the IQueryable object into
a collection by calling a method such as ".ToList()".（直到程式的最後，你把查
詢結果 IQueryable，呼叫 .ToList() 時，這段 LINQ 才會真正被執行！）Therefore, this
code results in a single query that is not executed until the return View
statement.
            }
        }
```

因為我輸入的頁數（_ID變數）與MVC預設的Routing不同，當您執行這個範例時，請自己在瀏覽器的網址輸入「/ UserDB/IndexPage?_ID=2」才能看見第二頁的成果。如下圖。

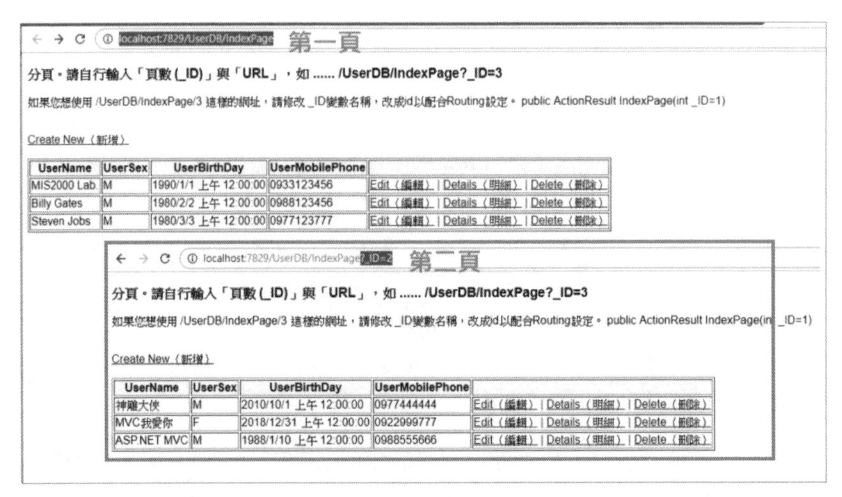

⊙ 分頁時，請自行在網址上修改頁數。例如 ?_ID=2

倘若您要使用MVC預設的Routing，請把IndexPage動作的輸入值（_ID變數名稱改為id）。

13-5-2 分頁（每十頁做一區隔）

控制器（Controller，名為UserDB）的分頁寫法如下。位於IndexPage2動作裡面。這段程式跟ASP.NET Web Form的範例幾乎一樣，只是把SQL指令改變而已。可見得您懂了觀念、自己可以實作，分頁功能其實不難。誰說MVC的分頁功能一定要外掛軟體才能做到呢？

```
//== 畫面下方，加入「上一頁」、「下一頁」、每十頁作間隔 ===
        public ActionResult IndexPage2(int _ID=1)
        {    // _ID 變數，目前位於第幾頁？
             // PageSize 變數，每一頁，要展示幾筆記錄？
             int PageSize = 3;

             // RecordCount 變數，符合條件的總共有幾筆記錄？
             int RecordCount = _db.UserTables.Count();

             // NowPageCount，目前正在觀賞這一頁的記錄
             int NowPageCount = 0;
             if (_ID > 0)    {
                 NowPageCount = (_ID - 1) * PageSize;     // PageSize，每頁展示 3
筆記錄（上面設定過了）
             }

             // 這段指令的 .Skip() 與 . Take()，其實跟 T-SQL 指令的 offset...fetch....
很類似（SQL 2012 起可用）
             var ListAll = (from _userTable in _db.UserTables
                     orderby _userTable.UserId
                     // 若寫 descending ，則是反排序（由大到小）
                     select _userTable).Skip(NowPageCount).Take(PageSize);
// .Skip() 從哪裡開始（忽略前面幾筆記錄）。 .Take() 呈現幾筆記錄

             if (ListAll == null)
             {    // 找不到任何記錄
                 return HttpNotFound();
             }
             else
             {    //************** 比上一個範例  多的程式碼。 ***(start)
                 #region // 畫面下方的「分頁列」。「每十頁」一間隔，分頁功能
```

localhost:7829/UserDB/IndexPage2?_ID=2

分頁。請自行輸入「頁數(_ID)」與「URL」，如 ...... /UserDB/IndexPage2?_ID=3

如果您想使用 /UserDB/IndexPage2/3 這樣的網址，請修改 _ID變數名稱，改成id以配合Routing設定。 public ActionResult IndexPage2(int _ID=1)

Create New（新增）

UserName	UserSex	UserBirthDay	UserMobilePhone	
神雕大俠	M	2010/10/1 上午 12:00:00	0977444444	Edit（編輯） | Details（明細） | Delete（刪除）
MVC我愛你	F	2018/12/31 上午 12:00:00	0922999777	Edit（編輯） | Details（明細） | Delete（刪除）
ASP.NET MVC	M	1988/1/10 上午 12:00:00	0988555666	Edit（編輯） | Details（明細） | Delete（刪除）

[<<<上一頁] [首頁] [下一頁>>>]

1 [2] 3 4 5 6 7

執行成果

```
                 // Pages 變數，「總共需要幾頁」才能把所有記錄展示完畢？
                 int Pages;
                 if ((RecordCount % PageSize) > 0)    {    //-- %，除法，傳回餘數
                     Pages = ((RecordCount / PageSize) + 1);    //-- ( / )
除法。傳回整數。  如果無法整除，有餘數，則需要多出一頁來呈現。
```

```
            }
            else    {
                Pages = (RecordCount / PageSize);    //-- ( /) 除法。傳回整數
            }

            System.Text.StringBuilder sbPageList = new System.Text.
StringBuilder();
            if (Pages > 0)
            {    // 有傳來「頁數 (p)」，而且頁數正確（大於零），出現 < 上一頁 >、< 下一
頁 > 這些功能
                sbPageList.Append("<div align='center'>");

                //** 可以把檔名刪除，只留下 ?P=  即可！一樣會運作，但 IE 11 會出
現 JavaScript 錯誤。**
                //** 抓到目前網頁的「檔名」。 System.IO.Path.
GetFileName(Request.PhysicalPath) **
                if (_ID > 1)
                {    //======== 分頁功能（上一頁 / 下一頁）===start===
                    sbPageList.Append("<a href='?id=" + (_ID - 1) +
"'>[<<< 上一頁 ]</a>");
                }
                sbPageList.Append("      <b
><a href='http://127.0.0.1/'>[ 首頁 ]</a></b>     &nb
sp;");
                if (_ID < Pages)    {
                    sbPageList.Append("<a href='?id=" + (_ID + 1) +
"'>[ 下一頁 >>>]</a>");
                }  //======== 分頁功能（上一頁 / 下一頁）===end====


                //=============================================================
//=== MIS2000 Lab. 自製的「每十頁」一間隔，分頁功能 ===start===
                sbPageList.Append("<hr width='97%' size=1>");

                int block_page = 0;
                block_page = _ID / 10;    //-- 只取除法的整數成果（商），若有餘
數也不去管它。

                if (block_page > 0)    {
                    sbPageList.Append("<a href='?id=" + (((block_page -
1) * 10) + 9) + "'> [ 前十頁 <<]  </a>  ");
                }

                for (int K = 0; K <= 10; K++)    {
                    if ((block_page * 10 + K) <= Pages)
                    {  //--- Pages 資料的總頁數。共需「幾頁」來呈現所有資料？
                        if (((block_page * 10) + K) == _ID)
                        {  //--- id 就是「目前在第幾頁」
                            sbPageList.Append("[<b>" + _ID + "</b>]" +
"   ");
```

```
                        }
                        else    {
                            if (((block_page * 10) + K) != 0)    {
                                sbPageList.Append("<a href='?id=" +
(block_page * 10 + K) + "'>" + (block_page * 10 + K) + "</a>");
                                sbPageList.Append("   ");
                            }
                        }
                    }
                }  //for 迴圈 end

                if ((block_page < (Pages / 10)) & (Pages >= (((block_page
+ 1) * 10) + 1)))    {
                    sbPageList.Append("  <a href='?id=" +
((block_page + 1) * 10 + 1) + "'>  [>> 後十頁]  </a>");
                }
                sbPageList.Append("</div>");
            }
 //=== MIS2000 Lab. 自製的「每十頁」一間隔，分頁功能 === end ===

            #endregion

            ViewBag.PageList = sbPageList.ToString();
            //************** 比上一個範例  多的程式碼。***(end)

            return View(ListAll.ToList());
        }
    }
```

這個範例還需要搭配檢視畫面（如下面程式，/Views/UserDB/IndexPage2.cshtml）兩者搭配才能運作。因為畫面上的分頁列（**ViewBag.PageList**。每十頁做一個間隔。請看下圖的「上一頁、下一頁」與分頁列的「頁數」）是從控制器傳給檢視畫面的。

localhost:7829/UserDB/IndexPage2?_ID=2

分頁。請自行輸入「頁數 (_ID)」與「URL」，如 ...... /UserDB/IndexPage2?_ID=3

如果您想使用 /UserDB/IndexPage2/3 這樣的網址，請修改 _ID變數名稱，改成id以配合Routing設定。 public ActionResult IndexPage2(int _ID=1)

Create New（新增）

UserName	UserSex	UserBirthDay	UserMobilePhone	
神雕大俠	M	2010/10/1 上午 12:00:00	0977444444	Edit（編輯） | Details（明細） | Delete（刪除）
MVC我愛你	F	2018/12/31 上午 12:00:00	0922999777	Edit（編輯） | Details（明細） | Delete（刪除）
ASP.NET MVC	M	1988/1/10 上午 12:00:00	0988555666	Edit（編輯） | Details（明細） | Delete（刪除）

[<<<上一頁]　【首頁】　[下一頁>>>]

1 [2] 3 4 5 6 7

⊙ 執行成果，下方的分頁列需搭配檢視畫面，/Views/UserDB/IndexPage2.cshtml

```
@model IEnumerable<您的專案名稱 .Models.UserTable>

@{
    Layout = null;
}
<!DOCTYPE html>
<html>
<head>
    <meta name="viewport" content="width=device-width" />
    <title>IndexPage2（底下有分頁列）</title>
</head>
<body>
    <h3> 分頁。請自行輸入「頁數 (_ID)」與「URL」，如 ...... /UserDB/IndexPage2?_
ID=3  </h3>

    // 註解：因為我輸入的頁數（_ID 變數）與 MVC 預設的 Routing 不同，當您執行這個範例時，
    請自己在瀏覽器的網址輸入「/ UserDB/IndexPage2?_ID=2」才能看見第二頁的成果。

    // 倘若您要使用 MVC 預設的 Routing，請把 IndexPage2 動作的輸入值（_ID 變數名稱改為 id）。

    <p>
        @Html.ActionLink("Create New（新增）", "Create")
    </p>
    <table class="table" border="1">
        <tr>
            <th bgcolor="pink">
                @Html.DisplayNameFor(model => model.UserName)
            </th>
            <th bgcolor="pink">
                @Html.DisplayNameFor(model => model.UserSex)
            </th>...... 部分省略 ......
        </tr>

        @foreach (var item in Model)
        {
            <tr>
                <td>
                    @Html.DisplayFor(modelItem => item.UserName)
                </td>
                <td>
                    @Html.DisplayFor(modelItem => item.UserSex)
                </td>...... 部分省略 ......
            </tr>
        }
    </table>

    @* 註解：Html.Raw() 方法。不經 HTML 編碼的 HTML 標籤輸出 *@
    @Html.Raw(ViewBag.PageList)      @* 畫面最下方的「分頁列」*@
</body>
</html>
```

14 ASP.NET Core 與 ADO.NET 簡易入門

CHAPTER

以前稱為ASP.NET 5的「開放原始碼」版本，在2016年推出1.0正式版之後，已經改名為「ASP.NET Core」。VS 2019上市後，2019九月底才正式發行.NET Core 3.0版。開放原始碼的ASP.NET是為了吸引更多人加入.NET，尤其是Linux + Apache + MySQL + PHP（簡稱LAMP）或 MacOS陣營中的程式設計師，"並非"要取代原本 的.NET Framework（.NET完整版，最新版本為4.8），請不用擔心。

截自本書撰寫時，Core正式的版本為 3.1（LTS長期支援版）~ 5（GA版，2020下半年正式面市。下一版的6.0才是長期支援版）。 強烈建議您安裝新版VS 2019或後續新版來學習.NET Core，因為VS 2017"不"支援 .NET Standard 2.1 或 .NET Core 3.x。學習.NET Core 3.1版仍是很划算的投資！

開放原始碼的ASP.NET是為了吸引更多人加入.NET，尤其是Linux + Apache + MySQL + PHP（簡稱LAMP）或 MacOS陣營中的程式設計師，"並非"要取代原本的.NET Framework（.NET完整版，最新版本為4.8），請不用擔心。

14-1 開放原始碼的ASP.NET Core

您可以在我的網站（www.dotblogs.com.tw/mis2000lab/）看見兩篇由我翻譯成中文的文章，瞭解開放原始碼的ASP.NET 5（現在名為ASP.NET Core）的介紹。或是上網搜尋「mis2000lab ASP.NET 5」關鍵字也能找到：

- ASP.NET 5 概觀（ASP.NET 5 Overview，原作Tom FitzMacken 2014/11/12，**http://goo.gl/D286gL**）。
- ASP.NET 5簡介（Introducing ASP.NET 5，原作ScottGu 2015/2/23，**http://goo.gl/1gd8CG**）。

⊙ 搜尋「mis2000lab ASP.NET 5」關鍵字找到這兩篇文章

引述上面兩篇文章，ASP.NET 5（ASP.NET Core）有兩種runtime環境，讓您在選擇應用程式的主機時更具彈性。這兩種runtime選擇如下：

■ **.NET Core**：一個新的、模組化、跨平台的runtime而且體積更小了。當您鎖定.NET Core您就可以用到下面許多令人興奮的優點。

(1) 您可以部署「專屬的」.NET Core runtime在您的應用程式上，如此一來你的應用程式將會執行與部署在這套您「專屬的」runtime版本上，而不是跟主機上作業系統所安裝的那套runtime綁死在一起。您的runtime版本可對應不同的應用程式side-by-side地運作（譯者註解：不同應用程式的runtime可以各自獨立）。必要時，您可以更新runtime而不會影響到其他應用程式，或是說，您也可以繼續運作現有的版本，不會因為其他應用程式修改runtime而對您造成影響。於是在同一系統（主機）上進行應用程式部屬、架構更新時會更簡單、更單純，而不會干擾到其他應用程式的運作。

(2) 您的應用程式只會用到自己需要的功能（註：用多少就裝多少）。因此，您永遠不會被系統提醒「該去更新那些您沒用到的runtime功能」了。從此再也不用曠日費時地測試、部署那些「跟自己應用程式無關」的系統更新。

(3) 您的應用程式現在可以跨平台運作。我們將提供Windows、Linux和Mac OS X系統上都能運作的跨平台.NET Core版本。無論使用哪種作業系統來開發或是部署，您都可以使用.NET。雖然跨平台的.NET版本尚未發布，但我們正努力在GitHub上工作並且計畫早日提供正式的預覽版給大家。

註：另一篇文章提到「當然這樣的改變，變成這些app用到的framework必須是為.NET Core來撰寫，所以不是所有現有的函式庫（尤其是社群或第三方開發）都能在.NET Core上運作，這會是一次生態系的大變革。」

- **完整版.NET Framework**：相較於完整版的.NET Framework（本書內容就是採用完整版），上述.NET Core的API其功能較為受限（較少），因此您可能需要修改現行的應用程式才能用於.NET Core上頭。如果您不希望修改應用程式就能直接運作，也可以在"完整版"的.NET Framework上（4.5.2版或後續新版）運行ASP.NET 5（ASP.NET Core）應用程式。如此一來，您就可以存取完整的.NET Framework APIs了，您現行的應用程式與函式庫不需任何修改就能直接在runtime上運作。

引述微軟 Microsoft Docs網站（前MSDN網站）台灣部落格的文章：「ASP.NET Core不再依賴IIS，ASP.NET Core的執行環境由新開發的Kestrel Server負責，IIS退回到HTTP聆聽器的角色，微軟也特別為了這個需求開發了IIS Platform Handler以便處理HTTP與執行環境之間的訊息轉送工作（文章標題：讓我們Core 在一起：ASP.NET Core & .NET Core。作者Tobey Tang，2016/4/28）」。

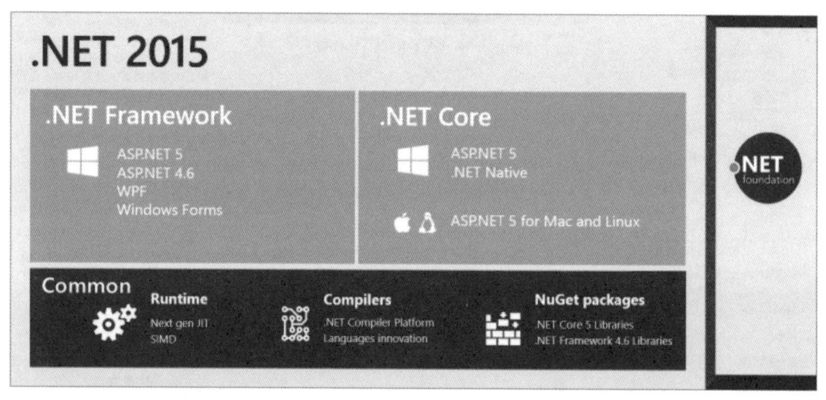

從 VS 2015 起，.NET Framework 與 .NET Core 的架構與比較

簡單的說，ASP.NET Core早期版本只支援C#語法（較新版本的Core版將支援VB語法），開放原始碼的MVC與EF尚"無法保證"100%相容現有（.NET完整版）的MVC 5、EF 6。而Web Form網頁因為與.NET底層的System.Web.dll、IIS太密切，暫時不考慮開放原始碼。

14-2 新增專案，ASP.NET Core Web Application

建議您安裝「最新版」Visual Studio（建議VS 2017或後續新版）比較方便開發，本文撰寫時以VS 2017為範本。但VS 2019上市後，我也提供VS 2019版的教學影片，請到YouTube搜尋「mis2000lab ado.net core VS 2019」關鍵字。

■ VS 2019版的教學影片（Core 2.2版）- https://youtu.be/_Sprpllxug8。

■ VS 2019支援的專案類型較多，建立新專案的步驟跟以前有點小差異。後續撰寫程式則大同小異。

■ VS 2015版的教學影片 - https://youtu.be/1UaO8C2MnJQ。

若是VS 2015需安裝額外的套件才能使用，名為Microsoft .NET Core Tooling。部分寫法與新版Visual Studio有差異，僅供參考。

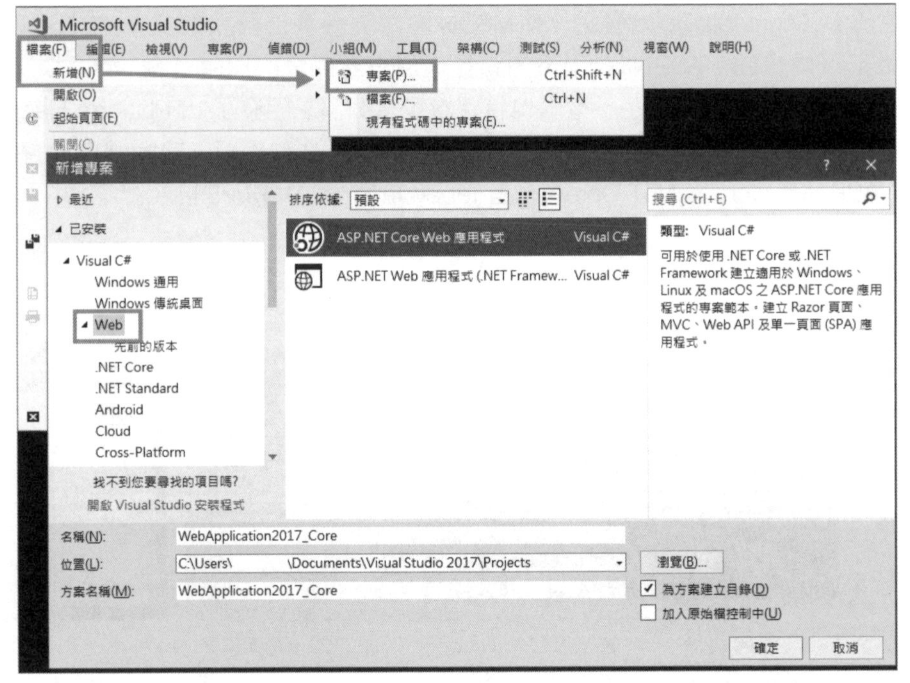

⊙ 新增一個專案，務必選擇左側的「.NET Core」分類。請注意右側的說明文字

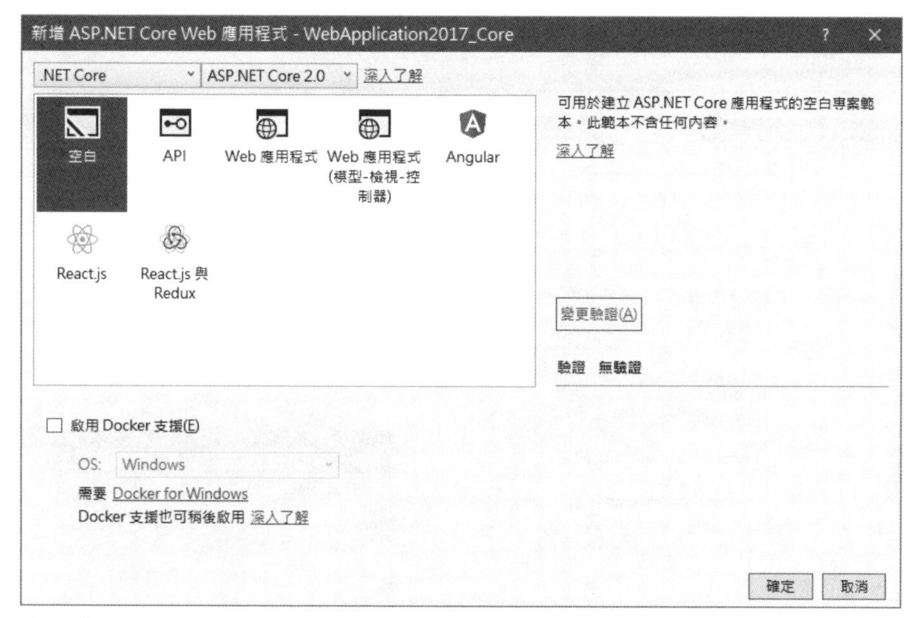

建議選擇「空」專案，避免一開始加入太多雜亂無用的元件，「空」專案可以讓初學者更清楚哪些是自己想要的

ASP.NET Core「空」專案的架構（畫面右側，方案總管）

您可以發現Visual Studio第一個為您展開的檔案名為Startup.cs。您可以直接編譯專案，先看看執行成果（如下圖）。藉此瞭解您的開發與執行環境是否正常？

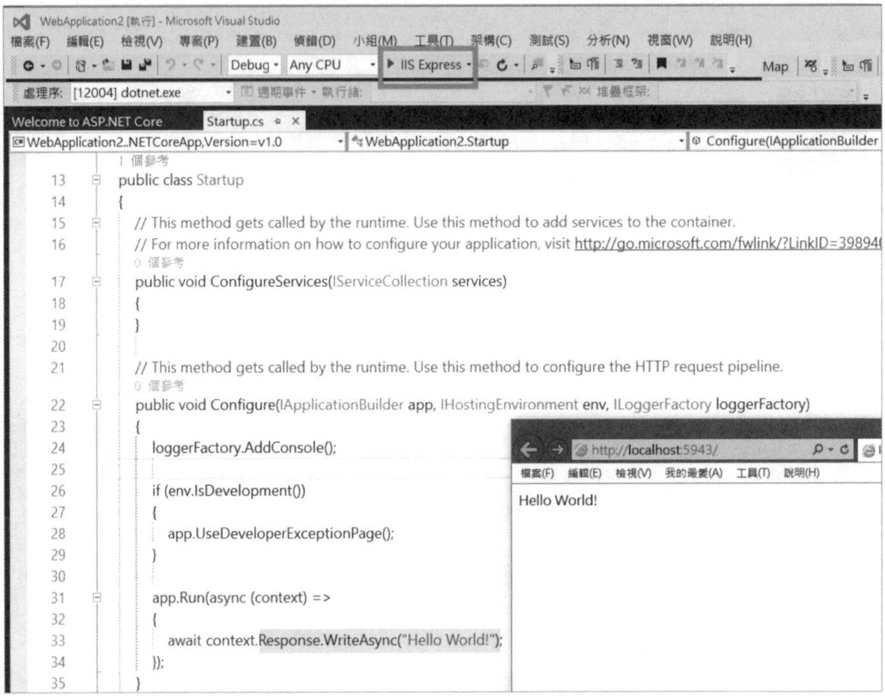

```
13  public class Startup
14  {
15      // This method gets called by the runtime. Use this method to add services to the container.
16      // For more information on how to configure your application, visit http://go.microsoft.com/fwlink/?LinkID=39894
17      public void ConfigureServices(IServiceCollection services)
18      {
19      }
20
21      // This method gets called by the runtime. Use this method to configure the HTTP request pipeline.
22      public void Configure(IApplicationBuilder app, IHostingEnvironment env, ILoggerFactory loggerFactory)
23      {
24          loggerFactory.AddConsole();
25
26          if (env.IsDevelopment())
27          {
28              app.UseDeveloperExceptionPage();
29          }
30
31          app.Run(async (context) =>
32          {
33              await context.Response.WriteAsync("Hello World!");
34          });
35      }
```

Hello World!

⊙ ASP.NET Core「空」專案的執行成果

從上圖可以看見Startup.cs最下方一列程式碼，就是呈現Hello.World字樣到網頁上。ASP.NET Core使用了非同步（async.）的技術，所以您會常常見到「await」與方法後面的「...async」關鍵字，如 .ExecuteReaderAsync()，本書其他章節已經為您説明過。

由於本章並非介紹ASP.NET Core與MVC的專書，純粹是要讓您知道ASP.NET Core在**ADO.NET資料存取**的部分，在程式碼的撰寫與基礎上與我們學過的ASP.NET其實大同小異（當然開放原始碼以後，ASP.NET Core骨子裡面的變化很大）。只要您看完本章的入門介紹後，對於ASP.NET Core在「ADO.NET」的部分不會害怕，甚至覺得似曾相識，那麼本章就對您入門有極大的助力了。

14-3 ASP.NET Core的ADO.NET入門範例

ADO.NET第一個步驟便是資料庫的連線、連結字串，我們就從這裡開始ASP.NET Core之旅。這一節的操作比較瑣碎，我為您錄製了線上影片，請到YouTube網站搜尋「mis2000lab ado.net core VS 2019」關鍵字。

14-3-1 自動加入「命名空間」與「加入參考」

下圖的程式碼是我們很熟悉的ADO.NET第一步驟，但寫完之後出現「紅色虛線」的錯誤，這代表我們忘了加入命名空間（NameSpace）。有兩種作法可以補上，我先介紹簡單的自動化作法：

只要點選錯誤程式碼的「關鍵字」並稍等兩秒，Visual Studio會自動提示修正的建議。如下圖的錯誤。Visual Studio會自動幫您加上命名空間（NameSpace）於程式碼最上方。因為ASP.NET Core非常精簡而且模組化，用不到的東西一律不加入。所以您在程式中有用上的套件，這時候才會自動「加入參考」。

撰寫程式碼時，有「紅色虛線」的錯誤。請選用「顯示可能的修正」

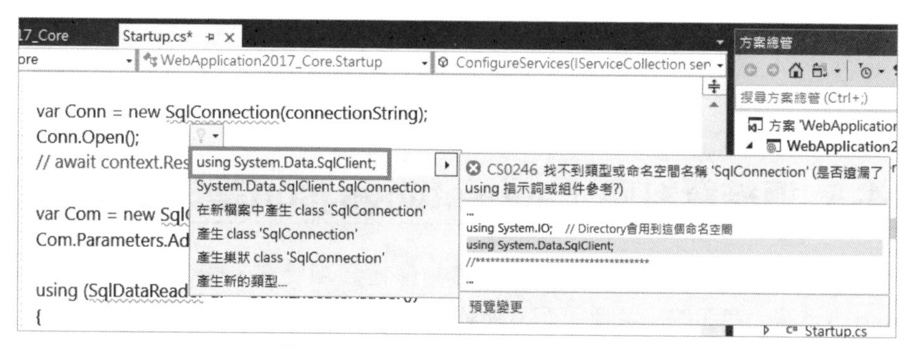

自動加入命名空間與加入所需的套件

14-4 連結資料庫（SqlConnection）

Startup.cs程式碼如下。我們暫時把程式碼寫在"Hello, World"底下。

```
//== 方法一 ==
  string connectionString = @"server=.\sqlexpress;integrated
security=SSPI;database= 您的資料庫名稱 ";   // 資料庫連結字串

  var Conn = new SqlConnection(connectionString);
  Conn.Open();

  await context.Response.WriteAsync("<br /> connection opened");
  // 唯一會嚇到初學者的，大概只有這段程式碼，
  // 您就暫時當成傳統的 Response.Write() 吧
  // 前方的 await 與 .Write() 方法後面多出的 Async 字樣，代表這是「非同步」的程式。
```

上面這段程式碼，跟ADO.NET幾乎沒兩樣！所以您不用懼怕這些新名詞、新版本，只要認真打好基礎，您會發現「天下武功出少林」，很多東西都能異中求同！只要找出關鍵的雷同之處，您就可以把既有的經驗複製過來了。

Web Form網頁、.NET Framework與微軟的IIS（網頁伺服器，Web Server）三者關係非常緊密。如果也開放原始碼，可能會連Server底層的機密也曝光，所以ASP.NET Core是一套全新的開放原始碼產品。它也可以用C#來撰寫，有些程式碼的命名與以前的.NET很類似，讓您覺得很熟悉，但它的確是一套全新的、重頭打造的產品。

倘若您要撰寫一個類別庫（DLL檔），可以考慮.NET Standard，他號稱可以共用在.NET Framework（本書採用的.NET完整版）與.NET Core（開源版）。

14-5 連結資料庫（appsettings.json裡的連結字串）

學習ASP.NET（不管是WebForm或MVC）會把資料庫的連結字串放在「**Web.Config設定檔**」裡面統一管理，而不會寫死在程式碼裡面。

14-5-1 加入appsettings.json設定檔

ASP.NET Core的專案，設定檔也分成兩種：

第一、Web網頁。設定檔名為appsettings.json。請依照下圖的解說，先加入一個空白的設定檔。

第二、Windows程式。設定檔名為config.json。

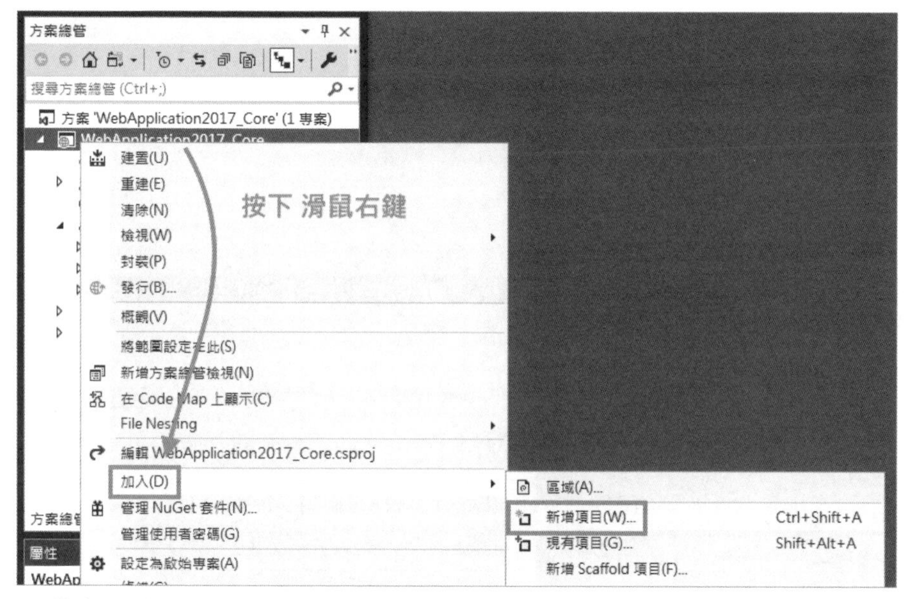

⊙ 加入一個 ASP.NET Core 設定檔（類似 .NET 完整版底下 Web 專案的 Web.Config 或 Windows Form 的 App.Config 設定檔）

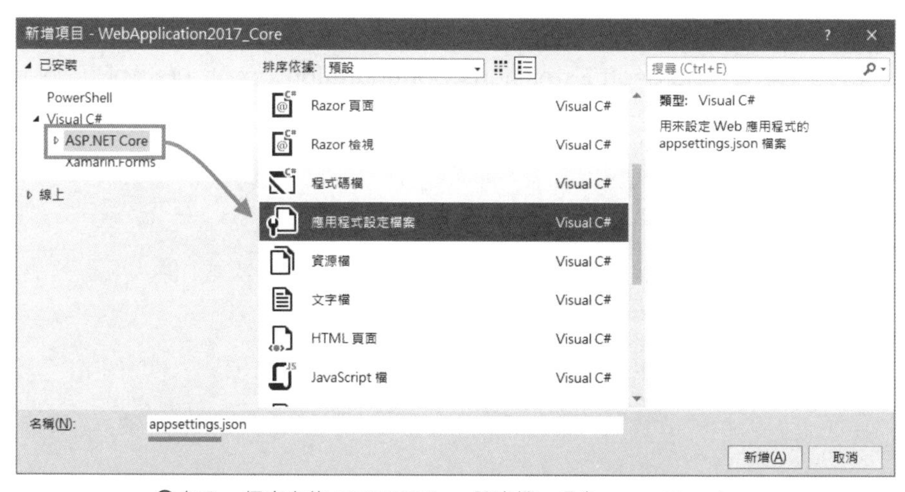

⊙ 加入一個空白的 ASP.NET Core 設定檔，名為 appsettings.json

延續上一個範例，我們將會讀取appsettings.json設定檔裡面的連結字串。appsettings.json設定檔如下：

```
{
   "ConnectionStrings": {
      "DefaultConnection":
         "Server=.\\sqlexpress;Database= 您的資料庫名
         稱 ;Trusted_Connection=True;MultipleActiveResultSets=true"
   }
}
```

```
appsettings.json*  NuGet: WebApplication2017_Core    Startup.cs
結構描述: http://json.schemastore.org/appsettings
1  {
2    "ConnectionStrings": {
3      //"DefaultConnection": "Server=(localdb)\\MSSQLLocalDB;Database=_CHANGE_ME;Trusted_C
4
5      "DefaultConnection": "Server=.\\SqlExpress;Database=test;Trusted_Connection=True;Multiple
6    }
7  }
```

連結 SQL Server (Express版) 裡面的「test資料庫」

▲ appsettings.json 設定檔的內容

14-5-2 讀取appsettings.json設定檔（連結字串）

Startup.cs程式碼如下。

重點！ 務必搭配 **Microsoft.Extensions.Configuration**（configurationBuilder會用上）與 **System.IO** 命名空間（Directory會用上）！

```
//== 方法二 ==
var configurationBuilder = new ConfigurationBuilder().SetBasePath(Directory.
GetCurrentDirectory()).AddJsonFile("appsettings.json");
//  讀取 ASP.NET Core 設定檔的內容

IConfiguration config = configurationBuilder.Build();
string connectionString = config["ConnectionStrings:DefaultConnection"];

var Conn = new SqlConnection(connectionString);
Conn.Open();
```

14-6 執行SQL指令，SqlCommand與DataReader

SqlCommand執行SQL指令是我們最常用到的ADO.NET模式，我們簡單介紹如下。相信您一看就知道跟以前差不多，不用擔心新名詞，其實程式碼的寫法大同小異。

14-6-1 查詢與讀取，.ExecuteReader() 方法

現在要做的步驟也是ADO.NET裡面的老朋友，執行SQL指令查詢數據，把查詢成果放入DataReader這個容器內（搭配.ExecuteReader()方法）。程式仍寫在Startup.cs裡面。

重點！ 務必搭配 **System.Data.SqlClient** 命名空間！

```
string connectionString = @"server=.\sqlexpress;integrated
security=SSPI;database=test";
// DB 連結字串。建議改用上一小節的寫法（讀取 appsettings.json 設定檔）。

var Conn = new SqlConnection(connectionString);
Conn.Open();

var Com = new SqlCommand("Select * from test ", Conn);

using (SqlDataReader dr = Com.ExecuteReader())
{
   while (await dr.ReadAsync())   {
      var title = dr["title"];
      await context.Response.WriteAsync("<br />" + title + "<hr />");
   }
}

Conn.Close();
```

上面程式簡直跟傳統ADO.NET的DataReader一模一樣了，所以您真的不要害怕新東西。而是要用「既有的經驗」異中求同，讓您迅速地攀上新技術的另一座山峰。

14-6-2 其他方法與預存程序

ADO.NET的SqlCommand常用的三種方法，在ASP.NET Core仍可使用：

- ExecuteNonQuery
- ExecuteReader。注意！傳回值IDataReader。
- ExecuteScalar

如果搭配資料庫裡面的**預存程序（Stored Procedure）**，寫法也跟以前類似：

```
SqlCommand Com = Conn.CreateCommand();

Com.CommandText =" 您的預存程序名稱 ";
Com.CommandType = CommandType.StoredProcedure;

// 以下是參數的寫法
SqlParameter para1 = Com.CreateParameter();
    para1.SqlDbType = SqlDbType.Int;
    para1.ParameterName ="@ 參數名稱 ";
    para1.Value = " 數值或文字 ";

Com.Parameters.Add(p1);

Conn.Open();
using (SqlDataReader dr = Com.ExecuteReader())
{     //...... 後續省略 ......
```

14-6-3 非同步（Async.）

.NET 4.5起的非同步，寫法更簡單了，而.NET Core的寫法幾乎一樣。以下是Windows Form的程式碼，僅供參考。

```
public static async Task ReadAsync()     {
  var Conn = new SqlConnection(" 資料庫的連結字串 ");
  string sql = "SELECT * from test";
  var Com = new SqlCommand(sql, Conn);

  await Conn.OpenAsync();

  using (SqlDataReader dr = await Com.ExecuteReaderAsync(CommandBehavior.
CloseConnection))
  {
      while (await dr.ReadAsync())    {
      //... 省略 ...
      }
  }
}
```

上面的程式中，您可以發現兩個重點：

第一、副程式、函數特別註明「**async Task**」。

第二、所有的「**方法**」，執行時都在開頭加上「await」，並且在原本的方法後面多加了Async字樣。例如：資料庫連線的.OpenAsync()方法、執行SQL指令的.ExecuteReaderAsync()方法、DataReader讀取時的.ReadAsync()方法。

14-7 中文出現亂碼，如何解決？

上面的程式執行後，有些瀏覽器會出現亂碼！該如何處理呢？下列兩種方法可以任選其一。

14-7-1 修改瀏覽器的編碼

注意您的瀏覽器，如果編碼不是UTF-8，中文可能出現亂碼。修改方式如下圖所示。

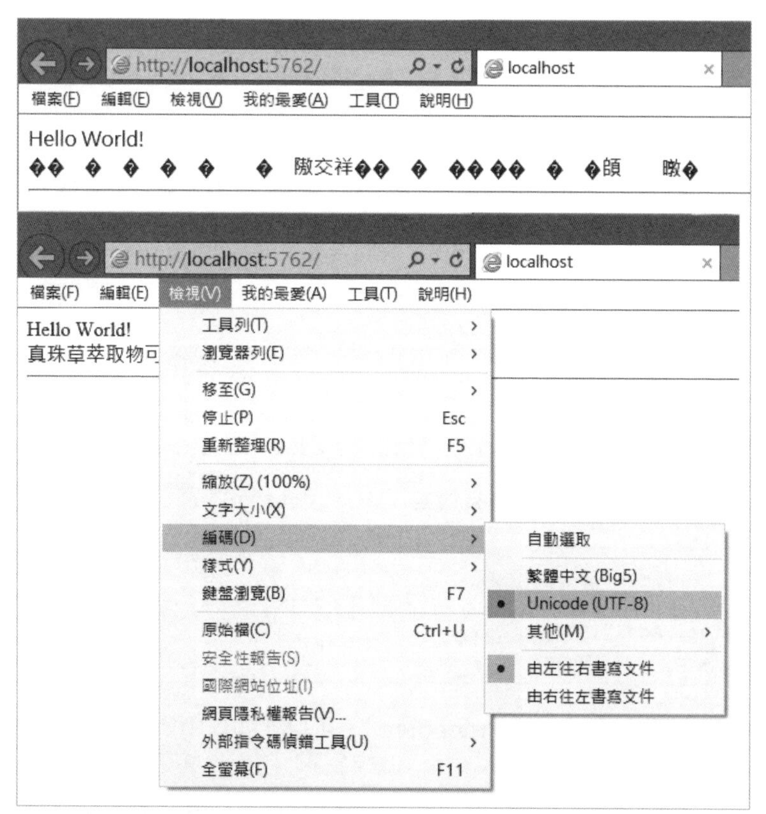

▲ 將瀏覽器的「編碼」改成 UTF-8，就能解決中文亂碼

14-7-2 透過程式處理編碼

跟上一個方法不同，我們用程式處理亂碼問題。不過，需要加入**System.Text.Encoding.Web**命名空間。Win10（2017/10月升級版，1709）作業系統下的IE 11

與微軟Edge瀏覽器可正確運作，但Chrome（v.67）與FireFox（v.61）瀏覽器無效（之前VS 2015 & 2017第一版可正常運作）。

```
using (SqlDataReader dr = Com.ExecuteReader())
{
    while (await dr.ReadAsync())
    {
        // (1). 中文亂碼的解決 -- 瀏覽器的編碼，請改成 UTF-8
        var title = dr["title"];
        await context.Response.WriteAsync("<br />" + title + "<hr />");

        // (2). 中文亂碼的解決 -- 不用修改瀏覽器的編碼。請加入 System.Text.Encodings.Web 命名空間
        var title2 = HtmlEncoder.Default.Encode(dr["title"].ToString());
        await context.Response.WriteAsync("<br />" + title2 + "<hr />");
    }
}
```

「第二種方法」透過程式來解決亂碼，您可對照上一種方法，看看兩者差異

14-8「參數」的寫法，防範SQL Injection攻擊

最後要介紹「參數」的寫法，可以避免資料隱碼（SQL Injection）攻擊。其實跟傳統ADO.NET寫法也幾乎如出一轍。

```
var Com = new SqlCommand("Select title from test Where id = @ID", Conn);

Com.Parameters.AddWithValue("ID", 3);
```

或是寫成下面這樣，運作時比較有效率（但程式碼較冗長）：

```
var Com = new SqlCommand("Select title from test Where id = @ID", Conn);

Com.Parameters.Add("ID", SqlDbType.Int);
Com.Parameters["ID"].Value = 3;
```

如果您使用**預存程序（Stored Procedure）**，可以參閱前兩節的說明與範例。

14-9 ASP.NET Core的各種連結字串（各式資料庫）

參考微軟 Microsoft Docs網站（前MSDN網站）的文章「.NET Core Data Access」，作者：Bertrand Le Roy，2016/11/9發表。ASP.NET Core已經提供了許多資料存取的函式庫，包含NoSQL與關聯式資料庫都可以連得上。

提醒您，下面程式碼 Console.Write() 表示是在命令提示字元下呈現文字（DOS文字指令視窗，通常是寫Windows Form使用），類似網頁的Response.Write()。

14-9-1 EF Core

EF（Entity Framework）Core支援的資料庫有：Microsoft SQL Server、SQLite、PostgreSQL、MySQL、Microsoft SQL Server Compact Edition，未來可望納入DB2與Oracle。

```
using (var db = new BloggingContext())
{
    db.Blogs.Add(new Blog { Url = "http://blogs.msdn.com/adonet" });
    var count = db.SaveChanges();
    Console.WriteLine($"{count} records saved to database");

    Console.WriteLine("All blogs in database:");
    foreach (var blog in db.Blogs)
        Console.WriteLine($" - {blog.Url}");
    }
}
```

14-9-2 Dapper

```
var sql = @"
select * from Customers where CustomerId = @id
select * from Orders where CustomerId = @id";

using (var multi = connection.QueryMultiple(sql, new {id=selectedId}))
{
   var customer = multi.Read<Customer>().Single();
   var orders = multi.Read<Order>().ToList();
   // ...
}
```

14-9-3 MS SQL Server

別忘了加入System.Data.SqlClient命名空間與軟體套件。本章前面已經有完整說明。

```
using (var conn = new SqlConnection("Server=tcp:YourServer,1433;Initial
Catalog=YourDatabase;Persist Security Info=True;"))
{
    var com = new SqlCommand("SELECT * FROM test ", conn);
    conn.Open();
    using (var dr = com.ExecuteReader())
    {
        while (dr.Read())
        {
            Console.WriteLine($"{dr[0]}:{dr[1]} ${dr[2]}");
        }
    }
}
```

14-9-4 PostgreSQL

```
using (var conn = new NpgsqlConnection("Host=myserver;Username=mylogin;
Password=******;Database=music"))
{
    conn.Open();
    using (var cmd = new NpgsqlCommand())
    {
        cmd.Connection = conn;

        cmd.CommandText = "SELECT name FROM artists";
        using (var reader = cmd.ExecuteReader())
        {
            while (reader.Read())
            {
                Console.WriteLine(reader.GetString(0));
            }
        }
    }
}
```

14-9-5 MySQL

```
using (var conn = new MySqlConnection
    {
        ConnectionString = "server=localhost;user id=root;password=******;
persistsecurityinfo=True;port=3305;database=music"
    }) {
    conn.Open();
```

```
    var com = new MySqlCommand("SELECT * FROM music.category;", conn);

    using (MySqlDataReader dr =  com.ExecuteReader())
    {
        while (dr.Read())    {
            Console.WriteLine($"{dr["category_id"]}: {dr["name"]}
{dr["last_update"]}");
        }
    }
}
```

14-9-6 SQLite

您可以透過SQLite with EF Core或是System.Data.**Sqlite**命名空間來存取SQLite。

```
using (var conn = new SqliteConnection("Filename=" + path))
{
    conn.Open();

    using (var dr = connn.ExecuteReader("SELECT Name FROM Person;"))
    {
        while (dr.Read())
        {
            Console.WriteLine($"Hello {dr.GetString(0)}!"));
        }
    }
}
```

14-9-7 NoSQL – Azure DocumentDB

```
using (var client = new DocumentClient(
    new Uri("https://your-nosql-database.documents.azure.com:443/"),
    "******"))
{
    var contentUri = UriFactory.CreateDocumentCollectionUri("cms", "content-
items");
    var home = client.CreateDocumentQuery<ContentItem>(contentUri)
        .Where(item => item.Id == "home")
        .AsEnumerable()
        .FirstOrDefault();

    if (home != null)    {
        Console.WriteLine($"{home.Id}: {home.Title}");
        Console.WriteLine(home.Body);
    }
}
```

14-9-8 NoSQL – MongoDB

```
var client = new MongoClient("mongodb://localhost:27017");
var database = client.GetDatabase("commerce");
BsonClassMap.RegisterClassMap<Person>();
var customers = database.GetCollection<Person>("customer").AsQueryable();

var query = from c in customers
               where c.Age > 21
               select c;
```

14-9-9 NoSQL – RavenDB

```
using (IDocumentStore store = new DocumentStore
{
    Url = "http://localhost:8080/",
    DefaultDatabase = "Northwind"
})
{
    store.Initialize();

    using (IDocumentSession session = store.OpenSession())    {
        IList<Product> results = session
              .Query<Product>()
              .Where(x => x.UnitsInStock > 10)
              .Skip(5)
              .Take(10)
              .ToList();
    }
}
```

14-9-10 NoSQL – Redis

您可以使用StackExchange.Redis來連結。

```
var redis = ConnectionMultiplexer.Connect("localhost");
var db = redis.GetDatabase();

var value = await db.StringGetAsync("mykey");
Console.WriteLine($"mykey: {value}");
```

或是使用ServiceStack來連結。

```
var clientsManager = container.Resolve<IRedisClientsManager>();

using (IRedisClient redis = clientsManager.GetClient())    {
    var redisTodos = redis.As<Todo>();
    var todo = redisTodos.GetById(1);
    Console.WriteLine($"Need to {todo.Content}.");
}
```

14-9-11 NoSQL – Apache Cassandra

請透過DataStax來連結。這是一個用C#寫的驅動程式。

```
var cluster = Cluster.Builder()
    .AddContactPoint("127.0.0.1")
    .Build();
using (var session = cluster.Connect())
{
    session.UserDefinedTypes.Define(
      UdtMap.For<Address>()
        .Map(a => a.Street, "street")
        .Map(a => a.City, "city")
        .Map(a => a.ZipCode, "zip_code")
        .Map(a => a.Phones, "phones")
    );
    var query = new SimpleStatement("SELECT id, name, address FROM users
where id = ?", userId);
    var rs = await session.ExecuteAsync(query);
    var row = rs.FirstOrDefault();

    if (row != null)   {
        var userAddress = row.GetValue<Address>("address");
        Console.WriteLine("user lives on {0} Street", userAddress.Street);
    }
}
```

14-9-12 NoSQL – CouchBase

CouchBase官方網站有提供相容於.NET Core的連結程式。

```
using (var bucket = Cluster.OpenBucket())
{
    var get = bucket.GetDocument<dynamic>(documentId);
    document = get.Document;
    Console.WriteLine($"{document.Id}: {document.Content.name}");
}
```

14-9-13 NoSQL – CouchDB

因為還沒有對應的驅動程式，所以需要透過 REST API 來連結。

```
var albumId = "b08825e2a0303f5352e4840e1300167f";
var url = $"http://localhost:5984/music/{albumId}";
var request = WebRequest.Create(url);
using (var response = await request.GetResponseAsync() as HttpWebResponse)
{
    if (response.StatusCode != HttpStatusCode.OK) return;
    var json = await new
StreamReader(response.GetResponseStream()).ReadToEndAsync();
    var album = JsonConvert.DeserializeObject<Album>(json);
    Console.WriteLine($"{album.Title} by {album.Artist} is a
{album.Category} album.");
}
```

14-9-14 NoSQL – Neo4j

請搜尋「Readify Neo4jClient」找到對應的驅動程式。

```
// query for 'What are the movies which employed all of their actors from
Agency-A?'
var results = client.Cypher
    .Match("(agency:Agency)-[:ACQUIRED]->(actor:Person)<-
[:EMPLOYED]-(movie:Movie)")
    .Return((agency, actor, movie) => new
    {
        Agency = agency.As<Agency>(),
        Actor = actor.As<Person>(),
        Movie = movie.As<Movie>()
    }).Results;
```

14-9-15 NoSQL – RethinkDB

請搜尋「RethinkDb.Driver」找到對應的驅動程式。

```
var foo = R.Db("mydb").Table("mytable").Get("abc").Run<Foo>(conn);
foo.Dump();
```

14-9-16 Lucene.NET

```
var indexSearcher = new DirectoryIndexSearcher(new DirectoryInfo(indexPath));
using (var searchService = new SearchService(indexSearcher))
{
    var parser = new MultiFieldQueryParser(
        Lucene.Net.Util.Version.LUCENE_48,
        new[] { "Text" },
        new StandardAnalyzer(Lucene.Net.Util.Version.LUCENE_48));

    Query multiQuery = parser.Parse(QueryParser.Escape(query));

    var result = searchService.SearchIndex(multiQuery);
    return new SearchResults
    {
        Documents = result.Results
        .Skip(PageSize*(page - 1))
        .Take(PageSize)
        .Select(d => new SearchResult {
            Url = d.Get("Url"),
            Title = d.Get("Title"),
            Summary = d.Get("Summary")
        }),
        TotalCount = result.Results.Count()
    };
}
```

MEMO

15 CHAPTER 簡易入門 ViewModel（小類別）與 DAL、強型別來源物件

本章將使用幾個簡單的範例，讓習慣寫一整段（冗長的流水帳）ADO.NET程式的初學者稍微改變一下寫作習慣，並且逐步瞭解OOP與類別檔的入門功用，對於日後銜接ASP.NET MVC應該有幫助。

範例源自於或是Visual Studio官方網站（**docs.microsoft.com/samples**），範例通常都提供C#、VB兩種範本。

15-1 Case Study：搜尋引擎，簡單的ViewModel與類別檔

微軟的網站有很多精彩的範例可以下載，從Microsoft Developer Network網站可以找到這個搜尋引擎的簡單範例，名為「Implement Search Engine in ASP.NET Web Site」，作者One Code Team。

本節範例有兩個：

- 原廠範例放在「MSDN範例_搜尋引擎」目錄下。
- 我改寫後的範例名為（網站）WebSite_MSDN_SearchEng_Class。

15-1-1 一個範例，多種學習

對於撰寫類別檔有點陌生的初學者，剛好可以透過這個範例加強一下。這個範例有許多變化：

第一、單一TextBox的搜尋引擎，如果輸入多個關鍵字該怎麼做？透過字串的.Split()方法把多個關鍵字（彼此以空白隔開）轉到陣列裡面。

```
// C# 語法

   protected List<string> keywords = new List<string>();

   protected void btnSearch_Click(object sender, EventArgs e)
   {  // 透過自串的 .Split() 方法，以「空白」作為間隔，將多個關鍵字放入陣列
      string[] keywords = tbKeyWords.Text.Split(new string[] { " " },
   StringSplitOptions.RemoveEmptyEntries);

      this.keywords = keywords.ToList();   // 把陣列轉成 List（.NET 的新陣列）

      // 以下的程式，如 .Search()、ShowResult 都是自己寫的方法與副程式
      Class1_DataAccess dataAccess = new Class1_DataAccess();
      List<Class1_Article> list = dataAccess.Search(this.keywords);

      ShowResult(list);   // DataBinding。程式重複使用，所以抽離出來。
   }
```

第二、原廠範例有些缺點，搜尋的關鍵字如果在文章中被找到，會以為黃色底色來標示（highlight），但原廠透過 JavaScript 來處理，特殊情況下會出錯，我透過 DataBinding Expression 做了修正。

詳見我在 YouTube 錄製的影片，請搜尋「mis2000lab 關鍵字 高亮度」即可找到，短網址 goo.gl/fXCSh7。改寫後的範例（網站）名為 WebSite_MSDN_SearchEng_Class。

- 原廠範例，Default.aspx。
- 後續範例則是我用各種方法來做修正，但結果相同。如果一個結果能用多種解法，您就出師了。

◉ 我在 YouTube 錄製的影片，請搜尋「關鍵字的高亮度顯示」

第三、本文重點！本範例透過 BLL 與 DAL 兩個類別檔來示範，很適合初學者學習。後續為您深入說明。

15-1-2 簡單的ViewModel類別檔

這個範例（專案）就用了**簡單的Class類別檔**（小類別、ViewModel）**來展示每一篇文章、每一筆記錄的欄位 - ID、標題、內容**。原廠範例位於本章範例「MSDN範例_搜尋引擎」目錄下，請參閱裡面 \App_Code目錄下的ViewModel類別檔。

首先打開這個"專案"，我們可以看到**Article.cs類別檔**（VB程式碼自行參閱範例）撰寫一個ViewModel類別檔與「**公開屬性**」來對應資料庫的Article資料表的「**欄位**」。而真正的資料庫與Article資料表放在\App_Data目錄底下。

```
// C# 語法
   namespace CSASPNETSearchEngine    {
   // 原廠範例為「專案」，所以有 NameSpace。若是網站（WebSite）的類別檔就不會有這一段
   namespace。

      /// <summary>
      /// 用來表示資料庫的「一筆記錄」。
      /// </summary>
      public class Article
      {
         public long ID { get; set; }              // 文章編號（公開屬性）
         public string Title { get; set; }         // 文章標題（公開屬性）
         public string Content { get; set; }       // 文章內容（公開屬性）
      }
   }
```

15-1-3 簡單的DAL（資料存取）類別檔

另一個類別檔**DataAccess.cs**裡面則是**資料存取的「方法」**，也就是資料存取層（DAL），把CRUD存取動作都寫在這裡。程式碼很簡單，只有幾段ADO.NET而已。您可以看到程式使用的"資料型態"就是上一個類別（**Article.cs類別檔**）定義的Article。僅列出一部分進行說明：

```
註解：您在程式碼看到 List 的資料型態 <Article> 就是上一個 Article.cs 類別檔用來對應資料表
的「一筆記錄」，而類別檔的「公開屬性」則是對應這一筆記錄中的每個「欄位」。VB 語法寫成
List(Of Article)。

public List< Article> GetAll()   {
       // 取得資料表裡面的所有記錄
       return QueryList("select * from [Articles]");
}
```

```
protected List<Article> QueryList(string cmdText)  {
      List<Article> articles = new List<Article>();

      SqlCommand cmd = GenerateSqlCommand(cmdText);
      // 本類別檔裡面的另一個函式

      using (cmd.Connection)   {
          SqlDataReader reader = cmd.ExecuteReader();

          if (reader.HasRows)   {
              while (reader.Read())   {
                  articles.Add(ReadArticle(reader));
                  // 把找到的文章，放到 List<Article> 裡面。
              }
          }
      }
      return articles;    // 傳回值，資料型態 List<Article>
}
```

這是一個非常簡單的搜尋引擎，沒有任何繁瑣的技巧與花招，只是讓初學者練習一下：

- 如何撰寫一個Article.cs類別檔（ViewModel類別檔）與其中的「公開屬性（public property）」來對應資料表的「欄位（Field / Column）」。
- 並且把常用的方法、函式、ADO.NET程式寫在DataAccess.cs類別檔（DAL資料存取層）裡面讓別人呼叫。

15-2 Case Study：強型別來源物件範例

微軟 Microsoft Docs網站（前MSDN網站）另一個範例「ObjectDataSource強型別來源物件範例」也跟上一節類似，但這範例的資料存取更詳細（上個範例只有SQL指令的SELECT資料查詢而已），相信幫助更大。

可先到YouTube網站查詢「mis2000lab Strongly Typed 強型別」關鍵字，便看到我錄製的教學影片。範例（網站）WebSite_ObjectDataSource_CS重點如下：

- /App_Code目錄下的類別檔。因為微軟原本的範例不會運作，所以我修改為MSDN_Northwind.cs。
- 第二次的改版，則拆分成兩個類別檔。Northwind_BLL.cs（對應北風資料庫的Employee員工資料表）與Northwind_DAL.cs（資料存取的ADO.NET程式都寫在這裡）。

■ 第三次修改，則把上面的類別檔寫成「**類別庫**」(.dll檔，二進位檔)，以「加入參考」的方式加入您的網站或專案。

15-2-1 畫面設計與後置程式碼

這個範例的執行成果如下，如果您搭配SqlDataSource也可以輕易做出來。但是，本範例最大的特點就是改用「自訂的中介層商務物件、強型別（Strongly Typed）來源物件」來做資料庫的連結、資料存取（CRUD）等等動作。

如下圖，您在畫面上（範例MSDN_Northwind.aspx）或是後置程式碼裡面，看不到ADO.NET程式與SQL指令，因為這些資料存取的動作與程式都寫在類別檔裡面了。

⊙ 範例 MSDN_Northwind.aspx 的畫面設計（主表明細，搭配 ObjectDataSource）

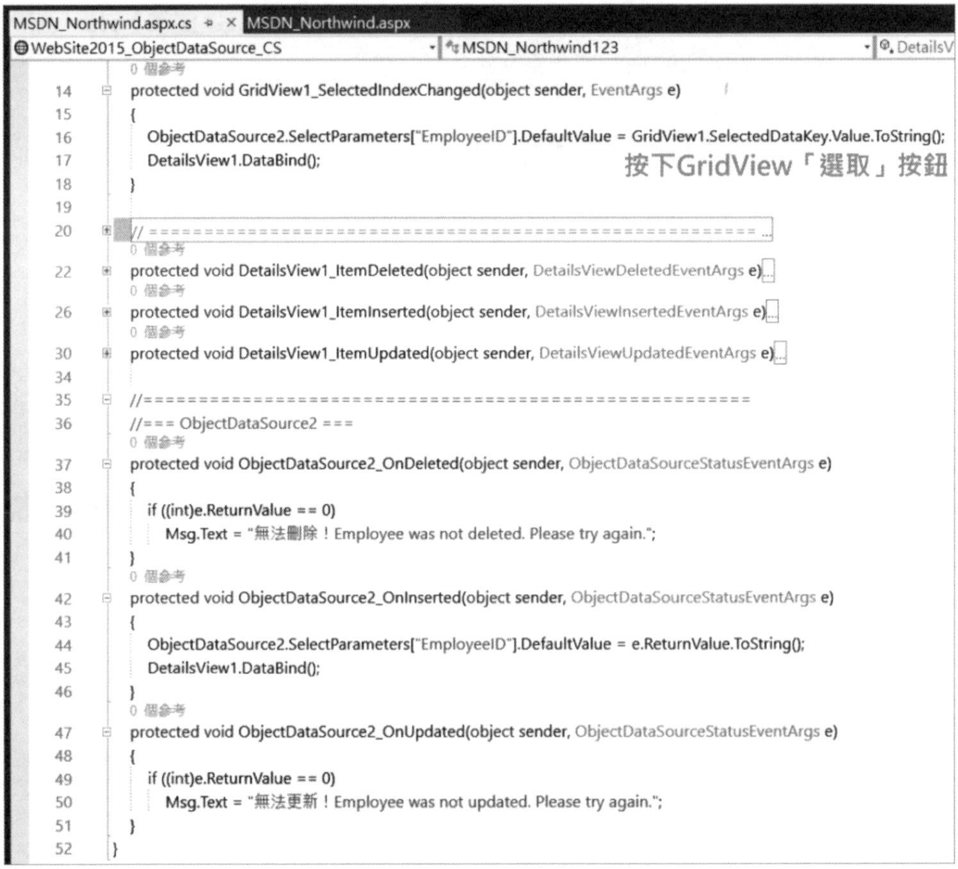

```
MSDN_Northwind.aspx.cs    MSDN_Northwind.aspx
WebSite2015_ObjectDataSource_CS    MSDN_Northwind123    DetailsV
        0 個參考
14      protected void GridView1_SelectedIndexChanged(object sender, EventArgs e)
15      {
16          ObjectDataSource2.SelectParameters["EmployeeID"].DefaultValue = GridView1.SelectedDataKey.Value.ToString();
17          DetailsView1.DataBind();                    按下GridView「選取」按鈕
18      }
19
20      // ========================================================== ...
        0 個參考
22      protected void DetailsView1_ItemDeleted(object sender, DetailsViewDeletedEventArgs e)...
        0 個參考
26      protected void DetailsView1_ItemInserted(object sender, DetailsViewInsertedEventArgs e)...
        0 個參考
30      protected void DetailsView1_ItemUpdated(object sender, DetailsViewUpdatedEventArgs e)...
34
35      //=========================================================
36      //=== ObjectDataSource2 ===
        0 個參考
37      protected void ObjectDataSource2_OnDeleted(object sender, ObjectDataSourceStatusEventArgs e)
38      {
39          if ((int)e.ReturnValue == 0)
40              Msg.Text = "無法刪除！Employee was not deleted. Please try again.";
41      }
        0 個參考
42      protected void ObjectDataSource2_OnInserted(object sender, ObjectDataSourceStatusEventArgs e)
43      {
44          ObjectDataSource2.SelectParameters["EmployeeID"].DefaultValue = e.ReturnValue.ToString();
45          DetailsView1.DataBind();
46      }
        0 個參考
47      protected void ObjectDataSource2_OnUpdated(object sender, ObjectDataSourceStatusEventArgs e)
48      {
49          if ((int)e.ReturnValue == 0)
50              Msg.Text = "無法更新！Employee was not updated. Please try again.";
51      }
52  }
```

⊙ 範例 MSDN_Northwind.aspx 後置程式碼（資料存取都寫在類別檔裡，後置程式碼沒有看見 SQL 指令與 ADO.NET 程式）

15-2-2 強型別來源物件

/App_Code 目錄下的類別檔 MSDN_Northwind.cs 裡面有兩大部分：

第一、NorthwindEmployee。對應北風資料庫的 Employee 員工資料表。

```
public class NorthwindEmployee
{
    private int _employeeID;
    private string _lastName;
    private string _firstName;
    private string _address;
    private string _city;
```

```
    private string _region;
    private string _postalCode;

    public NorthwindEmployee()
    {
    }

    // 以下是「員工資料表」的欄位名稱
    public int EmployeeID     // 這是比較傳統的寫法，新的 C# 寫法較簡略。
    {
        get { return _employeeID; }
        set { _employeeID = value; }
    }

    public string LastName
    {
        get { return _lastName; }
        set { _lastName = value; }
    }
    // ......後續省略......
}
```

第二、MSDN_ NorthwindEmployee（微軟原廠範例名為 NorthwindEmployeeData）。資料存取的ADO.NET程式都寫在這裡。

```
public class MSDN_Northwind
{
    private string _connectionString;

    public MSDN_Northwind()   {
        Initialize();
    }

    public void Initialize()    {
        // Initialize data source. 讀取設定檔裡面的 DB 連結字串。
        if (ConfigurationManager.ConnectionStrings["NorthwindConnectionStri
ng"] == null  || ConfigurationManager.ConnectionStrings["NorthwindConnectionSt
ring"].ConnectionString.Trim() == "")
        {
            throw new Exception(" 資料庫連線字串有問題！ ");
        }
        _connectionString = ConfigurationManager.ConnectionStrings["NorthwindC
onnectionString"].ConnectionString;
    }

    // Select all employees.  列出「所有」員工的記錄（主表明細的 Master）
```

```
    //public List<NorthwindEmployee> GetAllEmployees(string sortColumns, int 
startRecord, int maxRecords)   // 有問題，無法輸入參數，所以我改掉
    public List<NorthwindEmployee> GetAllEmployees()
    {
        string sqlCmd = "SELECT EmployeeID, LastName, FirstName, Address, 
City, Region, PostalCode FROM Employees ";

        SqlConnection conn = new SqlConnection(_connectionString);
        SqlCommand cmd = new SqlCommand(sqlCmd, conn);
        SqlDataReader dr = null;
        List<NorthwindEmployee> employees = new List<NorthwindEmployee>();

        try   {
            conn.Open();
            dr = cmd.ExecuteReader();
            while (dr.Read())   {
                        employees.Add(GetNorthwindEmployeeFromReader(dr));
// 另一個自己寫的方法
            }
        }
        catch (SqlException e)
        {   // Handle exception.
        }
        finally   {
            cmd.Cancel();
            if (dr != null) { dr.Close(); }
            conn.Close();
        }
        return employees;   //傳回一個 List
    }

    private NorthwindEmployee GetNorthwindEmployeeFromReader(SqlDataReader reader)
    {
        NorthwindEmployee employee = new NorthwindEmployee();

        employee.EmployeeID = reader.GetInt32(0);
        employee.LastName = reader.GetString(1);
        employee.FirstName = reader.GetString(2);

        if (reader.GetValue(3) != DBNull.Value)
            employee.Address = reader.GetString(3);

        if (reader.GetValue(4) != DBNull.Value)
            employee.City = reader.GetString(4);

        if (reader.GetValue(5) != DBNull.Value)
            employee.Region = reader.GetString(5);

        if (reader.GetValue(6) != DBNull.Value)
            employee.PostalCode = reader.GetString(6);
```

```
        return employee;
    }


    // Select an employee.     列出某一名員工的記錄（主表明細的 Detail）
    public List<NorthwindEmployee> GetEmployee(int EmployeeID)
    {      // ...... 後續省略 ......
    }


    // Update the Employee by ID.     更新（修改）一名現有員工的記錄
    //    This method assumes that ConflictDetection is set to OverwriteValues.

    public int UpdateEmployee(NorthwindEmployee employee)
    {      // ...... 後續省略 ......
    }


    // Insert an Employee.  新增一名員工的記錄
    public int InsertEmployee(NorthwindEmployee employee)
    {      // ...... 後續省略 ......
    }


    // Delete the Employee by ID.  刪除一名員工的記錄
    //    This method assumes that ConflictDetection is set to OverwriteValues.
    public int DeleteEmployee(NorthwindEmployee employee)
    {      // ...... 後續省略 ......
    }
}
```

15-2-3 修改類別檔（第二版），拆解成 DAL

原廠範例只有一個類別檔（MSDN_Northwind.cs），但裡面可以發現有兩個類別，分別做不同的事情：

- Northwind_BLL.cs（對應北風資料庫的 Employee 員工資料表）。ViewMdoel 類別檔的「公開屬性」對應資料表的「欄位」。上一節類別檔的第一部份。
- Northwind_DAL.cs（資料存取的 ADO.NET 程式都寫在這裡）。DAL，Data Access Layer，資料存取層。上一節類別檔的第二部份。

請您務必親自動手做，才能知道類別檔寫了什麼，不要只是拿我改好的範例來看。一定要親自動手做。如果做了卻不會動，再跟我討論。

您可以發現範例MSDN_Northwind_BLL_DAL.aspx唯一修改的地方就是ObjectDataSource兩個屬性：

- **DataObjectTypeName** = "Northwind_BLL"
  ViewModel / 類別檔，對應員工資料表的欄位。

- **TypeName** = "Northwind_DAL"
  資料存取層，ADO.NET程式都寫在這裡。

15-2-4 修改類別檔（第三版），類別庫與DLL檔

寫好一個類別檔，有兩種方式可以交付給別人使用：

第一、將類別檔（.cs或.vb附檔名）交給對方，放置到 /App_Code目錄底下。前面的範例就是這種作法。

第二、將類別檔編譯（建置）成二進位的DLL檔，對方可以透過「加入參考」放入網站或專案裡面。本小節將介紹這種作法。以下將用連續圖片解說。範例為「專案」，名為BLLDAL。

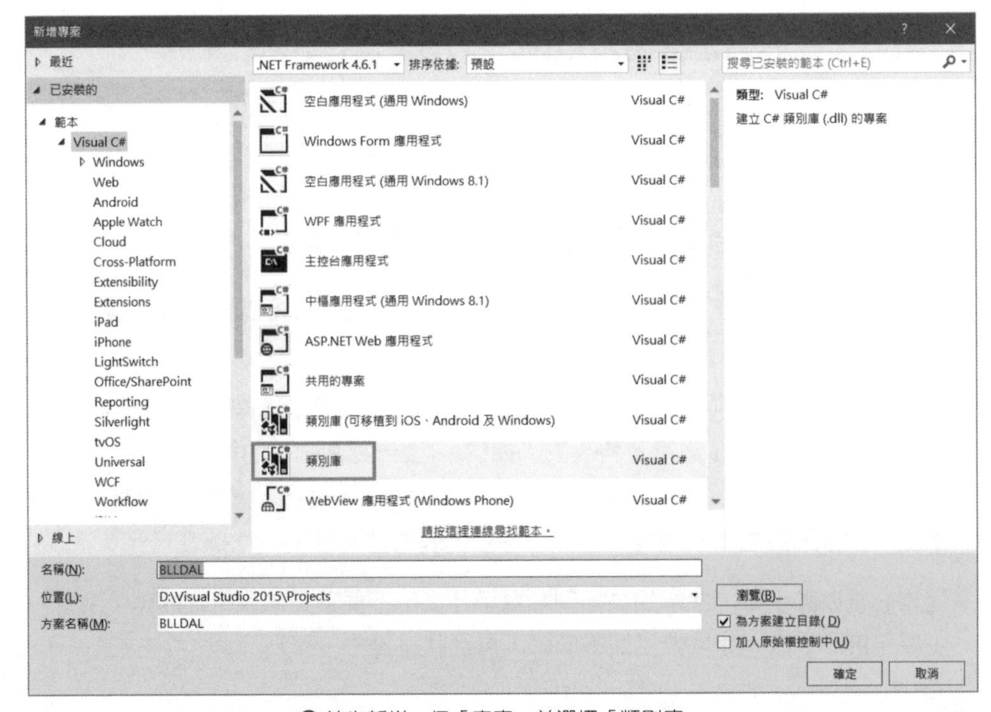

▲首先新增一個「專案」並選擇「類別庫」

新增一個「類別檔」的專案以後，預設就有一個空白的類別檔給您用。為了從頭解說，並讓您知道裡面的細節。我建議您：刪除原本的類別檔 Class1，從頭開始（如下圖）自己動手做！

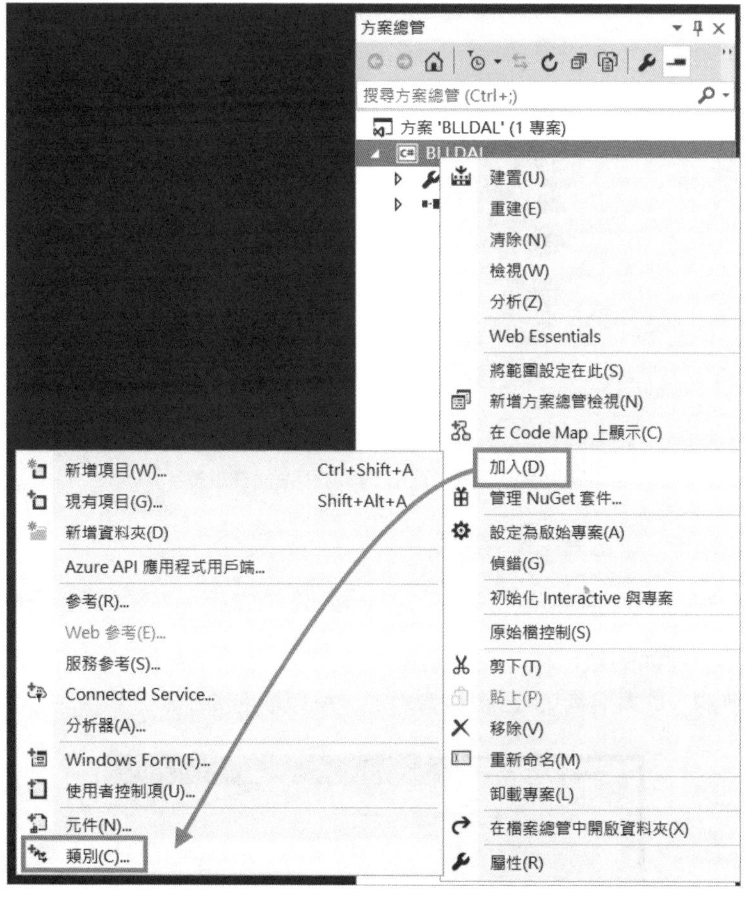

⊙ 您可以加入一個新的「類別」

⦿ 類別檔的「檔名」就是「類別名稱」，建議名字一樣

加入類別檔以後，下圖有兩個重點：

第一、自己動手加入的類別檔，沒有設定為「公開（public）」。您必須自己動手補上。

第二、在專案裡面的類別檔，程式碼最上方多了一列「namespace」。命名空間的名稱就是您的「專案名稱」。日後也會用上，所以取名要小心。

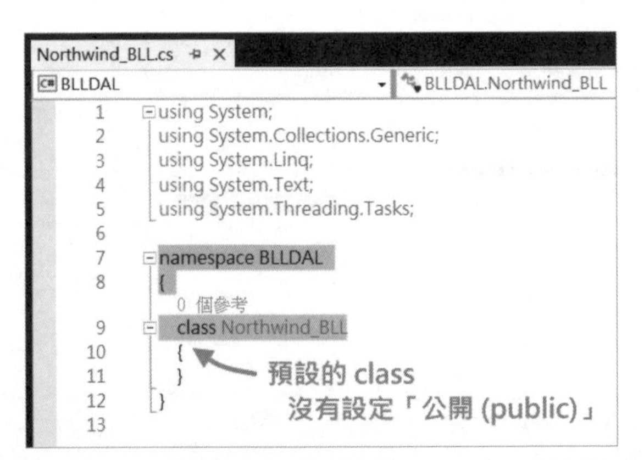

⦿ 自己動手加入的類別檔，類別前沒有設定「公開（public）」，請動手加上 public 字樣

第一個類別檔（就是 ViewModel）裡面的公開屬性，對應資料表的每個欄位。將對應員工資料表的類別，寫在這個檔案內。如下圖。

Northwind_BLL.cs*

```
1  namespace BLLDAL   命名空間，即是「專案名稱」
2  {
3      //****************************************************************
4      // 資料來源 http://msdn.microsoft.com/zh-tw/library/vstudio/ms227562(v=vs.100).aspx
5      // ObjectDataSource 強型別來源物件範例
6      //****************************************************************
7
8      /// <summary>
9      /// Northwind_BLL 的摘要描述
10     /// </summary>
       1 個參考
11     public class Northwind_BLL   這個類別設定為「公開 (public)」
12     {
13         private int _employeeID;
14         private string _lastName;
15         private string _firstName;
16         private string _address;
17         private string _city;
18         private string _region;
19         private string _postalCode;
20
           0 個參考
21         public Northwind_BLL()
22         {
23             //
24             // TODO: 在這裡新增建構函式邏輯
25             //
26         }
27
28         // 以下是「員工資料表」的欄位名稱
           0 個參考
29         public int EmployeeID
30         {
31             get { return _employeeID; }
32             set { _employeeID = value; }
33         }
```

第一個類別檔，建立 BLL 對應員工資料表的類別

第二個類別檔，建立DAL（如下圖）。資料存取的ADO.NET程式都寫在這裡。所以上方得加入ADO.NET會用到的命名空間。

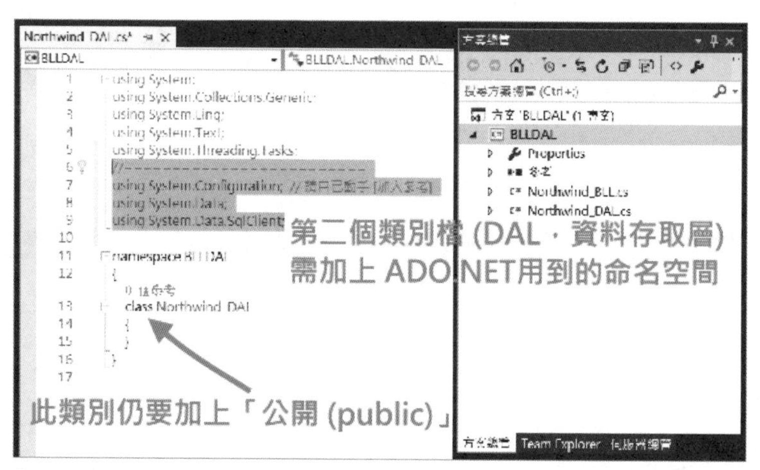

第二個類別檔，建立 DAL。資料存取（CRUD）的 ADO.NET 程式寫在這裡，所以上方要加入 ADO.NET 命名空間

重點！ 如果您要讀取設定檔（如網頁的Web.Config，或是Windows Form的App.Config），都需要手動加入**System.Configuration命名空間**。操作步驟如下：

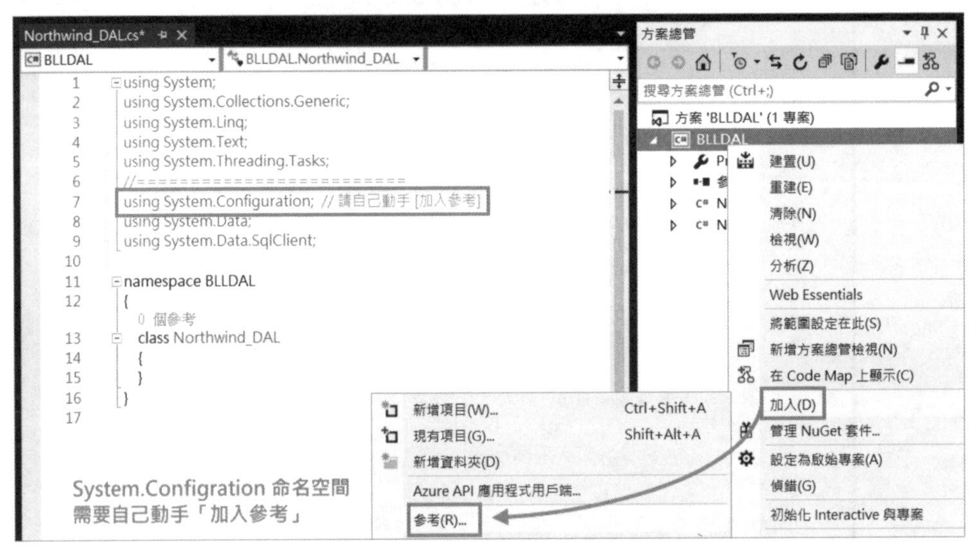

⊙ 手動加入 System.Configuration 命名空間，請「加入參考」

參考管理員 - BLLDAL

組件：架構、擴充功能、最近使用的；專案；共用的專案；COM；瀏覽

目標: .NET Framework 4.6.1

	名稱	版本
	System.ComponentModel.Composition	4.0.0.0
	System.ComponentModel.Composition.Reg...	4.0.0.0
	System.ComponentModel.DataAnnotations	4.0.0.0
☑	System.Configuration	4.0.0.0
	System.Configuration.Install	4.0.0.0
☑	System.Core	4.0.0.0
☑	System.Data	4.0.0.0
☑	System.Data.DataSetExtensions	4.0.0.0
	System.Data.Entity	4.0.0.0
	System.Data.Entity.Design	4.0.0.0

搜尋組件 (Ctrl+E)

名稱: System.Configuration
建立者: Microsoft Corporation
版本: 4.0.0.0
檔案版本: 4.6.1055.0 built by: NETFXREL2

⊙ 加入 System.Configuration 命名空間

⊙ 成功以後，在您的網站或專案底下的 /bin 或「參考」目錄會看見這個命名空間的 DLL 檔

⊙ DAL 的內容。ADO.NET 資料存取都寫在這裡了

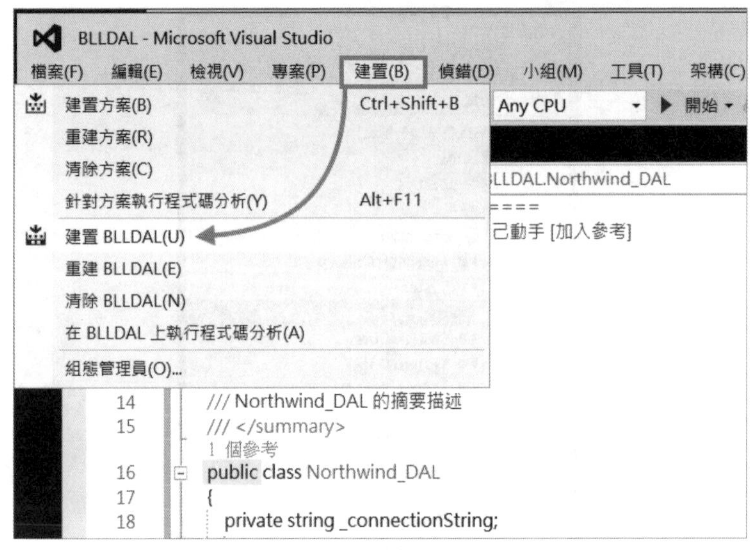

建置專案，變成一個 DLL 檔

15-2-5 修改類別檔（第三版），將編譯後的 DLL 檔拿來使用

上圖完成後，您的類別庫專案（名稱BLLDAL）就編譯成一個二進位的DLL檔案，可以給別的專案或網站使用了。後續又回到我們的網站（WebSite_ObjectDataSource），請您「加入參考」把剛剛完成的DLL檔加入使用。

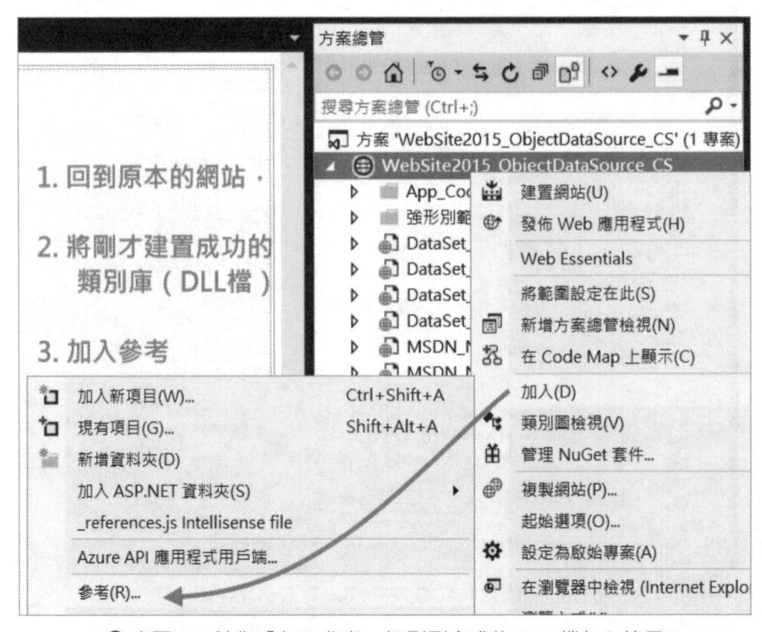

步驟一，請您「加入參考」把剛剛完成的 DLL 檔加入使用

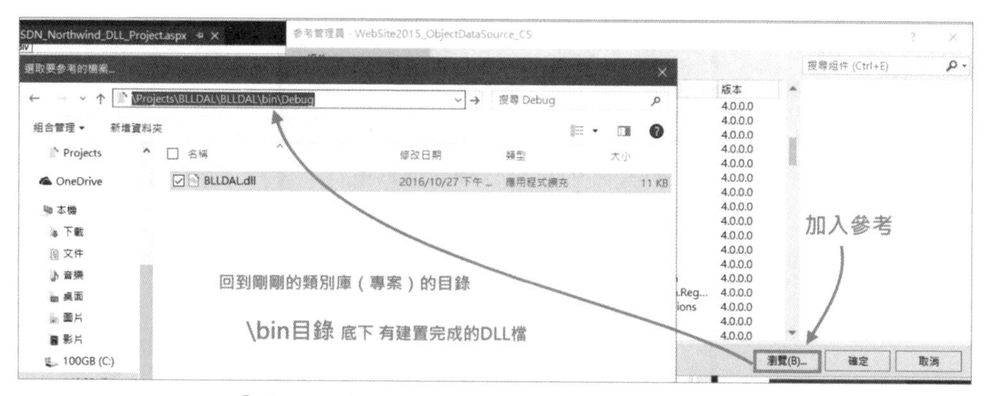

⊙ 步驟二，找到上一個類別庫專案，編譯完成的 DLL 檔

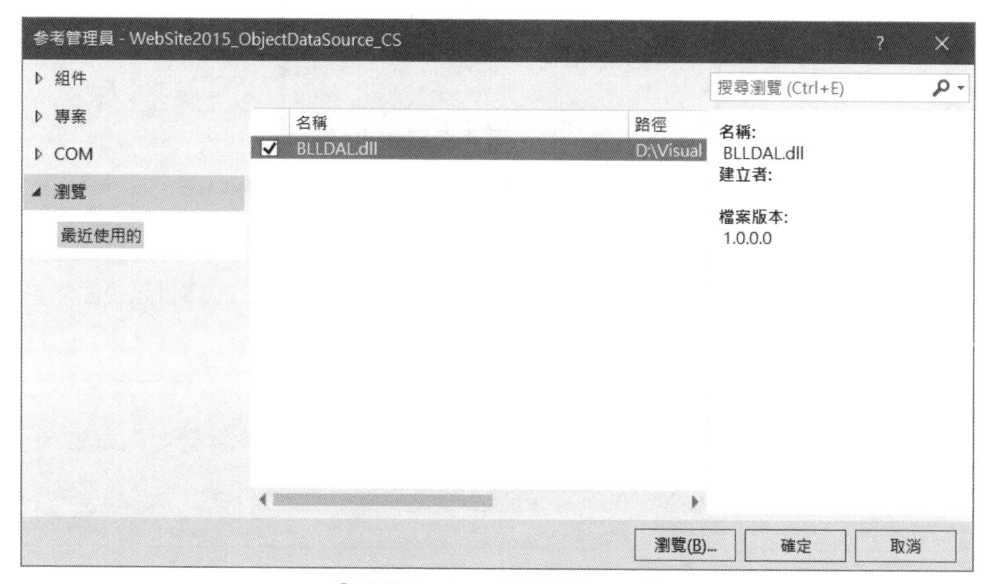

⊙ 步驟三。上一小節完成的 DLL 檔

▲ 步驟四，成功加入參考之後，您的網站 \bin 目錄會看見這個 DLL 檔

完成以後，範例 MSDN_Northwind_DLL_Project.aspx 將改用類別庫建置的 DLL 檔來做 BAL、DAL。範例中的 ObjectDataSource 兩大屬性也需修改（請對照後面兩張圖片）：

- **DataObjectTypeName**="BLLDAL.Northwind_BLL"
  商務邏輯層，對應員工資料表的欄位。

- **TypeName**=" BLLDAL.Northwind_DAL"
  資料存取層，ADO.NET 程式都寫在這裡。

重點在於：要**加上「專案名稱」**，也就是我們在類別庫專案中，類別上方都會有「命名空間（namespace）」的名稱。

編譯成 DLL 檔以後，您要呼叫這些類別，別忘記「**專案名稱.**類別名稱」或是「**命名空間.**類別名稱」。請您比對下面的兩張圖片，會更清楚。

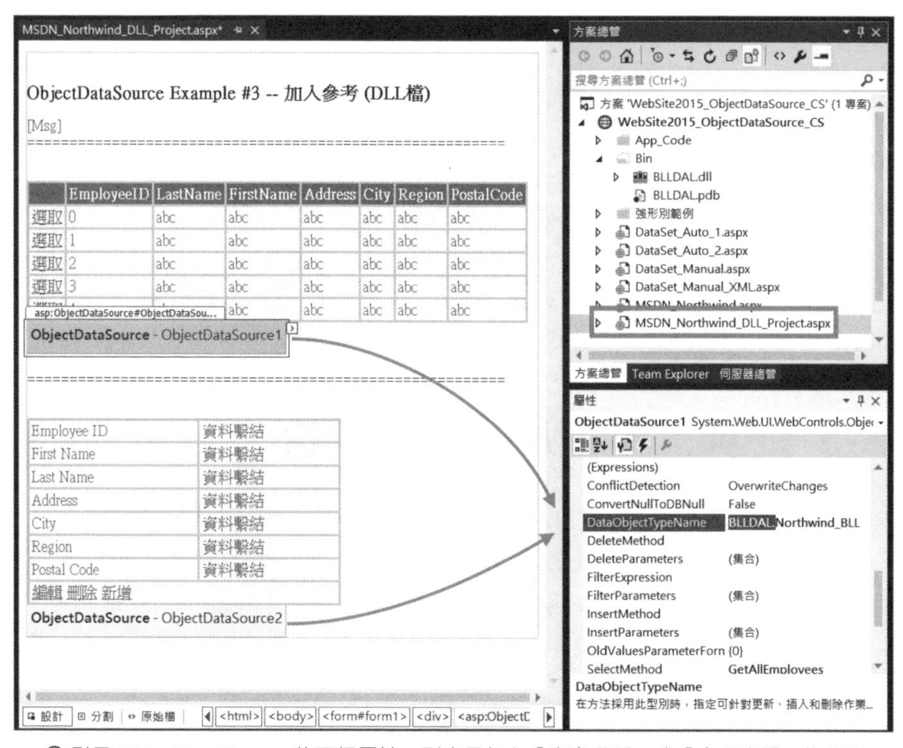

⦿ 引用 ObjectDataSource 的兩個屬性，別忘了加上「專案名稱」或「命名空間」的名稱

⦿ 引用 ObjectDataSource 的兩個屬性，別忘了加上「專案名稱」或「命名空間」的名稱

這一章的範例希望能改變您寫程式的習慣。以前您喜歡把冗長的程式碼、如同流水帳一樣寫在後置程式碼。現在看了這些範例後，就知道該把這些共用的、重複的（負責資料存取的）程式碼抽離出來並寫在DAL類別裡面，以便日後共用（Re-Use）。

而資料庫裡面的資料表與欄位名稱，也可以寫在BLL類別檔裡面。只要您習慣這樣的作法，就能做出簡單的分層。慢慢地進步就會可以理解為何MVC要分成三種層次。我常說「學完的ASP.NET（Web Form）下一步就是學習物件導向（OOP)」，不知道您有沒有體會到呢？

15-3 EF與工具，快速產生類別檔

完成以上學習後，接著是一個Entity framework（EF）的類別檔，請您參考一下：以下範例可做到"一對多"的關聯式資料表，其實也是一個類別檔。下面就是一個簡單的訂單主檔與明細檔（主表明細）。只要您反覆學好本章範例，就能銜接上。

```
// 微軟官方網站 http://asp.net/ 可以找到很多入門學習範例，包含這個範例。

using System;
using System.Collections.Generic;
using System.Linq;
using System.Web;
using System.ComponentModel.DataAnnotations;

namespace SportsStore.Models  {
    //==================================================
    // 一個 Order 資料表。記錄訂單的主檔（Master）
    //==================================================
    public class Order {
        public int OrderId { get; set; }

        [Required(ErrorMessage = "Please enter your name")]
        public string Name { get; set; }

        [Required(ErrorMessage = "Please enter the first address line")]
        public string Line1 { get; set; }
        public string Line2 { get; set; }
        public string Line3 { get; set; }

        [Required(ErrorMessage = "Please enter a city name")]
        public string City { get; set; }
```

```
        [Required(ErrorMessage = "Please enter a state")]
        public string State { get; set; }
        public bool GiftWrap { get; set; }
        public bool Dispatched { get; set; }

        public virtual List<OrderLine> OrderLines { get; set; }
        // 另一個 OrderLine 資料表。記錄訂單的明細檔（Details）
    }

    //================================================
    // 另一個 OrderLine 資料表。記錄訂單的明細檔（Details）
    //================================================
    public class OrderLine {
        public int OrderLineId { get; set; }
        public Order Order { get; set; }
        public Product Product { get; set; }
        public int Quantity { get; set; }
    }
}
```

如果您想知道，如何透過工具將資料表快速轉成類別檔。我為您錄製了兩段教學影片（如下圖）請到網站搜尋「mis2000lab EF 簡單操作」關鍵字就能找到。

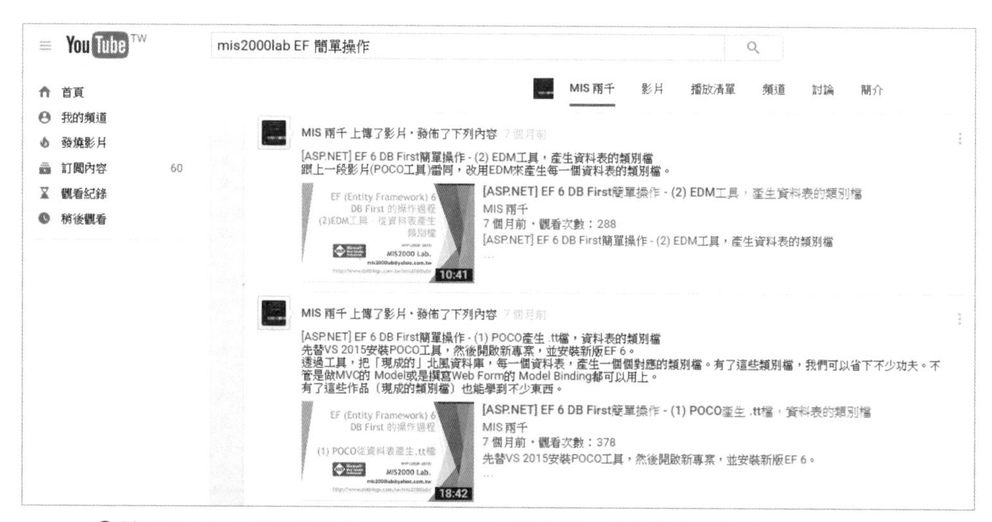

▲ 請到 YouTube 網站搜尋「mis2000lab EF 簡單操作」關鍵字就能找到這兩段教學影片

15-4 Web Form 與 Model Binding（附：教學影片）

建議您完成下一章MVC以後，對 ViewModel有了初步瞭解，再來觀賞這一則影片。我也是學會MVC以後，對於Web Form的Model Binding才覺得熟悉、上手。以前沒有MVC的範例練習，常常覺得困惑與不順暢。

請到YouTube上搜尋關鍵字「mis2000lab ASP.NET專題實務 Web Form ModelBinding」就能找到這一則 40分鐘的教學影片。希望對您有幫助。

如果您尚未學過MVC，這則影片可以暫時略過。初學者硬要把Web Form的控制項搭配MVC的ModelView，兩者結合在一起，需要花一點時間來適應不同寫法。

16 CHAPTER ASP.NET MVC 與 ADO.NET

提醒您，ASP.NET MVC的操作步驟較多，如果您尚未學過ASP.NET MVC，這一章可以暫時跳過不看。

本章無法代替ASP.NET MVC學習，無法完整、細緻地介紹每一個操作步驟。只提到ADO.NET在ASP.NET MVC裡面連結資料庫並存取資料的範例而已。

ASP.NET MVC雖然有EF與LINQ等作法來存取資料庫，但MVC只是一種設計模式，並沒有限制資料庫存取只能透過EF與LINQ。對於用慣了T-SQL指令與ADO.NET的朋友來說。本章就以簡單的範例為您示範ADO.NET – (1)如何新增一筆記錄？(2)如何查詢（取出、讀取）多筆數據並展示在畫面上？

這兩招剛好對應資料庫的輸入與輸出。學會這兩招以後：

- **資料輸入（新增）**。只要改變T-SQL指令就能寫出「編輯（修改）」與「刪除」的功能。資料新增也可以用在會員註冊（新增一個會員帳號、密碼與個人資料）。
- **資料輸出（查詢、讀取）**。可以做出網站首頁的主表明細（Master-Details）功能、查詢（搜尋）、分頁......等功能。也可以做到會員登入的功能（輸入帳號、密碼後，檢查是否有此人）。

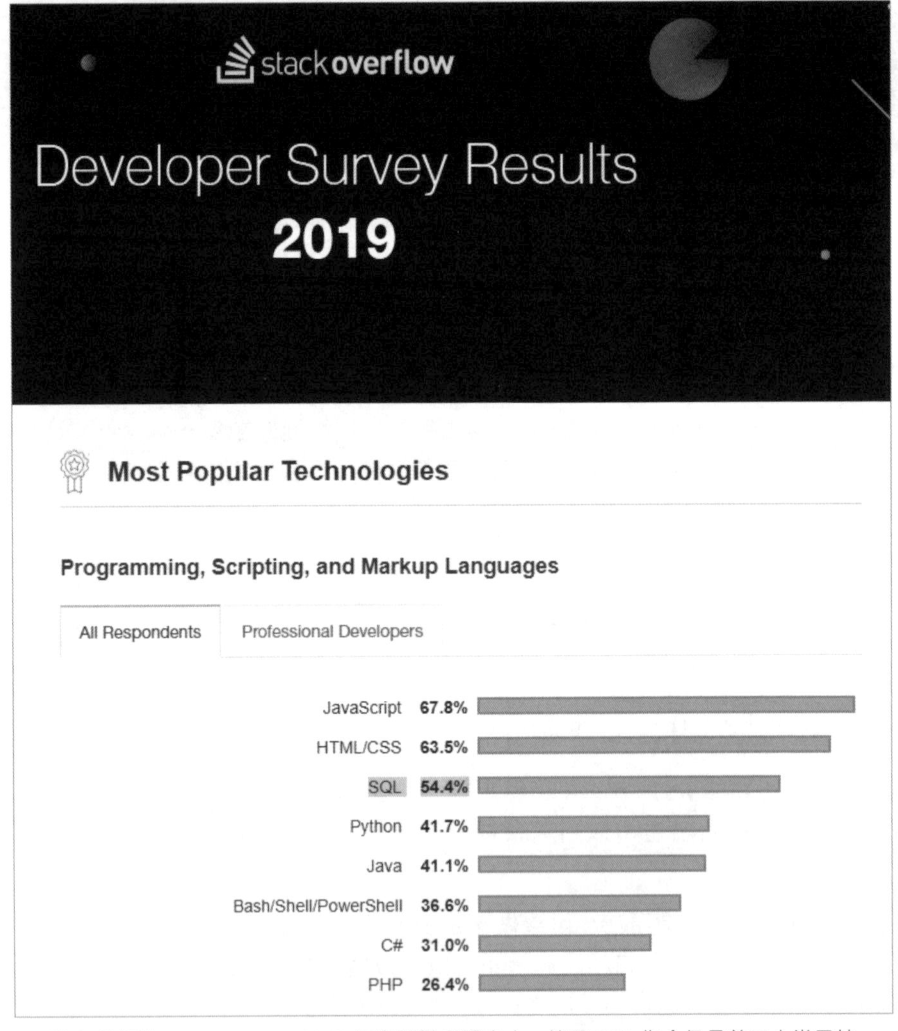

知名網站 stackoverflow 2019 年度開發者調查中，使用 SQL 指令仍是前三大常用技術，甚至高於 C#（官網 https://insights.stackoverflow.com/survey/2019）

本書並非MVC的專業書籍，有些細節無法詳細說明。如果您需要完整的ASP.NET MVC教學課程（線上影片、遠距教學），可與我聯繫。由我提供第一天"免費"的教學課程讓本書讀者觀賞與評估，歡迎來信登記 – mis2000lab@yahoo.com.tw或school@mis2000lan.net。

MVC這種設計模式強調「關注點分離」，將控制器（Controller）、模組（Model）、檢視畫面（View）三者分離。又強調「Controller要輕、Model要重（功能強大）、View要笨（只負責畫面的呈現與輸入驗證）」。的確不是一個初學者就能輕易上手的學問，但對於有經驗（寫過程式）的人來也無須驚慌，只要有好的課程與老師帶領，學習起來也不難。

16-1 新增ASP.NET MVC專案（Project）

ASP.NET MVC 4.0 ~ 5.x版的變化不大，非常穩定，搭配Visual Studio學習輕鬆許多。首先，新增一個專案，如下圖。

16-1-1 VS 2015/2017

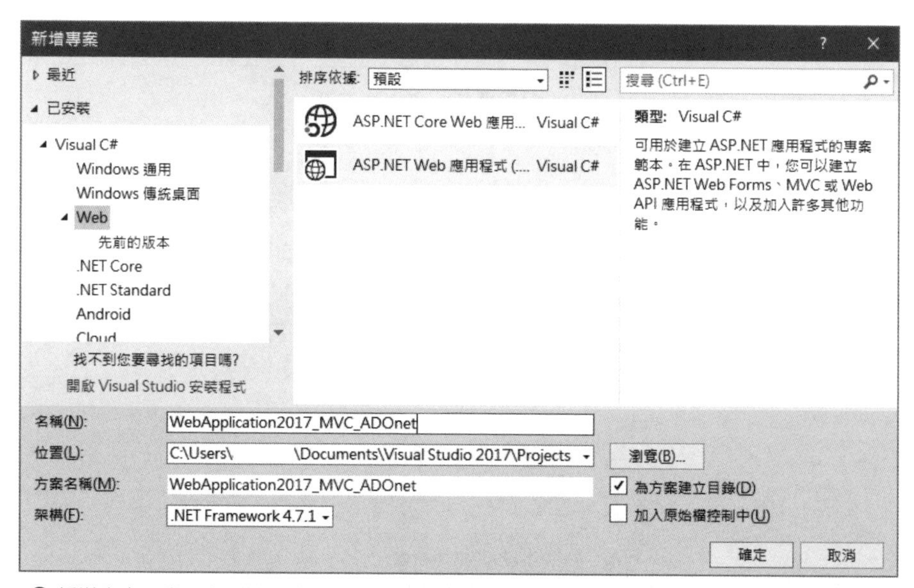

⊙新增專案，畫面左側請選「Web」專案。然後在畫面中央選擇「ASP.NET Web 應用程式」

上圖的兩個Web專案請勿選錯。畫面中央的第一個「Core」是開放原始碼的.NET，而第二個「**ASP.NET Web應用程式**」才是我們正在學習的「.NET完整版」MVC專案。

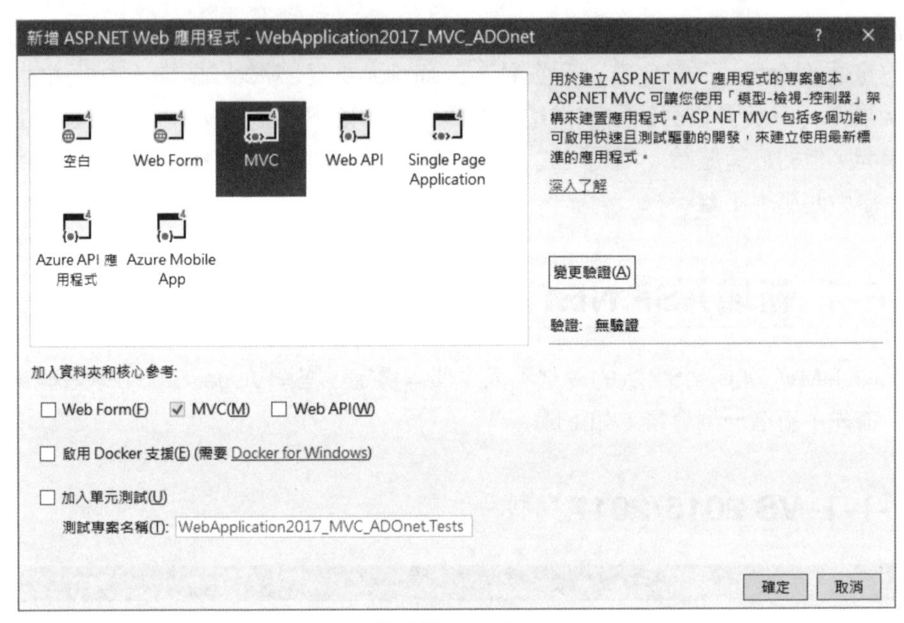

⊙ 挑選 MVC 即可

16-1-2 VS 2019

VS 2019支援的專案數量較多，建立新專案的畫面與以前版本稍有不同，請留意下圖的步驟。

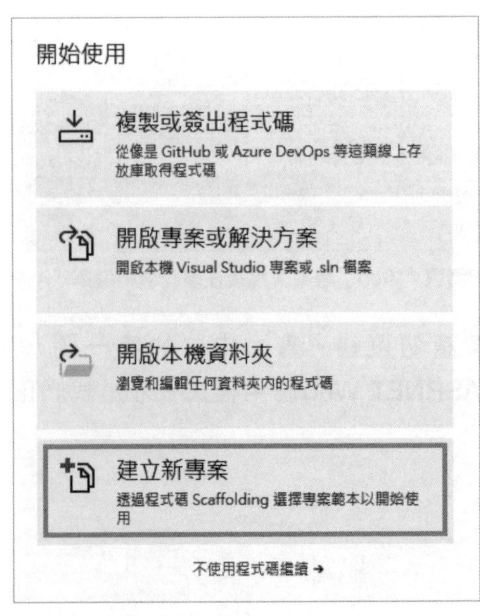

⊙ 建立新專案（Project）

下圖的專案類型很多，請注意！本範例是 **.NET Framework（.NET 完整版）**，不是開放原始碼的「Core 版」，千萬不要選錯！

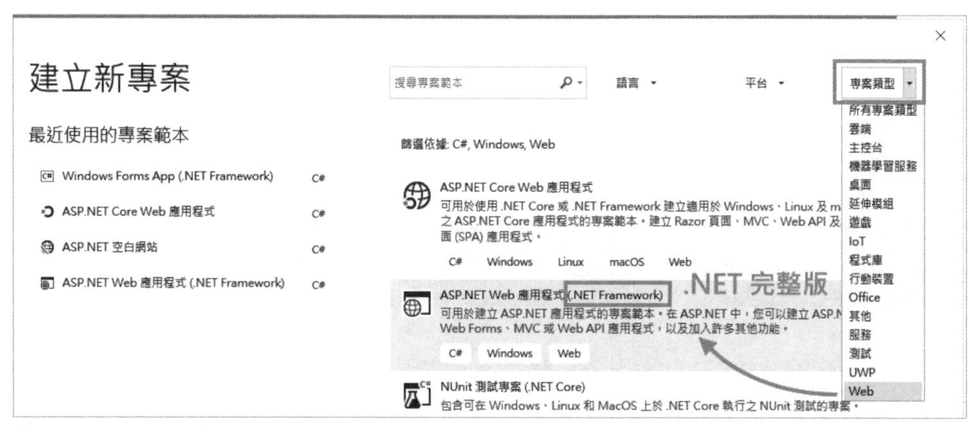

⊙ 先選左上方的專案類型（請選 Web），務必挑選 .NET Framework（.NET 完整版）的 ASP.NET Web 應用程式。切記！不要選到 ASP.NET「Core（開放原始碼的版本）」

⊙ 建立 MVC 的新專案（Project）。第二個「位置」用來存放您的程式碼，可以自行挑選目錄名稱

⊙ 建立 MVC 的新專案（Project）

16-2 新增模組（Model）

Model模組主要是針對資料庫的連結（DB連結字串）、資料庫裡面的多個資料表或檢視表，以ORM的方式產生對應的「Context檔」、「類別檔」。

ASP.NET MVC的「Model Binding」就是透過Model的類別檔產生許多變化。後續的範例中，您可以在「資料新增」的流程中，看到：

(1) 由**「類別檔」產生新增畫面**，甚至能幫我們做表單驗證（Validation，本章未提及）。

(2) 當使用者在新增畫面上填寫完資料以後，**按下按鈕送出，這些填寫完的資料也會放在類別裡面**，傳遞給下一支程式（MVC裡面，稱為控制器的「動作」）進行處理，真正把資料寫入（新增）到資料庫裡面。

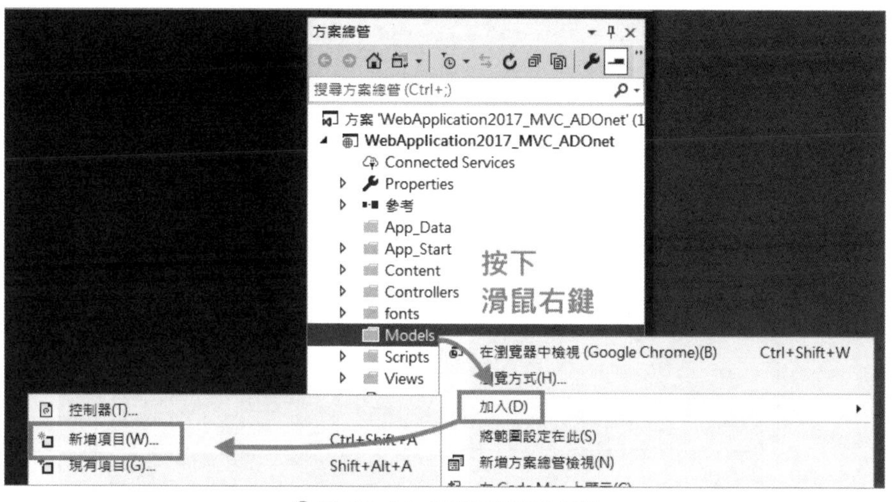

⊙ 從 /Models 目錄按下滑鼠右鍵

提醒您，下圖的檔案名稱最後請使用「Context」字樣。例如「資料庫名稱+Context」，以本章範例來說，就是testContext。這個檔案將會記錄：

(1) 連結資料庫的連結字串（Connection String）。

(2) 這個資料庫裡面，有幾個資料表？並將每一個資料表轉換、對應（mapping）為「類別檔」。

⊙ 新增「ADO.NET 實體資料模型」。提醒您，主檔名最後請使用「Context」字樣

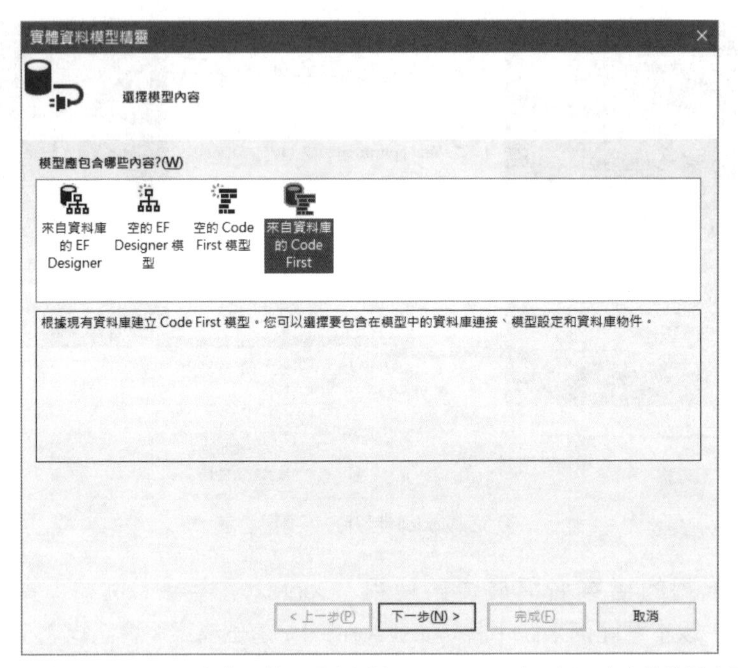

本範例使用 Code First。但您要使用最左側的 EF Designer 也可以，產生的結果大同小異

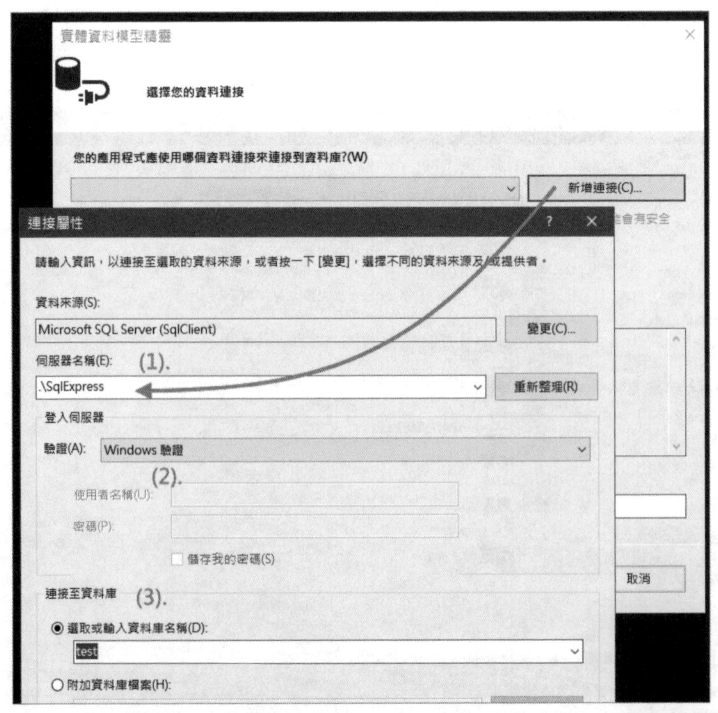

「新增連結」的畫面，用來產生資料庫的連結字串（Connection String）。此步驟在 Visual Studio 很常見，只要輸入「伺服器名稱」、「帳號」與「密碼」即可，本書以 SQL Server Express 為例

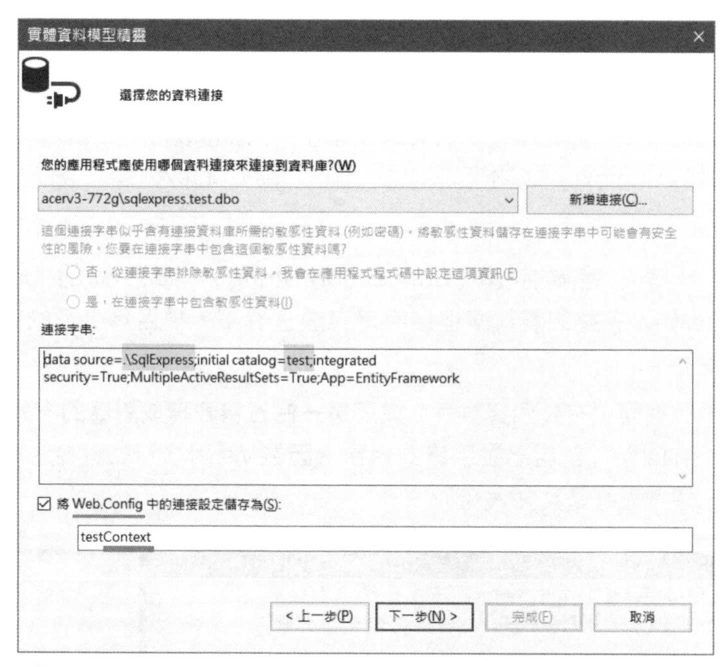

⊙ 完成後的連結字串，會存放在 Web.Config 設定檔（專案的根目錄下）

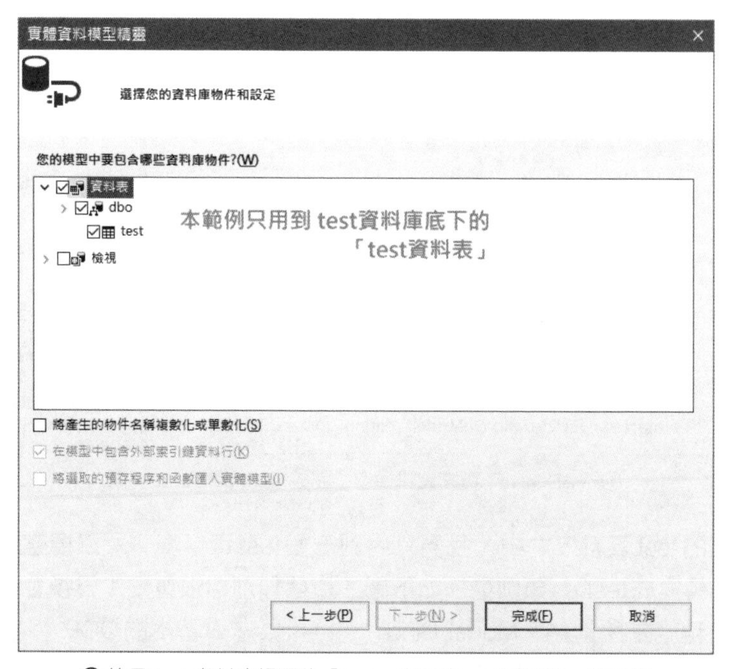

⊙ 使用 test 資料庫裡面的「test」資料表，只用到單一資料表

完成上面的精靈設定步驟以後，後續的重點都放在.cs檔案裡面。建議您開啟並稍做修改。

上面的圖解完成的「ADO.NET實體資料模型」，其檔名最後為Context字樣。例如「資料庫名稱+Context」，以本範例來說，就是testContext，如下圖。此檔記錄以下資訊：

(1) 連結資料庫的**連結字串（Connection String）**。如下圖的:base("name=testContext")。完整的資料庫連結字串存放在專案「根目錄」下的Web.Config設定檔裡面。

(2) 這個資料庫裡面，有幾個資料表？並將**每一個資料表**轉成**對應的「類別檔」**。如下圖的TestTable（請自己動手修改名稱。因為Visual Studio建議：類別、屬性名稱第一個字最好是英文大寫）。

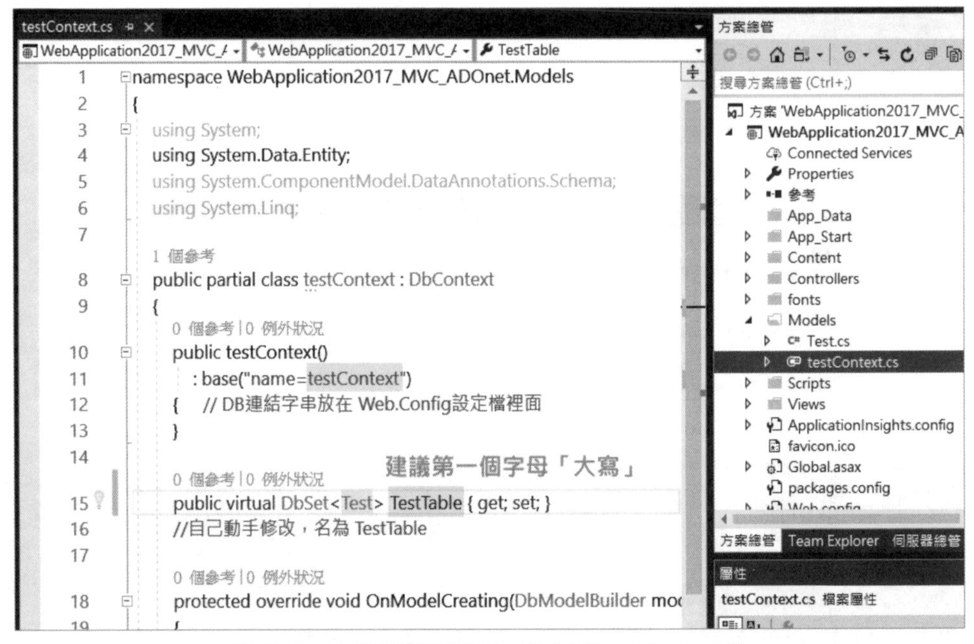

⊙「ADO.NET 實體資料模型」完成後的 testContext 檔

因為本範例的test資料庫之中，我們只用到一個test資料表。所以精靈幫我們把這個資料表，轉換成test.cs類別檔。如下圖。這個類別檔很重要！日後會透過它產生檢視畫面，也就是所謂的「Model Binding」。如果您對基本的OOP（物件導向）、簡單的類別都不熟悉，學習MVC會比較辛苦。

簡單的說，這個類別檔裡面的每一個「屬性（Property）」對應「test 資料表」的每一個欄位。Visual Studio 建議我們屬性名稱第一個字最好是英文大寫。

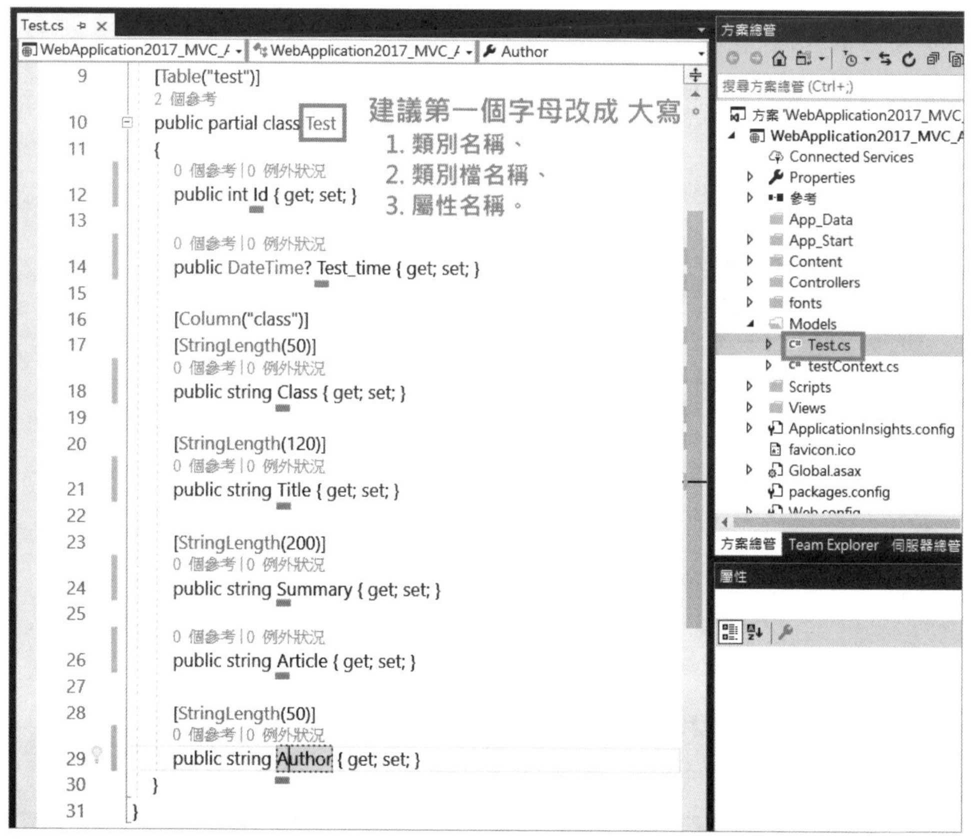

⊙ Test 類別檔裡面的每一個「屬性（Property）」對應「test 資料表」的每一個欄位。若有必要，請自己動手修改

如果您使用 ASP.NET"Core" 版的 MVC，這一節的資料庫連結有比較大的差異，"Core" 版的操作比較繁瑣，沒有上述的精靈步驟可以幫您產生，很多步驟都要自己動手撰寫。不過，後續章節的 Controller 與 View 的操作與寫法就跟本書介紹的 MVC 5（.NET Framework 完整版）差異不大了。

16-3 控制器（Controller）

MVC的「C」就是控制器（Controller）。任何要求（Request）連上網站以後，都由控制器來分配工作與處理，如同下圖的步驟一。其地位如同公司的主管，客戶的需求由老闆（主管）分配下去給不同的人員負責。

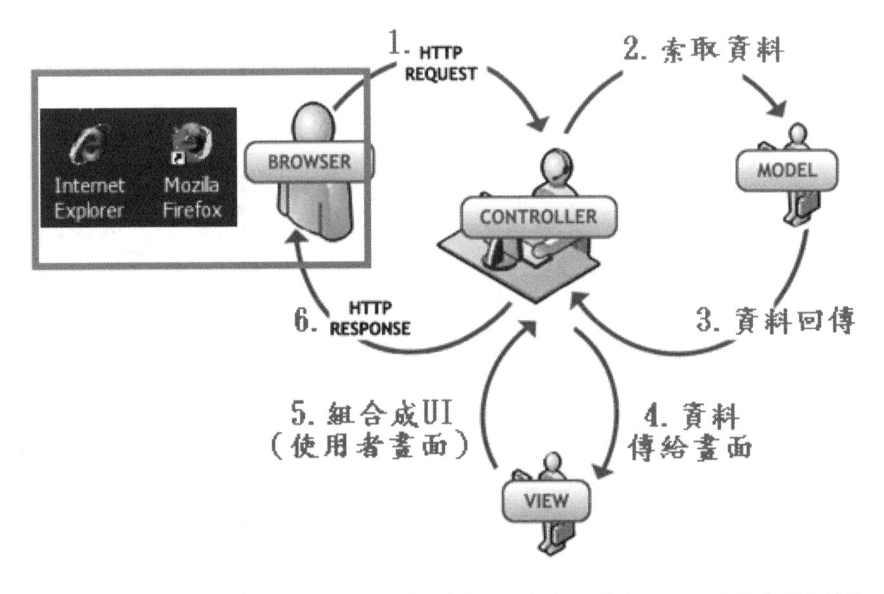

⊙ MVC 的「C」就是控制器（Controller）。步驟一，任何要求（Request）連上網站以後，都由控制器來分配工作與處理

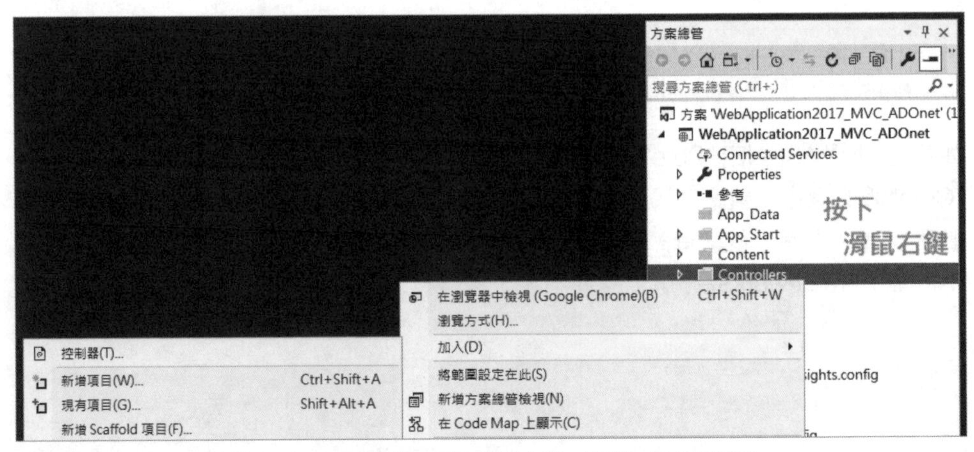

⊙ 請在 Controller 目錄，按下滑鼠右鍵，新增一個「控制器」

如下圖，第一次學習MVC的朋友，建議您使用「**空白**」的控制器，產生的檔案內容比較單純。提醒您，檔名第一個字請用英文大寫，並搭配「Controller」字樣。如下圖，我的**控制器名為「Default」**，而控制器的檔名則是「**Default**Controller」。

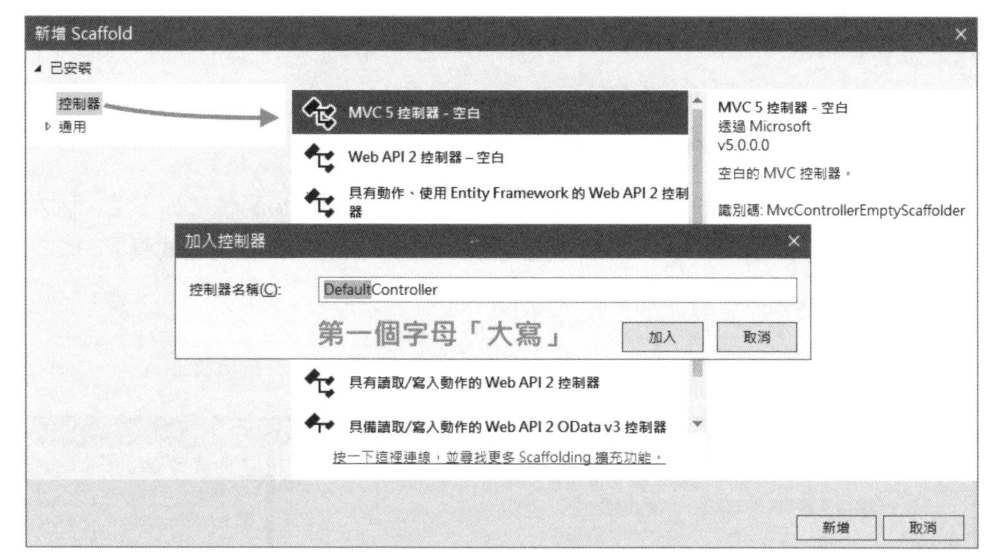

建議使用「空白」的控制器

控制器底下會有許多「**動作（Action）**」。每一個動作負責一個任務，所以這個控制器底下會有 Create動作（負責資料新增）、Index動作（資料列表、唯讀呈現），後續會帶著各位進行下去。

完成控制器（Controller）以後，MVC 的雛形就很清楚了

16-4 範例（I）– Create，資料新增

我們要開始撰寫第一個功能，產生一份空白的HTML表單，當成我們的「新增畫面」。讓使用者填寫一筆全新的記錄（以本範例來說，這是一個部落格，您將會新增一篇文章）。

16-4-1 第一個Create – 新增畫面

請您複製既有的Index動作，複製、貼上以後，改寫成Create動作。如下圖。因為這是「**第一個**」**Create**動作，所以它是完全空白的、沒有添加任何程式碼。

下面兩張圖片的操作步驟非常重要。請小心。

(1) 滑鼠點選 **Create動作**的區域之後，按下「滑鼠右鍵」並「新增檢視」。

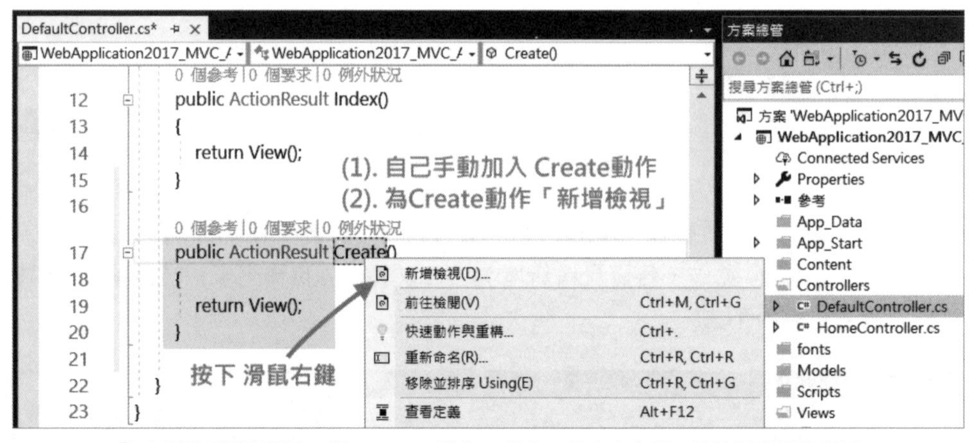

⦿ 自己動手撰寫「第一個」Create 動作。產生一個空白表單，讓使用者填寫資料

(2) 下圖的「範本」請選 Create，系統會幫我們產生新增畫面的表單。而「模型類別」就是前面產生的Test.cs類別檔，對應資料庫的「test資料表」。

重點！ ASP.NET MVC有了Model Binding可以自動從類別檔產生畫面。

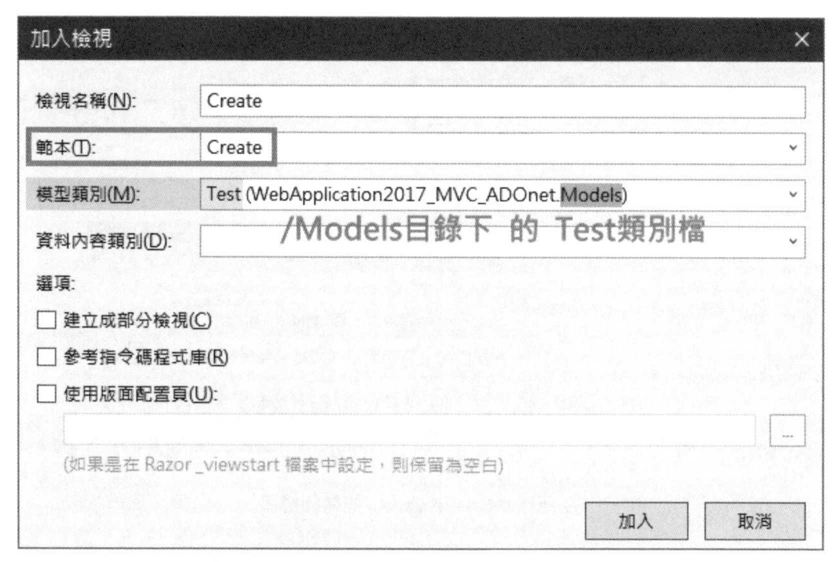

⊙ 新增檢視，畫面有兩大重點。千萬不要選錯

完成後，您會在 /Views/**Default** 目錄底下，發現一個新的網頁，名為Create.cshtml。這就是MVC的「V」，檢視畫面。/Views/**Default/**Create.cshtml這個路徑説明了這是**Default控制器（Controller）**底下的Create動作（Action）所對應的檢視畫面（View）。

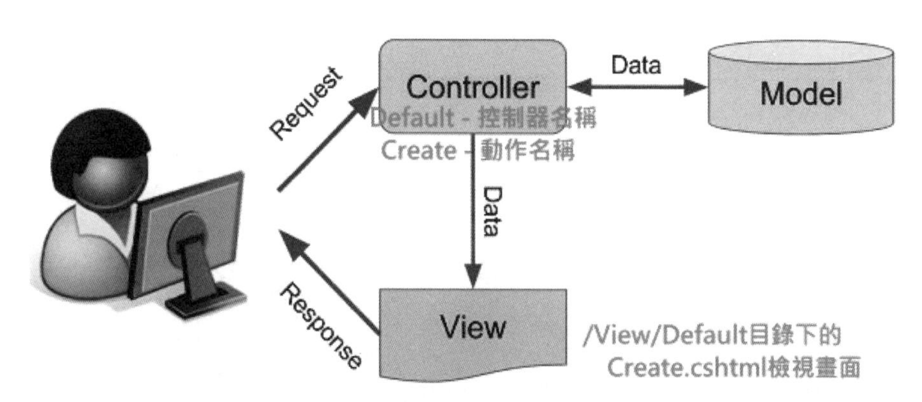

⊙ /Views/Default/Create.cs.html 代表：Default 控制器（Controller）底下 Create 動作（Action）所對應的檢視畫面（View）

雖然還沒完成新增的所有功能，您可以先看看下圖的執行成果 – 目前我們完成的「第一個」Create動作，是下圖左側的新增畫面（HTML表單）。

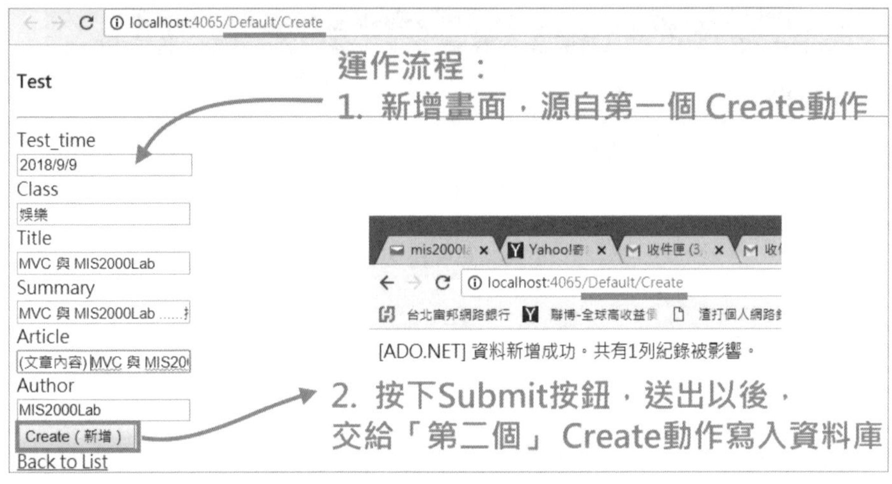

⊙ 新增（Create 動作）的執行成果

16-4-2 第二個 Create –新增完成後，寫入資料庫

這一小節的內容變深、難度也比前面提升。我們準備撰寫程式碼，把新增畫面（HTML表單，如上圖左側的成果）內填好的數據，真正寫入資料庫（新增一筆記錄）。也就是本書的重點 – ADO.NET 資料存取。

⊙ 請先在 /Controller 目錄下的 DefaultController 控制器的最上方，加入即將用上的命名空間（NameSpace）

上圖加入的命名空間（NameSpace）有兩個重點：

第一、將MVC的「M（模組）」加入。也就是我們一開始透過「ADO.NET實體資料模型」的精靈步驟完成的 testContext檔與Test.cs類別檔。寫法很簡單，就是**「專案名稱」.「Models」**即可。

第二、底下的三個命名空間是ADO.NET專用的。相信各位在本書已經見過多次。

- System.Web.Configuration。可以讀取Web.Config設定檔，用來取得資料庫的連結字串（Connection String）。
- System.Data是ADO.NET的核心。
- System.Data.SqlClient是因為我們使用的資料庫是微軟的SQL Server。

16-4-3 觀念解析，怎會有兩個同名的Create動作？

下圖會產生**「第二個」**Create動作。我特別強調**「第二個」同名的**Create動作，因為您在Default控制器中，會發現有兩個同名的Create動作。

下圖上方的第一個Create動作，幾乎沒有增添程式碼。它只是用來產生「檢視畫面」，用來產生一個新增的表單，讓使用者填寫（新增）數據而已。

如下圖，「第二個」Create動作有兩個重要的關鍵：當使用者填寫完畢並按下按鈕（Submit送出），(1)會透過HttpPost傳遞而「第二個」Create動作接收到資料以後（如下圖，(2)傳回Test類別檔到「第二個」Create動作）。

加入「第二個」Create 動作，程式碼變多了。這裡將填寫資料新增的 ADO.NET 程式碼

請您比對上下兩張圖片。

- 上圖的**第一個**Create動作（程式碼第21列），執行成果會是下圖左側的畫面（HTML表單）。
- 上圖的**第二個**Create動作（程式碼第26列。用框框標示，上方寫著[HttpPost]），執行成果會是下圖右側的畫面。把表單上填寫的數據，真正寫入資料庫並在畫面上出現"新增成功"的訊息。

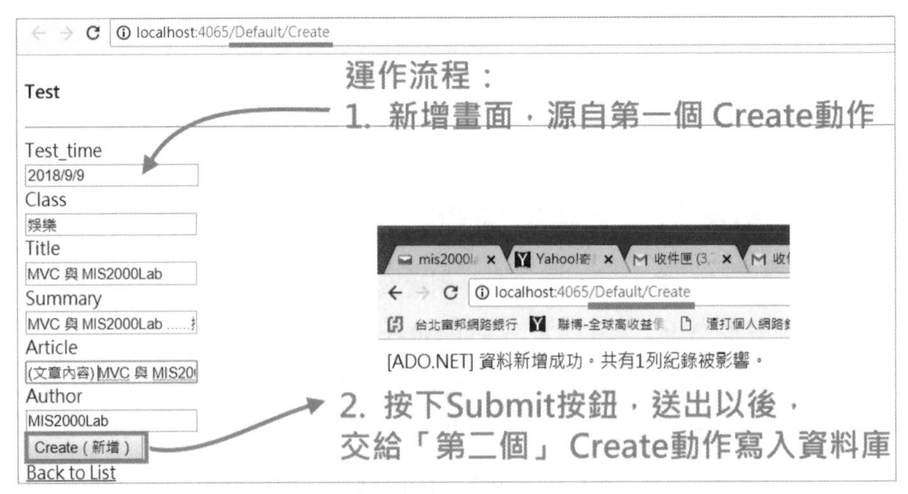

⊙ 新增（Create 動作）的執行成果。標示兩個同名的 Create 動作，各自做了什麼

16-4-4 連續兩個的Create動作，各自做了什麼？

重點！畫面上（新增的表單）填寫的數據，因為 Model Binding的緣故，將會**寫在Test.cs類別檔**（或是ViewModel）**裡面**，傳遞回「DefaultControler」控制器，由「第二個」Create動作來處理 – 真正把資料新增（SQL指令的Insert Into陳述句）至資料表裡面。

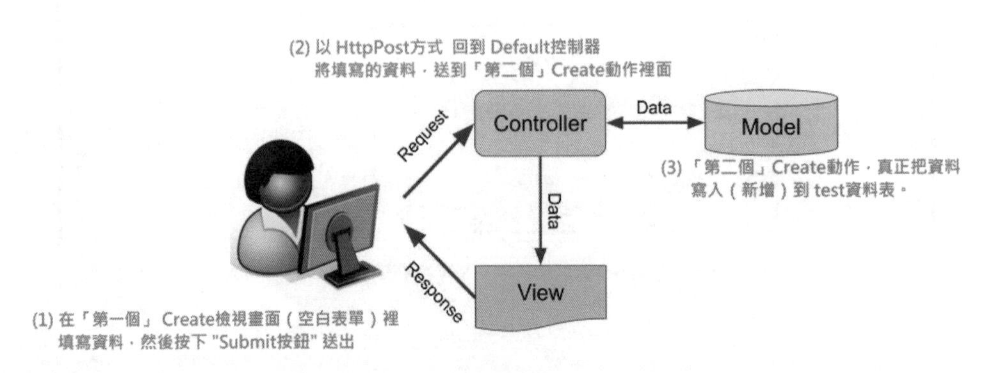

⊙ 新增（Create 動作）的流程。第二個 Create 動作做了什麼

注意下圖「第二個」Create動作上方的 **[HttpPost] 關鍵字**，非常重要。如果您忘了寫[HttpPost]，執行時會出現「模稜兩可的錯誤」，不知道要交給哪一個Create來處理？

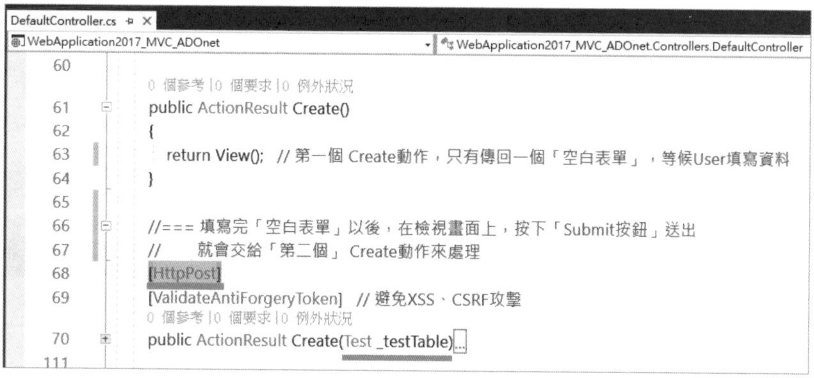

```
DefaultController.cs
WebApplication2017_MVC_ADOnet          WebApplication2017_MVC_ADOnet.Controllers.DefaultController
60
           0 個參考 |0 個要求 |0 例外狀況
61         public ActionResult Create()
62         {
63             return View();  // 第一個 Create動作，只有傳回一個「空白表單」，等候User填寫資料
64         }
65
66         //=== 填寫完「空白表單」以後，在檢視畫面上，按下「Submit按鈕」送出
67         //      就會交給「第二個」 Create動作來處理
68         [HttpPost]
69         [ValidateAntiForgeryToken]  // 避免XSS、CSRF攻擊
           0 個參考 |0 個要求 |0 例外狀況
70         public ActionResult Create(Test _testTable)...
111
```

⊙ 新增（Create 動作）的流程。第二個 Create 動作上方的 [HttpPost] 關鍵字很重要

16-4-5 第二個的Create動作與新增的ADO.NET程式

「第二個」Create動作的程式如下。因為本書使用ADO.NET，所以要特別注意「@參數」的寫法以免SQL Injection攻擊。

第一個Create動作所產生的HTML網頁（檢視畫面）中，這個「空白表單」的「每一個欄位」，被人填寫後的資料會放在**Test.cs類別檔裡面**的每一個**屬性（Property）**裡面，如下圖。所以，程式裡面會自動跳出屬性名稱，強型別（Strong-Type）的使用非常方便！

簡單說明，您在畫面上（檢視畫面）填寫於title欄位的「值」，在下圖的程式中，就是「_testTable.Title屬性」的內容。

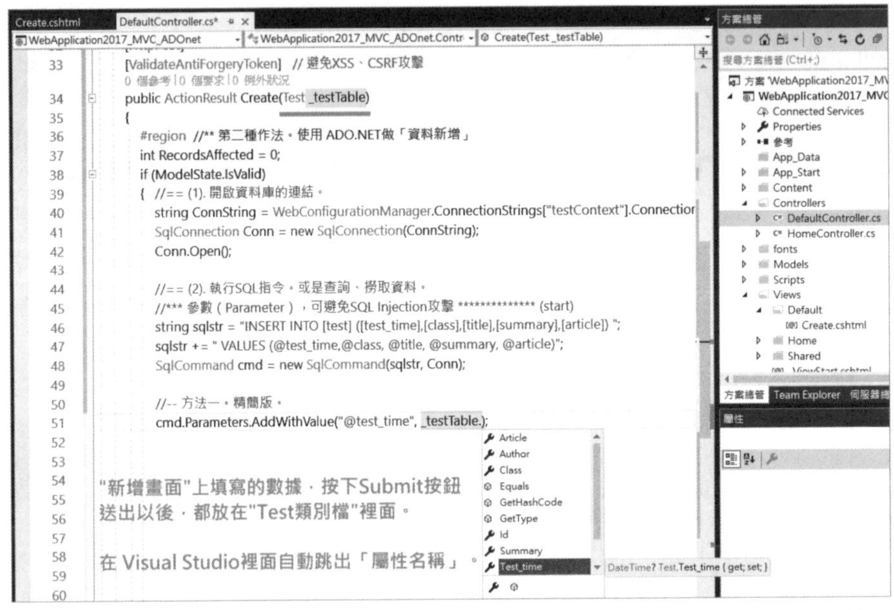

第一個 Create 畫面的空白表單，填寫完的數據會放入 Test 類別，以 HttpPost 方式傳回 Default 控制器，交給「第二個」Create 動作來處理

這裡介紹的流程與觀念，有點抽象。礙於篇幅，本書只用短短一章，無法詳細說明HttpPost、驗證、Token...... 等等觀念，也沒法介紹檢視畫面的Razor寫法。請見諒！畢竟本書以「ADO.NET資料存取」為主。本章只是介紹ADO.NET也可以跟MVC完整搭配。執行畫面如下。

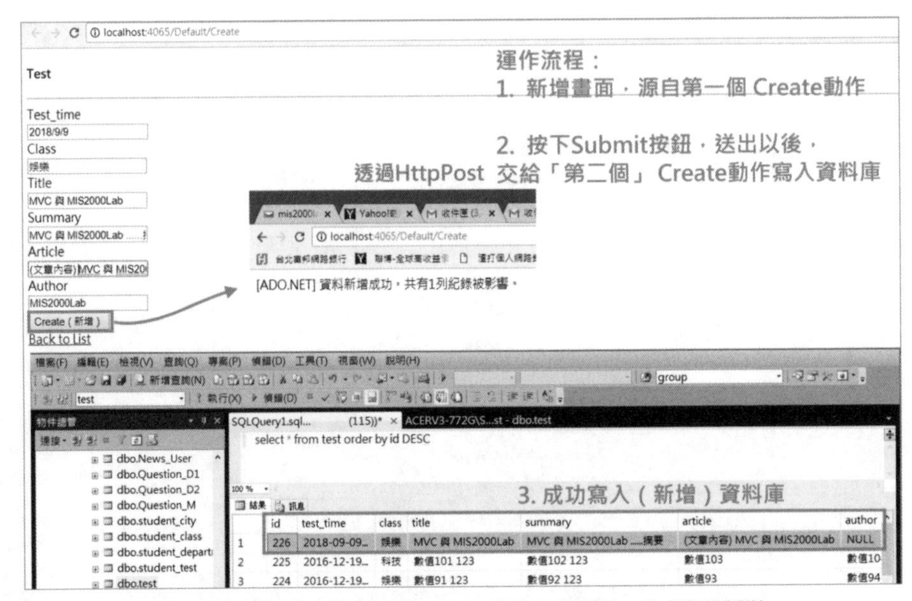

控制器裡面，兩個同名的 Create 動作互相搭配，完成資料新增

16-5 範例（II）－資料呈現，讀取與列表（檢視畫面的List範本）

現在要解說網站的首頁功能，也就是主表明細（Master-Details）的Master（資料列表）。不管是購物網站、新聞網站、部落格，您一看到畫面就是最新、最熱門產品與文章的列表。本小節將示範此功能。

首先到Default控制器裡面，沿用既有的 Index動作。並加入下方ADO.NET程式。您可以發現：我們常用的DataReader無法在MVC的檢視畫面上直接使用，所以我們把查詢（撈出來）的多筆記錄，放在**List<Test>**這個集合裡面（VB語法寫成List(Of Test)）。如下圖，重點已經標示。

簡單說明，從資料表讀取的每一筆記錄都放入「Test類別（或說ViewModel）」裡面，您可以把Test類別當成一個容器、盤子，它是專門用於承接資料。因為取出十筆記錄，所以用List集合放置十筆記錄（十個Test類別）中，寫成**List<Test>**。雖然寫法小有改變，但觀念差不多，只是把原本DataReader的作法改用Test類別（ViewModel）來做而已。

⊙使用 ADO.NET 呈現資料（列表），程式碼裡面的重點已標示出來

如下圖。產生檢視畫面時，**範本請選擇List，這是專門用來展示「多筆數據」**。當然，仍須搭配Test類別檔。所以上一張圖片的程式碼，需要把test資料表撈出來（查詢）的十筆記錄，逐一放入**List<Test>**裡面。此舉就是為了方便MVC的檢視畫面用來呈現結果。

▲ Index 動作產生檢視畫面時，請選 List 範本（展示「多筆數據」）

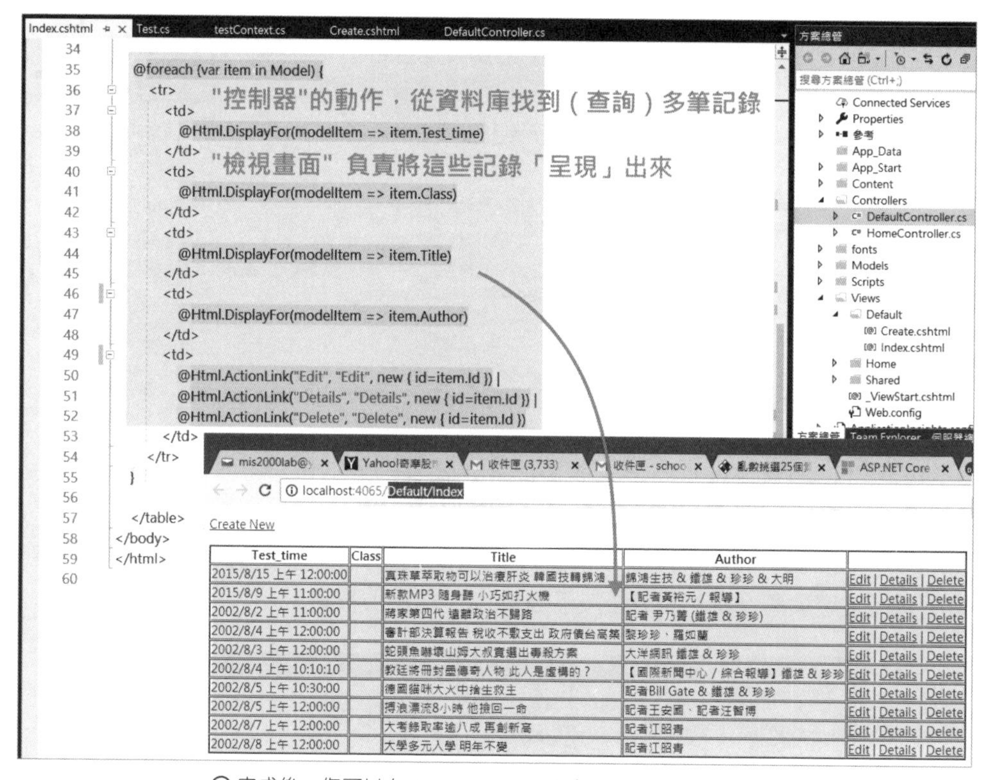

⊙ 完成後，您可以在 /Views/Default 目錄下看見 Index.cshtml

16-6 範例（III）– 新增資料（檢視畫面的Create範本）

新增、刪除、修改在MVC裡面的步驟比較多，本節以新增一筆記錄為例。您會發現有兩個UI畫面：

(1) Controller裡面的「第一個」Create動作與搭配的第一個檢視畫面是一個空白的新增表單，讓您填寫資料。完成後按下Submit（送出）按鈕。將您填寫的數據，送到Controller裡面的「第二個」Create動作。

(2) Controller裡面的「第二個」Create動作裡面撰寫ADO.NET程式與SQL指令的Insert Into陳述句，真正把這筆記錄寫入（新增）到資料表裡面。

```
DefaultController.cs
WebApplication2017_MVC_ADOnet    WebApplication2017_MVC_ADOnet.Controllers.DefaultController    Create(Test _testTable)
        0 個參考 | 0 個要求 | 0 例外狀況
61      public ActionResult Create()
62      {
63          return View();  // 第一個 Create動作，只有傳回一個「空白表單」，等候User填寫資料
64      }
65
66      //=== 填寫完「空白表單」以後，在檢視畫面上，按下「Submit按鈕」送出
67      //       就會交給「第二個」Create動作來處理
68
69      [HttpPost]  //*****這個關鍵字很重要！不信的話，您把他刪除，看看執行時會出現什麼錯誤？（從錯誤中，去想想看）
70      [ValidateAntiForgeryToken]  // 避免XSS、CSRF攻擊
        0 個參考 | 0 個要求 | 0 例外狀況
71      public ActionResult Create(Test _testTable)...
112
```

Controller 裡面有兩個同名的 Create 動作，來完成新增一筆記錄

16-6-1 第一個Create動作與檢視畫面

Controller裡面的「第一個」Create動作與搭配的第一個檢視畫面是一個空白的新增表單，讓您填寫資料。完成後按下Submit（送出）按鈕。

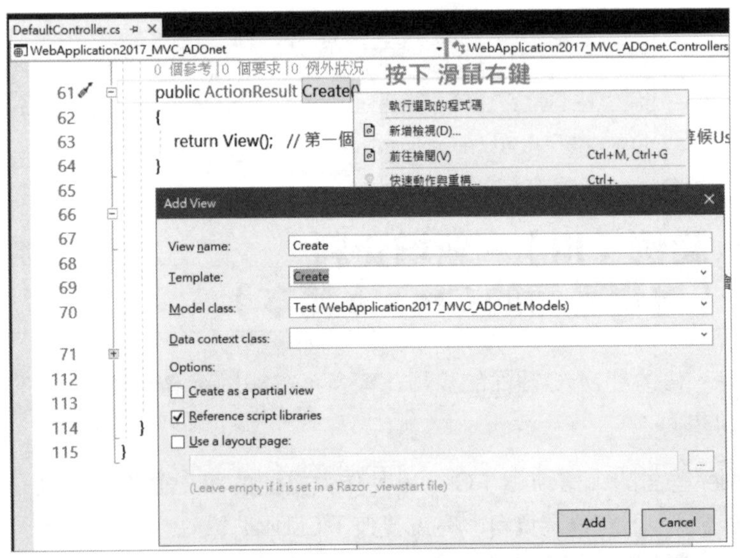

Controller 裡第一個 Create 動作，並產生檢視畫面（採用 Create 範本）

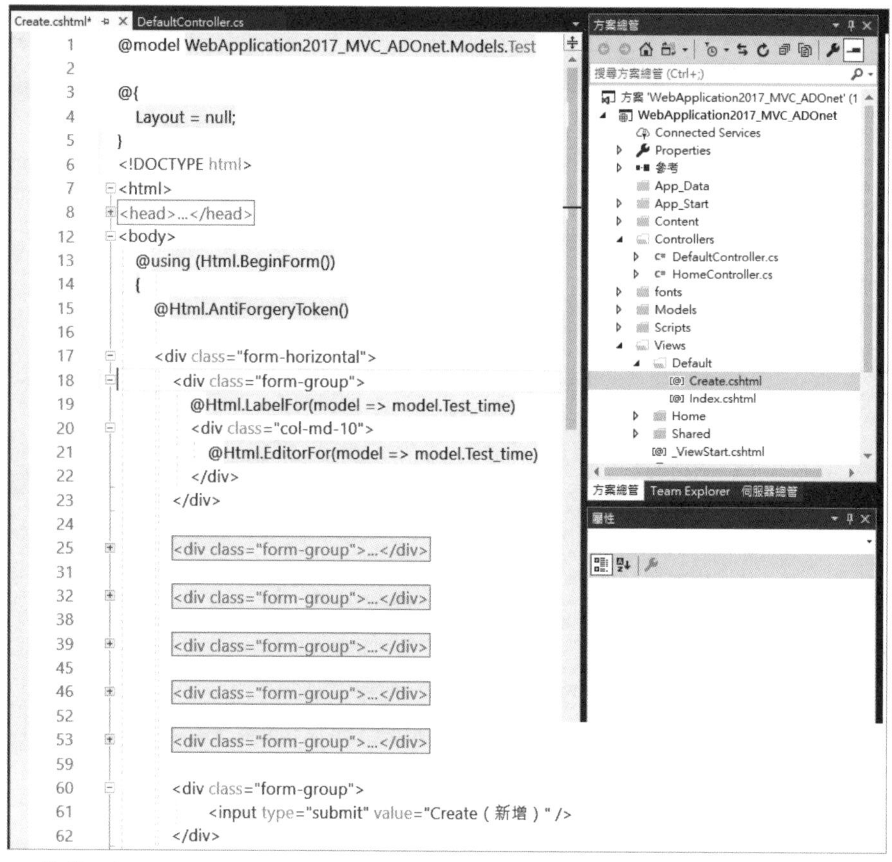

⊙第一個 Create 動作搭配的檢視畫面（位於 /Views/Defaulr 目錄下的 Create,csshtml）

16-6-2 第二個Create動作

您在畫面上填寫的數據，完成後按下Submit（送出）按鈕，將會送到Controller裡面的「第二個」Create動作，撰寫ADO.NET程式與SQL指令的Insert Into陳述句，真正把這筆記錄寫入（新增）到資料表裡面。因為程式碼稍長，以兩張圖片為您展示。

```
DefaultController.cs*
WebApplication2017_MVC_ADOnet    WebApplication2017_MVC_ADOnet.Controllers.DefaultController    Create(Test _testTable)
66        //=== 填寫完「空白表單」以後，在檢視畫面上，按下「Submit按鈕」送出
67        //      就會交給「第二個」Create動作來處理
68
69        [HttpPost]  //*****這個關鍵字很重要！不信的話，您把他刪除，看看執行時會出現什麼錯誤？（從錯誤中，去想想看）
70        [ValidateAntiForgeryToken]  // 避免XSS、CSRF攻擊
          0 個參考 | 0 個要求 | 0 例外狀況
71        public ActionResult Create(Test _testTable)                    第二個 同名的 Create動作
72        {
73            //** 第二種作法。使用 ADO.NET做「資料新增」
74            int RecordsAffected = 0;
75            if (ModelState.IsValid)
76            {  //== (1). 開啟資料庫的連結。DB連結字串已經存放在Web.Config設定檔裡面。
77                string ConnString = WebConfigurationManager.ConnectionStrings["testContext"].ConnectionString;
78                SqlConnection Conn = new SqlConnection(ConnString);
79                Conn.Open();
80
81                //== (2). 執行SQL指令。或是查詢、撈取資料。
82                //*** 參數（Parameter），可避免SQL Injection攻擊 ************** (start)
83                string sqlstr = "INSERT INTO [test] ([test_time],[class],[title],[summary],[article]) ";
84                sqlstr += " VALUES (@test_time,@class, @title, @summary, @article)";
85                SqlCommand cmd = new SqlCommand(sqlstr, Conn);
86
87                //-- 方法一。精簡版。 . AddWithValue()方法
88                cmd.Parameters.AddWithValue("@test_time", _testTable.Test_time);
89                cmd.Parameters.AddWithValue("@class", _testTable.Class);
90                cmd.Parameters.AddWithValue("@title", _testTable.Title);
91                cmd.Parameters.AddWithValue("@summary", _testTable.Summary);
92                cmd.Parameters.AddWithValue("@article", _testTable.Article);
93                cmd.Parameters.AddWithValue("@author", _testTable.Author);
```

Controller 裡面第二個 Create 動作，撰寫 ADO.NET 程式與 SQL 指令的 Insert Into 陳述句

```
DefaultController.cs*
WebApplication2017_MVC_ADOnet    WebApplication2017_MVC_ADOnet.Controllers.DefaultController
94
95                //-- 方法二，另一種寫法，效率高！只寫一個參數作為示範。
96                //cmd.Parameters.Add("@title", SqlDbType.DateTimeNVarChar, 50)
97                //cmd.Parameters("@title").Value =  _testTable.Title
98                //*** 參數（Parameter），可避免SQL Injection攻擊 **************  (end)
99
100               //== (3). 自由發揮。
101               RecordsAffected = cmd.ExecuteNonQuery();
102
103               //== (4). 釋放資源、關閉資料庫的連結。
104               cmd.Cancel();
105               if (Conn.State == ConnectionState.Open) {
106                   Conn.Close();
107               }
108           }
109
110           return Content(" [ADO.NET] 資料新增成功。共有" + RecordsAffected + "列紀錄被影響。");
111       }
```

Controller 裡面第二個 Create 動作，撰寫 ADO.NET 程式與 SQL 指令的 Insert Into 陳述句

16-7 課後補充與影片教學

本書以ADO.NET為主，因此ASP.NET MVC的介紹也以ADO.NET搭配之。如果您需要更多ASP.NET MVC的解說，本書作者在YouTube提供完整的MVC教學，您可以來信跟我「免費」索取第一天的課程（僅限E-Mail聯繫，私訊不回）。希望能補足本書說明不週之處。

如果ADO.NET要搭配MVC、/Models目錄下的類別檔（如Context與ViewModel）一起使用，眾人推薦的Dapper套件也非常簡單實用。網路上有多許入門文章可以供參考，官方文件也非常詳細。您可以參考9vs1.com網站上由我錄製的ADO.NET與Dapper線上課程。

MEMO

17

GridView 自己動手 100% 寫程式

CHAPTER

在ADO.NET裡面，講了很多DataSet的觀念，也提過DataAdapter這樣的配接器，但是它們背後運作的道理與流程，大家可能還是一知半解。因為從ASP.NET 2.0開始，微軟很體貼地多了一個資料來源控制項（DataSource Controls），例如SqlDataSource與AccessDataSource等。把資料存取的流程都包裝好了，所以大家就只會去用這個DataSource精靈，而不知背後的運作流程，正是所謂的「知其然，而不知其所以然」。

這種一知半解的觀念真的很危險，很容易學到一半，就發現自己遇見瓶頸而被卡住。網路上很多初學者會遇見問題，都是這個地方搞不懂。您能購買本書並且學到下面的範例，真的很難得！您將會徹底瞭解GridView與ASP.NET背後的事件運作規則。

下面的程式，我們只在HTML畫面上加入**一個空白的GridView**，「不」搭配**SqlDataSource**。因為連接資料庫與資料繫結的部份（不管您用DataReader或DataSet），我們都要自己動手去寫後置程式碼。

17-1 HTML畫面設定

本章的兩個範例，畫面都是一樣的，只是後置程式碼有差異。HTML設計畫面有三大重點，如下圖所示：

- 只有一個GridView而已，「不」搭配任何資料來源控制項。
- 啟動GridView的**分頁**、**編輯**、**刪除**功能！
- 記得要動手設定**GridView**的「**DataKeyNames**」屬性 = **id**（id欄位是test資料表的主索引鍵）」。

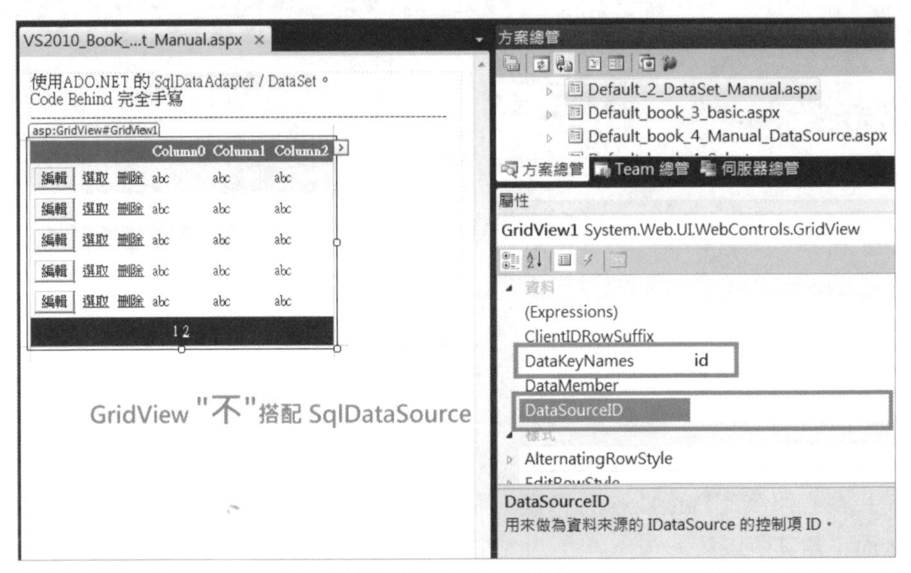

⊙ 畫面只有一個 GridView 而已。記得要設定 GridView 的 DataKeyNames 屬性 = id（test 資料表的主索引鍵）

HTML畫面的原始碼如下（以下為C#版）。

```
<asp:GridView ID="GridView1" runat="server"
    AllowPaging="True"  PageSize="5"  DataKeyNames="id"
    onpageindexchanging="GridView1_PageIndexChanging"
    onrowcancelingedit="GridView1_RowCancelingEdit"
    onrowdeleting="GridView1_RowDeleting"
    onrowediting="GridView1_RowEditing"
    onrowupdating="GridView1_RowUpdating" >
```

作者註解： ---- 很重要！ ----

- 只有採用Inline Code，或是C#語法的Code Behind（後置程式碼）的時候，GridView的HTML碼裡面，才會出現上面的方法與事件名稱。
- 若是採用**VB**語法並採用**Code Behind**（後置程式碼），則不會出現上面的方法與事件名稱。改由後置程式碼的Handles來代替（寫在每個事件的最後）。切記！切記！

```
  <Columns>  註解：畫面上 HTML 碼，只有三個命令欄位而已！
     <asp:CommandField ButtonType="Button" ShowEditButton="True" />
       <asp:CommandField ShowSelectButton="True" />
       <asp:CommandField ShowDeleteButton="True" />
  </Columns>
</asp:GridView>
```

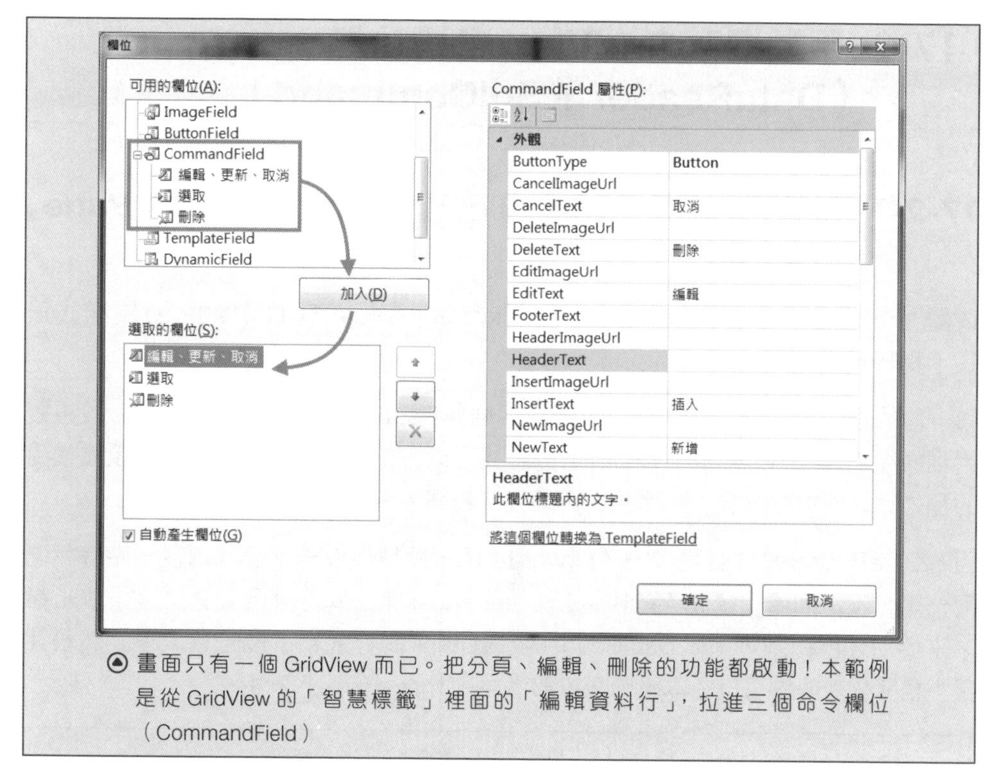

⊙ 畫面只有一個 GridView 而已。把分頁、編輯、刪除的功能都啟動！本範例是從 GridView 的「智慧標籤」裡面的「編輯資料行」，拉進三個命令欄位（CommandField）

GridView的命令欄位（CommandField）有好幾種設定方法，每一種設定所產生的HTML標籤都不同，都會影響到後續程式的撰寫，請留意！

作者另外一本書《ASP.NET專題實務（I）：C#入門實戰》的第十章有些觀念解說與入門範例，都是這個範例的重點：

- 大型控制項的命令欄位（CommandField）與對應的事件。每一個按鈕的CommandName屬性、對應的事件裡面「參數e」各有什麼意義？
- .FindControl()方法專門用在大型控制項轉成樣版以後，還有另一個.Controls集合的作法。

本書著重ADO.NET（DataReader或DataSet）的寫法，所以上述重點不再贅述。

17-2 手動撰寫GridView各種功能（DataReader + SqlCommand）

17-2-1 後置程式碼（1），自己寫DBInit副程式與Page_Load事件

後置程式碼如下（範例Default_2_DataReader_Manual_SQL2012）。因為程式很長，我們分成幾段。

第一段的程式，主要是把GridView資料繫結與DataSet（連結資料庫）這一段重複用到的程式碼，另外寫成一個DBInit副程式，以方便別的事件來呼叫它。重複使用的程式碼能集中在一起，讓程式的可讀性比較高。

因為DataReader是唯讀且順向（forward）的，所以讀取一筆記錄以後一定會跳向下一筆、沒法回頭，這先天的限制讓DataReader無法進行分頁。必須透過SQL指令來協助才能做到，因此DataReader版的DBInit副程式為了做分頁，程式碼較冗長！相關的說明均可以在本書前面章節看見「分頁」的深入剖析。

```
//********************************** 自己加寫（宣告）的 NameSpace
using System.Web.Configuration;
using System.Data.SqlClient;
//**********************************

//==== 這一段程式很常被用到，所以獨立寫成一個 DBInit 副程式。
//==== 這樣會讓程式的可讀性提高！

//==== 自己手寫的程式碼，SqlCommand / DataReader ====(Start)
protected void DBInit()    {
        Boolean haveRec = false;
        int p = Convert.ToInt32(Request["p"]);  // p 就是「目前在第幾頁？」

        //===========  ADO.NET / DataReader==(Start)======
        // 資料庫的連線字串，已經事先寫好，存放在 Web.Config 檔案裡。
      SqlConnection Conn = new
SqlConnection(WebConfigurationManager.ConnectionStrings["存放在 Web.Config
檔案裡的資料庫連結字串"].ConnectionString);
        //-- 不需要使用多重結果集（MARS） ;MultipleActiveResultSets=True
        Conn.Open();

        SqlCommand cmd = new SqlCommand("select count(id) from test", Conn);
```

```
        //SQL 指令共撈到多少筆（列）記錄。RecordCount 資料總筆（列）數
        int RecordCount = (int)cmd.ExecuteScalar();
        cmd.Cancel();
        //============  ADO.NET / DataReader ==(End)======

        int PageSize = GridView1.PageSize;
        // 每頁展示 幾筆記錄？直接給 GridView 的 PageSize 屬性決定。

        // 如果撈不到記錄，程式就結束。-- Start --------------
        if (RecordCount == 0)    {
            Response.Write("<h2> 抱歉！無法找到您需要的記錄！ </h2>");
            Conn.Close();
            Response.End();
        }    // 如果撈不到記錄，程式就結束。-- End ----------

        //Pages 記錄的總頁數。搜尋到的所有記錄，共需「幾頁」才能全部呈現？
        int Pages = ((RecordCount + PageSize) - 1) / (PageSize); //
除法，取得「商」。
        //...... 部分程式省略 ...... 請參閱本範例電子檔。

        int NowPageCount = 0;  //NowPageCount，目前這頁的記錄
        if (p > 0)    {
            NowPageCount = (p - 1) * PageSize;
            // PageSize，每頁展示幾筆記錄（上面設定過了）
        }
        Response.Write("<h3> 搜尋資料庫 :   （共計 " + RecordCount
+ " 筆 / 共需 " + Pages + " 頁 )</h3>");
        Response.Write("<hr width='97%' size='1'>");


        //== 組合 SQL 指令 ============
        SqlDataReader dr = null;
        String SqlStr = "Select test_time, id, title, summary from test
Order By id ";   // 需要搭配 Order By
        SqlStr += " OFFSET " + (NowPageCount) + " ROWS FETCH NEXT " +
(PageSize) + " ROWS ONLY";

        // 如要改寫成@參數的寫法，請參考：
        // String SqlStr = "Select test_time, id, title, summary from
test Order By id ";
        //SqlStr += " OFFSET @NPC ROWS FETCH NEXT @PS" ROWS ONLY";

        SqlCommand cmd1 = new SqlCommand(SqlStr, Conn);
// @ 參數的寫法
//cmd.Parameters.AddithValue("@NPC", NowPageCount);
//cmd.Parameters.AddithValue("@PS", PageSize);

        dr = cmd1.ExecuteReader();
```

```
        //== 第三，自由發揮 =====================
        //while (dr.Read())    {
            haveRec = true;
            GridView1.DataSource = dr;
            GridView1.DataBind();
        //}

        // == 第四，釋放資源、關閉資料庫的連結。
        cmd1.Cancel();
        dr.Close();
        Conn.Close();


        if (haveRec)  //-- 以下區塊，是畫面下方的分頁功能 -------
        {
            if (Pages > 0)
            {    // 有傳來「頁數 (p)」，而且頁數正確（大於零），出現 < 上一頁 >、< 下一
頁 > 這些功能
                //...... 部分程式省略 ...... 請參閱本範例電子檔。
}

        //==========================================================
        //== MIS2000 Lab. 自製的「每十頁」一間隔，分頁功能 ===start====
        //...... 部分程式省略 ...... 請參閱本範例電子檔。

}   //==== 自己手寫的程式碼，SqlCommand / DataReader ====(End)


    // IsNumeric Function，檢查是否為整數型態？ return true or false
    static bool IsNumeric(object Expression)    {
          // 程式碼省略，詳見本範例電子檔。
    }
protected void Page_Load(object sender, EventArgs e)    {
        if (!Page.IsPostBack)    {
            DBInit();    //--- 只有第一次執行本程式，才會進入 if 判別式內部。
        }
```

> 注意！！！超級重點！！
> ===================================
> 這句重點！講一百次也不嫌多！您一定要牢牢記住！
> 您在 **Web** 畫面上 " 作的任何動作 "，例如：按下任何一個 ASP.NET Button 按鈕 ......
> 等等。都會引起 **PostBack**（回傳）進而重新觸發 **Page_Load** 事件。
> 所以，我們才會在裡面，設計一段 if (!Page.PostBack) 或是 IF Not Page.PostBack 判別式來判斷「網頁是否第一次被執行？」這個觀念很重要！詳見 ASP.NET 專題實務 (I) 第三章的第一節。

```
}
```

關於 DataSet 與 DataAdapter，後面的 ADO.NET 章節會更詳盡的說明細部作法。

17-2-2 後置程式碼（2），GridView 更新（RowUpdating）事件

這一支範例 Default_2_DataReader_Manual_SQL2012 最精華的部份在於 GridView 編輯模式下，資料更新（修改）的部份（請看 RowUpdating 事件副程式）。

```
protected void GridView1_RowUpdating(object sender, GridViewUpdateEventArgs e)
{   //=========================================
    //---- 修改、更新
    //=========================================

    // 第一、在 GridView 的「編輯」模式裡面，先抓取使用者已經修改之後，
       每個欄位物件（文字輸入方塊，TextBox）。
    // 因為前面有三個「功能鍵（編輯、選取、刪除）」，請看上面的 HTML 原始碼。
    // 所以 Cells( ) 的第一格是從 " 零 " 算起，需扣掉前三個功能鍵與 id 欄位。
    // 看看下面的圖片，就會懂了。
```

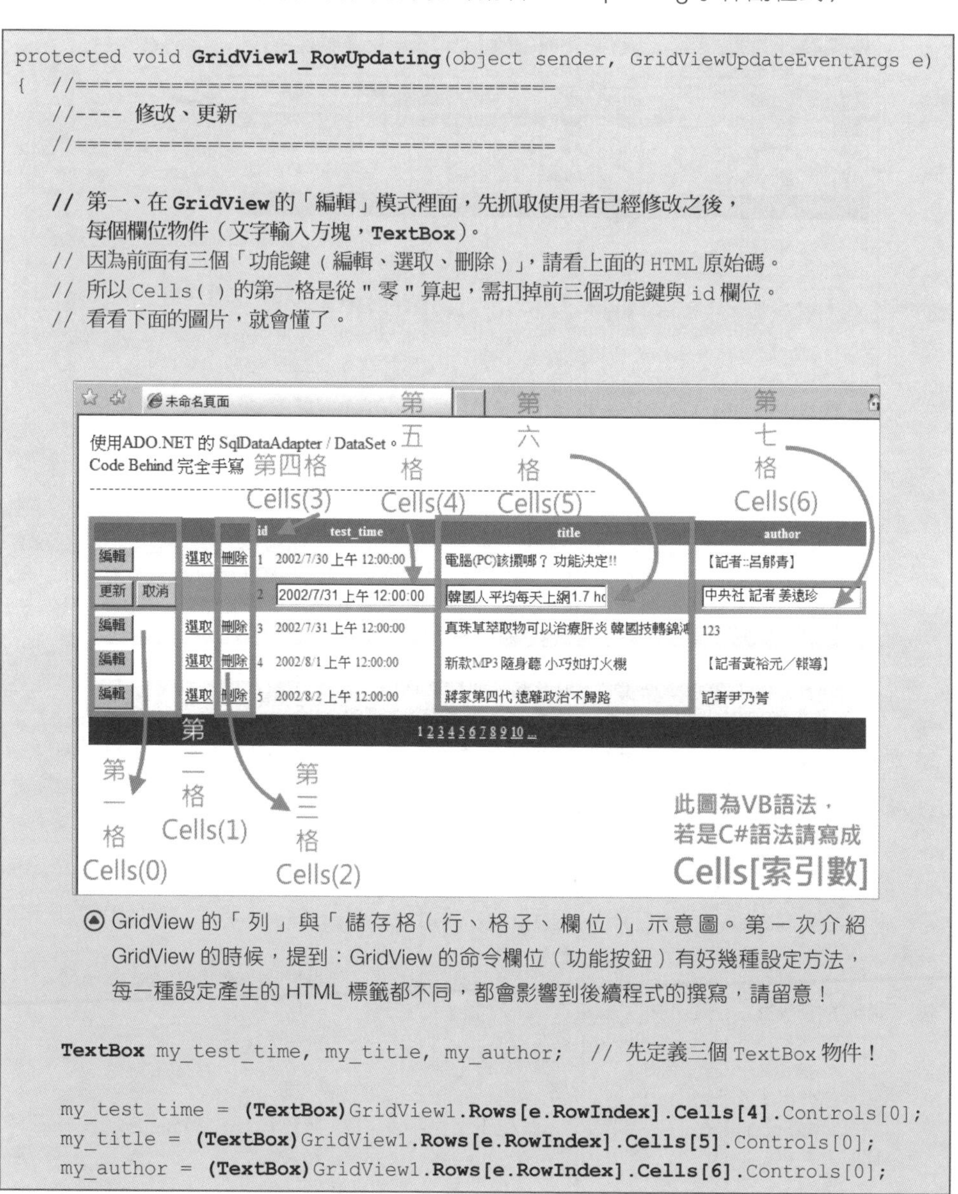

⊙ GridView 的「列」與「儲存格（行、格子、欄位）」示意圖。第一次介紹 GridView 的時候，提到：GridView 的命令欄位（功能按鈕）有好幾種設定方法，每一種設定產生的 HTML 標籤都不同，都會影響到後續程式的撰寫，請留意！

```
    TextBox my_test_time, my_title, my_author;   // 先定義三個 TextBox 物件！

    my_test_time = (TextBox)GridView1.Rows[e.RowIndex].Cells[4].Controls[0];
    my_title = (TextBox)GridView1.Rows[e.RowIndex].Cells[5].Controls[0];
    my_author = (TextBox)GridView1.Rows[e.RowIndex].Cells[6].Controls[0];
```

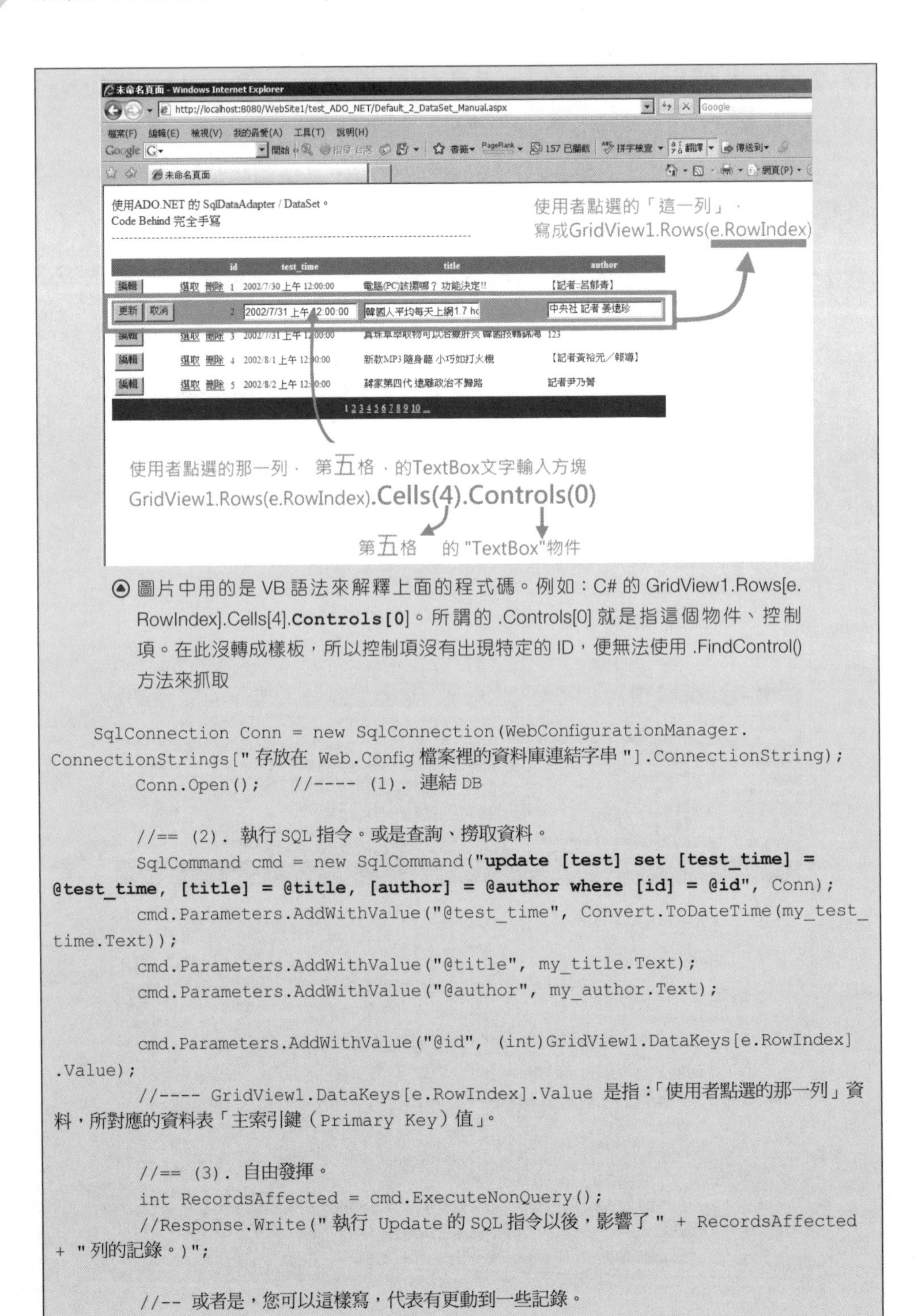

⦿ 圖片中用的是 VB 語法來解釋上面的程式碼。例如：C# 的 GridView1.Rows[e.RowIndex].Cells[4].**Controls[0]**。所謂的 .Controls[0] 就是指這個物件、控制項。在此沒轉成樣板，所以控制項沒有出現特定的 ID，便無法使用 .FindControl() 方法來抓取

```
    SqlConnection Conn = new SqlConnection(WebConfigurationManager.
ConnectionStrings["存放在 Web.Config 檔案裡的資料庫連結字串"].ConnectionString);
        Conn.Open();    //---- (1). 連結 DB

        //== (2). 執行 SQL 指令。或是查詢、撈取資料。
        SqlCommand cmd = new SqlCommand("update [test] set [test_time] =
@test_time, [title] = @title, [author] = @author where [id] = @id", Conn);
        cmd.Parameters.AddWithValue("@test_time", Convert.ToDateTime(my_test_
time.Text));
        cmd.Parameters.AddWithValue("@title", my_title.Text);
        cmd.Parameters.AddWithValue("@author", my_author.Text);

        cmd.Parameters.AddWithValue("@id", (int)GridView1.DataKeys[e.RowIndex]
.Value);
        //---- GridView1.DataKeys[e.RowIndex].Value 是指：「使用者點選的那一列」資
料，所對應的資料表「主索引鍵（Primary Key）值」。

        //== (3). 自由發揮。
        int RecordsAffected = cmd.ExecuteNonQuery();
        //Response.Write("執行 Update 的 SQL 指令以後，影響了" + RecordsAffected
+ "列的記錄。)";

        //-- 或者是，您可以這樣寫，代表有更動到一些記錄。
```

```
        //if (RecordsAffected > 0)   {
        //     Response.Write("資料更動成功。共有" + RecordsAffected + "列記錄被
影響。");
        // }

        //== (4). 釋放資源、關閉資料庫的連結。
        cmd.Cancel();
        if (Conn.State == ConnectionState.Open)    {
            Conn.Close();
        }
        //==========================================================

        //---- 修改、更新完成！！離開「編輯」模式  ----
        GridView1.EditIndex = -1;
        DBInit();
}
```

GridView1_**RowUpdating**事件的重點程式碼，只有下列幾個（下圖解釋比較清楚）：

- 使用者點選（想要更新）的那一列（事件中以**參數e**來表示），索引數（Index值）為何（從零算起，位於GridView的第幾列）？

```
e.RowIndex
//-- 作者註解：參數 e 便是使用者的動作、「使用者點選某一列」的動作。
```

- 進入GridView的「編輯」模式之後，如何抓取每一個欄位（資料行、格子、程式碼Cell**s**）裡面「被使用者修改後的"值"」。

```
VB 語法：  GridView1.Rows(e.RowIndex).Cells(數字).Controls(0)
C# 語法：  GridView1.Rows[e.RowIndex].Cells[數字].Controls[0]
```

上面這段程式非常重要！代表了我們有能力處理「大控制項（如GridView）」內部的數個子控制項（如TextBox），而且這個方法常常用得到。在此沒轉成樣板，所以控制項沒有出現特定的ID，便無法使用.FindControl()方法來抓取。只好使用.Controls來做。

- 使用者點選的這一列，對應到「資料表的主索引鍵」。當然，GridView要事先設定好「DataKeyNames」屬性="id"。

```
VB 語法：  GridView1.DataKeys(e.RowIndex).Value
C# 語法：  GridView1.DataKeys[e.RowIndex].Value
```

上述這三大重點，在其他的資料繫結控制項也會用的到，觀念完全一樣，但程式小小修改一兩個字即可。如果不懂的話，看這張圖片的解說就很清楚。

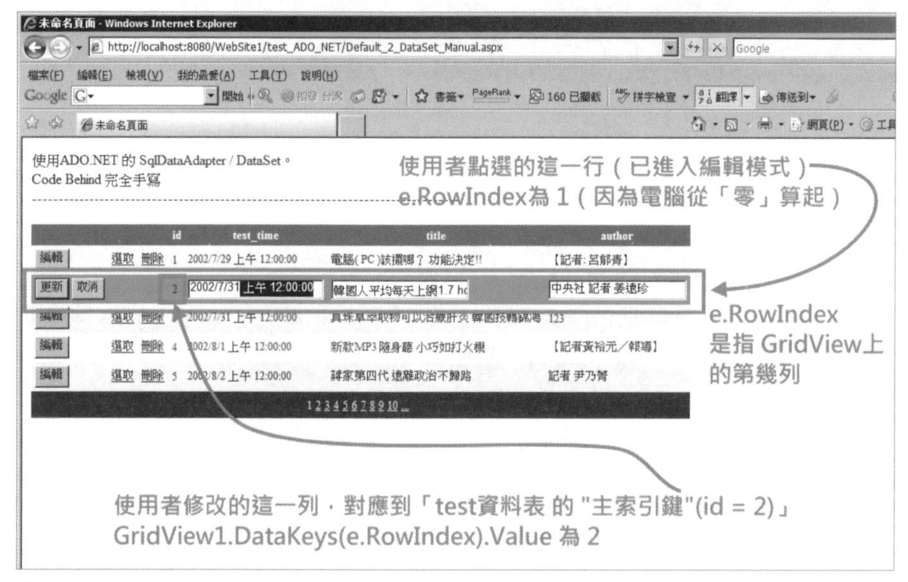

⊙ 使用者修改的這一列 " 對應 " 到「test 資料表的主索引鍵（id 欄位）」。圖為 VB 語法，C# 寫成 GridView1.**DataKeys[e.RowIndex].Value**

注意！ 我們有時候會用 .ToString() 方法強制把某些變數的「值」轉成字串型態。例如：上面的範例中，my_Title.Text（名為 my_title 這個 TextBox 控制項內部的「值或文字（.Text）」)，要強制轉換成字串型態，就寫成「my_Title.Text**.ToString()**」。

這個 .ToString() 也可以強制轉換成我們想要的「字串格式」，例如：把日期時間，強制修改成「年月日時分秒」的格式，就可以寫成：

DateTime.Now.ToString("yyyy-MM-dd HH:mm:ss");

17-2-3 後置程式碼（3），GridView 分頁、編輯、取消

這個範例 Default_2_DataReader_Manual_SQL2012 的後置程式碼太長了，剩下的功能（GridView 分頁、編輯、取消三大事件）放在這裡：

```
    //=============================================
    //== GridView 的分頁，無法搭配 DataReader。所以要自己寫分頁！
    //protected void GridView1_PageIndexChanging(object sender,
GridViewPageEventArgs e)
    //{    //---- 分頁 Start----
```

```
    //     GridView1.PageIndex = e.NewPageIndex;
    //     DBInit();
    //}

//==============================================
protected void GridView1_RowEditing(object sender, GridViewEditEventArgs e)
{      //---- 進入「編輯」模式 ----
        GridView1.EditIndex = e.NewEditIndex;
        DBInit();
        //---- 畫面上的 GridView，已經事先設定好「DataKeyName」屬性 = id ----
        //---- 所以編輯時，主索引鍵 id 欄位會自動變成「唯讀」----
}
```

使用者點選的「這一列」，進入「編輯」模式
GridView1.EditIndex = e.NewEditIndex

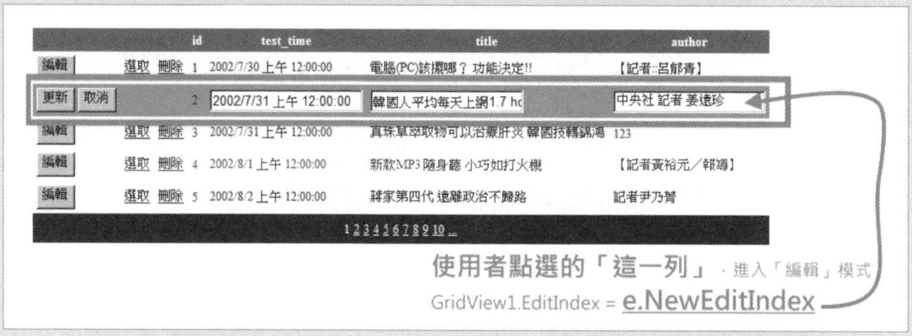

⊙ 使用者點選的這一列（事件中以參數 e 來表示），進入 GridView 的編輯模式

```
//==============================================
protected void GridView1_RowCancelingEdit(object sender,
GridViewCancelEditEventArgs e)
{      //--- 離開「編輯」模式 ----
        GridView1.EditIndex = -1;
        DBInit();
}
```

離開「選取（Select）」模式， GridView1.SelectedIndex = -1
離開「編輯」模式， GridView.EditIndex = -1

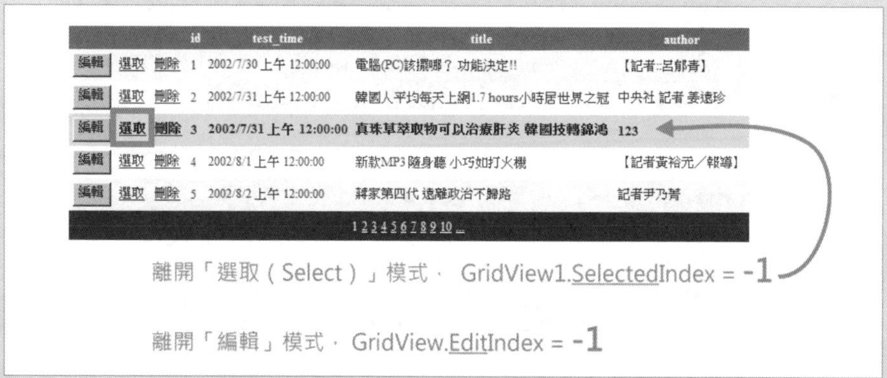

⊙ 離開「編輯」模式跟離開選取模式（光棒效果）的程式，很類似

17-2-4 後置程式碼（4），GridView 刪除（RowDeleting）事件

範例 Default_2_DataReader_Manual_SQL2012 其中「刪除」的作法，與前面講過的資料修改（更新）很類似，幾乎是半斤八兩。

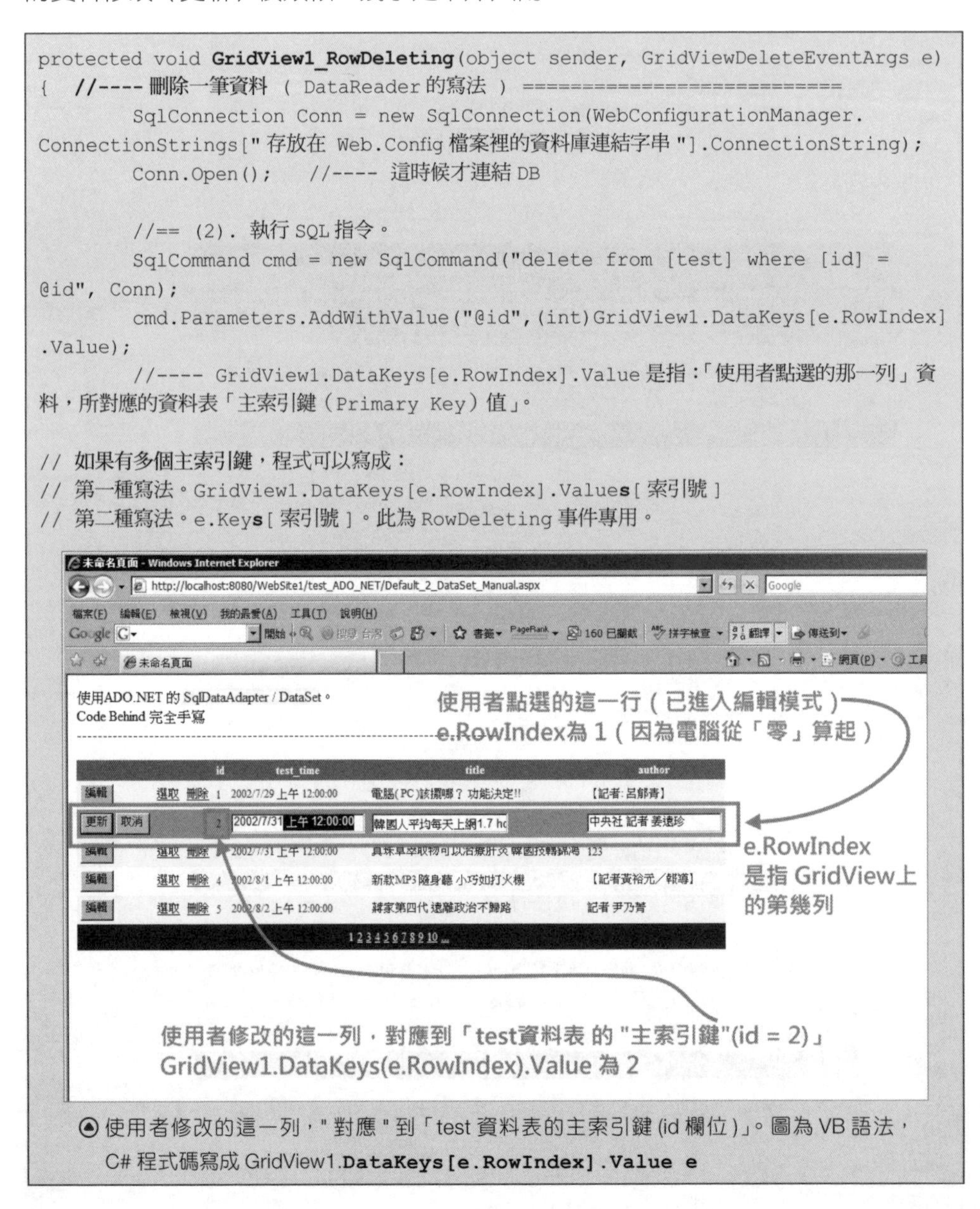

```
protected void GridView1_RowDeleting(object sender, GridViewDeleteEventArgs e)
{   //---- 刪除一筆資料 ( DataReader 的寫法 ) ============================
        SqlConnection Conn = new SqlConnection(WebConfigurationManager.
ConnectionStrings["存放在 Web.Config 檔案裡的資料庫連結字串"].ConnectionString);
        Conn.Open();    //---- 這時候才連結 DB

        //== (2). 執行 SQL 指令。
        SqlCommand cmd = new SqlCommand("delete from [test] where [id] =
@id", Conn);
        cmd.Parameters.AddWithValue("@id",(int)GridView1.DataKeys[e.RowIndex]
.Value);
        //---- GridView1.DataKeys[e.RowIndex].Value 是指：「使用者點選的那一列」資
料，所對應的資料表「主索引鍵（Primary Key）值」。

// 如果有多個主索引鍵，程式可以寫成：
// 第一種寫法。GridView1.DataKeys[e.RowIndex].Values[ 索引號 ]
// 第二種寫法。e.Keys[ 索引號 ]。此為 RowDeleting 事件專用。
```


⊙ 使用者修改的這一列，"對應"到「test 資料表的主索引鍵 (id 欄位)」。圖為 VB 語法，C# 程式碼寫成 GridView1.**DataKeys[e.RowIndex].Value e**

```
        //== (3). 自由發揮。
        int RecordsAffected = cmd.ExecuteNonQuery();
        //Response.Write("執行 Delete 的 SQL 指令以後，影響了" + RecordsAffected
+ "列的記錄。)";
        //-- 或者是，您可以這樣寫，代表有更動到一些記錄。
        //if (RecordsAffected > 0)   {
        //     Response.Write("資料更動成功。共有" + RecordsAffected + "列記錄被
影響。");
        // }

        //== (4). 釋放資源、關閉資料庫的連結。
        cmd.Cancel();
        if (Conn.State == ConnectionState.Open)    {
            Conn.Close();
        }

        //「刪除」已經完成！！記得重新整理畫面，重新載入資料 / DataBinding
        DBInit();
}
```

17-3 手動撰寫GridView各種功能（DataSet + SqlDataAdapter）

17-3-1 後置程式碼（1），自己寫DBInit副程式與Page_Load事件

後置程式碼如下（範例Default_2_DataSet_Manual）。因為程式很長，我們分成幾段。

第一段的程式，主要是把GridView資料繫結與DataSet（連結資料庫）這一段重複用到的程式碼，另外寫成一個DBInit副程式，以方便別的事件來呼叫它。重複使用的程式碼能集中在一起，讓程式的可讀性比較高。

```
//********************************** 自己加寫（宣告）的 NameSpace
using System.Web.Configuration;
using System.Data.SqlClient;
//**********************************
```

```
//==== 這一段程式很常被用到，所以獨立寫成一個 DBInit 副程式。
//==== 這樣會讓程式的可讀性提高！

//==== 自己手寫的程式碼，DataAdapter / DataSet ====(Start)
protected void DBInit()    {
       // 資料庫的連線字串，已經事先寫好，存放在 Web.Config 檔案裡。
       SqlConnection Conn = new SqlConnection(WebConfigurationManager.
ConnectionStrings[" 存放在 Web.Config 檔案裡的資料庫連結字串 "].ConnectionString);
       SqlDataAdapter myAdapter = new SqlDataAdapter("select id,test_
time,title,author from test", Conn);

       DataSet ds = new DataSet();

       try  { //==== 以下程式，只放「執行期間」的指令！ ====
               // 不用寫 Conn.Open();，因為 DataAdapter 會自動開啟
               myAdapter.Fill(ds, "test");  // 執行 SQL 指令取出資料放進 DataSet。

               GridView1.DataSource = ds;
                 // 標準寫法 GridView1.DataSource = ds.Tables("test").DefaultView
               GridView1.DataBind();
                 //---- 最後不用寫 Conn.Close()，因為 DataAdapter 會自動關閉
       }
       catch(Exception ex)  {
         Response.Write("<hr />Exception Error Message" + ex.ToString());
       }
}   //==== 自己手寫的程式碼，DataAdapter / DataSet ====(End)

protected void Page_Load(object sender, EventArgs e)    {
        if (!Page.IsPostBack)    {
            DBInit();    //--- 只有第一次執行本程式，才會進入 if 判別式內部。
        }

注意！！！超級重點！！
==================================
這句重點！講一百次也不嫌多！您一定要牢牢記住！
您在 Web 畫面上 " 作的任何動作 "，例如：按下任何一個 ASP.NET Button 按鈕 ...... 等
等。都會引起 PostBack（回傳）進而重新觸發 Page_Load 事件。
所以，我們才會在裡面，設計一段 if (!Page.PostBack) 或是 IF Not Page.PostBack 判
別式來判斷「網頁是否第一次被執行？」這個觀念很重要！詳見 ASP.NET 專題實務 (I) 第三章
的第一節。

}
```

關於 DataSet 與 DataAdapter，後面的 ADO.NET 章節會更詳盡的說明細部作法。

17-3-2 後置程式碼(2),GridView更新(RowUpdating)事件

這一支程式,最精華的部份在於GridView編輯模式下,資料更新(修改)的部份(請看RowUpdating事件副程式)。

這部份的程式稍嫌冗長,而且程式碼裡面有一兩段比較抽象。但也是最精華的部份,一旦修練完成便海闊天空,程式功力不可同日而語。我們先來回憶一下DataSet與DataAdapter的基本觀念:

呼叫 **.Update()** 方法時,DbDataAdapter會**根據DataSet中設定的索引順序,逐一檢查RowState屬性,並反覆的為每個資料列(記錄)執行SQL指令的INSERT、UPDATE或DELETE陳述式(請您自己事先寫好,DbDataAdapter已經有對應的InsertCommand、UpdateCommand、DeleteCommand這些命令物件了)**。

舉例來說,當我們修改了DataSet(記憶體)裡面一列資料之後,呼叫DataAdapter的.Update()方法,便會自動啟動DataAdapter的UpdateCommand,把已更新後的那一筆記錄,在資料庫裡面進行更新。

重點! 這裡提到的**這兩種方法(A或B),請您"任選其一"**來作即可。我建議您使用「方法B」!

請您自行參閱本範例的程式碼,「方法A」只是透過DataAdapter執行更新的SQL指令,藉此修改資料庫裡面的資料而已,作法比較直接。就好像DataReader一樣,執行「新增、刪除、更新」的SQL指令,都會使用 **. ExecuteNonQuery()** 方法。此方法沒有傳回資料,只會傳回一個整數(代表有幾筆資料被更動了)。關於DataSet與DataReader的深入介紹與完整範例,請看本書後續章節。

另外一種寫法(方法B,程式碼如下)是更動(修改)DataSet裡面的資料。如此一來,執行DataAdapter的 **.Update()** 方法,就會自動執行DataAdapter.UpdateCommand裡面的SQL指令了,把修改後的資料寫回資料庫裡面。

方法B的流程,在微軟 Microsoft Docs網站(前MSDN網站)上有著以下的敘述。您可以對照下面(方法B)的程式碼流程,可以發現是一模一樣的。

> 微軟 Microsoft Docs 網站(前 MSDN 網站)說:
>
> 在一般多層實作中,建立和重新整理 DataSet,然後更新原始資料的步驟為:
>
> 1. 使用 DataAdapter 建置(Build)並將資料來源的資料填入 DataSet 中的每個 DataTable。所謂的「將資料填入 DataSet」就是呼叫 DataAdapter 的 .Fill() 方法。
> 2. 加入、更新或刪除 DataRow 物件,以變更在個別 DataTable 物件中的資料。

3. 以呼叫 DataAdapter 的 .Update() 方法。讓 DataSet 裡面修正的成果，與資料來源（DB）同步。此時會引用您事先寫好的 Insert、Delete、Update 等 SQL 指令的陳述句。

```
protected void GridView1_RowUpdating(object sender, GridViewUpdateEventArgs e)
{  //===========================================
//---- 修改、更新
//===========================================

// 第一、在 GridView 的「編輯」模式裡面，先抓取使用者已經修改之後，
   每個欄位物件（文字輸入方塊，TextBox）。
// 因為前面有三個「功能鍵（編輯、選取、刪除）」，請看上面的 HTML 原始碼。
// 所以 Cells( ) 的第一格是從 " 零 " 算起，需扣掉前三個功能鍵與 id 欄位。
// 看看下面的圖片，就會懂了。
```

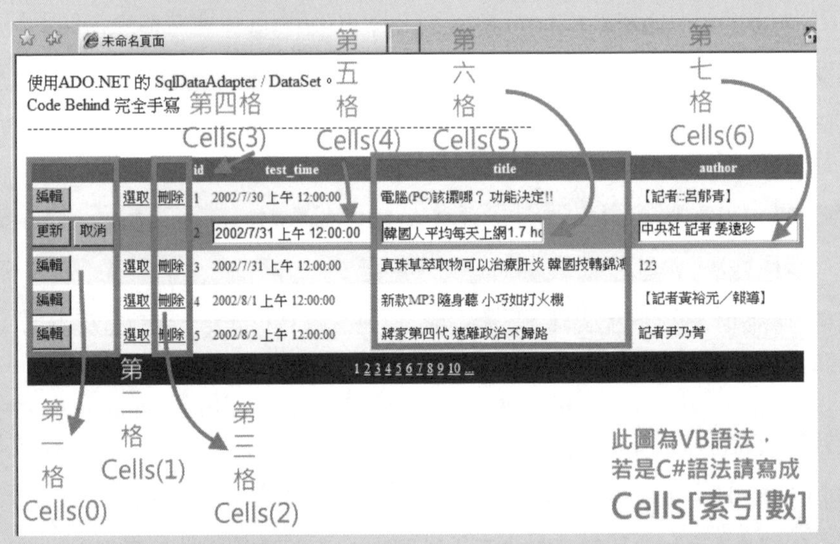

GridView 的「列」與「儲存格（行、格子、欄位）」示意圖。第一次介紹 GridView 的時候，提到：GridView 的命令欄位（功能按鈕）有好幾種設定方法，每一種設定產生的 HTML 標籤都不同，都會影響到後續程式的撰寫，請留意！

```
TextBox my_test_time, my_title, my_author;
              // 先定義三個 TextBox 物件！
my_test_time = (TextBox)GridView1.Rows[e.RowIndex].Cells[4].Controls[0];
my_title = (TextBox)GridView1.Rows[e.RowIndex].Cells[5].Controls[0];
my_author = (TextBox)GridView1.Rows[e.RowIndex].Cells[6].Controls[0];
```

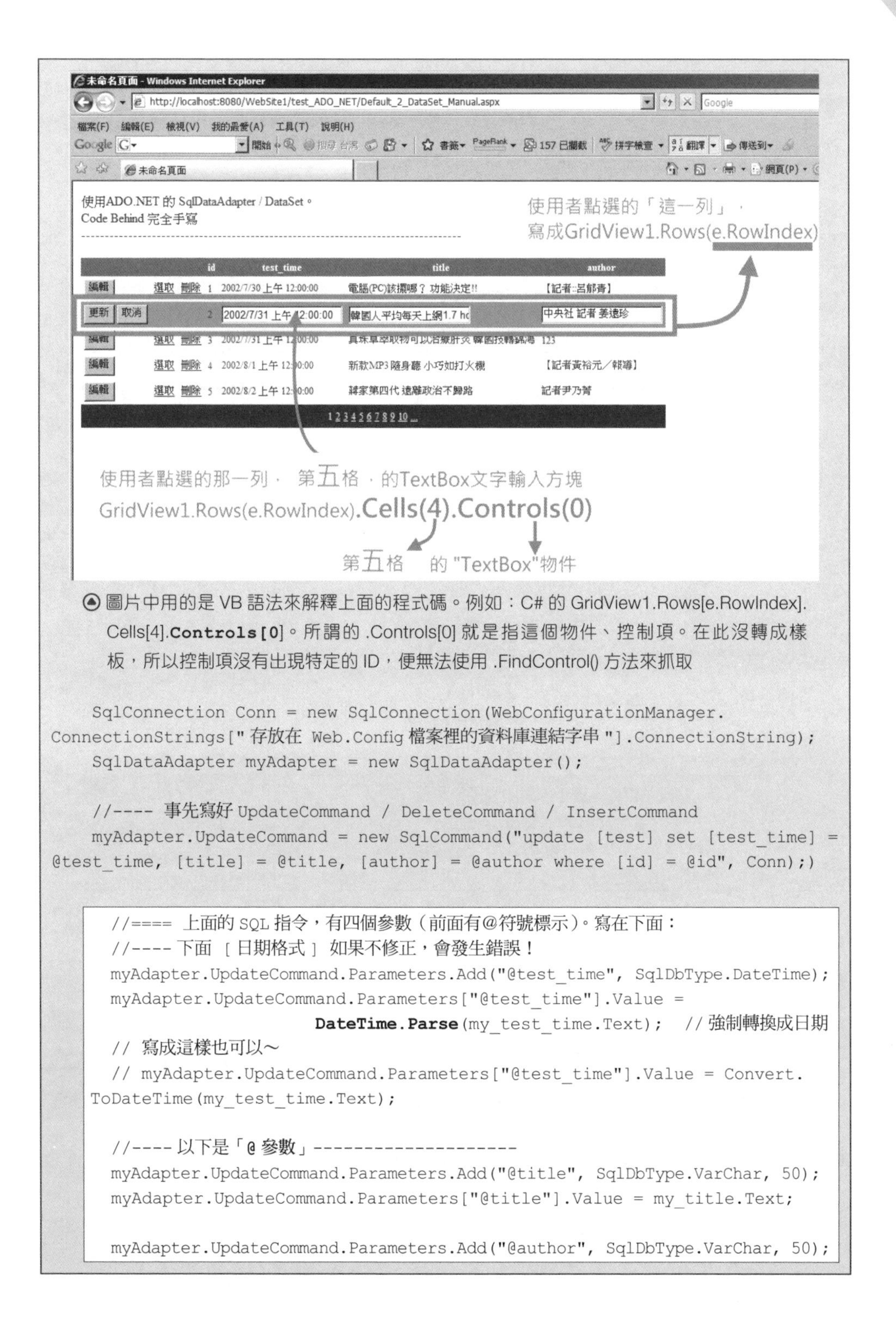

⊙ 圖片中用的是 VB 語法來解釋上面的程式碼。例如：C# 的 GridView1.Rows[e.RowIndex].Cells[4].**Controls[0]**。所謂的 .Controls[0] 就是指這個物件、控制項。在此沒轉成樣板，所以控制項沒有出現特定的 ID，便無法使用 .FindControl() 方法來抓取

```
    SqlConnection Conn = new SqlConnection(WebConfigurationManager.
ConnectionStrings["存放在 Web.Config 檔案裡的資料庫連結字串"].ConnectionString);
    SqlDataAdapter myAdapter = new SqlDataAdapter();

    //---- 事先寫好 UpdateCommand / DeleteCommand / InsertCommand
    myAdapter.UpdateCommand = new SqlCommand("update [test] set [test_time] =
@test_time, [title] = @title, [author] = @author where [id] = @id", Conn);)
```

```
    //==== 上面的 SQL 指令，有四個參數（前面有@符號標示）。寫在下面：
    //---- 下面 [ 日期格式 ] 如果不修正，會發生錯誤！
    myAdapter.UpdateCommand.Parameters.Add("@test_time", SqlDbType.DateTime);
    myAdapter.UpdateCommand.Parameters["@test_time"].Value =
                        DateTime.Parse(my_test_time.Text);   // 強制轉換成日期
    // 寫成這樣也可以～
    // myAdapter.UpdateCommand.Parameters["@test_time"].Value = Convert.
ToDateTime(my_test_time.Text);

    //---- 以下是「@ 參數」--------------------
    myAdapter.UpdateCommand.Parameters.Add("@title", SqlDbType.VarChar, 50);
    myAdapter.UpdateCommand.Parameters["@title"].Value = my_title.Text;

    myAdapter.UpdateCommand.Parameters.Add("@author", SqlDbType.VarChar, 50);
```

```
  myAdapter.UpdateCommand.Parameters["@author"].Value = my_author.Text;

  myAdapter.UpdateCommand.Parameters.Add("@id", SqlDbType.Int, 4);
  myAdapter.UpdateCommand.Parameters["@id"].Value =
                          (int)GridView1.DataKeys[e.RowIndex].Value;
  //-- GridView1.DataKeys(e.RowIndex).Value 是指：「使用者點選的那一列」資料，
所對應的資料表「主索引鍵（Primary Key）值」。

    // 如果有多個主索引鍵，程式可以寫成：
    // 第一種寫法。GridView1.DataKeys[e.RowIndex].Values[ 索引號 ]
    // 第二種寫法。e.Keys[ 索引號 ]。此為 RowDeleting 事件專用。

//***************************************************************
//---- 方法B ! --- 直接修改DataSet的內容 ------------------------------
DataSet ds = new DataSet();
myAdapter.SelectCommand = new SqlCommand("select * from test", Conn);
myAdapter.Fill(ds, "test");

 //-- 直接修改記憶體裡面，DataTable 那一列，各欄位的數值。
   ds.Tables["test").Rows[e.RowIndex]["test_time"] =
   my_test_time.Text;
   ds.Tables["test"].Rows[e.RowIndex]["title"] = my_title.Text;
   ds.Tables["test"].Rows[e.RowIndex]["author"] = my_author.Text;

   myAdapter.Update(ds, "test");
   //-- 把改寫後的 DataSet，回寫到實體的資料庫
//***************************************************************
    //---- 修改、更新完成！！離開「編輯」模式  ----
    GridView1.EditIndex = -1;
    DBInit();
}
```

GridView1_**RowUpdating**事件的重點程式碼，只有下列幾個（下圖解釋比較清楚）：

■ 使用者點選（想要更新）的那一列（事件中以**參數e**來表示），索引數（Index值）為何（從零算起，位於GridView的第幾列）？

```
e.RowIndex
//-- 作者註解：參數 e 便是使用者的動作、「使用者點選某一列」的動作。
```

■ 進入GridView的「編輯」模式之後，如何抓取每一個欄位（資料行、格子、程式碼Cell**s**）裡面「被使用者修改後的"值"」。

```
VB 語法：  GridView1.Rows(e.RowIndex).Cells( 數字 ).Controls(0)
C# 語法：  GridView1.Rows[e.RowIndex].Cells[ 數字 ].Controls[0]
```

上面這段程式非常重要！代表了我們有能力處理「大控制項（如 GridView）」內部的數個子控制項（如 TextBox），而且這個方法常常用得到。在此沒轉成樣板，所以控制項沒有出現特定的 ID，便無法使用 .FindControl() 方法來抓取。只好使用 .Controls 來做。

■ 使用者點選的這一列，對應到「資料表的主索引鍵」。當然，GridView 要事先設定好「DataKeyNames」屬性 ="id"。

```
VB 語法：  GridView1.DataKeys(e.RowIndex).Value
C# 語法：   GridView1.DataKeys[e.RowIndex].Value
```

上述這三大重點，在其他的資料繫結控制項也會用的到，觀念完全一樣，但程式小小修改一兩個字即可。如果不懂的話，看這張圖片的解說就很清楚。

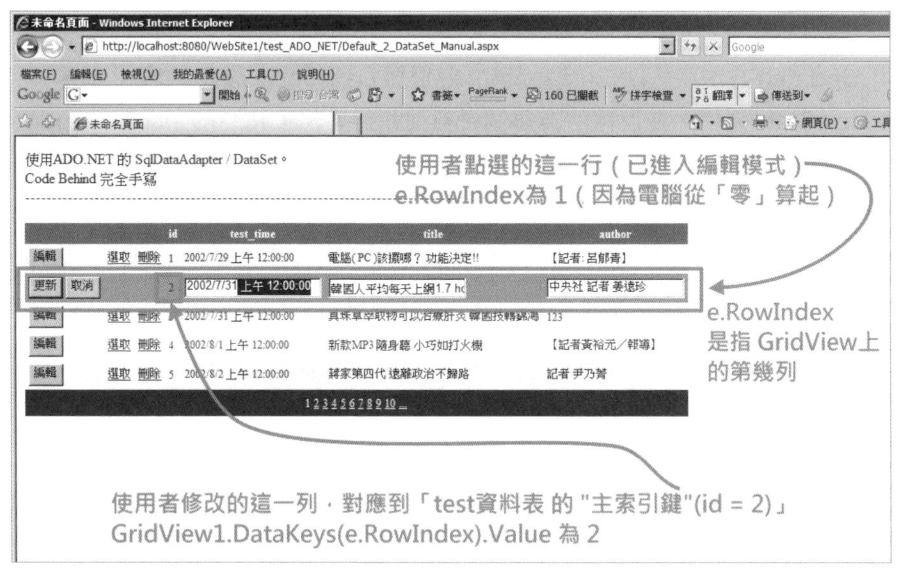

⊙ 使用者修改的這一列 " 對應 " 到「test 資料表的主索引鍵（id 欄位）」。圖為 VB 語法，C# 寫成 GridView1.**DataKeys[e.RowIndex].Value**

注意！ 我們有時候會用 .ToString() 方法強制把某些變數的「值」轉成字串型態。例如：上面的範例中，my_Title.Text（名為 my_title 這個 TextBox 控制項內部的「值或文字（.Text）」），要強制轉換成字串型態，就寫成「my_Title.Text.**ToString()**」。

這個 .ToString() 也可以強制轉換成我們想要的「字串格式」，例如：把日期時間，強制修改成「年月日時分秒」的格式，就可以寫成：

DateTime.Now.ToString("yyyy-MM-dd HH:mm:ss");

針對上面的程式，最後有兩種執行方法（分別是方法A、方法B），我們簡單敘述這兩種作法，讀者任選其一即可：

- **方法A（僅供參考）**：強制執行了DataAdapter的「Update的SQL指令（UpdateCommand）」，直接到資料庫裡面更新了某一筆資料的內容。請看範例檔裡面有這個作法。執行SqlCommand的.ExecuteNonQuery()方法直接更新一筆記錄。
- **方法B：建議學習這個方法！**

  (1) 先把資料庫的資料，透過.Fill()方法抓進記憶體（即DataSet）裡面，

  (2) 然後再去更新「記憶體裡面DataSet」的這一筆資料的「各個欄位」，

  (3) 最後再透過DataAdapter的.Update()方法回寫到真正的資料庫。

DataSet與DataAdapter的基本觀念：

呼叫 **.Update()方法**時，DbDataAdapter會**根據DataSet中設定的索引順序，逐一檢查RowState屬性，並反覆的為每個資料列執行T-SQL指令的Insert、Update或Delete陳述式**（您必須事先寫好。DbDataAdapter已經有對應的InsertCommand、UpdateCommand、DeleteCommand這些命令物件了）。

舉例來說，當我們修改了DataSet（記憶體）裡面一列資料之後，呼叫DataAdapter的.Update()方法，便會自動啟動DataAdapter的UpdateCommand，把我們要修改（更新）的那一筆資料，從資料庫裡面真正地去修改之。

特別跟各位讀者報告一下，DataSet與DataAdapter的方法**只有"兩種"**，分別是 **.Fill()方法**與 **.Update()方法**，簡單地分類就是：

- **.Fill()方法**，是搭配Select陳述句的SQL指令，將資料擷取出來並且放入DataSet裡面以供應用。
- **.Update()方法**，則是將DataSet修正後資料，真正**回寫**到資料庫裡面，例如：Insert/Delete/Update等SQL指令陳述句都是透過DataAdapter的 **.Update()方法**來處理之。

17-3-3 後置程式碼（3），GridView分頁、編輯、取消

這個範例Default_2_DataSet_Manual的後置程式碼太長了，剩下的功能（GridView分頁、編輯、取消三大事件）放在這裡：

```
protected void GridView1_PageIndexChanging(object sender,
GridViewPageEventArgs e)
{       //---- 分頁 ----
        GridView1.PageIndex = e.NewPageIndex;
        DBInit();
}

//===================================================
protected void GridView1_RowEditing(object sender, GridViewEditEventArgs e)
{       //---- 進入「編輯」模式 ----
        GridView1.EditIndex = e.NewEditIndex;
        DBInit();
        //---- 畫面上的 GridView，已經事先設定好「DataKeyName」屬性 = id ----
        //---- 所以編輯時，主索引鍵 id 欄位會自動變成「唯讀」----
}
```

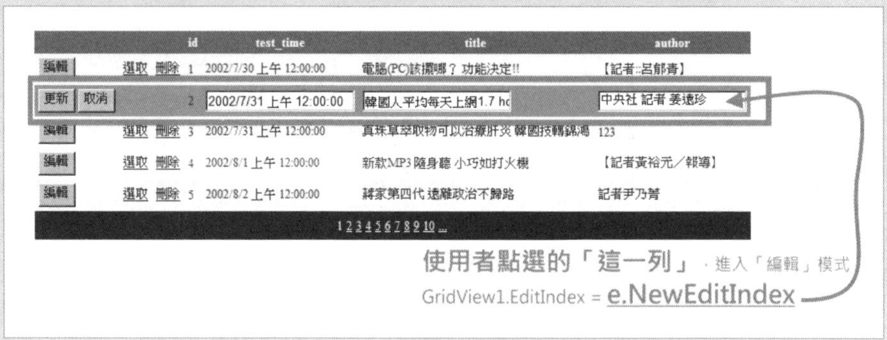

			id	test_time	title	author
編輯	選取	刪除	1	2002/7/30 上午 12:00:00	電腦(PC)該擺哪？功能決定!!	【記者::呂郁青】
更新	取消		2	2002/7/31 上午 12:00:00	韓國人平均每天上網1.7 hc	中央社 記者 姜遠珍
編輯	選取	刪除	3	2002/7/31 上午 12:00:00	真珠草萃取物可以治療肝炎 韓國技轉錦鴻	123
編輯	選取	刪除	4	2002/8/1 上午 12:00:00	新款MP3 隨身聽 小巧如打火機	【記者黃裕元／報導】
編輯	選取	刪除	5	2002/8/2 上午 12:00:00	蔣家第四代 遠離政治不歸路	記者尹乃菁

1 2 3 4 5 6 7 8 9 10 ...

使用者點選的「這一列」，進入「編輯」模式

GridView1.EditIndex = e.NewEditIndex

⊙ 使用者點選的這一列（事件中以參數 e 來表示），進入 GridView 的編輯模式

```
//===================================================
protected void GridView1_RowCancelingEdit(object sender,
GridViewCancelEditEventArgs e)
{       //--- 離開「編輯」模式 ----
        GridView1.EditIndex = -1;
        DBInit();
}
```

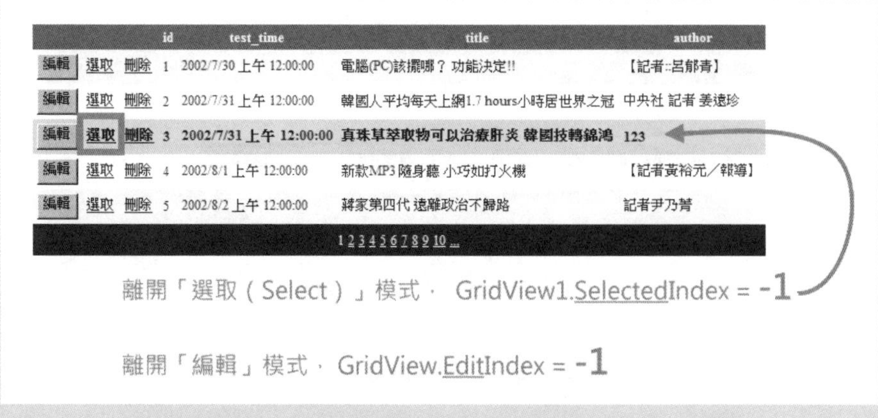

			id	test_time	title	author
編輯	選取	刪除	1	2002/7/30 上午 12:00:00	電腦(PC)該擺哪？功能決定!!	【記者::呂郁青】
編輯	選取	刪除	2	2002/7/31 上午 12:00:00	韓國人平均每天上網1.7 hours小時居世界之冠	中央社 記者 姜遠珍
編輯	選取	刪除	3	2002/7/31 上午 12:00:00	真珠草萃取物可以治療肝炎 韓國技轉錦鴻	123
編輯	選取	刪除	4	2002/8/1 上午 12:00:00	新款MP3 隨身聽 小巧如打火機	【記者黃裕元／報導】
編輯	選取	刪除	5	2002/8/2 上午 12:00:00	蔣家第四代 遠離政治不歸路	記者尹乃菁

1 2 3 4 5 6 7 8 9 10 ...

離開「選取（Select）」模式， GridView1.SelectedIndex = -1

離開「編輯」模式， GridView.EditIndex = -1

⊙ 離開「編輯」模式跟離開選取模式（光棒效果）的程式，很類似

17-3-4 後置程式碼（4），GridView 刪除（RowDeleting）事件

範例 Default_2_DataSet_Manual 其中「刪除」的作法，與前面講過的資料修改（更新）很類似，幾乎是半斤八兩。

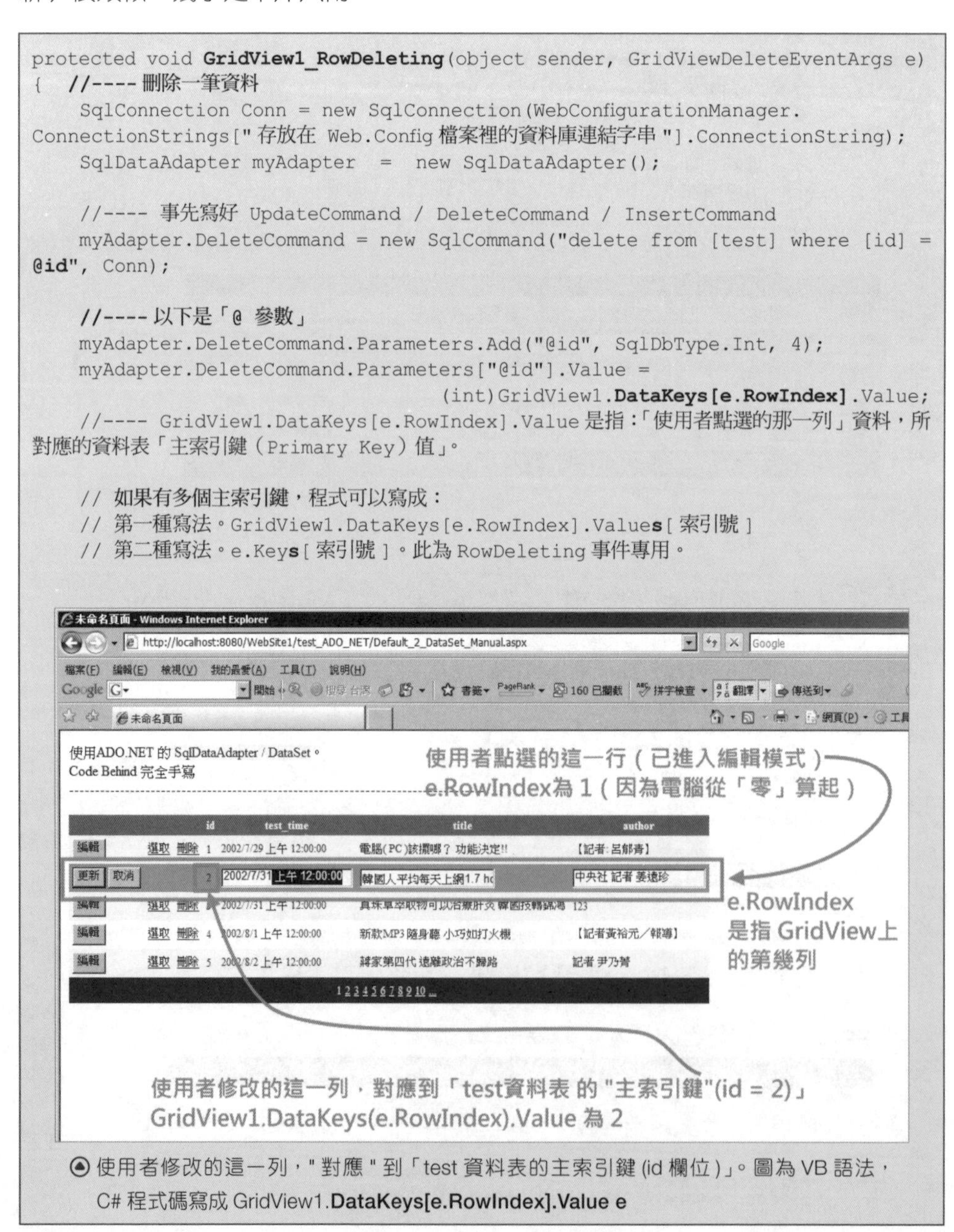

```
protected void GridView1_RowDeleting(object sender, GridViewDeleteEventArgs e)
{   //---- 刪除一筆資料
    SqlConnection Conn = new SqlConnection(WebConfigurationManager.
ConnectionStrings["存放在 Web.Config 檔案裡的資料庫連結字串"].ConnectionString);
    SqlDataAdapter myAdapter  =  new SqlDataAdapter();

    //---- 事先寫好 UpdateCommand / DeleteCommand / InsertCommand
    myAdapter.DeleteCommand = new SqlCommand("delete from [test] where [id] =
@id", Conn);

    //---- 以下是「@ 參數」
    myAdapter.DeleteCommand.Parameters.Add("@id", SqlDbType.Int, 4);
    myAdapter.DeleteCommand.Parameters["@id"].Value =
                                      (int)GridView1.DataKeys[e.RowIndex].Value;
    //---- GridView1.DataKeys[e.RowIndex].Value 是指：「使用者點選的那一列」資料，所
對應的資料表「主索引鍵（Primary Key）值」。

    // 如果有多個主索引鍵，程式可以寫成：
    // 第一種寫法。GridView1.DataKeys[e.RowIndex].Values[ 索引號 ]
    // 第二種寫法。e.Keys[ 索引號 ]。此為 RowDeleting 事件專用。
```


⦿ 使用者修改的這一列，"對應"到「test 資料表的主索引鍵 (id 欄位)」。圖為 VB 語法，C# 程式碼寫成 GridView1.**DataKeys[e.RowIndex].Value e**

```
//*****************************************************************
//----- 方法B！建議學習這個方法 ----------------------------
    DataSet ds = new DataSet();
    myAdapter.SelectCommand = new SqlCommand("select * from test", Conn);
    myAdapter.Fill(ds, "test");

        //---- 直接修改 DataSet 的內容 ----
    ds.Tables["test"].Rows[e.RowIndex].Delete();

    myAdapter.Update(ds, "test");
        // 把改寫後的 DataSet，回寫到實體的資料庫裡面！

//-- 特別強調！！ --
雖然上述的範例是介紹「刪除（Delete）」一筆資料，但 DataAdapter 仍會使用 .Update()
方法來處理之（曾有讀者認為我寫錯內容，來信嚴正抗議，所以我特此澄清）。因為 DataSet 與
DataAdapter 的方法只有 " 兩種 "，分別是 .Fill() 方法與 .Update() 方法。
//*****************************************************************
    //「刪除」已經完成！！記得重新整理畫面，重新載入資料 / DataBinding
    DBInit();
}
```

針對上面的程式，最後有兩種執行方法（分別是方法、方法B），我們簡單敘述這兩種作法，**讀者任選其一**來作即可：

- **方法A**：強制執行了DataAdapter的「Delete」之SQL指令（DeleteCommand），直接到資料庫裡面刪除了一筆資料。這樣的作法就是執行SqlCommand的.ExecuteNonQuery()方法，直接刪除一筆記錄。
- **方法B：建議學習這個方法！**

  (1)先把資料庫的資料，透過.Fill()方法抓進記憶體裡面，(2)然後刪除了「記憶體裡面DataSet」的這一筆資料，(3)最後再透過DataAdapter的.Update()方法把刪除動作真正回寫到資料庫裡面。

  方法B的流程，在微軟 Microsoft Docs網站（前MSDN網站）上有著以下的敘述。您可以對照上面（方法B）的流程，可以發現是一模一樣的。微軟Microsoft Docs網站（前MSDN網站）這樣解釋：

  在一般多層實作中，建立和重新整理DataSet，然後更新原始資料的步驟為：使用DataAdapter建置(Build)並將資料來源的資料**填入**DataSet中的每個DataTable。所謂的「將資料填入DataSet」就是呼叫DataAdapter的.Fill()方法。

- 加入、更新或刪除DataRow物件，以變更在個別DataTable物件中的資料。
- 以呼叫DataAdapter的.Update()方法，讓DataSet裡面修正的成果，與資料來源（DB）同步。雖然程式碼刪除一筆記錄，但對於DataAdapter來說仍是使用.Update()方法。

DataSet與DataAdapter的基本觀念：

呼叫**.Update()方法**時，DbDataAdapter會**根據DataSet中設定的索引順序，逐一檢查RowState屬性，並反覆的為每個資料列執行T-SQL指令的INSERT、UPDATE或DELETE陳述式**（DbDataAdapter已經有對應的InsertCommand、UpdateCommand、DeleteCommand這些命令物件了）。

舉例來說，當我們刪除了DataSet（記憶體）裡面一列資料之後，呼叫DataAdapter的.Update()方法，便會自動啟動DataAdapter的DeleteCommand，把刪除的那一筆資料，真正從資料庫裡面刪除掉。

特別跟各位讀者報告一下，DataSet與DataAdapter的方法**只有"兩種"**，分別是**.Fill()方法與.Update()方法**，簡單地分類就是：

- **.Fill()方法**，是搭配Select的SQL指令，將資料擷取出來並且放入DataSet裡面以供應用。
- **.Update()方法**，則是將資料回寫到資料庫裡面，例如：Insert/Delete/Update等SQL指令。

雖然上述的範例是介紹「刪除（Delete）」一筆資料但DataAdapter仍會使用**.Update()方法**來處理之。

作者另外一本書《ASP.NET專題實務（II）：進階範例應用》額外收錄一章，將DetaislView、FormView、GridView與ListView四大控制項全都自己動手來寫，企圖深入瞭解這四大控制項的變化，希望對您有幫助。

18 非同步（Async）ADO.NET 程式設計

CHAPTER

接下來的章節將介紹兩種內容：第一種是.NET 2.0的（舊）寫法，第二種是.NET 4.5起的（新）寫法。除非您的環境仍搭配.NET 2.0與3.5，否則本書推薦第二種的新寫法，但您的環境必須升級到.NET 4.5 / VS 2012（含）後續新版才能運作。

- .NET 2.0非同步寫法，您可以發現「方法的名稱」多出Begin...與End...兩種，必須成雙成對使用。
- .NET 4.5的非同步寫法，則需要在HTML畫面（.aspx檔）的@Page指示詞加上這一句：

```
<%@ Page Language="C#" ... Async="true" ......
```

然後，在後置程式碼裡面宣告 **System.Threading.Tasks** 命名空間。

18-1 非同步程式設計概論

微軟 Microsoft Docs網站（前MSDN網站）提供一個簡單的範例作為說明，假設我們有一個.Read()方法如下，透過三種不同的寫法，讓您比較其間的差異：

```
// 這是一般的寫法，沒有加入「非同步」的寫法。

public class MyClass  {
    public int Read(byte [] buffer, int offset, int count);
    // 將指定的資料量讀取到所提供的 " 緩衝區 "，並在指定的 " 位移處 " 開始
}
```

.NET Framework 提供三種模式來執行非同步作業（建議您用第三者，新版的TAP方法）。

■ **非同步程式設計模型（APM）模式（也稱為 IAsyncResult 模式）**，其中非同步作業需要 Begin... 和 End... 方法，請參閱下面範例。例如，適用於非同步寫入作業的 .BeginWrite() 方法和 .EndWrite() 方法。

在新的程式開發時，不建議使用此模式。

```
public class MyClass  {
    public IAsyncResult BeginRead(byte [] buffer, int offset, int count,
        AsyncCallback callback, object state);

    public int EndRead(IAsyncResult asyncResult);
}
```

■ **事件架構非同步模式（EAP）**，它的方法通常在末端加上 Async 的字樣，並且要求一個或多個**事件**、**事件處理常式**的委派類型，以及 EventArg 衍生類型。在 .NET 2.0 中採用了 EAP。在新的程式開發時，不建議使用它。

```
public class MyClass  {
    public void ReadAsync(byte [] buffer, int offset, int count);

    public event ReadCompletedEventHandler ReadCompleted;
}
```

■ **工作架構非同步模式（TAP）**。新的非同步模式，並使用 System.Threading.Tasks 命名空間。

它使用單一方法來代表非同步作業的起始與完成。 在 .NET 4.0起使用了 TAP，且此為在 .NET 4.0起非同步程式設計時的建議方法。C# 中的 async 和 await 關鍵字以及 VB 語言中的 Async 和 Await 運算子，新增了 TAP 的語言支援。

```
請使用 System.Threading.Tasks 命名空間。

public class MyClass  {
    public Task<int> ReadAsync(byte [] buffer, int offset, int count);
}
```

18-2 非同步執行（.NET 2.0）.BeginExecuteReader() 與 .EndExecuteReader() 方法

除非您的環境仍搭配.NET 2.0與3.5，否則本書推薦.NET 4.5起的新寫法比較簡單。

請注意，本節標題的兩個方法，名稱開頭多了 Begin與 End兩個關鍵字，而且他們必須成雙成對地執行，缺一不可。這樣的（非同步）方法特別適合**執行大量工作，可以增強效率**。這是他們最大的差異。

啟始這個 SqlCommand所描述之 Transact-SQL陳述式或預存程序（Stored Procedure）的「**非同步**」執行，並從伺服器擷取一個或多個結果集（result sets）。

傳回值的型別：System.IAsyncResult，可用於輪詢或等待結果（或兩者）。叫用.EndExecuteReader()方法（傳回一個可用於擷取所傳回資料列的 SqlDataReader執行個體）時，也需要這個值。

例外狀況有兩個：

- **SqlException**，執行命令文字時發生的任何錯誤。
- **InvalidOperationException**，在定義這個 SqlCommand之連線字串中，"不"包含 Asynchronous Processing=true這個名稱/值組。

Begin...與End...這兩個方法必須成雙成對地執行，缺一不可。

- 開始執行時，請使用 .BeginExecuteReader()方法以「**非同步**」**方式執行** Transact-SQL陳述式或預存程序的處理序，以傳回資料列（記錄）。

  執行陳述式時，可以「同時執行」其他工作。在執行大量工作時可以增強效率。

- 完成陳述式時，開發人員必須呼叫 .EndExecuteReader()方法，以完成作業並擷取命令傳回的 SqlDataReader。

  .BeginExecuteReader()方法會立即傳回，但在程式碼執行對應的.EndExecuteReader()方法呼叫之前，都 **"不"可以執行會根據相同 SqlCommand物件而開始同步或非同步執行的其任何呼叫**。

  在命令執行完成**之前**（呼叫 .EndExecuteReader()方法**之前**）將造成 SqlCommand物件在執行完成之前都處於「封鎖」狀態。

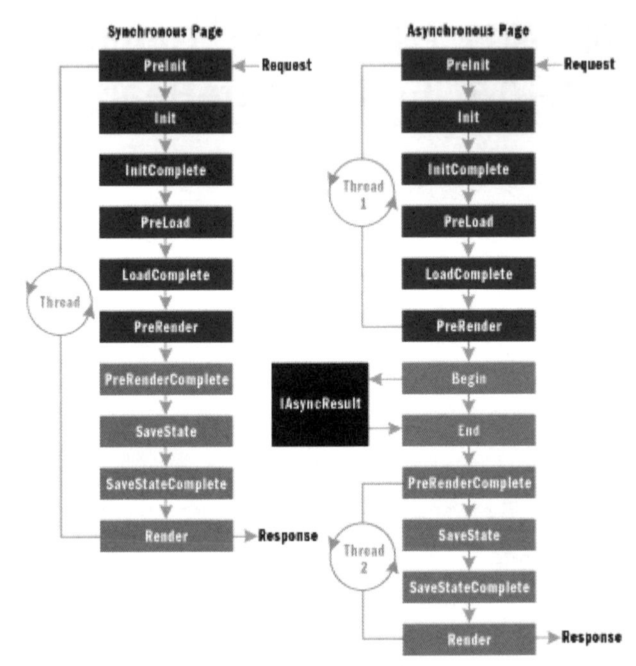

⊙ 圖片右側是 ASP.NET 2.0 的非同步（Async.）網頁流程。圖左是傳統網頁流程

請注意，命令文字和參數都會同步傳送至伺服器。如果傳送了大型命令或許多參數，則這個方法可在"寫入期間"進行封鎖。傳送命令之後，該方法會立即傳回，而無需等待伺服器的回應（也就是說，**「讀取（查詢）」是非同步的**）。雖然命令執行為非同步，但是擷取數值仍會同步進行。這意味著，如果需要更多資料，且封鎖基礎網路的讀取作業時，可能會封鎖 .Read() 方法的呼叫。

因為這個多載不支援回呼（CallBack）程序，所以開發人員必須使用 .BeginExecuteReader() 方法傳回之 **IAsyncResult 的 IsCompleted 屬性輪詢以判斷命令是否完成**（請參閱下列範例，但這樣的作法**並非必要**，可省略），或使用所傳回 IAsyncResult 之 AsyncWaitHandle 屬性等待一個或多個命令完成。

另外，如果您使用 .ExecuteReader() 方法或 .BeginExecuteReader() 方法以**存取 XML 資料**，SQL Server 將傳回在多行資料列，而且每列都有 2,033 個字元中任何長度大於 2,033 個字元的 XML 結果。若要避免產生這種行為，請使用 .Execute**Xml**Reader() 方法或 .BeginExecute**Xml**Reader() 方法，讀取 SQL 指令的 FOR XML 查詢（這樣的SQL指令會把查詢結果，自動轉成XML格式）。

範例 Default_1_DataReader_BeginExecuteReader.aspx 的 VB 後置程式碼：

```
Imports System.Web.Configuration    '---- 自己寫的（宣告）----
Imports System.Data
Imports System.Data.SqlClient


    Protected Sub Page_Load(ByVal sender As Object, ByVal e As System.
EventArgs) Handles Me.Load
        '== 第一，連結資料庫 ==
        '== 連線字串最後，請加上 Asynchronous Processing=true
        Dim Conn As New SqlConnection("Data Source=.\SqlExpress;Initial
Catalog= 資料庫名稱 ;Integrated Security=True;Asynchronous Processing=true")
        Dim cmd As SqlCommand = Nothing
        Dim dr As SqlDataReader = Nothing

        Try
            Conn.Open()   '==DB 連線
            '== 第二，設定並執行 SQL 指令
            cmd = New SqlCommand("SELECT id, title FROM test", Conn)

            '*** 非同步（Async）***
            Dim result As IAsyncResult = cmd.BeginExecuteReader()
            'Dim count As Integer    '== 這一段非必要
            'While Not result.IsCompleted
            '== 以「輪詢」的方式，詢問狀態是否已經完成？
            '    count += 1
            '    Response.Write("<br>Waiting ..." & count)
            'End While

            dr = cmd.EndExecuteReader(result)

            '== 第三，自由發揮，將資料呈現在畫面上 ==
            Do While dr.Read()
                Response.Write("<hr />" & dr(0) & "<br />" & dr(1))
                '-- 用 . GetSqlxxx 方法來擷取資料，效率會更好。
            Loop

        Catch ex1 As SqlException     '---- 如果程式有錯誤或是例外狀況，將執行這一段
            Response.Write ("<br />SqlException :" + ex1.Number + " -- " +
ex1.Message)
        Catch ex2 As InvalidOperationException
            Response.Write ("<br />InvalidOperationException: " + ex2.Message)
        Catch ex3 As Exception
            Response.Write("<b>Exception --  </b>" + ex3.ToString() + "<hr />")
        Finally
            '== 第四，關閉資源&資料庫的連線 ==
            If Not (dr Is Nothing) Then
```

```
                cmd.Cancel()
                dr.Close()
            End If
            If (Conn.State = ConnectionState.Open) Then
                Conn.Close()
                Conn.Dispose()
            End If
        End Try
    End Sub
```

範例 Default_1_DataReader_BeginExecuteReader.aspx 的 C# 後置程式碼：

```
using System.Web.Configuration;
using System.Data;
using System.Data.SqlClient;

    protected void Page_Load(object sender, EventArgs e)
    {
        //== 第一，連結資料庫 ==
        //== 連線字串最後，請加上 Asynchronous Processing=true
        //SqlConnection Conn = new SqlConnection(WebConfigurationManager.
ConnectionStrings["Web.config 設定檔裡面的 DB 連結 "].ConnectionString.ToString);
            SqlConnection Conn = new SqlConnection("Data Source=.\\
SqlExpress;Initial Catalog=test;Integrated Security=True;Asynchronous
Processing=true");
            SqlCommand cmd = null;
            SqlDataReader dr = null;

            try
            {
                Conn.Open();   //==DB 連線

                //== 第二，設定並執行 SQL 指令
                cmd = new SqlCommand("Select id, title FROM test", Conn);

                //*** 非同步（Async）***
                IAsyncResult result = cmd.BeginExecuteReader();
                //int count;    //== 這一段非必要
                //while (!result.IsCompleted)   {    //== 以「輪詢」的方式，詢問狀
態是否已經完成？
                //    count ++;
                //    Response.Write("<br>Waiting ..." + count);
                //}

                dr = cmd.EndExecuteReader(result);

                //== 第三，自由發揮，將資料呈現在畫面上 ==
                while (dr.Read())    {
                    Response.Write("<hr />" + dr[0] + "<br />" + dr[1]);
```

```
                //-- 用 . GetSqlxxx 方法來擷取資料，效率會更好。
            }

            //---- 如果程式有錯誤或是例外狀況，將執行 catch 這一段
        }
        catch (SqlException ex1)  {
            Response.Write("<br>SqlException :" + ex1.Number + " -- " +
ex1.Message);
        }
        catch (InvalidOperationException ex2)  {
            Response.Write("<br>InvalidOperationException: " + ex2.
Message);
        }
        catch (Exception ex3)  {
            Response.Write("<b>Exception --  </b>" + ex3.ToString() + "<H
R/>");

        }
        finally
        {   //== 第四，關閉資源＆資料庫的連線 ==
            if ((dr != null))  {
                cmd.Cancel();
                dr.Close();
            }
            if ((Conn.State == ConnectionState.Open))  {
                Conn.Close();
            }
        }
    }
```

BeginExecuteReader 相關的方法	說 明
BeginExecuteReader	啟始這個 SqlCommand 所描述之 Transact-SQL 陳述式或預存程序的非同步執行，並從伺服器擷取一個或多個結果集。
BeginExecuteReader (CommandBehavior)	藉由使用其中一個 CommandBehavior 值，啟始這個 SqlCommand 所描述之 Transact-SQL 陳述式或預存程序的非同步執行。 System.Data.CommandBehavior 值如下，表示陳述式執行和資料擷取的選項。 • **Default**：要求可能傳回多個結果集 (Result Set)。執行查詢可能會影響資料庫狀態。Default 設定為沒有 CommandBehavior 旗標，所以在功能上相當於呼叫 ExecuteReader()。 • **SingleResult**：查詢傳回單一結果集。 • **SchemaOnly**：查詢只會傳回資料行資訊。當使用 SchemaOnly 時，.NET Framework Data Provider for SQL Server 會優先於使用 SET FMTONLY ON 執行的陳述式。

BeginExecuteReader 相關的方法	說 明
	• **KeyInfo**：查詢會傳回資料行（欄位）和主索引鍵資訊。 • **SingleRow**：查詢預期會傳回第一個結果集的「單一」資料列（記錄）。執行查詢可能會影響資料庫狀態。 • **SequentialAccess**：提供方法來讓 DataReader 使用大型二進位值來處理含有資料行的資料列（記錄）。 • **CloseConnection**：當命令執行時，相關聯的 Connection 物件會在相關聯的 DataReader 物件關閉時關閉。
BeginExecuteReader (AsyncCallback, Object)	指定「回呼程序」和「狀態資訊」時，啟始這個 SqlCommand 所描述之 Transact-SQL 陳述式或預存程序的非同步執行，並且從伺服器擷取一個或多個結果集。 兩個參數： **callback** 型別：System.AsyncCallback。完成執行命令時叫用的 AsyncCallback 委派。傳遞 Nothing (C# 中為 null)，表示不需要回呼。 **stateObject** 型別：System.Object。已傳遞至回呼程序的使用者定義狀態物件。使用 AsyncState 屬性，從回呼程序內擷取這個物件。
BeginExecuteReader (AsyncCallback, Object, CommandBehavior)	使用其中一個 CommandBehavior 值、從伺服器擷取一個或多個結果集，以及指定「回呼程序」和「狀態資訊」，啟始這個 SqlCommand 所描述之 Transact-SQL 陳述式或預存程序的非同步執行。

資料來源：微軟 Microsoft Docs 網站（前 MSDN 網站）

19 CHAPTER .NET 4.5 起的非同步（Async）ADO.NET 程式設計

本文提到的非同步ADO.NET將以System.Data.SqlClient命名空間為主，主要對應微軟SQL Server產品。建議您使用.NET 4.5（含）後續新版來學習本章。

19-1 觀念解析、重點提示

先從程式的執行結果來體會「非同步」跟傳統程式（同步）的差異，然後再來提醒您：撰寫非同步程式要注意的地方。

本節的範例提供YouTube線上影音教學，請搜尋關鍵字「.NET 4.5 非同步 原來如此」便能找到。

19-1-1 做中學，觀看非同步程式的執行成果

先來執行一個簡單的程式（如下圖），從結果裡面可以看見「非同步」的功效。

- Web網頁程式 – Easy_Async_Result.aspx。
- Windows Form專案 – WindowsFormsApplication1_AsyncEasy。
- 您可以在YouTube看到我的教學影片，請搜尋關鍵字「.NET 4.5 非同步程式 原來如此」即可找到。

先不用在乎程式碼裡面的關鍵字「async」與「await」，只要注意執行時間的先後順序即可。

1. 一開始執行我們自己撰寫的.TaskOfT_MethodAsync()非同步方法。這個方法裡面故意沈睡兩秒鐘。
2. 因為是「非同步」執行，所以當上一列程式碼仍在運算時，可看見下一列程式已經執行出來了，所以畫面上出現下一列程式碼的成果—「當Task<T>運作時，程式會持續運作...」。目前時間為3:53分10秒。

重點在此！！就算前面某一列程式仍在執行中、仍未有結果，後續程式仍可運作下去，這就是「非同步（Async.）」！！

3. 最後程式全數運作完成，把結果呈現出來。時間為3:53分12秒。

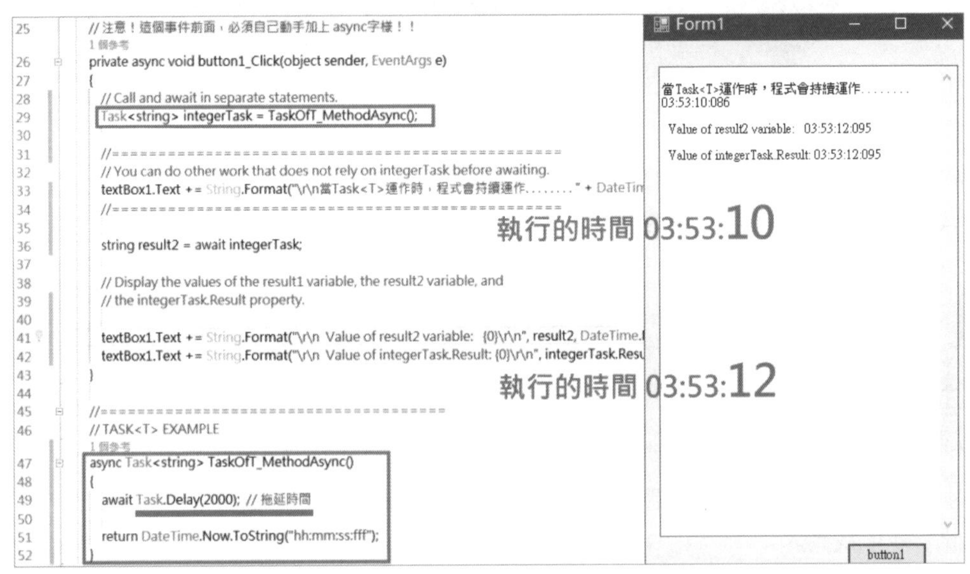

Windows Form 專案的成果與執行時間點

19-1-2 撰寫非同步程式需注意的重點

在上面的非同步程式裡面，有這些重點要提醒您：

第一、必須搭配System.Threading.Tasks命名空間。

第二、事件與方法前面必須加註async字樣。

```
//  C# 語法 ===========================================
    private async void button1_Click(object sender, EventArgs e)
    {
       //.... 程式碼 ..... 裡面需要有 await（後續為您說明），
       //  不然將會變成傳統的「同步」程式。如下圖。
    }
```

```
//=========================================
// TASK<T> EXAMPLE
1 個參考
async Task<string> TaskOfT_MethodAsync()
{
    //await Task.Delay
    
    return DateTime.N
}
```

```
(可等候) Task<string> Form1.TaskOfT_MethodAsync()

使用方式:
 string x = 等候 TaskOfT_MethodAsync();

這個非同步方法缺少 'await' 運算子，因此將以同步方式執行。
```

▲ 非同步程式裡面沒有用到 await（我將這一列程式註解、不執行）則會變成傳統同步的程式，並提出警告

第三、如果是ASP.NET網頁，您還需要在.aspx檔的Page指示詞裡面加上：

```
<% @ Page Async="true" ...... %>
```

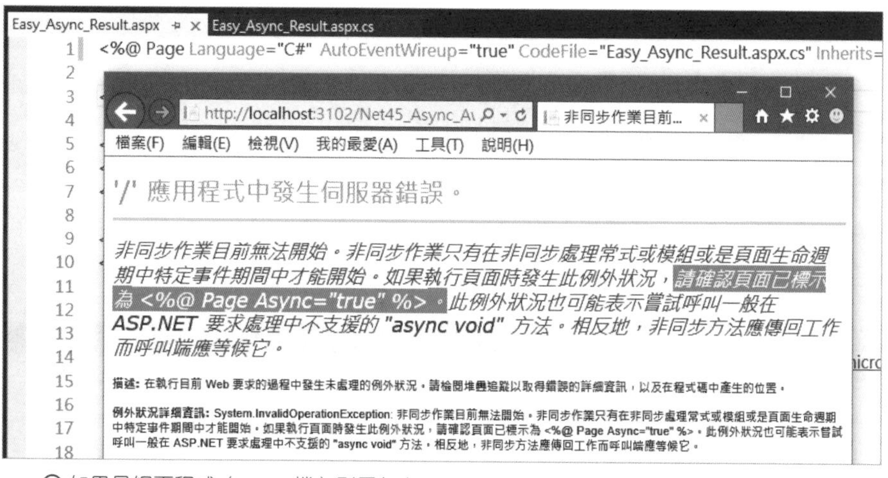

▲ 如果是網頁程式（.aspx 檔）則需加上 <% @ Page **Async="true"** ...%，不然會報錯

第四、非同步方法的傳回值，只有三種。使用上要小心，請看下一節的說明。

19-2 .NET 4.5起的「非同步」存取

.NET 4.5（VS 2012）起新增了「非同步」的功能，跟以前的非同步作法不一樣，在方法中不再有Begin...與End...的方法名稱，作法也變得簡單。

19-2-1 .NET 4.5宣告 System.Threading.Tasks命名空間

首先，在HTML畫面（.aspx檔）的@Page指示詞加上這一句：

```
<%@ Page Language="C#"  Async="true" ......
```

然後，在後置程式碼裡面，宣告 **System.Threading.Tasks** 命名空間。

- C#語法：using System.Threading.Tasks;
- VB語法：Imports System.Threading.Tasks

19-2-2 VB範例的修正 – SQL指令Select，查詢資料

範例Async_Reader.aspx的VB後置程式碼，在寫程式之前請留意下列步驟：

第一、請先在Button1_Click事件前面，自己加入關鍵字「Async」。

第二、呼叫MIS2000Lab_Aysnc函式之前，請加入關鍵字「Await」。

第三、然後在相關的MIS2000Lab_Aysnc函式裡面也加入關鍵字「Async」，並在此函數的最後加上一段Task(Of ......)。詳見下圖。

別忘了在HTML畫面（.aspx檔）的Page指示詞加上這句話 <%@ Page Language= ...... **Async="true"** %>。然後，在後置程式碼裡面宣告 **System.Threading.Tasks** 命名空間。

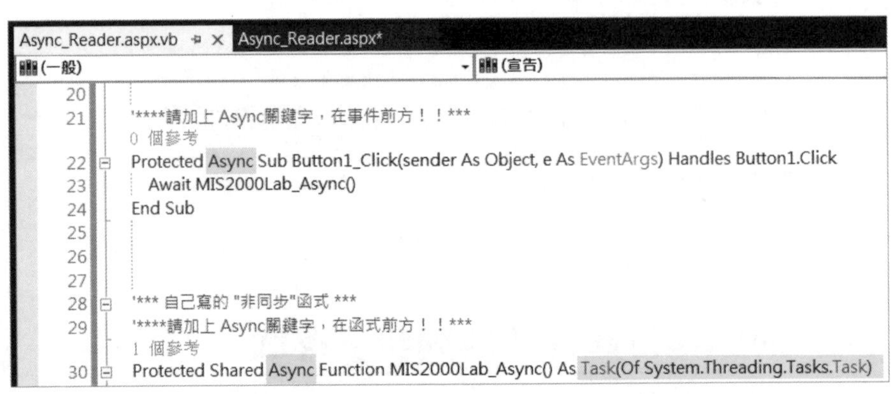

▲ VB 寫法請注意後面的 Task(Of...)

第四、MIS2000Lab_Aysnc函式裡面，任何「方法」都要進行修改：在您呼叫方法的前方，加上「Await」關鍵字。而方法請改名為「方法Async」，修改幅度不大，請您注意！

```
Async_Reader.aspx.vb*
test_ADO_NET_Default_1                MIS2000Lab_Async
28  '*** 自己寫的 "非同步"函式 *** C#的 static，在VB語法裡面寫成 Shared
29  '****請加上 Async關鍵字，在函式前方！！***
    1 個參考
30  Protected Shared Async Function MIS2000Lab_Async() As Task(Of System.Threading.Tasks.Task)
31      Dim Conn As New SqlConnection(WebConfigurationManager.ConnectionStrings("testConnect
32      Dim dr As SqlDataReader = Nothing
33      Dim cmd As New SqlCommand("select id,test_time,summary,author from test", Conn)
34
35      Try
36          '==== 以下程式，只放「執行期間」的指令！=====================
37          '== 第一，連結資料庫。非同步的用法只有在.NET 4.5（含）後續新版本
38          '舊的寫法 Conn.Open();  //---- 連結DB
39          Await Conn.OpenAsync()
40
41          '== 第二，執行SQL指令。
42          '舊的寫法  dr = cmd.ExecuteReader();  //---- 執行SQL指令，取出資料
43          dr = Await cmd.ExecuteReaderAsync(CommandBehavior.SequentialAccess)
44
45          '==第三，自由發揮，把執行後的結果呈現到畫面上。
46          '==自己寫迴圈==
47          '舊的寫法 While (dr.Read())
48          While Await dr.ReadAsync()
49              If Await dr.IsDBNullAsync(1) Then
50                  ' 1表示 true，DBNull
```

方法的前面加上 Await，方法名稱改成「方法 Async」。方法名稱會自動跳出來給您選

方法的前面加上 Await，方法名稱改成「方法 Async」。方法名稱會自動跳出來給您選

範例Async_Reader.aspx的VB後置程式碼：

```
'---- 自己寫的（宣告）----
Imports System.Web.Configuration
Imports System.Data
Imports System.Data.SqlClient
'*************************************
Imports System.Threading.Tasks    ' Task 需要用上。
' 在 NuGet 裡面搜尋「Microsoft.bcl.Async」並安裝。詳見本節一開始的圖片說明。
'*************************************
```

19-2-3 C#範例的修正 – SQL 指令 Select，查詢資料

範例 Async_Reader.aspx的C#後置程式碼，在寫程式之前請留意下列步驟：

第一、請先在Button1_Click事件前面，自己加入關鍵字「async」。

第二、呼叫MIS2000Lab_Aysnc函式之前，請加入關鍵字「await」。

第三、然後在相關的MIS2000Lab_Aysnc函式裡面也加入關鍵字「async」與「Task」，這部分的寫法跟VB語法不同。詳見下圖。

別忘了在HTML畫面（.aspx檔）的Page指示詞加上這句話 <%@ Page Language= ...... **Async="true"** %>。然後，在後置程式碼裡面宣告 **System.Threading.Tasks** 命名空間。

```
Async_Reader.aspx.cs  ⊅ ×  Async_Reader.aspx
Ch14_Default_1_0_DataReader_Manual        MIS2000Lab_Async()
27
28        //****請加上 async關鍵字，在事件前方！！***
          0 個參考
29        protected async void Button1_Click(object sender, EventArgs e)
30        {
31            await MIS2000Lab_Async();
32        }
33
34
35        //*** 自己寫的 "非同步"函式 ***
36        //****請加上 async關鍵字，在函式前方！！***
          1 個參考
37        protected static async Task MIS2000Lab_Async()
38        {
```

⊙ 這裡的寫法跟 VB 語法不同。async Task 兩個關鍵字寫在同一處

第四、MIS2000Lab_Aysnc函式裡面，任何「方法」都要進行修改：在您呼叫方法的前方，加上「await」關鍵字。而方法請改名為「方法Async」，修改幅度不大，請您注意！

```
Async_Reader.aspx.cs*  Async_Reader.aspx
Ch14_Default_1_0_DataReader_Manual    MIS2000Lab_Async()
35  //*** 自己寫的 "非同步"函式 ***
36  //*** 請加上 async關鍵字，在函式前方！！***
    1 個參考
37  protected static async Task MIS2000Lab_Async()
38  {
39      SqlConnection Conn = new SqlConnection(WebConfigurationManager.ConnectionStrings["test
40      SqlDataReader dr = null;
41      SqlCommand cmd = new SqlCommand("select id,test_time,summary,author from test", Conn);
42
43      try   //==== 以下程式，只放「執行期間」的指令！=====================
44      {
45          //== 第一，連結資料庫。非同步的用法只有在.NET 4.5（含）後續新版本
46          //舊的寫法 Conn.Open();  //---- 連結DB
47          await Conn.OpenAsync();
48
49          //== 第二，執行SQL指令。
50          //舊的寫法  dr = cmd.ExecuteReader();  //---- 執行SQL指令，取出資料
51          dr = await cmd.ExecuteReaderAsync(CommandBehavior.SequentialAccess);
52
53          //==第三，自由發揮，把執行後的結果呈現到畫面上。
54          ////==自己寫迴圈==
55          //舊的寫法  while (dr.Read())
56          while (await dr.ReadAsync())
57          {
58              if (await dr.IsDBNullAsync(1))  // 1表示 true，DBNull
59              {
```

⊙ 方法的前面加上 await，方法名稱改成「方法 Async」。方法名稱會自動跳出來給您選

```
try   //==== 以下程式，只放「執行期間」的指令！=====================
{
  //== 第一，連結資料庫。非同步的用法只有在.NET 4.5（含）後續新版本
  //舊的寫法 Conn.Open();  //---- 連結DB
  await Conn.op
          Open
          OpenAsync    (可等候) Task SqlConnection.OpenAsync(System.Threading.CancellationToken cancellationToken) (
                       非同步版本的 SqlConnection.Open()，這個版本會透過 SqlConnection.ConnectionString 所指定的屬性
                       使用方式:
                        等候 OpenAsync(...);
```

⊙ 方法的前面加上 await，方法名稱改成「方法 Async」。方法名稱會自動跳出來給您選

範例 Async_Reader.aspx 的 C# 後置程式碼：

```
using System.Web.Configuration;   //---- 自己寫的（宣告）----
using System.Data;
using System.Data.SqlClient;
//****************************************
using System.Threading.Tasks;    // Task 需要用上。
// 在 NuGet 裡面搜尋「Microsoft.bcl.Async」並安裝。詳見本節一開始的圖片說明。
//****************************************

    //**** 請加上 async 關鍵字，在事件前方！！***
    protected async void Button1_Click(object sender, EventArgs e)    {
        await MIS2000Lab_Async();
```

```
    }


    //*** 自己寫的 "非同步" 函式 ***
    //**** 請加上 async 關鍵字，在函式前方！！ ***
    protected static async Task MIS2000Lab_Async()    {
        SqlConnection Conn = new SqlConnection(WebConfigurationManager.
ConnectionStrings["Web.Config 檔裡面的 DB 連結字串"].ConnectionString);
        SqlDataReader dr = null;
        SqlCommand cmd = new SqlCommand("select * from test", Conn);

        try  //==== 以下程式，只放「執行期間」的指令！ ====
        {    //== 第一，連結資料庫。非同步的用法只有在 .NET 4.5（含）後續新版本
            // 舊的寫法  Conn.Open();    //---- 連結 DB
            await Conn.OpenAsync();

            //== 第二，執行 SQL 指令。
            // 舊的寫法   dr = cmd.ExecuteReader(); //---- 執行 SQL 指令，取出資料
            dr = await cmd.ExecuteReaderAsync(CommandBehavior.SequentialAccess);
            //*** CommandBehavior.SequentialAccess ***
            // 提供方法來讓 DataReader 使用大型二進位值來處理含有資料行（欄位）的資料
            列（記錄）。SequentialAccess 並不會載入整個資料列，而是啟用 DataReader 來
            載入資料做為資料流。然後您可以使用 .GetBytes() 或 .GetChars() 方法來指定
            要開始讀取作業的位元組位置和所傳回資料的限制緩衝區大小。
            // 當您指定 SequentialAccess 時，必須以資料行（欄位）傳回的順序來讀取它們

            //== 第三，自由發揮，把執行後的結果呈現到畫面上。
            // 舊的寫法  while (dr.Read())
            while (await dr.ReadAsync())    {
                if (await dr.IsDBNullAsync(1))    {  // 1 表示 true，DBNull
                    HttpContext.Current.Response.Write("*** NULL***");
                }
                else    {
                    HttpContext.Current.Response.Write(dr["author"] + "<br / >");
                }
            }
        }
        catch (Exception ex)    {
    //---- 如果程式有錯誤或是例外狀況，將執行這一段
        }
        finally
        {   // == 第四，釋放資源、關閉資料庫的連結。
            if (dr != null)    {
                cmd.Cancel();
                dr.Close();
            }
            if (Conn.State == ConnectionState.Open)    {
                Conn.Close();
                Conn.Dispose();
            }
        }
    }
```

19-3 非同步方法的傳回類型

做過上面的範例以後，您對於.NET 4.5的非同步程式設計有了基本的認知。Async方法有三個可能的傳回類型：Task<TResult>（VB語法為Task(Of TResult)）、Task和 void。在 VB語法中，void傳回類型會撰寫為 Sub程序。

19-3-1 Task(T) 傳回類型

這裡介紹兩種寫法：

第一種，Task<TResult>傳回類型用於非同步方法，其包含return陳述式，運算元的類別（type）為TResult。

在下列範例中，.TaskOfT_MethodAsync()非同步方法將會傳回"整數"。因此，方法宣告必須在VB語法中指定**傳回類型 Task(Of Integer)**或在 C#中指定**傳回類型 Task<int>**。

下列程式碼會"呼叫"並等候上述的.TaskOfT_MethodAsync()非同步方法。運算後結果置入 result1變數。仍請參閱範例：

- Web網頁程式 – Easy_Async_Result.aspx
- Windows Form專案 – WindowsFormsApplication1_AsyncEasy

```
//  C# 語法 ==========================================
int result1 = await TaskOfT_MethodAsync();

async Task<int> TaskOfT_MethodAsync()   {
    //  程式碼 ...... 省略
    return 結果 ;
}

'  VB 語法 ==========================================
   Dim result1 As Integer = Await TaskOfT_MethodAsync()

   Async Function TaskOfT_MethodAsync() As Task(Of Integer)
      '  程式碼 ...... 省略
      Return 結果
   End Function
```

第二種，上面的程式也可以寫成這樣。原本非同步方法的傳回值是整數（int），現在改成Task<int>傳回值。多一個 await的步驟才能轉回一般整數。

```
//  C# 語法 ==========================================
    Task<int> integerTask = TaskOfT_MethodAsync();

    int result2 = await integerTask;

'   VB 語法 ==========================================
    Dim integerTask As Task(Of Integer) = TaskOfT_MethodAsync()

    Dim result2 As Integer = Await integerTask
```

上述程式碼提到：當工作（Task）指派至 integerTask變數。由於 integerTask是另一個. TaskOfT_MethodAsync()非同步方法的傳回值，型態為 Task<TResult>，其包含屬於類型 TResult的「**Result屬性**（即Task<TResult>的結果）」。

在這種情況下，TResult代表整數類型。當 await套用至 integerTask時，等候運算式為 integerTask之「**Result屬性**」的內容。此值已被指派給 result2 變數。

```
//  C# 語法 ==========================================
    int result2 = await integerTask;

'   VB 語法 ==========================================
    Dim result2 As Integer = Await integerTask
```

注意！「**Result屬性**」是一個封鎖屬性（blocking property）。如果您在它的工作"完成之前"想要去存取它，使用中執行緒將遭到封鎖，直到"工作完成"與"值"的狀態變成可用為止。在大部分情況下，您應該使用**await存取"值"，而不要直接存取屬性**。

記住！非同步方法的傳回值，型態為 Task<TResult>，其包含屬於類型 TResult的「**Result屬性**（即Task<TResult>的結果）」，**Result屬性**是封鎖的屬性，不應在等候工作之前存取。

```
// Display the values of the result1 variable, the result2 variable, and
// the integerTask.Result property.

Label1.Text += String.Format("Value of result1 variable: {0}", result1);
Label1.Text += String.Format("Value of result2 variable: {0}", result2);
Label1.Text += String.Format("Value of integerTask.Result: {0} ",
integerTask.Result);
```

19-3-2 Task 傳回類型

不管有沒有傳回值，不管您的方法有沒有包含return（傳回陳述式）這些非同步的方法通常具有 **Task 傳回類型**。如果撰寫「傳統的」同步執行，這類方法會是傳回Void的方法（VB語法是Sub 程序）。如果您提供「非同步」方法使用 Task傳回類型，則呼叫方法可以使用 await 運算子，先暫停呼叫端的完成，直到被呼叫非同步方法完成。

在下列範例中，非同步.Task_MethodAsync()方法不包含return（傳回陳述式）。因此可以指定 Task的傳回類型，可用於等候（await）非同步.Task_MethodAsync()方法。Task類型的定義不包含Result屬性儲存傳回值。

```
//  C# 語法 ==========================================
    await Task_MethodAsync();

    async Task Task_MethodAsync()  {
        // 這裡的程式碼，沒有 return
    }

'   VB 語法 ==========================================
    Await Task_MethodAsync()

    Async Function Task_MethodAsync() As Task
       ' 這裡的程式碼，沒有 return
    End Function
```

19-3-3 void 傳回類型

void傳回類型，也就是VB語法的Sub 程序，主要用途是在事件處理常式，例如按下按鈕的Button1_Click事件，便是 void 傳回類型。

void傳回好比戰鬥機的熱追蹤飛彈，一旦發射（觸發）便可以射後不理（Fire and Forget）。不過，因為傳回 void的非同步方法「無法等候」，您應該盡可能傳回Task（上一小節說明的第二種傳回型態）。這類方法的所有呼叫端必須可以繼續執行，不等候呼叫的非同步方法完成，而且呼叫端必須不受非同步方法產生的任何值或例外狀況影響。

傳回void非同步方法的呼叫端，「沒辦法攔截」方法擲回的例外狀況，這類未處理的例外狀況可能會造成應用程式失敗。如果在傳回 Task或Task(Of TResult。此為VB語法) 的非同步方法發生了例外狀況，當工作（Task）等候時，例外狀況會在傳回的工作中儲存並重新擲出。因此，請確定可能會造成例外狀況的所有非同步方法有 Task 或 Task(Of TResult) 的傳回類型，而且對方法的呼叫會進行等候。

如同本節的範例，我們必須修改Button1_Click事件的寫法，自己加上「async」字樣：

```
//   C# 語法 ==========================================
     private async void button1_Click(object sender, EventArgs e)
     {
        //.... 程式碼 ..... 裡面需要有 await（後續為您說明），
        //   不然將會變成傳統的「同步」程式。
     }
```

因為我們把按鈕的Button_Click事件從原本預設的void改成非同步（async）。執行時，您可以故意按下多次按鈕，看看成果有何變化（如下圖）？

連續按下三次按鈕，您會發現非同步的程式，**不需等待**第一次按下的執行成果，會連續跑出三次的執行成果，並將三次執行成果摻雜在一起。

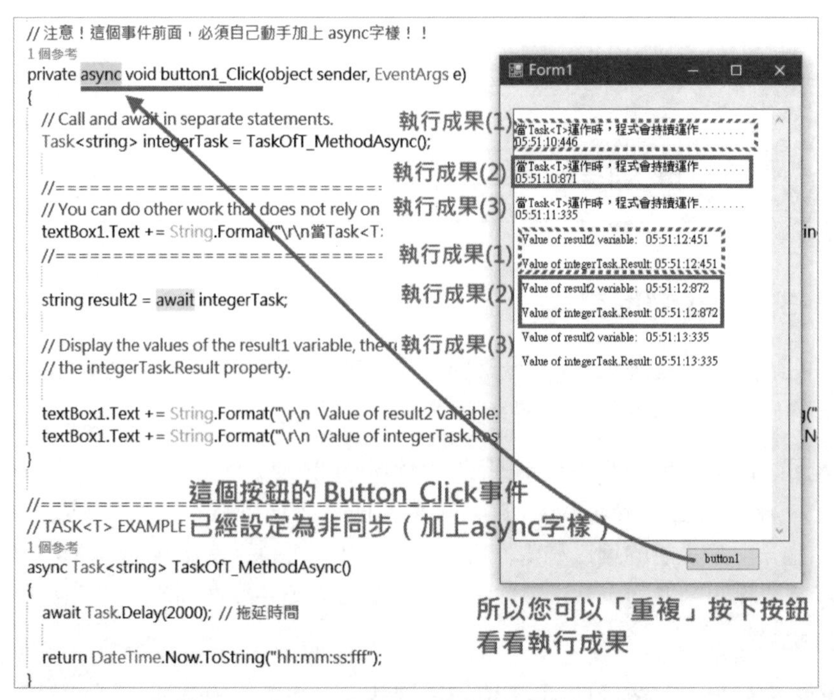

Windows Form 專案的成果，請連續按下三次按鈕

19-4 .NET 4.5起的非同步程式設計

當您的使用者介面（UI）沒有回應或您的伺服器不能擴充時，就需要撰寫非同步的程式碼。撰寫傳統的非同步程式需要安裝回呼（CallBack），也稱為接續（Continuation）用來表示非同步作業「完成後」發生的邏輯，所以程式繁雜又不好寫。

.NET 4.5起不需使用回呼（CallBack）、接續（ Continuation）即可呼叫非同步方法內部，並且不需跨越多個方法或透過 Lambda運算式分割程式碼。

async修飾詞，指定方法為非同步方法。呼叫 async方法時會傳回**工作**（**task**）。針對工作**呼叫 await陳述式時，目前的方法會立即結束**。當工作（task）完成時，相同的方法仍會繼續執行。提醒您，非同步並不支援DB連接字串裡面的Context Connection關鍵字。

呼叫 async方法不會配置任何額外的執行緒。它會在最後使用現有的 I/O來完成執行緒。.NET 4.5起新增下列非同步方法（請注意每個方法後面多了Async字樣）：

- DbConnection.Open**Async**
- DbCommand.ExecuteDbDataReader**Async**
- DbCommand.ExecuteNonQuery**Async**
- DbCommand.ExecuteReader**Async**
- DbCommand.ExecuteScalar**Async**
- GetFieldValue**Async**
- IsDBNull**Async**
- DbDataReader.NextResult**Async**
- DbDataReader.Read**Async**

System.Data.SqlClient命名空間（對應微軟SQL Server）的非同步方法：

- SqlConnection.Open**Async**
- SqlCommand.ExecuteNonQuery**Async**
- SqlCommand.ExecuteReader**Async**
- SqlCommand.ExecuteScalar**Async**
- SqlCommand.ExecuteXmlReader**Async**

- SqlDataReader.NextResult**Async**
- SqlDataReader.Read**Async**
- SqlBulkCopy.WriteToServer**Async**

19-5 Case Study：範例解說

傳統的ADO.NET程式連結資料庫時寫成下面這樣，您可以用來比對與「非同步」的寫法有何差異。

```
using SqlConnection conn = new SqlConnection("DB 連結字串");   {
   conn.Open();    // 開啟連線

   using (SqlCommand cmd = new SqlCommand("SQL 指令", conn))    {
      cmd.ExecuteNonQuery();    // 搭配新增、刪除、修改的 SQL 指令
   }
}
```

19-5-1 非同步的寫法

非同步的程式，連結資料庫寫法如下。您可以注意到一些差異：

- 「方法」後面都加上Asyn字樣，如.OpenAsync()非同步開啟DB連結、.ExecuteNonQueryAysnc()非同步執行新增、刪除、修改的SQL指令。
- 執行方法以前，先使用「await」關鍵字。
- 類別A的Method方法前面寫著async Task。

```
using System.Data.SqlClient;    // 自己宣告命名空間！
using System.Threading.Tasks;

class A   {
   static async Task<int> Method(SqlConnection conn, SqlCommand cmd) {
      await conn.OpenAsync();
      await cmd.ExecuteNonQueryAsync();
      return 1;
   }

   public static void Main() {    // 此為 Windows Form 寫法。
      using (SqlConnection conn = new SqlConnection("DB 連結字串")) {
         SqlCommand cmd = new SqlCommand("select top 2 * from orders", conn);
```

```
        int result = A.Method(conn, cmd).Result;

        SqlDataReader dr = cmd.ExecuteReader();
        while (dr.Read())
            Console.WriteLine(String.Format("{0}", dr[0]));
      }
    }
}
```

本章範例的Async_ADOnet45目錄底下，有ADO.NET非同步的範例供您參考。C#範例如下（檔名Async_Reader.aspx）：

```
using System.Threading.Tasks;    // Task 需要用上。

    //**** 請加上 async 關鍵字，在事件前方！！ ***
    protected async void Button1_Click(object sender, EventArgs e)   {
        await MIS2000Lab_Async();
    }


    //*** 自己寫的 "非同步" 函式 ***
    //**** 請加上 async 關鍵字，在函式前方！！ ***
    protected  async  Task  MIS2000Lab_Async() {
        SqlConnection Conn = new SqlConnection(" 連結字串 ");
        SqlDataReader dr = null;
        SqlCommand cmd = new SqlCommand("select * from test", Conn);
        try  {
            //== 第一，連結資料庫。// 舊的寫法 Conn.Open();
            await Conn.OpenAsync();

            //== 第二，執行 SQL 指令。
            // 舊的寫法 dr = cmd.ExecuteReader();
            dr = await cmd.ExecuteReaderAsync();

            //== 第三，自由發揮，把執行後的結果呈現到畫面上。
            // 舊的寫法  while (dr.Read())
            while (await dr.ReadAsync())  {
                // .... 資料呈現 ....
            }
        }
        catch (Exception ex)
        {   //---- 例外狀況，程式省略
        }
        finally
        {   // == 第四，釋放資源、關閉資料庫的連結  ... 程式省略 ...
        }
    }
```

19-5-2 混合新舊的寫法

如果您手邊沒有"舊版"的非同步寫法，這個範例可以跳過不看。

微軟 Microsoft Docs網站（前MSDN網站）提供一個範例，當您使用以前的（.NET 2.0）非同步寫法，又要搭配.NET 4.5而且不希望程式碼大改的情況下，可用這種寫法：

```
// 舊的非同步寫法，請注意「方法」前面有 Begin 字樣
AsyncCallback productList = new AsyncCallback(ProductList);

SqlConnection conn = new SqlConnection("DB 連結字串 ");
conn.Open();

SqlCommand cmd = new SqlCommand("SELECT * FROM [Current Product List]",
conn);

IAsyncResult ia = cmd.BeginExecuteReader(productList, cmd);
//...... 省略 ......
```

改寫成.NET 4.5非同步的程式之後，混合了舊寫法，但不想程式碼大改：

```
using System.Data.SqlClient;    // 自己宣告命名空間！
using System.Threading.Tasks;

class A  {
   static void ProductList(IAsyncResult result)  { }

   public static void Main()   {
      AsyncCallback productList = new AsyncCallback(ProductList);

      SqlConnection conn = new SqlConnection("DB 連結字串 ");
      conn.OpenAsync().ContinueWith((task) => {
           SqlCommand cmd = new SqlCommand("select top 2 * from orders", conn);
           IAsyncResult ia = cmd.BeginExecuteReader(productList, cmd);
      }, TaskContinuationOptions.OnlyOnRanToCompletion);
   }
}
```

19-6 交易（Transaction）與非同步

這裡介紹兩種交易的作法而且搭配非同步的工作。資料庫交易的說明與範例，請看本書後續章節的示範。

19-6-1 SQL Server的交易與非同步

這是常見的SQL Server資料庫交易寫法，成功就執行.Commit()方法，失敗就呼叫.Rollback()方法來恢復原狀。僅供參考：

```
using System.Data.SqlClient;    // 自己宣告命名空間！
using System.Threading.Tasks;

class Program {
   static void Main()  {
   Task task = ExecuteSqlTransaction("DB 連結字串");  // 自己撰寫的副程式，如下。
      task.Wait();
   }

   static async Task ExecuteSqlTransaction(string connectionString)  {
      using (SqlConnection conn = new SqlConnection(connectionString))  {
         await conn.OpenAsync();
         SqlCommand cmd = connn.CreateCommand();
         SqlTransaction transaction = null;

         // Start a local transaction.
         transaction = await Task.Run<SqlTransaction>(
              () => conn.BeginTransaction("SampleTransaction")
         );

         cmd.Connection = connection;
         cmd.Transaction = transaction;
         try  {    // 以非同步方式，加入兩筆記錄。
            cmd.CommandText = "Insert into Table1(ID, Desc) VALUES (555,
'Description111')";
            await cmd.ExecuteNonQueryAsync();

            cmd.CommandText = "Insert into Table1(ID, Desc) VALUES (556,
'Description222')";
            await cmd.ExecuteNonQueryAsync();

            // 交易成功
            await Task.Run(() => transaction.Commit());
         }
```

```
            catch  (Exception ex)   {    // 例外狀況
               Console.WriteLine(" 交易失敗 : {0}", ex.GetType());
               Console.WriteLine(" 交易失敗 : {0}", ex.Message);
               try  {
                  transaction.Rollback();   // 交易失敗，恢復原狀
               }
               catch (Exception ex2)   {    // 例外狀況
                  Console.WriteLine("Rollback 失敗 : {0}", ex2.GetType());
                  Console.WriteLine("Rollback 失敗 : {0}", ex2.Message);
               }
            }
         }
      }
}    // 註解：網頁程式請把 Console.WriteLine() 改成 Response.Write()
```

19-6-2 System.Transaction 的分散式交易與非同步

「分散式交易」可以啟用「多個」資料庫伺服器之間的交易。您可以使用 System.Transactions 命名空間並登記分散式交易。提醒您，下圖的 System.Transaction 命名空間，務必自己動手「加入參考」才能使用。

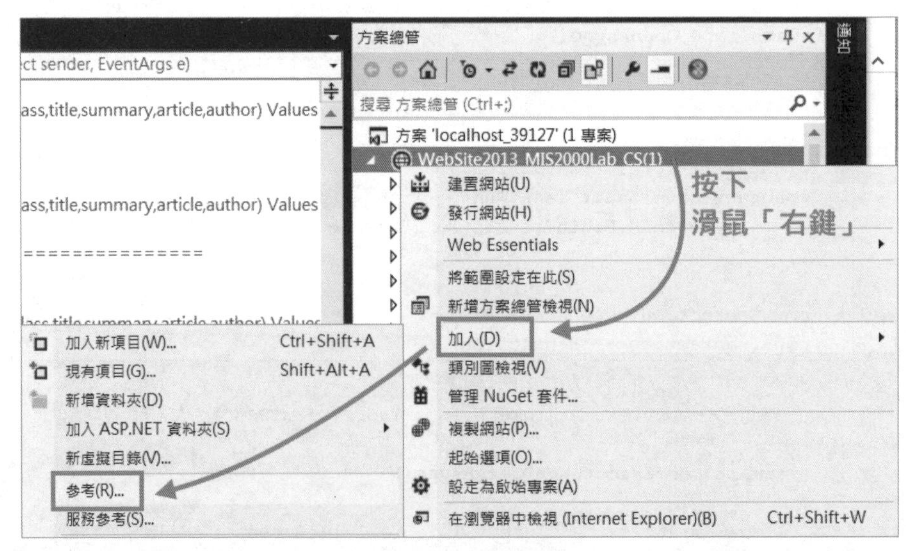

⊙將 DLL 檔，加入參考

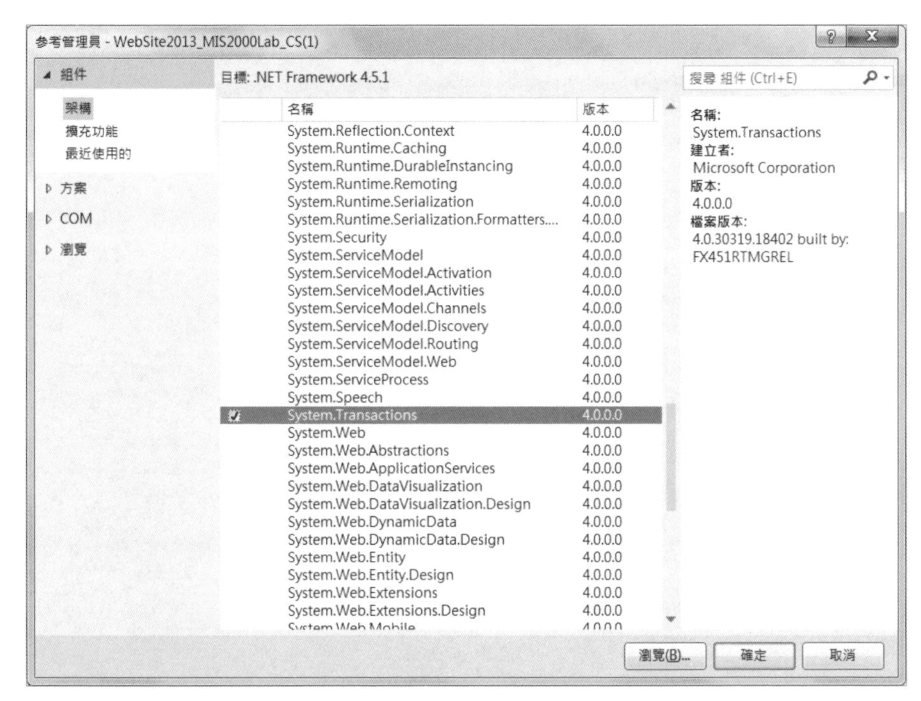

System.Transaction 是 .NET 內建的，必須自己動手「加入參考」後才能使用

下面的「分散式交易」可以啟用「多個」資料庫伺服器之間的交易，連結字串有兩個，分屬不同的資料庫。

```
using System.Data.SqlClient;    // 自己宣告命名空間！
using System.Threading.Tasks;
using System.Transaction;


class Program {
    public static void Main()   {
        SqlConnectionStringBuilder builder = new SqlConnectionStringBuilder();
        builder.DataSource = "......";    // 請填入自己的 DB 設定值
        builder.InitialCatalog = "......";
        builder.IntegratedSecurity = true;

        // 與上一個範例的差異之處
        Task task = ExecuteDistributedTransaction(builder.ConnectionString,
builder.ConnectionString);  // 自己撰寫的副程式，如下。
        task.Wait();
    }
```

```
    static async Task ExecuteDistributedTransaction(string connectionString1,
string connectionString2)  {
        // 分散式交易，有兩個 DB 連結字串
        using (SqlConnection conn1 = new SqlConnection(connectionString1))
        using (SqlConnection conn2 = new SqlConnection(connectionString2))
        {
// 與上一個範例的差異之處
   using (CommittableTransaction transaction = new
CommittableTransaction())  {
        await conn1.OpenAsync();
        conn1.EnlistTransaction(transaction);

        await conn2.OpenAsync();
        conn2.EnlistTransaction(transaction);
            try  {    // 以非同步方式，加入兩筆記錄。
               SqlCommand cmd1 = conn1.CreateCommand();
               cmd1.CommandText = "Insert into Table1 (ID, Desc) VALUES (100,
'Description')";
               await cmd1.ExecuteNonQueryAsync();

               SqlCommand cmd2 = conn2.CreateCommand();
               cmd2.CommandText = "Insert into Table2 (ID, Desc) VALUES (100,
'Description')";
               await cmd2.ExecuteNonQueryAsync();

               // 交易成功
               transaction.Commit();
            }
            catch (Exception ex)  {
               Console.WriteLine("交易失敗：{0}", ex.GetType());
               Console.WriteLine("交易失敗：{0}", ex.Message);
               try  {
                  transaction.Rollback();   // 交易失敗，恢復原狀
               }
               catch (Exception ex2)  {
                  Console.WriteLine("Rollback 失敗：{0}", ex2.GetType());
                  Console.WriteLine("Rollback 失敗：{0}", ex2.Message);
               }
            }
         }
      }
   }
}    // 註解：網頁程式請把 Console.WriteLine() 改成 Response.Write()
```

19-7 多重結果作用集（MARS）與非同步

多重結果作用集（MARS）是指在一個連線裡面使用多個Command與DataReader。提醒您，必須在DB連結字串裡面加入「MultipleActiveResultSets=True」才能啟動MARS。此功能需搭配SQL Server 2005（含）後續的新版本。

```
String connectionString = "Data Source=... 資料庫連線字串 ...（省略）...;MultipleActiveResultSets=True";
```

「多重作用結果集（MARS）允許**在單一連接中，執行多個批次DataReader物件與Command物件**。針對不同版本的MS SQL Server有不同作法：

- 啟用MARS與MS SQL Server 2005（或後續新版本）搭配時，使用的每個Command物件都會向Connection物件加入一個工作階段（Session）以自動解決這問題。
- MARS並非「**同時**」**執行多個DataReader**而是執行其中一個Command物件時會把其他的"暫停"。注意！ MARS並非「**非同步（Async.）**」執行的技術。
- 當您啟用 MARS的資料庫連接時，會建立邏輯工作階段（Session），如此會增加額外負荷。若要把這樣的負荷最小化並提高效能，System.Data.SqlClient命名空間會「快取」連接內的 MARS工作階段。快取包含最多 10個 MARS工作階段（抱歉，您無法調整此設定值）。
- MARS作業"不是"安全執行緒。
- MARS是與Microsoft SQL Server2005（或是後續的新版本）搭配使用的功能，若您的程式搭配其他廠牌的資料庫"未必"有此功能。

19-7-1 MARS與非同步，讀取數據

底下這個範例有點類似留言板或是訂單（一對多）的輸出。使用SqlCommand 物件並建立 SqlDataReader。當使用第一個DataReader讀取器時，while迴圈裡面會開啟第二個SqlDataReader，使用來自第一個 SqlDataReader 的資料做為第二個讀取器之SQL指令WHERE子句的輸入參數。

以下範例列出每一家供應商的產品列表。

```
using System.Data.SqlClient;    // 自己宣告命名空間！
using System.Threading.Tasks;

class Class1  {
   static void Main()  {
      Task task = MultipleCommands();
      task.Wait();
   }

   static async Task MultipleCommands()  {
      int vendorID;
      SqlDataReader productReader = null;

      using (SqlConnection awConnection = new SqlConnection("您的資料庫連結字
串;MultipleActiveResultSets=True"))  {
         SqlCommand vendorCmd = new SqlCommand("SELECT VendorId, Name FROM
Purchasing.Vendor", awConnection);

         await awConnection.OpenAsync();    // 非同步連結資料庫

         // 使用第一個 DataReader
         using (SqlDataReader vendorDR = await vendorCmd.ExecuteReaderAsync())  {
            while (await vendorDR.ReadAsync())  {
               Console.WriteLine(vendorDR ["Name"]);

               vendorID = (int)vendorDR ["VendorId"];
      SqlCommand productCmd = new SqlCommand(productSQL,
awConnection);

      string productSQL = "SELECT Production.Product.Name FROM
Production.Product " +
            "INNER JOIN Purchasing.ProductVendor " +
            "ON Production.Product.ProductID = " +
            "Purchasing.ProductVendor.ProductID " +
            "WHERE Purchasing.ProductVendor.VendorID = @VendorId";
      productCmd.Parameters.Add("@VendorId", SqlDbType.Int);
      productCmd.Parameters["@VendorId"].Value = vendorID;

      // 使用第二個 DataReader 需要連結字串裡面的 MARS 搭配。
      using (productDR = await productCmd.ExecuteReaderAsync())
{
         while (await productDR.ReadAsync())  {
               Console.WriteLine(productDR["Name"].ToString());
            }
      }
            }
         }
      }
   }    // 註解：網頁程式請把 Console.WriteLine() 改成 Response.Write()
```

19-7-2 MARS與非同步，更新數據

上一個範例透過MARS與非同步讀取數據（搭配SQL指令的Select陳述句），現在的範例則用於資料更新（搭配SQL指令的Update陳述句）。

下面的範例將會以非同步的方式，一邊讀取並一邊資料更新。因為使用了多個SqlCommand與SqlDataReader，所以要動用MARS。而且程式裡面也使用了資料庫交易（SqlTransaction）。

```
using System.Data.SqlClient;    // 自己宣告命名空間！
using System.Threading.Tasks;
using System.Collections.Generic;
using System.Text;
using System.Data;

class Program  {
   static void Main()  {
      Task task = ReadingAndUpdatingData();
      task.Wait();
   }

   static async Task ReadingAndUpdatingData()  {
      updateTx = null;

      int vendorID = 0;
      int productID = 0;
      int minOrderQty = 0;
      int maxOrderQty = 0;
      int onOrderQty = 0;

      using (SqlConnection awConnection = new SqlConnection(" 您的資料庫連結字串 ;MultipleActiveResultSets=True"))  {
         await awConnection.OpenAsync();    // 非同步連結資料庫

         SqlTransaction updateTx = await Task.Run(() =>
awConnection.BeginTransaction());
         // 交易

         SqlCommand vendorCmd = new SqlCommand("SELECT VendorID, Name FROM
Purchasing.Vendor WHERE CreditRating = 5", awConnection);
         vendorCmd.Transaction = updateTx;

         SqlCommand prodVendCmd = new SqlCommand("SELECT ProductID,
MaxOrderQty, MinOrderQty, OnOrderQty FROM Purchasing.ProductVendor WHERE
VendorID = @VendorID", awConnection);
         prodVendCmd.Transaction = updateTx;
```

```
        prodVendCmd.Parameters.Add("@VendorId", SqlDbType.Int);

        SqlCommand updateCmd = new SqlCommand("UPDATE Purchasing.
ProductVendor SET OnOrderQty = @OrderQty WHERE ProductID =
@ProductID AND VendorID = @VendorID", awConnection);
        updateCmd.Transaction = updateTx;
        updateCmd.Parameters.Add("@OrderQty", SqlDbType.Int);
        updateCmd.Parameters.Add("@ProductID", SqlDbType.Int);
        updateCmd.Parameters.Add("@VendorID", SqlDbType.Int);

        using (SqlDataReader vendorDR = await vendorCmd.
ExecuteReaderAsync())  {
            while (await vendorDR.ReadAsync())  {
                Console.WriteLine(vendorDR ["Name"]);

                vendorID = (int)vendorDR ["VendorID"];
                prodVendCmd.Parameters["@VendorID"].Value = vendorID;

            // 以非同步的方式，一邊讀取，一邊資料更新。
            using (SqlDataReader prodVendDR = await prodVendCmd.
ExecuteReaderAsync())  {
                while (await prodVendDR.ReadAsync())  {
                    productID = (int)prodVendDR ["ProductID"];
                    if (prodVendDR["OnOrderQty"] == DBNull.Value)  {
                      minOrderQty = (int)prodVendDR["MinOrderQty"];
                      onOrderQty = minOrderQty;
                    }
                    else  {
                       maxOrderQty = (int)prodVendDR["MaxOrderQty"];
                       onOrderQty = (int)(maxOrderQty / 2);
                    }

                updateCmd.Parameters["@OrderQty"].Value = onOrderQty;
                updateCmd.Parameters["@ProductID"].Value = productID;
                updateCmd.Parameters["@VendorID"].Value = vendorID;

                await updateCmd.ExecuteNonQueryAsync();   //資料更新，寫回資料庫。
                }
            }
            }  // end of while (vendorReader)
        }  // end of using (vendorReader)

        // 結束時，如果您想要強制復原，可以撰寫下列程式碼：
        // await Task.Run(() => updateTx.Rollback());
        // Console.WriteLine("交易失敗，恢復原狀（Rollback）");
    }
}  // 註解：網頁程式請把 Console.WriteLine() 改成 Response.Write()
```

19-8 SqlClient資料流（Streaming）與非同步

.NET 4.5起支援了SQL Server和應用程式之間的資料流（Streaming），可支援伺服器上非結構化的資料（文件、影像及媒體檔案）。SQL Server可以儲存二進位大型物件（BLOB），但擷取 BLOB可能會佔用很多記憶體。

為了解決這樣的困擾，SQL Server支援資料流方式大幅簡化了應用程式的撰寫過程，不需將資料完全載入記憶體，便可減少記憶體溢位例外狀況。

尤其是在商務物件連接到 SQL Azure（雲端資料庫）以傳送、擷取及管理大型BLOB的情況下，資料流支援也可以讓中介層應用程式擴充得更好。

提醒您：

- 非同步並不支援DB連接字串裡面的Context Connection關鍵字。
- 加入以支援資料流的成員可用於擷取查詢中的資料，以及將「參數」傳遞至SQL的查詢指令及資料庫的預存程序（stored procedure）。資料流功能適用於基本的 OLTP（On-Line Analytical Processing，線上分析處理）和資料移轉（migration）案例，亦適用於內部及外部資料移轉環境。

19-8-1 源自SQL Server的資料流支援

SqlDataReader與DbDataReader已經取得Stream、XmlReader和 TextReader物件及回應這些物件。這些類別用於從查詢中擷取資料。因此SQL Server的資料流支援適用於 OLTP案例，亦適用於內部及外部環境。

已在 SqlDataReader中加入下列成員，以啟用處理來自 SQL Server的資料流支援：

- IsDBNull**Async**屬性
- SqlDataReader.GetFieldValue<T>方法
- GetFieldValue**Async**<T>方法
- GetStream方法
- GetTextReader方法
- GetXmlReader方法

已在 DbDataReader 中加入下列成員，以啟用處理來自 SQL Server 的資料流支援：

- GetFieldValue<T> 方法
- GetStream 方法
- GetTextReader 方法

19-8-2 資料流支援與參數

SqlParameter 用於將「參數」傳遞給 SQL 的查詢指令和預存程序（stored procedure）。您必須取消所有資料流作業，才能處置 SqlCommand 物件或呼叫 .Cancel() 方法。如果應用程式傳送 CancellationToken 就無法保證能取消。

下列 SqlDbType 型別將接受資料流的數值。

- Binary
- VarBinary

下列 SqlDbType 型別將接受 TextReader 的數值。

- Char
- NChar
- NVarChar
- Xml

Xml SqlDbType 型別將接受 XmlReader 的數值。

- SqlValue 可接受型別 XmlReader、TextReader 和 Stream 的值。
- XmlReader、TextReader 和 Stream 物件會被轉移到 Size 所定義的值。

19-9 Case Study：讀取 SQL Server 的資料流（BLOB、文字檔與 XML 檔）

假設有一個名為 Streams 的資料表，裡面有三個資料流的欄位：

- 欄位名稱 textdata，資料型態為 NVarChar(MAX)。
- 欄位名稱 bindata，資料型態為 VarBinary(MAX)。以前的 SQL Server 可用 Image 來代替。
- 欄位名稱 xmldata，資料型態為 XML。

第一個範例，使用.NET 4.5非同步方法來讀取SQL Server資料庫裡面的大型BLOB（Windows作業系統「我的文件」底下，名為binarydata.bin的二進位檔案）。

```
using System.Data.SqlClient;    // 自己宣告命名空間！
using System.Threading.Tasks;
using System.IO;
using System.Xml;

namespace StreamingFromServer  {
   class Program  {
      static void Main(string[] args)  {
         CopyBinaryValueToFile().Wait();  // 第一個範例，處理 BLOB 檔。
         PrintTextValues().Wait();  // 第二個範例，文字檔。
         PrintXmlValues().Wait();  // 第三個範例，XML 檔。
         PrintXmlValuesViaNVarChar().Wait();  // 第四個範例
         Console.WriteLine("結束！");
      }


// 第一個範例。
 // 使用 .NET 4.5 非同步方法來處理 SQL Server 資料庫裡面的大型 BLOB
 private static async Task CopyBinaryValueToFile()  {
    string filePath =
Path.Combine(Environment.GetFolderPath(Environment.SpecialFolder.
MyDocuments), "binarydata.bin");
    // 檔案位置（路徑與檔名），是 Windows 作業系統「我的文件」底下的 binarydata.bin 檔

    using (SqlConnection conn = new SqlConnection("DB 連結字串")) {
       await conn.OpenAsync();  // 非同步連結資料庫

       using (SqlCommand cmd = new SqlCommand("SELECT [bindata] FROM
[Streams] WHERE [id]=123", conn))  {

          using (SqlDataReader dr = await
command.ExecuteReaderAsync(CommandBehavior.SequentialAccess))
          {  // SqlDataReader 需要透過 CommandBehavior.SequentialAccess 啟動網路串流
             // .ReadAsync() 方法，把整個 BLOG 寫入記憶體且不能有例外狀況。

             if (await dr.ReadAsync())
             {  // 一次讀取一筆記錄，所以不用 while 迴圈
                if (!(await dr.IsDBNullAsync(0)))  {
                   // 欄位不為 Null 空值，才產生檔案。
                   using (FileStream file = new FileStream(filePath, FileMode.
Create, FileAccess.Write))  {
                      using (Stream data = dr.GetStream(0))  {
                         // 使用非同步，將資料流轉成檔案
                         await data.CopyToAsync(file);
                      }
                   }  // ......後續省略......
```

第二個範例，使用.NET 4.5非同步方法來讀取SQL Server資料庫裡面的大型文字檔。

```
private static async Task PrintTextValues()  {
  using (SqlConnection conn = new SqlConnection("DB 連結字串 "))  {
     await conn.OpenAsync();  // 非同步連結資料庫

     using (SqlCommand cmd = new SqlCommand("SELECT [id], [textdata] FROM
[Streams]", conn))  {
        // SqlDataReader 需要透過 CommandBehavior.SequentialAccess 啟動網路串流
        // .ReadAsync() 方法，把整個大型文字檔寫入記憶體而且不能有例外狀況。
        using (SqlDataReader dr = await
cmd.ExecuteReaderAsync(CommandBehavior.SequentialAccess)) {
           while (await dr.ReadAsync())  {
              Console.Write("{0}: ", dr.GetInt32(0));

              if (await dr.IsDBNullAsync(1))  {
                 Console.Write(" 欄位值是空（null）");
              }
              else  {
                 char[] buffer = new char[4096];
                 int charsRead = 0;
                 using (TextReader data = dr.GetTextReader(1))  {
                    do {
                       charsRead = await data.ReadAsync(buffer, 0,
buffer.Length);
                       Console.Write(buffer, 0, charsRead);
                    } while (charsRead > 0);
                 }
              }     // ...... 後續省略 ......
```

第三個範例，使用.NET 4.5非同步方法來讀取SQL Server資料庫裡面的大型XML檔。

```
private static async Task PrintXmlValues()  {
  using (SqlConnection conn = new SqlConnection("DB 連結字串 "))  {
     await conn.OpenAsync();  // 非同步連結資料庫

     using (SqlCommand cmd = new SqlCommand("SELECT [id], [xmldata] FROM
[Streams]", conn))  {
        // SqlDataReader 需要透過 CommandBehavior.SequentialAccess 啟動網路串流
        // .ReadAsync() 把整個大型 XML 檔寫入記憶體而且不能有例外狀況。
        using (SqlDataReader dr = await
command.ExecuteReaderAsync(CommandBehavior.SequentialAccess))  {
           while (await dr.ReadAsync())  {
              Console.WriteLine("{0}: ", dr.GetInt32(0));

              if (await dr.IsDBNullAsync(1))  {
```

```
            Console.WriteLine("\t 欄位值是空（null）");
        }
        else  {
            using (XmlReader xmlReader = dr.GetXmlReader(1)) {
                int depth = 1;
                // 重點！！XmlReader的.GetXmlReader()方法傳回值不支援非同步。
                while (xmlReader.Read())  {
                    switch (xmlReader.NodeType)  {
                        case XmlNodeType.Element:
                            Console.WriteLine("{0}<{1}>", new string('\t',
depth), xmlReader.Name);
                            depth++;
                            break;

                        case XmlNodeType.Text:
                            Console.WriteLine("{0}{1}", new string('\t',
depth), xmlReader.Value);
                            break;

                        case XmlNodeType.EndElement:
                            depth--;
                            Console.WriteLine("{0}</{1}>", new string('\t',
depth), xmlReader.Name);
                            break;
                    }   // ......後續省略......
```

第四個範例，使用.NET 4.5非同步方法來讀取SQL Server資料庫裡面的大型XML檔。並透過資料表欄位的NVarChar資料型態與TextReader來讀取。

```
private static async Task PrintXmlValuesViaNVarChar() {
  XmlReaderSettings xmlSettings = new XmlReaderSettings()  {
     // Async must be explicitly enabled in the XmlReaderSettings otherwise
the XmlReader will throw exceptions when async methods are called
     Async = true,
     // Since we will immediately wrap the TextReader we are creating in an
XmlReader, we will permit the XmlReader to take care of closing\disposing it
     CloseInput = true,
     // If the Xml you are reading is not a valid document ,you will need to
set the conformance level to Fragment
            ConformanceLevel = ConformanceLevel.Fragment
  };

  using (SqlConnection conn = new SqlConnection("DB 連結字串"))  {
     await conn.OpenAsync();  // 非同步連結資料庫

     // Cast the XML into NVarChar to enable GetTextReader - trying to use
GetTextReader on an XML type will throw an exception
```

```
    using (SqlCommand cmd = new SqlCommand("SELECT [id], CAST([xmldata] AS 
NVARCHAR(MAX)) FROM [Streams]", conn))  {

      // SqlDataReader 需要透過 CommandBehavior.SequentialAccess 啟動網路串流
      // .ReadAsync() 把整個大型 XML 檔寫入記憶體且不能有例外狀況。
      using (SqlDataReader dr = await 
cmd.ExecuteReaderAsync(CommandBehavior.SequentialAccess)) {
         while (await dr.ReadAsync())  {
            Console.WriteLine("{0}:", dr.GetInt32(0));

            if (await dr.IsDBNullAsync(1))  {
               Console.WriteLine("\t 欄位值是空（null）");
            }
            else  {
               // Grab the row as a TextReader, then create an XmlReader on 
top of it
               // We are not keeping a reference to the TextReader since 
the XmlReader is created with the "CloseInput" setting (so it will close the 
TextReader when needed)
               using (XmlReader xmlReader = 
XmlReader.Create(reader.GetTextReader(1), xmlSettings))   {
                  int depth = 1;

                  while (await xmlReader.ReadAsync())  {
                     switch (xmlReader.NodeType)  {
                        case XmlNodeType.Element:
                           Console.WriteLine("{0}<{1}>", new string('\t', 
depth), xmlReader.Name);
                           depth++;
                           break;

                        case XmlNodeType.Text:
                           // Depending on what your data looks like, you 
should either use Value or GetValueAsync
                           // Value has less overhead (since it doesn't 
create a Task), but it may also block if additional data is required
                           Console.WriteLine("{0}{1}", new string('\t', 
depth), await xmlReader.GetValueAsync());
                           break;

                        case XmlNodeType.EndElement:
                           depth--;
                           Console.WriteLine("{0}</{1}>", new string('\t', 
depth), xmlReader.Name);
                           break;
                     }
                  }  // ...... 後續省略 ......
```

19-10 Case Study：寫入SQL Server的資料流（BLOB、文字檔與XML檔）

這個範例可以搭配ASP.NET Web Form的FileUpload控制項（檔案上傳），將使用者上傳的檔案以非同步的方式寫入資料庫。不過，將檔案放置在資料庫裡面，除了程式寫法複雜以外，對資料庫效能也有影響。因此SQL Server 2012起增加了FileStream功能來解決這問題。若您需要完整的範例，可以參閱《ASP.NET專題實務（II）：進階範例應用》關於檔案上傳與資料庫的綜合範例。

關於MS SQL Server的FileStream可以在YouTube搜尋關鍵字「mis2000lab SQL FileStream」就能找到我錄製的教學影片。

首先，請宣告 **System.Threading.Tasks** 命名空間。

- C#語法：using System.Threading.Tasks;
- VB語法：Imports System.Threading.Tasks

19-10-1 資料表的設計

假設有一個名為Streams的資料表，裡面有幾個資料流的欄位：

- Id欄位，主索引鍵，自動識別（int流水號）。
- 欄位名稱textdata，資料型態為NVarChar(MAX)。
- 欄位名稱bindata，資料型態為VarBinary(MAX)。以前的SQL Server可用Image來代替。
- 欄位名稱xmldata，資料型態為XML。

19-10-2 寫入BLOB（二進位檔案）

第一個範例，使用.NET 4.5非同步方法，將大型BLOB寫入SQL Server資料庫裡。

```
using System.Data.SqlClient;    // 自己宣告命名空間！
using System.Threading.Tasks;
using System.IO;


namespace StreamingToServer  {
   class Program  {
      static void Main(string[] args)  {
```

```
        CreateDemoFiles();

        StreamBLOBToServer().Wait();
        StreamTextToServer().Wait();

        // 100ms（毫秒）即 0.1 秒後取消非同步。
        CancellationTokenSource tokenSource = new CancellationTokenSource();
        tokenSource.CancelAfter(100);

        try  {
           CancelBLOBStream(tokenSource.Token).Wait();
           // 請參閱後續的方法。取消 BLOB 的傳輸。
        }
        catch (AggregateException ex)  {
           if ((ex.InnerException is SqlException) || (ex.InnerException is
TaskCanceledException))  {
              Console.WriteLine("例外狀況：{0}",
ex.InnerException.Message);
           }
           else  {  // Did not expect this exception - re-throw it
              throw;
           }
        }
     }

// 產生一個 Sample 檔案，後續備用。檔案內容塞入一些亂數。
 private static void CreateDemoFiles()  {
    Random rand = new Random();  // 亂數
    byte[] data = new byte[1024];
    rand.NextBytes(data);

    using (FileStream file = File.Open("binarydata.bin", FileMode.Create))  {
       file.Write(data, 0, data.Length);
          // 產生一個名為 binarydata.bin 的檔案
    }

    using (StreamWriter writer = new StreamWriter(File.Open("textdata.txt",
FileMode.Create)))  {
          writer.Write(Convert.ToBase64String(data));
    }
 }

 // 第一個範例，使用 .NET 4.5 非同步方法，將大型 BLOB（檔名 binarydata.bin）寫入 SQL
Server 資料庫裡。
 private static async Task StreamBLOBToServer()  {
    using (SqlConnection conn = new SqlConnection("DB 連結字串")) {
       await conn.OpenAsync();

       using (SqlCommand cmd = new SqlCommand("INSERT INTO [BinaryStreams]
(bindata) VALUES (@bindata)", conn)) {
          using (FileStream file = File.Open("binarydata.bin", FileMode.Open))  {
             // 因為欄位的資料型態為 "MAX"，所以數值請設定 -1 才能配合。
```

```
            cmd.Parameters.Add("@bindata", SqlDbType.Binary, -1).Value = file;

            // 以非同步的方式，將 BLOB 寫入資料庫
            await cmd.ExecuteNonQueryAsync();
         }
      }
   }
 }  // ...... 後續省略 ......


// 取消大型 BLOB 的傳輸
 private static async Task CancelBLOBStream(CancellationToken
cancellationToken)  {
    using (SqlConnection conn = new SqlConnection("DB 連結字串")) {
       await conn.OpenAsync(cancellationToken);

       // 故意延遲 100 毫秒（0.1 秒）才執行指令
       using (SqlCommand cmd = new SqlCommand("WAITFOR DELAY
'00:00:00:100';INSERT INTO [BinaryStreams] (bindata) VALUES (@bindata)", conn)) {
          using (FileStream file = File.Open("binarydata.bin", FileMode.Open))
{

             // 因為欄位的資料型態為 "MAX"，所以數值請設定 -1 才能配合。
             cmd.Parameters.Add("@bindata", SqlDbType.Binary, -1).Value = file;

             await cmd.ExecuteNonQueryAsync(cancellationToken);
          }
       }  // ...... 後續省略 ......
```

19-10-3 寫入大型文字檔（.txt 檔）

第二個範例，使用 .NET 4.5 非同步方法，將大型 Text 文字檔（檔名 textdata.txt）寫入 SQL Server 資料庫裡。

```
private static async Task StreamTextToServer()  {
   using (SqlConnection conn = new SqlConnection("DB 連結字串")) {
       await conn.OpenAsync();

       using (SqlCommand cmd = new SqlCommand("INSERT INTO [TextStreams]
(textdata) VALUES (@textdata)", conn)) {
          using (StreamReader file = File.OpenText("textdata.txt")) {

            // 因為欄位的資料型態為 "MAX" 所以數值設定 -1 才能配合。
             cmd.Parameters.Add("@textdata", SqlDbType.NVarChar, -1).Value =
file;

             await cmd.ExecuteNonQueryAsync();
          }  // ...... 後續省略 ......
```

MEMO

20 CHAPTER 資料庫交易（Transaction）與 SqlBulkCopy 單一大量複製

資料庫Transaction（交易，中國大陸稱為「事務」）是業界常用的功能，確保一系列的處理過程都能100%完成，然後才正式寫入資料庫進行異動。相關的程式與範例是初學者一定要會的基本技巧。

提醒您，本章介紹了幾種不同的交易，您只需"擇一使用"即可。

20-1 Transaction，資料庫交易的觀念

資料庫進行大量的、批次的程序時，如果無法100%完成所有的程序，就應該暫停而且全部復原（回到一開始的「未執行」狀態），這就是資料庫常見的「Transaction（交易）」概念。

舉例來說：在銀行的ATM（自動提款機）領錢，當我完成一切程序之後，ATM發現機器裡面的紙鈔，金額不夠！無法完成我這一筆交易，這該如何是好？

如果沒有Transaction的話，就會變成「我的銀行帳目已經被扣錢，但我實際上在ATM這一端領不到錢」，這下子問題大了。幸好有了Transaction的幫助，我在最後一刻領不到錢，所以這次的交易就算失敗，必須**恢復到一開始的狀態**（不能扣到我帳戶裡面的金額）。

以MS SQL Server資料庫的SQL指令來說，Transaction就是「**從BEGIN TRAN ... COMMIT TRAN**（交易完成）**或是ROLLBACK TRAN**（交易失敗，回復原始狀態）」的SQL指令。步驟如下：

1. 如果正常完成，則會運作到COMMIT TRAN，這次的Transaction全部順利完成（註：可簡寫為COMMIT）。

```
簡單的 SQL 指令，交易：
DECLARE @TranName VARCHAR(20);
SELECT @TranName = 'MyTransaction';
```

```
BEGIN TRANSACTION @TranName;
USE 資料庫名稱 ;
DELETE FROM 資料表 WHERE ID = 13;

COMMIT TRANSACTION @TranName;
GO
```

2. 如果中途失敗了或是中斷，無法正確運作到最後一段（無法執行到COMMIT TRAN），則改為ROLLBACK TRAN，回復到原始狀態（註：可簡寫為ROLLBACK）。

總而言之，Transaction就是「要嘛，就"全部成功"地完成所有的事。否則就算"全部失敗"，必須恢復到原先的啟始狀態」。

Transaction用最簡單的**二分法**來區別成功與失敗，「成王敗寇」或是「不成功，便成仁」都很適合用來形容Transaction的舉動。本章會介紹幾種不同的交易方式，請任選其一即可：

- 第一種是「System.Transactions命名空間」的**TransactionScope類別**（建議搭配程式裡面的**using區塊**來使用），還有CommittableTransaction類別與分散式交易（SqlConnection的.EnlistTransaction()方法）。
- 第二種則是「System.Data.SqlClient命名空間」的**SqlTransaction類別**。
- 以上兩者，ASP.NET（Web Form與MVC）、Windows Form都可以使用。
- 最後也會介紹SqlDataSource控制項的交易機制。此範例僅供參考，因為SqlDataSource只有ASP.NET（Web Form）網頁的初學者會用上。

20-2 TransactionScope類別，最簡單！

TransactionScope類別使程式碼區塊（尤其是**using區塊**）可以執行交易（Transaction），而且這個類別無法被繼承。.NET 2.0起才提供此功能。

- 命名空間：**System.Transactions**（注意！需自己動手**加入參考**）。
- 組件：**System.Transactions**（在System.Transactions.dll中）。

關於資料庫交易的作法，本章介紹了幾種不同的方法，您只需擇一使用即可。TransactionScope類別最簡單好用，所以優先介紹！可用在ASP.NET網頁（Web Form與MVC）與Windows Form程式裡面。

20-2-1 Visual Studio 加入參考，System.Transaction 命名空間

在我們撰寫ADO.NET的Transaction程式之前，第一個動作非常重要！如下圖，請您自行「**加入參考**」，將**System.Transactions**加入Visual Studio的目前專案（網站）之中，如此一來後置程式碼才能正常運作。請看底下的圖片解說與步驟：

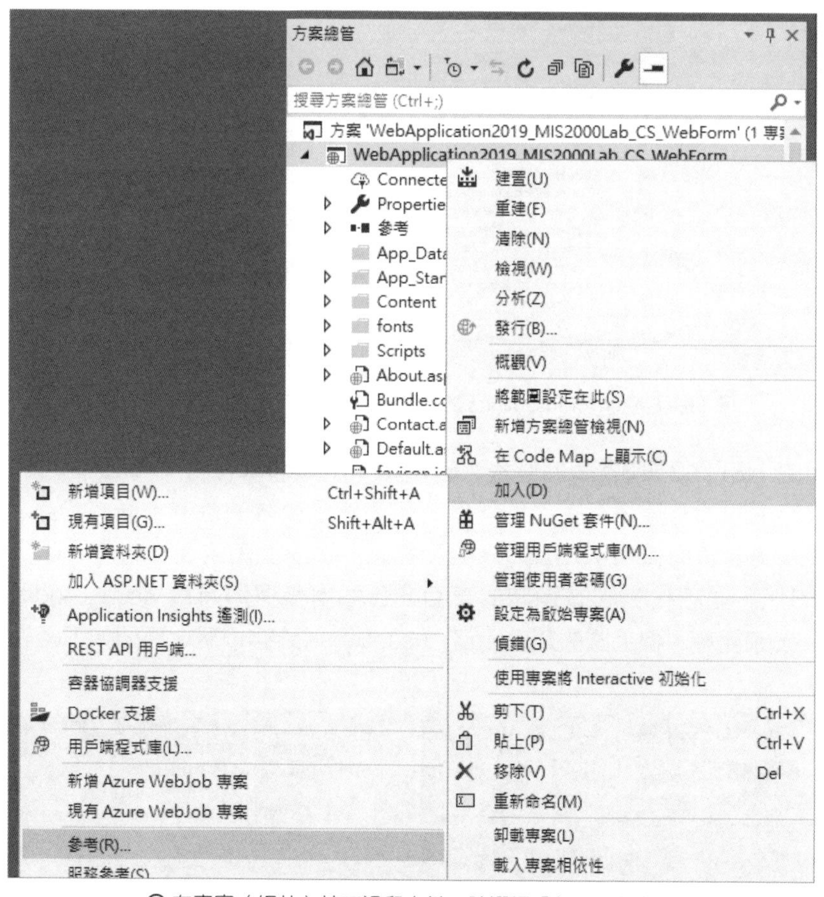

⊙ 在專案（網站）按下滑鼠右鍵，請選擇「加入 \ 參考」

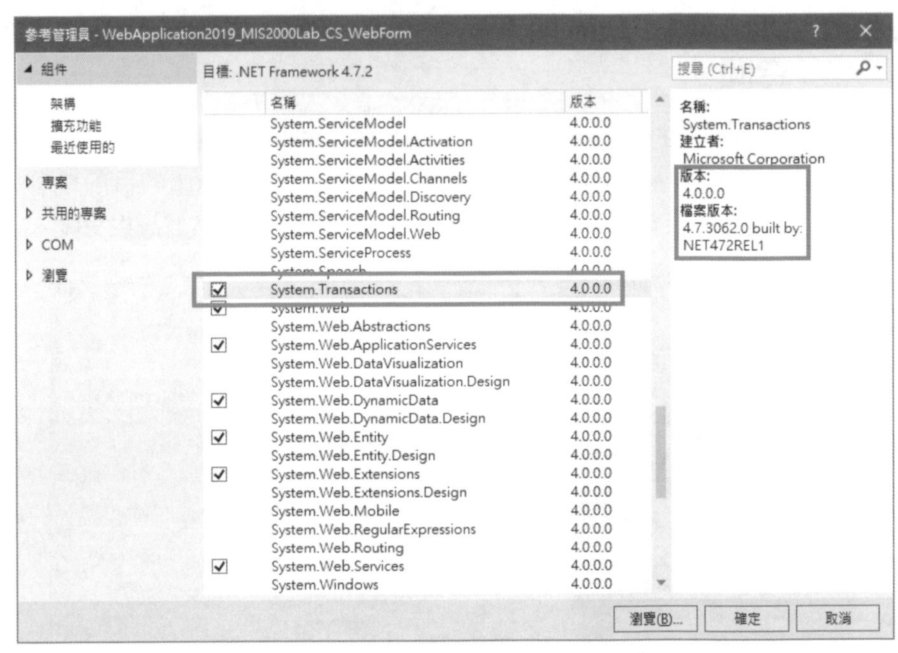

⊙ 請將 System.Transactions 加入，如此一來後置程式碼才能正常運作

在以前的.NET 2.0與3.5版的時代，**System.Transactions**（命名空間）都是v2.0版，因為.NET 2.0是相當重要的基礎，即使到了後續的版本，底層仍與2.0版息息相關。倘若您仍使用VS 2008來開發程式，那麼上圖的System.Transactions雖然是2.0版，並不代表它是過時的東西。雖然本書採用新版Visual Studio（.NET 4.X~4.8）來開發，但上圖的System.Transactions仍為4.0版，原因如下圖說明。

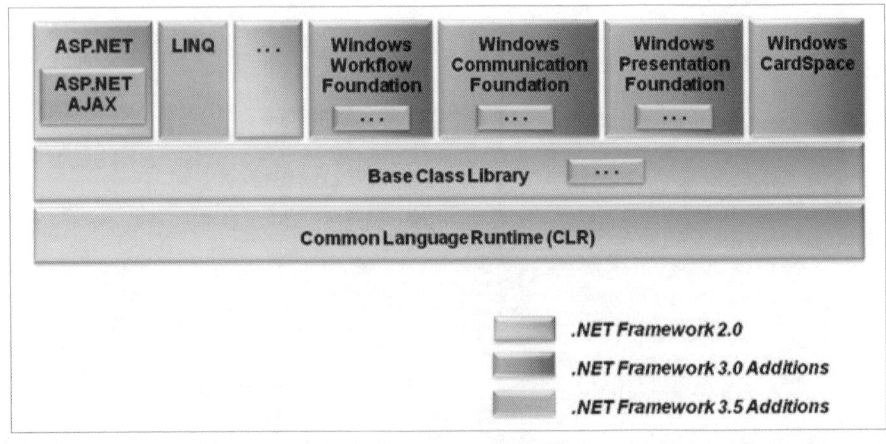

⊙ 即使到了 .NET 3.5 版，底層仍然倚重 2.0 的基礎元件。到了 .NET 4.5 以後還有很多元件停留在 4.0 版

加入參考（**System.Transactions.DLL**）之後，我們發現Web.Config設定檔會新增這些內容：

```
.... 部分省略 ....
   <system.web>
      <compilation debug="true" strict="false" explicit="true"
      targetFramework="4.0">
         <assemblies>
                  <add assembly="System.Transactions, Version=4.0.0.0,
                  Culture=neutral, PublicKeyToken=B77A5C561934E089" />
         </assemblies>
      </compilation>
.... 部分省略 ....
```

後續的範例程式，均使用ADO.NET來撰寫後置程式碼，幾乎都要自己動手撰寫。如果讀者沒有ADO.NET的基礎，請您千萬不要貿然嘗試。先把ADO.NET的基礎打好之後再說。

20-2-2 TransactionScope類別的程式範本

Transaction的範例大致如下，請看底下的後置程式碼。重點就是：**用一個using...區塊，把Transaction的所有動作包在裡面**。

- 如果Transaction順利成功地完成，那麼就會執行到 **.Complete()** 方法，並且完成之（Commit）。
- 如果Transaction中斷或是失敗（出現例外狀況），就會自動進行 **Rollback** 的回復動作了。

下面的範例之中，我們還用了try...catch區塊，去捕捉Transaction過程中的例外錯誤（Exception）。因此下面這個程式範例，可以說是相當好用的一段程式。建議讀者將它仔細瞭解，放在手中隨時備用。C#語法如下（ASP.NET MVC也可以使用）：

```
using System.Transactions;   // 自己手動將 System.Transactions.DLL 加入參考

    .... 程式部份省略 ....
    try  {
      using(TransactionScope scope = new TransactionScope)   {
            using(SqlConnection Conn = new SqlConnection(" 資料庫的連接字串 "))
            {
                  Conn.Open();
```

```
                SqlCommand myCommand = new SqlCommand(Sqlstr, Conn);
                //== 開始撰寫 SQL 指令與相關動作 ==
                //==  省略  ......
                Conn.Close();
            }

            scope.Complete();
            Response.Write("<hr />**** 交 易 成 功 ****");
        }

    }
    catch (TransactionException ex)    {
        Response.Write("<hr />交易失敗 ----" + ex.ToString());
// 如果 Transaction 中斷或是失敗（出現例外狀況），就會自動進行 Rollback 的回復動作了。
    }
```

我們第一個ADO.NET的Transaction範例，題目就是：

> Q：寫入三列 Insert Into 的 SQL 指令（連續新增三筆資料）。如果有任何一列的 SQL 指令有誤，就會進行 Rollback 恢復原狀（讓三列新增資料的 SQL 指令統統不算，回到原始狀態）。

針對這個題目，我們將撰寫兩個範例來互相對照，呈現兩種結果，讓讀者可以更進一步瞭解Transaction的作用。

- 範例一、Transaction_1。本範例是完全正確的Transaction範例，因此三則SQL指令都正確運作完成，會執行到.Complete()方法並且成功結束。
- 範例二、Transaction_1_Error內容跟上面完全一樣，差別只在於「第三則SQL指令故意寫錯」，故意引發Rollback。

因為ADO.NET的程式，都跟資料庫的存取有關，HTML畫面的部份比較不重要。以下的範例將以後置程式碼為重點。

20-2-3 TransactionScope類別的.Complete()方法

我們首先介紹TransactionScope類別，這是一個比較精簡的Transaction寫法，使得using...程式區塊可以進行交易。切記！別忘了在後置程式碼的上方，加入（宣告）System.Transactions命名空間。

當我們使用**new陳述式執行TransactionScope的實體化**（也就是C#這一句程式碼TransactionScope scope = new TransactionScope();）。交易管理員會決定參與哪個交易，一旦決定後scope永遠會參與該交易。

- 如果沒有任何例外狀況（Exception）在**交易範圍**中發生，則會允許scope裡面的交易繼續進行之。
- 如果有例外狀況在**交易範圍**內發生，則會**復原**範圍所參與的交易。

當您的應用程式完成所有要在交易中執行的工作後，您應該只呼叫.Complete()方法一次，以通知交易管理員認可交易。無法呼叫.Complete()方法會使交易中止。

使用TransactionScope搭配using... 區塊，可以自動判別Transaction成功與否。請看範例Transaction_1的C#後置程式碼：

```
using System.Data.SqlClient;   //-- 自己寫的（宣告）
using System.Transactions;   // 自己將 System.Transactions.DLL 加入參考


//-- 寫在 Page_Load() 事件裡面也行 -
protected void SqlDataSource1_Selected(object sender,
SqlDataSourceStatusEventArgs e)   {
    // 建議將 TranasctionScope 與 Using 陳述式（Statement）搭配使用。
    // 在 using 區塊內，交易資源的所有作業都會自動成為交易的一部分。
    // 在 TransactionScope 物件上呼叫 complete()，會告知系統，交易已準備認可。
    // 如果無法在 TransactionScope 上呼叫 complete()，將會復原交易。
    // 根據是否呼叫 complete()，在 using 區塊結尾自動認可或中止交易。

    // 將整個程式碼區塊包裝在 try..catch 中。在 using 區塊內擲回的任何例外狀況
    // (Exception)，都會造成交易復原。然後會擲回例外狀況，讓應用程式程式碼處理

    try   {
      using(TransactionScope scope = new TransactionScope())   {
         int myInt = 0;

         using(SqlConnection Conn = new
         SqlConnection(System.Web.Configuration.WebConfigurationManager.
         ConnectionStrings["存在 Web.Config 裡面的連結字串"].ConnectionString))
         {     //== 連結資料庫的連接字串 ConnectionString ==
               Conn.Open();

               SqlCommand myCommand = new SqlCommand();
               myCommand.Connection = Conn;

               //Insert the first record. #1
               myCommand.CommandText = " Insert into ...SQL 的新增指令 ...";
               myInt = myCommand.ExecuteNonQuery();
               Response.Write("<br /> 第一筆資料新增成功 --" + myInt);

               //Insert the second record. #2
               myCommand.CommandText = "Insert into …SQL 的新增指令…";
               myInt = myCommand.ExecuteNonQuery();
               Response.Write("<br /> 第二筆資料新增成功 --" + myInt);
```

```
            //*************************************

            //Insert the third record.   #3
            // 正確的 SQL 指令
            myCommand.CommandText = "Insert into ...SQL的新增指令 ...";
            myInt = myCommand.ExecuteNonQuery();
            Response.Write("<br />第三筆資料新增成功 --" + myInt);

            Conn.Close();
        }
        scope.Complete();
        Response.Write("<hr />**** 交 易 成 功 ****");
    }
    }
    catch(TransactionException ex)   {
        Response.Write("<hr />交易失敗 ----" + ex.ToString());
        // 若有例外狀況，自動執行「復原（RollBack）」。
    }
}
```

執行成果如下圖的連續說明。因為Transaction的成果大多出現在資料庫裡面，我們將以資料庫的test資料表來作為解說，特別強調，test資料表的主索引鍵（Primary Key）id欄位是設定為「自動識別、自動編號」，從一開始編號，每筆新資料的id欄位會自動加一。

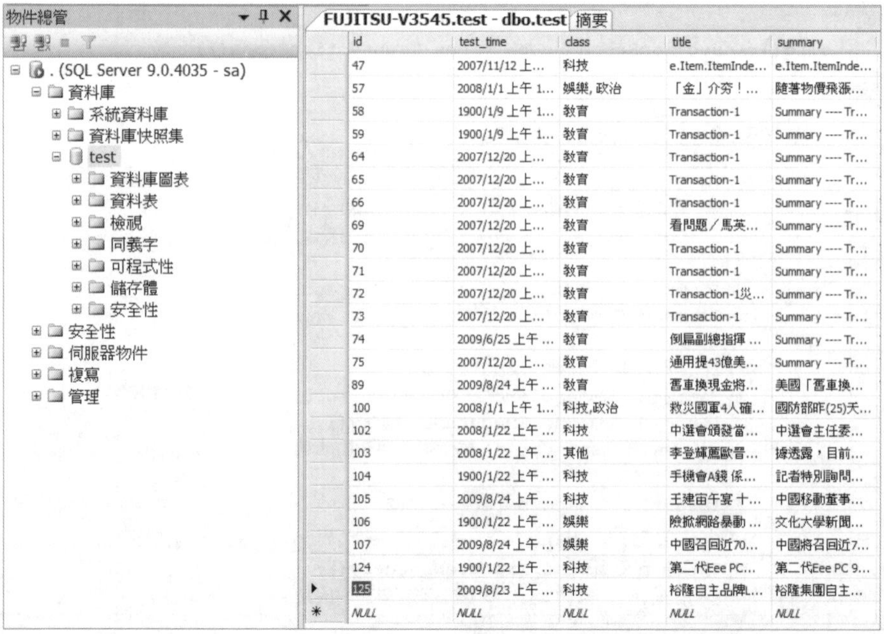

物件總管

- . (SQL Server 9.0.4035 - sa)
  - 資料庫
    - 系統資料庫
    - 資料庫快照集
    - test
      - 資料庫圖表
      - 資料表
      - 檢視
      - 同義字
      - 可程式性
      - 儲存體
      - 安全性
  - 安全性
  - 伺服器物件
  - 複寫
  - 管理

FUJITSU-V3545.test - dbo.test 摘要

id	test_time	class	title	summary
47	2007/11/12 上...	科技	e.Item.ItemInde...	e.Item.ItemInde...
57	2008/1/1 上午 1...	娛樂, 政治	「金」介旁！...	隨著物價飛漲...
58	1900/1/9 上午 1...	教育	Transaction-1	Summary ---- Tr...
59	1900/1/9 上午 1...	教育	Transaction-1	Summary ---- Tr...
64	2007/12/20 上...	教育	Transaction-1	Summary ---- Tr...
65	2007/12/20 上...	教育	Transaction-1	Summary ---- Tr...
66	2007/12/20 上...	教育	Transaction-1	Summary ---- Tr...
69	2007/12/20 上...	教育	看問題／馬英...	Summary ---- Tr...
70	2007/12/20 上...	教育	Transaction-1	Summary ---- Tr...
71	2007/12/20 上...	教育	Transaction-1	Summary ---- Tr...
72	2007/12/20 上...	教育	Transaction-1災...	Summary ---- Tr...
73	2007/12/20 上...	教育	Transaction-1	Summary ---- Tr...
74	2009/6/25 上午 ...	教育	倒扁副總指揮 ...	Summary ---- Tr...
75	2007/12/20 上...	教育	通用提43億美...	Summary ---- Tr...
89	2009/8/24 上午 ...	教育	舊車換現金將...	美國「舊車換...
100	2008/1/1 上午 1...	科技,政治	救災國軍4人確...	國防部昨(25)天...
102	2008/1/22 上午 ...	科技	中選會頒發當...	中選會主任委...
103	2008/1/22 上午 ...	其他	李登輝薦歐晉...	據透露，目前...
104	1900/1/22 上午 ...	科技	手機會A錢 係...	記者特別詢問...
105	2009/8/24 上午 ...	科技	王建宙午宴 十...	中國移動董事...
106	1900/1/22 上午 ...	娛樂	險掀網路暴動 ...	文化大學新聞...
107	2009/8/24 上午 ...	娛樂	中國召回近70...	中國將召回近7...
124	1900/1/22 上午 ...	科技	第二代Eee PC...	第二代Eee PC 9...
125	2009/8/23 上午 ...	科技	裕隆自主品牌L...	裕隆集團自主...
NULL	NULL	NULL	NULL	NULL

⊙ 原本的 test 資料表，主索引鍵（id 欄位）採用自動識別（Identity），最後一筆資料的 id 編號是 125

	89	2009/8/24 上午 ...	教育	舊車換現金將...	美國「舊車換...	Transaction1（...	中央社記者
	100	2008/1/1 上午 1...	科技,政治	救災國軍4人確...	國防部昨(25)天...	國防部昨(25)天...	記者王宗銘
	102	2008/1/22 上午 ...	科技	中選會頒發當...	中選會主任委...	中央選舉委員...	楊雨青
	103	2008/1/22 上午 ...	其他	李登輝薦歐晋...	據透露，目前...	外傳前總統李...	記者李明
	104	1900/1/22 上午 ...	科技	手機會A錢 係...	記者特別詢問...	現代人不可一...	【馮昱青台
	105	2009/8/24 上午 ...	科技	王建宙午宴 十...	中國移動董事...	工商時報【吳...	工商時報【
	106	1900/1/22 上午 ...	娛樂	險掀網路暴動 ...	文化大學新聞...	沒地方談八卦...	林志成台北
	10[illegible]	2009/8/24 上午 ...	娛樂	中國召回近70...	中國將召回近7...	（中央社記者...	中央社記者
	124	1900/1/22 上午 ...	科技	第二代Eee PC...	第二代Eee PC 9...	〔記者陳英傑...	〔記者陳英
	125	2009/8/23 上午 ...	科技	裕隆自主品牌L...	裕隆集團自主...	〔記者高嘉和...	記者高嘉和
	126	2009/9/21 上午 ...	政治	Transaction-1	Summary ---- Tr...	Transaction1<br...	Transaction
	127	2009/9/21 上午 ...	政治	Transaction-2	Summary ---- Tr...	Transaction2<br...	Transaction
▶	128	2009/9/21 上午 ...	政治	Transaction-3	Summary ---- Tr...	Transaction3<br...	Transaction
*	NULL						NULL

原本的最後一筆

新增三筆記錄以後，id流水號自動增加到128號

⊙ 執行上面的範例 Transaction_1.aspx 之後，順利地完成 Transaction 動作，一口氣增加三筆新資料，讓 id 編號推進到 128 號。特別強調，id 欄位是設定為「自動編號」

使用（System.Transcation 命名空間）**TransactionScope 類別的 .Complete() 方法**，可以 **"自動"判別** Transaction 是成功執行？或是因失敗而該回復？

我們提供另外一個範例（Transaction_1_Error）內容跟上面完全一樣，差別只在於「第三則 SQL 指令故意寫錯」。比對本節這兩個範例，您會發現兩個重點：

- 當您執行這一支程式（Transaction_1_Error.aspx），雖然畫面上會出現錯誤訊息。但您會發現：「前兩則成功執行的 SQL 指令（新增資料）」**雖然成功執行，但資料庫裡面卻找不到這兩筆新增的資料**。原因就是「Transaction 並沒有全部成功，所以執行了回復（Rollback）」。
- 話雖如此，但**成功的那兩則 SQL 指令（新增資料）也會消耗掉兩個自動編號的 id 欄位**。原本最後一個 id 編號 128，在您執行一個錯誤範例（Transaction_1_Error）以後，裡面有兩次成功的新增，但第三次新增卻故意寫錯。因此，Transaction 在無法 100% 成功的情況下，只好恢復原狀（Rollback）。

  前面兩筆新增成功的記錄，將會消耗掉 id=129 與 130 兩個自動編號，因為這次的交易不成功，只好恢復原狀（Rollback）然後再將這兩筆刪除之。
- 最後，您可以自己加入一筆新記錄觀察它的 id 編號，應該是 131 才對。資料表裡面一旦設定了自動識別（自動編號），那些用過的號碼都是唯一值，一旦被刪除後絕不再現。

	106	1900/1/22 上午 ...	娛樂	險掀網路暴動 ...			
	107	2009/8/24 上午 ...	娛樂	中國召回近70...			
	124	1900/1/22 上午 ...	科技	第二代Eee PC...			
	125	2009/8/23 上午 ...	科技	裕隆自主品牌L...			
	126	2009/9/21 上午 ...	政治	Transaction-1	Summary ---- Tr...	Transaction1<br...	Transaction1
	127	2009/9/21 上午 ...	政治	Transaction-2	Summary ---- Tr...	Transaction2<br...	Transaction2
	128	2009/9/21 上午 ...	政治	Transaction-3	Summary ---- Tr...	Transaction3<br...	Transaction3
▶	131	2009/9/21 上午 ...	政治	璩美鳳返台工...	前台北市議員...	璩美鳳在卸下...	Now News 政治...
*	NULL				NULL	NULL	NULL

故意執行一支錯誤範例後，再加入一筆新紀錄，怎麼 id變成 131？

id編號 129與 130到哪裡去了？？

⊙ 故意執行「錯誤的範例（Transaction_1_Error.aspx）」以後，會消耗掉 129 與 130 兩個自動編號，然後再將這兩筆刪除之。您可以自己加入一筆新資料，編號會變成 .... ？

20-2-4 MVC、EF與TransactionScope

在ASP.NET MVC與EF（Entity Framework）裡面也可以使用，作法大同小異。以下範例中，如果「先刪除，後新增」這兩個動作沒有100%成功，就會恢復原狀（Rollback）。

```
using (TransactionScope scope = new TransactionScope()) {
                // 先刪除一筆
                var DelRecord = MyRepo.Where(m => m.Id== Id);
                    Repo.Delete(removeItem);

                MyRepo.SaveChanges();

                // 然後，再新增一筆
                MyRepo.Add(new ViewModel {
                        Id = newRel.Id,
                        Title = newRel.Title,
                        Created_T = DateTime.Now
                });
                MyRepo.SaveChanges();

                scope.Complete();   // TransactionScope 專用
}
```

另一個範例也供您參考：

```
            DbEntity db = new DbEntity();
            using (TransactionScope scope = new TransactionScope())
            {
                // 第一次新增
                var user1 = new User  {
                    Name = "王小明",
                    Age = 21,
                    Gender = "male"
```

```
        };
        db.User.Add(user1);
        db.SaveChanges();

        // 第二次新增
        var user2 = new User  {
            Name = "李小花",
            Age = 20,
            Gender = "female"
        };
        db.User.Add(user2);
        db.SaveChanges();

        scope.Complete();  // TransactionScope 專用
    }
```

20-2-5 補充說明

如果TransactionScope物件建立了交易，則資源管理員的實際交易認可工作會在using...區塊的最後一行程式碼發生。

使用using...區塊可保證：必定會呼叫TransactionScope物件的.Dispose()方法，即使發生例外狀況也一樣。.Dispose()方法會標記交易範圍的結尾。在呼叫這個方法後發生的例外狀況不太可能影響交易。這個方法也會將環境交易"還原"至其先前狀態。

如果範圍建立了交易而且交易中止，則會擲回TransactionAbortedException例外狀況。如果交易管理員無法做出認可（commit）決定，則會擲回TransactionIndoubtException例外狀況。如果認可交易則不會擲回例外狀況。

建議您在"分散式交易"裡面，只執行Update、Insert及Delete作業，因為它們會耗用大量的資料庫資源。Select陳述式可能會"不必要地"鎖定資料庫資源，而在某些案例中，您可能需要使用交易而不是Select。除非涉及其他已交易的資源管理者，否則**所有"非"資料庫工作都應在交易範圍"以外"執行**。

做過上面的範例並看過成果以後，您對於交易的原理，是不是更瞭解了呢？以下是教科書上常見的說明文字，相信您現在已經看得懂了：

> Transaction資料庫的特性就是ACID，在SQL執行過程中，確保有交易作為**最小運作單位**（Atomicity）、異動過程確保整體資料庫的**一致性**（Consistency）、執行多筆交易時能隔離交易中的資料**不受其他交易影響**（Isolation）以及交易過程不會變動**原始資料的持久性**（Durability）。

20-3 System.Transactions與SQL Server整合

本節內容源自微軟 Microsoft Docs網站（前MSDN網站），難度略高。您可以依照進度決定是否閱讀。

.NET 2.0版開始導入了新的交易架構，可透過System.Transactions命名空間進行存取。此架構已經完全整合到.NET Framework（包括ADO.NET）並進行公開交易。除了增強程式設計之外，在處理交易時System.Transactions命名空間與ADO.NET一起運作並協調出最佳效能。**可提升的（Promotable）交易可以依照實際狀況，自動提升為"完全分散式"交易的輕量型（本機）交易（lightweight（local）transaction）**。

從ADO.NET 2.0開始，System.Data.SqlClient命名空間便可以在使用SQL Server時進行 **"可提升交易"**。除非需要已加入的負荷（overhead），否則"可提升交易"不會叫用"分散式交易"的overhead。**可提升交易是「自動化」作業，無需開發人員從中操作**。

只有.NET Framework Data Provider for SQL Server（SqlClient）與SQL Server搭配使用時，才能使用可提升交易。建議您先看過下面範例再來學習理論，這樣較好吸收。

20-3-1 Case Study：建立可提升（Promotable）交易

您需要將System.Transactions.dll「加入參考」以後才能使用System.Transactions命名空間。

以下範例示範如何針對由**兩個不同的SqlConnection物件（兩個DB連結）**表示，並包裝於TransactionScope區塊中的兩個不同SQL Server執行個體，建立可提升（Promotable）交易。

```
using (TransactionScope scope = new TransactionScope())    {
   // 第一個 DB 連結
   // 程式碼會使用 using... 區塊來建立 TransactionScope 區塊，並開啟第一個連接，
   // 這樣會自動在 TransactionScope 中登記它。
   // 一開始交易登記為「輕量型（本機）交易」，而不是完全分散式交易。

   using (SqlConnection conn1 = new SqlConnection("資料庫連結字串 1"))    {
      try    {
         conn1.Open();
         SqlCommand com1 = new SqlCommand(SqlStr1, conn1);
         com1.ExecuteNonQuery();
```

```
            // 第二個 DB 連結
            // 只有當第一個連接中的 Command" 沒有 " 擲回例外狀況時，第二個連接才會登記於
            TransactionScope 中。
            // 開啟第二個連接時，交易會自動提升為「完全分散式交易」。

            using (SqlConnection conn2 = new SqlConnection(" 資料庫連結字串 1"))
                try    {
                   conn2.Open();
                   SqlCommand com2 = new SqlCommand(SqlStr2, conn2);
                   com2.ExecuteNonQuery();
                }
                catch (Exception ex2)    {
                       // 例外狀況
                }

    }
    catch (Exception ex1)    {
        // 例外狀況
    }
}

scope.Complete();
// 此時，系統會叫用 .Complete() 方法，只有在 " 沒有擲回 " 任何例外狀況時，才會認可 (Commit)
交易。
}
```

從第一個連結**成功**以後（登記為「**輕量型（本機）交易**」），然後進入第二個連結（**自動提升為「完全分散式交易」**），這樣的步驟就是「可提升（Promotable）交易」。全部是自動化作業，十分方便。

回頭看看上面講過的這句話：「除了增強程式設計之外，在處理交易時 System.Transactions 命名空間還會與 ADO.NET 一起運作並協調出最佳效能。**可提升的（Promotable）交易可以依照實際狀況，自動提升為"完全分散式"交易的輕量型（本機）交易（lightweight（local）transaction）**」，當您有了程式碼、實際做過一次，回頭再來看看理論文字，是不是覺得更清楚了呢？

20-3-2 可提升（Promotable）交易與連結字串

「分散式交易」通常要耗用大量的系統資源，並由「Microsoft 分散式交易協調器（MS DTC）」進行管理，其整合了交易中會進行存取的所有資源管理者。「可提升（Promotable）交易」是 System.Transactions 交易的特殊形式，可有效地委派工作給簡單的 SQL Server 交易。包含 System.Transactions、System.Data.SqlClient 這

兩個命名空間，及SQL Server會協調處理交易時所涉及的工作，並視需要（自動地）提升為「完全分散式交易」。

使用「可提升交易」的好處：當已經作用中的TransactionScope交易連接資料庫，且"尚未"開啟其他連接時，會自動將交易認可為「輕量型（本機）交易」，不會產生「完全分散式交易」的額外負擔。

ConnectionString屬性支援「關鍵字Enlist」，它表示System.Data.SqlClient是否會偵測到交易內容，並自動在分散式交易中登記連接。

- 如果**Enlist=true（預設值）**則會在開啟的目前交易內容中，自動登記連接。
- 如果**Enlist=false**則SqlClient連接將"不會"與分散式交易進行互動。
- 如果在連接字串中，**沒有指定Enlist**（視同Enlist=true，預設值），在開啟資料庫的連接時便會"自動"在分散式交易中登記該連接。

在SqlConnection連接字串中的Transaction Binding關鍵字會控制"連接"與"已登記System.Transactions交易"之間的關聯。這也可以透過SqlConnectionStringBuilder的TransactionBinding屬性取得。下面說明這兩個可用的數值：

- **Implicit Unbind（隱含交易）**。此為預設值，結束時，連接會與交易中斷連結，並切換回自動認可模式。
- **Explicit Unbind**。連接會維持附加至交易的狀態，直到交易關閉為止。如果相關聯的交易並非使用中或與Current不符，連接將會失敗。

建議您**在"分散式交易"內，"只"執行Update、Insert及Delete作業**，因為它們會耗用大量的資料庫資源。Select陳述式可能會"不必要地"鎖定資料庫資源，而在某些案例中，您可能需要使用交易而不是Select。除非涉及其他已交易的資源管理者，否則**所有"非"資料庫工作都應在交易範圍"以外"執行**。

20-3-3 以ASP.NET MVC為例（.NET Framework 4.x版）

本章介紹的作法，在.NET Framework（完整版）中，不論是ASP.NET Web Form、MVC或Windows Form都可以應用。以下是簡單的MVC範例（新增一筆記錄）：

```
public ActionResult Create()  {
    return View();  // 先產生一個空白的表單，讓人填寫資料。
}


[ValidateAntiForgeryToken]
[HttpPost]
public ActionResult Create(User myuser)
{
      // 填寫完畢後，按下 Submit 按鈕送出。
      // 畫面上填寫的資料，就會送來第二個 Create 動作處理。
      using (var Conn = new MyDbContext())  {
           using (DbContextTransaction dbTran =
Conn.Database.BeginTransaction())
               {
                   try
                   {
                       User pd = new User()  {
                           UCode = myuser.Code,
                           UName = myuser.Name
                       };
                       Conn.myuser.Add(pd);
                       Conn.SaveChanges();

                       var newId = pd.ID;
                       var usrFile = myuser. Education;
                       if (usrFile != null)  {
                           foreach (var item in usrFile)  {
                               item. ID = newId;
                               Conn.Education.Add(item);
                           }
                       }
                       Conn.SaveChanges();

                       dbTran.Commit();   // 交易成功
                   }
                   catch (DbEntityValidationException ex)  {
                       dbTran.Rollback();  //交易失敗，恢復原狀
                       throw;
                   }
           }  // 第二個 using 區塊結束（DbContextTransaction）
      }
      return View();
}
```

20-4 CommittableTransaction 類別與分散式交易 SqlConnection 的 .EnlistTransaction() 方法

本節內容源自微軟 Microsoft Docs網站（前MSDN網站），難度略高。您可以依照進度決定是否閱讀。

CommittableTransaction 是從 .NET 2.0 出現的功能，一樣要沿用上一節介紹的「**System.Transactions 命名空間**」。

- 命名空間：**System.Transactions**（注意！需自己動手**加入參考**）。
- 組件：**System.Transactions**（在System.Transactions.dll 中）。

CommittableTransaction 類別為應用程式提供使用交易的「明確」方式，而非「隱含」地使用（上一節介紹過的）TransactionScope 類別。**不像 TransactionScope 類別，出現例外狀況就會自動執行 RollBack 復原，CommittableTransaction 類別的應用程式寫入器需要特別呼叫 .Commit() 和 .Rollback() 方法（您必須自己動手寫）才能認可或中止交易**。不過，只有交易的建立者可以認可交易。因此，無法認可透過 .Clone() 方法所取得之可認可交易的 "複本 "。

建立 CommittableTransaction" 不會 " 自動設定環境交易，也就是執行您的程式碼之交易，您可以藉由呼叫全域 Transaction 物件之靜態（Static）Current 屬性來取得或設定環境交易。

在已認可 CommittableTransaction 之前，所有與交易有關的資源都會保持鎖定。您無法重複使用 CommittableTransaction 物件，一旦已認可或復原該物件後，便無法再次於交易中使用該物件，或將其設定為目前的環境交易內容。

C# 範例（Transaction_1_CommittableTransaction.asspx）如下，一樣要宣告 System.Transactions 命名空間，最大的特點是自己要動手寫 **.Commit() 和 .Rollback()** 方法。

```
using System.Data.SqlClient;     //-- 自己寫的（宣告）
using System.Transactions;   // 自己手動將 System.Transactions.DLL 加入參考


using (SqlConnection Conn = new SqlConnection(" 資料庫連結字串 "))   {
      Conn.Open();
      CommittableTransaction cmtTrans = new CommittableTransaction();
      Conn.EnlistTransaction(cmtTrans);
      // 重點！！登記為分散式交易！！
```

```
    using (SqlCommand cmd = new SqlCommand())    {
        cmd.Connection = Conn;
        try    {
            for (int i = 0; i < 3; i++)    {   // 大量執行新增指令來測試
                cmd.CommandText = "Insert into ...SQL 指令（新增）";
                cmd.ExecuteNonQuery();
            }
            cmtTrans.Commit();   // 交易成功。
        }
        catch (Exception ex)    {
            cmtTrans.Rollback();   // 失敗（復原）。
        }
    }   // end of using SqlCommand
}   // end of using SqlConnection
```

SqlConnection 使用 **.EnlistTransaction()** 方法以登記在分散式交易中，是ADO.NET 2.0開始的新功能。由於在System.Transactions.Transaction執行個體中登記連接，.EnlistTransaction()方法會利用System.Transactions命名空間中提供的功能來管理分散式交易，讓人更好運用System.EnterpriseServices.ITransaction物件的.EnlistDistributedTransaction()方法。

注意！ 連接一旦在交易上明確登記後，則無法取消登記或將它登記於其他交易中，直到第一個交易完成為止。

以上的範例都是引用 **System.Transactions** 命名空間，下面的範例將會使用傳統SQL Server（**System.Data.SqlClient** 命名空間）的交易來進行。這些作法請您任選其一即可。

20-5 System.Data.SqlClient 命名空間的 SqlTransaction 類別

有別於第一節的Transaction作法（需自行加入參考，使用System.Transaction命名空間。採用TransactionScope搭配using...程式區塊），以下的範例將會採用 **ADO.NET 常用的 System.Data.SqlDataClient 命名空間**執行Transaction的功能。

SqlTransaction類別要在MS SQL Server資料庫中產生的Transact-SQL交易。這個類別無法被繼承。

- 命名空間：**System.Data.SqlClient**。
- 組件：**System.Data**（在System.Data.dll中）。

SqlTransaction 類別要在 MS SQL Server 資料庫中產生的 Transact-SQL 交易。應用程式會藉由在 SqlConnection 物件上呼叫 **.BeginTransaction()** 方法來建立 SqlTransaction 物件（此方法只有 Begin... 而沒有 End... 方法）。與交易關聯的所有後續作業，例如，認可（Commit）或中止交易都是在 SqlTransaction 物件上執行。

當認可或復原 SqlTransaction 時，一定要使用 try...catch 區塊來做例外處理。如果連接已終止，或在伺服器上的交易已經被復原，則 **.Commit()** 和 **.Rollback()** 這兩個方法會產生 InvalidOperationException（例外狀況）。SqlTransaction 類別的例外狀況有以下兩種：

例外狀況	條件
Exception	嘗試認可（Commit）交易時發生錯誤。
InvalidOperationException	已認可或復原交易。或 DB 連接中斷。

資料來源：微軟 Microsoft Docs 網站（前 MSDN 網站）

下面的範例（Transaction_2）會建立 SqlConnection 和 SqlTransaction。它還說明如何使用 .BeginTransaction() 方法、.Commit() 方法和 .Rollback() 方法。倘若發生任何錯誤，交易都會復原。try...catch 區塊的錯誤處理是在認可（Commit）或復原異動時，用來處理任何錯誤。

20-5-1 .Commit() 成功完成、.Rollback() 失敗後回復

當您瞭解了上一節範例的 Transaction 執行結果，下面將要執行錯誤的範例。讓讀者可以體會到「**那怕只有一個錯，Transaction 將全面不算數**」的特異功能。

用來作對照的錯誤範例如下，我們故意在第三則 SQL 指令寫錯，讓整個 Transaction 無法順利完成。範例 Transaction_2 的 C# 後置程式碼：

```
using System.Transactions;  //== 自己手動將 System.Transactions.DLL 加入參考
using System.Data.SqlClient;

protected void Page_Load(object sender, EventArgs e)    {
    SqlConnection Conn = new
    SqlConnection(System.Web.Configuration.WebConfigurationManager.
    ConnectionStrings["存在 Web.Config 裡面的連結字串"].ConnectionString);
    Conn.Open();  //---- 必須先開啟 DB 連結，才能使用 Transaction

    //==== 交易 ====
    SqlTransaction myTrans = Conn.BeginTransaction();
```

```
    SqlCommand cmd = new SqlCommand();
try  {
    //「連線」與「交易」兩者都要設定！
    cmd.Connection = Conn;  //---- 開啟 SqlCommand 的 DB 連線
    cmd.Transaction = myTrans;
    //---- 開啟 SqlCommand 的交易

    //-- 新增第 1 筆資料 --
    cmd.CommandText = "Insert into ...SQL 指令（新增）";
    cmd.ExecuteNonQuery();
    //-- 新增第 2 筆資料 --
    cmd.CommandText = " Insert into ...SQL 指令（新增）";
    cmd.ExecuteNonQuery();
    //-- 新增第 3 筆資料 --  *** 故 意 寫 錯 SQL 指令 ***
    cmd.CommandText = " Insert into XXX(xxx_time) ...";
    cmd.ExecuteNonQuery();

    //**************************************
    myTrans.Commit();     // 交易完成
    //**************************************
    Response.Write(" 交易成功 <br />");
 }
    catch(Exception ex)  {
        Response.Write(" 交易失敗 / Error Message ----<br />" + ex.ToString());
        //**************************************
        myTrans.Rollback();           // 交易失敗，回復原始狀態
        //**************************************
    }
    finally  {
        cmd.Dispose();
        myTrans.Dispose();
        Conn.Close();
        Conn.Dispose();
    }
    Response.Write("<p> 完成 Transaction 之後 ....</p>");
 }
```

20-5-2 SqlTransaction類別的方法

使用SqlTransaction類別，作法跟傳統SQL指令的Transaction比較雷同。以MS SQL Server資料庫的SQL指令來說，Transaction就是「從**BEGIN TRAN ... COMMIT TRAN**（交易完成）或是**ROLLBACK TRAN**（交易失敗，回復原始狀態）」的SQL指令。

- 如果正常完成則會運作到COMMIT TRAN，這次的Transaction全部順利完成（註：可簡寫為COMMIT）。
- 如果中途失敗了或是中斷，無法正確運作到最後一段（無法執行到COMMIT TRAN），則改為ROLLBACK TRAN回復到原始狀態（註：可簡寫為ROLLBACK）。

跟上面的範例Transaction_2的作法是否很接近呢？以下就是微軟Microsoft Docs網站（前MSDN網站）文件裡面，關於SqlTransaction類別的所有方法：

SqlTransaction 類別的方法	說明
Commit	認可資料庫交易。（覆寫DbTransaction. Commit()）
CreateObjRef	建立包含所有相關資訊的物件，這些資訊是產生用來與遠端物件通訊所需的Proxy（繼承自MarshalByRefObject）。
Equals	判斷指定的Object和目前的Object是否相等（繼承自Object）。
Finalize	在記憶體回收（GC）Object前，允許Object嘗試釋放資源並執行其他清除作業（繼承自Object）。
GetHashCode	做為特定型別的雜湊函式（繼承自Object)。
GetLifetimeService	擷取控制這個執行個體存留期（Lifetime）原則的目前存留期服務物件（繼承自MarshalByRefObject）。
InitializeLifetimeService	取得存留期服務物件來控制這個執行個體的存留期原則（繼承自MarshalByRefObject）。
MemberwiseClone	多載。
Rollback	多載。從暫止狀態復原交易。
Save	建立交易中的儲存點（可用來復原部分的交易），以及指定儲存點名稱。

資料來源：微軟 Microsoft Docs網站（前MSDN網站）

20-6 巢狀 try...catch 擷取例外狀況

我們繼續沿用上一節的**SqlTransaction**類別作法，以下範例（Transaction_3_DoubleException）將用巢狀的try...catch區塊來擷取例外狀況。不管是.Commit()方法的例外狀況，或是.Rollback()方法的例外狀況，這個程式都能妥善處理。

範例（Transaction_3_DoubleException）的C#後置程式碼如下：

```
using System.Transactions;  //== 自己手動將 System.Transactions.DLL 加入參考
using System.Data.SqlClient;

protected void Page_Load(object sender, EventArgs e)  {
   using(SqlConnection Conn = new
   SqlConnection(System.Web.Configuration.WebConfigurationManager.
   ConnectionStrings["存在 Web.Config 檔裡面的連結字串"].ConnectionString))   {
      //== 連結資料庫的連接字串 ConnectionString  ==
      Conn.Open();

      SqlCommand myCommand = Conn.CreateCommand();
      SqlTransaction myTrans;

      //==== 交易 ====
      myTrans = Conn.BeginTransaction();

      myCommand.Connection = Conn;    //「連線」與「交易」兩者都要設定！
      myCommand.Transaction = myTrans;

      try  {     //== 第一個 try...catch 區塊
            //=========================================
            //== 執行兩行 SQL 指令，新增資料。
            myCommand.CommandText = "Insert into...SQL 指令 ...";
            myCommand.ExecuteNonQuery();
            myCommand.CommandText = " Insert into...SQL 指令 ...";
            myCommand.ExecuteNonQuery();
            //=========================================

            myTrans.Commit();
            Response.Write(" 兩筆資料新增成功！ ");
      }
      catch(Exception ex)  {
         Response.Write("Commit Exception Type: " + ex.GetType().ToString()
      + "<br>");
         Response.Write("  Message: " + ex.Message.ToString() + "<hr><br>");

            //== 雙重 Catch，獲取例外狀況。==
            try  {
                 //== 第二個 try...catch 區塊
                 myTrans.Rollback() ;  //-- 失敗的話，執行 Rollback
             }
             catch(Exception ex2)  {
                 Response.Write("Rollback Exception Type: " +
                 ex2.GetType().ToString() + "<br>");
                 Response.Write("  Message: " + ex2.Message.ToString());
             }
      }
   }  //-- 關閉 DB 的連結（using）
}
```

20-7 效率之爭？誰快誰慢？

本章介紹了兩種交易的方式：

第一種：Systen.Transaction命名空間（需自行將此DLL檔加入參考）的 **TransactionScope**。

第二種：System.Data.SqlClient命名空間的**SqlTransaction**類別。

相信讀者也想知道這兩種作法誰快誰慢？根據Apress出版的書籍「Ultra-Fast ASP.NET」測試結果，盡可能處於相同的環境下：

- 傳統作法。使用傳統的SQL指令執行方法（書本使用SqlDataAdapter來執行），耗時6217秒。將多個SQL指令（以Insert為例）組合在一起，然後發給資料庫執行。好處是可以減少資料庫連線的往返次數。
- 第一種作法（System.Transaction與TransactionScope）執行時間省了45%。耗時2849秒。
- 第二種作法（SqlTransaction類別）執行時間省下37%。耗時2311秒，**此方法較快！**

書本的結論是：

- 使用第一種作法，當批次執行的數量較小時，資料庫的往返次數會大於傳統方法。但隨著批次執行數量增加，就會越來越有效率。但往返次數仍比傳統作法高一些。
- 使用第二種作法來做，不但省時，而且往返數量也跟傳統方法一樣少。

書裡也給我們一些SQL指令與資料庫最佳化的建議：

- **多使用預存程序（Stored Procedure）**。這樣可以把多組的SQL指令合併在一起執行，減少資料庫連線的往返次數。
- **減少使用SQL指令的聚合函式，例如SUM、Count**等。因為他們對資料庫查詢效能的影響頗大。
- 寫入資料庫的效能，是由LOG（日誌、記錄檔）決定。建議您的資料庫把**資料檔（.mdf檔）與日誌檔（.ldf檔）分開存放在兩台不同的「實體」硬碟上**。
- **查詢時，從資料來源進行分頁**。關於分頁的作法，本書"上集"的ADO.NET已經介紹過，可以透過SQL 2005版才有的ROW_NUMBER來做，或是SQL 2012版起的OFFSET...FETCH...也可做到。

20-8 .NET 4.5起，非同步（Async）與資料庫交易

.NET 4.5（含）後續新版本針對"非同步（Async）"的資料庫存取做了改進，程式碼更加精簡，也改用**async**與**await**來處理。如果您需要進一步的說明，可以參閱本書其他章節的說明「.NET 4.5 起的非同步（Async）ADO.NET程式設計」。

注意！ 只有**.NET 4.5**起才有此功能。

關於非同步（Async，大陸用語：異步）如何與資料庫交易來搭配呢？我們在微軟Microsoft Docs網站（前MSDN網站）找到兩則很棒的範例。

20-8-1 SqlTransaction和.NET 4.5起的新「非同步」功能

以下的範例將會採用**ADO.NET常用的System.Data.SqlDataClient**命名空間，來執行Transaction的功能。SqlTransaction類別要在MS SQL Server資料庫中產生的Transact-SQL交易。應用程式會藉由在SqlConnection物件上呼叫**.BeginTransaction()**方法來建立SqlTransaction物件。與交易關聯的所有後續作業，例如，認可（Commit）或中止交易都是在SqlTransaction物件上執行。**當認可或復原SqlTransaction時，一定要使用try...catch區塊來作例外處理**。

別忘了在HTML畫面（.aspx檔）的Page指示詞加上這句話<%@ Page Language=...... **Async="true"** %>。然後，在後置程式碼裡面宣告**System.Threading.Tasks**命名空間。

```
using System;
using System.Data.SqlClient;
using System.Threading.Tasks; //** 重點！ .NET 4.5 起的新作法（非同步）

class Program {
   static void Main() {
      string connectionString = "Persist Security Info=False;Integrated
Security=SSPI;database=Northwind;server=(local)";    // 連線字串

      Task task = ExecuteSqlTransaction(connectionString);
      task.Wait();
   }


   static async Task ExecuteSqlTransaction(string connectionString) {
      using (SqlConnection conn = new SqlConnection(connectionString)) {
         await conn.OpenAsync();
```

```
        SqlCommand com = conn.CreateCommand();

        // Start a local transaction. 非同步交易啟動了。
        SqlTransaction tac = await Task.Run<SqlTransaction>(() =>
conn.BeginTransaction("SampleTransaction"));

        // 安排資料庫的「連線」與「交易」
        com.Connection = conn;
        com.Transaction = tac;

        try {
           com.CommandText = "Insert into .... 新增的 SQL 指令";
           await com.ExecuteNonQueryAsync();

           com.CommandText = "Insert into .... 新增的 SQL 指令";
           await com.ExecuteNonQueryAsync();

           // 交易執行成功！以 " 非同步 " 的交易方式將兩筆記錄新增成功。
           await Task.Run(() => tac.Commit());

        }
        catch (Exception ex) {      // 例外狀況
           Console.WriteLine("Commit Exception Type: {0}", ex.GetType());
           Console.WriteLine("  Message: {0}", ex.Message);

           // === 雙重 try..catch...（巢狀）============
           // 出現例外狀況，交易需要「復原」！
           try {
              tac.Rollback();
           }
           catch (Exception ex2) {
              Console.WriteLine("Rollback Exception Type: {0}", ex2.GetType());
              Console.WriteLine("  Message: {0}", ex2.Message);
           }
        }
     }
  }
}  // end of class
```

作者註解：

您可以將 Console.Write() 修改成網頁專用的 Response.Write()。因為寫在 class 裡面，建議寫成完整的 HttpContext.Current.Response.Write()。

20-8-2 使用System.Transactions並登記「分散式」交易

在企業應用程式中，您可能需在某些情況下新增「分散式」交易，以啟用「多個」資料庫伺服器之間的交易（下面的範例有兩個DB連線字串）。可以使用System.Transactions命名空間（本章一開始便提及）並登記分散式交易。

此範例跟上一小節的範例雷同，均使用了.NET 4.5（含）後續新版提供的async與await作法，我們特別標示出差異點給您參考。

別忘了在HTML畫面（.aspx檔）的Page指示詞加上這句話<%@ Page Language= ...... **Async="true"** %>。然後，在後置程式碼裡面宣告**System.Threading.Tasks**命名空間。

```
using System;
using System.Data.SqlClient;
using System.Threading.Tasks;      //** 重點！！.NET 4.5 起的新作法（非同步）
using System.Transactions;  // 本範例會用到此命名空間的特性。
// 請自己動手幫網站（專案）加入參考，檔名（System.Transactions.DLL）。


class Program {
   public static void Main()    {
       SqlConnectionStringBuilder builder = new SqlConnectionStringBuilder();
       builder.DataSource = "your_server";  // 輸入您自己的設定值。
       builder.InitialCatalog = "your_data_source";
       builder.IntegratedSecurity = true;

       Task task = ExecuteDistributedTransaction(builder.ConnectionString,
builder.ConnectionString);
       task.Wait();
   }


// 啟用多個資料庫伺服器之間的交易（下面的範例有兩個 DB 連線字串）。
   static async Task ExecuteDistributedTransaction(string connectionString1,
string connectionString2)  {
      // 雙重 using...區塊
      using (SqlConnection conn1 = new SqlConnection(connectionString1))
         using (SqlConnection conn2 = new SqlConnection(connectionString2))
{

         using (CommittableTransaction transaction = new
CommittableTransaction())  {
            await conn1.OpenAsync();
            conn1.EnlistTransaction(transaction);
```

```
          // 將交易（System.Transactions.Transaction）登記為「分散式交易」。

          await conn2.OpenAsync();
          conn2.EnlistTransaction(transaction);
          // 將交易（System.Transactions.Transaction）登記為「分散式交易」。
          try  {
              SqlCommand com1 = conn1.CreateCommand();
              com1.CommandText = "Insert into .... 新增的 SQL 指令";
              await com1.ExecuteNonQueryAsync();

              SqlCommand com2 = conn2.CreateCommand();

              com2.CommandText = "Insert into .... 新增的 SQL 指令";
              await com2.ExecuteNonQueryAsync();

              transaction.Commit();
          }
          catch (Exception ex) {
              // 出現例外狀況，交易需要「復原」！
              try {
                  transaction.Rollback();
              }
              catch (Exception ex2) {
                  // 執行交易復原（Rollback）的例外狀況。
              }
          }
      }  // 本範例用了三個 using 區塊。前面兩個是 SqlConnection（連結字串）。
    }
  }
}
```

SqlConnection 使用 .EnlistTransaction() 方法以登記在 "分散式交易" 中，是 ADO.NET 2.0 開始的新功能。由於在 System.Transactions.Transaction 執行個體中登記連接，.EnlistTransaction() 方法會利用 System.Transactions 命名空間中提供的功能來管理 "分散式交易"，讓人更好運用 System.EnterpriseServices.ITransaction 物件的 .EnlistDistributedTransaction() 方法。

注意！ 連接一旦在交易上明確登記後，則**無法取消**登記，或將它**改登記於其他交易中**，除非直到第一個交易已經完成為止。

20-9 SqlDataSource 控制項（Web Form）搭配 Transaction

關於ASP.NET的資料庫交易，本章介紹了幾種不同的方法，您只需擇一使用即可。您可以發現Web Form的SqlDataSource控制項來做交易（畫面上需要設定很多步驟）未必比自己寫ADO.NET程式簡單，所以不要為SqlDataSource小精靈動手寫程式，真的要寫程式碼請直接用ADO.NET。由於SqlDataSource控制項的運作過程有助於我們瞭解「交易」的過程，所以也為讀者介紹如下。

關於ASP.NET的資料庫交易，本章介紹了幾種不同的方法，您只需擇一使用即可。在範例Transaction_4_SqlDataSource裡面，我們將使用現成的SqlDataSource控制項產生一些T-SQL指令（例如Select / Insert / Delete / Update等等），看看SqlDataSource能否也搭配Transaction進行交易呢？

首先，我們在Transaction_4_SqlDataSource的**HTML畫面裡，新增一個SqlDataSource控制項**，並且透過「進階」按鈕自動產生相關的SQL指令（CRUD），請看以下圖解與步驟。

▲ SqlDataSource 的精靈畫面，最重要的就是這裡。請按下「進階」按鈕，自動產生對應的 SQL 指令（新增 / 刪除 / 修改）

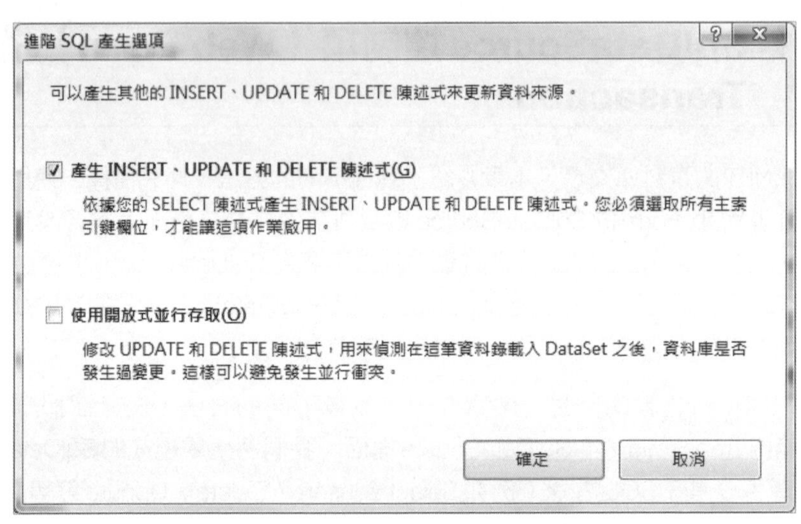

⊙上面的選項，記得打勾。自動產生對應的 SQL 指令（新增 / 刪除 / 修改）

我們在執行了 SqlDataSource3 的 **.Update()** 方法之後，將會觸發 SqlDataSource3_Updat**ing**() 與 SqlDataSource3_Updat**ed**() 兩大事件。

我們將 Transaction 的動作，寫在 SqlDataSource 的 Updating 與 Updated 這兩個事件裡面。範例（Transaction_4_SqlDataSource）的 C# 後置程式碼如下。

```
using System.Data.Common;   //==== 自己動手加入（宣告）==

protected void Button1_Click(object sender, EventArgs e)  {
   SqlDataSource3.UpdateParameters["test_time"].DefaultValue = "2008/1/1";
   SqlDataSource3.UpdateParameters["class"].DefaultValue = "娛樂, 政治";
   SqlDataSource3.UpdateParameters["title"].DefaultValue = "「金」介夯！黃金期貨以新台幣計價";
   SqlDataSource3.UpdateParameters["summary"].DefaultValue = "隨著物價飛漲，黃金成了越來越夯的投資產品！ ...... 省略 ......";
   SqlDataSource3.UpdateParameters["article"].DefaultValue = "金管會副主委張秀蓮表示，明年一月底推出的「新台幣計價黃金期貨」...... 省略 ......。";
   SqlDataSource3.UpdateParameters["author"].DefaultValue = "張中昌 ";
   SqlDataSource3.UpdateParameters["id"].DefaultValue = "57";
   //*********************************************
   SqlDataSource3.Update();
   //-- 執行 SqlDataSource3 的更新指令之後，會觸發底下兩個事件！
   //*********************************************
}


//*** 重點如下，「交易」與「回復」都在下面兩個事件中。******
```

```
    protected void SqlDataSource3_Updating(object sender,
SqlDataSourceCommandEventArgs e)
{
    //==== 取得 SqlCommand 物件 ====
    DbCommand cmd = e.Command;

    DbConnection Conn = cmd.Connection;   //----DB 連線 ----
    Conn.Open();
    //======= 設定 交易 =====================
    DbTransaction myTrans  = Conn.BeginTransaction();
    cmd.Transaction = myTrans;
    //====================================
    }


    protected void SqlDataSource3_Updated(object sender,
SqlDataSourceStatusEventArgs e)
{       //== 更新「之後」的動作 ......
      if (e.Exception == null)    {
          e.Command.Transaction.Commit();
          //==== 沒有出現錯誤訊息 Exception，就可以執行。
          Response.Write(" 交易成功 ....");
      }
      else  {
          e.Command.Transaction.Rollback();
          Response.Write(" 交易失敗 ....  " + e.Exception.ToString());
      }
}
```

上述範例（Transaction_4_SqlDataSource）的重點在於：

- DbTransaction 必須使用到 **System.Data.Common 命名空間**。因此，請自行在程式最上方加入 using System.Data.Common;（C# 語法）或是 Imports System.Data.Common（VB 語法）。

  我們在執行了 SqlDataSource3 的 **.Update() 方法**之後，將會觸發 SqlDataSource3_Updat**ing**() 與 SqlDataSource3_Updat**ed**() 兩大事件。因此我們將 Transaction 的動作，分別寫在這兩個事件裡面。

  SqlDataSource 的兩大事件 _Updat**ing**() 與 _Updat**ed**() 事件裡面的「e」參數，請您特別注意。**兩個事件裡面的「e」各自代表不同的意思**，請不要混為一談。

  - **SqlDataSource3_Updating() 事件**的 e，代表 System.Web.UI.WebControls.SqlDataSource**Command**EventArgs。
  - **SqlDataSource3_Updated() 事件**的 e，代表 System.Web.UI.WebControls.SqlDataSource**Status**EventArgs。

另外要提醒讀者，倘若沒有搭配HTML畫面（.aspx檔）裡面的SqlDataSource控制項，便無法執行SqlDataSource的_ed事件（如上述的SqlDataSource3_Update**ed**()事件），請留意。

20-10 SqlBulkCopy單一批次大量複製（非交易）

執行SQL Server大量複製作業的最簡單方法是：針對資料庫執行單一作業。根據預設，會以"隔離作業"執行大量複製作業。複製作業會以"非"交易性方式執行，且沒有復原的機會。

注意事項 如果需要在發生錯誤時，復原全部或部分大量複製，您可以使用SqlBulkCopy管理的交易（Transaction），或在現有交易內執行大量複製作業（下一節會為您說明）。如果將連接（Connection）登記到System.Transactions交易中，則SqlBulkCopy也會使用System.Transactions。

執行大量複製作業的一般步驟如下：

1. 連接至來源伺服器，並取得要複製的資料。如果可從IDataReader或DataTable物件擷取資料，則資料也可來自其他來源。
2. 連接至目的伺服器（除非您要讓SqlBulkCopy建立連接）。
3. 建立SqlBulkCopy物件，設定所有必要的屬性。
4. 設定DestinationTableName屬性，以表示用於大量插入作業的目標資料表。
5. 呼叫其中一個.WriteToServer()方法。
6. 視需要，選擇性地更新屬性，並重新呼叫.WriteToServer()方法。
7. 呼叫.Close()方法關閉資源，或將大量複製作業包裝至Using程式區塊內。

注意事項 建議來源與目的地的資料行（欄位）的資料型別相符。如果資料型別不相符，則SqlBulkCopy會嘗試使用Value所使用的規則，將每個來源值轉換為目標資料型別。轉換可能會影響效能，亦可能導致意外的錯誤。

C#範例如下，會把Products資料表的「欄位」複製到另外一個名為「目的地資料表名稱」的資料表裡面。

```
請加入 System.Data.SqlClient 命名空間。

using (SqlConnection Conn = new SqlConnection("DB 連結字串"))    {
        Conn.Open();
```

```
        //-- Get data from the source table as a SqlDataReader.
        SqlCommand com = new SqlCommand("SELECT ProductID, Name, ProductNumber
FROM Product;", Conn);
        SqlDataReader dr = com.ExecuteReader();

        using (SqlConnection destinationConn = new SqlConnection("DB 連結字串")) {
            destinationConn.Open();

            //-- Set up the bulk copy object.
            using (SqlBulkCopy bulkCopy = new SqlBulkCopy(destinationConn))   {
                bulkCopy.DestinationTableName = " 目的地資料表名稱 ";

                try    {
                      //-- Write from the source to the destination.
                      bulkCopy.WriteToServer(dr);
                }
                catch (Exception ex)    {
                      //-- 例外狀況
                }
                finally  {
                     reader.Close();
                }
            }
        }
}
```

SqlBulkCopy 的 **.WriteToServer()** 方法可以使用 **DataTable**、**DataRow** 等等，本範例只介紹 **IDataReader**。

.WriteToServer() 方法將已提供之 IDataReader 中的所有資料列（記錄）**複製到 SqlBulkCopy 物件之「DestinationTableName 屬性」所指定的目的地資料表**。

複製作業會從 DataReader 中下一個可用的資料列（記錄）開始。在大多數時候，DataReader 都只由 .ExecuteReader() 方法或類似的呼叫傳回，因此下一個可用的資料列（記錄）是第一個資料列（記錄）。若要處理多個結果，請呼叫 DataReader 上的 **NextResult**（請參閱本書上集 ADO.NET 章節），然後重新呼叫 SqlBulkCopy 的 .WriteToServer() 方法。

請注意，使用 .WriteToServer() 方法會修改 DataReader 的狀態。在該方法傳回 false、作業中止或發生錯誤之前，其會呼叫 DataReader 的 .Read() 方法。

這意味著在 .WriteToServer() 方法作業完成時，很可能在結果集的結尾處，DataReader 會處於不同的狀態。正在進行大量複製作業，相關聯的目的 SqlConnection 會忙於服務它，而無法對該連接執行任何其他的作業。

20-11 SqlBulkCopy 單一批次的大量複製（交易）

根據預設，大量複製作業是位於自己份內的交易。當您要執行專用大量複製作業時，請建立具有連接字串的新 SqlBulkCopy 執行個體，或使用不含作用中交易的現有 SqlConnection 物件。在每個案例中會先建立大量複製作業，然後認可或復原交易。

20-11-1 SqlBulkCopy 的 UseInternalTransaction 選項

您可以在 SqlBulkCopy 類別建構函式中明確指定 UseInternalTransaction 選項，以便明確地讓大量複製作業在自己的交易中執行，進而讓每個大量複製作業的批次在個別的交易內執行。

注意事項 由於是在 "不同的" 交易中執行 "不同的" 批次作業，因此如果在大量複製作業期間發生錯誤，則將復原目前批次作業中的所有資料列，但是先前批次作業的資料列將保留在資料庫中。

C# 範例如下，會把 Products 資料表的欄位複製到另外一個名為「目的地資料表名稱」的資料表裡面。與上一個範例最大的差異在於：SqlBulkCopy 裡面使用的參數多了點。

```
請加入 System.Data.SqlClient 命名空間。

using (SqlConnection Conn = new SqlConnection("DB 連結字串"))  {
       Conn.Open();

       //-- Get data from the source table as a SqlDataReader.
       SqlCommand com = new SqlCommand("SELECT ProductID, Name, ProductNumber
FROM Product;", Conn);
       SqlDataReader dr = com.ExecuteReader();

       using (SqlConnection destinationConn = new SqlConnection("DB 連結字串"))  {
           destinationConn.Open();
           //-- 您可能在此執行刪除、新增等等動作，後續才想納入「交易」機制。

           //-- Set up the bulk copy object.
           using (SqlBulkCopy bulkCopy = new SqlBulkCopy(destinationConn ,
                  SqlBulkCopyOptions.KeepIdentity |
                  SqlBulkCopyOptions.UseInternalTransaction))   {
               bulkCopy.BatchSize = 10;
               bulkCopy.DestinationTableName = "目的地資料表名稱";
```

```
            try   {
                  //-- Write from the source to the destination.
                  bulkCopy.WriteToServer(dr);
            }
            catch (Exception ex)   {
                  //-- 例外狀況
            }
            finally  {
                 reader.Close();
            }
        }
    }
}
```

SqlBulkCopy有四種作法：

1. **SqlBulkCopy(SqlConnection)**。使用指定開啟之SqlConnection的執行個體，初始化SqlBulkCopy類別的新執行個體。
2. **SqlBulkCopy(String)**。基於已提供的connectionString，初始化和開啟SqlConnection的新執行個體。建構函式會使用SqlConnection來初始化SqlBulkCopy類別的新執行個體。
3. **SqlBulkCopy(String, SqlBulkCopyOptions)**。基於已提供的connectionString，初始化和開啟SqlConnection的新執行個體。建構函式會使用SqlConnection來初始化SqlBulkCopy類別的新執行個體。

   SqlConnection執行個體會根據copyOptions參數中提供的選項進行運作。

   - CheckConstraints。插入資料時檢查約束。根據預設，不檢查約束。
   - Default。對所有選項使用預設值。
   - FireTriggers。指定時，會導致伺服器為正在插入資料庫的資料列引發插入觸發程式。
   - KeepIdentity。保留來源識別值。未指定時，目的端指派識別值。
   - KeepNulls。在目的資料表中保留null值，而不論預設值的設定為何。未指定時，預設值會取代null值（如適用）。
   - TableLock。在大量複製作業期間取得大量更新鎖定。未指定時，使用資料列鎖定。

- UseInternalTransaction。指定時，大量複製作業的每一批次都會在交易中發生。如果您指出這個選項，並對建構函式（Constructor）提供SqlTransaction物件，則會發生ArgumentException。

4. **SqlBulkCopy(SqlConnection, SqlBulkCopyOptions, SqlTransaction)**。請參考下一小節的範例。

20-11-2 使用現有交易，SqlTransaction

您可指定現有SqlTransaction物件做為SqlBulkCopy建構函式中的參數。在此情況下，系統會在現有交易中執行大量複製作業，而且不會變更交易狀態（亦即，它尚未認可或中止）。這可讓應用程式使用其他資料庫作業來將大量複製作業併入交易中。不過，如果您不指定SqlTransaction物件及傳遞Null參考（VB為Nothing），而且連接具有作用中的交易，則會擲回例外狀況。

如果因為發生錯誤而需要回復整個大量複製作業，或者大量複製作業應做為可回復之較大處理序的一部分執行，則可提供SqlTransaction物件給SqlBulkCopy建構函式。

上一小節沒有提到SqlBulkCopy(SqlConnection, SqlBulkCopyOptions, SqlTransaction)。我們來看看微軟 Microsoft Docs網站（前MSDN網站）對於SqlBulkCopy()方法的說明：使用已提供之現有開啟的SqlConnection執行個體，初始化SqlBulkCopy的新執行個體。SqlBulkCopy執行個體會根據 copyOptions參數中提供的選項進行運作。如果提供非null SqlTransaction，則會在交易中執行複製作業。

C#範例如下，會把Products資料表的欄位複製到另外一個名為「目的地資料表名稱」的資料表裡面。本範例使用SqlTransaction，與上個範例只有些許差異，我們特別用陰影來標示這幾段程式碼。

```
請加入 System.Data.SqlClient 命名空間。

using (SqlConnection Conn = new SqlConnection("DB 連結字串"))   {
        Conn.Open();

        //-- Get data from the source table as a SqlDataReader.
        SqlCommand com = new SqlCommand(
                "SELECT ProductID, Name, ProductNumber FROM Product;", Conn);
        SqlDataReader dr = com.ExecuteReader();
```

```
using (SqlConnection destinationConn = new SqlConnection("DB 連結字串 "))
{
        destinationConn.Open();
        //-- 您可能在此執行刪除、新增等等動作，後續才想納入「交易」機制。

   using (SqlTransaction mytrans = destinationConn.BeginTransaction())  {
      //-- Set up the bulk copy object.
      using (SqlBulkCopy bulkCopy =
              new SqlBulkCopy(destinationConn , SqlBulkCopyOptions.
              KeepIdentity, mytrans))    {
          bulkCopy.BatchSize = 10;
          bulkCopy.DestinationTableName = " 目的地資料表名稱 ";

          try   {   //-- Write from the source to the destination.
                bulkCopy.WriteToServer(dr);
                mytrans.Commit();  // 執行，交易成功！
          }
          catch (Exception ex)   {   //-- 例外狀況
                mytrans.Rollback();  // 復原，交易失敗！
          }
          finally  {
               reader.Close();
          }
      }
  }   // End of SqlTransaction
}
}
```

MEMO

21 CHAPTER DataSource 控制項，資料來源控制（只限 Web Form 可用）

注意！ 提醒您！！ DataSource控制項，如：SqlDataSource或AccessDataSource都是「Web控制項」，只有ASP.NET網頁（Web Form程式）能用。這種控制項不能跨平台到Windows程式使用。只是給網頁初學者搭配而已。

本章範例僅供參考！！不需要為他「手寫程式碼」。直接學ADO.NET專屬的DataReader、DataSet兩者即可！但本節仍有許多ADO.NET的觀念、防範資料隱碼攻擊、參數......等等的寫法值得學習。

請參閱在YouTube兩則教學影片，請搜尋：(1)關鍵字「不要為SqlDataSource寫程式」就能找到。(2)關鍵字「SqlDataSource 做不到 做不好」。

在ASP.NET 2.0起，ASP.NET（Web Form）多了一個新的「資料來源」控制項，依照我們搭配的資料庫，又區分為SqlDataSource或是AccessDataSource等等。這個新功能"**絕非**"用來取代ADO.NET的，只不過是一個新的「精靈」模式，透過這樣的介面讓我們更容易存取資料。而微軟也表示SqlDataSource這類型新的資料來源控制項，在資料存取的**「速度」**與**「安全性」**上皆有所提升。

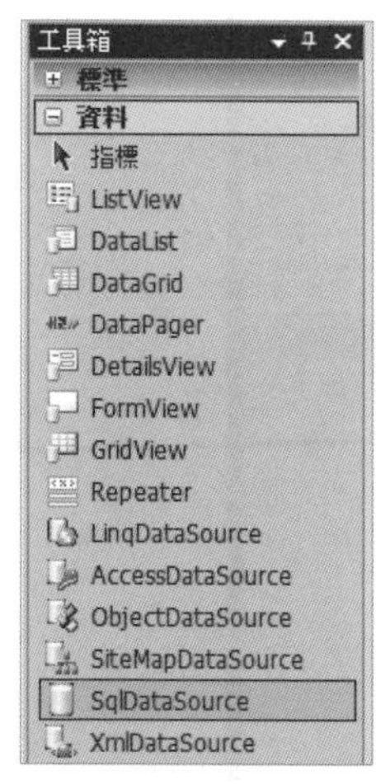

VS 2008（.NET 3.5版）的資料來源（DataSource）控制項，比上一代多了LinqDataSource

VS 2012（.NET 4.5版）的資料來源（DataSource）控制項，除了包含前兩代的控制項之外，4.0起更多了EntityDataSource

21-1 IDataSource介面與資料來源（DataSource）控制項

根據微軟官方文件對於**IDataSource介面（Interface）**的說法：實作IDataSource介面的任何類別，都是「資料來源」控制項。因為ASP.NET支援控制項的資料繫結（程式碼，例如：GridView1.DataBind()）架構，讓Web伺服器控制項（例如：下拉式選單DropDownList）可以相同且單一的方式繫結至資料。

- **命名空間**：System.Web.UI。
- **組件**：System.Web（在 System.Web.exe）。

ASP.NET常用到的DataSource控制項（如：SqlDataSource或是AccessDataSource）並不是真正的ADO.NET，而是經過包裝與簡化後的資料存取**「精靈」**，只能用在ASP.NET（又稱Web Form）網頁程式裡面。我們可以在微軟 Microsoft Docs網站（前MSDN網站）上查到，這些DataSource控制項都是隸屬於**System.Web.UI.WebControls命名空間**。簡單的說，SqlDataSource或是EntityDataSource就跟ASP.NET網頁的TextBox、Button（基礎控制項）與GridView、ListView等一樣，都是「網頁（Web Form）專用」的UI（User Interface，使用者介面）而已。

從下圖可以證明這件事，我們在ASP.NET網頁使用的SqlDataSource控制項，其中有一個**「DataSourceMode」**屬性，裡面只有**DataReader**與**DataSet**兩者可選。證明SqlDataSource控制項裡面，真正處理「資料庫存取」的ADO.NET就是這兩者。

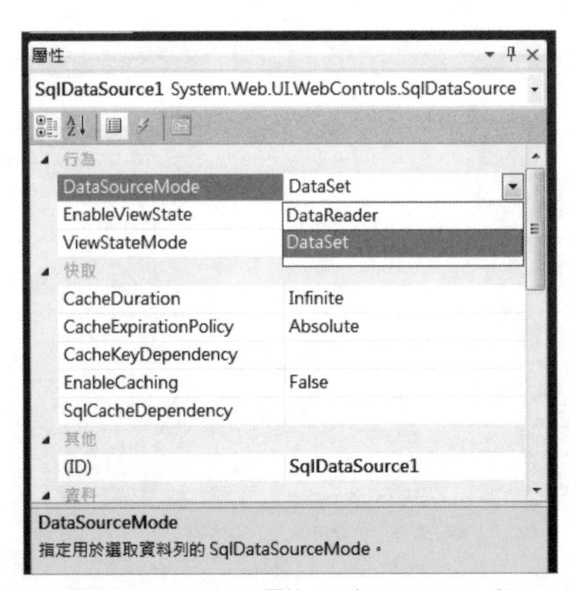

⊙ SqlDataSource 的 DataSourceMode 屬性，只有 DataReader 與 DataSet 兩者可選

我們學習的ADO.NET程式，例如：DataReader與DataSet，就是真正的ADO.NET程式，他們可以在ASP.NET網頁（Web From）上執行，也可以在Windows Form（.exe檔或是.dll檔）上正常運作。聰明的您一定立即領悟，我們學好ADO.NET就真正學好「跨平台」的資料存取，這才是有效的學習與投資！

DataReader與DataSet與他們搭配的Connection、Command、DataAdapter等，都隸屬於**System.Data**命名空間。從命名空間的名稱便能得知，ADO.NET是System底下直接存取資料來源的關鍵！

21-2 資料來源控制項與資料繫結控制項

ASP.NET（Web Form）有兩種控制項，名稱類似但不是相同的控制項。

21-2-1 資料來源控制項

資料來源控制項	說明
ObjectDataSource	能夠讓您使用商務物件或其他類別，並且建立依賴中介層物件以管理資料的Web應用程式。支援搭配其他資料來源控制項無法使用的進階排序和分頁案例。
SqlDataSource	能夠讓您使用Microsoft SQL Server、OLE DB、ODBC 或Oracle資料庫。當搭配MS SQL Server使用時，支援進階的快取功能。當資料做為DataSet物件（預設值）傳回時，這個控制項也支援排序、篩選和分頁。
AccessDataSource	能夠讓您使用Microsoft Access資料庫。當資料做為 DataSet物件（預設值）傳回時，支援排序、篩選和分頁。 作者註解 請參閱《ASP.NET專題實務（II）：進階範例應用》，博碩出版
XmlDataSource	能夠讓您使用XML檔，特別是針對階層式ASP.NET伺服器控制項，例如TreeView或Menu控制項。使用XPath運算式支援篩選功能，並且讓您能夠將XSLT轉換套用至資料。XmlDataSource可以讓您儲存整個XML文件及其變更，以更新資料。
SiteMapDataSource	搭配ASP.NET網站巡覽控制項來使用，例如：TreeView、SiteMapPath、Menu這些Web控制項。 作者註解 請參閱《ASP.NET專題實務（II）：進階範例應用》，博碩出版

資料來源控制項	說明
LinqDataSource （3.5版推出）	讓您能在ASP.NET網頁中透過宣告式標記使用Language-Integrated Query (LINQ)，以便擷取和修改資料物件中的資料。支援自動產生選取、更新、插入和刪除命令。控制項也支援排序、篩選和分頁。 **作者註解** 請參閱《ASP.NET專題實務（II）：進階範例應用》，博碩出版
EntityDataSource （4.0版推出）	可以讓您繫結以Entity Data Model (EDM)為基礎的資料。支援自動產生更新、插入（新增）、刪除和選取命令。控制項也支援排序、篩選和分頁。 **作者註解** 請參閱《ASP.NET專題實務（II）：進階範例應用》，博碩出版

資料來源：微軟 Microsoft Docs網站（前MSDN網站）

關於上表列出的資料來源控制項，以下有更深入的解說：

■ ObjectDataSource控制項

ObjectDataSource控制項會使用商務物件（Bussiness Object），或依賴中介層商務物件，以管理資料之Web應用程式中的其他類別。這個控制項是用來與實作一或多個方法的物件互動，以擷取或修改資料。當資料繫結控制項與ObjectDataSource控制項互動以擷取或修改資料時，ObjectDataSource控制項會將繫結控制項提供的值傳遞給來源物件，做為方法呼叫中的參數。

來源物件的資料擷取方法，必須傳回實作IEnumerable介面的DataSet、DataTable或DataView物件。如果傳回資料做為DataSet、DataTable或DataView物件，ObjectDataSource控制項就能夠快取和篩選資料。如果來源物件接受來自ObjectDataSource控制項的網頁大小和資料錄索引資訊，您也可以實作進階分頁案例。

■ SqlDataSource控制項

SqlDataSource控制項會使用SQL命令擷取和修改資料。SqlDataSource控制項會使用Microsoft SQL Server、OLE DB、ODBC和Oracle資料庫。SqlDataSource控制項能夠傳回結果做為DataReader或DataSet物件。當傳回的結果做為DataSet時，其支援排序、篩選和快取當您使用Microsoft SQL Server時，控制項會使用SqlCacheDependency物件提供附加優勢，能夠在資料庫變更時讓快取的結果失效。

■ **AccessDataSource控制項**

AccessDataSource控制項是SqlDataSource控制項的「特定版本」，特別用來**搭配Microsoft Access的 .mdb檔**使用。當搭配SqlDataSource控制項時，可以使用SQL陳述式（T-SQL指令）定義控制項擷取資料的方式。

■ **XmlDataSource控制項**

XmlDataSource控制項會讀取和寫入XML資料，所以可以搭配像是TreeView和Menu的巡覽控制項使用。XmlDataSource控制項能夠讀取XML檔或XML字串。如果控制項是使用XML檔，可以將修改過的XML寫回原始程式檔。如果可以使用描述資料的結構描述，XmlDataSource控制項就能夠使用結構描述公開使用型別成員的資料。

您可以將XSL轉換套用至XML資料，以便讓您將未經處理資料的結構，從XML檔重組為較適合繫結至XML資料的控制項格式。您也可以將XPath運算式套用至XML資料，讓您篩選XML資料以便只傳回XML樹系中某些節點，以尋找擁有特定值的節點等。使用XPath運算式會停用插入新資料的能力。

■ **SiteMapDataSource控制項**

SiteMapDataSource控制項會使用ASP.NET網站的「巡覽控制項」(例如：TreeView、SiteMapPath、Menu)，並且提供網站巡覽資料。當您想要使用網站導覽資料，搭配並非特別為巡覽設計的Web伺服器控制項，例如TreeView或DropDownList控制項，以便自訂網站巡覽時，SiteMapDataSource控制項也很有用。

■ **LinqDataSource控制項**

LinqDataSource控制項可讓您在ASP.NET頁面中使用LINQ，擷取資料庫資料表或記憶體內部資料集合中的資料。您可以使用宣告式標記，以撰寫擷取、篩選、排序和分組資料時所需的所有條件。當您擷取SQL資料庫資料表中的資料時，可以設定LinqDataSource控制項以處理更新、插入及刪除作業。您可以撰寫這些SQL指令，即可執行這些工作。相較於在其他資料來源控制項中執行相同作業，使用LinqDataSource控制項，您就可以減少資料作業時所需的程式碼數量。

■ **EntityDataSource控制項**

EntityDataSource控制項可支援以Entity Data Model (EDM)做為基礎的資料繫結（Data Binding）案例。這項資料規格會將資料呈現為實體和關聯性的集合。

Entity Framework 會在物件關聯對應和其他案例（例如 WCF Data Services，這是 4.x 版全新功能）中使用 EDM。EntityDataSource 控制項支援 Entity-SQL (eSQL) 做為查詢語言，同時支援（C# 語法）ObjectQuery <T>、（VB 語法）ObjectQuery(Of T) 類別所公開的查詢規格。

.NET 4.x 版所包含的資料來源（DataSource）控制項越來越多，要全數專精並不容易，必須依照實際狀況來挑選、應用。本書（上集）鎖定常用的 MS SQL Server 與 SqlDataSource 控制項為主角。如果讀者想要瞭解其他的資料來源控制項，可以參閱作者另一本書的完整說明。《ASP.NET 專題實務（II）：進階範例應用》包含了 AccessDataSource、SiteMapDataSource、LinqDataSource（3.5 版推出）、EntityDataSource（4.0 版推出）。另外有完整的四大章 4.x 版全新功能解析與範例，值得推薦給您參考。

21-2-2 資料繫結控制項

負責繫結資料的 Web 伺服器控制項，又稱為「資料繫結控制項」（也就是有提供 .DataBind() 方法與「DataSourceID」屬性的 Web 伺服器控制項，例如：大型的 GridView，或是常見的下拉式選單 DropDownList...... 等等）。從 ASP.NET 2.0 版開始，出現幾種新的資料繫結控制項，例如：

資料繫結控制項 名稱	描述與說明
GridView	以 "表格" 來呈現資料。這個控制項是從 ASP.NET 1.x 版的 DataGrid 控制項演變而來，它可以自動利用資料來源的各項功能，自動產生選取、更新、編輯、刪除等等功能。 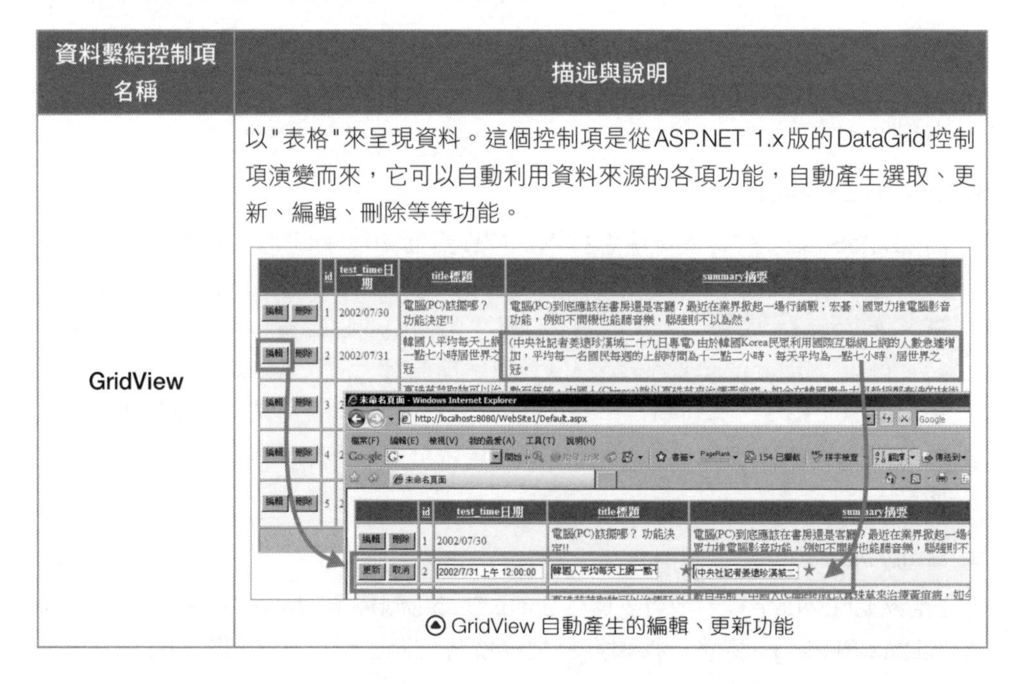 ⊙ GridView 自動產生的編輯、更新功能

資料繫結控制項名稱	描述與說明
DetailsView	以"表格"呈現"單一筆"資料項目（記錄），很類似 Microsoft Access 中的表單檢視。這個控制項也可以自動利用資料來源的各項功能（更新、編輯、刪除等）。 ⊙ DetailsView 自動產生的編輯、更新功能。以表格的方式呈現，畫面整齊
FormView	在"自訂樣板"定義的表單中，每次呈現"單一筆"資料項目（記錄）。很類似 DetailsView 控制項，但更適合自己動手去修改外觀版面。這個控制項也可以自動利用資料來源的各項功能。 ⊙ VS 2005 開始，提供 FormView 控制項。樣板畫面都可以自己動手修改，設計上較靈活

資料繫結控制項名稱	描述與說明
TreeView 與 Menu	• **TreeView 控制項**：在階層式「樹狀檢視」中呈現資料，每一個父節點都可展開。 • **Menu 控制項**：在階層式動態功能表（包括延伸式子功能表）中呈現資料。 兩者都可以搭配 SiteMapDataSource 資料來源控制項或是 XML 檔。完整的介紹請參閱作者的另一本書《ASP.NET 專題實務（II）：進階範例應用》。 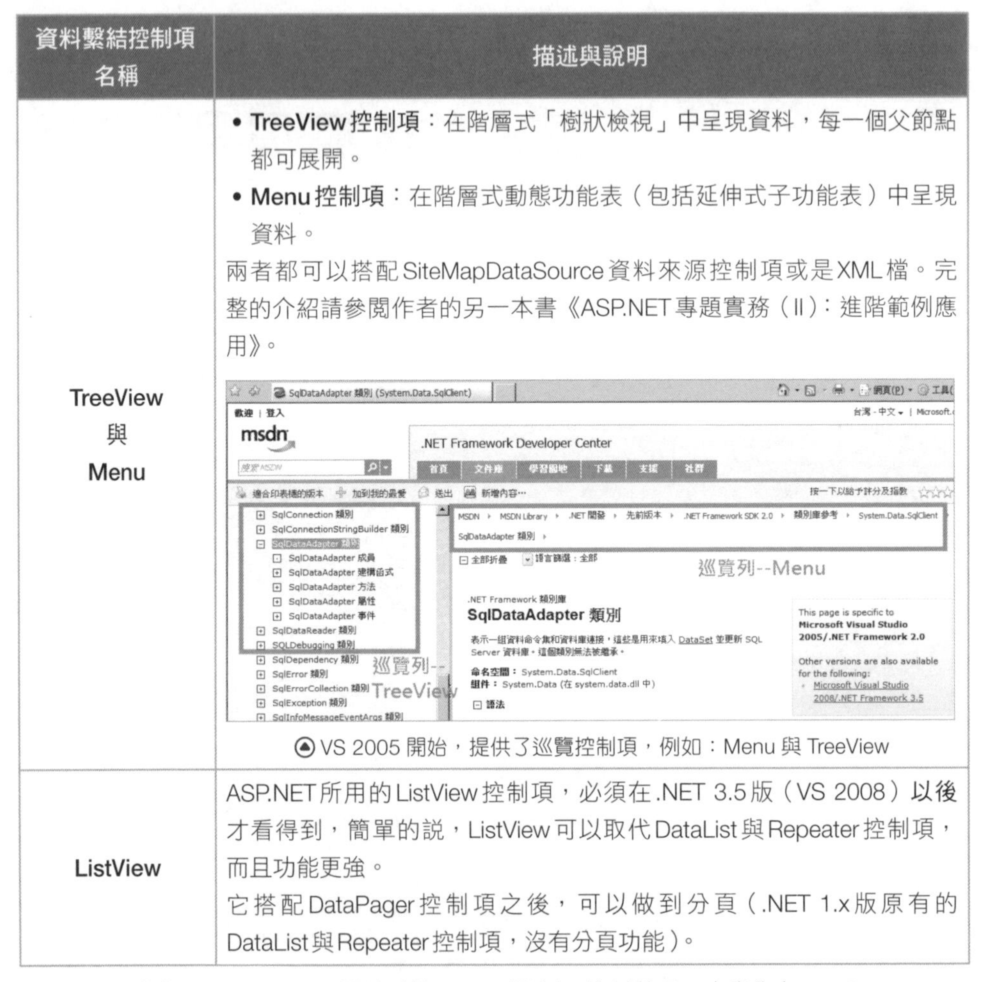 VS 2005 開始，提供了巡覽控制項，例如：Menu 與 TreeView
ListView	ASP.NET 所用的 ListView 控制項，必須在 .NET 3.5 版（VS 2008）以後才看得到，簡單的說，ListView 可以取代 DataList 與 Repeater 控制項，而且功能更強。 它搭配 DataPager 控制項之後，可以做到分頁（.NET 1.x 版原有的 DataList 與 Repeater 控制項，沒有分頁功能）。

資料來源：微軟 Microsoft Docs 網站（前 MSDN 網站）。資料整理：本書作者，MIS2000 Lab.

以上介紹的都是大型的控制項，其實基礎的 Web 控制項，例如：DropDownList、ListBox、RadioButton...... 等等，也都可以做到 .DataBind() 方法與「DataSourceID」屬性。

21-3 資料繫結（綁定）與.DataBind() 方法

綜合以上兩節的說明，所謂的「資料來源（DataSource）控制項」就是用來協助上述控制項，進行資料繫結的類別（Class）。資料來源控制項可以表示任何資料來源，包含：關聯式資料庫、檔案、資料流、商務物件（Bussiness Objects）等。

無論基礎資料的來源或格式為何，資料來源控制項都會以相同的方式，將資料傳遞到資料繫結控制項上面，如此一來，資料繫結控制項（如 GridView）就能把資料呈現在畫面上了。

資料來源控制項永遠會依照實際狀況，來自動存取資料（例如：在資料繫結控制項上面，呼叫 .DataBind() 方法時），不需要每一次都自己動手寫程式去作 .DataBind() 方法。如下圖。

作者註解 在資料繫結控制項的後置程式碼，自己使用 .DataBind() 方法來作資料繫結，這名詞在中國大陸稱為「數據綁定」，意思上比較貼切，發音也接近。就是把資料庫撈出來的結果，跟控制項「綁」在一起的意思。也就是「透過控制項來呈現這些資料」。

```
17  protected void Page_Load(object sender, EventArgs e)
18  {
19      //=======微軟SDK文件的範本=======
20
21      //----上面已經事先寫好NameSpace -- Using System.Web.Configuration; ----
22      //----或是寫成下面這一行 (連結資料庫)----
23      SqlConnection Conn = new SqlConnection(WebConfigurationManager.ConnectionStrings["test
24
25      SqlDataReader dr = null;
26
27      SqlCommand cmd;
28      cmd = new SqlCommand("select id,test_time,summary,author from test", Conn);
29
30      try    //==== 以下程式，只放「執行期間」的指令！====================
31      {
32          Conn.Open();  //---- 這時候才連結DB
33          dr = cmd.ExecuteReader();  //---- 這時候執行SQL指令，取出資料
34
35          GridView1.DataSource = dr;
36          GridView1.DataBind();   //--資料繫結
37      }
```

⊙ 以前寫 ADO.NET 的程式，必須自己撰寫程式去執行 .DataBind() 方法，來決定 Web 控制項呈現資料的時機

21-3-1 DataSourceID 屬性（設定在 HTML 畫面之中）

自 ASP.NET 2.0 版以後，出現新的「資料來源控制項（如 SqlDataSource）」就簡單很多。只要寫了「資料繫結控制項 ID 名稱 **.DataSourceID**」就能完成，例如：GridView1.**DataSourceID** ="SqlDataSource1"。一句話就能自動搞定繫結，非常的迅速而方便。接下來將介紹兩種作法，請任選其一（不可混用）：

首先，可以在前端（HTML 畫面，如下圖）設定好，例如：在 HTML 畫面上，替 GridView 設定好「DataSourceID 屬性」，請參閱範例 Default_4_0_SqlDataSource.aspx，HTML 設計畫面的重點如下：

畫面的 HTML 碼：

```
<asp:GridView ID="GridView1" runat="server"
    AllowPaging="True" AutoGenerateColumns="False" DataKeyNames="id"
    DataSourceID="SqlDataSource1" />
```

下面這兩張圖片很有趣，您比較一下就知道DataBinding的差異。首先，我們拉進一個GridView控制項到HTML畫面裡，沒有做任何DataSource控制項的連結，也就沒有設定DataBinding。此時，GridView的儲存格並沒有特別的顯示。

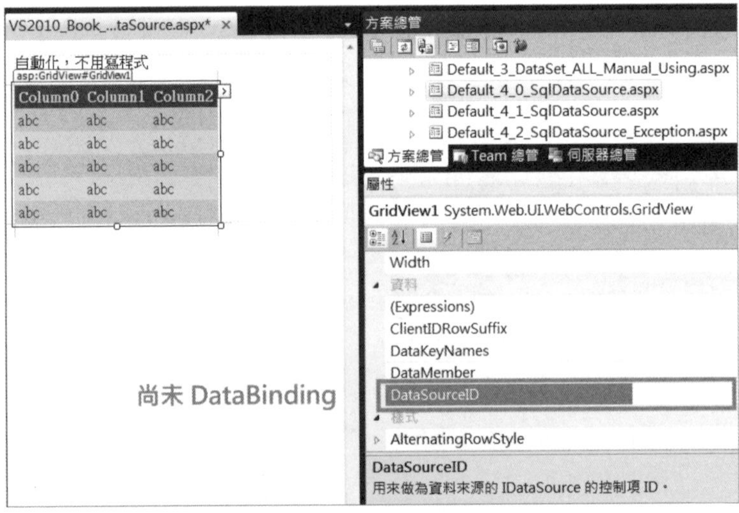

⦿ 在 HTML 畫面上，還沒有設定 GridVeiw 控制項的 DataSourceID 屬性的樣子

一旦完成了GridView + SqlDataSource的設定之後，我們便可以發現（下圖）GridView的「DataSourceID」屬性已經設定妥當，此時已經做好DataBinding。您注意看看GridView裡面的所有儲存格，通通出現「資料繫結」字樣，表示DataBinding成功。

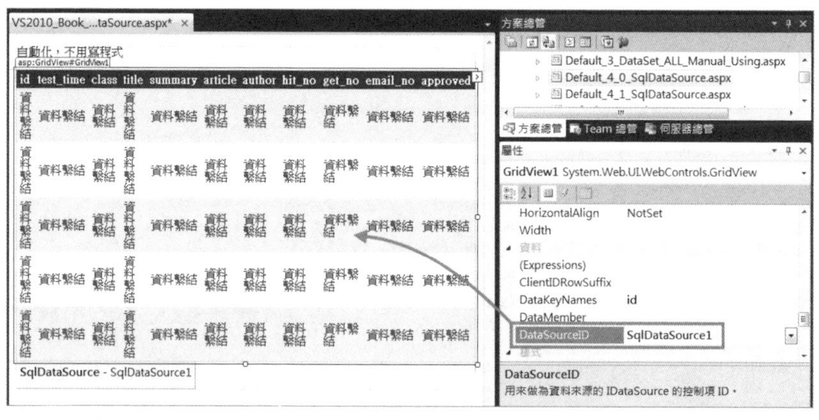

在 HTML 畫面上，直接設定好 GridVeiw 控制項的 DataSourceID 屬性。畫面上的 GridView 會立刻改變。GridView 上面的欄位標題，都會自動跟資料表繫結在一起，自動產生！

21-3-2 DataSourceID 屬性（後置程式碼，自己寫程式）

跟上一節的範例相同，但我們採用後置程式碼（Code Behind）來撰寫。在後置程式碼裡面，自己寫這麼一行（如下），資料繫結都會自動完成。

```
GridView1.DataSourceID = "SqlDataSource1"
```

請參閱範例 Default_4_1_SqlDataSource.aspx。HTML 畫面上，GridView"不"搭配 SqlDataSource（GridView 的「**DataSourceID**」屬性保持空白）。而且 SqlDataSource 完全沒有進行設定！

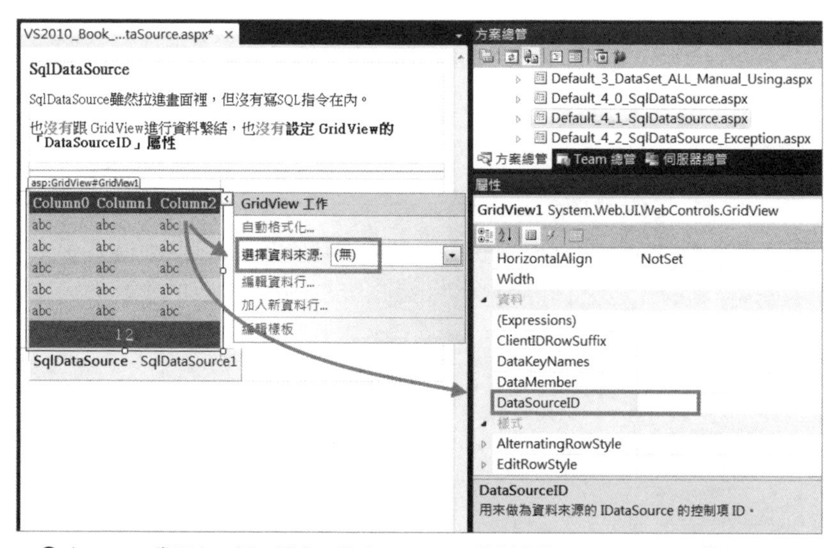

在 HTML 畫面上，還"沒有"設定 GridVeiw 控制項的 DataSourceID 屬性的樣子

完成後，範例Default_4_1_SqlDataSource.aspx的HTML原始碼如下圖所示。

```
46
47      <asp:GridView ID="GridView1" runat="server" CellPadding="3" Font-Size="Small"
48          GridLines="Horizontal" AllowPaging="True" PageSize="5" BackColor="White"
49          BorderColor="#E7E7FF" BorderStyle="None" BorderWidth="1px">
50          <FooterStyle BackColor="#B5C7DE" ForeColor="#4A3C8C" />
51          <RowStyle BackColor="#E7E7FF" ForeColor="#4A3C8C" />
52          <PagerStyle BackColor="#E7E7FF" ForeColor="#4A3C8C" HorizontalAlign="Right" />
53          <SelectedRowStyle BackColor="#738A9C" Font-Bold="True" ForeColor="#F7F7F7" />
54          <HeaderStyle BackColor="#4A3C8C" Font-Bold="True" ForeColor="#F7F7F7" />
55          <AlternatingRowStyle BackColor="#F7F7F7" />
56          <SortedAscendingCellStyle BackColor="#F4F4FD" />
57          <SortedAscendingHeaderStyle BackColor="#5A4C9D" />
58          <SortedDescendingCellStyle BackColor="#D8D8F0" />
59          <SortedDescendingHeaderStyle BackColor="#3E3277" />
60      </asp:GridView>
61
62    </div>
63
64
65    <asp:SqlDataSource ID="SqlDataSource1" runat="server">
66    </asp:SqlDataSource>
67
```

GridView不搭配SqlDataSource
（GridView的「DataSourceID」屬性保持空白）

SqlDataSource是一個空殼，拉到HTML畫面裡，
但沒有進行設定。

⊙ SqlDataSource 是一個空殼，拉到 HTML 畫面裡，但沒有進行設定。因為我們要寫程式去控制它

這個範例有趣的地方，就是我們拉進SqlDataSource之後，卻不使用它的精靈步驟。簡單地說，這個範例的**HTML畫面只有兩個「空白」的控制項**，GridView與SqlDataSource都只是一個空殼而已。

```
範例 Default_4_1_SqlDataSource.aspx 的 HTML 設定畫面：

    <asp:GridView ID="GridView1" runat="server" AllowPaging="True" PageSize="5">
            .... 部分省略 ....
            註解： GridView 的「DataSourceID」屬性，完全沒有用到！
    </asp:GridView>


    <asp:SqlDataSource ID="SqlDataSource1" runat="server">
            註解： 重點！！ 空空如此，什麼都沒有～
    </asp:SqlDataSource>

作者註解：
    這個範例的 HTML 畫面中，兩個控制項都是「空殼」。沒有其他多餘的設定。
```

從「1. 資料庫的連線」、「2. SQL指令的撰寫」再到「3. DataBinding」，通通都是我們自己寫程式控制的。範例 Default_4_1_SqlDataSource.aspx的後置程式碼如下：

```
using System.Web.Configuration;    //---- 自己宣告 NameSpace----
using System.Data.SqlClient;

protected void Page_Load(object sender, EventArgs e)
{  //--------------------------------------------------------
   //-----  手動撰寫 SqlDataSource  -----
   //--------------------------------------------------------
```

```
    //== 1. 資料庫的連線字串 ConnectionString  ==
    SqlDataSource1.ConnectionString = WebConfigurationManager.
    ConnectionStrings[" 存在 Web.Config 檔案裡面的資料庫連結字串 "].ConnectionString;

    //== 2. 撰寫 SQL 指令 ==
    SqlDataSource1.SelectCommand = "SELECT * FROM [test]";

    //***********************************
    GridView1.DataSourceID = "SqlDatasource1";
    //***********************************
    SqlDataSource1.Dispose();
}
作者註解：
    根據微軟 Microsoft Docs 網站（前 MSDN 網站）的說法：DataSourceID 屬性隱
含 .DataBind() 方法，所以不需要寫 GridView1.DataBind()。
```

21-3-3 SqlDataSource的例外狀況（Exception）

延續上一個範例來解說，前面的例子使用的是SqlDataSource控制項的SelectCommand，也就是從資料庫撈取資料出來的SQL指令。

SqlDataSource控制項有兩個對應的事件可以讓我們使用，分別是：**Selecting事件**（正在執行Select指令的時候）與**Selected事件**（執行完成Select指令之後）。

我們可以在SqlDataSource控制項的**Selected事件**（執行完成SelectCommand指令之後）抓到例外狀況。請看範例Default_4_2_SqlDataSource_Exception.aspx（HTML設計畫面同上，只改後置程式碼）。

```
using System.Web.Configuration;    //---- 自己宣告 NameSpace----
using System.Data.SqlClient;

protected void Page_Load(object sender, EventArgs e)
{   //-------------------------------------------------
    //-----  手動撰寫 SqlDataSource  -----
    //-------------------------------------------------
    //== 1. 資料庫的連線字串 ConnectionString  ==
    SqlDataSource1.ConnectionString = WebConfigurationManager.
    ConnectionStrings[" 存在 Web.Config 檔案裡面的資料庫連結字串 "].ConnectionString;
    //== 2. 撰寫 SQL 指令 ==
    SqlDataSource1.SelectCommand = "SELECT * FROM [test]";
    //***********************************
    GridView1.DataSourceID = "SqlDatasource1";
    //***********************************
    SqlDataSource1.Dispose();
}
```

```
protected void SqlDataSource1_Selected(object sender,
SqlDataSourceStatusEventArgs e)
{   //== 執行 SqlDataSource 的 .Select() 方法之後，就會執行這一個事件 ==
    e.ExceptionHandled = true;   //-- 表示我們自己處理例外狀況（exception）！

    if (e.Exception != null)   {
        Response.Write(" 發生例外狀況 ---- " + e.Exception.Message);
    }
}
```

上述的程式碼，最重要的就是這一列「**e.ExceptionHandled = true;**」表示我們自己處理例外狀況。有了它，即使我們故意寫錯SQL指令仍可抓到下圖例外狀況。

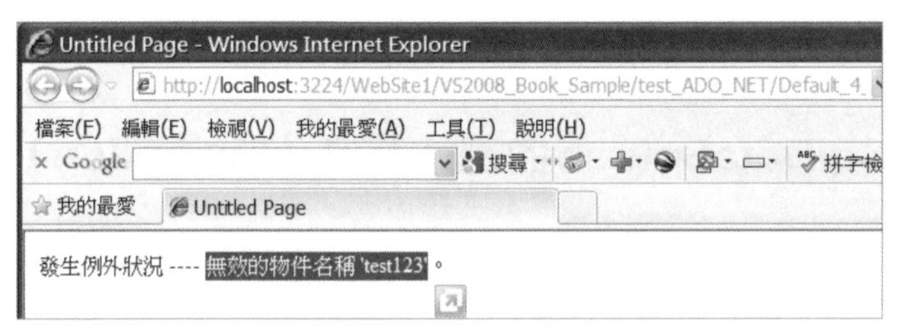

⦿ 自己處理 SqlDatasource 的例外狀況與訊息

如果不寫這一行「**e.ExceptionHandled = True**」或是將它註解掉（不執行）的話，例外狀況就會像下圖這樣。

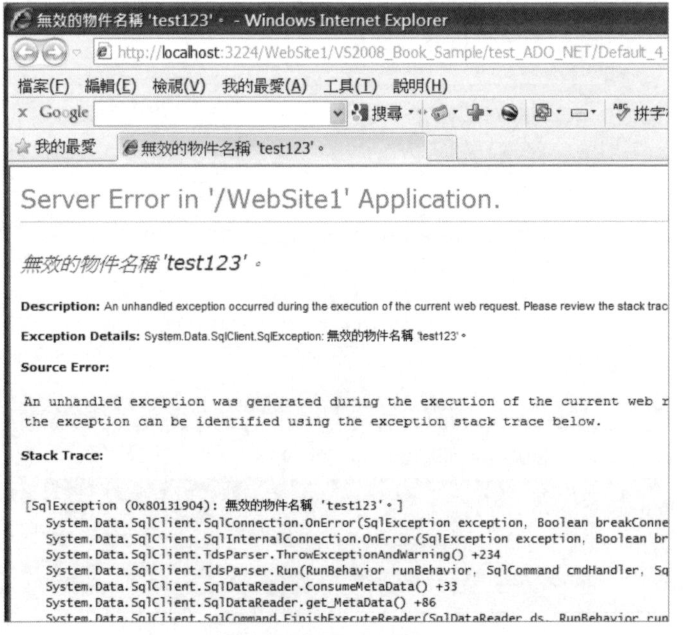

⦿ 傳統的例外狀況與訊息

除了SqlDataSource控制項的Selected事件之外，在資料新增的Inserted事件、資料更新的Updateed事件、還有刪除的Deleted事件也可以有相同的作法。

最後要提醒大家：如果您"不是"用SqlDataSource控制項而是**自己寫程式來做**資料繫結控制項（如GridView或ListView等等），那麼都**不會運作到「...ed」這些事件！只會運作到「...ing」事件而已**，請注意！

21-3-4 後置程式碼的 DataSourceID 與 DataSource 屬性，兩者不可混用

上面介紹的DataBinding（資料繫結）共有兩種方法，不管是：

1. 事先在HTML畫面（.aspx檔）作設定。
2. 或是自行寫在後置程式碼裡面。

只選其中一種來用即可。光靠資料繫結控制項的「DataSourceID」屬性，一句話就能搞定，不需要自己手動寫.DataBind()方法（「DataSourceID」屬性會自動完成這一行程式），充分展現出資料來源控制項的便利！

注意！ 同一個控制項（如：GridView），在後置程式碼裡面**千萬不可"同時使用"**—「**DataSourceID屬性**」與「**DataSource屬性**」。

如果您同時使用這兩段程式，一定會出錯（如同下面的程式與下圖的錯誤訊息）。**DataSourceID與DataSource，兩者只能"任選其一"！**

```
GridView1.DataSourceID ="SqlDataSource1";
```

或是

```
GridView1.DataSource = dr;
GridView1.DataBind();
```

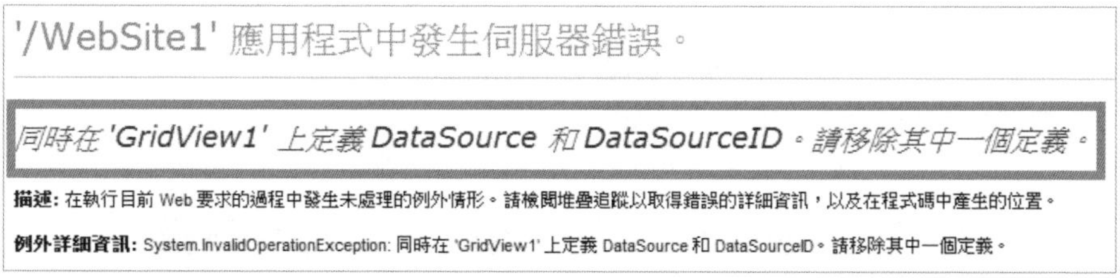

'/WebSite1' 應用程式中發生伺服器錯誤。

同時在 'GridView1' 上定義 DataSource 和 DataSourceID。請移除其中一個定義。

描述: 在執行目前 Web 要求的過程中發生未處理的例外情形。請檢閱堆疊追蹤以取得錯誤的詳細資訊，以及在程式碼中產生的位置。

例外詳細資訊: System.InvalidOperationException: 同時在 'GridView1' 上定義 DataSource 和 DataSourceID。請移除其中一個定義。

▲ 在資料繫結控制項裡面，「同時使用」DataSource與DataSourceID，將會發生錯誤！

作者註解

- 根據微軟 Microsoft Docs網站（前MSDN網站）的說法：DataSource**ID**屬性隱含.DataBind()方法，所以第一種寫法不需要加寫GridView1.DataBind()。
- 第二種寫法（**.DataSource**）當您搭配GridView這種大型控制項時，無法自動完成分頁功能。分頁的程式（GridView的PageIndexChanging事件）要自己動手寫一些程式碼。

以下我們將會介紹幾支程式，讓大家更瞭解SqlDataSource背後運作的流程。其透過這些程式，我們將會更瞭解SqlDataSource與ADO.NET之間的關係。

「預設的」資料來源控制項，把DataSourceMode屬性設為DataSet。功能雖然強大，但耗費的資源也很多。如果不是複雜的關聯式資料庫、分頁功能或是特殊狀況（例如：搭配GridView自動產生新增、刪除、編輯等功能），我們可以用DataReader來處理，速度一定會更快。因此，我們應該要學會：**依照程式的需求，調整「資料來源控制項的DataSourceMode屬性」，才能讓執行速度與系統資源，發揮得更完善！**

引述原文書「Professional in ASP.NET 4 in C# and VB（Wrox出版）」的說法：

> [第八章] **8.1.8 瞭解DataSet和DataTable**
> 如果處理 Web Form，每次都會重新創建 Web Form。當發生這種情況，不僅要調用數據源（資料來源）重建頁面，還要重建DataSet，除非您可以以某種高速緩存（快取）DataSet。
> 這是一個昂貴的過程，因此在這種情況下最好使用DataReader直接處理數據源（資料來源）。
> **在大多數處理Web Form的情況下，都應使用DataReader，而不是創建DataSet。**

市面很少書籍針對DataBinding的革命轉變，提供好的範例來做深入的解說。為了解釋清楚，我在另一本書—《ASP.NET專題實務（II）：進階範例應用》以一整章的篇幅來申論DataBinding，請不要錯過。

21-4 SqlDataSource的DataSource屬性

從下圖可以證明，在ASP.NET網頁使用的SqlDataSource控制項有一個**「DataSourceMode」**屬性，裡面只有**DataReader**與**DataSet**兩者可選。證明SqlDataSource控制項裡面，真正處理「資料庫存取」的ADO.NET就是這兩者。

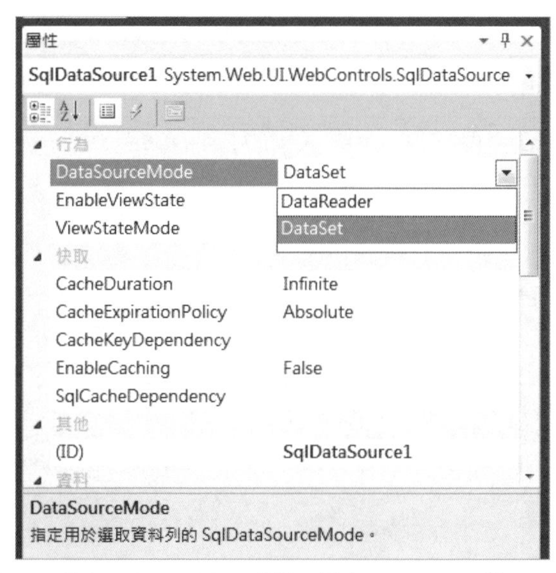

⊙ SqlDataSource 的 DataSourceMode 屬性，只有 DataReader 與 DataSet 兩者可選

21-4-1 DataSourceMode 設定為 DataReader

範例 Default_4_3_SqlDataSource_Manual_DataReader.aspx 的 HTML 畫面，只有一個空的 GridView，暫時沒用到 SqlDataSource。

⊙ 在 HTML 畫面上，GridVeiw 控制項「沒有」搭配 SqlDataSource。我們要在後置程式碼，自己動手寫程式

自己寫SqlDataSource的C#後置程式碼（DataSourceMode屬性設定為DataReader）如下：

```
//---- 註解：記得在後置程式碼（CodeBehine）的最上面，寫這些 NameSpace ----
using System.Web.Configuration;
using System.Data.SqlClient;


protected void Page_Load(object sender, EventArgs e)    {
   SqlDataSource SqlDataSource1 = new SqlDataSource();

   //== 自己手動撰寫 SqlDataSource，必須先寫下面三行 ==
   //== 1. 資料庫的連線字串 （已經存放在 Web.Config 檔案內）
   SqlDataSource1.ConnectionString =
   WebConfigurationManager.ConnectionStrings["存在 Web.Config 檔案裡面的資料庫連結
   字串"].ConnectionString;

   //== 2. 撰寫 SQL 指令 ==
   SqlDataSource1.SelectCommand = "SELECT * FROM [test]";
  //== 執行 SQL 指令 .Select()   /  [DataReader 版]==
  SqlDataSource1.DataSourceMode =
                                            SqlDataSourceMode.DataReader;
      // 如果 DataSourceMode 屬性設為 DataReader 值，則會傳回 IDataReader 物件。當完
      成讀取資料時，請自行關閉 IDataReader 物件。

  DataSourceSelectArguments args =
                                  new DataSourceSelectArguments();
      // DataSourceSelectArguments 提供一項機制，讓資料繫結控制項於擷取資料時，用來
      向資料來源控制項要求資料相關的作業。

      IDataReader IDR = (IDataReader) SqlDataSource1.Select(args);
      //強制把 GridView1.DataSource，轉換成 IDataReader 物件。
      '=========================================
      GridView1.DataSource = IDR;   //== 3. 資料繫結（自由發揮）。
      GridView1.DataBind();
      '=========================================

      IDR.Close();     //當完成讀取資料時，請關閉 IDataReader 物件。
   SqlDataSource1.Dispose();  //== 4. 釋放資源與關閉資料庫的連結。
}
```

注意! 注意，以上範例（後置程式碼）僅提供參考。

除非必要，否則我們自己手動撰寫SqlDataSource的後置程式碼，「未必」比SqlDataSource本身的精靈作得更好。

上面程式只是要讓大家更瞭解SqlDataSource實際上的流程是如何完成的？ ......大家可以看到SqlDataSource的背後，仍然是ADO.NET的兩大要角——**DataReader與DataSet**。

讀者們是否更相信我說過的那句話，「ADO.NET是 ASP.NET的內功心法」，把內功學好，功力真的會倍增！

21-4-2 DataSourceMode設定為DataSet

接下來要介紹的是把SqlDataSource的DataSourceMode，設定為DataSet。這個範例跟上面的DataReader版有些差異。最大的差別就在於DataSet的版本，**多了一個資料檢視（DataView）**。

資料來源控制項可以有一個或多個關聯的資料來源檢視物件，分成下列兩種狀況：

1. 用來展示**關聯式資料庫**的資料來源控制項（如SqlDataSource和AccessDataSource等），但是，有部分的資料來源控制項只支援「一個」檢視。
2. **階層式**資料來源控制項(例如SiteMapDataSource這些網站巡覽列)等其他資料來源控制項，則可以支援「多個」檢視。資料來源檢視會定義資料來源的功能和支援的作業。

總而言之，資料來源控制項會實作IDataSource介面、支援一或多個用來展示資料的具名檢視，而且支援從資料來源存取資料。**資料來源的「檢視」物件類似System.Data命名空間的「DataView」，它可以繫結資料、自訂的資料檢視，用於排序、篩選和檢視所定義的其他資料作業**。資料來源控制項的核心作業，即為獲取資料的「檢視」。

本範例Default_4_4_SqlDataSource_Manual_DataSet.aspx。自己寫SqlDataSource的C#後置程式碼（DataSourceMode屬性設定為DataSet）如下：

```
//---- 註解：記得在後置程式碼（CodeBehine）的最上面，寫這些 NameSpace ----
using System.Web.Configuration;
using System.Data.SqlClient;


protected void Page_Load(object sender, EventArgs e)    {
    SqlDataSource SqlDataSource1 = new SqlDataSource();

    //== 自己手動撰寫 SqlDataSource    ，必須先寫下面三行 ==
    //== 1. 資料庫的連線字串 ConnectionString。已經存放在 Web.Config 檔案內
```

```
    SqlDataSource1.ConnectionString = WebConfigurationManager.
ConnectionStrings["存在 Web.Config 檔案裡面的資料庫連結字串"].ConnectionString;
    //== 2. 撰寫 SQL 指令 ==
    SqlDataSource1.SelectCommand = "SELECT * FROM [test]";

    //== 執行 SQL 指令 .Select() 方法   /   [DataSet 版]==
    SqlDataSource1.DataSourceMode = SqlDataSourceMode.DataSet;
        //== 如果 DataSourceMode 屬性設為 DataSet 值，則 .Select() 方法會傳回
        DataView 物件。
    DataSourceSelectArguments args = new DataSourceSelectArguments();

    DataView dv = new DataView();
    dv = (DataView)SqlDataSource1.Select(args);
        //== 型別 'System.Collections.IEnumerable' 不能隱含轉換為
        'System.Data.DataView'。請強制轉換為 DataView。
        //== DataSourceSelectArguments 提供一項機制，讓資料繫結控制項於擷取資料時，
        用來向資料來源控制項要求資料相關的作業。

    GridView1.DataSource = dv;   //== 3. 資料繫結（自由發揮）。
    GridView1.DataBind();
    SqlDataSource1.Dispose();   //== 4. 釋放資源與關閉資料庫的連結。
}
```

注意！ 注意，這個範例（後置程式碼）僅提供參考。

除非必要，否則我們自己手動撰寫SqlDataSource的後置程式碼，「未必」比SqlDataSource本身的精靈作得更好。

上面程式只是要讓大家更瞭解SqlDataSource實際上的流程是如何完成的？......大家可以看到SqlDataSource的背後，仍然是ADO.NET的兩大要角—**DataReader**與**DataSet**。

21-4-3 搭配「參數」避免資料隱碼攻擊，SqlParameters

SqlDataSource搭配參數的話，也可以寫在後置程式碼裡面，自己動手控制。這樣可以初步防範SQL Injection（資料隱碼）攻擊，相當實用。

範例Default_4_SqlDataSource_Manual_DataBinding.aspx，畫面上只有一個TextBox與GridView，其餘的SqlDataSource都必須自己動手撰寫在後置程式碼裡面。

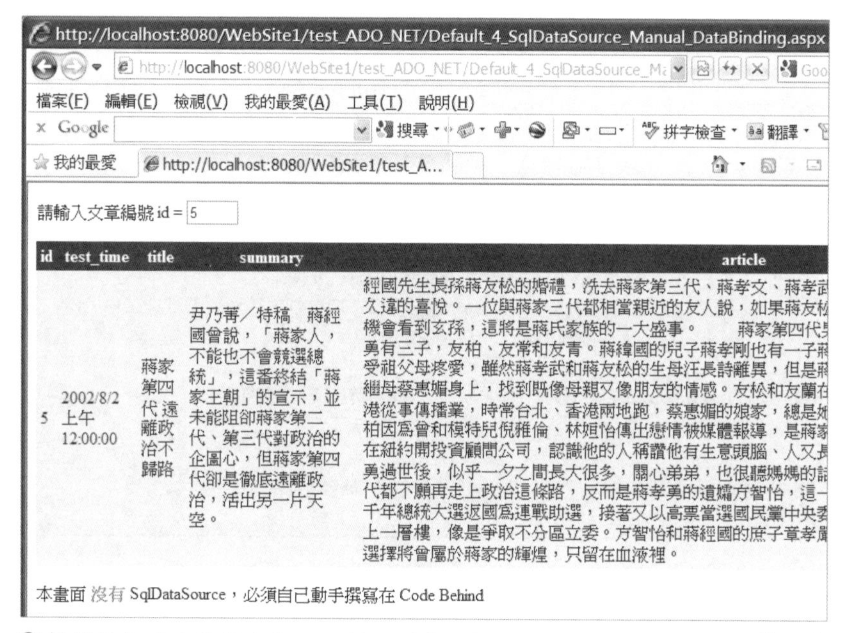

範例 Default_4_SqlDataSource_Manual_DataBinding.aspx。SqlDataSource 搭配參數的話，也可以寫在後置程式碼裡面，自己動手控制

範例 Default_4_SqlDataSource_Manual_DataBinding.aspx 的 C# 後置程式碼：

```
//---- 註解：記得在後置程式碼（CodeBehine）的最上面，寫這些 NameSpace ----
using System.Web.Configuration;
using System.Data.SqlClient;


protected void Page_Load(object sender, EventArgs e)    {
    SqlDataSource SqlDataSource1 = new SqlDataSource();

    //== 自己手動撰寫 SqlDataSource ，必須先寫下面三行 ==
    //== 1. 資料庫的連線字串 ConnectionString。已經存放在 Web.Config 檔案內
    SqlDataSource1.ConnectionString = WebConfigurationManager.
    ConnectionStrings[" 存在 Web.Config 檔案裡面的資料庫連結字串 "].ConnectionString;

    //== 2. 撰寫 SQL 指令 ==
    // -- 此為參數，參數名稱 ID，也就是下面 SelectCommand 後面的「@ID」
    SqlDataSource1.SelectParameters.Add("ID", TextBox1.Text);

    SqlDataSource1.SelectCommand = "SELECT [id], [test_time], [title],
    [summary], [article], [author] FROM [test] WHERE ([id] = @ID)";

    //== 執行 SQL 指令 .Select() 方法  /  [DataSet 版]==
    SqlDataSource1.DataSourceMode = SqlDataSourceMode.DataSet;
```

```
    //== 如果 DataSourceMode 屬性設為 DataSet 值，則 .Select() 方法會傳回
    DataView 物件。
  DataSourceSelectArguments args = new DataSourceSelectArguments();

  DataView dv = new DataView();

  dv = (DataView)SqlDataSource1.Select(args);
      //== 型別 'System.Collections.IEnumerable' 不能隱含轉換為
      'System.Data.DataView'。請強制轉換為 DataView。
      //== DataSourceSelectArguments 提供一項機制，讓資料繫結控制項於擷取資料
      時，用來向資料來源控制項要求資料相關的作業。

  GridView1.DataSource = dv;  //== 3. 資料繫結（自由發揮）。
  GridView1.DataBind();

  SqlDataSource1.Dispose();  //== 4. 釋放資源與關閉資料庫的連結。
}
```

22 CHAPTER SqlDataSource 類別（只限 Web Form 可用）

注意! 提醒您！！ DataSource控制項，如：SqlDataSource或AccessDataSource都是「Web控制項」，只有ASP.NET網頁（Web Form程式）能用。這種控制項不能跨平台到Windows程式使用。只是給網頁初學者搭配而已。

這兩章SqlDataSource範例僅供參考！！不需要為它「手寫程式碼」。直接學ADO.NET專屬的DataReader、DataSet兩者即可！但這兩章仍有許多ADO.NET的觀念、防範資料隱碼攻擊、參數的寫法......等值得學習。

請參閱我在YouTube的兩則教學影片，(1)搜尋關鍵字「不要為SqlDataSource寫程式」就能找到。(2)關鍵字「SqlDataSource 做不到 做不好」。

SqlDataSource類別是將MS SQL Server資料庫展示出來、以MS SQL Server資料庫做為代表、象徵的一個「資料繫結**控制項**」（**Represents** an SQL database to data-bound **controls.**）。

很特別的是，SqlDataSource類別不像之前幾章 ADO.NET的 DataReader與 DataSet等，隸屬於 **System.Data.SqlClient**命名空間。

簡單地說，從 SqlDataSource類別的命名空間（System.Web.**UI.WebControls**）可以得知，他其實跟 TextBox、GridView等網頁控制項是同一家族的。

- 命名空間：**System.Web.UI.WebControls**。
- 組件：System.Web（在 System.Web.dll 中）。

SqlDataSource的建構函式如下：

名稱	說明
SqlDataSource	初始化 SqlDataSource類別的新執行個體。
SqlDataSource (String, String)	使用指定的(1)連接字串和 (2)selectCommand，初始化SqlDataSource類別的新執行個體。

	<參數> • **connectionString** 型別：System.String。用來連接基礎資料庫的連接字串。 • **selectCommand** 型別：System.String。用來從基礎資料庫擷取資料的 SQL 查詢指令。如果 SQL 查詢是參數型 SQL 指令字串，則您可能需要將 Parameter 物件加入 SelectParameters 集合。關於參數，請參閱後續說明。
SqlDataSource (String, String, String)	使用指定的 (1) 連接字串和 (2)selectCommand，初始化 SqlDataSource 類別的新執行個體。 <參數> • **providerName** 型別：System.String。SqlDataSource 使用的資料提供者名稱。如果未設定提供者，則 SqlDataSource 預設會將 ADO.NET 提供者（Provider）用於 Microsoft SQL Server。 • **connectionString** 型別：System.String。用來連接基礎資料庫的連接字串。 • **selectCommand** 型別：System.String。用來從基礎資料庫擷取資料的 SQL 查詢指令。如果 SQL 查詢是參數型 SQL 指令字串，則您可能需要將 Parameter 物件加入 SelectParameters 集合。
參數與預存程序的補充說明 由於不同的資料庫產品使用不同的 SQL 種類，所以 selectCommand 的語法會取決於目前使用的 ADO.NET 提供者，這由 ProviderName 屬性加以識別。如果 SQL 指令字串是「**參數型**」查詢或命令，參數的替代符號亦須視目前所使用的 ADO.NET 提供者而定。 例如，如果提供者為 System.Data.SqlClient，即 SqlDataSource 類別的預設提供者，則參數的替代符號為「@parameterName」，以「@」符號開頭的便是參數。然而，如果提供者設為 System.Data.Odbc 或 System.Data.OleDb，則參數的替代符號會是「？」符號。 如果資料來源支援**預存程序（Stored Procedure）**，則 SelectCommand 值可以是 SQL 指令的字串、或預存程序的名稱。	

資料來源：微軟 Microsoft Docs 網站（前 MSDN 網站）

範例 SqlDataSource_GridView.aspx 的 HTML 畫面如下，我們可以觀察到 SqlDataSource 控制項的精靈步驟自己產生的「SQL 指令」與「參數」。在此我們搭配 MS SQL Server，所以參數的前面都搭配 @ 符號。

特別強調！

第一、SqlDataSource 控制項只能對應**「單一資料表」**。

第二、這個資料表必須**具備「主索引鍵（Primay Key）」**，SqlDataSource 控制項才能產生對應的新增、刪除、修改的 SQL 指令。以下面的 HTML 標籤為例，test 資料表的主索引鍵就是 id 欄位。

```
<asp:SqlDataSource ID="SqlDataSource2" runat="server"
   ConnectionString="<%$ ConnectionStrings: 存在 Web.Config 檔裡面的連線字串 %>"
   DeleteCommand="DELETE FROM [test] WHERE [id] = @id"
   InsertCommand="INSERT INTO [test] ([test_time], [class], [title], [summary],
   [article], [author]) VALUES (@test_time, @class, @title, @summary,
   @article, @author)"
   SelectCommand="SELECT [id], [test_time], [class], [title], [summary],
   [article], [author] FROM [test] WHERE ([id] = @id)"
   UpdateCommand="UPDATE [test] SET [test_time] = @test_time, [class] =
   @class, [title] = @title, [summary] = @summary, [article] = @article,
   [author] = @author WHERE [id] = @id">

        <DeleteParameters>
                <asp:Parameter Name="id" Type="Int32" />
        </DeleteParameters>
        <InsertParameters>
                <asp:Parameter Name="test_time" Type="DateTime" />
                <asp:Parameter Name="class" Type="String" />
                <asp:Parameter Name="title" Type="String" />
                <asp:Parameter Name="summary" Type="String" />
                <asp:Parameter Name="article" Type="String" />
                <asp:Parameter Name="author" Type="String" />
        </InsertParameters>
        <SelectParameters>
                <!-- 作者註解：因為要搭配網頁上另一個 DropDownList 控制項。 -->
                <asp:ControlParameter ControlID="GridView1" Name="id"
                    PropertyName="SelectedValue" Type="Int32" />
        </SelectParameters>
        <UpdateParameters>
                <asp:Parameter Name="test_time" Type="DateTime" />
                <asp:Parameter Name="class" Type="String" />
                <asp:Parameter Name="title" Type="String" />
                <asp:Parameter Name="summary" Type="String" />
                <asp:Parameter Name="article" Type="String" />
                <asp:Parameter Name="author" Type="String" />
                <asp:Parameter Name="id" Type="Int32" />
        </UpdateParameters>
</asp:SqlDataSource>
```

22-1 SqlDataSource 控制項與精靈步驟

DetailsView 控制項是從 ASP.NET 2.0 才出現的，專門用來新增或編輯既有資料。另外一個很相似的伙伴叫做 FormView 控制項，這兩兄弟的差異就在於 FormView 以「樣版（Template）」為主，畫面上設計的彈性較高。而 DetailsView 的畫面已經事先設計好了，可以直接拿來使用。

有鑑於讀者第一次接觸這種資料繫結控制項，它的功能強大又需要連結資料庫。因此我們改用圖片連續說明的方式，來介紹它的用法。大量的連續圖片，也比較容易讓初學者一步一步跟著作（後續章節就不會浪費這麼多篇幅來解說了，因此要請讀者仔細地完成每一步驟，把自己的基礎打穩）。以下是範例 2.aspx，介紹 DetailsView 搭配 SqlDataSource 的精靈步驟。

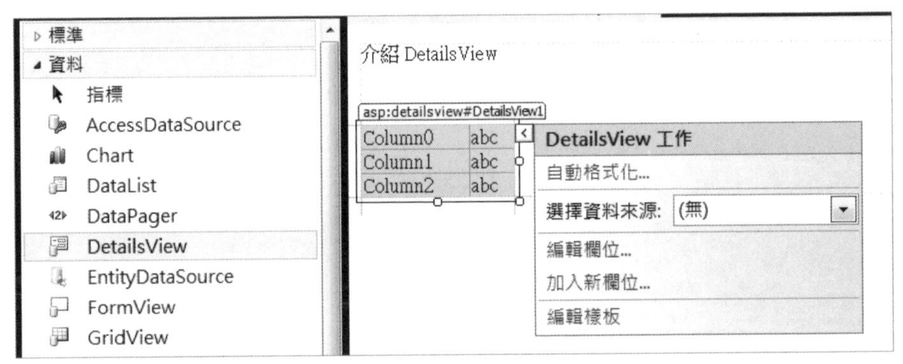

⊙ 畫面左方的工具箱，挑選「資料」裡面的 DetailsView，並且拖拉到畫面裡面。DetailsView 右上方有一個三角標誌，稱為「智慧標籤（Smart Tag）」，常用的功能都可以在這裡找到

除了控制項的右上角，會出現「智慧標籤（Smart Tag）」以外，我們也可以在控制項上，按下「滑鼠右鍵」點選「智慧標籤」的功能。

22-1-1 第一步驟，連結資料庫或其他資料來源

後續的設定，其實跟連結資料庫的四大步驟完全一樣。Visual Studio 只是透過精靈畫面，一步一步地協助我們完成這四大步驟而已。請依照下圖的指引來完成之。

首先，我們透過 DetailsView 的「智慧標籤」，請選擇資料來源裡面的「新資料來源」。

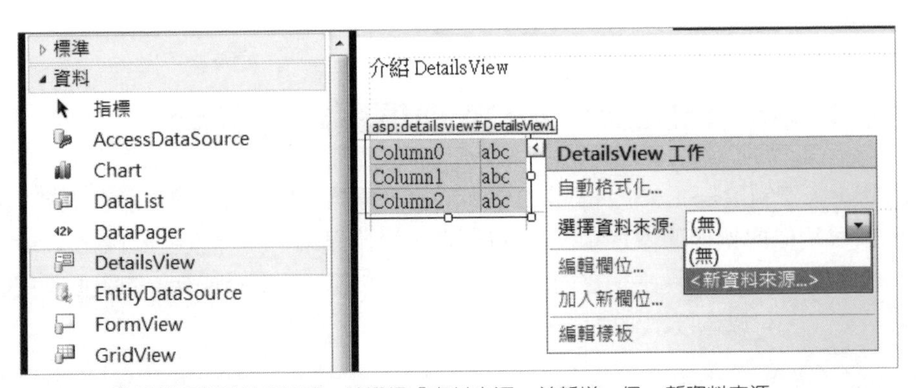

⊙ 準備開始連接資料庫。請選擇「資料來源」並新增一個 <新資料來源 ...>

資料來源可以是各種管道，但我們以資料庫為主，要連接MS SQL Server就挑選「資料庫」。此時我們便可以發現畫面最下方會自動變成「SqlDataSource」資料來源控制項（如下圖所示）。

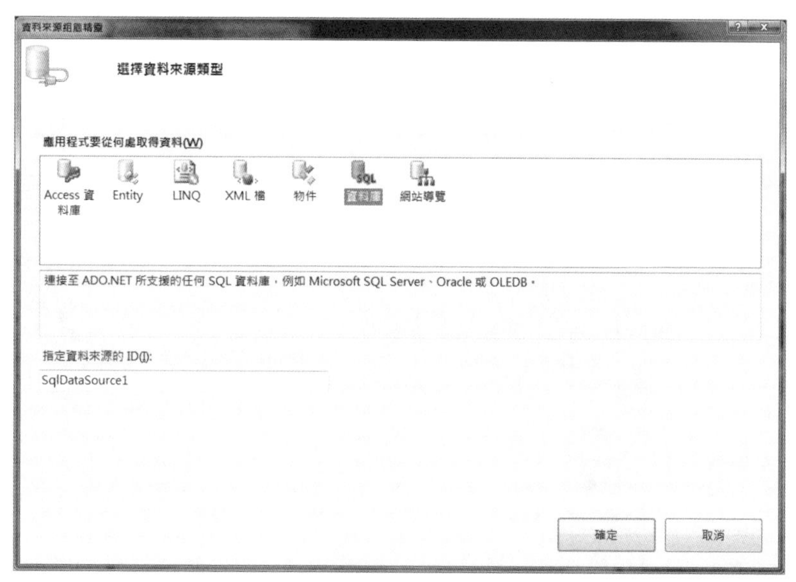

⊙ .NET 的資料來源有分成很多種。目前我們以連結資料庫為主，這是商務系統最常用的資料來源

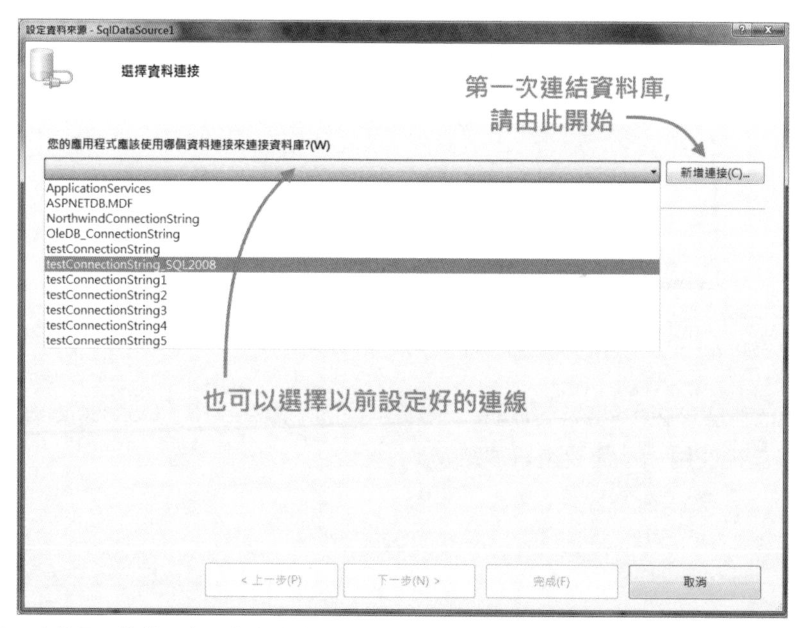

⊙ 第一次使用，請按下畫面右方的按鈕——「新增連接」，後續步驟如下圖。如果以前已經有做好資料庫連線的話，也可以挑選以前設定好的，作重複使用

通常程式設計師在開發程式的時候，自己的電腦（本機）上面也會安裝資料庫軟體。這時候，我們可以輸入「.」符號代表資料庫本機（請看下圖的「伺服器名稱」)。如果您使用 MS SQL Server **Express**版，請寫成「.\SQLExpress」。

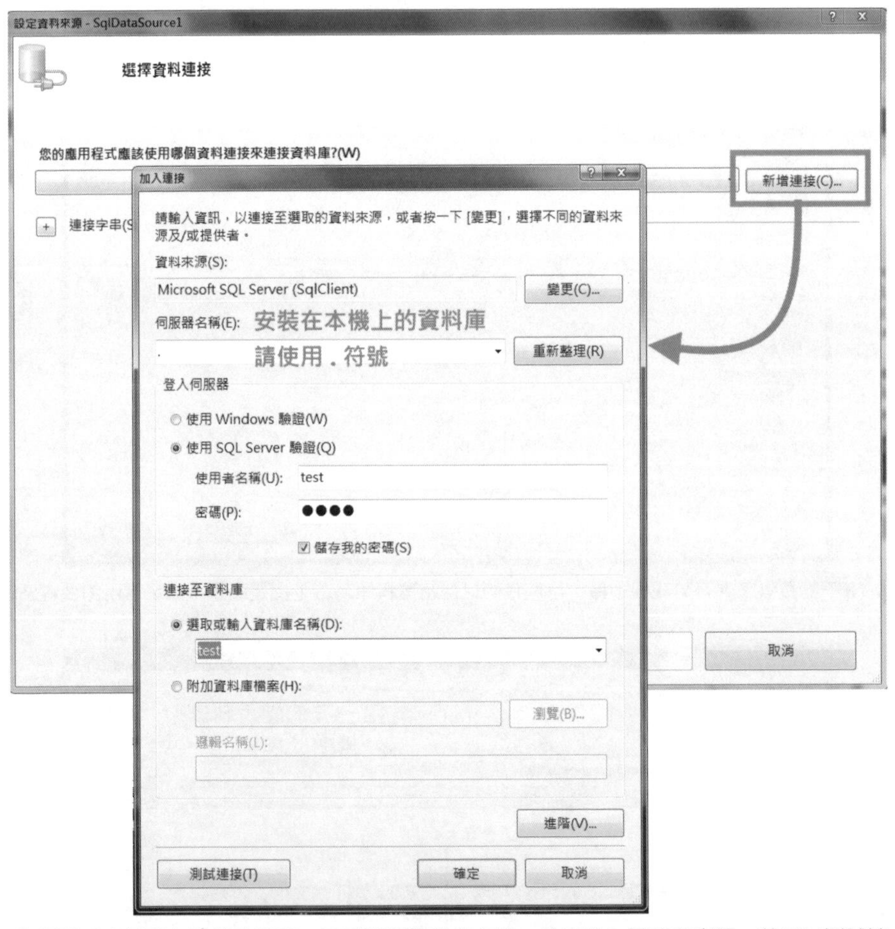

⊙ 新增（資料庫）連接的畫面。只要選擇資料庫主機，並且輸入帳號與密碼，就可以測試連線。成功後，可以把這個連接給記錄下來，以備日後使用

完成上述的步驟之後，就會自動產生一段資料庫的「連結字串（ConnectionString）」，以後可以重複使用。不需要重新連結了。

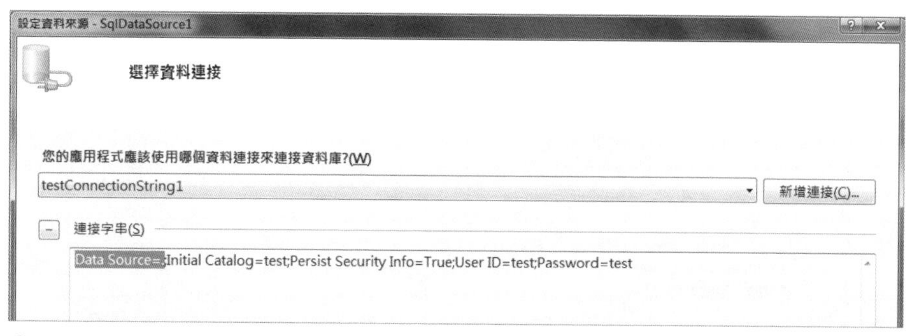

⊙ 完成（資料庫）連接的畫面。請看下面的連線字串，前一張圖片只是以視窗的方式，幫我們完成這段連接字串（Connection String）而已

這段資料庫的連結字串，可以儲存在Visual Studio開發網站的"根"目錄底下，有一個Web.Config檔案會儲存資料庫連線字串。

```
<configuration>
  <!--  '==== 資料庫 連線字串 ==== -->
  <connectionStrings>
     <add name="testConnectionString1"
          connectionString="Data Source=.;Initial Catalog=test;Persist Security
          Info=True;User ID=test;Password=test"
          providerName="System.Data.SqlClient" />
     ......
  </connectionStrings>
```

22-1-2 第二步驟，執行SQL指令

接下來就是要執行SQL指令，有兩種選擇：

1. 我們可以**自己撰寫SQL指令**（請選下圖的第一個選項）。
2. 或是挑選第二選項，從畫面上點選資料表與相關欄位，**由精靈畫面幫我們產生SQL指令**。

不過，第二個選項只能用在單一資料表上面。對於關聯式資料表，或是關係複雜的多重資料表，就只能自己動手寫SQL指令而已。

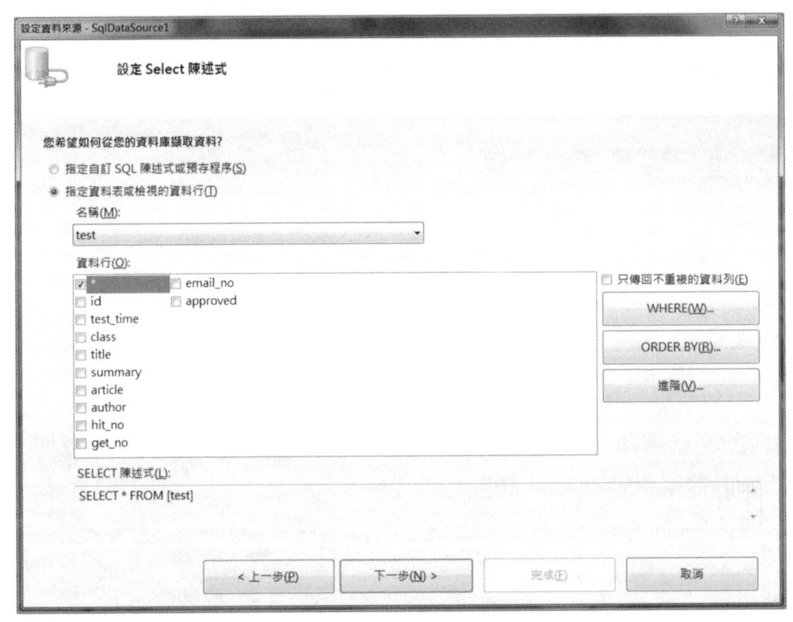

⊙ 執行 SQL 指令。本書的範例，都採用「test 資料表」作為示範。這個畫面還有很多額外的設定，是非常重要的畫面。在後續的章節，我們會用不同的範例來解說

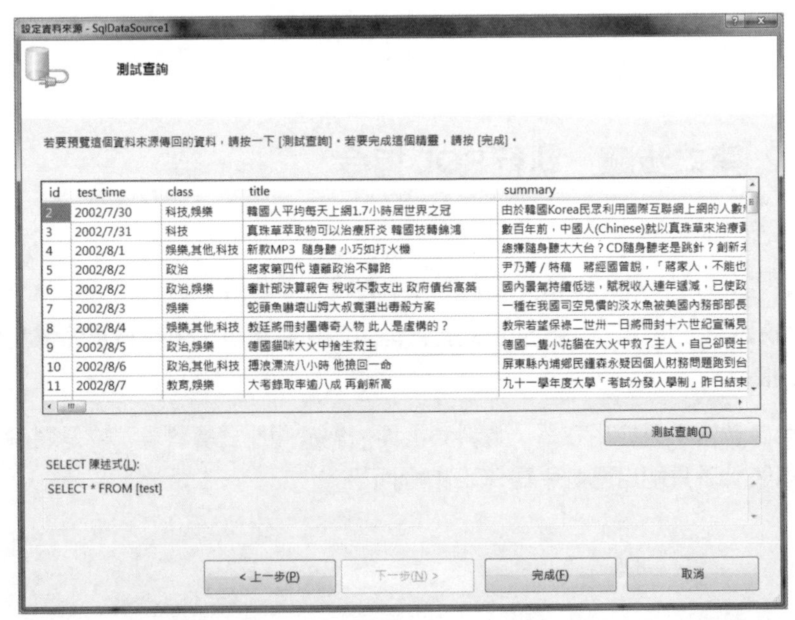

⊙ 測試 SQL 指令的執行結果，是否正確。然後就完成了 SqlDataSource 精靈的設定

22-1-3 第三步驟，自由發揮（DataBinding與畫面呈現）

完成了SqlDataSource的精靈畫面之後，我們可以發現畫面上的DetailsView控制項已經變了，並且跟本書的範例 test資料表整合在一起。這就是所謂的「**資料繫結（DataBinding）**」，把控制項與資料來源（如資料庫）整合在一起。這個觀念是 **ASP.NET**的大革命，也是它跟傳統網頁程式最大的不同！中國大陸的朋友稱為「數據綁定」，在發音與含意上也很吻合實際的意思。

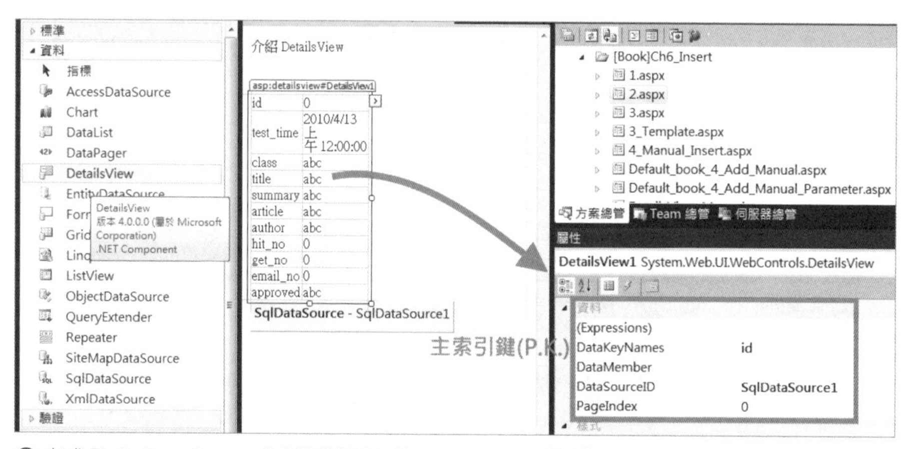

⦿ 完成了 SqlDataSource 的精靈畫面之後，DetailsView 控制項已經跟本書的範例 test 資料表整合在一起。這就是所謂的「資料繫結（DataBinding）」

上圖有兩大重點，我們最好養成習慣，完成SqlDataSource的設定後，都去檢查一下：

- **DataKeyNames 屬性**：指的就是範例資料表（test資料表）的主索引鍵（Primary Key）— id欄位。這個屬性非常重要！！
- **DataSourceID 屬性**：就是剛剛一連串的設定步驟，通通會交給 SqlDataSource 資料來源控制項來掌控。因此這裡必須填寫SqlDataSource的「**ID名稱**」，例如：SqlDataSource1。

22-1-4 執行程式

因為我們是透過 Visual Studio開發工具來進行（不需要自己寫程式），所以最後的關閉資源等等動作，不必自己動手作，Visual Studio會幫我們自動關閉所有資源。完成後，就可以執行本程式了（範例檔名 2.aspx）。

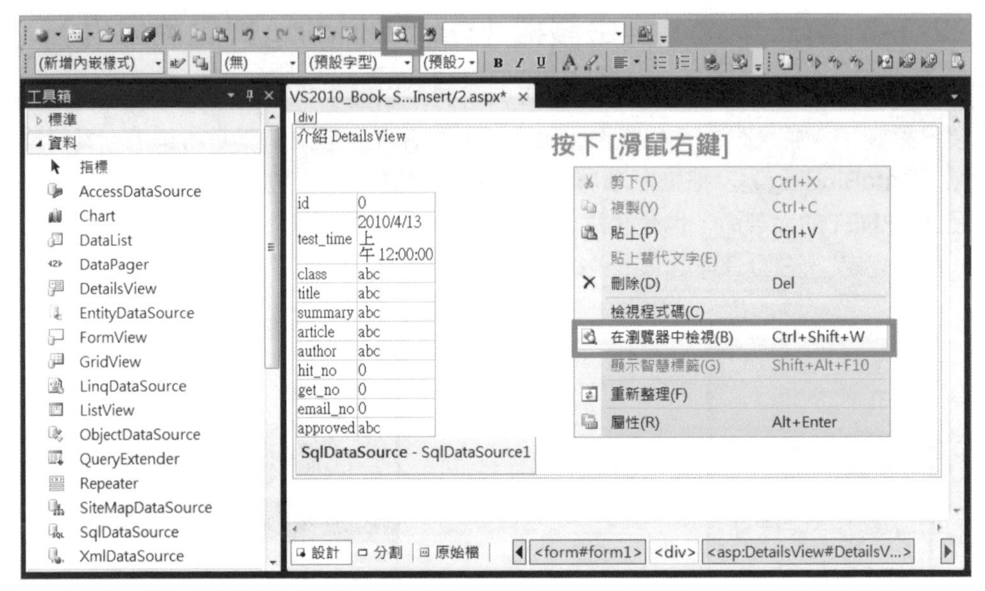

㊤ 在畫面中央的空白處，按下滑鼠右鍵。點選「從瀏覽器中檢視」，就可以執行程式了

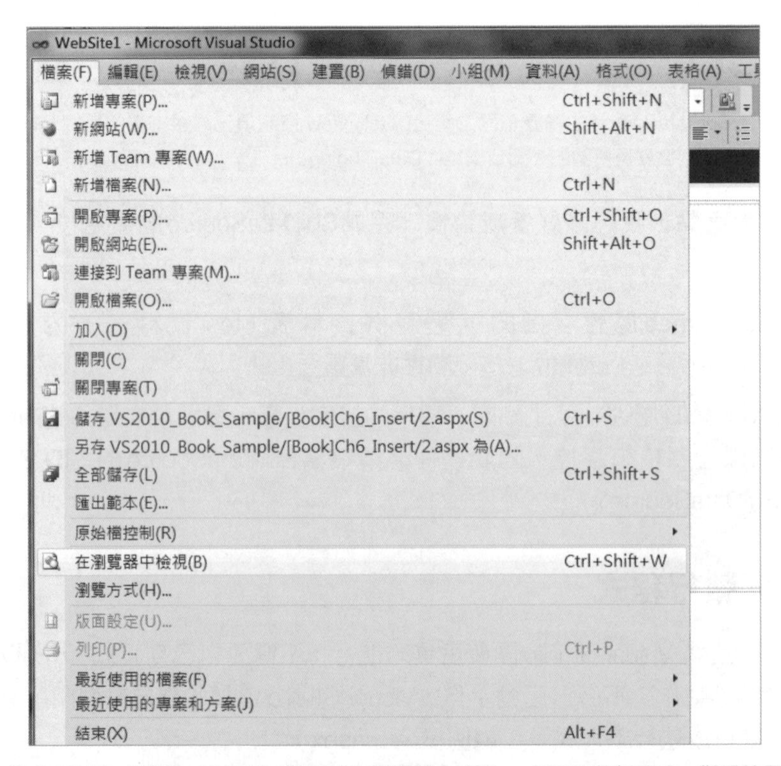

㊤ 也可以在「檔案」功能列，選擇「在瀏覽器中檢視」，便可以執行程式，觀看結果

⦿ 範例 2.aspx 的執行成果。透過 Visual Studio 來開發程式，一行程式碼都沒寫就能完成。雖然如此，但程式設計的觀念與四大步驟都是一樣的

如果您覺得畫面不好看，可以自行修改 DetailsView 的「Width（寬度）」屬性，或是修改一下外觀的設定值。

22-2 DataSource，資料來源控制項概觀

在 ASP.NET 2.0 以後，多了一個新的「資料來源」控制項，依照我們搭配的資料庫，又區分為 SqlDataSource 或是 AccessDataSource 等等。這個新功能 "**絕非**" 用來取代 ADO.NET 的，只不過是一個新的「精靈」模式，透過這樣的介面讓我們更容易存取資料。而微軟也表示 SqlDataSource 這類型新的資料來源控制項，在資料存取的「**速度**」與「**安全性**」上皆有所提升。

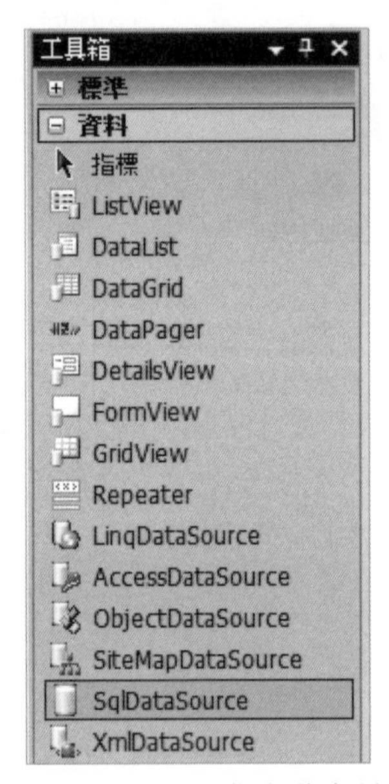

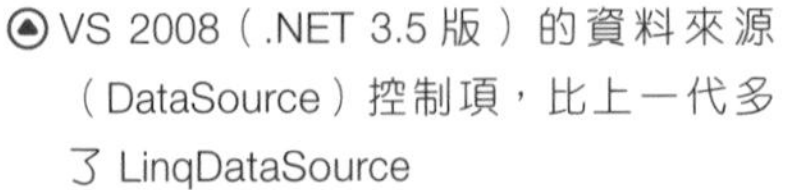
◉ VS 2008（.NET 3.5 版）的資料來源（DataSource）控制項，比上一代多了 LinqDataSource

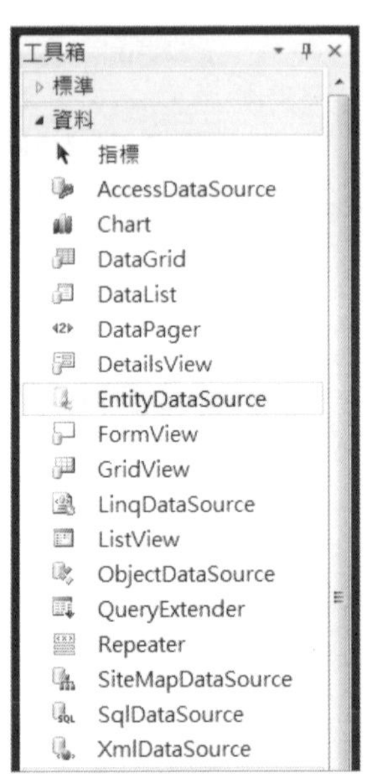

◉ VS 2010（.NET 4.0 版）的資料來源（DataSource）控制項，除了包含前兩代的控制項之外，更多了 EntityDataSource

根據微軟官方文件對於 **IDataSource 介面（Interface）**的說法：實作 IDataSource 介面的任何類別，都是「資料來源」控制項。因為 ASP.NET 支援控制項的資料繫結（程式碼，例如：GridView1.DataBind()）架構，讓 Web 伺服器控制項（例如：下拉式選單 DropDownList）可以相同且單一的方式繫結至資料。

IDataSource 介面：

- 命名空間：System.Web.UI。
- 組件：System.Web（在 System.Web.exe）。

資料來源控制項	說明
ObjectDataSource	能夠讓您使用商務物件或其他類別，並且建立依賴中介層物件以管理資料的 Web 應用程式。支援搭配其他資料來源控制項無法使用的進階排序和分頁案例。
SqlDataSource	能夠讓您使用 Microsoft SQL Server、OLE DB、ODBC 等。當搭配 MS SQL Server 使用時，支援進階的快取功能。當資料做為 DataSet 物件（預設值）傳回時，這個控制項也支援排序、篩選和分頁。
AccessDataSource	能夠讓您使用 Microsoft Access 資料庫。當資料做為 DataSet 物件（預設值）傳回時，支援排序、篩選和分頁。

資料來源控制項	說明
XmlDataSource	能夠讓您使用 XML 檔，特別是針對階層式 ASP.NET 伺服器控制項，例如 TreeView 或 Menu 控制項。使用 XPath 運算式支援篩選功能，並且讓您能夠將 XSLT 轉換套用至資料。XmlDataSource 可以讓您儲存整個 XML 文件及其變更，以更新資料。
SiteMapDataSource	搭配 ASP.NET 網站巡覽控制項來使用，例如：TreeView、SiteMapPath、Menu 這些 Web 控制項。
LinqDataSource（3.5 版推出）	讓您能在 ASP.NET 網頁中透過宣告式標記使用 Language-Integrated Query (LINQ)，以便擷取和修改資料物件中的資料。支援自動產生選取、更新、插入和刪除命令。控制項也支援排序、篩選和分頁。
EntityDataSource（4.0 版推出）	可以讓您繫結以 Entity Data Model (EDM) 為基礎的資料。支援自動產生更新、插入（新增）、刪除和選取命令。控制項也支援排序、篩選和分頁。

資料來源：微軟 Microsoft Docs 網站（前 MSDN 網站）

關於上表列出的資料來源控制項，以下有更深入的解說：

- **ObjectDataSource 控制項**

  ObjectDataSource 控制項會使用商務物件（Bussiness Object），或依賴中介層商務物件，以管理資料之 Web 應用程式中的其他類別。這個控制項是用來與實作一或多個方法的物件互動，以擷取或修改資料。當資料繫結控制項與 ObjectDataSource 控制項互動以擷取或修改資料時，ObjectDataSource 控制項會將繫結控制項提供的值傳遞給來源物件，做為方法呼叫中的參數。

  來源物件的資料擷取方法，必須傳回實作 IEnumerable 介面的 DataSet、DataTable 或 DataView 物件。如果傳回資料做為 DataSet、DataTable 或 DataView 物件，ObjectDataSource 控制項就能夠快取和篩選資料。如果來源物件接受來自 ObjectDataSource 控制項的網頁大小和資料錄索引資訊，您也可以實作進階分頁案例。

- **SqlDataSource 控制項**

  SqlDataSource 控制項會使用 SQL 命令擷取和修改資料。SqlDataSource 控制項會使用 Microsoft SQL Server、OLE DB、ODBC 和 Oracle 資料庫。

  SqlDataSource 控制項能夠傳回結果做為 DataReader 或 DataSet 物件。

  當傳回的結果做為 DataSet 時，其支援排序、篩選和快取當您使用 Microsoft SQL Server 時，控制項會使用 SqlCacheDependency 物件提供附加優勢，能夠在資料庫變更時讓快取的結果失效。

- **AccessDataSource 控制項**

  AccessDataSource控制項是 SqlDataSource控制項的「特定版本」，特別用來**搭配 Microsoft Access的 .mdb檔**使用。當搭配 SqlDataSource控制項時，可以使用 SQL陳述式（T-SQL指令）定義控制項擷取資料的方式。

- **XmlDataSource 控制項**

  XmlDataSource控制項會讀取和寫入 XML資料，所以可以搭配像是 TreeView 和 Menu的巡覽控制項使用。XmlDataSource控制項能夠讀取 XML檔或 XML字串。如果控制項是使用 XML檔，可以將修改過的 XML寫回原始程式檔。如果可以使用描述資料的結構描述，XmlDataSource控制項就能夠使用結構描述公開使用型別成員的資料。

  您可以將 XSL轉換套用至 XML資料，以便讓您將未經處理資料的結構，從 XML檔重組為較適合繫結至 XML資料的控制項格式。

  您也可以將 XPath運算式套用至 XML資料，讓您篩選 XML資料以便只傳回 XML樹系中某些節點，以尋找擁有特定值的節點等。使用 XPath運算式會停用插入新資料的能力。

- **SiteMapDataSource 控制項**

  SiteMapDataSource控制項會使用 ASP.NET網站的「巡覽控制項」(例如：TreeView、SiteMapPath、Menu)，並且提供網站巡覽資料。

- **LinqDataSource 控制項**

  LinqDataSource控制項可讓您在 ASP.NET頁面中使用 LINQ，擷取資料庫資料表或記憶體內部資料集合中的資料。您可以使用宣告式標記，以撰寫擷取、篩選、排序和分組資料時所需的所有條件。當您擷取 SQL Server資料庫資料表中的資料時，可以設定 LinqDataSource控制項以處理更新、插入及刪除作業。您可以撰寫這些 SQL指令，即可執行這些工作。相較於在其他資料來源控制項中執行相同作業，使用 LinqDataSource控制項，您就可以減少資料作業時所需的程式碼數量。

- **EntityDataSource 控制項**

  EntityDataSource控制項可支援以 Entity Data Model (EDM) 做為基礎的資料繫結 (Data Binding) 案例。這項資料規格會將資料呈現為實體和關聯性的集合。

.NET 4.0起新增的資料來源控制項越來越多，要全數專精並不容易，必須依照實際狀況來挑選、應用。

22-2-1 資料繫結控制項

負責繫結資料的 Web伺服器控制項，又稱為「資料繫結控制項」(也就是有提供 .DataBind()方法與「DataSourceID」屬性的Web伺服器控制項，例如：大型的

GridView，或是常見的下拉式選單 DropDownList...... 等等）。從 ASP.NET 2.0 版開始，出現幾種新的資料繫結控制項，例如：

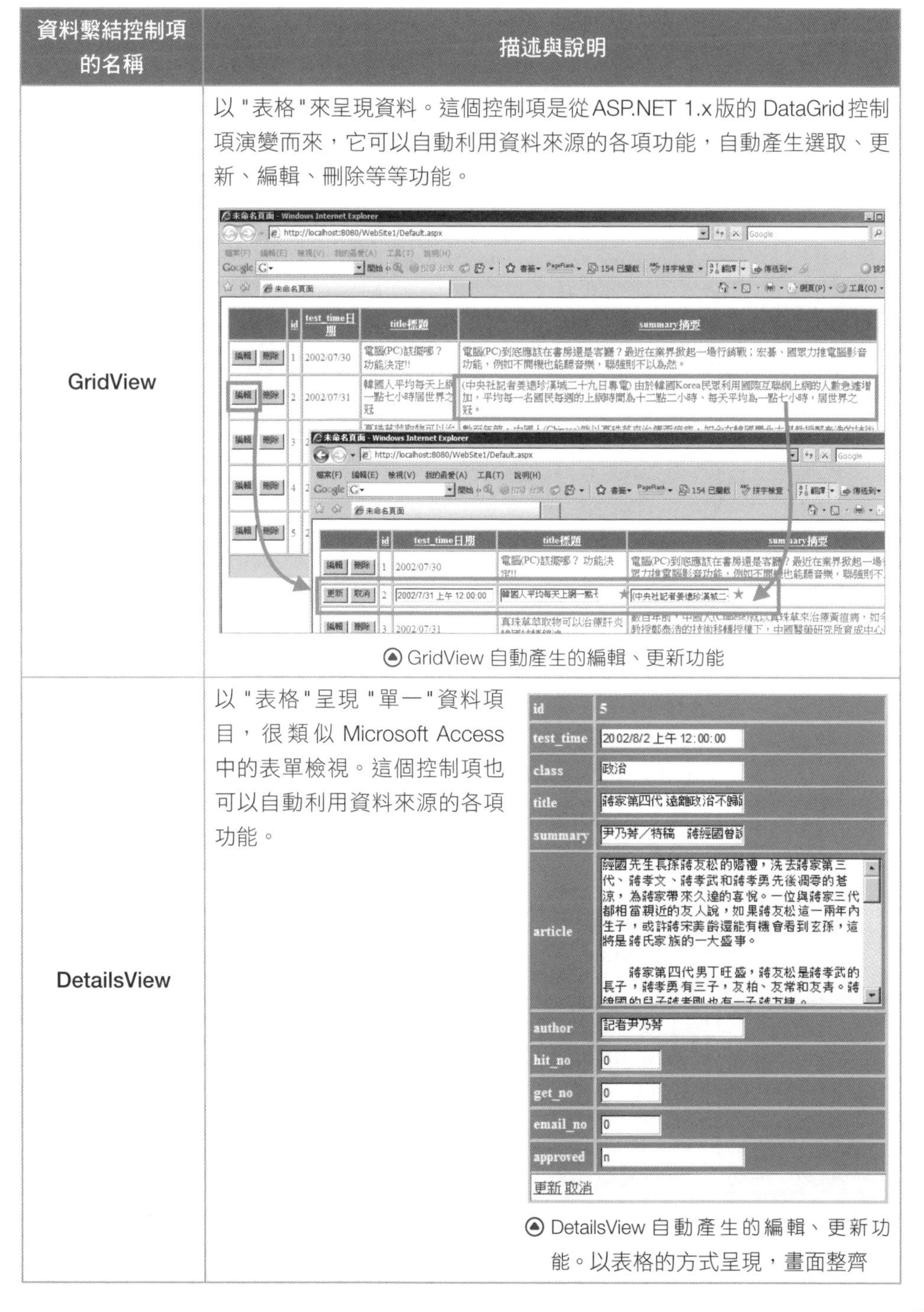

資料繫結控制項的名稱	描述與說明
GridView	以 "表格" 來呈現資料。這個控制項是從 ASP.NET 1.x 版的 DataGrid 控制項演變而來，它可以自動利用資料來源的各項功能，自動產生選取、更新、編輯、刪除等等功能。 Ⓐ GridView 自動產生的編輯、更新功能
DetailsView	以 "表格" 呈現 "單一" 資料項目，很類似 Microsoft Access 中的表單檢視。這個控制項也可以自動利用資料來源的各項功能。 Ⓐ DetailsView 自動產生的編輯、更新功能。以表格的方式呈現，畫面整齊

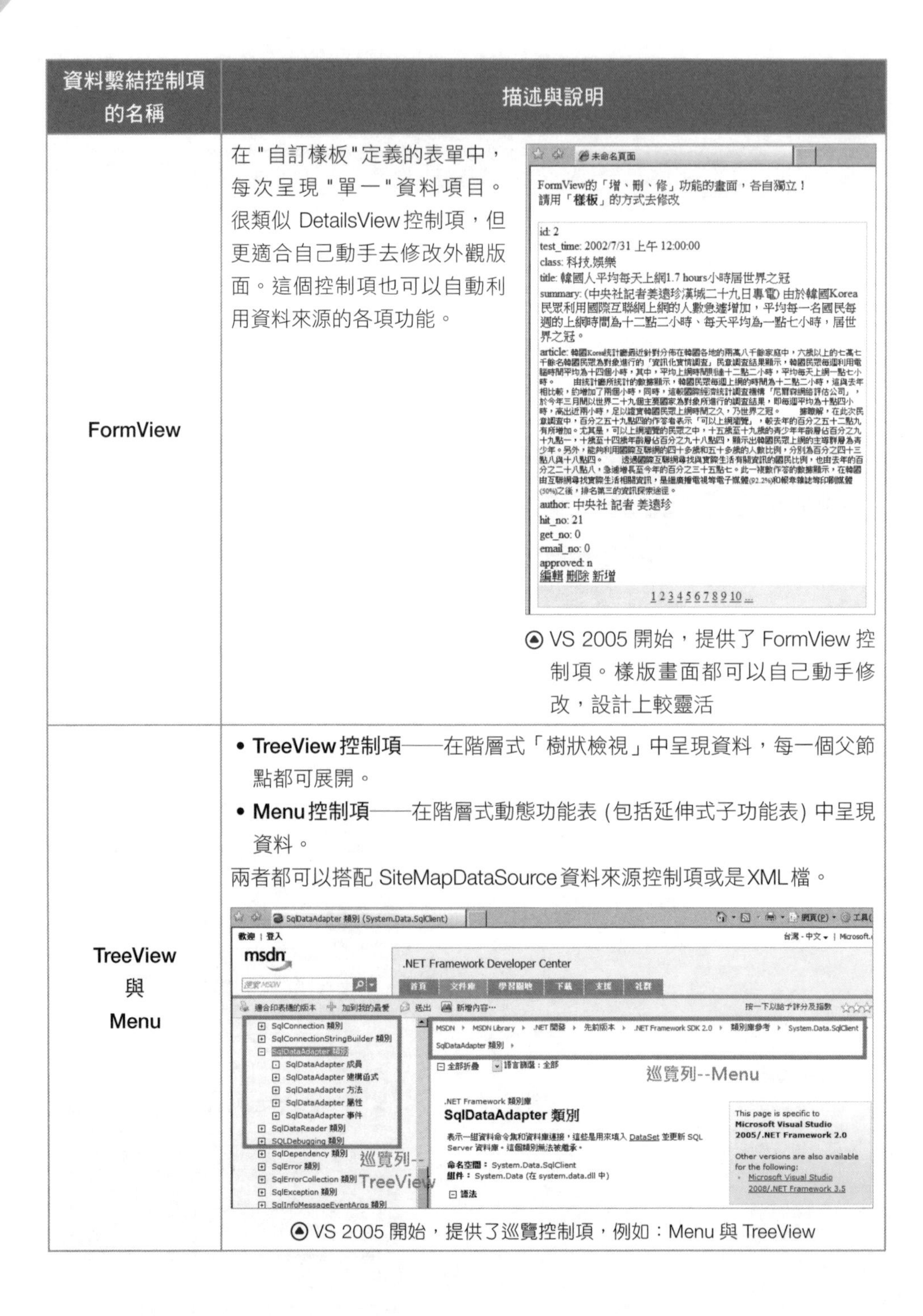

資料繫結控制項的名稱	描述與說明
FormView	在"自訂樣板"定義的表單中，每次呈現"單一"資料項目。很類似 DetailsView 控制項，但更適合自己動手去修改外觀版面。這個控制項也可以自動利用資料來源的各項功能。 ⊙ VS 2005 開始，提供了 FormView 控制項。樣版畫面都可以自己動手修改，設計上較靈活
TreeView 與 Menu	• **TreeView 控制項**——在階層式「樹狀檢視」中呈現資料，每一個父節點都可展開。 • **Menu 控制項**——在階層式動態功能表 (包括延伸式子功能表) 中呈現資料。 兩者都可以搭配 SiteMapDataSource 資料來源控制項或是 XML 檔。 ⊙ VS 2005 開始，提供了巡覽控制項，例如：Menu 與 TreeView

資料繫結控制項的名稱	描述與說明
ListView	ASP.NET所用的ListView控制項，必須在 .NET 3.5版（VS 2008）以後才看得到，簡單的說，ListView可以取代 DataList與Repeater控制項，而且功能更強。 它搭配 DataPager控制項之後，可以做到分頁（.NET 1.x版原有的DataList與Repeater控制項，沒有分頁功能）。

資料來源：微軟 Microsoft Docs網站（前MSDN網站）。資料整理：本書作者，MIS2000 Lab.

以上介紹的都是大型的控制項，其實基礎的 Web控制項，例如：DropDownList、ListBox、RadioButton...... 等也都可以做到 .DataBind() 方法與具備「DataSourceID」屬性。

22-2-2 資料繫結（綁定，DataBinding）與 .DataBind() 方法

綜合以上兩節的說明，所謂的「資料來源（DataSource）控制項」就是用來協助上述控制項，進行資料繫結的類別（Class）。資料來源控制項可以表示任何資料來源，包含：關聯式資料庫、檔案、資料流、商務物件（Bussiness Objects）等。無論基礎資料的來源或格式為何，資料來源控制項都會以相同的方式，將資料傳遞到資料繫結控制項上面，如此一來，資料繫結控制項（如GridView）就能把資料呈現在畫面上了。

資料來源控制項永遠會依照實際狀況，來自動存取資料（例如：在資料繫結控制項上面，呼叫 .DataBind() 方法時），不需要每一次都自己動手寫程式去作 .DataBind() 方法。如下圖。

作者註解 在資料繫結控制項的後置程式碼，自己使用 .DataBind() 方法來作資料繫結，這名詞在中國大陸稱為「數據綁定」，意思上比較貼切，發音也接近。就是把資料庫撈出來的結果，跟控制項「綁」在一起的意思。也就是「透過控制項來呈現這些資料」。

```
17   protected void Page_Load(object sender, EventArgs e)
18   {
19     //=======微軟SDK文件的範本=======
20
21     //----上面已經事先寫好NameSpace -- Using System.Web.Configuration; ----
22     //----或是寫成下面這一行 (連結資料庫)----
23     SqlConnection Conn = new SqlConnection(WebConfigurationManager.ConnectionStrings["test
24
25     SqlDataReader dr = null;
26
27     SqlCommand cmd;
28     cmd = new SqlCommand("select id,test_time,summary,author from test", Conn);
29
30     try    //==== 以下程式，只放「執行期間」的指令！====================
31     {
32       Conn.Open();  //---- 這時候才連結DB
33       dr = cmd.ExecuteReader();  //---- 這時候執行SQL指令，取出資料
34
35       GridView1.DataSource = dr;
36       GridView1.DataBind();   //--資料繫結
37     }
```

▲ 以前寫 ADO.NET 的程式，必須自己撰寫程式去執行 .DataBind() 方法，來決定 Web 控制項呈現資料的時機

22-2-3 DataSourceID 屬性（設定在 HTML 畫面）

自從 ASP.NET 2.0版以後，出現新的「資料來源控制項（如SqlDataSource）」，就簡單很多。只要寫了「資料繫結控制項ID名稱**.DataSourceID**」就能完成，例如：GridView1.**DataSourceID** ="SqlDataSource1"。一句話就能自動搞定繫結，非常的迅速而方便。接下來將介紹兩種作法，請任選其一（不可混用）：

首先，可以在前端（HTML畫面，如下圖）設定好，例如：在HTML畫面上，替GridView設定好「DataSourceID屬性」，請參閱範例 Default_4_0_SqlDataSource.aspx，HTML設計畫面的重點如下：

```
畫面的 HTML 碼：
   <asp:GridView ID="GridView1" runat="server"
   AllowPaging="True" AutoGenerateColumns="False" DataKeyNames="id"
   DataSourceID="SqlDataSource1" />
```

下面這兩張圖片很有趣，您比較一下就知道 DataBinding的差異。首先，我們拉進一個 GridView控制項到 HTML畫面裡，沒有做任何 DataSource控制項的連結，也就沒有設定 DataBinding。此時，GridView的儲存格，並沒有特別的顯示。

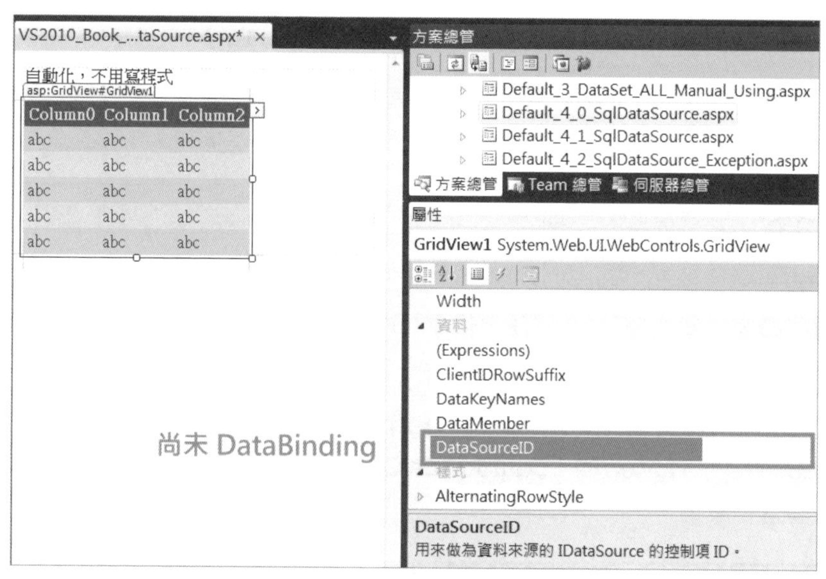

⊙ 在 HTML 畫面上，還沒有設定 GridVeiw 控制項的 DataSourceID 屬性的樣子

一旦完成了 GridView + SqlDataSource 的設定之後，我們便可以發現（下圖）GridView 的「DataSourceID」屬性已經設定妥當，此時已經做好 DataBinding。您注意看看 GridView 裡面的所有儲存格，通通出現「資料繫結」字樣，表示 DataBinding 成功（詳見範例 Default_4_1_SqlDataSource.aspx）。

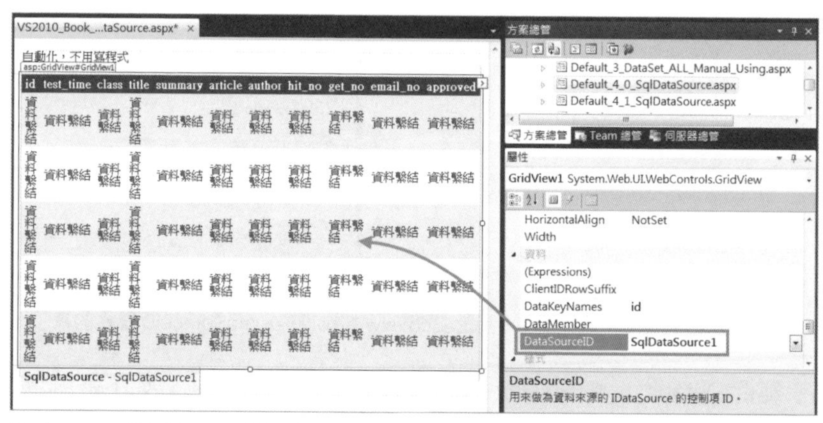

⊙ 在 HTML 畫面上，直接設定好 GridVeiw 控制項的 DataSourceID 屬性。畫面上的 GridView 會立刻改變。GridView 上面的欄位標題，都會自動跟資料表繫結在一起，自動產生！

22-2-4 DataSourceID屬性（後置程式碼）

跟上一節的範例相同，但我們採用後置程式碼（Code Behind）來撰寫。在後置程式碼裡面，自己寫這麼一行（如下），資料繫結都會自動完成。

```
GridView1.DataSourceID = "SqlDataSource1"
```

以上的重點是：DataSourceID必須是 DataSource控制項的「ID名稱」，所以上面撰寫時，必須用雙引號（"）框住，代表"SqlDataSource1"是 SqlDataSource的 ID名稱。

請參閱範例 Default_4_1_SqlDataSource.aspx。HTML 畫面上，GridView"不"搭配SqlDataSource（GridView的「**DataSourceID**」屬性保持空白）。而且 SqlDataSource完全沒有進行設定！

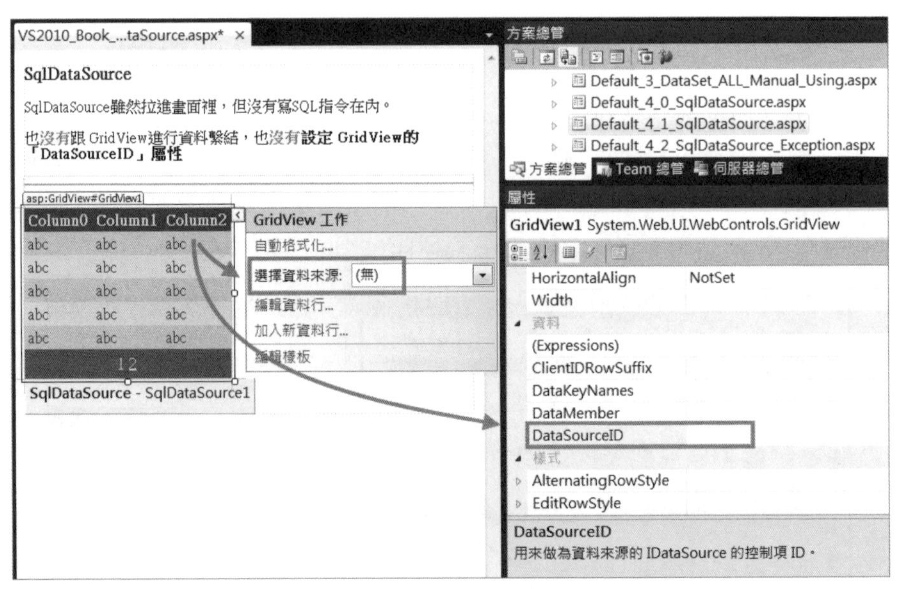

⊙ 在 HTML 畫面上，還 " 沒有 " 設定 GridVeiw 控制項的 DataSourceID 屬性的樣子

完成後，範例 Default_4_1_SqlDataSource.aspx的 HTML原始碼如下圖所示。

```
46
47    <asp:GridView ID="GridView1" runat="server" CellPadding="3" Font-Size="Small"
48        GridLines="Horizontal" AllowPaging="True" PageSize="5" BackColor="White"
49        BorderColor="#E7E7FF" BorderStyle="None" BorderWidth="1px">
50        <FooterStyle BackColor="#B5C7DE" ForeColor="#4A3C8C" />
51        <RowStyle BackColor="#E7E7FF" ForeColor="#4A3C8C" />
52        <PagerStyle BackColor="#E7E7FF" ForeColor="#4A3C8C" HorizontalAlign="Right" />
53        <SelectedRowStyle BackColor="#738A9C" Font-Bold="True" ForeColor="#F7F7F7" />
54        <HeaderStyle BackColor="#4A3C8C" Font-Bold="True" ForeColor="#F7F7F7" />
55        <AlternatingRowStyle BackColor="#F7F7F7" />
56        <SortedAscendingCellStyle BackColor="#F4F4FD" />
57        <SortedAscendingHeaderStyle BackColor="#5A4C9D" />
58        <SortedDescendingCellStyle BackColor="#D8D8F0" />
59        <SortedDescendingHeaderStyle BackColor="#3E3277" />
60    </asp:GridView>
61
62  </div>
63
64
65  <asp:SqlDataSource ID="SqlDataSource1" runat="server">
66  </asp:SqlDataSource>
67
```

GridView不搭配 SqlDataSource
（GridView的「DataSourceID」屬性保持空白）

SqlDataSource是一個空殼，拉到HTML畫面裡，
但沒有進行設定。

⦿ SqlDataSource 是一個空殼，拉到 HTML 畫面裡，但沒有進行設定。因為我們要寫程式去控制它

這個範例有趣的地方，就是我們拉進 SqlDataSource之後，卻不使用它的精靈步驟。簡單地說，這個範例的 HTML畫面，只有兩個「空白」的控制項，GridView與SqlDataSource都只是一個空殼而已。

```
範例 Default_4_1_SqlDataSource.aspx 的 HTML 設定畫面：

    <asp:GridView ID="GridView1" runat="server" AllowPaging="True" PageSize="5">
            .... 部分省略 ....
            註解： GridView 的「DataSourceID」屬性，完全沒有用到！
    </asp:GridView>


    <asp:SqlDataSource ID="SqlDataSource1" runat="server">
            註解：重點！！空空如此，什麼都沒有～
    </asp:SqlDataSource>

    作者註解：這個範例裡面，兩個控制項都是空殼。沒有其他多餘的設定。
```

從「1. 資料庫的連線」、「2. SQL 指令的撰寫」再到「3. DataBinding（畫面呈現）」，通通都是我們自己寫程式控制的。範例 Default_4_1_SqlDataSource.aspx的C#後置程式碼如下：

```
using System.Web.Configuration;    //---- 自己寫（宣告）的 NameSpace ----
using System.Data;
using System.Data.SqlClient;
```

```
protected void Page_Load(object sender, EventArgs e)
{   //----------------------------------------------------
    //-----  手動撰寫 SqlDataSource  -----
    //----------------------------------------------------
    //== 1. 資料庫的連線字串 ConnectionString  ==
    SqlDataSource1.ConnectionString = WebConfigurationManager.
    ConnectionStrings[" 存在 Web.Config 檔案裡面的資料庫連結字串 "].ConnectionString;

    //== 2. 撰寫 SQL 指令 ==
    SqlDataSource1.SelectCommand = "SELECT * FROM [test]";

    //***********************************
    GridView1.DataSourceID = "SqlDatasource1";
    //***********************************
    SqlDataSource1.Dispose();
}
```

22-3 後置程式碼 DataSourceID 屬性與 DataSource 屬性，兩者不可混用

上面介紹的 DataBinding（資料繫結）共有兩種方法，不管是：

1. 事先在 HTML 畫面作設定。
2. 或是自行寫在後置程式碼裡面。

只選其中一種來用即可。光靠資料繫結控制項的「DataSourceID」屬性，一句話就能搞定，不需要自己手動寫 .DataBind() 方法（「DataSourceID」屬性會自動完成這一行程式），充分展現出資料來源控制項的便利！

注意！ 同一個控制項（如：GridView），在後置程式碼裡面**千萬不可以 "同時使用"**—「**DataSourceID 屬性**」與「**DataSource 屬性**」。

如果您同時使用這兩段程式，一定會出錯（如同下面的程式與下圖的錯誤訊息）。**DataSourceID 與 DataSource，兩者只能任選其一！**

GridView1.**DataSourceID** ="SqlDataSource1";

或是

GridView1.**DataSource** = dr;
GridView1.DataBind();

'/WebSite1' 應用程式中發生伺服器錯誤。

同時在 'GridView1' 上定義 DataSource 和 DataSourceID。請移除其中一個定義。

描述: 在執行目前 Web 要求的過程中發生未處理的例外情形。請檢閱堆疊追蹤以取得錯誤的詳細資訊，以及在程式碼中產生的位置。

例外詳細資訊: System.InvalidOperationException: 同時在 'GridView1' 上定義 DataSource 和 DataSourceID。請移除其中一個定義。

⊙ 在資料繫結控制項裡面，「同時使用」DataSource 與 DataSourceID，將會發生錯誤！

以下我們將會介紹幾支程式，讓大家更瞭解 SqlDataSource 背後運作的流程。其透過這些程式，我們將會更瞭解 SqlDataSource 與 ADO.NET 之間的關係。

「預設的」資料來源控制項，都會把 DataSourceMode 設定為 DataSet。功能雖然強大，但耗費的資源也很多。如果不是複雜的關聯式資料庫、分頁功能或是特殊狀況（例如：搭配 GridView 自動產生新增、刪除、編輯等功能），我們可以用 DataReader 來處理，速度一定會更快。因此，我們應該要學會 ----

依照程式的需求，調整「資料來源控制項的 DataSourceMode」，才能讓執行速度與系統資源，發揮得更完善！

22-4 DataSourceMode 設定為 DataReader

這個範例的 HTML 畫面，只有一個空的 GridView，暫時沒用到 SqlDataSource。本範例的檔名為 Default_4_3_SqlDataSource_Manual_DataReader.aspx。

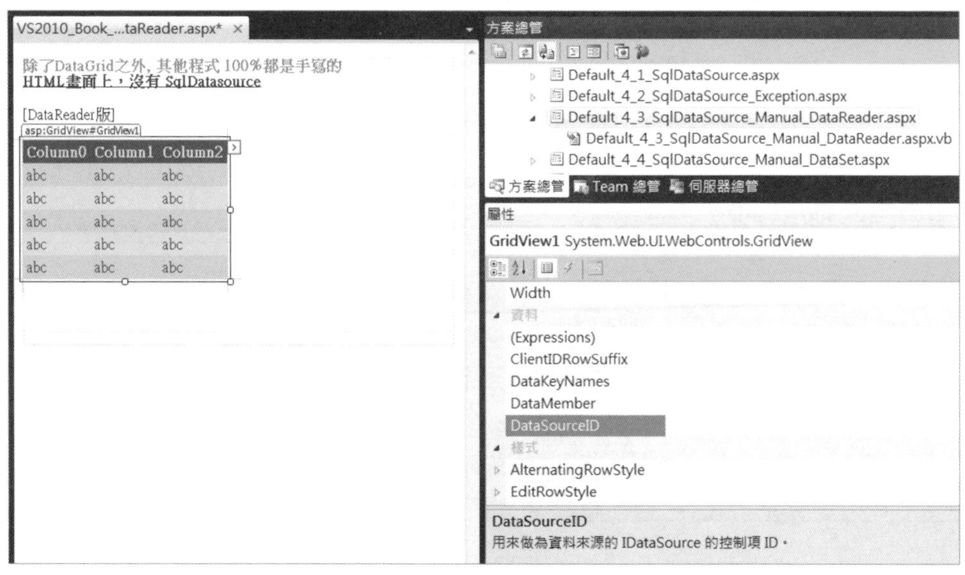

⊙ 在 HTML 畫面上，GridVeiw 控制項「沒有」搭配 SqlDataSource。我們要在後置程式碼，自己動手寫程式

自己寫 SqlDataSource，範例 Default_4_3_SqlDataSource_Manual_DataReader.aspx 的 VB 後置程式碼（DataSourceMode 屬性設定為 DataReader）如下：

```
Imports System.Web.Configuration        '---- 自己寫（宣告）的 NameSpace ----
Imports System.Data
Imports System.Data.SqlClient


Protected Sub Page_Load(ByVal sender As Object, ByVal e As System.EventArgs)
Handles Me.Load
        Dim SqlDataSource1 As New SqlDataSource
        '== 自己手動撰寫 SqlDataSource，必須先寫下面三行 ==

        '== 1. 資料庫的連線字串 （已經存放在 Web.Config 檔案內）
        SqlDataSource1.ConnectionString = WebConfigurationManager.
ConnectionStrings(" 存在 Web.Config 檔案裡面的資料庫連結字串 ").ConnectionString
        '== 2. 撰寫 SQL 指令 ==
        SqlDataSource1.SelectCommand = "SELECT * FROM [test]"

        '== 3. 執行 SQL 指令 .select()   /  [DataReader 版 ]==
        SqlDataSource1.DataSourceMode = SqlDataSourceMode.DataReader
        '== 如果 DataSourceMode 屬性設為 DataReader 值，則會傳回 IDataReader 物
件。當完成讀取資料時，請關閉 IDataReader 物件。
        Dim args As New DataSourceSelectArguments
        '== DataSourceSelectArguments 提供一項機制，讓資料繫結控制項於擷取資料時，
用來向資料來源控制項要求資料相關的作業。

        Dim I_DR As IDataReader = CType(SqlDataSource1.Select(args),
IDataReader)  '-- 強制轉換成 IDataReader 物件。
        '============================================
        GridView1.DataSource = I_DR
        GridView1.DataBind()
        '============================================
        '== 當完成讀取資料時，請關閉 IDataReader 物件。
        I_DR.Close()

        SqlDataSource1.Dispose()
End Sub
```

自己寫 SqlDataSource，範例 Default_4_3_SqlDataSource_Manual.aspx 的 C# 後置程式碼（DataSourceMode 屬性設定為 DataReader）如下：

```
using System.Web.Configuration;       //---- 自己寫（宣告）的 NameSpace ----
using System.Data.SqlClient;
```

```
protected void Page_Load(object sender, EventArgs e)    {
    SqlDataSource SqlDataSource1 = new SqlDataSource();
    //== 自己手動撰寫 SqlDataSource，必須先寫下面三行 ==

    //== 1. 資料庫的連線字串 （已經存放在 Web.Config 檔案內）
    SqlDataSource1.ConnectionString = WebConfigurationManager.
ConnectionStrings[" 存在 Web.Config 檔案裡面的資料庫連結字串 "].ConnectionString;
    //== 2. 撰寫 SQL 指令 ==
    SqlDataSource1.SelectCommand = "SELECT * FROM [test]";

    //== 3. 執行 SQL 指令 .select()    /  [DataReader 版 ]==
    SqlDataSource1.DataSourceMode = SqlDataSourceMode.DataReader;
    // 如果 DataSourceMode 屬性設為 DataReader 值，則會傳回 IDataReader 物件。當完
    成讀取資料時，請關閉 IDataReader 物件。

    DataSourceSelectArguments args = new DataSourceSelectArguments();
    // DataSourceSelectArguments 提供一項機制，讓資料繫結控制項於擷取資料時，用來向
    資料來源控制項要求資料相關的作業。

        IDataReader IDR = (IDataReader) SqlDataSource1.Select(args);
    // 強制轉換成 IDataReader 物件。
            '============================================
        GridView1.DataSource = IDR;
        GridView1.DataBind();
            '============================================
    IDR.Close();    // 當完成讀取資料時，請關閉 IDataReader 物件。

    SqlDataSource1.Dispose();
}
```

注意！ 注意，以上範例（後置程式碼）僅提供參考。

除非必要，否則我們自己手動撰寫 SqlDataSource的後置程式碼，「未必」比 SqlDataSource本身的精靈作得更好。

上面程式只是要讓大家更瞭解 SqlDataSource實際上的流程是如何完成的？ ......大家可以看到 SqlDataSource的背後，仍然是ADO.NET的兩大要角─**DataReader** 與 **DataSet**。

讀者們是否更相信我說過的那句話，「ADO.NET是 ASP.NET的內功心法」，把內功學好，功力真的會倍增！

22-5 DataSourceMode 設定為 DataSet

接下來要介紹的是把 SqlDataSource 的 DataSourceMode，設定為 DataSet。這個範例跟上面的 DataReader 版有些差異。最大的差別就在於 DataSet 的版本，**多了一個資料檢視（DataView）**。

資料來源控制項可以有一個或多個關聯的資料來源檢視物件，分成下列兩種狀況：

1. 用來展示**關聯式資料庫**的資料來源控制項（如 SqlDataSource 和 AccessDataSource 等），但是，有部分的資料來源控制項只支援「一個」檢視。
2. **階層式**資料來源控制項（例如 SiteMapDataSource 這些網站巡覽列）等其他資料來源控制項，則可以支援「多個」檢視。資料來源檢視會定義資料來源的功能和支援的作業。

總而言之，資料來源控制項會實作 IDataSource 介面、支援一或多個用來展示資料的具名檢視，而且支援從資料來源存取資料。**資料來源的「檢視」物件類似 System.Data 命名空間的「DataView」，它可以繫結資料、自訂的資料檢視，用於排序、篩選和檢視所定義的其他資料作業**。資料來源控制項的核心作業，即為獲取資料的「檢視」。

本範例的檔名為 Default_4_4_SqlDataSource_Manual_DataSet.aspx。自己寫 SqlDataSource 的 VB 後置程式碼（DataSourceMode 屬性設為 DataSet）如下：

```
Imports System.Web.Configuration   '---- 自己寫（宣告）的 NameSpace ----
Imports System.Data.SqlClient


Protected Sub Page_Load(ByVal sender As Object, ByVal e As System.EventArgs)
Handles Me.Load
        Dim SqlDataSource1 As New SqlDataSource
        '== 自己手動撰寫 SqlDataSource  ，必須先寫下面三行 ==
        '== 1. 資料庫的連線字串 ConnectionString  ==
        SqlDataSource1.ConnectionString = WebConfigurationManager.
ConnectionStrings(" 存在 Web.Config 檔案裡面的資料庫連結字串 ").ConnectionString
        '== 2. 撰寫 SQL 指令 ==
        SqlDataSource1.SelectCommand = "SELECT * FROM [test]"
        '== 3. 執行 SQL 指令 .select()    /  [DataSet 版 ]==
        SqlDataSource1.DataSourceMode = SqlDataSourceMode.DataSet
        '== 如果 DataSourceMode 屬性設為 DataSet 值，則 .Select() 方法會傳回
DataView 物件。
```

```
        Dim args As New DataSourceSelectArguments
        Dim dv As DataView = SqlDataSource1.Select(args)
        '== 或是寫成一行 Dim dv As Data.DataView = SqlDataSource1.
Select(New DataSourceSelectArguments)
        '== DataSourceSelectArguments 提供一項機制，讓資料繫結控制項於擷取資料
時，用來向資料來源控制項要求資料相關的作業。

        GridView1.DataSource = dv
        GridView1.DataBind()

    SqlDataSource1.Dispose()
End Sub
```

本範例的檔名為 Default_4_4_SqlDataSource_Manual_DataSet.aspx。自己寫 SqlDataSource 的 C# 後置程式碼（DataSourceMode 屬性設為 DataSet）如下：

```
using System.Web.Configuration;     //---- 自己寫（宣告）的 NameSpace ----
using System.Data.SqlClient;


protected void Page_Load(object sender, EventArgs e)    {
    SqlDataSource SqlDataSource1 = new SqlDataSource();
    //== 自己手動撰寫 SqlDataSource  ，必須先寫下面三行 ==
    //== 1. 資料庫的連線字串 ConnectionString。已經存放在 Web.Config 檔案內
    SqlDataSource1.ConnectionString = WebConfigurationManager.
ConnectionStrings[" 存在 Web.Config 檔案裡面的資料庫連結字串 "].ConnectionString;
    //== 2. 撰寫 SQL 指令 ==
    SqlDataSource1.SelectCommand = "SELECT * FROM [test]";

    //== 3. 執行 SQL 指令 .select()    /  [DataSet 版 ]==
    SqlDataSource1.DataSourceMode = SqlDataSourceMode.DataSet;
          //== 如果 DataSourceMode 屬性設為 DataSet 值，則 .Select() 方法會傳回
        DataView 物件。

      DataSourceSelectArguments args = new DataSourceSelectArguments();

      DataView dv = new DataView();
      dv = (DataView)SqlDataSource1.Select(args);
            //== 型別 'System.Collections.IEnumerable' 不能隱含轉換為
            'System.Data.DataView'。請強制轉換為 DataView。
            //== DataSourceSelectArguments 提供一項機制，讓資料繫結控制項於擷取資料
            時，用來向資料來源控制項要求資料相關的作業。

      GridView1.DataSource = dv;
      GridView1.DataBind();

    SqlDataSource1.Dispose();
}
```

注意！ 注意，這個範例（後置程式碼）僅提供參考。

除非必要，否則我們自己手動撰寫 SqlDataSource 的後置程式碼，「未必」比 SqlDataSource 本身的精靈作得更好。

上面程式只是要讓大家更瞭解 SqlDataSource 實際上的流程是如何完成的？……大家可以看到 SqlDataSource 的背後，仍然是 ADO.NET 的兩大要角─**DataReader** 與 **DataSet**。

22-6 搭配「參數」避免資料隱碼攻擊，SqlParameters

SqlDataSource 搭配參數的話，也可以寫在後置程式碼裡面，自己動手控制。這樣可以初步防範 SQL Injection（資料隱碼）攻擊，相當實用。

範例 Default_4_SqlDataSource_Manual_DataBinding.aspx，畫面上只有一個 TextBox 與 GridView，其餘的 SqlDataSource 都必須自己動手撰寫在後置程式碼裡面。

id	test_time	title	summary	article	author
5	2002/8/2 上午 12:00:00	蔣家第四代遠離政治不歸路	尹乃菁／特稿　蔣經國曾說，「蔣家人，不能也不會競選總統」，這番終結「蔣家王朝」的宣示，並未能阻卻蔣家第二代、第三代對政治的企圖心，但蔣家第四代卻是徹底遠離政治，活出另一片天空。	經國先生長孫蔣友松的婚禮，洗去蔣家第三代、蔣孝文、蔣孝武和蔣孝勇先後凋零的蒼涼，為蔣家帶來久違的喜悅。一位與蔣家三代都相當親近的友人說，如果蔣友松這一兩年內生子，或許蔣宋美齡還能有機會看到玄孫，這將是蔣氏家族的一大盛事。　　蔣家第四代男丁旺盛，蔣友松是蔣孝武的長子，蔣孝勇有三子，友柏、友常和友青。蔣緯國的兒子蔣孝剛也有一子蔣友捷。　　身為長孫，蔣友松從小就備受祖父母疼愛，雖然蔣孝武和蔣友松的生母汪長詩離異，但是蔣友松和蔣友蘭兄妹，從曾是家庭教師的繼母蔡惠媚身上，找到既像母親又像朋友的情感。友松和友蘭在美國完成學業後，友松從商，友蘭在香港從事傳播業，時常台北、香港兩地跑，蔡惠媚的娘家，總是她回台北時，一定要去的地方。　　蔣友柏因為曾和模特兒倪雅倫、林姮怡傳出戀情被媒體報導，是蔣家第四代中，知名度最高的一位。蔣友柏在紐約開投資顧問公司，認識他的人稱讚他有生意頭腦、人又長得帥。一位蔣家友人說，蔣友柏在蔣孝勇過世後，似乎一夕之間長大很多，關心弟弟，也很聽媽媽的話。　　不知是刻意還是無心，蔣家第四代都不願再走上政治這條路，反而是蔣孝勇的遺孀方智怡，這一兩年來，積極參與政治活動，先是在兩千年總統大選返國為連戰助選，接著又以高票當選國民黨中央委員，不少海外僑胞還有意鼓勵方智怡更上一層樓，像是爭取不分區立委。方智怡和蔣經國的庶子章孝嚴頂著蔣家光環活躍於政壇，但第四代卻選擇將曾屬於蔣家的輝煌，只留在血液裡。	記者尹乃菁

⊙ 範例 Default_4_SqlDataSource_Manual_DataBinding.aspx。SqlDataSource 搭配參數的話，也可以寫在後置程式碼裡面，自己動手控制

範例 Default_4_SqlDataSource_Manual_DataBinding.aspx，VB 後置程式碼如下：

```
Imports System.Web.Configuration    '---- 自己寫（宣告）的 NameSpace ----
Imports System.Data.SqlClient


Protected Sub Page_Load(ByVal sender As Object, ByVal e As System.EventArgs)
Handles Me.Load
        Dim SqlDataSource1 As New SqlDataSource
        '== 自己手動撰寫 SqlDataSource  ，必須先寫下面三行 ==
        '== 1. 資料庫的連線字串 ConnectionString。已經存放在 Web.Config 檔案內
        SqlDataSource1.ConnectionString = WebConfigurationManager.
ConnectionStrings(" 存在 Web.Config 檔案裡面的資料庫連結字串 ").ConnectionString

        '== 2. 撰寫 SQL 指令 ==
         SqlDataSource1.SelectParameters.Add("id", TextBox1.Text)

         SqlDataSource1.SelectCommand = "SELECT [id], [test_time], [title],
         [summary], [article], [author] FROM [test] WHERE ([id] = @id)"

        '== 3. 執行 SQL 指令 .select()     /  [DataSet 版 ]==
        SqlDataSource1.DataSourceMode = SqlDataSourceMode.DataSet
            '== 如果 DataSourceMode 屬性設為 DataSet 值，則 .Select() 方法會傳回
            DataView 物件。

        Dim dv As DataView = CType(SqlDataSource1.Select(DataSourceSelectArgu
ments.Empty), DataView)
        '-- 執行 Select 的動作，從資料庫裡面獲得資料。

        '== 重 點！！==
        GridView1.DataSource = dv
        GridView1.DataBind()
End Sub
```

範例 Default_4_SqlDataSource_Manual_DataBinding.aspx，C# 後置程式碼如下：

```
using System.Web.Configuration;
using System.Data.SqlClient;


protected void Page_Load(object sender, EventArgs e)    {
        SqlDataSource SqlDataSource1 = new SqlDataSource();
        //== 自己手動撰寫 SqlDataSource  ，必須先寫下面三行 ==
        //== 1. 資料庫的連線字串 ConnectionString。已經存放在 Web.Config 檔案內
        SqlDataSource1.ConnectionString = WebConfigurationManager.
ConnectionStrings[" 存在 Web.Config 檔案裡面的資料庫連結字串 "].ConnectionString;
```

```
        //== 2. 撰寫 SQL 指令 ==
          SqlDataSource1.SelectParameters.Add("id", TextBox1.Text);

          SqlDataSource1.SelectCommand = "SELECT [id], [test_time],
          [title], [summary], [article], [author] FROM [test] WHERE ([id] = @id)";
        //== 3. 執行 SQL 指令 .select()    /  [DataSet 版]==
        SqlDataSource1.DataSourceMode = SqlDataSourceMode.DataSet;
            //== 如果 DataSourceMode 屬性設為 DataSet 值，則 .Select() 方法會傳回
            DataView 物件。

        DataSourceSelectArguments args = new DataSourceSelectArguments();

        DataView dv = new DataView();
        dv = (DataView)SqlDataSource1.Select(args);
            //== 型別 'System.Collections.IEnumerable' 不能隱含轉換為
            'System.Data.DataView'。請強制轉換為 DataView。
            //== DataSourceSelectArguments 提供一項機制，讓資料繫結控制項於擷取資料
            時，用來向資料來源控制項要求資料相關的作業。

        GridView1.DataSource = dv;
        GridView1.DataBind();
}
```

22-7 InsertCommand。自己打造新增畫面，撰寫程式碼（.Insert() 方法）

這是一個自己設計的資料新增功能，自己撰寫SqlDataSource的InsertCommand（100%自己手寫，完全不依賴精靈自動產生的東西）。

這個範例（Default_book_4_Add_Manual.aspx）的執行畫面如下，我們自己設計輸入畫面（採用最基本的 Web控制項，如 TextBox與 Button控制項），而不採用現成的DetailsView控制項。但這個範例的 **"缺點" 是容易導致 SQL Injection**（資料隱碼）**與XSS 攻擊**。讀者學會了自己手寫ADO.NET程式後，就能做出千變萬化的作品了。

⊙ 自己設計的資料新增功能，自己撰寫 SqlDataSource 的 InsertCommand（100% 自己手寫，完全不依賴精靈畫面自動產生的東西）

在HTML的設計畫面上，我們完全沒有用到 SqlDataSource控制項與精靈畫面產生的東西。每一個輸入的欄位都是**最基本的 Web控制項**。這個範例由我們自己動手打造，全是原汁原味。

```
title : <asp:TextBox ID="TextBox1" runat="server" Width="182px"></
asp:TextBox><br />
class :
        <asp:ListBox ID="ListBox1" runat="server" SelectionMode="Multiple">
            <asp:ListItem Selected="True">科技</asp:ListItem>
            <asp:ListItem>教育</asp:ListItem>
            <asp:ListItem>政治</asp:ListItem>
            <asp:ListItem>娛樂</asp:ListItem>
            <asp:ListItem>其他</asp:ListItem>
        </asp:ListBox><br />

summary : <asp:TextBox ID="TextBox2" runat="server" Width="506px"></
asp:TextBox><br />
article : <asp:TextBox ID="TextBox3" runat="server" Height="116px"
```

```
TextMode="MultiLine" Width="522px"></asp:TextBox><br />
author : <asp:TextBox ID="TextBox4" runat="server"></asp:TextBox>

<asp:Button ID="Button1" runat="server" Text="Insert Into!"
            OnClick="Button1_Click" /><br />


  <asp:GridView ID="GridView1" runat="server"
      AllowPaging="True" PageSize="5"
      EnableSortingAndPagingCallbacks="True"
      OnPageIndexChanging="GridView1_PageIndexChanging">
          ....省  略....
  </asp:GridView>

// 註解 (1)：在 HTML 的設計畫面上，我們完全沒有用到 SqlDataSource 控制項與精靈畫面產生的
東西。
// 註解 (2)：上面的<asp:Button>有一句 OnClick ="Button1_Click"。<asp:GridView>
裡面有一句 OnPageIndexChanging ="GridView1_PageIndexChanging"。這都是只有搭配 C# 語
法才有，VB 語法則無。
```

在 VB 後置程式碼（Default_book_4_Add_Manual.aspx.vb）裡面，重點就是按下按鈕後，撰寫 SqlDataSource 進行資料新增的部份。強烈建議您使用下一節介紹的「參數」來作此一功能，本範例僅供參考。

```
   Protected Sub Button1_Click(ByVal sender As Object, ByVal e As System.
EventArgs) Handles Button1.Click
        '== 資料新增 ==
        Dim SqlDataSource2 As SqlDataSource = New SqlDataSource
        '== 連結資料庫的連接字串 ConnectionString  ==
        SqlDataSource2.ConnectionString = System.Web.Configuration.
WebConfigurationManager.ConnectionStrings("存在 Web.Config 檔案裡面的資料庫連結字串
").ConnectionString
        '== 撰寫 SQL 指令 (Insert Into) ==
        '== 這種字串組合的寫法，容易受到資料隱碼攻擊，請三思！！ ==
        SqlDataSource2.InsertCommand = "Insert into test(title,test_
time,class,summary,article,author) values('" & TextBox1.Text & "','" &
FormatDateTime(Now(), DateFormat.ShortDate) & "','" & ListBox1.SelectedItem.
Value & "','" & TextBox2.Text & "','" & TextBox3.Text & "','" & TextBox4.Text
& "')"
        '== 執行 SQL 指令 / 新增 .Insert() ==
         Dim aff_row As Integer = SqlDataSource2.Insert()
                If aff_row = 0 Then
                    Response.Write("資料新增失敗！")
                Else
                    Response.Write("資料新增成功！")
                End If
        myDBInit()   '== GridView 的資料重整、重新 DataBinding
    End Sub
```

在 C# 後置程式碼（Default_book_4_Add_Manual.aspx.cs）裡面，重點就是按下按鈕後，撰寫SqlDataSource進行資料新增的部份。強烈建議您使用下一節介紹的「參數」來作此一功能，本範例僅供參考。

```
protected void Button1_Click(object sender, EventArgs e)    {
    SqlDataSource SqlDataSource2 = new SqlDataSource();
    //== 自己動手宣告、建立 SqlDataSource。在 HTML 畫面上並沒有使用它！
    //== 連結資料庫的連接字串 ConnectionString  ==
    SqlDataSource2.ConnectionString = System.Web.Configuration.
WebConfigurationManager.ConnectionStrings["存在 Web.Config 檔案裡面的資料庫連結字串"]
.ConnectionString;

    //== 撰寫 SQL 指令 (Insert Into) ==
    //== 這種字串組合的寫法，容易受到資料隱碼攻擊，請三思！！ ==
    SqlDataSource2.InsertCommand = "Insert into test(title,test_time,class,
summary,article,author) values('" + TextBox1.Text + "','" + DateTime.Now
.ToShortDateString()  + "','" + ListBox1.SelectedItem.Value + "','" + TextBox2
.Text + "','" + TextBox3.Text + "','" + TextBox4.Text + "')";

    //== 執行 SQL 指令 / 新增 .Insert() ==
    int aff_row = SqlDataSource2.Insert();
       if (aff_row == 0)   {
           Response.Write("資料新增失敗！");   }
       else   {
           Response.Write("資料新增成功！");   }

       myDBInit();     //== GridView 的資料重整、重新 DataBinding
}
```

上面的程式裡面，新增資料的SQL指令（Insert Into的部分），我們用字串相連的方法來組成SQL指令。如果有人趁機寫入惡意的程式碼（例如<Script>...</Script>），那麼使用者在觀看資料時不小心就會啟動這些惡意程式碼，就會造成觀看資料的使用者電腦暴露在中毒或是接觸廣告網站的危機，這是XSS攻擊的一種。

解決的方法，就是禁止輸入「HTML標籤」，凡是輸入的字，有 < 或是 > 這類的符號或是 HTML 標籤（Tag），我們都必須禁止它。如此一來，便能初步地防止這類攻擊。

22-8 InsertCommand + InsertParameters（參數）

本範例的 HTML 畫面跟上一節完全相同，只是把後置程式碼稍作修改，搭配「參數」可以初步地避免 SQL Injection（資料隱碼）攻擊。

在 VB 後置程式碼（Default_book_4_Add_Manual_Parameter.aspx.vb）裡面，重點就是按下按鈕後，撰寫 SqlDataSource 進行資料新增的部份：

```
    Protected Sub Button1_Click(ByVal sender As Object, ByVal e As System.
EventArgs) Handles Button1.Click
        '== 資料新增 ==
        Dim SqlDataSource2 As SqlDataSource = New SqlDataSource
        '== 連結資料庫的連接字串 ConnectionString  ==
        SqlDataSource2.ConnectionString = System.Web.Configuration.
WebConfigurationManager.ConnectionStrings("存在 Web.Config 檔案裡面的資料庫連結字串
").ConnectionString

          '== 撰寫 SQL 指令 (Insert Into) ==
          '== (使用參數來做，避免 SQL Injection 攻擊)
          SqlDataSource2.InsertParameters.Add("myTitle", TextBox1.Text)
          SqlDataSource2.InsertParameters.Add("myTest_time",
        FormatDateTime(Now(), DateFormat.ShortDate))
          SqlDataSource2.InsertParameters.Add("myClass", ListBox1.
        SelectedItem.Value.ToString())
          SqlDataSource2.InsertParameters.Add("mySummary", TextBox2.Text)
          SqlDataSource2.InsertParameters.Add("myArticle", TextBox3.Text)
          SqlDataSource2.InsertParameters.Add("myAuthor", TextBox4.Text)

          SqlDataSource2.InsertCommand = "Insert into test(title,test_time,c
        lass,summary,article,author) values(@myTitle,@myTest_time,@myClass,@
        mysummary,@myArticle,@myAuthor)"
                '== 使用 @ 參數的時候，前後沒有加上單引號（'）。

        myDBInit()   '== GridView 的資料重整、重新 DataBinding
    End Sub
```

在 C# 後置程式碼（Default_book_4_Add_Manual_Parameter.aspx.cs）裡面，重點就是按下按鈕後，撰寫 SqlDataSource 進行資料新增的部份：

```
protected void Button1_Click(object sender, EventArgs e)    {
    SqlDataSource SqlDataSource2 = new SqlDataSource();
    //== 自己動手宣告、建立 SqlDataSource。在 HTML 畫面上並沒有使用它！
    //== 連結資料庫的連接字串 ConnectionString  ==
    SqlDataSource2.ConnectionString = System.Web.Configuration.
WebConfigurationManager.ConnectionStrings["存在 Web.Config 檔案裡面的資料庫連結字串
"].ConnectionString;

      //== 撰寫 SQL 指令 (Insert Into) ==
      //== (使用參數來做，避免 SQL Injection 攻擊)
      SqlDataSource2.InsertParameters.Add("myTitle", TextBox1.Text);
      SqlDataSource2.InsertParameters.Add("myTest_time", DateTime.Now.
    ToShortDateString());
      SqlDataSource2.InsertParameters.Add("myClass", ListBox1.
```

```
SelectedItem.Value.ToString());
  SqlDataSource2.InsertParameters.Add("mySummary", TextBox2.Text);
  SqlDataSource2.InsertParameters.Add("myArticle", TextBox3.Text);
  SqlDataSource2.InsertParameters.Add("myAuthor", TextBox4.Text);

  SqlDataSource2.InsertCommand = "Insert into test(title,test_time,c
lass,summary,article,author) values(@myTitle,@myTest_time,@myClass,@
mysummary,@myArticle,@myAuthor)";
        //==使用 @ 參數的時候，前後沒有加上單引號（'）。
  myDBInit();     //== GridView的資料重整、重新 DataBinding
}
```

變數前面有一個 @符號就是代表「參數」，上述的程式碼跟 SqlDataSource在HTML設計畫面自動產生的新增、刪除、修改指令一樣（請比對下面的HTML標籤），只不過上述的範例是由我們自己寫程式罷了。

在 HTML設計畫面上，以 GridView搭配 SqlDataSource自動產生新增、刪除、修改的功能，會產生下面的標籤：

```
<asp:SqlDataSource ID="SqlDataSource1" runat="server"
ConnectionString="<%$ ConnectionStrings:testConnectionString3 %>"
InsertCommand="INSERT INTO [test] ([test_time], [class], [title], [summary],
[article], [author]) VALUES (@test_time, @class, @title, @summary, @article,
@author)">
            註：......刪除、更新的部分暫時省略......。
        <InsertParameters>
                <asp:Parameter Name="test_time" Type="DateTime" />
                <asp:Parameter Name="class" Type="String" />
                <asp:Parameter Name="title" Type="String" />
                <asp:Parameter Name="summary" Type="String" />
                <asp:Parameter Name="article" Type="String" />
                <asp:Parameter Name="author" Type="String" />
        </InsertParameters>
</asp:SqlDataSource>
```

到這個範例為止，我們已經可以自己寫程式，做出跟 HTML畫面的 SqlDataSource精靈一樣的功能了。

22-9 自己打造新增畫面，透過 SqlDatasource精靈（幾乎不寫程式）

這一節要跟各位分享的是，我們使用最基本、最原始的Web控制項，從頭開始打造一個資料輸入（新增）的畫面。這個範例很罕見（範例4_Manual_Insert.aspx），在市面上的ASP.NET書籍不容易見到，就當是我分享給讀者的一份禮物吧！

後續會使用的資料表，請讀者先瞭解它的內部構造與各欄位的用法：

Test資料表

用途：記錄一項產品、一篇新聞稿的詳細記錄。

欄位名稱	資料格式	註解與說明
id*	Int	自動編號與識別（identifier）。 當成主要索引鍵（P.K.）。
test_time	Datetime	發文的日期。
class	VarChar(50)	文章或產品的分類。
title	VarChar(120)	標題。
summary	VarChar(250)	文章的摘要、簡介。
article	Text	文章的內容，可以存放大量的文字。
author	VarChar(50)	作者。
以下欄位暫時用不到		
hit_no	Int	文章的點閱次數，預設值為零（0）。
get_no	Int	讀者評分，預設值為零（0）。
email_no	Int	文章被讀者「轉寄次數」，預設值為零（0）。
approved	Char(1)	y或n。預設值為「n」。 代表文章未經審核，不可以出現在網站的首頁。

本範例主要以「HTML畫面」的設定為主，幾乎不用寫程式，所以不用區分 C#或VB語法，請您放心。

22-9-1 HTML畫面設計

以下的範例4_Manual_Input.aspx，HTML畫面設計比較簡單，請看連續圖片解說即可。

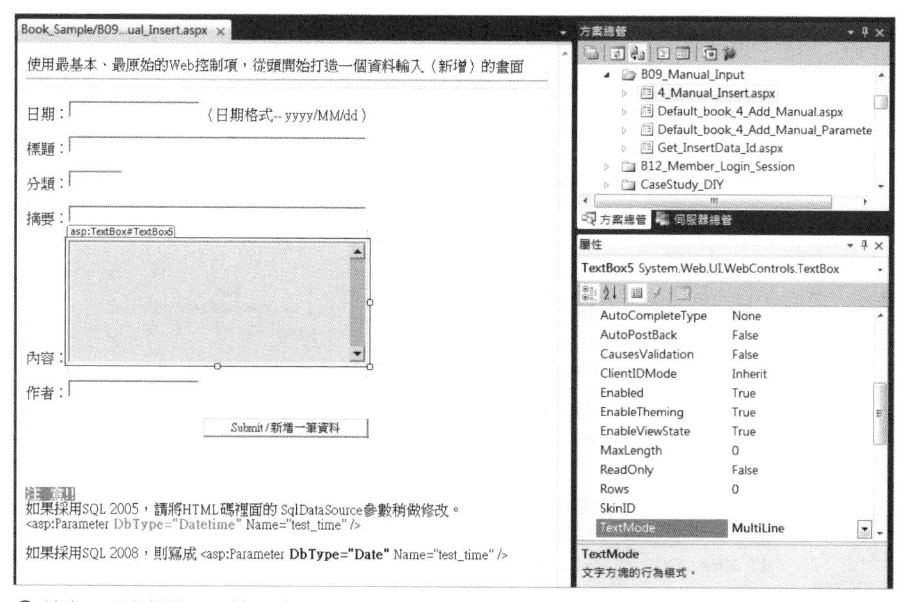

⊙ 首先，所有欄位用最簡單的 TextBox 控制項來作資料輸入，最簡單。重點是文章的內容（全文），請設定 TextMode 屬性為 MultiLine（多行輸入）

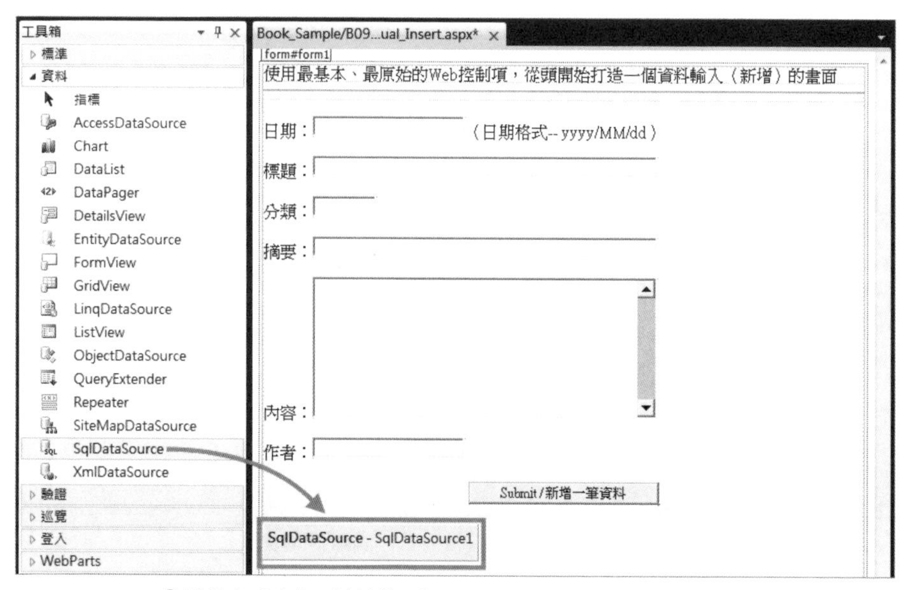

⊙ 設計完成之後，請拉進一個 SqlDatasource。以下會逐步說明

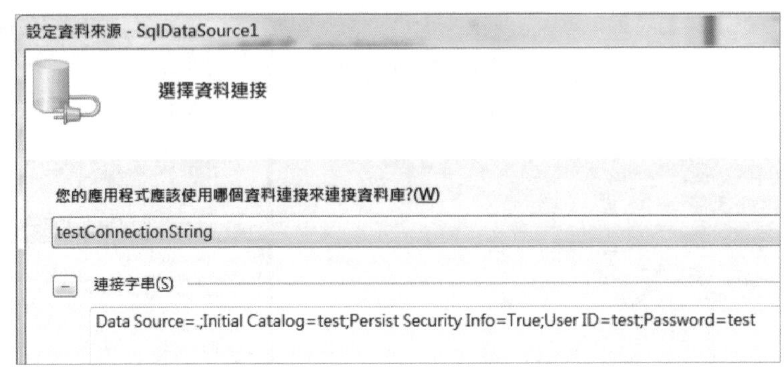

SqlDataSource 第一個步驟，設定資料庫的連接字串（Connection String）。因為之前有設定過了（並儲存在 Web.Config 檔），現在可以重複使用以前設定好的資料庫連結字串

SqlDataSource 第二個步驟，撰寫 SQL 指令

本範例挑選 test 資料表，上圖的重點是：務必按下**「進階」按鈕**，讓 SqlDataSource 自動產生 Insert / Delete / Update 指令（如下圖）。這樣我們可以不用自己寫 SQL 指令，是本範例的重點之一。

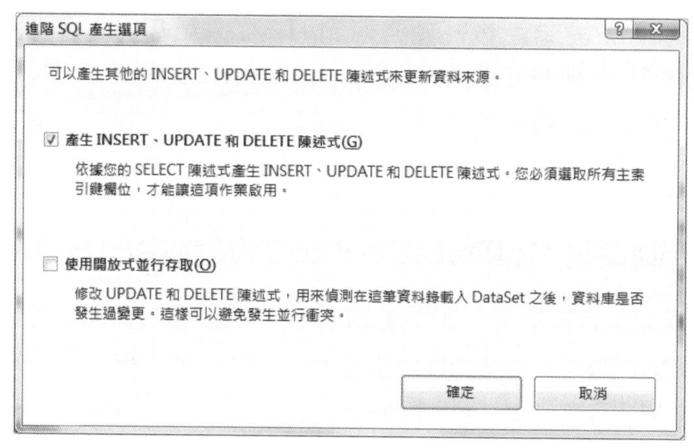

⏶ 讓 SqlDataSource 自動產生 Insert / Delete / Update 指令

上圖若要讓SqlDataSource自動產生Insert / Delete / Update指令，前提是：(1)本範例的 test資料表，至少要有一個**主索引鍵**（**Primary Key**）才可以。(2)只能針對「**單一資料表**」生效。兩個要件，缺一不可。

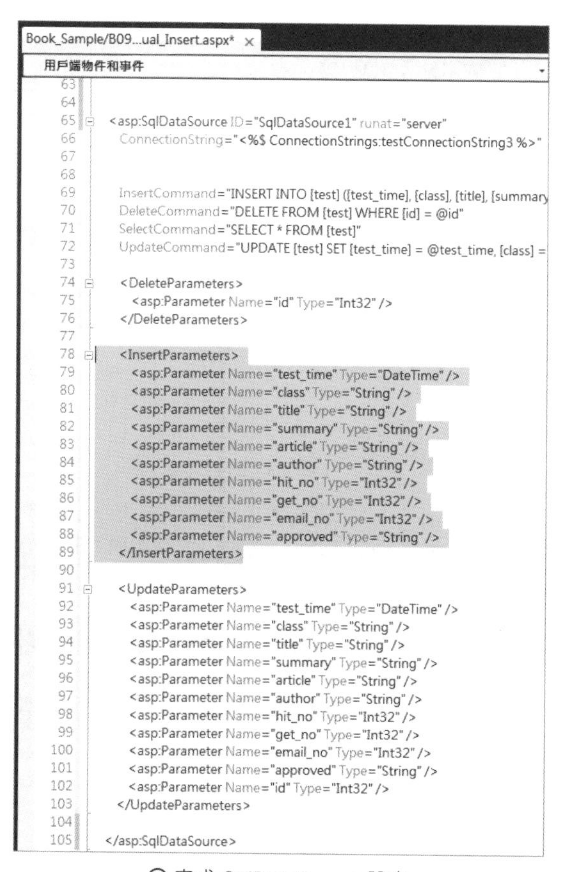

```
Book_Sample/B09...ual_Insert.aspx*
用戶端物件和事件
<asp:SqlDataSource ID="SqlDataSource1" runat="server"
  ConnectionString="<%$ ConnectionStrings:testConnectionString3 %>"
  InsertCommand="INSERT INTO [test] ([test_time], [class], [title], [summary
  DeleteCommand="DELETE FROM [test] WHERE [id] = @id"
  SelectCommand="SELECT * FROM [test]"
  UpdateCommand="UPDATE [test] SET [test_time] = @test_time, [class] =
  <DeleteParameters>
    <asp:Parameter Name="id" Type="Int32" />
  </DeleteParameters>
  <InsertParameters>
    <asp:Parameter Name="test_time" Type="DateTime" />
    <asp:Parameter Name="class" Type="String" />
    <asp:Parameter Name="title" Type="String" />
    <asp:Parameter Name="summary" Type="String" />
    <asp:Parameter Name="article" Type="String" />
    <asp:Parameter Name="author" Type="String" />
    <asp:Parameter Name="hit_no" Type="Int32" />
    <asp:Parameter Name="get_no" Type="Int32" />
    <asp:Parameter Name="email_no" Type="Int32" />
    <asp:Parameter Name="approved" Type="String" />
  </InsertParameters>
  <UpdateParameters>
    <asp:Parameter Name="test_time" Type="DateTime" />
    <asp:Parameter Name="class" Type="String" />
    <asp:Parameter Name="title" Type="String" />
    <asp:Parameter Name="summary" Type="String" />
    <asp:Parameter Name="article" Type="String" />
    <asp:Parameter Name="author" Type="String" />
    <asp:Parameter Name="hit_no" Type="Int32" />
    <asp:Parameter Name="get_no" Type="Int32" />
    <asp:Parameter Name="email_no" Type="Int32" />
    <asp:Parameter Name="approved" Type="String" />
    <asp:Parameter Name="id" Type="Int32" />
  </UpdateParameters>
</asp:SqlDataSource>
```

⏶ 完成 SqlDataSource 設定

完成 SqlDataSource 設定之後，我們回到 HTML 原始碼，看看 SqlDataSource 的成果。我們只需留下紅色框框表示的「**InsertCommand**」指令與相關的「**InsertParameters**」參數（如上圖），其他的 Delete、Select、Update 的部分都用不到（可暫時刪除）。

22-9-2 手動修改 SqlDataSource 自動產生的 HTML 碼

因為 SqlDataSource 自動產生了所有的 SQL 指令，而我們的範例只需要用到「新增（Insert）」的 SQL 指令，因此多餘的指令必須自己手動刪除。只要保留下圖的新增（Insert）部份即可。

當然，您不刪除其他指令也可以，反正其他的 Select / Delete / Update 指令與參數，就算留著我們也用不到。

我只是希望讀者除了會使用 Visual Studio 之外，也能主動瞭解各種控制項與精靈為我們自動產生的 HTML 標籤有何用意。主動觀察開發工具幫我們做的事情，往往會學到更多東西。

```
Book_Sample/B09...ual_Insert.aspx*  ×
用戶端物件和事件                                   (沒有事件)
64
65  <asp:SqlDataSource ID="SqlDataSource1" runat="server"
66    ConnectionString="<%$ ConnectionStrings:testConnectionString3 %>"
67
68    InsertCommand="INSERT INTO [test] ([test_time], [class], [title], [summary], [article], [author], [hit_no], [get_no], [email_no], [approved])
69    VALUES (@test_time, @class, @title, @summary, @article, @author, @hit_no, @get_no, @email_no, @approved)" >
70
71    <InsertParameters>
72      <asp:Parameter Name="test_time" Type="DateTime" />
73      <asp:Parameter Name="class" Type="String" />
74      <asp:Parameter Name="title" Type="String" />
75      <asp:Parameter Name="summary" Type="String" />
76      <asp:Parameter Name="article" Type="String" />
77      <asp:Parameter Name="author" Type="String" />
78      <asp:Parameter Name="hit_no" Type="Int32" />
79      <asp:Parameter Name="get_no" Type="Int32" />
80      <asp:Parameter Name="email_no" Type="Int32" />
81      <asp:Parameter Name="approved" Type="String" />
82    </InsertParameters>
83
84  </asp:SqlDataSource>
```

▲ 請手動刪除多餘的 SqlDataSource 指令。本範例只需要用到「新增（Insert）」的部份

22-9-3 Web 控制項與 SqlDataSource 產生的參數，彼此搭配

完成 HTML 畫面與 SqlDataSource 的精靈步驟之後，就是本範例（4_Manual_Insert.aspx）的重點了！！

如何把畫面上零散的Web控制項，逐一地跟SqlDataSource產生的 Insert指令作搭配。下面的步驟非常重要！市面上的書都沒有提及的也是這一部份。重點就是在HTML畫面裡，介紹 SqlDataSource的「**InsertQuery**」屬性該如何設定。

⊙ 回到 HTML 設計畫面，點選 SqlDataSource 的「InsertQuery」屬性

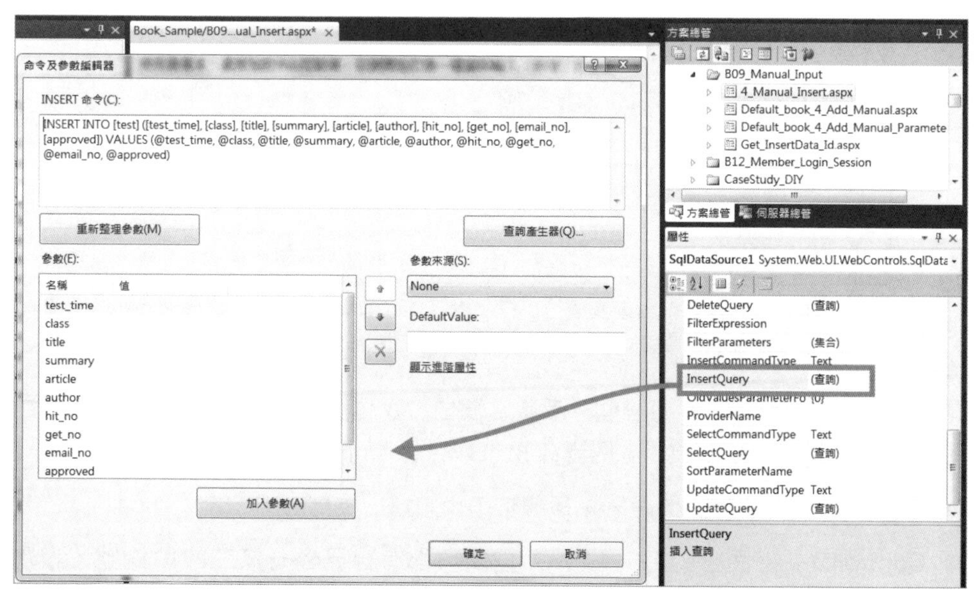

⊙ 在 SqlDataSource 的「InsertQuery」屬性視窗裡面，仍保留著原本的 Insert 指令。

我們畫面上用不到的欄位，在此都可以刪除。

請看上圖，我們的範例只需要用到 test資料表的幾個欄位而已，除了 test_time、title、class、summary、article、author這幾個欄位之外，其餘用不到的欄位都應該手動刪除。

刪除不必要的參數，請依照下圖的步驟來操作：

第一、上方的「**Insert指令**」，請把**SQL指令**中用不到的欄位名稱都"刪除"。也就是下圖裡面（1.）與（2.）的部分。

第二、在下圖的「**參數**」**欄位**中，我們可以按下「X」按鈕"刪除"多餘的欄位**參數**。也就是圖片中的步驟 (3.)。

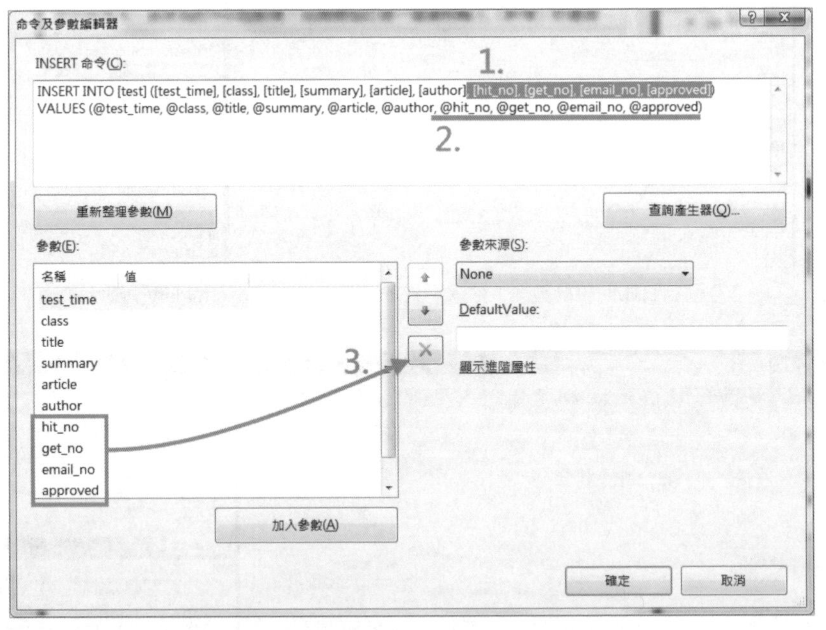

⊙ 我們的範例只需要用到幾個欄位而已，除了 test_time、title、class、summary、article、author 這幾個欄位之外，其餘用不到的欄位都應該手動刪除

最重要的地方出現了！！每一個「**參數**」**欄位**，我們都各自「對應」到HTML畫面上的「每一個Web控制項（本例皆為TextBox）」。如下圖"右側"的設定：

- **參數來源**：請設定為 Control，也就是「控制項」的意思。
- **ControlID**：畫面上的每一個 Web控制項都有自己獨一無二的ID編號（識別碼）。

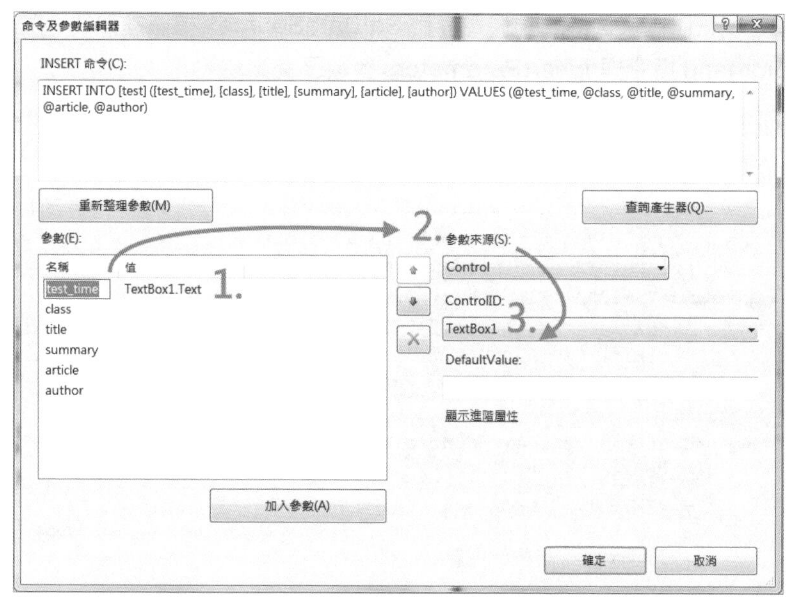

◉ 每一個「參數」欄位，對應到 HTML 畫面上的 TextBox 控制項。請一個一個設定它的「控制項 ID」

逐一地完成上述的設定（共有六個欄位與參數，如下圖），每一個參數都要跟 HTML 畫面上的 TextBox 控制項搭配（串連）起來。最後按下確定按鈕即可。

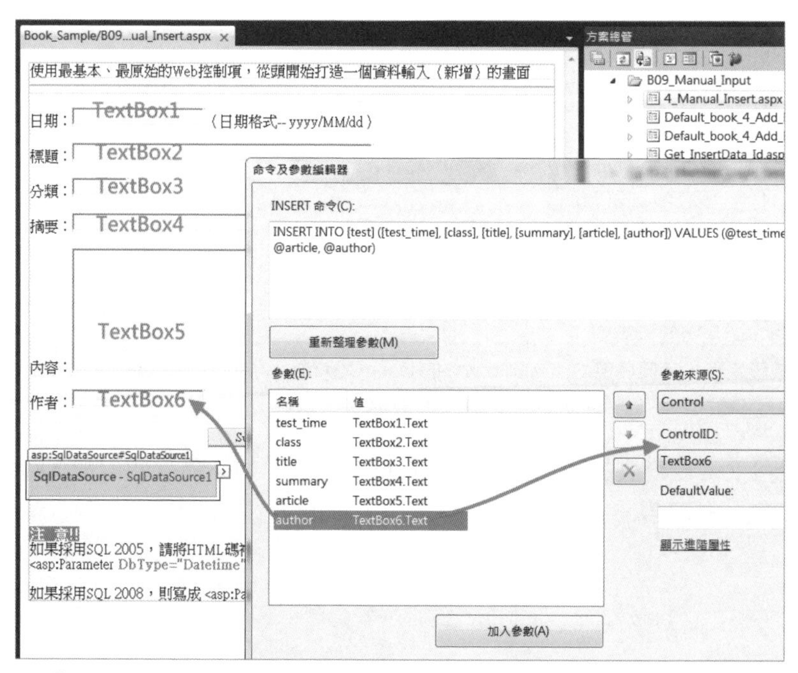

◉ 每一個「參數」欄位，我們都逐一對應到 HTML 畫面上的 TextBox 控制項

我們可以發現HTML畫面的「原始碼」，**<SqlDataSource>**標籤裡面的**InsertCommand**指令與**InsertParameters**參數已經出現變化。

特別是「**InsertParameters參數**」，每一個參數都對應上畫面「Web控制項的ID編號」，例如：test_time參數，對應了 TextBox1 控制項。

```
<asp:SqlDataSource ID="SqlDataSource1" runat="server"
   ConnectionString="<%$ ConnectionStrings:testConnectionString %>"
   InsertCommand="INSERT INTO [test] ([test_time], [class], [title],
   [summary], [article], [author]) VALUES (@test_time, @class, @title,
   @summary, @article, @author)" >

   <InsertParameters>
         <asp:ControlParameter  ControlID="TextBox1" DbType="DateTime"
            Name="test_time"
            PropertyName="Text"  />

         ......  其餘省略，請參閱下圖。 ......
   </InsertParameters>

</asp:SqlDataSource>
```

```
Book_Sample/B09...ual_Insert.aspx*
用戶端物件和事件                                   (沒有事件)
64
65  <asp:SqlDataSource ID="SqlDataSource1" runat="server"
66    ConnectionString="<%$ ConnectionStrings:testConnectionString %>"
67
68    InsertCommand="INSERT INTO [test] ([test_time], [class], [title], [summary], [article], [author])
69                  VALUES (@test_time, @class, @title, @summary, @article, @author)" >
70
71    <InsertParameters>
72      <asp:ControlParameter ControlID="TextBox1" DbType="DateTime" Name="test_time" PropertyName="Text" />
73      <asp:ControlParameter ControlID="TextBox2" Name="class" PropertyName="Text" Type="String" />
74      <asp:ControlParameter ControlID="TextBox3" Name="title" PropertyName="Text" Type="String" />
75      <asp:ControlParameter ControlID="TextBox4" Name="summary" PropertyName="Text" Type="String" />
76      <asp:ControlParameter ControlID="TextBox5" Name="article" PropertyName="Text" Type="String" />
77      <asp:ControlParameter ControlID="TextBox6" Name="author" PropertyName="Text" Type="String" />
78    </InsertParameters>
79
80  </asp:SqlDataSource>
```

⊙ 完成設定後，我們發現 SqlDataSource 的 InsertCommand 指令與 InsertParameters 參數，已經出現變化

重點就是：test資料表的每一個欄位，其資料型態（如下表）要與SqlDataSource抓到的參數一一配合。

```
<asp:SqlDataSource ID="SqlDataSource1" runat="server"  ...部分省略...
   InsertCommand="INSERT INTO [test] ([test_time], [class], [title],
   [summary], [article], [author]) VALUES (@test_time, @class, @title,
   @summary, @article, @author)" >

<!-- 作者註解：
     以下的 <asp:ControlParameter> 參數，Name 代表參數名稱，
     也就是上面 SQL 指令的「@ 參數」。例如：@test_time  -->

   <InsertParameters>
      <asp:ControlParameter ControlID="TextBox1"  DbType="DateTime"
       Name="test_time"  PropertyName="Text" />
      <asp:ControlParameter ControlID="TextBox2"  Name="class"
       PropertyName="Text"  Type="String" />
      <asp:ControlParameter ControlID="TextBox3"  Name="title"
       PropertyName="Text"  Type="String" />
      <asp:ControlParameter ControlID="TextBox4"  Name="summary"
       PropertyName="Text"  Type="String" />
      <asp:ControlParameter ControlID="TextBox5"  Name="article"
       PropertyName="Text"  Type="String" />
      <asp:ControlParameter ControlID="TextBox6"  Name="author"
       PropertyName="Text"  Type="String" />
   </InsertParameters>
</asp:SqlDataSource>
```

本書的資料表範例：test資料表

欄位名稱	資料格式	欄位說明
id*	Int(4) **自動編號**，從1開始 （在MS SQL Server裡面設定「自動編號」）	Primary Key
test_time	Datetime	文章發表的 日期與時間
class	Varchar(50)	文章分類
title	Varchar(150)	標題
summary	Varchar(250)	摘要
article	Text(16) 新版SQL Server建議修改為Varchar(MAX)	內容（全文）
author	Varchar(50)	作者

22-9-4 後置程式碼

完成上面的HTML設定後，現在要撰寫範例 4_Manual_Insert.aspx的後置程式碼。

SqlDataSource幫我們自動完成了大部分的 Insert指令，我們只要去啟動這個動作即可。當使用者按下 Button按鈕，就會啟動 Button的 Click()事件，裡面的程式碼只有一行「SqlDataSource1.**Insert()**」。

這一段程式便能強制SqlDataSource控制項執行 **.Insert()的方法**，執行HTML碼裡面 <SqlDataSource>標籤的 InsertCommand指令與 InsertParameters參數。最後把新增的一筆記錄寫回資料庫。

⏶ 後置程式碼，只有短短一行「SqlDataSource1.**Insert()**」。請寫在 Button 按鈕的 _Click 事件內

這個範例對於初學者來說，可能還是難了一點，畢竟在 HTML畫面上設定的動作太多。您只需瞭解有這種作法即可，日後倘若用得上，再回頭看看。

透過 TextBox控制項作輸入，是最簡單的作法。您也可以搭配日曆控制項、下拉式選單（DropDownList等等）做出各種變化。不要小看每一個基礎的 Web控制項，一旦對他們不熟練，對他們的基本屬性不瞭解，很多程式都很難寫好。

這個程式也簡單地防範了SQL Injection（資料隱碼）與XSS攻擊，不允許使用者輸入HTML標籤。假如在 TextBox控制項裡面，輸入了「
或<p>」這樣的HTML標籤作為段落換行，執行時會出現錯誤訊息。

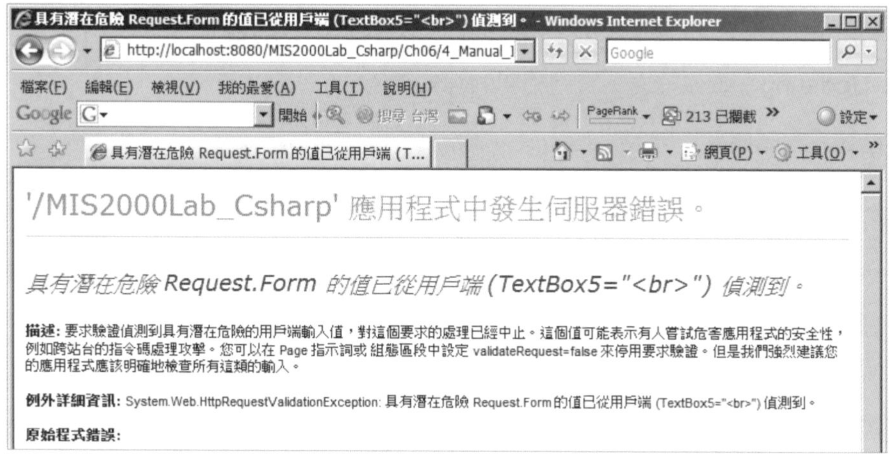

⊙ 這個程式也簡單地防範了 SQL Injection（資料隱碼）與 XSS 攻擊，不允許使用者輸入 HTML 標籤

這個範例讓我們學到一些很重要的技巧，進而更瞭解 SqlDataSource的運作過程：

1. 我們可以讓 SqlDataSource控制項的精靈，自動幫我們的資料表產生新增、刪除、修改等相關的 SQL指令。**注意！只能是單一的資料表**，如果是關聯式資料表就不行了。

2. 我們**在後置程式碼裡面，自行控制 SqlDataSource的動作**。這些相關的SQL指令，也都是 SqlDataSource自動產生的。

   - 透過 .Insert()方法去執行資料新增的動作。
   - 透過 .Update()方法可以更新資料。
   - 透過 .Delete()方法可以刪除資料。
   - 透過 .Select()方法可以撈取、查詢資料（.Select()方法的後續動作較多、較複雜，以後會有專文解說）。

這個技巧在市面上的 ASP.NET 書籍裡面並不多見，我也是在微軟 Microsoft Docs 網站（前MSDN網站）文件裡面發現某一段範例提及，而實驗出相關的方法。野人獻曝，希望這個範例對各位讀者有幫助。

22-10 UpdateCommand + UpdateParameters（參數）

我們可以在範例 Default_book_4_Manual_DataSource.aspx 的「GridView1_RowUpdating」事件裡面，看到相關的程式碼。

VB後置程式碼如下：

```
Protected Sub GridView1_RowUpdating(ByVal sender As Object, ByVal e As System.Web.UI.WebControls.GridViewUpdateEventArgs) Handles GridView1.RowUpdating
'==註解：Cells(0) 指的是： GridView 第一格「更新、取消」的功能，" 並非 " 資料庫的欄位！畫面的 GridView 設定「DataKeyNames="id"」屬性之後，「資料庫索引鍵」這一格（以下例子為 Cells(1)）就會變成「唯讀」！不可抓取使用！ ==
        Dim myTest1 As TextBox = GridView1.Rows(e.RowIndex).Cells(2).Controls(0)
        Dim myTest2 As TextBox = GridView1.Rows(e.RowIndex).Cells(3).Controls(0)
        '==畫面的 GridView 必須設定「DataKeyNames="id"」屬性，

        Dim my_test_time, my_title, my_summary, my_article As New TextBox
        my_test_time = GridView1.Rows(e.RowIndex).Cells(2).Controls(0)
        my_title = GridView1.Rows(e.RowIndex).Cells(4).Controls(0)
        my_summary = GridView1.Rows(e.RowIndex).Cells(5).Controls(0)
        my_article = GridView1.Rows(e.RowIndex).Cells(6).Controls(0)

        Dim my_id As Integer = CInt(GridView1.DataKeys(e.RowIndex).Value)
        '==== 主索引鍵 ====

        Dim SqlDataSource1 As SqlDataSource = New SqlDataSource()
        '== 連結資料庫的連接字串 ConnectionString  ==
        SqlDataSource1.ConnectionString = System.Web.Configuration.
WebConfigurationManager.ConnectionStrings(" 存在 Web.Config 檔案內的資料庫連結字串 ")
.ConnectionString

        '== 設定 SQL 指令將會用到的參數 ==
        SqlDataSource1.UpdateParameters.Add("id", my_id)
        SqlDataSource1.UpdateParameters.Add("test_time", FormatDateTime(my_
test_time.Text, DateFormat.ShortDate))
        SqlDataSource1.UpdateParameters.Add("title", my_title.Text)
        SqlDataSource1.UpdateParameters.Add("summary", my_summary.Text)
        SqlDataSource1.UpdateParameters.Add("article", my_article.Text)
```

```
        SqlDataSource1.UpdateCommand = "UPDATE [test] SET [test_time] =
@test_time, [title] = @title, [summary] = @summary, [article] = @article
WHERE [id] = @id"
        SqlDataSource1.Update()

        SqlDataSource1.Dispose()

        '==== 更新完成後，離開編輯模式 ====
        GridView1.EditIndex = -1
        myDBInit()
End Sub
```

C# 後置程式碼如下：

```
protected void GridView1_RowUpdating(object sender, GridViewUpdateEventArgs e)
{     //== 註解：Cells(0) 指的是： GridView 第一格「更新、取消」的功能，" 並非 " 資料庫的
欄位！
畫面的 GridView 設定「DataKeyNames="id"」屬性之後，「資料庫索引鍵」這一格（以下例子為
Cells[1]）就會變成「唯讀」！不可抓取使用！ ==
        TextBox my_test_time, my_title, my_summary, my_article;    // 先定義
TextBox 物件！
        my_test_time = (TextBox)GridView1.Rows[e.RowIndex].Cells[2].Controls[0];
        my_title = (TextBox)GridView1.Rows[e.RowIndex].Cells[4].Controls[0];
        my_summary = (TextBox)GridView1.Rows[e.RowIndex].Cells[5].Controls[0];
        my_article = (TextBox)GridView1.Rows[e.RowIndex].Cells[6].Controls[0];

        int my_id = Convert.ToInt32(GridView1.DataKeys[e.RowIndex].Value);
        //==== 主索引鍵 ====

        SqlDataSource SqlDataSource1 = new SqlDataSource();
        //== 連結資料庫的連接字串 ConnectionString  ==
        SqlDataSource1.ConnectionString = System.Web.Configuration.
WebConfigurationManager.ConnectionStrings[" 存在 Web.Config 檔案內的資料庫連結字串 "]
.ConnectionString;

        //SqlDataSource1.UpdateParameters.Clear();
        //== 設定 SQL 指令將會用到的參數 ==
        SqlDataSource1.UpdateParameters.Add("test_time",  my_test_time.Text.
ToString());
        // 下面的寫法也可以！
        //  SqlDataSource1.UpdateParameters.Add(new Parameter("test_time",
TypeCode.DateTime));
        //  SqlDataSource1.UpdateParameters["test_time"].DefaultValue = my_
test_time.Text;
```

```
        SqlDataSource1.UpdateParameters.Add("title", my_title.Text.ToString());
        SqlDataSource1.UpdateParameters.Add("summary", my_summary.Text.ToString());
        SqlDataSource1.UpdateParameters.Add("article", my_article.Text.ToString());

        SqlDataSource1.UpdateParameters.Add("id", my_id.ToString());
        //下面的寫法也可以！
        //  SqlDataSource1.UpdateParameters.Add(new Parameter("id",TypeCode.
Int32));
        //  SqlDataSource1.UpdateParameters["id"].DefaultValue = my_id.ToString();

        SqlDataSource1.UpdateCommand = "UPDATE [test] SET [test_time] =
@test_time, [title] = @title, [summary] = @summary, [article] = @article
WHERE [id] = @id";
        SqlDataSource1.Update();   //執行 SQL 指令 --Update 陳述句

        SqlDataSource1.Dispose();

        //==== 更新完成後，離開編輯模式 ====
        GridView1.EditIndex = -1;
        myDBInit();
}
```

注意！ 如果您"不是"用 SqlDataSource 控制項的話，而是**自己寫程式來搭配**資料繫結控制項（如 GridView 或 ListView 等等），那麼都"不"會運作到「**...ed**」這些**事件喔！只會運作到「...ing」事件而已**，請您注意！

22-11 DeleteCommand + DeleteParameters（參數）

我們可以在範例 Default_book_4_Manual_DataSource.aspx 的「GridView1_Row**Deleting**」事件裡面，看到相關的程式碼。

VB 後置程式碼如下：

```
Protected Sub GridView1_RowDeleting(ByVal sender As Object, ByVal e As
System.Web.UI.WebControls.GridViewDeleteEventArgs) Handles GridView1.
RowDeleting
        Dim SqlDataSource1 As SqlDataSource = New SqlDataSource()
        '== 連結資料庫的連接字串 ConnectionString  ==
        SqlDataSource1.ConnectionString = System.Web.Configuration.
WebConfigurationManager.ConnectionStrings("存在 Web.Config 檔案內的資料庫連結字串")
.ConnectionString
```

```
Dim my_id As Integer = CInt(GridView1.DataKeys(e.RowIndex).Value)
        '==== 主索引鍵 ====

        '== 設定 SQL 指令將會用到的參數 ==
        SqlDataSource1.DeleteParameters.Add("id", my_id)

        SqlDataSource1.DeleteCommand = "Delete from [test] WHERE [id] = @id"
        SqlDataSource1.Delete()

        Response.Write("*** 刪除成功！ ***")

        '----「刪除」已經完成！！記得重新整理畫面，重新載入資料 ----
        myDBInit()
End Sub
```

C#後置程式碼如下：

```
protected void GridView1_RowDeleting(object sender, GridViewDeleteEventArgs
e)    {
        SqlDataSource SqlDataSource1 = new SqlDataSource();
        //== 連結資料庫的連接字串 ConnectionString  ==
        SqlDataSource1.ConnectionString = System.Web.Configuration.
WebConfigurationManager.ConnectionStrings[" 存在 Web.Config 檔案內的資料庫連結字串 "]
.ConnectionString;

int my_id = Convert.ToInt32(GridView1.DataKeys[e.RowIndex].Value);
        //==== 主索引鍵 ====

        //== 設定 SQL 指令將會用到的參數 ==
        SqlDataSource1.DeleteParameters.Add(new Parameter("id", TypeCode.Int32));

        SqlDataSource1.DeleteCommand = "Delete from [test] WHERE [id] = @id";
        SqlDataSource1.Delete();

        Response.Write("*** 刪除成功！ ***");

        //----「刪除」已經完成！！記得重新整理畫面，重新載入資料 ----
        myDBInit();
}
```

注意！ 如果您"不是"用 SqlDataSource控制項的話，而是**自己寫程式來搭配**資料繫結控制項（如 GridView或 ListView等等），那麼都 **"不"會運作到「...ed」這些事件喔！只會運作到「...ing」事件而已**，請您注意！

22-12 SqlDataSource的例外狀況（e.ExceptionHandled = true）

當我們使用 SqlDataSource控制項的 SelectCommand，也就是從資料庫撈取資料出來的 SQL指令。

SqlDataSource控制項有兩個對應的事件可以讓我們使用，分別是：**Selecting事件**（正在執行 Select指令的時候）與 **Selected事件**（執行完成 Select指令之後）。

我們可以在 SqlDataSource控制項的**Selected事件**（執行完成 SelectCommand指令之後），抓到例外狀況。請看範例 Default_4_2_SqlDataSource_Exception.aspx的VB後置程式碼（HTML設計畫面跟上面一樣，我們只修改後置程式碼）。

```
Imports System.Web.Configuration    '---- 自己寫的（宣告）NameSpace----
Imports System.Data
Imports System.Data.SqlClient

Protected Sub Page_Load(ByVal sender As Object, ByVal e As System.EventArgs)
Handles Me.Load
        '-----  手動撰寫 SqlDataSource  -----
        '== 1. 資料庫的連線字串 ConnectionString  ==
        SqlDataSource1.ConnectionString = WebConfigurationManager.
ConnectionStrings("存在Web.Config檔案裡面的資料庫連結字串").ConnectionString
        '== 2. 撰寫 SQL 指令 ==
        SqlDataSource1.SelectCommand = "SELECT * FROM [test123]"
        '-- SQL 指令裡面，故意寫錯字
        '***********************************
        '== 3. DataBinding ==
        GridView1.DataSourceID = "SqlDatasource1"
        '***********************************
        SqlDataSource1.Dispose()
End Sub


Protected Sub SqlDataSource1_Selected(ByVal sender As Object, ByVal
e As System.Web.UI.WebControls.SqlDataSourceStatusEventArgs) Handles
SqlDataSource1.Selected
        '== 執行 SqlDataSource 的 .Select() 方法之後，就會執行這一個事件 ==
        e.ExceptionHandled = True   '-- 表示們自己處理例外狀況（exception）

        If Not e.Exception Is Nothing Then
            '-- 或是寫成 If e.Exception IsNot Nothing Then 也可以
            Response.Write("發生例外狀況 ---- " & e.Exception.Message)
        End If
End Sub
```

我們可以在 SqlDataSource 控制項的 **Selected 事件**（執行完成 SelectCommand 指令之後），抓到例外狀況。請看範例 Default_4_2_SqlDataSource_Exception.aspx 的 C# 後置程式碼（HTML 設計畫面跟上面一樣，我們只修改後置程式碼）。

```
using System.Web.Configuration;    //---- 自己宣告 NameSpace----
using System.Data;
using System.Data.SqlClient;


protected void Page_Load(object sender, EventArgs e)
{  //------------------------------------------------
   //-----  手動撰寫 SqlDataSource  -----
   //------------------------------------------------
   //== 1. 資料庫的連線字串 ConnectionString  ==
   SqlDataSource1.ConnectionString = WebConfigurationManager.
   ConnectionStrings[" 存在 Web.Config 檔案裡面的資料庫連結字串 "].ConnectionString;
   //== 2. 撰寫 SQL 指令 ==
   SqlDataSource1.SelectCommand = "SELECT * FROM [test]";
   //***********************************
   GridView1.DataSourceID = "SqlDatasource1";
   //***********************************
   SqlDataSource1.Dispose();
}


protected void SqlDataSource1_Selected(object sender,
SqlDataSourceStatusEventArgs e)
{  //== 執行 SqlDataSource 的 .Select() 方法之後，就會執行這一個事件 ==
   e.ExceptionHandled = true;  //-- 表示我們自己處理例外狀況（exception）

   if (e.Exception != null)  {
      Response.Write(" 發生例外狀況 ---- " + e.Exception.Message);
   }
}
```

上述的程式碼，最重要的就是 C# 這一行「**e.ExceptionHandled = true;**」，表示我們自己處理例外狀況。有了它，我們故意寫錯 SQL 指令，可以抓到下圖的例外狀況。

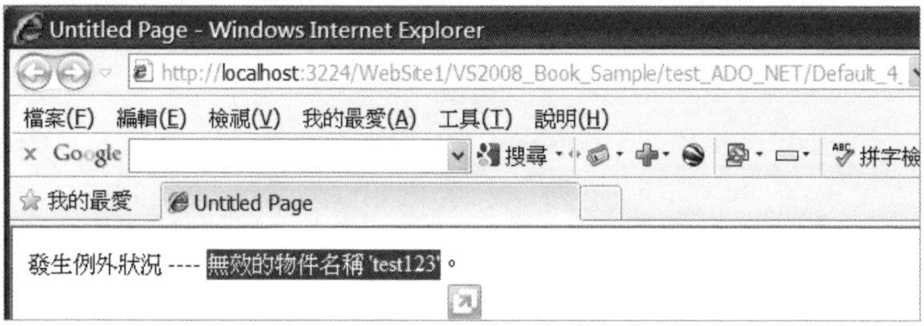

Untitled Page - Windows Internet Explorer
http://localhost:3224/WebSite1/VS2008_Book_Sample/test_ADO_NET/Default_4_
檔案(F) 編輯(E) 檢視(V) 我的最愛(A) 工具(T) 說明(H)
我的最愛 Untitled Page
發生例外狀況 ---- 無效的物件名稱 'test123'。

⊙ 自己處理 SqlDatasource 的例外狀況與訊息

如果不寫 C# 這一行「**e.ExceptionHandled = true**」，或是將它註解掉（不執行）的話，例外狀況就會像下圖這樣。

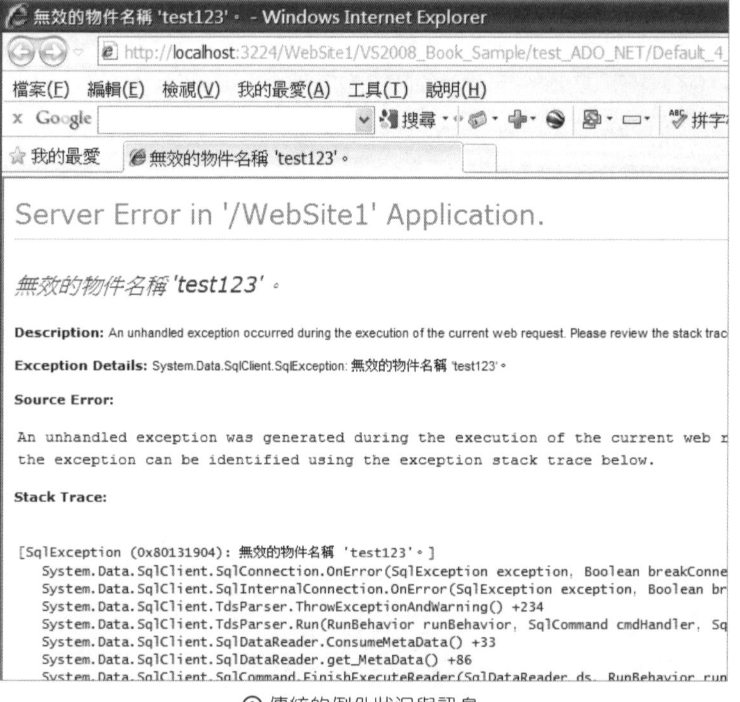

▲ 傳統的例外狀況與訊息

除了 SqlDataSource 控制項的 Select**ed** 事件之外，在資料新增的 Insert**ed** 事件、資料更新的 Updat**ed** 事件、還有刪除的 Delet**ed** 事件也有相同作法。

注意！ 如果您 "**不是**" 用 SqlDataSource 控制項的話，而是**自己寫程式來搭配**資料繫結控制項（如 GridView 或 ListView 等等），那麼都 "**不**" **會運作到「...ed」這些事件喔！只會運作到「...ing」事件而已**，請您注意！

23 SqlDataSource 範例集

CHAPTER

本章延續上一章的觀念說明，將以數個範例讓您動手練習。

23-1 新增、刪除、修改時，遇見空白則取消（e.Cancel =true）

前面的範例已經有提到「**e.Exception**」的作法，我們可以在 SqlDataSource 的 **Selected 事件**裡面，自己控制例外狀況。現在要介紹另外一個「**e.Cancel =true**」的作法，用來取消操作。這必須使用在 SqlDataSource 的 **...ing 事件**裡面。

範例 Default_5_1_SqlDataSource_Manual_Insert_Cancel.aspx。首先，沿用上一節的功能，自己設定輸入畫面，並且使用 SqlDataSource 幫我們完成新增的 SQL 指令。HTML 畫面設定在此不贅述。

C# 後置程式碼如下。重點在於 SqlDataSource 的 **Inserting 事件**裡面，我們透過 for 迴圈檢查每一個輸入的 Web 控制項與「參數」，如果有任何一個欄位（參數）是空白就會中斷「資料新增」的動作。也就是透過「**e.Cancel =true**」來進行中斷。

```
using System.Data.SqlClient;    //== SqlParameter 需要用到
//---- 自己寫的（宣告）----


protected void Button1_Click(object sender, EventArgs e)     {
   SqlDataSource1.Insert();
   //== 按下按鈕之後，將這些資料新增到資料庫裡面。
}


protected void SqlDataSource1_Inserting(object sender,
SqlDataSourceCommandEventArgs e)     {
   //== SqlParameter 需要用到「System.Data.SqlClient 」命名空間
   foreach (SqlParameter my_InsertParameter in e.Command.Parameters)  {
       if (my_InsertParameter.Value == null)    {
```

```
            e.Cancel = true;
            Response.Write("<script>window.alert(\"SqlDataSource1_Inserting
事件。輸入欄位有空白，請重新確認。\")</script>");
        }
    }
}


protected void SqlDataSource1_Inserted(object sender,
SqlDataSourceStatusEventArgs e)
{    //== 執行 SqlDataSource 的 .Insert() 方法之後，就會執行這一個事件 ==
        Response.Write("<script>window.alert(\"SqlDataSource1_Inserted 事件。
新增完畢！您輸入 " + e.AffectedRows.ToString() + "筆記錄\")</script>");
}
```

您可以發現不同的事件，搭配了不同的 e，因此 e.Cancel 不可以隨便亂用，只能用在 SqlDataSource 的 ...ing 事件裡面。以VB語法為例：

```
Protected Sub SqlDataSource1_Inserting(sender As Object, e As
System.Web.UI.WebControls.SqlDataSourceCommandEventArgs) Handles
SqlDataSource1.Inserting

Protected Sub SqlDataSource1_Inserted(sender As Object, e As
System.Web.UI.WebControls.SqlDataSourceStatusEventArgs) Handles
SqlDataSource1.Inserted
```

23-2 .Select() 方法 -，自訂「輸出」畫面，手動呈現查詢的成果

如果您必須撰寫 SqlDataSource 來查詢（撈取）資料，並且動手把所需的「欄位」逐一呈現出來（例如：您的 HTML 畫面是美工人員訂製的，不是搭配現成的大型控制項），那麼本節的範例就會適合您。簡單的說，這裡就是 SqlDataSource 的 **.Select()** 方法的「手寫版」程式範本。

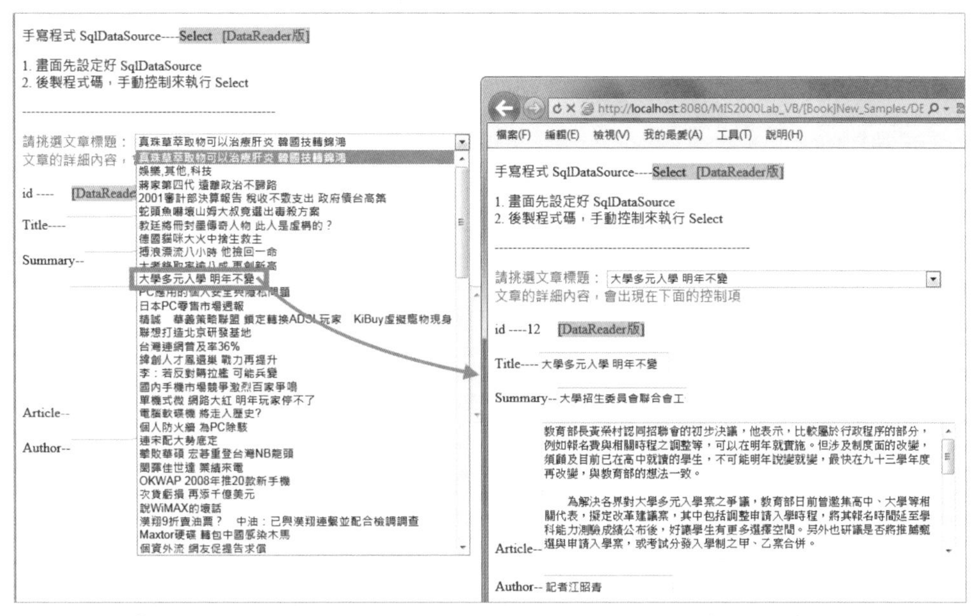

㊀ 本節的範例執行成果。點選 DropDownList 之後，這篇新聞會呈現在畫面上

23-2-1 DataReader與IDataReader

範例 Default_5_2_SqlDataSource_Manual_Select_DataReader.aspx 是將 SqlDataSource 的「**DataSourceMode**」屬性設定為 DataReader（如下圖）。

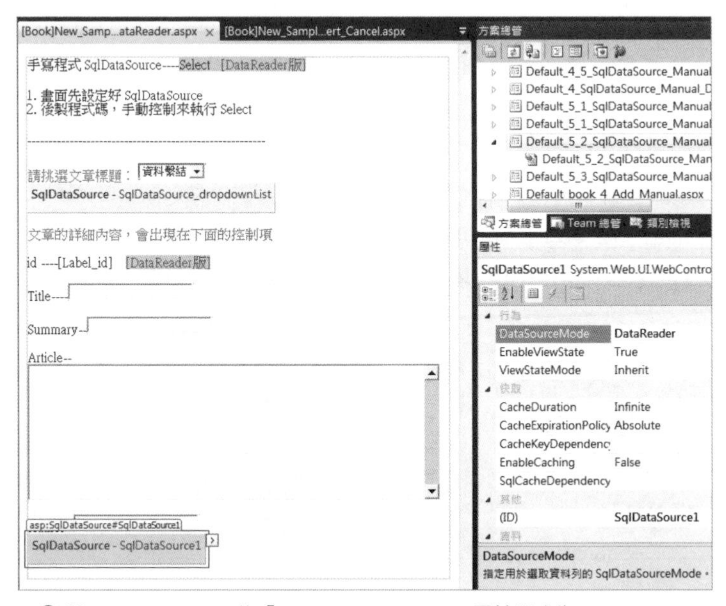

㊀ 將 SqlDataSource 的「**DataSourceMode**」屬性設定為 DataReader

範例Default_5_2_SqlDataSource_Manual_Select_DataReader.aspx的 HTML畫面設定如下：

```
請挑選文章標題：
    <asp:DropDownList ID="DropDownList1" runat="server"
        AutoPostBack="True" DataSourceID="SqlDataSource_dropdownList"
        DataTextField="title" DataValueField="id">
        </asp:DropDownList>
    <asp:SqlDataSource ID="SqlDataSource_dropdownList" runat="server"
        ConnectionString="<%$ ConnectionStrings:testConnectionString %>"
        SelectCommand="SELECT [id], [title] FROM [test]"></asp:SqlDataSource>
        <br />

文章的詳細內容，會出現在下面的控制項 <br />
    id ----<asp:Label ID="Label_id" runat="server"></asp:Label><br />
    Title----<asp:TextBox ID="TextBox_title" runat="server"></asp:TextBox>
<br />
    Summary--<asp:TextBox ID="TextBox_summary" runat="server"></asp:TextBox>
<br />
    Article--<asp:TextBox ID="TextBox_article" runat="server" Height="150px"
        TextMode="MultiLine" Width="480px"></asp:TextBox>  <br />
    Author--<asp:TextBox ID="TextBox_author" runat="server"></asp:TextBox>

    <asp:SqlDataSource ID="SqlDataSource1" runat="server"
        ConnectionString="<%$ ConnectionStrings:testConnectionString %>"
        SelectCommand="SELECT [id], [title], [summary], [article], [author]
FROM [test] WHERE ([id] = @id)"
        DataSourceMode="DataReader" >
        <SelectParameters>
            <asp:ControlParameter ControlID="DropDownList1" Name="id"
                PropertyName="SelectedValue" Type="Int32" />
        </SelectParameters>
    </asp:SqlDataSource>
```

範例Default_5_2_SqlDataSource_Manual_Select_DataReader.aspx的 C#後置程式碼如下。重點是：**當DataSourceMode屬性設為 DataReader時，使用 .Select()方法查詢資料會傳回 IDataReader物件**。當完成讀取資料時，請關閉 IDataReader物件。

```
protected void DropDownList1_SelectedIndexChanged(object sender, EventArgs e)
{
        SqlDataSource1.DataSourceMode = SqlDataSourceMode.DataReader;
        //== 如果 DataSourceMode 屬性設為 DataReader 值，則會傳回 IDataReader 物
件。當完成讀取資料時，請關閉 IDataReader 物件。
```

```
        DataSourceSelectArguments args = new DataSourceSelectArguments();
        //== DataSourceSelectArguments 提供一項機制，讓資料繫結控制項於擷取資料時，
用來向資料來源控制項要求資料相關的作業。

        IDataReader I_DR = (IDataReader)SqlDataSource1.Select(args);

        I_DR.Read();
        //*****  重點！！ *****

        Label_id.Text = I_DR["id"].ToString();
        TextBox_title.Text = I_DR["title"].ToString();
        TextBox_summary.Text = I_DR["summary"].ToString();
        TextBox_article.Text = I_DR["article"].ToString();
        TextBox_author.Text = I_DR["author"].ToString();

        //== 當完成讀取時，請關閉 IDataReader 物件。
        I_DR.Close();
        I_DR.Dispose();
}
```

您可以在上面SqlDataSource（**DataSourceMode屬性= DataReader**）的程式碼裡面，看見 .Select()方法傳回的是IDataReader。根據微軟官方文件對於 **IDataSource介面（Interface）** 的說法：實作 IDataSource介面的任何類別，都是「資料來源」控制項。因為ASP.NET支援控制項的資料繫結（程式碼，例如：GridView1.DataBind()）架構，讓 Web伺服器控制項（例如：下拉式選單DropDownList）可以相同且單一的方式繫結至資料。

IDataSource介面：

- 命名空間：System.Web.UI。
- 組件：System.Web（在 System.Web.exe）。

23-2-2 DataSet與DataView

範例Default_5_3_SqlDataSource_Manual_Select_DataSetaspx的 HTML畫面跟上一個範例完全相同，最大的差異是將 SqlDataSource的「**DataSourceMode**」屬性設定為 DataSet。您可以"不"去設定，因為SqlDataSource的**DataSourceMode**屬性「預設值」就是 DataSet。

範例Default_5_3_SqlDataSource_Manual_Select_DataSet.aspx的 C#後置程式碼如下。重點是：**當DataSourceMode屬性設為 DataSet（預設值）時，使用 .Select()方法查詢資料會傳回 DataView物件。**

```
protected void DropDownList1_SelectedIndexChanged(object sender, EventArgs e)
{
    DataSourceSelectArguments args = new DataSourceSelectArguments();
    //== DataSourceSelectArguments 提供一項機制，讓資料繫結控制項於擷取資料時，用來
向資料來源控制項要求資料相關的作業。

     DataView dv = (DataView)SqlDataSource1.Select(args);

     Label_id.Text = dv.Table.Rows[0]["id"].ToString();
     TextBox_title.Text = dv.Table.Rows[0]["title"].ToString();
     TextBox_summary.Text = dv.Table.Rows[0]["summary"].ToString();
     TextBox_article.Text = dv.Table.Rows[0]["article"].ToString();
     TextBox_author.Text = dv.Table.Rows[0]["author"].ToString();

     dv.Dispose();
}
```

23-3 FilterExpresssion（篩選條件運算式）與 FilterParameters（參數）

在這一節裡面，我們將用三種不同的作法，來完成同一個功能（單一欄位的搜尋）。雖然HTML設計畫面都雷同，但您可以比較其中的差異，並理解不同作法的優缺點。

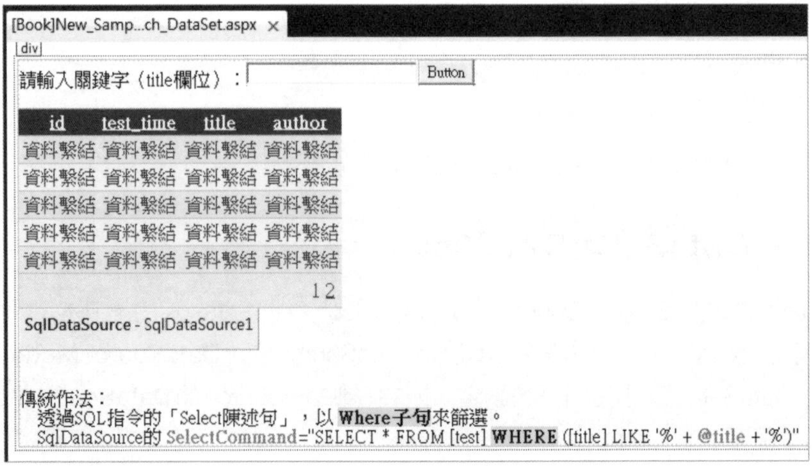

[Book]New_Samp...ch_DataSet.aspx ×
div
請輸入關鍵字（title欄位）： Button

id	test_time	title	author
資料繫結	資料繫結	資料繫結	資料繫結
資料繫結	資料繫結	資料繫結	資料繫結
資料繫結	資料繫結	資料繫結	資料繫結
資料繫結	資料繫結	資料繫結	資料繫結
資料繫結	資料繫結	資料繫結	資料繫結
			1 2

SqlDataSource - SqlDataSource1

傳統作法：
透過SQL指令的「Select陳述句」，以Where子句來篩選。
SqlDataSource的 SelectCommand="SELECT * FROM [test] WHERE ([title] LIKE '%' + @title + '%')"

▲ 單一欄位搜尋的功能

23-3-1 傳統作法，SqlDataSource 精靈

範例 Search_DataSet.aspx 是最傳統的作法，不用寫程式就能完成。我們在 HTML 畫面上，透過 SqlDataSource 精靈的「Where」子句按鈕，來完成這樣功能。

⊙ SqlDataSource 精靈的「Where」子句按鈕

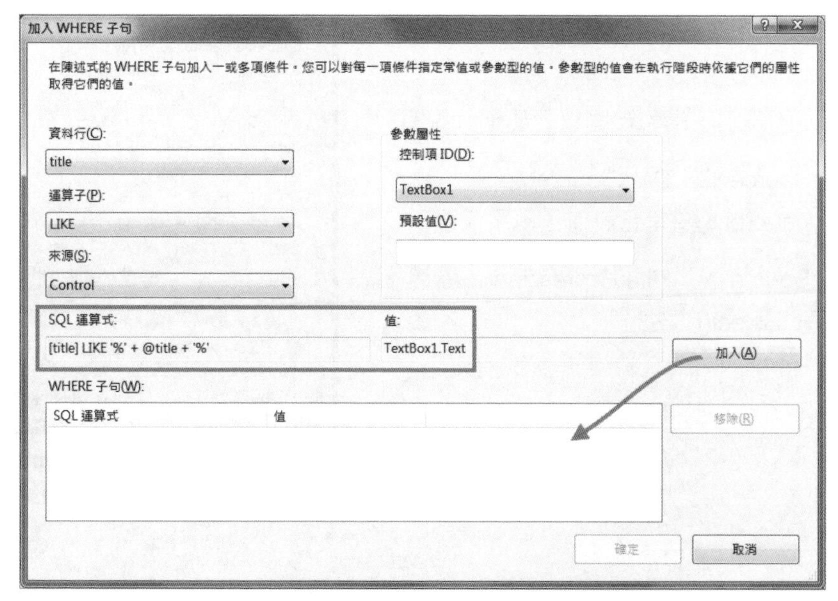

⊙ 設定其他控制項與 SqlDataSource 的互動

範例Search_DataSet.aspx完成後的HTML畫面如下：

```
請輸入關鍵字（title 欄位）：
<asp:TextBox ID="TextBox1" runat="server"></asp:TextBox>
        <asp:Button ID="Button1" runat="server" Text="Button" />
        <br />
        <br />
<asp:GridView ID="GridView1" runat="server">
           ... 部分省略 ......
</asp:GridView>

<asp:SqlDataSource ID="SqlDataSource1" runat="server"
  ConnectionString="<%$ ConnectionStrings:testConnectionString %>"
  SelectCommand="SELECT * FROM [test] WHERE ([title] LIKE
                                                    '%' + @title + '%')" >
      <SelectParameters>
              <asp:ControlParameter ControlID="TextBox1" Name="title"
                   PropertyName="Text" Type="String" />
     </SelectParameters>
</asp:SqlDataSource>
```

23-3-2 SqlDataSource的FilterExpresssion與FilterParameters

範例Search_DataSet_1.aspx的HTML畫面跟上面雷同，最大的差異就是使用了SqlDataSource的「**FilterExpresssion**（篩選條件運算式）」與「**FilterParameters**（參數）」。

幾個重要的設定，請您參閱以下的圖片說明：

SqlDataSource的「DataSourceMode」屬性必須是DataSet（這是預設值，不用修改）。

SqlDataSource的「FilterExpression」屬性，只能搭配.Select()方法。

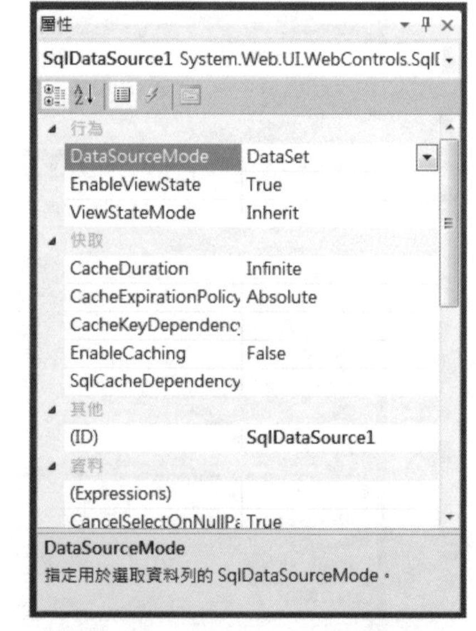

SqlDataSource的「DataSourceMode」屬性必須是DataSet（這是預設值）。

下圖的重點就是SqlDataSource的「FilterExpression」屬性，因為可以搭配多個參數（FilterParameters），所以我們可以寫成 **{0}搭配第一個參數、{1}搭配第二個參數**......以此類推。切記！電腦都是從「零」算起。

⊙ SqlDataSource 的「FilterExpression」屬性，只能搭配 .Select() 方法

⊙ SqlDataSource 的「FilterParameters（參數）」屬性

完成後的範例Search_DataSet_1.aspx的HTML設計畫面，原始檔如下：

```
請輸入關鍵字（title 欄位）：
<asp:TextBox ID="TextBox1" runat="server"></asp:TextBox>
        <asp:Button ID="Button1" runat="server" Text="Button" />
        <br />
        <br />
<asp:GridView ID="GridView1" runat="server">
        ...部分省略......
</asp:GridView>

<asp:SqlDataSource ID="SqlDataSource1" runat="server"
     ConnectionString="<%$ ConnectionStrings:testConnectionString %>"
     SelectCommand="SELECT * FROM [test]"
     FilterExpression="title like '%{0}%'" >

     <FilterParameters>
         <asp:ControlParameter ControlID="TextBox1" Name="newparameter1"
                    PropertyName="Text" />
     </FilterParameters>
</asp:SqlDataSource>
```

跟上一個範例比較起來，兩者的差異就是SqlDataSource的「FilterExpression」屬性的特性：

- SelectCommand的SQL指令不同。
  在這個範例，我們查詢（撈取）出test資料表「**全部的記錄**」。因為SelectCommand本身"不"負責篩選、過濾。
- 上一個範例曾使用到SqlDataSource精靈的「Where」子句按鈕，本範例則無！本範例Search_DataSet_1.aspx搜尋關鍵字的作法，交由SqlDataSource的「FilterExpression」屬性與「FilterParameters」參數來完成篩選。

23-3-3 手寫程式的FilterExpresssion與FilterParameters

範例Search_DataSet_2_Manual.aspx也是採用SqlDataSource的「**FilterExpresssion（篩選條件運算式）**」與「**FilterParameters（參數）**」來作，但100%自己撰寫後置程式碼來完成。HTML畫面上不使用SqlDataSource控制項。

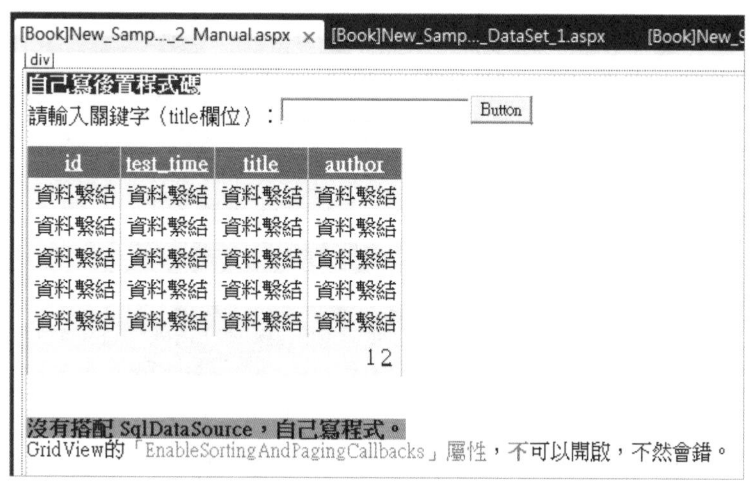

⊙ 單一欄位搜尋的功能，但 HTML 畫面上不使用 SqlDataSource 控制項（100% 自己撰寫後置程式碼）

範例 Search_DataSet_2_Manual.aspx 的 C# 後置程式碼如下：

```
using System.Data;    //--DataView 會用到
using System.Data.SqlClient;    //---- 自己寫的（宣告）----


    protected void Page_Load(object sender, EventArgs e)  {
        if (!Page.IsPostBack)  {
            DBInit();
        }
    }

    protected void Button1_Click(object sender, EventArgs e)  {
        DBInit();
    }
    protected void GridView1_PageIndexChanging(object sender, 
GridViewPageEventArgs e)
    {
        GridView1.PageIndex = e.NewPageIndex;
        int j = (int)e.NewPageIndex;
        Response.Write(" 目前位於第 " + (j + 1) + " 頁 <br>");
        //== 把 GridView1 的 [EnableSortingAndPagingCallBack] 屬性關閉 (=False)，
才會執行到這一行！ ==
```

```
        DBInit();
    }


    //==== 自己手寫的程式碼，SqlDataSource ====(start)
    protected void DBInit()  {
        SqlDataSource  SqlDataSource1 = new SqlDataSource();
        //== 連結資料庫的連接字串 ConnectionString  ==
        SqlDataSource1.ConnectionString =
System.Web.Configuration.WebConfigurationManager.ConnectionStrings["testConnect
ionString"].ConnectionString;

        SqlDataSource1.SelectCommand = "SELECT * FROM [test]";
        SqlDataSource1.FilterExpression = "title like '%{0}%'";
        SqlDataSource1.FilterParameters.Add("newparameter1", TextBox1.Text);

        DataSourceSelectArguments args = new DataSourceSelectArguments();
        //== DataSourceSelectArguments 提供一項機制，讓資料繫結控制項於擷取資料時，
用來向資料來源控制項要求資料相關的作業。

        //== 執行 SQL 指令 .select() ==
        DataView dv = (DataView)SqlDataSource1.Select(args);

        GridView1.DataSource = dv;
        GridView1.DataBind();
        //===================
    }
    //==== 自己手寫的程式碼，SqlDataSource====(end)
```

23-4 SqlDataSource 的快取

我們經常用到的 SqlDataSource 控制項也有快取的功能，大部分用在擷取資料的時候，也就是 **.Select()** 方法執行的時候。

SqlDataSource 控制項支援資料快取。當資料進行快取時，.Select() 方法會從快取（記憶體裡面）擷取資料，而不是從基礎資料庫擷取資料。快取過期時，.Select() 方法會從基礎資料庫擷取資料，然後再次快取資料。

23-4-1 EnableCaching 與 CacheDuration

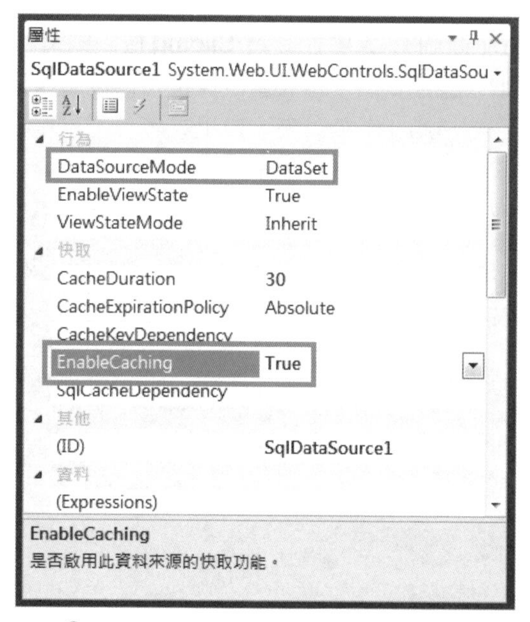

Ⓐ SqlDataSource 的快取屬性，有幾個重點

上圖 SqlDataSource的快取屬性，有幾個重點：

- 「**DataSourceMode**」屬性必須設定為 **DataSet**，才能使用快取功能。

  如果 SqlDataSource 控制項設為 DataReader 值，且同時啟用了快取，則 .Select() 方法會擲回 NotSupportedException 例外狀況。

- 當「**EnableCaching**」屬性設定為 **true**，才能設定「CacheDuration（快取時間）」屬性。

- 「**CacheDuration**」屬性值為 **0**（秒）或是 **infinite**，表示**無限長的快取**。

  設定為**大於 0 的值（單位：秒）**，表示在捨棄快取項目之前，快取會儲存資料的秒數。在這段時間內，SqlDataSource 控制項便會自動快取資料。

- 快取的行為由持續期間（CacheDuration 屬性）和「CacheExpirationPolicy」屬性的組合決定。CacheExpirationPolicy 屬性有下列兩個選項：

  - 如果 CacheExpirationPolicy 屬性設為 **Absolute 值**，則 SqlDataSource 會快取第一個資料擷取作業的資料，並在記憶體中最多只保留該資料 CacheDuration 屬性指定的時間量（秒）。如果需要記憶體，則可能會在該持續期間前釋放資料。然後會在下一個作業期間重新整理快取 **作者註解** 設定30秒就會固定快取30秒。

- 如果 CacheExpirationPolicy 屬性設為 **Sliding 值**，則資料來源控制項會快取第一個資料擷取作業的資料，但會重設保留每個後續作業之快取的時間間隔（秒）。自從上次 Select 作業以來，如果在等於 CacheDuration 值的時間內沒有任何活動，快取就會過期。**作者註解** 雖然設定30秒，但這段時間內有人從快取中存取資料的話，30秒就會從頭算起、遞延下去，如此周而復始。

範例 SqlDataSource_SqlCacheDependency_1.aspx 的 HTML 碼如下，我們設定 SqlDataSource 的快取功能。

```
<asp:GridView ID="GridView1" runat="server" AllowPaging="True"
        AllowSorting="True" AutoGenerateColumns="False" DataKeyNames="id"
        DataSourceID="SqlDataSource1" PageSize="5">
    ...... 省 略 ......
</asp:GridView>

<asp:SqlDataSource ID="SqlDataSource1" runat="server"
      ConnectionString="<%$ ConnectionStrings:testConnectionString %>"
      EnableCaching="True"
      CacheDuration="1200"
      SelectCommand="SELECT [id], [test_time], [title] FROM [test] Order by id DESC" >
</asp:SqlDataSource>

        <br /> 系統時間：<%= System.DateTime.Now.ToString()%></div>
```

上面的範例設定「快取時間（CacheDuration 屬性）」為20分鐘（1200秒），執行此網頁之後然後自己到資料庫裡面新增一筆記錄。接下來，不斷地重新整理網頁，我們可以發現畫面上的時間一直在更新，但是 GridView 裡面的資料一直保持不變（如下圖）。因為快取的緣故，20分鐘（1200秒）內資料庫有任何變化都不會顯示出來。

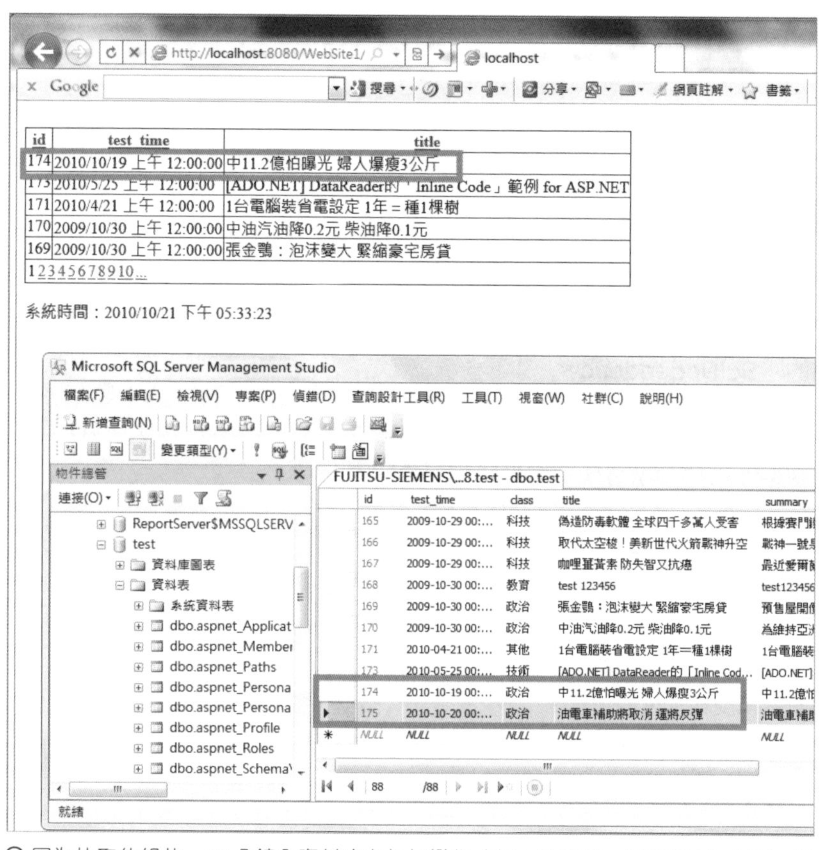

因為快取的緣故，20 分鐘內資料庫有任何變化（如：新增了一筆記錄 id=175），但畫面上仍不會顯示出來

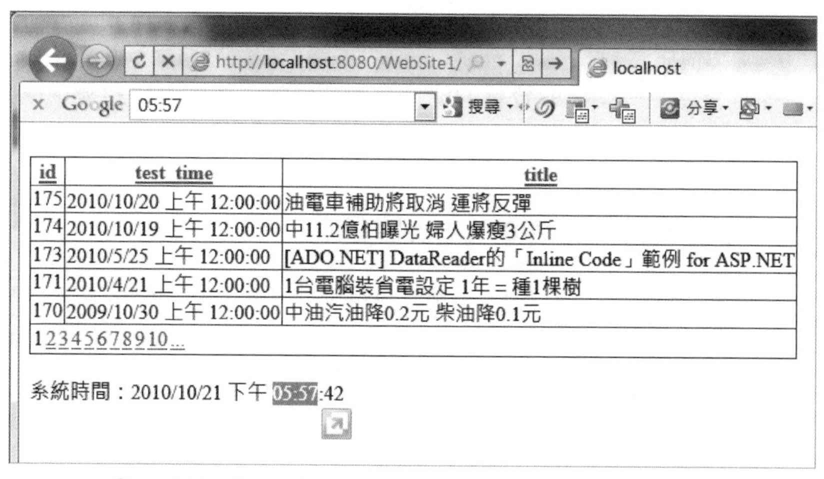

20 分鐘以後，才會展現資料庫裡面最新的一筆記錄（id=175）

23-5 SqlCacheDependency屬性

SqlCacheDependency屬性主要用於：取得或設定以「**分號（；）**」分隔的字串，表示用於 Microsoft SQL Server快取相依性的「資料庫」和「資料表」。

- 命名空間：**System.Web.UI.WebControls**。
- 組件：**System.Web**（在 System.Web.dll 中）。

請您特別注意一下，這裡介紹的「**SqlCacheDependency**」屬性跟上一節 Output Cache的「**SqlDependency**」是不一樣的。

SqlDataSource控制項依據資料快取（該服務必須為資料庫伺服器而設定）的 SqlCacheDependency物件，支援選擇性的到期原則。

- SqlCacheDependency字串會根據<%@ Page指示詞所使用的相同格式來識別資料庫和資料表。字串的前一部分是連接 Microsoft SQL Server資料庫的連接字串（ConnectionString），接著是「**冒號（：）**」分隔符號，最後是「資料表的名稱」(例如，"testConnectionString1:table1")。
- 如果 SqlCacheDependency屬性取決於"**多個"資料表**，則連接字串和資料表名稱組會由「**分號（；）**」分隔（例如，" testConnectionString1:table1**;** testConnectionString2:table2"）。

注意! 在「Windows驗證」下使用"用戶端模擬"時，會是在第一個使用者存取資料時進行快取。如果另一位使用者也要求相同的資料時，則會從快取中擷取資料。

因為在快取裡面擷取相同的資料時，"沒有"對資料庫進行另一次呼叫，也"沒有"透過資料庫確認使用者對資料的存取權。所以，**如果您預期有一名以上的使用者存取資料，而且希望每一個擷取資料的動作都由「資料庫的安全性組態」來加以驗證，請勿使用快取**。

23-5-1 建立SQL Server快取相依性

在下列程式碼中，示範了「如何建立 SQL Server快取相依性，並設定 SqlDataSource控制項的 SqlCacheDependency屬性」。在這個範例中每隔 1200 秒就會輪詢資料庫一次。如果在這段期間 test資料表中的資料發生變更，則由 SqlDataSource控制項所快取、GridView控制項所顯示的任何資料，都會在下一次輪詢資料庫時，由 SqlDataSource控制項重新整理。

我們把上一個範例修改如下，範例 SqlDataSource_SqlCacheDependency_3.aspx 只有 HTML 原始檔需要改變：

```
<asp:GridView ID="GridView1" runat="server" AllowPaging="True"
        AllowSorting="True" AutoGenerateColumns="False" DataKeyNames="id"
        DataSourceID="SqlDataSource1" PageSize="5">
    ...... 省 略 ......
</asp:GridView>

<asp:SqlDataSource ID="SqlDataSource1" runat="server"
      ConnectionString="<%$ ConnectionStrings:testConnectionString %>"
      enablecaching="True"
      cacheduration="1200"
      cacheexpirationpolicy="Absolute"
      sqlcachedependency="myTEST:test"
          作者註解：這裡要搭配 Web.Config 的設定。

      SelectCommand="SELECT [id], [test_time], [title] FROM [test] Order by id DESC" >
</asp:SqlDataSource>

        <br /> 系統時間：<%= System.DateTime.Now.ToString()%></div>
```

上面 SqlCacheDependency 的設定值，必須搭配 Web.Config 檔才行，請搭配以下的設定值。

```
<connectionStrings>
   <add name="testConnectionString" connectionString="您自己的資料庫連結字串"
   providerName="System.Data.SqlClient" />
</connectionStrings>

...... 部分省略 ......

<system.web>
    <caching>
        <sqlCacheDependency enabled="true">

            <databases>
               <clear />

               <add name="myTEST"
               connectionStringName="testConnectionString"
               pollTime="1200000" />  註解：設定值為 1200 秒。
            </databases>

        </sqlCacheDependency>
    </caching>
```

```
</system.web>

作者註解：
每隔 1200 秒就會輪詢資料庫一次。
如果在這段期間 test 資料表中的資料發生變更，則由 SqlDataSource 控制項所快取、以及 GridView
控制項所顯示的任何資料，都會在下一次輪詢資料庫時，由 SqlDataSource 控制項重新整理。
```

執行的時候，別忘了檢查一下是否執行**aspnet_regsql.exe**命令（上一節介紹過的），為 test資料庫中的 test資料表啟用快取告知。如果沒有做完這一步驟，程式一定會報錯。

23-5-2 啟用資料庫快取告知，aspnet_regsql.exe 指令與用法

前面介紹的資料庫與資料表「**啟用快取告知**」功能，必須用到**aspnet_regsql.exe**指令。在您的Windows作業系統的安裝目錄裡面，找到 Microsoft.NET的專屬目錄。

```
.NET 2.0（與 3.5 版）的目錄：
C:\Windows\Microsoft.NET\Framework\v2.0.50727

.NET 4.0 的目錄：
C:\Windows\Microsoft.NET\Framework\v4.0.30319
```

aspnet_regsql.exe指令，完整的指令與參數用法如下表：

參數、選項（英文大小寫有差別）	說明文字
-S ServerName	資料庫主機名稱。
-U LoginID	登入帳號。
-P Password	密碼。
-E	使用「Windows驗證」來登入SQL Server。
-C "ConnectionString"	使用資料庫的「連結字串」來登入SQL Server。
-d Database	MS SQL的資料庫名稱。
-ed	允許使用 SqlCacheDependency。
-dd	「不」允許使用 SqlCacheDependency。
-et	允許使用 SqlCacheDependency。**要搭配「-t」參數一起使用。**

參數、選項 （英文大小寫有差別）	說明文字
-dt	「不」允許使用 SqlCacheDependency。**要搭配「-t」參數一起使用**。
-t TableName	可以或不可以使用 SqlCacheDependency 的「資料表名稱」。
-?	列出所有說明文字、Help。
-lt	列表，顯示所有可以使用 SqlCacheDependency 的資料表。

如果您因為指令執行錯誤，一直無法開啟資料庫與資料表「**啟用快取告知**」功能。以下各種指令都可以試試看，總有一個方法可以啟動。

```
aspnet_regsql  -E  -d  資料庫名稱  -ed
```

```
aspnet_regsql  -E  -d  資料庫名稱  -t  資料表名稱  -et
```

```
aspnet_regsql  -C  "資料庫的連結字串（可以在 Web.Config 檔找到）"  -ed
```

```
aspnet_regsql  -C  "資料庫的連結字串（可以在 Web.Config 檔找到）"  -t  資料表名稱  -et
```

我個人建議使用「-C」的參數，搭配「資料庫連結字串」，比較沒有問題（如上面的第三、第四個指令）。指令如下（請依照實際情況，修改您的資料庫連結字串）：

```
aspnet_regsql  -C  "Data Source=.;Initial Catalog=test;Integrated
Security=True"  -t  test  -et
```

如果一直無法開啟資料庫與資料表「**啟用快取告知**」功能，那麼前面三個範例都會出現問題。

23-6 SelectCommand+SelectParameters（參數），內部搜尋引擎

本節會介紹兩種作法來完成同一個功能，我個人比較建議學習 100% 自己撰寫後置程式碼的範例。因為功力不足的話，一半使用 HTML 畫面的 SqlDataSource 控制項，一半自己寫程式來搭配，有時會出現不可預期的情況。功力不足的人可能沒法解決。

23-6-1 網站內部搜尋，50% 自己動手寫 SqlDataSource 程式

介紹至此，有些讀者會以為搜尋引擎一定要自己動手寫程式，用了 SqlDataSource 就一定會錯誤？

非也，這不是我的意思！我要強調的是：多重欄位的搜尋，因為牽涉的層面較廣，我會建議自己動手寫 ADO.NET 程式來掌控一切，而不是禁止大家使用 SqlDataSource 來作。

下列的範例（Search_Engine_3_SqlDataSource.aspx），我們就用 **SqlDataSource** 加上 **SelectComand** 與 **Select 參數**（SelectParameters）來作。讓大家也參考看看。

重點是：SqlDataSource 除了資料庫連結字串外，其他設定都是一片空白。因為搜尋的 SQL 指令與參數，通通要自己動手寫在後置程式碼裡面。

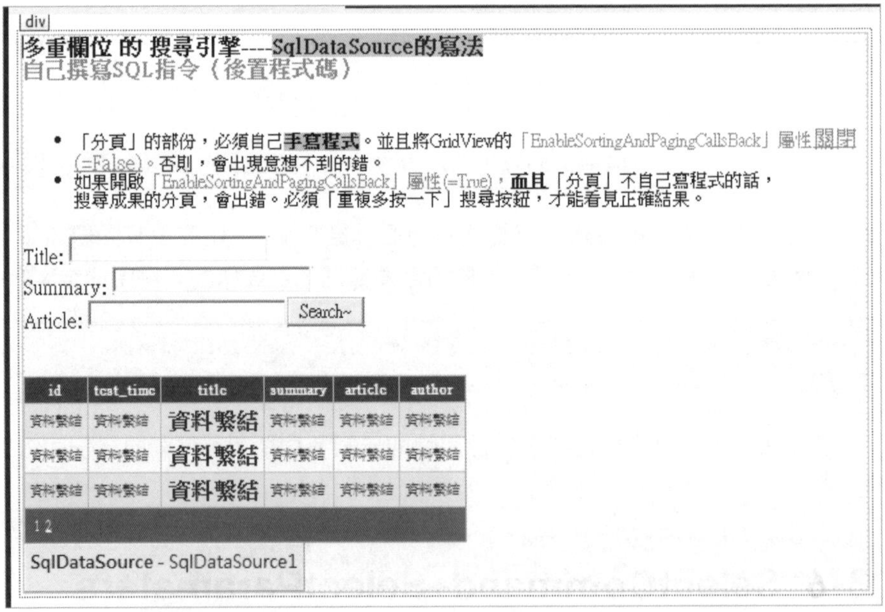

div

多重欄位 的 搜尋引擎----SqlDataSource的寫法
自己撰寫SQL指令（後置程式碼）

- 「分頁」的部份，必須自己**手寫程式**。並且將GridView的「EnableSortingAndPagingCallsBack」屬性關閉(=False)。否則，會出現意想不到的錯。
- 如果開啟「EnableSortingAndPagingCallsBack」屬性(=True)，**而且**「分頁」不自己寫程式的話，搜尋成果的分頁，會出錯。必須「重複多按一下」搜尋按鈕，才能看見正確結果。

Title:
Summary:
Article: Search~

id	test_time	title	summary	article	author
資料繫結	資料繫結	資料繫結	資料繫結	資料繫結	資料繫結
資料繫結	資料繫結	資料繫結	資料繫結	資料繫結	資料繫結
資料繫結	資料繫結	資料繫結	資料繫結	資料繫結	資料繫結
1 2					

SqlDataSource - SqlDataSource1

◎ 範例（Search_Engine_3_SqlDataSource.aspx）的 HTML 設計畫面

⊙ 範例（Search_Engine_3_SqlDataSource.aspx）的 HTML 原始碼。重點是：SqlDataSource 除了資料庫連結字串外，一片空白。因為都要自己動手寫在後置程式碼裡面。

上面兩張圖片仍在 **HTML 畫面上設定一個 SqlDataSource 控制項來做「資料庫連線」與「DataBinding」這兩件事**。因此後置程式碼我們將 "不" 撰寫這兩部分。

因為下列程式經常用到相同的程式碼，所以我們把相同的程式碼，寫成 **DBInit 副程式**，必要的時候再來呼叫即可，比較簡潔。

範例（Search_Engine_3_SqlDataSource.aspx）跟上一個範例雷同，最大的差異在於：我們必須使用上一節的技巧，(1) 把組合好的 SQL 指令（SelectComand），(2) 搭配 Select 參數（SelectParameters），交給 SqlDataSource 來執行。

C# 版後置程式碼（Search_Engine_3_SqlDataSource.aspx.cs）如下：

```
using System.Data.SqlClient;    //---- 自己寫的（宣告）----


protected void DBInit()    {
   //== SqlDataSource 精靈   自動產生的 SQL 指令，可以當作參考 ==
   SqlDataSource1.SelectParameters.Clear();

   //== 以下是自己改寫的「多重欄位 搜尋引擎」，SQL 指令的文字組合 ==
   string mySQLstr = " 1=1 ";    // 請注意，1=1 後面多一個空白！

   //== 以下是自己改寫的「多重欄位 搜尋引擎」，SQL 指令的文字組合 ==
   if (TextBox1.Text != "")    {
      mySQLstr = mySQLstr + " AND ([title] LIKE '%' + @title + '%')";
```

```
        //== 重點在此：參數必須寫在 IF 判別式這裡，不能一起寫在後面。==
        SqlDataSource1.SelectParameters.Add("title", TextBox1.Text);
    }

    if (TextBox2.Text != "")    {
        mySQLstr = mySQLstr + " AND ([summary] LIKE '%' + @summary + '%')";
        SqlDataSource1.SelectParameters.Add("summary", TextBox2.Text);
    }

    if (TextBox3.Text != "")    {
        mySQLstr = mySQLstr + " AND ([article] LIKE '%' + @article + '%')";
        SqlDataSource1.SelectParameters.Add("article", TextBox3.Text);
    }

    //================================================
    //== SqlDataSource1 資料庫的連接字串 ConnectionString，
    //== 已事先寫在「HTML 畫面的設定」裡面 ==
    //================================================

    //== 最後，合併成完整的 SQL 指令（搜尋引擎～專用）==
    SqlDataSource1.SelectCommand = "SELECT * FROM [test] WHERE 1=1 " + mySQLstr;
    // 請注意，1=1 後面多一個空白！

        //====================================================
        //== 執行 SQL 指令 與 GridView1.DataBind() 的部份，均已經事先寫好
        //== 在「HTML 畫面的設定」上，也就是下面這一行，就通通搞定了。
        //==<asp:GridView ID="GridView1" DataSourceID="SqlDataSource1">
        //====================================================

    Response.Write("<hr> 您要搜尋哪些欄位？ SQL 指令為  " + SqlDataSource1.
SelectCommand + "<hr>");
    //== 重點在此：參數必須寫在上面的「每一個 if 判別式」裡面，不能一起寫在下邊。否則，這
裡有出現的參數，就必須有「值」，不能留白！
    //SqlDataSource1.SelectParameters.Add("title", TextBox1.Text);
    //SqlDataSource1.SelectParameters.Add("summary", TextBox2.Text);
    //SqlDataSource1.SelectParameters.Add("article", TextBox3.Text);
}

protected void Button1_Click(object sender, EventArgs e)    {
    if (Convert.ToInt32(GridView1.PageIndex) != 0)
    {
    // 如果不加上這行 if 判別式，假設當我們正在看第四頁時，又輸入新的條件，重新作搜尋。「新
    的」搜尋結果將會直接看見 "第四頁"！
    // 如果新的搜尋只找出三頁結果，那麼 GridView 硬要秀出第四頁，就會出錯！！

    GridView1.PageIndex = 0;
    // 重新搜尋時，強制 GridView 回到第一頁。
    }
```

```
        DBInit();
}


protected void  GridView1_PageIndexChanging(object sender, GridViewPageEventArgs e)    {
     GridView1.PageIndex = e.NewPageIndex;

     Response.Write(" 目前位於第 " + (Convert.ToInt32(e.NewPageIndex) + 1) + "
頁<br>");
     //== 把 GridView1 的 [EnableSortingAndPagingCallBack] 屬性關閉 (=False),
     才會執行到這一行! ==

     DBInit();
}
```

這個範例其實不是很好。我們要自己動手寫 ADO.NET 程式（後置程式碼），卻還堅持使用一小部份的 SqlDataSource 精靈（在 HTML 畫面裡的 <asp:SqlDataSource> 標籤），結果就是弄得怪裡怪氣。甚至要多寫一些程式來**預防 GridView 分頁所導致的例外狀況**。

我還是那句老話，要嘛！就全部使用 SqlDataSource 的設定精靈來做完。要嘛！就全部自己動手寫 ADO.NET 程式來搞定。

千萬不要想偷懶，以為東拼西湊就能寫好程式，例如：用「50% 的 SqlDataSource 控制項（在 HTML 畫面裡）、50% 自己動手寫後置程式碼」的組合方式，有時候會寫出更怪異的情況。下一節將會補強本範例，提供一個 100% 自己動手撰寫 SqlDataSource 後置程式碼的範例。

以我為例，能自己動手用 ADO.NET 寫完，我幾乎不想使用 SqlDataSource 的設定精靈。因為自己動手寫程式，真的很常見。業界會遇見的實務狀況太多，光靠 Visual Studio 的 SqlDataSource 設定精靈，真的不夠用！

23-6-2 網站內部搜尋，.Select() 方法，100% 手寫 SqlDataSource 程式

本範例（Search_Engine_4_SqlDataSource_Manual.aspx）跟上一節的範例完全相同，但本範例的 SqlDataSource 100% 自己動手撰寫，不像上一個範例，還得在 HTML 畫面上設定一個 SqlDataSource 控制項來做「資料庫連線」與「DataBinding」這兩件事。

範例（Search_Engine_4_SqlDataSource_Manual.aspx）的 HTML 畫面上，"沒有" SqlDataSource 控制項，GridView 也 "不" 設定「DataSourceID」屬性，100% 自己動手撰寫在後置程式碼裡頭。

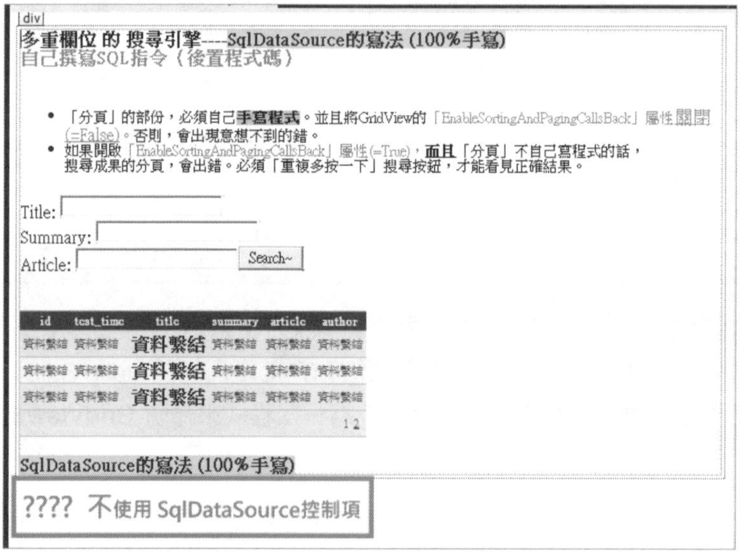

HTML 畫面上，沒有 SqlDataSource 控制項。GridView 也不設定「DataSourceID」屬性

範例（Search_Engine_4_SqlDataSource_Manual.aspx）的 C# 後置程式碼如下：

```
using System.Data.SqlClient;    //---- 自己寫的（宣告）----
using System.Web.Configuration;
using System.Data;    //-- DataView 會用到


protected void Button1_Click(object sender, EventArgs e)    {
        if (Convert.ToInt32(GridView1.PageIndex) != 0)
        {    // 如果不加上這行 IF 判別式，假設當我們正在看第四頁時，
            // 又輸入新的條件，重新作搜尋。「新的」搜尋結果將會直接看見 " 第四頁 " ！
            // 如果新的搜尋只找出三頁結果，那麼 GridView 硬要秀出第四頁，就會出錯！
            GridView1.PageIndex = 0;
            // 重新搜尋時，強制 GridView 回到第一頁。
        }
        DBInit();
}

protected void GridView1_PageIndexChanging(object sender,
GridViewPageEventArgs e)    {
        GridView1.PageIndex = e.NewPageIndex;
        //== 把 GridView1 的 [EnableSortingAndPagingCallBack] 屬性關閉 (=False)，
才會執行到這一行！ ==
```

```
    DBInit();
}


protected void DBInit()    {
    SqlDataSource SqlDataSource1 = new SqlDataSource();
    //== 連結資料庫的連接字串 ConnectionString  ==
    SqlDataSource1.ConnectionString = WebConfigurationManager.
ConnectionStrings["存在Web.Config檔案內的資料庫連結字串"].ConnectionString;

    //== SqlDataSource精靈   自動產生的SQL指令，可以當作參考 ==
    SqlDataSource1.SelectParameters.Clear();

    //==以下是自己改寫的「多重欄位 搜尋引擎」，SQL指令的文字組合 ==
    string mySQLstr = " 1=1 ";    //請注意，1=1 後面多一個空白！

    if (TextBox1.Text != "")  {
        mySQLstr = mySQLstr + " AND ([title] LIKE '%' + @title + '%')";
        //== 重點在此：參數必須寫在IF判別式這裡，不能一起寫在後面。==
        SqlDataSource1.SelectParameters.Add("title", TextBox1.Text);
    }

    if (TextBox2.Text != "")  {
        mySQLstr = mySQLstr + " AND ([summary] LIKE '%' + @summary + '%')";
        SqlDataSource1.SelectParameters.Add("summary", TextBox2.Text);
    }

    if (TextBox3.Text != "")  {
        mySQLstr = mySQLstr + " AND ([article] LIKE '%' + @article + '%')";
        SqlDataSource1.SelectParameters.Add("article", TextBox3.Text);
    }

    //== 最後，合併成完整的SQL指令（搜尋引擎～專用）==
    SqlDataSource1.SelectCommand = "SELECT * FROM [test] WHERE " + mySQLstr;

    //== 重點：參數必須寫在上面「每一個IF判別式」裡面，不能一起寫在下邊。
    //== 否則，這裡有出現的參數，就必須有「值」，不能留白！ ==
    //SqlDataSource1.SelectParameters.Add("title", TextBox1.Text);
    //SqlDataSource1.SelectParameters.Add("summary", TextBox2.Text);
    //SqlDataSource1.SelectParameters.Add("article", TextBox3.Text);

    //== 執行SQL指令 .select() ==
    DataView dv = (DataView)SqlDataSource1.Select(new DataSourceSelectArguments);

    GridView1.DataSource = dv;
    GridView1.DataBind();
}
```

23-7 Case Study：SqlDataSource + CheckBoxList的搜尋功能

本章的最後，我們提供兩個範例（Search_Engine_CheckBoxList.aspx與 Search_Engine_CheckBoxList_2.aspx），請讀者自己參閱。有位讀者想要用 CheckBoxList 來輸入搜尋條件，這兩個範例也在我的BLOG上公開過，您可以到「**http://www.dotblogs.com.tw/mis2000lab/**」找找**2008/11/18**日發表的文章——**[習題]簡單的搜尋引擎 + CheckBoxList**。

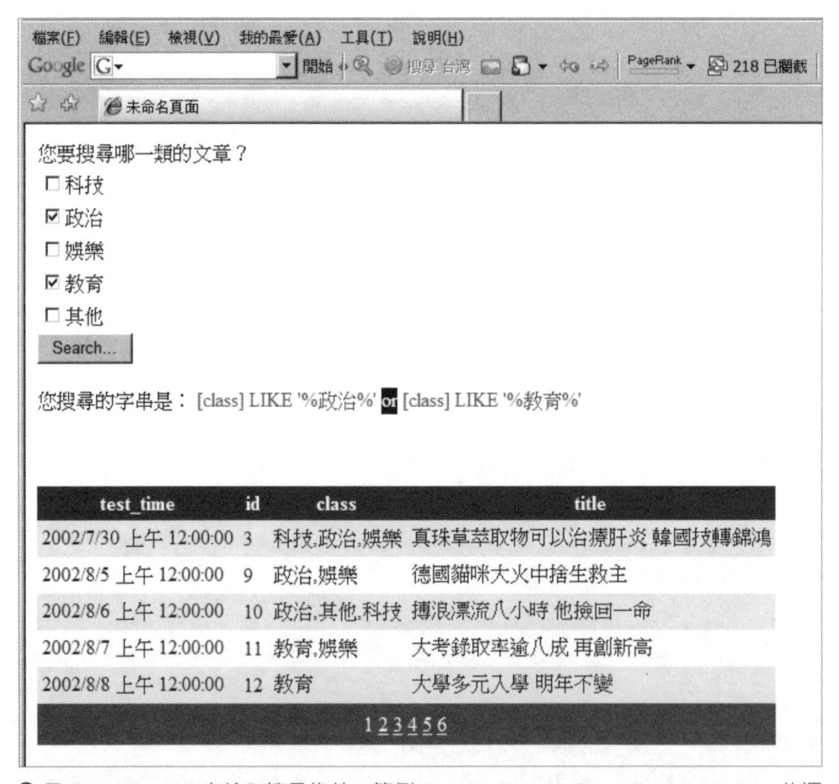

⦿ 用 CheckBoxList 來輸入搜尋條件。範例 Search_Engine_CheckBoxList_2.aspx 的運作比較好一些

範例 Search_Engine_CheckBoxList_2.aspx的後置程式碼如下，比起另外一個範例，它組合成的 SQL搜尋指令較好。請讀者打開書本範例自己比較一下，就知道兩個範例的差異。

C# 版後置程式碼（Search_Engine_CheckBoxList_2.aspx.cs）如下：

```
protected void Button1_Click(object sender, EventArgs e)    {
   string Search_String = "";
   Boolean u_select = false;
   int word_length = 0;

   for (int i = 0; i < CheckBoxList1.Items.Count; i++)   {
       if (CheckBoxList1.Items[i].Selected)   {
           //***  與上一支程式的差異所在 ******************
           Search_String = Search_String + " [class] LIKE '%" +
           CheckBoxList1.Items[i].Text + "%' or ";
           //****************************************
           u_select = true;    //使用者有點選任何一個 CheckBoxList 子選項
       }
   }

   if (u_select)    {
       word_length = Search_String.Length;
       //計算 Search_String 的字串長度，VB 語法為 Len(Search_String)
       Search_String = Left(Search_String, (word_length - 3));
       //因為 C #語法沒有 Left() 函數，所以要自己寫！請看最下方。
       //刪去最後三個字「or 」

       Label1.Text = Search_String;
   }
   else   {
       Label1.Text = "您尚未點選任何一個 CheckBoxList 子選項";
       //Response.End();     //建議改成 return 跳離。
       return;
   }

        //===================================
        //== SqlDataSource1 資料庫的連接字串 ConnectionString，
        //== 已事先寫在「HTML 畫面的設定」裡面              ==
        //===================================
        SqlDataSource1.SelectCommand = "SELECT [test_time], [id], [class],
[title] FROM [test] WHERE " + Search_String;
        //這次不使用 SqlDataSource 提供的 @ 參數
}


//因為 C #語法沒有 Left() 函數，所以要自己寫！
public static string Left(string param, int length)    {
   string result = param.Substring(0, length);
   return result;
}
```

MEMO

24 設定參數與資料型別、SqlParameterCollection類別

CHAPTER

本文僅供參考與查詢使用，當您需要入瞭解時，才需完整閱讀。簡易的學習步驟如下：

第一、您可以參閱本書前面章節的範例，瞭解SqlCommand與SqlDataAdapter裡面「參數」的寫法即可。如果需要更進一步瞭解參數的作法，建議看完本章。

第二、如果您需要範例（Sample Code）提供「參數」的不同寫法，本書另一章「搜尋引擎」裡面針對SqlCommand、SqlDataAdapter、SqlDataSource各種參數的寫法，都有範例提供參考。

24-1 現學現賣，SqlCommand的參數寫法

提醒您！您可以參閱本書一開始，本書導讀的「ADO.NET四大經典範例」，**檔名加上Parameter的範例**就是參數的寫法。此為最基本的「參數」範例。

範例Default_1_DataReader_Parameter.aspx搭配SQL指令的陳述句，用來查詢、撈出資料。Conn代表資料庫連結（SqlConnection）。

```
SqlCommand cmd = new SqlCommand("select id,test_time,summary,author from test
where id = @id", Conn);

cmd.Parameters.Add("@id", SqlDbType.Int, 4);
cmd.Parameters["@id"].Value = Convert.ToInt32(Request["id"]);

// 簡易寫法。 cmd.Parameters.AddWithValue("@ 參數名稱 ", 輸入的數值 );
// 上面兩段參數，可以寫成  cmd.Parameters.AddWithValue("@id", Convert.
ToInt32(Request["id"]));
```

24-2 現學現賣，SqlDataAdapter的參數寫法

範例Default_2_DataSet_Manual.aspx裡面的GridView_RowUpdating事件搭配SQL指令的陳述句，用來更新、修改某一筆記錄。Conn代表資料庫連結（SqlConnection）而my_test_time.Text是畫面上TextBox1輸入的文字。

```
SqlDataAdapter myAdapter = new SqlDataAdapter();
myAdapter.UpdateCommand = new SqlCommand("update [test] set [test_time] =
@test_time......", Conn);

//----下面 [日期格式] 需要修正！！
myAdapter.UpdateCommand.Parameters.Add("@test_time", SqlDbType.DateTime);
myAdapter.UpdateCommand.Parameters["@test_time"].Value = Convert.
ToDateTime(TextBox1.Text);
```

如果您要搭配SQL指令的Select陳述句，上面的UpdateCommand程式碼請改為SelectCommand即可。同理可證，若要新增一筆記錄（Insert Into的SQL指令），請改為InsertCommand。

24-3 Case Study：ParameterDirection屬性

在加入參數時，您必須為 **"不屬於輸入參數"** 的參數提供 ParameterDirection屬性。下表所顯示的 ParameterDirection值是可以與 ParameterDirection列舉一起使用的。

成員名稱	描述
Input	這是輸入參數，此為預設值。 如果您使用的參數，並非「輸入」參數，則需參與後續三個成員。
InputOutput	這個參數可執行輸入和輸出。
Output	這是輸出參數。
ReturnValue	此參數代表預存程序（Stored Procedure）、內建函式或使用者定義函式等作業的傳回值。

24-3-1 Case Study：輸出參數，取得新增一筆記錄的主索引鍵（自動識別）

現在要分享一個小技巧，假設test資料表裡面id欄位的值設定為**自動編號**（**identity屬性為true**）且是主索引鍵（**Primary Key**），「當我們新增一筆資料到資料庫裡面，那麼我們如何得知並取得這一筆新增資料的id值（流水號）呢？」

可以透過 SqlDataSource 自動產生的 SQL 指令（新增資料、Insert Into）稍加修改就能完成所需的功能。請看範例 Get_InsertData_Id.aspx。

24-3-2 畫面設計與SqlDataSource的參數

首先，範例 Get_InsertData_Id.aspx畫面上使用 DetailsView + SqlDataSource，並且自動產生相關的 SQL指令（尤其是新增資料的SQL指令，Insert Into）。

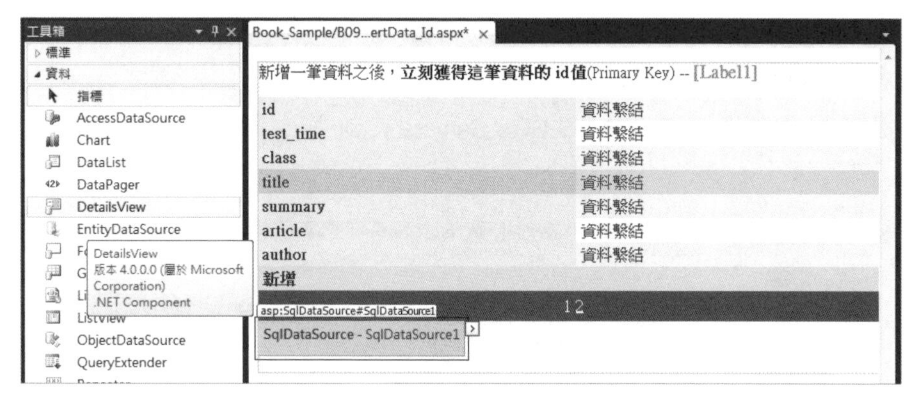

⊙ 設計一個 DetailsView + SqlDataSource，並且自動產生相關的 SQL 指令

完成之後，我們要自己動手修改 **SqlDataSource** 的「**InsertQuery**」屬性，這裡非常重要，請看下圖連續說明。

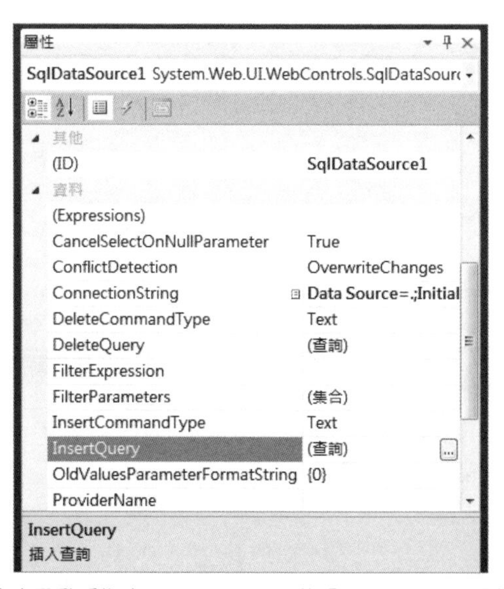

⊙ 自己動手修改 SqlDataSource 的「InsertQuery」屬性

24-3-3 參數的輸入與輸出

請參閱下列圖片的連續說明，這幾個步驟的重點在於：

1. 改寫上方的 **InsertCommand**（SQL指令）。不同的SQL指令請用分號（；）做區隔，這樣一來就能同時執行多個SQL指令了（本範例將同時執行 Insert與Select兩個 SQL指令）。
2. 在左下方**設計一個全新的「get_test_id 參數」**，用來"**輸出**"「新增資料成功後，這筆資料的 id值（Primary Key）」。請小心地按照畫面的指示來做。參數名稱 get_test_id可以自己命名。
3. 提醒您，本範例僅適用於MS SQL Server的SQL指令「**SCOPE_IDENTITY()**」函式。

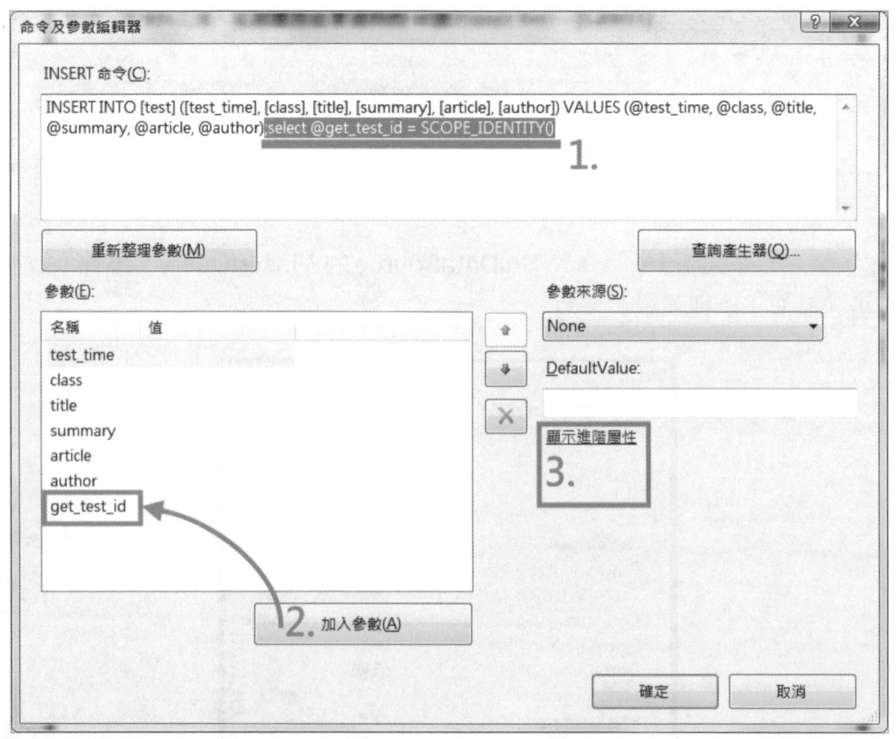

◉ 改寫上方的 InsertCommand（SQL 指令）。不同的 SQL 指令請用分號（；）做區隔，這樣一來就能同時執行兩個 SQL 指令了

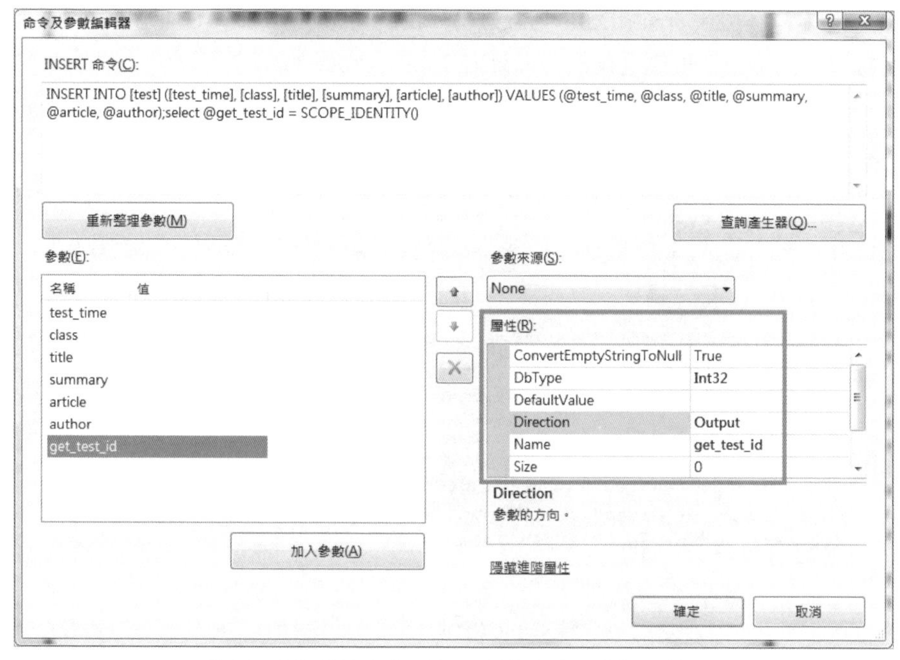

⦿ 這一個全新的參數。請小心地按照畫面的指示來做

上圖的 ParameterDirection 屬性是用於：加入參數時，您必須為「"不是"輸入參數」的參數提供 ParameterDirection 屬性。下表所顯示的 ParameterDirection 值是可以與 ParameterDirection 列舉一起使用的。

ParameterDirection 列舉成員名稱	描述
Input （預設值）	這是輸入參數，此為預設值。
InputOutput	這個參數可執行輸入和輸出。
Output （本範例 重點）	這是輸出參數。
ReturnValue	此參數代表預存程序（Stored Procedure）、內建函式或使用者定義函式等作業的傳回值。

資料來源：微軟 Microsoft Docs 網站（前 MSDN 網站）

修改之後（範例 Get_InsertData_Id.aspx），我們可以觀察一下 SqlDataSource變成什麼樣子？請看HTML碼裡面的<asp:SqlDataSource>標籤：

```
<asp:SqlDataSource ID="SqlDataSource1" runat="server"
   ConnectionString="<%$ ConnectionStrings:testConnectionString %>"
   InsertCommand="INSERT INTO [test] ([test_time], [class], [title],
   [summary], [article], [author]) VALUES (@test_time, @class, @title,
   @summary, @article, @author); Select @get_test_id = SCOPE_IDENTITY()" >

   <InsertParameters>
      <asp:Parameter Name="test_time" Type="DateTime" />
      <asp:Parameter Name="class" Type="String" />
      <asp:Parameter Name="title" Type="String" />
      <asp:Parameter Name="summary" Type="String" />
      <asp:Parameter Name="article" Type="String" />
      <asp:Parameter Name="author" Type="String" />
      <asp:Parameter Direction="Output" Name="get_test_id"
      Type="Empty" DbType="Int32" />
   </InsertParameters>
</asp:SqlDataSource>
註解:關於 DBType 參數與參數的資料型態，可以參閱下一章（Ch. 10-2）的範例。我們有列表解說。
```

24-3-4 後置程式碼（輸出參數）

範例 Get_InsertData_Id.aspx的 C#後置程式碼。請注意事件名稱，必須是完成新增「**之後**」才能取得剛剛加入的流水號id，所以事件名稱是 SqlDataSource_Insert**ed** 事件。

```
protected void SqlDataSource1_Inserted(object sender,
SqlDataSourceStatusEventArgs e)
{  //== 新增一筆資料之後，立刻獲得這筆資料的 id值 (Primary Key)
   Label1.Text = e.Command.Parameters["@get_test_id"].Value.ToString();
}
```

⦿ 完成後的執行畫面（範例 Get_InsertData_Id.aspx）

24-4 參數的預留位置

如果不是System.Data.SqlClient命名空間與SqlDataSource控制項，參數的寫法略有差異，請參閱本節的說明。

因為參數預留位置的語法會隨"資料來源"而有所不同。.NET Framework資料提供者（Data Provider）對於命名和指定參數及參數預留位置的處理方式各有不同。這個語法是特定資料來源專用的，如以下所述：

資料提供者	參數命名語法
System.Data.SqlClient	以格式 **@parametername**（也就是 @符號 + 欄位名稱）來使用具名參數。
System.Data.OleDb	使用由**問號（?）**表示的位置參數標記。
System.Data.Odbc	使用由**問號（?）**表示的位置參數標記。
System.Data.OracleClient	以格式 **:parmname**（或 **parmname**）使用具名參數。 註：.NET 4.0以後不再更新。建議用戶到Oracle官方網站下載.NET套件，請搜尋關鍵字「Oracle .NET Driver」或是「ODP.NET」。

24-5 參數的資料型別

參數的資料型別是 .NET Framework資料提供者（Data Provider）特有的。指定型別會使 Parameter的值在傳遞給資料來源前，先轉換成 .NET Framework資料提供者型別。您也可以使用一般方式指定 Parameter的型別，方法是將 Parameter物件的 DbType屬性設為特定的 DbType。

Parameter物件的 .NET Framework資料提供者型別是從 Parameter物件之 Value的 .NET Framework型別，或是 Parameter物件的 DbType推斷而來。下列表格顯示根據當做 Parameter值或指定之 DbType來傳遞的物件而推斷出的 Parameter型別。

.NET Framework 型別	DbType	SqlDb Type	OleDb Type	Odbc Type	Oracle Type
bool	Boolean	**Bit**	Boolean	Bit	Byte
byte	Byte	**TinyInt**	UnsignedTinyInt	TinyInt	Byte
byte[]	Binary	**VarBinary**。如果位元組陣列超過 VarBinary的最大大小（8000個位元組），則這項隱含轉換將會失敗。若要使用超過 8000個位元組的位元組陣列，請明確設定 SqlDbType。	VarBinary	Binary	Raw
char		不支援從 char推斷 SqlDbType。	Char	Char	Byte
DateTime	DateTime	**DateTime**	DBTimeStamp	DateTime	DateTime
DateTimeOffset	DateTimeOffset	SQL Server 2008中的 DateTimeOffset。SQL Server 2008之前的 SQL Server版本不支援從 DateTimeOffset推斷 SqlDbType。			DateTime
Decimal	Decimal	**Decimal**	Decimal	Numeric	Number
double	Double	**Float**	Double	Double	Double
float	Single	**Real**	Single	Real	Float
Guid	Guid	**UniqueIdentifier**	Guid	UniqueIdentifier	Raw
Int16	Int16	**SmallInt**	SmallInt	SmallInt	Int16
Int32	Int32	**Int**	Int	Int	Int32
Int64	Int64	**BigInt**	BigInt	BigInt	Number
object	Object	**Variant**	Variant	不支援從 Object推斷 OdbcType。	Blob

.NET Framework 型別	DbType	SqlDb Type	OleDb Type	Odbc Type	Oracle Type
string	String	**NVarChar**。如果字串超過 NVarChar 的最大大小（4000 個字元），則這項隱含轉換將會失敗。若要使用超過 4000 個字元的字串，請明確設定 SqlDbType。	VarWChar	NVarChar	NVarChar
TimeSpan	Time	SQL Server 2008 中的 Time。SQL Server 2008 之前的 SQL Server 版本不支援從 TimeSpan 推斷 SqlDbType。	DBTime	Time	DateTime
UInt16	UInt16	不支援從 UInt16 SqlDbType 推斷。	UnsignedSmallInt	Int	UInt16
UInt32	UInt32	不支援從 UInt32 推斷 SqlDbType。	UnsignedInt	BigInt	UInt32
UInt64	UInt64	不支援從 UInt64 推斷 SqlDbType。	UnsignedBigInt	Numeric	Number
	AnsiString	**VarChar**	VarChar	VarChar	VarChar
	AnsiStringFixedLength	**Char**	Char	Char	Char
	Currency	**Money**	Currency	不支援從 Currency 推斷 OdbcType。	Number
	Date	SQL Server 2008 中的 Date。SQL Server 2008 之前的 SQL Server 版本不支援從 Date 推斷 SqlDbType。	DBDate	Date	DateTime
	SByte	不支援從 SByte 推斷 SqlDbType。	TinyInt	不支援從 SByte 推斷 OdbcType。	SByte
	StringFixedLength	**NChar**	WChar	NChar	NChar
	Time	SQL Server 2008 中的 Time。SQL Server 2008 之前的 SQL Server 版本不支援從 Time 推斷 SqlDbType。	DBTime	Time	DateTime
	VarNumeric	不支援從 VarNumeric 推斷 SqlDbType。	VarNumeric	不支援從 VarNumeric 推斷 OdbcType。	Number

資料來源：微軟 Microsoft Docs 網站（前 MSDN 網站）

有兩個注意事項要跟各位報告：

- 將十進位值轉換為其他型別的過程稱為「窄化轉換」，此類轉換會將十進位值向"零"的方向來取整數。如果目的型別無法代表此項轉換的結果，則會擲回OverflowException例外狀況。
- 當傳送 null參數值到伺服器時，您必須指定 DBNull，而不是 null（C#語法，而VB語法為Nothing）。系統中的 Null值是"沒有值"的空物件。DBNull用於表示null值。

24-6 不建議使用CommandBuilder

各位使用過ASP.NET的SqlDataSource控制項，只要做好Select的SQL陳述句之後便可以自動產生新增、刪除、修改的SQL指令。但這樣的功能有兩種限制：第一是「必須有主索引鍵（Primary Key）」，第二是只能針對「單一資料表」。

CommandBuilder的功能也很類似，限制也相仿。如果我們已經自己動手寫ADO.NET程式卻還在執行精靈步驟而且限制不少，那可就悶了，意義何在？如果真的好用，我直接用SqlDataSource控制項來作不就得了？

您可以在DataSet與DataAdapter的章節裡面，看見一支100%自己動手撰寫各種GridView功能的程式，名為Default_2_DataSet_Manual.aspx。也可以在ADO.NET四個基礎範例裡面見到這個範例。

在**GridView的RowUpdating事件**中就能見到SqlCommandBuilder程式碼，這裡僅供參考，**不建議**讀者使用這種方法來撰寫，因為效能不佳！ C#範例（Default_2_DataSet_Manual.aspx）如下：

```
//===  另外一種寫法，透過 SqlCommandBuilder 自動產生 Update / Delete / Insert 等相關指令（前面部分範例省略）

SqlConnection Conn = new SqlConnection("DB 連結字串 ");
//Conn.Open();  //---- 不需要設定資料庫的連結與關閉，因為 DataAdapter 會自行處理

SqlDataAdapter myAdapter = new SqlDataAdapter("select id,test_
time,title,author from test", Conn);

//--- 透過 SqlCommandBuilder 自動產生 Update / Delete / Insert 等相關指令
//--- 必須寫在 [Select] 的 SQL 指令完成後，才能自動產生 Update / Delete / Insert 等
//--- 缺點：SqlCommandBuilder 比對的參數太多了，在大量作業時可能會拖慢效能。
//--- SqlCommandBuilder 只針對 [ 單一表格 ] 方可正常運作，並無法處理複雜的 Join 資料表格
```

```
SqlCommandBuilder mySQLComBuild = new SqlCommandBuilder(myAdapter);

DataSet ds = new DataSet();
myAdapter.Fill(ds, "test");

//---- 直接修改 DataSet 的內容（前面部分範例省略）----
ds.Tables["test"].Rows[e.RowIndex]["test_time"] = my_test_time.Text;
ds.Tables["test"].Rows[e.RowIndex]["title"] = my_title.Text;
ds.Tables["test"].Rows[e.RowIndex]["author"] = my_author.Text;

myAdapter.Update(ds, "test");
//-- 把改寫後的 DataSet，回寫到實體的資料庫裡面！
```

24-7 SqlParameterCollection 類別

與 SqlCommand 關聯的參數集合，以及它們與 DataSet 中資料行（欄位）的個別對應。

- 命名空間：System.Data.SqlClient。
- 組件：System.Data（在 System.Data.dll 中）。

24-7-1 SqlParameterCollection 屬性

名稱	描述
Count	傳回包含 SqlParameterCollection 中之項目數目的整數。 唯讀。
IsFixedSize	取得值，指出 SqlParameterCollection 是否有固定的大小。
IsReadOnly	取得值，指出 SqlParameterCollection 是否為唯讀。
IsSynchronized	取得值，指出 SqlParameterCollection 是否為同步。
Item[Int32]	取得在指定索引處的 SqlParameter。
Item[String]	取得具有指定名稱的 SqlParameter。
SyncRoot	取得可用來同步存取 SqlParameterCollection 的物件。

24-7-2 SqlParameterCollection 方法

名稱	描述
Add(Object)	將指定的SqlParameter物件加入至SqlParameterCollection中。
Add(SqlParameter)	將指定的SqlParameter物件加入至SqlParameterCollection中。
Add(String, SqlDbType)	將SqlParameter加入至具有指定之參數名稱和資料型別的SqlParameterCollection。
Add(String, Object) 已過時的用法	已過時。.NET 1.x版才會用到。請改用.AddWithValue()方法來作。 將指定的SqlParameter物件加入至SqlParameterCollection中。
Add(String, SqlDbType, Int32)	將SqlParameter加入至具有指定參數名稱、SqlDbType和大小的SqlParameterCollection。
Add(String, SqlDbType, Int32, String)	將SqlParameter加入具有參數名稱、資料型別和資料行長度的SqlParameterCollection。
AddRange(Array)	將值陣列加入至SqlParameterCollection的結尾。
AddRange(SqlParameter[])	將SqlParameter值的陣列加入至SqlParameterCollection的結尾。
AddWithValue	將值加入至SqlParameterCollection的結尾。
Clear	從SqlParameterCollection中移除所有SqlParameter物件。
Contains(Object)	判斷指定的Object是否在此SqlParameterCollection中。
Contains(SqlParameter)	判斷指定的SqlParameter是否在此SqlParameterCollection中。
Contains(String)	判斷指定的參數名稱是否在SqlParameterCollection中。
CopyTo(Array, Int32)	從指定之目的Array索引開始，將目前SqlParameterCollection之所有項目複製到指定的一維Array。

名稱	描述
CopyTo(SqlParameter[], Int32)	從指定之目的索引開始，將目前 SqlParameterCollection 之所有項目複製到指定的 SqlParameterCollection。
CreateObjRef	建立包含所有相關資訊的物件，這些資訊是產生用來與遠端物件通訊的所需 Proxy。
Equals(Object)	判斷指定的物件是否等於目前物件。
GetEnumerator	傳回在 SqlParameterCollection 中逐一查看的列舉值。
GetHashCode	做為預設雜湊函式。
GetLifetimeService	擷取控制這個執行個體存留期 (Lifetime) 原則的目前存留期服務物件。
GetType	取得目前執行個體的 Type。
IndexOf(Object)	取得集合中指定的 Object 位置。
IndexOf(SqlParameter)	取得集合中指定的 SqlParameter 位置。
IndexOf(String)	取得指定之 SqlParameter 的位置，該參數具有指定的名稱。
InitializeLifetimeService	取得存留期服務物件來控制這個執行個體的存留期原則。
Insert(Int32, SqlParameter)	將 SqlParameter 物件插入至 SqlParameterCollection 的指定索引處。
Insert(Int32, Object)	將 Object 插入 SqlParameterCollection 中指定之索引處。
Remove(Object)	從集合中移除指定的 SqlParameter。
Remove(SqlParameter)	從集合中移除指定的 SqlParameter。
RemoveAt(Int32)	從 SqlParameterCollection 移除指定之索引處的 SqlParameter。
RemoveAt(String)	從 SqlParameterCollection 移除指定之參數名稱的 SqlParameter。

24-8 .Add() 方法

.Add() 方法有多種作法，僅以常用的寫法提供給您參考：

24-8-1 .Add(SqlParameter) 方法

第一種作法，使用 SqlParameter 當作輸入參數。

將指定的 SqlParameter 物件加入至 SqlParameterCollection 中。

- 輸入的參數類型：System.Data.SqlClient.SqlParameter。要加入到集合中的 SqlParameter。
- 傳回值類型：System.Data.SqlClient.SqlParameter。傳回新的 SqlParameter 物件。

例外狀況：

- ArgumentException，輸入參數中指定的 SqlParameter 已經加入至這個或另一個 SqlParameterCollection。
- InvalidCastException，傳遞的參數不是 SqlParameter。
- ArgumentNullException，輸入參數為 null。

下述程式的 cmd 代表 SqlCommand。提醒您！這裡的參數名稱"不需要"加上@符號。

```
cmd.Parameters.Add(new SqlParameter("參數名稱", "值"));
```

24-8-2 .Add(String, SqlDbType) 方法

第二種作法，使用 String 與 SqlDbType 兩者當作輸入參數。注意！參數請加上@符號！

- 下述程式的 cmd 代表 SqlCommand。
- SqlParameter 的「size」屬性，用來取得或設定資料行（欄位）中資料的最大大小，以位元組（Byte）為單位。
- SqlDbType 用來指定欄位的 SQL Server 特定的資料型別與屬性，以便在 SqlParameter 中使用。

```
SqlParameter param = cmd.Parameters.Add("@ 參數名稱 ", SqlDbType.NVarChar);
param.Size = 16;
param.Value = " 值 ";
```

24-8-3 .Add(String, SqlDbType, Int32) 方法

第三種作法，下述程式的cmd代表SqlCommand。作法同上，只是SqlParameter的「size」屬性放進去而已。

「size」屬性是用來取得或設定資料行（欄位）中資料的最大大小，以位元組（Byte）為單位。

這個多載在您加入**可變長度資料型別**，例如 varchar或 binary的參數時很有用。

```
SqlParameter param = new SqlParameter("@ 參數名稱 ", SqlDbType.NVarChar, 16);
    param.Value = " 值 ";
    command.Parameters.Add(param);
```

24-8-4 .Add(String, SqlDbType, Int32, String) 方法

第四種作法，下述程式的cmd代表SqlCommand。

```
cmd.Parameters.Add("@Description", SqlDbType.NVarChar, 16, " 輸入的文字內容、數
值 ")
註：cmd 代表 SqlCommand
```

您需要填寫的四個參數：

- parameterName，參數的名稱。記得加上@符號。
- sqlDbType，其中一個 SqlDbType 值。
- size，資料行（欄位）長度。
- sourceColumn，如果這個 SqlParameter 是用於對 Update 的呼叫，則為來源資料行（欄位，SourceColumn）的名稱。

傳回值的資料型態System.Data.SqlClient.SqlParameter，表示一個新的SqlParameter物件。

24-8-5 簡易寫法與範例

最後，常見的寫法如下，合併了上面的多列程式碼，寫成一列搞定：

```
DataAdapter.SelectCommand.Parameters.Add("@ID", SqlDbType.Int, 4).Value =
"999"
DataAdapter..Fill(dataSet, "TableName")
```

如果您需要參閱「參數」的寫法，本書提供一章「搜尋引擎」的範例，裡面針對 SqlCommand、SqlDataAdapter、SqlDataSource 各種參數的寫法，都有範例讓您參考。

24-9 .AddWithValue() 方法

將 "值" 加入至 SqlParameterCollection 的 "結尾"。提醒您，有人認為 .AddWithValue() 方法雖然簡單好用，但執行效率比較差。前面介紹的 .Add() 方法與 .Value 屬性的效能較佳。

- 參數：

  第一個參數名稱（parameterName），類型：System.String。

  第二個「值」（value），類型：System.Object。請使用 **DBNull.Value** 而非 null，表示 null 值。

- 傳回值類型：System.Data.SqlClient.SqlParameter，傳回一個 SqlParameter 物件。

.AddWithValue() 方法會取代採用 String 和 Object 的 SqlParameterCollection.Add() 方法（請看上一小節的說明）。因為接受 String 和 SqlDbType 列舉值的 SqlParameterCollection.Add() 方法的 "多載" 可能會出現模稜兩可（Ambiguity）的情況，而導致系統可能將以字串傳遞的整數解譯成參數值或對應的 SqlDbType 值。

請在每次要以指定 "參數名稱" 和 "值" 的方式來加入參數時，改用 .AddWithValue() 方法。

對於 SqlDbTypeXml 列舉值，您可以使用字串、XML 值、XmlReader 衍生型別執行個體，或是 SqlXml 物件。

```
    string sqlstr = "UPDATE Sales.Store SET Demographics = @demographics
WHERE CustomerID = @ID;";

    using (SqlConnection Conn = new SqlConnection("DB 連結字串"))    {
        SqlCommand cmd = new SqlCommand(sqlstr, Conn);
        cmd.Parameters.Add("@ID", SqlDbType.Int);
        cmd.Parameters["@ID"].Value = customerID;

        // Use AddWithValue to assign Demographics.
        // SQL Server will implicitly convert strings into XML.
        cmd.Parameters.AddWithValue("@demographics", demoXml);

        try  {
            Conn.Open();
            Int32 rowsAffected = cmd.ExecuteNonQuery();
            Response.Write("RowsAffected: {0}", rowsAffected);
        }
        catch (Exception ex)    {
            Response.Write(ex.Message);
        }   // 後續省略
    }
```

24-10 使用參數配合 SqlCommand 和預存程序

預存程序（Stored Procedure）是資料庫常用的作法，參數也可以搭配預存程序來使用。首先，預存程序如下：

- 預存程序的名稱：SalesByCategory。搭配北風資料庫。
- 預存程序使用的參數：@CategoryName。資料型態為 varchar(15)。

```
CREATE PROCEDURE dbo. SalesByCategory @egoryName varchar(15)
```

C# 語法：

```
    using (SqlConnection conn = new SqlConnection("資料庫連結字串"))
    {
        SqlCommand cmd = new SqlCommand();
        cmd.Connection = conn;
        cmd.CommandText = "SalesByCategory";   // 預存程序的名稱
        cmd.CommandType = CommandType.StoredProcedure;
```

```
SqlParameter parameter = new SqlParameter();
    parameter.ParameterName = "@CategoryName";  //預存程序的參數
    parameter.SqlDbType = SqlDbType.NVarChar;
    parameter.Direction = ParameterDirection.Input;
    parameter.Value = categoryName;
cmd.Parameters.Add(parameter);

conn.Open();
SqlDataReader dr = cmd.ExecuteReader();

if (dr.HasRows)    {
    while (dr.Read())            {
        Response.Write("<br> {0}: {1:C}", dr[0], dr[1]);
    }
}
else    {
    Response.Write (" 查無記錄 ");
}
Dr.Close();
}
```

24-11 使用參數配合 OleDbCommand

OleDb不使用SqlCommand那種具名參數（如：@參數名稱），所以以？符號來代替，SQL指令如下：

```
SELECT * FROM Customers WHERE CustomerID = ?
```

C#語法如下。conn代表資料庫連結。

```
OleDbCommand cmd = new OleDbCommand("SampleProc", conn);
cmd.CommandType = CommandType.StoredProcedure;

OleDbParameter parameter = cmd.Parameters.Add("RETURN_VALUE", OleDbType.
Integer);
   parameter.Direction = ParameterDirection.ReturnValue;

parameter = cmd.Parameters.Add("@InputParm", OleDbType.VarChar, 12);
   parameter.Value = "Sample Value";

parameter = cmd.Parameters.Add("@OutputParm", OleDbType.VarChar, 28);
   parameter.Direction = ParameterDirection.Output;
```

24-12 使用參數配合 OdbcCommand

Odbc 跟 OleDb 一樣，不使用 SqlCommand 那種具名參數（如：@參數名稱），所以以？符號來代替，SQL 指令如下：

```
SELECT * FROM Customers WHERE CustomerID = ?
```

C# 語法如下。除了第一列稍有差異以外，其餘都跟上面 OleDb 相同。conn 代表資料庫連結。

```
OdbcCommand cmd = new OdbcCommand("{ ? = CALL SampleProc(?, ?) }", conn);
command.CommandType = CommandType.StoredProcedure;

OleDbParameter parameter = cmd.Parameters.Add("RETURN_VALUE", OleDbType.Integer);
   parameter.Direction = ParameterDirection.ReturnValue;

parameter = cmd.Parameters.Add("@InputParm", OleDbType.VarChar, 12);
   parameter.Value = "Sample Value";

parameter = cmd.Parameters.Add("@OutputParm", OleDbType.VarChar, 28);
   parameter.Direction = ParameterDirection.Output;
```

24-13 SqlDataAdapter 使用參數

前面介紹過 SqlCommand 的參數，現在則是介紹 SqlDataAdapter 的參數用法。本書提供一章「搜尋引擎」的範例，裡面針對 SqlCommand、SqlDataAdapter、SqlDataSource 各種參數的寫法，都有範例讓您參考。

24-13-1 參數的寫法

C# 語法如下。conn 代表資料庫連結。以下範例提供 CRUD 的各種 SQL 指令與參數的寫法。

```
    SqlDataAdapter adapter = new SqlDataAdapter();
    adapter.MissingSchemaAction = MissingSchemaAction.AddWithKey;
    // 以便從資料庫中擷取其他結構描述資訊。

    //---- SQL 指令 ----
    adapter.SelectCommand = new SqlCommand("SELECT CustomerID, CompanyName
FROM CUSTOMERS", conn);
```

```
    adapter.InsertCommand = new SqlCommand("INSERT INTO Customers
(CustomerID, CompanyName) VALUES (@CustomerID, @CompanyName)", conn);
    adapter.UpdateCommand = new SqlCommand("UPDATE Customers SET CustomerID =
@CustomerID, CompanyName = @CompanyName WHERE CustomerID = @oldCustomerID",
conn);
    adapter.DeleteCommand = new SqlCommand("DELETE FROM Customers WHERE
CustomerID = @CustomerID", conn);

    // ---- 參數的寫法 ----
    adapter.InsertCommand.Parameters.Add("@CustomerID",
        SqlDbType.Char, 5, "CustomerID");
    adapter.InsertCommand.Parameters.Add("@CompanyName",
        SqlDbType.VarChar, 40, "CompanyName");

    adapter.UpdateCommand.Parameters.Add("@CustomerID",
        SqlDbType.Char, 5, "CustomerID");
    adapter.UpdateCommand.Parameters.Add("@CompanyName",
        SqlDbType.VarChar, 40, "CompanyName");
    adapter.UpdateCommand.Parameters.Add("@oldCustomerID",
        SqlDbType.Char, 5, "CustomerID").SourceVersion =
DataRowVersion.Original;  // 請看後續解釋

    adapter.DeleteCommand.Parameters.Add("@CustomerID",
        SqlDbType.Char, 5, "CustomerID").SourceVersion =
DataRowVersion.Original;  // 請看後續解釋
```

24-13-2 Parameter的SourceColumn與SourceVersion

SourceColumn和SourceVersion可當做參數傳遞給Parameter建構函式（Constructor），或設定為現有Parameter的屬性。

- **SourceColumn** 是將在其中擷取Parameter值之DataRow（資料列、記錄）的DataColumn名稱（資料行、欄位）。
- **SourceVersion** 會指定DataAdapter用來擷取值的DataRow「版本」。

下表顯示可與SourceVersion搭配使用的DataRowVersion列舉值。

- Current。這個參數會使用資料行（欄位）目前的值。預設值。
- Default。此參數會使用資料行（欄位）的DefaultValue。
- Original。這個參數使用資料行（欄位）的**原始值**。您可以參閱本書的「開放式並行存取」一章。
- Proposed。這個參數使用建議值。

上述的程式碼範例，刪除DeleteCommand與更新UpdateCommand的參數，其中CustomerID欄位將做為兩個參數的 SourceColumn使用：

- @CustomerID (SET CustomerID = @CustomerID)
- @**Old**CustomerID (WHERE CustomerID = @**Old**CustomerID)

@CustomerID參數用來將 DataRow中目前的新值，更新到CustomerID欄位裡面。因此會使用包含 Current（目前）之 SourceVersion的 CustomerID SourceColumn。

@**Old**CustomerID參數是用來識別資料來源中的**目前資料列**（目前這一筆記錄）。因為在資料列的 Original 版本中找到相符的欄位值（表示沒人跟您更新同一筆記錄），所以會使用 SourceVersion 為 Original 的同一個 SourceColumn（欄位名稱CustomerID）。

MEMO

25 站內的搜尋引擎（I）──基礎入門

CHAPTER

搜尋引擎對於任何一個網站都很重要，畢竟日積月累的資料一多，要搜尋某些資料就很麻煩。我們或許做不到Yahoo!、Google這種專業網站的搜尋效率，但卻可以應用既有的技巧來撰寫一些簡單的搜尋功能。

Yahoo!、Google 這種專業網站的搜尋都是精心設計。並耗費大量成本去維持搜尋結果的精確度。我們很難寫出這樣的規模

最簡單的搜尋，就是利用SQL指令的Select陳述句，搭配Where條件的Like與「%」符號來搜尋自己網站的資料庫。這是最基本的SQL指令用法，相信人人都會。

```
Select * From 資料表 with(nolock)
Where 欄位一 Like '%搜尋的關鍵字1%' and
      欄位二 Like '%搜尋的關鍵字2%' and ......以此類推
```

提醒您：

- 模糊查詢LIKE '%關鍵字%'，執行時會跑遍整個資料表，無法使用索引，因此會拖累效能。
- 還有NOT、!=、<>、!>、!<、NOT EXISTS、NOT IN、NOT LIKE這幾個NOT運算符也會造成索引不能被有效使用。感謝網友WizardWu的提醒，特此致謝。

25-1 單一欄位的搜尋（Web Form）

我們先從最簡單的範例Search_Engine_0開始，這個範例只搜尋一個欄位，而且不需要自己寫程式，完全依靠畫面的SqlDataSource設定就能完成。

⊙ 最簡單的單一欄位搜尋，HTML 畫面只有一個 TextBox、Button 與 GridView+SqlDataSource 就能搞定

HTML畫面設定如上圖，我們拖曳一個TextBox控制項與Button控制項到畫面中。然後是GridView + SqlDataSource用來呈現搜尋後的結果。GridView可以啟動「分頁」的功能，一旦搜尋出來的資料太多，可以分頁顯示以增加效率。

重點在於SqlDataSource的設定畫面（如下面兩張圖片）。

⊙ 在 SQL 指令的畫面上，請點選右邊的「Where」按鈕

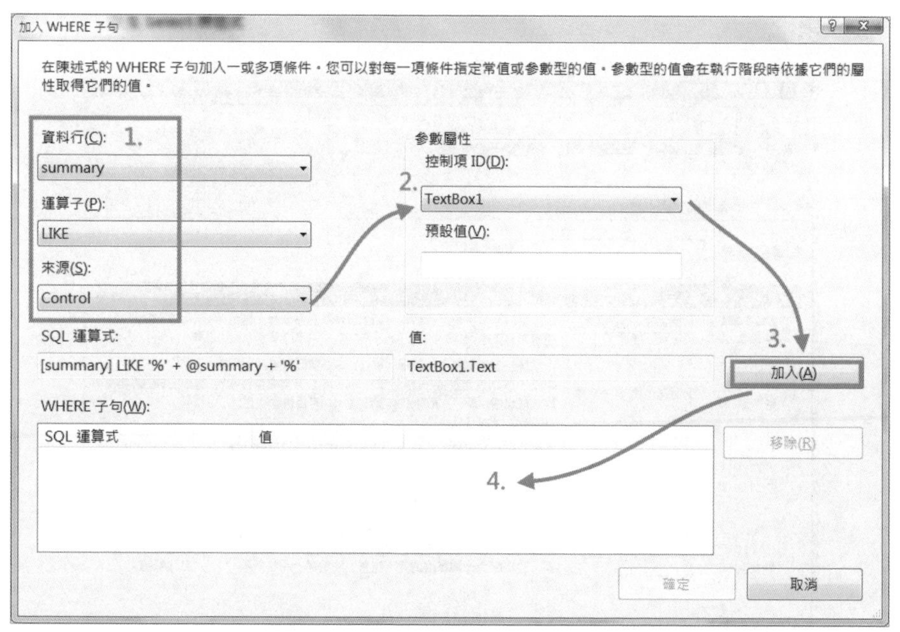

⊙ SqlDataSource 將會依照 TextBox 輸入的字串，來作搜尋。在畫面上我們可以看見 SQL 指令的 Select 陳述句，後面的 Where 條件已經隨之改變

完成了上圖SqlDataSource設定之後，其實就是完成了搜尋的SQL指令，跟下面的寫法一模一樣。

```
Select * From 資料表
Where 欄位一 Like '%搜尋的關鍵字 1%'and
      欄位二 Like '%搜尋的關鍵字 2%' and ...... 以此類推
```

我們順便看看HTML畫面的原始碼，就能發現SqlDataSource裡面的SelectCommand已經變成：

```
<asp:SqlDataSource ID="SqlDataSource1" runat="server"
        ConnectionString="<%$ ConnectionStrings:testConnectionString %>"

        SelectCommand="SELECT [id], [test_time], [title], [summary], [author]
        FROM [test] WHERE ([summary] LIKE '%' + @summary + '%')">

        <SelectParameters>
           <asp:ControlParameter ControlID="TextBox1" Name="summary"
               PropertyName="Text" Type="String" />
        </SelectParameters>
</asp:SqlDataSource>
```

這個程式完全不用自己動手寫程式碼，只靠HTML畫面的設定精靈就能完成。我們來看看成果吧。

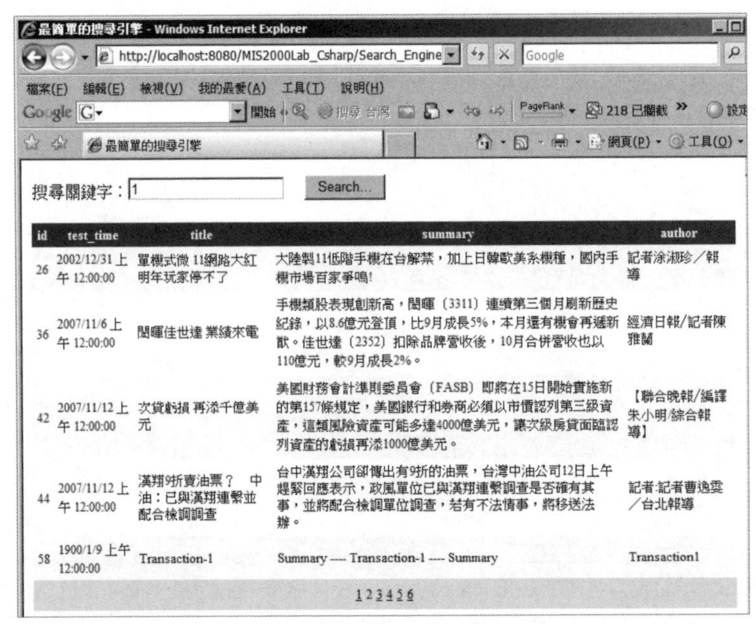

id	test_time	title	summary	author
26	2002/12/31 上午 12:00:00	單機式微 11網路大紅 明年玩家停不了	大陸製11低階手機在台解禁，加上日韓歐美系機種，國內手機市場百家爭鳴!	記者涂淑珍／報導
36	2007/11/6 上午 12:00:00	閎暉佳世達 業績來電	手機類股表現創新高，閎暉（3311）連續第三個月刷新歷史紀錄，以8.6億元登頂，比9月成長5%，本月還有機會再飆新猷。佳世達（2352）扣除品牌營收後，10月合併營收也以110億元，較9月成長2%。	經濟日報/記者陳雅蘭
42	2007/11/12 上午 12:00:00	次貸虧損 再添千億美元	美國財務會計準則委員會（FASB）即將在15日開始實施新的第157條規定，美國銀行和券商必須以市價認列第三級資產，這類風險資產可能多達4000億美元，讓次級房貸面臨認列資產的虧損再添1000億美元。	【聯合晚報/編譯朱小明/綜合報導】
44	2007/11/12 上午 12:00:00	漢翔9折賣油票？　中油：已與漢翔連繫並配合檢調調查	台中漢翔公司卻傳出有9折的油票，台灣中油公司12日上午趕緊回應表示，政風單位已與漢翔連繫調查是否確有其事，並將配合檢調單位調查，若有不法情事，將移送法辦。	記者:記者曹逸雯／台北報導
58	1900/1/9 上午 12:00:00	Transaction-1	Summary ---- Transaction-1 ---- Summary	Transaction1

1 2 3 4 5 6

⊙ 單一欄位的搜尋，完全不需要寫程式，就能完成。不管是分頁、編輯等等功能都可以正常運作

25-2 多重欄位的搜尋（Web Form、觀念解說）

搜尋引擎的範例，真正有趣的是「多重欄位」的搜尋。以下的範例會衍生許多特殊狀況，具有許多變化。

沿用上一個範例的畫面，我們在範例Search_Engine_1.aspx裡面，增加一個搜尋欄位（TextBox控制項），如此一來便可以針對兩個欄位作搜尋。欄位越多，搜尋的結果應該會更精準。

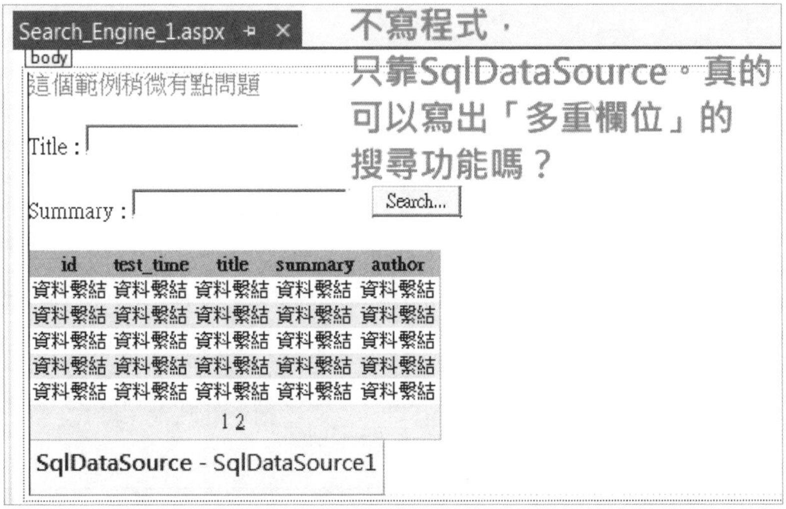

Search_Engine_1.aspx ⊕ ×

不寫程式，
只靠SqlDataSource。真的
可以寫出「多重欄位」的
搜尋功能嗎？

body

這個範例稍微有點問題

Title :

Summary :

Search...

id	test_time	title	summary	author
資料繫結	資料繫結	資料繫結	資料繫結	資料繫結
資料繫結	資料繫結	資料繫結	資料繫結	資料繫結
資料繫結	資料繫結	資料繫結	資料繫結	資料繫結
資料繫結	資料繫結	資料繫結	資料繫結	資料繫結
資料繫結	資料繫結	資料繫結	資料繫結	資料繫結

1 2

SqlDataSource - SqlDataSource1

▲ 範例 Search_Engine_1 的 HTML 設計畫面。兩個 TextBox 控制項，可以同時搜尋兩個欄位

25-2-1 不動手寫程式，只靠SqlDataSource做不出來

這個程式也不需要自己動手寫程式，完全依賴SqlDataSource的設定精靈就能完成。重點就是在SQL指令的「Where條件子句」按鈕裡面（如下圖），設定兩個搜尋條件是依照畫面上的兩個TextBox的輸入文字來做搜尋。

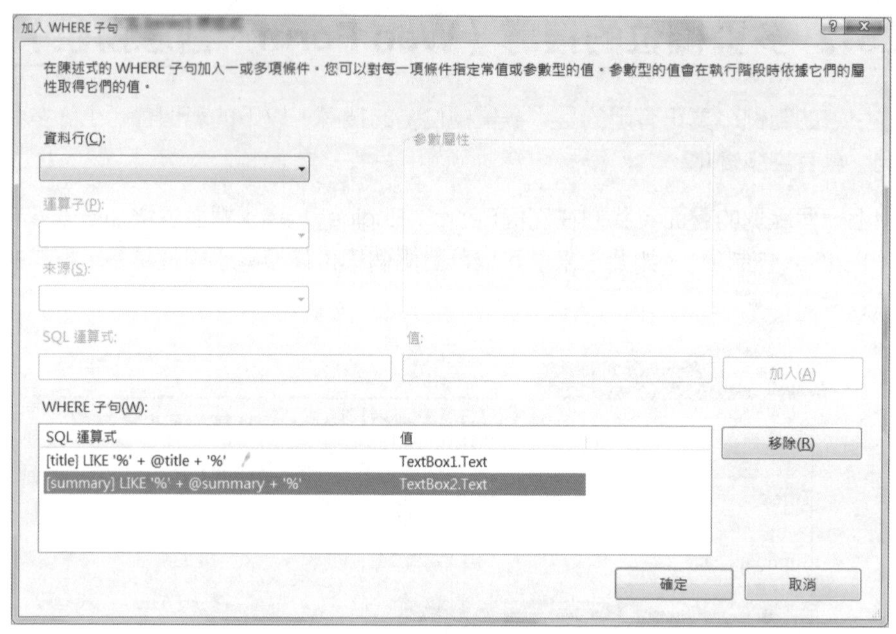

⊙ SqlDataSource 的設定畫面。設定兩個搜尋條件是依照畫面上的兩個 TextBox 的輸入文字來做搜尋

在「多重欄位」的搜尋上面，因為我們使用了現成的SqlDataSource來做。必須兩個欄位同時都輸入資料，才能搜尋到結果（如下圖）。

```
<asp:SqlDataSource ID="SqlDataSource1" runat="server"
        ConnectionString="<%$ ConnectionStrings:testConnectionString %>"
        SelectCommand="SELECT [id], [test_time], [title], [summary], [author]
        FROM [test]
        WHERE (([title] LIKE '%' + @title + '%') AND
        ([summary] LIKE '%' + @summary + '%'))">

<SelectParameters>
<asp:ControlParameter ControlID="TextBox1" Name="title" PropertyName="Text"
Type="String" />
<asp:ControlParameter ControlID="TextBox2" Name="summary" PropertyName="Text"
Type="String" />
</SelectParameters>
</asp:SqlDataSource>
```

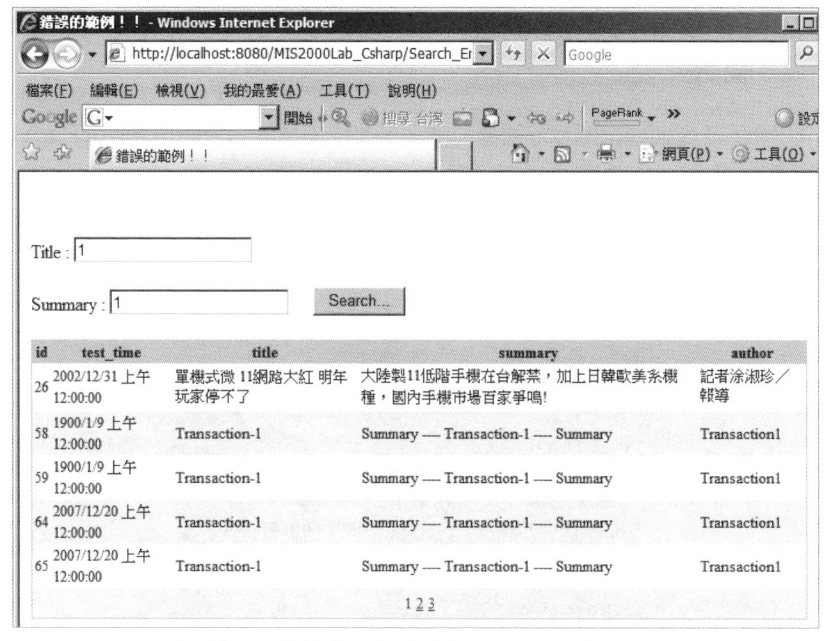

⦿ 當您兩個欄位「同時」進行搜尋，結果還滿正確的

⦿ 例外狀況出現了。如果您只搜尋其中「一個」欄位，那就搜尋不到任何東西囉！這就是問題所在！

上一張圖片的執行結果，讓我們得知：「多重欄位」的搜尋引擎，只靠SqlDataSource的設定精靈是會出問題的。簡單的說，**多重欄位的搜尋，最好還是「自己動手寫程式」去處理**。

25-2-2 SqlDataSource的「CancelSelectOnNullParamete」屬性

新版本的.NET在SqlDataSource裡面，多了一個「**CancelSelectOnNullParamete**」屬性就是要避免上一小節的狀況。詳見範例Search_Engine_0_CancelSelectOnNullParameter。

SqlDataSource多了一個「**CancelSelectOnNullParamete**」屬性

但是，即使您把「CancelSelectOnNullParamete」屬性設定為False仍無法正確運作。請您自己動手修改HTML畫面裡頭的<asp:SqlDataSource>標籤，修改SelectCommand的SQL指令才能正常運作（如下圖）。

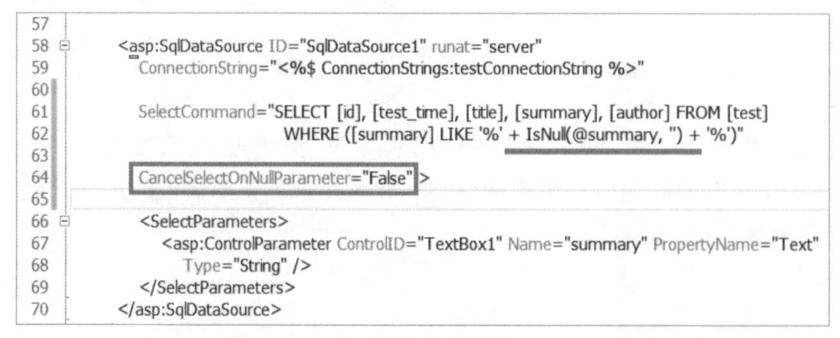

```
57
58   <asp:SqlDataSource ID="SqlDataSource1" runat="server"
59     ConnectionString="<%$ ConnectionStrings:testConnectionString %>"
60
61     SelectCommand="SELECT [id], [test_time], [title], [summary], [author] FROM [test]
62                    WHERE ([summary] LIKE '%' + IsNull(@summary, '') + '%')"
63
64     CancelSelectOnNullParameter="False" >
65
66     <SelectParameters>
67       <asp:ControlParameter ControlID="TextBox1" Name="summary" PropertyName="Text"
68         Type="String" />
69     </SelectParameters>
70   </asp:SqlDataSource>
```

正確的修改結果

從這一節的執行結果得知：「多重欄位」的搜尋引擎，只靠SqlDataSource的設定精靈是有問題的。結論：**多重欄位的搜尋，最好還是「自己動手寫程式」去處理。**

25-3 自己寫程式「多重欄位的搜尋」（Web Form）

為了解決上一個範例造成的例外狀況，我們必須自己動手寫程式（後置程式碼）來作「多重欄位的搜尋」。本範例（Search_Engine_2_Manual）HTML的設計畫面中只有一個差異，就是「不使用」**SqlDataSource**控制項！

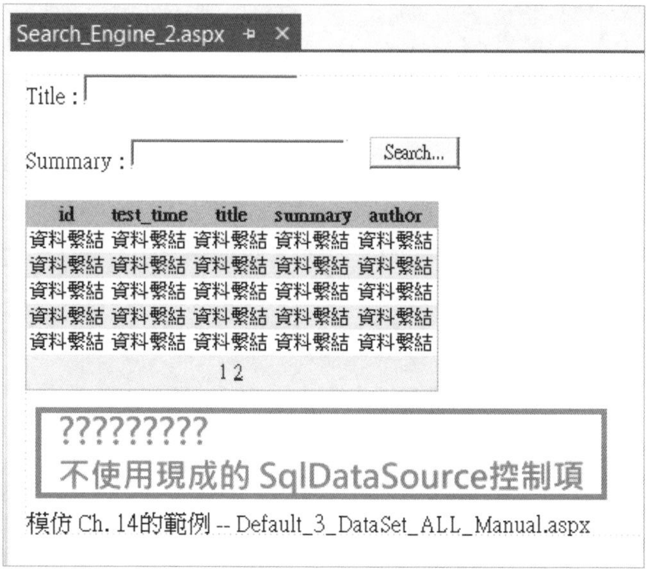

Search_Engine_2.aspx

Title :

Summary : Search...

id	test_time	title	summary	author
資料繫結	資料繫結	資料繫結	資料繫結	資料繫結
資料繫結	資料繫結	資料繫結	資料繫結	資料繫結
資料繫結	資料繫結	資料繫結	資料繫結	資料繫結
資料繫結	資料繫結	資料繫結	資料繫結	資料繫結
資料繫結	資料繫結	資料繫結	資料繫結	資料繫結
1 2				

?????????
不使用現成的 SqlDataSource控制項

模仿 Ch. 14的範例 -- Default_3_DataSet_ALL_Manual.aspx

⊙ 自己動手寫程式（後置程式碼）來作「多重欄位的搜尋」。HTML 的設計畫面裡面，GridView「不使用」**SqlDataSource** 了！

25-3-1 第一個難題，動態產生適當的SQL指令

很多初學者會這麼撰寫搜尋資料用的SQL指令：

```
Select * From test 資料表
Where  title like'%關鍵字 1%'  and
       summary like '%關鍵字 2%'  and
       ...... 以此類推
```

這種方式當然也可以讓程式正常執行，只不過搜尋出來的結果往往不夠精確！尤其是資料量越多，搜尋出來的結果就越不精準。這是為什麼呢？

想想看：既然是「多重欄位」的搜尋引擎，使用者會輸入的搜尋條件就會有許多排列組合。例如：他可能只搜尋「標題」與「作者」兩個欄位，或是只搜尋「作者」欄位而已。

如果採用上面的SQL指令來作搜尋，就可能造成某些搜尋欄位的「關鍵字（值）」變成"空白"。以本書提供的範例（test資料表）來說，當使用者只輸入一個「作者」欄位的關鍵字來搜尋時，會造成下面的結果。

```
Select * From test 資料表
Where  title like '%%'  and
       summary like '%%'  and
       author like '%關鍵字%'
```

標題（title欄位）與摘要（summary欄位）因為沒有輸入任何字（SQL指令變成like '%%'），搜尋的關鍵字就會變成"空白"值！這兩個條件會讓搜尋更加地不準確，是很大的缺失。

因為SQL指令裡面，「**欄位名稱 like '%%'**」這個條件式，表示「**所有條件都符合**」的情況，會把所有的資料全部列出來。這種情況會導致**資料越找越多，越找越不精準**。

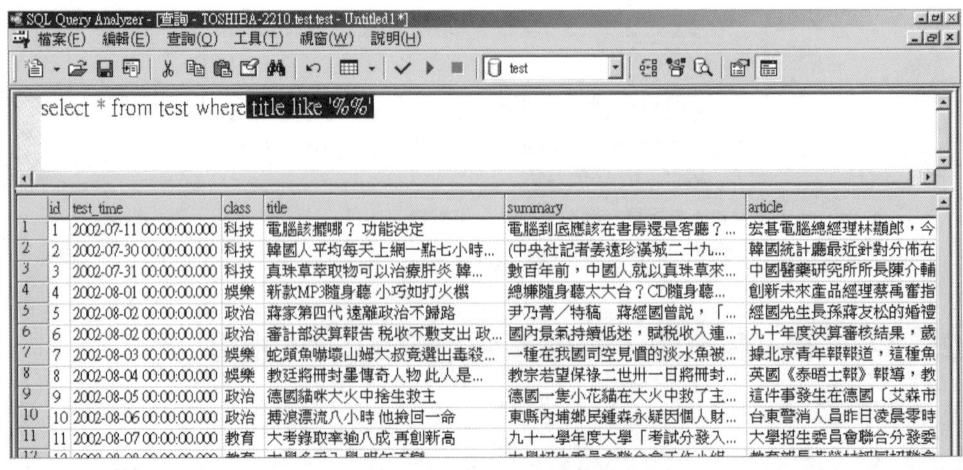

⊙ 執行 select * from test **where title like '%%'** 的指令，就如同執行 select * from test 的結果一模一樣

要如何破解這樣的迷思呢？最好的方法便是：使用者要搜尋哪幾個欄位，我們只讓這幾個欄位去拼湊成合適的SQL指令。無論如何，絕「不」讓SQL指令裡面**搜尋欄位的「值」出現空白**，絕「不」出現「**欄位名稱 like '%%'**」這種狀態。

提醒您！拼湊SQL指令時，絕對要使用「參數」的寫法，避免資料隱碼（SQL Injection）攻擊！

25-3-2 第二個難題，排列組合的狀況太多

因為這是一個「多重欄位」的輸入與搜尋，所以使用者輸入的狀態可能有各種排列組合。從這個角度來思考，就變成了數學上的排列組合，會導致程式撰寫的難度倍增！

假設畫面上有兩個欄位可供輸入，那麼使用者會輸入哪些狀況呢？依照排列組合可能會發生這種情況：

	搜尋欄位一 TextBox1	搜尋欄位二 TextBox2
狀況1	無	無
狀況2	無	有
狀況3	有	無
狀況4	有	有

如果搜尋的欄位更多，這些排列組合會更驚人！甚至多到你想寫程式都寫不完，而且後續維護也很麻煩，下一個接手的人可能完全看不懂你目前的寫法。

25-3-3 正向思考寫不出來，請用「反向思考」

關於這個問題，最常用的解法便是「**消除法**」。當使用者有輸入某一個搜尋條件，我們才列舉出來。**當使用者不搜尋這個欄位時，我們就該避免搜尋到這個欄位**。

使用下面C#寫法，不管使用者輸入哪些條件，排列組合都會正確無誤。在資料搜尋上，這種寫法也是簡單易懂，而且常被業界普遍使用的作法。

```
//注意！！資料隱碼攻擊（Sql Injection），請使用參數的寫法。詳見範例 Search_Engine_2_
Manual_Parameter

if（欄位一 有輸入資料） {        // 此為 C# 語法
    搜尋條件 = "and 欄位一 Like '%關鍵字%'"
}

if（欄位二 有輸入資料） {
    搜尋條件 = "and 欄位二 Like '%關鍵字%'"=
}

......以此類推...，便可以完成各種情況的判別。
//注意！！資料隱碼攻擊（Sql Injection），請使用參數的寫法。詳見範例 Search_Engine_2_
Manual_Parameter
```

以上述的寫法來說，您絕對無法把「有輸入資料」這件事轉成程式碼，不信的話，請試試看。我上課時會用「反向思考」來解說這段程式，您也可以上網搜尋關鍵字「mis2000lab 反向思考」找到這篇文章。

因此，我們人類的思考規則「有輸入資料」，轉換成程式碼必須改寫成「如果"不是"輸入"空"字串」就是「有輸入資料」。您得好好想想裡面的奧妙，很多程式碼都是用反向思考、反規則來撰寫，反而能寫出淺顯易懂的程式碼。在此，我要推薦一本書籍《重構：改善既有程式的設計》，書內第九章「簡化條件句」就是專門介紹if判別式的寫法，裡面列出很多寫壞的、看不懂的if程式，但稍做改寫以後就變得簡單明瞭。可見要把if判別式寫好也不容易呢！

範例Search_Engine_2_Manual_Parameter實際轉換成後置程式碼（C#）就會變成：

```
//=====重 點=====注意！！資料隱碼攻擊（Sql Injection），請使用參數的寫法。詳見範例
Search_Engine_2_Manual_Parameter（方法二）
string mySearchString = "Select id,test_time,title,summary,author From test
Where 1=1 ";

            if (string.IsNullOrEmpty(TextBox1.Text))  {
                mySearchString += " and ([title] LIKE '%' + @title + '%')";
                    // 當心 SQL Injection 資料隱碼攻擊！！請使用參數的寫法
            }

            if (string.IsNullOrEmpty(TextBox2.Text))  {
                mySearchString += " and ([summary] LIKE '%' + @summary + '%')";
                    // 當心 SQL Injection 資料隱碼攻擊！！請使用參數的寫法
            }……以此類推….
```

上面這種寫法單易懂，而且不必考慮排列組合的輸入狀況。是網路上大家推薦、常用的簡單作法。

至於SQL指令的後方有一句「**Where 1=1** 」是用來排除使用者「所有搜尋欄位都「不」輸入值」的狀況（請您特別注意Where 1=1的最後，多了一格空白）。這個方法還有改善空間喔！建議您看下一節的方法更棒。

到此休息一下，紙上談兵容易搞混，我們直接看看執行成果（範例Search_Engine_2_Manual_Parameter）。從下圖的執行畫面裡，我們便可以見證這方法是正確運作的。

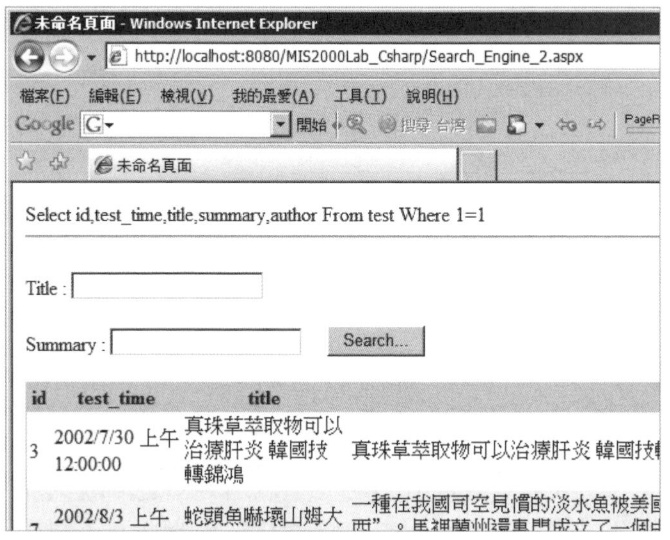

⊙ 當使用者兩個欄位都不輸入的時候，程式可以正確執行。請看畫面裡頭的 SQL 指令，不搜尋的欄位絕不會出現！

如上圖所示，**當使用者兩個欄位都不輸入的時候**，程式可以正確執行。這是因為我們事先在SQL指令後面的Where條件子句，加上一句「**Where 1=1** 」。請看畫面裡頭（如下圖）的SQL指令，不搜尋的欄位絕不會出現！

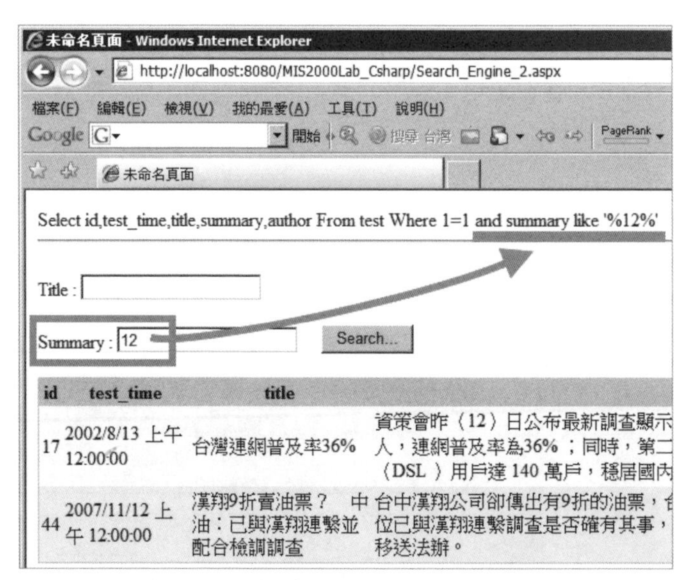

⊙ 當使用者只想搜尋「一個欄位」的時候，程式可以正確執行。請看畫面裡頭的 SQL 指令，不搜尋的欄位絕不會出現！

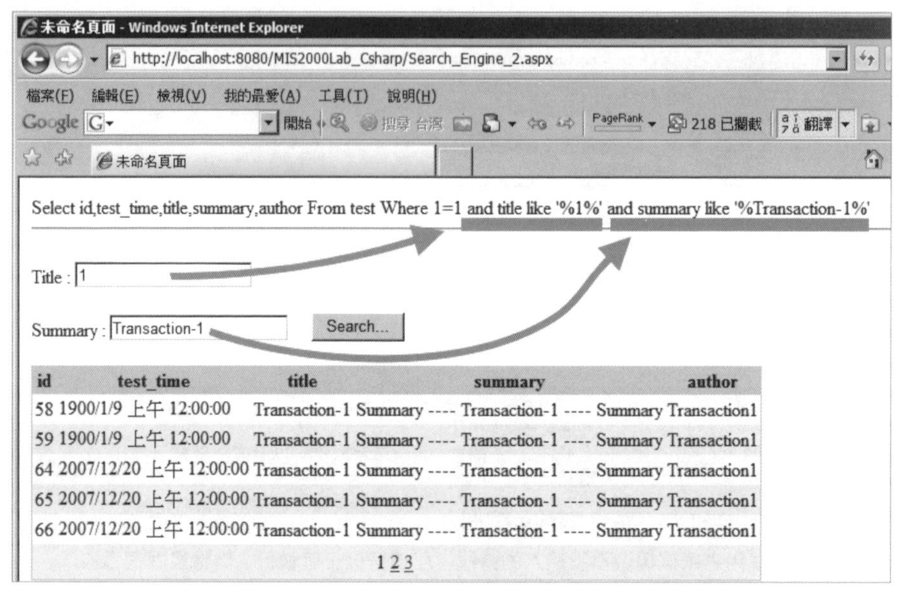

◉ 當使用者搜尋「兩個欄位」的時候，程式可以正確執行

看了上面三張圖片，其實比我解釋一大堆還有用。外國有一句諺語：「一圖勝千言」，一張圖片的解釋比千言萬語更有效。不過，這個範例在分頁時會出現錯誤。這是因為我們為了搜尋功能，自己動手寫了後置程式碼取代了SqlDataSource的緣故。

我會建議您：**一旦動手寫了程式，就要全部動手去寫（包含GridView的分頁、編輯、刪除、更新等等，通通要自己動手去寫）。**不要偷懶或是妄想只改一小段就好。

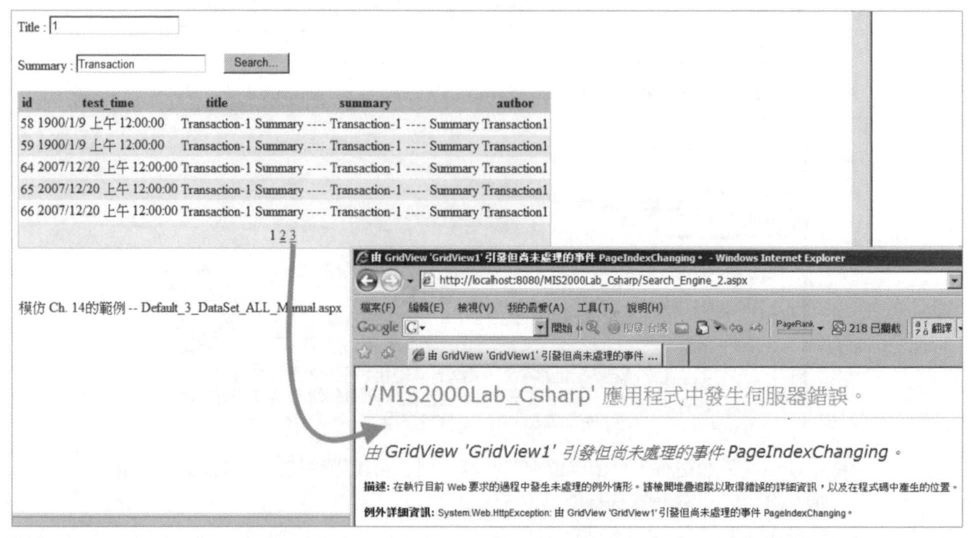

◉ 本範例如果執行分頁功能就會出錯，因為程式都由我們手寫執行，分頁功能也必須自己動手作才會正常

25-3-4 加強版，多重搜尋條件（不使用Where 1=1）

上一節的寫法，還有改善的空間。例如：為了「Where」這個字該不該出現在SQL指令裡面，我們用了「Where 1=1」來規避之。但這樣的寫法可能會造成效能不彰！

另外，我們以TextBox1.Text <>"" 來判別是否輸入？而「""」用來代表「空字串」其實不太恰當！您可以上網搜尋關鍵字「Empty"" 空字串」就能找到很多文章。因為""、null（VB語法為Nothing）、Empty這三種寫法都有小小的差異。

如果您想解決上述的困擾，本範例修改後的重點：利用**字串的「長度」**來判別使用者是否有輸入數值。C#語法可以在**字串的最後加上.Length屬性**（VB語法也可用），而VB語法可以用Len()函數來計算字串長度。

範例Search_Engine_2_Manual_SQL_Injection.aspx（請看「方法二」）實際轉換成後置程式碼（C#）就會變成：

```
//*** 方法二 ***********************************(start)
//-- 避免出現 Where 1=1 的條件，增加 SQL 指令執行上的負擔。
String mySearchString  = "Select id,test_time,title,summary,author From test ";

 String myWhereString = null;
 int hasAND   = 0;

 if (TextBox1.Text.Length > 0)  {
     myWhereString = " title like '%" + TextBox1.Text + "%'";
     hasAND++;
     // 注意！！資料隱碼攻擊（Sql Injection），請使用參數的寫法。詳見範例
     Search_Engine_2_Manual_Parameter

 }
 if (TextBox2.Text.Length > 0)  {
      if (hasAND > 0)   {   //-- 要不要加上 AND 字樣？
         myWhereString = " title like '%" + TextBox1.Text + "%'";
         myWhereString = myWhereString + " and summary like '%關鍵字%'";
      }
      else  {
         myWhereString = " summary like '%關鍵字%'";
      }
         // 注意！！資料隱碼攻擊（Sql Injection），請使用參數的寫法。
         詳見範例 Search_   Engine_2_Manual_Parameter

}
```

```
 //-- 方法二的重點！
if (myWhereString != null)
   if (myWhereString.Length > 0)  {
       //-- 有條件子句的話，才加上「Where」字樣。
       mySearchString = mySearchString + " Where " + myWhereString;
   }
}
```

我們把SQL指令拆成兩份：

第一、**SQL指令的「主體」**，例如C#的string my**Search**String ="Select id,test_time,title,summary,author From test";

第二、**Where「條件句」**是否存在？例如：my**Where**String字串變數。

如果「Where條件句」空空如也，沒有任何欄位需要搜尋（每一個欄位都沒有輸入搜尋的值）。我們可以透過「字串長度」判定這件事：

```
'== VB 語法
   If Len(myWhereString) > 0 Then
      mySearchString = mySearchString & myWhereString
      '-- 或是寫成 mySearchString &= myWhereString
   End If


//== C# 語法
   if (myWhereString.Length > 0)  {
      mySearchString += myWhereString;
   }
```

25-4 多重欄位的搜尋（DataSet版，搭配SelectCommand參數）

如果您希望DataSet / DataAdapter能搭配SelectCommand的「參數」來作的話，可以參考下載範例檔中的範例Search_Engine_2_Manual_Parameter。HTML畫面跟上一個範例完全相同，只有修改後置程式碼而已。

這裡的重點在於「SQL指令的寫法」略有修改，請您特別注意！！為了搭配SelectCommand的參數，Where條件子句修改成「**" and ([title] LIKE '%' + @title + '%')"**」與「**" and ([summary] LIKE '%' + @summary + '%')"**」。

搭配MS SQL Server的參數名稱，前面有@符號（例如 @title）。若是搭配Access或其他OleDb則會改用「?」符號代替參數。C#版後置程式碼（Search_Engine_2_Manual_Parameter.aspx.cs）如下：

```
using System.Web.Configuration;    //---- 自己寫的（宣告）----
using System.Data.SqlClient;


//==== 自己手寫的程式碼，DataAdapter / DataSet ====(start)
    protected void DBInit()
    {     //---- 連結資料庫 ----
        SqlConnection Conn = new SqlConnection(WebConfigurationManager.
ConnectionStrings["存在 Web.Config 檔案內的資料庫連結字串"].ConnectionString);

        try    {
            //Conn.Open();  //---- 註解掉不寫，DataAdapter 會自動開啟
  //=====重 點=====(start) 注意！！資料隱碼攻擊（Sql Injection），請
使用參數的寫法。
            string mySearchString = "Select id,test_
time,title,summary,author From test Where 1=1 ";

//== 方法二 ==
            if (string.IsNullOrEmpty(TextBox1.Text))   {
                mySearchString += " and ([title] LIKE '%' +
@title + '%')";
                    // 當心 SQL Injection 資料隱碼攻擊！！請使用參數的
寫法
            }

            if (string.IsNullOrEmpty(TextBox2.Text))   {
                mySearchString += " and ([summary] LIKE '%' +
@summary + '%')";
                    // 當心 SQL Injection 資料隱碼攻擊！！請使用參數的
寫法
            }
            //*****************************
            SqlDataAdapter myAdapter = new
SqlDataAdapter(mySearchString, Conn);
            //== SqlDataAdapter "參數"必須在執行 SQL 指令的時候，寫
在下方等待呼叫。不然程式會出錯。
            //*****************************
```

```
                if (string.IsNullOrEmpty(TextBox1.Text))   {
                     //// 舊的寫法（標準寫法，效能較好）：
                     //myAdapter.SelectCommand.Parameters.
Add("@title", SqlDbType.VarChar, 120);
                    //myAdapter.SelectCommand.Parameters["@title"].
Value = TextBox1.Text;
                    // 新的寫法（合併為一列）：
                    myAdapter.SelectCommand.Parameters.
AddWithValue("@title", TextBox1.Text);
               }
               if (string.IsNullOrEmpty(TextBox2.Text))   {
                    //// 舊的寫法（標準寫法，效能較好）：
                    //myAdapter.SelectCommand.Parameters.Add("@summary",
SqlDbType.VarChar, 200);
                    //myAdapter.SelectCommand.Parameters["@summary"].
Value = TextBox2.Text;

                    // 新的寫法（合併為一列）：
                    myAdapter.SelectCommand.Parameters.
AddWithValue("@summary", TextBox2.Text);
               }
               // 注意！！資料隱碼攻擊（Sql Injection），請使用參數的寫法。詳見
範例 Search_Engine_2_Manual_Parameter

    DataSet ds = new DataSet();
    myAdapter.Fill(ds, "test");
         // 把資料庫撈出來的資料，填入 DataSet 裡面。
    // --部分省略—
}
```
作者註解：其餘事件與上一個範例相同，在此不贅述。

範例 Search_Engine_2_Manual_Parameter 另外一種寫法（檔案內註明是「方法一」）透過 **SqlCommand 搭配 SqlDataAdapter** 來作，請讀者自行參閱！

而上面介紹的方法，在電子檔中名為「方法二」。兩種寫法，請任選其一即可。

25-5 自己動手寫（50% SqlDataSource）搜尋功能

介紹至此，有些讀者會以為搜尋引擎一定要自己動手寫程式，用了 SqlDataSource 就一定會錯誤？

非也，這不是我的意思！我要強調的是：多重欄位的搜尋，因為牽涉的層面較廣，我會建議自己動手寫 ADO.NET 程式來掌控一切，而不是禁止大家使用 SqlDataSource 來作。下列的範例（Search_Engine_3_SqlDataSource.aspx）就用

SqlDataSource加上**SelectComand**與**Select**參數（SelectParameters）來作。讓大家也參考看看。

重點是：SqlDataSource除了資料庫連結字串外，其他設定都是一片空白。因為搜尋的SQL指令與參數，通通要自己動手寫在後置程式碼裡面。算是半自動、半手工的寫法，僅供參考。

div

多重欄位 的 搜尋引擎----SqlDataSource的寫法
自己撰寫SQL指令（後置程式碼）

- 「分頁」的部份，必須自己**手寫程式**。並且將GridView的「EnableSortingAndPagingCallsBack」屬性關閉(=False)。否則，會出現意想不到的錯。
- 如果開啟「EnableSortingAndPagingCallsBack」屬性(=True)，**而且**「分頁」不自己寫程式的話，搜尋成果的分頁，會出錯。必須「重複多按一下」搜尋按鈕，才能看見正確結果。

Title:
Summary:
Article: Search~

id	test_time	title	summary	article	author
資料繫結	資料繫結	資料繫結	資料繫結	資料繫結	資料繫結
資料繫結	資料繫結	資料繫結	資料繫結	資料繫結	資料繫結
資料繫結	資料繫結	資料繫結	資料繫結	資料繫結	資料繫結
1 2					

SqlDataSource - SqlDataSource1

▲ 範例（Search_Engine_3_SqlDataSource）的 HTML 設計畫面

▲ 範例 Search_Engine_3_SqlDataSource 的 HTML 原始碼。重點是：SqlDataSource 除了資料庫連結字串外，一片空白。因為都要自己動手寫在後置程式碼裡面

上面兩張圖片仍在**HTML畫面上設定一個SqlDataSource**控制項來做**「資料庫連線」與「DataBinding」這兩件事**。因此後置程式碼我們將"不"撰寫這兩部分。

因為下列程式經常用到相同的程式碼，所以我們把相同的程式碼，寫成**DBInit副程式**，必要的時候再來呼叫即可，比較簡潔。

範例Search_Engine_3_SqlDataSource跟上一個範例雷同，最大的差異在於：我們必須使用上一節的技巧，把組合好的SQL指令（SelectComand），搭配Select參數（SelectParameters），交給SqlDataSource來執行。

C#版後置程式碼（Search_Engine_3_SqlDataSource.aspx.cs）

```
using System.Data.SqlClient;   //----自己寫的（宣告）----


protected void DBInit()    {
    //== SqlDataSource精靈    自動產生的SQL指令，可以當作參考 ==
    SqlDataSource1.SelectParameters.Clear();

    //==以下是自己改寫的「多重欄位 搜尋引擎」，SQL指令的文字組合 ==
    string mySQLstr = " 1=1 ";    //請注意，1=1 後面多一個空白！
    //== 建議您參閱前面章節的「加強版」寫法！

    //==以下是自己改寫的「多重欄位 搜尋引擎」，SQL指令的文字組合 ==
    // 注意！！資料隱碼攻擊（Sql Injection），請使用參數的寫法。
    if (TextBox1.Text != "")    {
        // 建議改成 if( !string.IsNullOrEmpty(TextBox1.Text) )來做。
        mySQLstr = mySQLstr + " AND ([title] LIKE '%' + @title + '%')";
        //== 重點在此：參數必須寫在 if判別式這裡，不能一起寫在後面。==
        SqlDataSource1.SelectParameters.Add("title", TextBox1.Text);
    }

    if (TextBox2.Text != "")    {
        // 建議改成 if( !string.IsNullOrEmpty(TextBox2.Text) )來做。
        mySQLstr = mySQLstr + " AND ([summary] LIKE '%' + @summary + '%')";
        SqlDataSource1.SelectParameters.Add("summary", TextBox2.Text);
    }

    if (TextBox3.Text != "")    {
         mySQLstr = mySQLstr + " AND ([article] LIKE '%' + @article + '%')";
         SqlDataSource1.SelectParameters.Add("article", TextBox3.Text);
    }

    //==============================================
    //== SqlDataSource1 資料庫的連接字串 ConnectionString，
    //== 已事先寫在「HTML畫面的設定」裡面 ==
    //==============================================

    //== 最後，合併成完整的SQL指令（搜尋引擎～專用）==
    SqlDataSource1.SelectCommand = "SELECT * FROM [test] WHERE 1=1 " + mySQLstr;
```

```
    // 請注意，1=1 後面多一個空白！建議您參閱前面章節的「加強版」寫法！

//==================================================
//== 執行 SQL 指令與 GridView1.DataBind() 的部份，均已經事先寫好
//== 在「HTML 畫面的設定」上，也就是下面這一行，就通通搞定了。
//==<asp:GridView ID="GridView1" DataSourceID="SqlDataSource1">
//==================================================

    Response.Write("<hr> 您要搜尋哪些欄位？ SQL 指令為   " + SqlDataSource1.
SelectCommand + "<hr>");
    //== 重點在此：參數必須寫在上面的「每一個 if 判別式」裡面，不能一起寫在下邊。否則，這
裡有出現的參數，就必須有「值」，不能留白！
    //SqlDataSource1.SelectParameters.Add("title", TextBox1.Text);
    //SqlDataSource1.SelectParameters.Add("summary", TextBox2.Text);
    //SqlDataSource1.SelectParameters.Add("article", TextBox3.Text);
}


protected void Button1_Click(object sender, EventArgs e)    {
        if (Convert.ToInt32(GridView1.PageIndex) != 0)   {
            // 如果不加上這行 if 判別式，假設當我們正在看第四頁時，又輸入新的條件，重新作
            搜尋。「新的」搜尋結果將會直接看見 " 第四頁 " ！
            // 如果新的搜尋只找出三頁結果，那麼 GridView 硬要秀出第四頁，就會出錯！！

            GridView1.PageIndex = 0;
            // 重新搜尋時，強制 GridView 回到第一頁。
        }
        DBInit();
}


protected void GridView1_PageIndexChanging(object sender,
GridViewPageEventArgs e)    {
     GridView1.PageIndex = e.NewPageIndex;

     Response.Write(" 目前位於第 " + (Convert.ToInt32(e.NewPageIndex) + 1) + "
頁 <br>");
     //== 把 GridView1 的 [EnableSortingAndPagingCallBack] 屬性關閉 (=False)，才
會執行到這一行！ ==

     DBInit();
}
```

上述範例（Search_Engine_3_SqlDataSource）寫得不是很好。既然要自己動手寫ADO.NET程式（後置程式碼），卻還堅持使用一小部份的SqlDataSource精靈（在HTML畫面裡的<asp:SqlDataSource>標籤），兩者混合的結果就是怪裡怪氣。甚至要多寫一些程式**預防GridView分頁所導致的例外狀況**。

我還是那句老話，要嘛！就全部使用SqlDataSource的設定精靈來做完。要嘛！就全部自己動手寫ADO.NET程式來搞定。千萬不要想偷懶，以為東拼西湊就能寫好程式，例如：用「50%的SqlDataSource控制項（在HTML畫面裡）、50%自己動手寫後置程式碼」的組合方式，有時候會寫出更怪異的情況。下一節，將會補強本範例，提供一個100%自己動手撰寫SqlDataSource後置程式碼的範例。

以我為例，能自己動手用ADO.NET寫完，我幾乎不想使用SqlDataSource的設定精靈。業界會遇見的實務狀況太多，光靠Visual Studio的SqlDataSource設定精靈，真的不夠用！

25-6 自己動手寫（100% SqlDataSource）搜尋功能

本範例Search_Engine_4_SqlDataSource_Manual跟上一節的範例完全相同，但本範例的SqlDataSource 100%自己動手撰寫，不像上一個範例，還得在HTML畫面上設定一個SqlDataSource控制項來做「資料庫連線」與「DataBinding」這兩件事。

範例Search_Engine_4_SqlDataSource_Manual的HTML畫面上，**"沒有"**SqlDataSource控制項，GridView也**"不"**設定「DataSourceID」屬性，100%自己動手撰寫在後置程式碼裡頭。

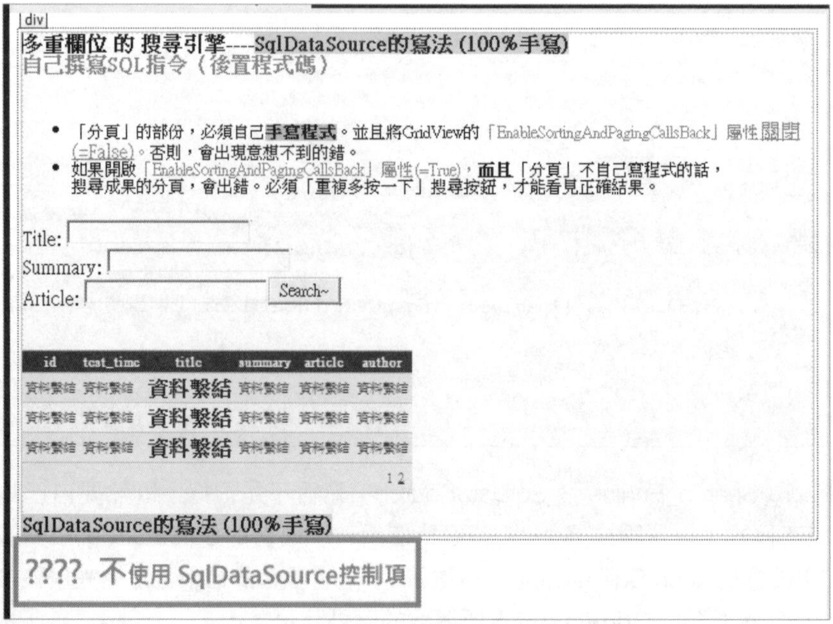

div
多重欄位 的 搜尋引擎----SqlDataSource的寫法 (100%手寫)
自己撰寫SQL指令（後置程式碼）

- 「分頁」的部份，必須自己手寫程式。並且將GridView的「EnableSortingAndPagingCallsBack」屬性關閉(=False)。否則，會出現意想不到的錯。
- 如果開啟「EnableSortingAndPagingCallsBack」屬性(=True)，而且「分頁」不自己寫程式的話，搜尋成果的分頁，會出錯。必須「重複多按一下」搜尋按鈕，才能看見正確結果。

Title:
Summary:
Article: Search~

id	test_time	title	summary	article	author
資料繫結	資料繫結	資料繫結	資料繫結	資料繫結	資料繫結
資料繫結	資料繫結	資料繫結	資料繫結	資料繫結	資料繫結
資料繫結	資料繫結	資料繫結	資料繫結	資料繫結	資料繫結
					1 2

SqlDataSource的寫法 (100%手寫)
???? 不使用 SqlDataSource控制項

▲HTML 畫面上，沒 SqlDataSource 控制項。GridView 也不設定「DataSourceID」屬性

範例Search_Engine_4_SqlDataSource_Manual的C#後置程式碼如下：

```
using System.Data.SqlClient;    //---- 自己寫的（宣告）----
using System.Web.Configuration;
using System.Data;    //-- DataView 會用到


protected void Button1_Click(object sender, EventArgs e)    {
        if (Convert.ToInt32(GridView1.PageIndex) != 0)    {
            // 如果不加上這行 IF 判別式，假設當我們正在看第四頁時，
            // 又輸入新的條件，重新作搜尋。「新的」搜尋結果將會直接看見 " 第四頁 " ！
            // 如果新的搜尋只找出三頁結果，那麼 GridView 硬要秀出第四頁，就會出錯！
            GridView1.PageIndex = 0;
            // 重新搜尋時，強制 GridView 回到第一頁。
        }
        DBInit();
}


protected void GridView1_PageIndexChanging(object sender,
GridViewPageEventArgs e)
{
        GridView1.PageIndex = e.NewPageIndex;
        //== 把 GridView1 的 [EnableSortingAndPagingCallBack] 屬性關閉 (=False)，
才會執行到這一行！ ==
        DBInit();
}


protected void DBInit()    {
        SqlDataSource SqlDataSource1 = new SqlDataSource();
        //== 連結資料庫的連接字串 ConnectionString  ==
        SqlDataSource1.ConnectionString = WebConfigurationManager.
ConnectionStrings[" 存在 Web.Config 檔案內的資料庫連結字串 "].ConnectionString;

        //== SqlDataSource 精靈 自動產生的 SQL 指令，可以當作參考 ==
        SqlDataSource1.SelectParameters.Clear();

        //== 以下是自己改寫的「多重欄位 搜尋引擎」，SQL 指令的文字組合 ==
        string mySQLstr = " 1=1 ";    // 請注意，1=1 後面多一個空白！
        // 建議您參閱前面章節的「加強版」寫法！
        // 注意！！資料隱碼攻擊（Sql Injection），請使用參數的寫法。詳見範例 Search_
        Engine_2_Manual_Parameter

        if (TextBox1.Text != "")    {
            // 建議改成 if( !string.IsNullOrEmpty(TextBox1.Text) ) 來做。
            mySQLstr = mySQLstr + " AND ([title] LIKE '%' + @title + '%')";
```

```
        //== 重點在此：參數必須寫在 IF 判別式這裡，不能一起寫在後面。==
        SqlDataSource1.SelectParameters.Add("title", TextBox1.Text);
    }

    if (TextBox2.Text != "")  {
        // 建議改成 if( !string.IsNullOrEmpty(TextBox2.Text) ) 來做。
        mySQLstr = mySQLstr + " AND ([summary] LIKE '%' + @summary + '%')";
        SqlDataSource1.SelectParameters.Add("summary", TextBox2.Text);
    }

    if (TextBox3.Text != "")  {
        // 建議改成 if( !string.IsNullOrEmpty(TextBox3.Text) ) 來做。
        mySQLstr = mySQLstr + " AND ([article] LIKE '%' + @article + '%')";
        SqlDataSource1.SelectParameters.Add("article", TextBox3.Text);
    }

    //== 最後，合併成完整的 SQL 指令（搜尋引擎～專用）==
    SqlDataSource1.SelectCommand = "SELECT * FROM [test] WHERE " + mySQLstr;

    //== 重點：參數必須寫在上面「每一個 IF 判別式」裡面，不能一起寫在下邊。
    //== 否則，這裡有出現的參數就必須有「值」，不能留白！ ==
    //SqlDataSource1.SelectParameters.Add("title", TextBox1.Text);
    //SqlDataSource1.SelectParameters.Add("summary", TextBox2.Text);
    //SqlDataSource1.SelectParameters.Add("article", TextBox3.Text);

    //== 執行 SQL 指令 .select() ==
    DataView dv = (DataView)SqlDataSource1.Select(new DataSourceSelectArguments);

    GridView1.DataSource = dv;
    GridView1.DataBind();
}
```

25-7 單一欄位的搜尋（ASP.NET MVC）

單一欄位（單一條件）的搜尋，前面已經介紹過觀念與作法，本節將直接使用MVC專案來解說，請看UserDB控制器（/Controller/UserDBController.cs）的Search動作。

以下提供兩種寫法給您參考：

```
using WebApplication2017_MVC_GuestBook.Models;
// 自己動手寫上命名空間 --「專案名稱 .Models」。

namespace WebApplication2017_MVC_GuestBook.Controllers
```

```
{
    public class UserDBController : Controller
    {
        private MVC_UserDBContext _db = new MVC_UserDBContext();

        //====================================
        //== 搜尋關鍵字。類似上面的 列表（Master）==
        //== .Wehere() 與 .Contains() 的寫法 https://docs.microsoft.com/zh-tw/
dotnet/framework/data/adonet/ef/language-reference/method-based-query-syntax-
examples-filtering
        //      (1) 搜尋  日期     .Where(o => o.OrderDate >= new DateTime(2003,
12, 1))
        //      (2) 搜尋  符合兩個條件（用 &&） .Where(o => o.OrderQty >
orderQtyMin && order.OrderQty < orderQtyMax)
        //      (3) 搜尋  符合陣列裡面的「值」。產品模組 ID 符合  19/26/18。或是 產品尺
寸符合 L/XL
        //                              .Where(p => (new int?[] { 19, 26, 18
}).Contains(p.ProductModelID) ||   (new string[] { "L", "XL" }).Contains(p.
Size));
        //====================================

        [HttpPost]
        // 請透過「List 範本」產生檢視畫面，來執行搜尋的成果。
        // 錯誤！ 第一個搜尋的動作，採用 POST，所以 URL 輸入 http://xxxxxx/UserDB/
Search1?_SearchWord=MVC   會報錯
        // 錯誤！ 直接在網址輸入 http://xxxxxx/UserDB/Search/MVC （需要修改 /App_
Start 目錄下的  Route 設定。把 id 改 _SearchWord 才行）
        // 自行輸入網址，需改成 [HttpGet] 才行。請看下面的 Search3 動作。
        public ActionResult Search(string _SearchWord="MVC")    {
            // 首先，試試看，能否抓得到檢視頁面傳來的數值？
            // return Content("<h3> 檢視頁面傳來的 -- " + _SearchWord + "</h3>");
            ViewData["SW"] = _SearchWord;

            //// 第一種寫法：
            //if (String.IsNullOrEmpty(_SearchWord) && ModelState.IsValid)
            //{    // 沒有輸入內容，就會報錯
            //    return Content(" 請輸入「關鍵字」才能搜尋 ");
            //}
            //var ListAll = from _userTable in _db.UserTables
            //        where _userTable.UserName.Contains(_SearchWord)
            //        // .Contains() 對應 T-SQL 指令的 LIKE，但搜尋關鍵字有「大小寫」區分
            //        select _userTable;

            //if (ListAll == null)
            //{    // 找不到任何記錄
            //    return HttpNotFound();
            //}
            //else    {
```

```
            //      return View(ListAll.ToList());
            //      // 檢視畫面的「範本」請選 List。因為搜尋到的結果可能會有多筆記錄。
            //}


            // 第二種寫法：
            IQueryable<UserTable> ListAll = from _userTable in _db.UserTables
                                            select _userTable;
            if (!String.IsNullOrEmpty(_SearchWord) && ModelState.IsValid)    {
                return View(ListAll.Where(s => s.UserName.Contains(_SearchWord)));
            }
            else
            {   // 找不到任何記錄（請參閱最下方的 override HandleUnknowAction()）
                return HttpNotFound();
            }
        }
}
```

25-8 自己寫程式「多重欄位的搜尋」（ASP.NET MVC）

多重欄位（多條件）的搜尋，前面已經介紹過觀念與作法，本節將直接使用MVC專案來解說，請看UserDB控制器（/Controller/UserDBController.cs）的Search4_Multi動作。

1. 我先用「新增」的方式作了一張空白表單（產生檢視畫面時，請選「Create範本」）讓您輸入多個條件，並按下Submit按鈕開始搜尋。因此，Search4_Multi動作會有兩個。

```
using WebApplication2017_MVC_GuestBook.Models;
// 自己動手寫上命名空間 --「專案名稱 .Models」。

namespace WebApplication2017_MVC_GuestBook.Controllers
{
    public class UserDBController : Controller
    {
        private MVC_UserDBContext _db = new MVC_UserDBContext();

        public ActionResult Search4_Multi()    {
            return View();
// 產生一個搜尋畫面。類似「新增 Create」的畫面。可以輸入多個搜尋條件。
        }
```

```
        [HttpPost]
        [ValidateAntiForgeryToken]    // 避免 CSRF 攻擊
        public ActionResult Search4_Multi(UserTable _userTable)    {
        string uName = _userTable.UserName;    // 從畫面上，輸入的第一個搜尋條件。
姓名。
            string uMobilePhone = _userTable.UserMobilePhone;    // 從畫面上，
輸入的第二個搜尋條件。    手機號碼。

            ////** 作法一 ************************************************
            ////「全部的」搜尋條件都要輸入，才能找得到結果（這種作法不是我們想要的）
            #region
            //var ListAll = from _uTable in _db.UserTables
            //                    where _uTable.UserName == uName
            //                             && _uTable.UserMobilePhone ==
uMobilePhone
            //                    select _userTable;
            ////*****************************************************************
            //if ((_userTable != null) && (ModelState.IsValid))
            //{
            //     return View(ListAll.ToList());
            //     // .Where() 與 .Contains() 的寫法 https://docs.microsoft.
com/zh-tw/dotnet/framework/data/adonet/ef/language-reference/method-based-
query-syntax-examples-filtering
            //}
            //else
            //{    // 找不到任何記錄
            //     return HttpNotFound();
            //}
            #endregion

            //** 作法二 **************************************************
            var ListAll = _db.UserTables.Select(s => s);

                if (!string.IsNullOrWhiteSpace(uName))    {
//「有填寫」搜尋條件的，才會搜尋。
//   畫面上留空白，表示這個條件不搜尋。
                    //ListAll = ListAll.Where(s => s.UserName == uName);
                    ListAll = ListAll.Where(s => s.UserName.
Contains(uName));
                    // ********** .Contains() 模糊搜尋。關鍵字有「大小寫」區分
                }

                if (!string.IsNullOrWhiteSpace(uMobilePhone))    {
                    ListAll = ListAll.Where(s => s.UserMobilePhone.
Contains(uMobilePhone));
                    // ********** .Contains() 模糊搜尋。關鍵字有「大小寫」區分
                }
```

```
            //**********************************************************

            if ((_userTable != null) && (ModelState.IsValid))    {
                return View("Search4_Result", ListAll);
                // 搜尋結果（ListAll.ToList()），導向另一個「檢視畫面（Search4_
Result)」！
            }
            else
            {    // 找不到任何記錄
                return HttpNotFound();
            }
        }
}
```

檢視畫面（輸入多個搜尋條件，詳見/Views/UserDB/Search4_Multi.cshtml）如下：

```
@model 專案名稱 .Models.UserTable
@{
    Layout = null;    // 以下內容，部分整略
}
<body>
    @Scripts.Render("~/bundles/jquery")
    @Scripts.Render("~/bundles/jqueryval")


    @using (Html.BeginForm())
    {
        @Html.AntiForgeryToken()

    <div class="form-horizontal">
        <h4>UserTable</h4>-- 多條件的搜尋（模糊搜尋 Contains）
        <hr />
        @Html.ValidationSummary(true, "", new { @class = "text-danger" })
        <div class="form-group">
            @Html.LabelFor(model => model.UserName, htmlAttributes: new {
@class = "control-label col-md-2" })
            <div class="col-md-10">
                @Html.EditorFor(model => model.UserName, new { htmlAttributes
= new { @class = "form-control" } })
                @Html.ValidationMessageFor(model => model.UserName, "", new {
@class = "text-danger" })
            </div>
        </div>


        <div class="form-group">
```

```
            @Html.LabelFor(model => model.UserMobilePhone, htmlAttributes:
new { @class = "control-label col-md-2" })
            <div class="col-md-10">
                @Html.EditorFor(model => model.UserMobilePhone, new {
htmlAttributes = new { @class = "form-control" } })
                @Html.ValidationMessageFor(model => model.UserMobilePhone,
"", new { @class = "text-danger" })
            </div>
        </div>

        <input type="submit" value="Create ( 多條件的搜尋（模糊搜尋 Contains））"
class="btn btn-default" />
    }
```

2. 搜尋完成後，結果會出現在Search4_Result檢視畫面上（詳見/Views/UserDB/Search4_Result.cshtml）。

```
@model IEnumerable<專案名稱.Models.UserTable>
@{
    Layout = null;    // 以下內容，部分整略
}
    <h3>Search4（多條件的搜尋（模糊搜尋 Contains））</h3>
    <table class="table" border="1">
        <tr>
            <th>@Html.DisplayNameFor(model => model.UserName) </th>
            <th>@Html.DisplayNameFor(model => model.UserMobilePhone) </th>
        </tr>

    @foreach (var item in Model) {
        <tr><td>@Html.DisplayFor(modelItem => item.UserName) </td>
            <td>@Html.DisplayFor(modelItem => item.UserMobilePhone) /td>
        </tr>
    }
    </table>
```

MEMO

26 站內的搜尋引擎 (II) –範例改寫基礎入門

CHAPTER

如果搜尋的時候可以「複選」條件，例如使用了CheckBoxList或是ListBox控制項，這時候該怎麼處理？本節提供兩組範例給您參考，第二個是微軟 Microsoft Docs網站（前MSDN網站）提供的範例。

26-1 用CheckBoxList輸入「複選」搜尋條件

本章的最後，我們提供兩個範例（Search_Engine_CheckBoxList與Search_Engine_CheckBoxList_2），請讀者自己參閱。有位讀者想要用CheckBoxList輸入搜尋條件，這兩個範例也在我的BLOG上公開過，您可以到作者網站找這篇文章—[習題]簡單的搜尋引擎 + CheckBoxList。

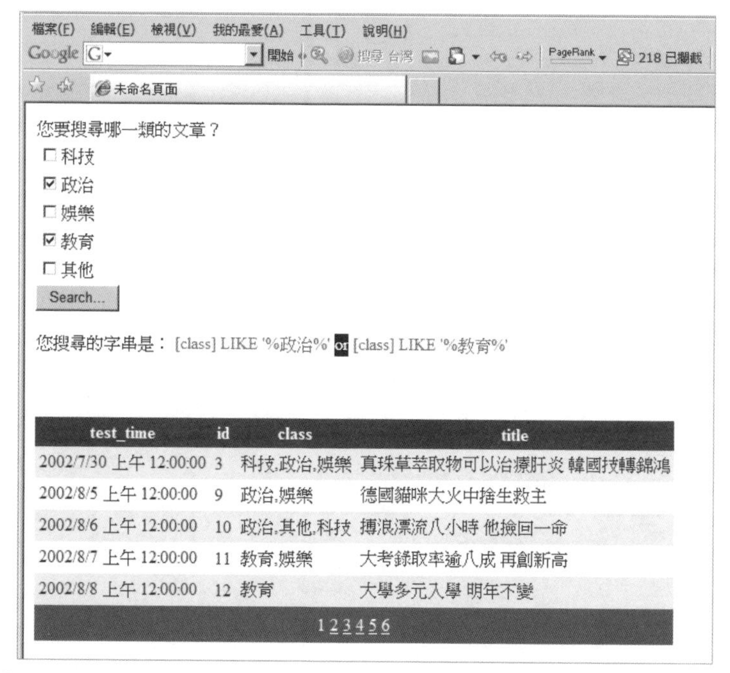

⊙ 用 CheckBoxList 來輸入搜尋條件。範例 Search_Engine_CheckBoxList_2.aspx 的運作比較好一些

範例Search_Engine_CheckBoxList_2的後置程式碼如下，比起另外一個範例，它組合成的SQL搜尋指令較好。請讀者打開範例自己比較一下，就知道兩者差異。

C#後置程式碼（Search_Engine_CheckBoxList_2.aspx.cs）如下：

```
protected void Button1_Click(object sender, EventArgs e)    {
   string Search_String = "";
   Boolean u_select = false;
   int word_length = 0;

   for (int i = 0; i < CheckBoxList1.Items.Count; i++)   {
       if (CheckBoxList1.Items[i].Selected)   {
           //***  與上一支程式的差異 ******************
           Search_String += " [class] LIKE '%" + CheckBoxList1.Items[i].
           Text + "%' or ";
           //****************************************
           u_select = true;    //使用者有點選任何一個 CheckBoxList 子選項
       }
   }

   if (u_select)   {
       word_length = Search_String.Length;
       // 計算 Search_String 的字串長度，VB 語法為 Len(Search_String)
       Search_String = Left(Search_String, (word_length - 3));
       // 因為 C# 語法沒有 Left() 函數，所以要自己寫！請看最下方。
       // 刪去最後三個字「or 」

       Label1.Text = Search_String;
   }
   else   {
       Label1.Text = "您尚未點選任何一個 CheckBoxList 子選項";
       //Response.End();      // 建議改成 return 跳離。
       return;
   }
        //====================================
        //== SqlDataSource1 資料庫的連接字串 ConnectionString，已事先寫在「HTML 畫
面的設定」裡面   ==
        //====================================
        SqlDataSource1.SelectCommand = "SELECT [test_time], [id], [class],
[title] FROM [test] WHERE " + Search_String;
        // 這次不使用 SqlDataSource 提供的 @ 參數
}


// 因為 C# 語法沒有 Left() 函數，所以要自己寫！
public static string Left(string param, int length)    {
   string result = param.Substring(0, length);
   return result;
}
```

26-2 微軟範例，String.Join() 方法

微軟 Microsoft Docs網站（前MSDN網站）也有提供許多經典範例給我們參考，其中「一站式網站（OneCode Team）」的範例簡單又明瞭。我們找到一個類似的範例給您參考，檔名WebSite_MSDN_SearchEng_CheckBox.rar（此範例我略做修正）。

這個範例也用上了CheckBoxList當作搜尋的條件，但它搭配String.Format()方法與String.Join()方法更顯變化。執行成果如下圖。

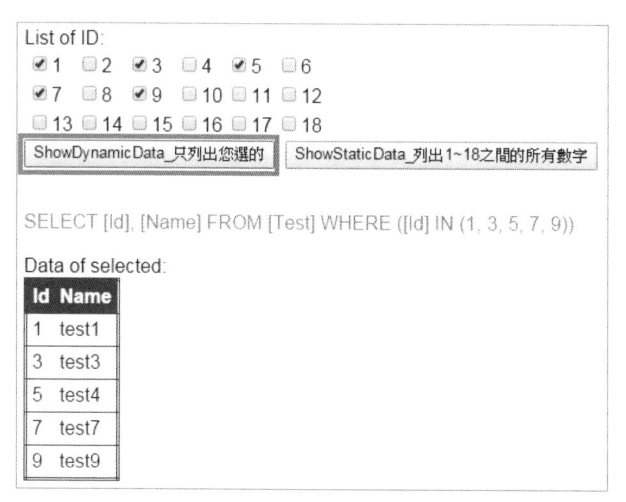

Id	Name
1	test1
3	test3
5	test4
7	test7
9	test9

▲ 微軟範例，用 CheckBoxList（複選）當作搜尋的條件。當您按下左側「Dynamic」按鈕的成果，只會搜尋您點選的數字（如 1、3、5、7、9）

原本範例採用SqlDataSource來作，但搭配SQL指令的IN會跟SqlDataSource的「參數」抵觸，所以必須改寫程式碼。

畫面上的複選選項（如CheckBoxList）我們可以透過for迴圈得知使用者點選了哪些選項，並用逗號（,）做區隔。請看上集第三章的CheckBoxList範例。因此可以完成這段程式碼string s ="1,2,3,4,5";。

在SQL指令裡面，我們用到了Select...IN...。因為搭配SQL指令的IN會跟SqlDataSource的「參數」抵觸，所以必須改寫程式碼。我們透過String.Join()方法把「陣列」裡面的數值（文字），再度轉成「值1, 值2, 值3, ...」這樣的字串型態剛好能搭配Select...IN...。

```
Select * from 資料表 Where 學號 IN ('m111', 'm222', 'm333')
```

其實，上面的SQL指令，跟下面的SQL指令是一樣的。

```
Select * from 資料表 Where 學號 = 'm111' or 學號 = 'm222' or 學號 = 'm333'
```

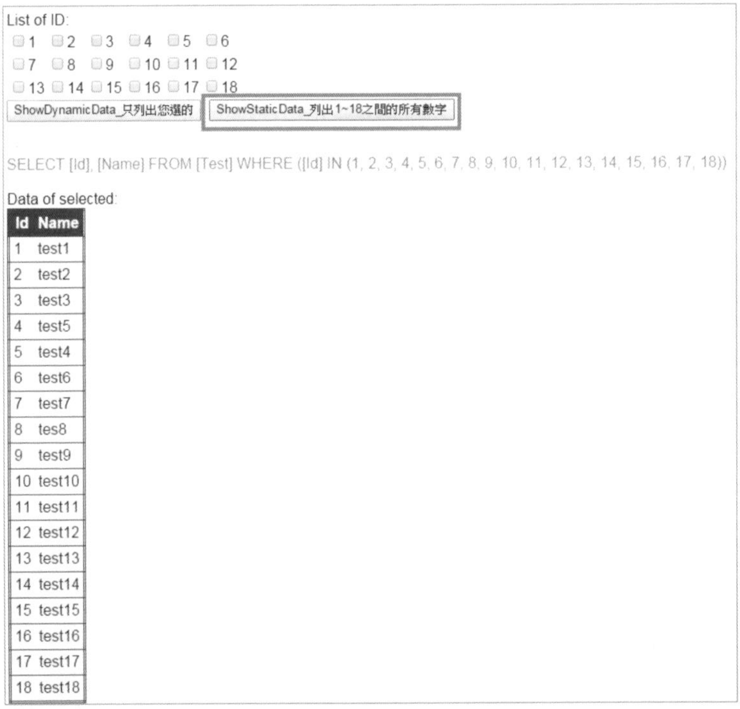

List of ID:
☐1 ☐2 ☐3 ☐4 ☐5 ☐6
☐7 ☐8 ☐9 ☐10 ☐11 ☐12
☐13 ☐14 ☐15 ☐16 ☐17 ☐18
[ShowDynamicData_只列出您選的] [ShowStaticData_列出1~18之間的所有數字]

SELECT [Id], [Name] FROM [Test] WHERE ([Id] IN (1, 2, 3, 4, 5, 6, 7, 8, 9, 10, 11, 12, 13, 14, 15, 16, 17, 18))

Data of selected:

Id	Name
1	test1
2	test2
3	test3
4	test5
5	test4
6	test6
7	test7
8	tes8
9	test9
10	test10
11	test11
12	test12
13	test13
14	test14
15	test15
16	test16
17	test17
18	test18

⊙ 微軟範例，用 CheckBoxList（複選）當作搜尋的條件。當您不點選任何選項，直接按下右側「Static」按鈕會出現 1~18 的成果

如上圖，當您不點選任何選項，直接按下右側「Static」按鈕會出現1~18的成果。VB程式碼如下：

```
Protected Sub btnStaticShow_Click(sender As Object, e As EventArgs)
        Dim s As String = "1,2,3,4,5"
        ' CheckBoxList 被點選的子選項，用逗號（,）做出分隔

        Dim strings As String() = s.Split(",")
        ' 用逗號（,）分隔並將字串轉成陣列。

        SqlDataSource1.SelectCommand =
           String.Format("SELECT [Id], [Name] FROM [Test] WHERE ([Id] IN ({0}))",
           String.Join(", ", strings.ToArray()))
End Sub
```

如上圖，當您不點選任何選項，直接按下右側「Static」按鈕會出現1~18的成果。C#程式如下：

```
protected void btnStaticShow_Click(object sender, EventArgs e)  {
    string s = "1,2,3,4,5";
       // CheckBoxList 被點選的子選項，用逗號（,）做出分隔

    string[] strings = s.Split(',');
      // 用逗號（,）分隔並將字串轉成陣列。

    SqlDataSource1.SelectCommand =
       String.Format("SELECT [Id], [Name] FROM [Test] WHERE ([Id] IN ({0}))",
       String.Join(", ", strings.ToArray()));
}
```

較特別的是：String.Join()方法。它會串連**字串陣列**裡面的所有元素，並在每個元素之間使用指定的**"分隔"符號**，上面的程式就是用「逗號（,）」當作分隔符號。

String.Join()方法的參數：

- 第一個**separator（分隔符號）**。要當做分隔符號的字串。只有在 value的項目有一個以上時，separator 才會包含在傳回的字串中。
- 第二個**value（值）**。類型：System.String[]。含有要串連之元素的"陣列"。

傳回值類型：System.String。由 value中之項目組成的字串，每個項目之間都以separator字串（分隔符號）隔開。如果 value為"空"陣列，則會傳回 String.Empty。

26-3 Case Study：將方法與資料表抽離，寫成類別檔

微軟的官方網站有許多好範例，請參閱本章範例（網站）WebSite_MSDN_SearchEng_Class，本範例有C#與VB兩種語法，範例內容我有修改過。

26-3-1 Class類別檔與公開屬性

這個範例寫了兩個Class類別檔：

- **Class1_Article**類別檔。以同名的「**公開屬性**」對應本範例資料庫裡面的資料表與「**欄位**」。

- **Class1_DataAccess類別檔**。撰寫了搜尋的方法、ADO.NET程式等等。例如：
  - .GetArticle()方法，用來抓取某一筆記錄。
  - .GetAll()方法，用來抓取所有的、全部記錄。
  - .Search()方法，輸入關鍵字，進行「搜尋」。

也因為把資料表的每一個欄位，通通寫成類別檔的「公開屬性」，並且把相關的程式與方法都寫在類別檔裡面。所以在ASP.NET網頁的後置程式碼，您完全看不到任何一列ADO.NET程式。

要把程式一列一列寫好並不難，但寫了一陣子以後建議您學習OOP（物件導向）提升自己的功力，把常用的程式碼逐一抽離出來，試圖讓程式碼可以被別的程式「共用」。微軟提供的這個範例簡單明瞭，我覺得是初學者學習OOP的第一步！

這個範例的功能是：

- 把您要搜尋的關鍵字變成「**高亮度（HighLight）**」顯示，如下圖。
- 可以跟Google一樣，在一個TextBox裡面**輸入「多個」關鍵字**來搜尋，只要每個字之間用「空白」做區隔即可。

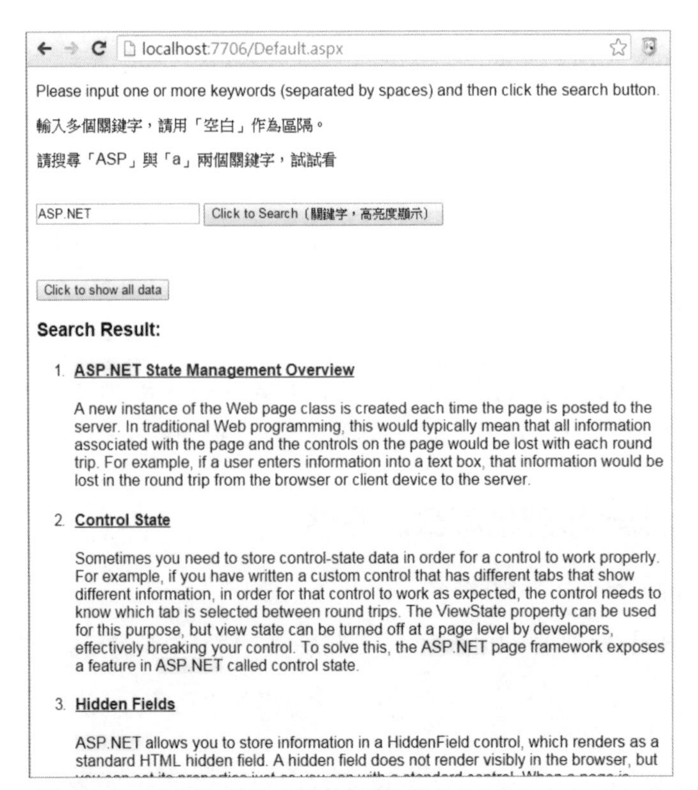

▲範例 Default.aspx 執行成果，搜尋的關鍵字變成「高亮度（HighLight）」顯示

因為採用前端語法（JavaScript）來作，所以出現小缺失：如果您搜尋「a」這個關鍵字，就會把HTML碼裡面的<a>...</a>超連結破壞了。另一個小缺點是「您搜尋的關鍵字（有區分大小寫），搜尋結果一律會轉成您輸入關鍵字的大小寫」。

Please input one or more keywords (separated by spaces) and then click the search button.

輸入多個關鍵字，請用「空白」作為區隔。

請搜尋「ASP」與「a」兩個關鍵字，試試看

A　Click to Search（關鍵字，高亮度顯示）

Click to show all data

Search Result:

1. **<A href="Show.Aspx?id=1" clAss="title"> ASP.NET StAte MAnAgement Overview A>**

   A new instAnce of the Web pAge clAss is creAted eAch time the pAge is posted to the server. I informAtion AssociAted with the pAge And the controls on the pAge would be lost with eAch rou informAtion would be lost in the round trip from the browser or client device to the server.

2. **<A href="Show.Aspx?id=3" clAss="title"> Client-BAsed StAte MAnAgement Options A>**

   The following sections describe options for stAte mAnAgement thAt involve storing informAtion informAtion is mAintAined on the server between round trips.

3. **<A href="Show.Aspx?id=4" clAss="title"> View StAte A>**

   The ViewStAte property provides A dictionAry object for retAining vAlues between multiple requ preserve pAge And control property vAlues between round trips.

4. **<A href="Show.Aspx?id=5" clAss="title"> Control StAte A>**

▲ 透過 JavaScript 在 HTML 原始碼中將關鍵字改成高亮度顯示，因而造成一些缺失。如果您輸入大寫 A，搜尋結果的文字也會強制轉成大寫 A

▲ 透過 JavaScript 在 HTML 原始碼中將關鍵字改成高亮度顯示，導致網址的「超連結」損毀無法運作

26-3-2 改用 DataBinding Expression 來作

範例 Default1_DataBindExpression 由我修正過，改用 <% # Eval("...") %> 的作法也行。這個作法可以解決上圖的困擾與Bug。後置程式碼繼續沿用而不更動，只需HTML設計畫面修改如下：

```
<asp:Repeater ID="Repeater1" runat="server" EnableViewState="false">
    <HeaderTemplate>
        <h3>Search Result:</h3>
        <ol id="result">
    </HeaderTemplate>
    <ItemTemplate>
        <li>
        <h4><a href="<%# ResolveClientUrl("~/Show.aspx?id=" +
        Eval("ID").ToString()) %>" class="title">
            <%# Eval("Title").ToString().Replace(tbKeyWords.Text, "
            <span style='background:#FF0;'>" + tbKeyWords.Text + "
            </span>") %>
        </a>

            <%# Eval("Content").ToString().Replace(tbKeyWords.Text, "
            <span style='background:#FF0;'>" + tbKeyWords.Text + "
            </span>") %>

        <!-- 不要使用 Server.HtmlEncode() 編碼。否則效果出不來！ -->
        </li>
    </ItemTemplate>
    <FooterTemplate>
        </ol>
    </FooterTemplate>
</asp:Repeater>


<!-- 不寫 JavaScript，改用資料繫結運算式（DataBinding Expression）-->
<!-- JavaScript 都消失了！ -->
```

最大的修正就是：不透過JavaScript來作關鍵字的「高亮度」顯示，改用DataBinding Expression（例如 **<% # Eval("...") %>**）與字串的 **.Replace()** 方法來作。藉此把「關鍵字」加上黃色底色（<span style='background:#FF0;'>）。

使用DataBinding Expression來作就不會破壞超連結了（如下圖）。因為我們**直接修改文章的「標題」與「內容」**而不是針對HTML原始碼上每個文字進行比對，即使搜尋「a」關鍵字，也不會破壞到超連結的HTML標籤<a>。

請搜尋「ASP」關鍵字，試試看

a　Click to Search（關鍵字，高亮度顯示）

Click to show all data

Search Result:

1. **ASP.NET State Management Overview**

   A new instance of the Web page class is created each time the
   with the page and the controls on the page would be lost with e
   from the browser or client device to the server.

2. **Client-Based State Management Options**

localhost:3456/Show.aspx?id=1

⊙ 改良以後，不會破壞網址的 <a href=... 超連結。請看圖片左下方的網址正常運作

26-3-3 自由替換畫面的控制項，如 GridView 或 ListView

範例 Default2_Function_Page.aspx 仍沿用上面的範例，但在後置程式碼做了一點小修改。如果我不想用 Repeater 來呈現搜尋結果，想要臨時改成 GridView 或 ListView 呢？

範例 Default2_Function_Page.aspx 的畫面，改用 GridView 來呈現搜尋結果。我們先搭配 SqlDataSource 做出 GridView 欄位並且「轉成樣板」，簡單地說就是幫畫面美化一下。

```
<asp:GridView ID="GridView1" runat="server" AutoGenerateColumns="False" AllowPaging="True" OnPageIndex
  <AlternatingRowStyle BackColor="White" ForeColor="#284775" />
  <Columns>
    <asp:BoundField DataField="ID" HeaderText="ID" SortExpression="ID" />
    <asp:TemplateField HeaderText="Title">
      <ItemTemplate>
          <h4><a href="<%# ResolveClientUrl("~/Show.aspx?id=" + Eval("ID").ToString()) %>" class="title">
                  <%# Server.HtmlEncode(Eval("Title").ToString())%>
            </a></h4>
      </ItemTemplate>
    </asp:TemplateField>

    <asp:TemplateField HeaderText="Content">
      <ItemTemplate>
        <%#: Eval("Content").ToString()%>
        <!-- 使用「:」符號代替 Server.HtmlEncode() 編碼 -->
      </ItemTemplate>
    </asp:TemplateField>
  </Columns>
```

⊙ 範例 Default2_Function_Page.aspx 改用 GridView 來呈現搜尋結果。先搭配 SqlDataSource 做出 GridView 欄位並且「轉成樣板」

```
Default2_Function_Page.aspx.cs    Default2_Function_Page.aspx*
WebSite_MSDN_SearchEng_Class    Default2_Function
    protected void btnSearch_Click(object sender, EventArgs e)
    {
        // Turn user input to a list of keywords.
        string[] keywords = tbKeyWords.Text.Split(new string[] { " " }, StringSplitOptior

        // The basic validation.
        if (keywords.Length <= 0)
        {
            Label1.Text = "請輸入關鍵字";
            return;
        }
        this.keywords = keywords.ToList();

        // Do search operation.
        Class1_DataAccess dataAccess = new Class1_DataAccess();
        List<Class1_Article> list = dataAccess.Search(this.keywords);

        ShowResult(list, GridView1); // DataBinding。程式重複使用，所以抽離出來。
    }

    0 個參考 | 0 位作者 | 0 個變更
    protected void btnListAll_Click(object sender, EventArgs e)
    {
        Class1_DataAccess dataAccess = new Class1_DataAccess();
        List<Class1_Article> list = dataAccess.GetAll();

        ShowResult(list, GridView1); // DataBinding。程式重複使用，所以抽離出來。
    }
```

範例 Default2_Function_Page.aspx 後置程式碼，可以自由搭配 GridView 或 ListView 呈現搜尋結果

```
Default2_Function_Page.aspx.cs    Default2_Function_Page.aspx*
WebSite_MSDN_SearchEng_Class    Default2_Function    ShowResult(List<Class1_Art
    //=============================================
    #region Helpers

    /// <summary>
    /// Display a list of records in the page.
    /// 可以搭配 GridView、ListView、DetailsView、FormView（但是Repeater不可）
    /// ***** System.Web.UI.WebControls.DataBoundControl ****
    /// </summary>
    /// <param name="list"></param>
    2 個參考 | 0 位作者 | 0 個變更
    protected void ShowResult(List<Class1_Article> list, System.Web.UI.WebControls.DataBoundControl DBContrl)
    {
        // 修正以前......
        //Repeater1.DataSource = list;
        //Repeater1.DataBind();

        DBContrl.DataSource = list;
        DBContrl.DataBind();
    }

    #endregion
```

範例 Default2_Function_Page.aspx 後置程式碼，關鍵之處在此，請留意！

我們查過微軟 Microsoft Docs 網站（前 MSDN 網站），得知 GridView、ListView、DetailsView 與 FormView 四大控制項都是 System.Web.UI.WebControls.**DataBoundControl 類別**，如下圖所示。所以上圖的後置程式碼，ShowResult 副程式裡面必須做這樣的修改，傳入的控制項只要都是 System.Web.UI.WebControls.**DataBoundControl 類別**的成員即可。

DataBoundControl 類別的成員都具備 **.DataSource** 屬性與 **.DataBind()** 方法。因此上圖的 ShowResult 副程式，您可以隨意傳入 GridView 或 ListView 控制項來呈現搜尋的結果。這樣程式是不是更靈活呢？

⊙ 微軟 Microsoft Docs 網站（前 MSDN 網站），得知 GridView 與 ListView 都隸屬於 System.Web.UI.WebControls.DataBoundControl 類別

如果您啟動了 GridView 的「分頁」，如 AllowPaging 屬性 = true。因為本例的 GridView 並沒有搭配 SqlDataSource，所以**分頁的程式必須自己撰寫**。**詳見 GridView 的 PageIndexChanging 事件**，而且分頁完成後要自己進行 DataBinding。重點如下：

- **GridView 分頁程式自己寫** – 我們可以自己 100% 動手寫出 GridView 各種功能。詳見本書專文解說。
- **分頁後，為何需要自己重新 DataBinding** ？作者另一本書《ASP.NET 專題實務 (II)：進階範例應用》有一章專門解說 DataBinding（資料繫結）已深入說明過。

另外一個修改點位於HTML原始碼的「JavaScript程式碼」裡面，因為原作的JavaScript鎖定在**<ol id="result">這個區域內運作**，我們已經改用GridView來取代原作的Repeater，所以針對JavaScript要修改如下圖。修改後，JavaScript會針對id=GridView1的區域，將關鍵字改成高亮度（黃色底色）顯示。

```
Default2_Function_Page.aspx
    <br />
    <h3>Search Result:</h3>
    <asp:GridView ID="GridView1" runat="server" AutoGenerateColumns="False" AllowPaging
      <AlternatingRowStyle BackColor="White" ForeColor="#284775" />
      <Columns>
        <asp:BoundField DataField="ID" HeaderText="ID" SortExpression="ID" />
        <asp:TemplateField>...</asp:TemplateField>
        <asp:TemplateField>...</asp:TemplateField>
      </Columns>
      <EditRowStyle BackColor="#999999" />
      <FooterStyle BackColor="#5D7B9D" Font-Bold="True" ForeColor="White" />
      <HeaderStyle BackColor="#5D7B9D" Font-Bold="True" ForeColor="White" />
      <PagerStyle BackColor="#284775" ForeColor="White" HorizontalAlign="Center" />
      <RowStyle BackColor="#F7F6F3" ForeColor="#333333" />
      <SelectedRowStyle BackColor="#E2DED6" Font-Bold="True" ForeColor="#333333" />
      <SortedAscendingCellStyle BackColor="#E9E7E2" />
      <SortedAscendingHeaderStyle BackColor="#506C8C" />
      <SortedDescendingCellStyle BackColor="#FFFDF8" />
      <SortedDescendingHeaderStyle BackColor="#6F8DAE" />
    </asp:GridView>


  <!-- use JavaScript to hightlight keywords. -->
  <script type="text/javascript">
    function HightLightKeywords() {
      var container = document.getElementById("GridView1");  //***** 這裡需要修正！！*****
      var keywords = new Array();
```

範例 Default2_Function_Page 在 HTML 畫面仍沿用原作的 JavaScript 功能，因此要修改對應的 HTML 標籤「id」

26-3-4 改用GridView的RowDataBound事件來作

前面的例子可以有第三種寫法，就是透過GridView的RowDataBound事件來作。這是《ASP.NET專題實務（I）：C#入門實戰》第十一章的重點！在《ASP.NET專題實務（II）：進階範例應用》也有許多應用，尤其是會員登入之後，依照不同權限來修改GridView畫面與功能。絕對會用上GridView的RowDataBound事件（也會搭配另一個類似的RowCreated事件），這段精彩的解說在書本「上集」深入解說過了，在此不贅述。

範例 Default2_RowDataBound_1_OneWord 延續上一小節，最大的修改就是：

- HTML 設計畫面上，GridView 的每一個欄位**「不需」轉成樣板**。

```
<asp:GridView ID="GridView1" runat="server" AutoGenerateColumns="False"
DataKeyNames="ID" OnRowDataBound="GridView1_RowDataBound" >
   <Columns>
      <asp:BoundField DataField="ID" HeaderText="ID" InsertVisible="False"
      ReadOnly="True" SortExpression="ID" />
      <asp:BoundField DataField="Title" HeaderText="Title"
      SortExpression="Title" />
      <asp:BoundField DataField="Content" HeaderText="Content"
      SortExpression="Content" />
   </Columns>
</asp:GridView>
```

- 後置程式碼裡面，GridView 的 RowDataBound 事件**為何要搭配這一段 if 判別式？** ......如果您無法回答，表示跟不上囉！我留了一段寫錯的程式給您比對，務必打開範例親自練習才能體會。

```
protected void GridView1_RowDataBound(object sender, GridViewRowEventArgs e)
{
    if (e.Row.RowType == DataControlRowType.DataRow)
    {   //*** Error !! *** 錯誤範例給您比對一下，為什麼錯呢？？
        //*** 為何這裡有錯？？？效果無法呈現？？？ ***
        // e.Row.Cells[1].Text.Replace(TextBox1.Text, "<span style=
'background:#FF0;'>" + TextBox1.Text + "</span>");
        // e.Row.Cells[2].Text.Replace(TextBox1.Text, "<span style=
'background:#FF0;'>" + TextBox1.Text + "</span>");

        //*** 修正後 的 正確版本 ***
        e.Row.Cells[1].Text = e.Row.Cells[1].Text.Replace(TextBox1.Text,
"<span style='background:#FF0;'>" + TextBox1.Text + "</span>");
        e.Row.Cells[2].Text = e.Row.Cells[2].Text.Replace(TextBox1.Text,
"<span style='background:#FF0;'>" + TextBox1.Text + "</span>");
    }
}
```

- 最後一個問題，如果把上面這段程式碼，改寫到 GridView 的 **RowCreated 事件**會有什麼後果？ ......為什麼錯誤訊息會說，抓不到字串而跳出例外狀況？

這個錯誤很重要，學會了就知道 GridView 的 RowCreated 事件、RowDataBound 事件兩者的差異！

26-3-5 一個 TextBox，卻能同時搜尋「多個」關鍵字

在Google、Bing等知名搜尋引擎，我們都是在一個TextBox裡面輸入「多個」關鍵字，只要用「空白」作為區隔，系統就會各自搜尋符合的成果。這該怎麼作？

▲在一個 TextBox 裡面輸入「多個」關鍵字，只要用「空白」作區隔便可自動拆解

其實微軟分享的第一個範例（Default.aspx）就已經作得到了。作法是：透過字串的 **.Split()** 方法，把TextBox輸入的一段「字串」，依照「空白」拆成每一個關鍵字並且放入陣列裡面。改用List來作會比傳統的Array更快、更簡單。

```
//====================================
Protected List<string> keywords = new List<string>();
//====================================


    protected void Button1_Click(object sender, EventArgs e)    {
    // 字串的 .Split() 方法，把 TextBox 輸入的一段「字串」，依照「空白」拆成每一個關鍵字
    並且放入陣列裡面。

    string[] keywords = TextBox1.Text.Split(new string[] { " " },
                                StringSplitOptions.RemoveEmptyEntries);
        if (keywords.Length <= 0)    {
            Label1.Text = " 請輸入關鍵字 ";
            return;
        }
        this.keywords = keywords.ToList();

        Class1_DataAccess dataAccess = new Class1_DataAccess();
        List<Class1_Article> list = dataAccess.Search(this.keywords);

        GridView1.DataSource = list;
        GridView1.DataBind();
    }
```

修正版：能搜尋「多個」關鍵字。請用「空白」區隔，輸入多個關鍵字。

請輸入搜尋的關鍵字（大小寫有差別）：ASP.NET of Web [Button]

ID	Title	Content
1	ASP.NET State Management OverviewASP.NET State Management OverviewASP.NET State Management Overview	A new instance of the Web page class is created each time the page is posted to the server. In traditional Web programming, this would typically mean that all information associated with the page and the controls on the page would be lost with each round trip. For example, if a user enters information into a text box, that information would be lost in the round trip from the browser or client device to the server.A new instance of the Web page class is created each time the page is posted to the server. In traditional Web programming, this would typically mean that all information associated with the page and the controls on the page would be lost with each round trip. For example, if a user enters information into a text box, that information would be lost in the round trip from the browser or client device to the server.A new instance of the Web page class is created each time the page is posted to the server. In traditional Web programming, this would typically mean that all information associated with the page and the controls on the page would be lost with each round trip. For example, if a user enters information into a text box, that information would be lost in the round trip from the browser or client device to the server.
10	Application StateApplication StateApplication State	ASP.NET allows you to save values using application state — which is an instance of the HttpApplicationState class — for each active Web application. Application state is a global storage mechanism that is accessible from all pages in the Web application. Thus, application state is useful for storing information that needs to be maintained between server round trips and between requests for pages. For more information, see ASP.NET Application State Overview.ASP.NET allows you to save values using application state — which is an instance of the HttpApplicationState class — for each active Web application. Application state is a global storage mechanism that is accessible from all pages in the Web application. Thus, application state is useful for storing information that needs to be maintained between server round trips and between requests for pages. For more information, see ASP.NET Application State Overview.ASP.NET allows you to save values using application state — which is an instance of the HttpApplicationState class — for each active Web application. Application state is a global storage mechanism that is accessible from all pages in the Web application. Thus, application state is useful for storing information

▲ 範例 Default2_RowDataBound_2_MultiWord 可在一個 TextBox 內輸入「多個」關鍵字，只要用「空白」做區隔即可

範例Default2_RowDataBound_2_MultiWord與上一小節的範例雷同，主要的修改是在後置程式碼。因為我們把TextBox裡面的輸入字串，依照空白拆解成「多個」關鍵字。所以多了一個for迴圈來處理每一個關鍵字，讓它們都能出現高亮度效果。

```
protected void GridView1_RowDataBound(object sender, GridViewRowEventArgs e)
{
    if (e.Row.RowType == DataControlRowType.DataRow)    {
        //*** Error !! ***  錯誤範例給您比對一下，為什麼錯呢？？
        //for (int i = 0; i < keywords.Count; i++)    {
        //    e.Row.Cells[1].Text = e.Row.Cells[1].Text.Replace(keywords[i].
ToString(), "<span style='background:#FF0;'>" + keywords[i].ToString() + "</
span>");
        //    e.Row.Cells[2].Text = e.Row.Cells[2].Text.Replace(keywords[i].
ToString(), "<span style='background:#FF0;'>" + keywords[i].ToString() + "</
span>");
        //}

        //*** 修正後 的 正確版本 ***
        String str1 = "";
```

```
        String str2 = "";

        for (int i = 0; i < keywords.Count; i++)  {
            str1 += e.Row.Cells[1].Text.Replace(keywords[i].ToString(),
"<span style='background:#FF0;'>" + keywords[i].ToString() + "</span>");
            str2 += e.Row.Cells[2].Text.Replace(keywords[i].ToString(),
"<span style='background:#FF0;'>" + keywords[i].ToString() + "</span>");
// 建議改用 StringBuilder 效率更好（請搭配 System.Text 命名空間）
        }

        e.Row.Cells[1].Text = str1;
        e.Row.Cells[2].Text = str2;
    }
}
```

一個範例原來可以有這麼多改寫方法，真的很有趣。我上課常說「當客戶提出一個要求，你卻有多種解法」，這時候就是您功力完整，出師（變成高手）的時候了。

27 開放式並行存取（Optimistic Concurrency）

CHAPTER

在多位使用者同時執行的環境中（例如：有多人同時編輯同一篇文章），更新資料庫中的同一筆記錄時，有兩種模型可供使用：**開放式並行存取**（optimistic concurrency）和**封閉式並行存取**（pessimistic concurrency）。註：在微軟官方文件網站上，也把concurrency翻譯成同步。

DataSet物件的設計是要鼓勵使用者在進行長時間的活動（如遠端處理資料以及與資料進行互動）時，採用第一種「開放式並行存取」。後續資料均沿用自微軟Microsoft Docs網站（前MSDN網站）。

您可以到YouTube網站觀看我的教學影片，請搜尋「mis2000lab 開放式並行存取」就能找到，先看執行成果之後，對於觀念的釐清會更簡單。

27-1 封閉式並行存取

為了讓您更瞭解這兩者的差異，我們先從第二種「封閉式並行存取」講起。

封閉式並行存取（pessimistic concurrency）涉及"**鎖定**"資料來源的資料列（記錄），以免其他使用者修改資料而影響目前正在修改中的使用者。在封閉式模型中，當使用者執行某項作業而造成鎖定時，其他使用者在"鎖定擁有人"**解除鎖定**之前都無法執行，以免與"鎖定"發生衝突。

封閉式並行存取模型主要應用的環境是**經常爭用資料**，其"鎖定"並保護資料的成本"**低於**"發生並行衝突時需要復原交易的成本。

因此在第二種「封閉式並行存取」模型中，使用者若更新某一列的資料列（記錄）即會造成"鎖定"。使用者尚未完成更新並解除鎖定前，其他人都不能變更這一筆資料列（記錄）。

因此，封閉式同步存取最適合應用於**鎖定時間"短"**的情況，就像以程式設計的方式處理記錄的情況。由於使用者與資料互動時，會使記錄被鎖定較長的時間，因此封閉式並行存取方式的**彈性較低**。

如果您需要在相同作業中**更新"多筆"**資料列（記錄），則微軟 Microsoft Docs 網站（前MSDN網站）建議您：建立**交易（Transaction）**會比使用封閉式鎖定（Pessimistic Locking）更具擴充性。

27-2 開放式並行存取

相較於上述的封閉式並行存取，採用「**開放式並行存取**（optimistic concurrency）」的使用者"不"需要鎖定資料列即可進行"讀取"。使用者想要更新資料列（記錄）時，應用程式必須判斷該資料列自從上次讀取後，是否已由另一位使用者變更？

開放式並行存取一般用於"不常爭用"資料的環境。優點有二：

- 效能好：開放式並行存取**"不"需鎖定**記錄，因此能**改善效能**，而上述（第二種）的封閉式並行存取一旦"鎖定"記錄，則需要額外的伺服器資源。
- 連結時間短：為了"鎖定"記錄必須要"持續連接"至資料庫伺服器。由於開放式並行存取模型沒有這種限制，因此可讓數量龐大的用戶端花費**"更少的時間"**連接至伺服器。

27-3 範例演練，Case Study

您可以參閱以下連續圖片說明、或到YouTube網站觀看教學影片，請搜尋「mis2000lab 開放式並行存取」就能找到，先看執行成果比較好懂。

開放式並行存取模型中，如果使用者A已取得資料表的某一筆記錄的值，而這時使用者B搶在使用者A"之前"修改"同一筆記錄"的值，便是違規。簡單的說，多人同時修改同一筆記錄，這是可能發生的情況。透過ASP.NET Web Form的GridView + SqlDataSource為您演示開放式並行存取。

詳見範例GridView_OptimisticConcurrency.aspx（如下圖），本範例沒有撰寫後置程式碼，僅靠畫面上的精靈設定即可完成。所以沒有VB、C#語法的區別。

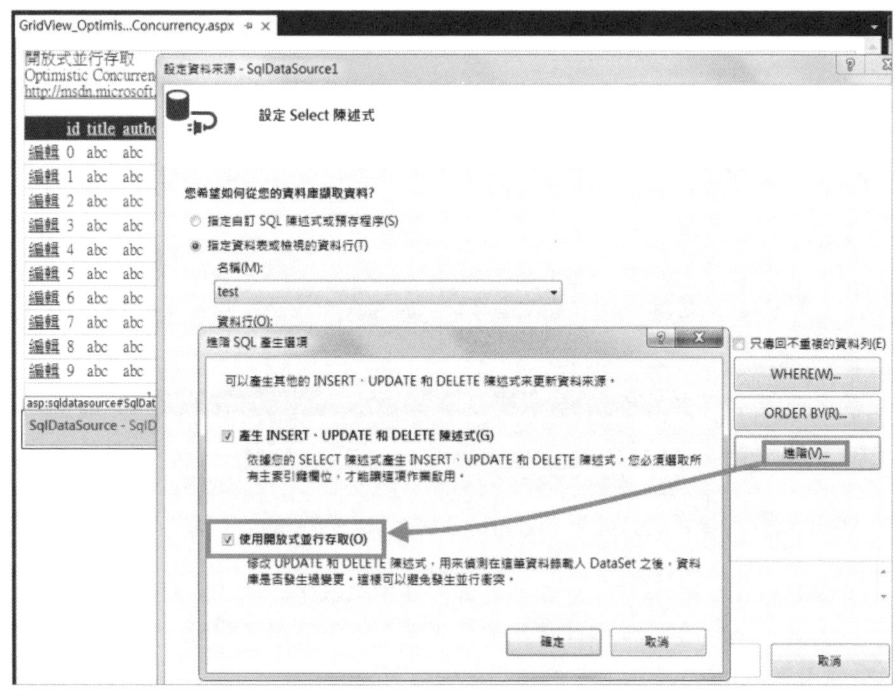

◉ GridView + SqlDataSource 的進階按鈕，裡面就有「開放式並行存取」選項。打勾後有什麼情況？

完成上圖的設定以後，請您打開兩個瀏覽器，模擬兩個不同的用戶，**同時修改** GridView的**"同一筆"記錄**。如下圖。

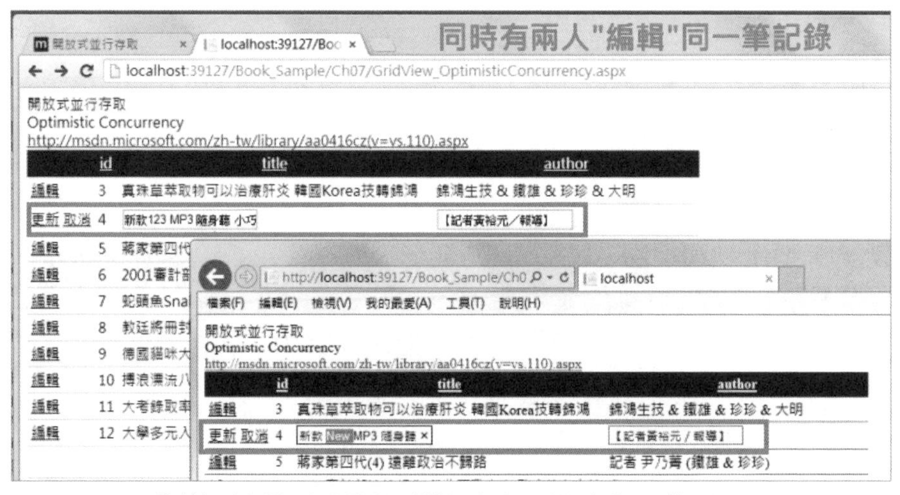

◉ 執行時打開兩個瀏覽器，模擬兩個人同時修改「同一筆記錄」

⊙ 下方的使用者 A 修改好立刻存檔，而上方的使用者 B 還在修改中（晚了一步存檔）

如上圖，兩個人同時修改「同一筆」記錄。使用者B比較晚才按下更新，所以「開放式並行存取」發生效用，禁止使用者B的修改。如下圖，您可以發現：最後的成果只有使用者A（搶先修改者）的結果被保留下來。

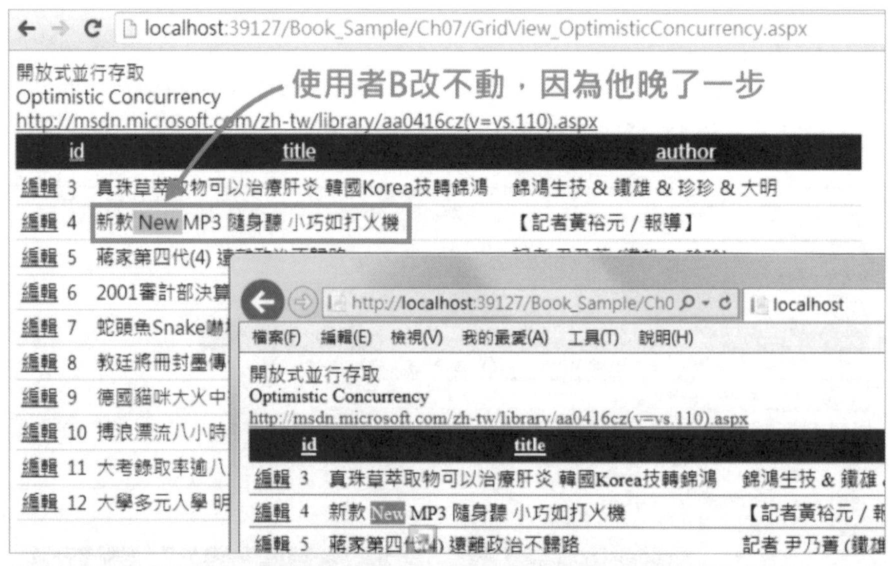

⊙ 上方的使用者 B 晚了一步存檔，發現他修改的資料無法寫入資料庫（「開放式並行存取」禁止使用者 B 的修改）

27-3-1 HTML畫面中的<SqlDataSource>

您可以發現HTML設計畫面裡面的SqlDataSource在資料更新（UpdateCommand）的SQL指令，因為您勾選了「開放式並行存取」而發生很大的變化。僅以資料更新，Update的SQL指令為例：

```
// 請您比較下面這兩個範例的差異：
//
//-- (1) 原本的更新（UpdateCommand）指令
//-- 範例 Default_GridView.aspx
  <asp:SqlDataSource ID="SqlDataSource1" runat="server"
      UpdateCommand="UPDATE [test] SET [test_time] = @test_time, [title] =
      @title, [summary] = @summary WHERE [id] = @id">
      <UpdateParameters>
            <asp:Parameter Name="test_time" Type="DateTime" />
            <asp:Parameter Name="title" Type="String" />
            <asp:Parameter Name="summary" Type="String" />
            <asp:Parameter Name="id" Type="Int32" />   註解：主索引鍵
      </UpdateParameters>
  </asp:SqlDataSource>


//************************************
//-- (2) 勾選了「開放式並行存取」的更新（UpdateCommand）指令
//-- 範例 GridView_OptimisticConcurrency.aspx
//************************************

  <asp:SqlDataSource ID="SqlDataSource1" runat="server"
      ConflictDetection="CompareAllValues"
      OldValuesParameterFormatString="original_{0}"
      UpdateCommand="UPDATE [test] SET [title] = @title, [author] = @author
      WHERE [id] = @original_id AND
      (([title] = @original_title) OR ([title] IS NULL AND @original_title IS
      NULL)) AND
      (([author] = @original_author) OR ([author] IS NULL AND
      original_author IS NULL))">
      註解：這段 SQL 指令會在下一節深入解說。

      <UpdateParameters>
            <asp:Parameter Name="title" Type="String" />
            <asp:Parameter Name="author" Type="String" />

            <asp:Parameter Name="original_id" Type="Int32" />
            <asp:Parameter Name="original_title" Type="String" />
            <asp:Parameter Name="original_author" Type="String" />
                  註解：您可以發現原本的主索引鍵（id）不見了！

      </UpdateParameters>
  </asp:SqlDataSource>
```

27-3-2 後置程式碼

在後置程式碼的部分，也能看見「開放式並行存取」帶來的變化。以下僅用資料更新的Updat**ing**事件（注意！是-ing事件）來說明。

GridView 的 RowUpdating 事件裡面，參數 e 有兩個屬性，NewValues 與 OldValues。就是對照「開放式並行存取」的用途

如果您要撰寫後置程式碼，如上圖的GridView的**RowUpdating事件**裡面，參數e會發生很大的變化！使用ListView、DetailsView或FormView則會在**ItemUpdating事件**裡面看見相同的變化。

```
'-- VB 語法 --
e.NewValues(" 欄位名稱 ")
e.OldValues(" 欄位名稱 ")


//-- C# 語法 -
e.NewValues[" 欄位名稱 "]
e.OldValues[" 欄位名稱 "]
```

假設我要修改test資料表的**title欄位**，在我修改以前的「舊」資料，程式碼是e.OldValues["title"]，而被人修改後的「新」資料，程式碼是e.NewValues["title"]。於是您就可以在資料更新時，先判斷原先的「舊」資料是否被人修改過？

如果被人修改過，可能有另一個人跟我「同時」修改「同一筆」記錄。這時就該觸發「開放式並行存取」的限制。

27-4 以SQL指令測試開放式同步存取之違規

有數種技巧可測試開放式同步存取違規。其中一種是將時間戳記（TimeStamp，後續新版本SQL Server改為RowVersion）資料行（欄位）納入資料表中。資料庫一般會提供時間戳記功能，可用來辨識記錄上回更新的日期和時間。

27-4-1 時間戳記，TimeStamp與RowVersion

採用這項技巧時，資料表定義會包含時間戳記資料行（欄位）。只要記錄一更新，時間戳記便會（自動）隨之更新。TimeStamp的內容長得像這樣0x00000000000DDE8。您只要設定欄位的資料型態是Timestamp便會自動產生，不需在SQL指令裡面添加任何函式。註：請您上網搜尋我的文章「mis2000lab timestamp rowversion」就能找到更多說明。

提醒您，新版SQL Server會以rowversion取代舊版的timestamp。rowversion是顯示在資料庫內自動產生的"唯一"二進位數字（Byte[]）的資料類型。

rowversion通常用來做為版本戳記資料表資料列（一筆記錄）的機制。儲存體大小是8位元組。rowversion資料類型只是會遞增的數字，因此不會保留日期或時間。

每次修改或新增一筆內含 rowversion資料行（欄位）的資料列（記錄）時，都會在rowversion資料行中插入累加的資料庫資料列（一筆記錄）**版本值**。

- 不可為 Null的rowversion資料行（欄位），等於 binary(8)資料型態。
- 可為 Null的 rowversion資料行（欄位），等於 varbinary(8) 資料型態。

27-4-2 開放式並行存取違規測試

開放式並行存取"違規測試"中，時間戳記資料行（欄位）會隨著資料表的任何內容查詢傳回。嘗試更新時，資料庫中時間戳記的值便會與"修改過"之資料列（記錄）中所含的原始時間戳記值比較。

- 若兩值相符，就會執行更新，並以目前時間來"更新"時間戳記資料行（欄位）的值，表示完成更新。
- 若兩值不符，就會發生開放式同步存取違規。

另一個測試開放式同步存取違規的技巧，是驗證資料列內所有原始資料行（欄位）的值是否仍然符合資料庫中的值。例如，請考量下列SQL查詢：

```
SELECT Col1, Col2, Col3 FROM Table1
```

若要在更新 Table1 中的資料列（記錄）時，測試是否有開放式同步存取違規，您可以發出下列SQL指令的 UPDATE陳述式：

```
UPDATE Table1 Set Col1 = @NewCol1Value,
              Set Col2 = @NewCol2Value,
              Set Col3 = @NewCol3Value
WHERE Col1 = @OldCol1Value AND
      Col2 = @OldCol2Value AND
      Col3 = @OldCol3Value
```

只要原始值符合資料庫中的值，便會執行更新。若值已經被修改（表示同一時間，有人更早修改這筆記錄），更新作業便不會修改資料列（記錄），因為 WHERE子句找不到符合的項目。

請注意，建議您永遠在查詢中傳回「唯一的」主索引鍵值；否則，之前的 UPDATE陳述式"可能"會更新一個以上的資料列（記錄），造成資料錯亂。

若您資料來源內的資料行（欄位）允許 Null，則可能必須擴充 WHERE子句，以**檢查區域資料表和資料來源內，是否有相符的 Null參考**。例如，下列 UPDATE陳述式驗證區域資料列中的 Null參考仍然與資料來源的 Null參考相符，或是區域資料列的值仍然與資料來源的值相符。

```
UPDATE Table1 Set Col1 = @NewVal1
    WHERE (@OldVal1 IS NULL AND Col1 IS NULL) OR Col1 = @OldVal1
```

使用開放式同步存取模型時，您也可以選擇套用較寬鬆的準則。例如，在 WHERE子句中僅使用"主索引鍵"資料行（欄位）時，不論另一個資料行在上次查詢後是否曾更新，都會覆寫資料。您也可以只在特定資料行（欄位）套用 WHERE子句以覆寫資料（除非特定欄位在上次查詢後已經更新）。

完成這一節的説明以後，您對於ASP.NET的SqlDataSource控制項，啟動「開放式並行存取」之後的SQL指令，是否有更進一步的瞭解？

```
//-- 勾選了「開放式並行存取」的更新（UpdateCommand）指令
//-- 範例 GridView_OptimisticConcurrency.aspx

  <asp:SqlDataSource ID="SqlDataSource1" runat="server"
```

```
        ConflictDetection="CompareAllValues"
        OldValuesParameterFormatString="original_{0}"

        UpdateCommand="UPDATE [test] SET [title] = @title, [author] = @author
        WHERE [id] = @original_id AND
        (([title] = @original_title) OR ([title] IS NULL AND @original_title IS
        NULL)) AND
        (([author] = @original_author) OR ([author] IS NULL AND
        original_author IS NULL))">

        註解：......後續省略......
    </asp:SqlDataSource>
```

27-5 DataAdapter的RowUpdate三大事件

ADO.NET DataAdapter公開的三個事件可讓您用來"回應"資料來源中的資料變更。以下簡述 DataAdapter事件。

- **RowUpdating事件**，資料列上的 UPDATE、INSERT或 DELETE作業（呼叫其中一個.Update()方法）即將開始。
- **RowUpdated事件**，資料列上的 UPDATE、INSERT或 DELETE作業（呼叫其中一個.Update()方法）已經完成。
- **FillError事件**，.Fill()方法的作業過程中發生錯誤。

27-5-1 DataAdapter的RowUpdated事件

DataAdapter物件的 RowUpdat**ed**事件（注意！是 -ed事件，代表更新以後）可搭配上一節提到的技術使用，當發生開放式同步存取違規時告知您的應用程式。

每回嘗試從 DataSet更新"已被修改的"資料列（記錄）時，就會觸發 RowUpdat**ed**事件。如此可讓您加入特殊處理程式碼，包括發生例外狀況時的處理、加入自訂錯誤資訊、加入重試邏輯等等。RowUpdat**ed**事件裡面的**參數e**—「RowUpdatedEventArgs物件」會傳回 RecordsAffected屬性，此屬性包含本次更新一共修改了幾筆資料列（記錄），也就是受了特定命令影響的資料列數目。

設定更新命令以測試開放式同步存取後，雖然發生了開放式同步存取違規，但由於沒有任何更新記錄，所以 RecordsAffected屬性的傳回值為 0。

若發生這種情況，就會發生例外狀況。RowUpdat**ed** 事件裡面的**參數 e** 可讓您設定適當的 RowUpdatedEventArgs.**Status 屬性**的值（程式寫成 e.Status。例如：UpdateStatus.SkipCurrentRow）以處理這種情況並避免例外狀況的發生。

27-5-2 參數 e（RowUpdatedEventArgs）的 Status 屬性

您可以使用 RowUpdat**ed** 事件裡面的**參數 e**—「RowUpdatedEventArgs 物件」之 **Status 屬性**來判斷作業期間是否發生錯誤，也可以依您的需要，控制目前和結果資料列的動作。發生事件時，Status 屬性即等於 Continue 或 ErrorsOccurred。您可以將 Status 屬性設成下列表格所顯示的值，以控制更新期間的後續動作。

- Continue，繼續更新作業。
- ErrorsOccurred，中止更新作業並擲回例外狀況。
- SkipCurrentRow，忽略目前資料列並繼續更新作業。
- SkipAllRemainingRows，中止更新作業但不擲回例外狀況。

或者，您也可以先將 DataAdapter 的「ContinueUpdateOnError 屬性」設定為 true 後，再呼叫 .Update() 方法，並於 Update 完成後，對儲存於特定資料列之 RowError 屬性中的錯誤訊息做出回應。

27-5-3 範例與 Case Study：開放式並行存取

這個範例源自微軟官方文件網站。下列簡單範例將設定 DataAdapter 的 UpdateCommand 以測試開放式同步存取，並使用 RowUpdat**ed** 事件（注意！是 -ed 事件，代表更新以後）以測試開放式同步存取違規。發生開放式同步存取違規時，應用程式會設定要更新之資料列的 RowError 以反映開放式同步存取違規。

請注意，傳給 UPDATE 的 SQL 指令內 **WHERE** 子句的「參數」值會**對應至其個別資料行（欄位）的 Original 值**。C# 程式碼如下（Conn 代表 SqlConnection 與連結字串，在此暫時省略）：

```
SqlDataAdapter da = new SqlDataAdapter("SELECT CustomerID, CompanyName FROM
Customers ORDER BY CustomerID", Conn);

da.UpdateCommand = new SqlCommand("UPDATE Customers Set CustomerID =
@CustomerID, CompanyName = @CompanyName WHERE CustomerID = @oldCustomerID AND
CompanyName = @oldCompanyName, Conn);
da.UpdateCommand.Parameters.Add("@CustomerID", SqlDbType.NChar, 5, "CustomerID");
```

```
adapter.UpdateCommand.Parameters.Add("@CompanyName", SqlDbType.NVarChar, 30,
"CompanyName");

// @ 參數
SqlParameter parameter = da.UpdateCommand.Parameters.Add("@oldCustomerID",
SqlDbType.NChar, 5, "CustomerID");
parameter.SourceVersion = DataRowVersion.Original;

parameter = da.UpdateCommand.Parameters.Add("@oldCompanyName", SqlDbType.
NVarChar, 30, "CompanyName");
parameter.SourceVersion = DataRowVersion.Original;

// Add the RowUpdated event handler. 加入事件處理常式
adapter.RowUpdated += new SqlRowUpdatedEventHandler(OnRowUpdated);

DataSet DS = new DataSet();
adapter.Fill(DS, "Customers");

// 將 DataSet 裡面被修改後的資料，寫回資料庫裡面。
da.Update(DS, "Customers");

foreach (DataRow dataRow in DS.Tables["Customers"].Rows)   {
    if (dataRow.HasErrors)
       Response.Write(dataRow [0] + "<br>" + dataRow.RowError);
}

//======== 事 件 ==========================
protected static void OnRowUpdated(object sender, SqlRowUpdatedEventArgs e)
{
  if (e.RecordsAffected == 0)   {
      e.Row.RowError = " 發現 -- 開放式同步存取違規 ";
      e.Status = UpdateStatus.SkipCurrentRow;
  }
}
```

27-5-4 DataAdapter更新的步驟與原理

這一小節僅供參考，您也可以略過不看。以我為例，我是會寫DataSet + DataAdapter程式以後，才看得懂微軟 Microsoft Docs網站（前MSDN網站）的下列說明。有了實作經驗以後，學習理論變得更快。

「更新（Update）」是以資料列（DataRow、記錄）為單位逐一執行。對於每個已新增、已修改和已刪除的資料列，DataAdapter的.Update()方法會判斷其已執行的變更類型（新增、更新或刪除）。根據變更的類型而定，Insert、Update 或 Delete等SQL指令將會執行，以便將修改過的資料列寫回到資料來源（資料庫）。

當應用程式呼叫DataAdapter的.Update()方法時，**DataAdapter會根據 DataSet 中設定的"索引"順序檢查 RowState屬性，並反覆的為每個資料列（每一筆記錄）執行必要的SQL指令**，如 INSERT、UPDATE 或 DELETE陳述式。例如，Update可能會因為 DataTable中資料列的順序，而先執行 DELETE陳述式，然後 INSERT 陳述式，最後 DELETE陳述式。

應該注意的是，**這些INSERT、UPDATE 或 DELETE陳述式"不會"當做一個批次程序來執行，而是每個資料列（每一筆記錄）"個別"更新**。應用程式可以呼叫.GetChanges()方法，藉此控制陳述式類型的先後順序（例如，您想要 INSERT在UPDATE之前）。

所以，您必須事先寫好對應的SQL指令（INSERT、UPDATE 或 DELETE陳述式），等待DataAdapter的.Update()方法去呼叫。如果執行時，發現沒有事先寫好對應的SQL指令就會報錯，DataAdapter的.Update()方法會在執行更新"之前"，從第一次對應的資料表中擷取資料列（DataRow、記錄）。在任何資料寫回 DataSet"**以後**"（在DataSet裡面更改資料"以後"）會引發 OnRowUpdat**ed**事件，允許使用者檢查調整的 DataSet資料列（記錄）以及命令所傳回的任何輸出參數。"更新"資料列成功"以後"，對這一筆資料列（記錄）的變更成功。

有了上面的範例，相信您對於使用DataAdapter的 .Update()方法修改DataSet資料時，執行的順序會更加清楚，步驟如下：

1. **DataRow中的值會移動至參數值**。前面說過：DataAdapter的.Update()方法會在執行更新"之前"，從第一次對應的資料表中擷取資料列（記錄）。
2. 引發 **OnRowUpdating**事件。
3. **執行SQL指令**（Update陳述句）。
4. 如果有輸出參數，它們會被放置於 DataRow。
5. 完成後引發 **OnRowUpdated**事件。

27-5-5 範例與Case Study：Update事件的參數e與其Status屬性

下列程式碼範例僅供參考，重點在於：如何加入和移除事件處理常式，這段的寫法會因C#與VB語法不同有差異。

- RowUpdat**ing** 事件處理常式將所有的刪除記錄和時間戳記寫入記錄檔。
- RowUpdat**ed** 事件處理常式會將錯誤資訊加入 DataSet之資料列的 RowError屬性中、隱藏例外狀況，並繼續作業。簡單地說，與 ContinueUpdateOnError = true 的行為相同。

另一個重點是RowUpdat**ing**與**ed**事件裡面的**參數e**—「RowUpdat**ed**EventArgs物件」之 **Status 屬性**。C#程式碼如下（Conn代表SqlConnection與連結字串，在此暫時省略。另外程式也節省了DataSet與其.Fill()方法的步驟）：

```
SqlDataAdapter da = new SqlDataAdapter("SELECT CustomerID, CompanyName FROM
Customers", Conn);

// Add handlers. 加入事件處理常式
da.RowUpdating  +=  new SqlRowUpdatingEventHandler(OnRowUpdating);
da.RowUpdated  +=  new SqlRowUpdatedEventHandler(OnRowUpdated);

da.Update(DS, "Customers");
// 將 DataSet 裡面修改後的資料，寫回資料庫。

// Remove handlers. 移除加入事件處理常式
da.RowUpdating  -=  new SqlRowUpdatingEventHandler(OnRowUpdating);
da.RowUpdated  -=  new SqlRowUpdatedEventHandler(OnRowUpdated);


//======== 事 件 ==========================
protected static void OnRowUpdating(object sender, SqlRowUpdatingEventArgs e)
{
  if (e.StatementType == StatementType.Delete)   {
    System.IO.TextWriter tw = System.IO.File.AppendText("123.txt");
    tw.WriteLine("{0}: Customer {1} Deleted.", DateTime.Now,
       e.Row["CustomerID", DataRowVersion.Original]);
    tw.Close();   // tw 變數這一段，是寫到 123.txt 檔案裡面。
  }
}

protected static void OnRowUpdated (object sender, SqlRowUpdatedEventArgs e)
{
  if (e.Status == UpdateStatus.ErrorsOccurred)   {
    e.Row.RowError = e.Errors.Message;
    e.Status = UpdateStatus.SkipCurrentRow;
  }
}
```

MEMO

28 CHAPTER 企業函式庫 Enterprise Library 6.0 的 DAAB

企業函式庫（Enterprise Library）簡稱為 EntLib，官方網站是http://entlib.codeplex.com/。市面上少見EntLib的中文介紹書籍，本書搭配微軟官方文件與我使用EntLib歷次版本的範例與您分享。

每一個程式設計師（開發人員）總是在一個接著一個的專案中，不斷地開發系統與撰寫程式。實際上常用的類別、方法與屬性，大多是相同的那幾個。依照 20/80理論來說，我們通常使用 20%的功能來完成 80%的工作量（另一種說法是 20%的核心人員為公司賺得 80%的利潤）。

有鑑於此，微軟公司推出的 EntLib將一些常用的、可重複利用的軟體元件（名為 Application Blocks）加以組合、整理，提供給程式設計師更好的選擇與應用工具。EntLib不光是提供 .DLL檔案讓程式設計師在 Visual Studio裡面加入參考，更大方地公開原始碼（開放源碼、Open Source）讓每一個設計師都能進行修改，進而開發出屬於自己的企業級函式庫。

▲ EntLib 的標誌（Logo），官方網站 entlib.codeplex.com

注意！ 本書使用 **Entlib 6.0**版。因為每次.NET Framework更新時，EntLib通常會隨之改寫。提醒您！不保證未來的新版本也能在不做更動的情況下，直接使用本書範例與步驟。

28-1 EntLib的沿革與特點

EntLib希望達成下列目標：

- **一致性**。所有EntLib的Application Blocks都採用功能一致的「設計模式（Design Pattern）」和實施辦法。**註解** 所謂的MVC、MVP、工廠模式等等，都是設計模式之一。也有人針對二十三種的設計模式，簡稱為GoF 23。
- **可擴展性**。所有的Application Blocks都允許繼續擴展，例如：允許開發人員客製化，或加入自己的程式碼。
- **易於使用**。EntLib提供了許多便利的效益，包括一個圖形化設定工具，一個簡單的安裝程序，明確和完整的文檔和範例。
- **整合**。所有EntLib的Application Blocks的設計，都經過測試，以確保它們合作無間。您不必使用它們全部放在一起才能應用。雖然可以使用單獨的應用程序塊，它們之間仍然有一些相依性，例如常見的組件在 EntLib的核心（Core）和Unity。

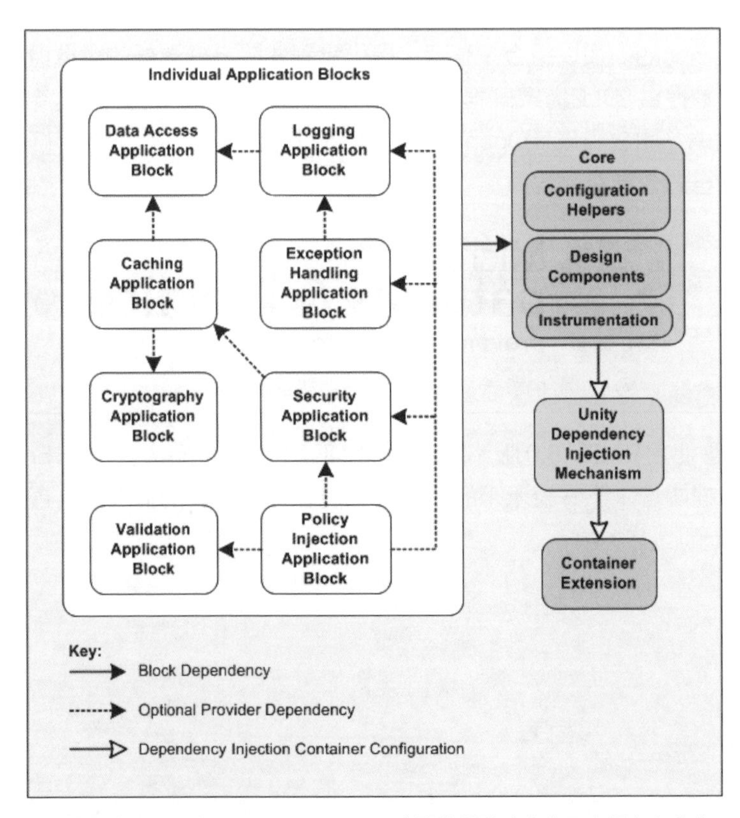

⊙ EntLib 的核心功能與各大 Application Blocks 之間的關聯（本章只介紹左上角的 DAAB）

EntLib 最早的版本是 2005 年六月的 1.1 版，架構在當年 .NET 1.1 版上面，後續隨著 .NET 版本演進也陸續推出新版。

EntLib 版本演進（由新至舊）	發佈的年月（Release）
6.0	2013 四月 註解：Grigori Melnik，MSFT 的部落格寫到：2013/11/21 起開放社群分享並成為一個開放發展的模組（Open Development Model）。
5.0	2010 四月
4.1	2008 十一月
4.0	2008 五月
3.1	2007 五月
2.0	2006 一月
1.1	2005 六月

除了基礎的核心功能之外，EntLib 提供了九大類的功能（Application Blocks）。本書只提到資料存取的部分，也就是DAAB這一種而已：

- The Dependency Injection Model
- The Caching Application Block
- The Cryptography Application Block
- **本章重點！ The Data Access Application Block（簡稱DAAB）**用來存取標準的資料庫。將常用的 ADO.NET 特性集中起來，讓程式設計師能更容易撰寫資料存取的程式。
- The Exception Handling Application Block
- The Logging Application Block
- The Security Application Block
- The Validation Application Block
- Unity Dependency Injection and Interception（新加入）

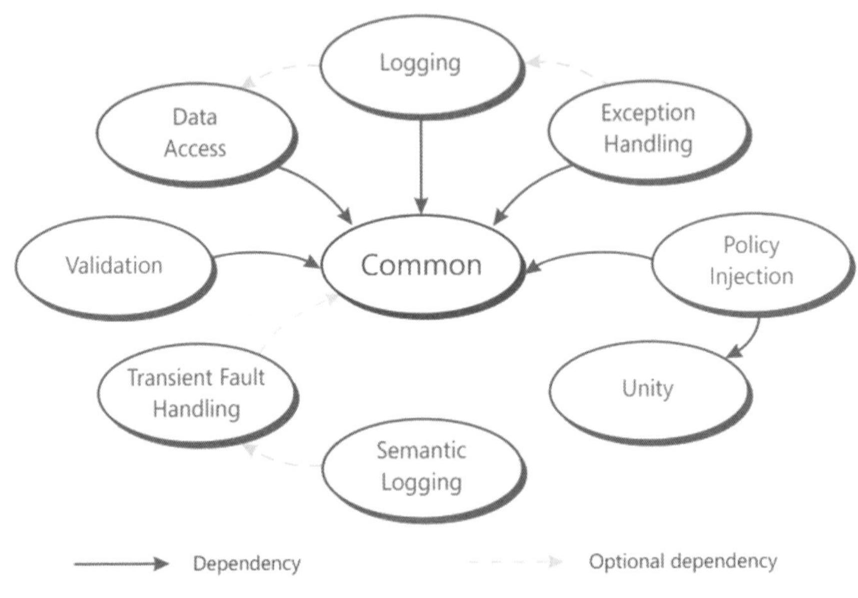

⊙ EntLib 的核心功能與各大 Application Blocks 之間的關聯

舉例來說，以前我們親自動手撰寫 ADO.NET 程式，必須用不同的程式碼來撰寫 DataReader 與 Command、DataSet 與 DataAdapter，兩者的程式碼有不少差異（如下）。

後續範例以 ADO.NET 示範，撰寫 DataReader 或 DataSet 查詢（撈取）資料庫時，程式寫法截然不同：

第一種，ADO.NET 的 DataReader + Command 後置程式碼：

```
SqlConnection Conn = new SqlConnection("連結資料庫的連線字串");
SqlCommand cmd = new SqlCommand("select id,test_time from test", Conn);

    Conn.Open();    //---- 連結 DB
    SqlDataReader dr = cmd.ExecuteReader();    //---- 執行 SQL 指令，取出資料

    GridView1.DataSource = dr;
    GridView1.DataBind();
.
            if (dr != null)  {
                cmd.Cancel();
                dr.Close();
             }
            if (Conn.State == ConnectionState.Open)  {
                Conn.Close();
            }
```

第二種，ADO.NET的 DataSet + DataAdapter後置程式碼（以VB語法為例）：

```
        // 上面已經事先寫好 Using System.Web.Configuration;
        // 資料庫的連線字串，已經事先寫好，存放在 Web.Config 檔案裡。
        SqlConnection Conn = new SqlConnection(WebConfigurationManager.
ConnectionStrings["DB 連結字串的標題 testConnectionString"].ConnectionString);
        SqlDataAdapter myAdapter = new SqlDataAdapter("select id,test_
time,title,author from test", Conn);

        DataSet ds = new DataSet();

        try  //==== 以下程式，只放「執行期間」的指令！ ====
        {
            //----(1). 連結資料庫 ----
            //Conn.Open();  //---- 這一行註解掉，不用寫，DataAdapter 會自動開啟

            //----(2). 執行 SQL 指令（Select 陳述句）----
            myAdapter.Fill(ds, "test");     // 這時候執行 SQL 指令。取出資料，放進
DataSet。
            //---- DataSet 是由許多 DataTable 組成的，我們目前只放進一個名為 test 的
DataTable 而已。

            //----(3). 自由發揮。由 GridView 來呈現資料。----
            GridView1.DataSource = ds;      // 標準寫法 GridView1.DataSource =
ds.Tables["test"].DefaultView
            GridView1.DataBind();

            //---- 最後，不用寫 Conn.Close()，因為 DataAdapter 會自動關閉
        }
        catch (Exception ex)   {
            Response.Write("<hr /> Exception Error Message----  " +
ex.ToString());
        }
        //finally   {
        //----(4). 釋放資源、關閉連結資料庫 ----
        //---- 不用寫，DataAdapter 會自動關閉
        //    if (Conn.State == ConnectionState.Open)   {
        //          Conn.Close();
        //    }  // 使用 SqlDataAdapter 的時候，不需要寫程式去控制 Conn.Open() 與
Conn.Close()。
        //}
```

上述兩種ADO.NET的程式寫法差異很大。

■ 如果您使用DataReader就得搭配Command。查詢（讀取）要用.ExecuteReader()方法。

■ 如果您使用DataSet就搭配DataAdapter。查詢（讀取）要用.Fill()方法。

現在有了 EntLib的 The Data Access Application Block（簡稱DAAB），我們可以用相同一套（類似）的程式碼來撰寫程式，程式碼就會非常類似、簡潔且一致化，請您繼續看下去。

28-2 安裝EntLib與Visual Studio加入參考

有兩種方法可以安裝EntLib，請任選其一即可。推薦第一種方法，透過NuGet來安裝最簡單。

28-2-1 透過NuGet安裝，最簡單

新版的Visual Studio都有搭配NuGet套件幫您安裝相關的元件與輔助軟體。請點選右上方「方案總管」的網站或是專案，然後按下「滑鼠右鍵」，依照下面圖片來操作。

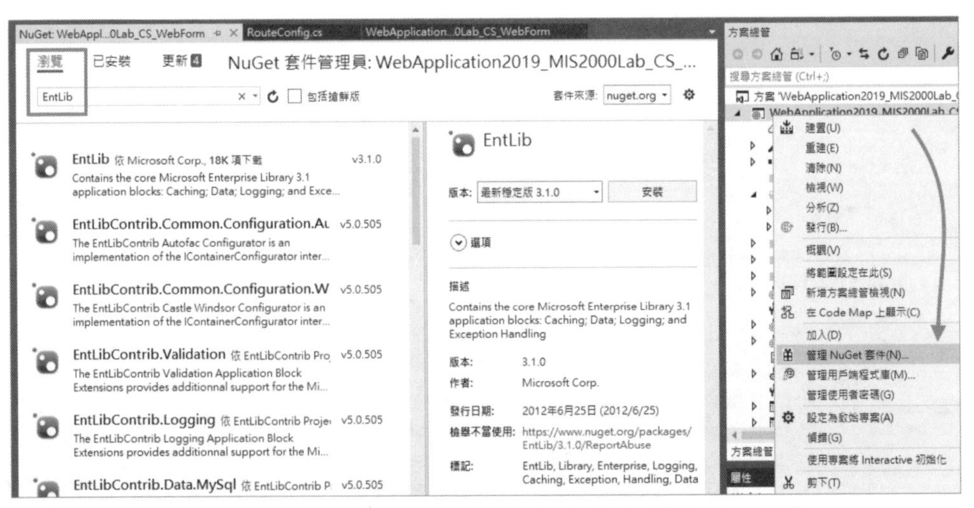

⊙ 從「方案總管」的網站或專案，按下「滑鼠右鍵」選擇 NuGet 套件

雖然我們只安裝DAAB（資料存取）的元件，但這個元件會搭配另一個"共用"的Common元件，NuGet會幫我們一併安裝好。

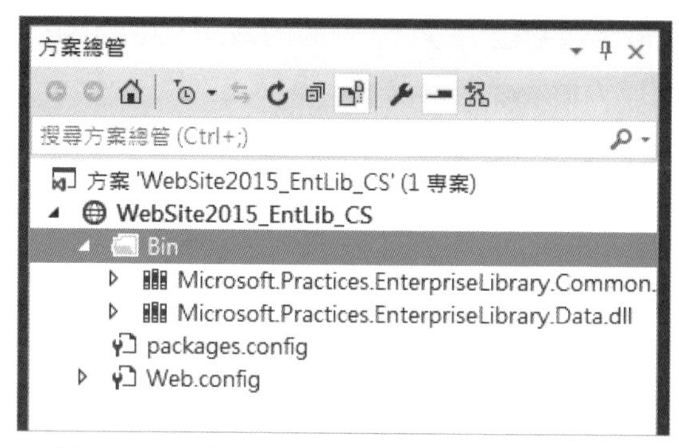

⊙ 安裝完畢後，請檢查 bin 目錄裡面是否有對應的檔案？

28-2-2 自己動手安裝並加入參考

這個方法是透過手動安裝，並且在Visual Studio「加入參考」。適合舊版Visual Studio（如VS 2010或以前的版本）用戶來學習。

(1) 從官方網站entlib.codeplex.com下載 EntLib之後，解壓縮或是安裝之後，可以發現一個 /bin子目錄，裡面就是被編譯過的 .DLL檔案。

(2) 打開 Visual Studio再開啟一個新專案或是新網站，在畫面右上角的「**方案總管**」，請點選專案或網站並**按下滑鼠右鍵「加入參考」**。請您依照下列圖片的順序來作。

本書使用的Entlib為5.0與6.0版，作法雷同。但，請注意！不能保證未來的新版本也可以不做更動，就直接使用本書範例與步驟來作。

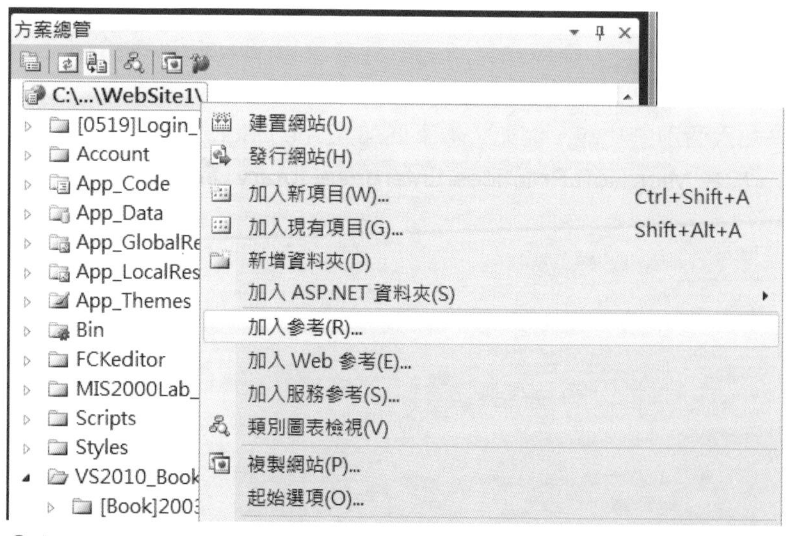

⊙ 在 Visual Studio 裡面，點選最上方的專案或網站，按下滑鼠右鍵並「加入參考」

預設的狀況，會安裝在 C:\Program Files\Microsoft Enterprise Library 目錄下（如果是 64 位元的 Windows 作業系統，則是在 C:\Program Files(x86)\Microsoft Enterprise Library 目錄下），請找尋「**Bin**」子目錄。

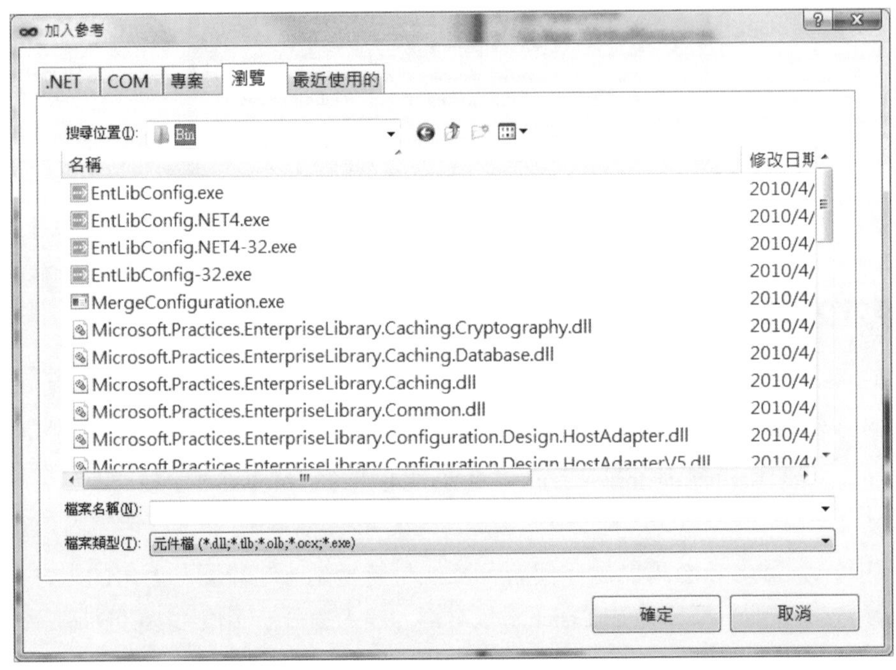

「加入參考」的畫面。請選擇上方的「瀏覽」，並搜尋您安裝 EntLib 的目錄

需要安裝的 .DLL 檔案還真不少。首先是**共用的元件**，請您務必加入「Microsoft.Practices.**EnterpriseLibrary.Common.dll**」。

每一次成功地加入 .DLL 檔做為參考，您就會發現 Visual Studio 的「方案總管」裡面，專案或是網站的 \bin 目錄也會多出一些東西（如下圖）。接下來，依照您的需求來加入個別的功能，例如：本章要加入 The Data Access Application Block（DAAB，檔名 **Microsoft.Practices.EnterpriseLibrary.Data.dll**）。

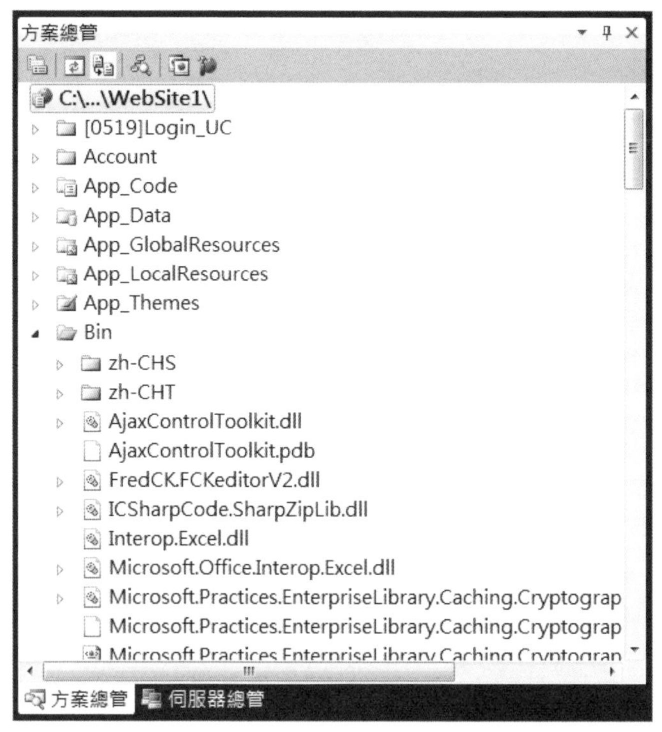

⊙ 加入 .DLL 檔案的參考。成功之後，Visual Studio 的 bin 目錄下也會多出一些檔案

28-3 入門（I），DAAB 存取資料庫

我們將撰寫第一支程式，先熟悉一下 EntLib 的 DAAB 資料存取功能。還記得連結資料庫的四大步驟嗎？ DAAB 也採取相同的流程來運作。

這四大步驟是我自己歸納的流程，不但對於 ASP、ASP.NET 有用，轉型成 PHP 與 JSP 也是道理相同。如同武功高手打通任督二脈後，學什麼武功都快。只要瞭解這四大流程，我相信大部分需要連結資料庫的程式，都難不倒大家。

第一、連接資料庫（Connection）。

第二、執行 SQL 指令存取資料（又分成兩大類：取出資料、或是寫入資料）。

第三、自由發揮（通常這一段是畫面或流程的設計、或是直接交由控制項來呈現，如 DataBinding）。

第四、關閉資源（如：關閉資料庫的連接）。

接下來將會看幾段程式碼，各位讀者不需死記，只要稍微瞭解一下，後續的文章會有更深入的解說。

首先，我們先宣告 EntLib DAAB的命名空間（NameSpace）。以下以C#語法為例，如果您使用VB語法，請用Imports取代C#的using來宣告命名空間即可：

```
//-- 自己宣告並加入的 NameSpace --
using Microsoft.Practices.EnterpriseLibrary.Data;
using Microsoft.Practices.EnterpriseLibrary.Data.Sql;    //-- SqlDatabase 用的到

using System.Web.Configuration;
using System.Data;    //-- IDataReader 用的到
using System.Data.Common;
```

接著就是撰寫程式（範例 Default_01.aspx），原則上就是連結資料庫的四大步驟而已。您會發現EntLib寫法變動不大。

```
//-- C# 語法 --
//-- 註解：第一，連結資料庫（連線字串已經寫在 Web.Config 檔案裡面）
SqlDatabase db = new SqlDatabase(WebConfigurationManager.
ConnectionStrings["Web.Config 設定檔裡面的連結字串"].ConnectionString);

//'-- 註解：第二，執行 SQL 指令，並取出記錄。
  using(IDataReader I_dr = db.ExecuteReader(CommandType.Text, "Select top 20
* From test"))    {
      //-- 註解：第三，自由發揮（把取出的記錄、欄位資料呈現在畫面上）
      while(I_dr.Read())    {
            Response.Write(I_dr["title"] + "<br />");
      }
  }   // 當 IDataReader 物件關閉的時候，就自動關閉資料庫連線。
```

您可以在上面的程式裡面看見一個關鍵字「SqlDataBase」。它放在 Entlib原始碼的\Data\Sql 目錄下，檔名 SqlDatabase.cs。這個檔案又繼承自 Database.cs。

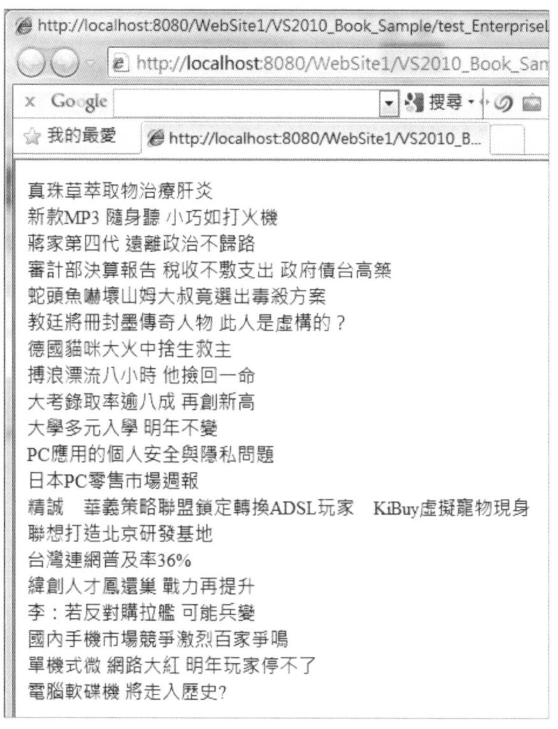

⦿ 範例 Default_01.aspx 執行成果

上述的程式裡面（Default_01.aspx），我們發現第四階段的關閉資料庫連結、釋放資源這些程式碼都不見了，因為 DAAB 會自動處理。

比較特別的地方在於第二階段（執行 SQL 指令）的部分。如果依照微軟官方文件的範例來作，程式會發生錯誤。主要原因是 EntLib 6.0 有些改寫，導致以前的程式寫法出錯。

```
'—VB 語法 -
 Using dr As IDataReader = db.ExecuteReader(cmd)
     '-- 註解： 第二步驟，執行 SQL 指令。
     ........................
     '-- 註解： 第三步驟，自由發揮。
End Using
```

因此，我們需要把 SQL 指令執行之後，取得的每一筆記錄（資料列）與欄位，**轉型為「IDataReader（需搭配 System.Data 命名空間）」**才能繼續處理之。請參閱 Default_01.aspx。

```
'—VB 語法 -
 Using I_dr As IDataReader = CType(db.ExecuteReader(cmd),  IDataReader)
    '-- 註解： 第二步驟，執行 SQL 指令。
    ........................
    '-- 註解： 第三步驟，自由發揮。
End Using
```

後續的範例會提供不同的寫法給您參考，都可以正確運作。

28-4 入門（II），資料庫的連結

DataReader的讀取速度快，最適合用來讀取資料。唯一的缺點就是他是順向（forward）的資料指標，不像以前的 ASP（ADO）的 RecordSet那樣，資料指標可以前後移動。因此 DataReader無法作「分頁」的動作，請您改用 DataSet來作分頁。

28-4-1 資料庫連結，EntLib 5.0版

提醒您，5.0版的寫法跟後續6.0有差異。以下是5.0版的寫法，僅供參考。以下以VB語法為例，如果您使用C#語法，請用using取代VB的Imports來宣告命名空間即可：

```
//== 加入參考之後，才能使用 EntLib 的 NameSpace
using Microsoft.Practices.EnterpriseLibrary.Data;
using System.Data;


//—C# 語法 --
Database db = DatabaseFactory.CreateDatabase("testConnectionString");
//-- 開啟資料庫連線。使用後會自動關閉。連線字串放在 Web.Config 裡面。
//--- 後續省略 ------
```

上述程式碼的第一段「資料庫連結」有些重點：

- **Database 物件**會使用 TransactionScope 類別（System.Transactions 命名空間）來做資料庫「交易」。
- **DatabaseFactory.CreateDatabase("**testConnectionString**")** 裡面的參數就是 Web.Config 連結字串裡面的名稱（詳見下表）。如果您不加入任何參數，便會使用預設的連結字串。這種寫法，在 EntLib 6.0 會出錯。

28-4-2 資料庫連結（I），EntLib 6.0版

提醒您，使用EntLib 6.0的用戶，連結資料庫的寫法請修改如下：

```
//== 加入參考之後，才能使用 EntLib 的 NameSpace
using Microsoft.Practices.EnterpriseLibrary.Data;
using System.Data;

   DatabaseProviderFactory factory = new DatabaseProviderFactory();
   Database db = factory.Create("testConnectionString");
   //-- 開啟資料庫連線。使用後會自動關閉。連線字串放在 Web.Config 裡面。
   //--- 後續省略 ------
```

上面的程式，在第一步驟的「連結資料庫」，使用了不同的寫法供您參考。testConnectionString是寫在 Web.Config檔案裡面的連結字串「標籤」，事先已經寫好了。Web.Config 檔的內容如下：

```
  <!--  '==== 資料庫 連線字串 ====   -->
  <connectionStrings>
      <add name="testConnectionString"
      connectionString="Data Source= 資料庫主機的名稱或是 IP 位址 ;Initial Catalog=
      資料庫名稱 ;Persist Security Info=True;User ID= 帳號 ;Password= 密碼 "
      providerName="System.Data.SqlClient" />
  </connectionStrings>
  ...... 後續 省略 ......
```

28-4-3 資料庫連結（II），EntLib 6.0版

我個人喜歡用這種寫法。如此一來，EntLib 5.0與6.0寫起來就沒有差異。

```
//== 加入參考之後，才能使用 EntLib 的 NameSpace
using Microsoft.Practices.EnterpriseLibrary.Data;
using System.Data;

    SqlDatabase db = new SqlDatabase(WebConfigurationManager.ConnectionStrings
      ["testConnectionString"].ConnectionString);
      //-- 開啟資料庫連線。使用後會自動關閉。連線字串放在 Web.Config 裡面。
      //--- 後續省略 ------
```

28-4-4 資料庫連結（III），EntLib 6.0版

第三種寫法融合了前面兩種寫法，供您參考。

```
//—C# 語法 --
DatabaseProviderFactory factory = new DatabaseProviderFactory();

// 方法一。** 可運作！ **
//        Database db = factory.Create("testConnectionString");

// 方法二：
SqlDatabase db = factory.Create("testConnectionString") as SqlDatabase;
//-- 開啟資料庫連線。使用後會自動關閉。連線字串放在 Web.Config 裡面。
//--- 後續省略 ------
```

28-5 入門（II），撰寫DataReader的程式

28-5-1 DataReader基本範例

完成上一節的資料庫連結，現在我們要用DataReader來寫程式，您可以參閱範例Default_01.aspx（如下）或是Default_01_DataReader.aspx（連結資料庫的寫法不同）：

```
//== 加入參考之後，才能使用 EntLib 的 NameSpace
using Microsoft.Practices.EnterpriseLibrary.Data.Sqls  // SqlDatabase 用得到
using System.Data;                // for IDataReader
using System.Web.Configuration;  // Web.Config 檔的 DB 連結字串。


    SqlDatabase db = new SqlDatabase(WebConfigurationManager.ConnectionStrings
    ["testConnectionString"].ConnectionString);

    using (IDataReader I_dr = db.ExecuteReader(CommandType.Text, "Select top
    20 * From test"))   {
       while (I_dr.Read())   {
           Response.Write(I_dr["title"] + "<br />");
       }
    }   // 當 IDataReader 物件關閉的時候，就自動關閉資料庫連線。
```

28-5-2 DataReader錯誤與改進

我們把上一個範例，改用GridView來輸出畫面，就會出現錯誤。詳見範例Default_02.aspx。

```
//—C# 語法 --
  SqlDatabase db = new
  SqlDatabase(WebConfigurationManager.ConnectionStrings["testConnectionString"]
  .ConnectionString);

  using (IDataReader I_dr = db.ExecuteReader(CommandType.Text, "Select top 20
  * From test"))
  {
      GridView1.DataSource = I_dr;
          // 以前用 SqlDataReader 是正常的，但現在 IDataReader 出錯
      Gridview1.DataBind();
}   // 當 IDataReader 物件關閉的時候，就自動關閉資料庫連線。
```

http://localhost:3893/Default_02.aspx　資料來源的型別無效...

檔案(F)　編輯(E)　檢視(V)　我的最愛(A)　工具(T)　說明(H)

'/' 應用程式中發生伺服器錯誤。

資料來源的型別無效。它必須是 IListSource、IEnumerable 或 IDataSource。

描述: 在執行目前 Web 要求的過程中發生未處理的例外狀況，請檢閱堆疊追蹤以取得錯誤的詳細資訊，以及在程式碼中產生的位置。

例外狀況詳細資訊: System.InvalidOperationException: 資料來源的型別無效。它必須是 IListSource、IEnumerable 或 IDataSource。

原始程式錯誤:

```
行 27:        using (IDataReader I_dr = db.ExecuteReader(CommandType.Text, "Select top 20 id, title From test"))
行 28:        {
行 29:            GridView1.DataSource = I_dr;
行 30:            GridView1.DataBind();
行 31:        }  //當 IDataReader物件關閉的時候，就自動關閉資料庫連線。
```

原始程式檔: c:\Users\arthurwu\Documents\Visual Studio 2015\WebSites\WebSite2015_EntLib_CS\Default_02.aspx.cs　**行:** 29

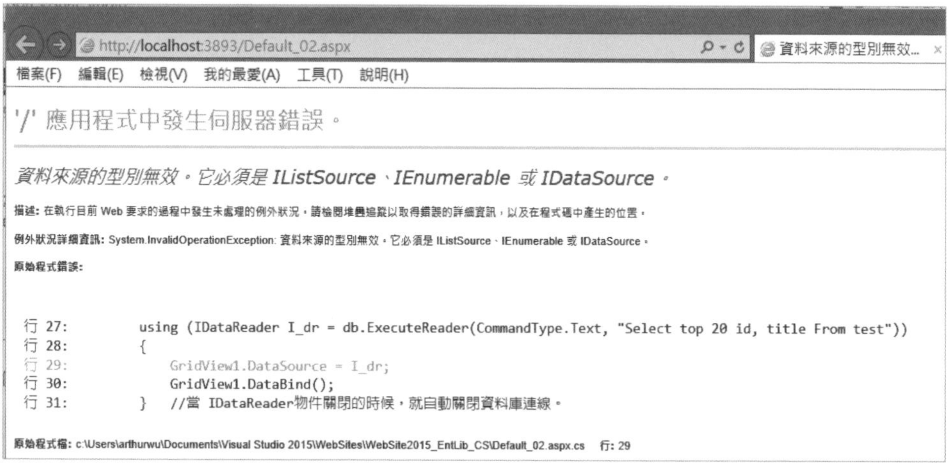

⊙ 錯誤訊息（想把 IDataReader 透過 GridView 呈現）

要修改上面的錯誤，您可以參閱範例 Default_02.aspx 或是範例 Default_02_DataReader.aspx。

```
//—C# 語法 --
  SqlDatabase db = new SqlDatabase(WebConfigurationManager.ConnectionStrings
  ["testConnectionString"].ConnectionString);

  using (RefCountingDataReader I_dr = (RefCountingDataReader)
  db.ExecuteReader(CommandType.Text, "Select top 20 id, title From test"))
  {
      GridView1.DataSource =
  (System.Data.SqlClient.SqlDataReader)I_dr.InnerReader;
      GridView1.DataBind();
}   // 當 IDataReader 物件關閉的時候，就自動關閉資料庫連線。
```

28-6 DataReader與參數

Entlib的DAAB也有「參數」的寫法。非常重要！因為這可以初步防範資料隱碼攻擊（SQL Injection）。

28-6-1 自己撰寫SQL指令，搭配輸入參數

請參考範例Default_02_DataReader_Parameter.aspx。

```
//-- 自己宣告並加入的 NameSpace -
using Microsoft.Practices.EnterpriseLibrary.Data.Sql;
using System.Data;
using System.Web.Configuration;


    SqlDatabase db = new SqlDatabase(......);
    string sqlstr = "Select top 20 id, title From test where approved = @YN";
    //**  參數  ******************************************
    DbCommand cmd = db.GetSqlStringCommand(sqlstr);
    // 搭配 System.Data.Common 命名空間

    db.AddInParameter(cmd, "YN", SqlDbType.Char, "y");
    //**************************************************

    using (IDataReader I_dr = db.ExecuteReader(cmd))  {
    //** 配合參數寫法，這裡有修改 **
      while(I_dr.Read())   {
          Response.Write(I_dr["title"] + "<br />");
      }
}  // 當 IDataReader 物件關閉的時候，就自動關閉資料庫連線。
```

28-6-2 .AddInParameter()方法，輸入參數

上面範例使用的AddInParameter(DbCommand, String, DbType, Object)方法，有四個參數：

- 第一個，command。資料型態為System.Data.Common.**DbCommand**。所以使用時，上面要宣告System.Data.Common命名空間。
- 第二個，Name。資料型態為System.String。**參數的「名稱」**。
- 第三個，dbType。資料型態為System.Data.DbType。對應資料庫欄位的資料格式，例如某欄位設定為Char，請寫成SqlDbType.Char。
- 第四個，value。資料型態為 System.Object。**您要輸入參數的數值或文字**。

28-6-3 .AddOutParameter() 方法，輸出參數

如果您要把參數的成果「輸出」，可以使用 **.AddOutParameter()** 方法。作法與上面雷同，差別就是第四個參數，請改成：

- 第四個，size。資料型態為 System.Int32。**您要輸出的數值或文字大小**。例如 db.AddOutParameter(cmd,"輸出參數的名稱", DbType.String, **50**);

```
//—C# 語法 --
/* 這是一段 SQL 預存程序
 * CREATE PROCEDURE GetProductDetails
 * @ProductID int,
 * @ProductName nvarchar(40) OUTPUT,
 * @UnitPrice money OUTPUT,
 * AS
 * SELECT @ProductName = ProductName, @UnitPrice = UnitPrice,
 * FROM Products
 * WHERE ProductID = @ProductID
*/

SqlDatabase db = new SqlDatabase(......);

string sqlCommand = "GetProductDetails";
DbCommand cmd = db.GetStoredProcCommand(sqlCommand);
// 輸入參數。要找出產品編號 "123" 這一筆記錄。
db.AddInParameter(cmd, "ProductID", DbType.Int32, 123);

// 輸出參數
db.AddOutParameter(cmd, "ProductName", DbType.String, 50);
db.AddOutParameter(cmd, "UnitPrice", DbType.Currency, 8);

db.ExecuteNonQuery(cmd);
```

28-6-4 SQL 預存程序，搭配輸入參數

如果您已經寫好 SQL 指令的預存程序（Stored Procedure），可以參考下面的寫法：

```
//-- 自己宣告並加入的 NameSpace -
using Microsoft.Practices.EnterpriseLibrary.Data.Sql;
using System.Data;           //-- IDataReader 會用到。
using System.Data.Common;  //— DbCommand 會用到。
using System.Web.Configuration;


   SqlDatabase db = new SqlDatabase(......);
```

```
string storedProcName = "ListOrdersByState";    // 預存程序的名稱

using (DbCommand sprocCmd = db.GetStoredProcCommand(storedProcName))
{  //*** 參數的寫法 ******************************
   db.AddInParameter(sprocCmd, "參數名稱", DbType.String, "輸入的值");
   //******************************************

   using (IDataReader I_dr = db.ExecuteReader(sprocCmd))    {
      //...... 省略 ......
   }
}
```

28-7 入門（III），撰寫DataSet的程式

28-7-1 DataSet基本範例

DataSet的特性就是會自動開啟資料庫的連結，使用完畢也會自動關閉連結。因此下列的程式碼看不見資料庫連結（Connection）的開啟（.Open()）與關閉（.Close()）方法。詳見範例Default_03_DataSet.aspx。

```
//-- 自己宣告並加入的 NameSpace -
using Microsoft.Practices.EnterpriseLibrary.Data.Sql;
using System.Data;
using System.Web.Configuration;


   SqlDatabase DB = new
   SqlDatabase(WebConfigurationManager.ConnectionStrings["testConnectionString"]
   .ConnectionString);
   using(DataSet ds = DB.ExecuteDataSet(CommandType.Text, "Select id, title
   From test"))   {
         GridView1.DataSource = ds.Tables[0].DefaultView;
         GridView1.DataBind();
}
```

您可以發現上述程式的.Execute**DataSet**()方法幾乎跟前述的DataReader使用的.ExecuteReader()方法雷同，EntLib的DAAB把DataSet與DataReader程式寫法一致化了。這樣寫出的程式碼統一而且好維護，不信的話，跟下一節（傳統ADO.NET）比對一下，看看兩者的差異。

28-7-2 DataSet分頁範例

當您自己寫程式的時候，GridView沒有搭配SqlDataSource小精靈，所以上一個範例無法分頁。您必須自己撰寫分頁程式。請參閱Default_03_DataSet_Page.aspx。

如果您想自己寫程式，完成所有GridView功能，可以參閱作者另一本書《ASP.NET專題實務（I）：C#入門實戰》的第十章。而《ASP.NET專題實務（II）：進階範例應用》則針對四大控制項，包含ListView、DetailsView與FormView，都有自己動手寫程式去拆解裡面的各種功能，不管是編輯、更新、分頁、排序，都可以寫程式您看見實際的運作過程。這在市面上是很少見到的範例。

28-7-3 DataSet、DataTable，自己動手寫程式

上述的範例，也可以跟DataReader一樣，每一筆記錄（資料列）、每一個欄位（資料行）逐一地讀取出來，詳見範例Default_03_DataSet_DataTable.aspx。

```
//—C# 語法 --
SqlDatabase db = new SqlDatabase(......);
using(DataSet ds = db.ExecuteDataSet(CommandType.Text, "Select id, title From test"))  {
    for(int i =0; i < ds.Tables[0].Rows.Count; i++)    {
        Response.Write(ds.Tables[0].Rows[i][0].ToString() +  "***");
        Response.Write(ds.Tables[0].Rows[i]["title"].ToString() + "<hr>");
    }
}
```

您可以看見第一種寫法是在DataSet裡面，指定第一個DataTable（事實上，SQL指令也只放了一個資料表的內容進去）。然後透過for迴圈讀取每一筆記錄。

- 程式ds.Tables[0].Rows**[i][0]**。第二個欄位可以寫入index索引數，電腦從"零"算起，代表第一個欄位。
- 第二個欄位也可以直接寫「欄位名稱」，寫成ds.Tables[0].Rows**[i]["title"]**。

28-8 DataSet與參數

參數的寫法跟前面DataReader幾乎相同，請看範例Default_03_DataSet_Parameter.aspx：

```
//-- 自己宣告並加入的 NameSpace --
using Microsoft.Practices.EnterpriseLibrary.Data.Sql;
using System.Data;
using System.Web.Configuration;


    SqlDatabase db = new SqlDatabase(......);
    string sqlstr = "Select top 20 id, title From test where approved = @YN";
        //**   參數  ***************************************
        DbCommand cmd = db.GetSqlStringCommand(sqlstr);
        // 搭配 System.Data.Common 命名空間

        db.AddInParameter(cmd, "YN", SqlDbType.Char, "y");
        //***********************************************

    DataSet ds = db.ExecuteDataSet(cmd);

    GridView1.DataSource = ds.Tables[0];
    GridView1.DataBind();
```

28-9 EntLib的原始碼（源碼）

有興趣研究的讀者可以繼續鑽研，第一次學習的讀者可以跳過這一節。

您可以在安裝EntLib的目錄下，例如**C:\Program Files (x86)\EntLib50src\Blocks\Data\Src\Data\DataBase.cs**找到完整的原始碼，依照您安裝的版本，目錄名稱可能有異動。如果您想學習OOP物件導向或是撰寫類別檔，這些範例都是很精彩的學習依據。

28-9-1 關於.ExecuteReader()方法

請看 DataBase.cs 檔案裡面，關於 **.ExecuteReader()** 方法的部分：

```
/// <summary>
/// <para>Executes the <paramref name="commandText"/> interpreted as
specified by the <paramref name="commandType" /> and returns an <see
cref="IDataReader"></see> through which the result can be read.
/// It is the responsibility of the caller to close the connection and reader
when finished.</para>
/// </summary>
/// <param name="commandType">
/// <para>One of the <see cref="CommandType"/> values.</para>
/// </param>
```

```
/// <param name="commandText">
/// <para>The command text to execute.</para>
/// </param>
/// <returns>
/// <para>An <see cref="IDataReader"/> object.</para>
/// </returns>
public IDataReader ExecuteReader(CommandType commandType, string commandText)
{
using (DbCommand command = CreateCommandByCommandType(commandType,
commandText))    {
return ExecuteReader(command);
}
}

/// <summary>
/// <para>Executes the <paramref name="command"/> and returns an <see
cref="IDataReader"></see> through which the result can be read.
/// It is the responsibility of the caller to close the reader when
finished.</para>
/// </summary>
/// <param name="command">
/// <para>The command that contains the query to execute.</para>
/// </param>
/// <returns>
/// <para>An <see cref="IDataReader"/> object.</para>
/// </returns>
public virtual IDataReader ExecuteReader(DbCommand command)    {
    using (DatabaseConnectionWrapper wrapper = GetOpenConnection())    {
         PrepareCommand(command, wrapper.Connection);

         IDataReader realReader = DoExecuteReader(command, CommandBehavior.
Default);
         return CreateWrappedReader(wrapper, realReader);
     }
}


/// <summary>
/// All data readers get wrapped in objects so that they properly manage connections.
/// Some derived Database classes will need to create a different wrapper, so this
/// method is provided so that they can do this.
/// </summary>
/// <param name="connection">Connection + refcount.</param>
/// <param name="innerReader">The reader to wrap.</param>
/// <returns>The new reader.</returns>
protected virtual IDataReader CreateWrappedReader(DatabaseConnectionWrapper
connection, IDataReader innerReader)    {
            return new RefCountingDataReader(connection, innerReader);
```

```
}


/// <summary>
/// <para>Assigns a <paramref name="connection"/> to the <paramref
name="command"/> and discovers parameters if needed.</para>
/// </summary>
/// <param name="command"><para>The command that contains the query to
prepare.</para></param>
/// <param name="connection">The connection to assign to the command.</param>
protected static void PrepareCommand(DbCommand command,
DbConnection connection)    {
     if (command == null) throw new ArgumentNullException("command");
     if (connection == null) throw new ArgumentNullException("connection");

     command.Connection = connection;
}


IDataReader DoExecuteReader(DbCommand command,
CommandBehavior cmdBehavior)    {
      IDataReader reader = command.ExecuteReader(cmdBehavior);

      return reader;
}
```

28-9-2 關於.ExecuteDataSet()方法

您可以在安裝EntLib的目錄下，例如**C:\Program Files (x86)\EntLib50src\Blocks\Data\Src\Data\DataBase.cs**找到完整的原始碼。關於.ExecuteDataSet()方法，您可以找到另一個.LoadDataSet()與.DoLoadDataSet()，並在其中看見DataAdapter與.Fill()方法，這都是我們撰寫ADO.NET的SqlDataAdapter + Dataset會用上的。

```
/// <summary>
/// <para>Executes the <paramref name="commandText"/> interpreted as specified
by the <paramref name="commandType" /> and returns the results in a new <see
cref="DataSet"/>.</para>
/// </summary>
/// <param name="commandType">
/// <para>One of the <see cref="CommandType"/> values.</para>
/// </param>
/// <param name="commandText">
/// <para>The command text to execute.</para>
/// </param>
```

```
/// <returns>
/// <para>A <see cref="DataSet"/> with the results of the <paramref name=
"commandText"/>.</para>
/// </returns>
public virtual DataSet ExecuteDataSet(CommandType commandType, string
commandText)   {
    using (DbCommand command = CreateCommandByCommandType(commandType,
commandText))   {
return ExecuteDataSet(command);
    }
}


/// <summary>
/// <para>Executes the <paramref name="command"/> and returns the results in
a new <see cref="DataSet"/>.</para>
/// </summary>
/// <param name="command"><para>The <see cref="DbCommand"/> to execute.
</para></param>
/// <returns>A <see cref="DataSet"/> with the results of the <paramref name=
"command"/>.</returns>
public virtual DataSet ExecuteDataSet(DbCommand command)   {
    DataSet dataSet = new DataSet();
    dataSet.Locale = CultureInfo.InvariantCulture;
    LoadDataSet(command, dataSet, "Table");
    return dataSet;
}

/// <summary>
/// <para>Loads a <see cref="DataSet"/> from a <see cref="DbCommand"/>.
</para>
/// </summary>
/// <param name="command">
/// <para>The command to execute to fill the <see cref="DataSet"/>.</para>
/// </param>
/// <param name="dataSet">
/// <para>The <see cref="DataSet"/> to fill.</para>
/// </param>
/// <param name="tableNames">
/// <para>An array of table name mappings for the <see cref="DataSet"/>.
</para>
/// </param>
public virtual void LoadDataSet(DbCommand command, DataSet dataSet, string[]
tableNames)   {
    using (var wrapper = GetOpenConnection())   {
PrepareCommand(command, wrapper.Connection);
DoLoadDataSet(command, dataSet, tableNames);
```

```
    }
}


void DoLoadDataSet(IDbCommand command, DataSet dataSet, string[] tableNames)
{
    if (tableNames == null) throw new ArgumentNullException("tableNames");
    if (tableNames.Length == 0)    {
throw new ArgumentException(Resources.ExceptionTableNameArrayEmpty,
"tableNames");
    }
    for (int i = 0; i < tableNames.Length; i++)    {
if (string.IsNullOrEmpty(tableNames[i]))
throw new ArgumentException(Resources.ExceptionNullOrEmptyString, string.
Concat("tableNames[", i, "]"));
    }

    using (DbDataAdapter adapter = GetDataAdapter(UpdateBehavior.Standard))
{
((IDbDataAdapter)adapter).SelectCommand = command;

string systemCreatedTableNameRoot = "Table";
for (int i = 0; i < tableNames.Length; i++)    {
string systemCreatedTableName = (i == 0)
? systemCreatedTableNameRoot: systemCreatedTableNameRoot + i;

adapter.TableMappings.Add(systemCreatedTableName, tableNames[i]);
}
adapter.Fill(dataSet);
    }
}
```

28-10 DAAB與ADO.NET寫法的差異？

傳統的 ADO.NET 程式不外乎 DataReader（搭配 DBCommand）與 DataSet（搭配 DataAdapter）。要自己動手撰寫這兩者的後置程式碼，雖然不難寫但有兩種不同的寫法。

撰寫 ADO.NET 程式的時候，經常會用到 **Connection**、**Command**、**DataReader** 和 **DataAdapter** 物件，他們都是 .NET Framework 資料提供者模型的核心項目。下列表格說明這些物件。

物件	說明
Connection	**"建立連接（連線）"**至特定資料來源（例如：資料庫）。
Command	對資料來源 **"執行"命令**，尤其是SQL指令。
DataReader	從資料來源 **"讀取"「順向」且「唯讀」的資料流**。
DataAdapter （DataSet資料集）	將資料來源整個**填入（.Fill()方法）到 DataSet**。 或是把 DataSet **更新（.Update()方法）**之後的資料，回傳至資料來源。

（資料來源，以**MS SQL Server**為例）	**ADO.NET兩大物件的比較**	
	DataSet	**DataReader**
連接資料庫 （**Connection**）	（不需要，因為SqlDataAdapter會自動開啟連結，使用後自動關閉）	SqlConnection.Open()
執行**SQL**指令 **1. Select** **2. Delete/Update/Insert**	**SqlDataAdapter** (1) .Fill()方法 (2) .Update()方法	**SqlCommand** (1) .ExecuteReader()方法 (2) .ExecuteNonQuery()方法
改用**EntLib**的**DAAB**	寫法類似**DataReader** **.ExecuteDataSet()** **.UpdateDataSet()**	維持不變 **.ExecuteReader()** **.ExecuteNonQuery()**
資料指標 的移動	DataSet類似資料庫行為的資料快取。這些資料將存放在記憶體裡面，所以可以自由靈活地操作內部資料。	讀取資料時，只能「唯讀、順向（Forward）」的動作。 資料指標不可倒退（順向，只能前進）。
如何處理資料庫 與資料表？	可以處理複雜的資料庫關聯與多個DataTable、DataView。	透過使用者自訂的SQL指令來存取。 適合處理單一的資料表（但可透過SQL指令的Join來作關聯式資料表的查詢）。
消耗資源	較大	小，而且快速
分頁功能 （**Paging**）	有	無 （但可透過SQL指令作資料來源的分頁）

資料整理：本書作者，MIS2000 Lab.

如果改用 EntLib的DAAB，兩者的程式碼（撰寫方法）比較類似，對於初學者來說比較好上手。如果同一個案子的程式設計師良莠不齊，寫出程度高低不一的程式碼，不如統一透過EntLib的DAAB來存取資料庫，至少大家寫法一致，日後要維護也變得比較簡單（程式碼與寫法的可讀性高）。

28-11 深入剖析DAAB存取資料的方法

28-11-1 原廠文件下載

微軟的官方網站提供了許多PDF與說明檔，您可參閱官方的手冊與書籍（PDF電子書）來學習。上網搜尋關鍵字「EntLib 6.0」或是「**Developer's Guide to Microsoft Enterprise Library**」就能找到這本書籍的PDF檔，在Entlib官方網站的下載區（如下圖）也能找到。這是免費下載的電子書。

您也可以在Entlib的官方網站下載Hands-On Lab（範例）、Developer's Guide等等文件。下圖的最下方，EntLib 另有提供說明文件（副檔名.chm）也具參考價值。

提醒您！ EntLib 6.0這份Developer's Guide的PDF檔有推出第二版（2nd edition），但官方網站上仍提供舊版（Preview），您可以在本章範例裡面找到PDF檔。

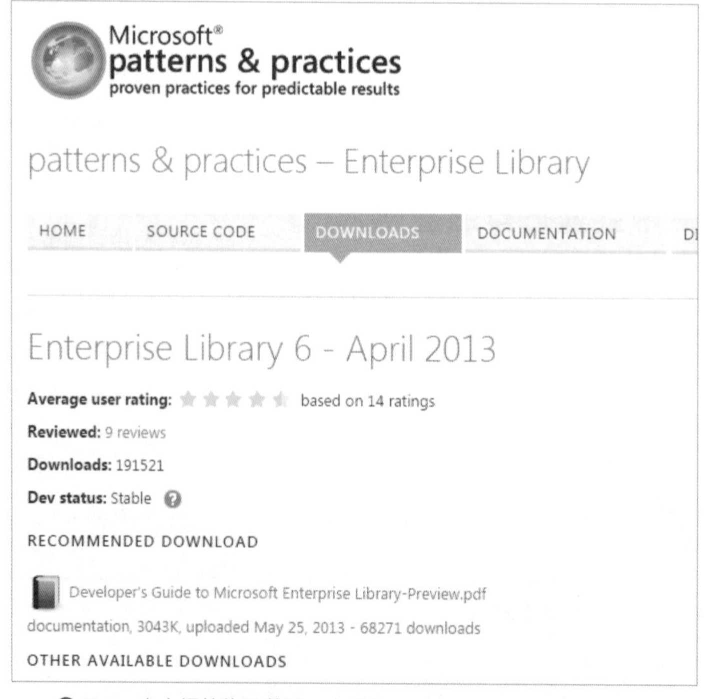

⊙ Entlib 官方網站的下載區，有很棒的 PDF 電子書與範例可觀摩

您也可以下載.chm說明檔，裡面有提供範例下載與程式碼。不過，記得要「解除封鎖」，詳見下圖。

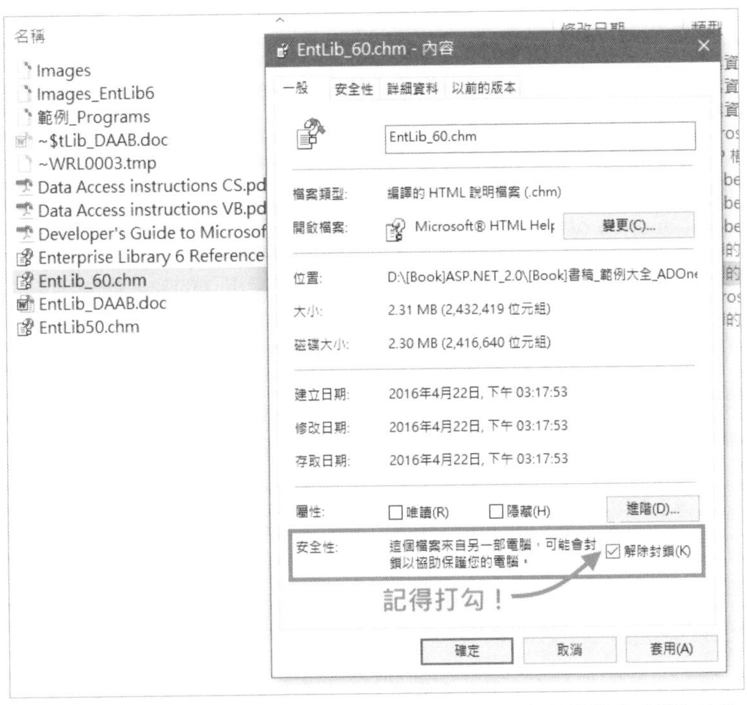

⊙ 下載 .chm 檔案後，第一次執行前，請按下滑鼠右鍵，針對此檔案「解決封鎖」

28-11-2 DAAB 操作資料的方法

下表列出支援EntLib的DAAB操作資料方式。後續會有專文為您解說。

任務	方法
在DataSet裡面進行.Fill()方法查詢記錄、與.Update方法做資料異動	• .ExecuteDataSet()方法。從DataSet裡面查詢、撈出記錄。 • .LoadDataSet()方法。在既有的DataSet裡面加入DataTable。 • .UpdateDataSet()方法。在既有的DataSet裡面異動資料庫，包含：新增、刪除、修改。
讀取多筆記錄（資料列）	• .ExecuteReader()方法。建立與傳回一個與資料提供者無關（Provider-independent）的DbDataReader實例。

任務	方法
執行命令（Command）	• **.ExecuteNonQuery() 方法**。執行命令並傳回影響了幾列記錄（資料列）。也會傳回輸出參數（output parameter）。 • **.ExecuteScalar() 方法**。執行命令並傳回單一結果（單一列的第一個欄位值），作法跟 DataReader 的方法相同。
把查詢、撈出的資料當成物件序列（a sequence of objects）	• **.ExecuteSprocAccessor() 方法**。預存程序（stored-procedure）執行之後，查詢（撈出）的物件序列，例如實作一個 IEnumerable 介面（interface）。 • **.ExecuteStringAccessor() 方法**。執行一段 T-SQL 指令（自己寫的）以後，查詢（撈出）的物件序列，例如實作一個 IEnumerable 介面（interface）。
查詢（撈出）XML 資料，只限 SQL Server 可用！	• **.ExecuteXmlReader() 方法**。經由 XmlReader 傳回 XML 元素（標籤）。提醒您，此方法是由 SqlDatabase 類別來定義而不是 Database 類別。 • 提醒您，只有 MS SQL Server 可以搭配。
建立命令（Command）	• **.GetStoredProcCommand() 方法**。執行**預存程序**並且傳回一個命令物件（Command Object）。 • **.GetSqlStringCommand() 方法**。執行一段 **T-SQL 指令**（**自己寫的**、或許有參數）以後，並且傳回一個命令物件（Command Object）。

使用命令參數	• **.AddInParameter() 方法**。新增一個輸入（input）參數並且加入命令的參數集合之中。
	
	// C# 語法。
	// 方法一：自己寫一段 SQL 指令。
	string sqlStatement = "SELECT * FROM OrderList WHERE State LIKE @state";
	using (DbCommand sqlCmd = db.**GetSqlStringCommand**(sqlStatement))
	{ // 加入參數。
	db.**AddInParameter**(sqlCmd, "state", DbType.String, "New York");
	using (IDataReader sqlReader = db.ExecuteReader(sqlCmd)) {
	//...... 省略 ....
	}
	}
	
	// 方法二：使用預存程序。
	using (DbCommand sprocCmd = db.**GetStoredProcCommand**(" 預存程序的名稱 "))

<table>
<tr><th>任務</th><th>方法</th></tr>
<tr><td></td><td>

```
{  // 加入參數。
   db.AddInParameter(sprocCmd, "state",
   DbType.String, "New York");
   using (IDataReader sprocReader =
   db.ExecuteReader(sprocCmd))    {
      //...... 省略 ....
   }
}
```

<ul>
<li>.AddOutParameter() 方法。新增一個輸出（output）參數並且加入命令的參數集合之中。</li>
<li>.AddParameter() 方法。新增一個參數，您需要自訂型態、方向（輸入或是輸出），並且加入命令的參數集合之中。</li>
<li>.GetParameterValue() 方法。傳回參數值，以物件型態傳回。</li>
<li>.SetParameterValue() 方法。設定一個參數的值。</li>
</ul>
</td></tr>
<tr><td>透過交易（transaction）</td><td>.CreateConnection() 方法。建立並傳回一個資料庫連結（connection），讓您可以透過這個連結去初始化、管理資料庫交易。</td></tr>
</table>

資料來源：微軟官方文件

你可以從上面列表中的Data Access block看到，幾乎支持關聯式資料庫的各種常見的情況。每個資料存取方法都有幾個多載（overload），目的就是希望簡化它們的使用與進行整合。必要時也可以與現有的資料進行交易（transaction）。

在一般情況下，你應該基於以下準則來作**多載（overload）**：

- 接受ADO.NET的**DbCommand物件**來進行多載（記得宣告System.Data.Common命名空間），可以提供了最大的彈性和控制每個方法。
- 接受一個**預存程序（stored procedure）的名稱**和一連串值的集合來作為多載。當您的應用程式呼叫這段預存程序時，可以當成預存程序的「參數值（parameter value）」來使用。
- 透過**CommandType**的值和一段字串，可以用來區別這段命令是（不需要任何參數的）預存程序、或是自己手寫的一段T-SQL指令（例如CommandType.Text）。

```
// C# 語法。使用預存程序。
using (IDataReader reader = db.ExecuteReader("預存程序的名稱"))    {
   // Use the values in the rows as required.
}

// C# 語法。自己寫 SQL 指令（字串）。
using (IDataReader reader = db.ExecuteReader(CommandType.Text,
"SELECT * FROM test"))    {
   // Use the values in the rows as required.
}
```

- 可以用來作資料庫「交易（transaction）」。
- 如果使用 **SqlDatabase 類型（type）**，您可以執行多個常見方法，例如透過 **Begin 與 End 開頭**的方法來作非同步（asynchronously，中國大陸稱為"異步"）執行。**作者註解** 通常是.NET 2.0的"非同步"才會這樣寫，.NET 4.5起的"非同步"作法比較簡單一些，本書另有專文說明。

  使用非同步時，請在DB連結字串或是Web.Config的<connectionStrings>裡面加上這段「Asynchronous Processing=true;」或是縮寫成「async=true」。

```
VB 語法。   Dim db As SqlDatabase = New SqlDatabase("資料庫的連結字串")
C# 語法。   SqlDatabase db = new SqlDatabase("資料庫的連結字串");
```

- 您可以使用 **Database 類別（class）來創建一個 Accessor 實例**，並執行資料存取。可以是同步處理，也可以非同步來進行。傳回的值可以是一系列的物件，或是使用LINQ來處理。

下面的寫法就是把預存程序的傳回值當成一個物件陣列（Object Array）來接收。

```
using (IDataReader reader = defaultDB.ExecuteReader("預存程序的名稱", new
object[] { "Colorado" }))    {
    // Use the values in the rows as required - here we are just displaying
them.
}

// 您可以在這個物件陣列裡面，逐一使用每一個欄位（屬性），成果如下：
   Id = 12
   Status = DRAFT
   CreatedOn = 01/12/2015 10:52:13
   Name = Adjustable Race
   LastName = Gater
   FirstName = Bilson
   ShipStreet = 123 Elm Street
```

```
ShipCity = Denver
ShipZipCode = 12345
ShippingOption = Two-day shipping
State = Colorado

Id = 13
Status = DRAFT
CreatedOn = 03/22/2015 11:18:36
Name = All-Purpose Bike Stand
LastName = Johnson
FirstName = Mary
ShipStreet = 321 Cedar Court
ShipCity = Denver
ShipZipCode = 12345
ShippingOption = One-day shipping
State = Colorado
```

28-12 建立與執行Accessor，以「物件」傳回資料

對於使用DTOs（Data Transfer Objects）來處理應用程式層（Application Layer）傳回的資料，您會用到O/RM（Object Relational Mapping）技術。

所謂的O/RM就是將關聯式資料庫對應到資料抽象化（物件導向、OOP）。將資料庫的內容當成物件，程式設計師可以用物件的方式來操作資料庫，而不用直接撰寫T-SQL語法對資料庫進行資料存取。程式設計師不管底層的資料庫系統是哪種廠牌，不管是MS SQL Server或是Oracle都可以用同一套語法去存取資料庫。因為程式設計師沒有直接接觸、處理、操作實體資料庫，所以哪天更換了資料庫，也不用修改程式碼，大幅降低了程式與資料庫之間的耦合關係。微軟的LINQ、EF、ObjectDataSource控制項都希望可以作到這個地步。

DAAB提供了兩種核心類別來表現這種查詢，在**Database類別**裡面您可以使用這兩種方法：

- **ExecuteSprocAccessor()方法**。預存程序（stored-procedure）執行之後，查詢（撈出）的物件序列，例如實作一個IEnumerable介面（interface）。
- **.ExecuteStringAccessor()方法**。執行一段T-SQL指令（自己寫的）以後，查詢（撈出）的物件序列，例如實作一個IEnumerable介面（interface）。

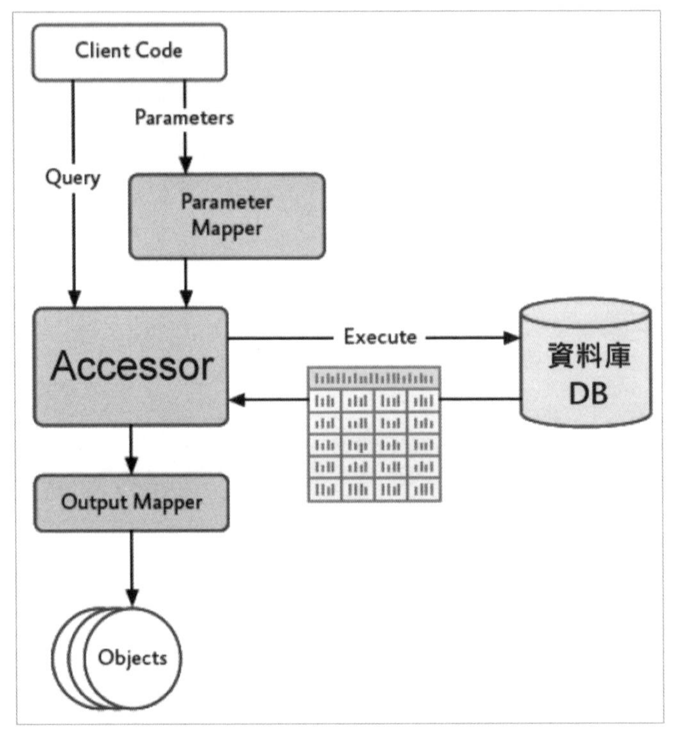

Data Accessor 與相關型態

Accessor會依照**MS SQL Server或Oracle資料庫**的預存程序來「自動」處理參數，自動完成映射、對應（mapping）。其他資料庫就不敢保證可以自動映射，您最好自訂參數映射（custom parameter mapper）來處理之，可以參閱MapBuilder類別或是實作IResultSetMapper介面。

如果您沒有定義輸出映射（output mapper），DAAB會使用預設的map builder類別來處理欄位名稱、傳回的物件屬性等等。因為這些映射會影響（拖累）執行效能，建議您最好建立自己專屬、自己定義的參數映射來處理，可以加快處理速度。

```
// Create an object array and populate it with the required parameter values.
object[] paramArray = new object[] { "%bike%" };

// 事先已經建立一個類別（class）名為 Product。並有三個屬性：
// 分別是 ID，Name 與 Description 屬性。
// 下面程式表示：使用預設的參數與輸出映射（output mapping）
var productData = db.ExecuteSprocAccessor<Product>("GetProductList",
paramArray);
```

```
    // 使用 LINQ。Perform a client-side query on the returned data.
    // 重點！底下的排序（Orderby）與條件過濾（where）都是在程式裡面進行並非在資料庫處
    理！
    var results = from productItem in productData
                  where productItem.Description != null
                  orderby productItem.Name
                  select new { productItem.Name, productItem.Description };

foreach (var item in results)   {
    Response.Write("產品名稱：{0} <br>", item.Name);
    Response.Write ("說明與描述：{0} <br>", item.Description);
}

// 執行成果如下：
    產品名稱：All-Purpose Bike Stand
    說明與描述：Perfect all-purpose bike stand for working on your bike at home.
    Quick-adjusting clamps and steel construction.

    產品名稱：Bike Wash - Dissolver
    說明與描述：Washes off the toughest road grime; dissolves grease, environmentally
    safe. 1-liter bottle.

    產品名稱：Hitch Rack - 4-Bike
    說明與描述：Carries 4 bikes securely; steel construction, fits 2" receiver hitch.
```

預設的情況下，Accessor會產生一個簡單的、單一型態的物件序列，在上述範例裡面就是「Product」類別。如果您要傳回一個**比較複雜的物件**，例如傳回一系列的Orders物件而且要跟OrderLines物件相互關聯。那麼，簡單的輸出映射就沒法（自動）表達這樣的邏輯。

建議您使用**MapBuilder類別**來作（位於Microsoft.Practices.EnterpriseLibrary.Data Namespace命名空間）。您可以透過**IResultMapper介面**建立一個結果集映射（result set mapper）。您自訂的資料列（記錄）mapper將會包含一個.MapSet()方法，可以接收一個實作IDataReader介面的物件。

.MapSet()方法可以讀取Data Reader傳來的所有資料，並傳回您想要的物件序列（sequence of object）。

- 參數類型：System.Data.IDataReader。
- 傳回值：IEnumerable<TResult>或是VB的IEnumerable(Of TResult)。

28-13 接收XML資料，僅限MS SQL Server使用

要使用.ExecuteXmlReader()方法，跟以前ADO.NET DataReader類似，重點如下：

- T-SQL指令需要加上FOR XML AUTO。
- 此方法「只」能搭配微軟的SQL Server資料庫。

```
SqlDatabase db = EnterpriseLibraryContainer.Current.GetInstance<Database>()
as SqlDatabase;

string xmlQuery = "SELECT * FROM OrderList WHERE State = @state FOR XML AUTO";
// MS SQL Server 用來產生 XML 的指令

// Create a suitable command type and add the required parameter
using (DbCommand xmlCmd = db.GetSqlStringCommand(xmlQuery))
{
   xmlCmd.Parameters.Add(new SqlParameter("state", "Colorado"));  // 參數

   // 重點！！ .ExecuteXmlReader() 方法僅能用於 MS SQL Server
   using (XmlReader reader = db.ExecuteXmlReader(xmlCmd))    {
      while (!reader.EOF)  {
         if (reader.IsStartElement())
            Response.Write(reader.ReadOuterXml());
      }
   }
}

// 執行成果如下：
   <OrderList Id="12" Status="DRAFT" CreatedOn="2009-02-01T11:12:06"
   Name="Adjustable
   Race" LastName="Gater" FirstName="Bilson" ShipStreet="123 Elm Street"
   ShipCity="Denver" ShipZipCode="12345" ShippingOption="Two-day shipping"
   State="Colorado" />

   <OrderList Id="13" Status="DRAFT" CreatedOn="2009-02-03T01:12:06"
   Name="All-Purpose
   Bike Stand" LastName="Johnson" FirstName="Mary" ShipStreet="321 Cedar Court"
   ShipCity="Denver" ShipZipCode="12345" ShippingOption="One-day shipping"
   State="Colorado" />
```

28-14 取得單一純量的值，Scalar Value

.ExecuteScalar()方法在ADO.NET的DataReader也常用到，在此用法也如出一轍。通常用來搭配SQL指令的函式，例如Count、SUM或是AVG等等。

.ExecuteScalar()方法只會傳回第一列的第一個欄位（值），所以不需要使用容器（DataReader or DataTable）來承接，也不需要迴圈逐筆列出。下面的寫法跟以前DataReader學到的差不多。

```
//...... 一開始的 DB 連線，暫時省略 ......
// 方法一，自己撰寫 T-SQL 指令。
   using (DbCommand sqlCmd = db.GetSqlStringCommand("SELECT [Name] FROM
   States"))  {
      Response.Write(" 方法一的結果 : {0}",db.ExecuteScalar(sqlCmd).ToString());
   }


// 方法二，使用預存程序。
   using (DbCommand sprocCmd = db.GetStoredProcCommand(" 預存程序的名稱 "))  {
      Response.Write("<br> 方法二的結果 : {0}",
      db.ExecuteScalar(sprocCmd).ToString());
   }

// 執行成果如下：
   方法一的結果 : Alabama
   方法二的結果 : Alabama
```

MEMO

29 CHAPTER LINQ 與 ADO.NET

一直以來，資料庫與商業程式（不管是Windows或Web）都寫得好好的，程式加上T-SQL指令不也用了幾十年嗎？幹嘛打掉重練，出現新的LINQ（Language-Integrated Query）呢？......簡單說明如下：現今許多商務程式開發人員必須使用兩種以上的程式語言：適用於商務邏輯層（BLL）與畫面展示層的高階語言（如：C#或VB）以及與資料庫互動的查詢語言（如Transact-SQL）。

```
//-- C# 語法 --
using System.Data;    // 自己加入與宣告命名空間
using System.Data.SqlClient;    // 搭配 MS SQL Server 資料庫

protected void Page_Load(object sender, EventArgs e)    {
   SqlConnection Conn = new SqlConnection(" 資料庫連接字串 ");
   Conn.Open();    //---- (1), 連結 DB

   SqlCommand cmd = new SqlCommand(" select * from test", Conn);
   SqlDataReader dr = cmd.ExecuteReader();
   //---- (2), 執行 SQL 指令，取出資料

   while(dr.Read())    //---- (3). 資料繫結（資料綁定）
      Response.Write(dr[" 欄位名稱 "] + "<br>");

   cmd.Cancel();    //---- (4). 釋放資源，關閉資料庫的連結。
   dr.Close();
   Conn.Close();
}
```

以上面的範例來說，開發人員必須精通許多語言才能開發系統，而且在開發環境中會出現語言不符的情況。

- C#或VB程式語言裡面突然出現「DB連結字串」？而且出現T-SQL指令，跟我使用的程式語法天差地別，很突兀。
- 使用資料存取 API查詢資料庫的應用程式（如T-SQL指令），通常使用單引號（'）將查詢指定成字串常值（String Literal）。一般程式語言對於字串則是使用雙引號（"）。

- 編譯器（Compiler）無法讀取資料庫的T-SQL指令，而且不會檢查T-SQL指令是否有錯誤？如：語法無效、或它所參考的資料行（欄位）或這筆資料列（記錄）是否實際存在？。
- 系統無法提供查詢「參數（Parameter）」的型別檢查。不支援Visual Studio的IntelliSense（IDE開發工具裡面的智慧選字）。
- C#程式碼 dr["欄位名稱"] 的欄位名稱是一個字串，用雙引號（"）框起來。如果您將欄位名稱打錯字，開發工具與編譯器無法給您警示，必須等到執行時（run-time）才知道錯誤。

Language-Integrated Query（LINQ）可讓開發人員在其應用程式程式碼中撰寫**以「集合」為基礎**的查詢，而不需要使用與程式語法不同的查詢語言（如T-SQL指令）。您可以針對各種可列舉的資料來源（可實作 IEnumerable介面的資料來源）撰寫 LINQ查詢，而這些資料來源包括記憶體中資料結構、XML文件、SQL資料庫和 DataSet物件。雖然這些可列舉的資料來源是以各種不同的方式實作，但是它們全部都會公開（Expose）相同的語法和語言建構。

由於您可以用程式語言"本身"來撰寫查詢，因此"不需要"使用另一種查詢語言（如T-SQL指令），進而內嵌為編譯器無法瞭解或驗證的字串常值。此外，將查詢整合至程式語言裡面，好處是會透過提供編譯時期型別與語法檢查、以及Visual Studio開發工具的IntelliSense。這些功能會減少查詢偵錯和錯誤修正的需要，並提升程式設計師的產能。

將資料從"SQL資料表"傳輸至"記憶體"裡面的物件（如DataSet的運作），通常很費時而且容易產生錯誤。由 LINQ to DataSet和 LINQ to SQL所實作的 LINQ提供者（Provider）會將來源資料轉換成**以 IEnumerable為基礎**的物件集合。當您查詢和更新時，程式設計人員永遠會將資料視為 IEnumerable 集合。LINQ針對這些集合撰寫查詢，可獲得Visual Studio完整的 IntelliSense支援。

有三種不同的 ADO.NET Language-Integrated Query（LINQ）技術：LINQ to DataSet、LINQ to SQL和 LINQ to Entities。

- **LINQ to DataSet**會提供更豐富且最佳化的 DataSet查詢。

  DataSet是用來建立 ADO.NET之「可中斷連接、非長期連線」程式設計模型的重要項目，而且廣為業界所使用。LINQ to DataSet可讓開發人員使用適用於許多其他資料來源的相同查詢編寫機制，在 DataSet中建立更豐富的查詢功能。

- **LINQ to SQL** 可讓您直接查詢 SQL Server資料庫結構描述(Database Schema)。

  對於不需要對應至概念模型的開發人員而言，LINQ to SQL是很有用的工具。透過 LINQ to SQL可直接在現有的資料庫結構描述上使用 LINQ程式設計模型。LINQ to SQL可讓開發人員產生代表資料的 .NET Framework類別。然後，這些產生的類別會直接對應至資料庫的資料表、檢視（View）、預存程序（Stored Procedure）和使用者定義函式，而非對應至概念性資料模型。

  開發人員就可以使用與記憶體中集合和 DataSet（以及 XML等其他資料來源）相同的 LINQ程式設計模式，直接針對儲存結構描述撰寫程式碼。

- **LINQ to Entities** 可查詢實體資料模型（EDM）。

  目前大部分應用程式都是根據關聯式資料庫所撰寫而成。同時，這些應用程式將必須與關聯式格式表示的資料互動。但是，資料庫結構描述不一定適合建立應用程式，而且應用程式的概念模型與資料庫的邏輯模型有所不同。實體資料模型（Entities Data Module）是可用於針對特定定義域資料建立模型的概念資料模型，讓應用程式能夠將資料當做物件（Object）進行互動。

  透過實體資料模型，關聯式資料會公開為 .NET 環境內的物件。如此一來，物件層就成為理想的 LINQ支援目標，讓程式開發人員可以根據用於建置商務邏輯的語言，針對資料庫編寫查詢。

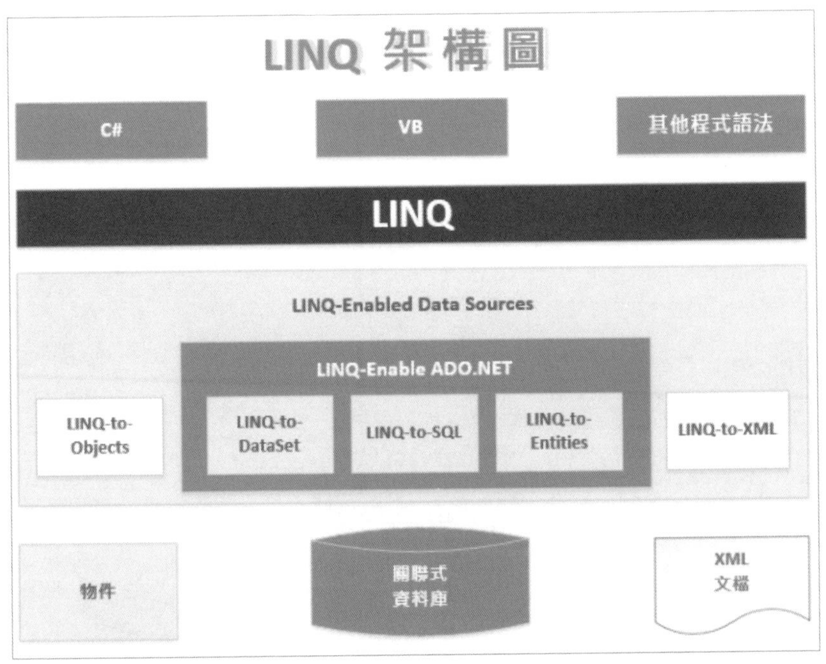

ADO.NET LINQ 技術如何與高階程式語言、啟用 LINQ 資料來源之關聯

29-1 LINQ-to-DataSet

LINQ to DataSet會提供更豐富且最佳化的 DataSet查詢。DataSet是用來建立 ADO.NET之「可中斷連接、非長期連線」程式設計模型的重要項目，而且廣為業界所使用。LINQ to DataSet可讓開發人員使用適用於許多其他資料來源的相同查詢編寫機制，在 DataSet中建立更豐富的查詢功能。

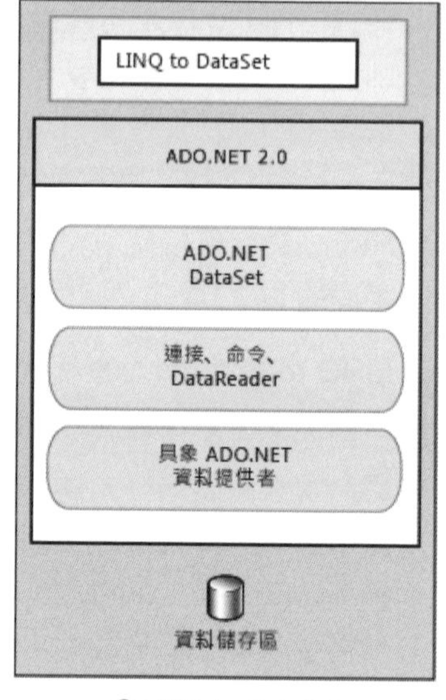

⊙ LINQ-to-DataSet
（圖片來源：微軟 Microsoft Docs 網站（前 MSDN 網站））

29-1-1 將數據載入DataSet

DataSet物件必須先填入（Populate）資料，然後才能使用 LINQ to DataSet查詢它。例如，可以用 LINQ to SQL查詢資料庫並將結果載入 DataSet、或是將資料載入 DataSet（下面的範例將解說此方法），再使用 DataAdapter類別從資料庫中擷取資料。

```
//-- C# 語法 - 使用 SQL 2005 起的 AdventureWorks OLTP 範例資料庫
using System.Data;
using System.Data.SqlClient;    // 搭配 MS SQL Server 資料庫

protected void Page_Load(object sender, EventArgs e)    {
    string Conn = "DB 連結字串";
    // 五句 SQL 指令之間，用分號（;）分隔。
    SqlDataAdapter da = new SqlDataAdapter("SELECT SalesOrderID, ContactID,
    OrderDate, OnlineOrderFlag, TotalDue, SalesOrderNumber, Status,
    ShipToAddressID, BillToAddressID FROM Sales.SalesOrderHeader
    WHERE DATEPART(YEAR, OrderDate) = @year; " +

        "SELECT d.SalesOrderID, d.SalesOrderDetailID, d.OrderQty,
                d.ProductID, d.UnitPrice
```

```
        FROM Sales.SalesOrderDetail d
        INNER JOIN Sales.SalesOrderHeader h
        ON d.SalesOrderID = h.SalesOrderID
        WHERE DATEPART(YEAR, OrderDate) = @year; " +

        "SELECT p.ProductID, p.Name, p.ProductNumber, p.MakeFlag,
                p.Color, p.ListPrice, p.Size, p.Class, p.Style, p.Weight
        FROM Production.Product p; " +

        "SELECT DISTINCT a.AddressID, a.AddressLine1, a.AddressLine2,
                         a.City, a.StateProvinceID, a.PostalCode
        FROM Person.Address a
        INNER JOIN Sales.SalesOrderHeader h
        ON a.AddressID = h.ShipToAddressID OR a.AddressID =
    h.BillToAddressID
        WHERE DATEPART(YEAR, OrderDate) = @year; " +

        "SELECT DISTINCT c.ContactID, c.Title, c.FirstName, c.LastName,
                         c.EmailAddress, c.Phone
        FROM Person.Contact c INNER JOIN Sales.SalesOrderHeader h
        ON c.ContactID = h.ContactID
        WHERE DATEPART(YEAR, OrderDate) = @year;", Conn);

    // Add table mappings. 參數
    da.SelectCommand.Parameters.AddWithValue("@year", 2002);

    // 共有五個 DataTable，並各自命名
    // 提供來源資料表和 DataTable 之間主要對應的集合。

      da.TableMappings.Add("Table", "SalesOrderHeader");
      // 第一個參數的名字是保留字，預設為 Table。後續則是「Table+ 數字」。如果亂取名字或
      是數字編號有誤，就無法執行。

      da.TableMappings.Add("Table1", "SalesOrderDetail");
      da.TableMappings.Add("Table2", "Product");
      da.TableMappings.Add("Table3", "Address");
      da.TableMappings.Add("Table4", "Contact");
                                       // 第二個參數，DB 的資料表名稱

    da.Fill(ds);    // 將五個 DataTables 放入 DataSet 裡面

    // 加入 DataTables 之間的關聯（訂單主檔與明細檔）
    DataTable orderHeader = ds.Tables["SalesOrderHeader"];
    DataTable orderDetail = ds.Tables["SalesOrderDetail"];
    DataRelation order = new DataRelation("SalesOrderHeaderDetail",
    orderHeader.Columns["SalesOrderID"], orderDetail.Columns["SalesOrderID"],
true);
    ds.Relations.Add(order);
```

```
    // 加入 DataTables 之間的關聯（訂單主檔與 Contact 資料表）
    DataTable contact = ds.Tables["Contact"];
    DataTable orderHeader2 = ds.Tables["SalesOrderHeader"];
    DataRelation orderContact = new DataRelation("SalesOrderContact",
       contact.Columns["ContactID"], orderHeader2.Columns["ContactID"], true);
    ds.Relations.Add(orderContact);
}
```

29-1-2 查詢DataSet，單一資料表

執行LINQ查詢，必須在實作 IEnumerable<T>介面的資料來源上。由於 DataTable類別不實作任何一種介面，因此如果您想要在 LINQ查詢的 From子句中使用 DataTable當做來源，就必須呼叫 .AsEnumerable()方法。

```
//-- C# 語法 - 使用 SQL 2005 起的 AdventureWorks 範例資料庫
    DataSet ds = new DataSet();
    ds.Locale = CultureInfo.InvariantCulture;
    FillDataSet(ds);

    DataTable orders = ds.Tables["SalesOrderHeader"];

    var query = from order in orders.AsEnumerable()
        where order.Field<bool>("OnlineOrderFlag") == true
        select new  {
            SalesOrderID = order.Field<int>("SalesOrderID"),
            OrderDate = order.Field<DateTime>("OrderDate"),
            SalesOrderNumber = order.Field<string>("SalesOrderNumber")
        };

    foreach (var onlineOrder in query)   {
       Response.Write("Order ID: {0} Order date: {1:d} Order number: {2}",
    onlineOrder.SalesOrderID, onlineOrder.OrderDate,
    onlineOrder.SalesOrderNumber);
}
```

重點說明

- 上述 LINQ程式碼（C#語法）where **order.Field<bool>("OnlineOrderFlag") == true**

  （VB語法）Where **order.Field(Of Boolean)("OnlineOrderFlag") = True**

  在OnlineOrderFlag設定為 true的情況下，LINQ的Where子句會根據條件來篩選序列。Select運算子會配置並傳回擷取傳遞給運算子之引數的可列舉物件。在上述範例中，匿名型別是使用三個屬性建立的：SalesOrderID、OrderDate

和 SalesOrderNumber。這三個屬性的值分別是 SalesOrderHeader 資料表中 SalesOrderID、OrderDate 和 SalesOrderNumber 資料行（欄位）的值。

- 上述 LINQ 程式碼（C# 語法）

```
select new {
    SalesOrderID = order.Field<int>("SalesOrderID"),
    OrderDate = order.Field<DateTime>("OrderDate"),
    SalesOrderNumber = order.Field<string>("SalesOrderNumber")
  };
```

foreach 迴圈會列舉 LINQ 的 Select 所傳回的 "可列舉物件" 並產生查詢結果。由於查詢是實作 C# 的 IEnumerable<T>、VB 的 IEnumerable(Of T) 之 Enumerable 型別，因此查詢的評估會延後，直到使用 foreach 迴圈來反覆查看查詢變數為止。延後的查詢評估允許將查詢保留成可多次評估的值，而且每次可能會產生不同的結果。

- **.Field() 方法和 .SetField() 方法**

.Field() 方法可讓您存取 DataRow 的資料行（欄位）值而 .SetField() 方法（本範例沒用到）會設定 DataRow 中的資料行（欄位）值。由於 .Field() 方法和 .SetField() 方法都會處理「可以 Null」的型別，因此您不需要明確檢查是否有 Null 值。

此外，這兩種方法都是泛型方法，您不需要轉型傳回型別。雖然您可以使用 DataRow 中的現有資料行（欄位）存取子，如 o["OrderDate"]，但是這樣做就必須將傳回物件轉型為適當的型別。如果資料行（欄位）可為 Null，您就必須使用 .IsNull() 方法來檢查資料行（欄位）的值是否為 Null。

請注意，.Field() 方法和 .SetField() 方法之泛型參數 T 指定的資料型別必須與基礎值的型別相符，否則系統將擲回 InvalidCastException 例外狀況。此外，指定的資料行（欄位）名稱也必須與 DataSet 中的資料行（欄位）名稱相符，否則系統將擲回 ArgumentException 例外狀況。

29-1-3 查詢 DataSet，多資料表，Join 與 Groupjoin

LINQ 提供兩個聯結運算子：Join 和 GroupJoin 來執行「等聯結（Equi-Join）」。只有在索引鍵相等時，才比對兩個資料來源的聯結。相較之下，T-SQL 指令支援 equals 以外的聯結運算子，例如 less than 運算子。

在關聯式資料庫 T-SQL 中，**Join** 實作內部聯結（Inner Join）。內部聯結是一種聯結類型，而這種聯結只會傳回在相對資料集內部具有相符項目的物件。

GroupJoin 運算子在關聯式資料庫T-SQL中就"沒有"直接的對等項目，而且它們會實作內部聯結和左外部聯結（Left Outer Join）的超集合。左外部聯結是指傳回第一個（左）集合之每個項目的聯結，即使它在第二個集合中沒有相互關聯的項目也一樣。

```
//-- C#語法 - 使用SQL 2005起的 AdventureWorks範例資料庫
    DataSet ds = new DataSet();
    ds.Locale = CultureInfo.InvariantCulture;
    FillDataSet(ds);

    DataTable orders = ds.Tables["SalesOrderHeader"];
    DataTable details = ds.Tables["SalesOrderDetail"];

    var query = from order in orders.AsEnumerable()
        join detail in details.AsEnumerable()
        on order.Field<int>("SalesOrderID") equals          detail.
    Field<int>("SalesOrderID")
        where order.Field<bool>("OnlineOrderFlag") == true
        && order.Field<DateTime>("OrderDate").Month == 8
        select new {
            SalesOrderID = order.Field<int>("SalesOrderID"),
            SalesOrderDetailID = detail.Field<int>("SalesOrderDetailID"),
            OrderDate = order.Field<DateTime>("OrderDate"),
            ProductID = detail.Field<int>("ProductID")
        };

    foreach (var order in query)    {
        Response.Write("{0}\t{1}\t{2:d}\t{3}", order.SalesOrderID,
            order.SalesOrderDetailID, order.OrderDate, order.ProductID);
}
```

29-1-4 查詢具型別（Typed）DataSet

如果在應用程式設計階段中便已知 DataSet的結構描述，我們建議您在使用 LINQ to DataSet時使用具型別（Typed）DataSet。

具型別DataSet 是衍生自 DataSet的類別。繼承了 DataSet所有的方法、事件和屬性。此外，具型別DataSet 會提供強型別（Strongly Typed）方法、事件和屬性。您可以依照名稱存取資料表和資料行（欄位），而不需要使用以集合為基礎的方法。這讓查詢更簡單且更方便讀取。

LINQ to DataSet也支援查詢具型別 DataSet。使用具型別 DataSet時，您不需要使用泛型 .Field()方法或 .SetField()方法來存取資料行資料。系統會在編譯時期提供屬性名稱，因為型別資訊包含在 DataSet 中。LINQ to DataSet 可讓您存取資料行（欄位）值當做正確的型別，如此一來您就能在編譯程式碼時攔截類型不符的錯誤，而不必等到執行階段。

```
//-- C# 語法 - 使用 SQL 2005 起的 AdventureWorks 範例資料庫
  var query = from o in orders
              where o.OnlineOrderFlag == true
              select new { o.SalesOrderID,
                           o.OrderDate,
                           o.SalesOrderNumber };

  foreach(var order in query)  {
    Response.Write ("{0}\t{1:d}\t{2}", order.SalesOrderID, order.OrderDate,
  order.SalesOrderNumber);
  }
```

開始查詢具型別 DataSet 之前，您必須使用 Visual Studio 中的 DataSet 設計工具來產生此類別。

- 使用 Windows Form 的開發者，如果 XML 結構描述是採用 XML 結構描述定義語言（XSD）標準進行編譯，則可以使用 Windows Software Development Kit（SDK）所提供的 XSD.exe 工具產生強型別 DataSet。
- 使用 ASP.NET Web Form 的開發者，在您的網站或專案中，「加入新項目」並選擇「資料集（DataSet）」，操作的方式如同 ASP.NET Web Form 的 ObjectDataSource 控制項，如下圖的連續說明。

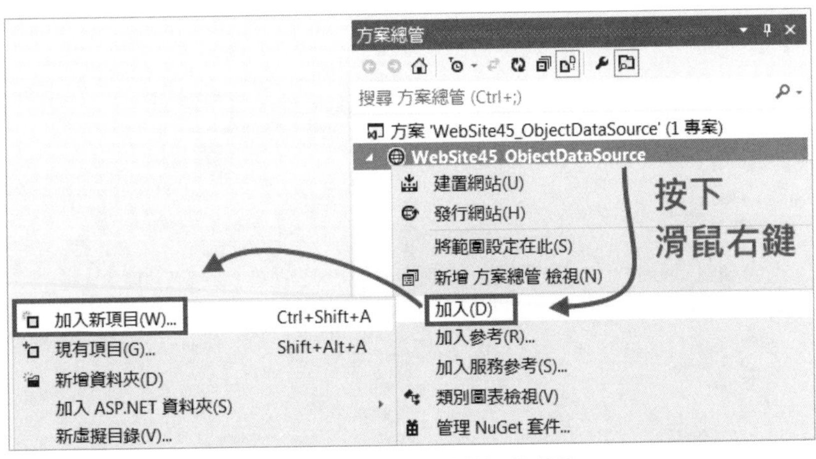

▲ 在網站或專案中，新增一個項目

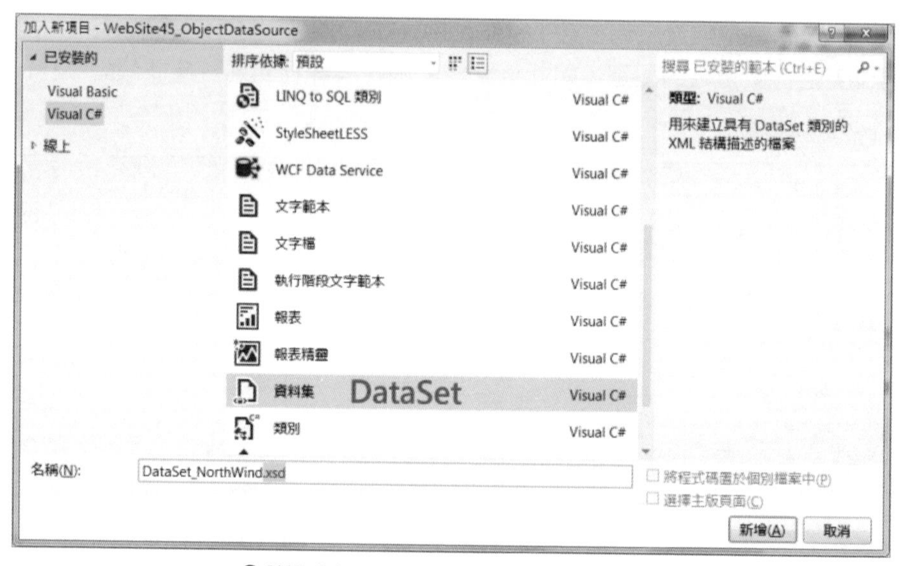

⊙ 請選「資料集（DataSet）」，副檔名為 .xsd

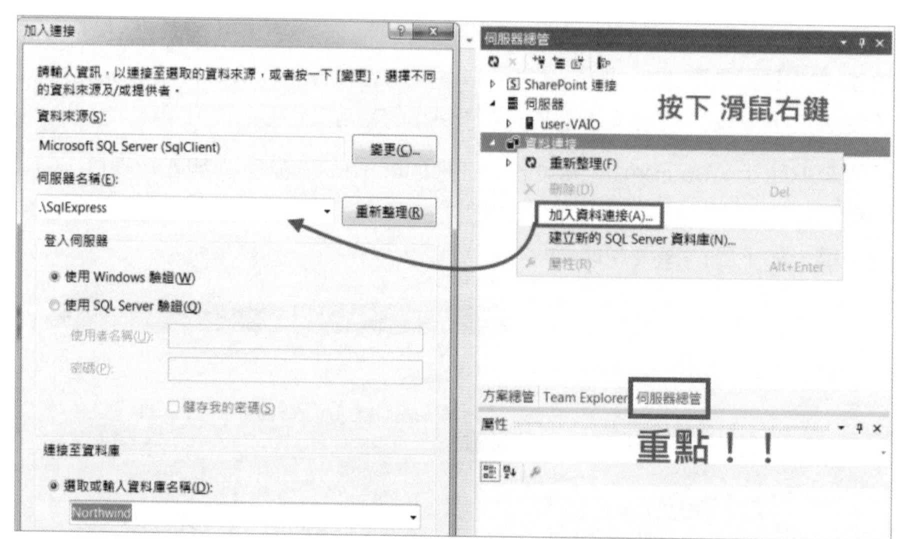

⊙ 請到 Visual Studio 畫面右上方，轉換至「伺服器總管」新增資料庫的連結

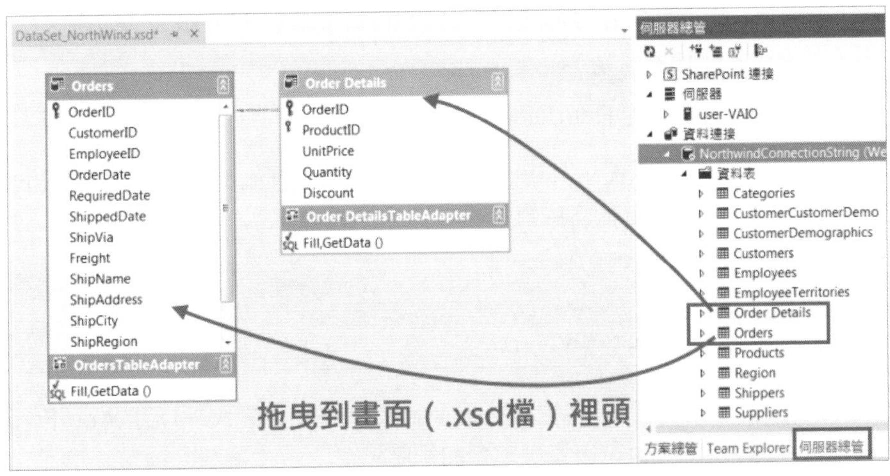

▲ 資料庫連結成功以後，把您需要的資料表逐一拉到畫面裡面（.xsd 檔中央）

29-1-5 建立 DataView

LINQ 針對 DataSet 建立複雜且功能強大的查詢。但是，LINQ to DataSet 查詢會傳回 DataRow 物件的列舉值，而這對 DataBinding（資料繫結）較不好用。若要使繫結動作更簡易，您可以從 LINQ to DataSet 建立 DataView。

雖然 DataView 使用查詢中指定的篩選和排序方式，但是較適合 DataBinding（資料繫結）。LINQ to DataSet 擴充了 DataView 的功能並提供 LINQ 運算式的篩選和排序功能，如此便能完成比字串類篩選和排序更複雜、更強大的篩選和排序作業。

只有下列查詢運算子可用來建立 DataView 的查詢：

- Cast(Of TResult)
- OrderBy
- OrderByDescending
- Select(Of TRow, S)。請注意！當 DataView 是從 LINQ to DataSet 查詢所建立起來的 .Select(Of TRow, S) 方法必須是查詢中「最後才被呼叫」的方法。
- ThenBy
- ThenByDescending
- Where(Of TRow)

目前有兩種方式可以在 LINQ to DataSet 內容中建立 DataView。

■ 從 DataTable 的 LINQ to DataSet 查詢中建立 DataView（簡易範例如下，透過 .AsDataView() 擴充方法）。

■ 從具型別或不具型別的 DataTable 中建立 DataView。

在這兩種情況中，您可以使用其中一個 .AsDataView() 擴充方法來建立 DataView。您無法在 LINQ to DataSet 內容中直接建構 DataView。

```
//-- C# 語法 - 使用 SQL 2005 起的 AdventureWorks 範例資料庫
DataTable orders = dataSet.Tables["SalesOrderHeader"];
DataView view = query.AsDataView();
```

在您建立 DataView 之後就可將它繫結至 Windows Form 或 ASP.NET Web Form 應用程式中的 UI 控制項，也可以變更篩選和排序設定。

```
//-- C# 語法 - 使用 SQL 2005 起的 AdventureWorks 範例資料庫
    DataTable orders = dataSet.Tables["SalesOrderHeader"];

    // 從 DataTable 的 LINQ to DataSet 查詢中建立 DataView
    EnumerableRowCollection<DataRow> query =
        from order in orders.AsEnumerable()
        where order.Field<bool>("OnlineOrderFlag") == true
        orderby order.Field<decimal>("TotalDue")
        select order;

    DataView view = query.AsDataView();
    GridView1.DataSource = view;   // DataBinding，資料繫結到 Web 控制項
    GridView1.DataBind();
```

29-1-6 DataView 的索引

DataView 建構索引可大幅增加作業效能，例如：篩選和排序（後續將解說）。

什麼情況下會建立索引？......在您「(1) 建立」DataView 或「(2) 修改」任何排序或篩選資訊時，系統都會**自動建立** DataView 的索引。

請注意！如果您「建立」DataView 之後，並動手「設定或修改」了排序或篩選資訊，將會導致系統至少建立索引**兩次**：一次是建立 DataView 時，另一次是修改任何排序或篩選屬性時。

29-1-7 DataView的排序

下列範例查詢 SalesOrderHeader資料表並依據訂單日期進行排序，從該查詢中建立 DataView。

```
//-- C# 語法 - 使用 SQL 2005 起的 AdventureWorks 範例資料庫
  DataTable orders = dataSet.Tables["SalesOrderHeader"];

  EnumerableRowCollection<DataRow> query =
     from order in orders.AsEnumerable()
     orderby order.Field<DateTime>("OrderDate")
     select order;

  DataView view = query.AsDataView();
```

下列範例查詢 SalesOrderDetail資料表並依據訂單數量和銷售訂單ID進行排序。

```
//-- C# 語法 - 使用 SQL 2005 起的 AdventureWorks 範例資料庫
  DataTable orders = dataSet.Tables["SalesOrderDetail"];

  EnumerableRowCollection<DataRow> query =
    from order in orders.AsEnumerable()
    orderby order.Field<Int16>("OrderQty"), order.Field<int>("SalesOrderID")
    select order;

  DataView view = query.AsDataView();
```

下列範例以S開頭之姓氏建立 DataView。以字串為基礎的 Sort屬性按照"遞增"排序姓氏（LastName），然後再按照"遞減（由大到小）"排序名字（FirstName）。

```
//-- C# 語法 - 使用 SQL 2005 起的 AdventureWorks 範例資料庫
  DataTable orders = dataSet.Tables["SalesOrderHeader"];

  EnumerableRowCollection<DataRow> query =
    from contact in contacts.AsEnumerable()
    where contact.Field<string>("LastName").StartsWith("S")
    select contact;

  DataView view = query.AsDataView();
  GridView.DataSource = view;
  view.Sort = "LastName desc, FirstName asc";
  GridView1.DataBind();
```

29-1-8 清空Sort屬性的排序

如何清除排序？您可使用兩種方式來清除 DataView上的排序：

- 將 Sort屬性設定為 null（VB為Nothing）。
- 將 Sort屬性設定為空字串（""）。

29-1-9 DataView的過濾（Filter）

在 SalesOrderDetail資料表中是否有數量大於2而小於6的訂單，並從LINQ查詢中建立 DataView。

```
//-- C# 語法 - 使用 SQL 2005 起的 AdventureWorks 範例資料庫
  DataTable orders = dataSet.Tables["SalesOrderDetail"];

  EnumerableRowCollection<DataRow> query =
    from order in orders.AsEnumerable()
    where order.Field<Int16>("OrderQty") > 2 &&
    order.Field<Int16>("OrderQty") < 6
    select order;

  DataView view = query.AsDataView();
  GridView.DataSource = view;
  GridView1.DataBind();
```

從 2016年6月1日之後下單的訂單中建立 DataView。

```
//-- C# 語法 - 使用 SQL 2005 起的 AdventureWorks 範例資料庫
  DataTable orders = dataSet.Tables["SalesOrderHeader"];
  EnumerableRowCollection<DataRow> query =
     from order in orders.AsEnumerable()
     where order.Field<DateTime>("OrderDate") > new DateTime(2016, 6, 1)
     select order;

  DataView view = query.AsDataView();
```

29-1-10 DataView的過濾（Filter），透過RowFilter屬性

DataView原本的「以字串為基礎」的篩選功能仍然可在 LINQ to DataSet運作。

下列範例從 Contact資料表中建立 DataView，然後設定 RowFilter屬性過濾並傳回連絡人姓氏為Woo的資料列（記錄）。

```
//-- C# 語法 - 使用 SQL 2005 起的 AdventureWorks 範例資料庫
  DataTable contacts = dataSet.Tables["Contact"];

  DataView view = contacts.AsDataView();
  view.RowFilter = "LastName='Woo'";
```

29-1-11 DataView 的過濾（Filter），.Find() 或 .FindRows() 方法

如果您想要查詢特定資料的結果，但不要提供資料子集的動態檢視，就可以使用 DataView 的 .Find() 或 .FindRows() 方法，而不要設定上一小節介紹的 RowFilter 屬性。兩者差異如下：

- 使用 DataView 的 **.Find() 或 .FindRows()** 方法會使用目前的索引，而「不」需要重建索引。詳見下面範例。
- 因為 RowFilter 屬性最適於 DataBinding 資料繫結應用程式，因為這種應用程式會用資料繫結控制項顯示篩選結果。設定 RowFilter 屬性會「重建」資料索引而降低效能。

下列範例使用 .Find() 方法尋找姓氏 Woo 的連絡人。

```
//-- C# 語法 - 使用 SQL 2005 起的 AdventureWorks 範例資料庫
  DataTable contacts = dataSet.Tables["Contact"];
  EnumerableRowCollection<DataRow> query = from contact in contacts.AsEnumerable()
    orderby contact.Field<string>("LastName")
    select contact;

  DataView view = query.AsDataView();
  int found = view.Find("Woo");
```

29-1-12 DataView 的過濾（Filter）與 ASP.NET 的 Cache

ASP.NET 具有一套快取（Cache，中國大陸稱為「緩存」）機制，可讓您在記憶體中儲存需要大量伺服器資源才能建立的物件。快取這些資源類型可大幅改善應用程式的效能。

「快取」是使用每個應用程式私用（private）的快取執行個體，並由 Cache 類別所實作的。由於建立新的 DataView 物件可能會耗用大量資源，因此您可能會想要在 Web 應用程式中使用「快取」，避免每次重新整理網頁時必須重建 DataView。

在下列範例中，DataView放在「快取」裡面，避免重新整理頁面時必須重新排序資料。**提醒您，網頁程式請勿濫用、過度使用「快取」**。

```
//-- C# 語法 - 使用 SQL 2005 起的 AdventureWorks 範例資料庫
  if (Cache["ordersView"] == null)  {
      DataSet dataSet = FillDataSet();    // Fill the DataSet.

      DataTable orders = dataSet.Tables["SalesOrderHeader"];
      EnumerableRowCollection<DataRow> query =
              from order in orders.AsEnumerable()
              where order.Field<bool>("OnlineOrderFlag") == true
              orderby order.Field<decimal>("TotalDue")
              select order;

      DataView view = query.AsDataView();
      Cache.Insert("ordersView", view);
}

DataView ordersView = (DataView)Cache["ordersView"];
GridView1.DataSource = ordersView;
GridView1.DataBind();
```

29-1-13 清空RowFilter屬性的過濾（Filter）

如何清除篩選？您可以使用兩種方式清除 DataView上的篩選、過濾：

- 將 RowFilter屬性設定為 null（VB為Nothing）。
- 將 RowFilter屬性設定為空字串（""）。

29-2 LINQ-to-SQL

LINQ to SQL為 .NET 3.5版的元件，它所提供的執行階段基礎結構可將關聯式資料當做「**物件（Object）**」**管理**。不過，關聯式資料會顯示為二維資料表（「關聯(Relation)」或「一般檔案 (Flat File)」）的集合，其中通用資料行（欄位）會與資料表彼此相關。若要有效地使用 LINQ to SQL，您最好事先熟悉關聯式資料庫的基礎原則。

在 LINQ to SQL中，關聯式資料庫的**資料模型**會對應至以開發人員之程式語言表示的**物件模型（Object Model）**。執行應用程式時，LINQ to SQL會將物件模型中的LINQ轉譯成 T-SQL指令，並傳送至資料庫進行查詢。當資料庫傳回結果時，LINQ to SQL會將查詢結果"轉譯"成您在程式語言中可以處理的「物件」。

使用 Visual Studio 的開發人員通常會使用物件關聯式設計工具，它可提供用以實作多項 LINQ to SQL 功能的使用者介面，例如：ASP.NET Web Form 的 LinqDataSource 控制項幫您建立一個 .dbml 檔，詳見下面圖解。

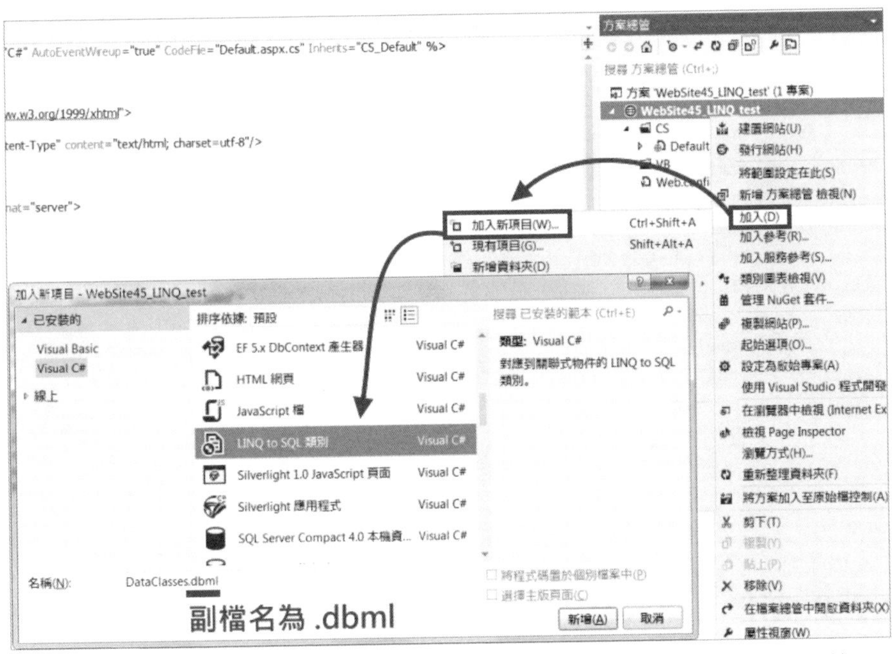

在「方案總管」那邊，選上方的網站並用滑鼠右鍵「新增項目」（Linq-to-SQL 類別）

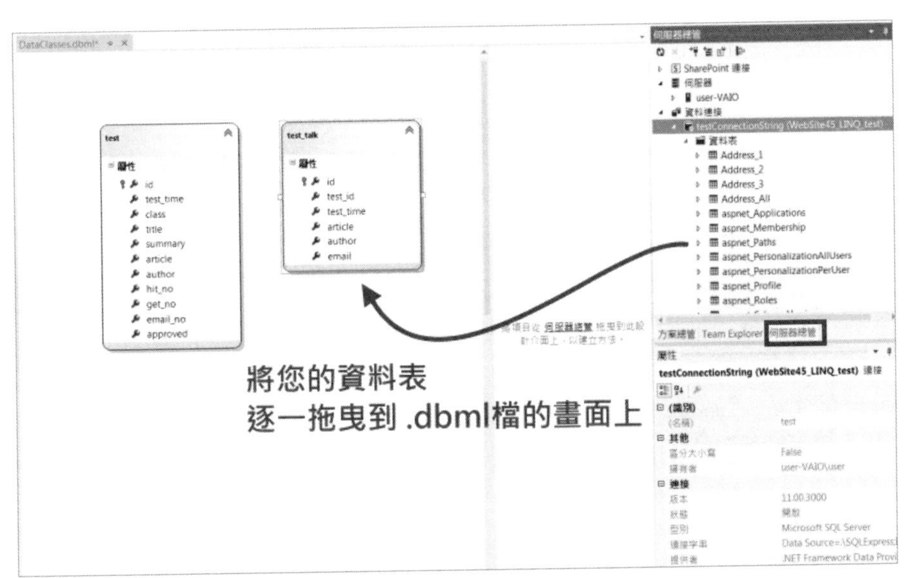

把畫面右邊的「伺服器總管」打開，便可以選擇已經上線的資料庫。把我們需要的資料表拉進畫面裡。本範例 Default.aspx 只需要一個 test 資料表即可

29-2-1 查詢與選取（投影、Projection）

使用 LINQ to SQL存取 SQL 資料庫，就如同存取記憶體中的集合一樣。例如，下列程式碼會建立 DB物件來表示 Northwind資料庫，為 Customers資料表篩選來自 London 的 Customers 的資料列（記錄）以及選取 CompanyName的字串進行擷取。

```
//-- C# 語法 - 使用 NorthWind 範例資料庫
  // 命名空間 System.Data.Linq.DataContext.
  Northwnd DB = new Northwnd(@"northwnd.mdf");
  // 或使用 SQL Server Express 版。Northwnd DB = new
  Northwnd("Database=Northwind;Server=.\\SqlExpress;Integrated
  Security=SSPI");

  var companyNameQuery = from cust in nw.Customers
    where cust.City == "London"
    select cust.CompanyName;

  foreach (var customer in companyNameQuery)  {
    Response.Write(customer);
}
```

29-2-2 新增（Insert）

若要執行T-SQL指令的 Insert陳述句，只要將物件加入至所建立的物件模型，並在DataContext上呼叫 .SubmitChanges()方法將變更傳送至資料庫。

```
//-- C# 語法 - 使用 NorthWind 範例資料庫
  // 命名空間 System.Data.Linq.DataContext.
  Northwnd DB = new Northwnd(@"northwnd.mdf");

  Customer cust = new Customer();
    cust.CompanyName = "SomeCompany";
    cust.City = "London";
    cust.CustomerID = "98128";
    cust.PostalCode = "55555";
    cust.Phone = "555-555-5555";

  DB.Customers.InsertOnSubmit(cust);   // 新增到 Customer 物件裡面
  DB.SubmitChanges();  // 寫回資料庫
```

29-2-3 更新、修改（Update）

若要更新資料庫，請先擷取該項目，然後直接在物件模型中編輯該項目。修改物件之後，再於 DataContext 上呼叫 .SubmitChanges() 方法以更新資料庫。

下列範例擷取所有 London 的客戶，然後將城市名稱從 London 變更為 NewYork。最後呼叫 .SubmitChanges() 方法將變更後的最新成果寫回資料庫裡面。

```
//-- C# 語法 - 使用 NorthWind 範例資料庫
  // 命名空間 System.Data.Linq.DataContext.
  Northwnd DB = new Northwnd(@"northwnd.mdf");

  var cityNameQuery = from cust in nw.Customers
                      where cust.City.Contains("London")
                      select cust;

  foreach (var customer in cityNameQuery)   {
     if (customer.City == "London")   {
        customer.City = " NewYork";
     }
  }
  DB.SubmitChanges();   // 寫回資料庫
```

29-2-4 刪除（Delete）

刪除的作法跟新增有點類似，最後在 DataContext 上呼叫 .SubmitChanges() 方法將刪除後的最新成果寫回資料庫裡面。

```
//-- C# 語法 - 使用 NorthWind 範例資料庫
  // 命名空間 System.Data.Linq.DataContext.
  Northwnd DB = new Northwnd(@"northwnd.mdf");
  var deleteIndivCust = from cust in nw.Customers
                        where cust.CustomerID == "98128"
                        select cust;

  if (deleteIndivCust.Count() > 0)   {
     DB.Customers.DeleteOnSubmit(deleteIndivCust.First());
     // 到 Customer 物件裡面刪除這一筆

     DB.SubmitChanges();   // 寫回資料庫
  }
```

下一章將會介紹 LINQ 的基礎語法，您可以依照自己需求與進度，決定是否閱讀下一章。

MEMO

30 CHAPTER LINQ 語法簡介與實戰

本文部分資料源自微軟 Microsoft Docs網站（以前名為MSDN），並佐以多本原文書籍整理而成。與其講一堆理論，不如動手實作從「做」中學，立即見效！您可以依照自己的需求，來決定是否學習LINQ或是暫時跳過？

LINQ與新版的C#、VB語法息息相關，如果您要深入瞭解LINQ，建議您手邊也要準備一本「專門解說C#、VB語法」的書，建議是.NET 4.0後續的書籍比較好。

30-1 查詢（Query）

LINQ提供一致的模型來使用各種資料來源和格式的資料，從而簡化此情況。 在LINQ查詢中，您所處理的一定是「**物件**」。不論您要查詢及轉換的資料是存在 XML文件、SQL資料庫、ADO.NET資料集（DataSet）、還是 .NET集合（Collections），以及其他任何有可用 LINQ提供者（Provider）的格式中，都是使用相同的基本程式碼撰寫模式。

30-1-1 查詢作業的三個部分

所有的 LINQ 查詢作業都包含三個不同的動作：

- **取得資料來源**。
- **建立LINQ查詢**（撰寫LINQ查詢運算式）。
- **執行查詢**（透過foreach迴圈來呈現結果）。

下列示範查詢作業的三個部分。這個範例使用「**整數陣列**」做為資料來源；您可以改用其他資料來源來做。C#範例LINQ_01.aspx要抓出偶數（可以被2整除的數字），完整的步驟可以比對程式與下圖的執行流程。

```
// 1. 資料來源。Data source. 整數的陣列
int[] numbers = new int[7] { 0, 1, 2, 3, 4, 5, 6 };

// 2. Query creation. numQuery 是 IEnumerable<int>
// 建立一個查詢運算式（LINQ）
var numQuery =  from num in numbers
                where (num % 2) == 0
                select num;

// 3. Query execution.
//    foreach 迴圈「執行」查詢並取出成果！
foreach (int num in numQuery)  {
    Label1.Text +=String.Format("{0,1} ", num);
}

// 重點！！在您使用 foreach 迴圈逐一查看迴圈中的查詢變數之前，查詢都不會執行。此稱為「延後執行（Deferred Execution）」。
```

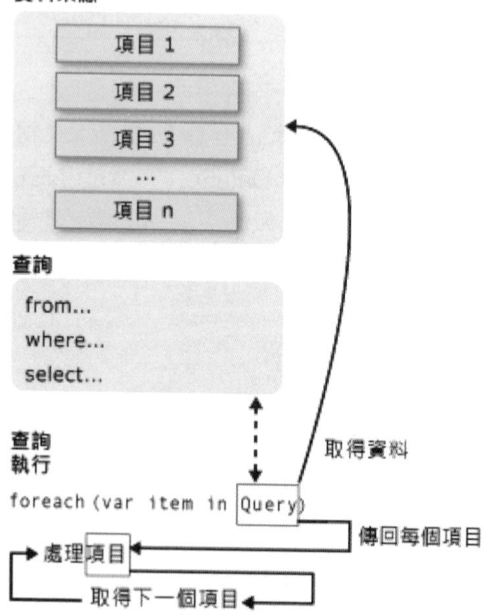

⊙ 在 LINQ 中，第二步驟的 " 查詢 " 與第三步驟的 foreach 迴圈（查詢的 " 執行 "）是不一樣的；只建立查詢變數並不能擷取任何資料
（圖片來源：微軟 Microsoft Docs 網站（前 MSDN 網站））

VB 範例 VB_LINQ_01.aspx 要抓出偶數（可以被 2 整除的數字），完整的步驟可以比對程式與上圖的執行流程。

```
' 1. 資料來源。Data source. 整數的陣列
Dim numbers As Integer() = New Integer(6) {0, 1, 2, 3, 4, 5, 6}

' 2. Query creation. 建立一個查詢運算式（LINQ）。
'  numQuery 是 IEnumerable<int>
Dim numQuery = From num In numbers
               Where (num Mod 2) = 0
               Select num

' 3. Query execution.「執行」查詢（foreach 迴圈）並取出成果！
For Each num As Integer In numQuery
       Label1.Text += [String].Format("{0,1} ", num)
Next
' 重點！！在您使用 foreach 迴圈逐一查看迴圈中的查詢變數之前，查詢都不會執行。此稱為「延後
執行（Deferred Execution）」。
```

30-1-2 查詢運算式的三個子句

查詢運算式包含三個子句：**from**、**where**和 **select**（如果您熟悉 SQL，應該已注意到這些子句的排序與 SQL 中的排序相反）。**from子句指定資料來源，where子句套用篩選條件，而 select子句則指定傳回項目的類型**。

在 LINQ查詢中，第一步是指定想要查詢的資料來源。因此，查詢中的 **from 子句一定排在最前面的位置**。

30-1-3 隱含型別（var）

前面的範例使用到var隱含型別，這裡將解釋「隱含型別」與「明確型別」的差別。下列範例兩個 i變數宣告的功能相同：

```
// C# 語法
  var i = 10;    // implicitly typed（隱含型別）
  int i = 10;    // explicitly typed（明確型別）

' VB 語法：
  Dim i = 10              ' implicitly typed（隱含型別）
  Dim i As Integer = 10    ' explicitly typed（明確型別）
```

從 C# 3.0開始，在方法範圍宣告的變數具有 var隱含型別。**隱含型別**區域變數是「**強型別（Strongly Typed）**」就和您自行宣告型別（明確型別）一樣，差別在於**隱含型別**是由**編譯器（Compiler）**判斷型別。

下列範例顯示兩個查詢運算式。在第一個運算式中，因為查詢結果的型別可以明確陳述為 IEnumerable<string>（VB為IEnumerable(Of string)）所以可選用var來做，但不強制您一定要這麼做。

```
// Example #1:
//  var is optional because the select clause specifies a string
string[] words = { "apple", "strawberry", "grape", "peach", "banana" };

var wordQuery = from word in words
                where word[0] == 'g'
                select word;

// Because each element in the sequence is a string,
// not an anonymous type, var is optional here also.
foreach (string s in wordQuery)  {
    Response.Write(s + "<br />");
}
```

而在第二個運算式中，因為結果是匿名型別的集合，而且只有編譯器（Compiler）才可以存取該型別的名稱，所以必須使用 var。請注意，在第二個範例中，foreach迴圈裡面，反覆運算變數（iteration variable）在此名為item也必須是 var隱含型別。

```
// Example #2:
//  var is required because the select clause specifies an anonymous type
var custQuery = from cust in customers
                where cust.City == "Phoenix"
                select new { cust.Name, cust.Phone };

// var must be used because each item
// in the sequence is an anonymous type
foreach (var item in custQuery)  {
    Response.Write(String.Format("Name={0}, Phone={1}",
item.Name, item.Phone));
}
```

本章後續會深入研究，請看「類型的關聯性與轉換」這一節的說明。

30-1-4 強型別（Strongly Typed）

重點！ LINQ查詢運算式中的「變數」全都是**強型別**（Strongly Typed）變數，不過在許多情況下您並不需明確提供型別，因為編譯器可以推斷其型別（所以寫成var）。

```
        var numQuery = from num in numbers
                       where (num % 2) == 0
                       select num;

        // 重點！！在您使用 foreach 迴圈逐一查看迴圈中的查詢變數之前，查詢都不會執行。此
        稱為「延後執行（Deferred Execution）」。
```

如果您想要「**強制立即執行（Forcing Immediate Execution）**」您寫好的查詢，可以寫成：

```
        var evenNumQuery = from num in numbers
                           where (num % 2) == 0
                           select num;

        int evenNumCount = evenNumQuery.Count();   // 強制立即執行
```

強制立即執行，這類查詢的範例包括.**Count()方法**、**.Max()方法**、**.Average()方法和 .First()方法**。這些查詢執行時"並未"使用foreach迴圈也能執行查詢。另外，這些查詢類型傳回的是「**單一值**」，**而不是 IEnumerable集合**。

若要強制立即執行任何查詢並"快取"其結果，可以使用.ToList<TSource>方法或.ToArray<TSource>方法，範例如下。您也可以將 foreach迴圈放在查詢運算式後方的位置，開始執行查詢。透過**呼叫.ToList()方法或.ToArray()方法**，您可同時"快取"單一集合物件中的所有資料。詳見範例LINQ_02.aspx。

```
List<int> numQuery2 = (from num in numbers
                       where (num % 2) == 0
                       select num).ToList();


var numQuery3 = (from num in numbers
                 where (num % 2) == 0
                 select num).ToArray();
```

30-2 資料來源

在前述範例中，因為資料來源是「陣列」，所以它已隱含**泛型 IEnumerable<T>介面**的支援（隸屬於：System.Collections.Generic命名空間）。這表示它可以使用LINQ進行查詢。在 foreach迴圈中執行查詢，而且 foreach迴圈需要有 IEnumerable或 IEnumerable<T>。

這些支援 IEnumerable<T> 或衍生介面（例如泛型 IQueryable<T>）的類型稱為「可查詢類型（Queryable Type）」。

作者註解 建議您查詢微軟 Microsoft Docs 網站（前 MSDN 網站），進一步瞭解 OOP 的泛型與 IEnumerable<T>。微軟網站有一個簡單的範例解釋泛型，請下載範例檔，檔名 [CS]Generics Sample_泛型.zip。

30-2-1 XML

可查詢類型（Queryable Type）不需要進行修改或特殊處理，就可以當成 LINQ 資料來源。如果來源資料還不是**記憶體**中的可查詢類型，LINQ 提供者必須將它轉換為可查詢類型。例如，LINQ to XML 會將 XML 文件載入可查詢的 XElement 類型中：

```
// 使用 XML 文件當作資料來源。檔案位於 c:\test.xml。

// 記得加入命名空間。using System.Xml.Linq;
XElement contacts = XElement.Load(@"c:\test.xml");
```

30-2-2 LINQ to SQL

使用 **LINQ to SQL** 時，請先在設計階段利用手動方式或物件關聯式設計工具（O/R 設計工具，如下圖，先把 **.dbml 檔案**建構完成），建立物件關聯對應。您可以針對物件撰寫查詢，而 LINQ to SQL 則會在執行階段處理與資料庫之間的通訊。在下列範例中，Customers 代表資料庫中的特定資料表，而**查詢結果的類型 IQueryable<T>** 則衍生自 IEnumerable<T>。

```
Northwnd db = new Northwnd(@"c:\northwnd.mdf");

// 查詢位於倫敦的客戶有哪些？
IQueryable<Customer> custQuery = from cust in db.Customers
                                 where cust.City == "London"
                                 select cust;
```

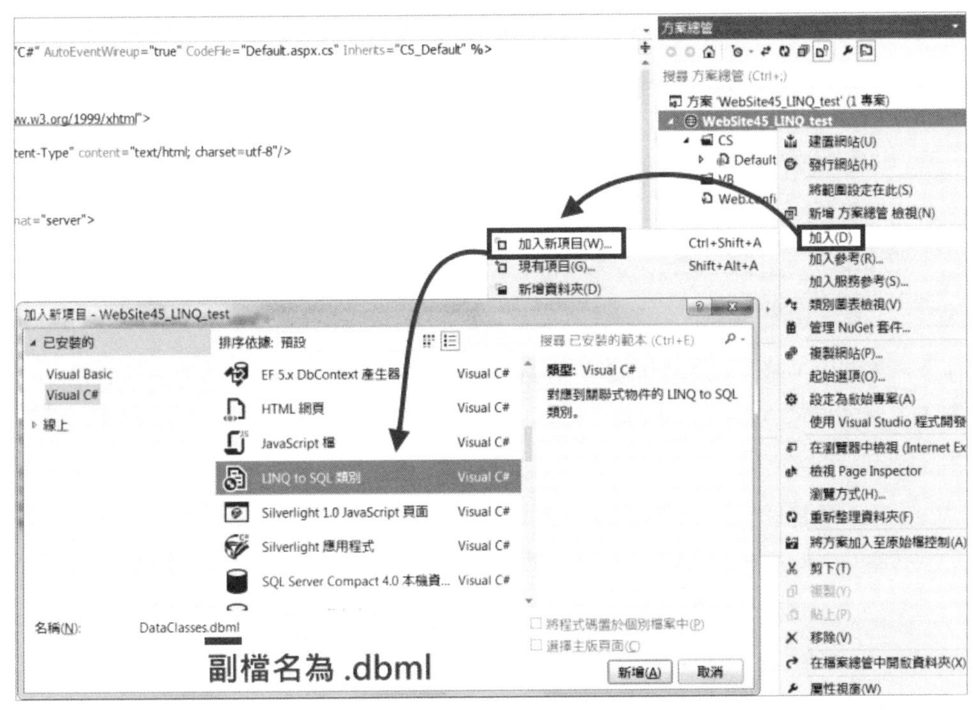

⊙在「方案總管」那邊，選上方的網站並用滑鼠右鍵「新增項目」（Linq-to-SQL 類別）

以下範例將會抓出第一筆產品的資料，然後修改此產品的數量。

```
// C# 語法：
Northwnd db = new Northwnd(@"c:\northwnd.mdf");
Product prod1 = db.Products.First(p => p.ProductID == 4);
prod1.UnitsInStock -= 3;


' VB 語法：
Dim db = New Northwnd("c:\northwnd.mdf")
Dim prod1 = (From prod In db.Products
Where prod.ProductID = 4).First
prod1.UnitsInStock -= 3
```

補充說明 Lambda運算式，僅供參考。

```
// Query syntax：
IEnumerable<int> numQuery1 = from num in numbers
            where num % 2 == 0
            orderby num
            select num;
```

```
// Method syntax：(Lambda 運算式)
// C# 語法：
IEnumerable<int> numQuery2 =
                    numbers.Where(num => num % 2 == 0).OrderBy(n => n);

// VB 語法如下：(Lambda 運算式)
Dim numQuery2 As IEnumerable(Of Integer) =
numbers.Where(Function(num) num Mod 2 Is 0).OrderBy(Function(n) n)
```

在上述範例中，請注意**條件運算式 (num % 2 == 0) 會當做內嵌引數傳遞給 .Where() 方法**，寫成這樣 .Where(num => num % 2 == 0) 的內嵌運算式稱為「Lambda運算式（Lambda Expression）」。

「Lambda 運算式」是**沒有名稱的函式**（function）會計算並傳回 " 單一值 "。不同於具名函式，Lambda運算式可以 **" 同時 " 定義及執行**。下列範例顯示的是4。

```
// C# 語法：
   Response.Write(((int num) => num + 1)(3))


' VB 語法：
   Response.Write((Function(num As Integer) num + 1) (3))
   或是寫成：
   Dim add1 = Function(num As Integer) num + 1
   Response.Write(add1(3))
```

用這個方式撰寫程式碼很方便，原因是不需要撰寫冗長的匿名方法（Anonymous Method）、泛型委派或運算式樹狀架構。**在 C# 語法之中 => 是 Lambda 運算子，意思為「移至」**。運算子**左邊的 num 是輸入**變數，對應（右邊）查詢運算式中的 num。編譯器（Compiler）因為知道 numbers 是泛型 IEnumerable<T> 型別（VB為 IEnumerable(Of T)），所以可以推斷 num 的型別。

Lambda 主體與在查詢語法或其他任何 C# 運算式或陳述式中表示的運算式相同，可以包含方法呼叫和其他複雜邏輯。而「傳回值」就是運算式結果。

開始使用 LINQ 時，並不需要廣泛使用 Lambda。不過，某些查詢只能以方法語法表示，而其中有些又需要使用 Lambda 運算式。在更熟悉 Lambda 之後，您會發現它們是您應用 LINQ 時強大而有彈性的工具。本章後續會有Lambda範例的練習。

30-2-3 ArrayList（"非"泛型 IEnumerable介面）

諸如 ArrayList等支援"非"泛型 IEnumerable介面的類型，也可以當成 LINQ資料來源使用。

```
//C# 語法：
  var query = from Student s in arrList


' VB 語法：
  Dim query = From student As Student In arrList
```

下面的範例介紹簡單的ArrayList查詢（C#語法，範例LINQ_03.aspx）：

```
using System.Collections;   //*** 請自己加入宣告，ArrayList 會用到。***

    //*********************************************
    public class Student    {
        public string FirstName { get; set; }
        public string LastName { get; set; }
        public int[] Scores { get; set; }
    }
    //*********************************************

protected void Page_Load(object sender, EventArgs e)    {
        ArrayList arrList = new ArrayList();
        arrList.Add(
            new Student    {
                FirstName = "Svetlana",
                LastName = "Omelchenko",
                Scores = new int[] { 98, 92, 81, 60 }
            });
        arrList.Add(
            new Student    {
                FirstName = "Cesar",
                LastName = "Garcia",
                Scores = new int[] { 97, 89, 85, 82 }
            });

        var query = from Student student in arrList
             where student.Scores[0] > 95  //第一個科目成績高於 95 分
             select student;

        foreach (Student s in query)
            Label1.Text += s.LastName + ": " + s.Scores[0] + "<br />";
}
```

下面的範例介紹簡單的ArrayList查詢（VB語法，範例VB_LINQ_03.aspx）：

```
Imports System.Collections   '*** 請自己加入宣告，ArrayList 會用到。***

    '****************************************
    Public Class Student
        Public Property FirstName As String
        Public Property LastName As String
        Public Property Scores As Integer()
    End Class
    '****************************************

' 以下請寫在 Page_Load 事件內：
    Dim student1 As New Student With {.FirstName = "Svetlana",
                        .LastName = "Omelchenko",
                        .Scores = New Integer() {98, 92, 81, 60}}
    Dim student3 As New Student With {.FirstName = "Cesar",
                        .LastName = "Garcia",
                        .Scores = New Integer() {97, 89, 85, 82}}

    Dim arrList As New ArrayList()
        arrList.Add(student1)
        arrList.Add(student3)

    Dim query = From student As Student In arrList
            Where student.Scores(0) > 95   ' 第一個科目成績高於 95 分
            Select student

  For Each student As Student In query
     Label1.Text &= student.LastName & ": " & student.Scores(0) & "<br / >"
  Next
```

補充說明 在查詢運算式（LINQ）中使用明確指定型別的範圍變數，相當於呼叫 **Cast<TResult> 方法**也就是將 IEnumerable的項目**轉換**成指定的型別。命名空間：System.Linq。

- 類型參數TResult，要將 source之項目**轉換**後的指定型別。例如要轉成字串，C#語法寫成.Cast<**string**>()，VB語法寫成.Cast(Of **String**)()。
- 參數source，類型：System.Collections.IEnumerable。包含要轉換成型別 TResult的項目。
- 傳回值類型：System.Collections.Generic.**IEnumerable<TResult>**，其中包含已轉型成指定之型別的每個來源序列項目。

如果無法執行轉型（轉型失敗），則 Cast<TResult> 會擲回這兩種例外狀況。

- ArgumentNullException：source為 null的時候（VB為Nothing）。
- InvalidCastException：無法將序列中的項目轉換為型別 TResult。

Cast<TResult>和 OfType<TResult>是可以在"非"泛型 IEnumerable型別上執行的兩個標準查詢運算子方法。

```
//*** 請自己加入命名空間 System.Collections，ArrayList 會用到。***

// C# 語法：
   System.Collections.ArrayList fruits = new System.Collections.ArrayList();
     fruits.Add("mango");  // 加入三種水果。
     fruits.Add("apple");
     fruits.Add("lemon");

     // 呼叫 .Cast<string>() 方法將 ArrayList 轉成字串。
     IEnumerable<string> query =
         fruits.Cast<string>().OrderBy(fruit => fruit).Select(fruit =>
     fruit);

     // 下面是錯誤的。不轉型就會錯！
     // IEnumerable<string> query1 =
     //    fruits.OrderBy(fruit => fruit).Select(fruit => fruit);

     foreach (string fruit in query)  {
        Response.Write(fruit);
}


' VB 語法：
  Dim fruits As New System.Collections.ArrayList()
     fruits.Add("mango")   ' 加入三種水果。
     fruits.Add("apple")
     fruits.Add("lemon")


     ' 呼叫 .Cast(Of String) 方法將 ArrayList 轉成字串。
     Dim query As IEnumerable(Of String) = _
           fruits.Cast(Of String)().OrderBy(Function(fruit)
        fruit).Select(Function(fruit) fruit)

        '' 下面是錯誤的。不轉型就會錯！
        'Dim query As IEnumerable(Of String) = _
        '    fruits.OrderBy(Function(fruit) fruit).Select(Function(fruit) fruit)

     For Each fruit As String In query
        Response.Write (fruit)
     Next
```

30-3 類型的關聯與轉換

上面的範例中您會發現很多的類型，例如var、List與IEnumerable等等，它們是怎麼轉換的？我們將會在這一節為您說明。後續的解釋會用到幾個專有名詞，請您先瞭解一下：

- 查詢變數，queryVariable。
- 範圍變數，rangeVariable。
- 資料來源，dataSource。
- 序列元素，sequenceElement。

```
var 查詢變數 = from 範圍變數 in 資料來源
               where 條件子句
               select 序列元素
```

在資料來源、查詢運算式（LINQ）和執行查詢（foreach迴圈）之中，LINQ查詢作業裡面的"變數"均為**強類型（Strongly Typed）**。查詢運算式（LINQ）中變數的類型，必須與資料來源中項目的類型以及 foreach迴圈裡面反覆運算變數（iteration variable）的類型相容。強類型可確保系統能夠在編譯時期攔截到類型錯誤，以在使用者發生這類錯誤之前予以更正。

為了示範這些類型關聯性，在下面的大部分範例中，所有變數都是使用明確類型。最後一個範例則會使用 var進行隱含類型處理，以證明相同的準則仍適用於隱含類型。微軟 Microsoft Docs網站（前MSDN網站）這三個例子說明的很清楚，本節圖片來源均為微軟 Microsoft Docs網站（前MSDN網站）。

30-3-1 未轉換來源資料的查詢

下圖顯示"未"執行資料轉換的 LINQ to Objects查詢作業。這個來源包含字串序列，而查詢輸出也會是字串序列。下圖的三個順序分別是：

1. 「資料來源」的類型引數會決定範圍變數（range variable）的類型。
2. 所選取物件的類型會決定查詢變數（queryVariable）的類型。下圖的查詢運算式（LINQ）裡面的name是字串。因此，查詢結果的變數是 IEnumerable <string>。
3. 執行查詢時，foreach迴圈裡面會逐一檢查「查詢變數」。因為查詢變數是字串序列，所以反覆運算變數（iteration variable）也會是字串。

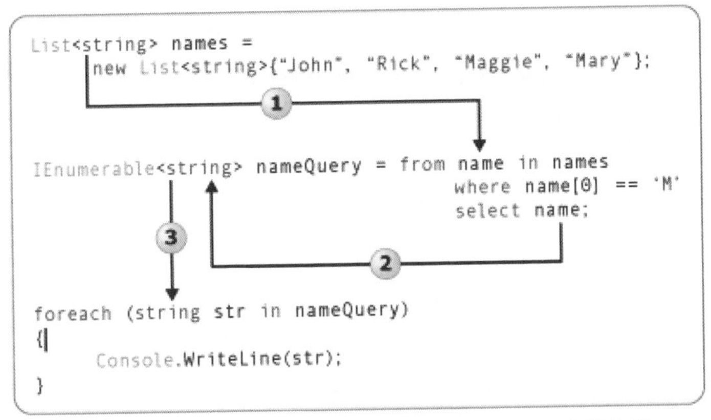

▲C# 語法，" 未 " 執行資料轉換的 LINQ to Objects 查詢作業

VB語法如下。如果要跟上圖List<string>寫法相同，VB可以寫成Dim names As New List(Of String)("john","Rick","Maggie","Mary")。

```
Dim names2 = {"John", "Rick", "Maggie", "Mary"}
Dim mNames2 As IEnumerable(Of String) =
        From name As String In names
        Where name.IndexOf("M") = 0
        Select name

For Each nm As String In mNames
    Console.WriteLine(nm)
Next

'== 您也可以寫成這樣，成果是相同的：
    (請參閱下一小節的說明，匿名類型)
    Dim names = {"John", "Rick", "Maggie", "Mary"}
    Dim mNames = From name In names
                 Where name.IndexOf("M") = 0
                 Select name

    For Each nm In mNames
        Console.WriteLine(nm)    '-- ASP.NET 請改成 Response.Write()
    Next
```

30-3-2 轉換來源資料的查詢（I），簡單資料轉換

下圖顯示執行簡單資料轉換的 LINQ to SQL查詢作業。這個查詢會採用（北風資料庫）Customer物件的序列做為輸入，而且只會選取結果中的Name屬性。因為Name是字串，所以查詢會產生字串序列做為輸出。下圖的三個順序分別是：

1. 「資料來源」的類型引數會決定範圍變數（range variable）的類型。
2. select陳述式會傳回Name屬性，而不是整個Customer物件。因為Name 是字串（下圖的LINQ查詢最後一句select Cust.Name是字串），所以custNameQuery的類型引數是string，而不是Customer。
3. 因為查詢運算式（LINQ）的查詢變數（queryVariable）custNameQuery是字串序列，所以 foreach迴圈的反覆運算變數也必須是 string。

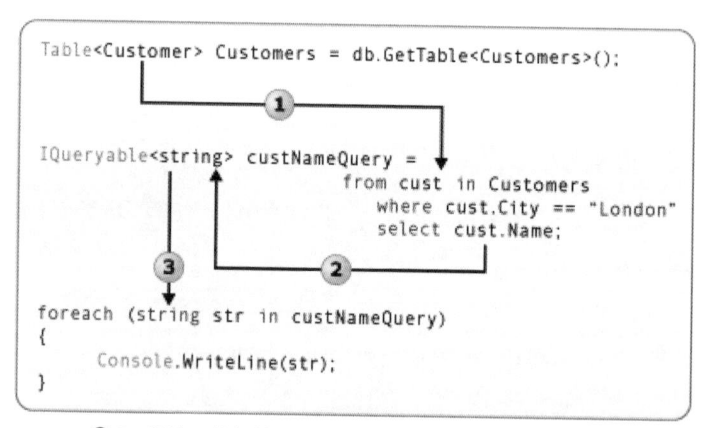

⦿ C# 語法，執行簡單資料轉換的 LINQ to SQL 查詢作業

補充說明 上圖的查詢使用到IQueryable介面（命名空間System.Linq），它是提供功能，對未指定資料型別的特定資料來源評估查詢。

- IQueryable介面僅供查詢提供者實作之用。特別是實作 IQueryable<T>，VB為IQueryable(Of T)的提供者，才能實作這個介面。如果提供者未實作IQueryable<T>，則標準查詢運算子無法用於提供者的資料來源。
- **IQueryable介面會繼承 IEnumerable介面**，因此如果介面表示查詢，該查詢的結果就是可列舉的。列舉會造成與 IQueryable物件關聯的運算式樹狀架構執行。「執行運算式樹狀架構」的定義是查詢提供者特有的。例如，它可能包含轉譯運算式樹狀架構為基礎資料來源的適當查詢語言。呼叫.Execute()方法時，會執行"不"傳回可列舉結果的查詢。

VB語法如下：

```
Dim customers As Table(Of Customer) = db.GetTable(Of Customer)()
Dim custNames As IEnumerable(Of String) =
        From cust As Customer In customers
        Where cust.City = "London"
```

```
        Select cust.Name

For Each custName As String In custNames
    Console.WriteLine(custName)   '-- ASP.NET 請改成 Response.Write()
Next

'== 您也可以寫成這樣，成果是相同的：
'   （請參閱下一小節的說明，匿名類型）
   Dim customers = db.GetTable(Of Customer)()
   Dim custNames = From cust In customers
                   Where cust.City = "London"
                   Select cust.Name

   For Each custName In custNames
       Console.WriteLine(custName)   '-- ASP.NET 請改成 Response.Write()
   Next
```

30-3-3 轉換來源資料的查詢（II），匿名類型

下圖顯示稍微複雜一點的轉換。select陳述式會傳回匿名類型，這個匿名類型只會使用原始 Customer 物件的兩個成員做為屬性。下圖的三個順序分別是：

1. 「資料來源」的類型引數會決定範圍變數（range variable）的類型。
2. 因為 select 陳述式會產生**匿名類型**，所以必須使用 var 對查詢變數（queryVariable）進行隱含類型處理。

   跟上一個範例不同（select Cust.Name是字串），本範例的select **new** (**name** = Cust.Name, **phone** = Cust.Phone) 產生**匿名類型**。
3. 因為（LINQ）查詢變數的類型是"隱含（implicit）"的var，所以 foreach迴圈中的反覆運算變數（iteration variable）也必須是隱含的。

```
Table<Customer> Customers = db.GetTable<Customers>();
            (1)
var namePhoneQuery =
                from cust in Customers
                  where cust.City == "London"
          (2)     select new { name = cust.Name,
                         phone = cust.Phone };
     (3)

foreach (var item in namePhoneQuery)
{
      Console.WriteLine(item);
}
```

C# 語法，執行簡單資料轉換的 LINQ to SQL 查詢作業

VB語法如下：

```
Dim customers = db.GetTable(Of Customer)()
Dim namePhoneQuery = From cust In customers
                     Where cust.City = "London"
                     Select Name = cust.Name, Phone = cust.Phone

For Each custInfo In namePhoneQuery
    Console.WriteLine(custInfo)
Next

'== 如果您寫了一個類別，自己定義具名型別（named type）並使其內含想要併入結果中的特定欄位，然後在 Select 子句中建立和初始化該型別的執行個體。只有當必須在包含所傳回結果的集合外部使用個別結果，或者必須在方法呼叫中將個別結果當成參數傳遞時，才使用這個選項。下列範例中 londonCusts5 的型別是 IEnumerable(Of NamePhone)。

Public Class NamePhone
    Public Name As String
    Public Phone As String
End Class

Dim londonCusts5 = From cust In customers
            Where cust.City = "London"
            Order By cust.Name Ascending
            Select New NamePhone With {.Name = cust.Name,
                                       .Phone = cust.Phone}
```

隱含型別變數宣告（implicitly-typed variable declarations。C#語法var namePhoneQuery，VB語法Dim namePhoneQuery）會有下面限制：

- var只能在區域變數**已宣告**且在相同陳述式被初始化時使用，var變數"無法"初始化為null（VB為Nothing）、方法群組（method group）或匿名函式（anonymous function）。
- var無法在**類別（class）範圍**的欄位中使用。
- 使用 var宣告的變數**"無法"**用於**初始化運算式**。舉例來說，**int** i = (i = 20); 這個寫法是正常的，但改寫成**var** i = (i = 20); 會在**編譯時發生錯誤**。
- 多個隱含型別的變數，無法在相同的陳述式中初始化。
- 如果名為 var型別在範圍中，則 var關鍵字會**自動解析為該型別名稱**，而且不會被當做"隱含型別"區域變數宣告的一部分。

提醒您，使用 var可能會使您的程式碼對其他開發人員來講更難以瞭解。基於這個原因，通常只有在必要時才會使用 var。

30-3-4 由編譯器（Compiler）來決定類型

雖然您應該要知道查詢作業中的類型關聯性，但是也可以選擇讓編譯器幫您完成這一切工作。下圖第二步驟的關鍵字 var可以用於查詢作業中的任何區域變數。不過，編譯器會自動提供查詢作業中之**每個變數的強型別**。

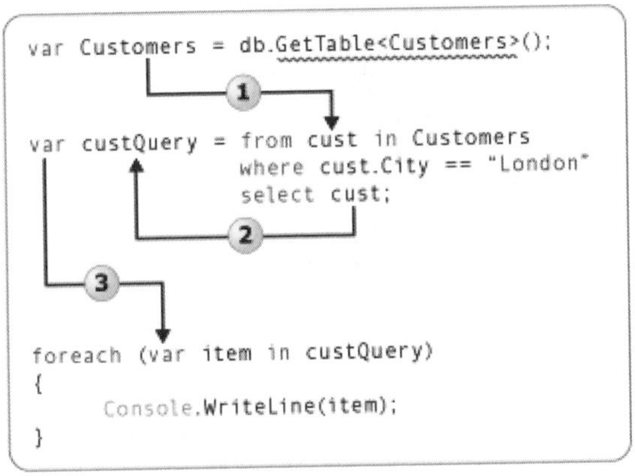

```
var Customers = db.GetTable<Customers>();

var custQuery = from cust in Customers
                where cust.City == "London"
                select cust;

foreach (var item in custQuery)
{
    Console.WriteLine(item);
}
```

▲由編譯器（Compiler）來決定類型

30-4 好料下載，LINQ – Query Samples

微軟網站提供了一個很棒的範例（電子檔），下載後它是一個 Windows程式的專案（內含 Northwind資料庫），編譯成 .exe檔以後可以透過它學習 LINQ也內建方便的查詢功能，更可以即時看到查詢成果。這個範例有VB與 C#兩種，建議您下載。

網址：http://code.msdn.microsoft.com/LINQ-Sample-Queries-13a42a54

共有 101個範例，讓您練習LINQ To Objects、LINQ To SQL、LINQ to DataSet、LINQ to Xml這些語法。對初學者來說，幫助很大。

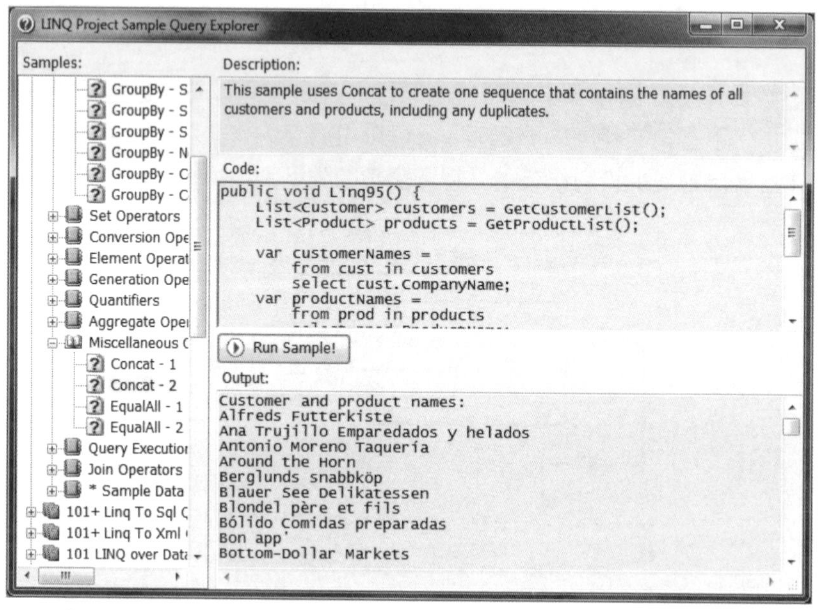

⦿ 微軟網站提供 LINQ–Query Samples 範例下載（C#、VB 兩種語法都有）

30-5 Case Study與各種查詢語法

沿用上面的範例（學生資料。自己定義的Student類別，範例LINQ_02.aspx），我們來練習其他的常用LINQ語法。後續的解釋會用到幾個專有名詞，請您先瞭解一下：

- 查詢變數，queryVariable。
- 範圍變數，rangeVariable。
- 資料來源，dataSource。
- 序列元素，sequenceElement。

```
var 查詢變數 = from 範圍變數 in 資料來源
              where 條件子句
              select 序列元素
```

30-5-1 select與序列元素

您可以在select進行一些運算，如下：

```
// C# 語法：
   int[] numbers = { 5, 4, 1, 3, 9, 8, 6, 7, 2, 0 };
   var numsPlusOne = from num in numbers
                     select num + 1;


' VB 語法：
   Dim numbers = New Integer() {5, 4, 1, 3, 9, 8, 6, 7, 2, 0}
   Dim numsPlusOne = From num In numbers
                     Select num + 1
```

SQL指令裡面的Select陳述句可以幫查詢（撈）出來的"欄位"**更換名稱（別名）**，在LINQ的select也做得到。

```
// C# 語法（範例 LINQ_04_select_alias.aspx）:
   string[] words = { "aPPLE", "BlUeBeRrY", "cHeRry" };

   var upperLowerWords = from w in words _
                         select new { Upper = w.ToUpper(), Lower = w.ToLower() };


' VB 語法（範例 VB_LINQ_04_select_alias.aspx）:
    Dim words = New String() {"aPPLE", "BlUeBeRrY", "cHeRry"}

    Dim upperLowerWords = From word In words
                       Select Upper = word.ToUpper(), Lower = word.ToLower()

    '== VB 另一種寫法（Alternate syntax）==========
    Dim upperLowerWords = From w In words
                       select New With {.Upper = w.ToUpper(), .Lower = w.ToLower() }
```

透過select進行過濾。下面的範例是把第一個整數陣列（numbers）裡面數字小於5的先找出來，然後用這些數字當成索引數（index），進一步把字串陣列（digits）裡面匹配的索引"值"給呈現出來。

```
// C# 語法（範例 LINQ_04_select_filter.aspx）:
int[] numbers = { 5, 4, 1, 3, 9, 8, 6, 7, 2, 0 };
string[] digits = { "zero", "one", "two", "three", "four", "five", "six",
"seven", "eight", "nine" };
```

```
var lowNums = from num in numbers
              where num < 5
              select digits[num];


' VB 語法（範例 VB_LINQ_04_Select_Filter.aspx):
Dim numbers As Integer() = {5, 4, 1, 3, 9, 8, 6, 7, 2, 0}
Dim digits As String() = {"zero", "one", "two", "three", "four", "five",
"six", "seven", "eight", "nine" }

Dim lowNums = From num In numbers
              Where num < 5
              Select digits(num)
```

後續會介紹Lambda運算式（範例LINQ _Lambda_Where.aspx）有點類似，您可以比對一下寫法有何差異？

30-5-2 where，加入其他篩選條件

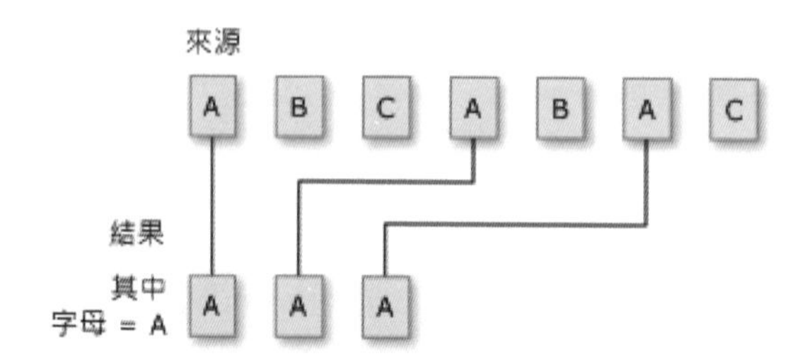

▲ 篩選符合 A 的資料，where 條件 =A
（圖片來源：微軟 Microsoft Docs 網站（前 MSDN 網站））

您可以在 where句中合併多個布林值條件，進一步限定查詢範圍。下列程式碼會加入條件，讓查詢傳回第一次分數高於 90分和最後一次成績低於 80分的學生。where子句應該與下列程式碼類似，詳見範例LINQ_04_where.aspx。

```
var query = from student As Student in arrList
            where student.Scores[0] > 90 && student.Scores[3] < 80
            select student
```

也可以寫成這樣：

```
var query = from student As Student in arrList
            where student.Scores[0] > 90
            where student.Scores[3] < 80
            select student
```

where子句可以用到下面運算子：

- C#語法—&&（and）、||（or）、!（not）等。
- VB語法—And、Or、AndAlso、OrElse、Is、IsNot等。

金額比對。下面的where條件：找出產品裡面，有庫存而且單價高於3.00的。

```
// C# 語法：
    var expensiveInStockProducts = from prod in products
        where prod.UnitsInStock > 0 && prod.UnitPrice > 3.00M
        select prod;
    // C# 作金額比對，後面有一個 M 字。
   // 北風資料庫 Product 資料表，UnitPrice 欄位的資料型態 Money。


' VB 語法：
    Dim expensiveProducts =
        From prod In products _
        Where prod.UnitsInStock > 0 AndAlso prod.UnitPrice > 3.0
```

日期比對。下面的where條件：時間大於1998/1/1。C#與VB寫法有差異，請小心。

```
// C# 語法：
var orders = from cust in customers
             from order in cust.Orders
             where order.OrderDate >= new DateTime(1998, 1, 1)
             select new {cust.CustomerID, order.OrderID, order.OrderDate};


' VB 語法：
Dim orders = From cust In customers, ord In cust.Orders
             Where ord.OrderDate >= #1/1/1998#
             Select cust.CustomerID, ord.OrderID, ord.OrderDate
```

where子句可能包含一個或多個傳回布林值的「**方法**」，但這種寫法"不可"用在**LINQ to SQL**。在下列範例where子句會使用一個**.IsEven()**方法來判斷偶數或奇數。

```
int[] numbers = { 5, 4, 1, 3, 9, 8, 6, 7, 2, 0 };

// Create the query with a method call in the where clause.
// Note: This won't work in LINQ to SQL unless you have a stored procedure
that is mapped to a method by this name.
```

```
var queryEvenNums = from num in numbers
                    where IsEven(num)
                    select num;

foreach (var s in queryEvenNums)    {
   Response.Write(s.ToString() + "<br /> ");
}

//**** 判斷偶數或奇數 ****************************
static bool IsEven(int i)    {
   return i % 2 == 0;
}
```

where子句是一項篩選機制。可以放置在查詢運算式的各種位置，除了**不能放置在第一個（第一個必須放from）或最後一個子句中**。where子句會根據需要在來源項目完成分組之前或之後篩選來源項目，而出現在group子句的之前或之後。

如果指定的陳述詞對於資料來源中的項目無效，便會在編譯時報錯。這是LINQ所提供強型別檢查的一項優點。

30-5-3 orderby，排序

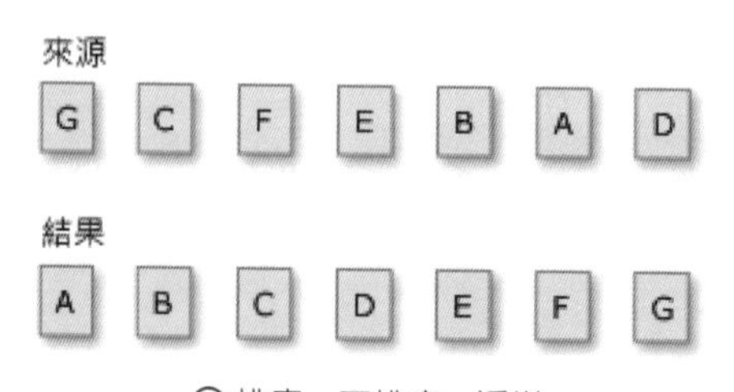

⊙ 排序。正排序，遞增
（圖片來源：微軟 Microsoft Docs 網站（前 MSDN 網站））

orderby子句是依據每個學生的姓氏，按照字母順序由A到Z排序結果。請緊接著**where陳述式後面以及select陳述式前面**，將下列orderby子句加入到您的查詢中，詳見範例LINQ_04_orderby.aspx。

```
var query = from student As Student In arrList
            where student.Scores[0] > 90 && student.Scores[3] < 80
            orderby student.Last ascending
            select student

提醒您，VB 語法寫成「Order By .... Ascending」。正排序，遞增。
```

依照第一次的分數進行「反排序」結果：

```
var query = from student As Student In arrList
            where student.Scores[0] > 90 && student.Scores[3] < 80
            orderby student.Scores[0] descending
            select student
```

提醒您，VB 語法寫成「Order By .... Descending」。反排序，遞減。

先依遞增順序做主要排序，再依遞減順序做次要排序，兩個條件請用逗號（,）作為區隔。字串會先依「字串長度」做主要排序（遞增），然後再依「第一個字母」做次要排序（遞減）。

```
// C# 語法：
string[] words = { "the", "quick", "brown", "fox", "jumps" };
IEnumerable<string> query = from word in words
                            orderby word.Length, word.Substring(0, 1) descending
                            select word;


' VB 語法：提醒您，VB 語法寫成「Order By」。
Dim words = {"the", "quick", "brown", "fox", "jumps"}
Dim sortQuery = From word In words
                Order By word.Length, word.Substring(0, 1) Descending
                Select word
```

30-5-4 group，分組

提醒您，group 的用法在 C# 與 VB 的寫法有較大的差異，學習時請小心。

group 分組、群組化

（圖片來源：微軟 Microsoft Docs 網站（前 MSDN 網站））

group子句的查詢會產生「群組序列」，而且**每個群組本身都包含 Key**（C#才有），以及由該群組所有成員組成的序列。下面的查詢使用學生姓氏的第一個字母當做索引鍵，將學生分組。範例LINQ_04_group.aspx。

```
// 重點！！ studentQuery2 是 IEnumerable<IGrouping<char, Student>>

var studentQuery2 = from student in students
                    group student by student.Last[0];
        // 使用姓氏的第一個字母 (student.Last[0]) 當做索引鍵，進行分組。

foreach (var studentGroup in studentQuery2)    {
    Response.Write(studentGroup.Key);

    foreach (Student student in studentGroup)    {
        Response.Write(String.Format(" 學生姓名：{0}, {1}",
student.Last, student.First));
    }
}
```

VB語法在本範例中有較多改變，並沒有C#群組中的Key值，因此必須改寫如下。詳見VB_LINQ_04_Group.aspx。

```
''**** 第一種寫法 ****
Dim studentQuery2 = From student In students
                    Group By abc = student.Last(0) Into Group
' 使用姓氏的第一個字母 (student.Last(0)) 當做索引鍵，進行分組。


For Each studentGroup In studentQuery2
       Response.Write("<h3>" & studentGroup.abc & "</h3>")

       For Each student As Student In studentGroup.Group
           Response.Write(String.Format("<br />學生姓名：{0}, {1}", student.
Last, student.First))
       Next
Next

''**** 第二種寫法 ****
'Dim studentQuery2 = From student In students
'                    Group student By abc = student.Last(0) Into xyz = Group

'For Each studentGroup In studentQuery2
'    Response.Write("<h3>" & studentGroup.abc & "</h3>")
'    For Each student As Student In studentGroup.xyz
'        Response.Write(String.Format("<br />學生姓名：{0}, {1}",
                                             student.Last, student.First))
'    Next
'Next
```

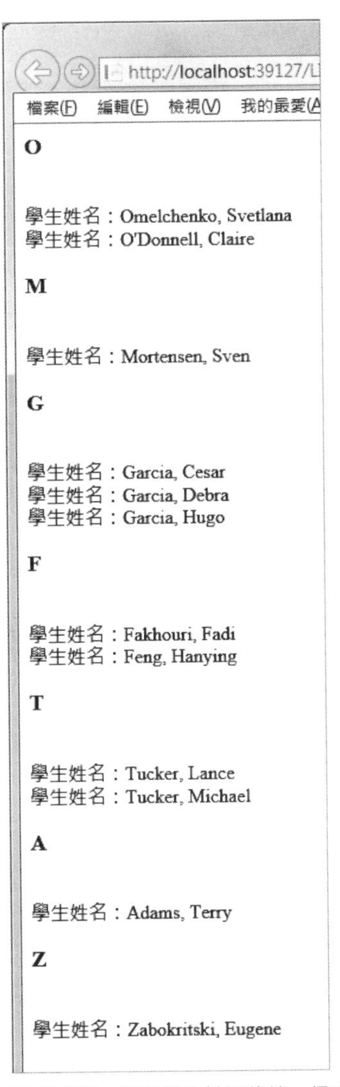

範例 LINQ_04_group.aspx 執行成果，使用學生姓氏的第一個字母當做索引鍵，將學生分組

30-5-5 依「索引鍵的值」進行排序與群組（group by與into）

提醒您，group into的用法在C#與VB的寫法有較大的差異，學習時請小心。

執行前述group查詢時，您應該會注意到群組並未依字母順序排列（請看上圖）。如果要變更這個狀況，您必須在 group子句後面提供 orderby子句。

但是您必須先取得"識別項"做為 group 子句所建立之群組的參考，才能使用 orderby子句。請使用 **into關鍵字**提供這個識別項，詳見範例LINQ_04_group_into_orderby.aspx：

```
// 重點！！ studentQuery4 是 IEnumerable<IGrouping<char, Student>>

var studentQuery4 = from student in students
          group student by student.Last[0] into sGroup
          orderby sGroup.Key
          select sGroup;


' 提醒您，VB 語法寫成「Group By .... Into Group」在此 Group 是關鍵字。
             或是寫成「Into 別名 = Group」。

' 詳見範例 VB_LINQ_04_Group_Into_OrderBy.aspx。
Dim studentQuery4 = From student In students
                Group By abc = student.Last(0) Into Group
                Order By abc
                ' VB 語法 group 沒有 C# 的 Key，本範例中也沒寫 Select
```

多提供幾個範例給大家練習，group這一段我也學了一些時間才體會。內含 group 子句的查詢會產生群組序列，而且**每個群組本身都包含 Key**（C#才有），以及由該群組所有成員組成的序列。

從北風資料庫找出「產品」資料表，依照「產品分類」來做group群組。

```
// C# 語法：
  List<Product> products = GetProductList();
  var orderGroups = from prod in products
      group prod by prod.Category into prodGroup
      select new { Category = prodGroup.Key, Products = prodGroup };


' VB 語法：
' 提醒您，VB 語法寫成「Group By .... Into Group」在此 Group 是關鍵字。
            或是寫成「Into 別名 = Group」。
  Dim products = GetProductList()
  Dim orderGroups = From prod In products
            Group prod By prod.Category Into Group
            Select Category, ProductGroup = Group
            ' VB 語法 group 沒有 C# 的 Key
```

30-5-6 依「運算式」進行群組（group by與into）

提醒您，group into的用法在C#與VB的寫法有較大的差異，學習時請小心。

有一個整數陣列由零到九，我們除以五來看它的餘數，餘數相同的就放在一起做群組，例如：餘數為三的共有3與8兩個。C#範例LINQ_04_group_into.aspx。

```
int[] numbers = {5, 4, 1, 3, 9, 8, 6, 7, 2, 0};
//**** 第一種寫法，MSDN 範例 ****************************
var numberGroups = from num in numbers
                   group num by num % 5 into numGroup
                   orderby numGroup.Key    // 排序，這段可有可無
                   select new { Remainder = numGroup.Key, sGroup = numGroup };

foreach (var g in numberGroups)    {
    Label1.Text += String.Format(" 除以五，餘數為 " + grp.Remainder + "--");
    foreach (var n in grp.sGroup)    {
        Label1.Text += "<br />" + n.ToString();
    }
}

//**** 第二種寫法，我自己改的 ****************************
var numberGroups = from num in numbers
                   group num by (num % 5) into sGroup
                   orderby sGroup.Key    // 排序，這段可有可無
                   select new {i = numbers, sG = sGroup };

foreach(var g in numberGroups)   {
  Label1.Text += String.Format(" 除以五，餘數為 " + g.sG.Key   + "--");
  foreach (var n in g.sG)    {
        Label1.Text += n.ToString();
  }
}
```

VB範例VB_LINQ_04_Group_Into.aspx。

```
Dim numbers() As Integer = {5, 4, 1, 3, 9, 8, 6, 7, 2, 0}
Dim numberGroups = From num In numbers
          Group num By Remainder = (num Mod 5) Into sGroup = Group
          Order By Remainder    ' 排序，這段可有可無
          Select Remainder, sGroup

For Each g In numberGroups
 Label1.Text &= String.Format(" 除以五，餘數為 " & g.Remainder & "--")
    For Each n In g.sGroup
       Label1.Text &= (n)
    Next
Next
```

30-5-7 巢狀群組（Nested，group by與into）

以下範例介紹巢狀的group作法：

```
// C# 語法：（寫起來比較複雜）
List<Customer> customers = GetCustomerList();

var customerOrderGroups = from cust in customers
    select new { cust.CompanyName,
               YearGroups =
                 from order in cust.Orders
                 group order by order.OrderDate.Year into yearGroup
                 select new { Year = yearGroup.Key,
                              MonthGroups =
                                from order in yearGroup
                                group order by order.OrderDate.Month into MonthGroup
                                select new { Month = MonthGroup.Key,
                                Orders = MonthGroup }
                 }
           };


' VB 語法：
' 提醒您，VB 語法寫成「Group By .... Into Group」在此 Group 是關鍵字。
                  或是寫成「Into 別名 = Group」。
Dim customers = GetCustomerList()

Dim custOrderGroups = From cust In customers _
                      Select cust.CompanyName,
                         Groups =
                           (From ord In cust.Orders
                           Group By ord.OrderDate.Year,
                           ord.OrderDate.Month Into Group)
```

30-5-8 let關鍵字，儲存運算式的結果

使用 let關鍵字，在查詢運算式中引入「任何運算式結果」的識別項。如下所示，這識別項十分方便，它也可以**儲存運算式的結果**，如此一來就不需要進行多次計算，即可提高效能。詳見C#範例LINQ_04_let.aspx。

```
// studentQuery5 是 IEnumerable<string>。
// VB 語法請寫成 Let 關鍵字。範例 VB_LINQ_04_Let.aspx。

var studentQuery5 = from student in students
    let totalScore = student.Scores[0] + student.Scores[1] + student.
Scores[2] + student.Scores[3]
    where totalScore / 4 < student.Scores[0]
    select student.Last + " " + student.First;
```

在下列範例中，let有兩種使用方式：

1. 建立本身可以進行查詢的可列舉型別。
2. 讓查詢只在範圍變數 word上呼叫一次 .ToLower()方法。如果未使用let關鍵字，就需要在 where子句的每個述詞（Predicate）中呼叫.ToLower()方法。

```
// 字串陣列裡面有三段佳句、格言。
string[] strings = {  "A penny saved is a penny earned.",
                      "The early bird catches the worm.",
                      "The pen is mightier than the sword." };

// 使用 .Split() 方法以「空白」作為間隔。
// 找出第一個字是母音（vowel)。
var earlyBirdQuery =  from sentence in strings
            let words = sentence.Split(' ')

            from word in words
            let w = word.ToLower()
            where w[0] == 'a' || w[0] == 'e'
                || w[0] == 'i' || w[0] == 'o' || w[0] == 'u'
            select word;
        foreach (var v in earlyBirdQuery)    {
            Response.Write(String.Format("\"{0}\" starts with a vowel", v));
        }

// 執行成果如下：
   "A" starts with a vowel
   "is" starts with a vowel
   "a" starts with a vowel
   "earned." starts with a vowel
   "early" starts with a vowel
   "is" starts with a vowel
```

30-5-9 在查詢運算式中使用方法（method）

某些查詢作業只能使用方法語法來表示。下列程式碼範例會計算來源序列中每個Student的總分數，然後**針對查詢運算式（LINQ）的結果呼叫 .Average()**方法，以計算該班級的平均分數。

```
var studentQuery6 = from student in students
        let totalScore = student.Scores[0] + student.Scores[1] +
student.Scores[2] + student.Scores[3]
        select totalScore;

double averageScore = studentQuery6.Average();

Response.Write(String.Format(" 平均分數 = {0}", averageScore));
// 執行成果： 平均分數 = 334.166666666667
```

30-5-10 複合 from 子句如同巢狀 foreach 迴圈

在 LINQ查詢中，第一步是指定想要查詢的資料來源。因此，查詢中的 **from 子句一定排在最前面的位置**。您的資料來源可能是 IEnumerable<Student>，其中序列中的每個學生物件包含考試分數的清單。詳見範例LINQ_04_from.aspx。

若要存取每個 Student項目的內部清單，您可以使用**複合 from子句**。這個技術**如同使用巢狀 foreach迴圈**。您可以將 where或 orderby子句加入至 from子句以篩選結果。

下列範例使用「複合 from子句」列出「各科成績」高於九十分以上的學生。

```
// C# 語法，範例 LINQ_04_from.aspx。
var studentQuery2 = from student in students
                    from score in student.Scores
                       // 複合 from 子句。如同使用巢狀 foreach 迴圈。
                    where score > 90
                    select new { LastName = student.Last, score };


' VB 語法，範例 VB_LINQ_04_From.aspx。
Dim studentQuery2 = From student In students
                    From score In student.Scores
                       ' 複合 from 子句。如同使用巢狀 For Each 迴圈。
                    Where score > 90
                    Select LastName = student.Last, score
```

```
' VB 語法的複合 from 子句，可以改寫成這樣，用逗號（,）隔開。
Dim studentQuery2 = From student In students, score In student.Scores
                    Where score > 90
                    Select LastName = student.Last, score
```

30-5-11 在 select 句中轉換（transform）或投影（project）

在查詢所產生的序列中，其項目經常與來源序列中的項目不同。請注意，這個範例的查詢會傳回「字串」序列（IEnumerable<string>，VB 語法為 IEnumerable(Of String)）而 "不是" 我們自訂類別的 Students 資料型態，執行時的 foreach 迴圈也會反映這個情況。

```
  public class Student   {
     public string First { get; set; }
     public string Last { get; set; }
     public int ID { get; set; }
     public List<int> Scores;
  }
  static List<Student> students = new List<Student>   {
    new Student {First="Svetlana", Last="Omelchenko", ID=111, Scores= new
    List<int> {97, 92, 81, 60}},
    .... 以下省略 ....
  };

IEnumerable<string>  studentQuery7 = from student in students
                                     where student.Last == "Garcia"
                                     select student.First;
// 查詢句子裡面的 Last 是姓氏（LastName）並非 .Last()。而 First 是學生名字
（FirstName）。

foreach (string s in studentQuery7)  {
    Response.Write (s + "<br />");
}
// 執行成果：
//   Cesar
//   Debra
//   Hugo
```

上一個範例指出，班級平均成績約為 334 分。若要產生總分數高於班級平均的 Students 序列以及其 Student ID，您可以在 select 陳述式中使用**匿名型別**。簡單的說，就是修改欄位名稱（自訂欄位名稱）。

```
var studentQuery8 = from student in students
                    let x = student.Scores[0] + student.Scores[1] +
student.Scores[2] + student.Scores[3]
                    where x > averageScore
                    select new { id = student.ID, score = x };

foreach (var item in studentQuery8)  {
   Response.Write(String.Format("Student ID: {0}, Score: {1}", item.id,
item.score));
}
//執行成果：
//   Student ID: 113, Score: 338
//   Student ID: 114, Score: 353
//   Student ID: 116, Score: 369
//   Student ID: 117, Score: 352
//   Student ID: 118, Score: 343
//   Student ID: 120, Score: 341
//   Student ID: 122, Score: 368
```

關於投影的作法，後續Lambda運算式中也會介紹.Select()與.SelectMany()。

30-5-12 Distinct，去除重複的值（VB）

Distinct跟SQL指令的用法一樣，不過只有VB語法能使用之，Select Distinct....。

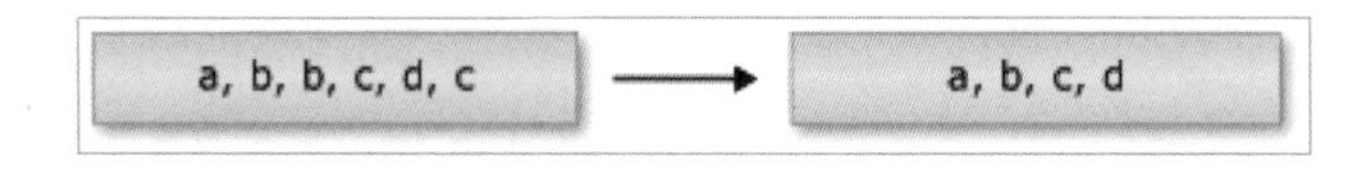

⊜ Distinct 跟 SQL 指令的用法一樣，只有 VB 語法能用
（圖片來源：微軟 Microsoft Docs 網站（前 MSDN 網站））

```
' 只有VB語法能用（Distinct -- 重複的數值不會出現）
    Dim classGrades = New System.Collections.Generic.List(Of Integer)
    rom {63, 68, 71, 75, 68, 92, 75, 75, 68, 63, 63}
    Dim distinctQuery = From grade In classGrades
                        Select grade Distinct

    Dim sb As New System.Text.StringBuilder("不重複的成績才列出來")
    For Each number As Integer In distinctQuery
             sb.Append(number & " ")
    Next
    Response.Write(sb.ToString())

' 執行成果：
    不重複的成績才列出來 63 68 71 75 92
```

C#的話，可以使用.Distinct()來做，例如：

```
public class Product    {
    public string Name { get; set; }
}

Product[] products = { new Product { Name = "apple" },
                       new Product { Name = "orange"},
                       new Product { Name = "apple"},
                       new Product { Name = "lemon"}   };

// 方法一：
   var lstDistProduct = products.Distinct();
   foreach (Product p in list1) {
        Response.Write(p.Name + "<br />");
}

// 方法二：
   List<Product> lstDistProduct = products.Distinct().ToList();
```

30-6 Lambda運算式

前面的LINQ-to-SQL章節有提過Lambda，這裡提供一些範例給您練習。完整範例請參閱下載範例檔。「Lambda 運算式」是**沒有名稱的函式**（function）會計算並傳回"單一值"。不同於具名函式，Lambda運算式可以**"同時"定義及執行**。下列範例顯示的是4。

LINQ與新版的C#、VB語法息息相關，如果您要深入瞭解LINQ，建議您手邊也要準備一本「專門解説C#、VB語法」的書，建議是.NET 4.0後續的書籍比較好。

```
// C# 語法：
Response.Write(((int num) => num + 1)(3))


' VB 語法：
     Response.Write((Function(num As Integer) num + 1)  (3))
     或是寫成：
     Dim add1 = Function(num As Integer) num + 1
     Response.Write(add1(3))
```

用這個方式撰寫程式碼很方便，原因是不需要撰寫冗長的匿名方法（Anonymous Method）、泛型委派或運算式樹狀架構。**在C#語法之中 => 是 Lambda運算子，意思為「移至」**。

運算子左邊的 **num** 是輸入變數，對應（右邊）查詢運算式中的 num。編譯器（Compiler）因為知道 numbers 是泛型 IEnumerable<T> 型別（VB為 IEnumerable(Of T)），所以可以推斷 num 的型別。

30-6-1 Lambda與.GroupBy()方法

下面的例子是自己撰寫一個比較器，用來解字謎。舉例來說，salt與last只是字母排列不同而已，earn與near這一組也是，兩個from完全一樣也符合要求。自己寫的類別與完整範例請下載範例檔。

```
// C# 語法（範例 LINQ_Lambda_GroupBy.aspx）:
   string[] anagrams = { "from    ", " salt", " earn ", "  last   ", " near ",
   " form  " };
   // .Trim() 方法是用來去除前後的空白。
   var orderGroups = anagrams.GroupBy(w => w.Trim(),
                                        new AnagramEqualityComparer());
                                                    // 自己寫的類別與方法


' VB 語法（範例 VB_LINQ_Lambda_GroupBy.aspx）:
  Dim anagrams() As String = {"from    ", " salt", " earn ", "  last   ",
  " near ", " form  "}
  ' .Trim() 方法是用來去除前後的空白。
  Dim orderGroups = anagrams.GroupBy(Function(word) word.Trim(),
                                        New AnagramEqualityComparer())
                                                    ' 自己寫的類別與方法
```

在這個範例裡面，不管是C#或是VB都可以在foreach迴圈裡面透過「**.Key屬性**」把group（群組化）之後的結果呈現出來。

30-6-2 .GroupBy()方法裡面多個運算函式

接下來是上一個範例的小改版，加上Mapped的功能。自己寫的類別與完整範例請下載範例檔。

```
// C# 語法（範例 LINQ_Lambda_GroupBy_Mapped.aspx）:
var orderGroups = anagrams.GroupBy(
                    w => w.Trim(),
                    a => a.ToUpper(),
                    new AnagramEqualityComparer() );
// 自己寫的類別與方法
```

```
' VB 語法（範例 VB_LINQ_Lambda_GroupBy_Mapped.aspx）:
  Dim orderGroups = anagrams.GroupBy(Function(word) word.Trim(),
Function(word) word.ToUpper(),
                                New AnagramEqualityComparer())
' 自己寫的類別與方法
```

30-6-3 Lambda與.Where()方法

下面的範例是把數字的英文字母，字母的長度比數字更短的列出來。例如：Five（五）只有四個字母比5小就符合條件。

```
// C# 語法（範例 LINQ _Lambda_Where.aspx）:
string[] digits = { "zero", "one", "two", "three", "four", "five", "six",
"seven", "eight", "nine", "ten" };
var shortDigits = digits.Where((digit, index) => digit.Length < index);


' VB 語法（範例 VB_LINQ _Lambda_Where.aspx）:
Dim digits = New String() {"zero", "one", "two", "three", "four", "five",
"six", "seven", "eight", "nine", "ten"}
Dim shortDigits = digits.Where(Function(digit, index) digit.Length < index)
```

本範例在前面的select也有介紹過類似的作法，可以比對範例LINQ_04_select_filter.aspx看看寫法有何差異。

30-6-4 Lambda與.Select()方法

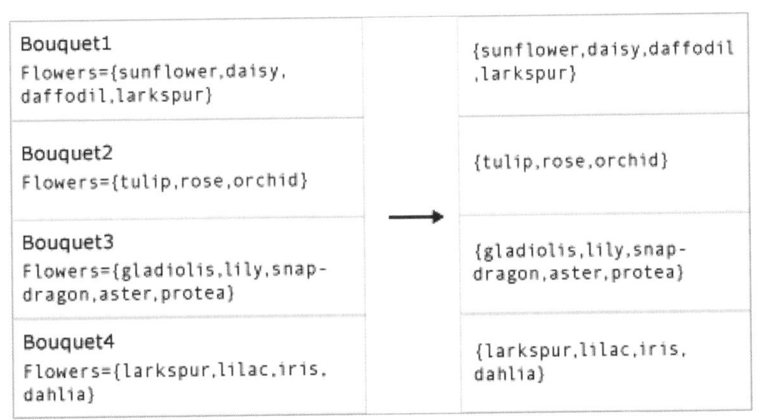

⦿ 從每個來源值選取花卉陣列。.Select() 如何傳回與來源集合具有 " 相同項目數目 " 的集合（圖片來源：微軟 Microsoft Docs 網站（前 MSDN 網站））

下面的範例看看陣列裡面哪一個數字，剛好跟它擺放的位置（Index索引數）一樣。

```
// C# 語法（範例 LINQ_Lambda_Select.aspx）:
  int[] numbers = { 5, 4, 1, 3, 9, 8, 6, 7, 2, 0 };
  var numsInPlace = numbers.Select((num, index) =>
                               new { Num = num, InPlace = (num == index) });


' VB 語法（範例 VB_LINQ_Lambda_Select.aspx）:
  Dim numbers As Integer() = {5, 4, 1, 3, 9, 8, 6, 7, 2, 0}
  Dim numsInPlace = numbers.Select(Function(num, index)
                             New With {.Num = num, .InPlace = (num = index)})
```

30-6-5 Lambda與.SelectMany()方法（可以做索引）

.SelectMany()方法跟上述的.Select()方法不同，如果.SelectMany()發現它查詢到的東西是一個**列舉**（C#的IEnumerable<T>或是VB的IEnumerable(Of T)），就會進一步地將這個序列**轉換成「單一序列」**。

如下圖所示（從每個來源值選取花卉陣列），.SelectMany()是怎樣將中繼陣列序列（圖片中間的陣列），串連成「內含各中繼陣列中每個值」的"單一"結果值（how SelectMany() concatenates the intermediate sequence of arrays into **one final result value that contains each value from each intermediate array.**）。

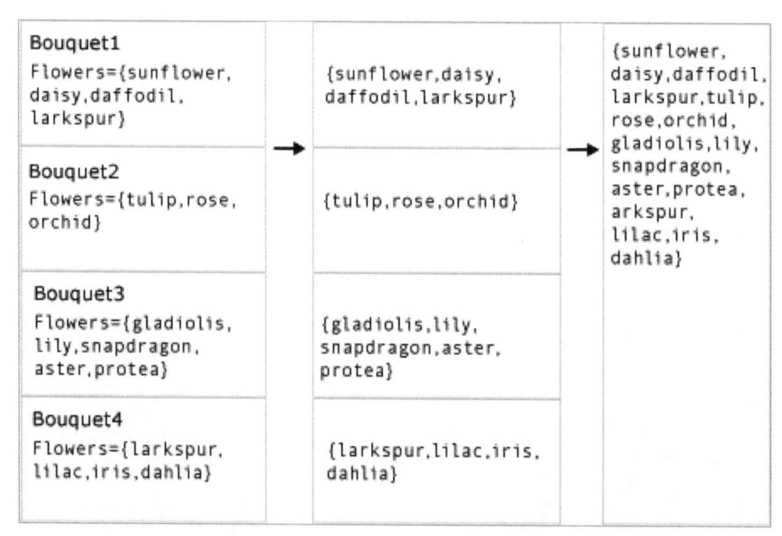

.SelectMany()如何將中繼陣列序列，串連成「內含各中繼陣列中每個值」的"單一"結果值（詳見圖右）（圖片來源：微軟 Microsoft Docs 網站（前 MSDN 網站））

在北風資料庫裡面，把每一個客戶（用索引數來表示）與對應的訂單編號呈現出來。C#與VB的寫法有差異，請小心。

```
// C# 語法（範例 LINQ_Lambda_Select.aspx）:
List<Customer> customers = GetCustomerList();
var customerOrders = customers.SelectMany((cust, custIndex) =>
        cust.Orders.Select(o => "Customer #" + (custIndex + 1) +
                                " has an order with OrderID " + o.OrderID));


' VB 語法（範例 VB_LINQ_Lambda_Select.aspx）:
Dim customers = GetCustomerList()
Dim customerOrders = customers.SelectMany(Function(cust, custIndex)
                      From ord In cust.Orders
                      Select "Customer #" & (custIndex + 1) &
                             " has an order with OrderID " & ord.OrderID)

執行成果如下：
  Customer #1 has an order with OrderID 10643
  Customer #1 has an order with OrderID 10692
  Customer #1 has an order with OrderID 10702
  Customer #1 has an order with OrderID 10835
  Customer #1 has an order with OrderID 10952
  Customer #1 has an order with OrderID 11011
  Customer #2 has an order with OrderID 10308
  ......省略......
```

30-6-6 .Select()與.SelectMany()的差異

.Select()與.SelectMany()就是**投影**（**projection**）。

投影係指將物件轉換為新表單的作業，而轉換後的新表單中通常只包含後續作業中所要使用的屬性。您可以利用投影來建構從每個物件所建置的新型別。您可以投影做出一個屬性並對其執行數學函式。您也可以投影原始物件，而不變更該物件。

第一個範例，投影字串清單（string list）中，各字串（單字）的第一個字母。

```
// C# 語法：List 裡面有四個單字。
   List<string> words = new List<string>() { "an", "apple", "a", "day" };
   var query = from word in words
         select word.Substring(0, 1);


' VB 語法：List 裡面有四個單字。
```

```
    Dim words = New List(Of String) From {"an", "apple", "a", "day" }
    Dim query = From word In words
           Select word.Substring(0, 1)


類似 .Select () 的執行成果如下：
a
a
a
d
```

第二個範例，投影字串清單（string list）中，各字串（一個句子）的第一個字母。我們透過兩個 from 來作到相同的結果。

```
// C# 語法：List 裡面有兩個句子。
   List<string> phrases = new List<string>() { "an apple a day", "the quick
   brown fox" };

   var query = from phrase in phrases
               from word in phrase.Split(' ')
               select word;

' VB 語法：List 裡面有兩個句子。
   Dim phrases = New List(Of String) From {"an apple a day", "the quick
   brown fox"}

   Dim query = From phrase In phrases
               From word In phrase.Split(" "c)
               Select word


類似 .SelectMany() 的執行成果如下：
   an
   apple
   a
   day
   the
   quick
   brown
   fox

註解：.SelectMany() 作法就是如此，它先把兩段字串投影成每個單字，然後再把結果列出來。
```

簡單說明如下：

- 如果查詢使用 **.SelectMany() 方法**取得資料庫中每位客戶的訂單（其型別為 Order），那麼傳回結果的型別將為 C# 語法的 IEnumerable<Order> 或 VB 語法的 IEnumerable(Of Order)。
- 如果查詢改用 **.Select() 方法**來取得訂單（詳見上一小節）則 **"不會" 合併**訂單集合，而且結果型別將為 C# 語法的 IEnumerable<**List**<Order>> 或VB語法中的 IEnumerable(**Of List**(Of Order))。
- 網路上有一篇說明非常清楚，請您搜尋這篇文章「LINQ自學筆記-語法應用-取出資料-SelectMany運算子」。這位作者的網站上有很多LINQ範例，非常推薦您仔細研讀http://www.dotblogs.com.tw/smartleos/。

下列範例比較 .Select() 和 .SelectMany() 的行為。從來源集合中的每份花卉名稱List清單中，取得每一個「花卉名稱」。

第一種作法：轉換函式 **.Select**<TSource, TResult>(IEnumerable<TSource>, Func<TSource, TResult>) 使用的「結果值」本身是**值的「集合」**。這需要有額外的foreach迴圈才能列舉**每個 "子序列" 中的每個 "字串"**，因此會用到兩個巢狀的foreach迴圈。

```
// C# 語法：
   class Bouquet   {
      public List<string> Flowers { get; set; }
   }


   List<Bouquet> bouquets = new List<Bouquet>()  {
      new Bouquet { Flowers = new List<string> { "sunflower", "daisy",
      "daffodil", "larkspur" }},
      new Bouquet{ Flowers = new List<string> { "tulip", "rose", "orchid" }},
      new Bouquet{ Flowers = new List<string> { "gladiolis", "lily",
      "snapdragon", "aster", "protea" }},
      new Bouquet{ Flowers = new List<string> { "larkspur", "lilac", "iris",
      "dahlia" }}
   };

   // *********** Select ***********
   IEnumerable<List<string>> query1 = bouquets.Select(bq => bq.Flowers);

   // 重點！！需要用到兩個 foreach 迴圈（巢狀）
   foreach (IEnumerable<String> collection in query1)
```

```
    foreach (string item in collection)
        Response.Write (item);


' VB 語法：
  Class Bouquet
      Public Flowers As List(Of String)
  End Class


  Dim bouquets = New List(Of Bouquet) From {
     New Bouquet With {.Flowers = New List(Of String)(New String()
     {"sunflower", "daisy", "daffodil", "larkspur"})},
     New Bouquet With {.Flowers = New List(Of String)(New String()
     {"tulip", "rose", "orchid"})},
     New Bouquet With {.Flowers = New List(Of String)(New String()
     {"gladiolis", "lily", "snapdragon", "aster", "protea"})},
     New Bouquet With {.Flowers = New List(Of String)(New String()
     {"larkspur", "lilac", "iris", "dahlia"})}
  }

  '********* Select *********
  Dim query1 = bouquets.Select(Function(b) b.Flowers)

  ' 重點！！需要用到兩個 foreach 迴圈（巢狀）
  For Each flowerList In query1
     For Each str As String In flowerList
        Response.Write(str)
     Next
  Next


.Select() 執行成果如下：
        sunflower
        daisy
        daffodil
        larkspur
        tulip
        rose
        orchid
        gladiolis
        lily
        snapdragon
        aster
        protea
        larkspur
        lilac
        iris
        dahlia
```

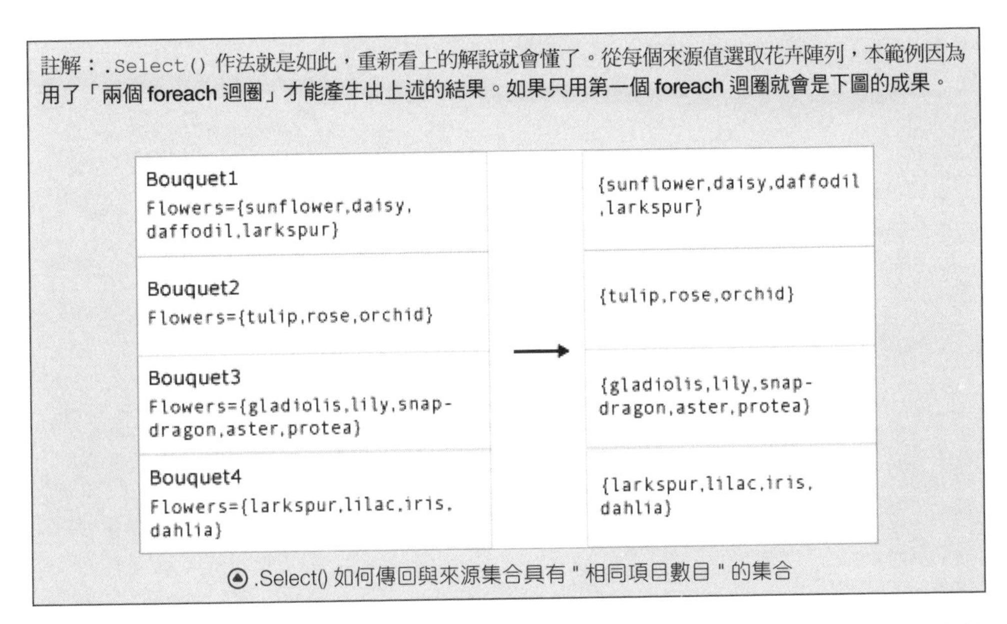

註解：`.Select()` 作法就是如此，重新看上的解說就會懂了。從每個來源值選取花卉陣列，本範例因為用了「兩個 foreach 迴圈」才能產生出上述的結果。如果只用第一個 foreach 迴圈就會是下圖的成果。

.Select() 如何傳回與來源集合具有 " 相同項目數目 " 的集合

第二種作法：跟上一個範例完全一樣的資料來源，透過 **.SelectMany()** 我們一次就能取得想要的成果，因為一次就能取得「**單一的結果值**」(**一個 foreach 迴圈**就能作到)。

如果使用上一個作法 **.Select()** 就得動用到**兩個 foreach 迴圈**才能完成，因為 .Select() 取的是結果值的「集合」。請您比對兩個範例的差異，藉以瞭解 .Select() 與 .selectMany() 兩者的不同。

```
// C# 語法：
// 資料來源跟上一個範例相同。

    // ********* SelectMany *********
    IEnumerable<string> query2 = bouquets.SelectMany(bq => bq.Flowers);

    // 重點！只要用到一個 foreach 迴圈
    foreach (string item in query2)
        Response.Write (item);


' VB 語法：
    ' 資料來源跟上一個範例相同。

    ' ********* SelectMany *********
    Dim query2 = bouquets.SelectMany(Function(b) b.Flowers)
```

```
    ' 重點！只要用到一個 foreach 迴圈
    For Each str As String In query2
        Response.Write (str)
    Next
```

```
.SelectMany() 執行成果如下：
     sunflower
     daisy
     daffodil
     larkspur
     tulip
     rose
     orchid
     gladiolis
     lily
     snapdragon
     aster
     protea
     larkspur
     lilac
     iris
     dahlia
```

如下圖所示，從每個來源值選取花卉陣列。.SelectMany() 是怎樣將中繼陣列序列（圖片中間的陣列），串連成「內含各中繼陣列中每個值」的 " 單一 " 結果值（how SelectMany() concatenates the intermediate sequence of arrays into **one final result value that contains each value from each intermediate array.**）。

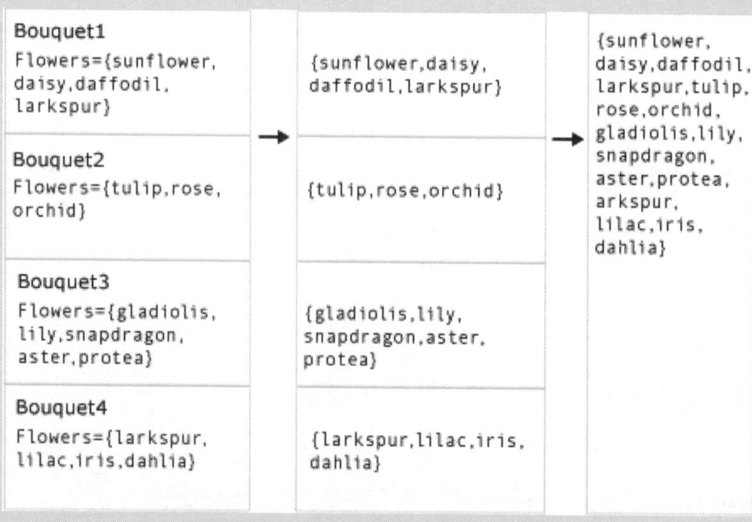

▲ .SelectMany() 如何將中繼陣列序列，串連成「內含各中繼陣列中每個值」的 " 單一 " 結果值（詳見圖右）

微軟 Microsoft Docs網站（前MSDN網站）的說明：.Select()和 .SelectMany()的工作都是從「來源值」產生「結果值」。

- .Select()會為每個來源值產生**一個結果值**（Select() produces **one result value** for every source value.）。因此其整體結果是與來源集合具有相同項目數目的「集合」（The overall result is therefore **a collection** that has the same number of elements as the source collection.）。
- 相反地，.SelectMany()則會產生內含每個來源值之串連子集合的「單一整體結果」（In contrast, SelectMany() produces **a single overall result** that contains concatenated sub-collections from each source value.）。

做為引數傳遞給.SelectMany()的轉換函式必須針對每個來源值傳回「**一個可列舉的"值"序列**」（The transform function that is passed as an argument to SelectMany() must return **an enumerable sequence of values** for each source value.）。

接著再由 .SelectMany()串連這些可列舉的序列，以建立一個大型序列。

30-7 聯結（join）

LINQ的join跟我們慣用的SQL指令的join小有差異，因此特別為您撰寫一節來做說明。

30-7-1 join簡介

聯結作業會在沒有資料來源中明確設定關聯模式的序列之間建立關聯。例如，您可以執行聯結，尋找所有位於相同地點的客戶和經銷商。在 LINQ中，join子句，一律是處理**物件集合**，而"不是"直接處理資料庫資料表。

```
var innerJoinQuery =
    from cust in customers
    join dist in distributors on cust.City equals dist.City
    select new { CustomerName = cust.Name, DistributorName = dist.Name };
```

因為 LINQ中的**外部索引鍵**在「物件模型」中是用來**保留項目集合的「屬性」**（because **foreign keys** in LINQ are represented in the object model as **properties that hold a collection of items.**），所以在 LINQ中，您使用 join的頻率不像在 SQL指令中那樣頻繁。

例如北風資料庫中的Customer物件包含「Order物件」的集合。您可以使用**點標記法**（而不是執行聯結）來存取訂單：

```
from order in Customer.Orders...
```

join子句會採用兩個來源序列做為輸入。每個序列的項目必須是屬性或包含屬性，該屬性可以與其他序列中的對應屬性做比較。join子句使用特殊的 **equals 關鍵字**可以用來比較"指定索引鍵"的相等性。join子句執行的所有聯結是**等聯結**（**Equijoin**）。join子句輸出的形狀取決於您執行之聯結的特定類型。

30-7-2 三種join類型

以下是三種最常見的聯結類型：

- 內部聯結（Inner Join）
- 群組聯結（Group Join）
- 左外部聯結（Left outer Join）

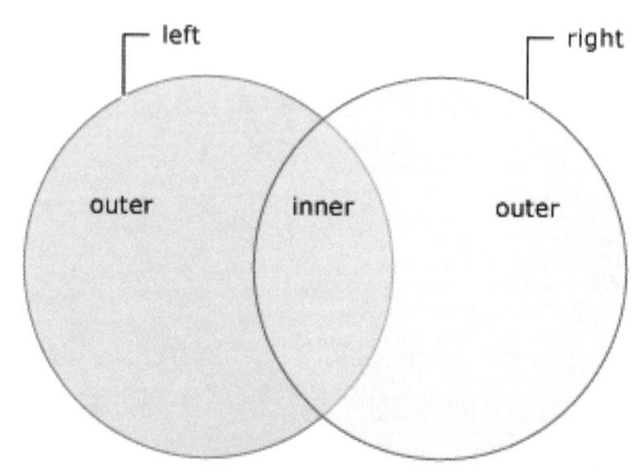

join 示意圖（圖片來源：微軟 Microsoft Docs 網站（前 MSDN 網站））

第一種，內部聯結（Inner Join）。下列範例顯示簡單的內部等聯結。這個查詢會產生「產品名稱/分類」配對的一般序列。相同分類字串會顯示在多個項目中。 如果categories的項目沒有相符的 products，該分類不會顯示在結果中。

```
var innerJoinQuery =
    from category in categories
    join prod in products on category.ID equals prod.CategoryID

    select new { ProductName = prod.Name, Category = category.Name };
```

第二種，內部聯結（Inner Join）。具有 into運算式的 join子句稱為群組聯結。

```
var innerGroupJoinQuery =
    from category in categories
    join prod in products on category.ID equals prod.CategoryID into prodGroup

    select new { CategoryName = category.Name, Products = prodGroup };
```

群組聯結會產生階層式結果序列，使左側來源序列中的項目與右側來源序列中的一個或多個相符項目產生關聯。群組聯結從關聯式角度來看沒有對等項目，它基本上是**物件陣列**的序列。

如果右側來源序列中「找不到」項目會符合左側來源的項目，join子句會針對該項目產生**"空"的陣列**。因此，群組聯結基本上仍然是內部等聯結，例外為結果序列會組織成群組。

如果您只選取群組聯結的結果，便可以存取項目，但是無法識別符合的索引鍵。因此，通常在將群組聯結的結果選取至也具有索引鍵名稱的新類型時較為有用，如前述範例所示。當然，您也可以使用群組聯結的結果做為其他子查詢的產生器：

```
var innerGroupJoinQuery2 =
    from category in categories
    join prod in products on category.ID equals prod.CategoryID into prodGroup

    from prod2 in prodGroup
    where prod2.UnitPrice > 2.50M
    select prod2;
```

第三種，左外部聯結（Left outer Join）。在左外部聯結中，會傳回左來源序列中的所有項目，即使在右序列中"沒有"相符項目也是如此。若要在 LINQ中執行左外部聯結，請使用 **.DefaultIfEmpty()方法**與群組聯結的組合，指定如果左側項目沒有相符項目時產生"預設"右側項目。您可以使用 null做為任何參考型別的預設值，或者可以指定使用者定義的預設型別。在下列範例中，會顯示使用者定義的預設型別：

```
var leftOuterJoinQuery =
    from category in categories
    join prod in products on category.ID equals prod.CategoryID into prodGroup

    from item in prodGroup.DefaultIfEmpty(new Product
                                  { Name = String.Empty, CategoryID = 0 })

    select new { CatName = category.Name, ProdName = item.Name };
```

補充說明 **等於運算子（The equals operator）**：join子句會執行"等聯結"。也就是說，您只能根據兩個索引鍵的相等性進行比對。不支援其他類型的比較（例如"大於greater than"或"不等於not equals"）。為了釐清所有聯結都是"等聯結"，join子句使用「**equals關鍵字**」而非 **==運算子**。

equals關鍵字**只能用在 join子句**，而且與 ==運算子有一個重要的差異。簡單的說，使用 equals則"左"索引鍵會使用外部來源序列，而"右"索引鍵會使用內部來源。外部來源只在 equals的左側範圍中，而內部來源序列只在右側範圍中。

30-7-3 聯結（join）的綜合範例

本範例雖然冗長，但對於join的解釋非常清楚，透過實作會比研讀理論更管用。

最後來做一個綜合範例。請您把範例（類別檔）JoinDemonstration.cs先複製到網站或專案的「根目錄底下的 **/App_Code子目錄**」裡面，然後執行範例LINQ_join_CaseStudy.aspx。以下程式僅供參考，請以下載範例檔為準。

```
// 範例（類別檔）JoinDemonstration.cs
class JoinDemonstration    {
    class Product    {
        public string Name { get; set; }
        public int CategoryID { get; set; }
    }

    class Category    {
        public string Name { get; set; }
        public int ID { get; set; }
    }

    // Specify the first data source.
    List<Category> categories = new List<Category>()    {
           new Category(){ Name="Beverages", ID=001},
           new Category(){ Name="Condiments", ID=002},
           new Category(){ Name="Vegetables", ID=003},
           new Category()  {  Name="Grains", ID=004},
           new Category()  {  Name="Fruit", ID=005}
    };

    // Specify the second data source.
    List<Product> products = new List<Product>()    {
           new Product{ Name="Cola",  CategoryID=001},
           new Product{ Name="Tea",  CategoryID=001},
           new Product{ Name="Mustard", CategoryID=002},
```

```
            new Product{ Name="Pickles", CategoryID=002},
            new Product{ Name="Carrots", CategoryID=003},
            new Product{ Name="Bok Choy", CategoryID=003},
            new Product{ Name="Peaches", CategoryID=005},
            new Product{ Name="Melons", CategoryID=005},
    };


//=========================================================
    public void InnerJoin()    {
        // Create the query that selects a property from each element.
        var innerJoinQuery = from category in categories
            join prod in products on category.ID equals prod.CategoryID
            select new { Category = category.ID, Product = prod.Name };

        Response.Write("InnerJoin:  <br />");
        // Execute the query. Access results with a simple foreach statement.
        foreach (var item in innerJoinQuery)    {
            Response.Write (String.Format("{0,-10}{1}", item.Product, item.
Category));
        }
        Response.Write(String.Format("InnerJoin: {0} items in 1 group.",
innerJoinQuery.Count()));
        Response.Write("<br />");

    }

    public void GroupJoin()    {
        // This is a demonstration query to show the output of a "raw" group
join. A more typical group join is shown in the GroupInnerJoin method.
        var groupJoinQuery = from category in categories
            join prod in products on category.ID equals prod.CategoryID into
prodGroup
            select prodGroup;

        // Store the count of total items (for demonstration only).
        int totalItems = 0;

        Response.Write ("Simple GroupJoin:  <br />");

        // A nested foreach statement is required to access group items.
        foreach (var prodGrouping in groupJoinQuery)    {
            Response.Write ("Group:  <br />");
            foreach (var item in prodGrouping)    {
                totalItems++;
                Response.Write(String.Format("    {0,-10}{1}", item.Name,
item.CategoryID));
```

```
            }
        }
        Response.Write(String.Format("Unshaped GroupJoin: {0} items in {1}
unnamed groups", totalItems, groupJoinQuery.Count()));
        Response.Write("<br />");
    }

    public void GroupInnerJoin()    {
        var groupJoinQuery2 = from category in categories
            orderby category.ID
            join prod in products on category.ID equals prod.CategoryID into
prodGroup
            select new   {
                Category = category.Name,
                Products = from prod2 in prodGroup
                           orderby prod2.Name
                           select prod2
            };

        int totalItems = 0;

        Response.Write ("GroupInnerJoin:  <br />");
        foreach (var productGroup in groupJoinQuery2)    {
            Response.Write(productGroup.Category);
            foreach (var prodItem in productGroup.Products)    {
                totalItems++;
                Response.Write(String.Format("  {0,-10} {1}", prodItem.Name,
prodItem.CategoryID));
            }
        }
        Response.Write(String.Format("GroupInnerJoin: {0} items in {1} named
groups", totalItems, groupJoinQuery2.Count()));
        Response.Write("<br />");
    }

    public void GroupJoin3()    {
        var groupJoinQuery3 = from category in categories
            join product in products on category.ID equals product.CategoryID
into prodGroup
            from prod in prodGroup
            orderby prod.CategoryID
            select new { Category = prod.CategoryID, ProductName = prod.Name };

        int totalItems = 0;
        Response.Write("GroupJoin3: <br />");
        foreach (var item in groupJoinQuery3)    {
            totalItems++;
```

```
            Response.Write(String.Format("    {0}:{1}", item.ProductName,
item.Category));
        }

        Response.Write(String.Format("GroupJoin3: {0} items in 1 group",
totalItems,
        Response.Write("<br />");
    }

    public void LeftOuterJoin()     {
        // Create the query.
        var leftOuterQuery = from category in categories
            join prod in products on category.ID equals prod.CategoryID into
prodGroup
            select prodGroup.DefaultIfEmpty(new Product() { Name = "Nothing!",
CategoryID = category.ID });

        // Store the count of total items (for demonstration only).
        int totalItems = 0;

        Response.Write ("Left Outer Join:  <br />");
groupJoinQuery3.Count()));

        // A nested foreach statement  is required to access group items
        foreach (var prodGrouping in leftOuterQuery)    {
            Response.Write("Group:" + prodGrouping.Count());
            foreach (var item in prodGrouping)    {
                totalItems++;
                Response.Write(String.Format("  {0,-10}{1}", item.Name, item.
CategoryID));
            }
        }
        Response.Write(String.Format("LeftOuterJoin: {0} items in {1}
groups", totalItems, leftOuterQuery.Count()));
        Response.Write ("<br />");
    }

    public void LeftOuterJoin2()     {
        // Create the query.
        var leftOuterQuery2 = from category in categories
            join prod in products on category.ID equals prod.CategoryID into
prodGroup
            from item in prodGroup.DefaultIfEmpty()
            select new { Name = item == null ? "Nothing!" : item.Name,
CategoryID = category.ID };
```

```
        Response.Write(String.Format("LeftOuterJoin2: {0} items in 1 group",
leftOuterQuery2.Count()));
        // Store the count of total items
        int totalItems = 0;

        Response.Write("Left Outer Join 2:  <br />");

        // Groups have been flattened.
        foreach (var item in leftOuterQuery2)  {
            totalItems++;
            Response.Write(String.Format("{0,-10}{1}", item.Name, item.
CategoryID));
        }
        Response.Write(String.Format("LeftOuterJoin2: {0} items in 1 group",
totalItems));
    }
}

//==========================================================
/* 執行成果如下：
InnerJoin:
Cola      1
Tea       1
Mustard   2
Pickles   2
Carrots   3
Bok Choy  3
Peaches   5
Melons    5
InnerJoin: 8 items in 1 group.


Unshaped GroupJoin:
Group:
    Cola      1
    Tea       1
Group:
    Mustard   2
    Pickles   2
Group:
    Carrots   3
    Bok Choy  3
Group:
Group:
    Peaches   5
    Melons    5
Unshaped GroupJoin: 8 items in 5 unnamed groups
```

```
GroupInnerJoin:
Beverages
    Cola       1
    Tea        1
Condiments
    Mustard    2
    Pickles    2
Vegetables
    Bok Choy   3
    Carrots    3
Grains
Fruit
    Melons     5
    Peaches    5
GroupInnerJoin: 8 items in 5 named groups


GroupJoin3:
    Cola:1
    Tea:1
    Mustard:2
    Pickles:2
    Carrots:3
    Bok Choy:3
    Peaches:5
    Melons:5
GroupJoin3: 8 items in 1 group


Left Outer Join:
Group:
    Cola      1
    Tea       1
Group:
    Mustard   2
    Pickles   2
Group:
    Carrots   3
    Bok Choy  3
Group:
    Nothing!  4
Group:
    Peaches   5
    Melons    5
LeftOuterJoin: 9 items in 5 groups

LeftOuterJoin2: 9 items in 1 group
```

```
Left Outer Join 2:
Cola      1
Tea       1
Mustard   2
Pickles   2
Carrots   3
Bok Choy  3
Nothing!  4
Peaches   5
Melons    5
LeftOuterJoin2: 9 items in 1 group  */
```